해커스
# 위험물산업기사
실기
한권합격 이론

# 이승원

**약력**

서울시립대 대학원 졸업[기술사, 석사, 박사(중퇴)]

전 | 연합플러스 평생교육원 강의 · 원장
전 | 공단기 일반화학, 환경공학 강의
전 | 산업환경연합회 초빙교수
전 | 명지대학교 대학원 초빙교수
전 | 안양대학교 초빙교수

**저서**

해커스 위험물산업기사 필기 한권완성 기본이론 + 기출문제
해커스 위험물산업기사 실기 한권합격 이론 + 최신기출
대기환경기사(산업기사), 원화출판
수질환경기사(산업기사), 원화출판
폐기물처리기사(산업기사), 원화출판
대기환경기술사, 성안당
수질환경기술사, 성안당
폐기물처리기술사, 성안당
수질환경기사(산업기사), 성안당
대기환경기사(산업기사), 성안당
폐기물처리기사(산업기사), 성안당
토양환경기사(산업기사), 성안당
소음진동환경기사(산업기사), 성단당
자연생태복원기사(산업기사), 성단당
조경기사(산업기사), 성안당
공무원 일반화학(공무원, 연구직, 군무원), 성안당
공무원 환경공학개론(공무원, 연구직, 군무원), 성안당
환경기능사, 성안당
조경기능사, 성안당
세탁기능사, 성안당
유기농업기능사, 성안당
산업위생관리기사(산업기사), 기문사
환경 · 보건 · 위생(환경직 공무원 군무원), 기문사
대기환경기사(산업기사), 기문사
수질환경기사(산업기사), 기문사

위험물산업기사 단기합격을 향한 길을 비추는 환한 불빛 같은 수험서
# 해커스 위험물산업기사 실기
# 한권합격 이론 + 최신기출

슈퍼마켓이나 재래시장에 가면, 눈에 보이는 모든 것들이 여러분들의 먹거리 재료들로 차고 넘칩니다. 그런데 요리를 할 줄 모르면, 그 수많은 먹거리들을 바라보면서도 먹고 싶고, 입맛이 돌기는 커녕, 그림의 떡처럼 하나의 풍물로만 보일 뿐입니다.

시중에 출간되는 풍물같은 수 많은 교재가 그렇고, 무료강의가 가능한 수 많은 영상매체가 그러하며, 카페나 블로거도 이와 별반 다르지 않습니다.

그것은 하나같이 공부를 요리하는 방법이나 비법 · 방식 · 맞춤기능은 없이 특정한 일률적 양식에 따라 요점만을 정리해 두었기 때문에 처음 공부를 시작하는 수험생들에게는 수많은 수험도서나 동영상들이 그저 시장골목의 풍물로만 보여지고 집중할수록 뒷골이 당기듯 진통이 느껴진다는 것입니다.

한 때 "밑줄 쫙!!"이라는 유행어가 있었습니다. 이 또한 시험정보가 부족한 수험생들에게만 잠시 유행했던 것에 지나지 않습니다. 즉, 수험생들이 시험정보를 강사에게 절대적으로 의존할 때나 가능한 것입니다. 모든 시험정보를 쉽게 검색할 수 있는 지금 시대에 맞지 않게 "밑줄 쫙!!"이라는 강의가 있는 경우를 보았습니다. 밑줄을 치라고 했으면 확실한 가이드나 공부방법 · 학습비법을 알려 주어야 하는데, "밑줄 쫙!!"으로 면피(免避)를 하고나니 막상 공부하고 암기하는 것은 학생의 몫으로 된다는 것입니다.

「해커스 위험물산업기사 실기 한권합격 이론 + 최신기출」 교재는 두 가지의 차별점을 가지고 있습니다.

## 01 이 책은 집필의 기준점이 다릅니다.

이 책은 일반적인 교재와는 다른 특별한 관점에서 집필되었습니다.

제가 40여 년간 교단에서 학생들을 가르치고 책을 집필하면서, 학생들의 학습 특성을 세 가지 유형으로 분류하였습니다.

첫 번째는 "두부형" 학습자입니다. 이들은 마치 두부에 젓가락이 쉽게 들어가듯 새로운 지식을 빠르게 습득하는 특성을 가지고 있습니다. 약간의 설명만으로도 개념을 즉시 이해하는 뛰어난 학습 능력을 갖추었습니다. 그러나 두부를 흔들면 자국이 사라지듯, 빠르게 습득한 내용이 때로는 오래 기억되지 않을 수 있다는 특징도 있습니다. 이것이 이 유형의 학습자가 가진 장점이면서 동시에 단점이라고 할 수 있습니다.

두 번째는 "돌형" 학습자입니다. 돌에는 일반적인 도구로는 쉽게 자국을 낼 수 없고, 더 견고한 도구가 필요하며, 과도하게 자국을 내면 돌이 깨어집니다. 이 유형의 학습자들은 정보를 습득하는 데 체계적인 접근 방식이 필요하며, 학습 과정에서 쉽게 포기하지 않는 꾸준한 노력과 인내가 중요합니다.

세 번째는 "쇠형" 학습자입니다. 당구공처럼 견고한 쇠에는 일반적인 도구로는 자국을 내기 어렵고, 특별히 고안된 도구와 방법이 요구되는 것처럼, "쇠형" 학습자들은 새로운 개념을 습득하는 데 더 많은 시간과 집중적인 노력이 필요합니다. 그러나 한번 학습한 내용을 매우 오랫동안 견고하게 기억한다는 장점이 있습니다.

이 교재는 "두부형" 학습자보다는 "돌형"과 "쇠형" 학습자들을 위해 집필되었습니다. 학습 방법에 대한 체계적인 설명이 필요하거나, 정보를 이해하고 기억하는 데 더 많은 시간과 노력이 필요한 학습자들에게 효과적인 학습 전략을 제공합니다.

## 02 이 책은 요구되는 공부방식에 따라 다르게 편제하였습니다.

오랜 교육 경험을 바탕으로 학습 방식을 3가지로 분류하여 교재 집필에 반영하였습니다.

첫째 "명사적 공부"가 있습니다.
누구도 이견의 여지가 없는 것들이 이에 해당됩니다. 예를 들면 숫자나 명칭, 분류, 지정수량, 화학식, 각종 범위(연소 및 폭발범위 등), 각종 시설기준, 경보 및 피난설비, 기타 안전관리와 관련된 교육·행정등에 관한 법령과 그 내용들입니다.
이 내용들은 자격증 시험을 대비하기 위해서 필수적으로 살펴보고 넘어가야 하는 내용들입니다. 이 부분은 누가 많이, 잘·자주, 정리·기억해 두었느냐가 합격의 관건이 됩니다.

둘째 "부사적 공부"가 있습니다.
이 부분은 별도로 분류했습니다. 예를 들면 비교하는 것, 높은 것, 낮은 것, 큰 것, 작은 것 등이 바로 그것입니다. 시험에서 자주 등장하는 비중의 크기, 비점, 인화점, 발화점(착화점), 용해도 등과 같은 것들이 이에 해당됩니다.

셋째 "동사적 공부"가 있습니다.
개념과 이해도를 요구하는 시험내용, 예를 들면 물성과 성질, A물질과 B물질의 반응과 반응생성물의 생성량(양론적 계산)이나 위험특성, 화재발생 시 적용할 수 있는 소화시설, 소화반응, 소화약제, 혼합 위험성 등입니다.

이 교재의 첫째와 둘째 부분은 저자의 객관적 해설이나 개념보다는 있는 그대로를 학습하여 오래동안 기억할 수 있도록 "암기법"이 많이 소개되어 있으며, 문제 풀이에서는 저자가 이를 응용한 시범을 직접 보여드리기 위해 섬세하게 해설을 수록하였습니다.

셋째 부분은 중요한 내용이 많기 때문에 저자의 주관적 해설·원리, 개념 위주로 편재하였고, 수험생들이 공부를 하면서 가질만 한 다양한 의문점을 해소하는데 조금이라도 도움을 드리고자 주요 포인트 마다 "주석" 형식으로 내용을 첨삭하거나 "참고"를 달아두었습니다.

더불어 자격증 시험 전문 사이트 해커스자격증(pass.Hackers.com)에서 교재 학습 중 궁금한 점을 나누고 다양한 무료 학습자료를 함께 이용하여 학습 효과를 극대화할 수 있습니다.

끝으로 이 책은 IQ가 아닌 EQ로 학습할 수 있도록 이론을 정립하였고, 딱 3일간 머리에 기억되는 학슾방식이 아닌 최소 3년 이상 가슴에 담을 수 있는 유일무이한 감동 학습방식을 담기 위해 나름대로 최선을 다하였습니다만 그래도 미치지 못하고, 부족함이 있을 수 있다고 생각됩니다. 많은 지도편달 있으시길 고대합니다.

수험생 여러분의 적극적인 관심과 지원을 부탁드리며, 수험생 여러분의 합격을 진심으로 기원합니다.

저자 이 승 원

# 목차

| | |
|---|---:|
| 책의 구성 및 특징 | 6 |
| 출제기준 | 10 |

## 이론

### 위험물 취급실무

**Chapter 01 위험물 기초양론** … 14

1. 단위 · 농도 · 조성 · 반응식 등 … 14
   1. 기초단위 · 농도표시와 환산 … 14
   2. 화합물의 조성 · 화학식 · 실험식 · 분자식 … 53
   3. 반응식 만들기 … 76
   4. 반응양론 … 99
2. 폭발 · 연소이론 … 109
   1. 개요 … 109
   2. 폭발 및 화재 … 113
   3. 연소이론 … 123
3. 연소계산 · 연소범위 등 … 137
   1. 연소계산 … 137
   2. 연소범위(폭발범위) … 143
   3. 기초 열역학 양론 … 153

**Chapter 02 위험물 분류 및 특성** … 158

1. 위험물의 분류 … 158
   1. 위험물의 성상 판정 · 위험물의 인화특성 … 158
   2. 위험물의 분류와 지정수량 … 172
   3. 위험물의 조성 · 성상에 따른 특성 … 193
   4. 위험물의 유(類)별 각개 특성 … 209

**Chapter 03 위험물안전 · 설비기준** … 428

1. 위험물 안전 … 428
   1. 위험물의 저장 · 취급 … 428
   2. 위험물의 운반 · 운송 … 451
2. 설비기준 … 480
   1. 제조소등의 분류 · 용어의 정의 … 480
   2. 안전거리(제조소등) … 488
   3. 보유공지(제조소 · 저장소) … 493
   4. 취급소 등 관련규정 … 535

**Chapter 04 화재특성 · 소화방법 · 소화설비** … 544

1. 화재특성 · 소화방법론 … 544
   1. 화재특성 분류 · 대응 … 544
   2. 소화방법론 · 소화난이도 · 소화설비의 적응성 … 554
2. 소화약제 · 소화설비 … 574
   1. 소화약제 특성 · 소화원리 … 574
   2. 소화설비 … 600
   3. 자체소방대 … 622

## 최신기출

### 위험물산업기사 기출문제

2024년 제1회
2024년 제2회
2024년 제3회
2023년 제1회
2023년 제2회
2023년 제4회
2022년 제1회
2022년 제2회
2022년 제4회
2021년 제1회

2021년 제2회
2021년 제4회
2020년 제1회
2020년 제2회
2020년 제3회
2020년 제4회
2020년 제5회
2019년 제1회
2019년 제2회
2019년 제4회

무료 특강·학습 콘텐츠 제공
pass.Hackers.com

# 책의 구성 및 특징

## 01 학습 중 놓치는 내용 없이 완벽한 이해를 가능하게!

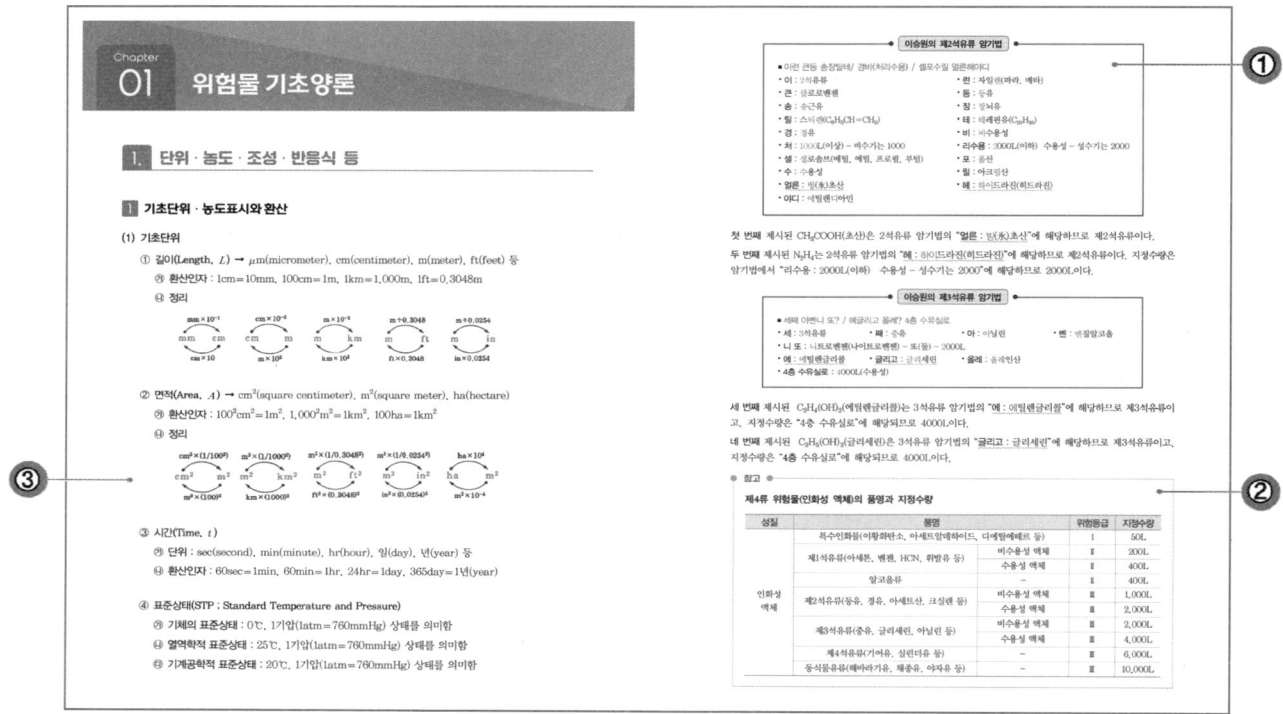

### ① 암기법

위험물의 명칭과 분류, 화학식, 관련 법령과 각종 기준 등 암기해야 할 내용이 많은 과목 특성에 맞게 여러 내용을 오래 기억할 수 있도록 정리한 암기법을 수록하였습니다. 이를 통해 주요 내용을 단기 기억으로 휘발되지 않게 효과적으로 학습할 수 있습니다.

### ② 참고

더 알아두면 학습에 도움이 되는 배경 및 개념 등의 이론을 '참고'에 담아 수록하였습니다. 이를 통해 학습에 필요한 개념 및 이론 학습을 보충하고, 심화 내용까지 학습할 수 있습니다.

### ③ 그림 및 사진자료

내용의 이해를 돕기 위해 다양한 그림·사진자료를 함께 수록하였습니다. 이를 통해 복잡하고 어려운 이론 내용을 쉽고 빠르게 이해하고 학습할 수 있습니다.

## 02 개념문제 및 유사문제와 기출문제를 통해 실력 점검과 실전 대비까지 확실하게!

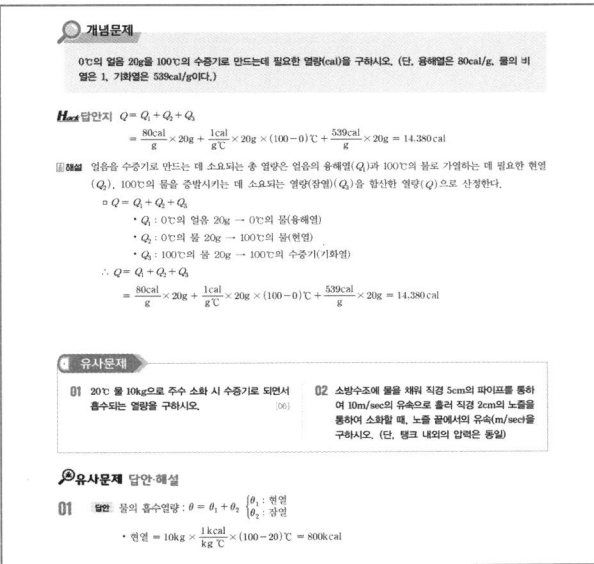

### 개념문제

주요 개념을 제대로 이해하였는지 확인할 수 있는 개념문제를 수록하였습니다. 이를 통해 이론을 학습하면서 동시에 문제로 점검하여 반복학습하는 효과를 얻을 수 있습니다.

### 유사문제

개념문제와 함께 여러 유형의 문제를 풀어볼 수 있도록 유사문제를 수록하였습니다. 이를 통해 학습한 내용이 어떻게 문제로 출제되는지 파악하여 문제풀이 실력을 기를 수 있습니다.

### 기출문제

- 2024 ~ 2019년의 6개년 기출문제를 수록하였습니다.
- 수록된 '모든' 문제에는 상세한 해설을 수록하여 문제풀이 과정에서 실전감각을 높이고 실력을 한층 향상시킬 수 있습니다.
- 또한 해설의 상세설명과 point 설명 등을 통해 옳은 지문뿐만 아니라 옳지 않은 지문의 내용까지 확인할 수 있으므로 문제를 풀고 답을 찾아가는 과정에서 자신의 학습 수준을 스스로 점검하고 보완하여 학습 효과를 높일 수 있습니다.

# 출제기준

※ 한국산업인력공단에 공시된 출제기준으로 「해커스 위험물산업기사 실기 한권합격 이론 + 최신기출」 전체 내용은 모두 아래 출제기준에 근거하여 제작되었습니다.

## 01 필기

| 필기 과목명 | 주요항목 | 세부항목 | |
|---|---|---|---|
| 물질의 물리 · 화학적 성질 | 1. 기초화학 | (1) 물질의 상태와 화학의 기본법칙<br>(3) 산, 염기<br>(5) 산화, 환원 | (2) 원자의 구조와 원소의 주기율<br>(4) 용액 |
| | 2. 유기화합물 위험성 파악 | (1) 유기화합물 종류 · 특성 및 위험성 | |
| | 3. 무기화합물 위험성 파악 | (1) 무기화합물 종류 · 특성 및 위험성 | |
| 화재예방과 소화방법 | 1. 위험물 사고 대비 · 대응 | (1) 위험물 사고 대비 | (2) 위험물 사고 대응 |
| | 2. 위험물 화재예방 · 소화방법 | (1) 위험물 화재예방 방법 | (2) 위험물 소화방법 |
| | 3. 위험물 제조소등의 안전계획 | (1) 소화설비 적응성<br>(3) 경보설비 · 피난설비 적용 | (2) 소화 난이도 및 소화설비 적용 |
| 위험물 성상 및 취급 | 1. 제1류 위험물 취급 | (1) 성상 및 특성 | (2) 저장 및 취급방법의 이해 |
| | 2. 제2류 위험물 취급 | (1) 성상 및 특성 | (2) 저장 및 취급방법의 이해 |
| | 3. 제3류 위험물 취급 | (1) 성상 및 특성 | (2) 저장 및 취급방법의 이해 |
| | 4. 제4류 위험물 취급 | (1) 성상 및 특성 | (2) 저장 및 취급방법의 이해 |
| | 5. 제5류 위험물 취급 | (1) 성상 및 특성 | (2) 저장 및 취급방법의 이해 |
| | 6. 제6류 위험물 취급 | (1) 성상 및 특성 | (2) 저장 및 취급방법의 이해 |
| | 7. 위험물 운송 · 운반 | (1) 위험물 운송기준 | (2) 위험물 운반기준 |
| | 8. 위험물 제조소등의 유지관리 | (1) 위험물 제조소<br>(3) 위험물 취급소 | (2) 위험물 저장소<br>(4) 제조소등의 소방시설 점검 |
| | 9. 위험물 저장 · 취급 | (1) 위험물 저장기준<br>(3) 제조소등에서의 취급기준 | (2) 위험물 취급기준 |
| | 10. 위험물안전관리감독 및 행정처리 | (1) 위험물시설 유지관리감독 | (2) 위험물안전관리법상 행정사항 |

## 02 실기

| 필기 과목명 | 주요항목 | 세부항목 | |
|---|---|---|---|
| 위험물 취급 실무 | 1. 제4류 위험물 취급 | (1) 성상·유해성 조사하기<br>(3) 취급방법 파악하기 | (2) 저장방법 확인하기<br>(4) 소화방법 수립하기 |
| | 2. 제1류, 제6류 위험물 취급 | (1) 성상·유해성 조사하기<br>(3) 취급방법 파악하기 | (2) 저장방법 확인하기<br>(4) 소화방법 수립하기 |
| | 3. 제2류, 제5류 위험물 취급 | (1) 성상·유해성 조사하기<br>(3) 취급방법 파악하기 | (2) 저장방법 확인하기<br>(4) 소화방법 수립하기 |
| | 4. 제3류 위험물 취급 | (1) 성상·유해성 조사하기<br>(3) 취급방법 파악하기 | (2) 저장방법 확인하기<br>(4) 소화방법 수립하기 |
| | 5. 위험물 운송·운반시설 기준 파악 | (1) 운송기준 파악하기<br>(3) 운반기준 파악하기 | (2) 운송시설 파악하기<br>(4) 운반시설 파악하기 |
| | 6. 위험물 안전계획 수립 | (1) 위험물 저장·취급계획 수립하기<br>(3) 교육훈련계획 수립하기<br>(5) 사고대응 매뉴얼 작성하기 | (2) 시설 유지관리계획 수립하기<br>(4) 위험물 안전감독계획 수립하기 |
| | 7. 위험물 화재예방·소화방법 | (1) 위험물 화재예방 방법 파악하기<br>(3) 위험물 소화방법 파악하기 | (2) 위험물 화재예방 계획 수립하기<br>(4) 위험물 소화방법 수립하기 |
| | 8. 위험물 제조소 유지관리 | (1) 제조소의 시설기술기준 조사하기<br>(3) 제조소의 구조 점검하기<br>(5) 제조소의 소방시설 점검하기 | (2) 제조소의 위치 점검하기<br>(4) 제조소의 설비 점검하기 |
| | 9. 위험물 저장소 유지관리 | (1) 저장소의 시설기술기준 조사하기<br>(3) 저장소의 구조 점검하기<br>(5) 저장소의 소방시설 점검하기 | (2) 저장소의 위치 점검하기<br>(4) 저장소의 설비 점검하기 |
| | 10. 위험물 취급소 유지관리 | (1) 취급소의 시설기술기준 조사하기<br>(3) 취급소의 구조 점검하기<br>(5) 취급소의 소방시설 점검하기 | (2) 취급소의 위치 점검하기<br>(4) 취급소의 설비 점검하기 |
| | 11. 위험물행정처리 | (1) 예방규정 작성하기<br>(3) 신고서류 작성하기 | (2) 허가신청하기<br>(4) 안전관리 인력관리하기 |

해커스자격증
pass.Hackers.com

해커스 **위험물산업기사 실기** 한권합격 이론 + 최신기출

## 이론
# 위험물 취급실무

Chapter 01  위험물 기초양론
Chapter 02  위험물 분류 및 특성
Chapter 03  위험물안전 · 설비기준
Chapter 04  화재특성 · 소화방법 · 소화설비

# Chapter 01 위험물 기초양론

## 1. 단위 · 농도 · 조성 · 반응식 등

### 1 기초단위 · 농도표시와 환산

(1) 기초단위

① 길이(Length, $L$) → $\mu$m(micrometer), cm(centimeter), m(meter), ft(feet) 등
  ㉮ 환산인자 : 1cm=10mm, 100cm=1m, 1km=1,000m, 1ft=0.3048m
  ㉯ 정리

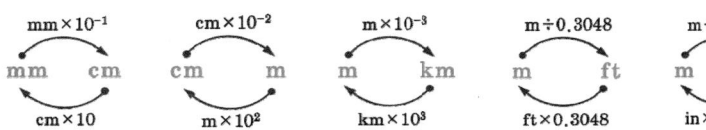

② 면적(Area, $A$) → $cm^2$(square centimeter), $m^2$(square meter), ha(hectare)
  ㉮ 환산인자 : $100^2 cm^2 = 1m^2$, $1,000^2 m^2 = 1km^2$, $100ha = 1km^2$
  ㉯ 정리

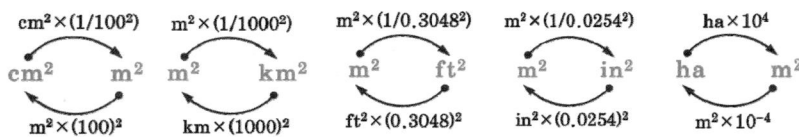

③ 시간(Time, $t$)
  ㉮ 단위 : sec(second), min(minute), hr(hour), 일(day), 년(year) 등
  ㉯ 환산인자 : 60sec=1min, 60min=1hr, 24hr=1day, 365day=1년(year)

④ 표준상태(STP ; Standard Temperature and Pressure)
  ㉮ 기체의 표준상태 : 0℃, 1기압(1atm=760mmHg) 상태를 의미함
  ㉯ 열역학적 표준상태 : 25℃, 1기압(1atm=760mmHg) 상태를 의미함
  ㉰ 기계공학적 표준상태 : 20℃, 1기압(1atm=760mmHg) 상태를 의미함

⑤ 온도(Temperature, $t$)

  ㉮ 일반온도의 표시 : ℃(섭씨온도), ℉(화씨온도)

  ㉯ 절대온도(Absolute Temperature) 표시 : K(Kelvin), R(Rankine)

  ㉰ 온도의 환산

$$t(℃) = \frac{5}{9}[t(℉) - 32]$$

$$t(℉) = \frac{9}{5} \times t(℃) + 32$$

$$K = 273.15(\fallingdotseq 273) + t(℃)$$

$$R = 459.69(\fallingdotseq 460) + t(℉)$$

⑥ 압력(Pressure, $P$) : 단위면적당 작용하는 힘 → $P = \dfrac{F}{A}$ or $\dfrac{W}{A}$

여기서, $\begin{cases} P : 압력단위(힘/면적) \\ \quad \text{atm, N/m}^2\text{, mmHg, mmH}_2\text{O(mmAq}=\text{kg}_f/\text{m}^2\text{), kg}_f/\text{cm}^2 \text{ 등} \\ F : 힘(\text{N, dyne}) \quad W(무게, \text{kg}_f, \text{lb}_f, \text{g}_f \text{ 등}) \\ A : 면적(\text{m}^2\text{, cm}^2\text{, ft}^2\text{, in}^2 \text{ 등}) \end{cases}$

  ㉮ 환산인자

    1기압(1atm) = 760mmHg = 10,332mmH$_2$O = 1.0332 kg$_f$/cm$^2$ = 14.7PSI

  ㉯ 절대압력(Absolute Pressure) = 게이지압력 + 대기압(atm)

⑦ 질량(Mass, $m$)

  ㉮ 단위 : $\mu$g(microgram), mg(milligram), g(gram), kg(kilogram), lb(pound) 등

  ㉯ 환산인자 : 1$\mu$g=10$^{-3}$mg, 1mg=10$^{-6}$kg, 10$^3$kg=1ton, 1lb=0.4536kg

  ㉰ 정리

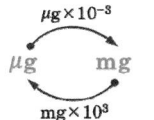 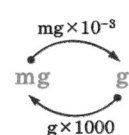 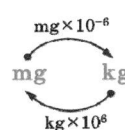 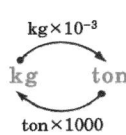 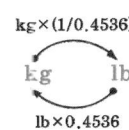

  ㉱ 질량-부피의 관계식 : 질량(g) = 부피(cm$^3$) × 밀도$\left(\dfrac{g}{cm^3}\right)$

  ㉲ 기체의 질량($m$) 계산

    ㉠ $m = 부피(STP) \times \dfrac{M}{22.4}$    $\begin{cases} m : 질량(\text{g or kg 등}) \\ V : 기체부피(\text{STP의 L or m}^3 \text{ 등}) \\ M : 분자량(\text{g분자량 or kg분자량}) \end{cases}$

    ㉡ $m = \text{mol}수 \times M$

⑧ 부피/용적(Volume, $V$) ➡ $cm^3$(cubic centimeter), $m^3$(cubic meter), $ft^3$(cubic feet)
  ㉮ 환산인자 : $1mL=1cm^3=1cc$, $1kL=1m^3$, $1,000L=1m^3$, $100^3cm^3=1m^3$
  ㉯ 정리

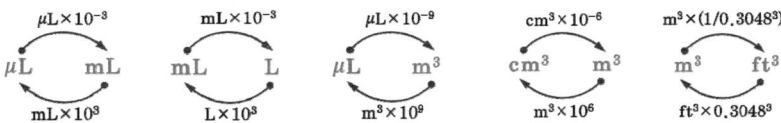

  ㉰ 부피와 질량의 관계식 : 부피$(cm^3)$ = 질량$(g) \times$ 비체적$\left(\dfrac{cm^3}{g}\right)$
  ㉱ 기체의 부피($V$)
    ㉠ 표준상태 STP(0℃, 1기압)
      • $V = 질량 \times \dfrac{22.4}{분자량(M)}$,  $V = mol수 \times 22.4$
    ㉡ 실측상태($t$℃, $P$ 기압)
      □ 보일-샤를의 법칙(Boyle-Charle's Law) 적용
      • $V_2 = V_1 \times \dfrac{T_2}{T_1}\dfrac{P_1}{P_2}$ $\begin{cases} V_2 : T_2, P_2 \text{ 상태하의 기체부피(L or } m^3) \\ V_1 : T_1, P_1 \text{ 상태하의 기체부피(L or } m^3) \\ T_1, T_2 : \text{각각의 절대온도}(K = 273 + t℃) \\ P_1, P_2 : \text{각각의 압력(atm or mmHg)} \end{cases}$

      □ 이상기체 상태방정식(Ideal Gas Equation) 적용
      • $PV = nRT$ ➡ $V = \dfrac{nRT}{P}$ $\begin{cases} P : \text{압력(atm)} \\ V : \text{부피(L)} \\ n : \text{기체의 몰수} = m/M \\ m : \text{질량}(g) \\ M : g\text{분자량} \\ R : \text{기체상수} : 0.082 \text{ atm·L/K·mol} \\ T : \text{절대온도(K)} \end{cases}$

⑨ 밀도(Density, $\rho$)
  ㉮ 정의 : 단위체적당 질량을 말한다.
  ㉯ 단위 : $g/cm^3$(CGS), $kg/m^3$(MKS), $lb/ft^3$(FPS), 기타($kg/L$, $ton/m^3$ 등)
  ㉰ 관계식 : 밀도 $= \dfrac{질량}{부피}$ ➡ $\rho = \dfrac{m}{V}$ $\begin{cases} m : 질량(g, kg, lb 등) \\ V : 부피(cm^3, mL, cc, L, m^3 등) \end{cases}$

> **참고**
>
> **증기밀도 · 증기비중 · 위험도**
>
> - **증기밀도**(蒸氣密度, Vapor Density) : 증기가 일정한 체적에서 차지하는 증기의 질량을 말한다.
>   - $\rho_s\,(\mathrm{g/L}) = \dfrac{\text{분자량}}{22.4}$
> - **증기비중**(蒸氣比重, Gas Specific Gravity) : 공기 밀도를 기준으로 한 증기(가스) 밀도의 상대적인 크기를 나타내는 값으로 무차원수이다. 증기(가스)비중은 폭발한계, 인화점, 끓는점과 깊은 관계가 있다.
>   - $S = \dfrac{\text{대상물질 분자량}/22.4}{\text{공기 분자량}/22.4} = \dfrac{M_w/22.4}{29/22.4}$
> - **위험도**(危險度) : 폭발위험도는 폭발로 인한 피해 및 화재를 일으킬 수 있는 위험정도를 나타내는 척도(지수)이다.
>   - $H = \dfrac{U-L}{L}$ $\begin{cases} U : \text{폭발상한값 또는 연소상한값} \\ L : \text{폭발하한값 또는 연소하한값} \end{cases}$

㉴ 기체의 밀도 및 농도의 온도 및 압력보정

  ㉠ 기체밀도의 온도 및 압력보정(Boyle-Charle's Law 적용)

  - $\rho_2 = \rho_1 \times \dfrac{T_1}{T_2}\dfrac{P_2}{P_1}$ $\begin{cases} \rho_2 : T_2, P_2 \text{ 상태하의 기체밀도} \\ \rho_1 : T_1, P_1 \text{ 상태하의 기체밀도} \\ T_1, T_2 : \text{각각의 절대온도(K)} \\ P_1, P_2 : \text{각각의 압력} \end{cases}$

  ㉡ 기체농도의 온도 및 압력보정(Boyle-Charle's Law 적용)

  - $C_2 = C_1 \times \dfrac{T_1}{T_2}\dfrac{P_2}{P_1}$ $\begin{cases} C_2 : T_2, P_2 \text{ 상태하의 기체농도} \\ C_1 : T_1, P_1 \text{ 상태하의 기체농도} \\ T_1, T_2 : \text{각각의 절대온도(K)} \\ P_1, P_2 : \text{각각의 압력} \end{cases}$

⑩ 비중(Specific Gravity, S)

  ㉮ 정의 : 표준물질의 밀도를 기준으로 어떤 물질에 대한 밀도의 비(比)를 말한다.

  ㉯ 단위 : 단위 없음(무차원)

  ㉰ 관계식 : 비중 $= \dfrac{\text{대상물질의 밀도}}{\text{표준물질의 밀도}} \rightarrow S = \dfrac{\rho_a}{\rho_s}$ $\begin{cases} \rho_a : \text{대상물질 밀도} \\ \rho_s : \text{표준물질 밀도} \end{cases}$

  ※ 표준물질의 적용 : 액체 · 고체에 대한 표준물질은 4℃의 물(1,000 kg/m³)

⑪ 점도(Dynamic Viscosity, $\mu$)

  ㉮ 정의 : 접선방향의 힘 또는 전단응력(剪斷應力)에 대한 저항의 크기를 나타낸다.

  ㉯ 단위 : $\mathrm{N \cdot sec/m^2}$(SI), $\mathrm{kg/m \cdot sec}$(MKS), $\mathrm{g/cm \cdot sec}$(CGS), $\mathrm{Pa \cdot sec}$

  ㉰ 상당량 : 1P(poise)=1g/cm · sec, 1cP(centipoise)=1mg/mm · sec

  ㉱ 환산인자 : 1P=$10^{-1}$kg/m · sec, 1cP=$10^{-3}$kg/m · sec, 1mP=$10^{-4}$kg/m · sec

⑫ 동점도(Kinematic viscosity, $\nu$)
  ㉮ 정의 : 점성계수($\mu$)를 밀도로 나눈 값을 말한다.
  ㉯ 단위 : $m^2/sec$(MKS 단위계), $cm^2/sec$(CGS 단위계), $ft^2/sec$(FPS 단위계)
  ㉰ 상당량 : $1stokes(St)=1cm^2/sec$
  ㉱ 관계식 : 동점도 $= \dfrac{점도}{밀도}$ → $\nu = \dfrac{\mu}{\rho}$ … ($cm^2/sec$ or $m^2/sec$)

⑬ 비열(Specific Heat, $C_p$)
  ㉮ 정의 : 물질 1g의 온도를 상태변화 없이 1℃ 올리는 데 필요한 열량을 말한다.
  $$C_p = \dfrac{열량}{물질의\ 질량 \times 온도변화}$$
  ㉯ 단위 : $J/g \cdot ℃$, $cal/g \cdot ℃$, $kcal/kg \cdot ℃$, $kcal/m^3 \cdot ℃$

⑭ 열량(Quantity of Heat, $Q$)
  ㉮ 정의 : 열의 많고 적음을 나타내는 양이다. 열량의 단위는 칼로리(cal : 1cal=4.186J)를 사용한다. 1cal는 물 1g의 온도를 1℃만큼 올리는 데 필요한 열의 양이다.
  ㉯ 관계식 : 열량($Q$) = 물질량($G$) × 비열($C_p$) × 온도차($\Delta t$)

● 참고 ●

| 융점(融點)<br>(Melting Point) | • 대기압(1atm)하에서 고체가 녹아 액체가 되는 온도를 말함<br>• 융점이 낮은 경우 액체로 변화하기가 용이하고 위험성이 높음<br>• 고체가 액체로 변화하는 데 소요되는 열량을 융해열이라 함<br>□ 얼음의 융해열(kcal)=얼음의 무게(kg) × 80(kcal/kg) |
|---|---|
| 현열(顯熱)<br>(Sensible Heat) | • 물체의 온도가 가열, 냉각에 따라 변화하는 데 필요한 열량을 말함<br>• 물질에 의하여 흡수 또는 방출된 열이 온도변화로 나타남<br>• 물질의 상태변화에는 사용되지 않는 열임<br>□ 물의 현열(kcal)=물의 무게(kg)×비열(kcal/kg · ℃) × 온도차(℃) |
| 잠열(潛熱)<br>(Latent Heat) | • 물질의 상태변화에만 사용되고, 온도 상승의 효과를 나타내지 않는 열<br>• 100℃ 물(1kg)을 증기화하는 데 요하는 증발잠열(기화열)=539kcal/kg |

⑮ 원자량과 분자량, 아보가드로 수
  ㉮ 원자량 : 원자의 무게를 원자량이라고 한다. 원자량은 특정 산식이나 계산기를 동원해서 직접 산정하는 것이 아니라 암기해서 사용하는 것이다. 다음에 제시하는 13가지 원자량만 알면 수험대비하는 데는 큰 문제가 없을 것이다.
    • H : 1, C : 12, N : 14, O : 16, F : 19, Na : 23, Al : 27, Si : 28
    • P : 31, S : 32, Cl : 35.5, Ca : 40, Fe : 56
    ※ 문제에서 정확한 원자량이 제시되지 않은 한 무조건 위에 있는 원자량을 암기해서 활용하도록!!

㉮ 분자량 : 분자량은 그 분자를 구성하는 모든 원자의 원자량을 합한 값이다.
- $SO_2$ 분자량(몰 질량=화학식량) → $32+16\times2 ≒ 64$
- NaOH 분자량(몰 질량=화학식량) → $23+16+1 ≒ 40$

㉯ 아보가드로 수(Avogadro's Number) : $6.0221367\times10^{23}$개의 입자수(粒子數)를 의미한다.
- 1몰(mol)은 C-12 동위원소 12g 중에 포함되어 있는 원자의 개수와 같은 수(원자, 분자, 이온, 입자 수)를 포함하는 물질의 양으로 정의된다.
- 1몰(mol)=$6.0221367\times10^{23}$개 입자이다.
- 기체의 경우, 기체의 종류에 관계없이 같은 온도와 같은 압력에서 아보가드로 수가 같으면 항상 부피는 같다. → 1몰(mol)=$6.0221367\times10^{23}$=22.414L(≒22.4L)(표준상태)

### 개념문제

어떤 기체의 무게는 30g인데 같은 조건에서 같은 부피의 이산화탄소의 무게가 11g이었다. 이 기체의 분자량을 구하시오.

 $44(CO_2) : 11g = M : 30g$

$$\therefore M = \frac{44}{11}\times30 = 120$$

[비고] 현재의 답안지와 같이 기재해도 되고, 보다 세밀하게 작성하려면 하단의 "세밀답안"처럼 공식을 포함한 단위의 정산과정을 알 수 있도록 명료하게 기재하여도 된다.

 □ $m(기체질량) = V(부피) \times \frac{M(분자량)}{22.4}$ → $M = m \times \frac{22.4}{V}$

- $V(기체부피) = CO_2 부피 = 11g \times \frac{22.4L}{44g} = 5.6L$

$$\therefore M = 30g \times \frac{22.4L}{5.6L} = 120$$

▮참고▮

 이 문제는 어떤 기체는 질량(30g)만 알 수 있고, 부피나 밀도를 알 수 없는 상쾌이다. 그러므로 문제에서 제시된 표준상태에서의 밀도를 알 수 있는 이산화탄소($CO_2$, 분자량 12+16×2=44)를 기준으로 부피를 먼저 산출하면 이와 동일한 부피를 갖는 어떤 기체의 분자량을 다음과 같이 산출할 수 있다. 그것은 같은 조건에서 같은 부피의 이산화탄소의 무게는 11g이라고 제시하기 때문이다.

□ 기체질량 = 부피 × 밀도 = 부피 × $\frac{44}{22.4}$ = 11 g  $\begin{cases} 44 = CO_2 \text{ 분자량} \\ 22.4 = CO_2 \text{ 1mol의 체적} \end{cases}$

- $CO_2$의 부피 = $\frac{11}{1.9643}$ ≒ 5.6 L → 어떤 기체의 부피와 같음

- 어떤 기체의 질량 = 부피 × $\frac{\text{분자량}}{22.4}$ = 30 g = 5.6 L × $\frac{M}{22.4}$

∴ 어떤 기체의 분자량($M$) = $\frac{30 \times 22.4}{5.6}$ = 120

필답형 계산문제 답안지는 "서술을 최소화"하고, "계산과정"과 "답", "단위" 이 4가지를 명확히 하여야 하는 것에 신경을 많이 써야 한다. 특히, "계산과정", "답", "단위" 3요소 중 하나라도 빠지면 안 된다.

## 유사문제

**01** $CH_4$ 16g 중에서 C가 몇 mol 포함되어 있는지 계산하여 답안지에 쓰시오.

**02** 표준상태에서 수소 가스의 밀도(g/L)를 구하시오.

**03** 어떤 기체의 질량은 2g이다. 이를 100℃, 압력 730mmHg에서 부피를 측정한 결과 600mL이었다. 기체 분자량은 얼마인지 계산하시오.

**04** 제5류 위험물 중 질산에스테르류에 속하는 질산메틸의 증기비중을 구하시오. (단, 공기의 평균분자량은 29이다.)  [07,11,15]

**05** 톨루엔의 증기비중을 구하는 식과 답을 쓰시오.  [19]

**06** 톨루엔의 증기밀도를 구하시오. (단, 표준상태 기준)  [03,07,12]

**07** 다음의 위험물에 대한 증기비중을 구하시오.  [03,22,25]

(1) 이황화탄소
(2) 아세트알데히드
(3) 벤젠

**08** 다음 물음에 답하시오.  [18]

(1) 아세톤의 시성식을 쓰시오.
(2) 아세톤의 지정수량을 쓰시오.
(3) 아세톤의 증기비중을 구하시오.

**09** 아세트알데하이드의 증기비중과 표준상태에서 증기밀도를 구하시오. (단, 공기 분자량은 29)  [03,09]

## 유사문제 답안·해설

**01** 답안  C (mol) = 16 g × $\frac{12}{16}$ × $\frac{1 \text{ mol}}{12 \text{ g}}$ = 1 mol

[비고] 현재의 답안지와 같이 기재해도 되고, 보다 세밀하게 작성하려면 하단의 "세밀답안"처럼 공식을 포함한 단위의 정산과정을 알 수 있도록 명료하게 기재하여도 된다.

세밀답안  □ C (mol) = $CH_4$ 질량 × 구성비$\left(\frac{12}{16}\right)$ × $\frac{1 \text{ mol}}{12}$

∴ C (mol) = 16 g × $\frac{12}{16}$ × $\frac{1 \text{ mol}}{12 \text{ g}}$ = 1 mol

### ▮참고▮

 $CH_4$ 중 탄소 mol 수는 $CH_4$의 질량(16g/mol)에 탄소의 구성비를 곱하여 산출한다.

- 먼저 "$CH_4$를 분해한다" 생각하고 → C와 H를 구분하여 질량을 구함 ↓ ○ C = 1개 = 12g (1×12)
  ○ H = 4개 = 4g (1×4)
  - 탄소와 수소의 질량을 합산하면 16이 된다. 16은 $CH_4$의 g분자량이다.
  - 16은 $CH_4$의 g분자량이므로 1mol=16g=체적 22.4L(기체상)이라는 등식이 성립된다.
  - 메테인(메탄, $CH_4$)의 질량은 16g이고, 이 중에 함유된 탄소(C)는 1개 → 1mol=12g(g원자량)
- 단위를 소거하거나 잠재되어 있는 의미를 소거하려면 나누기를 해야 한다.
  - 소거하고 싶은 단위나 의미(나누는 값)는 분모 위치에 둔다.
  - 동일한 단위나 의미를 갖는 것이 아니면 소거되지 않는다.
- 단위를 곱하기 하면
  - "동일 단위"를 곱하면 "제곱"이 붙는다.
  - "동일하지 않는 단위"를 곱하면 "단위가 직렬로" 연속하여 붙는다.

### [시범풀이]

"16g $CH_4$ 중 탄소 mol 수"를 저자가 계산해 보이겠다.

- 자신이 구하고자 하는 단위와 의미를 계산의 맨 앞에 놓는다.

$$x \, mol(탄소) = 16g(메탄) \times \frac{B}{A}$$

- 최종 의미가 "탄소"로 산출되어야 하므로 "메탄"의 의미는 "소거"할 필요가 있다. → 그러므로 A의 위치(분모)에 "메탄"의 의미를 넣는다.
- 문제에서 "$CH_4$ 중에 탄소"라고 할 경우 "중에"="분에(분수)"와 같은 개념으로 알고 있으면 좋다. 그러므로 분모는 메탄, 분자는 탄소가 들어가야 된다.

$$x \, mol(탄소) = 16g(\cancel{메탄}) \times \frac{탄소(12)}{\cancel{메탄}(16)}$$

- 메탄의 의미는 "소거"되므로 메탄의 질량에서 "탄소"의 질량(g)으로 단위와 의미가 모두 바뀐다. 이때 단위는 그대로 따라가는 것이며, "의미만 전환"되는 것임을 알아야 한다. 그리고 (12/16)은 탄소와 메탄의 질량비(g/g)이므로 이 단위는 자연적으로 없어진다.
- 이제 탄소의 질량을 mol로 전환하면 된다. "C 1mol=12g"이므로 이를 적용한다. 이때 지금까지 계산된 앞 단위는 "g"이므로 mol로 바꾸기 위해서는 "g"을 소거해야 한다. 그러므로 "1mol=12g"에서 12g를 분모로 배치해야 "g" 단위는 소거되고 "mol" 단위가 최종단위로 나온다.

$$x \, mol(탄소) = 16g(\cancel{메탄}) \times \frac{탄소(12)}{\cancel{메탄}(16)} \times \frac{1 \, mol}{탄소 \, 12g}$$

- 최종적으로 계산기를 사용하여 남아 있는 숫자를 곱하고, 나누기만 하면 검산까지 끝난 완전한 계산이 된다. 규정된 공식이 없는 단순 계산문제는 이렇게 단위와 의미로만 풀어내는 것이 가장 확실한 계산법이다.

## 02

**답안** 밀도 = $\dfrac{2g}{22.4L} = 0.089\,g/L$

**비고** 현재의 답안지와 같이 기재해도 되고, 보다 세밀하게 작성하려면 하단의 "세밀답안"처럼 공식을 포함한 단위의 정산과정을 알 수 있도록 명료하게 기재하여도 된다.

**세밀답안**
$\square\ \rho(\text{기체밀도}) = \dfrac{\text{질량}}{\text{부피}} = \dfrac{M(\text{g분자량})}{22.4L}$

$\therefore \rho = \dfrac{2\,g}{22.4\,L} = 0.089\,g/L$

■ 참고 ■

**상세해설** 표준상태(0℃, 1기압)에서 모든 기체의 밀도는 분자량을 1mol의 부피(22.4)로 나누어 산정한다. 수소($H_2$)의 분자량은 2이고, 1mol의 질량은 2g이므로 다음과 같이 산정한다. 한 번 더 강조하지만 단위와 해당 단위가 같은 잠재적 의미를 이용하기 위해 아래 사항을 꼭 기억해 두어야 한다.

- 단위를 소거하거나 잠재되어 있는 의미를 소거하려면 나누기를 해야 한다.
  - 소거하고 싶은 단위나 의미(나누는 값)는 분모 위치에 둔다.
  - 동일한 단위나 의미를 갖는 것이 아니면 소거되지 않는다.
- 단위를 곱하기 하면
  - "동일 단위"를 곱하면 "제곱"이 붙는다.
  - "동일하지 않은 단위"를 곱하면 "단위가 직렬로" 연속하여 붙는다.

**[시범풀이]**
"표준상태에서 수소 가스의 밀도(g/L)"를 저자가 구해 보이겠다.

- 자신이 구하고자 하는 단위와 의미를 계산의 맨 앞에 놓는다.
- 문제를 다시 보면 …→ "수소 가스"이므로 → 분자식 $H_2$ → g분자량 2g=1mol=22.4L이다.

$x\ \text{수소가스 밀도}\left(\dfrac{g}{L}\right) = \dfrac{B}{A}$

- "="을 중심으로 "의미"와 "단위"를 주시한다. → "=" 좌측항의 의미는 "수소", 단위는 g/L, "="의 우측항 역시 동일해야 하므로 A는 수소 부피(L), B는 수소 질량(g)이 들어가야 한다는 것을 알 수 있다.
- 수소 밀도(g/L)를 구하자면 수소 2g=1mol=22.4L 중 22.4L은 A위치에, 2g은 B의 위치에 놓여야만 밀도 단위(g/L)를 얻을 수 있다.

$x\ \text{수소가스 밀도}\left(\dfrac{g}{L}\right) = \dfrac{2g}{22.4L} = 0.089\,g/L$

## 03

**답안** 분자량 = $2g \times \dfrac{22.4L(STP)}{0.6L} \times \dfrac{(273+100)}{273} \times \dfrac{760}{730} = 106.21\,(g/mol)$

**비고** 현재의 답안지와 같이 기재해도 되고, 보다 세밀하게 작성하려면 하단의 "세밀답안"처럼 공식을 포함한 단위의 정산과정을 알 수 있도록 명료하게 기재하여도 된다.

**세밀답안**
$\square\ m(\text{기체질량}) = \forall(\text{부피}) \times \dfrac{M(\text{분자량})}{22.4} \leftarrow M = m \times \dfrac{22.4}{\forall}$

$\therefore \text{분자량} = 2g \times \dfrac{22.4L(STP)}{0.6L} \times \dfrac{(273+100)}{273} \times \dfrac{760}{730} = 106.21\,(g/mol)$

※ 분자량 산정할 때는 단위를 표시하지 않아도 틀리지 않는다.

■ 참고 ■

온도와 압력이 제시될 때에는 보일-샤를의 법칙을 적용하는 것이 간편하다. 이때 "부피" 단위에만 집중하여 보정하는 요령이 필요하다. 100℃에서 부피 600mL(=0.6L)를 0℃, 760mmHg 상태의 부피로 환산한다고 생각하고 문제를 푼다.

[시범풀이]

"어떤 기체의 질량은 2g이다. 이를 100℃, 압력 730mmHg에서 부피를 측정한 결과 600mL이었다. 이 기체의 분자량은?" 저자가 이 문제를 계산해 보이겠다.

- 문제에서 "어떤 기체의 질량은 2g=600mL(100℃, 압력 730mmHg에서)"의 조건이다. 질량은 온도와 압력이 변해도 불변의 양이지만 부피는 절대온도에 비례하여 팽창하고, 압력에는 반비례하여 줄어든다. 따라서 부피 단위에만 온도와 압력의 변화를 고려한다. 저자가 적용하는 법칙은 코일-샤를의 법칙(Boyle-Charle's Law)이다.

- 자신이 구하고자 하는 단위와 의미를 계산의 맨 앞에 놓고, 문제 중에서 단위가 있는 값(질량 2g=600mL)을 놓고 계산을 진행한다.

$$2g = 600mL \times \frac{B}{A}$$

- 최종 의미가 "g"으로 산출되어야 하므로 "600mL"에서 "mL" 단위는 "소거"할 필요가 있다. → 그러므로 B의 위치(분모)에 "22.4L"의 의미를 넣는다. 그렇게 되면, 22.4L=Mg=1mol이므로 반대쪽 B의 위치(분자)에는 M(g분자량)이 들어가야 한다.

$$2g = 600mL(100℃) \times \frac{M(g)}{22.4L(표준상태)} \times \frac{B}{A}$$

- 600mL의 의미가 "100℃, 압력 730mmHg에서 부피"이다. 그런데 22.4L은 표준상태의 부피를 의미하므로 "의미의 통일"이 필요하다. → 이때는 600mL를 표준상태로 바꾸는 것이 원칙이며, 온도 및 압력보정을 할 때는 항상 온도부터 먼저 고려해야 한다.

- 온도 2가지 { ◦ 표준상태 : 0℃ → 절대온도(K) = 273+0
            ◦ 100℃ 상태 : 절대온도(K) = 273+100

$$2g = 600mL(100℃) \times \frac{Mg}{22.4L(표준상태)} \times \frac{273+0(표준온도)}{273+100(100℃ 절대온도)} \times \frac{B}{A}$$

- 온도 100℃의 의미를 소거하였다. 다음은 압력을 보정해야 한다. 100℃ 온도일 때 압력이 730mmHg이므로 → 대각선 위치 B에 이 값을 넣어야만 의미가 소거된다.

- 압력 2가지 { ◦ 표준상태 : 760mmHg = 1기압
            ◦ 100℃ 상태 : 730mmHg

$$2g = 600mL \times \frac{Mg}{22.4L} \times \frac{273+0(표준온도)}{273+100(100℃ 절대온도)} \times \frac{730(100℃ 압력)}{760(표준압력)}$$

- 보는 바와 같이 모든 "의미"가 표준상태로 전환되었음을 확인할 수 있다.

- 이제는 단위를 정리할 차례다. "600mL"와 "22.4L"의 단위를 통일하기 위해 1L=1000mL를 넣고 단위를 소거하면 계산의 "의미"는 "M"즉, 분자량만 남게 된다.

$$2g = 600mL \times \frac{Mg}{22.4L} \times \frac{273+0}{273+100} \times \frac{730}{760} \times \frac{1L}{1000mL} \quad \rightarrow \quad 2g = \frac{119,574,000(M)}{6,349,952,000}$$

- 최종적으로 계산기를 사용하여 남아 있는 숫자를 곱하고, 나누기만 하면 검산까지 끝난 완전한 계산이 된다. 규정된 공식이 없는 단순 계산문제는 이렇게 "단위"와 "의미"로만 풀어 내는 것이 가장 확실하다. 위의 관계식에서 M을 구하면 이 물질의 분자량이 된다. M=106.21g/mol

# 04

**답안** $S_{(비중)} = \dfrac{증기밀도}{공기밀도}$, $\therefore S_{(비중)} = \dfrac{77/22.4}{29/22.4} = 2.66$

## ▮참고▮

이 문제의 첫 번째 Blockage는 "**질산메틸**"이라는 한글 명칭을 화학식으로 나타내는 것이고, 두 번째 Blockage는 증기비중 계산식을 이용하여 비중을 구하는 것이다. 첫 번째 관문을 통과하지 못하면 두 번째 문제도 풀 수 없으므로 질산메틸의 분자식을 간파하는 것이 이 문제의 핵심이 된다.

질산메틸을 한글로 명명할 때 음이온–양이온 순서로 이름을 붙이므로 질산($NO_3^-$) 음이온, 메틸($CH_3^+$) 양이온이 결합된 것이라 유추할 수 있으므로 질산메틸(Methyl Nitrate)의 분자식은 $CH_3NO_3$, 시성식은 $CH_3ONO_2$로 나타낸다.

질산메틸은 자기반응성을 갖는 제5류 위험물로 분류되는 질산에스테르류로서 상온에서 액체이다. 제5류 위험물 중 유기과산화물과 함께 지정수량 10kg으로 위험등급 I등급으로 지정·관리되고 있는 위험물이다.

아래는 저자가 즐겨 사용하는 제5류 위험물의 품명 및 지정수량을 암기하는 기법이다. 학습에 도움이 될 수 있으므로 이를 따라해 보시길!!

---

**● 이승원의 UFC 제5류 위험물 암기법 ●**

▮**제5류**▮ – 오기질에 / 디져라 힘좀 냈드니만 / 헤드록 당해 / 종일 이배 거품 물고 잤네

- **오** : 5류, 자기반응성
- **기** : 유기과산화물
- **질에** : 질산에스테르류
- **디져라** : 디아조화합물
- **힘** : 히드라진 유도체
- **좀** : 아조화합물
- **냈드니만** : 나이트로(니트로), 나이트로소(니트로소)화합물
- **헤드록 당해** : 히드록실아민, 히드록실아민염류
- **종일**(제1종, 10kg), **이배**(제2종, 100kg) 거품 물고 잤네(자기반성=자기발화성)

---

질산메틸($CH_3NO_3$)의 분자량이 77이다. 그러므로 1mol의 질량은 77g이고, 기체가 되어 증발할 경우 1mol당 증발된 기체의 체적은 22.4L(0℃, 1기압)으로 간주된다.

증기비중을 산출할 때, 기준물질은 공기가 된다. 공기 1mol의 질량은 29g이고, 그 체적은 22.4L(0℃, 1기압)으로 간주된다.

---

▮**공식**▮ 준비해 두어야 하는 주요 개념 및 공식은 다음과 같다.

- **증기밀도 산정공식** : 증기밀도 (g/L) = $\dfrac{증기 분자량(g)}{22.4(L)}$
- **공기밀도 산정공식** : 공기밀도 (g/L) = $\dfrac{공기 분자량(29g)}{22.4(L)}$
- **증기비중 계산공식** : 증기비중 = $\dfrac{증기밀도}{공기밀도} = \dfrac{증기 분자량}{공기 분자량}$

---

이 문제의 주문사항인 질산메틸($CH_3NO_3$)의 비중은 다음과 같이 산출된다. 단, 답안지는 "**계산과정**", "**답**", "**단위**" 3요소 중 하나라도 빠지면 안 된다.

## 05

**답안** $S_{(비중)} = \dfrac{증기밀도}{공기밀도}$, ∴ $S_{(비중)} = \dfrac{92/22.4}{29/22.4} = 3.17$

### ▌참고 ▌

이 문제 역시 첫 번째 Blockage는 "**톨루엔**"이라는 한글 명칭을 화학식으로 나타내는 것이고, 두 번째 Blockage는 증기비중 계산식을 이용하여 비중을 구하는 것이다. 첫 번째 관문을 통과하지 못하면 두 번째 문제도 풀 수 없으므로 톨루엔의 분자식을 간파하는 것이 이 문제의 핵심이 된다.

┌─────── **이승원의 학습기법 소개** ───────┐

방향족(벤젠 중심) 탄화수소에 대한 저자의 A⁺학습비법을 여기에 소개하면;
- 벤젠 : 육(육각), 페놀 : 육수(페수, 육각-OH), 아닐린 : 육수아님(육각-$NH_2$)
- 톨루엔 : 돌루멤(육각-$CH_3$), 크실렌 : 큰돌[육각-$2CH_3(o, m, p)$], 벤조산 : 벤초산(육각-COOH)

└─────────────────────────────────┘

**톨루엔** : 돌루멤(육각-$CH_3$)으로 기억해 두었으므로 그 구조는 ○-$CH_3$(구조식)이고, 벤젠($C_6H_6$)에서 수소(H) 하나를 떼고 -$CH_3$를 붙인 것, 즉 $C_6H_5CH_3$가 **시성식**이며, 조성식으로 $C_7H_8$(분자량 92)로 쓸 수도 있다.
톨루엔(Toluene, $C_6H_5CH_3$)은 제4류 위험물(인화성 액체)의 제1석유류(비수용성)로 분류되며, 휘발유, 벤젠, 초산에틸 등과 함께 **지정수량** 200L로 알콜류와 더불어 **위험등급 Ⅱ등급**으로 지정·관리되고 있는 위험물이다.

┌─────── **이승원의 제4류 위험물-1석유류 암기법** ───────┐

▌제1석유 ▌ – 1석 이조 휘둘조지메 헤사 삐서 - 아시피나네~ (부산사투리?)
- 1석 : 1석유류
- 이조(22) : 200L, Ⅱ등급
- **휘둘조지메** : 휘(휘발유), 둘(톨루엔), 조(초산에틸), 지(벤젠), 메(메틸에틸케톤)
- **헤사 삐서** : 헤(사이클로헥세인), 이상 비수용성, 이하 수용성
- **아시피나네** : 아(아세톤), 시(시안화수소), 피(피리딘), 나넷(400L)

└──────────────────────────────────────────┘

톨루엔($C_6H_5CH_3$)의 분자량이 별도로 제시되지 않았으므로 일반적으로 적용하는 원자량 C 12, H 1을 합산하면 분자량 $92(= 12 \times 6 + 1 \times 5 + 12 + 1 \times 3)$을 얻는다. 그러므로 1mol의 질량은 92g이고, 기체가 되어 증발할 경우 1mol당 증발된 기체의 체적은 22.4L(0℃, 1기압)으로 간주된다.
이것을 토대로 다음과 같이 톨루엔의 증기비중을 산정한다. 이때 문제의 주문사항인 **증기비중을 구하는 식**과 **답**을 각각 작성해야만 지정 점수를 얻을 수 있다.

□ $S_{(비중)} = \dfrac{증기밀도}{공기밀도}$ → ∴ $S_{(비중)} = \dfrac{92/22.4}{29/22.4} = 3.17$

┌──────────────────────────────────────┐
"학습기법" 및 "암기법"은 "이승원의 독창적인 저작물"이므로 저자의 허락을 받지 않고 복제·복사·모방·인용(오프라인, 온라인, 카페, 유튜브등 기타 T포함)할 수 없으며, 저술내용은 모두 "저작권법"에 따라 엄격히 보호 받고 있음을 알립니다.
└──────────────────────────────────────┘

## 06

**답안** 증기밀도$(g/L) = \dfrac{증기\ 분자량(g)}{22.4(L)} = \dfrac{92}{22.4} = 4.11\,g/L$

## 07

**답안** (1) 증기비중 = $\dfrac{CS_2 \text{ 밀도}}{\text{공기 밀도}} = \dfrac{76/22.4}{29/22.4} = 2.62$

(2) 증기비중 = $\dfrac{CH_3CHO \text{ 밀도}}{\text{공기 밀도}} = \dfrac{44/22.4}{29/22.4} = 1.52$

(3) 증기비중 = $\dfrac{C_6H_6 \text{ 밀도}}{\text{공기 밀도}} = \dfrac{78/22.4}{29/22.4} = 2.69$

### ▌참고▐

 **상세해설**
지금 문제와 같이 한글로 명칭을 제시하는 경우, 해당 물질의 화학식을 알지 못하면 첫 번째 관문조차 통과하지 못한다. 따라서 이런 문제유형의 가장 큰 Blockage는 화학식이 된다는 것을 알아야 한다.

이황화탄소에서처럼 원소의 이름 끝에 "화"를 붙여서 명명한 것은 **단원자 음이온**이 결합되어 있다는 의미이다. 즉, "이황화"라고 하였으므로 황(S)의 음이온 2개가 탄소 양이온과 결합되어 분자를 구성하고 있다는 것이다. 그러므로 화학식은 $CS_2$가 되고 g분자량은 $12+32\times 2=76$이 된다.

아세트알데히드는 알데히드의 구성을 떠올린다. → "알써"(RCHO)
- R이 H이면 : "손(手, 손수)폼보고 알써"(HCHO)=폼(포름)알데히드
- R이 $CH_3$이면 : "덜 아알써" (메틸기-CHO) → $CH_3CHO$=**아세트알데히드**로 구분한다. 그러므로 아세트알데히드의 화학식은 $CH_3CHO$가 되고 g분자량은 $12\times 2+4+16=44$가 된다.

아세트알데히드의 화학식은 $CH_3CHO$가 되고 g분자량은 $12\times 2+4+16=44$가 된다.

벤젠은 육각형을 생각한다. 육각의 꺾어진 모서리마다 탄소(C)가 존재하고, 여기에 수소 하나씩 붙어 있는 구조이다. 그러므로 분자식은 $C_6H_6$이 되고 g분자량은 $12\times 6+6=78$이 된다.

비중(比重, Specific gravity)은 무차원 수로서 기준물질(표준물질)에 비해 대상물질이 몇 배 더 무거운 지를 판단하는 척도이다. 따라서 증기비중은 각 물질의 증기밀도(蒸氣密度)를 표준 기체인 공기밀도로 나누어 산정한다. 각 물질의 1mol=g분자량=22.4L이므로 다음과 같이 증기비중 공식을 이용하여 산출할 수 있다.

□ 증기비중 = $\dfrac{\text{대상물질 밀도}(=\text{분자량}/22.4)}{\text{공기 밀도}(=\text{분자량}/22.4)} = \dfrac{\text{대상물질 분자량}}{29}$

**[시범풀이]**

**첫 번째.** 이황화탄소($CS_2$)의 g분자량은 $12+32\times 2=76$, 기체 1mol=g분자량=22.4L이므로 다음과 같이 증기비중 공식을 이용하여 산출할 수 있다.

□ 증기비중 = $\dfrac{CS_2 \text{ 밀도}(=\text{분자량}/22.4)}{\text{공기 밀도}(=\text{분자량}/22.4)} = \dfrac{76}{29} = 2.62$

**두 번째.** 아세트알데히드($CH_3CHO$)의 분자량은 44, 기체 1mol=g분자량=22.4L이므로 다음과 같이 증기비중 공식을 이용하여 산출할 수 있다.

□ 증기비중 = $\dfrac{CH_3CHO \text{ 밀도}(=\text{분자량}/22.4)}{\text{공기 밀도}(=\text{분자량}/22.4)} = \dfrac{44}{29} = 1.52$

**세 번째.** 벤젠($C_6H_6$)의 분자량은 78, 기체 1mol=g분자량=22.4L이므로 다음과 같이 증기비중 공식을 이용하여 산출할 수 있다.

□ 증기비중 = $\dfrac{C_6H_6 \text{ 밀도}(=\text{분자량}/22.4)}{\text{공기 밀도}(=\text{분자량}/22.4)} = \dfrac{78}{29} = 2.69$

답안지에는 간단명료하게 기재한다. 이때 분자량만 나누어 기재하는 답안지는 피해야 한다. 이황화탄소를 예를 들면, "비중=76/29=1.52"으로 기재하는 것은 가급적 피하는 것이 좋다는 것이다. 채점과정에서 아라비아 숫자상의 "답"은 맞겠지만 산출과정에서 수험생이 쓴 답안지는 "**질량비**"를 구한 것이지 비중을 구한 것이 아니라고 판정한다면 어쩔 도리도 없게 될 수도 있다.

앞서 설명한 바와 같이 비중(比重, Specific gravity)은 무차원 수로서 기준물질(표준물질)에 비해 대상물질이 몇 배 더 무거운 지를 판단하는 척도이다. 따라서 증기비중은 각 물질의 증기밀도(蒸氣密度)를 표준 기체인 공기밀도로 나누어 산정하는 것이기 때문에 **주관식 계산문제**는 "답"도 중요하지만 채점항목에 "**계산과정**"이 포함되어 있을 수 있다는 것을 염두에 두어야 한다.

답안의 주문조건을 충족하면 61점으로 합격할 것인데, 한 문제를 틀리게 푸는 바람에 57점으로 합격하지 못하였다면 … 몇 달여의 기간 동안 노력한 땀과 시간이 한순간에 사라진다는 것이다. 특히, 계산문제 답안지를 작성할 때는 초집중하여 조건-간단-명료(문제의 단서조건, 답, 과정, 단위확인)하게 작성해야 한다.

**08** **답안** (1) 아세톤 시성식 : $CH_3COCH_3$

(2) 아세톤의 지정수량 : 400L

(3) 아세톤의 증기비중 : 증기비중 $= \dfrac{58/22.4}{29/22.4} = 2.0$

■ **참고** ■

 출제자가 문제를 낼 때, 문제별 특색이 있는 Blockage가 있다. 이 문제의 Blockage는 "**아세톤**"이라는 한글명칭이다. 왜냐하면 아세톤(Acetone)의 화학식을 모르면 문제를 풀어 볼 의욕조차 없어져 버리기 때문이다. 그래서 이러한 경우를 대비하여 앞서 저자가 소개한 학습기법에서 "**아세톤=아세콘**"으로 기억해 두라고 한 부분이 있다.

"**아**"는 알킬기(Alkyl Group), "**세**"는 탄소 3개(C-C-C) 결합, "**콘**"은 C=O(Carbonyl Group)로 결합되어 있음을 알 수 있다. 카보닐기는 알데히드 및 케톤의 특성기이다. 따라서 아세톤을 화학식(시성식)으로 나타내면 $CH_3COCH_3$(분자량 58)로 됨을 알 수 있다.

이 책에 소개되는 모든 학습기법은 저자 이승원의 독창적인 작품으로 허락받지 않은 제3자는 복제·복사사용하거나 온라인, 오프라인에 사용할 수 없음을 알린다.

아세톤은 제4류 위험물(수용성의 제1석유류)로 분류되고 있으며, 지정수량 400L, 알코올류와 함께 위험등급 Ⅱ등급으로 지정·관리되고 있는 물질이다.

[시범풀이]

**첫 번째**, 아세톤의 시성식을 쓰는 것에서 **시성식**(示性式, Rational Formula)이란 분자가 가지는 특성을 쉽게 파악할 수 있도록 작용기(作用基, -OH, -CHO, -NO₂ 등)를 써서 나타낸 식을 말한다. 그러므로 조성식, 실험식 등으로 기재하면 틀린다. 아세톤의 화학식(시성식)은 **$CH_3COCH_3$**이다.

**화학식**(化學式, Chemical Formula)은 화합물을 표시하기 위하여 원소 기호를 조합한 식을 총칭한다. 조성식, 분자식, 시성식(示性式), 구조식 등이 있다.

**조성식**(組成式, Empirical Formula)은 화합물을 구성하는 각 원소가 몇 개 존재하는지를 나타내고, 원소 기호와 그 뒤에 오는 정수로 표현한다. 이 정수는 원소의 "원자 수"가 아니라 화합물의 원소의 "몰비"를 나타낸다. 예를 들어, 물의 조성식은 "$H_2O$"이다. 이 "$H_2O$"는 "수소 : 산소=2 : 1"이라는 몰비로 수소와 산소가 존재하는 것을 나타낸다.

분자식(分子式, Molecular Formula)은 화학물질의 구성이 되는 원자의 종류와 수를 나타내는 기호이다. 각각의 원자의 표기는 주기율표에 근거하여 원소 기호로 나타낸다. 원소 기호 뒤의 숫자는 그 원소의 수를 나타낸다. 예를 들어, 물($H_2O$)의 분자식은 2개의 수소 원자(H)와 1개의 산소 원자(O)를 나타낸 것이다.

**분자식(分子式)과 조성식(組成式)의 차이**

- 분자식은 실제 분자가 어떤 원소와 몇 개의 원자로 구성되어 있는지를 나타내는 반면, 조성식은 원소의 종류와 그 최소 정수비를 나타내는 것이다. 예를 들어, **포도당의 분자식**은 $C_6H_{12}O_6$이지만, **조성식**으로 나타내면 $CH_2O$로 된다. 그것은 조성식에서는 6개의 탄소 원자, 12개의 수소 원자, 6개의 산소 원자가 각각 2 : 2 : 1의 비율로 존재함을 나타내기 때문이다. 비슷한 듯 하여도 의미하는 바가 다르다는 것을 알아 두도록!!
- **시성식**(示性式, Rational Formula)이란 분자(分子)가 가지는 특성을 쉽게 파악할 수 있도록 작용기(作用基, Functional Group)를 써서 나타낸 식을 말한다.

두 번째, 아세톤의 지정수량을 쓰는 것에서 아세톤은 제4류 위험물(수용성의 제1석유류)로 분류되고 있으며, 지정수량 400L, 알코올류와 함께 위험등급 Ⅱ등급으로 지정·관리되고 있는 물질이다.

세 번째, 아세톤의 증기비중을 계산하는 문제에서 비중(比重, Specific gravity)은 무차원 수로서 기준물질(표준물질)에 비해 대상물질이 몇 배 더 무거운지를 판단하는 척도이다. 따라서 증기비중은 각 물질의 증기밀도(蒸氣密度)를 표준 기체인 공기밀도로 나누어 산정한다. 각 물질의 1mol=g분자량=22.4L이므로 다음과 같이 증기비중 공식을 이용하여 산출할 수 있다.

- 증기비중 = $\dfrac{\text{대상물질 밀도}(=\text{분자량}/22.4)}{\text{공기 밀도}(=\text{분자량}/22.4)} = \dfrac{\text{대상물질 분자량}}{29}$

∴ 아세톤의 증기비중 = $\dfrac{58/22.4}{29/22.4} = 2.0$

문제 답안지를 작성할 때는 초집중하여 조건 - 간단 - 명료(답, 과정, 단위확인)하게 작성해야 한다.

**09** **답안** (1) 증기비중 : 비중 = $\dfrac{\text{증기밀도}}{\text{공기밀도}} = \dfrac{44/22.4}{29/22.4} = 1.52$

(2) 증기밀도 : 증기밀도(g/L) = $\dfrac{\text{증기 분자량}(g)}{22.4L} = \dfrac{44\,g}{22.4\,L} = 1.96\,g/L$

## (2) 몰농도, 규정농도, 몰랄농도 · 혼합공식 등

### ① 몰농도(Molarity, mol/L)

㉮ 정의 : 용액 1L당 대상물질 또는 용질의 몰(mol) 수를 말하며, 기호는 주로 M으로 표시한다.

㉯ 개념식의 표현 ➡ $M\left(\dfrac{mol}{L}\right) = \dfrac{용질(mol)}{용액(L)}$

- 용질의 mol 수 = 용질의 질량(g) × $\dfrac{1mol}{분자량(g)}$

- 용질의 질량(g) = 용질의 양(mL) × 용질의 밀도(g/mL) × 순도

 ※ 1. 용질(溶質, Solute) : 용매에 의해 녹는 물질
    2. 용매(溶媒, Solvent) : 용질을 녹여 용액을 만드는 물질
    □ 용액 = 용매 + 용질

### ② 규정농도(Normality, equivalent/L)

㉮ 정의 : 노르말 농도 또는 "규정도"라고도 하며, 용액 1L당 용질의 g당량 수를 말하며, N으로 표시한다.

㉯ g당량 : 그램당량이라 함은 당량($eq$)에 그램을 붙인 양 『1g당량 ; 1gram equivalent』을 말한다. 이것은 그램당량이란 단위의 명칭을 나타내는 것이다.

㉰ 개념식의 표현 ➡ $N\left(\dfrac{eq}{L}\right) = \dfrac{용질(g당량\ 수)}{용액(L)} = M \times 가수$

- 용질의 당량 수 = 용질의 질량(g) × $\dfrac{1eq}{분자량(g)/가수}$

 ※ 가수 $\begin{cases} \text{산(酸)은 }[H^+]\text{의 수} \\ \text{염기는 }[OH^-]\text{의 수} \\ \text{이온의 경우는 산화수} \\ \text{산화·환원제의 경우는 교환되는 전자 수} \end{cases}$

㉱ 이용성 : 몰 농도와 달리 규정 농도는 용액 중의 당량을 나타내므로 화학반응 및 중화반응 등에서 산화수나 가수의 영향을 받지 않는 장점이 있다. 따라서 중화적정, 정밀 시약의 조제, 산화·환원, 기타 화학반응 및 반응 비율 등에 많이 사용된다.

### ③ 몰랄농도(Molality, mol/kg)

㉮ 정의 : 용매 1kg에 녹아 있는 용질의 몰수로 나타낸 농도로 $m$으로 표시한다.

㉯ 개념식의 표현 ➡ $m\left(\dfrac{mol}{kg}\right) = \dfrac{용질(mol\ 수)}{용매(kg)}$

㉰ 이용성 : 몰 농도와 달리 몰랄농도는 질량을 기준으로 하므로 온도변화에 영향을 받지 않는 장점이 있다. 따라서 용액의 농도에 따른 증기압력 내림, 끓는점 오름 또는 어는점 내림 등에 사용하며, 삼투압 측정 등에 이용된다.

④ 혼합 · 희석 · 농축 공식

㉮ 혼합농도 : $C_m = \dfrac{V_1 C_1 + V_2 C_2 + \cdots + V_n C_n}{V_1 + V_2 + \cdots + V_n}$

㉯ 혼합기체 질량 : $M_m = M_1 X_1 + \cdots + M_n X_n$

㉰ 희석 및 농축 : $m_o x_o = m_t x_t$

여기서, $\begin{cases} V_1, V_2, \cdots, V_n : \text{각 물질의 부피} \\ C_1, C_2, \cdots, C_n : \text{각 물질의 농도} \\ M_1, \cdots, M_n : \text{각 물질의 분자량 또는 질량} \\ X_1, \cdots, X_n : \text{각 물질의 혼합비}(Wt) \\ m_o : \text{희석 및 농축 전 N, M 농도} \\ x_o : \text{희석 및 농축 전 물질량 및 함량} \\ m_t : \text{희석 및 농축 후 N, M 농도} \\ x_t : \text{희석 및 농축 후 물질량 및 함량} \end{cases}$

## 개념문제

2M-Ca(OH)₂ 용액 200mL를 만들고자 할 때 50% Ca(OH)₂ 용액은 몇 g이 필요한가? (단, Ca의 원자량은 40)

**Hack 답안지**
$\dfrac{2\,\text{mol}}{\text{L}} \times 200\text{mL} \times \dfrac{10^{-3}\text{L}}{\text{mL}} = x\,(\text{g}) \times \dfrac{50}{100} \times \dfrac{\text{mol}}{74\,\text{g}}$

$x = 59.2\,\text{g}$

[비고] 현재의 답안지와 같이 기재해도 되고, 보다 세밀하게 작성하려면 하단의 "세밀답안"처럼 공식을 포함한 단위의 정산과정을 알 수 있도록 명료하게 기재하여도 된다.

**세밀답안**
▫ $MV = M'V' \begin{cases} MV = \text{희석 전 용질의 mol 수} \\ M'V' = \text{희석 후 용질의 mol 수} \end{cases}$

⇨ $\dfrac{2\,\text{mol}}{\text{L}} \times 200\text{mL} \times \dfrac{10^{-3}\text{L}}{\text{mL}} = x\,(\text{g}) \times \dfrac{50}{100} \times \dfrac{\text{mol}}{74\,\text{g}}$

∴ $x = 59.2\,\text{g}$

## 참고

**상세해설** 희석식(稀釋式)을 이용한다. Ca(OH)₂의 mol 질량(분자량)은 $40 + (16+1) \times 2 = 74\,\text{g}$이다. 용액의 농축(濃縮, Concentration)이나 희석(稀釋, Dilution)과 같은 물리적 조작은 용액 중에 용해되어 있는 수산화칼슘[Ca(OH)₂]과 같은 용질(溶質, Solute)은 변하지 않으면서 물과 같은 용매(溶媒, Solvent)의 양을 변화시킴으로써 농도를 조절(진하게 하는 것 → 농축, 묽게 하는 것 → 희석)하는 것을 말한다.

따라서, 이러한 물리적 조작(농축 또는 희석 조작)은 "용질(수산화칼슘)의 양이 변하지 않는 것"에 주목해야 한다. 즉, "희석 · 농축 전 후의 수산화칼슘의 질량은 일정"하므로 이에 맞추어 계산식을 만들되, 물질량 중 부피가 아닌 질량이나 mol이 일정한 것으로 등식을 만드는 작업이 주요 요령이다.

**[시범풀이]**

"2M-Ca(OH)₂ 용액 200mL를 만들고자 할 때 50% Ca(OH)₂ 용액은 몇 g이 필요한가? (단, Ca의 원자량은 40)" 저자가 50% Ca(OH)₂ 용액의 소요량(g)을 계산해 보이겠다.

- 문제를 접하는 순간, 용질의 양이 변화되지 않는 것은 모두 "희석·농축 전 후의 물질수지 식"을 만들어 풀자!!"라고 생각하고 시작해야 한다.
- 최종 조제 목표는 2M-Ca(OH)₂ 용액 200mL를 조제하는 것이므로, 이 값과 단위를 계산의 맨 앞에 놓고, 50% Ca(OH)₂ 용액의 의미는 뒤에 두기로 한다. 2M=2mol/L을 의미하고, 수산화칼슘[Ca(OH)₂]의 분자량은 74(=40+17×2)이다.

$$\frac{2\text{mol}}{\text{L}} \times 200\text{mL} = x\,\text{g} \times \frac{50}{100}$$

- 답안지는 "mol" 단위를 중심으로 풀이하였으나 지금은 "g" 단위를 중심으로 풀어 보이겠다. 어느 방식이든 답은 동일하다.
- 좌측 항의 분자단위는 "mol", 우측 항의 단위는 "g"으로 서로 다르므로 'g' 단위로 통일시킬 필요가 있다. "mol" 단위를 "g"으로 바꾸기 위해서는 환산인자가 필요하다. → 1mol=g분자량(74) 그리고 "L" 단위는 소거되어야 하므로 "1L=1000mL"의 환산인자를 넣어 단위를 정리한 후 $x$ 값을 구하면 답(答)이 된다.

$$\frac{2\text{mol}}{\text{L}} \times 200\text{mL} \times \frac{74\text{g}}{\text{mol}} \times \frac{\text{L}}{1000\text{mL}} = x\,\text{g} \times \frac{50}{100}$$

∴ $x = 59.2\,\text{g}$

---

### 유사문제

**01** 농도 95wt% 황산의 비중은 1.84이다. 이 황산의 몰 농도(M)가 얼마인지 계산하시오.

**02** 순수한 옥살산($C_2H_2O_4 \cdot 2H_2O$) 결정 6.3g을 물에 녹여서 500mL의 용액을 만들었다. 이 용액의 몰농도(M)를 계산하시오.

**03** 순수한 물 500g 중에 설탕($C_{12}H_{22}O_{11}$) 171g이 녹아 있다. 설탕물의 몰랄 농도($m$)를 계산하시오.

---

### 🔍 유사문제 답안·해설

**01** **답안** $M = \dfrac{1.84\,\text{g}}{\text{mL}} \times \dfrac{95\,\text{g}}{100\,\text{g}} \times \dfrac{\text{mol}}{98\,\text{g}} \times \dfrac{10^3\,\text{mL}}{\text{L}} = 17.84\,\text{mol/L}$

[비고] 현재의 답안지와 같이 기재해도 되고, 보다 세밀하게 작성하려면 하단의 "세밀답안"처럼 공식을 포함한 단위의 정산과정을 알 수 있도록 명료하게 기재하여도 된다.

[세밀답안]
□ $M(\text{mol/L}) = \dfrac{\text{용질(mol)}}{\text{용액(L)}}$

∴ $M = \dfrac{1.84\,\text{g}}{\text{mL}} \times \dfrac{95\,\text{g}}{100\,\text{g}} \times \dfrac{\text{mol}}{98\,\text{g}} \times \dfrac{10^3\,\text{mL}}{\text{L}} = 17.84\,\text{mol/L}$

■ 참고 ■

 몰농도(Molarity)는 용액 1L에 용해되어 있는 용질의 몰(mol) 수를 말하며, 단위는 mol/L로 쓴다. 지금과 같이 용액의 비중(比重, Specific Gravity)이 제시되는 경우는 이 값을 밀도(密度, Density)로 전환해야 단위가 생긴다. 즉, 비중 1.84는 단위가 없지만 "1.84×물의 밀도(1g/mL)"를 곱하면 단위가 생성되면서 1.84g/mL로 되며, 이 값이 황산(黃酸)의 밀도가 된다.

[시범풀이]

"농도 95wt% 황산 비중 1.84, 황산의 몰 농도"를 저자가 산출해 보이겠다.

- 자신이 구하고자 하는 단위와 의미를 계산의 맨 앞에 놓고, 단위를 붙인 다음 "="의 우측편에는 문제에서 제시하는 요소 중 단위를 갖는 것을 배열한다. 문제에서 제시하는 요소 중 "단위를 갖는 것"은 비중을 밀도로 전환한 값(1.84g/mL)이다.

$$\text{몰농도}\left(\frac{\text{mol}}{\text{L}}\right) = \frac{1.84\text{g}}{\text{mL}} \times \frac{\text{B}}{\text{A}}$$

- 문제를 다시 보면 …→ "g" 단위는 → "mol"로 전환되어야 하고, "mL" 단위는 → "L" 단위로 전환되어야 몰농도 개념이 나올 수 있다. 황산($H_2SO_4$)의 분자량 98g=1mol이며, 1L=1000mL이므로 이를 적용하되, 소거하고 싶은 단위는 "분모"에 두어야 하므로 "A"=98g, "B"=1mol을 적용한다.

$$\text{몰농도}\left(\frac{\text{mol}}{\text{L}}\right) = \frac{1.84\text{g}}{\text{mL}} \times \frac{1\text{mol}}{98\text{g}} \times \frac{1000\text{mL}}{1\text{L}}$$

- 정확히 "mol/L" 단위를 얻어 내었다. → 그러나 마지막 점검 사항이 꼭 있다!! 문제를 다시 읽고 문제의 단서조건을 반드시 확인해야 한다. → 그렇다. "농도 95wt% 황산"을 보정하지 않았다. 95%의 "의미"는 "wt%"이므로 100g 중에 순황산 95g이 존재한다는 의미이다. 그러므로 농도보정은 "×" 곱하기를 해서 마무리해야 된다는 것을 잘 알아두도록!!

$$\text{몰농도}\left(\frac{\text{mol}}{\text{L}}\right) = \frac{1.84\text{g}}{\text{mL}} \times \frac{1\text{mol}}{98\text{g}} \times \frac{1000\text{mL}}{1\text{L}} \times \frac{95}{100}$$

- 계산기를 사용하여 숫자만 두들겨 분자/분모로 하여 결과를 얻는다. → 17.84mol/L

**02** 답안 $M = \dfrac{6.3\text{g} \times (90/126)}{500\text{mL}} \times \dfrac{\text{mol}}{90\text{g}} \times \dfrac{10^3\text{mL}}{\text{L}} = 0.1\text{ mol/L}$

[비고] 현재의 답안지와 같이 기재해도 되고, 보다 세밀하게 작성하려면 하단의 "세밀답안"처럼 공식을 포함한 단위의 정산과정을 알 수 있도록 명료하게 기재하여도 된다.

세밀답안  □ $M(\text{mol/L}) = \dfrac{\text{용질(mol)}}{\text{용액(L)}}$

∴ $M = \dfrac{6.3\text{g} \times (90/126)}{500\text{mL}} \times \dfrac{\text{mol}}{90\text{g}} \times \dfrac{10^3\text{mL}}{\text{L}} = 0.1\text{ mol/L}$

■ 참고 ■

 앞에서도 공부 해 보았지만 몰농도(Molarity)는 용액 1L에 용해되어 있는 용질의 몰(mol) 수를 말한다. 주의할 사항은 문제에서 제시한 옥살산 이수화물($C_2H_2O_4 \cdot 2H_2O$, 분자량 126)에서 옥살산(수산) 순물질($C_2H_2O_4$, 분자량 90)의 비율을 보정(90/126)한 후 몰농도(mol/L)를 구해야 한다.

[시범풀이]

"순수한 옥살산($C_2H_2O_4 \cdot 2H_2O$) 6.3g, 500mL. 용액의 M농도"를 저자가 그해 보이겠다.

- 자신이 구하고자 하는 단위와 의미를 계산의 맨 앞에 놓고, 단위를 붙인 다음 "="의 우측편에는 문제에서 제시하는 요소 중 단위를 갖는 것을 배열한다. 문제에서 제시하는 요소 중 "단위를 갖는 것" 옥살산 6.3g과 용액 500mL이다.

$$몰 농도\left(\frac{mol}{L}\right) = \frac{6.3g}{500mL} \times \frac{B}{A}$$

- 계산식 "="의 좌우항을 비교해보면 ···→ 우측 분자항 "g" 단위는 → "mol'로 전환되어야 하고, 우측 분모항 "mL" 단위는 → "L" 단위로 전환되어야 몰농도(mol/L) 개념이 나올 수 있다.

- 문제에서 제시된 옥살산($C_2H_2O_4 \cdot 2H_2O$)의 분자량은 $(12 \times 2 + 1 \times 2 + 16 \times 4) + (2 \times 18) = 126$이다. 그런데 여기서 조심해야 하는 것은 문제에서 "순수한 옥살산"이라고 하였다는 점이다. 즉, 수분을 제외한 "$C_2H_2O_4$"만 순수한 옥살산에 해당된다. 이것의 분자량은 90이다.

  그래서, 6.3g 중 순수한 옥살산은 90/126을 한 값(농도보정 개념)을 적용해야 한다는 것이며, 순수 옥살산 1mol=90g을 단위 환산인자로 써야 한다.

$$몰 농도\left(\frac{mol}{L}\right) = \frac{6.3g \times (90/126)}{500mL} \times \frac{1mol}{90g} \times \frac{1000mL}{L}$$

- 정확히 "mol/L" 단위를 얻어 내었다. → 그러나 마지막 점검 사항이 꼭 있다!! 문제를 다시 읽고 문제의 단서조건을 반드시 확인해야 한다. → 문제의 단서 조건은 모두 고려된 것 같다.

- 계산기를 사용하여 숫자만 분자/분모로 하여 결과를 얻는다. → 0.1mol/L

## 03

**답안** $m = \dfrac{0.5\,mol}{0.5\,kg} = 1\,mol/kg$

[비고] 현재의 답안지와 같이 기재해도 되고, 보다 세밀하게 작성하려면 하단의 "세밀답안"처럼 공식을 포함한 단위의 정산과정을 알 수 있도록 명료하게 기재하여도 된다.

**세밀답안**

□ $m(mol/kg) = \dfrac{용질(mol)}{용매(kg)}$

$\begin{cases} 용질(=설탕) = 질량(g) \times \dfrac{mol}{분자량(g)} = 171g \times \dfrac{mol}{342g} = 0.5\,mol \\ 용매 = 물 = 500g \times \dfrac{10^{-3}kg}{g} = 0.5\,kg \end{cases}$

$\therefore m = \dfrac{0.5\,mol}{0.5\,kg} = 1mol/kg$

■ 참고 ■

 몰랄농도(Molality)는 용매 1kg에 용해되어 있는 용질의 몰(mol) 수로 정의된다. 여기서 용매는 물이(500g)되고, 용질은 설탕(제시된 화학식의 분자량 342g)이 된다.

몰농도(Molarity)와 몰랄농도(Molality)의 분자단위는 모두 "mol"로 나타나는 것은 동일하나,

분모단위의 경우, 몰농도(M)는 용액 1L을 기준하지만 몰랄농도(m)는 용매(용질을 녹이는 액체) 1kg을 기준으로 한다는 것이 다르다.

헷갈려 하는 학생들에게 저자는 "몰래 몰매"로 기억해 두라고 권장한다. 즉, 몰래[몰농도, 액체 L(liquid)기준], 몰매(몰랄농도, 용매 kg기준)로 기억해 두면 유용하게 쓸 수 있다.

**[시범풀이]**

"순수한 물 500g에 설탕(분자식, $C_{12}H_{22}O_{11}$) 171g이 녹아 있다. 몰랄 농도는?" 저자가 이 문제를 풀어 보이겠다.

- 절차는 모두 똑같다. 하나의 방식으로 모든 문제를 풀 수 있으면 그것이 최상의 풀이기법이다. 우선, 자신이 구하고자 하는 단위와 의미를 계산의 맨 앞에 놓고, 단위를 붙인 다음 "="의 우측편에는 문제에서 제시하는 요소 중 단위를 갖는 것을 배열한다. 문제에서 제시하는 요소 중 "단위를 갖는 것" 설탕 171g과 물 500g이다.

    $$\text{몰랄 농도}\left(\frac{\text{mol}}{\text{kg}}\right) = \frac{\text{설탕 171g}}{\text{물 500g}} \times \frac{B}{A}$$

- 계산식 "="의 좌우항을 비교해보면 …→ 우측 분자항 "g" 단위는 → "mol"로 전환되어야 하고, 우측 분모항 "g" 단위는 → "kg" 단위로 전환되어야 몰랄농도(mol/kg) 개념이 나올 수 있다.

    문제에서 제시된 설탕(분자식, $C_{12}H_{22}O_{11}$)의 분자량은 342이다. 그런데, 여기서 **조심해야 하는** 것은 문제에서 "분모에 들어가는 물질은 용매(물)라는 것"이다.

    그래서 A는 앞에 있는 "g" 단위를 → "mol"로 전환해야 하므로 설탕($C_{12}H_{22}O_{11}$) 1mol=342g 중에서 342g을 넣어야 되고, B는 1mol을 넣어야 한다.

    $$\text{몰랄 농도}\left(\frac{\text{mol}}{\text{kg}}\right) = \frac{\text{설탕 171g}}{\text{물 500g}} \times \frac{1\,\text{mol}}{342\,\text{g}} \times \frac{B}{A}$$

- 다시한번 더, 우측 분모항 "g" 단위는 → "kg" 단위로 전환되어야 하므로 단순 환산인자 1000g=1kg에서 kg을 A에, 1000g을 B에 넣고 앞 500g의 "g" 단위를 소거한다.

    $$\text{몰랄 농도}\left(\frac{\text{mol}}{\text{kg}}\right) = \frac{\text{설탕 171g}}{\text{물 500 \cancel{g}}} \times \frac{1\,\text{mol}}{342\,\cancel{g}} \times \frac{1000\,\cancel{g}}{1\,\text{kg}}$$

- 정확히 "mol/kg" 단위를 얻어 내었다. → 그러나 마지막 점검 사항이 꼭 있다!! 문제를 다시 읽고 문제의 단서조건을 반드시 확인해야 한다. → 문제의 단서 조건은 모두 고려된 것 같다.

- 계산기를 사용하여 숫자만 분자/분모로 하여 결과를 얻는다. → 1mol/kg

### (3) 산(酸) – 염기(鹽基) 관련공식

① 중화(Neutralization)

㉮ 응용 : 산(酸, Acid)과 염기(鹽基, Base, 알칼리)의 반응에서 [OH⁻]의 mol 수와 [H⁺]의 mol 수를 같게 만드는 조작 또는 산과 염기의 당량(equivalent) 수를 같게 하여 pH=7로 하는 일련의 화학적 조작을 중화적정(中和滴定)이라 한다.

㉯ 관계식 : $NV = N'V'$ $\begin{cases} N : \text{산의 규정 농도}(eq/L) \\ N' : \text{알칼리(염기)의 규정 농도}(eq/L) \\ V : \text{산의 양}(L) \\ V' : \text{알칼리(염기)의 양}(L) \end{cases}$

② 불완전 중화

㉮ 응용 : 산(酸, Acid)과 염기(鹽基, Base)의 반응에서 [OH⁻]의 mol 수와 [H⁺]의 mol 수가 일치하지 않을 때의 산-염기 반응을 의미하며, 산 또는 염기 중 어느 한쪽이 과량(過量)으로 주입되었을 때, 다음의 관계식을 이용하여 혼합액의 화학성을 예측한다.

㉯ 관계식 : $N^*(V_1 + V_2) = N_1 V_1 - N_2 V_2$

여기서, $\begin{cases} N^* : \text{혼합액의 과량주입 산 또는 염기의 규정 농도}(eq/L) \\ N_1 : \text{과량주입 산 또는 염기의 규정 농도}(eq/L) \\ V_1 : \text{과량주입 산 또는 염기의 양}(L) \\ N_2 : \text{부족량주입 산 또는 염기의 규정 농도}(eq/L) \\ V_2 : \text{부족량주입 산 또는 염기의 양}(L) \end{cases}$

③ pH와 pOH(산성 : pH 7.0 미만, 염기성 : pH 7.0 초과)

㉮ pH : 수소이온의 농도(H⁺, mol/L)를 나타내는 지수(指數)로서 수소이온 농도의 역수(逆數)의 상용대수(常用對數, 상용로그)로 정의된다.

□ $pH = \log \dfrac{1}{[H^+]} = \log \left( \dfrac{1}{\text{산(酸)의 N 농도}} \right) \rightarrow [H^+] \text{ mol/L} = 10^{-pH}$

□ $pH = 14 - pOH = 14 - \log \dfrac{1}{[OH^-]} \rightarrow [OH^-] \text{ mol/L} = 10^{-(14-pH)}$

㉯ pOH : 수산화이온의 농도(OH⁻, mol/L)를 나타내는 지수로서 수산화이온 농도의 역수의 상용대수로 정의된다.

□ $pOH = \log \dfrac{1}{[OH^-]} = \log \left( \dfrac{1}{\text{염기(鹽基)의 N 농도}} \right)$

□ $pOH = 14 - pH$

## 개념문제

NaOH 수용액 100mL를 중화하는 데 2.5N의 HCl 80mL가 소요되었다. NaOH 용액의 농도(N)는?

**Hack 답안지**

$$\frac{2.5\,eq}{L} \times 80\,mL = N'\left(\frac{eq}{L}\right) \times 100\,mL$$

$$\therefore N' = 2\,eq/L\,(=2N)$$

[비고] 현재의 답안지와 같이 기재해도 되고, 보다 세밀하게 작성하려면 하단의 "세밀답안"처럼 공식을 포함한 단위의 정산과정을 알 수 있도록 명료하게 기재하여도 된다.

[세밀 답안]

□ $NV = N'V'$ $\begin{cases} NV = \text{산의 규정도} \times \text{산의 양} \\ N'V' = \text{염기의 규정 농도} \times \text{염기의 양} \end{cases}$

⇨ $\frac{2.5\,eq}{L} \times 80\,mL = N'\left(\frac{eq}{L}\right) \times 100\,mL$

$\therefore N' = 2\,eq/L\,(=2N)$

### ▮참고▮

 수용액(水溶液, Aqueous Solution)의 중화(中和, Neutralization)라고 하는 것은 서로 다른 성질을 가진 용액을 혼합함으로써 각각의 특성을 상실케 하거나 그 중간 성질을 갖게 하는 일련의 단위조작을 말하는 것이다. 이러한 개념은 주로 산(酸)-염기(鹽基) 반응에 주로 적용되고 있다.

중화(中和, Neutralization)는 강산-강염기, 약산-약염기 조작일 때 성립되는데, 그 척도가 되는 것은 매우 다양하지만 몇 가지 소개하고자 한다. 용액이 중화되었을 경우, 판단할 수 있는 화학적 요소는 다음과 같다.

□ 중화된 용액의 pH는 7.0이다.
□ 중화된 용액에서는 산(酸) 및 염기(鹽基) 당량(當量, Equivalent)이 같다.
□ 중화된 용액에서는 산(酸) 및 염기(鹽基)의 수소이온 총 mol수가 같다.

3가지 중화(中和) 척도 중 두 번째 개념을 적용하여 현재의 문제를 풀어보도록 하겠다. 이때 적용할 1당량(一當量)은 "g분자량/가수"로 정의되는데, NaOH는 $OH^-$를 1개 내어 놓을 수 있는 1가(價)의 염기(鹽基), HCl은 $H^+$를 1개 내어 놓을 수 있는 1가(價)의 산(酸)이라는 것도 풀이 과정에서 필요한 개념이다.

### [시범풀이]

"NaOH 100mL 중화-2.5N HCl 80mL가 소요되었다. NaOH 용액의 N농도는?" 저자가 이 문제를 풀어 보이겠다.

- 저자의 풀이방식을 보면 ; 모든 문제를 하나의 방식으로 통일해서 푼다는 것이다. 이것이 저자가 개발한 창의적·최상의 풀이기법이라 자부한다. 우선, 문제에서 제시하는 요소 중 "확실한 단위를 가지고 있는 것"은 HCl 2.5N(당량/L), 80mL → 이것을 계산의 맨 앞에 놓고, 단위를 붙인 다음 "="의 우측편에는 문제에서 제시하는 요소 중 상대물질 및 단위를 차례로 배열한다.

$$\frac{2.5\,\text{당량}}{L} \times 80\,mL = N\left(\frac{\text{NaOH 당량}}{L}\right) \times 100\,mL$$

- 계산이 끝난 것이나 마찬가지다. "=" 좌우 항의 단위가 동일하게 되었으므로 미지의 기호(N, NaOH의 규정농도) 값만 잡아내면 된다. → N=2(당량/L)

- 단위정산을 거쳐 최종적으로 N농도를 구해도 동일한 값으로 답(答)이 나오게 되어 있다.

$$\frac{2.5\,\text{당량}}{\cancel{L}} \times 80\,\cancel{mL} \times \frac{\cancel{L}}{1000\,\cancel{mL}} = N\left(\frac{\text{NaOH 당량}}{\cancel{L}}\right) \times 100\,\cancel{mL} \times \frac{\cancel{L}}{1000\,\cancel{mL}}$$

- "="를 중심으로 좌측항의 최종단위($eq$)와 우측항의 최종단위($eq$)가 같음을 확인할 수 있다. 이 상태에서 N의 값을 구하면 → N=2($eq$/L)
- 교재의 답안지처럼 중화적정 공식을 적용해 보면 → $NV = N'V'$에서 $N$은 규정농도 $V$용액의 부피를 말하므로 공식에 대입하여 계산하더라도 동일한 값을 얻게 된다.
  - $NV = N'V'$ ➡ $2.5 \times 80 = N' \times 100$
  - ∴ $N' = 2$

### 유사문제

**01** 25℃에서 83% 해리된 0.1N – HCl의 pH는 얼마인지 계산하시오.

**02** 어떤 용액의 [OH⁻]의 농도가 $2 \times 10^{-5}$M이었다. 이 용액의 pH를 계산하시오.

### 유사문제 답안·해설

**01**  답안  $pH = \log \dfrac{1}{0.1 \times 0.83} = 1.08$

[비고] 현재의 답안지와 같이 기재해도 되고, 보다 세밀적게 작성하려면 하단의 "세길답안"처럼 공식을 포함한 단위의 정산과정을 알 수 있도록 명료하게 기재하여도 된다.

- $pH = \log \dfrac{1}{[H^+]}$

  - 0.1N – HCl이 100% 해리할 때 → $[H^+] = 0.1$ mol/L
  - 83% 해리할 때 → $[H^+] = 0.1 \times 0.83$ mol/L

∴ $pH = \log \dfrac{1}{0.1 \times 0.83} = 1.08$

■ 참고 ■

pH 계산식을 이용한다. pH 계산공식을 암기해 두지 않고는 풀 수 없으므로 이런 계산식은 반드시 암기해 두어야 하는 공식이다. pH는 수소이온 농도지수(Hydrogen Ion Concentration)를 의미하는 것으로 산성도(酸性度)의 세기를 나타내는 척도(尺度)로 이용되고 있다. 따라서 계산식(공식)은 수소이온농도(M) 역수의 상용대수(log) 값으로 다음과 같은 공식을 사용하여 산출한다.

- $pH = \log \dfrac{1}{[H^+]}$

[시범풀이]

"25℃에서 83% 해리된 0.1N–HCl의 pH는?" 저자가 pH를 산출해 보이겠다.
- 제시된 온도(25℃)는 별다른 의미가 없다. 다만, 온도가 높을수록 많이 해리될 수 있다는 점이 있다. 여기서 해리(解離, Dissociation)라는 것은 화학물질(용질)이 용매에 의해 이온화되거나 분해되는 것을 말하는데, 수용액 중의 반응일 경우, 전리(電離, Electrolytic Dissociation) 또는 이온화(Ionization)와 동일한 개념으로 사용되고 있다.
- HCl은 1가(價)의 산(酸)이므로 "몰농도(M)=규정농도(N)"가 되며, 동일한 숫자 값을 갖는다.

- HCl이 해리(전리)되어 이온화되면 다음과 같이 항상 양(+)이온과 음(-)이온으로 전리된다.

  HCl $\rightleftharpoons$ H$^+$ + Cl$^-$

- HCl이 100% 전리된다면 다음과 같은 비례식(항상 mol비를 써야 함)을 작성할 수 있을 것이다.

  HCl $\rightleftharpoons$ H$^+$ + Cl$^-$
  1mol : 1mol : 1mol

- 문제의 조건과 같이 HCl이 83%만 전리된다면 다음과 같은 비례식을 작성할 수 있을 것이다.

  HCl $\rightleftharpoons$ H$^+$ + Cl$^-$
  1mol : 1mol : 1mol = 0.83mol : 0.83mol : 0.83mol

- pH 계산식에 들어갈 이온은 수소이온[H$^+$] 뿐이다. 문제 해결의 "Key Point"는 염산(HCl), 황산(H$_2$SO$_4$), 질산(HNO$_3$) 등과 같은 모든 산(酸)의 수소이온 mol농도(mol/L)는 항상 규정농도(N)와 동일한 값을 가진다는 것이다. 그러므로 문제에서 제시된 염산(鹽酸, HCl)은 1가(價)의 산(酸)이므로 "몰농도(M)=규정농도(N)=수소이온 mol농도[H$^+$]"로 동일한 숫자 값을 갖게 된다.

- 관련된 모든 개념이 정리되었으므로 pH 계산식을 적용하여 pH를 계산해 보자!!

  □ $pH = \log\dfrac{1}{[H^+]}$

  - 염산의 경우, M=N=[H$^+$]이므로 "0.1N HCl"="0.1M HCl"=0.1mol/L as [H$^+$]이다.
  - 83% 해리된 경우, "0.1×0.83 N(HCl)"="0.1×0.83M(HCl)"=0.1×0.83mol/L[H$^+$]이다.

  $\therefore pH = \log\dfrac{1}{[0.1\times 0.83]} = 1.08$

## 02

**답안** $pH = 14 - \log\dfrac{1}{2\times 10^{-5}} = 9.3$

[비고] 현재의 답안지와 같이 기재해도 되고, 보다 세밀하게 작성하려면 하단의 "세밀답안"처럼 공식을 포함한 단위의 계산과정을 알 수 있도록 명료하게 기재하여도 된다.

**세밀답안**

□ $pH = 14 - \log\dfrac{1}{[OH^-]}$

$\therefore pH = 14 - \log\dfrac{1}{2\times 10^{-5}} = 9.3$

**∥참고∥**

이 문제 역시 pH 계산식을 이용한다. 앞의 pH 계산방법에 추가하여 정리해 두어야 할 개념은 ➝ pH의 레벨(Level)은 1~14까지 나누어지며, 레벨 7을 중성(中性, Neutrality), 7을 초과하면 알칼리성(Alkalinity, 염기성), 7 미만이면 산성(酸性, Acidity)으로 구분하고 있다.

이 값은 25℃ 물의 이온곱상수 $K_w = [H^+]\times[OH^-] = 1\times 10^{-14}$와 관련이 있다. 아래에서 [ ] 안의 의미와 단위는 각 이온의 mol농도(mol/L)를 나타낸다.

□ $K_w = [H^+]\times[OH^-] = 1\times 10^{-14}$ ➝ $\therefore [H^+] = \dfrac{1\times 10^{-14}}{[OH^-]}$, $[OH^-] = \dfrac{1\times 10^{-14}}{[H^+]}$

위와 같이 수소이온{Hydrogen Ion, $[H^+]$}과 수산화이온{Hydroxyl Ion, $[OH^-]$}은 상호 밀접한 연관성을 가지고 있다. "14"라는 고정된 값을 두고, 한쪽이 많아지면 반대쪽은 작아지는 소위 "줄당기기 식 관계"라는 것이다.

- $pH = \log\dfrac{1}{[H^+]}$    - $pOH = \log\dfrac{1}{[OH^-]}$

그래서, pH=14 − pOH,  pOH=14 − pH의 관계식이 성립된다. 문제와 관련될 전반적인 개념을 충분히 이해한 것으로 판단하고 문제풀이를 진행하겠다.

### [시범풀이]

"$[OH^-]$ 농도 $2\times10^{-5}$M, 이 용액의 pH는?" 저자가 pH를 산출해 보이겠다.

- $[OH^-]$의 몰농도(M, mol/L, $2\times10^{-5}$)를 제시하면서 pH 계산을 요구하고 있다. $[OH^-]$의 몰농도($2\times10^{-5}$)를 이용하여 역수를 취한 다음, log를 씌우면 pOH 값이 된다.
- 앞서 설명한 바와 같이 14−pOH를 하면 곧바로 이 값이 pH가 되는 것이므로 계산은 끝이다.

    - $pOH = \log\dfrac{1}{[OH^-]}$ ➡ $pOH = \log\dfrac{1}{[2\times10^{-5}]} = 4.699$

    $\therefore pH = 14 - 4.699 = 9.3$

### (4) 기체상 물질(가스)의 농도표시와 환산

① 기체상(증기 포함) 물질의 농도 표시

㉮ 백분율(%, Parts Per Hundred) : $C(\%) = \dfrac{\text{대상가스}}{\text{혼합가스}} \times 100$

여기서, $\begin{cases} Wt(W/W)\% : 100g \text{ 중 성분함량 } g \\ Vt(V/V)\% : 100mL \text{ 중 성분함량 } mL \\ W/V\% : 100mL \text{ 중 성분함량 } g \end{cases}$

㉯ 백만분율(ppm, Parts Per Million) : $C_p(\text{ppm}) = \dfrac{\text{대상가스}}{\text{혼합가스}} \times 10^6$

여기서, $\begin{cases} \text{용량}(Vt)\text{ppm} : 10^6 mL \text{ 중 성분함량 } mL \to mL/m^3 \\ \text{중량}(Wt)\text{ppm} : 10^6 g \text{ 중 성분함량 } g \to mg/kg \\ \text{※ } 1\% = 10^4 \text{ppm} \end{cases}$

㉰ 10억분율(ppb, Parts Per Billion) : $C_p(\text{ppb}) = \dfrac{\text{대상가스}}{\text{혼합가스}} \times 10^9$

여기서, $\begin{cases} \text{용량}(V/V)\text{ppb} : 10^9 mL \text{ 중 성분함량 } mL \to \mu L/m^3 \\ \text{중량}(W/W)\text{ppb} : 10^9 g \text{ 중 성분함량 } g \to \mu g/kg \\ \text{※ } 1\% = 10^4 \text{ppm} = 10^7 \text{ppb} \end{cases}$

② 농도단위 전환(ppm 단위 ⇌ mg/m³ 단위 전환 ※ $M_w$ : 기체 분자량)

| mg/m³를 ppm으로 환산할 때 | ppm을 mg/m³으로 환산할 때 |
| --- | --- |
| $C_p(\text{mg/m}^3) = C_m(\text{mg/m}^3) \times \dfrac{22.4}{M_w}$ | $C_m(\text{mg/m}^3) = C_p(\text{ppm}) \times \dfrac{M_w}{22.4}$ |

---

## 🔍 개념문제

물 2.5L 중에 어떤 불순물이 10mg이 함유되어 있다면 그 농도(ppm)는?

  농도(ppm) $= \dfrac{10\,\text{mg}}{2.5\,\text{L}} = 4\text{mg/L}(=4\text{ppm})$

[비고] 현재의 답안지와 같이 기재해도 되고, 보다 세밀하게 작성하려면 하단의 "세밀답안"처럼 공식을 포함한 단위의 계산과정을 알 수 있도록 명료하게 기재하여도 된다.

[세밀답안]
□ $C_p(\text{ppm}) = \dfrac{\text{용질(mg)}}{\text{용액(L)}}$ $\begin{cases} \text{용질} = 10\,\text{mg} \\ \text{용액} = \text{물} = 2.5\,\text{L} \end{cases}$

∴ $C_p(\text{ppm}) = \dfrac{10\,\text{mg}}{2.5\,\text{L}} = 4\text{mg/L}(=4\text{ppm})$

■ 참고 ■

 농도 단위인 ppm은 Parts Per Million, 즉 **백만분율**을 의미한다. 백만분율을 단위로 표현(분자/분모)하면 분모 단위에 비해 분자 단위 물질량을 백만 배 작은 단위로 표시한 것이다. 물질량은 3가지(mol, 질량, 부피)로 표현할 수 있지만 분율(分率, fraction)을 표시할 때는 통상적으로 액체 및 고체의 경우는 질량(kg, g, mg, $\mu$g 등) 분율로, 기체의 경우는 부피($m^3$, L, mL, $\mu$L 등) 분율로 표시한다. 1ppm을 표현한 단위를 나열 해 보면 ➡ 분자와 분모의 단위가 백만($10^6$) 차이가 나는 단위로 나타내면 모두가 1ppm이 된다.

- $1\text{ppm}(\text{질량}) = 1\dfrac{\text{mg}}{\text{kg}} = 1\dfrac{\text{g}}{\text{ton}} = 1\dfrac{\mu\text{g}}{\text{g}}$ … 액체 · 고체상 물질의 농도표시에 주로 적용

- $1\text{ppm}(\text{부피}) = 1\dfrac{\text{mL}}{m^3} = 1\dfrac{\mu\text{L}}{\text{L}}$ … 기체상 물질의 농도표시에 주로 적용

백만분율에도 **특례 · 관용**(慣用)이 있다. 수용액 또는 물의 경우, 1mg/L=1ppm으로 통용되고 있다. 이것은 분자는 질량단위, 분모는 부피단위로 표현된 것이므로 분율(分率, fraction)의 개념과 맞지 않다. 분율로 표시되는 것은 분자/분모 단위가 모두 통일되어 무차원(無次元, Dimensionless)으로 되어야 성립될 수 있는 단위이다. 그러나 예전부터 사용되어 왔었고, 물의 비중(밀도)이 ≒1.0임을 감안할 때, 1L≒1kg의 등가(等價) 값을 가지므로 관용적으로 "1ppm(질량)=1mg/kg=1mg/L"으로 통용되는 단위가 되었다.

[시범풀이]

"물 2.5L 중 불순물이 10mg이 함유, 농도 ppm은?" 저자가 ppm을 산출해 보이겠다.

- 농도 ppm은 Parts Per Million, 즉 **백만분율**을 의미하며, 분자와 분모의 단위가 백만($10^6$) 차이가 나는 단위로 나타내면 모두 1ppm이 된다.
- 문제에서 제시하는 요소 중 "확실한 단위를 가지고 있는 것"은 불순물 10mg과 물 2.5L이다. → 불순물의 농도를 ppm으로 나타내는 것(수용액 중의 농도)이므로 이 중에서 10mg을 분자로, 2.5L을 분모로 놓고 정산하기로 한다.
- "="의 좌측편에는 계산의 목표 농도(ppm, 백만분의 1에 해당하는 분율)을 놓고, 우측편에는 문제에서 제시되는 값을 놓고 정산한다.

$$x\, \text{ppm}\left(\dfrac{1}{\text{백만}}\right) = \dfrac{10\,\text{mg}}{2.5\,\text{L}}$$

- 계산이 끝난 것이나 마찬가지다. 앞서 설명한 바와 같이 물의 비중(밀도)이 1.0임을 감안할 때, 1L=1kg의 등가(等價) 값을 가지므로 관용적으로 "1ppm(질량)=1mg/kg=1mg/L"으로 통용되는 단위이므로 10/25=4mg/L=4ppm이 된다.

## 개념문제

SO₂ 20ppm은 약 몇 g/m³인가?(단, SO₂의 분자량은 64이고, 온도는 21℃, 압력은 1기압으로 한다.)

답안지  농도 $= 20 \times \dfrac{64}{22.4} \times \dfrac{273}{273+21} \times 10^{-3} = 0.0531 \text{ g/m}^3$

[비고] 현재의 답안지와 같이 기재해도 되고, 보다 세밀하게 작성하려면 하단의 "세밀답안"처럼 공식을 포함한 단위의 계산과정을 알 수 있도록 명료하게 기재하여도 된다.

세밀답안  $C_m \left( \dfrac{\text{g}}{\text{am}^3} \right) = \dfrac{20 \, amL}{am^3} \left| \dfrac{64 \, \text{mg}}{22.4 \, \text{mL}} \right| \dfrac{273}{273+21} \left| \dfrac{1\text{atm}}{1\text{atm}} \right| \dfrac{10^{-3}\text{g}}{\text{mg}} = 0.0531 \text{ g/m}^3$

## ▌참고

 아황산가스(SO₂)는 기체이다. 위험물관리에서 SO₂의 발생원은 제4류 위험물(인화성 액체) 중 특수인화물로 분류(지정수량 50L, 위험등급 Ⅰ등급)되는 이황화탄소(CS₂)의 연소(燃燒)과정이나 제2류 위험물(가연성 고체)로 분류되고 있는 황화인(P₄S₃, P₂S₅, P₄S₇, 지정수량 100kg, Ⅱ등급)이 연소될 때, 또는 이황화탄소나 황화인이 물과 반응하여 생성되는 독가스의 일종인 황화수소(H₂S)가 불꽃에 의해 연소될 경우에도 유독성의 SO₂를 발생시킨다.
농도 ppm은 Parts Per Million, 즉 **백만분율**을 의미한다. 앞서 설명했지만 ⋯→ 분율(分率, fraction)을 표시할 때는 통상적으로 액체 및 고체의 경우는 질량(kg, g, mg, μg 등)으로, 기체의 경우는 부피(m³, L, mL, μL 등)로 표시한다. 1ppm을 표현한 단위를 나열해 보면 → 분자와 분모의 단위가 백만(10⁶) 차이가 나는 단위로 나타내면 모두가 1ppm이 된다.

- $1\text{ppm}(질량) = 1\dfrac{\text{mg}}{\text{kg}} = 1\dfrac{\text{g}}{\text{ton}} = 1\dfrac{\mu\text{g}}{\text{g}}$  ⋯ 액체·고체상 물질의 농도표시에 주로 적용

- $1\text{ppm}(부피) = 1\dfrac{\text{mL}}{\text{m}^3} = 1\dfrac{\mu\text{L}}{\text{L}}$  ⋯ 기체상 물질의 농도표시에 주로 적용

아황산가스(SO₂)는 기체이므로 20ppm=20mL/m³=20μL/L으로 등가관계(等價關係)가 성립된다. 문제에서 온도(21℃)와 압력(1기압)이 제시된 경우, "부피" 단위에 "의미"를 부여하고, 보일-샤를의 법칙(Boyle-Charle's Law)을 적용하여 온도와 압력을 보정하면 된다. 압력이 1기압(1atm)일 경우, 표준기압과 동일하므로 보정과정에서 생략하더라도 문제되지 않는다.

### [시범풀이]

"SO₂ 20ppm은 몇 g/m³인가? SO₂의 분자량 64, 온도 21℃, 압력 1기압" 저자가 이 문제의 농도 값을 g/m³으로 산출해 보이겠다.

- 농도 ppm은 Parts Per Million, 즉 **백만분율**을 의미하며, 분자와 분모의 단위가 백만(10⁶)의 차이가 나는 단위로 나타내면 모두 1ppm이 된다.
- "="의 좌측편에는 계산의 목표 농도(g/m³)를 놓고, 우측편에는 문제에서 제시된 아황산가스의 농도 값(기체의 농도, 20ppm=20mL/m³)을 놓고 정산한다.

$$농도 \left( \dfrac{\text{g} \cdot SO_2}{\text{m}^3} \right) = \dfrac{20 \, \text{mL}\,(SO_2)}{\text{m}^3} \times \dfrac{\text{B}}{\text{A}}$$

- "="의 좌우항을 대조하면 …→ 목표 단위가 $SO_2$ "g" 단위이므로 → 우측항의 "mL"는 소거되고 질량 단위로 전환되어야 하므로 $SO_2$ 1mol=64g(분자량)=22.4L ➡ $SO_2$ 1mmol=64mg=22.4mL의 환산인자 관계를 적용하여 → A에는 22.4mL, B에는 64mg을 넣는다.

$$농도\left(\frac{g \cdot SO_2}{m^3}\right) = \frac{20\,mL\,(SO_2)}{m^3} \times \frac{64\,mg}{22.4\,mL} \times \frac{B}{A}$$

- 22.4mL의 부피 값은 표준상태(STP, 0℃, 1기압)에서만 사용할 수 있는데, 현재 $SO_2$가 존재하는 환경은 21℃, 1기압이다. 이것에 대하여 온도와 압력을 보정하여 동일한 환경상태의 부피로 전환해야만 mL 단위를 소거할 수 있으므로 보일-샤를의 법칙(Boyle-Charle's Law)을 적용하여 온도와 압력을 보정하기로 한다. 항상 온도보정 먼저하고 압력보정을 한다고 생각해야 한다. 22.4mL가 표준상태(STP)이므로 대각선 위치인 B에 표준상태의 절대온도(273+0)를 넣고, 분모항인 A에는 상대온도(21℃)의 절대온도(273+21)를 넣는다.

$$농도\left(\frac{g \cdot SO_2}{m^3}\right) = \frac{20\,mL\,(SO_2)}{m^3} \times \frac{64\,mg}{22.4\,mL} \times \frac{273}{273+21} \times \frac{B}{A}$$

- 부피는 압력에 반비례하므로 21℃의 절대온도(273+21)의 대각선 위치인 B에 21℃ 환경에서의 압력 값을 넣고, 분모항인 A에는 표준상태의 압력(1atm=760mmHg)을 넣는다.

$$농도\left(\frac{g \cdot SO_2}{m^3}\right) = \frac{20\,mL\,(SO_2)}{m^3} \times \frac{64\,mg}{22.4\,mL} \times \frac{273}{273+21} \times \frac{1기압}{1기압} \times \frac{B}{A}$$

- 단위정산을 해 보면 → mL 단위는 소거되고, 목표로 하는 좌측항의 $m^3$ 단위를 우측항에서 얻었으나 목표 단위인 "g" 단위를 얻으려면 우측항의 "mg" 단위를 "g"으로 전환시켜야 한다는 것을 알 수 있다. 1000mg=1g이므로 A에는 "1000mg", B에는 "1g"이 들어가야 한다.

$$농도\left(\frac{g \cdot SO_2}{m^3}\right) = \frac{20\,mL\,(SO_2)}{m^3} \times \frac{64\,mg}{22.4\,mL} \times \frac{273}{273+21} \times \frac{1기압}{1기압} \times \frac{1g}{1000\,mg}$$

- 정확히 "$g/m^3$" 단위를 얻어 내었다. → 그러나 마지막 점검 사항이 꼭 있다!! 문제를 다시 읽고 문제의 단서조건을 반드시 확인해야 한다. → 문제의 단서 조건은 모두 고려된 것 같다.
- 계산기를 사용하여 숫자만 분자/분모로 두드려서 결과를 얻는다. → 0.053 $g/m^3$

## 유사문제

**01** 에탄올 20.0g과 물 40.0g을 함유한 혼합용액에서 에탄올의 몰분율을 구하시오.

**02** 비중이 1.51인 98wt%의 질산 100mL를 비중이 1.41인 68wt%의 질산으로 만들려면 물을 몇 g 더 첨가해야 하는지 구하시오. [21]

**03** 혼합가스 용기에 전체 압력이 10기압, 0℃에서 몰비로 수소 20%, 산소 30%, 질소 50%가 채워져 있을 때, 수소가 차지하는 부피는 몇 L 인지 계산하시오.

**04** 0.01N-NaOH 용액 100mL에 0.02N-HCl 55mL를 넣고 증류수를 넣어 전체 용액을 1,000mL로 한 용액의 pH를 구하시오.

**05** 1N-NaOH 100mL 수용액으로 10wt% 수용액을 만들려면 몇 mL의 수분을 증발시켜야 하는지 계산하시오.

**06** 5% NaOH 수용액과 10% NaOH 수용액을 반응기에 혼합하여 6% 100kg의 NaOH 수용액을 만들려면 각각 몇 kg의 NaOH 수용액이 필요한지 계산하시오.

**07** NaOH 용액 100mL 중에 NaOH 10g이 녹아 있다면, 이 용액의 규정농도(N)를 구하시오.

**08** NaOH 수용액 100mL를 중화하는데 2.5N의 HCl 80mL가 소요되었다. NaOH 용액의 농도(N)를 구하시오.

**09** 96wt% $H_2SO_4$(A)와 60wt% $H_2SO_4$(B)를 혼합하여 80wt% $H_2SO_4$ 100kg 만들려고 한다. A와 B용액의 혼합비율을 kg으로 산출하시오.

**10** 25℃ 1기압에서 공기 중 벤젠($C_6H_6$)의 허용농도가 10ppm일 때, 이를 mg/$m^3$의 단위로 환산하시오.

**11** 밀폐용기에 충진된 기체의 부피는 21℃, 1.4atm에서 250mL이다. 온도가 49℃로 상승되었을 때, 기체의 부피가 300mL이었다면 이 기체의 압력(atm)을 계산하시오.

**12** 20℃에서 4L를 차지하는 기체가 있다. 동일한 압력 40℃에서 차지하는 부피(L)를 계산하시오.

**13** 휘발성 유기물 1.39g을 증발시켰더니 100℃, 760mmHg에서 420mL이었다. 이 물질의 분자량(g/mol)을 구하시오.

**14** 10$m^3$의 탱크에 프로페인과 부테인의 혼합가스가 5kg/$cm^3$의 압력으로 들어있다. 각각의 가스의 분압을 구하시오. (단, 프로페인 : 부테인의 몰 비는 4 : 6임) [05]

## 유사문제 답안·해설

**01**

**답안** 몰 분율 = $\dfrac{0.435 \text{ mol}}{(0.435 + 2.22) \text{ mol}}$ = 0.164 mol/mol

**비고** 현재의 답안지와 같이 기재해도 되고, 보다 세밀하게 작성하려면 하단의 "세밀답안"처럼 공식을 포함한 단위의 계산과정을 알 수 있도록 명료하게 기재하여도 된다.

**세밀답안** ㅁ 몰 분율(mol/mol) = $\dfrac{\text{용질}(\text{mol})}{\text{용액}(\text{mol})}$ $\begin{cases} \text{용질(에탄올)의 mol} = 20\text{g} \times \dfrac{\text{mol}}{46\text{g}} = 0.435 \text{ mol} \\ \text{용매(물)의 mol} = 40\text{g} \times \dfrac{\text{mol}}{18\text{g}} = 2.22 \text{ mol} \end{cases}$

∴ 몰 분율 = $\dfrac{0.435 \text{ mol}}{(0.435 + 2.22) \text{ mol}}$ = 0.164 mol/mol

**■ 참고 ■**

 몰분율(Mole Fraction)은 용질의 몰 수를 용액의 몰 수로 나눈 값이다. 즉 분수 꼴로 나타낸 수식적인 값으로 분자와 분모의 단위가 동일하므로 단위가 없는 무차원(無次元, Dimensionless)의 값이다. 분율에는 mol로 단위를 통일한 몰분율, 질량으로 단위를 통일한 질량분율, 부피로 단위를 통일한 부피분율 등이 있다.

에탄올($C_2H_5OH$)의 분자량은 $12 \times 2 + 1 \times 5 + 16 + 1 = 46$이고, 물($H_2O$)의 분자량은 18이다. 여기서 말하는 용액(溶液)은 에탄올과 물의 혼합액(混合液)을 말하며, 이때 용질(溶質)은 에탄올이 된다. 그러므로 에탄올의 몰분율은 "에탄올 mol/혼합액 mol"로 산출하는 것이다.

**[시범풀이]**

"에탄올 20.0g과 물 40.0g을 함유한 용액에서 에탄올의 몰분율은?" 저자가 이 문제의 몰분율을 산출해 보이겠다.

- 몰분율(Mole Fraction)의 개념은 "혼합액 전체(mol) 중에 에탄올의 mol"을 나타내는 것이므로 다음과 같이 계산을 시작한다.

- "="의 좌측편에는 계산의 목표 단위(mol/mol)를 놓고, 우측편에는 문제에서 제시된 에탄올과 물의 질량을 각각 mol 수로 환산하여야 하므로 분자항에는 에탄올만, 분모항에는 혼합액(에탄올+물)을 놓고 단위를 정산한다.

$$분율\left(\frac{mol \cdot 에탄올}{mol \cdot 혼합액}\right) = \frac{20g(에탄올)}{20g(에탄올) + 40g(물)} \times \frac{B}{A}$$

- 에탄올 1mol=46g의 관계에서 "A"에는 에탄올의 g분자량을 넣어 앞 "20g"의 단위를 소거하고, mol 단위로 전환해야 하므로 "B"에는 1mol을 넣는다.

$$분율\left(\frac{mol \cdot 에탄올}{mol \cdot 혼합액}\right) = \frac{20g(에탄올)}{20g(에탄올) + 40g(물)} \times \frac{1mol}{46g(에탄올)} \times \frac{B}{A}$$

- 에탄올 1mol=46g의 관계와 물 1mol=18g의 관계에서 "B"에는 에탄올의 20g, 물 40g을 합산하여 넣어 대각선 왼쪽 방향의 앞 "20g"과 "40g"의 단위를 소거하고, "B"에는 에탄올 20g을 mol 단위로, 물 40g을 mol단위로 전환한 값을 넣는다.

  — 에탄올 20g의 mol 수 $= 20g \times \dfrac{1mol}{46g} = 0.435\,mol$

  — 물 40g의 mol 수 $= 40g \times \dfrac{1mol}{18g} = 2.222\,mol$

  $$\therefore 분율\left(\frac{mol \cdot 에탄올}{mol \cdot 혼합액}\right) = \frac{20\cancel{g}(에탄올)}{20\cancel{g}(에탄올) + 40\cancel{g}(물)} \times \frac{1mol}{46\cancel{g}} \times \frac{60\cancel{g}}{(0.435 + 2.222)mol}$$

- 정확히 "mol/mol" 단위를 얻어 내었다. → 그러나 마지막 점검 사항이 끅 있다!! 문제를 다시 읽고 **문제의 단서조건을 반드시 확인해야 한다.** → 문제의 단서 조건은 모두 고려된 것 같다.

- 계산기를 사용하여 숫자만 분자/분모로 두들겨서 결과를 얻는다. → 0.164 mol/mol

  분율(分率, fraction)은 분자와 분모 단위가 동일한 무차원(無次元, Dimensionless)의 값이다. 따라서 현재 답안지와 같이 답에 단위를 기재해도 되고, 단위를 기재하지 않더라도 틀렸다고 하지 않는다.

## 02

**답안** $100\text{mL} \times \dfrac{1.51\text{g}}{\text{mL}} \times \dfrac{98}{100} = (100\text{mL} + x\text{ mL}) \times \dfrac{1.41\text{g}}{\text{mL}} \times \dfrac{68}{100}$

∴ $x$(= 첨가해야 할 물의 양) $= 54.34\,\text{mL} = 54.34\,\text{g}$

[비고] 현재의 답안지와 같이 기재해도 되고, 보다 세밀하게 작성하려면 하단의 "세밀답안"처럼 공식을 포함한 단위의 계산과정을 알 수 있도록 명료하게 기재하여도 된다.

[세밀답안]
▫ $m_o x_o$(희석전 질산) $= m_t x_t$(희석후 질산)

㉠ $m_o x_o = 100\text{mL} \times \dfrac{1.51\text{g}}{\text{mL}} \times \dfrac{98}{100} = 147.98\,\text{g}$

㉡ $m_t x_t = (100\text{mL} + x\text{ mL}) \times \dfrac{1.41\text{g}}{\text{mL}} \times \dfrac{68}{100} = 147.98\,\text{g}$

∴ $x$(= 첨가해야 할 물의 양) $= 54.34\,\text{mL} \xrightarrow{\text{물의 밀도}\atop 1\text{g/mL}} x = 54.34\,\text{g}$

## ▌참고 ▌

[상세해설] 이 문제를 풀 때, 주의할 점 세 가지가 있다. 첫 번째 Blockage는 무차원 수인 비중을 단위로 전환하여 풀어야 하고, 두 번째 Blockage는 질량보존의 법칙을 적용하여 희석 전·후 물질수지를 도입하여 풀어야 한다. 세 번째 Blockage는 용질이 아니라 희석하기 위해 사용하는 용매(溶媒)의 양을 부피단위가 아닌 질량단위(g)로 묻고 있다는 점이다.

용액의 농축(濃縮, Concentration)이나 희석(稀釋, Dilution)과 같은 물리적 조작은 용액 중에 용해되어 있는 질산($HNO_3$)과 같은 용질(溶質, Solute)은 변하지 않으면서 물과 같은 용매(溶媒, Solvent)의 양을 변화시킴으로써 농도를 조절(진하게 하는 것 : 농축, 묽게 하는 것 : 희석)하는 것을 말한다.

문제를 풀기 위해 희석식(농축 관계식)을 이용하기로 한다. 질산은 액체이므로 비중(比重)을 밀도(密度) 값으로 전환하면 98wt% 질산은 1.51g/mL, 68wt% 질산은 1.41g/mL이며, wt%는 100g 중의 성분질량(g)을 의미하므로 각각 98g/100g, 68g/100g으로 "단위 형태"로 표현이 가능하다.

### [시범풀이]

"비중이 1.51인 98wt%의 질산 100mL를 비중이 1.41인 68wt%의 질산으로 만들려면 물을 몇 g 더 첨가해야 하는가?" 저자가 이 문제의 몰분율을 산출해 보이겠다.

- 농도 98wt%의 질산을 농도 68wt%의 질산으로 만드는 단순 물리적 조작이므로 전·후의 용질(溶質, 질산)의 질량은 동일하다. 즉, 용매(溶媒, 물)의 많고 적음에 따라 용액(溶液)의 양이 증감하게 되고 이로 인하여 용질인 질산의 농도만 달라질 뿐이다.
- 농도 98wt%의 질산을 농도 68wt%의 질산으로 만들어야 하므로 물을 가하여 희석해야 한다. 다시 말하자면 농도 98wt%인 질산 100mL에 물 $x$ mL을 가하여 농도 68%로 조작한다는 것이다.
- "="의 좌측편에는 용질(溶質)인 농도 98wt%의 질산 질량(g)을 놓고, 우측편에는 문제에서 제시된 68wt%의 질산 질량(g)을 등식으로 배열하여 전·후의 물질수지(질량수지) 식을 만든다.

  ▫ 농도98% 용액 중 순수 질산량 = 농도 68%용액 중 순수 질산량

  ▫ $\dfrac{98}{100} \times 100\,\text{mL} \times \dfrac{1.51\text{g}}{\text{mL}} = \dfrac{68}{100} \times (100+x)\,\text{mL} \times \dfrac{1.41\text{g}}{\text{mL}}$

- "=" 기준 좌측항과 우측항의 단위가 일치하지 않으면 계산이 틀린 것이다. → 그리고 마지막 점검 사항이 꼭 있다!! 문제를 다시 읽고 문제의 단서조건을 반드시 확인해야 한다. → 문제의 조건이 물의 첨가량을 "g"단위로 묻고 있기 때문에 "mL 값"으로 답(答)을 기재하면 틀린다.
- 물의 부피 "mL" 단위를 질량 "g" 단위로 변환하려면 밀도(g/mL)가 필요한데, 물의 밀도가 별도로 주어지지 않았으므로 물의 비중=1.0, 물의 밀도=1g/mL로 보고 계산하면 된다.

- 따라서 답안지를 쓸 때에는 계산식에서 $x$를 유도하여 먼저 값을 산출해 보이고, 밀도 1g/mL를 곱하여 단위가 "g"으로 되는 과정을 아래와 같이 보여 줄 필요가 있다.

    $x = 54.34\,\text{mL}$, ∴ 물의 양(g) $= 54.34\,\text{mL} \times 1\text{g/mL} = 54.34\,\text{g}$

[주의사항]

1. 계산문제의 답안지를 쓸 때, "답"만 기재하면 틀린다. 답안지에 공간이 지정되어 있는 경우도 있는데, 이 경우는 지정된 공간에 3요소인 "계산식-과정" 및 "답"과 "단위"를 꼭 기재하여야 하고, 공간이 지정되어 있지 않으면 답안지와 같은 양식으로 답안지를 작성할 것을 권고한다.
2. 계산식은 가급적 기호를 쓰는 것이 좋으나 기호는 약속이지, 규정이 아니므로 해당 기호로 굳이 공식을 외우려 하거나 중압감을 절대 갖지 말아야 한다. 다음과 같이 한글로 "(희석 전 질산)=(희석 후 질산)" 이런 식으로 표현하더라도 채점상 어떠한 불이익을 당하지 않는다. 그렇다고 해서 **즈절주절** 설명문을 기재하는 것처럼 **주관식 답안지를 작성하는 것은 절대 금물**이다.
3. 문제에서 단위가 지정되면 반드시 "해당 단위로 정산하여 답하여야" 하고, 단위가 지정되어 있지 않으면 채점자가 계산과정을 보면서 해당 단위의 도출된 경위를 객관적으로 판단할 수 있도록 답안지를 작성해 주어야만 정답으로 인정받을 수 있다.
4. 계산문제의 숫자처리를 할 때, 별도의 지정이 없는 한 소수점 셋째자리에서 반올림하여 둘째자리까지 기재하도록 하고, 문제상에서 별도의 지정이나 단서를 정하여 요구한 경우는 반드시 이에 따라야 하며, 따르지 않은 답안은 틀린 것으로 처리된다는 점을 알아야 한다.

**03** [답안] 수소부피 $= 1\,\text{mol} \times 22.4\,(\text{L/mol}) \times \dfrac{10 \times (20/100)}{10} = 4.48\,\text{L}$

[비고] 현재의 답안지와 같이 기재해도 되고, 보다 세밀하게 작성하려면 하단의 "세밀답안"처럼 공식을 포함한 단위의 계산과정을 알 수 있도록 명료하게 기재하여도 된다.

[세밀답안] 
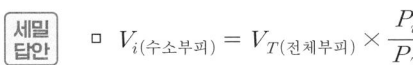
□ $V_{i(\text{수소부피})} = V_{T(\text{전체부피})} \times \dfrac{P_i}{P_T}$

∴ $V_i = 1\,\text{mol} \times 22.4\,(\text{L/mol}) \times \dfrac{10 \times (20/100)}{10} = 4.48\,\text{L}$

■ 참고 ■

[상세해설] 이 문제를 풀 때, 주의할 점이 2곳 있다. 첫 번째 Blockage는 mol비를 이해하지 못하면 풀지 못한다. 두 번째 Blockage는 압력보정을 하지 않거나 잘못 보정하면 틀리게 되어 있다.

표준상태에서 모든 기체 1mol의 체적은 22.4L이므로 온도와 압력을 보정하여 다음과 같이 수소의 부피를 산출할 수 있다. 이때, 별도의 조건이 없는 한 **보일-샤를의 법칙**(Boyle-Charle's Law)을 적용하여 계산하는 것이 편리하다.

[시범풀이]

"혼합가스 용기에 전체 압력이 10기압, 0℃에서 몰비로 수소 20%, 산소 30%, 질소 50%가 채워져 있을 때, 수소가 차지하는 부피(L)는?" 저자가 이 문제의 부피를 산출해 보이겠다.

- 문제에서 주어진 mol비의 합이 100이 되는지 먼저 확인하여야 한다. → 20+30+50=100
- mol비의 합(合) 100%=1mol로 간주해야 한다. 만약, 부피비로 주어졌으면 부피비의 합(合) 100%=1m³ 또는 1L로 봐야 하며, 질량비(중량비)로 주어졌으면 질량비의 합(合) 100%=1kg 또는 1g으로 보고 계산에 임해야 한다. 문제를 신속히 읽어낼 수 있는 중요한 요령이다. 잘 기억해 두도록!!
- mol비의 합(合) 100%=1mol=22.4L(전체부피)이다.

- "전체 압력 10기압=22.4L(전체 부피)"이므로 수소가 차지하는 몰비 20%를 고려하면 → 수소의 부피(L)는 22.4L×0.2=4.48L가 된다.
- 이렇게 혼합기체에 대하여 "전체압력 대비 부분압력"="전체체적 대비 부분체적"의 등식관계가 성립되기 때문이다. 이와 관련된 법칙을 **돌턴의 분압법칙**(Dalton's law of partial pressures)이라 한다. 돌턴의 분압법칙은 "혼합기체의 전체 압력은 각 기체의 분압을 합한 값과 같다"는 것이다.
  관계식으로 나타내면 다음과 같이 된다.

  □ $V_i = V_T \times \dfrac{P_i}{P_T}$

  ∴ $V_i = 1\,\text{mol} \times 22.4\,(\text{L/mol}) \times \dfrac{10 \times (20/100)}{10} = 4.48\,\text{L}$

## 04

**답안** $\text{pH} = \log \dfrac{1}{[\text{H}^+]} = \log \dfrac{1}{10^{-4}} = 4$

[비고] 현재의 답안지와 같이 기재해도 되고, 보다 세밀하게 작성하려면 하단의 "세밀답안"처럼 공식을 포함한 단위의 계산과정을 알 수 있도록 명료하게 기재하여도 된다.

[세밀답안]

□ $N_o(V_1 + V_2 + V_3) = N_1 V_1 - N_2 V_2$ $\begin{cases} V_1 + V_2 + V_3 = 1{,}000 \\ N_1 V_1 = 0.02 \times 55 = 1.1 \\ N_2 V_2 = 0.01 \times 100 = 1 \end{cases}$

⇒ $N_o(1{,}000) = 1.1 - 1$, $N_o = 10^{-4}\,eq/\text{L}$

∴ $\text{pH} = \log \dfrac{1}{[\text{H}^+]} = \log \dfrac{1}{10^{-4}} = 4$

[보충] 산(酸)-염기(鹽基) 당량이 동량이 아닐 때는 비평형 중화적정식을 적용한다.

□ $N_o(V_1 + V_2 + V_3) = N_1 V_1 - N_2 V_2$ $\begin{cases} N^* : \text{산 또는 염기의 규정 농도}(eq/\text{L}) \\ N_1 : \text{산 또는 염기의 규정 농도}(eq/\text{L}) \\ V_1 : \text{산 또는 염기의 양}(\text{L}) \\ N_2 : \text{산 또는 염기의 규정 농도}(eq/\text{L}) \\ V_2 : \text{산 또는 염기의 양}(\text{L}) \end{cases}$

**05** 답안 $10\% = 4\,\text{g} \times \dfrac{1}{(4\text{g}+x\,\text{g})} \times 100$, $x = 36\text{g}(물) = 36\,\text{mL}$

비고 현재의 답안지와 같이 기재해도 되고, 보다 세밀하게 작성하려면 하단의 "세밀답안"처럼 공식을 포함한 단위의 계산과정을 알 수 있도록 명료하게 기재하여도 된다.

세밀답안
▫ $\text{NaOH} = \dfrac{1eq}{\text{L}} \times 0.1\text{L} \times \dfrac{(40\text{g}/1가)}{1eq} = 4\,\text{g}$

⇒ $10\% = 4\,\text{g} \times \dfrac{1}{(4\text{g}+x\,\text{g})} \times 100$, $x = 36\text{g}(물)$

∴ 현재용액 100mL에서 증발시켜야 하는 물의 양은 100−36=64g=64mL(∵ 물의 밀도 1g/mL)

보충 10wt% 수용액을 단위로 풀면 → 질량 백분율이므로 10g/100g의 의미를 갖는다. 1N−NaOH 100mL 수용액을 이용하여 10wt% 수용액을 조제하기 위해서는 농축 수지식을 적용하여 문제를 푼다.

**06** 답안 $6 = 0.05x_1 + 10 - 0.1x_1$, $x_1 = \dfrac{10-6}{0.1-0.05} = 80\,\text{kg}$, $x_2 = 100 - x_1 = 20\,\text{kg}$

∴ $5\% - \text{NaOH} = 80\text{kg}$, $10\% - \text{NaOH} = 20\text{kg}$

비고 현재의 답안지와 같이 기재해도 되고, 보다 세밀하게 작성하려면 하단의 "세밀답안"처럼 공식을 포함한 단위의 계산과정을 알 수 있도록 명료하게 기재하여도 된다.

세밀답안
▫ $m_o x_o = m_t x_t$ $\begin{cases} m_o = 100\text{kg} \\ x_o = 6\% = 6/100 \\ m_t = 100\text{ kg} = x_1 + x_2 \to (5/100) \times x_1 + (10/100) \times (100 - x_1) \\ x_t = 각\ 농도\ x_1 = 5\%(5/100),\ x_2 = 10\%(10/100) \end{cases}$

⇒ $\dfrac{6}{100} \times 100\text{kg} = \dfrac{5}{100} \times x_1\text{kg} + \dfrac{10}{100} \times (100 - x_1\text{kg})$

⇒ $6 = 0.05x_1 + 10 - 0.1x_1$, $x_1 = \dfrac{10-6}{0.1-0.05} = 80\,\text{kg}$, $x_2 = 100 - x_1 = 20\,\text{kg}$

∴ $5\% - \text{NaOH} = 80\text{kg}$, $10\% - \text{NaOH} = 20\text{kg}$

**07** 답안 $N = \dfrac{10\,g}{100\,mL} \times \dfrac{eq}{40\,g} \times \dfrac{10^3\,mL}{L} = 2.5\,eq/L$

비고 현재의 답안지와 같이 기재해도 되고, 보다 세밀하게 작성하려면 하단의 "세밀답안"처럼 공식을 포함한 단위의 계산과정을 알 수 있도록 명료하게 기재하여도 된다.

세밀답안 □ $N\,(eq/L) = \dfrac{용질\,(eq)}{용액\,(L)}$

$\therefore N = \dfrac{10\,g}{100\,mL} \times \dfrac{eq}{40\,g} \times \dfrac{10^3\,mL}{L} = 2.5\,eq/L$

보충 규정농도(N, Normality)는 용액 1L에 용해되어 있는 용질의 g당량($eq$, gram equivalent) 수를 말하므로 다음과 같이 계산한다. 가성소다(NaOH)는 1가의 염기이므로 1mol 질량(분자량)=1당량(1$eq$)=40g이다.

**08** 답안 $\dfrac{2.5\,eq}{L} \times 80\,mL = N'\left(\dfrac{eq}{L}\right) \times 100\,mL$, $\therefore N' = 2\,eq/L\,(=2N)$

비고 현재의 답안지와 같이 기재해도 되고, 보다 세밀하게 작성하려면 하단의 "세밀답안"처럼 공식을 포함한 단위의 계산과정을 알 수 있도록 명료하게 기재하여도 된다.

세밀답안 □ $NV = N'V'$ $\begin{cases} NV = 산의\ 규정도 \times 산의\ 양 \\ N'V' = 염기의\ 규정\ 농도 \times 염기의\ 양 \end{cases}$

$\Rightarrow \dfrac{2.5\,eq}{L} \times 80\,mL = N'\left(\dfrac{eq}{L}\right) \times 100\,mL$

$\therefore N' = 2\,eq/L\,(=2N)$

**09** 답안 $80 = (100 - M_B) \times 0.96 + M_B \times 0.6$ $\begin{cases} M_B = \dfrac{100 \times 0.96 - 80}{0.96 - 0.6} = 44.444\,kg \\ M_A = 100 - 44.444 = 55.556\,kg \end{cases}$

$\therefore M_A = 55.556\,kg \quad M_B = 44.444\,kg$

비고 현재의 답안지와 같이 기재해도 되고, 보다 세밀하게 작성하려면 하단의 "세밀답안"처럼 공식을 포함한 단위의 계산과정을 알 수 있도록 명료하게 기재하여도 된다.

세밀답안 □ 혼합량 $= M_A X_A + M_B X_B$ $\begin{cases} \bullet\ 혼합량 = 100\,kg \times 0.8 = 80\,kg \\ M_A X_A = M_A \times 0.96 \\ M_B X_B = M_B \times 0.6 \end{cases}$

$\Rightarrow 80 = M_A \times 0.96 + M_B \times 0.6 \leftarrow (M_A + M_B = 100\,kg)$

$\Rightarrow 80 = (100 - M_B) \times 0.96 + M_B \times 0.6$ $\begin{cases} M_B = \dfrac{100 \times 0.96 - 80}{0.96 - 0.6} = 44.444\,kg \\ M_A = 100 - 44.444 = 55.556\,kg \end{cases}$

$\therefore M_A = 55.556\,kg \quad M_B = 44.444\,kg$

**10** 답안 농도 $= 10\,(\mathrm{mL/m^3}) \times \dfrac{78}{22.4} \times \dfrac{273}{273+25} = 31.9\,\mathrm{mg/m^3}$

비고 현재의 답안지와 같이 기재해도 되고, 보다 세밀하게 작성하려면 하단의 "세밀답안"처럼 공식을 포함한 단위의 계산과정을 알 수 있도록 명료하게 기재하여도 된다.

세밀답안
□ $C_m\,(\mathrm{mg/m^3}) = C_p(\mathrm{ppm}) \times \dfrac{M_w}{22.4}$

∴ $C_m\left(\dfrac{\mathrm{mg}}{\mathrm{am^3}}\right) = \dfrac{10\,amL}{am^3} \left| \dfrac{78\,\mathrm{mg}}{22.4\,\mathrm{mL}} \right| \dfrac{273}{273+25} \left| \dfrac{1\mathrm{atm}}{1\mathrm{atm}} = 31.9\,\mathrm{mg/m^3}\right.$

보충 ppm은 백만분율의 농도를 나타내고, 기체의 농도단위로 표시하면 $\mathrm{mL/m^3}$이며, 벤젠($C_6H_6$)은 탄소 6개, 수소 6개로 조성되어 있으므로 분자량은 12×6+1×6=78이다. 따라서 이를 질량 농도단위($\mathrm{mg/m^3}$)로 전환한다. 이때 주의할 사항은 25℃ 1기압의 환경조건을 충족해야 하므로 온도와 압력보정을 하여야 한다.

**11** 답안 압력$(P) = \dfrac{0.25 \times (273+49) \times 1.4}{0.3 \times (273+21)} = 1.28\,\mathrm{atm}$

비고 현재의 답안지와 같이 기재해도 되고, 보다 세밀하게 작성하려면 하단의 "세밀답안"처럼 공식을 포함한 단위의 계산과정을 알 수 있도록 명료하게 기재하여도 된다.

세밀답안
□ $V_2 = V_1 \times \dfrac{T_2}{T_1} \times \dfrac{P_1}{P_2}$

⇒ $0.3\,\mathrm{L} = 0.25\,\mathrm{L} \times \dfrac{273+49}{273+21} \times \dfrac{1.4}{P}$

∴ 압력$(P) = \dfrac{0.25 \times (273+49) \times 1.4}{0.3 \times (273+21)} = 1.28\,\mathrm{atm}$

보충 온도와 압력이 제시될 때에는 보일-샤를의 법칙(Boyle-Charles' Law)을 조용하되, 온도와 압력보정은 "부피" 단위에만 집중하도록 한다.

**12** 답안 부피 $= 4\,\mathrm{L} \times \dfrac{273+40}{273+20} = 4.27\,\mathrm{L}$

비고 현재의 답안지와 같이 기재해도 되고, 보다 세밀하게 작성하려면 하단의 "세밀답안"처럼 공식을 포함한 단위의 계산과정을 알 수 있도록 명료하게 기재하여도 된다.

세밀답안
□ $V_2 = V_1 \times \dfrac{273+t_2}{273+t_1} \times \dfrac{P_1}{P_2}$ $\begin{cases} V_1 = 4\,\mathrm{L} \\ t_1 = 20\,℃ \\ t_2 = 40\,℃ \\ P_1 = P_2 \end{cases}$

∴ $V_2 = 4\,\mathrm{L} \times \dfrac{273+40}{273+20} = 4.27\,\mathrm{L}$

**13** **답안** 분자량 $= \dfrac{1.39 \times 22.4 \times (273+100) \times 760}{0.42 \times 273 \times 760} = 101.29$

**[비고]** 현재의 답안지와 같이 기재해도 되고, 보다 세밀하게 작성하려면 하단의 "세밀답안"처럼 공식을 포함한 단위의 계산과정을 알 수 있도록 명료하게 기재하여도 된다.

**세밀답안**

□ 기체부피 $=$ 질량 $\times \dfrac{22.4}{\text{분자량}} \times \dfrac{273+t}{273} \times \dfrac{760}{P}$ $\quad \begin{cases} \text{부피} = 420\,\text{mL} = 0.42\,\text{L} \\ \text{질량} = 1.39\,\text{g} \\ t\,(\text{온도}) = 100\,℃ \\ P(\text{압력}) = 760\,\text{mmHg} \\ 760 = \text{표준상태 압력(mmHg)} \end{cases}$

$\Rightarrow 0.42\,\text{L} = 1.39\,\text{g} \times \dfrac{22.4}{\text{분자량}} \times \dfrac{273+100}{273} \times \dfrac{760}{760}$

∴ 분자량 $= \dfrac{1.39 \times 22.4 \times (273+100) \times 760}{0.42 \times 273 \times 760} = 101.29$

**보충** 온도와 압력이 제시될 때에는 보일-샤를의 법칙을 적용하고, "부피" 단위에만 집중하여 보정한다. 100℃, 760mmHg에서의 부피 420mL(=0.42L)을 0℃ 상태의 부피로 환산한다고 생각하고 문제를 풀어내면 된다.

**14** **답안** □ $C_3H_8$의 분압 $= 5\,\text{kg/cm}^3 \times \dfrac{10\,\text{m}^3 \times [4/(4+6)]}{10\,\text{m}^3} = 2\,\text{kg/cm}^3$

□ $C_4H_{10}$의 분압 $= 5\,\text{kg/cm}^3 \times \dfrac{10\,\text{m}^3 \times [6/(4+6)]}{10\,\text{m}^3} = 3\,\text{kg/cm}^3$

## 2 화합물의 조성 · 화학식 · 실험식 · 분자식

### (1) 화합물의 조성 · 화학식의 종류

① 화합물의 조성

㉮ 개념 : 화합물의 조성은 구성원자의 수로 나타내는 방법과 원소의 백분율로 나타내는 방법이 있다. 에탄올을 예를 들면 다음과 같다.

㉯ 에탄올($C_2H_5OH$) ⇨ 구성원소 $\begin{cases} 탄소(C) : 2개 (2mol) \rightarrow 원소질량 = 2 \times 12 = 24g \\ 수소(H) : 5+1 = 6개 (6mol) \rightarrow 원소질량 = 1 \times 6 = 6g \\ 산소(O) : 1개 (1mol) \rightarrow 원소질량 = 1 \times 16 = 16g \end{cases}$

⇨ 에탄올 분자 1mol의 질량 = 24 + 6 + 16 = 46g

㉰ 조성백분율 : 질량기준(무게기준)의 조성백분율은 1mol의 분자질량(분자량)을 기준으로 각 성분의 백분율을 표시하는 것으로 전체 합은 100%가 되어야 한다.

□ 탄소 : $C(\%) = \dfrac{24\,g}{46\,g} \times 100 = 52.17\%\,(Wt)$

□ 수소 : $H(\%) = \dfrac{6\,g}{46\,g} \times 100 = 13.04\%\,(Wt)$

□ 산소 : $O(\%) = \dfrac{16\,g}{46\,g} \times 100 = 34.78\%\,(Wt)$

② 화학식의 종류 : 원소기호를 사용하여 화합물을 나타낸 것을 말함 $\begin{cases} \circ\ 분자식 \\ \circ\ 실험식 \\ \circ\ 시성식 \\ \circ\ 구조식 \end{cases}$

㉮ 분자식 : 분자를 구성하고 있는 **원자의 종류와 수**를 나타낸 일반식을 말함

[예] 물 : $H_2O$, 메탄올 : $CH_4O$, 에탄올 : $C_2H_6O$

㉯ 실험식(조성식) : 화합물 속의 원자의 조성을 나타내는 **가장 간단한 화학식**(각 성분원소의 원자 수의 비율을 간단한 정수비로 하여 각 원소기호 뒤에 숫자를 붙임)이다.

[예] $\begin{cases} \bullet\ 폼알데하이드(HCHO) \\ \bullet\ 아세트산(CH_3COOH) \\ \bullet\ 글리세르알데하이드(C_3H_6O_3) \\ \bullet\ 포도당(C_6H_{12}O_6) \end{cases}$ 모두 C : 1 H : 2 O : 1 비율로 구성 → 실험식 : $CH_2O$

㉰ 시성식(示性式, Rational Formula) : 분자가 가지는 특성을 쉽게 파악할 수 있도록 **작용기를 써서 나타낸 식**을 말한다. 예를 들면, 메탄올의 분자식은 $CH_4O$로 나타내는데, 이렇게 분자식으로 표시하면 두 물질의 특성에 관한 정보는 잘 알 수 없다.

그렇지만 메탄올을 시성식, 즉 $CH_3OH$의 형태로 표시하면 메탄올은 $-OH$ 작용기(수산기, 하이드록시기)를 가지며, 이 물질은 극성을 갖는 알코올이라는 것을 쉽게 알 수 있게 된다. $C_2H_6O$의 분자식을 가지는 에탄올 또한 $C_2H_5OH$로 표시하면 $-OH$ 작용기를 가짐을 알 수 있다.

㉠ 작용기(作用基) : 탄소화합물에서 독특한 성질을 나타내는 원자단을 말함

㉡ 일반적인 작용기
- 알코올 → 하이드록실기(수산기) : $-OH$
- 케톤 → 카르보닐기 : $>C=O$
- 알데하이드 → 포르밀기 : $-CHO$
- 유기산 → 카르복시기 : $-COOH$
- 아민 → 아미노기 : $-NH_2$
- 알킬기 : 메틸기($-CH_3$), 에틸기($-C_2H_5$) 등

㉢ 작용기에 따른 화합물의 특성
- 수산기($-OH$)가 있는 화합물 : 대체로 물에 대한 용해성이 좋으며, 카르복시산과 에스테르화반응(에스테르화 반응)을 하고, 나트륨과 반응을 하여 수소를 발생시킴
- 포르밀기($-CHO$)가 있는 화합물 : 대체로 환원성이므로 은거울 반응과 펠링 용액 반응을 함
- 카르복시기($-COOH$)가 함유되어 있는 화합물 : 대체로 산성을 띰
- 아미노기($-NH_2$)가 함유되어 있는 화합물 : 대체로 염기성을 띰

㉣ 구조식(構造式, Graphic Formula) : 분자를 구성하는 원자와 원자 사이의 결합모양 또는 배열상태를 결합선을 사용하여 선으로 나타낸 화학식을 말한다.

㉠ 지방족과 방향족 : 탄소 화합물의 구분하는 방법 중에 화합물의 구조에 따라 지방족 화합물과 방향족 화합물로 나눈다.
- 지방족(Aliphatic) : 벤젠이나 벤젠고리가 없는 화합물을 말한다.
- 방향족(Aromatic) : 방향족 화합물(芳香族化合物)은 분자 내에 벤젠고리를 함유하는 유기화합물(有機化合物)을 말한다. 모체가 되는 화합물은 벤젠이며, 방향족 화합물은 벤젠의 유도체이다.

| 사슬구조 · 지방족 | | 고리구조 · 방향족 | |
|---|---|---|---|
| 〈그림〉 메테인(메탄) | 〈그림〉 에테인(에탄) | 〈그림〉 벤젠 | 〈그림〉 톨루엔(메틸벤젠) |

㉡ 사슬구조와 고리구조
- 사슬구조(쇄형구조) : 알케인($CH_4$ 등), 알켄($C_2H_4$ 등), 알카인($C_2H_2$ 등)
- 고리구조(환상구조) : 벤젠($C_6H_6$), 사이클로헥세인($C_6H_{12}$) 등

### 사슬구조를 갖는 탄화수소류

| 알케인(알칸) : $C_nH_{2n+2}$ | | 알켄 : $C_nH_{2n}$ | 알카인(알킨) : $C_nH_{2n-2}$ |
|---|---|---|---|
| $CH_4$ (메테인, 메탄) | $C_2H_6$ (에테인, 에탄) | $CH_2=CH_2$ (에텐, 에틸렌) | $CH\equiv CH$ (에틴, 아세틸렌) |
| $C_3H_8$ (프로페인, 프로판) | $C_4H_{10}$ (부테인, 부탄) | $CH_2=CHCH_3$ (프로펜, 프로필렌) | |
| $C_5H_{12}$ (펜테인, 펜탄) | $C_6H_{14}$ (헥세인, 헥산) | $CH_2=CHCH_2CH_3$ [1-뷰텐(부틸렌)] | |

### (2) 실험식(화학식)의 산정

① 개념 : 화합물의 조성백분율을 토대로 화학식을 얻을 수 있다. 화학식은 그 화합물에 들어 있는 원자의 수를 나타내기 때문에 조성백분율 100%(Wt)=100g으로 기준을 한다.

② 화합물의 질량백분율 : 예 $\begin{cases} 탄소(C) : 38.67\% \\ 수소(H) : 16.22\% \\ 질소(N) : 45.11\% \end{cases}$

㉮ 화합물 100g 중 각 원소의 질량을 원자량으로 나누어 mol 수로 전환한다.

- 탄소(C) : $38.67\,g = \dfrac{1\,mol}{12\,g} = 3.223\,mol(C)$

- 수소(H) : $16.22\,g = \dfrac{1\,mol}{1\,g} = 16.220\,mol(H)$

- 질소(N) : $45.11\,g = \dfrac{1\,mol}{14\,g} = 3.222\,mol(N)$

㉯ 원소의 질량 mol 수에서 가장 적은 값을 선택하여 나누어 최소 정수비를 구한다.

- $C = \dfrac{3.223}{3.222} = 1.0$

- $H = \dfrac{16.220}{3.222} = 5.03 \fallingdotseq 5$

- $N = \dfrac{3.222}{3.222} = 1$

㉰ 화합물의 실험식과 화학식량(몰 질량)의 결정

- $C_aH_bN_c = CH_5N$ → mol 질량 : $12+5+14 = 31\,g/mol \approx$ 화학식과 동일
- $[C_aH_bN_c]_2 = C_2H_{10}N_2$ → mol 질량 : $12\times 2+1\times 10+14\times 2 = 62\,g/mol$
- $[C_aH_bN_c]_3 = C_3H_{15}N_3$ → mol 질량 : $12\times 3+1\times 15+14\times 3 = 93\,g/mol$

## (3) 분자식의 결정

① 개념 : 각 원소의 조성백분율과 화합물의 mol 질량(g/mol)을 토대로 해당 화합물의 분자식을 산정할 수 있다. 이때 조성백분율 100%(Wt)=100g으로 한다.

② 화합물의 기초자료 [예] $\begin{cases} \text{조성 백분율} \begin{cases} \text{인(P)} : 43.64\%(\text{Wt}) \\ \text{산소(O)} : 56.36\%(\text{Wt}) \end{cases} \\ \text{화합물의 mol 질량} = 284\,\text{g/mol} \end{cases}$

㉮ 화합물 100g 중 각 원소의 질량을 mol 수로 전환한다.

- 인(P) : $43.64\,\text{g} = \dfrac{1\,\text{mol}}{31\,\text{g}} = 1.408\,\text{mol}(\text{P})$

- 산소(O) : $56.36\,\text{g} = \dfrac{1\,\text{mol}}{16\,\text{g}} = 3.523\,\text{mol}(\text{O})$

㉯ 원소의 질량 mol 수에서 가장 적은 값을 선택하여 나누어 **최소 정수비**를 구한다.

- $\text{P} = \dfrac{1.408}{1.408} = 1$

- $\text{O} = \dfrac{3.523}{1.408} = 2.502 \fallingdotseq 2.5$

⇨ 화학식

$\text{PO}_{2.5} \xrightarrow[\text{각 원소에 2를 곱하면}]{\text{2.5를 정수로 전환하기 위해}} \text{P}_2\text{O}_5$ (실험식량 $= 2 \times 31 + 16 \times 5 = \mathbf{142\,\text{g/mol}}$)

㉰ 화합물의 제시된 mol 질량(284g/mol)과 산정된 화학식의 실험식량이 일치하지 않으므로 **몰 질량과 실험식량의 정수배수**를 구한다.

- 정수배수$(n) = \dfrac{\text{분자량(몰 질량)}}{\text{실험식량}} = \dfrac{284}{142} = 2$

㉱ 산출된 정수배수 2를 실험식에 곱하여 **완성된 분자식**을 얻는다.

⇨ 분자식 : $\text{P}_2\text{O}_5 \times 2 = \text{P}_4\text{O}_{10}$

## (4) 산화수 규칙과 원자가 전자수

① 개요 : 산화수(Oxidation Number)는 하나의 물질(분자, 이온 화합물, 홑원소 물질 등) 내에서 전자의 교환이 완전히 일어났다고 가정하였을 때 물질을 이루는 특정 원자가 갖게 되는 전하수를 말하며 산화상태라고도 한다.

② 산화수의 규칙

- 화합물 안의 모든 원자수의 산화수 합은 0이다.
- 자유상태 원자(비결합 원소)의 산화수는 0이다. ($H_2$, $O_2$, $S_2$, $P_4$ 등 다원자 원소 포함)
- 플루오르 화합물 안에서 F의 산화수는 $-1$이다.

▫ H의 산화수는 결합하지 않으면 +1이고, 금속과 결합하면 산화수는 -1이다.
▫ O는 화합물에서의 산화수는 -2이다.
 [다만, $KO_2$ 등 초과산화물에서 산소의 산화수는 -1/2이고, 과산화물($H_2O_2$ 등)에서 산화수는 -1이며, $OF_2$에서는 산소의 산화수는 +2를 적용한다.]

③ 원자가(原子價) 전자 수

| 원자가 전자 수 | 1 | 2 | 3 | 4 | 5 | 6 | 7 |
|---|---|---|---|---|---|---|---|
| 가장 큰 산화수 | +1 | +2 | +3 | +4 | +5 | +6 | +7 |
| 가장 작은 산화수 | -1(H 만) | | | -4 | -3 | -2 | -1 |
| 우선 적용 | $H^+$ $Li^+$ $Na^+$ $K^+$ | $Be^{2+}$ $Mg^{2+}$ $Ca^{2+}$ 중금속 | $Cr^{3+}$ B $Al^{3+}$ Sc | Ti $C^{4+}$ $Si^{4+}$ Ge | V N F As | $O^{2-}$ $S^{2-}$ Se | $F^-$ $Cl^-$ $Br^-$ $I^-$ |

㈜ 특히, 우선 적용 산화수를 중심으로 잘 정리해 두어야 한다.

## 개념문제

질산암모늄에 포함되어 있는 질소함량과 수소함량은 각각 몇 wt%인지 계산하시오. [07,11,21]

 ▫ 질소함량(wt%) = $\frac{28}{80} \times 100 = 35\%$

▫ 수소함량(wt%) = $\frac{4}{80} \times 100 = 5\%$

[비고] 현재의 답안지와 같이 기재해도 되고, 보다 세밀하게 작성하려면 하단의 "세밀답안"처럼 공식을 포함한 단위의 계산과정을 알 수 있도록 명료하게 기재하여도 된다.

[세밀답안] ▫ $NH_4NO_3 (M_w = 14+4+14+16\times 3 = 80) \begin{cases} N = 14 \times 2 = 28 \\ H = 4 \\ O = 16 \times 3 = 48 \end{cases}$

∴ 질소함량(wt%) = $\frac{28}{80} \times 100 = 35\%$

∴ 수소함량(wt%) = $\frac{4}{80} \times 100 = 5\%$

■ 참고 ■

 이 문제의 첫 번째 관문은 "질산암모늄"의 분자식이다. 분자식을 모르면 풀이 자체를 엄두 내지 못한다. 그래서, 우리가 빈번하게 접하고 있는 질산($HNO_3$)부터 생각해 보자 → 질산($HNO_3$)에서 수소($H^+$) 하나가 떨어져 나가면 질산이온($NO_3^-$)이 된다. 수소가 떨어져 나간 자리에 양이온 1가인 암모늄이온($NH_4^+$)이 결합되었다고 보면 → $NH_4^+ + NO_3^- = NH_4NO_3$, 즉 질산암모늄이 된다.

질산암모늄은 음이온인 질산이온($NO_3^-$)과 양이온인 암모늄이온($NH_4^+$)이 결합된 물질(무기화합물)이다. 이것을 화학식(시성식)으로 표기할 때는 음이온보다 양이온을 먼저 표기($NH_4^+ + NO_3^- = NH_4NO_3$)하여야 하고, 우리말로 읽을 때(명명할 때)는 "암모늄질산"이라 하지 않고, 항상 음이온을 먼저 명명한 다음 양이온을 명명해야 하므로 "질산암모늄"이라고 하는 것이다.

위험물 분류체계에서 품명 질산염류(窒酸鹽類, Nitrates)에 포함되는 것은 질산암모늄, 질산나트륨, 질산칼륨 등이 있고, 제1류 위험물로 분류되며, 지정수량은 300kg이다.

**[시범풀이]**

"질산암모늄에 포함되어 있는 질소함량과 수소함량(wt%)은?" 저자가 이 문제의 수소함량을 산출해 보이겠다.

- 질산암모늄($NH_4NO_3$)의 분자량을 먼저 산정해야 한다. → $14+4+14+16 \times 3 = 80$
- 문제에서 "wt%=Weight Percentage"이므로 "100g 중의 수소량(g)"을 산출할 것을 주문하였다.

  질산암모늄($NH_4NO_3$) 1mol의 질량=g분자량=80g

  질산암모늄($NH_4NO_3$) 1mol 중의 질소 2개 → 질량=$14 \times 2 = 28g$

  질산암모늄($NH_4NO_3$) 1mol 중의 수소 4개 → 질량=$1 \times 4 = 4g$

- 이미 계산이 거의 끝난 상태이다. 보기 좋게 정리하여 답안지에 기재하면 된다.

$$\therefore 질소(wt\%) = \frac{질소(g)}{질산암모늄(g)} \times 100 = \frac{28g}{80g} \times 100 = 35\%$$

$$\therefore 수소(wt\%) = \frac{수소(g)}{질산암모늄(g)} \times 100 = \frac{4g}{80g} \times 100 = 5\%$$

**[주의사항]**

1. 음이온의 명명체계를 알아두면 화학식을 빠르게 판단하는 데 도움이 된다.

   ① 단원자 음이온 : 원소의 이름 끝에 "-화"를 붙여서 명명한다.

   ➡ $S^{2-}$ : 황화, $Cl^-$ : 염화, $C^{4-}$ : 탄화, $F^-$ : 플루오린화, $Br^-$ : 브로민화

   ② 다원자 음이온 : 산소산 음이온이 -○산 음이온으로 명명되는 경우 ➡ 기준산(基準酸)이 되는 것은 -산(酸)으로 명명하고 산화상태가 기준산보다 첫째로 낮은 산은 아-○산(酸)으로 명명하며, 산화상태가 그 다음으로 낮은 산을 하이포아-○산(酸)으로 명명한다. 기준산과 비교하여 산화상태가 높은 산은 과-○산(酸)으로 명명한다는 것을 알아두도록!!

   ㉠ 두 종류의 산소산 음이온이 존재할 때 : 산소원자를 많이 포함하는 산소산 음이온을 "-○산 이온"이라고 명명하고 산소원자를 적게 포함하는 산소산 음이온을 "아-○산 이온"이라고 명명한다.

   Ex(기준산) $\begin{cases} \circ \text{황산}(H_2SO_4) \\ \circ \text{질산}(HNO_3) \\ \circ \text{염소산}(HClO_3) \\ \circ \text{인산}(H_3PO_4) \\ \circ \text{탄산}(H_2CO_3, \text{카보닐산}) \\ \circ \text{초산}(CH_3COOH, \text{아세트산}) \end{cases}$

   ➡ $SO_4^{2-}$ : 황산 이온, $NO_3^-$ : 질산 이온, $ClO_3^-$ : 염소산 이온, $CO_3^{2-}$ : 탄산 이온

   ➡ $SO_3^{2-}$ : 아황산 이온, $NO_2^-$ : 아질산 이온, $ClO_2^-$ : 아염소산 이온, $CH_3COO^-$ : 초산 이온

   ㉡ 두 종류 이상의 산소산 음이온이 존재할 경우 : 산소원자를 가장 적게 포함하는 이온은 접두사 하이포-(hypo-), 산소원자를 가장 많이 포함하는 이온은 접두사 과-(per-)를 붙여 명명한다.

   ➡ $ClO^-$ : 하이포아염소산 이온

   ➡ $ClO_4^-$ : 과염소산 이온

2. 계산문제 답안지에는 계산과정에 전혀 필요하지 않으면서 지문에 해당되지 않는 내용들을 답안지에 주절주절 쓰지 말아야 한다. 예를 들면, 질산암모늄은 질산과 암모니아가 반응하여 생성되는 염으로 무취, 무색하고 결정상태의 고체라는 등의 해당 위험물에 대한 특성을 기재하거나 이것은 몇 류 위험물이고, 지정수량은 얼마라는 등, 불필요한 내용이 일체 들어가서는 안 된다.

### 유사문제

**01** 다음 위험물질의 시성식을 쓰시오. [22]
(1) 아세톤
(2) 초산에틸
(3) 폼산(포름산)
(4) 아닐린
(5) 트라이나이트로페놀

**02** 다이에틸에터의 구조식을 쓰시오. [04]

**03** 산화프로필렌(산호·프로펜)의 화학식을 쓰시오. [10]

**04** 아세트알데하이드(아세트알데히드)의 시성식을 쓰시오. [04,13,16]

**05** 크실렌의 이성질체 3가지에 대한 명칭과 구조식을 쓰시오. [03,06,07,08,14,15,20,22]

### 유사문제 답안·해설

**01** 답안 
(1) 아세톤 : $CH_3COCH_3$
(2) 초산에틸 : $CH_3COOC_2H_5$
(3) 폼산(포름산) : $HCOOH$
(4) 아닐린 : $C_6H_5NH_2$
(5) 트라이나이트로페놀 : $C_6H_2OH(NO_2)_3$

**∥참고∥**

상세해설 시성식(示性式, Rational Formula)이란 분자(分子)가 가지는 특성을 쉽게 파악할 수 있도록 작용기(作用基, Functional Group)를 써서 나타낸 식을 말한다.
주요 작용기는 다음과 같다.
㉠ 메탄계(메테인계, 파라핀계)에서 파생되는 것
  • 메틸기($-CH_3$), 에틸기($-C_2H_5$), 프로필기($-C_3H_7$), 부틸기($-C_4H_9$)
㉡ 아세트산[$CH_3-(C=O)-OH$]에서 파생되는 것
  • 아세트산에서 $CH_3$와 O를 제거한 나머지의 기(基) ➡ 알데하이드기(포르밀기, $-COH$)
  • 아세트산에서 $CH_3$를 제거한 나머지의 기(基) ➡ 카복시기($-COOH$)
  • 카복시기에서 OH를 제거한 나머지의 기(基) ➡ 아실기(카보닐기, $-CO$)
  • 아세트산에서 OH를 제거한 나머지의 기(基) ➡ 아세틸기($CH_3CO-$)
㉢ 기타 : 에테르기(에터기, $-O-$), 수산기(하이드록실기, $-OH$), 나이트로기($-NO_2$), 아미노기(아민기, $-NH_2$), 아조기($-N=N-$), 벤조일기($-COC_6H_5$)

아세톤의 화학식을 오래도록 기억하는 방법
□ 아세톤(Acetone)의 화학식(조성식, 분자식)은 $C_3H_6O$로 쓸 수 있으나 문제의 조건에서 시성식, 즉 작용기를 써서 나타낼 것을 주문하고 있다. 아세톤의 작용기는 카보닐기[$-C(=O)-$]이고, 작용기의 양 끝에 메틸기($-CH_3$) 두 개가 결합된 구조를 갖는 화합물이므로 **시성식은 $CH_3COCH_3$이다.**
위험물 분류체계에서 아세톤은 제4류 위험물(수용성의 제1석유류)로 분류되고 있으며 지정수량은 400L이다.

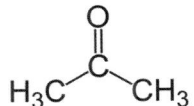

〈그림〉 Acetone의 구조

저자의 A⁺학습 노하우를 잠깐 소개하면, 관련 전공하였으면서도 헷갈리는 부분이 많기 때문에 **아세톤**에 대한 분자식(시성식 포함)이나 결합구조를 보다 쉽고, 오래도록 기억하기 위해 ➜ 아세톤을 "아세콘"으로 기억해 두기도 했다. "아"는 알킬기(Alkyl Group), "세"는 탄소 3개(C-C-C) 결합, "콘"은 C=O(Carbonyl Group)로 결합되어 있음을 알 수 있다. 가끔 이러한 학습 노하우가 도움이 된다면 간혹 소개하도록 하겠다.

**초산에틸의 화학식을 오래도록 기억하는 방법**

▫ **초산에틸**(Ethyl Acetate)의 화학식(조성식, 분자식)은 $C_4H_8O_2$로 쓸 수 있으나 문제의 조건에서 시성식, 즉 작용기를 써서 나타낼 것을 주문하고 있다. 초산에틸은 에스터류에 속하므로 작용기는 카복시기[-COOH]이므로 **시성식**은 $CH_3COOC_2H_5$가 된다.

위험물 분류체계에서 초산에틸은 제4류 위험물(비수용성의 제1석유류)로 분류되고 있으며 지정수량은 200L이다.

여기서, 저자의 A⁺학습 노하우를 하나 더 소개하면,

앞에서는 아세톤(Acetone)의 작용기[카보닐기, >C(=O)]를 "콘"(아이스크림을 넣는 "보"자기)이라고 하였다. 비슷한 명칭인 카복시기는 "복"이라는 글자가 들어가므로 "복수"의 의미를 갖는다. 그래서, 학창시절 저자는 A⁺학습을 위해 카보닐기는 "콘", 카복시기는 "콘+OH" 개념으로 정리해 두었던 기억이 난다. ➜ 그러므로 카복시기는 "콘+OH" 즉, -C(=O)OH 개념(-COOH)이고, 이것이 메틸기(-CH₃)와 결합하고 있으면 식초의 주성분인 **초산**(아세트산, $CH_3COOH$)이 된다.

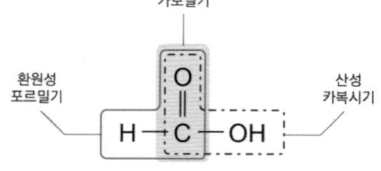

〈그림〉 Ethyl Acetate의 구조

초산($CH_3COOH$)에서 맨 끝의 수소(H) 하나가 떨어져 나간 자리에 에틸기(Ethyl Group, $-C_2H_5$)가 결합된 것이 제4류 위험물(비수용성, 1석유류)의 초산에틸(Ethyl Acetate), 시성식(示性式)은 $CH_3COOC_2H_5$이다. 복잡한듯 하지만 체계적으로 공부하는 데는 저자가 개발한 이러한 학습법이 현존하는 어떠한 학습방식 보다 쉽고, 오래 기억될 수 있을 것이다.

**폼산(포름산)의 화학식을 오래도록 기억하는 방법**

▫ **폼산**(Formic Acid)은 가장 간단한 카복실산(Carboxylic Acid)으로 카복시기(-COOH)가 하나 있는 화합물이며, 개미산(의산)으로 알려진 물질로 분자량이 46으로 카복실산류 중에서 분자량이 가장 작다. 따라서 포름산(폼산)의 **시성식**은 HCOOH이다.

암기할 때는 포름산=포카수 ➜ 카복시기+H=HCOOH로 알아두면 오래 기억된다.

위험물 분류체계에서 폼산(포름산)은 제4류 위험물(수용성의 제2석유류)로 분류되고 있으며 지정수량은 2000L이다. 폼산은 카복실산 및 알데하이드 작용기를 모두 포함하고 있다.

〈그림〉 Formic Acid

카복실산의 일반 기본식은 "R-COOH"로 나타낼 수 있는데, 폼산의 구조는 탄소와 결합된 수소 원자 대신 탄소 사슬이 결합된 형태의 화합물이다.

---

● **참고** ●

- 카복시기(-COOH)가 1개인 것 : 포름산(HCOOH), 아세트산($CH_3COOH$), 프로피온산($CH_3CH_2COOH$)
- 카복시기(-COOH)가 2개인 것 : 옥살산(HOOC-COOH), 말론산($HOOC-CH_2-COOH$)
- 지방족 카복실산 : 팔미트산[$CH_3(CH_2)_{14}COOH$]
- 방향족 카복실산 : 벤조산($C_6H_5-COOH$)

아닐린의 화학식을 오래도록 기억하는 방법

□ 아닐린(Aniline)은 벤젠(육각형, $C_6H_6$)의 수소(H) 하나가 아민기(아미노기, $-NH_2$)로 치환된 물질이므로 시성식은 $C_6H_5NH_2$로 나타낸다. 위험물 분류체계에서 아닐린은 제4류 위험물(비수용성의 제3석유류)로 분류되고 있으며 지정수량은 2,000L이다.

여기서, 저자의 $A^+$학습 노하우를 하나 더 소개하면,

아닐린="아닌육수"로 기억해 둔 적이 있다. "육" 육각형(벤젠)에서 "수" 수소하나를 "아닌" 아미노기($-NH_2$)가 치환한 구조를 갖는다는 것을 축약해서 잘 기억하기 위해 고안한 방법이다. 육각형을 갖는 벤젠은 모서리가 6개이고, 꺾어지는 모서리마다 탄소가 존재하므로 탄소는 6개, 수소 6개를 갖는 구조(공명구조)이다. 이를 모체로 하여 수소(H) 하나가 아민기(아미노기, $-NH_2$)로 치환된 것이므로 **시성식**은 $C_6H_5NH_2$로 된다는 것을 알 수 있고, 그 구조는 ○$-NH_2$임을 짐작할 수 있다.

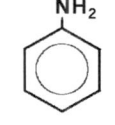
〈그림〉 Aniline

트라이나이트로페놀의 화학식을 오래도록 기억하는 방법

□ 트라이나이트로페놀(Trinitrophenol, TNP)은 **피크르산**(Picric Acid, 피크린산)이라고도 하며, 화학식은 $C_6H_3N_3O_7$으로 나타낼 수 있으나 문제의 조건에서 시성식, 즉 작용기를 써서 나타낼 것을 주문하고 있다. 이 물질의 구조는 페놀을 토대로 3개(tri-)의 나이트로기($-NO_2$)가 결합된 것이므로 **시성식**은 $C_6H_2OH(NO_2)_3$로 나타낼 수 있다. 위험물 분류체계에서 트라이나이트로페놀은 노란색 결정으로 제5류 위험물(나이트로화합물)로 분류되고 있으며 지정수량은 1종의 경우 10kg, 2종의 경우 100kg이다.

〈그림〉 Trinitrophenol

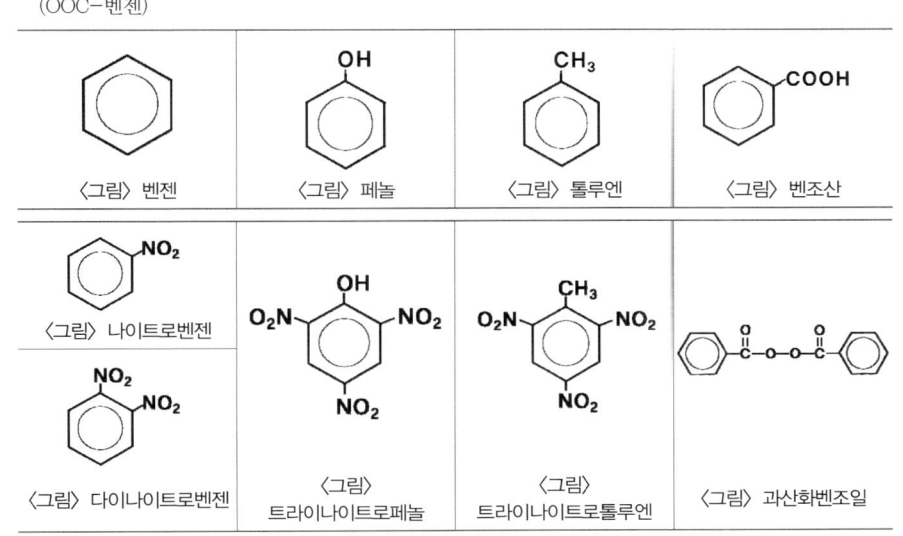

## 02 답안

$$H-\underset{H}{\overset{H}{C}}-\underset{H}{\overset{H}{C}}-O-\underset{H}{\overset{H}{C}}-\underset{H}{\overset{H}{C}}-H$$

■ 참고 ■

**상세해설**

에테르(에터, Ether)는 "한글의 '에'자=O-ㅔ"(−O−, 에테르기)를 중심으로 두 개의 탄화수소기(炭化水素基, R, R')가 결합(R−O−R')된 유기화합물(有機化合物, Organic Compounds)을 총칭한다. 여기에 더하여, 디(다이, di−)에틸(Ethyl)은 2개의 에틸기(−$C_2H_5$)가 결합된 것이므로 에틸에테르, 즉 다이에틸에터(Diethylether)의 화학식(분자식)은 $(C_2H_5)_2O$이고, 작용기(作用基, Functional Group)는 에터기(−O−)이므로 다이에틸에터의 시성식(示性式)은 $C_2H_5OC_2H_5$가 된다.

그런데, 문제의 주문 조건이 구조식(構造式)으로 나타낼 것을 요구하고 있으므로 답안지에는 분자식, 실험식, 시성식이 아닌 구조식으로 기술해야 정답이 된다.

디에틸에테르(다이에틸에터)는 제4류 위험물(특수인화물)로 분류되며, 지정수량은 50L이다. 답안지에는 아래의 3가지 방안 중 하나만 기재한다.

$$H-\underset{H}{\overset{H}{C}}-\underset{H}{\overset{H}{C}}-O-\underset{H}{\overset{H}{C}}-\underset{H}{\overset{H}{C}}-H \qquad CH_3\diagdown O\diagup CH_3 \qquad R-O-R'\begin{cases} \circ \ R = C_2H_5 \\ \circ \ R' = C_2H_5 \end{cases}$$

## 03 답안 $C_3H_6O$

■ 참고 ■

**상세해설**

우리가 익히 알고 있는 메테인(메탄), 에테인(에탄), 프로페인(프로판), 부테인(부탄)…을 잘 응용하면 된다. 메테인(메탄)은 C 1개, 에테인(에탄)은 C 2개, 프로페인(프로판)은 C 3개, 부테인(부탄)은 C 4개의 탄화수소(炭化水素)이다.

좀 더 구체적으로 설명하면;

우리가 흔히 메테인(메탄, Methane), 에테인(에탄, Ethane), 프로페인(프로판, Propane), 부테인(부탄, Butane)… 등과 같이 "ane"를 붙이는 것은 탄소가 단일결합(單一結合)으로 된 **포화탄화수소**(HC)라는 의미를 갖는다. ➡ $C_nH_{2n+2}$

그런데, 탄소가 2 이상 결합되는 에텐(에틸렌, Ethylene), 프로필렌(프로펜, Propylene), 부텐(부틸렌, utylene)… 등과 같이 "ene"를 붙이는 탄화수소는 탄소가 이중결합(二重結合)으로 된 **불포화탄화수소**(HC)라는 의미를 갖는다.

➡ 알켄  $C_nH_{2n}$

그러나 아세틸렌(Acetylene, 에틴)은 $C_nH_{2n-2}$의 구조를 갖는 삼중결합(三重結合)으로 된 **불포화탄화수소**(HC)라는 것에 유의하여야 한다. 이를 구분하기 위해 탄소 2개의 3중결합인 에틴(아세틸렌, Acetylene)을 에타인(Ethyne, 에탄), 탄소 3개의 3중결합 프로파인(Propyne, 프로핀)이라 한다. 공통적으로 명칭에 "yne"를 붙이는 것을 알 수 있다. ➡ 알카인 $C_nH_{2n-2}$

되돌아가서, **프로필렌**(Propylene)에서 "프로(Pro)"이므로 ➡ 프로페인(프로판)의 탄소 C 3개를 연상한다. "ㅏ" 발음 "ane"이 아닌 "ㅔ" 발음 "ene"의 물질이므로 탄소(C)가 이중결합으로 된 탄화수소(HC)라는 것을 짐작할 수 있다.

Ⓐ 탄소(C)는 4가이므로 bond가 4개라는 것을 유의하면서

Ⓑ 먼저, 탄소(C) 3개를 나열하고 연결 
 ㉠ $-C-C-C-$ ⋯ 단일결합 ⋯ alkane
 ㉡ $-C=C=C-$ ⋯ 이중결합 ⋯ alkene
 ㉢ $-C\equiv C\equiv C-$ ⋯ 삼중결합 ⋯ alkyne

Ⓑ에서 ㉡을 선택하고 탄소(C)에서 Bond 4개를 확인 후 Bond 끝에 수소를 붙인다. 첫 번째 탄소, 두 번째 탄소, 세 번째 탄소 모두 수소(H) 2개씩을 붙여 **시성식**(示性式)을 만들면 ➡ $CH_2CH_2CH_2$, 이것에서 동일 원소를 모으면 **프로필렌**(Propylene)의 **분자식**(分子式)이 된다. ➡ $C_3H_6$

그렇다면, **산화프로필렌**(Propylene Oxide)은 ➡ 말 그대로 프로필렌($C_3H_6$)에 산소(O)를 첨가한 물질이므로 ➡ "$C_3H_6O$"가 된다. 이것이 산화프로필렌(산화프로펜)의 화학식이다.

불포화탄화수소의 2중결합을 갖는 프로필렌(Propylene, >C=C=C<)에 산소(O)를 첨가하면 → 이중결합이 파괴되면서 단일결합(-C-C-C-)으로 전환됨과 동시에 중앙 탄소(C)에 산소(O)가 달라 붙어 고리형 에테르(고리형 에터, Cyclic Ether)를 형성하게 된다.

산화프로필렌은 폭약으로 사용되기도 하는데, 무게당 폭발로 인한 폭풍효과는 TNT[Trinitrotoluene, $C_6H_2CH_3(NO_2)_3$]의 수배에 이르는 위험물(제4류-인화성액체, 특수인화물)로 분류되고 있으며, 지정수량 50L이다.

산화프로필렌($CH_3CHCH_2O$ or $C_3H_6O$)의 폭발범위(연소범위)는 2.5 ~ 39%로 아주 넓다. 아세트알데하이드(아세트알데히드, $CH_3CHO$)의 연소범위(4 ~ 60%)보다는 좁지만 아세톤($CH_3COCH_3$, 2 ~ 13%)이나 휘발유(가솔린, 1.2 ~ 7.6%)보다는 훨씬 넓다.

산화프로필렌은 인화점 -37℃로 매우 낮지만 자연발화점은 430℃로 비교적 높은 편이다. 분자량은 58, 액체비중은 0.8로 물보다 가볍지만 증기밀도는 공기의 2배 정도 무겁다.

저장 및 보관할 때는 내화성 물질, 가연성 물질, 과산화물, 산(酸), 염기(鹽基), 극속염, 아민 그리고 강한 산화제(酸化劑)로부터 분리하여 보관하여야 하고, 건조하고 선선한 곳, 잘 밀폐된 상태에서 빛이 들지 않는 곳에 보관하여야 한다.

산화프로필렌 취급소·저장소 등에 화재가 발생한 경우는 내알코올포말, 거품(폼)을 사용하고, 물을 분사하여 저장용기의 온도를 낮게 유지시키는 방법이 유효하다.

답안지를 쓸때는 문제에서 "화학식"으로 기재할 것을 요구하고 있으므로 답안지 에 분자식, 실험식, 시성식, 구조식 중 아래의 "어느 하나만" 선택하여 기재하면 정답 처리된다.

| $C_3H_6O$ | $CH_3CHCH_2O$ | 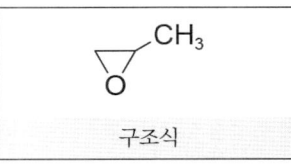 |
|:---:|:---:|:---:|
| 조성식 | 분자식 | 구조식 |

## 04  답안: CH₃CHO

■ 참고 ■

 문제의 아세트알데하이드(아세트알데히드)에서 우선, 알데하이드(알데히드)의 구성을 떠올린다. → "알써" (RCHO)

- R이 H이면 : "손(手, 손수) 폼보고 알써"(HCHO) = 폼(포름)알데하이드(포름알데히드)
- R이 CH₃이면 : "덜 알써" (메틸기-CHO) → CH₃CHO = **아세트알데하이드**(아세트알데히드)로 구분한다. 그러므로 아세트알데하이드(아세트알데히드)의 화학식(시성식)은 CH₃CHO가 되고 g분자량은 12×2+4+16=44가 된다.

알데하이드(Aldehyde)는 작용기(作用基, Functional Group)인 포르밀기(-CHO, 알데하이드기)를 가지고 있는 탄소화합물(RCHO)이다. 알데하이드(알데히드)는 하이드록시기(수산기, -OH)를 1개 가진 메탄올과 같은 1차 알코올을 산화시켜 얻으며, 카르복시산을 환원시켜 얻을 수도 있다. 알데하이드는 은거울반응이나 펠링반응을 일으키며 **환원성을 가짐**으로써 자신은 산화되어 카르복시산으로 산화되기 쉬운 특성이 있다.

아세트알데하이드(Acetaldehyde, 아세트알데히드)는 인화성 액체로 제4류 위험물(특수인화물)로 분류되며, 지정수량은 50L이다. 자극성 냄새가 있는 가연성 액체로 비중은 0.79, 인화점 -39℃, 발화점 175℃, 연소범위 4∼57%를 가지며, 물ㆍ알코올ㆍ에테르는 임의의 비율로 녹는다.

□ RCHO $\begin{cases} \circ\ R=H\text{이면} \to HCHO(CH_2O) \text{ ; 폼알데하이드(Formaldehyde)} \\ \circ\ R=CH_3\text{이면} \to CH_3CHO(C_2H_4O) \text{ ; 아세트알데하이드(Acetaldehyd)} \end{cases}$

문제의 주문 조건은 시성식, 즉 작용기를 써서 나타낼 것을 요구하고 있다. 아세트알데하이드의 작용기는 포르밀기 (-CHO)이고, 작용기의 끝에 메틸기(-CH₃) 1개가 결합된 구조를 갖는 화합물이므로 **시성식은 CH₃CHO**으로 나타낸다.

## 05 답안

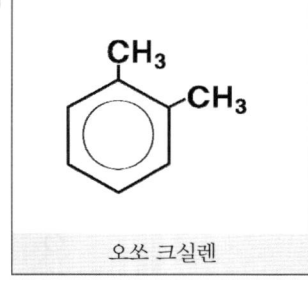
오쏘 크실렌

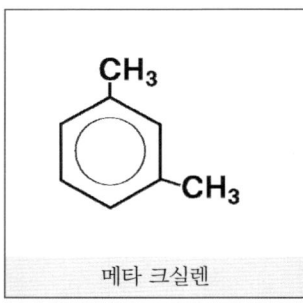
메타 크실렌

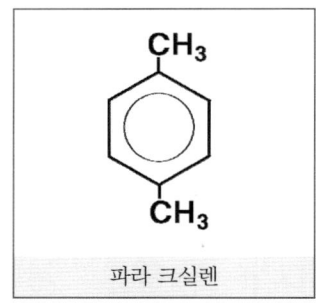
파라 크실렌

■ 참고 ■

 이 문제의 첫 번째 Blockage는 크실렌의 화학식을 알아내는 것이고, 두 번째 Blockage는 이성질체가 무엇인지 개념을 모르면 주어진 문제를 해결할 수 없다.

크실렌(Xylene)은 **자일렌**이라고도 한다. 앞에서 벤젠(육각)을 토대로 한 위험물질을 정리한 학습법에 의하면 **톨루엔** = 돌루멤(육각-CH₃), **크실렌** = 큰돌[육각-2CH₃(o, m, p)], **벤조산** = 벤초산(육각-COOH)으로 기억해 두었으므로 **크실렌** = 큰돌[육각-2CH₃(o, m, p)]이고, 이를 풀어내면 육각형을 갖는 벤젠의 수소 원자 두 개가 메틸 (-CH₃)과 치환된 물질[C₆H₄(CH₃)₂]이며, 치환된 벤젠핵의 위치에 따라 오쏘 크실렌(ortho-Xylene), 메타 크실렌(meta-Xylene), 파라 크실렌(para-Xylene)의 3가지 이성질체(異性質體, Isomer)를 가진다.

여기서, **이성질체**란 분자식은 같으나 분자 내에 있는 구성원자의 연결방식이나 공간배열이 동일하지 않은 화합물을 말한다.

크실렌[자일렌, $C_6H_4(CH_3)_2$]은 **방향족 탄화수소류**로 톨루엔, 에틸벤젠, 스타이렌 등과 함께 알킬벤젠류에 속하며, 등유, 경유, 클로로벤젠 등과 함께 **제4류 위험물**(제2석유류 중 비수용성)로 지정되어 있다. 지정수량은 1,000L이다.

크실렌(자일렌)의 분자량은 약 106, 인화점은 약 32℃, 발화점은 약 463℃, 비중은 0.88으로 물보다 가벼우나 증기의 밀도는 공기보다 3.7배 무겁다. 폭발한계는 좁은 편(0.9~6.7%)이다.

물보다 가볍고, 비수용성 액체이므로 화재발생 시 물로 소화하게 되면 화재면이 확대되어 위험성이 커지게 되므로 분말 소화약제, $CO_2$ 소화약제, 포 소화약제 등으로 소화하여야 한다.

**답안지**를 쓸 때에는 문제에서 "**명칭**"과 "**구조식**" 두 가지 기재할 것을 주문하고 있으므로 답안지의 벤젠 구조를 그릴 때 ➡ 공명선(이중선) 없이 그냥 육각형만 그리도록 하고, 벤젠핵과 정수리(상단) 측에 메틸기($-CH_3$) 하나를 그려 놓으면(고정위치) 톨루엔(Toluene, $C_6H_5CH_3$)이 된다.

여기에 육각형의 오른쪽 첫 번째에 모서리에 메틸기($-CH_3$) 하나 더 붙이면 **오쏘 크실렌**(ortho-Xylene), 메틸기의 위치를 옮겨 하단 꺾어진 모서리에 붙여 놓으면 **메타 크실렌**(meta-Xylene), 양팔을 벌리 듯 상·하 수직선(멘 하단)에 위치한 육각형 모서리에 메틸기($-CH_3$)를 붙여 놓으면 **파라 크실렌**(para-Xylene)이 된다. 메틸기의 위치와 명칭이 일치·정확해야 한다.

그리고 구조식 하단에 명칭을 기재하도록 한다. 명칭을 쓸 때 영문을 사용할 경우 spelling이 맞지 않으면 이것도 틀린 것으로 처리될 수 있으므로 **가급적 한글로 기재하는 것이 안전하다**.

● **참고** ●

**크실렌(자일렌)의 이성질체와 특성**

- 특징 : 크실렌[자일렌, $C_6H_4(CH_3)_2$]은 이성질체 분리에 의해 $p$-자일렌, $o$-자일렌, $m$-자일렌 3가지가 있으며, 산화성 물질과의 혼합 시 폭발할 우려가 있다.
- 종류

| 오쏘($o$)-크실렌(자일렌) | 메타($m$)-크실렌(자일렌) | 파라($p$)-크실렌(자일렌) |
|---|---|---|
| 발화점 : 430℃ | 발화점 : 528℃ | 발화점 : 529℃ |
| 인화점 : 32℃ | 인화점 : 25℃ | 인화점 : 25℃ |

### 유사문제

**01** 제5류 위험물인 과산화벤조일(벤조일퍼옥사이드)의 구조식을 그리시오. [10,14]

**02** 과산화벤조일의 화학식과 지정수량을 쓰시오. [20]

**03** 과망가니즈산암모늄과 인화아연의 화학식과 지정수량을 쓰시오. [20]

**04** 아세트알데하이드가 산화될 경우 생성되는 제4류 위험물인 아세트산의 화학식을 쓰시오. [22]

**05** 에틸알코올과 이성질체인 디메틸에터르의 시성식을 쓰시오. [20]

**06** 나이트로화합물인 트라이나이트로페놀의 구조식을 쓰시오. [08,09,10,12,13,16,17,20]

**07** 피크린산의 구조식을 쓰시오. [15]

**08** 트라이나이트로톨루엔의 구조식을 작성하시오. [19]

**09** 다음 위험물의 시성식을 쓰시오. [25]
 (1) 나이트로글리세린
 (2) 트라이나이트로톨루엔
 (3) 트라이나이트로페놀
 (4) 아조벤젠
 (5) 질산메틸

**10** 분자량이 227g이며, 폭약의 원료이고, 담황색의 주상 결정이며, 물에 녹지 않고 아세톤과 벤젠에는 녹는 물질의 품명과 시성식을 쓰시오. [22]

**11** 아세톤의 시성식을 쓰시오. [18]

**12** 분자량이 34이고, 표백작용과 살균작용을 하며, 농도가 36중량% 이상인 것이 위험물이 되는 물질의 명칭과 시성식을 쓰시오. [22]

### 유사문제 답안·해설

**01** 답안 답안지에는 아래 둘 중에 하나만 기재한다.

■ 참고 ■

상세해설 구조식은 반복적으로 연습하지 않으면 쉽게 그려낼 수 없는 부분이다. 그러나 그림으로 연습하는 것 보다 저자가 앞서 권장한 우리말로서 개념을 잡고 그려내는 것이 훨씬 더 효과적이라는 것을 재차 강조한다. 과산화벤조일(=벤조일퍼옥사이드, BPO)은 유기과산화물로서 자기반응성 물질이며, 제5류 위험물로 분류되는 지정수량 10kg, 위험등급 I로 분류되기 때문에 시험에서 중요시 되고 있는 품목이다.

 □ 개념을 잡아서 답안지를 쓰려면;
  • 과산화벤조일(Benzoyl Peroxide)은 유기과산화물이며, 유기과산화물의 기본구조는 퍼옥사이드 구조(-O-O-)의 양 끝에 알킬기가 결합된 구조, 즉 R-O-O-R 구조를 가진다.
  • 벤조일기(Benzoyl Group)는 벤조산(Benzoic Acid)에서 유도되는 1가(수소 1개)의 기(基)이다.

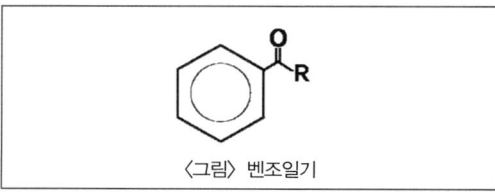

〈그림〉 벤조일기

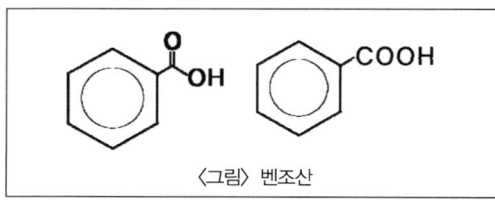

〈그림〉 벤조산

- 그러므로 과산화벤조일의 구조는 과산화디알킬(R-O-O-R)에서 R을 구성하고 있는 벤조산(Benzoic Acid, C₆H₅COOH)에서 수소 하나가 떨어져 나간 자리에 각각 벤조일기(Benzoyl Group)가 결합된 구조를 가진다. 이를 종합하여 구조식을 그려보면(둘 중 쉬운 것을 선택하여 답안지에 기재하고, 이때 벤젠의 공명선을 그리지 않아도 됨);

□ 앞서 소개한 저자의 학습기법을 적용하면 ;
- 과산화벤조일 → 벤젠+CO(일산화탄소가 조우한 것으로 기억)
- 탄소가 분자식에 포함된 것은 모두 유기물임(단, 홑원소 탄소, 산화탄소, 탄화물, 금속의 탄산염, CN화물 등을 제외) → ∴ 과산화벤조일은 유기과산화물이고, 제5류 위험물(자기반응성 물질)로 분류되며, 지정수량이 10kg인 Ⅰ등급 위험물로 지정되어 있음
- 과산화벤조일 → 산소함유 → -O-O-결합구조(퍼옥사이드 구조)를 가짐

이를 토대로 우리말로 구조식의 개념을 잡으면 → 벤젠+CO-O-O+CO+벤젠으로 귀결 ➡ 구조식을 그려보면 위의 그림과 같이 된다는 것을 알 수 있다. 이와 같이 그림으로 암기 될때까지 부단히 연습하는 것 보다 저자가 소개하는 방법으로 학습 해 두면, 한 두번으로 완전히 정리될 것이다.

**02** **답안** 화학식은 아래 둘 중 하나만 기재한다.
□ 화학식 : $C_{14}H_{10}O_4$ or $(C_6H_5CO)_2O_2$
□ 지정수량 : 10kg

**■참고■**

**상세해설** 앞서 학습법 대로, 산화벤조일=벤젠+CO(일산화탄소가 조우한 것), 과산화 된 것 ➡ -O-O-결합구조(퍼옥사이드 구조)를 가짐. 여기서, 시성식, 구조식 등 이렇게 지정해 주지 않고 화학식을 기재할 것을 주문하는 경우는 분자식(조성식), 시성식, 구조식 중 어느 것이든 기재해도 좋다는 의미이다.

벤젠은 탄소 6개, 수소 6개 → $C_6H_6$, 여기서 수소 하나를 빼고 CO를 결합($C_6H_5CO-$, 벤조일기)한 다음, 퍼옥사이드(-O-O-) 양 끝에 이들을 각각(2개) 결합시키면 ➡ $C_6H_5-CO-O-O-CO-C_6H_5$으로 된다. 화학식을 쓰라고 할 때는 답안지에 이 상태로 기재해도 아무런 문제가 없다.

**다시 정리하면** ; 각 조성을 조합하면 C 14개, H 10개, O 4개 이므로 분자식은 $C_{14}H_{10}O_4$가 되고, 벤조일기(Benzoyl Group, $C_6H_5CO-$) 2개와 유기 과산화기(Peroxy Radical)가 결합한 것이므로 시성식은 $(C_6H_5CO)_2O_2$로 나타낼 수 있으며, 구조식도 앞에 설명한 바와 같이 손쉽게 그릴 수 있게 된다.

## 03

**답안** (1) 과망가니즈산암모늄(제1류) : $NH_4MnO_4$(저장수량 1000kg)
(2) 인화아연(제3류) : $Zn_3P_2$(지정수량 300kg)

### ■ 참고 ■

**상세해설**

먼저 **과망가니즈산암모늄**(과망간산암모늄)부터 설명한다. 화합물의 명명체계에서 음이온부터 먼저 이름을 붙이므로 과망가니즈산(과망간산) 암모늄은 과망간산(망간이 과하게 산화된··) 음이온($MnO_4^-$)과 암모늄($NH_4^+$)양이온이 결합된 물질이므로 분자식은 $NH_4MnO_4$가 된다. 과망가니즈산염류(과망간산염류)나 다이크로뮴산염류(중크롬산염류)는 제1류 위험물(산화성 고체)에 해당하는 것으로 **지정수량은 100kg**으로 다른 Ⅰ등급 위험물에 비해 수량이 많은 편이지만 제1류 위험물 중 위험등급 Ⅰ등급으로 지정되어 있다. 제1류 위험물 중 위험등급 Ⅰ등급으로 지정되어 있는 것은 과염소산염류를 비롯하여 아염소산염류, 염소산염류, 무기과산화물 그밖에 지정수량이 50kg인 위험물이다.

다음 인화아연(Zinc Phosphide)을 설명한다. 명칭에서 알 수 있듯 인화아연은 품명이 금속 인화물이라는 것을 알 수 있으며, **아연 양이온과 인 음이온이 이온결합**(Ionic Bond)을 형성하고 있는 물질이다.

인화아연은 자연발화성 물질 및 금수성 물질로 제3류 위험물(암회색, 정방결정)로 분류되고 **지정수량 300kg**으로 위험등급 Ⅲ급으로 지정·관리(쥐약으로 사용되기도 함)되고 있다.

"화"를 붙인 인(P)은 **단원자 음이온**이라는 의미이고, 주기율표상 인(P)은 15족(5가)이므로 최외각 전자는 5개, 이와 결합하는 아연(Zn)은 12족(2가)이므로 최외각 전자가 2개이다. 그러므로 Zn 양이온(2가)과 결합하는 P(5가) 음이온이 상호 이온결합을 하려면 → 가수가 낮은 양이온 2가(결합전자쌍 2개)인 아연이온을 기준으로 하여 5가인 인(P)의 결합배치를 사이에 끼워넣기 방식의 2중결합을 만든다. 즉 Zn=P$^{(:)}$–Zn–P$_{(:)}$=Zn으로 되고, 이때 인(P)이 가지고 있는 비공유 전자(2개)는 반발하기 때문에 $Zn_3P_2$의 구조는 아래의 그림의 좌측과 같은 구조가 된다.

**인화칼슘**(Calcium Phosphid)도 인화아연과 마찬가지로 제3류 위험물(자연발화성 물질 및 금수성 물질)이고, 금속의 인화물로 지정수량 300kg, 위험등급 Ⅲ급으로 분류된다.

마찬가지로 "화"를 붙인 인(P)은 **단원자 음이온**이라는 의미이고, 주기율표상 인(P)은 15족(5가)이고, 최외각 전자는 5개, 이와 결합하는 칼슘(Ca)은 2족(2가)이고, 최외각 전자가 2개이다. 그러므로 Ca 양이온(2가)과 결합하는 P(5가) 음이온이 상호 이온결합을 하려면 → 가수가 낮은 양이온 2가(결합전자쌍 2개)인 칼슘이온을 기준으로 하여 5가인 인(P)의 결합배치를 사이에 끼워넣기 방식의 2중결합을 만든다. 즉 Ca=P$^{(:)}$–Ca–P$_{(:)}$=Ca으로 되고, 이때 인(P)이 가지고 있는 비공유 전자(2개)는 반발작용을 하기 때문에 $Ca_3P_2$의 구조는 아래의 그림과 같은 구조가 된다.

**참조로**, 제3류 위험물(자연발화성 물질 및 금수성 물질)인 금속의 인화물의 하나인 **인화알루미늄**(Aluminum Phosphide, 암회색 또는 황색의 고체)은 결합하는 알루미늄이온($Al^{3+}$)이 인(P)과 전자 3개를 공유할 수 있으므로 P와 3중결합(≡)을 형성한다. 그러므로 분자식이 AlP가 된다.

㈜ 이 책에 소개되는 모든 학습기법은 저자 이승원의 독창적인 작품으로 허락받지 않은 제3자는 복제·복사사용하거나 온라인, 오프라인, 유튜브, 블로그 등에 모방사용할 수 없음을 알린다.

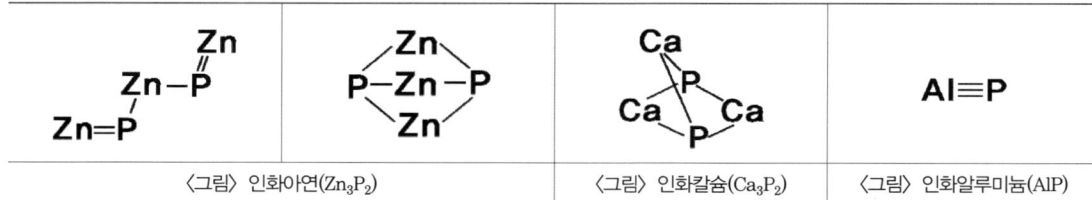

| 〈그림〉 인화아연($Zn_3P_2$) | 〈그림〉 인화칼슘($Ca_3P_2$) | 〈그림〉 인화알루미늄(AlP) |

[중요] 금속의 인화물(인화아연, 인화칼슘, 인화알루미늄 등)은 제3류 위험물 중 금수성 물질이므로 **물과 접촉할 경우**, 유독가스인 포스핀($PH_3$)이 발생한다.

- $Zn_3P_2 + 6H_2O \rightarrow 3Zn(OH)_2 + 2PH_3$
- $Ca_3P_2 + 6H_2O \rightarrow 3Ca(OH)_2 + 2PH_3$
- $AlP + 3H_2O \rightarrow Al(OH)_3 + PH_3$

[중요] 금속의 인화물(인화아연, 인화칼슘, 인화알루미늄 등)은 묽은 **강산(强酸)**과 접촉할 경우 유독가스인 포스핀($PH_3$)이 발생한다.

- $Zn_3P_2 + 6HCl \rightarrow 2PH_3 + 3ZnCl_2$
- $Ca_3P_2 + 6HCl \rightarrow 2PH_3 + 3CaCl_2$
- $2AlP + 3H_2SO_4 \rightarrow 2PH_3 + Al_2(SO_4)_3$

● 참고 ●

황린($P_4$, 백린)은 자연발화성 물질이지만 물과 반응하지 않기 때문에 pH 약 9의 물 속에 보관한다. 그러나 묽은 강알칼리 수용액(KOH 등)과 접촉할 경우 유독가스인 포스핀($PH_3$)이 발생한다.

- $4P + 3KOH + 2H_2O \rightarrow PH_3 + 3KH_2PO_2$

## 04

**답안** 아래 둘 중 하나만 기재한다.
$CH_3COOH$ or $C_2H_4O_2$

■ 참고 ■

공부하는 수험생들이나 강의하는 강사들의 가장 잘못된 학습법은 깜지쓰기, 외우기, 반복풀기 등으로 모든 문제를 해결하려 하고 있다. 시중 출간된 수험서의 저자들, 특정 블로거 및 유튜브 강사들 또한 같았다. **어려운 난제를 쉽게 풀 수 있는 학습기법**을 깨우쳐 주는 것이 아니라 학생들에게 암기하고 반복해서 풀어보는 것이 통상적인 학습법이고, 정도(正道)인 것처럼 주장하고 있다.
화학을 체계적으로 공부하지 못했거나 공부한 기간이 오래되어 가물가물한 학생들에게는 이 방법만이 유일한 탈출구로 생각하여 더욱 더 암기하고 반복해서 풀어보는 학습법으로 시험을 대비하고 있다.
그런데 공부에도 빠르고 안전한 고속도로가 있다. 바로 **지름길**이다. 지름길은 **방향감각**이다. 아무리 길치라고 하더라도 우리나라 부산을 말하는데 평양이 있는 북쪽을 떠올리지 않는다.
**소개하면**; 특정 명칭의 분자식을 떠올릴 때, 하나만 기억하자(방향) → **알데하이드**(구성, RCHO)라는 것이 이 문제의 핵심 키 포인트이며, 이것만 알면 이 문제는 끝났다.

- RCHO 
  - R이 H(수소) 이면 : "손(手, 손수) 폼보고 알써" → 폼알데하이드 → HCHO
  - R이 $CH_3$(메틸기) 이면 : "덜알써" → 아세트알데하이드 → $CH_3CHO$

제시된 위험물의 명칭에서 힌트를 얻는다. 문제에서 "아세트알데하이드(아세트알데히드)가…" 하였으므로 알데히드(순화용어, 알데하이드) 구성을 떠 올린다. → RCHO → 여기서 R이 H이면 HCHO=폼알데하이드(포름알데히드), R이 $CH_3$이면 $CH_3CHO$=아세트알데하이드가 된다. 아세트알데하이드($CH_3CHO$)를 다시 산화(산소를 불어 넣음, $CH_3CHO+O$)시키면 $CH_3COOH$(아세트산, 초산)가 된다. 문제에서 "아세트산의 화학식"을 기재하라고 주문하였으므로 이미 정답을 얻은 것이다.
정리하면, 문제의 방향은 **알데하이드**(RCHO) → R을 $CH_3$로 치환하여 → $CH_3CHO$ → 산화(산소를 불어 넣음) → $CH_3COOH$(Acetic Acid)이다. 알데하이드와 케톤은 일반식이 $C_nH_{2n}O$로서 서로 이성질체이다.

**하나 더** ; "알데하이드(구성, RCHO)" 중 아세트알데하이드($CH_3CHO$)는 어디서 탄생했나? 역으로 조상(엄마)을 찾아가기 위해 "**$CH_3$**"에 주목한다. 메틸기(Methyl基, $CH_3$)의 근원은 메탄올($CH_3OH$)이 아니라 에틸기($C_2H_5-$)를 함유하고 있는 **에탄올**(Ethanol, $C_2H_5OH$)이라는 점을 체크해야 한다. 아세트 알데하이드나 초산은 다음 반응과 같이 에탄올($C_2H_5OH$)을 산화(수소를 제거)하여 얻는다.

□ $C_2H_5OH$(에탄올) $\xrightarrow[\text{수소제거 (H 2개)}]{\text{산화}}$ $CH_3COH$(아세트알데하이드) $\xrightarrow[\text{산소첨가}]{\text{산화}}$ $CH_3COOH$(초산)

그래서, 저자는 제한적이지만 지면을 빌려 여러분들의 학습방식을 "**지름길-방향-머리가 아닌 가슴-IQ가 아닌 -EQ**"로 공부하도록 유도해 줌으로써 그동안 자신도 모르고 지냈던 공부 잘하는 내면의 잠재능력을 최대로 끌어올림으로써 암기 위주의 학습방식을 탈피시키고자 ➔ 이 책에 위와 같은 자질구레하다 느낄 정도로 긴 해설을 첨부하게 되었다. 양해바란다.

문제의 조건은 **화학식**(化學式, Chemical Formula)으로 답할 것을 주문하였으므로 시성식($CH_3COOH$), 조성식($C_2H_4O_2$), 구조식(構造式) 중 하나만을 선택하여 답안지에 기재하도록 한다.

● **참고** ●

〈그림〉 아세트알데하이드(Acetaldehyde)의 구조

□ $C_2H_5OH$(에탄올) $\xrightarrow[\text{수소제거 (H 2개)}]{\text{산화}}$ $CH_3COH$(아세트알데하이드) $\xrightarrow[\text{산소첨가}]{\text{산화}}$ $CH_3COOH$(초산)

□ 발효에 의한 아세트산 생산 : $C_2H_5OH + O_2 \rightarrow CH_3COOH + H_2O$

□ 합성에 의한 대량 아세트산 생산 : $CH_3OH + CO \rightarrow CH_3COOH$

**에탄올**(Ethanol, $C_2H_5OH$)은 사람이 먹을 수 있는 알코올로 에탄올을 마시면 체내의 산화효소에 의해 아세트알데하이드(Acetaldehyde, $CH_3CHO$)가 되며, 다시 효소에 의해 분해되면 영양소로 작용되는 식초와 같은 아세트산(초산, Acetic Acid, $CH_3COOH$)이 되고, 더 산화되면 물과 이산화탄소로 최종 분해된다. 상처에 바르는 소독제나 발효 식초(食醋)를 만드는 데 사용되는 소주(燒酒)는 에탄올이다.

반면에, **메탄올**(Methanol, $CH_3OH$)은 사람이 조금만 마셔도 실명(失明)하게 되고, 대량의 메탄올을 마시게 되면 사망한다. 메탄올은 체내에서 산화되면 폼알데하이드(포름알데히드, Formaldehyde, HCHO)와 폼산(포름산, Formic Acid, HCOOH)을 거쳐 물($H_2O$)과 이산화탄소($CO_2$)가 되는데, 이때 생기는 폼알데하이드와 폼산이 독성을 유발한다. 폼알데하이드(포름알데히드)의 30 ~ 40%수용액이 극약으로 지정, 사용을 제한하고 있을 정도로 독성이 강한 포르말린(Formalin)이다. 마시면 사람이 죽는 것이 당연한 결과일 것이다.

□ $CH_3OH$(메탄올) $\xrightarrow[\text{산소}(1/2O_2)]{\text{산화}}$ HCHO (폼알데하이드) $+ H_2O$

| Methanol($CH_3OH$) | Ethanol($C_2H_5OH$) | Propanol($C_3H_7OH$) |
|---|---|---|

## 05  답안  CH₃OCH₃

**참고**

제시된 위험물의 명칭에서 힌트를 얻는다. 디메틸에테르(Dimethyl ether)에서 "디(다이, Di)"는 2개를 의미한다. 무엇이? → "메틸기(-CH₃)"가 2개 결합된 것(Dimethyl)이다. 어떤 형태? 무엇을 중심으로? → Ether ➡ 에테르기(-O-)를 중심으로 → ∴ 이를 종합하면 CH₃-O-CH₃로 결합되어 있는 것이므로 시성식은 CH₃OCH₃, 조성식은 C₂H₆O로 나타낸다. 에테르(에터, Ether)와 알코올은 분자식이 $C_nH_{2n+2}O$로 같기 때문에 서로 이성질체이다. 참고로 다이에틸에터(Diethyl ether)는 → 에틸기(-C₂H₅)가 2개 결합된 것이므로 다이에틸에터의 시성식은 C₂H₅OC₂H₅, 조성식은 C₄H₁₀O로 나타낸다. 문제의 조건이 디메틸에테르의 **시성식(示性式)**으로 답할 것을 주문하였으므로 답안지에 CH₃OCH₃라고 쓴다.

## 06  답안

**보충**  제시된 위험물의 명칭에서 힌트를 얻는다. 트라이나이트로페놀(Trinitrophenol, TNP)의 "트리(Tri)"는 3개를 의미한다. 무엇이? → 나이트로기(-NO₂)가 3개 결합된 것이다. 어떤 형태? 무엇을 중심으로? → Phenol ➡ 페놀(C₆H₅OH, ⌬-OH)을 중심으로 → 즉, 페놀에 -NO₂가 하나씩 치환될 때마다 수소(H)가 하나씩 감소하므로 H₅-3=H₂가 된다.

이를 종합하면 트라이나이트로페놀(Trinitrophenol, 일명 Picric Acid)의 **시성식(示性式)**은 C₆H₂(OH)(NO₂)₃, 조성식(組成式)은 C₆H₃N₃O₇으로 되며 구조식(構造式)은 답안지와 같이 나타낼 수 있다. 이때 벤젠(⌬)이 사람의 몸통이라 생각하면 OH는 머리, NO₂를 붙이는 위치는 양팔과 다리를 붙인다고 생각하고 구조식을 작성하면 된다. 한번만 연습하면 평생 잊혀지지 않을 노하우 학습기법이 될 것이다.

## 07  답안

**보충**  피크린산(Picric Acid, 피크르산)은 그리스어 pikros(가시같은 날카로운 뜻)에서 유래되었다고 한다. 피크린산은 2,4,6-트라이나이트로페놀(TNP)을 말한다. 2,4,6 번호는 벤젠의 6각형에서 시계방향으로 2번, 4번, 6번에 -NO₂가 붙어 있음을 의미한다. 피크린산의 구조식을 앞에서 공부한 대로 작성하면 된다.

## 08 답안

[구조식: 가운데 벤젠고리, 위쪽 CH₃, 양쪽 및 아래 NO₂ (2,4,6-트라이나이트로톨루엔)]

📖 **보충** 제시된 위험물의 명칭에서 힌트를 얻는다. 트라이나이트로톨루엔(Trinitrotoluene, TNT)의 "트리(Tri)"는 3개를 의미한다. 무엇이? → 나이트로기(−NO₂)가 3개 결합된 것이다. 어떤 형태? 무엇을 중심으로? → toluene
➡ 앞에서 우리가 공부했던 기법을 여기에 복기해 보면…

- 벤젠 : 육(육각), 페놀 : 육수(페수, 육각−OH), 아닐린 : 육수아님(육각−NH₂)
- 톨루엔 : 돌루멤(육각−CH₃), 크실렌 : 큰돌[육각−2CH₃($o, m, p$)], 벤조산 : 벤초산(육각−COOH)

**톨루엔**=돌루멤(육각−CH₃)이라고 공부해 두었다. 그러므로 톨루엔($C_6H_5CH_3$, ⬡−CH₃)을 중심으로 → 즉, 톨루엔 −NO₂가 하나씩 치환될 때마다 수소(H)만 하나씩 감소하므로 $H_5-3=H_2$가 된다. 이를 종합하면 트라이나이트로톨루엔(Trinitrotoluene)의 시성식(示性式)은 $C_6H_2CH_3(NO_2)_3$, 조성식(組成式)은 $C_7H_5N_3O_6$으로 되며 구조식(構造式)은 아래와 같이 나타낼 수 있다. 이때 벤젠(⬡)은 사람의 몸통이라 생각하면 $CH_3$는 머리, $NO_2$를 붙이는 위치는 양팔과 다리를 그려서 붙인다고 생각하고 한번만 연습하면 오래가는 학습기법이 될 것이다.

## 09 답안

(1) $C_3H_5(ONO_2)_3$
(2) $C_6H_2CH_3(NO_2)_3$
(3) $C_6H_2OH(NO_2)_3$
(4) $C_6H_5N=NC_6H_5$
(5) $CH_3ONO_2$

📖 **보충** 시성식(示性式)은 작용기(作用基)를 써서 나타낸 식을 말하는데, 우리가 흔히 쓰는 분자식처럼 쓰되, 분자의 특징적인 구조를 별도로 빼서 표기한다고 생각하면 된다.

한글명칭으로 화학식을 읽을 때, 음이온을 먼저−양이온을 마지막으로 부르지만 화학식으로 표기할 때는 양이온을 먼저−음이온을 마지막으로 붙인다는 것을 참조하도록!!

이론 책에서 학습할 때, 나이트로글리세린의 "세"는 탄소(C) 3개, "글리(Gly…)"는 OH가 걸린 것이라 하였고, OH에서 H를 치환하여 나이트로기(−NO₂)가 걸려 있는 구조를 갖는다고 공부했으므로 ➡ −C−C−C− 구조에서 −OH 3개를 붙인 다음 수소(H)를 치환하여 −NO₂를 붙이면 나이트로글리세린의 화학식[시성식, $C_3H_5(ONO_2)_3$]이 된다.

트라이나이트로톨루엔(TNT)은 "톨루엔+3개의 나이트로기" 개념으로 기억 해 두었다. 톨루엔은 "벤젠+메틸기", 즉 "벤젠+메틸기+나이트로기 3개"로 구성된 것으로 화학식(시성식)은 $C_6H_2CH_3(NO_2)_3$가 된다.

트라이나이트로페놀(피크린산, TNP)은 페놀($C_6H_5OH$)의 수소원자 3개가 나이트로기(−NO₂)로 치환된 것이므로 화학식(시성식)은 $C_6H_2OH(NO_2)_3$가 된다.

이론 책에서 학습할 때, 아조벤젠(Azobenzene)은 "아조기(−N=N−)의 양쪽에 벤젠(⬡)이 결합된 것"이라 하였으므로 화학식(시성식)은 $C_6H_5N=NC_6H_5$가 된다.

질산메틸(Methyl nitrate)은 "질산(HNO3)+메틸기(−CH₃)"개념으로 기억 해 두었다. 질산(窒酸, $HNO_3$)에서 수소(H) 하나가 떨어져 나가고 그 자리에 메틸기(−CH₃)가 결합된 것으로 질산에스터류이므로 R−O−NO₂의 시성식을 갖는다. 따라서 화학식(시성식)은 $CH_3ONO_2$가 된다.

## 10 답안 품명 : 나이트로화합물, 시성식 : $C_6H_2CH_3(NO_2)_3$

■ 참고 ■

 이 문제는 "폭약의 원료"에 초점을 맞추어 보면 → 트라이나이트로톨루엔[$C_6H_2(NO_2)_3CH_3$], 트라이나이트로페놀[피크린산, $C_6H_2(NO_2)_3OH$]을 우선적으로 떠올릴 수 있고, 이 두 물질의 분자량을 산정하여 227이 나오는 것을 선택하는 것이 가장 빠르다. 트라이나이트로톨루엔[$C_6H_2(NO_2)_3CH_3$]의 분자량은 227, 트라이나이트로페놀[피크린산, $C_6H_2(NO_2)_3OH$]의 분자량은 229이다.

그러므로 트라이나이트로톨루엔[$C_6H_2(NO_2)_3CH_3$]의 품명과 시성식을 답안지에 기재한다. 이때 주의할 사항은 **품명**(品名)은 물품의 이름을 말하므로 "나이트로화합물"이라고 답해야 하며, 해당 위험물의 이름인 명칭(名稱), 즉 "트라이나이트로톨루엔"이라 쓰면 틀린다.

● 참고 ●

폭약의 원료로 사용되는 것은 대체로 제5류 위험물(자기반응성물질) 중 나이트로화합물, 질산에스터류의 품명을 갖는 물질이 대표적이고, 제1류 위험물(산화성고체) 중 염소산염류, 질산염류 등이다.

명칭을 나열해 보면 ; 나이트로셀룰로오스(면화약), 나이트로글리세린[$C_3H_5O_3(NO_2)_3$], 트라이나이트로벤젠[$C_6H_3(NO_2)_3$], 트라이나이트로톨루엔[$C_6H_2(NO_2)_3CH_3$], 트라이나이트로페놀[피크린산, $C_6H_2(NO_2)_3OH$], 테트릴[$C_6H_2(NO_2)_3N(NO_2)CH_3$], 피크린산암모늄(피크린산+암모니아, $C_3H_6N_4O_7$), 염소산칼륨($ClKO_3$), 질산나트륨($NaNO_3$), 질산칼륨($KNO_3$), 질산암모늄($NH_4NO_3$) 등이 있다.

□ 면화약(Trinitrocellulose)제조

$3HNO_3 + C_6H_{10}O_5(셀룰로오스) \rightarrow [C_6H_7(NO_2)_3O_5]_n + 3H_2O$

□ 흑색화약(Black Powder)제조

초석($KNO_3$ 및 $NaNO_3$)(75%) + 목탄 숯(탄소)(15%) + 황(10%)

〈그림〉 다양하게 표현된 나이트로글리세린[$C_3H_5O_3(NO_2)_3$]의 구조식

| 〈그림〉 Trinitrobenzene (TNB) | 〈그림〉 Trinitrotoluene (TNT) | 〈그림〉 Trinitrophenol (TNP) | 〈그림〉 Tetryl(테트릴) (Trinitrophenylmethylnitramine) |
|---|---|---|---|

| 아조화합물-다이아조화합물-하이드라진의 구조식 | | |
|---|---|---|
| ⟨그림⟩ [Pb(N₃)]₂ 제5류위험물<br>아조화합물<br>(Azo Compound)<br>(A–N=N–B) | ⟨그림⟩ 제5류위험물<br>다이아조화합물<br>(Diazo Compound)<br>(R–N=N–R') | ⟨그림⟩ ㈜ 제4류위험물<br>-수용성 액체<br>하이드라진(Hydrazine)<br>(H₂N–NH₂) |

참고로 하이드라진(히드라진, Hydrazine, $N_2H_4$)은 **제4류 제2석유류로 지정·관리(지정수량 1,000L)**된다.
- 로켓 원료로 이용되며, 공기와 산소 없이 실온 이상에서 분해될 수 있다.
- 자연발화 위험이 있고, 산화금속 또는 셀룰로오스와 같은 다공성 물질과 접촉하면 발화된다.
- 염소, 불소, 액체산소와 접촉하면 발화되고, 다이크로뮴산칼륨(디크롬산칼륨), 다이크로뮴산나트륨(디크롬산나트륨), 기타 크로뮴산염과 접촉하면 폭발적으로 분해되는 특성이 있다.
- 하이드라진(히드라진)과 알칼리 금속류를 액체 암모니아에 혼합하면 폭발성이 높은 금속 하이드라진류를 생성한다.

## 11  답안 $CH_3COCH_3$

**보충** 앞서 저자가 소개한 학습기법에서 "아세톤=아세콘"으로 기억해 두었다면 "아"는 알킬기(Alkyl Group), "세"는 탄소 3개(C–C–C) 결합, "콘"은 C=O(Carbonyl Group)로 결합되어 있음을 알 수 있다. 문제에서 아세톤의 시성식을 주문하였으므로 $CH_3COCH_3$로 답하면 된다.

● 참고 ●

⟨그림⟩ 다양하게 표현된 아세톤(Acetone, $CH_3COCH_3$)의 구조식

## 12  답안  과산화수소, $H_2O_2$

**■ 참고 ■**

  이 문제는 36%(중량) 이상인 것이 위험물로 지정된다는 것에 초점을 맞춘다. 위험물관리규정에서 농도로서 규정하는 것은 과산화수소($H_2O_2$)와 유황 뿐이다. 과산화수소($H_2O_2$)는 제6류 위험물(산화성 액체)로 농도가 36wt% 이상의 것만 위험물로 취급한다. 제2류 위험물로 지정·관리되고 있는 유황은 순도가 60%(중량) 이상인 것을 말한다. 그리고 분자량이 34인 물질이라고 하였으므로 $H_2O_2$가 이에 해당하므로 이 문제의 정답은 **과산화수소($H_2O_2$)**이다. 시성식(示性式, Rational Formula)으로 답하라고 하였는데, 분자식(조성식), 구조식을 기재하거나 명칭을 쓰면 틀린다.

● 참고 ●

과산화물(peroxide)은 산소-산소(-O-O-) 단일 결합의 분자구조 형태를 보인다.

| 과산화수소 | 과산화나트륨 | 과산화칼륨 | 과산화칼슘 | 과산화마그네슘 |
|---|---|---|---|---|
| H-O-O-H | Na-O-O-Na | K-O-O-K | Ca(O-O) | Mg(O-O) |
| (제6류 위험물) | (제1류 위험물) | (제1류 위험물) | (제1류 위험물) | (제1류 위험물) |
| 지정수량 : 300kg | 지정수량 50kg | 지정수량 50kg | 지정수량 50kg | 지정수량 50kg |

[정리사항]

- 질산($HNO_3$)은 비중이 1.49 이상인 것을 위험물(제6류)로 지정·관리(지정수량 300kg)된다.
- 과산화수소($H_2O_2$)은 농도는 36중량% 이상인 것을 위험물(제6류)로 지정·관리(지정수량 300kg)된다.
- 유황은 순도가 60%(중량) 이상인 것을 위험물(제2류)로 지정·관리(지정수량 100kg)된다.
- 철분은 제2류 위험물로 지정·관리(지정수량 500kg)되는데, 분말로서 $53\mu m$의 표준체를 통과하는 것이 50%(중량) 미만인 것은 **제외**한다.
- 금속분은 제2류 위험물로 지정·관리(지정수량 500kg)되는데, 알칼리금속·알칼리토금속·철 및 마그네슘 외의 금속의 분말을 말하고, 구리분·니켈분 및 $150\mu m$의 체를 통과하는 것이 50%(중량) 미만인 것은 **제외**한다.
- 마그네슘 및 마그네슘을 함유한 것은 제2류 위험물로 지정·관리(지정수량 500kg)되는데, **2mm** 이상의 덩어리 상태, 직경 2mm 이상의 막대모양은 **제외**한다.
- 인화성 고체는 제2류 위험물로 지정·관리(지정수량 1,000kg)되는데, 고형 알코올 그밖에 1기압에서 **인화점이 40℃ 미만**인 고체를 말한다.

## 3 반응식 만들기

### (1) 산소와의 반응식(산화반응) 만들기

**▌적용되는 대상 위험물 ▌**

- 제2류 가연성 고체
  - 황화린, 적린, 유황 (지정수량 100kg, 위험등급 Ⅱ)
  - 철분, 금속분, 마그네슘 (500kg)
  - 인화성 고체 (1,000kg)

- 제3류 자연발화성
  - 황린 (지정수량 20kg, 위험등급 Ⅰ)
  - 트리에틸알루미늄 (지정수량 10kg, 위험등급 Ⅰ)

- 제4류 인화성 액체
  - 특수인화물(이황화탄소, 산화프로필렌, 아세트알데히드 등)(50L, Ⅰ)
  - 제1석유류
    - 비수용성(휘발유, 벤젠, 톨루엔, 초산에틸 등) (200L, Ⅱ)
    - 수용성(아세톤, 시안화수소, 피리딘 등)     (400L, Ⅱ)
  - 알코올류(메틸알코올, 에틸알코올, 이소프로필알코올 등)(400L, Ⅱ)
  - 제2석유류
    - 비수용성(등유, 경유, 자일렌, 클로로벤젠 등)(1,000L)
    - 수용성(아크릴산, 히드라진, 에틸렌디아민 등)(2,000L)
  - 제3석유류
    - 비수용성(중유, 아닐린, 벤질알코올, 니트로벤젠 등)(2,000L)
    - 수용성(에틸렌글리콜, 글리세린, 올레인산 등)(4,000L)
  - 제4석유류(윤활기유, 트리벤질페놀,

※ ( )안은 지정수량, 숫자 Ⅰ, Ⅱ는 위험등급(표시되지 않은 것은 모두 Ⅲ등급)

**▌반응식의 토대 ▌**

- 반응물 : 화살표의 왼쪽에 표시 (반응물과 반응물 간에는 +기호를 사용)
- 생성물 : 화살표의 오른쪽에 표시 (생성물과 생성물 간에는 +기호를 사용)
  ※ 반응계에 존재하는 원자들은 전량 생성계에 존재해야만 한다.

① 산화(연소)반응식

㉮ $CH_4(l) + xO_2(g) \rightarrow yCO_2(g) + zH_2O(g)$
　　　　반응계　　　　　　　생성계

과정
- ⓐ $CH_4$ 중 탄소(C) 1개 → 생성계에서 1mol의 $CO_2$ 생성 → ∴ $y=1CO_2$
- ⓑ $CH_4$ 중 수소(H) 4개 → 생성계에서 2mol의 $H_2O$ 생성 → ∴ $z=2H_2O$
- ⓒ 생성계의 산소 수는 → $CO_2$에서 2개, $H_2O$에서 2개 → 총 4개
- ⓓ 생성계 산소 수 = 반응계 산소 수이고, 반응계에 반응하는 산소분자는 원자 2개가 모여 하나의 분자($O_2$)를 형성하므로 → $4O = 2O_2$
- ∴ $4 = xO_2 = 2O_2$ (이를 반응식에 넣어 산화반응을 완성함)

완성 $CH_4 + 2O_2 \rightarrow CO_2 + 2H_2O$

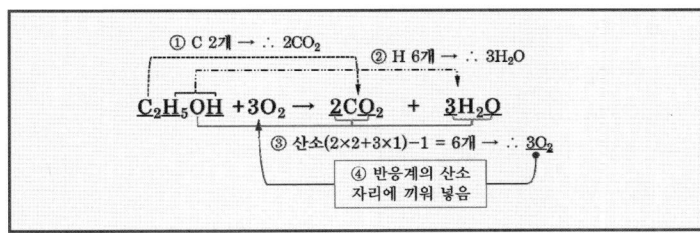

㉯ $C_2H_5OH(l) + xO_2(g) \rightarrow yCO_2(g) + zH_2O(g)$
　　　　　반응계　　　　　　　　생성계

과정
- ⓐ $C_2H_5OH$ 중 C 2개 → 생성계에서 2mol의 $CO_2$ 생성 → ∴ $y=2CO_2$
- ⓑ $C_2H_5OH$ 중 H 6개 → 생성계에서 3mol의 $H_2O$ 생성 → ∴ $z=3H_2O$
- ⓒ 생성계 산소 → $2CO_2$(산소 4개), $3H_2O$(산소 3개) → 산소 총 7개
- ⓓ 반응물($C_2H_5OH$) 중 산소(O)가 1개 있으므로 반응계에서 반응하는 산소 → 7 − 1 = 6개
- ⓔ 산소원자 2개가 모여 하나의 분자($O_2$)를 형성하므로 → $6O = 3O_2$
- ∴ $xO_2 = 3O_2$ (이를 반응식에 넣어 산화반응을 완성)

완성 $C_2H_5OH(l) + 3O_2(g) \rightarrow 2CO_2(g) + 3H_2O(g)$

② 탄화수소류의 연소반응식 : $C_mH_n + \left(m + \dfrac{n}{4}\right)O_2 \rightarrow mCO_2 + \dfrac{n}{2}H_2O$

㉮ 메테인(메탄)의 연소반응 : $CH_4 + \left(1 + \dfrac{4}{4}\right)O_2 \rightarrow CO_2 + \dfrac{4}{2}H_2O$

㉯ 에테인(에탄)의 연소반응 : $C_2H_6 + \left(2 + \dfrac{6}{4}\right)O_2 \rightarrow 2CO_2 + \dfrac{6}{2}H_2O$

㉰ 프로페인(프로판)의 연소반응 : $C_3H_8 + \left(3 + \dfrac{8}{4}\right)O_2 \rightarrow 3CO_2 + \dfrac{8}{2}H_2O$

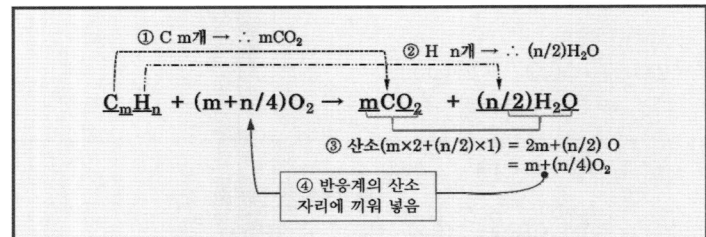

### ▌주요 위험물의 산화(연소)반응 ▌

▫ 제2류 위험물
- 삼황화인(지정수량 100kg, 위험등급 II) : $P_4S_3 + 8O_2 \rightarrow 2P_2O_5 + 3SO_2$
- 적린(지정수량 100kg, 위험등급 II) : $4P + 5O_2 \rightarrow 2P_2O_5$
- 마그네슘(500kg, III) : $2Mg + O_2 \rightarrow 2MgO$
- 철분(500kg, III) : $4Fe + 3O_2 \rightarrow 2Fe_2O_3$
- 알루미늄(1000kg, III) : $4Al + 3O_2 \rightarrow 2Al_2O_3$

▫ 제3류 위험물
- 황린(지정수량 20kg, 위험등급 I) : $P_4 + 5O_2 \rightarrow 2P_2O_5$
- 트라이에틸알루미늄(10kg, I) : $2(C_2H_5)_3Al + 21O_2 \rightarrow Al_2O_3 + 12CO_2 + 15H_2O$

▫ 제4류 위험물
- 이황화탄소(특수인화물, 지정수량 50L, 위험등급 I) : $CS_2 + 3O_2 \rightarrow 2SO_2 + CO_2$
- 산화프로필렌(특수인화물, 50L, I) : $CH_3CHOCH_2 + 4O_2 \rightarrow 3CO_2 + 3H_2O$
- 아세트알데하이드(특수인화물, 50L, I) : $CH_3CHO + 2.5O_2 \rightarrow 2CO_2 + 2H_2O$
- 다이에틸에터(특수인화물, 50L, I) : $C_2H_5OC_2H_5 + 6O_2 \rightarrow 4CO_2 + 5H_2O$
- 메틸에틸케톤(1석유류, 200L, II) : $CH_3COC_2H_5 + 5.5O_2 \rightarrow 4CO_2 + 4H_2O$
- 아세톤(1석유류, 200L, II) : $CH_3COCH_3 + 4O_2 \rightarrow 3CO_2 + 3H_2O$
- 톨루엔(1석유류, 200L, II) : $C_6H_5CH_3 + 9O_2 \rightarrow 7CO_2 + 4H_2O$
- 메탄올(메틸알코올, 400L, II) : $CH_3OH + 1.5O_2 \rightarrow CO_2 + 2H_2O$
- 에탄올(에틸알코올, 400L, II) : $C_2H_5OH + 3O_2 \rightarrow 2CO_2 + 3H_2O$
- 아세트산(초산, 2석유류, 2000L, III) : $CH_3COOH + 2O_2 \rightarrow 2CO_2 + 2H_2O$

---
**이승원의 반응식 6대 규칙**

- "위험물+산소"(연소) 반응 → 기준 산화물(基準 酸化物) 우선
  - 가연원소(C,H,S,P) : C → $CO_2$,  H → $H_2O$,  S → $SO_2$,  P → 오산화인($P_2O_5$)
  - 금속류(K, Na, Mg, Zn, Fe, Al) : K → $K_2O$, Na → $Na_2O$, Mg → MgO, Zn → ZnO
    Fe → $Fe_2O_3$(산화철),  Al → $Al_2O_3$(산화알루미늄)
- "위험물+물"의 반응 → 고체는 수산화물 우선, 기체는 산(酸) 우선
  황화인은 인산(燐酸) 우선, 철분은 산화철 우선
- "위험물+알코올"의 반응 → 알콕사이드(Alkoxide) 우선
- "위험물+탄산가스"의 반응 → 탄산염(炭酸鹽, Carbonate) 우선
- "위험물+염산"의 반응 → 염산염(鹽酸鹽) 우선
- "위험물+황산"의 반응 → 황산염(黃酸鹽) 우선

---

## 개념문제

**황린의 연소반응식을 쓰시오.**  [04,07,19②]

 **답안지**  $P_4 + 5O_2 \rightarrow 2P_2O_5$

**해설** 황린(黃燐)은 인(P)이 "4개"인 "$P_4$"의 분자식을 갖는다. 가연물의 연소반응은 "기준 산화물" 우선을 적용한다. 인(P)의 기준 산화물은 오산화인($P_2O_5$)이므로 인(P)이 4개($P_4$)인 황린의 경우 다음과 같이 반응식을 조각할 수 있다.

  □ $P_4 + xO_2 \rightarrow 2P_2O_5$
  → 생성계의 산소(O) 10개,  ∴ $xO_2 = 5O_2$
  〈완성〉 $P_4 + 5O_2 \rightarrow 2P_2O_5$

**■ 참고 ■**

 이 문제의 첫 번째 Blockage는 황린의 화학식을 알아내는 것이고, 두 번째 Blockage는 연소반응식을 작성하는 것이다. 첫 번째 관문을 통과하지 못하면 두 번째 연소반응식을 작성할 수 없다.

황린을 ➜ 화(four)린으로 저장해 두고 문제를 보는 순간 화린=$P_4$을 떠올리면 첫 번째 관문을 통과하는 열쇠를 마련한 것이다. 황린(黃燐)은 백색 또는 담황색의 고체로서 지정수량 20kg, 위험등급 Ⅰ등급의 제3류 위험물(자연발화성 물질 및 금수성 물질)로 지정·관리되고 있다. 다른 제 3류 위험물과 달리 금수성물질이 아니고, 자연발화성 물질에만 해당되며, 물과 반응하지 않는 특성이 있다. 다만, 강알칼리성 용액과 반응하여 유독성의 포스핀($PH_3$, 인화수소)을 발생시킨다.

주의할 점은 황린(黃燐, White Phosphorus)은 3류 위험물로 분류되는 반면, 제2류 위험물로 분류되는 인의 황화물인 황화인($P_4S_3$, $P_2S_5$ 등) 및 적린(P, 赤燐)과 혼동하기 쉬우므로 잘 구별하여야 한다.

제3류 위험물인 고체 황린($P_4$)이 연소·산화(외부 산소에 의해 산화)되면, 당연히 인(P)의 산화물인 오산화인($P_2O_5$)으로 전환되어야 한다. 인(P)은 주기율표상 15족(15번)이므로 +5, 산소는 −2의 산화수를 가지므로 산화물(오산화인)의 총 산화수가 0이 되기 위해서는 P : O = 2 : 5로 결합하여 $P_2O_5$를 형성해야만 한다.

이렇듯 1차 시험에서 공부한 일반화학을 실기공부(2차 시험)에 살짝 접목하면 반응식 또는 계산문제를 암기하지 않고도 손쉽게 풀어 낼 수 있을 것이다.

모든 반응식을 반복적으로 학습해서 익히거나 무조건 암기하려 들지 말고, 위와 같이 기초개념으로 이해하고 풀어나가면 골치 아픈 것을 아주 손쉽게 해결할 수 있다는 사실을 확인하기 바란다.

● 참고 ●

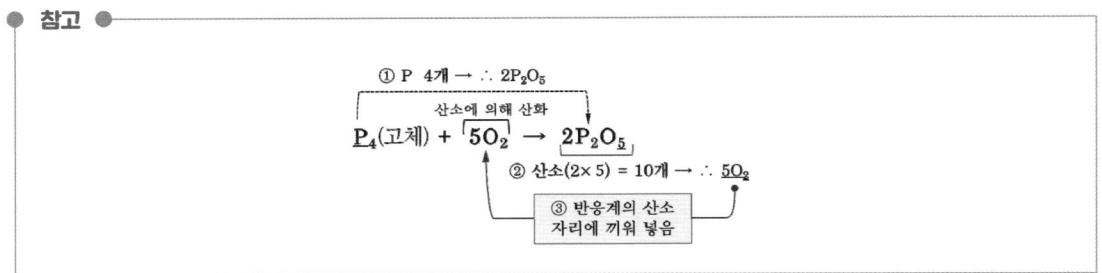

### 유사문제

**01** 알루미늄분의 연소반응식을 작성하시오. [20]

**02** 제3류 위험물인 TEAL(트리에틸알루미늄)의 연소 반응식을 쓰시오. [10,12,14]

### 유사문제 답안·해설

**01** 답안 $2Al + 1.5O_2 \rightarrow Al_2O_3$ 또는 $4Al + 3O_2 \rightarrow 2Al_2O_3$

보충 알루미늄(Al)의 연소반응은 이승원의 반응규칙 중 "기준 산화물" 우선을 적용한다. 알루미늄은 양이온 3가($Al^{3+}$), 산소는 음이온 2가($O^{2-}$)이므로 알루미늄과 산소는 2 : 3으로 결합하여 산화물($Al_2O_3$)을 형성하기 때문에 다음과 같이 반응식을 조각할 수 있다.

　□ $Al + xO_2 \rightarrow Al_2O_3$
　→ 생성계에서 Al 2개, 반응계 Al 1개이므로 → Al조정 필요, ∴ 2Al
　→ 생성계에서 O 3개, 반응계 O 2개이므로 → O조정 필요, ∴ $x = 1.5O_2$

〈완성〉 $2Al + 1.5O_2 \rightarrow Al_2O_3$

　※ 각 항에 2를 곱하여 $4Al + 3O_2 \rightarrow 2Al_2O_3$로 기재하여도 됨

■ 참고 ■

상세해설 금속분(金屬粉)에 속하는 알루미늄분은 제2류 위험물 가연성고체로 분류되며, 지정수량 500kg, 위험등급 Ⅲ등급으로 지정·관리되고 있다. 금속분은 150$\mu m$의 체를 통과하는 것이 50% 미만인 것은 제외된다.

알루미늄분은 물($H_2O$이나 염산(HCl)과 접촉할 경우, 폭발성이 높은 수소($H_2$) 가스를 방출하며, 가연성 고체이므로 연소되면 산화되어 산화알루미늄이 된다.

제2류 위험물인 가연성 고체 **알루미늄분**(Al)이 연소·산화(외부 산소에 의해 산화)되면, 당연히 알루미늄(Al)의 산화물인 **산화알루미늄**($Al_2O_3$)으로 전환되어야 한다. 알루미늄(Al)은 주기율표상 13족(13번)이므로 +3, 산소는 -2의 산화수를 가지므로 산화물(산화알루미늄)의 총 산화수가 0이 되기 위해서는 Al : O = 2 : 3로 결합하여 $Al_2O_3$를 형성해야만 한다.

모든 반응식을 반복적으로 학습해서 익히거나 무조건 암기하려 들지 말고, 위와 같이 기초개념으로 이해하고 풀어나가면 골치 아픈 것을 아주 손쉽게 해결할 수 있다는 사실을 확인하기 바란다.

● 참고 ●

① Al 기준 산화물 → $Al_2O_3$을 먼저 작성
② 생성계에서 $Al_2$로서 Al이 "2개" 이므로
  반응계의 Al을 → 2Al로 조정함

산소에 의해 산화
$2Al$(고체) + $1.5O_2$ → $Al_2O_3$
③ 산소 3개 → ∴ $1.5O_2$
④ 반응계의 산소 자리에 끼워 넣음

## 02

**답안** $2(C_2H_5)_3Al + 21O_2 → Al_2O_3 + 12CO_2 + 15H_2O$

**보충** 트라이에틸알루미늄의 화학식은 $Al(C_2H_5)_3$로 나타낸다. 트라이에틸알루미늄의 연소반응은 이승원의 반응규칙 중 "기준 산화물" 우선을 적용한다. $Al(C_2H_5)_3$ 중의 Al은 알루미늄의 기준 산화물인 $Al_2O_3$로 산화되고, 탄소 6개는 탄소의 기준 산화물인 $6CO_2$로, 수소 15개는 수소의 기준 산화물인 $7.5H_2O$로 산화되므로 다음과 같이 반응식을 조각할 수 있다.

 $Al(C_2H_5)_3 + xO_2 → Al_2O_3 + 6CO_2 + 7.5H_2O$
→ 생성계에서 Al 2개, 반응계 Al 1개이므로 → Al조정 필요, ∴ $2Al(C_2H_5)_3$
⇨ $2Al(C_2H_5)_3 + xO_2 → Al_2O_3 + 12CO_2 + 15H_2O$
→ 생성계에서 O 42개이므로, ∴ 생성계의 $xO_2 = 21O_2$
〈완성〉 $2Al(C_2H_5)_3 + 21O_2 → Al_2O_3 + 12CO_2 + 15H_2O$

■ 참고 ■

**상세해설** 이 문제의 첫 번째 Blockage는 TEAL(트라이에틸알루미늄)의 화학식을 알아내는 것이고, 두 번째 Blockage는 연소반응식을 작성하는 것이다. 첫 번째 관문을 통과하지 못하면 연소반응식을 작성할 수 없다.
트라이에틸알루미늄(Triethylaluminium)은 알킬알루미늄(Alkylaluminium ; Al에 알킬기가 결합한 유기금속 화합물)으로 제3류 위험물(자연발화성물질 및 금수성물질)로 분류되며, 지정수량은 10kg이고, 위험등급 I 등급으로 지정되어 있다.
분자식부터 알아보자!
트라이에틸알루미늄(Triethylaluminium)의 명칭에서 알 수 있듯이 "트라이(Tri)" 3개, "에틸(ethyl)" 에틸기($-C_2H_5$) → ∴ 에틸기 3개가 알루미늄(Al)에 결합되어 있다는 것이다. 그러므로 분자식은 $(C_2H_5)_3Al$이 된다. 이러한 문제들은 분자식을 생각해 내지 못하면 원천적으로 문제에 접근하기 어렵게 되므로 신경 써서 잘 알아두어야 한다.

연소반응식을 만들자!

**연소반응**에서 모든 가연원소들은 산소를 제공받아 산화물로 전환된다. 따라서 $(C_2H_5)_3Al$의 탄소(C)는 $CO_2$로, 수소(H)는 $H_2O$로, 알루미늄(Al, 13족 +3가)이 산소(O, 16족 +6가=-2가)에 의해 산화되면 $Al^{3+}+O^{2-}=Al_2O_3$로 전환되는데, 반응식을 완성하는 전과정을 설명하면 아래의 번호순서와 같이 된다. 가수에 대해서는 이 교재의 **이론**에서 전술된 산화수의 **규칙**을 참조하기 바란다.

● 참고 ●

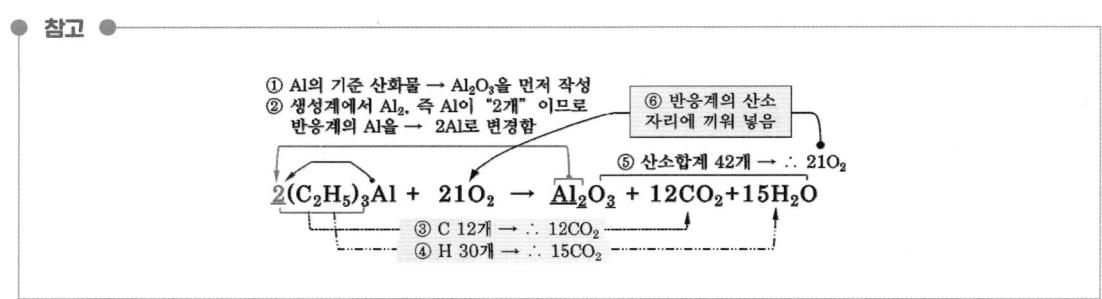

### (2) 물($H_2O$)과 접촉하면 위험한 물질과 그 반응식 만들기

① 물과 접촉 ➡ 가연성 및 폭발성 가스를 생성하는 위험물

㉮ 수소($H_2$) 생성
- $2K + 2H_2O \rightarrow H_2 + 2KOH$
- $2Na + 2H_2O \rightarrow H_2 + 2NaOH$
- $Ca + 2H_2O \rightarrow H_2 + Ca(OH)_2$
- $Mg + 2H_2O \rightarrow H_2 + Mg(OH)_2$
- $2Li + 2H_2O \rightarrow H_2 + 2LiOH$
- $LiH + H_2O \rightarrow H_2 + LiOH$
- $KH + H_2O \rightarrow H_2 + KOH$

㉯ 메테인($CH_4$) 생성
- $Al_4C_3 + 12H_2O \rightarrow 3CH_4 + 4Al(OH)_3$
- $(CH_3)_3Al + 3H_2O \rightarrow 3CH_4 + Al(OH)_3$
- $Mn_3C + 6H_2O \rightarrow CH_4 + H_2 + 3Mn(OH)_2$
- $(CH_3)Li + H_2O \rightarrow CH_4 + LiOH$

㉰ 에테인($C_2H_6$) 생성
- $(C_2H_5)Li + H_2O \rightarrow C_2H_6 + LiOH$
- $(C_2H_5)_3Al + 3H_2O \rightarrow 3C_2H_6 + Al(OH)_3$

㉱ 에텐($C_2H_2$) 생성
- 탄화칼슘 : $CaC_2 + 2H_2O \rightarrow C_2H_2 + Ca(OH)_2$
- 탄화칼륨 : $K_2C_2 + 2H_2O \rightarrow C_2H_2 + 2KOH$
- 탄화마그네슘 : $MgC_2 + 2H_2O \rightarrow C_2H_2 + Mg(OH)_2$

---

**이승원의 반응식 6대 규칙**

- "위험물+산소"(연소) 반응 ➡ 기준 산화물(基準 酸化物) 우선
  - 가연원소(C,H,S,P) : C → $CO_2$, H → $H_2O$, S → $SO_2$, P → 오산화인($P_2O_5$)
  - 금속류(K, Na, Mg, Zn, Fe, Al) : K → $K_2O$, Na → $Na_2O$, Mg → $MgO$, Zn → $ZnO$
    Fe → $Fe_2O_3$(산화철), Al → $Al_2O_3$(산화알루미늄)
- "위험물+물"의 반응 ➡ 고체는 수산화물 우선, 기체는 산(酸) 우선
  황화인은 인산(燐酸) 우선, 철분은 산화철 우선
- "위험물+알코올"의 반응 ➡ 알콕사이드(Alkoxide) 우선
- "위험물+탄산가스"의 반응 ➡ 탄산염(炭酸鹽, Carbonate) 우선
- "위험물+염산"의 반응 ➡ 염산염(鹽酸鹽) 우선
- "위험물+황산"의 반응 ➡ 황산염(黃酸鹽) 우선

---

② 물과 접촉 ➡ 산소($O_2$)를 생성하는 위험물

㉮ 과산화칼륨($K_2O_2$) : $2K_2O_2 + 2H_2O \rightarrow O_2 + 4KOH$

㉯ 초과산화칼륨($KO_2$) : $2KO_2 + 2H_2O \rightarrow O_2 + H_2O_2 + 2KOH$

㉰ 과산화나트륨($Na_2O_2$) : $2Na_2O_2 + 2H_2O \rightarrow O_2 + 4NaOH$

㉱ 과산화칼슘($Ca_2O_2$) : $2CaO_2 + 2H_2O \rightarrow O_2 + 2Ca(OH)_2$

㉲ 과산화마그네슘($MgO_2$) : $2MgO_2 + 2H_2O \rightarrow O_2 + 2Mg(OH)_2$

㉳ 과산화바륨($BaO_2$) : $2BaO_2 + 2H_2O \rightarrow O_2 + 2Ba(OH)_2$

③ 물과 접촉 ➡ 포스핀($PH_3$)을 생성하는 위험물

㉮ 인화알루미늄(AlP) : $AlP + 3H_2O \rightarrow PH_3 + Al(OH)_3$

㉯ 인화칼슘($Ca_3P_2$) : $Ca_3P_2 + 6H_2O \rightarrow 2PH_3 + 3Ca(OH)_2$

> ● 참고 ●
>
> **인(P) 화합물의 포스핀 생성반응**
>
> □ 물·습기와 접촉할 때 ➡ 포스핀($PH_3$)
> - 인화칼슘과 물의 반응 : $Ca_3P_2 + 6H_2O \rightarrow 2PH_3 + 3Ca(OH)_2$
> - 인화알루미늄과 물의 반응 : $AlP + 3H_2O \rightarrow PH_3 + Al(OH)_3$
>
> □ 산(酸)과 접촉할 때 ➡ 포스핀($PH_3$)
> - 인화칼슘과 염산의 반응 : $Ca_3P_2 + 6HCl \rightarrow 2PH_3 + 3CaCl_2$
> - 인화아연과 염산의 반응 : $Zn_3P_2 + 6HCl \rightarrow 2PH_3 + 3ZnCl_2$
>
> □ 염기(鹽基)와 접촉할 때 ➡ 포스핀($PH_3$)
> - 황린과 NaOH의 반응 : $P_4 + 3NaOH + 3H_2O \rightarrow PH_3 + 3NaH_2PO_2$
> - 황린과 KOH의 반응 : $P_4 + 3KOH + 3H_2O \rightarrow PH_3 + 3KH_2PO_2$

**(3) 산(酸)·염기(鹽基)·알코올과 접촉하면 위험한 물질**

① 산과 접촉 ➡ 수소(폭발성 가스)를 생성하는 위험물

㉮ 마그네슘과 질산 : $Mg + 2HNO_3 \rightarrow H_2 + Mg(NO_3)_2$

㉯ 망간과 질산 : $Mn + 2HNO_3 \rightarrow H_2 + Mn(NO_3)_2$

㉰ 칼슘과 질산 : $Ca + 2HNO_3 \rightarrow H_2 + Ca(NO_3)_2$

㉱ 아연과 염산 : $Zn + 2HCl \rightarrow H_2 + ZnCl_2$

② 염기와 접촉 ➡ 수소(폭발성 가스)를 생성하는 위험물

□ 나트륨과 암모니아 : $2Na + 2NH_3 \rightarrow H_2 + 2NaNH_2$

③ 산과 접촉 ➡ 에틴(아세틸렌, $H_2O_2$)을 생성하는 위험물

㉮ 아염소나트륨과 염산 : $3NaClO_2 + 2HCl \rightarrow H_2O_2 + 2ClO_2 + 3NaCl$

㉯ 염소나트륨과 염산 : $2NaClO_3 + 2HCl \rightarrow H_2O_2 + 2ClO_2 + 2NaCl$

㉰ 과산화칼륨과 염산 : $K_2O_2 + 2HCl \rightarrow H_2O_2 + 2KCl$

㉱ 과산화칼륨과 황산 : $K_2O_2 + H_2SO_4 \rightarrow H_2O_2 + K_2SO_4$

㉲ 과산화칼륨과 초산 : $K_2O_2 + CH_3COOH \rightarrow H_2O_2 + 2CH_3COOK$

㉳ 과산화나트륨과 초산 : $Na_2O_2 + 2CH_3COOH \rightarrow H_2O_2 + 2CH_3COONa$

④ 산과 접촉 ➡ 에테인(에탄)을 생성하는 위험물

　　ㅁ 트라이에틸알루미늄과 염산 : $(C_2H_5)_3Al + HCl \rightarrow C_2H_6 + (C_2H_5)_2AlCl$

⑤ 산과 접촉 ➡ 유해가스 또는 산소를 생성하는 위험물

　㉮ 과망가니즈산칼륨 : $2KMnO_4 + 16HCl \rightarrow 5Cl_2 + 2KCl + 2MnCl_2 + 8H_2O$

　㉯ 과망가니즈산칼륨 : $KMnO_4 + H_2SO_4 \rightarrow 5O_2 + 2K_2SO_4 + 4MnSO_4 + 6H_2O$

⑥ 염기와 접촉 ➡ 유해가스(포스핀)를 생성하는 위험물

　㉮ 적린(P)과 강염기(KOH) : $4P + 3KOH + 3H_2O \rightarrow PH_3(포스핀) + 3KH_2PO_2$

　㉯ 황린($P_4$)과 강염기(KOH) : $P_4 + 3KOH + 3H_2O \rightarrow PH_3(포스핀) + 3KH_2PO_2$

⑦ 알코올과 접촉하면 위험한 물질

　㉮ 칼륨과 에탄올 : $2K + 2C_2H_5OH \rightarrow H_2 + 2C_2H_5OK$

　㉯ 나트륨과 에탄올 : $2Na + 2C_2H_5OH \rightarrow H_2 + 2C_2H_5ONa$

　㉰ 과산화칼륨과 에탄올 : $K_2O_2 + 2C_2H_5OH \rightarrow H_2O_2 + 2CH_3COOK$

　㉱ 트라이메틸알루미늄과 메탄올 : $(CH_3)_3Al + 3CH_3OH \rightarrow 3CH_4 + Al(CH_3O)_3$

　㉲ 트라이에틸알루미늄과 메탄올 : $(C_2H_5)_3Al + 3CH_3OH \rightarrow 3C_2H_6 + Al(CH_3O)_3$

### (4) 열(熱)을 가하면 위험한 물질

① 열분해되어 ➡ "산소"를 발생하는 K함유 위험물

　㉮ 질산칼륨($KNO_3$) : $2KNO_3 \rightarrow O_2 + 2KNO_2$

　㉯ 염소산칼륨($KClO_3$) : $2KClO_3 \rightarrow 3O_2 + 2KCl$

　㉰ 아염소산칼륨($KClO_2$) : $KClO_2 \rightarrow O_2 + KCl$

　㉱ 과염소산칼륨($KClO_4$) : $KClO_4 \rightarrow 2O_2 + KCl$

　㉲ 과산화칼륨($K_2O_2$) : $2K_2O_2 \rightarrow O_2 + 2K_2O$

　㉳ 과망가니즈산칼륨($KMnO_5$) : $2KMnO_4 \rightarrow O_2 - MnO_2 + K_2MnO_4$

　㉴ 다이크로뮴산칼륨($K_2Cr_2O_7$) : $4K_2Cr_2O_7 \rightarrow 3O_2 + 4K_2CrO_4 - 2Cr_2O_3$

② 열분해되어 ➡ "산소"를 발생하는 Na함유 위험물

　㉮ 질산나트륨($NaNO_3$) : $2NaNO_3 \rightarrow O_2 + 2NaNO_2$

　㉯ 아염소산나트륨($NaClO_2$) : $3NaClO_2 \rightarrow 2O_2 + 2NaOCl + NaCl$

　㉰ 염소산나트륨($NaClO_3$) : $2NaClO_3 \rightarrow 3O_2 + 2NaCl$

㉣ 과염소산나트륨($NaClO_4$) : $NaClO_4 \rightarrow 2O_2 + NaCl$

㉤ 과산화나트륨($Na_2O_2$) : $2Na_2O_2 \rightarrow O_2 + 2Na_2O$

③ 열분해되어 ➡ "산소"를 발생하는 과산화칼슘 또는 암모늄 함유 위험물

㉮ 과산화칼슘($CaO_2$) : $2CaO_2 \rightarrow O_2 + 2CaO$

㉯ 질산암모늄($NH_4NO_3$) : $2NH_4NO_3 \rightarrow O_2 + 2N_2 + 4H_2O$

㉰ 염소산암모늄($NH_4ClO_3$) : $2NH_4ClO_3 \rightarrow O_2 + N_2 + Cl_2 + 4H_2O$

㉱ 과염소산암모늄($NH_4ClO_4$) : $2NH_4ClO_4 \rightarrow 2O_2 + N_2 + Cl_2 + 4H_2O$

④ 열분해되어 ➡ "가연성가스"를 발생하는 위험물

㉮ 수소화리튬(LiH) : $2LiH \rightarrow H_2 + 2Li$

㉯ 트라이에틸알루미늄[$(C_2H_5)_3Al$] : $(C_2H_5)_3Al \rightarrow C_2H_4 + (C_2H_5)_2AlH$

㉰ 다이에틸알루미늄하이드라이드[$(C_2H_5)_2AlH$] : $(C_2H_5)_2AlH \rightarrow 2C_2H_4 + 1.5H_2$

## (5) 소화약제 성분과 반응하는 위험물

① 탄산가스 소화제와 반응하는 위험물 : 다음의 금속·산화물의 화재 시 이산화탄소를 방사할 경우, 위험성이 증대됨

㉮ 칼륨(K)과 $CO_2$ : $4K + 3CO_2 \rightarrow C + 2K_2CO_3$

㉯ 나트륨(Na)과 $CO_2$ : $4Na + CO_2 \rightarrow C + 2Na_2O$

㉰ 알루미늄과 $CO_2$ : $4Al + 3CO_2 \rightarrow 3C + 2Al_2O_3$

㉱ 과산화칼륨과 $CO_2$ : $2K_2O_2 + 2CO_2 \rightarrow O_2 + 2K_2CO_3$

② 사염화탄소 소화제와 반응하는 위험물 : 다음의 금속·산화물의 화재 시 사염화탄소 함유 할론류의 소화제를 사용할 경우, 위험성이 증대됨

㉮ 칼륨(K)과 사염화탄소 : $4K + CCl_4 \rightarrow C + 4KCl$

㉯ 나트륨(Na)과 사염화탄소 : $4Na + CCl_4 \rightarrow C + 4NaCl$

㉰ 산화마그네슘(MgO)과 사염화탄소 : $2MgO + CCl_4 \rightarrow C + 2MgCl_2$

㉱ 산화알루미늄($Al_2O_3$)과 사염화탄소 : $3Al_2O_3 + 3CCl_4 \rightarrow 4AlCl_3 + 3CO_2$

 **개념문제**

제3류 위험물인 칼륨의 물과의 반응식을 쓰시오. [21]

**H**ack **답안지** K+H$_2$O → KOH+0.5H$_2$

 **해설** 칼륨(K)과 물의 반응은 이승원의 반응규칙 중에서 "수산화물" 우선을 적용한다. 칼륨(K, 포타슘)의 수산화물은 KOH이므로 다음과 같이 반응식을 조각한다.

□ K + H$_2$O → KOH + 부생물(?)

→ 반응계의 미반응 원소는 H 1개 → 생성계에서 부생물로 발생(0.5H$_2$)

〈완성〉 K + H$_2$O → KOH + 0.5H$_2$

■ **참고** ■

**상세 해설** 이 문제의 Blockage는 칼륨과 물의 화학반응식을 작성하는 것이다. 칼륨은 제3류 위험물(자연발화성 물질 및 금수성 물질)로서 지정수량 10kg, 위험등급 Ⅰ등급 물질로 지정·관리되고 있다.

칼륨(포타슘)의 원소기호는 K이고, 물(Water)의 분자식은 H$_2$O이다. 양이온 1가(최외각 전자 1개)인 칼륨은 불안정한 물질로 물(H$_2$O)과 만나면 물이 지닌 수산화 음이온(OH⁻)과 결합하여 수산화물(水酸化物, Hydroxide, KOH)을 형성하여 안정을 찾으려고 할 것이다.

이로써 문제의 **진맥**(診脈)이 끝났고, 반응 생성물이 칼륨의 수산화물이 될 것임을 유추하였으므로 "출발지점"과 "목적지"가 입력된 "네비게이션"처럼 완성되었다.

㉠ 반응계와 생성계를 나누어 쓰면 ; K+H$_2$O → KOH+?

㉡ 반응계에서 정산되지 않은 나머지 원소는 → 수소 1개 → 분자상태로 고치면 → 0.5H$_2$

∴ K+H$_2$O → KOH+0.5H$_2$

㉢ 화살표(→) 좌측(반응계)과 우측(생성계)의 원소(K, O, H)의 개수가 일치하는 지의 여부를 검산하여 이상이 없으면 반응식이 제대로 완성된 것이므로 답안지에 간단히 기재하면 된다.

## 유사문제

**01** AlP의 물과의 반응식을 쓰시오. [19]

**02** 3류 위험물 중 탄화칼슘의 물과의 화학반응식을 쓰시오. [04,07,08,09,14,17,21]

**03** 다음에 해당하는 각 물질의 물과의 반응 시 발생하는 기체의 명칭을 쓰시오. (단, 발생하는 기체가 없으면 "없음"이라고 쓰시오.) [22]
   (1) 인화칼슘
   (2) 질산암모늄
   (3) 과산화칼륨
   (4) 금속리튬
   (5) 염소산칼륨

**04** 칼륨(포타슘)과 반응하는 다음 물질에 대하여 물음에 답하시오. [21]
   (1) 이산화탄소와의 반응식을 쓰시오.
   (2) 에틸알코올과의 반응식을 쓰시오.

**05** 다음 위험물에 대하여 열분해반응식을 쓰시오. [20]
   (1) 과염소산나트륨
   (2) 염소산나트륨
   (3) 아염소산나트륨

## 유사문제 답안·해설

**01** 답안 $AlP + 3H_2O \rightarrow Al(OH)_3 + PH_3$

**보충** 인화알루미늄(AlP)과 물의 반응에서는 이승원의 반응규칙 중 "수산화물" 우선을 적용한다. 알루미늄은 양이온 3가($Al^{3+}$), 수산기(水酸基)는 음이온 1가($OH^-$)이므로 1 : 3으로 결합하여 수산화물[$Al(OH)_3$]을 형성하므로 다음과 같이 반응식을 조각할 수 있다.

□ $AlP + x\,H_2O \rightarrow Al(OH)_3 + $ 부생물 (?)
→ 생성계에서 Al 1개, 반응계 Al 1개이므로 → Al조정 불필요
→ 생성계에서 O 3개, 반응계 O 1개이므로 → O조정 필요($\therefore x = 3$)
⇨ $AlP + 3H_2O \rightarrow Al(OH)_3 + $ 부생물 (?)
→ 반응계의 미반응 원소는 P 1개, H 3개 → 생성계에서 부생물로 발생($PH_3$)

〈완성〉 $AlP + 3H_2O \rightarrow Al(OH)_3 + PH_3$

■ 참고 ■

상세해설

이 문제의 첫 번째 Blockage으로 AlP를 영문의 "약어(略語, Abbreviation)"인 것으로 오인하는 순간 함정에 빠진다. AlP는 인화 알루미늄(Aluminium phosphide)의 화학식이다. 두 번째 Blockage는 제시된 위험물이 물과 반응하는 화학반응식을 작성하는 것이다.

품명이 금속의 인화물인 인화알루미늄(명칭, AlP)은 제3류 위험물(자연발화성 물질 및 금수성 물질)로서 지정수량 300kg, 위험등급 Ⅲ등급으로 지정·관리되고 있는 물질이다.

AlP는 "P"가 하나 붙어 있으므로 "인화"를 먼저 붙이고, 알루미늄(Al)이라 명명(인화알루미늄)한다. 앞에서 화학적으로 불안정한 물질은 물($H_2O$)과 만나면 물이 지닌 수산화 음이온($OH^-$)과 결합하여 수산화물(水酸化物, Hydroxide)을 형성하여 안정을 찾으려고 한다고 하였다. 수산화 음이온($OH^-$)과 결합하는 양이온은 "Al"이 될 것이다. 알루미늄(Al)은 주기율표상에서 13족이므로 반응가능한 최외각 전자는 3개이다. 즉, 3가 양이온이다. 수산화 음이온($OH^-$)은 1가 양이온이므로 Al : OH의 결합비율은 1 : 3이 되어야 한다. 그 이유는 Al과 OH가 결합하여 분자를 구성하여 전자수의 합이 0이 되기 위해서는 당연한 결과일 것이다. ➡ ∴ $Al(OH)_3$

이로써 문제의 진맥(診脈)은 끝났고, 반응 생성물이 알루미늄의 수산화물이 될 것임을 유추하였으므로 "출발지점"과 "목적지"가 입력된 "네비게이션"처럼 완성되었다.

● 참고 ●

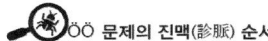

ÖÖ 문제의 진맥(診脈) 순서

① Al 1개 → ∴ Al(OH)$_3$
　AlP + H$_2$O → Al(OH)$_3$ + ( ? )
② 생성계의 산소(O) 3개, ∴ 반응계의 H$_2$O 조정 → 3H$_2$O
③ AlP + 3H$_2$O → Al(OH)$_3$ + 부생물(?)
④ 반응계에서 미반응 원소는 H 3개, P 1개 → 부생물(PH$_3$)
⑥ 반응계=생성계 일치여부 확인 검사

〈완성〉 AlP + 3H$_2$O → Al(OH)$_3$ + PH$_3$

모든 반응식을 반복적으로 학습하여 외우듯 하거나 무조건 암기하려고 하지 말고, 위와 같이 기초개념으로 차근차근 이해하고 풀어나가면 골치아픈 문제들은 아주 손쉽게 해결할 수 있다는 사실을 한번 더 확인시켜 드린다.

## 02

**답안** $CaC_2 + 2H_2O → Ca(OH)_2 + C_2H_2$

**보충** 탄화칼슘은 "탄소+칼슘"으로 결합을 이루고 있는 물질이므로 화학은 $CaC_2$로 나타낸다. 탄화칼슘($CaC2$)과 물의 반응에서는 이승원의 반응규칙 중 "수산화물" 우선을 적용한다. 칼슘의 수산화물은 $Ca(OH)2$이므로 다음과 같이 반응식을 조각할 수 있다.

□ $CaC_2 + x\,H_2O → Ca(OH)_2 +$ 부생물 (?)
　→ 생성계에서 O 2개이므로 → 반응계의 $x\,H_2O = 2H_2O$
⇨ $CaC_2 + 2H_2O → Ca(OH)_2 +$ 부생물 (?)
　→ 반응계의 미반응 원소는 C 2개, H 2개 → 생성계에서 부생물로 발생($C_2H_2$)
〈완성〉 $CaC_2 + 2H_2O → Ca(OH)_2 + C_2H_2$

**∥참고∥**

이 문제의 첫 번째 Blockage는 한글 명칭을 화학식으로 전환하는 것이고, 두 번째 Blockage는 제시된 위험물이 물과 반응하는 화학반응식을 작성하는 것이다.

탄화칼슘(명칭)은 제3류 위험물(자연발화성 물질 및 금수성 물질)에서 칼슘의 탄화물(품명)을 말하며, 지정수량 300kg, 위험등급 Ⅲ등급으로 지정·관리되고 있다.

탄화칼슘은 칼슘 양이온과 탄소 음이온이 이온결합(Ionic Bond)을 형성하고 있는 물질이다. 그러므로 칼슘 양이온(+2)과 결합하는 탄소(14족, 4가)가 음이온을 띠어 이온결합을 하려면 → ∠가인 탄소 2개가 삼중결합을 하고 있을 때 가능한 것이다. 즉, ·C≡C·(−2가 탄소 음이온, ※ "·"은 비공유 전자쌍)

여기서, 일반적으로 "−화"를 붙여서 명명되는 단원자 음이온($S^{2-}$ : 황화, $Cl^-$ : 염화, $F^-$ : 불화 등)과는 차이가 있다는 것을 염두에 두어야 한다.

1차적으로 탄화칼슘은 탄소와 칼슘의 결합($C_2^{2-} + Ca^{2+}$)이므로 분자식은 $CaC_2$로 되어야 한다는 것을 알았고, 이와 반응하는 물질은 물($H_2O$)이므로 양이온의 칼슘이온(+2가)이 물($H_2O$)에서 제공되는 1가의 수산화 음이온($OH^-$) 2와 결합하여 수산화물(水酸化物)을 형성할 것이므로 → 반응 생성물은 $Ca(OH)_2$일 것이다.

이로써 문제의 진맥(診脈)은 끝났고, 반응 생성물이 칼슘의 수산화물이 될 것임을 유추하였으므로 "출발지점"과 "목적지"가 입력된 "네비게이션"처럼 완성된다.

● 참고 ●

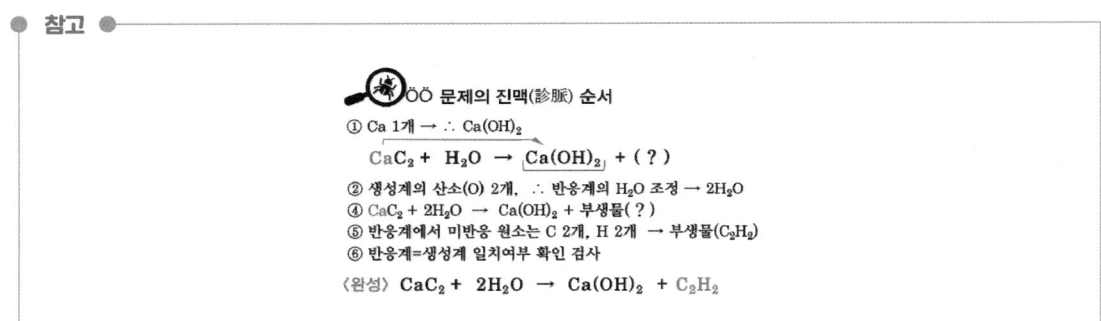

반응식의 $C_2H_2$는 탄소가 삼중결합(C≡C)을 하고 있는 것으로 에틴(아세틸렌, Acetylene) 또는 에타인(Ethyne)이라고 하며, 이 또한 가연성물질이므로 연소하면 $CO_2$와 $H_2O$로 발열·산화된다.

## 03

**답안** (1) 인화칼슘 : 인화수소(포스핀)

(2) 질산암모늄 : 없음

(3) 과산화칼륨 : 산소

(4) 금속리튬 : 수소

(5) 염소산칼륨 : 없음

**보충** 이 문제는 반응식을 작성하는 문제가 아니므로 속도감 있게 해결하는 요령이 필요하다. 문제 하나에 문항 수가 많으므로 반응식 파악에 많은 시간을 소모하게 되면, 자칫 시험시간 초읽기에 몰릴 수 있음을 염두에 두도록!!

**인화칼슘**의 화학식은 $Ca_3P_2$이다. 물과 반응할 경우 이승원의 반응규칙에 따라 "수산화물" 우선을 적용하게 되면 칼슘(Ca) 3개는 $3Ca(OH)_2$로 되고, $3Ca(OH)_2$를 생성하면서 산소(O) 6개가 소요되었으므로 반응하는 $H_2O$는 $6H_2O$가 될 것이고, 미반응 원소는 인(P)과 수소(H)이므로 인화칼슘이 물과 반응할 경우 $PH_3$가 발생할 것이라는 것을 예측할 수 있다.

**질산암모늄**의 화학식은 $NH_4NO_3$이다. 물과 반응할 경우, 이승원의 반응규칙에 따라 "수산화물" 우선을 적용하게 되면 암모늄($NH_4$) 1개는 $NH_4OH$로 되고, $NH_4OH$를 생성하면서 산소(O) 1개가 소요되었으므로 반응하는 $H_2O$는 1mol이 될 것이고, 미반응 원소는 $NO_3$와 수소(H)이므로 질산암모늄이 물과 반응할 경우 수산화암모늄과 질산이 발생한다. 따라서 기체로 발생되는 물질은 없으므로 "없음"이라 기재하여야 한다.

**과산화칼륨**의 화학식은 $K_2O_2$이다. 물과 반응할 경우, 이승원의 반응규칙에 따라 "수산화물" 우선을 적용하게 되면 칼륨(K) 2개는 2KOH로 되고, 2KOH를 생성하면서 산소(O) 2개가 소요되었으므로 반응하는 $H_2O$는 2mol이 될 것이고, 미반응 원소는 산소(O)이므로 과산화칼륨이 물과 반응할 경우, 산소가 발생할 것이라는 것을 예측할 수 있다.

**금속리튬**의 화학식은 Li이다. 물과 반응할 경우, 이승원의 반응규칙에 따라 "수산화물" 우선을 적용하게 되면 리튬(Li)은 LiOH로 되고, LiOH를 생성하면서 산소(O) 1개가 소요되었으므로 반응하는 $H_2O$는 1mol이 될 것이고, 미반응 원소는 수소(H)이므로 리튬이 물과 반응할 경우, 수소가 발생할 것이라는 것을 예측할 수 있다.

염소산칼륨의 화학식은 KClO₃이다. 염소산칼륨은 흡습성이 없으므로 물과 반응하지 않는다. 온수 및 글리세린에 일부 녹지만 전리된 용액상태로 존재하게 되므로 기체가 발생하지 않는다. 그러므로 답안지에는 "없음"이라고 기재한다.

## ▌참고▐

이 문제의 첫 번째 Blockage는 한글 명칭을 화학식으로 전환하는 것이고, 두 번째 Blockage는 제시된 위험물이 물과 반응하여 2차적 위험물을 발생하느냐 그렇지 않느냐는 것이며, 세 번째 Blockage는 2차적 위험물이 발생되었을 때, 이를 다시 한글 명칭으로 고쳐서 답안지에 기재해야 한다는 것이다. 하나씩 문제를 해결해 보자!!

**첫 번째**,
**인화칼슘**에 대하여 알아본다. 품명이 금속의 인화물인 인화칼슘(명칭)은 제3류 위험물(자연발화성 물질 및 금수성 물질)로서 지정수량 300kg, 위험등급 Ⅲ등급으로 지정·관리되고 있는 물질이다.
인화칼슘($Ca_3P_2$)은 인(P)이 금속과 동일한 당량으로 치환된 인화물(Phosphide)의 유형이므로 인화칼슘($Ca_3P_2$)에 존재하는 인(P)은 일반적으로 -3가로 결합되어 있다.
그것은 앞의 이론에서 정리한 산화수 규칙에 따르면 (+5가)=(-3가)의 관계가 성립되기 때문에 작은 산화 가수(價數)를 적용할 수 있기 때문이다.
**시중** 교재에는 주기율표상의 인(P)은 15족이므로 최외각 전자가 5개인 5가(價)인데 인화칼슘($Ca_3P_2$)에 결합된 인(P)은 왜 3가로 결합되어 있는지를 설명하지 않으며, 강의하는 선생도 인(P)은 "-3가"라고 딱 정해 놓고, 설명하거나 단순히 $3Ca^{2+}+2P^{3-} \rightarrow Ca_3P_2$로 학생들에게 암기하게 하고 있다. 담기에 취약한 수험생들에게 별도로 공부할 개념정립, 학습기법, 구제방법도 제시하지 않는다.
**인화칼슘**의 분자식(조성식)을 떠올리지 못하면 이러한 유형의 문제는 아예 **시작조차 할 수 없다**. 그래서 이와 같은 경우를 대비하여 저자의 독창적인 학습비법을 소개하고자 한다.
**인화칼슘**($Ca_3P_2$)은 **칼슘 양이온과 인 음이온이 이온결합**(Ionic Bond, 금속과 비금속간 화학결합)을 형성하고 있는 물질이다. 앞에서 공부한 바 있는 탄화칼슘($CaC_2$)처럼 Ca는 2족(2가), C는 14족(4가)일 때(각각 짝수)는 탄소를 우선 3중결합(·C≡C·)시켜 -2가로 한 다음 $Ca^{2+}+C_2^{2-}=CaC_2$라는 결합 분자식을 얻을 수 있었다. 그러나 인화칼슘의 경우, 주기율표상 칼슘(Ca)은 2족(2가)이고, 인(P)은 15족(5가)이므로 1 : 1로 결합될 수 없고, 탄화칼슘($CaC_2$)의 탄소를 3중결합(·C≡C·)시켜 -2가로 바꾼 것처럼 인(P)을 3중결합(:P≡P:)을 만들더라도 인(P) 음이온이 -4가로 되기 때문에 목적으로 하는 결합·분자식을 얻을 수 없다.
이럴 때는, 양이온인 칼슘($Ca^{2+}$, 2가)과 음이온인 인($P^{5+}$, 5가=-3가)이 결합가능한 최대수인 2중결합을 우선한 한 후 칼슘과 인을 교차배열하는 방식으로 구조를 만든다. 즉, $Ca=P^{(:)}-Ca-P_{(:)}=Ca$
보는 바와 같이 Ca가 지닌 2가의 전자는 모두 이중결합을 형성하면서 사용되었음을 알 수 있다. 일단 성공적이다. 여기서 5가인 인(P)의 비공유 전자가 1쌍(2개, : )씩 발생하는 데, 이 부분은 별도로 신경쓰거나 표시할 필요는 없다. 다만, 인(P)에 있는 비공유 전자쌍의 반발력에 의해 $Ca_3P_2$구조가 수평격이지 못하고, 코브라 뱀이 머리를 치켜드는 형태(꺾어진 모양)로 될 수 있음을 추정할 수 있다.

$$Ca=\ddot{P}\\\quad Ca\\\ddot{P}=Ca$$

**본론**으로 되돌아가서, 인화칼슘($Ca_3P_2$)과 반응하는 물질은 물($H_2O$)이므로 3개의 칼슘(Ca)은 모두 물($H_2O$)이 제공하는 음이온의 수산화이온($OH^-$)에 의해 수산화물[$Ca(OH)_2$]을 형성할 것이므로 → 반응 결과의 생성물은 $3Ca(OH)_2$가 될 것이다.

이로써 문제의 진맥(診脈)은 모두 끝났고, 반응 생성물이 칼슘의 수산화물이 될 것임을 유추하였으므로 "출발지점"과 "목적지"가 입력된 "네비게이션"처럼 완성된다.

답안지에는 물과의 반응 시 발생하는 기체의 "**명칭**"을 쓰라고 하였으므로 "**포스핀**" 또는 "**인화수소**"라고 답해야 한다. 답안지에 별도의 주문 조건이 없는 한, 명칭 이외의 금속 인화물 등 "**품명**"을 기재하면 안된다.

∴ 인화수소(포스핀)

● 참고 ●

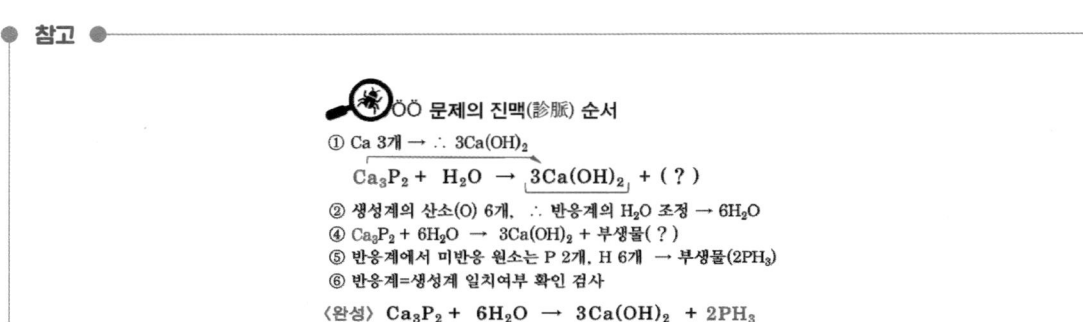

두 번째,

**질산암모늄**에 대하여 살펴본다. 질산암모늄은 품명이 질산염류로 제 1류위험물질(산화성 고체, 지정수량 300kg, 위험등급 Ⅱ등급)으로 분류·관리되고 있는 물질이다.

질산암모늄($NH_4NO_3$)은 음이온인 질산이온($NO_3^-$)과 양이온인 암모늄이온($NH_4^+$)이 1 : 1로 결합된 이온결합물질로 질산과 암모니아의 산-염기 반응으로 생성되는 화합물이다. 고온에 노출될 경우 화재 및 폭발 위험이 있으며, 물에 대한 용해도는 100mL 당 200g(20℃)이며, 비료, 화약, 폭약(ANFO)의 용도로 사용된다.

질산암모늄은 연소성(가연성)은 없지만 **산화제**(酸化劑)로 작용하기 때문에 다른 물질의 연소를 도와주는 조연제(助燃劑) 역할을 한다. 따라서, 질산암모늄과 접촉하는 물($H_2O$)과의 반응에서 수산화물과 질산을 형성하지만 기체는 발생시키지 않는다.

물과 반응을 살펴보자.

질산암모늄이 물과 반응하면 수산화물을 형성하는데, $NH_4^+$는 1가 양이온이고, 이에 대응하는 수산화 이온($OH^-$)은 1가 음이온이므로 등가원칙에 따라 이들이 결합한 수산화물의 구성은 1 : 1, 즉 $NH_4^+$ : $OH^-$ = $NH_4OH$로 된다.

  □ 반응식 기초 : $NH_4NO_3 + H_2O \rightarrow NH_4OH +$ 부생물 ( ? )
    • 반응계의 미반응 $NO_3$와 H는 생성계의 부생물로 방출
  〈완성〉 $NH_4NO_3 + H_2O \rightarrow NH_4OH + HNO_3$

질산암모늄과 물의 반응에서는 생성되는 유독가스가 존재하지 않음을 알 수 있다. 따라서 답안지에는 "**없음**"으로 기재하면 된다.

세 번째,

**과산화칼륨**에 대하여 알아보기 전에 교재에 전술된 **산화수**(Oxidation Number)의 규칙을 응용하면 한글로 된 화합물의 명칭을 쉽게 분자식으로 전환할 수 있음을 알 수 있다.

과산화칼륨에서 "과"를 떼면 산화칼륨, 즉 → 칼륨이 산화한 것 → 칼륨이 산소와 결합한 것 → $K_2O$가 된다.

칼륨(포타슘, K)은 1족 원소= +1가(價), 산소는 16족 원소= +6가= −2가(價)이므로 칼륨 2개와 산소 1개가 결합해야만 분자상태의 $K_2O$를 형성할 수 있는데, 이것이 K의 기준산화물(표준산화물)인 **산화칼륨**이라고 한다.

과산화(過酸化, Peroxidation)라는 이름은 표준적인 산소 화합물보다 많은 산소를 가지고 있을 때 붙이게 된다. 그러므로 **과산화칼륨**은 산화칼륨에 산소 하나가 더 추가된 것으로 분자식은 $K_2O_2$로 된다는 것을 알 수 있다.

본론으로 되돌아가서, 과산화칼륨($K_2O_2$)과 반응하는 물질은 물($H_2O$)이므로 칼륨(K, 포타슘)은 물($H_2O$)이 제공하는 수산화 음이온($OH^-$)에 의해 수산화물(KOH)이 된다. $K^+$는 양이온 1가, $OH^-$는 음이온 1가이므로 1 : 1로 결합하여 KOH를 형성한다. 그러므로 과산화칼륨($K_2O_2$) 중의 2개의 칼륨이 존재하므로 생성되는 수산화물은 2KOH가 된다.

이로써 문제의 **진맥**(診脈)은 모두 끝났고, 과산화칼륨의 분자식 $K_2O_2$와 이것이 물과 반응하여 생성하는 생성물은 **칼륨의 수산화물**이 된다는 것을 알았으므로 "출발지점"과 "목적지"가 입력된 "네비게이션"처럼 완성된다.

∴ 산소

● **참고** ●

 **문제의 진맥**(診脈) **순서**

① K 2개 → ∴ 2KOH
　　$K_2O_2$ + $H_2O$ → 2KOH + ( ? )
② 생성계의 산소(O) 2개 (반응계 3개, ∴ $H_2O$ 조정 불필요)
④ $K_2O_2$ + $H_2O$ → 2KOH + 부생물(?)
⑤ 반응계에서 미반응 원소는 O 1개 → 부생물($0.5O_2$)
⑥ 반응계=생성계 일치여부 확인 검사

〈완성〉 $K_2O_2$ + $H_2O$ → 2KOH + $0.5O_2$

**네 번째,**

**금속리튬**에 대하여 알아보자. 리튬은 제3류 위험물(자연발화성 물질 및 금수성 물질)로서 알칼리금속(품명)으로 지정수량은 50kg, 위험등급 Ⅱ등급으로 지정·관리되고 있는 물질이다.

리튬(Li)은 1족 원소=+1가(價)이다. 금속리튬(Li)과 반응하는 물질은 물($H_2O$)이므로 리튬(Li)은 물($H_2O$)이 제공하는 수산화 음이온($OH^-$)에 의해 수산화물(LiOH)이 된다.

이로서 문제의 **진맥**(診脈)은 끝났고, 반응 생성물이 **리튬의 수산화물**이 될 것임을 유추하였으므로 "출발지점"과 "목적지"가 입력된 "네비게이션"처럼 완성되었다. $Li^+$는 1가 양이온, $OH^-$는 1가 음이온이므로 1 : 1로 결합하여 Li(OH)를 형성하면서 수소가스를 방출한다. 그러므로 다음과 같은 반응식을 간단히 만들 수 있다.

□ 반응식 기초 : Li + $H_2O$ → LiOH + 부생물(?)
　•반응계의 미반응 H는 생성계의 부생물로 방출

〈완성〉 Li + $H_2O$ → LiOH + $0.5H_2$

∴ 수소

**다섯 번째,**

**염소산칼륨**에 대하여 알아보자!

염소산칼륨은 제 1류위험물(산화성 고체)로 품명 염소산염류에 속하며, 지정수량은 50kg, 위험등급 Ⅰ등급으로 지정·관리되고 있는 물질이다.

염소산칼륨은 **염소산**($HClO_3$)에서 수소(H)를 칼륨(K)으로 치환한 물질이므로 분자식은 $KClO_3$가 된다. 무색, 무취의 결정으로 산화제(酸化劑)로 작용하는데, 특히 산성환경에서 강한 산화력을 갖는다. 폭약, 성냥, 로켓원료로 이용된다.

**염소산**(鹽素酸)은 염소의 산소산으로 분자식은 $HClO_3$이고, 결합된 산소 3개가 기준(표준)산소이다. 산소가 2개이면 "아염소산", 4개이면 "과염소산"이라 명명된다.

즉, 칼륨이 1가 양이온이므로 염소산($HClO_3$)에서 수소 하나를 떼어 내고 음이온의 염소산이온($ClO_3^-$)이 되면 칼륨(K)과 결합하여 $KClO_3$(염소산칼륨)을 형성할 수 있다. 염소산칼륨에서 산소 하나를 떼면 $KClO_2$(아염소산칼륨)이 되고, 산소를 더 붙이면 $KClO_4$(과염소산칼륨)이 된다.

$KClO_3$는 흡습성은 없으며, 물에 반응하지 않는다. 온수 및 글리세린에 일부 녹지만 냉수 및 알코올에 녹기 어렵다. 그러므로 답안지에는 **"없음"**이라고 답하면 된다.

∴ 없음

## 04

**답안** (1) 이산화탄소와 반응식 : $4K + 3CO_2 \rightarrow 2K_2CO_3 + C$

(2) 에틸알코올과 반응식 : $K + C_2H_5OH \rightarrow C_2H_5OK + 0.5H_2$

**보충** 칼륨과 이산화탄소의 반응은 이승원의 반응규칙에 따라 "탄산염" 우선을 적용하게 되면 칼륨(K)은 탄산가스($CO_2$)와 반응하여 탄산염($K_2CO_3$)를 발생하므로 다음과 같이 반응식을 조각할 수 있다.

□ $K + CO_2 \rightarrow K_2CO_3 +$ 부생물(?)

→ 생성계의 K 2개, 반응계 1개이므로 → 반응계 조정 ∴ 2K

→ 생성계의 O 3개, 반응계 2개이므로 → 반응계 조정 ∴ $3CO_3$

⇨ $2K + 3CO_2 \rightarrow K_2CO_3 +$ 부생물(?)

→ 반응계의 O 6개, 생성계 3개이므로 → 전반적인 조율(증가조율)

⇨ $4K + 3CO_2 \rightarrow 2K_2CO_3 +$ 부생물(?)

→ 반응계의 미반응 원소는 C 1개이므로 → 생성계의 부생물로 방출(C)

〈완성〉 $4K + 3CO_2 \rightarrow 2K_2CO_3 + C$

칼륨과 에탄올의 반응은 이승원의 반응규칙에 따라 "알콕사이드" 우선을 적용하게 되면 칼륨(K)은 에탄올($C_2H_5OH$)과 반응하여 알콕사이드($C_2H_5OK$)를 발생하므로 다음과 같이 반응식을 조각할 수 있다.

□ $K + C_2H_5OH \rightarrow C_2H_5OK +$ 부생물(?)

→ 반응계의 미반응 원소는 H 1개이므로 → 생성계의 부생물로 방출($0.5H_2$)

〈완성〉 $K + C_2H_5OH \rightarrow C_2H_5OK + 0.5H_2$

※ 각 항에 2를 곱하여 $2K + 2C_2H_5OH \rightarrow 2C_2H_5OK + H_2$로 기재해도 된다.

■ **참고** ■

이 문제의 첫 번째 Blockage는 한글 명칭을 화학식으로 전환하는 것이고, 두 번째 Blockage는 칼륨과 이산화탄소 및 알코올과의 반응식을 작성하는 것이다.

**첫 번째,**

**칼륨**(K)은 제3류 위험물(자연발화성 물질 및 금수성 물질)로서 지정수량 10kg, 위험등급 Ⅰ등급 물질로 지정·관리되고 있다.

칼륨(포타슘)은 주기율표상 1족(+1가)의 알칼리 금속원소로서 이온화 경향이 가장 높은 금속이며, 나트륨(Na)이나 리튬(Li)보다도 불안정하고, 반응성이 크며, 전자를 잃고, 양이온이 되기 쉽다.

칼륨(K)은 자신과 반응하는 상대물질에게 전자 1개를 얼른 내어주면서 양이온 1가로 된다. 전자 1개를 받은 상대물질은 음이온으로 되어 칼륨을 수용하여 화합물을 만들고자 한다.

한번 더 설명하면, 소위 1족(Li, Na, K 등)과 2족(Mg, Ca 등)의 원소들은 상대물질만 만나면 **전자를 내어 주고 싶어 안달하는 성질**(불안정, 반응성)이 강하다는 것이다. 이 성질을 잘 체크해 두면 이들의 특성을 보다 쉽게 이해하는 큰 도움이 되는 중요한 개념이다.

칼륨(K)의 반응 상대물질인 $CO_2$는 **분자상태**(산화수 0)이므로 칼륨으로부터 받은 전자를 토대로 스스로 −2가의 산화수를 갖는 산소하나를 더 붙여 탄산이온($CO_3^{2-}$)이 된다. 이때, 탄산이온이 되면 음이온 2가($CO_3^{2-}$)로 되지만, 칼륨은 양이온 1가($K^+$)인 상태로 반응할 수 없으므로 반응계에서 칼륨(K)이 하나 더 반응(2K)하면서 산화수의 균형($2K^+$)을 맞추게 된다.

반응식을 조각할 때 고민하는 과정을 글로 표현하면;

- ㉠ 처음생각 ; $K + CO_2 \rightarrow KCO_2$($CO_2$ 산화수는 0(분자상태)이므로 칼륨과 화합물을 만들 수 없음)
- ㉡ 산화수 고려 ; $K + 2CO_2 \rightarrow KCO_3$($CO_3^{2-}$는 −2가이므로 +1가인 K를 2배로 조정)
- ㉢ 조정(1) ; $2K + 2CO_2 \rightarrow K_2CO_3$(생성계의 산소가 부족하므로 반응식 전체 재조정)
- ㉣ 조정(2) ; $4K + 3CO_2 \rightarrow 2K_2CO_3$(반응계 K,O=생성계 K,O)+? (C=잔류물질 탄소 1개)
- ㉤ 완성 ; $4K + 3CO_2 \rightarrow 2K_2CO_3 + C$

반응식에서 보듯, 칼륨(K) 취급소에 화재가 발생한 때는 이산화탄소는 물론, 물($H_2O$)과 사염화탄소, 탄산칼슘을 함유하는 분말 소화제는 절대 사용해서는 안 된다는 것을 알 수 있다. 답안지에는 반응식만 간단하게 쓴다.

∴ $4K + 3CO_2 \rightarrow 2K_2CO_3 + C$

**두 번째,**

칼륨과 에틸알코올과의 반응이다. 에틸알코올은 제4류 위험물(인화성 액체) 알코올류에 속하며, 지정수량 400L, 위험등급 Ⅱ등급 물질로 지정·관리되고 있다.

앞서 설명한 바와 같이 칼륨(포타슘)은 주기율표상 1족(+1가)의 알칼리 금속원소로서 이온화 경향이 가장 높은 금속이며, 나트륨(Na)이나 리튬(Li)보다도 불안정하고, 반응성이 크며, 전자를 잃고, 양이온이 되려고 하는 성향이 강하다.

그래서, 반응물을 만나면 칼륨(K)은 자신과 반응하는 상대물질에게 전자 1개를 얼른 내어 주면서 양이온 1가로 되게 하고, 전자 1개를 받은 상대물질은 음이온으로 되어 칼륨을 수용하여 화합물을 만들려고 한다고 설명하였다.

에틸알코올의 분자식이 생각나지 않을 때는 포화탄화수소에서 탄소 1개 메테인(메탄, $CH_4$), 탄소 2개 에테인(에탄, $C_2H_6$), 탄소 3개는 프로페인(프로판, $C_3H_8$)이다. 이들 분자식에서 수소 하나를 빼고 OH로 바꾸어 넣으면 메탄올($CH_3OH$), 에탄올($C_2H_5OH$), 프로판올($C_3H_7OH$) 등등으로 된다. 익히 잘 알고 있겠지만 간혹 외우는 데 힘들고 너무 스트레스 받을까 염려하는 마음에 학습요령을 소개한 것이다.

**본론**으로 되돌아가서, 칼륨(포타슘, K)의 반응 상대물질인 에틸알코올($C_2H_5OH$)은 분자로서 산화수가 0이므로 그대로 반응할 수 없다. 그래서, 칼륨으로부터 받은 전자를 토대로 스스로 −1가의 산화수를 갖기 위해 $C_2H_5OH$에서 수소(H)하나를 떼어 내어 음이온 1가($C_2H_5O^-$, 에톡시기)를 만듦으로써 양이온 1가인 칼륨($K^+$)과 음이온 1가인 $C_2H_5O^-$가 반응하여 $C_2H_5OK$(칼륨에톡사이드, Potassium Ethoxide)라고 하는 화합물을 만들 수 있게 된다.

이로써 문제의 막힌 맥(脈)은 모두 뚫었다. 칼륨과 에탄올이 반응하면 $K_2H_5OK$가 된다는 것을 확실하게 알았으니 "출발지점"과 "목적지"가 입력된 "네비게이션"처럼 완성된다.

$$\therefore K + C_2H_5OH \rightarrow C_2H_5OK + 0.5H_2$$

● 참고 ●

🔍 ÖÖ 문제의 진맥(診脈) 순서
① K 1개 → 알콕사이드 형성 ∴ $C_2H_5OK$
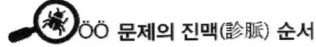
② 반응계에서 미반응 원소는 H 1개 → 부생물(0.5$H_2$)
③ 반응계=생성계 일치여부 확인 검사
〈완성〉 $K + C_2H_5OH \rightarrow C_2H_5OK + 0.5H_2$

## 05

**답안** (1) 과염소산나트륨 : $NaClO_4 \rightarrow 2O_2 + NaCl$

(2) 염소산나트륨 : $NaClO_3 \rightarrow 1.5O_2 + NaCl$

(3) 아염소산나트륨 : $NaClO_2 \rightarrow O_2 + NaCl$

**보충** 과염소산나트륨의 "과염소산"은 "염소산+O"의 개념이므로 "$HClO_3+O$", 화학식이 $HClO_4$가 되는데, 수소 자리에 나트륨이 결합한 것이므로 과염소산나트륨의 화학식은 $NaClO_4$가 된다. 분해반응식은 이승원의 반응규칙 중 "환원 우선"을 적용하면 $NaClO_4$ 중 산소가 분리되면서 $NaCl$이 된다. $NaClO_4$를 구성하고 있을 때, Cl의 산화수는 +7이지만 열분해되어 환원되면 산화수가 -1로 되므로 다음과 같이 반응식을 조각한다.

▫ $NaClO_4 \rightarrow NaCl + $ 부생물(?)

→ 반응계의 미반응 원소는 O 4개이므로 → 생성계의 부생물로 방출($2O_2$)

〈완성〉 $NaClO_4 \rightarrow NaCl + 2O_2$

염소산나트륨은 "염소산($HClO_3$)"에서 수소(H)를 나트륨(Na)으로 치환한 것이므로 염소산나트륨의 분자식은 $NaClO_3$이다. 염소산나트륨($NaClO_3$)의 분해반응은 이승원의 반응규칙 중 "환원 우선"을 적용한다. $NaClO_3$를 구성하고 있을 때, Cl의 산화수는 +5이지만 열분해되어 환원되면 산화수가 -1로 되므로 다음과 같이 반응식을 조각한다.

▫ $NaClO_3 \rightarrow NaCl + $ 부생물(?)

→ 반응계의 미반응 원소는 O 3개이므로 → 생성계의 부생물로 방출($1.5O_2$)

〈완성〉 $NaClO_3 \rightarrow NaCl + 1.5O_2$

※ 각 항에 2를 곱하여 $2NaClO_3 \rightarrow 2NaCl + O_2$로 기재해도 된다.

아염소산나트륨은 염소산나트륨에서 산소 하나를 제거한 것이므로 분자식은 $NaClO_2$이다. 아염소산나트륨($NaClO_2$)의 분해반응은 이승원의 반응규칙 중 "환원 우선"을 적용한다. $NaClO_2$를 구성하고 있을 때, Cl의 산화수는 +3이지만 열분해되어 환원되면 산화수가 -1로 되므로 다음과 같이 반응식을 조각한다.

▫ $NaClO_2 \rightarrow NaCl + $ 부생물(?)

→ 반응계의 미반응 원소는 O 2개이므로 → 생성계의 부생물로 방출($O_2$)

〈완성〉 $NaClO_3 \rightarrow NaCl + O_2$

■ 참고 ■

 이 문제의 첫 번째 Blockage는 한글 명칭을 화학식으로 전환하는 것이고, 두 번째 Blockage는 제시된 위험물에 대한 열분해반응식을 작성하는 것이다.

**첫 번째,**
**과염소산나트륨**의 분자식을 먼저 떠올리지 못하면 시작조차 못한다. 그래서 산(酸)이라고 이름을 붙이는 물질 중 기준(표준)물질을 알아야 한다. 아래가 주요 산(酸, 산소산)의 기준물질이다.

□ Ex(기준산)
- 황산($H_2SO_4$)
- 질산($HNO_3$)
- 염소산($HClO_3$)
- 인산($H_3PO_4$)
- 탄산($H_2CO_3$, 카보닐산)
- 초산($CH_3COOH$, 아세트산)

위의 기준산에서 "염소산"은 **염소의 산소산**으로 무색·물에 잘 녹은 액체이다. '염소산'의 분자식은 $HClO_3$이다. 여기서 산소 하나를 빼면 "아염소산=$HClO_2$", 산소 하나를 더 빼면 "하이포아염소산=$HClO$" 그리고 기준산($HClO_3$)에 산소 한 개를 더 추가하면 "과염소산=$HClO_4$"이 된다. 여기서, 토대가 되는 핵심은 **염소산의 분자식**(=$HClO_3$)이다. 이것만 알면 염소산 염류의 모든 분자식을 빠르게 생각 해 낼 수 있다.

지금과 같이 개념을 정립하고 보면 이렇게 쉬울 수가 없는데 … 한번이라도 이렇게 개념을 정리해 두지 않은 다수의 수험생은 이러한 말장난에 속아서 시험문제를 볼 때마다 헷갈려하고, 스트레스 받으면서 무작정 암기하려고 덤빈다는 것이다.

제1류 위험물 중 위험등급 I 등급(지정수량이 50kg)으로 지정되어 있는 염소산염류, 아염소산염류, 과염소산염류는 구성하고 있는 원소 중에서 **수소**($H^+$) 하나를 떼 내고 그 자리에 동일한 산화수를 갖는 양이온 1가인 **칼륨**($K^+$, 표준명; 포타슘), **나트륨**($Na^+$)을 치환한다고 생각하면 모든 분자식이 간단하게 완성된다.

- 과염소산나트륨=과염소산+Na → $ClO_4^- + Na^+ = NaClO_4$
- 과염소산칼륨=과염소산+K → $ClO_4^- + K^+ = KClO_4$
- 염소산나트륨=염소산+Na → $ClO_3^- + Na^+ = NaClO_3$
- 염소산칼륨=염소산+K → $ClO_3^- + K^+ = KClO_3$
- 아염소산나트륨=아염소산+Na → $ClO_2^- + Na^+ = NaClO_2$
- 아염소산칼륨=아염소산+K → $ClO_2^- + K^+ = KClO_2$

**본론**으로 되돌아가서, 과염소산나트륨($NaClO_4$)이 고온 분해되면 기체로 될 수 있는 물질이 무엇인가를 생각한다. → "**산소**"다. 나트륨(Na) 1가는 7가의 염소와 딱 달라붙어 있기 때문에 소위, 죽인다고 협박해도 떨어질 수 없는 운명과 숙명을 가졌다. 그래서 소금(염화나트륨)은 죽어야만(녹이거나 사람이 먹으면) 이별하는 물질이다. 자~ 이제 답안지 초안을 만들어보자!

㉠ 처음생각 ; $NaClO_4$ → 산소(O) 4개 → ∴ $2O_2$(분자산소 부터 분리, 남은 것은 NaCl)
㉡ 조정(1) ; $NaClO_4$ → $2O_2 + NaCl$(생성계=반응계의 원소수지 확인)
㉢ 완성 ; $NaClO_4$ → $2O_2 + NaCl$

답안지에는 반응식만 간단하게 쓴다.

∴ $NaClO_4$ → $2O_2 + NaCl$

**두 번째,**
다음은 **염소산나트륨**의 열분해 반응이다. 앞에서 설명한 개념을 그대로 적용하여 답안지 초안을 만들어 보자!!

㉠ 처음생각 ; $NaClO_3$ → 산소(O) 3개 → ∴ $1.5O_2$(분자산소 부터 분리, 남은 것은 NaCl)
㉡ 조정(1) ; $NaClO_3$ → $1.5O_2 + NaCl$(생성계=반응계의 원소수지 확인)

ⓒ 완성 ; $NaClO_3 \rightarrow 1.5O_2 + NaCl$

답안지에는 반응식만 간단하게 쓴다.

∴ $NaClO_3 \rightarrow 1.5O_2 + NaCl$

**세 번째,**

다음은 **아염소산나트륨**의 열분해 반응이다. 앞에서 설명한 개념을 그대로 적용하여 답안지 초안을 만들어보자!

ⓐ 처음생각 ; $NaClO_2 \rightarrow$ 산소(O) 2개 $\rightarrow$ ∴ $O_2$(분자산소 부터 분리, 남은 것은 NaCl)

ⓑ 조정(1) ; $NaClO_2 \rightarrow O_2 + NaCl$(생성계=반응계의 원소수지 확인)

ⓒ 완성 ; $NaClO_2 \rightarrow O_2 + NaCl$

답안지에는 반응식만 간단하게 쓴다.

∴ $NaClO_2 \rightarrow O_2 + NaCl$

## 4 반응양론

### (1) 반응비 및 양론기초

① 증발·기화 : 액체·고체가 기체로 전환될 때 그 부피는 다음과 같은 양론식을 적용한다.

□ 액체·고체 → 기체(0℃, 1atm)
- 1mol : 22.4L = 1kmol : 22.4m³
- g분자량 : 22.4L = kg분자량 : 22.4m³

② 분해반응 : 위험물질로 지정된 화합물이 분해(열분해·촉매작용 포함)될 경우는 분자식에 함유되어 있던 산소, 수소, 탄화수소가 분리된다는 것에 우선을 두고 양론식을 만들어 나간다. 분해반응은 다음과 같은 양론식을 적용한다.

□ 위험물질 $\xrightarrow{분해}$ 산소, 수소, 탄화수소, 기타 생성물질
- mol비 → mol : mol = 부피 : 부피
- 질량비 → 질량 : 질량

③ 연소·산화반응 : 가연성물질이 연소되거나 자연발화성 물질이 연소될 때는 분자식에 함유되어 있는 탄소, 수소, 황, 인, 철, 알루미늄, 마그네슘 등의 금속들은 산화물로 생성($CO_2$, $H_2O$, $SO_2$, $P_2O_5$, $Fe_2O_3$, $Al_2O_3$, MgO 등)되면서 산소($O_2$)를 소모하게 된다. 연소·산화반응은 다음과 같은 양론식을 적용한다.

□ 가연물질 + 산소 → 각 원소의 산화물($CO_2$, $H_2O$, $SO_2$, $P_2O_5$, $Fe_2O_3$, $Al_2O_3$, MgO 등)
- mol비 → mol : mol = 부피 : 부피
- 질량비 → 질량 : 질량

### 개념문제

**$CH_4$ 16g 중에서 C가 몇 mol 포함되어 있는지 계산하시오.**

[Hack답안지] $C(mol) = 16g \times \dfrac{12}{16} \times \dfrac{mol}{12g} = 1\,mol$

[비고] 현재의 답안지와 같이 기재해도 되고, 보다 세밀하게 작성하려면 하단의 "세밀답안"처럼 공식을 포함한 단위의 계산과정을 알 수 있도록 명료하게 기재하여도 된다.

[세밀답안] $C(mol) = CH_4 질량 \times 구성비\left(\dfrac{12}{16}\right) \times \dfrac{mol}{12}$

∴ $C(mol) = 16g \times \dfrac{12}{16} \times \dfrac{mol}{12g} = 1\,mol$

 **개념문제**

질산암모늄 800g이 표준상태에서 완전 열분해될 경우, 생성되는 총 가스의 부피(L)는? [단, $2NH_4NO_3 \rightarrow 2N_2 + O_2 + 4H_2O$이다]
[10,15,19,21]

**Hack 답안지** 가스부피 $= 800g \times \dfrac{mol}{80g} \times \dfrac{7 \times 22.4L}{2mol} = 784L$

[비고] 현재의 답안지와 같이 기재해도 되고, 보다 세밀하게 작성하려면 하단의 "세밀답안"처럼 공식을 포함한 단위의 계산과정을 알 수 있도록 명료하게 기재하여도 된다.

[세밀답안]
$2NH_4NO_3 \rightarrow 2N_2 + O_2 + 4H_2O$

- $\begin{cases} 2mol : 22.4L \times 7 (= 2+1+4,\ 생성물\ 전체) \\ 800g \times \dfrac{mol}{(14+1 \times 4+14+16 \times 3)g} : x \end{cases}$

∴ 부피$(=x) = 800g \times \dfrac{mol}{80g} \times \dfrac{7 \times 22.4L}{2mol} = 784L$

[해설] 질산암모늄($NH_4NO_3$)의 분해반응은 다양하게 나타난다. 현재 문제에서 제시된 질산암모늄의 분해반응식은 폭발 반응에서 일어날 수 있는 양론적 반응유형이다.

220℃의 일반적인 열분해에서는 $NH_4NO_3 \rightarrow N_2O + 2H_2O$와 같이 일어날 수 있다. 문제에서 "완전 열분해"라고 하는 조건과 반응식을 별도로 제시하였으므로 하자의 소지는 되지 않는다. 다만, 질산암모늄의 열분해 반응은 다양하게 나타날 수 있으므로 반응식을 굳이 암기해 둘 필요는 없을듯 하며, 현재는 제시된 반응식으로 문제를 푼다.

 **개념문제**

메탄올 320g을 산화시켜 폼알데하이드를 얻고자 한다. 발생되는 폼알데하이드의 양(g)은? (단, 폼알데하이드 외의 부산물은 물이다.)
[21]

**Hack 답안지** 폼알데하이드의 양 $= 320g \times \dfrac{1mol}{(12+4+16)g} \times \dfrac{30g}{1mol} = 300g$

[비고] 현재의 답안지와 같이 기재해도 되고, 보다 세밀하게 작성하려면 하단의 "세밀답안"처럼 공식을 포함한 단위의 계산과정을 알 수 있도록 명료하게 기재하여도 된다.

[세밀답안]
$CH_3OH + 0.5O_2 \rightarrow HCHO + H_2O$

- 메탄올 1mol당 HCHO 1mol($=30g$) 생성

∴ $HCHO = 320g(메탄올) \times \dfrac{1mol}{(12+4+16)g} \times \dfrac{30g(HCHO)}{1mol(메탄올)} = 300g$

[해설] 메탄올은 메틸알코올이며, 메틸기($-CH_3$, $CH_4$에서 수소하나를 뗀 것)에 OH가 붙은 것이므로 분자식은 $CH_3OH$가 된다. 한편, 폼알데하이드는 알데하이드의 기본구조 "RCHO"에서 R(알킬기)대신 수소(H) 하나가 결합된 것이므로 분자식은 HCHO가 된다.

〈시작〉 메탄올(메틸알코올)의 산화 : $CH_3OH \xrightarrow{산화공정} HCHO + 물(H_2O)$

$$CH_3OH \xrightarrow{0.5O_2}_{산화공정} HCHO + H_2O$$

$$CH_3OH + 0.5O_2 \rightarrow HCHO + H_2O$$

- 메탄올 1mol당 HCHO 1mol(=30g) 생성

$$\therefore HCHO = 320g(메탄올) \times \frac{1mol}{(12+4+16)g} \times \frac{30g(HCHO)}{1mol(메탄올)} = 300g$$

### 유사문제

**01** 25℃, 800mmHg에서 이황화탄소 5kg이 모두 증발할 때, 부피(L)를 구하시오. [14,17,21]

**02** 벤젠 16g이 증발할 경우, 70℃에서 벤젠증기의 부피(L)를 구하시오. [08,14,20]

**03** 염소산칼륨 24.5kg이 표준상태에서 완전분해될 때 생성되는 산소의 부피($m^3$)를 구하시오.

**04** 이황화탄소 100kg을 연소시킨다. 압력 800mmHg, 온도 30℃에서 발생하는 이산화황의 부피($m^3$)를 구하시오. [17,20]

**05** 탄화칼슘 32g이 물과 반응하여 생성되는 기체가 완전연소하기 위한 산소의 부피(L)를 구하시오. [07,08,10,13,15,20②]

**06** 아세톤 200g이 완전연소하였다. 다음 물음에 답을 쓰시오. [08,15,21]
  (1) 아세톤의 연소식을 작성하시오.
  (2) 아세톤의 이론공기량 부피(L)를 구하시오.
     (단, 표준공기 중 산소의 부피는 21%)
  (3) 탄산가스의 부피(L)를 구하시오.

### 유사문제 답안·해설

**01** 답안  부피 $= 5 \times 10^3(g) \times \frac{22.4}{76} \times \frac{273+25}{273} \times \frac{760}{800} = 1528.21 L$

[비고] 현재의 답안지와 같이 기재해도 되고, 보다 세밀하게 작성하려면 하단의 "세밀답안"처럼 공식을 포함한 단위의 계산과정을 알 수 있도록 명료하게 기재하여도 된다.

[세밀답안] $CS_2(l) \rightarrow CS_2(g)$

- $\begin{cases} 1mol : 22.4L \\ 5kg \times \frac{1000g}{kg} \times \frac{mol}{(12+32\times2)g} : x \end{cases}$

$x = 5kg \times \frac{1000g}{kg} \times \frac{mol}{76g} \times \frac{22.4L}{1mol} = 1473.68 L (STP; 0℃, 760mmHg에서)$

$\therefore 부피 = 1473.68 L (STP) \times \frac{273+25}{273} \times \frac{760}{800} = 1528.21 L$

보충  이황화탄소는 "2개황+탄소" 개념이므로 화학식은 CS2이고, 분자량은 76이다. 모든 물질은 기화(氣化)될 경우, 동일하게 표준상태(0℃, 1기압)하에서는 1mol=g분자량=22.4L의 관계가 성립된다. 온도나 압력이 표준상태가 아닐 경우는 보일-샤를의 법칙(Boyle-Charle's Law)에 따라 온도와 압력을 보정하여야 한다.

▫ 기화된 부피(표준상태) = 질량 × $\dfrac{22.4}{분자량}$

▫ 표준상태 이외 부피 = 표준상태 부피 × $\dfrac{273+온도(℃)}{273}$ × $\dfrac{표준압력}{실제압력}$

∴ $CS_2$ 부피 = $5kg × \dfrac{22.4Sm^3}{76kg} × \dfrac{273+25}{273} × \dfrac{760}{800} × \dfrac{1000L}{m^3}$ = 1528.21 L

# ▮참고▮

 이 문제의 첫 번째 Blockage는 "**이황화탄소**"라는 한글 명칭을 화학식으로 나타낼 수 있어야만 난관을 통과할 수 있다. 두 번째 Blockage는 이 물질이 완전히 기화(氣化)되었을 부피를 구하는 것이며, 세 번째 Blockage는 온도와 압력을 별도로 제시하였으므로 표준상태가 아닌 실측상태의 부피로 환산하기 위해 온도와 압력을 보정하는 과정을 잘 해결하여야 한다.

**첫 번째**,
이황화탄소는 음이온인 황(-2가) 2개와 양이온인 탄소(+4가) 1개가 결합된 것으로 $CS_2$의 분자식을 가진다. 한글로 된 화합물의 명칭을 분자식으로 빠르게 변환할 수 있어야 문제풀이를 시작할 수 있다.
이황화탄소($CS_2$)는 제4류 위험물(가연성 액체) 중 특수인화물로 분류하고 있으며 **지정수량 50L**로 **위험등급 Ⅰ등급**으로 지정·관리되고 있는 위험물이다.

**두 번째**,
이황화탄소($CS_2$)가 단순히 기체로 증발(蒸發, Vaporization)하는 것이므로 표준상태(0℃, 1기압=760mmHg)에서 1mol(분자량은 76)=22.4L의 관계를 적용하되, 문제에서 "25℃, 800mmHg"의 조건을 제시하였으므로 위에서 표준상태로 계산된 부피 값에 보일-샤를의 법칙(Boyle-Charle's Law)을 적용하여 온도와 압력을 보정하여야 한다.

▫ 보일-샤를의 법칙 : $V_2 = V_1 × \dfrac{T_2}{T_1} × \dfrac{P_1}{P_2}$

▫ 이상기체상태방정식 : $PV = \dfrac{m}{M}RT$ $\begin{cases} P : 압력(atm) \\ V : 부피(L) \\ m : 질량(g) \\ M : g분자량 \\ R : 기체상수 : 0.082 atm·L/K·mol \\ T : 절대온도(K) \end{cases}$

보일-샤를의 법칙(Boyle-Charle's Law)을 적용하여 온도와 압력을 보정하면 다음과 같이 된다.

▫ $V_1$(표준상태) = $5kg × \dfrac{10^3 g}{kg} × \dfrac{22.4L}{76g}$ = 1473.68 L

▫ $V_2 = 1473.68 × \dfrac{273+25}{273} × \dfrac{760}{800}$ = 1528.20 L

문제에서 단위를 지정해 주지 않을 경우, 위와 같이 부피단위를 "L"로 산출해도 되고, 기타 다른 부피단위 "$m^3$" 등으로 산출해도 된다. 단, 질량단위(g, kg 등)로 산출할 경우에는 틀린다.

## 02

**답안** 부피 $= 16 \times \dfrac{22.4}{78} \times \dfrac{273+70}{273} = 5.77\,\text{L}$

[비고] 현재의 답안지와 같이 기재해도 되고, 보다 세밀하게 작성하려면 하단의 "세밀답안"처럼 공식을 포함한 단위의 계산과정을 알 수 있도록 명료하게 기재하여도 된다.

**세밀답안**

$C_6H_6(l) \rightarrow C_6H_6(g)$

- $\begin{cases} 1\,\text{mol} \;:\; 22.4\,\text{L} \\ 16\,\text{g} \times \dfrac{\text{mol}}{(12 \times 6 + 1 \times 6)\,\text{g}} \;:\; x \end{cases}$

$x = 16\,\text{g} \times \dfrac{\text{mol}}{78\,\text{g}} \times \dfrac{22.4\,\text{L}}{1\,\text{mol}} = 4.595\,\text{L}\,(\text{STP}\,;\,0\,℃,\,760\,\text{mmHg에서})$

∴ 부피 $= 4.595\,\text{L}\,(\text{STP}) \times \dfrac{273+70}{273} = 5.77\,\text{L}$

## 03

**답안** 산소부피 $= 24.5\,\text{kg} \times \dfrac{1000\,\text{g}}{\text{kg}} \times \dfrac{\text{mol}}{122.5\,\text{g}} \times \dfrac{1.5 \times 22.4\,\text{L}}{1\,\text{mol}} \times \dfrac{\text{m}^3}{1000\,\text{L}} = 6.72\,\text{m}^3$

[비고] 현재의 답안지와 같이 기재해도 되고, 보다 세밀하게 작성하려면 하단의 "세밀답안"처럼 공식을 포함한 단위의 계산과정을 알 수 있도록 명료하게 기재하여도 된다.

**세밀답안**

$KClO_3 \rightarrow 산소(1.5O_2) + KCl$

- $\begin{cases} 1\,\text{mol} \;:\; 1.5 \times 22.4\,\text{L} \\ 24.5\,\text{kg} \times \dfrac{1000\,\text{g}}{\text{kg}} \times \dfrac{\text{mol}}{(39+35.5+16 \times 3)\,\text{g}} \;:\; x \end{cases}$

∴ 부피$(=x) = 24.5\,\text{kg} \times \dfrac{1000\,\text{g}}{\text{kg}} \times \dfrac{\text{mol}}{122.5\,\text{g}} \times \dfrac{1.5 \times 22.4\,\text{L}}{1\,\text{mol}} \times \dfrac{\text{m}^3}{1000\,\text{L}} = 6.72\,\text{m}^3$

### 참고

**상세해설** 기준물질인 염소산의 분자식은 $HClO_3$이다. 염소산염류 중 염소산칼륨은 기본산인 $HClO_3$에서 수소를 떼어낸 자리에 칼륨(K)이 결합된 염류(鹽類)이다. 그러므로 한글명칭 "염소산칼륨"의 분자식은 $KClO_3$가 된다.

⟨시작⟩ 위험물($KClO_3$) $\xrightarrow{분해}$ 산소 3개, 기타 생성물질(KCl)

⟨정산⟩ $KClO_3 \rightarrow 산소(1.5O_2) + KCl$

- $\begin{cases} 1\,\text{mol} \;:\; 1.5 \times 22.4\,\text{L} \\ 24.5\,\text{kg} \times \dfrac{1000\,\text{g}}{\text{kg}} \times \dfrac{\text{mol}}{(39+35.5+16 \times 3)\,\text{g}} \;:\; x \end{cases}$

∴ 부피$(=x) = 24.5\,\text{kg} \times \dfrac{1000\,\text{g}}{\text{kg}} \times \dfrac{\text{mol}}{122.5\,\text{g}} \times \dfrac{1.5 \times 22.4\,\text{L}}{1\,\text{mol}} \times \dfrac{\text{m}^3}{1000\,\text{L}} = 6.72\,\text{m}^3$

## 04

**답안** $SO_2$ 부피 $= 100 \times 10^3 \text{g} \times \dfrac{2 \times 22.4 \times 10^{-3}}{76} \times \dfrac{273+30}{273} \times \dfrac{760}{800} = 62.15 \text{ m}^3$

**비고** 현재의 답안지와 같이 기재해도 되고, 보다 세밀하게 작성하려면 하단의 "세밀답안"처럼 공식을 포함한 단위의 계산과정을 알 수 있도록 명료하게 기재하여도 된다.

**세밀답안**
$$CS_2 + 3O_2 \rightarrow CO_2 + 2SO_2$$
$\quad$ 1mol $\quad\quad\quad\quad\quad$ : $\quad\quad$ 2mol

- 표준상태 $SO_2$ 부피 $= 100\text{kg} \times \dfrac{10^3\text{g}}{\text{kg}} \times \dfrac{1\text{mol}}{76\text{g}} \times \dfrac{2\text{mol}}{1\text{mol}} \times \dfrac{22.4\text{L}}{1\text{mol}} = 58947.37\,\text{L}$

→ $V_2 = V_1 \times \dfrac{T_2}{T_1} \times \dfrac{P_1}{P_2}$ 적용

∴ $SO_2$ 부피 $= 58947.37 \times \dfrac{273+30}{273} \times \dfrac{760}{800} = 62153.85\,\text{L} = 62.15\,\text{m}^3$

**보충** 이황화탄소의 화학식은 $CS_2$이다. 연소될 경우 이승원의 반응규칙에 따라 "기준 산화물" 우선이 적용되므로 $CS_2$ 중의 탄소 1개는 $CO_2$로, 황 2개는 $2SO_2$로 산화되므로 다음과 같이 반응식을 조각할 수 있다.

□ $CS_2 + xO_2 \rightarrow CO_2 + 2SO_2$

→ 생성계의 O 6개이므로 → 반응계의 $xO_2 = 3O_2$

〈완성〉 $CS_2 + 3O_2 \rightarrow CO_2 + 2SO_2$
$\quad\quad\quad$ 1mol $\quad\quad\quad$ : $\quad\quad$ 2mol

위 반응식을 근거로 이황화탄소 100kg이 연소할 때, 압력 800mmHg, 온도 30℃에서 발생하는 이산화황의 부피(m³)는 다음과 같이 계산된다.

∴ $SO_2$ 부피 $= 100\text{kg} \times \left(\dfrac{2 \times 22.4}{1 \times 76}\right) \times \dfrac{273+30}{273} \times \dfrac{760}{800} = 62.15\,\text{m}^3$

## ▌참고▐

이 문제의 첫 번째 Blockage는 "이황화탄소"라는 한글 명칭을 화학식으로 나타낼 수 있어야 하고, 두 번째 Blockage는 이 물질의 연소반응을 통해 발생되는 $SO_2$의 부피를 구하는 것이고, 세 번째 Blockage는 발생되는 유해가스의 부피를 표준상태가 아닌 실측상태의 부피로 환산하기 위해 온도와 압력을 잘 보정하는 것이다.

**첫 번째,**

이황화탄소의 분자식은 $CS_2$이고, 제4류 위험물(가연성 액체) 중 특수인화물로 분류하고 있으며 **지정수량 50L**로 **위험등급 Ⅰ등급**으로 지정·관리되고 있는 위험물이다.

**두 번째,**

문제에서 "이황화탄소를 **연소**할 때"라고 하였으므로 $CS_2$가 산소(공기)에 의해 이론적으로 완전 연소되는 것이므로 구성원소의 C는 이산화탄소($CO_2$)로, S는 이산화황($SO_2$)으로 된다. 이때 산소가 아닌 공기에 의해 연소가 이루어 졌을 경우는 공기 중에 존재하는 질소($N_2$) 가스가 생성계에 추가될 수 있으나 발생되는 이산화황($SO_2$)에는 영향을 미치지 않은 것으로 간주하여 생략한다.

연소반응식에 대해 앞 이론편에서 충분히 설명하였지만, 한번 더 아주 쉽게 원시적으로 설명하겠다.

□ 반응식 기초 : $CS_2 + b(O_2) \rightarrow CO_2 + 2SO_2$

- 산소수지 : 생성계($CO_2 + 2SO_2$)에서 산소 개수 = 6O

→ 반응계의 $(b)O_2$에는 $3O_2$가 들어가야함

〈완성〉 $CS_2 + 3O_2 \rightarrow CO_2 + 2SO_2$

세 번째,

이황화탄소($CS_2$)는 표준상태(0℃, 1기압=760mmHg)에서 1mol(분자량은 76)=22.4L이고, 이산화황($SO_2$)도 표준상태(0℃, 1기압=760mmHg)에서 1mol(분자량은 64)=22.4L임을 고려하되, 문제에서 "30℃, 800mmHg"의 조건을 제시하였으므로 위에서 표준상태로 계산된 부피 값에 보일-샤를의 법칙(Boyle-Charle's Law)을 적용하여 온도와 압력을 보정하여야 한다.

- $CS_2 + 3O_2 \rightarrow CO_2 + 2SO_2$
  1mol : 2mol

- $V_1$(표준상태) $= 100\text{kg} \times \dfrac{10^3 \text{g}}{\text{kg}} \times \dfrac{1\text{mol}}{76\text{g}} \times \dfrac{2\text{mol}}{1\text{mol}} \times \dfrac{22.4\text{L}}{1\text{mol}} = 58947.37\,\text{L}$

- $V_2 = V_1 \times \dfrac{T_2}{T_1} \times \dfrac{P_1}{P_2}$

- $V_2 = 58947.37 \times \dfrac{273+30}{273} \times \dfrac{760}{800} = 62153.85\,\text{L} = 62.15\,\text{m}^3$

문제에서 지금과 같이 단위를 지정($\text{m}^3$)하여 줄 경우, 계산의 마지막 부분에서 최종단위를 정산하여 지정된 단위로 환산하는 것이 유리하다. 이때 깜빡하고 놓칠 수 있으니 유의하여야 한다.
부피단위를 "L"로 산출하거나 질량단위(g, kg 등)로 산출할 경우는 틀린다. 그리고 "계산과정을 답안지에 기재하라"고 하는 경우, 세밀답안과 같은 방법으로 기재하면 가장 이상적일 것이다.

## 05

**답안** 산소부피 $= 32\text{g} \times \dfrac{1\text{mol}}{(40+24)\text{g}} \times \dfrac{1\text{mol}}{1\text{mol}} \times \dfrac{2.5 \times 22.4\text{L}}{1\text{mol}} = 28\,\text{L}$

**비고** 현재의 답안지와 같이 기재해도 되고, 보다 세밀하게 작성하려면 하단의 "세밀답안"처럼 공식을 포함한 단위의 계산과정을 알 수 있도록 명료하게 기재하여도 된다.

**세밀답안**
$CaC_2 + 2H_2O \rightarrow Ca(OH)_2 + C_2H_2$
 1mol        :          1mol

$C_2H_2 + 2.5O_2 \rightarrow 2CO_2 + H_2O$
 1mol  :  2.5mol

∴ 산소부피 $= 32\text{g} \times \dfrac{1\text{mol}}{(40+24)\text{g}} \times \dfrac{1\text{mol}}{1\text{mol}} \times \dfrac{2.5 \times 22.4\text{L}}{1\text{mol}} = 28\,\text{L}$

**보충** 탄화칼슘은 "칼슘+탄소"의 결합물이므로 화학식은 $CaC_2$(분자량 64)이다. 물과 반응할 경우, 이승원의 반응규칙에 따라 "수산화물" 우선이 적용되고, $CaC_2$ 중의 칼슘(Ca)은 $Ca(OH)_2$를 형성하므로 다음과 같이 반응식을 조각할 수 있다. 이 과정에서 미반응 원소인 탄소와 수소는 가스상의 $C_2H_2$(에틴=아세틸렌)로 방출된다는 것을 확인할 수 있다.

- $CaC_2 + xH_2O \rightarrow Ca(OH)_2 +$ 부생물(?)
  → 생성계의 O 2개이므로 → ∴ 반응계의 $xH_2O = 2H_2O$
  ⇒ $CaC_2 + 2H_2O \rightarrow Ca(OH)_2 +$ 부생물(?)
  → 반응계의 미반응 원소는 C 2개, H 2개이므로 → ∴ 부생물은 $C_2H_2$

⟨완성⟩ $CaC_2 + 2H_2O \rightarrow Ca(OH)_2 + C_2H_2$
          1mol        :          1mol

위에서 발생된 아세틸렌(에틴, $C_2H_2$)의 연소반응식을 조각하고, 이것이 연소될 때 소요되는 이론산소량을 계산한다. 아세틸렌이 연소할 경우, 이승원의 반응규칙에 따라 "기준산화물" 우선이 적용되기 때문에 $C_2H_2$ 중의 탄소 2개는 $2CO_2$로, 수소 2개는 $H_2O$로 산화되므로 다음과 같이 반응식을 조각할 수 있다.

□ $C_2H_2 + xO_2 \rightarrow 2CO_2 + H_2O$
→ 생성계의 O 5개이므로 → ∴ 반응계의 $xO_2 = 2.5O_2$

〈완성〉 $C_2H_2 + 2.5O_2 \rightarrow 2CO_2 + H_2O$
　　　　1mol : 2.5mol

∴ 산소량 $= 32g \times \left(\dfrac{2.5 \times 22.4}{1 \times 64}\right) = 28L$

## ■ 참고 ■

이러한 문제를 다룰 때, 첫 번째 맞닥뜨리는 Blockage는 화학식이다. 물질의 화학식을 모르면 어떠한 반응식도 작성하지도 못할 뿐만 아니라 물질수지도 세울 수 없으므로 계산을 할 수 없게 된다. 실기시험에서 이러한 문제유형의 중요도가 70% 이상이라고 생각하고 시험에 임해야 한다.

탄화칼슘의 명명에서 "화"라고 하였으므로 **단원자 음이온**이 결합되어 있다는 의미이다. 즉, "탄화"라고 하였으므로 탄소(C)의 음이온이 칼슘(Ca) 양이온과 결합되어 분자를 구성하고 있다는 것이다.

탄화칼슘에서 -4가인 탄소와 +2가인 칼슘이 결합된 물질이므로 탄소가 양이온 2가인 칼슘이온($Ca^{2+}$)과 결합하기 위해서는 음이온 2가로 전환되어야 하므로 탄소는 이중결합(-C=C-)을 하여 음이온 2가인 상태에서 칼슘이온과 결합된다. 그러므로 분자식은 $CaC_2$가 된다.

물과의 반응식을 만들어 보자!!

칼슘(Ca)은 양이온 2가($Ca^{2+}$)이고, 이와 반응하는 수산화 이온($OH^-$)은 1가 음이온이므로 등가원칙에 따라 이들이 결합한 수산화물의 구성은 1 : 2, 즉 $Ca^{2+} : 2OH^- = Ca(OH)_2$로 되어야 한다.

　　□ 반응식 기초 : $CaC_2 + bH_2O \rightarrow Ca(OH)_2 +$ 부생물

　　• 생성계 O 2개 → 반응계도 동일해야 하므로 → ∴ $bH_2O = 2H_2O$

　　➥ $CaC_2 + 2H_2O \rightarrow Ca(OH)_2 +$ 부생물

　　• 반응계 탄소 2개, H 2개 남음 → 이를 생성계의 부생물에 반영

　　※ C, H가 남은 경우, $C_nH_{2n}$ 아니면 $C_nH_{2n+2}$를 적용하여 부생물의 분자식을 만들어 완성함

　〈완성〉 $CaC_2 + 2H_2O \rightarrow Ca(OH)_2 + C_2H_2$

문제의 주문사항이 "생성되는 기체가 완전연소하기 위한 산소의 부피"이다. 이를 해결하려면 문제에서 제시한 "탄화칼슘 32g"이 생성하는 $C_2H_2$(에틴=아세틸렌, Acetylene)양을 산정해야만 이것이 연소반응을 통해 소비되는 산소량(부피)을 구할 수 있을 것이다. 그래서 각 반응에 대한 비례식을 작성하여 계산하고자 한다.

물과의 반응에서 생성되는 에틴(아세틸렌)에 대하여 연소반응식을 만들어 보자!! 기체 1mol의 질량=g분자량=22.4L라는 것은 양론에서 기본적으로 사용되는 값이다.

　　□ $CaC_2 + 2H_2O \rightarrow Ca(OH)_2 + C_2H_2$
　　　1mol : 1mol

　　• 생성되는 에텐(에틸렌, $C_2H_2$)양의 산정

　　➥ $C_2H_2$량 $= 32g(CaC_2) \times \dfrac{1mol(CaC_2)}{(40+12 \times 2)g} \times \dfrac{1mol(C_2H_2)}{1mol(CaC_2)} = 0.5\,mol$

　□ $C_2H_2 + 2.5O_2 \rightarrow 2CO_2 + H_2O$ ← 생성계 산소 5개 ➥ $(2.5)O_2$가 된다는 것을 알았음
　　1mol : 2.5mol

　　• 연소시 소모되는 산소($O_2$)양의 산정

　　➥ $O_2$(부피) $= 0.5mol(C_2H_2) \times \dfrac{2.5mol(O_2)}{1mol(C_2H_2)} \times \dfrac{22.4L(O_2)}{1mol(O_2)} = 28L$

∴ $O_2$(부피) $= 0.5mol(C_2H_2) \times \dfrac{2.5mol(O_2)}{1mol(C_2H_2)} \times \dfrac{22.4L(O_2)}{1mol(O_2)} = 28L$

## 06

**답안** (1) 아세톤 연소식 : $CH_3COCH_3 + 4O_2 \rightarrow 3CO_2 + 3H_2O$

(2) 공기량 $= 200g \times \dfrac{1mol}{58g} \times \dfrac{4 \times 22.4L}{1mol} \times \dfrac{100}{21} = 1471.26 L$

(3) $CO_2$ 부피 $= 200g \times \dfrac{1mol}{58g} \times \dfrac{3 \times 22.4L}{1mol} = 231.72 L$

**보충** 이론 책으로 공부할 때, "아세톤=아세콘"으로, "세=3", "콘=>CO"으로 개념을 잡아 두었고, 탄소 3개(C–C–C)가 결합된 〈그림〉과 같은 구조 를 갖는다는 것을 알고 있으므로 화학식으로 만들면 ➡ $CH_3COCH_3$가 된다. 아세톤의 연소반응은

이승원의 반응규칙에 따라 "기준 산화물" 우선을 적용하게 되는데, $CH_3COCH_3$ (분자량, 58) 중의 탄소 3개는 $3CO_2$로, 수소 6개는 $3H_2O$로 산화되므로 다음과 같이 연소반응식을 조각할 수 있다.

□ $CH_3COCH_3 + x O_2 \rightarrow 3CO_2 + 3H_2O$

→ 생성계의 O가 9개이고, 반응계에 O 1개 있으므로 → 반응계의 $x O_2 = 4O_2$

〈완성〉 $CH_3COCH_3 + 4O_2 \rightarrow 3CO_2 + 3H_2O$
　　　　1mol　　:　4mol

위의 연소반응식을 토대로 이론공기량을 계산할 수 있다.

□ 공기량 $=$ 산소량 $\times \dfrac{1}{0.21} =$ 아세톤의 양 $\times$ 반응비 $\left(\dfrac{산소}{아세톤}\right) \times \dfrac{1}{0.21}$

∴ 공기량 $= 200g \times \left(\dfrac{4 \times 22.4 L}{1 \times 58 g}\right) \times \dfrac{1}{0.21} = 1471.26 \, L$

앞의 연소반응식을 토대로 탄산가스량을 계산할 수 있다.

□ $CO_2$ 량 $=$ 아세톤의 양 $\times$ 반응비 $\left(\dfrac{CO_2}{아세톤}\right)$

∴ $CO_2$ 량 $= 200g \times \left(\dfrac{3 \times 22.4 L}{1 \times 58 g}\right) = 231.72 \, L$

### ▌참고▐

**상세해설** 출제자가 문제를 낼 때, 문제별 특색이 있는 Blockage가 있다. 이 문제의 Blockage는 "아세톤"이라는 한글 명칭이다. 왜냐하면 아세톤(Acetone)의 화학식을 모르면 문제를 풀어 볼 의욕조차 없어져 버리기 때문이다. 그래서 이러한 경우를 대비하여 앞서 저자가 소개한 학습기법에서 "아세톤=아세콘"으로 기억해 두라고 한 부분이 있다.

"아"는 알킬기(Alkyl Group), "세"는 탄소 3개(C–C–C) 결합, "콘"은 C=O(Carbonyl Group)로 결합되어 있음을 알 수 있다. 카보닐기는 알데히드 및 케톤의 특성기이다. 따라서 아세톤을 화학식(시성식)으로 나타내면 $CH_3COCH_3$(분자량 58) 됨을 알 수 있다.

아세톤은 제4류 위험물(수용성의 제1석유류)로 분류되고 있으며, 지정수량 400L, 알코올류와 함께 위험등급 Ⅱ등급으로 지정·관리되고 있는 위험물이다.

첫 번째,

아세톤의 "연소반응식을 작성하라"고 하였으므로 $CH_3COCH_3$가 산소에 의해 이론적으로 완전 연소되는 것을 전제할 때 구성원소 중의 C는 3개가 이산화탄소($CO_2$)로 되므로 $3CO_2$, H는 6개가 물($H_2O$)로 산화되므로 $3H_2O$로 된다. 여기서 $CH_3COCH_3$ 내에 존재하는 산소(O)는 조연성분(助燃成分, 가연성분이 아니면서 연소에 도움을 주는 성분)으로 작용하므로 산화반응식을 작성할 때 이를 **보정하여야 한다**는 점을 잊지 말도록!!

□ 반응식 기초 : $CH_3COCH_3 + (\;b\;)O_2 \rightarrow 3CO_2 + 3H_2O$
- 산소수지 : 생성계($3CO_2 + 3H_2O$)에서 산소 개수 = 9O ← 아세톤에 산소 1개를 보정해야 함
  ➡ 반응계의 ( $b$ )$O_2$에는 $4O_2$가 들어가야 함

〈완성〉 $CH_3COCH_3 + 4O_2 \rightarrow 2CO_2 + 3H_2O$

**두 번째,**
아세톤의 연소에 필요한 "**이론공기량을 구하라**"고 주문하였다. 연소반응에서 반응에 소요된 산소량($4O_2$)을 토대로 공기중 산소의 부피비(21%)를 보정하여 구한다. 아세톤($CH_3COCH_3$, 분자량 58, 1mol=58g), 산소($O_2$, 분자량 32, 1mol=32g), 문제의 조건에서 "공기 중 산소의 부피는 21%(0.21)"라고 하였으므로 이를 반드시 따라야 한다.

□ $CH_3COCH_3 + 4O_2 \rightarrow 3CO_2 + 3H_2O$
　　1mol : 4mol

- 산소부피 $= 200g \times \dfrac{1mol}{58g} \times \dfrac{4mol(O_2)}{1mol} \times \dfrac{22.4L}{1mol(O_2)} = 308.97 L$

∴ 공기부피 = 산소부피 $\times \dfrac{1}{0.21} = 308.97 \times \dfrac{1}{0.21} = 1471.26 L$

**세 번째,**
아세톤의 연소시 발생하는 "**탄산가스의 부피를 구하라**"고 주문하였다. 연소반응식에서 발생되는 $CO_2$량($=3CO_2$)과 아세톤 간의 비례식을 적용하여 문제를 푼다.

□ $CH_3COCH_3 + 4O_2 \rightarrow 3CO_2 + 3H_2O$
　　1mol　　　　　　　:　3mol

∴ $CO_2$부피 $= 200g \times \dfrac{1mol}{58g} \times \dfrac{3mol(CO_2)}{1mol} \times \dfrac{22.4L}{1mol(CO_2)} = 231.72 L$

※ **다른 기법**
아세톤의 연소에 소요된 산소량을 토대로 비례식을 적용하면 동일한 값의 $CO_2$량을 구할 수 있다.

□ $CH_3COCH_3 + 4O_2 \rightarrow 3CO_2 + 3H_2O$
　　　　　　　　4mol : 3mol　(mol비=부피비)

∴ $CO_2$부피 $= 308.97 L(O_2) \times \dfrac{3mol}{4mol} = 231.72 L$

> "학습기법" 및 "암기법"은 "이승원의 독창적인 저작물"이므로 저자의 허락을 받지 않고 복제·복사·모방·인용(오프라인, 온라인, 카페, 유튜브등 기타 IT포함)할 수 없으며, 저술내용은 모두 "저작권법"에 따라 엄격히 보호 받고 있음을 알립니다.

# 2. 폭발·연소이론

## 1 개요

### (1) 연소와 폭발의 개념

① **연소(燃燒, Combustion)** : 일반연소는 폭발(爆發) 및 폭굉(爆轟)과는 달리 아음속(亞音速)의 연소파(燃燒波)가 생기며, 이때 연소면의 진행속도는 가스 농도, 온도, 압력에 따라 다소 달라지나 대략 0.1 ~ 10m/sec에 이른다. 이러한 연소면의 진행을 연소파(燃燒波, Combustion Wave)라 한다.

② **폭발(爆發, Explosion)** : 급격한 화학반응이나 기계적 팽창으로 급격히 이동하는 압력파(壓力波)나 충격파(衝擊波)를 만들어 냄으로써 용기의 파열이나 급격한 기체의 팽창으로 폭발음이나 파괴작용을 수반하는 현상이 일어남. 폭발한계는 폭굉한계보다 농도범위가 넓다.

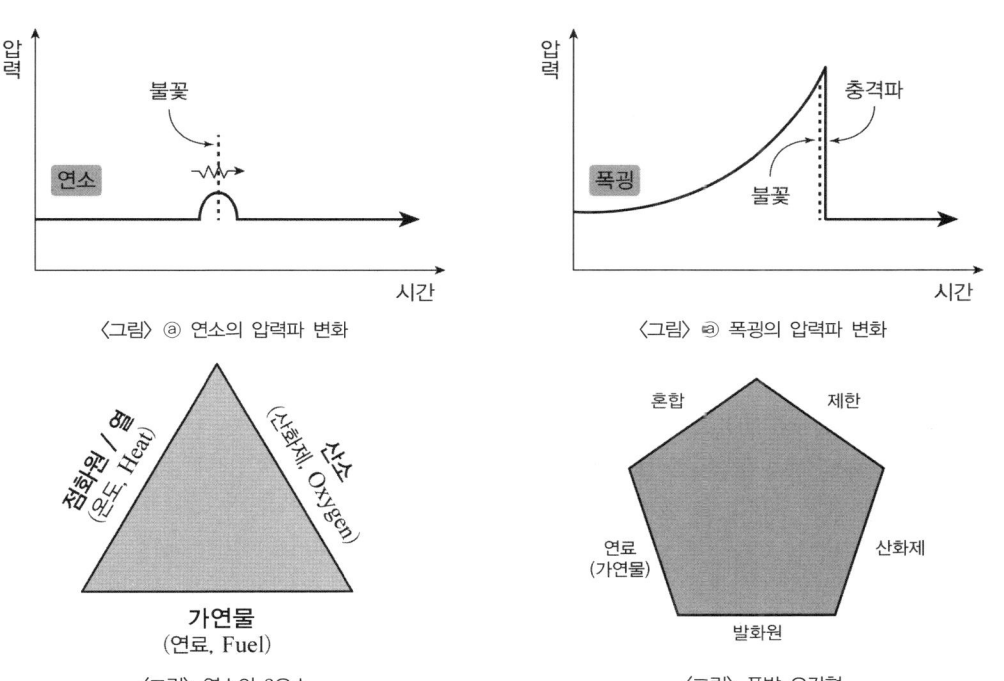

〈그림〉 ⓐ 연소의 압력파 변화

〈그림〉 ⓐ 폭굉의 압력파 변화

〈그림〉 연소의 3요소

〈그림〉 폭발 오각형

## (2) 폭연과 폭굉의 차이점

① **폭연(爆燃, Deflagration)** : 급격한 연소현상으로 화염전파속도가 음속보다 느린 것(아음속)을 말한다.
- 파면선단에 정압(7 ~ 8atm)만 형성될 뿐 충격파(압력파)는 형성하지 않음
- 반응 또는 화염면의 전파가 분자량이나 난류확산에 영향을 받음
- 에너지 방출속도가 물질전달속도에 영향을 받음

② **폭굉(爆轟, Detonation)** : 폭발충격파가 미반응 매질 속으로 음속보다 큰 속도로 이동하는 폭발을 말함. 반응전파속도가 음속보다 빠르게 진행되며 이로 인해 발생된 충격파가 반응을 일으키고 유지하는 발열반응이다.
- 충격파의 전파속도는 음속(330m/sec)보다 약 5 ~ 9배 정도 빠름
- 초음속의 연소파가 생겨서 파면 뒤에서 압력상승과 밀도의 증대를 가져옴
- 충격파(압력 약 1,000atm)는 화학반응(발열반응)의 에너지에 의해 유지되며, 화학반응은 충격압축에 의해 촉발됨
- 폭굉의 성립요소는 폭발범위(농도범위), 밀폐공간, 점화원의 존재임

  **농도범위 : 폭발한계 > 폭굉한계**
- 폭굉의 형성과정은 최초의 압축파가 주위에 전달 ➡ 압축파 내부에서 단열압축 ➡ 온도상승 ➡ 속도증가(압축파 후단부 전파속도 > 전단부 전파속도) ➡ 후방의 압축파가 전방으로 추격 ➡ 강성충격파 생성(충격파는 음속을 초과함)

③ **폭굉유도거리(DID, Detonation Induction Distance)** : 최초의 완만한 연소에서 격렬한 폭굉으로 발전할 때까지의 전파거리를 말한다.

  ㉮ 폭굉유도거리(DID)가 짧아지는 조건
   - 정상의 연소속도가 큰 혼합가스인 경우
   - 점화원의 에너지가 큰 경우
   - 압력이 높은 경우
   - 관경이 작은 경우
   - 관 속에 이물질이나 방해물이 있는 경우

  ㉯ 폭굉의 전이 방지대책
   - 관로 또는 Duct의 입구부에 화염방지기 설치
   - 관로 또는 Duct의 입구부에 파열판 설치
   - 위험장소의 불활성화 조치
   - 관로 또는 Duct에 긴급차단장치 설치

## (3) 이상연소(異常燃燒, Abnormal Combustion)

가연성(可燃性) 물질이 연소할 때, 화염의 위치나 그 모양이 변하지 않고, 연소가 일어나는 곳의 열의 발생속도와 방출속도가 서로 균형을 이루는 것을 **정상연소**(Normal Combustion)라고 하는데, 이러한 정상연소방식과는 다른 연소형태를 총칭하여 **비정상연소**(非正常燃燒) 또는 **이상연소**(異常燃燒)라고 한다.

① 불완전연소(不完全燃燒, Incomplete Combustion)
  ㉮ 정의 : 가연물질이 완전연소하지 못하고, 미가연물질이 발생되는 연소상태로 노즐의 선단에 적황색 부분이 늘어나거나 CO, 매연, 그을음 등이 발생하는 연소현상
  ㉯ 발생원인
    • 공기의 공급이 부족할 때
    • 연소온도가 낮을 때
    • 연료의 공급상태가 불안정할 때

② 역화(逆火, 백파이어, Backfire)
  ㉮ 정의 : 연료의 분출속도가 연소속도보다 느릴 때 불꽃이 연소기의 내부로 빨려들어가 혼합관 속에서 연소하는 현상
  ㉯ 발생원인
    • 연소속도보다 혼합가스의 분출속도가 느릴 때
    • 압력이 과다할 때
    • 혼합 가스량이 너무 적을 때
    • 기타 분무노즐의 부식 및 연소버너의 과열

③ 선화(先火, 리프팅, Lifting)
  ㉮ 정의 : 역화의 반대현상으로 불꽃이 버너의 노즐에서 떨어져서 연소하는 현상
  ㉯ 발생원인
    • 연료가스의 분출속도가 연소속도보다 빠를 때
    • 공기공급이 부적절할 때

④ 블로우 오프(Blow-Off)
  ㉮ 정의 : 선화상태에서 화염이 노즐에 정착하지 못하고 떨어져 화염이 꺼지는 현상
  ㉯ 발생원인
    • 연료가스의 분출속도가 증가하거나 주위공기의 유동이 심할 때
    • 과잉공기가 과다할 때

## 개념문제

다음 물음에 답하시오.
(1) 연소의 3요소를 쓰시오.
(2) 폭발 5각형의 요소 5가지를 쓰시오.

**Hack 답안지** (1) 가연물, 산소, 점화원
(2) 가연물, 산소(산화제), 점화원(발화원), 혼합, 제한

## 유사문제

**01** 관내에서 폭굉 유도거리가 짧아지는 조건 4가지를 쓰시오.

**02** 산소의 부족으로 불이 꺼졌을 때 대류에 의한 산소의 유입에 의해 화재가 재발하며 연소가스가 순간적으로 발화하는 현상을 말하며, 강한 폭발력을 가지는 비정상 연소를 무엇이라 하는지 쓰시오.

## 유사문제 답안·해설

**01** **답안**
① 관경이 작은 경우
② 압력이 높은 경우
③ 연소속도가 큰 경우
④ 관 속에 이물질이나 방해물이 있는 경우
⑤ 점화원의 에너지가 큰 경우 연소속도가 큰 경우
※ 이 중 4가지만 기재할 것

**02** **답안** 역화

## 2 폭발 및 화재

(1) 공정폭발
- 물리적 폭발
  - 응상폭발
  - 수증기 폭발
  - 보일러 폭발
- 화학적 폭발
  - 연소폭발
  - 분해폭발
  - 중합폭발

① 물리적 폭발 : 폭발의 원인이 화학적인 반응을 수반하지 않고 단순한 물리적 변화(부피변화)로 인해 높은 압력이 발생하면서 일어나는 폭발

② 화학적 폭발 : 물질의 급격한 산화, 환원반응이 원인이 되어 **화염 및 연소**를 동반하면서 다량의 열과 에너지의 방출과 더불어 높은 압력을 가지는 폭발

┃ 공정폭발의 비교 ┃

| 비교 | 물리적 폭발 | 화학적 폭발 |
|---|---|---|
| 고열발생 | 화학 반응이나 고열을 동반하지 않음 | 화학 반응이나 고열을 동반함 |
| 물질성상 | 원인계와 생성계의 **물질성상이 같음** | 원인계와 생성계의 **물질성상이 다름** |
| 사례 | • **응상폭발**, 고압용기 폭발, 수증기 폭발<br>• 탱크의 과압폭발, LPG 저장용기 폭발<br>• 보일러 폭발, 압축기 폭발<br>• 블레비(BLEVE) 등 | • 기상폭발, 연소폭발, 분해폭발, 중합폭발<br>• 증기운 폭발(VEC or UVEC)<br>• **분진폭발**, 화약류 폭발<br>• 산화반응에 의한 폭발 등 |

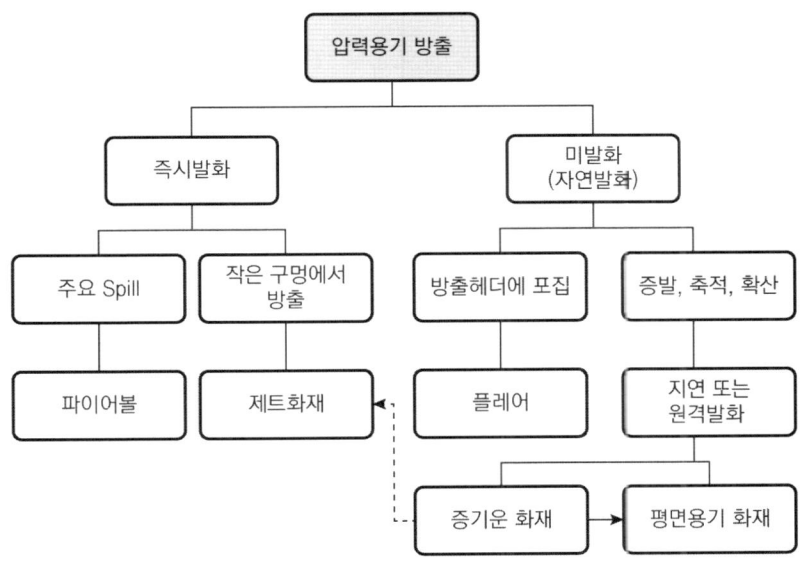

〈그림〉 공정화재(유류·가스 탱크 등)의 발화과정

## 개념문제

물리적 폭발로 분류되는 3가지 폭발유형을 쓰시오.

**Hack 답안지**
① 응상폭발
② 수증기폭발
③ 보일러폭발

### 유사문제

**01** 화학적 폭발로 분류되는 3가지 폭발유형을 쓰시오.

**02** 위험물 저장탱크의 화재시 물 또는 포를 화염이 왕성한 표면에 방사할 때 위험물과 함께 탱크 밖으로 흘러넘치는 현상을 무엇이라 하는지 쓰시오.

**03** 대기 중에 대량의 가연성 가스가 유출되거나 대량의 가연성 액체가 유출하여 그것으로부터 발생하는 증기가 공기와 혼합해서 가연성 혼합기체를 형성하고, 점화원에 의하여 발생하는 폭발을 무엇이라 하는지 쓰시오.

### 유사문제 답안·해설

**01** **답안**
① 연소폭발
② 분해폭발
③ 중합폭발

**02** **답안** 슬롭 오버(Slop Over)

**03** **답안** UVCE 또는 개방계 증기운 폭발

> **참고**
> 
> **화재와 관련된 유사용어**
> - **오일오버(Oil Over)**: 저장탱크 내에 저장된 유류 저장량이 내용적의 이하로 충전되어 있을 때 화재로 인하여 탱크 50%가 폭발하는 현상
> - **플래시 오버(Flash Over), 증기운 화재(Flash fire, Vapor Cloud Fire)**: 누출된 인화성 물질이 공기 중으로 확산되어 구름형태로 떠 다니다가 물질의 폭발하한계 이하로 희석되기 전에 발화원을 만나면서 화재가 발생하는 현상
>   - 화재 발생 시 열에 의한 복사현상으로 화염이 옮겨 붙음
>   - 일정 공간 안에 축적된 가연성 가스가 발화온도에 도달하면 매우 급속하게 진행됨
> - **롤오버(Roll Over)**: 실내 화재 초기단계에서 발생된 뜨거운 가연성 가스가 천장부근에 축적되어 실내 공기압의 차이로 천장을 구르면서 화재가 발생되지 않은 곳으로 굴러가는 현상으로 플래시오버의 전초현상임

〈그림〉 Flash Over    〈그림〉 Roll Over

- Back Draft(백드래프트) : 역화(逆火)라고도 하는데, 산소의 부족으로 불이 꺼졌을 때 대류에 의한 산소의 유입에 의해 화재가 재발하며 연소가스가 순간적으로 발화하는 현상을 말함
  - 산소가 유입된 곳으로 갑자기 분출되며, 폭발력이 강함
  - 주로 폐쇄된 공간이나 지하실에서 화재가 진행될 때 발생함
  - 화재 공간의 산소가 부족할 때 발생함
  - CO 12.6% 범위 정도, 온도 600℃ 이상일 때에 새로운 공기가 유입되면 발생됨
- Pool Fire(액면화재) : 액체(액화가스포함)의 인화성 물질이 누출되어 주변 바닥에 고여 있는 상태에서 액체가 기화하여 발화원에 의해 점화된 현상
  - 개방된 공간의 액체 표면에서 증발되는 가연성 증기에 착화되어 난류확산화염을 형성함
  - 액면(Pool)의 상부 표면에서 연소가 일어남
  - 초기에 소화하지 못하면 진압하기 어려움
  - 화재가 수 시간 지속될 수 있음
- Fire Ball(파이어볼, 火球) : LPG나 액화가스류 화재에서 흔히 발생하며, 비등액체 팽창증기폭발(BLEVE)에 의하여 공중에 공 모양의 화염 덩어리가 생성되는 현상
  - 화염이 구형(버섯형)의 모양을 이루며 공기 중으로 상승하는 형태를 고임
  - 화재지속 시간이 수 초 이내로 짧아 폭발에 가까움
  - 증기화재보다 심각한 화재로 복사열에 의한 피해가 큼
- 고압분출 화재(Jet Fire) : 배관, 저장 탱크 등에서 연속적으로 누출되는 고압의 인화성 물질이 누출원 근처의 발화원에 의하여 점화되는 현상
  - 연속적인 복사열이 발생함
  - 누설지점에서 즉시 발화되어 버너화염의 양상을 보임
  - 난류확산형 화재로 화재가 수 시간 지속될 수 있음
- 플레어(Flare) : 방출 헤드의 포집된 유증기 및 가스에 발생된 화재로 화염이 확산속도가 낮고, 너울성을 가지며, 배기관으로 화염이 방출되는 화재

〈그림〉 파이어볼(Fireball)

> **참고**
>
> ### 블레비(BLEVE)와 증기운 폭발(VCE)
>
> - 특징 비교
>
> | 비교 | 블레비(BLEVE) | 증기운 폭발(VCE) |
> |---|---|---|
> | 폭발구분 | 물리적 폭발(비등액 팽창증기폭발) | 화학적 폭발 |
> | 발생공간 | 밀폐된 공간 | 개방된 공간(UVEC) |
> | 메커니즘 | 고압용기의 가열 → 물리적 폭발 → 순간적으로 화학적 폭발로 이행(BLEVE, 비등액 팽창증기폭발) | 가연성가스(증기운)가 공기와 혼합기를 형성 → 여기에 점화원이 가해 짐으로써 폭발 |

㉮ 블레비(BLEVE) : BLEVE(Boiling Liquid Expanding Vapor Explosion)는 비등액 팽창증기폭발이라고 하며, 가연성 물질이 용기 또는 배관 내에 비점(沸點, Boiling Point) 이상의 온도와 압력에서 액체 상태로 저장·취급되는 상황에서 용기가 파손되면, 대기 중으로 누출되면서 갑자기 증기로 변화되어 치솟게 되는데, 이때 외부 스파크, 정전기, 담뱃불, 화재 등의 발화원에 의하여 폭발과 더불어 화염이 발생되는 현상을 말함

□ 특징
- 화재에 의해서 일어난 BLEVE의 경우 ➡ 화구(火球, Fire Ball)를 형성함
- 화재에 의해서 일어난 BLEVE가 아닌 경우 ➡ 증기운에 의한 증기운 폭발(VCE)로 발전

□ BLEVE로의 발달과정
- 액체가 들어있는 탱크의 주위에서 화재발생 → 화재로 인한 열에 의하여 탱크의 벽에 가열
- 액면 이하의 탱크 벽은 분사되는 소화액(물)에 의하여 냉각되지만 액체의 온도는 지속적으로 상승하게 되고, 탱크 내의 증기압력은 서서히 증가하기 시작함
- 탱크 내의 액체가 모두 증발하여 더이상 열을 제어(냉각)하지 못하게 되면 증기만 존재하는 탱크의 벽이나 천장 등, 화염에 접촉하는 부위의 금속온도가 급속히 상승하여 금속의 구조적 강도를 잃게 됨 → 해당 부위의 탱크가 파열되고, 내용물은 폭발적으로 증발하면서 연소하게 됨

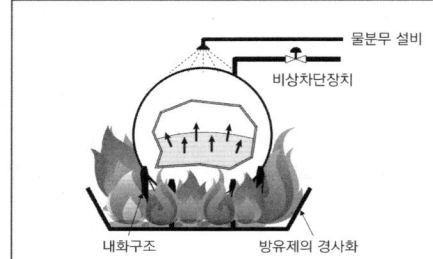

■ BLEVE의 방지대책 ■
- 내화구조
- 방유제의 경사화
- 물분무 설비
- 비상차단장치(Remote Control) 설치
- 내부 위험물의 출하(Pumping)설비 설치
- 감압장치 부착

㉯ 증기운 폭발(VCE, Vapor Cloud Explosion) : 가연성(可燃性)의 위험물질이 용기 또는 배관 내에 저장·취급되는 과정에서 서서히 지속적으로 누출되면서 대기 중에 구름형태로 모이게 되어 바람·대류 등의 영향으로 움직이다가 정전기, 기계적 마찰, 스파크, 담배불 등의 발화원(發火原)에 의하여 순간적으로 모든 가스가 동시에 폭발하는 현상임

□ 특징
- 증기운 폭발(VCE)의 대부분은 개방계 증기운 폭발(UVCE, Unconfined Vapor Cloud Explosion)임
- 증기운 화재(Flash Fire)와 증기운 폭발(VCE)의 구분은 연소속도의 차이임
  - 연소속도에 의해 폭풍압 효과가 있는 경우 ➡ 증기운 폭발(VCE)
  - 폭풍압 효과가 없는 경우 ➡ 증기운 화재(Flash Fire)
- UVCE에서 폭풍압(과압)을 형성하게 되는 3가지 요인 ➡ 난류혼합, 제한물·방출물, 폭굉

□ 증기운 폭발의 발달과정
- 다량의 가연성 증기가 급격히 방출(과열로 압축용기 파열) → 증기가 주변으로 분산되어 공기와 혼합 → 증기운의 점화(증기운의 크기가 증가하면 점화 확률이 높아짐)
- 증기운 폭발은 폭발로 인한 피해보다는 통상적으로 화재에 의한 재해형태를 보임
- 증기운 폭발은 일종의 가스폭발임
- 대기 중(개방된 공간)으로 대량의 가연성 가스 및 기화하기 쉬운 가연성액체가 누출되어 발화원에 의해 발생함. 따라서, LNG가 누출될 때도 증기운 폭발을 할 수 있음
- 일반적으로 증기운 폭발효율은 블레비(BLEVE)보다 작은 편임
- 증기와 공기의 난류 혼합, 방출점으로부터 먼 지점에서 증기운의 점화는 폭발의 충격을 증가시킴

- ㅁ 증기운 폭발 방지대책
  - 가스의 누설 · 누출방지
  - 착화원 관리, 전기설비 방폭화
  - 정전기 제거
  - 가스 농도 검지 및 제어

〈그림〉 Slop Over

〈그림〉 Froth Over

〈그림〉 Boil Over

● 참고 ●

**슬롭오버 · 프로스오버 · 보일오버**

- Slop Over(슬롭오버) : 화재 시 기름 속의 수분이 급격히 증발하여 기름거품을 형성하면서 팽창을 거듭하여 방사한 물 또는 포가 위험물과 함께 탱크 밖으로 흘러넘치는 현상을 말함
  - 원유나 중유 등의 중질유탱크 화재 시 발생
  - 고온층의 표면에 소화용 물이나 포가 주입될 때 발생
  - 표면의 유류만 관여되므로 비교적 소규모임
- Froth Over(프로스오버) : 원유, 중유 등 고점도의 기름 속에 수증기를 포함한 볼 형태의 거품(물방울)이 형성되어 탱크 밖으로 넘치는 현상을 말함
  - Froth Over는 화재형태가 아님
  - 바닥에 물이 존재하는 저장탱크에 고온의 점성 Oil을 넣을 때 주로 발생함
- Boil Over(보일오버) : 기름탱크에서의 물, 수증기의 팽창으로 인한 폭발현상을 말함
  - 원유, 중유 등을 저장하는 탱크에서 발생할 수 있음
  - 원추형 탱크의 지붕판이 폭발에 의해 날아가고 화재가 확대될 때 저장된 연소 중인 기름에서 발생할 수 있는 현상임
  - 화재가 지속된 부유식 탱크나 지붕과 측판을 약하게 결합한 기름 탱크에서도 일어날 수 있음
  - 넓은 지역으로 확산되어 Fire ball로 발달할 가능성도 있음

(2) 원인물질의 상태에 따른 폭발분류 { ◦ 기상폭발
◦ 응상폭발 }

■ 분류
- 기상폭발
  - ◦ 가스폭발(공기와 가연성 가스의 혼합물)
  - ◦ 분무폭발(Mist) : 기계적으로 무화된 기름입자
  - ◦ 분진폭발(Dust) : 섬유분진, 미분탄, 곡물가루, 플라스틱
  - ◦ 분해폭발 : 아세틸렌, 에틸렌, 산화에틸렌 등 Gas
- 응상폭발
  - ◦ 화약 및 폭발물의 응상폭발(TNT, 다이나마이트, 면화약 등)
  - ◦ 증기폭발 (수증기폭발)
  - ◦ 전선폭발
  - ◦ 전이 폭발

■ 위험장소
- 폭발성 물질의 제조 및 취급 공정과 같은 근원적인 폭발 위험장소
- 폭발성 메테인가스(메탄가스)가 존재할 우려가 있는 광산
- 가연성 분진(곡물·설탕·석탄가루, 도료, 사료 등) 또는 섬유가 존재하는 지역 – 분진폭발 위험장소
- 의학적인 목적으로 하는 진료실 등

**┃ 기상폭발 & 응상폭발의 발생조건·대책비교 ┃**

| 구분 | 기상폭발 | 응상폭발 |
|---|---|---|
| 발생조건 | • 폭발범위(하한계 ~ 상한계)의 혼합기체 존재<br>• 점화원의 존재(에너지조건)<br>　– 전기불꽃, 정전기 불꽃, 불씨<br>　– 고온물질 표면, 자연발화, 열복사<br>　– 충격·마찰, 단열압축 | • 가연성 및 불연성과 무관<br>• 착화를 필요로 하지 않음<br>• 단순한 상변화만 존재<br>• 화염발생이 없음 |
| 대책 | 〈방호대책〉<br>• 내압설계, 압력의 방출·경감<br>• 화염전파 저지, 폭발억제 장치 설치<br>• 방호벽(방폭벽)과 안전거리 확보<br>• 설치조건에 맞는 화염방지기 설치<br>• 격리밸브 차단밸브 설치<br>• 피해의 확대방지 대책 강구 | 〈예방대책〉<br>• 고온의 로(爐) 내로 물의 침입방지<br>• 작업바닥의 건조<br>• 고온 폐기물의 안전한 처리<br>• 주수분쇄 설비의 안전설계 |

① 기상폭발(氣相暴發, Gas Explosion)
  ㉮ 개념 : 폭발을 일으키기 이전의 **물질상태가 기상(氣相)**인 경우의 폭발을 말함
  ㉯ 폭발환경 : 가스 폭발은 가스가 공기와 혼합되어 있는 밀폐공간에서 가스의 부피가 크고 점화원이 있는 경우에 발생하며, 농도 조건과 발화원 2가지가 충족되어야만 발생함
  ㉰ 기상폭발 유형 : 혼합가스폭발, 가스분해 또는 분진폭발 등이 있음
    • 가연성 가스·증기의 폭발[에틴(아세틸렌), 수소, 가솔린 등]
    • 분해폭발성 가스의 폭발[에틴(아세틸렌), 산화에텐(산화에틸렌) 등]
    • 가연성 미스트의 폭발(분출한 작동유, 디젤기관 내의 경유 등)
    • 가연성 분진의 폭발(플라스틱 분말, 곡물 분진, 탄 분진, 금속분말 등)
    • 증기운 폭발[파이어 볼(Fire Ball)을 수반하는 폭발]

> **참고**
>
> **분진폭발·가스 분해 폭발·미스트 폭발**
> □ 가스 분해 폭발 : 가스폭발 중 특이한 사례이며, 가스 자체가 분해되는 과정에서 폭발이 일어나는 현상임
> □ 미스트 폭발 : 가연성 액체가 증기화 되면서 공기와 균일하게 혼합된 다음 발화에 의해 폭발되는 현상임
> □ 분진폭발 : 가연성 고체가 미분말 상태로 공기 중에 현탁되어 있을 때 발생함. 폭발과정은 퇴적분진 → 비산 → 분산 → 발화원 → 전면폭발(1차 폭발) → 2차폭발
>
> [비고] 가스의 폭발(暴發)
> ㉮ 에틴(아세틸렌, $C_2H_2$) – LEL 2.5% ~ UEL 82%
>   • 탄화칼슘(제3류 위험물)과 물의 반응 : $CaC_2 + 2H_2O \rightarrow C_2H_2 + Ca(CH)_2$
>   ㉠ 산화폭발 : 산소와 혼합된 상태에서 점화되면 폭발함
>     • $C_2H_2 + 2.5O_2 \rightarrow 2CO_2 + H_2O$
>   ㉡ 분해폭발 : 가압상태(1atm 이상)에서 충격을 주면 폭발함
>     • $C_2H_2 \rightarrow H_2 + 2C$
>   ㉢ 화합폭발 : Cu, Ag, Hg 등의 금속(M)과 접촉할 경우 폭발성의 아세틸라이드를 생성함
>     • $C_2H_2 + 2M \rightarrow M_2C_2 + H_2$
>   ※ 산화에텐(산화에틸렌, $C_2H_4O$) : 산화에텐은 일반적으로 LEL 3.0% ~ UEL 80%이지만 공기와 혼합되지 않고서도 분해폭발을 일으키기 때문에 상한(UEL)은 100%가 됨
> ㉯ 폭발성 분진 : 공기 중의 산소가 적거나 $CO_2$ 또는 공기 중의 수분만 존재하는 상태에서도 착화될 수 있으며 부유 상태에서는 격렬하게 폭발할 수 있는 **금속분진**을 모두 폭발성 분진이라 함
>   ㉠ 종류 : 수소화나트륨 분말(NaH), 금속 알루미늄 분말(Al), 기타 비산(飛散)된 상태의 금속 분말(K, Na 등)
>   ㉡ 반응
>     • $NaH + H_2O \rightarrow H_2 + NaOH$
>     • $2Al + 3H_2O \rightarrow 3H_2 + Al_2O_3$
>     • $2K + 2H_2O \rightarrow H_2 + 2KOH$
>     • $2Na + 2H_2O \rightarrow H_2 + 2NaOH$
>     • $aKO_2 + b(수분, 등유, 유기물) \rightarrow cH_2O_2 + dKOH + eO_2$

② **응상폭발**(凝相暴發, Condensed Phase Explosion)

㉮ 개념 : 폭발 이전의 물질상태가 고체 또는 액체상태인 경우의 폭발을 말함

㉯ 폭발환경 : 가연성 및 불연성과 무관하며, 착화를 필요로 하지 않고, 단순한 상변화만 존재하는 폭발로 화염발생이 없는 특징이 있음

㉰ 응상폭발 유형
  • 화약류 및 폭발물에 의한 응상폭발(TNT, 다이나마이트, 면화약 등)
  • 증기폭발, 전이폭발(전선폭발), 물질의 혼합에 따른 폭발 등이 있음
  • 용융 금속과 같은 고온 물질이 물속에 투입되었을 때 급격하게 비등하여 발생하는 폭발 현상도 이에 포함됨
  • 수중 폭발과 같은 물리적 폭발은 화염을 동반하지 않음

● **참고** ●

**증기폭발 · 전선폭발 · 전이폭발**

- **증기폭발(蒸氣爆發, Phreatic Explosion)** : 증기 등이 백열 상태가 아닌 상태에서 폭발적으로 분출하는 현상을 말함
  - 과열 액체의 압축증기에 의해 일어나는 폭발로 응상폭발의 대표적인 유형임
  - 용융상태의 적열의 금속이나 슬래그(slag)가 물과 갑자기 접촉되었을 때, 물은 과열상태가 되면서 급격하게 비등 · 폭발함
  - 지열에 의해 지하수가 가열되어 팽창할 때도 발생할 수 있음
- **전선폭발(電線爆發, Electric Wire Explosion)** : 금속선에 과전류(Over Current)가 흐르면서 줄 열(Joule Heating)에 의해 고온고압의 금속가스가 발생하여 일어나는 폭발
  - 통상 알루미늄제 전선에서 발생함
  - 전선이 가열되면서 알루미늄의 용융과 기화가 급속하게 진행되면서 폭발하게 됨
  - 전선폭발은 일종의 고상간의 전이(轉移)에 의한 폭발임
- **전이(轉移, Transferal) 폭발**
  - 고상간(固相間) 전이에 의한 폭발 : 무정형의 안티몬이 고상의 안티몬으로 전이될 때, 발열을 하게 되고 이것으로 인해 주위의 공기가 팽창하여 폭발현상으로 이어지는 것을 말함
  - 이상간(異相間) 전이에 의한 폭발 : 고상에서 액상으로 전이되거나, 액상에서 기상으로 전이될 때도 폭발이 발생할 수 있음

[비고] 액체 및 고체의 폭발

㉮ 하이드라진($N_2H_4$) : 무색의 유성 액체로 강한 환원제로 작용하며, 철 또는 구리의 산화물과 망간, 납, 구리 또는 이들의 합금과 접촉하면 불이 나고 폭발함. 연소할 때는 질소산화물 및 일산화탄소 같은 유독가스와 증기가 발생됨

㉯ 트라이에틸 알루미늄[$(C_2H_5)_3Al$] : 무색 투명한 액체로 물과 접촉할 경우 폭발적으로 반응하여 에탄을 생성하고 발열 · 폭발함

㉰ 탄화 알루미늄($Al_4C_3$) : 백색 또는 황색의 결정(結晶)으로 상온에서 물과 접촉할 경우 가연성 폭발성의 메테인가스(메탄가스, $CH_4$)를 발생하고 발열 · 폭발함

㉱ 금속 나트륨 및 칼륨 : 물과 접촉할 경우 수소 폭발을 일으킬 수 있음. 이외에 이산화탄소, 사염화탄소, 탄산칼슘 또는 분말 소화제와도 절대 접촉해서는 안됨

㉲ 금속 마그네슘 : 마그네슘은 실온에서는 물과 서서히 반응하나 물의 온도가 높아지면 격렬하게 진행되어 수소를 발생하고 발열 · 폭발함. 산소에 대한 친화력이 매우 크기 때문에 $CO_2$ 속에서도 연소되며, 질소 기체 속에서도 질화마그네슘($Mg_3N_2$)을 형성하면서 연소될 수 있으므로 유의하여야 함. 소화할 때는 흑연이나 염화나트륨과 같은 적당한 건조소화제로 질식 냉각시켜 소화해야 함

## 개념문제

다음은 분진폭발과 관련된 내용이다. 분진폭발의 발생순서를 차례를 기호로 나타내시오.
Ⓐ 퇴적분진   Ⓑ 전면폭발   Ⓒ 발화원   Ⓓ 분산   Ⓔ 비산   Ⓕ 2차 폭발

**Hack 답안지** Ⓐ → Ⓔ → Ⓓ → Ⓒ → Ⓑ → Ⓕ

**해설** 분진의 폭발과정은 퇴적분진의 입자내의 열에너지가 증가하여 표면온도가 높아지면 → 입자표면이 건류·열분해되면서 휘발성의 기체가 방출되고 → 이것이 공기중으로 비산·분산되어 폭발성 혼합기체를 형성하게 된다. → 여기에 발화원이 작용하여 착화되면 전면폭발이 일어나고 → 전면폭발에 의해 발생된 압력파가 주위의 분진을 재차 비산·교란함으로써 2차, 3차의 연쇄폭발로 파급되는 과정을 거치게 된다.

## 유사문제

**01** 폭발 원인물질의 물리적 상태에 따라 구분할 때 기상폭발(Gas Explosion)에 해당되는 것을 3가지 쓰시오.

**02** 폭발 원인물질의 물리적 상태에 따라 구분할 때 기상폭발(Explosion of Deflection)에 해당되는 것을 3가지 쓰시오.

## 유사문제 답안·해설

**01** **답안**
① 가스폭발
② 분무폭발
③ 분진폭발
④ 분해폭발
※ 이중에서 3가지만 기재

**02** **답안**
① 화약폭발
② 수증기·증기폭발
③ 전선폭발

**(3) 연소범위에 영향을 미치는 인자** 
- 온도
- 압력
- 산화제의 존재(산소 > 염소 > 공기)
- 불활성기체 함량
- 점화에너지, 화염의 전파방향

① 온도 : 온도가 상승하면 → 기체 반응성 증가 → 연소범위가 넓어지게 됨
  ㉮ 통상, 온도가 100℃ 증가할 때마다 하한계(LEL)는 8%씩 감소하고, 상한계(UEL)는 8%씩 증가하게 됨
  ㉯ 연소한계의 온도 의존성은 비교적 규칙성을 가짐
  - $LEL_{t℃} = LEL_{25℃} - (0.8 LEL_{25℃} \times 10^{-3}) \times (t℃ - 25)$
  - $UEL_{t℃} = UEL_{25℃} + (0.8 UEL_{25℃} \times 10^{-3}) \times (t℃ - 25)$

② 압력 : 압력이 상승하면 → 분자 간 거리 감소 → 화염전달 용이 → 연소범위 넓어짐
  ㉮ 연소한계의 압력 의존성은 온도와 달리 **규칙성이 없음**
  ㉯ 연소범위의 하한 값은 작게 변화되나 상한 값은 크게 넓어짐(고온, 고압의 경우 연소범위는 더 넓어짐)
   - 압력이 감소되면 폭발한계는 좁아지므로 압력을 극소화하면 <u>폭발성은 없어짐</u>
   - CO는 다른 기체와 달리 압력이 높아지면 폭발한계가 반대로 좁아지는 특성을 가짐
   - $H_2$는 다른 기체와 달리 압력이 낮거나 높을 때, <u>일시적으로 연소범위가 좁아지는 특성이 있음</u>

③ 산화제 : 공기 중에서 보다 산소 중에서 연소범위는 넓어짐
  - **넓어지는 정도 : 산소 > 염소 > 공기**

④ 불활성 기체 : 불활성(비활성) 기체($CO_2$, $N_2$ 등)의 혼합비율이 증가하면 **연소상한은 크게 감소하고, 하한은 약간 상승**하게 하는 효과가 있어 전체적으로 **연소범위를 좁게하는 효과**를 가져옴
  ㉮ 공기중 산소농도를 최소 산소농도(MOC) 또는 한계 산소농도(LOC) 이하로 만들어 폭발을 방지함
  ㉯ 불활성 기체주입은 산소의 농도를 낮출 뿐 아니라 가연성 기체의 농도도 상대적으로 낮아지게(희석효과) 되고, 최소 점화에너지는 높아지기 때문에 연소·폭발이 일어나기 어렵게 함
  ㉰ 질소나 이산화탄소가 각각 10%(v/v) 이하이면 화염이 진행되지 않고, 냉염도 MOC 이하에서는 일어나지 않음

⑤ 화염의 전파방향 : 가스폭발 한계의 측정에 있어서 **화염의 전파방향이** 상향일 때 가장 넓은 값을 나타냄

# 3 연소이론

## (1) 연소요소

- 3요소
  - 가연물(연료, Fuel)
  - 산소(산화제, Oxygen)
  - 점화원/열(온도, Heat)

- 4요소
  - 가연물(연료, Fuel)
  - 산소(산화제, Oxygen)
  - 점화원/열(온도, Heat)
  - 화학적 연쇄반응

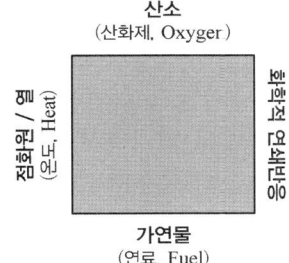

① 가연물이 될 수 없는 물질
  ㉮ 비활성 기체 : 주기율표 0족(18족) 원소인 비활성 기체 헬륨(He), 네온(Ne), 아르곤(Ar) 등은 최외각 전자수가 모두 채워진 안정한 상태를 이루기 때문에 다른 원소들과 쉽게 결합하지 못하므로 가연물이 될 수 없음
  ㉯ 흡열반응을 하는 물질 : 산소와 화합하여 산화물을 생성하나 발열반응을 하지 않고, 흡열반응을 하는 물질인 질소 및 그 산화물($N_2$, NO 등)은 물질의 에너지가 상대적으로 작으며, 생성물질의 에너지가 크기 때문에 반응이 진행될수록 주변의 온도가 낮아지게 되므로 가연물질이 될 수 없음
  ㉰ 반응이 완결된 물질 : 물($H_2O$), 이산화탄소($CO_2$), 산화알루미늄($Al_2O_3$), 오산화인($P_2O_5$) 등 산소와 반응이 완결된 물질은 더 이상 산소와 결합하지 않으므로 가연물이 될 수 없음

② 가연물질(연료)의 구비조건
  ㉮ 단위량(중량, 용적)당 발열량이 높을 것
  ㉯ 구입이 용이하고, 가격이 저렴할 것
  ㉰ 저장 및 취급이 용이할 것
  ㉱ 대기오염을 유발하는 물질이 발생되지 않을 것
  ㉲ 산소와의 친화력이 좋을 것
  ㉳ 열의 축적이 용이하고, 열전도의 값이 적을 것
  ㉴ 점화 및 소화가 용이할 것
  ㉵ 부하변동에 따른 연소조절이 용이할 것
  ㉶ 연쇄반응을 잘 일으킬 수 있을 것
  ㉷ 비표면적이 클 것

● 참고 ●

### 수분과 반응하여 가연물질을 발생시키는 위험물

■ 제3류 위험물(자연발화성 물질·금수성 물질)
- $2K + 2H_2O \rightarrow H_2 + 2KOH$
- $2Na + 2H_2O \rightarrow H_2 + 2NaOH$
- $Mg + 2H_2O \rightarrow H_2 + Mg(OH)_2$
- $(CH_3)Li + H_2O \rightarrow CH_4 + LiOH$
- $Al_4C_3 + 12H_2O \rightarrow 3CH_4 + 4Al(OH)_3$
- $CaC_2 + 2H_2O \rightarrow C_2H_2 + Ca(OH)_2$
- $(C_2H_5)_3Al + 3H_2O \rightarrow 3C_2H_6 + Al(OH)_3$

● 참고 ●

### 연료의 이화학적 항목과 특성

㉮ 비중(比重, Specific Gravity) : 어떤 물질의 질량에 대하여 동일한 부피를 가진 표준물질의 질량과의 비율을 말함

■ 기체·증기의 비중
- 비중이 클수록 ➡ 공기보다 무거워서 아래 부분에 쌓이게 되고, 연소(폭발) 위험성이 커짐, 분자량이 클수록 기체 및 증기의 비중은 커짐
- 증기압이 높을수록 ➡ 인화점·착화점이 낮아 위험성이 높음
- 석유류의 증기압 : 40℃의 압력($kg/cm^2$)으로 나타냄

■ 액체의 비중 : 경질유(輕質油)는 API 34° 이상, 중질유(重質油)는 API 30° 이하를 말함
- 액체연료의 비중이 클수록 **증가하는 요소** : 유동점, 점도, 잔류탄소, 착화온도
- 액체연료의 비중이 클수록 **저하하는 요소** : 유동성, 연소성, 발열량
- 비중이 클수록 연료의 C/H비 증가하고, 화염의 휘도가 높아지며, 매연이 발생하기 쉬움

㉯ 비점(沸點, Boiling Point) : 액체의 증기압은 대기압에서 동일하고 액체가 끓으면서 증발이 일어날 때의 온도를 액체의 비점이라 함. **석유류 비점 크기 : 중유>경유>등유>휘발유**
- 비점이 낮을수록 ➡ 연소가 용이하고, 인화점이 낮아지는 경향이 있음
- 휘발유의 비점은 30~210℃, 인화점은 -43~-20℃이며, 등유의 비점은 150~300℃, 인화점은 40~70℃ 범위임

㉰ 점도(粘度, Viscosity) : 액체의 점도(점성계수)는 점착과 응집력의 효과로 인한 흐름에 대한 저항의 크기를 나타냄. 점성이 낮아지면 유동점도 낮아짐(저점도 유류가 유동성이 좋음)

단위 : MKS 단위계에서는 kg/m·sec로 나타냄
　　　　CGS 단위계에서는 포와즈(Poise, g/cm·sec=dyne·$s/cm^2$)로 나타냄
　　　　SI(국제단위계)에서는 Pa·s(N·$s/m^2$)로 나타냄

㉱ 동점도(動粘度, Kinematic Viscosity) : 점도($\mu$)를 밀도($\rho$)로 나눈 값. MKS 단위계에서는 $m^2$/sec이고, CGS 단위계에서는 스토크스(Stoke, St)로 나타낸다.
1St=1$cm^2$/sec, 1cSt=$10^{-2}$St

□ 동점도($\nu$) = $\dfrac{점도(\mu)}{밀도(\rho)}$ 
- 동점도가 증가하면 끓는점(비점)이 낮아짐
- 동점도가 증가하면 인화점이 낮아짐
- 동점도가 증가하면 유동성은 향상됨

⑬ 유동점(流動點, Pour Point) : 액체연료를 냉각시켰을 때 유동성이 없어지고, 굳어지기 시작하는 온도를 응고점이라고 하며, 유동점은 이때 응고점보다 2.5℃ 높은 온도를 말함
⑭ 비열(比熱, Specific Heat) : 단위질량에 대한 열용량 즉, 어떤 물질 1g의 온도를 1℃ 만큼 올리는 데 필요한 열량으로 정의된다. 순수한 물의 비열은 1cal/g·℃로서 다른 물질에 비해 큰 편임
- 비열은 상태함수가 아니고 경로(또는 반응조건)에 따라 달라짐
- 이상기체의 경우 정압비열($C_p$)은 항상 정적비열($C_v$)보다 큼 ➡ $C_p = C_v + R$
- 동일한 온도에서 정압비열($C_p$)이 클수록 엔탈피($H$)는 증가함 ➡ $\Delta H = C_p \Delta T$
- 어떤 경로에 관여한 열함량 변화의 합은 같음(Hess' Law) ➡ $Q = n\, C_p \Delta T$

③ 연소용 공기(산소)

㉮ 정상 공기 중 산소 : 일반적으로 공기 중 함유되어 있는 산소($O_2$)의 양은 용량(부피)으로 21%(Vt)이며, 무게로는 23%(Wt)로 존재하고 있음

㉯ 연소용 공기 중 산소 : 산소의 농도가 높을수록 연소가 용이하며, 산소 농도 15% 이하에서는 일반 가연물질의 연소가 곤란함

● 참고 ●

**공기 중 산소 외의 산소공급물질**

■ 자체에 산소를 함유하거나 강산화제로 작용하는 위험물
  □ 제1류 위험물은 산소를 함유하고 있는 염소산염류, 과염소산염류, 과산화물, 질산염류, 과망가니즈산염류, 무기과산화물류 등은 강산화제로서 작용함
  □ 제6류 위험물인 과산화수소, 과염소산, 질산 등은 산화제로 작용함

■ 산소($O_2$)를 발생하는 위험물
  □ 제1류 위험물의 열분해 ➡ $O_2$ 발생

  - $2KClO_3 \xrightarrow[\text{산소발생}]{400℃\ 이상} 3O_2 + 2KCl$
  - $KClO_4 \xrightarrow[\text{산소 발생}]{400℃\ 이상} 2O_2 + KCl$
  - $3KClO_2 \xrightarrow[\text{산소발생}]{160℃\ 이상} O_2 + 2KClO_3 + 2KCl$
  - $2NaClO_3 \xrightarrow[\text{산소 발생}]{300℃\ 이상} 2O_2 + 2NaCl$
  - $2K_2O_2 \xrightarrow[\text{산소 발생}]{450℃\ 이상} O_2 + K_2O$
  - $3NaClO_2 \xrightarrow[\text{산소발생}]{350℃\ 이상} 2O_2 + 2NaOCl + NaCl$

  □ 제6류 위험물(산화성 액체)의 열분해 ➡ $O_2$ 발생

  - $2H_2O_2 \rightarrow O_2 + 2H_2O$
  - $HClO_4 \rightarrow 2O_2 + HCl$
  - $4HNO_3 \rightarrow O_2 + 2H_2O + 4NO_2$

□ 금수성 위험물질의 수분과 반응 ➡ $O_2$ 발생
- 과산화칼륨($K_2O_2$) : $2K_2O_2 + 2H_2O \rightarrow O_2 + 4KOH$
- 과산화나트륨($Na_2O_2$) : $2Na_2O_2 + 2H_2O \rightarrow O_2 + 4NaOH$
- 과산화마그네슘($MgO_2$) : $2MgO_2 + 2H_2O \rightarrow O_2 + 2Mg(OH)_2$
- 과산화바륨($BaO_2$) : $2BaO_2 + 2H_2O \rightarrow O_2 + 2Ba(OH)_2$

④ 자기반응성 물질 : 분자 내에 가연물과 산소를 충분히 함유하고 있기 때문에 외부로부터 별도의 산소 공급을 요하지 않는 물질(제5류 위험물의 **나이트로글리세린, 셀룰로이드, TNT** 등)이 이에 속한다.

㉮ 제5류 위험물 : 유기과산화물, 질산에스터류, 나이트로화합물(니트로화합물), 나이트로소화합물(니트로소화합물), 아조화합물, 다이아조화합물(디아조화합물), 하이드라진(히드라진)유도체, 하이드록실아민, 하이드록실아민염류 등은 자기반응성 물질이다.

㉯ 자기반응성 물질의 특성
  ㉠ 가연성 물질로서 그 자체가 산소를 함유하므로 내부연소(자기연소)를 일으키기 쉬움
  ㉡ 자기반응성 물질에 가열, 충격, 마찰 등을 가하면 폭발할 수 있음
  ㉢ 장시간 저장 시 화학반응이 일어나 열분해되어 자연발화할 수 있음
  ㉣ 자기반응성 물질은 연소속도가 매우 빨라 폭발성이 강함

● 참고 ●

**자기반응성 물질의 내부연소**

□ 트라이나이트로톨루엔[TNT, $C_6H_2(NO_2)_3CH_3$, Trinitrotoluene]
- $C_7H_5(NO_2)_3 \rightarrow 6CO + 2.5H_2 + 1.5N_2 + C$

□ 트라이나이트로벤젠[TNB, $C_6H_3(NO_2)_3$, Trinitrobenzene]
- $C_6H_3(NO_2)_3 \rightarrow 6CO + 1.5H_2 + 1.5N_2$

□ 나이트로글리세린[$C_3H_5(NO_3)_3$, Nitroglycerin]
- $4[C_3H_5(NO_3)_3] \rightarrow 12CO_2 + 10H_2O + 6N_2 + O_2$

⑤ 점화원(點火原, Ignition Source)
  - 화기
  - 고온
  - 충격, 마찰열
  - 정전기 불꽃, 아크열
  - 연소열, 산화열, 분해열, 흡착열

- 화기(火氣) : 직접화염 등
- 온도 : 표면온도가 물질의 최저 발화온도의 80% 이상이 될 경우
- 기계적 에너지 : 마찰열, 단열압축열, 충격 시 발생하는 불꽃 등
- 화학적 에너지 : 화학반응에 따른 연소열, 반응열(산화열), 분해열, 융해열 등
- 전기적 에너지 : 정전기열, 저항열, 유도열, 아크열 등

> **참고**
>
> **최소착화(점화)에너지 & 반응열**
>
> - **최소착화(점화)에너지(MIE, Minimum Ignition Energy)**
>   - 개념 : 가연성가스 및 공기와의 혼합가스에 착화원으로 점화시에 발호하기 위하여 필요한 최저에너지를 말함
>   - 측정 : 가연성 가스와 공기와의 혼합가스를 넣고 용기 속에 장치된 견극 간에 전기스파크를 발생시켜 발화여부를 조사하여 최소 착화에너지를 측정함
>   - 계산식 : 최소 착화에너지의 크기는 전기량 및 방전전압의 크기를 측정하여 다음 식으로 산정됨
>
>     $$E = \frac{1}{2}QV = \frac{1}{2}(CV)V = \frac{1}{2}CV^2 \quad \begin{cases} E : \text{착화에너지(J)} \\ Q : \text{전기량} \\ C : \text{전기용량(F)} \\ V : \text{방전전압(V)} \end{cases}$$
>
>     - 점화 시에는 통상 약 $10^{-6} \sim 10^{-4}$J의 에너지를 필요로 함
>   - MIE에 영향을 미치는 요소
>     - 압력이 높을 경우 최소발화에너지는 감소함
>     - 온도가 높을수록 최소착화에너지는 감소함
>     - 화학양론조성비($C_{st}$)에 근접할수록 최소착화에너지는 감소함
>
> - **반응열(反應熱, Heat of Reaction)**
>   - 산소와 접촉할 경우 반응열을 생성하는 것 → Al, Mg, Zn 등
>     - $4Al + 3O_2 \rightarrow 2Al_2O_3 + E$
>     - $2Zn + O_2 \rightarrow 2ZnO + E$
>   - 산소 이외 물질(불활성가스)과 접촉할 경우 반응열을 생성하는 것 → Mg, Fe 등
>     - $3Mg + N_2 \rightarrow Mg_3N_2 + E$
>     - $2Fe + 3Br_2 \rightarrow 2FeBr_3 + E$
>
> - **마찰(摩擦, Frictional)** : 마찰에 의해 발화하는 것 → 성냥
>   - 성냥 머리($KClO_3$, S) + 긋는 면(적린, 유리분말) $\xrightarrow[\text{발화}]{\text{마찰}}$ 발화

## (2) 자연발화(自然發火, Spontaneous Combustion)

① 정의 : 상온에서 스스로 불이 붙어 연소되는 현상을 말함. 자연발화는 공기 중 산소와의 반응이나 물질자체의 분해, 기타 발열이 수반하는 것으로 일종의 발열 화학반응임

② 자연발화 에너지원
- 산화열 : 불포화성 유지, 금속분말, 석탄 등
- 분해열 : 질화연, 셀룰로이드 등
- 흡착열 : 활성탄 등
- 중합열 : 액화 시안화수소 등
- 발화열 : 건초 등

③ 자연발화 위험물 ➡ 제3류 위험물(금속가루), 석탄, 고무분말, 셀룰로이드, 플라스틱 등의 자연발화성 물질

- 금속 칼륨(K) : 상온에서 공기와 접촉하면 즉시 자색의 불꽃을 내면서 연소함
- 금속 나트륨(Na) : 나트륨의 자연발화온도는 115℃이지만 분말의 경우, 공기 중 장시간 방치하면 상온에서도 자연발화를 일으킴
- 금속 칼슘(Ca) : 대량으로 쌓인 칼슘분말은 습기 중에 잠시만 방치하거나 금속산화물이 습기하에 접촉하면 자연발화의 위험이 있음
- 수소화리튬(LiH) : 공기 또는 습기 물과의 접촉으로 자연발화의 위험이 있음
- 트라이에틸 알루미늄[$(C_2H_5)_3Al$] : 자연발화성이 강하므로 공기 중에 노출되어 공기와 접촉하면 백연을 발생하며 연소함
  - $2(C_2H_5)_3Al + 21O_2 \rightarrow 12CO_2 + Al_2O_3 + 15H_2O$
  - 기타 : 트라이이소부틸 알루미늄, 트라이메틸 알루미늄 등
    ※ 괴상(塊狀)의 고체리튬은 순 산소와 접촉되어도 상온에서는 자연발화하지 않음. 그러나 리튬은 200℃ 이상의 온도하의 산소 중에서 독특한 선홍색으로 빛을 내는 산화리튬을 생성함

④ 자연발화 촉진 조건

㉮ 열의 축적이 용이할 때
- 물질의 양이 많을 때
- 열전도율이 낮은 물질일 때
- 퇴적상태(압밀)일 때
- 공기의 이동이 작을 때

㉯ 주위의 온도 및 습도가 높고, 열의 발생속도가 클 때
- 초기온도가 높을 때
- 발열량이 높은 물질일 때

㉰ 표면적 또는 비표면적이 큰 물질일 때
- 촉매물질이 존재할 때
- 장기보존할 때(물질에 따라 발화하기 쉬운 것과 불안정한 것이 있음)

⑤ 자연발화 방지대책
- 열이 축적되지 않도록 저장실의 온도를 낮출 것
- 통풍을 잘 시키고, 습도를 낮출 것
- 불활성 가스를 주입하여 산소와의 접촉을 최소화할 것
- 직사광선을 피할 것

### (3) 연소점 · 인화점 · 착화점 및 화재위험성

① **연소점(燃燒點, Fire Point)** : 연소상태가 계속될 수 있는 온도를 말하며, 일반적으로 인화점(외부의 직접적인 점화원에 의해 인화하는 최저온도)보다 대략 10℃ 정도 높은 온도로서 **연소상태가 5초 이상 유지될 수 있는 최저온도**를 말함
- 가연성 증기 발생속도가 연소속도보다 **빠를 때** 이루어짐
- 인화점(引火點, Flash Point)의 경우, 한 번 불이 붙으면 그 이후는 불이 꺼져도 무방하지만, 연소점에서는 지속되어야 하는 점이 다름
- 연소점에는 상부 인화점에 상당하는 값이 없으며, 연소점은 인화점보다 약간 높은 온도를 나타냄
- 온도의 크기는 인화점 < 연소점 < 발화점(착화점)의 순서임

② **인화점(引火點, Flashing Point)** : 외부의 점화원을 가했을 때 가연물이 불이 붙는 가장 낮은 온도(연소되는 최저온도)를 말함
- 인화점은 연료의 조성, 점도, 비중에 따라 달라짐
- 액체의 액면 가까이에서 인화하는데 충분한 농도의 증기를 발산하는 최저온도
- 액면 부근의 증기 농도가 폭발하한에 도달하였을 때의 온도
- 인화점이 낮을수록 폭발위험성은 증가함

③ **착화점(着火點, 착화온도, Ignition Temperature)** : 외부의 직접적인 점화원이 없이 가열된 열의 축적에 의하여 발화가 되고, 연소가 지속되는 최저온도, 즉 점화원이 없는 상태에서 가연성 물질을 가열함으로써 발화되는 최저온도를 말하며, 발화온도, 발화점이라고도 함
- 가연성가스와 공기의 조성비, 가연물의 재질과 크기 및 모양 등에 다라 달라짐
- 발화를 일으키는 공간의 형태와 규모, 가열방식, 가열속도, 가열시간 등에 따라 달라짐

> **● 참고 ●**
>
> **착화온도(발화점)의 특성과 영향요소**
> - 착화온도(발화점)의 특성
>   - 착화온도는 다양한 조건에 따라 변동하기 때문에 고유 물질상수로 볼 수 없음
>   - 착화점(발화점)은 인화점보다 높은 온도를 요함
>   - 일반적으로 산소와의 친화력이 큰 물질일수록 발화점이 낮고, 발화하기 쉬움
>   - 분자의 구조가 복잡할수록, 발열량이 높을수록 착화온도는 낮아짐
>   - 탄화수소의 분자량이 클수록 낮아짐
> - 착화온도에 영향을 미치는 요소 : 착화온도는 가연성 가스와 공기의 조성비, 가연물의 재질과 크기 및 모양 등에 따라 달라지며, 발화를 일으키는 공간의 형태와 규모, 가열방식, 가열속도, 가열시간 등에 따라 달라짐
>   - 클수록 착화온도가 낮아지는 요소
>     - 산소와의 친화력, 분자량, 분자구조의 복잡성, 발열량, 비표면적
>     - 가연물의 압력 · 화학적 활성도, 화학반응성, 공기 중의 산소 농도 및 압력

□ 작을수록 착화온도가 낮아지는 요소
- 열전도율, 습도
- 활성화에너지, 탄화도(석탄의 경우)

④ 화재위험성과 연소특성
- 착화온도(着火溫度, Ignition Temperature)가 낮을수록 위험성이 큼
- 인화점(引火點, Flash Point)이 낮을수록 위험성이 큼
- 폭발한계(Limit of Explosion)가 넓을수록 위험성이 큼

⑤ 인화 및 화재 위험성의 증가요인
- 증기압(蒸氣壓, Vapor Pressure)이 높을 경우
- 주변의 온도가 높을 경우
- 물질의 인화점, 발화점, 연소점이 낮을 경우
- 연소범위 하한치(LEL)가 낮을 경우
- 융점(融點, Melting Point) 및 비점(沸點, Boiling Point)이 낮을 경우
- 최소 착화에너지(점화에너지)가 낮을 경우

**주요 물질의 인화점과 착화점(발화온도)**

| 종류 | 인화점 | 착화점 | 종류 | 인화점 | 착화점 |
|---|---|---|---|---|---|
| 수소($H_2$) | <-150(℃) | 550℃ | 메탄올($CH_3OH$) | 11℃ | 470℃ |
| 메테인(메탄, $CH_4$) | -187℃ | 537℃ | 에탄올($C_2H_5OH$) | 13℃ | 425℃ |
| 에테인(에탄, $C_2H_6$) | -135℃ | 427℃ | 클로로벤젠($C_6H_5Cl$) | 29℃ | 640℃ |
| 에텐(에틸렌, $C_2H_4$) | -136℃ | 425℃ | 아닐린($C_6H_5NH_2$) | 76℃ | 540℃ |
| 프로페인(프로판, $C_3H_8$) | -104℃ | 432℃ | 다이에틸에터[$(C_2H_5)_2O$] | -45℃ | 180℃ |
| 부테인(부탄, $C_4H_{10}$) | -72℃ | 365℃ | 암모니아($NH_3$) | - | 630℃ |
| 에틴(아세틸렌, $C_2H_2$) | -18℃ | 305℃ | 황화수소($H_2S$) | 83.3℃ | 260℃ |
| 벤젠($C_6H_6$) | -11℃ | 498℃ | 황린($P_4$) | - | 34℃ |
| 아세톤($CH_3COCH_3$) | -18℃ | 535℃ | 이황화탄소($CS_2$) | -30℃ | 100℃ |
| 메틸에틸케톤($CH_3C(O)C_2H_5$) | -9℃ | 505℃ | 아세트알데하이드($CH_3CHO$) | -37.8℃ | 185℃ |

 **개념문제**

다음 물음에 답하시오. [21]

[보기] 메탄올, 아세톤, 클로로벤젠, 아닐린, 메틸에틸케톤

(1) [보기] 중 인화점이 가장 낮은 것을 고르시오.
(2) (1)에서 선정한 물질의 구조식을 쓰시오.
(3) [보기] 중 제1석유류에 해당하는 것을 모두 고르시오.

**답안지** (1) 인화점이 가장 낮은 것 : 아세톤
(2) 구조식

$$H_3C-\overset{\overset{O}{\|}}{C}-CH_3$$

(3) 1석유류 : 아세톤, 메틸에틸케톤

**해설** 이러한 문제를 접할 때, 모든 위험물에 대한 인화점을 암기하려 들지 말고, 제4류 위험물을 중심으로 특수인화물(위험등급 Ⅰ) - 제1석유류(위험등급 Ⅱ) - 제2석유류 - 제3석유류 - 제4석유류 순으로 인화점이 높아진다고 생각하면서 인화점이 가장 낮은 것을 의외로 쉽게 고를 수 있다. 여기에 더하여 위험물 등급을 함께 고려하면 더욱 유리하다.

제1석유류와 알코올류가 비교될 수 있는데, 둘은 동일하게 위험등급 Ⅱ로 지정·관리되는 물질이지만 아세톤의 인화점은 영하 20℃이고, 알코올류는 11~13℃ 범위이므로 아세톤의 인화점이 더 낮다. 제1석유류에 해당되는 것은 아세톤, 메틸에틸케톤이며, 메틸에틸케톤의 인화점은 인화점은 -9℃이다.

**■ 참고 ■**

 이 문제를 잘 살펴보면 하나의 문제 중 소항목 몇 군데에서 "Hint"를 얻을 수 있다. (1)은 "인화점이 가장 낮은 것" (3)은 "제1석유류에 해당하는 것"이라고 하였으므로 문제의 핵심은 "제1석유류에 해당하는 것"으로서 "인화점이 가장 낮은 것"의 "구조식"을 작성하는 것이다.

**인화점이 낮은 것으로 ➡** 첫 번째 고려할 수 있는 것은 제4류 위험물 중 품명 '특수인화물'이고, 두 번째 고려할 수 있는 것은 제4류 위험물 중 품명 "제1석유류"라는 것을 감(感)잡아야 한다.

▶ 법령보기 ◀

㉮ 특수인화물 : 이황화탄소, 디에틸에테르 그밖에 1기압에서 발화점이 100℃ 이하인 것 또는 **인화점 영하 20℃ 이하**이고 비점이 40℃ 이하인 것을 말한다.
㉯ 제4류 위험물의 제1석유류 : 아세톤, 휘발유 그밖에 1기압에서 **인화점이 21℃ 미만**인 것을 말한다.

문제의 key는 이 두 품목에 있는 것이므로 집중해서 살펴보도록 하자!!
- 메탄올 : 제4류 위험물 중 알코올류
- 아세톤 : 제4류 위험물 중 제1석유류(수용성)
- 클로로벤젠 : 제4류 위험물 중 제2석유류(비수용성)
- 아닐린 : 제4류 위험물 중 제3석유류(비수용성)
- 메틸에틸케톤 : 제4류 위험물 중 제1석유류(비수용성)

여기서, 첫 번째 제외대상은 알코올류와 제2석유류인 클로로벤젠, 제3석유류인 아닐린이다. 비교 대상이 아세톤과 메틸에틸케톤으로 좁혀진다. 아래 [표] 또는 인화점 암기법을 적용해 보면 "어느 물질이 인화점이 낮은가"를 판별할 수 있다.

## 인화점 관련 주요 위험물과 인화점

| 구 분 | 품 명 | 인화점 (℃) |
| --- | --- | --- |
| 특수인화물<br>(-20℃ 이하) | 다이에틸에터(디에틸에테르) | -45 |
| | 산화프로필렌 | -37 |
| | 이황화탄소 | -30 |
| 제1석유류<br>(21℃ 미만) | 휘발유(가솔린) | -20 ~ -43 |
| | 아세톤 | -18 |
| | 벤젠 | -11 |
| | 메틸에틸케톤 | -9 |
| 알코올류 | 메틸알코올(메탄올) | 11 |
| | 에틸알코올(에탄올) | 13 |

인화점 관련 주요 품명이나 수치의 암기법을 소개한다.

### 이승원의 주요물질 인화점 암기법

■ 신발(인화, 引火) / D에 산프로 C / 마~ 싸고 33한데
- 신발 : 인화=인화점
- D에 : 디에틸에테르
- 산프로 : 산화프로필렌
- C : $CS_2$(이황화탄소)
- 마~싸고 33한데 : 마(마이너스)(-45, -37, -30)

■ 아 18, 발이 제기랄 마구아퍼
- 아 18 : 아세톤 -18
- 발이 : 휘발유 : -20
- 제기랄 : 벤젠 : -11
- 마구아퍼 : 메틸에틸케톤(MEK) : -9

특수인화물이나 제1석유류의 품명과 지정수량, 위험등급도 암기할 수 있는데 암기법을 소개하면 다음과 같다.

### 이승원의 특수인화물 암기법

■ 특수한-요오 / 아이다에 싼걸로 에(애)들한테 풀어 불고 / 난 발뻗고 인자 코자~
- 특수 : 특수인화물
- 요오 : 50L 지정수량
- 이 : 이황화탄소($CS_2$)
- 싼 : 산화프로필렌($CH_3CHOCH_2$)
- 에들한테 : 에틸브로마이드($C_2H_5Br$)
- 난 : 에틸퓨란($C_6H_8O$)
- 인자(자승) : 인화점 -20℃이하
- 한 : 1등급
- 아 : 아세트알데하이드($CH_3CHO$)
- 다에 : 디에틸에테르($C_2H_5OC_2H_5$)
- 걸로 : 클로로아세톤($C_3H_5ClO$) 등
- 풀어 불고 : 플로로톨루엔($C_7H_7F$)
- 발뻗고 : 발화점 100℃이하
- 코(鼻)자 : 비점 40℃이하

### 이승원의 제1석유류 암기법

■ 1석 이조 휘둘조지메비 - 아씨피나네~
- 1석 : 1석유류
- 둘 : 톨루엔
- 메 : 메틸에틸케톤
- 아 : 아세톤
- 피 : 피리딘
- 이조(22) : 200L, 2등급
- 조 : 초산에틸
- 비 : 이상 비수용성, 이하 수용성
- 시 : 시안화수소(사이안화수소, HCN)
- 나네 : 넷(400L)
- 휘 : 휘발유
- 지 : 벤젠

문제풀이로 되돌아 가서;

**첫 번째**, 인화점이 가장 낮은 것 ➡ 인화점이 가장 낮은 것이 "아세톤"이라는 것을 알았다.

**두 번째**, (1)에서 선정한 물질의 "구조식을 쓰라"는 것이다. 앞서 저자가 소개한 학습기법에서 "아세톤=아세콘"으로 기억해 두라고 한 부분을 떠올리도록!!

"아"는 알킬기(Alkyl Group), "세"는 탄소 3개(C-C-C) 결합, "콘"은 C=O(Carbonyl Group)로 결합되어 있음을 알 수 있다. 카보닐기는 알데하이드 및 케톤의 특성기이다. 따라서 아세톤을 화학식(시성식)으로 나타내면 $CH_3COCH_3$(분자량 58)로 된다. 그러나 문제의 주문조건은 구조식을 쓰라고 하였으므로 답안지에는 아세톤의 시성식에 맞추어 다음과 같이 그려내면(도식하면) 된다.

- Ⓐ 아세톤은 탄소는 3개이므로 "-C-C-C-"를 우선 나열한다.
- Ⓑ 탄소는 4가이므로 사방으로 선 4개를 긋고, 끝에는 수소(H)를 붙인다 그런데 "아세톤=아세콘"이므로 두 번째 탄소(중심탄소)에는 "콘, C=O"를 결합한다.
- Ⓒ 아니면 시성식의 $CH_3COCH_3$에서 "콘, C=O"을 중심으로 중심 탄소(C)에 $CH_3$를 결합해도 된다.

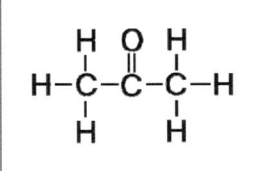 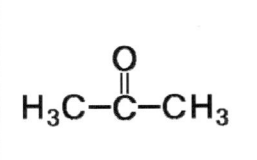 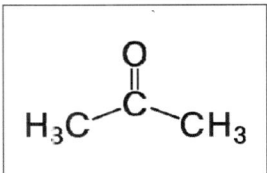

**세 번째**, [보기]에서 1석유류(품명)에 해당하는 위험물의 명칭을 쓰는 일이다. 앞에서 암기한 1석유류 암기법을 동원하면;

> **이승원의 제1석유류 암기법**
> 
> ■ 1석 이조 휘둘조지메비 – 아씨피나네~
> - 1석 : 1석유류
> - 둘 : 톨루엔
> - 메 : 메틸에틸케톤
> - 아 : 아세톤
> - 피 : 피리딘
> - 이조(22) : 200L, 2등급
> - 조 : 초산에틸
> - 비 : 이상 비수용성, 이하 수용성
> - 시 : 시안화수소(사이안화수소, HCN)
> - 나네 : 넷(400L)
> - 휘 : 휘발유
> - 지 : 벤젠

암기한 내용 "휘둘조지메비 – 아씨피나"에 문제의 [보기]에서 제시한 메탄올, 아세톤, 클로로벤젠, 아닐린, 메틸에틸케톤 중에서 Matching되는 명칭을 찾으면, "메틸에틸케톤"과 "아세톤"이라는 것을 알 수 있다. 이 두 물질을 답안지에 기재한다.

실기시험은 크게 **계산문제**와 **필답형 서술문제** 두 가지 유형이 있다. 자격증이나 공무원, 기타 시험을 치루는 수험생은 무조건 암기할 것이 아니라 Two Track 전략을 구사해야 한다.

계산문제들은 함정을 피해 얽힌 것을 체계적·메커니즘적으로 **풀어내는 것**이고, 필답형 서술형 문제들은 문제를 푸는 것이 아니라 시험준비 단계에서 **그물을 짜 두었다가**(암기법을 동원) 문제가 주어졌을 때 그 환경에 맞게 **던져서 잡아내는 방법**을 취해야 효과를 본다. 이때 너무 그물을 촘촘하게 짜면 오히려 방해가 된다는 사실을 알아 두어야 한다.

> "학습기법" 및 "암기법"은 "이승원의 독창적인 저작물"이므로 저자의 허락을 받지 않고 복제·복사·모방·인용(오프라인, 온라인, 카페, 유튜브등 기타 IT포함)할 수 없으며, 저술내용은 모두 "저작권법"에 따라 엄격히 보호 받고 있음을 알립니다.

### (4) 연소속도(燃燒速度, Burning Velocity)

① 정의 : 가연물과 산소와의 반응속도(분자간의 충돌속도)를 말하며, "선연소속도(線燃燒速度)" 또는 "정상불꽃속도"라고도 함. 또한 연소속도는 가연물이 산화반응을 일으켜 발열하기 때문에 **산화속도(酸化速度)**와 동일어로 사용되기도 함

② 단위 : cm/sec or mm/min(단, 고체연료의 표면연소 연소속도 → $kg/m^2 \cdot sec$)
  - 연소 중인 물질의 반응열과 반응속도가 클수록 연소속도는 빨라짐
  - 연소속도가 그 매질에서의 음속(340m/sec) 이상이면 폭발현상이 발생함
  - 일반연소의 연소속도는 그 매질에서의 음속 이하(10 ~ 30cm/sec)임

③ 영향인자
  - 산소의 농도 및 공기중 산소의 확산속도
  - 분무기의 확산 및 산소와의 혼합
  - 반응계의 온도 및 농도(또는 압력)
  - 촉매(정촉매)
  - 활성화에너지

  ㉮ 연소속도의 비례영향요소 : 가연물질이 산화되기 쉬울수록, 발열량이 높을수록, 비표면적이 클수록(미세입자) 연소속도가 빠르며, 가연물질의 농도에는 거듭제곱에 비례하여 연소속도가 증가함

  ㉯ 연소속도의 반비례영향요소 : 열전도율이 낮을수록, 활성화에너지가 낮을수록 연소속도는 빨라짐

### (5) 연소형태(Combustion Form)

① 액체의 연소형태 → 증발연소(액면연소), 분해연소, 등심연소

| 연소형태 | 특징 |
| --- | --- |
| 증발연소<br>(액면연소) | • 액체 가연물질이 액체 표면에 발생한 가연성 증기와 공기가 혼합된 상태에서 연소되는 형태(액면의 상부에서 연소되는 반복적 현상)<br>• 액체의 가장 일반적인 연소형태임<br>　예 석유류, 알코올, 에테르, 이황화탄소 등 |
| 분해연소 | • 비휘발성 액체 또는 비중이 큰 연료에 높은 온도를 가하여 열분해한 분해가스를 연소하게 됨<br>• 점도가 높고, 비휘발성이거나 비중이 큰 액체 가연물의 연소(예 중유의 연소)<br>• **탄소성분이 많은 중질유 등의 연소에서는 초기에는 증발연소**를 하고, 그 열에 의해 연료성분이 분해되면서 연소함 |
| 등심연소 | • 연료를 심지의 모세관현상을 이용하여 상부로 빨아올린 다음 대류나 복사열로 가열될 때 심지 상부에서 발생하는 증기를 연소<br>　예 등잔불, 석유램프, 양초의 연소, 알코올 램프의 연소 |

② 기체의 연소형태 → 확산연소(발염연소), 예혼합연소, 부분 예혼합연소, 폭발연소(기체연료는 특히, 연소 시의 이상연소 및 이상현상이 발생될 경우 폭굉 및 폭발을 수반할 위험성이 높음)

| 연소형태 | 특징 |
|---|---|
| 확산연소<br>(발염연소) | • 버너 주변에 가연성 가스를 확산·형성된 연소범위의 혼합가스가 연소하는 현상<br>• 기체의 일반적 연소형태임(LPG-공기, 수소-산소 등) |
| 예혼합연소 | • 연소 전에 이미 연소가능한 혼합가스가 연소하는 현상(예 가솔린엔진의 연소)<br>• 역화(逆火)를 일으킬 위험성이 큼 |
| 부분<br>예혼합연소 | • 연소용 공기의 일부를 미리 연료와 혼합하고, 나머지의 공기는 역소실 내에서 혼합하여 확산연소시키는 형태<br>• 예혼합형과 확산형의 절충식 연소형태 |
| 폭발연소 | • 많은 양의 가연성 기체와 산소가 혼합되어 일시에 폭발적으로 연소하는 현상<br>• 비정상연소임 |

③ 고체의 연소형태 → 표면연소, 증발연소, 분해연소, 자기연소(내부연소)

| 연소형태 | 특징 |
|---|---|
| 표면연소<br>(직접연소) | • 가연물이 열분해나 증발하지 않고, 표면에서 산소와 급격히 연소하는 현상<br>• 열분해에 의해서 가연성 가스를 발생하지 않고, 그 물질 자체가 연소하는 현상<br>• 불꽃이 거의 없는(무염연소) 것이 특징(예 흑연, 목탄, 코크스, 숯, 금속가루) |
| 증발연소 | • 가연물이 열분해를 일으키지 않고, 증발하여 증기가 연소되거나 먼저 융해된 액체가 기화하여 증기가 된 다음 연소하는 현상<br>• 황(S), 나프탈렌($C_{10}H_8$), 장뇌 등과 같은 승화성 물질이나 양초(파라핀), 제4류 위험물(인화성 액체) 등 |
| 분해연소 | • 연소 초기 가열에 의해 열분해되어 발생된 가스(CO, $CH_4$, $H_2$ 등)가 연소하는 형태<br>• 목재, 석탄, 종이, 섬유, 플라스틱, 합성수지, 고무류 등의 연소<br>• 연소 초기에는 휘도가 높은 긴 화염을 발생시키면서 연소함<br>• 그을림 연소는 숯불과 같이 불꽃을 동반하지 않는 열분해와 표면연소의 복합형태라 볼 수 있음 |
| 자기연소<br>(내부연소) | • 가연물의 분자 내에 산소를 함유하고 있어 열분해에 의해서 가연성 가스와 산소를 동시에 발생시키므로 공기 및 산소 없이 연소할 수 있는 것을 말함<br>• 피크르산, 질산에스터류, 셀룰로이드류, 나이트로글리세린(NG) 등의 나이트로 화합물과 하이드라진 유도체 등의 제5류 위험물은 자체 내에 산소를 포함하고 있어 외부로부터 산소공급이 없어도 연소할 수 있음 |

### 개념문제

다음 각 물질의 연소형태를 쓰시오. [19]
(1) 나트륨 및 금속분
(2) 에탄올 및 다이에틸에터
(3) TNT 및 피크린산

**Hack 답안지** (1) 표면연소
(2) 증발연소
(3) 자기연소

### 유사문제

**01** 액체연료의 연소형태 3가지를 쓰시오.

**02** 기체연료의 연소형태 3가지를 쓰시오.

**03** 고체연료의 연소형태 3가지를 쓰시오.

**04** 어떤 물질 내에서 반응전파속도가 음속보다 빠르게 진행되며 이로 인해 발생된 충격파가 반응을 일으키고 유지하는 발열반응을 무엇이라 하는지 쓰시오.

### 유사문제 답안·해설

**01** 답안 ① 증발연소(액면연소)
② 분해연소
③ 등심연소

**02** 답안 ① 확산연소(발염연소)
② 예혼합연소
③ 부분예혼합연소

**03** 답안 ① 표면연소(직접연소)
② 증발연소
③ 분해연소
④ 자기연소(내부연소)

**04** 답안 폭굉

보충 폭굉(爆轟, Detonation)은 반응-전파속도가 음속보다 빠르게 진행되며 이로 인해 발생된 충격파가 반응을 일으키고 유지하는 발열반응으로 충격파의 전파속도가 음속(330m/sec)보다 약 5 ~ 9배 정도 빠른 것을 말한다.

# 3. 연소계산 · 연소범위 등

## 1 연소계산

(1) 이론산소량(완전 연소에 필요한 이론상의 최소 산소량) 계산

① 고체 및 액체[조성 100Wt%(무게 100%)=1kg으로 간주함]

㉮ 조성 : 탄소(C), 수소(H), 산소(O), 황(S), 질소(N), 수분(W), 회분(A)

㉯ 가연성분(C, H, S)의 연소반응 $\begin{cases} \cdot\ C + O_2 \to CO_2 \\ \cdot\ 2H + \dfrac{1}{2}O_2 \to H_2O \\ \cdot\ S + O_2 \to SO_2 \end{cases}$

㉰ 이론산소량 계산

- 연료 kg당 산소부피 : $O_o = 1.867C + 5.6H + 0.7S - 0.7O \cdots (m^3/kg)$
- 연료 kg당 산소무게 : $O_{om} = 2.667C + 8H + S - O \cdots (kg/kg)$

② 기체 및 탄화수소[조성 100Vt%(부피 100%)=1m³ 또는 1mol로 간주함]

㉮ 조성 : 수소($H_2$), 일산화 탄소(CO), 황화수소($H_2S$), 기타 탄화수소(HC) …

㉯ 기체의 연소반응 : $C_mH_nO_a + \left(m + \dfrac{n}{4} - \dfrac{a}{2}\right)O_2 = mCO_2 + \dfrac{n}{2}H_2O$

㉰ 이론산소량 계산

- 연료 m³당 산소부피 : $O_o = \left(m + \dfrac{n}{4} - \dfrac{a}{2}\right) \cdots (m^3/m^3)$
- 연료 kg당 산소부피 : $O_o = \left(m + \dfrac{n}{4} - \dfrac{a}{2}\right) \times \dfrac{22.4}{M_f} \cdots (m^3/kg)$
- 연료 kg당 산소무게 : $O_{om} = \left(m + \dfrac{n}{4} - \dfrac{a}{2}\right) \times \dfrac{32}{M_f} \cdots (kg/kg)$

여기서, $\begin{cases} O_o : \text{이론산소량 부피} \\ O_{om} : \text{이론산소량 무게} \\ C, H, O, S : \text{탄소, 수소, 산소, 황의 무게비} \\ m, n, a : \text{분자식에서 탄소의 수, 수소의 수, 산소의 수(계수비)} \\ M_f : \text{연소되는 탄수화물의 분자량(원자량의 합)} \\ 22.4 : \text{산소}(O_2)\ 1\text{mol의 부피} \\ 32 : \text{산소}(O_2)\text{의 분자량} \end{cases}$

### (2) 이론공기량(완전 연소에 필요한 이론상의 최소 공기량) 계산

■ 개념식 : $A_o(A_{om}) = O_o(O_{om}) \times \dfrac{1}{0.21(0.232)}$  $\begin{cases} \circ \ (\ ) \ \text{밖} : \text{부피 및 mol 단위로 산정할 때} \\ \circ \ (\ ) \ \text{내} : \text{질량단위로 산정할 때} \end{cases}$

① 고체 및 액체(조성 100Wt%=1kg으로 간주함)

㉮ 가연성분(C, H, S)의 연소반응 $\begin{cases} \bullet \ C + O_2 \to CO_2 \\ \bullet \ 2H + \dfrac{1}{2}O_2 \to H_2O \\ \bullet \ S + O_2 \to SO_2 \end{cases}$

㉯ 이론공기량 계산

▫ kg당 공기부피 : $A_o = O_o \times \dfrac{1}{0.21}$

$$= [1.867C + 5.6H + 0.7S - 0.7O] \times \dfrac{1}{0.21} \ \cdots \ (m^3/kg)$$

▫ kg당 공기무게 : $A_{om} = O_{om} \times \dfrac{1}{0.232}$

$$= [2.667C + 8H + S - O] \times \dfrac{1}{0.232} \ \cdots \ (kg/kg)$$

② 기체 및 탄화수소

㉮ 연소반응 : $C_mH_nO_a + \left(m + \dfrac{n}{4} - \dfrac{a}{2}\right)O_2 = mCO_2 + \dfrac{n}{2}H_2O$

㉯ 이론공기량 계산

▫ m³당 공기부피 : $A_o = \left(m + \dfrac{n}{4} - \dfrac{a}{2}\right) \times \dfrac{1}{0.21} \ \cdots \ (m^3/m^3)$

▫ kg당 공기부피 : $A_o = \left(m + \dfrac{n}{4} - \dfrac{a}{2}\right) \times \dfrac{22.4}{M_f} \times \dfrac{1}{0.21} \ \cdots \ (m^3/kg)$

여기서, $\begin{cases} A_o : \text{이론공기량의 부피} \\ 0.21 : \text{공기 중 산소의 부피비} \\ M_f : \text{탄수화물의 분자량} \end{cases}$

### (3) 과잉공기비(공기비), 실제공기량, 과잉공기량, 과잉공기율 계산

① 과잉공기비 : $m = \dfrac{A}{A_o}$ or $m = \dfrac{21}{21 - (O_2)}$ or $m = \dfrac{N_2}{N_2 - 3.76 \times (O_2)}$

여기서, $\begin{cases} A : \text{실제공기량} \\ A_o : \text{이론공기량} \\ (O_2) : \text{연소가스 중 산소(\%)} \\ N_2 : \text{연소가스 중 질소(\%)} \end{cases}$

② 실제공기량 : $A = mA_o$

③ 과잉공기량 : $A_G = A - A_o = (m-1)A_o$

④ 과잉공기율(%) : $A_p(\%) = \dfrac{A - A_o}{A_o} \times 100 = (m-1) \times 100$

### (4) 연소가스량 계산

① 이론가스량(이론공기로 완전 연소시켰을 때 이론상 가스량) 계산

㉮ 고체 및 액체

□ 이론 건조가스량 부피($m^3/kg$)

$G_{od} = (1 - 0.21)A_o + 1.867C + 0.7S + 0.8N$

□ 이론 습가스량의 부피($m^3/kg$)

$G_{ow} = (1 - 0.21)A_o + 1.867C + 0.7S + 0.8N + 11.2H + 1.244W$

㉯ 기체 및 탄수화물 : $C_mH_nO_a + \left(m + \dfrac{n}{4} - \dfrac{a}{2}\right)O_2 = mCO_2 + \dfrac{n}{2}H_2O$

□ 이론 건조가스량 부피

$G_{od} = (1 - 0.21)A_o + m \cdots \ (m^3/m^3)$

□ 이론 습가스량 부피

$G_{ow} = (1 - 0.21)A_o + m + \dfrac{n}{2} \cdots \ (m^3/m^3)$

② 실제가스량(이론공기+과잉공기로 완전 연소시켰을 때 가스량) 계산

㉮ 고체 및 액체

□ 실제 건조가스량 부피($m^3/kg$)

$G_d = (m - 0.21)A_o + 1.867C + 0.7S + 0.8N$

$\quad = G_{od} + (m-1)A_o$

□ 실제 습가스량 부피($m^3/kg$)

$G_w = G_d + 11.2H + 1.244W$

$\quad = G_{ow} + (m-1)A_o$

$\quad = (m - 0.21)A_o + 1.867C + 0.7S + 0.8N + 11.2H + 1.244W$

㉯ 기체 및 탄수화물 : $C_mH_nO_a + \left(m + \dfrac{n}{4} - \dfrac{a}{2}\right)O_2 = mCO_2 + \dfrac{n}{2}H_2O$

□ 실제 건조가스량 부피

$G_d = (m - 0.21)A_o + m \cdots \ (m^3/m^3)$

□ 실제 습가스량 부피

$$G_w = (m - 0.21)A_o + m + \frac{n}{2} = G_d + \frac{n}{2} \cdots \text{ (m}^3/\text{m}^3)$$

## (5) 발열량 및 연소온도 · 방사에너지 · 불꽃온도

① 발열량 $\begin{cases} \text{고위발열량}(Hh) = \text{열량계의 측정열량(수분의 증발잠열 포함)} \\ \text{저위발열량}(Hl) = \text{고위(총)발열량} - \text{수분의 증발잠열} \end{cases}$

㉮ 고체 · 액체 발열량

□ $Hh = 8{,}100\text{C} + 34{,}000\left(\text{H} - \dfrac{\text{O}}{8}\right) + 2{,}500\text{S} \cdots \text{ (kcal/kg)}$

□ $Hl = Hh - 600(9\text{H} + \text{W}) \cdots \text{ (kcal/kg)}$

여기서, $\begin{cases} \text{C : 연료 중 탄소량(kg),} & \text{H : 연료 중 수소량(kg)} \\ \text{S : 연료 중 황의 양(kg),} & \text{W : 연료 중 수분량(kg)} \\ 600 : \text{수분 1kg의 증발잠열(kcal/kg)} \\ (9\text{H}+\text{W}) : \text{연소과정에서 생성되는 총 수분량(kg/kg)} \end{cases}$

㉯ 기체의 발열량

□ $Hh = 3{,}015\text{CO} + 3{,}072\text{H}_2 + 9{,}493\text{CH}_4 + \cdots + H^o$

□ $Hl = Hh - 480 \times \sum n_i \text{H}_2\text{O} \cdots \text{ kcal/m}^3$

여기서, $\begin{cases} \text{CO : 연료 중 CO량 (m}^3\text{,)} & \text{H}_2 : \text{연료 중 수소량(m}^3) \\ \text{CH}_4 : \text{연료 중 메탄의 양 (m}^3) \\ 480 : \text{수분 1m}^3\text{의 증발잠열(kcal/m}^3) \\ \sum n_i \text{H}_2\text{O : 연소과정에서 생성되는 총 수분량(m}^3/\text{m}^3) \end{cases}$

② 연소온도 및 방사에너지 및 불꽃의 온도

㉮ 연소온도 : $t_o(℃) = \dfrac{Hl}{G \cdot C_p} + t$ $\begin{cases} t_o : \text{연소온도(℃)} \\ Hl : \text{저위발열량(kcal/단위연료량)} \\ G : \text{연소가스량(m}^3/\text{단위연료량)} \\ C_p : \text{연소가스의 비열 (m}^3/\text{단위가스량)} \\ t : \text{기준온도(실내온도)} \end{cases}$

㉯ 방사에너지 : $E = \sigma \times T^4$ $\begin{cases} E : \text{방사에너지} \\ \sigma : \text{스테판-볼츠만상수} \\ T : \text{절대온도} \end{cases}$

㉰ 불꽃 및 방사체의 색깔과 온도

| 불꽃 색 | 암적색 | 적색 | 휘적색 | 황적색 | 백적색 | 휘백색 |
|---|---|---|---|---|---|---|
| 불꽃 온도 | 700℃ | 850℃ | 950℃ | 1,100℃ | 1,300℃ | 1,500℃ |

**개념문제**

다음 [보기]에서 설명하는 물질에 대한 다음 각 물음에 답하시오.

- 지정수량이 2,000L인 수용성 물질이다.
- 분자량은 약 60, 녹는점은 약 16.7℃, 증기비중은 약 2.07이다.
- 알칼리금속, 강산화제 등과의 접촉을 피하여야 한다.

(1) 이 물질이 완전연소할 때 생성되는 2가지 물질의 화학식을 쓰시오.
(2) 이 물질이 1kg이 완전연소할 때 소요되는 공기량을 부피($m^3$)로 구하시오. (단, 공기중 산소 부피는 20%임)

**Hack 답안지** (1) $CO_2$, $H_2O$

(2) 공기량 $= 1kg \times \left(\dfrac{2 \times 22.4\,m^3}{1 \times 60\,kg}\right) \times \dfrac{1}{0.2} = 3.56\,m^3$

**해설** 지정수량의 단위를 "L"로 나타내는 것은 제4류 위험물(인화성액체)이다. 인화성액체로서 지정수량이 2000L인 것은 수용성의 제2석유류와 비수용성의 제3석유류인데 "수용성물질"이라고 하였으므로 제2석유류 수용성물질 초산(아세트산), 아크릴산, 하이드라진, 에틸렌다이아민등이 해당된다.

공기의 분자량이 약 29이므로 증기비중(2.07)을 곱하면(29×2.07), 해당물질의 분자량이 60.03(약 60)임을 알 수 있고, 그리고 제2석유류에 해당되는 위험물의 화학식은 초산($CH_3COOH$), 아크릴산($CH_2CHCOOH$), 하이드라진($N_2H_4$), 에틸렌다이아민[$C_2H_4(NH_2)_2$]이므로 이중에서 분자량 60인 물질을 고르면 초산(아세트산)이라는 것을 알 수 있다.

연소반응은 이승원의 반응규칙 중에서 "기준 산화물" 우선을 적용하므로 초산($CH_3COOH$) 중의 탄소 2개는 $2CO_2$, 수소 4개는 $2H_2O$로 산화되므로 다음과 같이 연소반응식을 조각할 수 있다.

□ $CH_3COOH + x\,O_2 \rightarrow 2CO_2 + 2H_2O$
→ 생성계의 산소 6개, 반응계의 산소 4개이므로 → 산소조정 필요, ∴ $x = 2$

〈완성〉 $CH_3COOH + 2O_2 \rightarrow 2CO_2 + 2H_2O$
　　　　　1mol : 2mol

위의 반응식에서 확인 할 수 있듯이 완전연소할 때 생성되는 2가지 물질은 CO2와 H2O이므로 이를 답안지에 기재한다.

위의 반응식을 토대로 이론산소량을 부피로 산출 한 다음 공기중 산소의 부피비율로 나누어 줌으로써 이론공기량을 다음과 같이 계산할 수 있다.

□ 공기량 = 산소량 $\times \dfrac{1}{\text{공기중 산소비율}}$

∴ 공기량 $= 1kg \times \left(\dfrac{2 \times 22.4\,m^3}{1 \times 60\,kg}\right) \times \dfrac{1}{0.2} = 3.56\,m^3$

### 유사문제

**01** 메테인(메탄) 100mol을 산소 중에서 완전연소하였다면, 이 때 소비된 산소량의 양을 몰(mol) 단위로 구하시오.

**02** 프로페인(프로판) 가스 $1m^3$를 완전연소시키는 데 필요한 이론 공기량 몇 $m^3$인가? (단, 공기 중의 산소농도는 20vol%이다.)

### 유사문제 답안·해설

**01** 답안 산소 mol = 메탄(mol)×2배 ($\because CH_4 + 2O_2 \rightarrow CO_2 + 2H_2O$)

∴ 산소량 = 100×2 = 200 mol

**보충** 메테인(메탄)의 분자식은 $CH_4$이고, 조성성분에서 C가 이론적으로 완전연소하면 $CO_2$, 2H가 완전연소하면 $H_2O$가 되므로 다음과 같은 연소 양론식으로부터 완전연소에 소요되는 산소량을 구한다.

$$CH_4(g) + 2O_2(g) \rightarrow CO_2(g) + 2H_2O$$
$$\begin{array}{ccc} 1 & & 2 \\ 100\text{mol} & : & x, \quad x = 200\,\text{mol} \end{array}$$

→ 몰수비(=계수비)

**02** 답안 $A_o$(이론공기량) = $O_o$(이론산소량) $\times \dfrac{1}{0.2}$

∴ $A_o = \left(1m^3 \times \dfrac{5m^3}{1m^3}\right) \times \dfrac{1}{0.2} = 25\,m^3$

**보충** 프로판(순화용어, 프로페인)의 분자식은 $C_3H_8$이다. 프로페인(프로판)의 연소 양론식으로부터 완전연소에 소요되는 산소량을 구한 후 이를 공기 중의 산소부피 비(문제에서 제시된 것 우선) 20vol%(0.2)로 나누어 공기량을 구한다. ※ 제시된 산소농도는 20vol%를 반드시 고려하여야 한다.

$$C_3H_8(g) + 5O_2(g) \rightarrow 3CO_2(g) + 4H_2O$$
$$\begin{array}{ccc} 1 & & 5 \\ 1m^3 & : & x, \quad x = 5m^3\text{(이론산소량)} \end{array}$$

→ 몰수비(=계수비)

∴ $A_o$(이론공기량) = $5 \times \dfrac{1}{0.2} = 25\,m^3$

## 2 연소범위(폭발범위)

**(1) 개요**

① 연소범위(燃燒範圍, Range of Inflammability) : 산소·공기의 존재하에 가연성 물질이 혼합물을 형성하고 있을 때, 점화원을 가할 경우 연소·폭발이 일어나는 혼합물질의 농도 범위를 말한다. '연소범위'를 표현하고자 할 때는 '하한계(LFL) ~ 상한계(UFL)'로, '폭발범위'를 나타내고자 할 때는 '하한계(LEL) ~ 상한계(UEL)'로 구분 지우기도 한다.

㉮ 하한계 : 가스 등의 가연물질이 공기 중에서 점화원에 의하여 착화되어 화염이 전파되는 가스 등의 최소농도(최저농도)를 말함
  - 폭발 하한계(LEL, Lower Explosive Limit)
  - 연소 하한계(LFL, Lower Flammability Limit)

㉯ 상한계 : 가스 등의 가연물질이 공기 중에서 점화원에 의하여 착호-되어 화염이 전파되는 가스 등의 최고농도를 말함
  - 폭발 상한계(UEL, Upper Explosive Limit)
  - 연소 상한계(UFL, Upper Flammability Limit)

> **참고**
>
> **가연성가스와 등가계수**
>
> ㉮ 가연성(可燃性)가스
>   - 단일가스 : 수소($H_2$), 일산화탄소(CO), 암모니아($NH_3$), 벤젠($C_6H_6$), 에틸벤젠($C_6H_5C_2H_5$), 이황화탄소($CS_2$), 황화수소($H_2S$), 시안화수소(사이안화수소, HCN), 에틴(아세틸렌, $C_2H_2$), 메테인(메탄), 에테인(에탄), 에텐(에틸렌), 프로페인(프로판), 프로필렌(프로펜), 부테인(부탄), 부틸렌(뷰텐), 아세트알데하이드, 아크릴로니트릴·아크릴알데하이드·염화메테인·브롬화메테인·염화에테인·염화비닐·산화에틸렌(산화에텐)·시클로프로페인·산화프로필렌(산화프르펜)·부타디엔·메틸에테르·모노메틸아민·디메틸아민·트라이메틸아민·에틸아민 등
>   - 혼합가스 : 공기 중에서 연소하는 가스로서 폭발한계(공기와 혼합된 경우 연소를 일으킬 수 있는 공기 중의 가스 농도의 한계)의 하한이 10% 이하인 것과 폭발한계의 상한과 하한의 차가 20% 이상인 것
>
> ② 등가계수(等價係數, Coefficients of Equivalency Relative)
>   - 질소등가계수(Coefficients of Equivalency Relative to Nitrogen) : 질소를 1로 고려했을 때, 질소 이외의 불활성 가스를 질소와 비교한 계수를 말함
>   - 산소등가계수(Coefficients of Equivalency Relative to Oxygen) : 산소를 1로 고려했을 때, 산소 이외의 다른 산화성 가스를 산소와 비교한 계수를 말함

② 연소범위 영향인자 
$\begin{cases} \circ \text{ 온도} \\ \circ \text{ 압력} \\ \circ \text{ 산화제의 존재 (산소 > 염소 > 공기)} \\ \circ \text{ 불활성기체 함량} \\ \circ \text{ 점화에너지} \\ \circ \text{ 화염의 전파방향} \end{cases}$

㉮ 온도 : 온도가 상승하면 → 기체 반응성 증가 → 연소범위가 넓어지게 됨

- 통상, 온도가 100℃ 증가할 때마다 하한계(LEL)는 8%씩 감소하고, 상한계(UEL)는 8%씩 증가하게 됨
- 연소한계의 온도 의존성은 비교적 규칙성을 가짐
    - $\text{LEL}_{t℃} = \text{LEL}_{25℃} - (0.8\,\text{LEL}_{25℃} \times 10^{-3}) \times (t℃ - 25)$
    - $\text{UEL}_{t℃} = \text{UEL}_{25℃} + (0.8\,\text{UEL}_{25℃} \times 10^{-3}) \times (t℃ - 25)$

㉯ 압력 : 압력 상승 → 분자간 거리 감소 → 화염전달 용이 → 연소범위 넓어짐

- 연소한계의 압력 의존성은 온도와 달리 **규칙성이 없음**
- 연소범위의 하한 값은 작게 변화되나 상한 값은 크게 넓어짐(고온, 고압의 경우 연소범위는 좀 더 넓어짐)
- 압력이 감소되면 폭발한계는 좁아지므로 압력을 극소화하면 **폭발성은 없어짐**
- CO는 다른 기체와 달리 압력이 높아지면 폭발한계가 반대로 좁아지는 특성을 가짐
- $H_2$는 다른 기체와 달리 압력이 낮거나 높을 때, 일시적으로 연소범위가 좁아지는 특성이 있음

㉰ 산화제 : 공기 중에서 보다 산소 중에서 연소범위는 넓어짐(넓어지는 정도 : 산소 > 염소 > 공기)

㉱ 불활성 기체 : 불활성 기체주입은 산소의 농도를 낮출 뿐 아니라 가연성 기체의 농도도 상대적으로 낮아지게(희석효과) 되고, 최소 점화에너지는 높아지기 때문에 연소·폭발이 일어나기 어렵게 함

- 불활성(비활성) 기체($CO_2$, $N_2$ 등)의 혼합비율이 증가하면 **연소상한은 크게 감소하고, 하한은 약간 상승**하게 하는 효과가 있어 전체적으로 **연소범위를 좁게 하는 효과**를 가져 옴
- 공기 중 산소농도를 최소 산소농도(MOC) 또는 한계 산소농도(LOC) 이하로 만들어 폭발을 방지함
- 질소나 이산화탄소가 각각 10%(v/v) 이하이면 화염이 진행되지 않고, 냉염도 MOC(최소 산소농도) 이하에서는 일어나지 않음

㉲ 점화에너지 : 최소 점화에너지의 크기는 전기량 및 방전전압의 크기를 측정하여 다음 식으로 산정됨

- $E = \dfrac{1}{2}QV = \dfrac{1}{2}(CV)V = \dfrac{1}{2}CV^2$ $\begin{cases} E : \text{착화에너지(J)} \\ Q : \text{전기량} \\ C : \text{전기용량(F)} \\ V : \text{방전전압(V)} \end{cases}$
- 점화 시에는 통상 약 $10^{-6} \sim 10^{-4}$ J의 에너지를 필요로 함

㉳ 화염의 전파방향 : 가스폭발 한계의 측정에 있어서 **화염의 전파방향이 상향**일 때 가장 넓은 값을 나타냄

**(2) 하한계(LEL or LFL)** { • 폭발 하한계(LEL, Lower Explosive Limit)
  • 연소 하한계(LFL, Lower Flammability Limit) }

① 연소열($Q$)과 하한계(LEL)

㉮ 기초 관계식 : 가연성물질의 폭발 하한계(LEL, Lower Explosion Limit)와 반응열량($Q$, mol 연소열)과의 사이에는 다음의 근사적인 관계가 성립됨

$$\frac{1}{\text{LEL}} = k(1+Q) \fallingdotseq \frac{kQ}{E}$$

{ ○ LEL : 폭발하한계(연소하한계)
  ○ $k$ : 비례정수
  ○ $Q$ : 반응열량(연소열)
  ○ $E$ : 활성화에너지 }

㉯ 버제스-윌러(Burgess-Wheeler)법칙 : 위의 식에서 폭발 하한계(LFL)와 연소열($Q$)은 상호 반비례 관계임을 확인할 수 있는데, 활성화 에너지($E$)가 대체적으로 같은 값을 갖는 가연성 가스(메테인 제외)에는 모두 아래의 근사식과 같은 일정한 규칙성을 갖게 되는데, 이러한 규칙성을 버제스-윌러법칙이라고 함

$$\text{LEL} \times Q = \text{constant} \fallingdotseq 1100$$

{ ○ LEL : 폭발하한계
  ○ $Q$ : 가연성 물질의 연소열 }

㉰ 양론농도($C_{st}$)와 폭발 하한계(LEL) : 다음의 근사식(Jones 식)을 이용하면 산소 또는 공기의 존재하에 연소되는 단일 가연성 가스의 연소반응에서 산정된 화학량론농도(완전연소 조성농도)($C_{st}$)를 이용하여 LEL을 추정할 수 있음

$$\text{LEL} \fallingdotseq 0.55 C_{st}$$

• 이 식은 파라핀계 탄화수소를 비롯한 거의 모든 유기 가연성 가스에 적용됨. 그러나 무기 가연성 가스에는 적용할 수 없음

• 공기 중 산소농도 20.95%로 하고, 가연성 가스 몰수 $n$, 혼합기 중의 가연성 가스농도 $C_{st}$(%)를 산정하면;

$$\rightarrow C_{st} = \frac{\text{가연성 가스}(n)\,\text{mol}}{(\text{가스}+\text{공기})\,\text{혼합기 mol}} \times 100$$

여기서, { 가연성 기체 mol $= n$
  공기 mol ($A$) $= n \times m_{O_2} \times \frac{100}{20.95} = n \times m_{O_2} \times 4.773$ }

$$\rightarrow C_{st} = \frac{n}{n + n \times m_{O_2} \times 4.773} \times 100 \xrightarrow[\text{으로 정하여 정리하면;}]{\text{가연성 가스 몰 수 } n = 1\text{mol}}$$

$$C_{st} = \frac{1 \times 100}{1 + m_{O_2} \times 4.773}$$

$$\text{존스(Jones) 식 : } C_{st}(\%) = \frac{1 \times 100}{1 + 4.773\left(n + \frac{m - f - 2\lambda}{4}\right)}$$

{ $n$ : 탄소수
  $m$ : 수소수
  $f$ : 할로겐수
  $\lambda$ : 산소수 }

② 최소산소량(MOC)과 하한계(LEL)

⑦ 중요성 : 최소산소량(MOC, Minimum Oxygen Concentration)을 제어함으로써 가연물의 농도에 상관없이 화염의 전파를 차단하여 폭발을 예방할 수 있는 것에 중요한 의미를 두고 있음

④ 원리 : "폭발하한(LEL)×연소열($Q$)=Constant"의 관계에서 **산소의 양을 감소시키면** → 가연물질의 반응열(연소열)의 생산을 감소시킬 수 있으므로 연소열에 의한 **불꽃의 전파를 억제**하고, **폭발하한을 높임**으로써 안전화에 기여함

- 건조공기에는 79.05%(V/V)의 질소를 함유하고 있고, 질소는 공기와 유사한 열전도도와 열용량 및 분자량을 가지고 있음
- **연소공기의 일부를 질소로 치환(置換)**하면 치환에 상당하는 비율만큼 공기 중 산소의 양을 감소할 수 있게 되므로 연소열을 낮추어 불꽃에 의한 전파를 제어할 수 있게 됨
- 가연물질은 산소가 10.5% 이하이면 화염이 진행되지 않고, **냉염**(冷炎, 보통의 불꽃보다 훨씬 낮은 온도에서 일어나는 약한 발광 현상)도 MOC 이하에서는 일어나지 않음

$$\mathrm{MOC} = \mathrm{LEL} \times \frac{m_{O_2}}{m_f} \quad \begin{cases} \mathrm{MOC} : 최소산소량(\%) \\ \mathrm{LEL} : 폭발하한계(\%) \\ m_{O_2} : 산소의\ \mathrm{mol}수 \\ m_f : 가연물질의\ \mathrm{mol}수 \end{cases}$$

● 참고 ●

**하한계(LEL)과 상한계(UEL)의 관계식**

① 스파코프스키(Spakowski)는 상압, 25℃에서 파라핀계 탄화수소에 대한 공기 중 폭발 상한계(UEL)와 폭발 하한계(LEL)는 다음 관계가 있다고 하였음
  □ $\mathrm{UEL} = 6.5\sqrt{\mathrm{LEL}}$
② 위의 식에 "Jones식"의 양론농도($C_{st}$)와 폭발 하한계(LEL)의 관계 "LEL≒0.55($C_{st}$)를 대입하면;
  □ $\mathrm{UEL} = 4.82\sqrt{C_{st}}$
③ Jones식에 따르는 양론농도($C_{st}$)와 폭발 상한계(UEL)의 관계는 다음과 같음
  □ $\mathrm{UEL} = 3.5\,C_{st}$

### (3) 혼합물질의 폭발한계와 위험도

① 혼합가스의 양론농도($C_{stm}$, 완전연소 조성농도) : 2종류 이상으로 혼합된 가연성가스(혼합가스)의 이론적 화학양론 조성은 각 단일가스의 화학양론 조성($C_{st1}\cdots C_{stn}$)과 각 단일가스의 조성비율(부피)($V_1\cdots V_n$)을 이용하여 다음과 같이 산정한다.

$$C_{stm} = \frac{총\ 시료(\%)}{(V_1/C_{st_1}) + (V_2/C_{st_2}) + \cdots + (V_n/C_{st_n})}$$

㉮ 존스(Jones)식에 의한 폭발한계 $\begin{cases} \text{LEL} = 0.55\, C_{stm} \\ \text{UEL} = 3.5\, C_{stm} \end{cases}$

㉯ 르 샤틀리에(Le Chatelier)식 : 2종류 이상으로 혼합된 가연성가스(혼합가스)의 폭발하한(LEL, Lower Explosion Limit)과 **폭발상한**(UEL, Upper Explosive Limit)은 다음의 르 샤틀리에(Le Chatelier) 관계식이 사용된다.

□ $\dfrac{\text{총 시료}(\%)}{\text{LEL}} = \dfrac{V_1}{L_1} + \cdots + \dfrac{V_n}{L_n}$

→ $\text{LEL} = \dfrac{\text{총 시료}(\%)}{(V_1/L_1)+(V_2/L_2)+\cdots+(V_n/L_n)}$

□ $\dfrac{\text{총 시료}(\%)}{\text{UEL}} = \dfrac{V_1}{U_1} + \cdots + \dfrac{V_n}{U_n}$

→ $\text{UEL} = \dfrac{\text{총 시료}(\%)}{(V_1/U_1)+(V_2/U_2)+\cdots+(V_n/U_n)}$

여기서, $\begin{cases} V : \text{각 성분가스의 체적}(\%) \\ L : \text{각 성분가스의 폭발하한계(LEL)(연소하한계 = LFL)} \\ U : \text{각 성분가스의 폭발상한계(UEL)(연소상한계 = UFL)} \end{cases}$

**주요 가스상 물질의 폭발범위**

| 가스명 | 폭발범위(용량%) 하한(LEL) | 폭발범위(용량%) 상한(UEL) | 가스명 | 폭발범위(용량%) 하한(LEL) | 폭발범위(용량%) 상한(UEL) |
|---|---|---|---|---|---|
| 벤젠 | 1.3 | 8 | 수소 | 4 | 75 |
| 부테인(부탄) | 1.8 | 8.5 | 황화수소 | 4.5 | 45 |
| 다이에틸에터 | 1.9 | 48 | 메테인 | 5 | 15 |
| 프로페인(프로판) | 2.1 | 9.5 | 사이안화수소 | 6 | 41 |
| 에틴(아세틸렌) | 2.5 | 81 | 일산화탄소 | 12.5 | 74 |
| 산화에텐(산화에틸렌) | 3.0 | 80 | 암모니아 | 15 | 28 |

㉰ 위험도(Hazard) : 위험도는 폭발 하한계(LEL)를 기준으로 한 폭발 상한계(UEL)와 폭발 하한계(LEL)의 차를 비로 표시한 값으로 가스의 폭발위험성을 비교하는 지표(척도)로 이용됨

$$\text{위험도} : H = \dfrac{\text{상한계} - \text{하한계}}{\text{하한계}}$$

- 위험도가 클수록 폭발 위험성은 높아짐
- 연소범위가 넓을수록(상한계−하한계) 폭발 위험성이 높아짐
- 연소하한계가 낮을수록 폭발 위험성은 높아짐

## 🔍 개념문제

> 에틴(아세틸렌)의 공기 중 완전 연소조성 농도($C_{st}$, %)를 계산하시오.
> $$C_{st}(\%) = \frac{1 \times 100}{1 + m_{O_2} \times 4.773}$$

**Hack 답안지** 에틴의 연소 : $C_2H_2 + 2.5O_2 \rightarrow 2CO_2 + H_2O$

$$\therefore C_{st} = \frac{1 \times 100}{1 + 2.5 \times 4.773} = 7.73\,\%$$

[비고] 현재의 답안지와 같이 기재해도 되고, 보다 세밀하게 작성하려면 하단의 "세밀답안"처럼 공식을 포함한 단위의 계산과정을 알 수 있도록 명료하게 기재하여도 된다.

[세밀답안]
$C_2H_2(g) + 2.5O_2(g) \rightarrow 2CO_2(g) + H_2O$
  1    :   2.5

- $C_{st}(\%) = \dfrac{1 \times 100}{1 + m_{O_2} \times 4.773}$  $\left\{ \circ\, m_{O_2} = 탄소수 + \dfrac{수소수}{4} = 2 + \dfrac{2}{4} = 2.5 \right.$

$\therefore C_{st} = \dfrac{1 \times 100}{1 + 2.5 \times 4.773} = 7.73\,\%$

**해설** "완전 연소조성 농도"라는 말은 "이론혼합비(화학양론 조성)"과 같은 말이다. 에틴(아세틸렌)의 분자식은 에테인(에탄)의 수소수에 −4를 한 $C_2H_2$이다. 계산식에서 $m_{O_2}$는 연소에 소요되는 산소의 mol수이다.

  □ $C_2H_2(g) + 2.5O_2(g) \rightarrow 2CO_2(g) + H_2O$  ➡ 몰수비(=계수비)
      1    :   2.5

  □ 산정된 2.5를 제시된 공식의 $m_{O_2}$에 대입하여 완전 연소조성 농도(%) 값을 구한다.

## 개념문제

폭발한계와 완전 연소조성 관계에는 다음의 Jones식이 이용된다. 부테인의 폭발 하한계(vol%)를 구하여 답안지에 기재하시오.

$$\text{LEL} = 0.55 C_{st}, \quad C_{st}(\%) = \frac{100}{1 + 4.773\left(n + \frac{m - f - 2\lambda}{4}\right)}$$

**답안지** 부테인($C_4H_{10}$)의 $C_{st} = \dfrac{100}{1 + 4.773\left(4 + \dfrac{10 - 0 - 2 \times 0}{4}\right)} = 3.12\%$

∴ $\text{LEL} = 0.55 \times 3.13 = 1.72\%$

[비고] 현재의 답안지와 같이 기재해도 되고, 보다 세밀하게 작성하려면 하단의 "세길답안"처럼 공식을 포함한 단위의 계산과정을 알 수 있도록 명료하게 기재하여도 된다.

[세밀답안] $\text{LEL} = 0.55 C_{st}$

- $C_4H_{10}(g) + 6.5 O_2(g) \rightarrow 4CO_2(g) + 5H_2O$
  1 : 6.5 ➡ 몰수비(= 계수비)

- $C_{st}(\%) = \dfrac{100}{1 + 4.773\left(n + \dfrac{m - f - 2\lambda}{4}\right)}$ $\begin{cases} n : \text{산소 수} = 4 \\ m : \text{수소 수} = 10 \\ f : \text{할로젠 수} = 0 \\ \lambda : \text{산소 수} = 0 \end{cases}$

  $= \dfrac{100}{1 + 4.773\left(4 + \dfrac{10 - 0 - 2 \times 0}{4}\right)} = 3.12\%$

∴ $\text{LEL} = 0.55 \times 3.13 = 1.72\%$

[해설] "Jones식"이라고 하여 새로운 계산식이 아니다. 이 실험식은 공기중 산소농도 20.95%로 하고, 가연성 기체의 몰수를 적용하여, 혼합기 중의 가연성 가스농도(%)를 산정했다는 단순 의미만 갖는다. 따라서, 현재 제시된 Jones식을 사용하여 LEL을 산출해도 되고, 앞에서 계산해오던 방식대로 하여도 틀리지 않으며, 동일한 값을 얻을 수 있다. 부탄(표준명, 뷰테인)의 분자식은 $C_4H_{10}$이므로 다음과 같은 연소반응식을 작성하여 문제를 푼다.

□ $C_4H_{10}(g) + 6.5 O_2(g) \rightarrow 4CO_2(g) + 5H_2O$
  1 : 6.5 ➡ 몰수비(= 계수비)

- 산정된 6.5를 아래 식의 $m_{O_2}$에 대입하여 완전 연소조성 농도(%) 값을 구한 다음
- $\text{LEL} = 0.55 C_{st}$의 $C_{st}$에 대입하여도 동일한 값을 얻을 수 있음

※ (참조) $C_{st}(\%) = \dfrac{1 \times 100}{1 + m_{O_2} \times 4.773} = \dfrac{1 \times 100}{1 + (4 + 10/4) \times 4.773} = 3.12\%$

### 유사문제

**01** 포화탄화수소계의 가스에서는 폭발 하한계의 농도 LEL(vol%)과 그것의 연소열(kcal/mol) $Q$의 곱은 일정하게 된다는 Burgess-Wheeler의 법칙이 적용되고 있다. 연소열이 635.4kcal/mol인 포화탄화수소의 하한계(%)를 구하시오.

$$\text{LEL} \times Q = \text{constant} = 1100$$

**02** 프로페인($C_3H_8$)의 연소 하한계가 2.2vol%일 때, 연소를 위한 최소 산소농도(MOC)는 몇 vol% 인지 구하시오.

$$\text{MOC}(\%) = \text{LEL} \times \frac{m_{O_2}}{m_f}$$

**03** 벤젠($C_6H_6$)이 공기 중에서 연소될 때의 이론혼합비(화학양론 조성)를 구하시오.

$$C_{st}(\%) = \frac{1 \times 100}{1 + m_{O_2} \times 4.773}$$

**04** 공기 중 A가스의 폭발 하한계는 2.2vol%이다. 이 폭발 하한계 값을 기준으로 하여 표준 상태에서 A가스와 공기의 혼합기체 $1m^3$에 함유되어 있는 A가스의 질량을 구하면 약 몇 g 인지 구하시오. (단, A가스의 분자량은 26)

**05** 8vol% 헥산, 3vol% 메테인(메탄), 1vol% 에텐(에틸렌)으로 구성된 혼합가스의 연소 하한값(LFL)은 몇 vol%인지 구하시오. (단, 각 물질의 공기 중 연소한 값은 헥산 1.1vol%, 메테인 5.0vol%, 에텐 2.7vol%)

**06** 일산화탄소의 폭발범위는 공기 중에서 12.5 ~ 74%이라면, 일산화탄소의 위험도를 구하시오.

**07** 어느 각 물질(A ~ D)의 폭발 상한계와 하한계가 다음과 같을 때, 위험도가 가장 큰 물질을 골라 그 기호를 답안지에 쓰시오.

| 구분 | A | B | C | D |
|---|---|---|---|---|
| 폭발 상한계 | 9.5 | 8.4 | 15 | 13 |
| 폭발 하한계 | 2.1 | 1.8 | 5 | 2.6 |

### 유사문제 답안·해설

**01** **답안** $\text{LEL} \times Q = \text{constant} = 1100$

$$\therefore \text{LEL} = \frac{1100}{635.4} = 1.73\%$$

**02** **답안** $\text{MOC}(\%) = \text{LEL} \times \frac{m_{O_2}}{m_f}$ $\begin{cases} \circ\ m_{O_2}(\text{산소 } mol) = \text{탄소수} + \frac{\text{수소수}}{4} = 3 + \frac{8}{4} = 5 \\ \circ\ m_f(\text{연료 mol}) = 1\ (\text{항상 1.0이라고 생각하면 됨}) \end{cases}$

$$\therefore \text{MOC} = 2.2 \times 5 = 11\%$$

**보충** 연소 하한계(LFL, Lower Flammability Limit)와 폭발 하한계(LEL, Lower Explosive Limit)는 동일한 의미로 사용되므로 출제되는 문제의 용어에 따른 혼동 없기 바란다. 또한, 폭발범위=연소범위, 폭발 상한계(UEL)=연소상한계(UFL)로 표현할 수 있다. 가연물질에 대한 연소하한계와 최소 산소농도(MOC)의 관계식을 이용하여 문제를 푼다.

$$\begin{array}{c} C_3H_8(g) + 5O_2(g) \rightarrow 3CO_2(g) + 4H_2O \\ 1\quad :\quad 5 \end{array} \rightarrow \text{몰수비}(=\text{계수비})$$

□ 산정된 산소 mol수 5를 문제에서 제시된 식의 $m_{O_2}/m_f$ 값에 대입하면 된다.

**03** 답안 $C_{st}(\%) = \dfrac{1 \times 100}{1 + m_{O_2} \times 4.762}$ $\left\{ \circ\ m_{O_2} = 탄소수 + \dfrac{수소수}{4} = 6 + \dfrac{6}{4} = 7.5 \right.$

∴ $C_{st} = \dfrac{1 \times 100}{1 + 7.5 \times 4.762} = 2.72\ \%$

보충 "완전 연소조성 농도"라는 말은 "이론혼합비(화학양론 조성)"과 같은 말이다. 벤젠은 6각형 구조를 가지므로 분자식은 $C_6H_6$이다. 계산식에서 $m_{O_2}$는 연소에 소요되는 산소의 mol수(=7.5)이다.

□ $C_6H_6(g) + 7.5O_2(g) \rightarrow 6CO_2(g) + 3H_2O$
    1   :   7.5    ➡ 몰수비(=계수비)

**04** 답안 $m(g) = 1m^3 \times \dfrac{2.2\,mL}{100\,mL} \left| \dfrac{26\,mg}{22.4\,mL} \right| \dfrac{10^6\,mL}{m^3} \left| \dfrac{10^{-3}\,g}{mg} \right. = 25.54\ g$

보충 A가스에 대한 폭발 하한계 값의 단위가 %(vol)로 제시되어 있으므로 이를 $g/m^3$의 단위로 환산했을 때의 가스의 질량을 산출하면 된다.

□ 질량(g)=혼합가스의 양×함유비율(vol%)×밀도

**05** 답안 $LEL = \dfrac{총\ 시료(\%)}{(V_1/L_1) + (V_2/L_2) + (V_3/L_3)}$

∴ $LEL = \dfrac{(8+3+1)\%}{(8/1.1) + (3/5) + (1/2.7)} = 1.46\,\%$

보충 2종류 이상으로 혼합된 가연성가스(혼합가스)의 연소하한값(LFL)은 다음의 관계식을 이용한다.

□ $LEL = \dfrac{총\ 시료(\%)}{(V_1/L_1) + (V_2/L_2) + (V_3/L_3)}$ $\begin{cases} V: 각\ 성분가스의\ 체적(\%) \\ L: 각\ 성분가스의\ 연소하한계(LEL) \\ U: 각\ 성분가스의\ 연소상한계(UEL) \end{cases}$

**06** 답안 $H = \dfrac{UEL - LEL}{LEL}$

∴ $H = \dfrac{74 - 12.5}{12.5} = 4.92$

보충 폭발 위험도(Explosion Hazard)는 하한계와 상한계의 차(UEL−LEL)를 하한계(LEL)로 나눈 백분율로 정의된다.

□ $H = \dfrac{상한계 - 하한계}{하한계}$ ➡ $H = \dfrac{UEL - LEL}{LEL}$

# 07 답안 D

**보충** 폭발 위험도(Explosion Hazard)는 하한계와 상한계의 차(UEL-LEL)를 하한계(LEL)로 나눈 백분율로 정의된다. 원칙적으로 각 물질에 대하여 모두 계산해서 비교하여 선택하는 것이 바람직하지만, 한계범위가 가장 넓은 것이 상대적으로 위험도가 높다는 것을 인식하면 계산해 보지 않아도 곧바로 D물질이 정답이 된다는 것을 알 수 있다.

$$H = \frac{상한계 - 하한계}{하한계} \begin{cases} A : H = \frac{9.5 - 2.1}{2.1} = 3.52 \\ B : H = \frac{8.4 - 1.8}{1.8} = 3.67 \\ C : H = \frac{15 - 5}{5} = 2 \\ D : H = \frac{13 - 2.6}{2.6} = 4 \end{cases} \Rightarrow \therefore \text{D가 위험도가 가장 높음}$$

## 3 기초 열역학 양론

### (1) 열역학 기본법칙

① **열역학 제1법칙** : 우주의 전체 에너지 양은 일정하다. "에너지는 한 형태에서 다른 형태로 변환은 되지만 창조되거나 소멸되지 않는다."라는 에너지 보존의 법칙에 근거를 두고 있다.

- $\Delta E = E_f - E_o$
  $= E_{생성물} - E_{반응물} = 열(q) + 일(w)$
  $= \Delta H - \Delta(PV)$

  여기서, $\begin{cases} \Delta E : 내부에너지의\ 변화 \\ E_f : 최종\ 상태에너지 \\ E_o : 최초\ 상태에너지 \\ 일(w) = 힘(F) \times 거리(d) \\ P : 압력(\text{atm}) \\ V : 부피 \end{cases}$

- **열량계산** : 열량$(Q)$ = 열용량$(m \cdot C_p) \times$ 온도차$(\Delta t)$

  여기서, $\begin{cases} q : 열량 \\ m : 물질량 \\ C_p : 비열 \\ \Delta t : 온도차 \end{cases}$

- **엔탈피의 변화** : $\Delta H = H_{생성물} - H_{반응물}$
  $= \Delta E + \Delta(PV)$

  ※ 부피가 일정할 때 : $\Delta E =$ 열$(Q)$

  여기서, $\begin{cases} \Delta H : 엔탈피의\ 변화 \\ H_{생성물} : 생성물의\ 엔탈피 \\ H_{반응물} : 반응물의\ 엔탈피 \\ \Delta E : 내부에너지의\ 변화 \\ P : 계의\ 압력 \\ V : 계의\ 부피 \end{cases}$

② **열역학 제2법칙** : "우주의 엔트로피는 자발적 과정에서 증가하며, 평형과정에서는 변하지 않는다."라는 엔트로피와 반응의 자발성 사이의 관계를 나타내는 법칙이다.

- 엔트로피의 변화 $\begin{cases} 자발적\ 과정 \rightarrow \Delta S_{우주} = \Delta S_{계} + \Delta S_{주위} > 0 \\ 평형과정 \rightarrow \Delta S_{우주} = \Delta S_{계} + \Delta S_{주위} = 0 \end{cases}$

- **표준반응 엔트로피** : $\Delta S^o_{표준} = \sum n S^o_{(생성계)} - \sum m S^o_{(반응계)}$

  예 $aA + bB \rightarrow cC + dD \begin{cases} \cdot \sum n S^o = c S^o(C) + d S^o(D) \\ \cdot \sum m S^o = a S^o(A) + b S^o(B) \end{cases}$

③ **열역학 제3법칙** : 순수하고, 완전한(완벽하게 정렬된) 결정물질의 엔트로피는 절대 영도(0K)에서 제로(zero, 0)라는 법칙이다.

- $\Delta S_{298K} = \Delta S_{최종} - \Delta S_{초기}$

## (2) 헤스의 법칙(Hes's law)

① **개념** : 화학반응에서 발생 또는 흡수되는 열량은 "그 반응 전의 물질의 종류와 상태 및 반응 후의 물질의 종류와 상태가 결정되면 그 도중의 경로에 관계 없이 반응열의 총합은 항상 일정하다."라는 열합산 법칙 ~ 엔탈피 변화를 예측하기 어려운 반응에 유용하게 적용된다.

② **관계식** : $\Delta H^o_{rxn} = \Delta H^o_1 + \Delta H^o_2 + \cdots + \Delta H^o_n$

여기서, $\begin{cases} \Delta H^o_{rxn} : \text{반응엔탈피 변화} \\ \Delta H^o_1, \Delta H^o_2, \cdots, \Delta H^o_n : \text{각 반응에서의 엔탈피 변화} \end{cases}$

## (3) 푸리에 법칙(Fourier's Law)

① **개념** : 열전도에 있어서의 기본 법칙으로 열전도량은 온도구배에 비례한다는 법칙이다. 물체 내에 온도 차이가 있어 온도가 높은 쪽에서 낮은 쪽으로 열이 흐를 때, 열의 흐름에 직각 방향인 면을 생각하면, 그 면을 단위시간당 통과하는 열량 $Q$(kcal/hr) 다음과 같이 나타낼 수 있다.

② **관계식**

- $Q = kA \dfrac{dt}{dx}$

- $Q = kA \dfrac{t_1 - t_2}{L}$

$\begin{cases} k : \text{비례상수(열전도율)}(\text{kcal/m} \cdot \text{hr} \cdot \text{℃}) \\ A : \text{열전달 방향의 직각 단면적}(\text{m}^2) \\ dt/dx : \text{온도경사}(\text{℃/m}) \\ t_1 - t_2 : \text{열전달면의 온도차}(\text{℃}) \\ L : \text{열전도 거리(두께)}(\text{m}) \end{cases}$

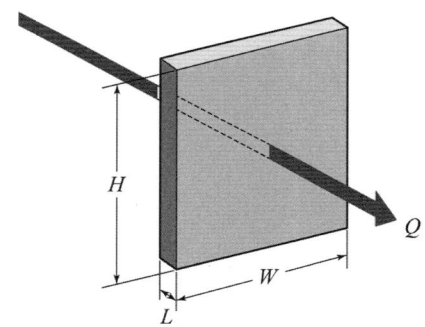

### (4) 현열과 잠열, 비열

① **현열(顯熱, Sensible Heat)** : 물체의 온도가 가열, 냉각에 따라 변화하는 데 필요한 열량을 말한다.
- 물질에 의하여 흡수 또는 방출된 열이 온도변화로 나타남
- 물질의 상태변화에는 사용되지 않는 열(熱)임

② **잠열(潛熱, Latent Heat)** : 물질의 상태변화에만 사용되고, 온도상승의 효과를 나타내지 않는 열을 말한다.
- 얼음에서 물로 변화되는 융해 잠열은 80cal/g임
- 100℃의 물에서 증기로 변화되는 증발 잠열은 539cal/g임
  (통상, 실온상태의 물 증발잠열 ≒ 600kcal/kg)

### (5) 이외 양론에 필요한 기초공식

① 혼합물의 농도계산 : $C_m = \dfrac{V_1 C_1 + V_2 C_2 + \cdots + V_n C_n}{V_1 + V_2 + \cdots + V_n}$

여기서, $\begin{cases} V_1,\ V_2,\ \cdots,\ V_n : \text{각 물질의 부피} \\ C_1,\ C_2,\ \cdots,\ C_n : \text{각 물질의 농도 값} \end{cases}$

② 혼합물의 질량계산 : $M_m = M_1 X_1 + \cdots + M_n X_n$

여기서, $\begin{cases} M_1,\ \cdots,\ M_n : \text{각 물질의 분자량 또는 질량} \\ X_1,\ \cdots,\ X_n : \text{각 물질의 혼합비(Wt)} \end{cases}$

③ 유량 및 유속계산 : $Q(\text{유량}) = A(\text{단면적}) \times V(\text{유속})$

㉮ 가스유속 : $V(\text{m/sec}) = \sqrt{\dfrac{2gP_v}{\gamma}}$

㉯ 액체유속 : $V(\text{m/sec}) = \sqrt{2gH}$

여기서, $\begin{cases} g : \text{중력가속도}(9.8\text{m/sec}^2) \\ P_v : \text{속도압(동압)(수주 mmH}_2\text{O)} \\ \gamma : \text{기체 비중량}(\text{kg}_f/\text{m}^3) \\ H : \text{수두차}(\text{mH}_2\text{O}) \\ A : \text{관로 단면적} \begin{cases} \circ \text{원관} = \dfrac{\pi D^2}{4} \\ \circ \text{각관} = WH \end{cases} \\ D(\text{직경}),\ W(\text{폭}),\ H(\text{높이}) \end{cases}$

## 개념문제

0℃의 얼음 20g을 100℃의 수증기로 만드는데 필요한 열량(cal)을 구하시오. (단, 융해열은 80cal/g, 물의 비열은 1, 기화열은 539cal/g이다.)

**Hack 답안지** 
$$Q = Q_1 + Q_2 + Q_3$$
$$= \frac{80\text{cal}}{\text{g}} \times 20\text{g} + \frac{1\text{cal}}{\text{g}℃} \times 20\text{g} \times (100-0)℃ + \frac{539\text{cal}}{\text{g}} \times 20\text{g} = 14,380\,\text{cal}$$

**해설** 얼음을 수증기로 만드는 데 소요되는 총 열량은 얼음의 융해열($Q_1$)과 100℃의 물로 가열하는 데 필요한 현열($Q_2$), 100℃의 물을 증발시키는 데 소요되는 열량(잠열)($Q_3$)을 합산한 열량($Q$)으로 산정한다.

□ $Q = Q_1 + Q_2 + Q_3$
- $Q_1$ : 0℃의 얼음 20g → 0℃의 물(융해열)
- $Q_2$ : 0℃의 물 20g → 100℃의 물(현열)
- $Q_3$ : 100℃의 물 20g → 100℃의 수증기(기화열)

∴ $Q = Q_1 + Q_2 + Q_3$
$$= \frac{80\text{cal}}{\text{g}} \times 20\text{g} + \frac{1\text{cal}}{\text{g}℃} \times 20\text{g} \times (100-0)℃ + \frac{539\text{cal}}{\text{g}} \times 20\text{g} = 14,380\,\text{cal}$$

## 유사문제

**01** 20℃ 물 10kg으로 주수 소화 시 수증기로 되면서 흡수되는 열량을 구하시오. [06]

**02** 소방수조에 물을 채워 직경 5cm의 파이프를 통하여 10m/sec의 유속으로 흘러 직경 2cm의 노즐을 통하여 소화할 때, 노즐 끝에서의 유속(m/sec)을 구하시오. (단, 탱크 내외의 압력은 동일)

## 유사문제 답안·해설

**01** **답안** 물의 흡수열량 : $\theta = \theta_1 + \theta_2$ $\begin{cases} \theta_1 : 현열 \\ \theta_2 : 잠열 \end{cases}$

- 현열 $= 10\text{kg} \times \frac{1\,\text{kcal}}{\text{kg}\,℃} \times (100-20)℃ = 800\,\text{kcal}$
- 잠열 $= 10\text{kg} \times 539\,\text{kcal/kg} = 5,390\,\text{kcal}$

∴ 흡수열량 $= 800 + 5,390 = 6,190\,\text{kcal}$

**보충** 이 문제의 Blockage는 액체상의 물이 수증기로 증발되면서 흡수하는 열량을 구하는 것인데 그 과정을 구분하여 정산하지 못하면 열량을 구할 수 없다. 다음과 같이 두 단계로 나누어 열량을 구한 다음 합산한 열량을 계산해야 한다.

**첫 번째** 단계는 액체상태의 물 20℃가 100℃로 온도가 증가될 때 흡수되는 열량이다. 이 열량은 물의 상태변화 없이 온도만을 증가시키는데 소요된 열량이므로 이것을 현열(顯熱, Sensible Heat)이라고 한다. 현열의 열량가는 물질의 양, 비열, 온도차의 곱으로 산출한다.

- 현열 = 물질량 × 비열 × 온도차

비열의 단위는 kcal/kg · ℃이며, 1kg의 물을 열을 가하여 1℃만큼 올리는 데 필요한 열의 양을 1kcal라고 한다.

**두 번째** 단계는 액체상태의 100℃ 물이 증기로 변하는 데 소요되는 열량으로 잠열(潛熱)이 작용한다. 잠열은 물질의 상태변화에 소비되는 열량을 말하며, 온도변화는 밖으로 나타나지 않는다. 잠열은 다음과 같이 산출된다.

- 잠열 = 물의 양 × 539 kcal/kg

잠열은 상태변화를 유발하는 열량을 말하므로 기화열(액체 → 기체), 응축열(기체 → 액체), 융해열(고체 → 액체), 응고열(액체 → 고체) 등으로 상(相)전환에 관계되는 열량이다.

다시 본래로 돌아가서 20℃ 물 10kg으로 주수 소화 시 수증기로 되면서 흡수되는 열량을 산출하면 다음과 같다.

- 물의 흡수열량 : $\theta = \theta_1 + \theta_2$ $\begin{cases} \theta_1 : 현열 \\ \theta_2 : 잠열 \end{cases}$

  - 현열 $= 10\text{kg} \times \dfrac{1\,\text{kcal}}{\text{kg}\,℃} \times (100-20)℃ = 800\,\text{kcal}$
  - 잠열 $= 10\text{kg} \times \dfrac{539\,\text{kcal}}{\text{kg}} = 5,390\,\text{kcal}$

∴ 흡수열량 $= 800 + 5,390 = 6,190\,\text{kcal}$

## 02

**답안** $Q_1 = Q_2 \rightarrow \dfrac{3.14 \times (5 \times 10^{-2})^2}{4} \times 10 = \dfrac{3.14 \times (2 \times 10^{-2})^2}{4} \times V_2$

∴ $V_2 = 62.5\,\text{m/sec}$

**보충** 유량이 일정한 상태에서 파이프의 직경만 변화하므로 연속식을 이용하여 유속을 계산한다.

- $Q_1 = Q_2 \rightarrow \dfrac{\pi(d_1)^2}{4} \times V_1 = \dfrac{\pi(d_2)^2}{4} \times V_2$ $\begin{cases} Q : 유량 \\ \pi d^2/4 : 원형관의\ 단면적 \\ d : 직경 \\ V : 유속 \end{cases}$

# Chapter 02 위험물 분류 및 특성

## 1. 위험물의 분류

### 1 위험물의 성상 판정 · 위험물의 인화특성

(1) 위험물의 류별 성상 판정시험

| 위험물 구분 | 시험방법의 종류 |
| --- | --- |
| 제1류<br>(산화성고체) | • 연소시험, 낙구식타격감도시험<br>• 대량연소시험, 철관시험, 분립상확인시험 |
| 제2류<br>(가연성고체) | • 작은불꽃착화시험<br>• 인화점측정시험 |
| 제3류<br>(자연발화성물질 및 금수성물질) | • 자연발화성시험<br>• 물과의 반응성시험 |
| 제4류<br>(인화성액체) | • 인화점측정시험, 연소점측정시험, 가연성액체량측정시험<br>• 액상확인시험, 비점측정시험, 동점도측정시험, 발화점측정시험 |
| 제5류<br>(자기반응성물질) | • 열분석시험<br>• 압력용기시험 |
| 제6류<br>(산화성액체) | • 연소시험<br>• 액상확인시험, 비중측정시험 |

① 산화성 시험방법

㉮ 분립상(分粒狀)물품의 시험방법 · 판정기준

㉠ 표준물질 연소시험($KClO_4$ + 목분 = 30g, 혼합 중량비 1 : 1)

- 표준시료 30g = 과염소산칼륨(150 ~ 300$\mu$m) + 목분(250 ~ 500$\mu$m)
- 무기질의 단열판 위에 원추형으로 쌓음(높이와 바닥면의 직경비 1 : 1.75)
- 점화원(직경 2mm의 원형 니크롬선, 1,000℃)
- 혼합물의 아랫부분에 착화시키고, 착화부터 불꽃이 없어지기까지의 시간을 측정(5회 이상 반복하여 평균 연소시간을 구함)

㉡ 시험물품 연소시험

- 시료(1) 30g = 시험물(1.18mm 미만) + 목분(250 ~ 500$\mu$m)(중량비 1 : 1)
  시료(2) 30g = 시험물(1.18mm 미만) + 목분(250 ~ 500$\mu$m)(중량비 4 : 1)
- 원추형으로 쌓은 후 점화─착화(착화부터 불꽃이 없어질 때까지의 시간을 측정함 ➡ 시료(1, 2) 중 짧은 연소시간을 택함

- 분립상 이외의 물품
  - ㉠ 표준물질 대량연소시험($KClO_4$+목분=500g, 혼합 중량비 4 : 6)
    - 표준시료 500g=과염소산칼륨(150 ~ 300$\mu$m)+목분(250 ~ 500$\mu$m)
    - 20℃, 1기압의 실내에서 무기질의 단열판 위에 원추형으로 쌓음(높이와 바닥면의 직경비 1 : 2)
    - 점화원으로 혼합물의 아랫부분에 착화시키고, 불꽃이 없어질 때까지의 시간을 측정(5회 이상 반복하여 평균 연소시간을 구함)
  - ㉡ 시험물품의 대량연소시험
    - 시료 500g=시험물+목분(250 ~ 500$\mu$m)(중량비 1 : 1)
    - 무기질의 단열판 위에 원추형으로 쌓아 점화원으로 점화-착화시켜 불꽃이 없어질 때까지의 시간을 측정(5회 이상 반복하여 평균 연소시간을 구함)
- ▶ 판정기준 : 연소시간이 표준물질의 연소시간 이하인 것을 산화성고체로 본다.
- ㉯ 산화성 액체(제6류 위험물)의 시험방법·판정기준
  - ㉠ 시험방법 : 목분, 질산 90% 수용액 및 시험물품을 사용하여 온도 20℃, 습도 50%, 1기압의 실내에서 질산 90% 수용액에 관한 연소실험을 5회 이상 반복하여 얻은 연소시간의 평균치를 질산 90% 수용액과 목분의 혼합물의 연소시간으로 정한다.
  - ㉡ 결과·판정 : 시험물품과 목분과의 혼합물의 연소시간은 측정된 연소시간 중 짧은 쪽의 연소시간으로 하며, 시험물품과 목분과의 혼합물의 연소시간이 표준물질(질산 90% 수용액)과 목분과의 혼합물의 연소시간 이하인 경우에는 산화성액체에 해당하는 것으로 한다.

② 충격민감성 시험방법(낙구타격감도시험)
  - ㉮ 분립상(分粒狀)물품의 시험방법·판정기준
    - ㉠ 표준물질의 낙구타격감도시험
      - 시험장소 : 온도 20℃, 1기압의 실내
      - 표준시료 : 적린 5mg(180$\mu$m 미만)+$KNO_3$ 5mg(150 ~ 300$\mu$m)
      - 시험방법 : 직경 및 높이 12mm의 강제(鋼製) 원기둥 위에 시료를 올려놓고 직경 40mm의 쇠구슬을 10cm의 높이에서 혼합물의 위에 낙하시킴
      - 발화 여부를 관찰함(폭발음, 불꽃 또는 연기가 발생하는 경우는 폭발한 것임)
      - 40회 이상 반복하여 50% 폭점(폭발확률이 50%가 되는 낙하높이)을 구함
    - ㉡ 시험물질의 낙구타격감도시험
      - 시험시료 : 1.18mm 미만으로 부순 것
      - 시험방법 : 표준시료의 50% 폭점을 낙하높이로 하여 총 30회 이상 실시(폭발하는 경우, 폭발하지 않는 경우, 모두 발생하는 경우 각 10회 이상)

- 분립상 이외의 물품 ➡ 철관시험
    - ⊙ 기구 : 외경 60mm, 두께 5mm, 길이 500mm의 이음매 없는 철관
    - ⊙ 시험시료
        - 플라스틱 포대[시험물품+셀룰로오스분(53$\mu$m 미만)=중량비 3 : 1]
        - 전폭약(50g=트라이메틸렌트리나이트로아민+왁스, 중량비 19 : 1로 혼합)
    - ⊙ 시험방법 : 전기뇌관을 삽입한 후 철관을 모래 중에 매설하여 기폭시킴(3회 이상 반복하고, 1회 이상 철관이 완전히 파열하는지 여부를 관찰함)
- ▶ 판정기준
    - ⊙ 분립상 : 폭발 확률이 50% 이상인 것은 산화성고체에 해당함
    - ⊙ 분립상 이외의 물품 : 철관이 완전히 파열하는 것을 산화성고체로 판단함

③ 가연성 고체 물품의 착화 · 인화 위험성 시험방법 및 판정기준
  ㉮ 착화의 위험성 시험방법 ➡ 작은 불꽃 착화시험
    - ⊙ 시험장소 : 온도 20℃, 습도 50%, 1기압, 무풍장소
    - ⊙ 표준시료 : 3cm³(건조용 실리카겔을 넣은 데시케이터 속에 온도 20℃로 24시간 이상 보존되어 있는 것)
    - ⊙ 시험방법
        - 두께 10mm 이상 단열판 위에 시료를 반구상으로 놓고 액화석유가스의 불꽃(화염길이 70mm)을 10초간 접촉(접촉면적 2cm², 접촉각도 30°)
        - 10회 이상 반복하여 화염접촉 ~ 착화할 때까지의 시간을 측정
        - 시험물품이 1회 이상 연소(불꽃 없이 연소하는 상태 포함)를 계속하는지 여부를 관찰
  ▶ 판정기준 : 시험결과 다음에 해당하면 가연성고체로 봄
    - ⊙ 불꽃을 시험물품에 접촉하고 있는 동안에 시험물품이 모두 연소하는 경우
    - ⊙ 불꽃을 격리시킨 후 10초 이내에 연소물품의 모두가 연소한 경우
    - ⊙ 불꽃을 격리시킨 후 10초 이상 계속하여 시험물품이 연소한 경우
  ㉯ 인화의 위험성 시험방법 ➡ 인화점 측정(신속평형법)
    - ⊙ 시험장소 : 1기압, 무풍장소
    - ⊙ 표준시료 : 약 2g(건조용 실리카겔을 넣은 데시케이터 속에 온도 20℃로 24시간 이상 보존되어 있는 것)
    - ⊙ 시험방법
        - 시료 2g을 신속평형법의 시료컵에 넣고 온도를 5분간 설정온도로 유지
        - 시험불꽃 점화(화염 직경 4mm)
        - 5분 경과 후 시험불꽃을 시료컵에 2.5초간 노출시키고 닫음
  ▶ 판정기준 : 설정온도의 조정 ➡ 시료가 인화되는 경우는 인화하지 않게 될 때까지 설정온도를 낮추고, 인화하지 않는 경우에는 인화할 때까지 설정온도를 높임

● **참고** ●

### 인화점 측정 - 인화성 액체의 인화점시험

- **측정방법** : 태그(Tag)밀폐식, 신속평형법, 클리브랜드(Cleveland)개방컵법
- **인화점 판정기준 시 유의사항**
  - 인화점 측정시험 결과 0℃ 미만인 경우[태그(Tag)밀폐식 인화점측정] → 당해 측정결과를 인화점으로 할 것
  - 측정결과가 0℃ ~ 80℃ 이하인 경우 : 동점도 측정을 하여 다음과 같이 판단할 것
    - 동점도가 $10mm^2/s$ 미만인 경우 : 당해 측정결과를 인화점으로 할 것
    - 동점도가 $10mm^2/s$ 이상인 경우 : **신속평형법 인화점측정법**으로 다시 측정할 것
  - 측정결과가 80℃를 초과하는 경우 : **클리브랜드(Cleveland)개방컵 인화점측정법**으로 다시 측정할 것
  ※ 인화성액체 중 수용성액체란 20℃, 1기압에서 동일한 양의 증류수와 완만하게 혼합하여, 혼합액의 유동이 멈춘 후 당해 혼합액이 균일한 외관을 유지하는 것을 말함

  ㉮ 태그(Tag)밀폐식 인화점 측정시험
  - 시험장소 : 1기압, 무풍 장소
  - 시험방법
    - 시험물품 : $50cm^3$
    - 시험불꽃 : 화염 직경 4mm, 시료컵에 1초간 노출
      - 인화하지 않는 경우에는 시험물품의 온도가 0.5℃ ~ 1℃ 상승할 때마다 시험불꽃에 노출하는 조작을 인화할 때까지 반복
  - 인화점 판단 : 인화한 온도와 설정온도와의 차가 2℃를 초과하지 않는 경우에는 당해 온도를 인화점으로 함

  ㉯ 신속평형법 인화점 측정
  - 시험장소 : 1기압, 무풍 장소
  - 시험방법
    - 시험물품 : 2mL
    - 시험불꽃 : 화염 직경 4mm, 시료컵에 2.5초간 노출
      - 시료컵을 설정온도까지 가열 또는 냉각하여 1분 경과 후 개폐기를 작동하여 시험물품을 불꽃에 노출하는 조작을 인화할 때까지 반복
  - 인화점 판단 : 인화한 경우에는 인화하지 않을 때까지 설정온도를 낮추고, 인화하지 않는 경우에는 인화할 때까지 설정온도를 높이는 조작을 반복하여 인화점을 측정

  ㉰ 클리브랜드(Cleveland)개방컵 인화점 측정시험
  - 시험장소 : 1기압, 무풍 장소
  - 시험방법
    - 시험물품 : 시료컵의 표선(標線)까지 시험물품을 채움
    - 시험불꽃 : 화염 직경 4mm, 시료컵의 중심을 횡단하여 일직선으로 1초간 통과
      - 시험물품의 온도가 60초간 14℃의 비율로 상승하도록 가열하고 설정온도보다 55℃ 낮은 온도에 달하면 가열을 조절하여 설정온도보다 28℃ 낮은 온도에서 60초간 5.5℃의 비율로 온도가 상승하도록 조정
      - 시험물품의 온도가 설정온도보다 28℃ 낮은 온도에 달하면 시험불꽃을 시료컵의 중심을 횡단하여 일직선으로 1초간 통과시킴
  - 인화점 판단 : 인화한 온도와 설정온도와의 차가 4℃를 초과하지 않는 경우에는 당해 온도를 인화점으로 함

④ 자연발화성물질의 시험방법 및 판정기준
  ㉮ 고체의 공기 중 발화의 위험성의 시험방법
    ㉠ **시험장소** : 온도 20℃, 습도 50%, 1기압, 무풍 장소
    ㉡ **시험시료(1)** : 1cm³(분말, 300$\mu$m 미만) → 화학분석용 자기 위에 자연발화 하는지 여부를 관찰
       **시험시료(2)** : 2cm³(분말, 300$\mu$m 미만) → 1m의 높이에서 낙하 ; (1)의 방법에 의하여 자연발화하지 않는 경우 1m의 높이에서 낙하시켜 낙하 중 또는 낙하 후 10분 이내에 자연발화 여부를 관찰
  ㉯ 액체의 공기 중 발화의 위험성의 시험방법
    ㉠ **시험장소** : 온도 20℃, 습도 50%, 1기압, 무풍 장소
    ㉡ **시험시료(1)** : 0.5cm³(액체) → 자기 위 20mm 높이에서 30초간 균일한 속도로 주사기 또는 피펫을 써서 떨어뜨리고 10분 이내에 자연발화 여부를 관찰
       **시험시료(2)** : 0.5cm³(액체) → (1)의 방법에 의하여 자연발화하지 않는 경우, 자기 위 여과지를 두고, 20mm 높이에서 30초간 균일한 속도로 주사기 또는 피펫을 써서 떨어뜨리고 10분 이내에 여과지를 태우는지 여부를 관찰(여과지가 갈색으로 변하면 태운 것으로 봄)

⑤ 금수성물질의 시험방법 및 판정기준
  ㉮ **시험장소** : 온도 20℃, 습도 50%, 1기압, 무풍 장소
  ㉯ **시험시료(1)** : 시험물품 50mm³를 비커 안에 있는 20℃의 순수한 물 위에 놓인 여과지의 중앙에 주사하여 가스가 자연발화 하는지 여부를 관찰
     **시험시료(2)** : (1)의 방법에 의하여 자연발화하지 않는 경우, 당해 가스에 화염을 가까이하여 착화하는지 여부를 관찰
     **시험시료(3)** : (1), (2)의 방법에 의하여 발화하지 않는 경우, 40℃의 수조에 있는 플라스크에 시험물품 2g을 넣고, 40℃의 물 50cm³를 가한 후 교반하면서 플라스크내의 가스 발생량을 1시간마다 5회 측정. 이때 1시간마다 측정한 시험물품 1kg당의 가스 발생량의 최대치를 가스 발생량으로 함
  ▶ **판정기준** : 시험결과 자연발화하는 경우, 착화하는 경우, 가연성 성분을 함유한 가스의 발생량이 200L 이상인 경우 ➡ 금수성물질에 해당하는 것으로 함

 **개념문제**

다음은 인화점측정기와 시험방법에 관한 내용이다. 괄호 안에 알맞은 내용을 쓰시오. [20]

(1) (　　　　)인화점측정기
  ① 시험장소는 1기압, 무풍 장소에서 할 것
  ② 인화점측정기의 시료컵에 시험물품 $50cm^3$를 넣고, 시험물품 표면의 거품을 제거한 후 뚜껑을 덮을 것
  ③ 시험불꽃을 점화하고 화염의 크기를 직경 4mm가 되도록 조정할 것

(2) (　　　　)인화점측정기
  ① 시험장소는 1기압, 무풍 장소에서 할 것
  ② 인화점측정기의 시료컵을 설정온도까지 가열 또는 냉각하여 시험물품(설정온도가 상온보다 낮은 온도인 경우에는 설정온도까지 냉각한 것) 2mL를 시료컵에 넣고 즉시 뚜껑 및 개폐기를 닫을 것
  ③ 시험불꽃을 점화하고 화염의 크기를 직경 4mm가 되도록 조정할 것

(3) (　　　　)인화점측정기
  ① 시험장소는 1기압, 무풍 장소에서 할 것
  ② 인화점측정기의 시료컵의 표선까지 시험물품을 채우고 시험물품 표면의 기포를 제거할 것
  ③ 시험불꽃을 점화하고 화염의 크기를 직경 4mm가 되도록 조정할 것

**Hack답안지** (1) 태그밀폐식
　　　　　　(2) 신속평형법
　　　　　　(3) 클리브랜드개방컵

**참고**

 이러한 문제는 출제유형만 파악하고, 임시변통으로 핵심만 체크하는 수준에서 다음과 같이 암기해 두기를 권고한다.

**[시범풀이]**
문제의 (1), (2), (3)을 저자의 독특한 암기하는 방법으로 해결해 보이겠다.
Ⓐ 먼저 저자가 소개하는 암기법으로 기억된 내용을 나열한다.

---
**이승원의 인화성·산화성 시험 암기법**

- **인공기, 무풍에서 넙다 신속이 태우고, 표선까지 글려번쩨 산에는 나무와 진달래두 오구**
  - 인 – 인화성시험
  - 공 – 공통사항은
  - 기압, 무풍에서 넙다 : 1기압, 무풍, 불꽃직경 4mm
  - 신속이 : 신속평형법 – 2mL(2g)
  - 태우고 : 태그밀폐식 – 50mL
  - 표선까지 글려번쩨 : 클리브랜드개방컵법 – 표선까지 시험물품을 채우고
  - 산에는 : 산화성 액체 시험
  - 나무와 : 목(木)분
  - 진달래 : 질산용액
  - 두 : 20℃(온도)
  - 오 : 50%(습도)
  - 구 : 90%(질산농도)

---

Ⓑ 문제를 다시 검토하면서 암기사항과 연관된 부분을 찾아 해결한다.
  (1) (　　　)인화점측정기 → $50cm^3$ ➡ 태우고 ∼ ∴ 태그밀폐식
  (2) (　　　)인화점측정기 → 2mL ➡ 신속히 ∼ ∴ 신속**평형법**
  (3) (　　　)인화점측정기 → 표선까지 시험물품 ➡ 표선까지 글려버려 ∼ ∴ **클리브랜드개방컵법**

### 유사문제

**01** 인화성 액체의 인화점 측정방법 3가지를 쓰시오.
[11,20]

**02** 시료컵에 시험물품 2mL를 넣고 위험물의 인화점을 측정할 수 있는 인화점 측정기의 명칭을 쓰시오.
[13]

**03** 위험물의 시험 및 판정규정에서 제6류 위험물인 산화성 액체의 연소시간의 측정시험에 사용하는 물질은 무엇인지 쓰시오.
[10]

**04** 다음은 산화성 액체의 시험방법 및 판정기준에 대한 내용이다. 괄호 안에 알맞은 말을 쓰시오.
[19]

> 산화성(酸化性) 시험방법에서는 ( ① ), ( ② ) 90% 수용액 및 시험물품을 사용하여 온도 20℃, 습도 50%, 1기압의 실내에서 ( ② ) 90% 수용액에 관한 연소실험을 5회 이상 반복하여 얻은 연소시간의 평균치를 ( ② ) 90% 수용액과 ( ① )의 혼합물의 연소시간으로 정한다.

### 유사문제 답안·해설

**01** **답안** (1) 신속평형법
(2) 태그밀폐식
(3) 클리브랜드개방컵

**보충** 이러한 문제는 출제유형만 파악하고, 임시변통으로 핵심만 체크하는 수준에서 앞에서와 같이 암기해 두기를 권고한다.

─── 이승원의 암기법 ───

- 신속이 태우고, 표선까지 글려번께~
- 신속이 : 신속평형법 – 2mL(2g)
- 태우고 : 태그밀폐식 – 50mL
- 표선까지 글려번께 : 클리브랜드개방컵법 – 표선까지 시험물품을 채우고

**02** **답안** 신속평형법

**보충** 이러한 문제는 출제유형만 파악하고, 임시변통으로 핵심만 체크하는 수준에서 앞에서와 같이 암기해 두기를 권고한다.

> ● 참고 ●
>
> **세타밀폐식 인화점 측정시험**
> - 시료량 : 2mL
> - 시험방법
>   - 물품(설정온도가 상온보다 낮은 온도인 경우에는 설정온도까지 냉각한 것)을 시료컵에 넣고 즉시 뚜껑 및 개폐기를 닫은 다음 시료컵의 온도를 1분간 설정온도로 유지한다.
>   - 시험불꽃을 점화하고 화염의 크기를 직경 4mm가 되도록 조정하여 1눈 경과 후 개폐기를 작동하여 시험불꽃을 시료컵에 2.5초간 노출시키고 닫는다.

**03** **답안** 질산용액(농도 90%), 목분

**보충** 이러한 문제는 출제유형만 파악하고, 임시변통으로 핵심만 체크하는 수준어서 앞에서와 같이 암기해 두기를 권고한다.

> ● 이승원의 암기법 ●
>
> ■ 산에는 나무와 진달래두 오구
> - 산에는 : 산화성 액체 시험
> - 진달래 : 질산용액
> - 오 : 50%(습도)
> - 나무와 : 목(木)분
> - 두 : 20℃(온도)
> - 구 : 90%(질산농도)

**04** **답안** ① 목분, ② 질산

**보충** 이러한 문제는 출제유형만 파악하고, 임시변통으로 핵심만 체크하는 수준어서 앞에서와 같이 암기해 두기를 권고한다.

> ● 이승원의 암기법 ●
>
> ■ 산에는 나무와 진달래두 오구
> - 산에는 : 산화성 액체 시험
> - 진달래 : 질산용액
> - 오 : 50%(습도)
> - 나무와 : 목(木)분
> - 두 : 20℃(온도)
> - 구 : 90%(질산농도)

**산화성 액체 시험**에서 시험물품은 ➡ 암기법에서 → "**산에는 나무와 진달래**"에 해당하므로 나무(목=목분)와 진달래(질산용액)이 된다는 것을 알 수 있다. 이 방법으로 익혀두면 온도와 습도, 질산의 농도까지 암기할 수 있게 된다.

● 참고

### 태그밀폐식 인화점 측정시험

- **시료량** : 50cm³(50mL)
- **시험방법** : 점화된 화염의 크기를 직경이 4mm가 되도록 조정하여 시험물품의 온도가 60초간 1℃의 비율로 상승하도록 수조를 가열하고 시험물품의 온도가 설정온도보다 5℃ 낮은 온도에 도달하면 개폐기를 작동하여 시험불꽃을 시료컵에 1초간 노출시키고 닫는다.

  인화하지 않는 경우에는 시험물품의 온도가 0.5℃ 상승할 때마다 개폐기를 작동하여 시험불꽃을 시료컵에 1초간 노출시키고 닫는 조작을 인화할 때까지 반복하여 인화한 온도가 60℃ 미만의 온도이고 설정온도와의 차가 2℃를 초과하지 않는 경우에는 당해 온도를 인화점으로 한다.

- **인화점 측정시험법의 분류와 적용기준 비교**

| 인화점 종류 | 시험방법 | 적용기준 | 적용 유종 |
| --- | --- | --- | --- |
| 밀폐식 인화점 | 태그밀폐식 | 인화점이 93℃ 이하인 시료<br>※ 적용제한 시료<br>- 40℃의 동점도 5.5mm²/sec 이상인 시료<br>- 시험 조건에서 기름막이 생기는 시료<br>- 현탁물질을 함유하는 시료 | • 원유<br>• 가솔린<br>• 등유<br>• 항공 터빈 연료유 |
| | 신속평형법 | 인화점이 110℃ 이하인 시료 | • 원유, 등유, 경유, 중유<br>• 항공 터빈 연료유 |
| | 펜스키마텐스 밀폐식 | 밀폐식 인화점의 측정이 필요한 시료, 태그밀폐식 인화점 시험방법을 적용할 수 없는 시료 | • 원유, 경유, 중유<br>• 방청유, 절삭유제 |
| 개방식 인화점 | 클리브랜드 개방식 | 인화점이 80℃ 이상인 시료(다만, 원유 및 연료유는 제외) | • 석유 아스팔트<br>• 유동 파라핀, 석유 왁스<br>• 방청유, 각종 윤활유 |

### (2) 위험물의 인화(引火)특성

① 위험물안전관리법상 용어의 정의

㉮ 인화성 고체라 함은 고형 알코올 그밖에 1기압에서 인화점이 40℃ 미만인 고체를 말한다.

㉯ 인화성 액체라 함은 액체(제3석유류, 제4석유류 및 동·식물유류에 있어서는 1기압과 20℃에서 액상인 것에 한함)로서 인화의 위험성이 있는 것을 말한다.

㉰ 특수인화물이라 함은 이황화탄소, 디에틸에테르 그밖에 1기압에서 발화점이 100℃ 이하인 것 또는 인화점이 영하 20℃ 이하이고 비점이 40℃ 이하인 것을 말한다.

㉱ 제4류 위험물의 **제1석유류**라 함은 아세톤, 휘발유 그밖에 1기압에서 인화점이 21℃ 미만인 것을 말한다.

㉲ 제4류 위험물의 **제2석유류**라 함은 등유, 경유 그밖에 1기압에서 인화점이 21℃ 이상 70℃ 미만인 것을 말한다. 다만, 도료류 그 밖의 물품에 있어서 가연성 액체량이 40%(wt) 이하이면서 인화점이 40℃ 이상인 동시에 연소점이 60℃ 이상인 것은 제외한다.

㉳ 제4류 위험물의 **제3석유류**라 함은 중유, 클레오소트유 그밖에 1기압에서 인화점이 70℃ 이상 200℃ 미만인 것을 말한다. 다만, 도료류 그 밖의 물품은 가연성 액체량이 40%(wt) 이하인 것은 제외한다.

㉴ 제4류 위험물의 **제4석유류**라 함은 기어유, 실린더유 그밖에 1기압에서 인화점이 200℃ 이상 250℃ 미만의 것을 말한다. 다만, 도료류 그 밖의 물품은 가연성 액체량이 40%(wt) 이하인 것은 제외한다.

㉵ 제4류 위험물의 **동·식물유류**라 함은 동물의 지육 등 또는 식물의 종자나 과육으로부터 추출한 것으로서 1기압에서 인화점이 250℃ 미만인 것을 말한다.

㉶ 제4류 위험물의 **알코올류**라 함은 1분자를 구성하는 탄소원자의 수가 1개부터 3개까지인 포화 1가 알코올(변성알코올을 포함)을 말한다. 다만, 가연성 액체량이 60%(wt) 미만이고 인화점 및 연소점(태그개방식 인화점 측정기에 의한 연소점)이 에틸알코올 60%(wt) 수용액의 인화점 및 연소점을 초과하는 것은 제외한다.

### 주요 위험물의 인화점

| 구분 | 특수인화물 | 제1석유류 | 제2석유류 | 제3석유류 | 제4석유류 | 동·식물유 |
|---|---|---|---|---|---|---|
| 인화점 | −20℃ 미만 | 21℃ 미만 | 21 ~ 70℃ | 70 ~ 200℃ | 200 ~ 250℃ | 250℃ 미만 |

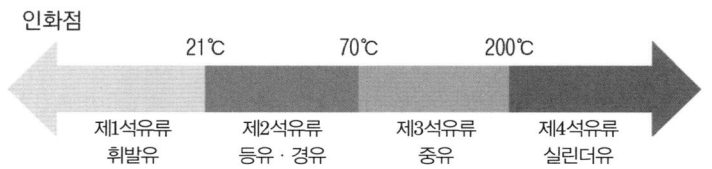

```
이승원의 암기법
```
- 신(인화)발 비싸 / 특이한발 / 이거든 / 삼칠이 주고 / 이사실 때 또 오구 만나야지
- 신 : 인화(人靴)
- 발 비싸 : 발화점 100℃ 이하, 비점 40℃ 이하
- 특이 : 특수인화물, −20℃ 미만(인화점)
- 한발 : 제1석유류, 21℃ 미만, 휘발유
- 이거든 : 제2석유류, 경유, 등유
- 삼칠이 주고 : 제3석유류, 70 ~ 200℃, 중유
- 이사실 때 또오고 만나야지 : 200℃ 이상, 제4석유류, 실린더유, 동식물유 250℃ 미만

### 주요 위험물의 인화점과 착화점(발화온도)

| 종류 | 인화점 | 착화점 | 종류 | 인화점 | 착화점 |
|---|---|---|---|---|---|
| 수소($H_2$) | <−150(℃) | 550℃ | 메탄올($CH_3OH$) | 11℃ | 470℃ |
| 메테인(메탄, $CH_4$) | −187℃ | 537℃ | 에탄올($C_2H_5OH$) | 13℃ | 425℃ |
| 에테인(에탄, $C_2H_6$) | −135℃ | 427℃ | 클로로벤젠($C_6H_5Cl$) | 29℃ | 640℃ |
| 에텐(에틸렌, $C_2H_4$) | −136℃ | 425℃ | 아닐린($C_6H_5NH_2$) | 76℃ | 540℃ |
| 프로페인(프로판, $C_3H_8$) | −104℃ | 432℃ | 다이에틸에터[$(C_2H_5)_2O$] | −45℃ | 180℃ |
| 부테인(부탄, $C_4H_{10}$) | −72℃ | 365℃ | 산화프로필렌($C_3H_6O$) | −37℃ | 430℃ |
| 에타인(아세틸렌, $C_2H_2$) | −18℃ | 305℃ | 황화수소($H_2S$) | 83.3℃ | 260℃ |
| 벤젠($C_6H_6$) | −11℃ | 498℃ | 황린($P_4$) | − | 34℃ |
| 아세톤($CH_3COCH_3$) | −18℃ | 535℃ | 이황화탄소($CS_2$) | −30℃ | 100℃ |
| 메틸에틸케톤($CH_3C(O)C_2H_5$) | −9℃ | 505℃ | 아세트알데하이드($CH_3CHO$) | −37.8℃ | 185℃ |

---

**이승원의 주요 위험물 마이너스 인화점 암기법**

마이너 신발 ➡ 마이너스 인화점을 갖는 것

- D등산화시스 / 마~ 싸고 33한데 / 아쌍 18, 발이 제기랄 막 아퍼
- 신발(인화, 人靴 ➡ 인화점) D등산화시스
  - D : 디에틸에테르
  - 등산화 : 산화프로필렌
  - 시스 : $CS_2$(이황화탄소)
- 마~싸고 33한데 : 마(마이너스)(-45, -37, -30)
- 아쌍 18, 발이 제기랄 막 아퍼
  - 아쌍 18 : 아세톤, HCN-18
  - 발이 : 휘발유 : -20
  - 제기랄 : 벤젠 : -11
  - 막(MEK) 아퍼 : 메틸에틸케톤(MEK) : -9

"학습기법" 및 "암기법"은 "이승원의 독창적인 저작물"이므로 저자의 허락을 받지 않고 복제·복사·모방·인용(오프라인, 온라인, 카페, 유튜브등 기타 IT포함)할 수 없으며, 저술내용은 모두 "저작권법"에 따라 엄격히 보호 받고 있음을 알립니다.

##  개념문제

제4류 위험물 중 특수인화물의 발화점 및 제1석유류에서 제4석유류까지 인화점 범위이다. 괄호 안에 들어갈 숫자를 쓰시오.                                                                                 [10,13,14,17,20②]

(1) 특수인화물 : 발화점이 ( ① )℃ 이하인 것 또는 인화점이 ( ② )이하이고 비점이 40℃ 이하인 것
(2) 제1석유류 : (    ) 미만
(3) 제2석유류 : ( ① ) 이상 ( ② ) 미만
(4) 제3석유류 : ( ① ) 이상 ( ② ) 미만
(5) 제4석유류 : ( ① ) 이상 ( ② ) 미만

**Hack답안지** (1) ① 100℃  ② -20℃
(2) 21℃
(3) ① 21℃  ② 70℃
(4) ① 70℃  ② 200℃
(5) ① 200℃  ② 250℃

▶ 법령보기 ◀

㉮ 특수인화물이라 함은 이황화탄소, 디에틸에테르 그밖에 1기압에서 발화점이 섭씨 100도 이하인 것 또는 인화점이 섭씨 영하 20도 이하이고 비점이 섭씨 40도 이하인 것을 말한다.
㉯ 제1석유류라 함은 아세톤, 휘발유 그밖에 1기압에서 인화점이 섭씨 21도 미만인 것을 말한다.
㉰ 제2석유류라 함은 등유, 경유 그밖에 1기압에서 인화점이 섭씨 21도 이상 70도 미만인 것을 말한다. 다만, 도료류 그 밖의 물품에 있어서 가연성 액체량이 40중량퍼센트 이하이면서 인화점이 섭씨 40도 이상인 동시에 연소점이 섭씨 60도 이상인 것은 제외한다.
㉱ 제3석유류란 중유, 크레오소트유, 그밖에 1기압에서 인화점이 섭씨 70도 이상 섭씨 200도 미만인 것을 말한다. 다만, 도료류 그 밖의 물품은 가연성 액체량이 40중량퍼센트 이하인 것은 제외한다.
㉲ 제4석유류라 함은 기어유, 실린더유 그밖에 1기압에서 인화점이 섭씨 200도 이상 섭씨 250도 미만의 것을 말한다. 다만 도료류 그 밖의 물품은 가연성 액체량이 40중량퍼센트 이하인 것은 제외한다.

■ 참고 ■

 **[시범풀이]**

문제의 (1), (2), (3), (4), (5)를 저자의 독특한 암기하는 방법으로 해결해 보겠다. 이러한 문제는 출제유형만 파악하고, 임시변통으로 핵심만 체크하는 수준에서 앞에서와 같이 암기해 두기를 권고한다.

---
**이승원의 인화점 암기법**

- ■ 이신(인화)발 비싸 / 특이한발 / 이거든 / 삼칠이 주고 / 이사실 때 또 오구 만나야지
- 이신 : 인화(人靴)
- 발 비싸 : 100℃ 이하 발화점, 비점 40℃ 이하
- 특이 : 특수인화물 −20℃ 미만(인화점)
- 한발 : 제1석유류, 21℃ 미만, 휘발유
- 이거든 : 제2석유류, 경유, 등유
- 삼칠이 주고 : 제3석유류, 70 ~ 200℃, 중유
- 이사실 때 또 오고 만나야지 : 200℃ 이상, 제4석유류, 실린더유, 동식물유 250℃ 미만
---

제4류 위험물의 용어 정의ㆍ인화점 관련규정에서 **특수인화물**에 대하여 ➡ 암기법을 적용할 때 → "**이신발비싸 특이한 발이거든**"에서 해당되므로 → 이신(인화점), 발화점(100℃), 비싸(비점 40℃), 특이한발(특수인화물 인화점 −20℃ 이하, 1석유류 21℃−휘발유)이다.

∴ 특수인화물의 발화점 100℃, 비점 40℃ 이하, 인화점 −20℃, 제1석유류의 인화점 21℃ 미만이다.

**제2석유류**에 대하여 ➡ 암기법을 적용할 때 → "**이거든**"에 해당되므로 → 제2석유류, 대표적 위험물은 경유, 등유이고, "**삼칠이 주고**" → 제3석유류, 70 ~ 200℃, 중유이므로 제2석유류의 인화점은 1석유류와 3석유류의 사이, 즉 21 ~ 70℃가 된다.

**제3석유류**에 대하여 ➡ 암기법을 적용할 때 → "**삼칠이 주고**"에 해당되므로 → 제3석유류의 인화점은 70 ~ 200℃이고 대표적 위험물은 중유이다.

**제4석유류**에 대하여 ➡ 암기법을 적용할 때 → "**이사실 때 또 오고**"에 해당되므로 → 제4석유류의 인화점은 200℃ ~ 250℃이고 대표적 위험물은 실린더유이다.

### 유사문제

**01** 다음 설명에 대한 내용을 보고, 빈칸을 채우시오. [07,13,14,17]

"특수인화물"이라 함은 이황화탄소, 디에틸에테르 그밖에 1기압에서 발화점이 섭씨 ( ① )℃ 이하인 것 또는 인화점이 섭씨 영하 ( ② )℃ 이하이고, 비점(沸點)이 섭씨 ( ③ )℃ 이하인 것을 말한다.

**02** 다음 정의에 해당하는 품명을 쓰시오. [16]
(1) 고형알코올 그밖에 1기압에서 인화점이 40℃ 미만인 고체
(2) 이황화탄소, 디에틸에테르 그밖에 1기압에서 발화점이 100℃ 이하이거나 인화점이 영하 20℃ 이하이고, 비점이 40℃ 이하인 것
(3) 아세톤, 휘발유 그밖에 1기압에서 인화점이 21℃ 미만인 것

### 유사문제 답안·해설

**01** 답안 ① 100  ② 20  ③ 40

보충 이러한 문제는 출제유형만 파악하고, 임시변통으로 핵심만 체크하는 수준에서 앞에서와 같이 암기해 두는 것이 좋다. → "신발비싸 특이한 발이거든"에서 해당되므로 → 신(인화점), 발화점(100℃), 비싸(비점 40℃), 특이한발(특수인화물 인화점 -20℃ 이하, 1석유류 21℃-휘발유)이다.

**02** 답안 (1) 인화성 고체
(2) 특수인화물
(3) 제1석유류

▶ 법령보기 ◀
㉮ 인화성고체라 함은 고형알코올 그밖에 1기압에서 인화점이 섭씨 40도 미만인 고체를 말한다.
㉯ 특수인화물이라 함은 이황화탄소, 디에틸에테르 그밖에 1기압에서 발화점이 섭씨 100도 이하인 것 또는 인화점이 섭씨 영하 20도 이하이고 비점이 섭씨 40도 이하인 것을 말한다.
㉰ 제1석유류라 함은 아세톤, 휘발유 그밖에 1기압에서 인화점이 섭씨 21도 미만인 것을 말한다.
※ 위험물안전관리법에도 디에틸에테르와 다이에틸에테르로 각각 다르게 표기되어 용어가 통일되어 있지 않다. 따라서 이 책의 내용에서는 이를 혼용하고 있으므로 양지하시기 바란다.

## 2 위험물의 분류와 지정수량

### (1) 개요

① **유(類)별 분류와 지정수량의 의미**: 위험물안전관리법에 적용을 받는 위험물에 대하여 제1류에서 제6류까지 구별하고, 각 유(類)별로 품명의 지정수량을 지정하고 있다. 지정수량이란 위험물안전관리법상에서 규정하는 수량을 말한다.

② **품명의 지정**: 품명의 지정은 지정대상 위험물의 화학적 조성, 형태 및 성상, 농도, 사용·저장상태, 특수 위험성 등에 따라 지정되었다.
[보기]
㉮ **화학적 조성**: 비슷한 성질을 가진 원소, 비슷한 성분과 조성을 가진 화합물은 각각 유사한 성질을 나타내기 때문에 화학적 성질이 유사한 화합물은 대체로 동일군의 품명으로 지정된다. 예를 들면, 산화성 고체물질군은 제1류 위험물로 산화성 액체물질군은 제6류 위험물로서 규제대상이 되고 있다.
㉯ **형태 및 성상**: 동일한 양의 물질이라도 형태에 따라 위험성에 차이가 있다. 예를 들면, Fe, Zn, Al분 등의 금속분은 보통 괴상(塊狀)은 규제대상이 아니지만 분상(粉狀)은 제2류 위험물로서 규제대상이 된다. 또한 동일한 산화성을 갖지만 **고체 산화물**인 경우는 **제1류** 위험물로 **액체 산화물**인 경우는 **제6류** 위험물로 분류된다.
㉰ **농도**: 위험성을 갖는 물질은 농도에 비례하여 위험성이 증가하게 된다. 예를 들면, $H_2O_2$(과산화수소) 3% 수용액은 흔히 소독제로 사용하는 물질이지만 **36wt% 이상**으로 농도가 높은 경우는 위험물로서 규제대상이 된다.
㉱ **사용·저장상태**: 동일 물품이라도 보관상태에 따라서 위험물로서 규제대상이 안될 수도 있다. 예를 들면, **동식물유류 10,000L 이상**이면 **제4류 위험물로서 규제**를 받지만 불연성 용기에 수납·밀전되어 저장 보관되어 있을 경우는 위험물안전관리법상 위험물로 보지 않는다.
㉲ **특수 위험성**: 일반 위험보다도 특수 위험성을 우선하여 지정된다. 예를 들면 액체상의 유기과산화물은 과산화디알킬(R-O-O-R) 구조를 가지므로 가연성·인화성 액체이다. 그러므로 제4류 위험물로 분류될 수 있으나 **유기과산화물의 자기반응성**에 따른 특수 위험성이 중시되었기 때문에 **제5류** 위험물로 분류되고 있다.

### (2) 위험물의 분류 및 지정수량

① 위험물의 분류 · 품명 · 지정수량 : 위험물안전관리법에 따른 위험물의 분류와 품명 및 지정수량은 다음과 같다.

| 유(類)별 | 성질 | 품명 | | | 지정수량 |
|---|---|---|---|---|---|
| 제1류 | 산화성 고체 | • 무기과산화물<br>• 염소산염류, 아염소산염류, 과염소산염류 | | | 50kg |
| | | • 질산염류<br>• 퍼옥소이황산염류<br>• 아이오딘산염류(요오드산염류)<br>• 브로민산염류(브롬산염류) | | | 300kg |
| | | • 과망가니즈산염류(과망간산염류)<br>• 다이크로뮴산염류(중크롬산염류) | | | 1,000kg |
| 제2류 | 가연성 고체 | 황화인, 적린, 유황 | | | 100kg |
| | | 철분, 금속분, 마그네슘 | | | 500kg |
| | | 인화성 고체(소디움메틸레이트, 마그네슘에틸레이트 등) | | | 1,000kg |
| 제3류 | 자연발화성 물질 및 금수성 물질 | 칼륨, 나트륨, 알킬알루미늄, 알킬리튬 | | | 10kg |
| | | 황린 | | | 20kg |
| | | 알칼리금속(칼륨 및 나트륨 제외) 및 알칼리토금속 | | | 50kg |
| | | 유기금속화합물(알킬알루미늄 및 알킬리튬 제외) | | | 50kg |
| | | 금속의 수소화물, 금속의 인화물, 칼슘 또는 알루미늄의 탄화물 | | | 300kg |
| 제4류 | 인화성 액체 | 특수인화물(이황화탄소, 산화프로필렌, 아세트알데하이드 등) | | | 50L |
| | | 제1석유류 | 비수용성(휘발유, 벤젠, 톨루엔, 초산에틸 등) | | 200L |
| | | | 수용성(아세톤, 사이안화수소, 피리딘 등) | | 400L |
| | | 알코올류(메틸알코올, 에틸알코올, 아이소프로필알코올 등) | | | 400L |
| | | 제2석유류 | 비수용성(등유, 경유, 자일렌, 스티렌, 클로로벤젠 등) | | 1,000L |
| | | | 수용성(아크릴산, 하이드라진(히드라진), 에틸렌디아민 등) | | 2,000L |
| | | 제3석유류 | 비수용성(중유, 아닐린, 벤질알코올, 나이트로벤젠 등) | | 2,000L |
| | | | 수용성(에틸렌글리콜, 글리세린, 올레인산 등) | | 4,000L |
| | | 제4석유류(윤활유, 실린더유, 기어유, 트라이벤질페놀, 메탄술폰산 등) | | | 6,000L |
| | | 동식물유류(아마인유, 피마자유, 야자유, 채종유, 올리브유 등) | | | 10,000L |
| 제5류 | 자기반응성 물질 | • 유기과산화물<br>• 질산에스터(질산에스테르)류<br>• 나이트로화합물(니트로화합물)<br>• 나이트로소화합물(니트로소화합물)<br>• 아조화합물<br>• 다이아조화합물(디아조화합물)<br>• 하이드라진 유도체(히드라진 유도체)<br>• 하이드록실아민(히드록실아민)<br>• 하이드록실아민(히드록실아민)염류 | | | 1종<br>10kg<br><br>2종<br>100kg |
| 제6류 | 산화성 액체 | 과염소산, 과산화수소, 질산, 할로젠간화물 | | | 300kg |

② **지정수량의 표시와 의미**
　㉮ **지정수량의 표시** : 고체에 대하여는 질량(kg)으로, 액체는 용량(L)으로 나타내고 있다. 단, 제6류 위험물은 액체인데도 "kg"으로 표시하고 있는데, 이는 비중을 보다 엄격히 규제하고자 하는 의미가 있다.

**∥ 제6류 위험물의 종류와 비중 ∥**

| 구분 | 질산($HNO_3$) | 과염소산($HClO_4$) | 과산화수소($H_2O_2$) |
|---|---|---|---|
| 비중 | 1.5<br>(비중 1.49 이상) | 1.76 | 1.5 |

　㉯ **지정수량과 위험성** : 지정수량이 적은 물품은 큰 물품보다 더 위험하고 동량의 것은 대체로 비슷하며, 지정수량을 초과했다 하여 갑자기 위험성이 생기는 것은 **아니다**. 따라서 지정수량의 크기에 따라 위험성의 크기를 등급으로 분류해서는 안 된다.

　㉰ **2 이상 품명을 갖는 위험물의 수량 환산** : 지정수량에 미달하는 위험물을 2 이상의 품명이 동일한 장소 또는 시설에서 제조·저장 또는 취급할 경우에 품명별로 제조·저장 또는 취급하는 수량을 품명별 지정수량으로 나누어 얻은 수의 합계가 1 이상이 될 때에는 이를 지정수량 이상의 위험물로 본다.

　〈산정〉 지정수량 합계 산정

$$\text{지정수량 배수 합계} = \frac{\text{A품명의 수량}}{\text{A품명의 지정수량}} + \frac{\text{B품명의 수량}}{\text{B품명의 지정수량}} + \cdots +$$

　〈규제 적용〉 계산 값 ≥ 1일 때 ➡ 위험물로 분류
　　　　　　　　　　　　　　➡ 위험물안전관리법의 규제를 받음
　　　　　　　계산 값 < 1일 때 ➡ 소량 위험물로 분류
　　　　　　　　　　　　　　➡ 지방자치단체의 조례에 따른 규제를 받음

　㉱ **지정수량 미만인 위험물의 저장·취급** : 지정수량 미만인 위험물의 저장 또는 취급에 관한 기술상의 기준은 특별시·광역시·특별자치시·도 및 특별자치도(시·도)의 **조례로 정한다**.

## 개념문제

다음 괄호 안에 알맞은 답을 쓰시오. [22,25]

| 위험물 | | | | 지정수량 |
|---|---|---|---|---|
| 유별 | 성질 | 품명 | | |
| 제1류 | 산화성 고체 | 질산염류 | | 300kg |
| | | 아이오딘산염류(요오드산염류) | | ( ④ )kg |
| | | 과망가니즈산염류(과망간산염류) | | 1,000kg |
| | | ( ② ) | | 1,000kg |
| 제2류 | ( ① ) | 철분 | | 500kg |
| | | 금속분 | | 500kg |
| | | 마그네슘 | | 500kg |
| | | ( ③ ) | | 1,000kg |
| 제4류 | 인화성 액체 | 제2석유류 | 비수용성 액체 | ( ⑤ )L |
| | | | 수용성 액체 | 2,000L |
| | | 제3석유류 | 비수용성 액체 | 2,000L |
| | | | 수용성 액체 | ( ⑥ )L |

**Hack 답안지**
① 가연성 고체
② 다이크로뮴산염류(중크롬산염류)
③ 인화성 고체
④ 300
⑤ 1,000
⑥ 4,000

▶ 법령보기 ◀

| 위험물 | | | | 지정수량 |
|---|---|---|---|---|
| 유별 | 성질 | 품명 | | |
| 제1류 | 산화성 고체 | 질산염류 | | 300킬로그램 |
| | | 아이오딘산염류 | | 300킬로그램 |
| | | 과망가니즈산염류 | | 1,000킬로그램 |
| | | 다이크로뮴산염류 | | 1,000킬로그램 |
| 제2류 | 가연성 고체 | 철분 | | 500킬로그램 |
| | | 금속분 | | 500킬로그램 |
| | | 마그네슘 | | 500킬로그램 |
| 제4류 | 인화성 액체 | 제2석유류 | 비수용성액체 | 1,000리터 |
| | | | 수용성액체 | 2,000리터 |
| | | 제3석유류 | 비수용성액체 | 2,000리터 |
| | | | 수용성액체 | 4,000리터 |

📘 **보충**  이 문제는 위험물의 류별 성질, 품명, 지정수량을 암기하고 있지 않으면 해결하기 어렵다. 필답형 서술형 시험을 대비하기 위해서는 꼭 암기해 두어야 하는 내용이다.

**[시범풀이]**
저자의 암기방법으로 "제1류 위험물 ②항과 ④항"을 해결해 보이겠다.

■ 제1류 위험물
Ⓐ 저자가 소개하는 암기법으로 제1류 내용을 나열한다.

```
─────────── 이승원의 제1류 암기법 ───────────
■ 일류산 / 씨(Cl)무아과 먹고 / 퍼질브싸요 ~ 이 / 건망증오셨써
• 일류산 일본 : 1류 – 산화성고체, Ⅰ등급
• 씨(Cl) : 염소산염류            • 무 : 무기과산화물         • 아 : 아염소산염류
• 과 먹고 : 과염소산염류 … 먹고(50kg)
• 퍼 : 퍼옥소이황산염류          • 질 : 질산염류             • 브 : 브로민산염류(브롬산염류)
• 싸요 ~ 이 : 싸(300kg), 아이오딘산염류(요오드산염류) … ~이(Ⅱ)등급
• 건망 : 과망가니즈산염류(과망간산염류)    • 증 : 다이크로뮴산염류(중크롬산염류)
• 오셨써(thousand) : 구간별 지정수량 → 50kg, 300kg, 1000kg
```

Ⓑ 해당 내용에서 품명 및 지정수량을 찾는다.
➡ 일류산 ~ … ~ 건망증오셨써 (1000) → 건망 : 과망가니즈산염류   증 : 다이크로뮴산염류(중크롬산염류)
∴ ②항에는 다이크로뮴산칼륨으로 기재한다.

Ⓒ 해당 내용에서 지정수량을 찾는다.
➡ 일류산 ~ … ~ 퍼질브싸요(300) : 아이오딘산염류(요오드산염류)의 지정수량은 300kg이다.
∴ ④항에는 300kg으로 기재한다.

■ 제2류 위험물
Ⓐ 먼저 저자가 소개하는 암기법으로 제2류 내용을 나열한다.

```
─────────── 이승원의 제2류 암기법 ───────────
■ 2류가 / 화적들 빽(hundred)이라면 마금철은 500인고? 원참 ~ 왕초는 없고 화적들만 꼬이네
• 이류가 : 2류 가연성고체
• 화 : 황화인                    • 적 : 적린
• 들 빽 : 단어의 복수형 – s (S) – 빽(hundred) 100kg
• 마 : 마그네슘                  • 금 : 금속분
• 철 500 : 철분 – 500kg          • 인고 원참 : 인화성고체 – 1000kg
• 왕초는 없고 화적들만 꼬이네 : Ⅰ등급 없음, "화" "적" "들"만 Ⅱ등급
```

Ⓒ 해당 내용에서 지정수량 1000kg인 것은;
➡ … ~ 인고? 원참 ~ : 인화성고체 – 1000kg
∴ ③항에는 인화성 고체로 기재한다.

■ 제4류 위험물
Ⓐ 먼저 저자가 소개하는 암기법으로 제4류 내용을 나열한다.

---
**이승원의 제4류 암기법**

- ■ 싸인 똥만 하나 빼서이사. 둘은 비행기-배로. 셋이나, 넷은 더 기죽어 – 알짜·화물 다 보내 / 1화물에 2 알씩 묶어서
- 싸인 : 4류위험물 , 인화성 액체
- 똥만 : 동식물유류 – 만(10000)L
- 하나빼서 이사 : 1석유류 – 빼(비)수용성(200L), 서(수)용성(400L)
- 둘은 비행기 배로 : 2석유류 – 비수용성(하늘, 1000L), 수용성(배로 2000L)
- 셋이나 : 3석유류 – 비수용성(이, 2000L), 수용성(나, 4000L)
- 넷은 더 기죽어 : 4석유류 : 실린더유, 기어유, 죽(6000L)
- 알짜 : 알코올류 – 짜(400L)
- 화물 다 보내 : 특수인화물 – 다(다섯, 50L)
- 1화물에 2알씩 묶어서 : Ⅰ등급 – 특수인화물, Ⅱ등급 – 알코올류·1석유루

---

Ⓑ 해당 내용에서 2석유류의 비수용성은 지정수량은:
➡ … ~ 둘은 비행기 배로 : 2석유류 – 비수용성(하늘, 1000L), 수용성(버로 2000L)
∴ ⑤항에는 1000L로 기재한다.

Ⓒ 해당 내용에서 3석유류의 비수용성은 지정수량은:
➡ … ~ 셋이나 : 3석유류 – 비수용성(이, 2000L), 수용성(나, 4000L)
∴ ⑥항에는 4000L로 기재한다.

 **개념문제**

다음은 제4류 위험물의 지정수량을 나타낸 것이다. 옳은 것을 [보기]에서 골라 그 번호를 쓰시오. (단, 없는 경우, "없음"이라고 쓰시오.) [21]

① 테레핀유 – 2,000L  ② 실린더유 – 6,000L  ③ 아닐린 – 2,000L
④ 피리딘 – 400L     ⑤ 산화프로필렌 – 200L

**Hack 답안지** ②, ③, ④

▶ 법령보기 ◀

| 위험물 | | | | 지정수량 |
|---|---|---|---|---|
| 유별 | 성질 | 품명 | | |
| 제4류 | 인화성 액체 | 특수인화물 | | 50리터 |
| | | 제1석유류 | 비수용성액체 | 200리터 |
| | | | 수용성액체 | 400리터 |
| | | 알코올류 | | 400리터 |
| | | 제2석유류 | 비수용성액체 | 1,000리터 |
| | | | 수용성액체 | 2,000리터 |
| | | 제3석유류 | 비수용성액체 | 2,000리터 |
| | | | 수용성액체 | 4,000리터 |
| | | 제4석유류 | | 6,000리터 |
| | | 동식물유류 | | 10,000리터 |

**보충** 이 문제는 위험물의 류별 성질, 품명, 지정수량을 암기하고 있지 않으면 해결하기 어렵다. 답형 서술형 시험을 대비하기 위해서는 꼭 암기해 두어야 하는 내용이다.

[시범풀이]
저자의 암기방법으로 "제4류 위험물"에 각 항목을 해결해 보이겠다.

㉮ 테레핀유(Terpene Oil, $C_{10}H_{16}$)가 포함된 유별, 품명은 암기법 중 "테"에 해당한다.

● **이승원의 제2석유 암기법** ●

■ 이런 큰등 송장틸테 / 경비(처리수용) / 셀포수릴 얼른헤야디
• 송 : 송근유    • 장 : 장뇌유    • 틸 : 스티렌    • 테 : 테레핀유($C_{10}H_{16}$)
• 경 : 경유     • 비 : 비수용성 : 처(1000L)
• 리수용 : 2000L 이하(수용성)

∴ 테레핀유는 비수용성으로 지정수량은 1000L이다. ①항은 틀리다.

㉯ 실린더유(Cylinder Oil)가 포함된 유별, 품명은 위의 암기법 중 "넷은 더 기죽어"에 해당한다.

● **이승원의 제4류 암기법** ●

■ 싸인 똥만 하나 빼서이사, 둘은 비행기-배로, 셋이나, 넷은 더 기죽어 – 알짜화물 다 보내~
• 넷은 더 기죽어 : 4석유류 : 실린더유, 기어유, 죽(6000L)

∴ 실린더유의 지정수량은 6000L이므로 ②항은 옳다.

㉰ 아닐린(Aniline, $C_6H_7N$)이 포함된 유별, 품명은 암기법 중 "아"에 해당한다.

---
● **이승원의 제3석유 암기법** ●

■ 세째 아벤니 또? / 에글리고 올레? 4층 수유실로
- 아 : 아닐린
- 벤 : 벤질알코올
- 니 또 : 니트로벤젠(나이트로벤젠) – 또(둘) – 2000L(비수용성)
---

∴ 아닐린의 지정수량은 2000L이다. ③항은 옳다.

㉱ 피리딘(Pyridine, $C_5H_5N$)이 포함된 유별, 품명은 암기법 중 "피"에 해당한다.

---
● **이승원의 제1석유 암기법** ●

■ 1석 이조 휘둘조지메삐서 – 아씨피나네~
- 아 : 아세톤
- 시 : 시안화수소(사이안화수소)
- 피 : 피리딘
- 나네 : 넷(400L)
---

∴ 피리딘의 지정수량은 400L이다. ④항은 옳다.

㉲ 산화프로필렌(Propylene Oxide, $C_3H_6O$)이 포함된 유별, 품명은 암기법 중 "싼"에 해당한다.

---
● **이승원의 특수인화물 암기법** ●

■ 특수한 오일 아이디에 – 싼걸로 에들 풀어 불고 에라 – 발뻗고 인자 코자~
- **특수한 오일** : 특수인화물, 50L, Ⅰ등급
- **싼** : 산화프로필렌($CH_3CHOCH_2$)
- **걸로** : 클로로아세톤($C_3H_5ClO$) 등
---

∴ 산화프로필렌의 지정수량은 50L이다. ⑤항은 틀리다.

### 유사문제

**01** 다음 [표]의 번호에 대한 유별과 지정수량을 각각 쓰시오. [19,22]

| 품명 | 유별 | 지정수량 |
|---|---|---|
| 황린 | 제3류 위험물 | 20kg |
| 칼륨 | ① | ② |
| 나이트로화합물 | ③ | ④ |
| 아조화합물 | ⑤ | ⑥ |
| 질산염류 | ⑦ | ⑧ |

**02** 다음 위험물의 지정수량을 쓰시오. [07,15]
(1) 탄화알루미늄
(2) 황린
(3) 트라이에틸알루미늄
(4) 리튬

**03** 다음 위험물의 지정수량을 쓰시오. [04]
(1) 질산염류
(2) 유황
(3) 특수인화물

**04** 다음 괄호 안에 알맞은 말을 쓰시오. [11]

| 품명 | 지정수량 (L) | 명칭 | 위험 등급 |
|---|---|---|---|
| ( ① ) | 50 | 디에틸에테르 | I |
| 제3석유류 | ( ② ) | 중유 | ( ③ ) |
| ( ④ ) | ( ⑤ ) | 실린더유 | III |

**05** 다음 위험물의 지정수량을 쓰시오. [11]
(1) 아세틸퍼옥사이드(1종)
(2) 과망가니즈산암모늄
(3) 칠황화인

**06** 다음 위험물의 지정수량을 쓰시오. [08,18]
(1) 다이크로뮴산나트륨
(2) 수소화나트륨
(3) 나이트로글리세린(2종)

**07** 다음 위험물의 유별과 지정수량을 쓰시오. [07,12]
(1) 칼륨
(2) 질산염류
(3) 나이트로화합물(2종)
(4) 질산

**08** 다음 중 지정수량이 10kg이 아닌 위험물을 모두 적으시오. [05]

- 황린
- 황화인
- 질산은
- 바륨
- 라듐
- 칼륨
- 나트륨
- 알킬리튬

**09** 다음 각 위험물의 지정수량을 쓰시오. [19]
(1) 중유
(2) 경유
(3) 디에틸에테르(다이에틸에터)
(4) 아세톤

## 유사문제 답안·해설

**01** **답안** ① 제3류 위험물  ② 10kg
③ 제5류 위험물  ④ 제1종(10kg), 제2종(100kg)
⑤ 제5류 위험물  ⑥ 제1종(10kg), 제2종(100kg)
⑦ 제1류 위험물  ⑧ 300kg

▶ 법령보기 ◀

| 위험물 | | | 지정수량 |
|---|---|---|---|
| 유별 | 성질 | 품명 | |
| 제1류 | 산화성고체 | 질산염류 | 300킬로그램 |
| 제3류 | 자연발화성물질 및 금수성물질 | 칼륨 | 10킬로그램 |
| | | 황린 | 20킬로그램 |
| 제5류 | 자기반응성물질 | 나이트로화합물 | 제1종 : 10킬로그램 |
| | | 아조화합물 | 제2종 : 100킬로그램 |

**보충** 이 문제는 위험물의 유별 성질, 품명, 지정수량을 암기하고 있지 않으면 해둘기 어렵다. 따라서 오래 기억에 담아두기 위해서는 다음과 같이 암기하는 방법을 고려해 볼 수 있다.

**[시범풀이]**
"칼륨(K)"과 관련되는 ①, ② 항목에 대하여 저자가 풀이해 보이겠다.

■ 칼륨(K) → 자연발화성·금수성 → 제3류 위험물

Ⓐ 먼저 저자가 소개하는 암기법으로 내용을 나열한다.

┌─────── 이승원의 제3류 암기법 ───────┐
■ 삼연승 칼린(KA-LiN) 짱 / 피포두 / 알토란 유기하고 / 수인선 안타서
• 삼연승 : 3류, 자연발화성, 금수성
• 칼린(KALiN) 짱 : K, 알킬Al, 알킬Li, Na – 10kg
• 피포두 : $P_4$ – 20kg
• 알토란 : 알칼리금속, 알칼리토금속
• 유기하고 : 유기금속화합물, 고(50kg)
• 수인선 안타서 : 금속의 수소화물, 금속의 인화물, 칼슘 또는 알루미늄의 탄화물(300kg)
└──────────────────────────┘

Ⓑ 해당 내용에서 칼륨의 유별은 ⋯ ➡ **삼연승** ~ ⋯ ~ : 3류, 자연발화성, 금수성
∴ ①항에는 제3류 위험물로 기재한다.
Ⓒ 칼륨의 지정수량은 ⋯, ➡ **칼린(KA-LiN) 짱** : K, 알킬Al, 알킬Li, Na – 10kg
∴ ②항에는 10kg으로 기재한다.

■ 나이트로화합물(니트로화합물) → 자기반응성 → 제5류 위험물
Ⓐ 먼저 저자가 소개하는 암기법으로 내용을 나열한다.

---
**이승원의 제5류 암기법**

■ 오짜 기집에 짱 / 힘디조아 니도 이젠 / 백 헤드록 당해 / 종일 입에 거품 물꺼야
• 5짜 : 5류, 자기반응성         • 기 : 유기과산화물
• 집에 : 질산에스터류(질산에스테르류)
• 짱 : 이상 10kg(개정전 구법기준), Ⅰ등급
• 힘 : 하이드라진 유도체(히드라진 유도체)
• 디 : 다이아조화합물(디아조화합물)
• 조아 : 아조화합물
• 니도 : 니트로(나이트로)화합물, 나이트로소화합물(니트로소화합물)
• 이젠 : 200kg (개정전 구법기준)
• 백 : 100kg (개정전 구법기준)
• 헤드록 당해 : 하이드록실아민(히드록실아민), 하이드록실아민(히드록실아민)염류
• 종일 입에 거품 물꺼야(개정후 현행기준) : 제1종(10kg), 제2종(100kg)

---

Ⓑ 해당 내용에서 나이트로화합물(니트로화합물)의 유별은;
  ➡ 5짜 ~ … ~ 니도(니트로, 니트로소화합물) : 5류, 자기반응성
  ∴ ③항에는 제5류 위험물로 기재한다.
Ⓒ 나이트로화합물(니트로화합물)의 지정수량은 ➡ 니도 : 니트로, 니트로소화합물
  ➡ 종일 입에 거품 물꺼야 : 제1종(10kg), 제2종(100kg)
  ∴ ④항에는 제1종(10kg), 제2종(100kg)으로 기재한다.
Ⓓ 해당 내용에서 아조화합물의 유별은 …,
  ➡ 5짜 ~ … ~ (디 : 디아조화합물, 조아 : 아조화합물) : 5류, 자기반응성
  ∴ ⑤항에는 제5류 위험물로 기재한다.
Ⓔ 아조화합물의 지정수량은; ➡ 디 : 디아조화합물, 조아 : 아조화합물
  ➡ 종일 입에 거품 물꺼야 : 제1종(10kg), 제2종(100kg)
  ∴ ⑥항에는 제1종(10kg), 제2종(100kg)으로 기재한다.

■ 질산염류 → "과산화물, 염류" → 산화성 고체 → 제1류 위험물
Ⓐ 먼저 저자가 소개한 암기법으로 기억된 내용을 나열한다.

---
**이승원의 제1류 암기법**

■ 일류산 / 씨(Cl)무아과 먹고 / 퍼질브싸요 ~ 이 / 건망증오셨써
• 일류산 일본 : 1류 – 산화성고체, Ⅰ등급        • 씨(Cl) : 염소산염류
• 무 : 무기과산화물                              • 아 : 아염소산염류
• 과 먹고 : 과염소산염류 … 먹고(50kg)            • 퍼 : 퍼옥소이황산염류
• 질 : 질산염류                                  • 브 : 브로민산염류
• 싸요 ~ 이 : 싸(300kg), 아이오딘산염류(요오드산염류) … ~이(Ⅱ)등급
• 건망 : 과망가니즈산염류(과망간산염류)          • 증 : 다이크로뮴산염류(중크롬산염류)
• 오셨써(thousand) : 구간별 지정수량 → 50kg, 300kg, 1000kg

---

ⓑ 해당 내용에서 질산염류의 유별은; ➡ **일류산 일본** : 1류 – 산화성고체, Ⅰ등급
∴ ⑦항에는 제1류 위험물로 기재한다.
ⓒ 질산염류 지정수량은; ➡ **퍼질브싸요** : 싼다(300kg)
∴ ⑧항에는 300kg으로 기재한다.

## 02

**답안** (1) 300kg
(2) 20kg
(3) 10kg
(4) 50kg

▶ 법령보기 ◀

| 위험물 | | | 지정수량 |
|---|---|---|---|
| 유별 | 성질 | 품명 | |
| 제3류 | 자연발화성물질 및 금수성물질 | 알킬알루미늄 ⊃ (3) 트라이에틸알루미늄 | 10킬로그램 |
| | | 황린 ⊃ (2) | 20킬로그램 |
| | | 알칼리금속(K 및 Na 제외) 및 알칼리토금속 ⊃ (4) 리튬 | 50킬로그램 |
| | | 칼슘 또는 알루미늄의 탄화물 ⊃ (1) 탄화알루미늄 | 300킬로그램 |

## 03

**답안** (1) 300kg
(2) 100kg
(3) 50L

▶ 법령보기 ◀

| 위험물 | | | 지정수량 |
|---|---|---|---|
| 유별 | 성질 | 품명 | |
| 제1류 | 산화성고체 | 질산염류 | 300킬로그램 ⊃ (1) |
| 제2류 | 가연성고체 | 황 | 100킬로그램 ⊃ (2) |
| 제4류 | 인화성액체 | 특수인화물 | 50리터 ⊃ (3) |

## 04

**답안** ① 특수인화물 ② 2,000 ③ Ⅲ ④ 제4석유류 ⑤ 6,000

▶ 법령보기 ◀

| 위험물 | | | | 지정수량 | 위험등급 |
|---|---|---|---|---|---|
| 유별 | 성질 | 품명 | 명칭 | | |
| 제4류 | 인화성 액체 | 특수인화물 ⊃ (①) | 디에틸에테르 | 50리터 | Ⅰ |
| | | 제3석유류 | 중유 | 2000리터 ⊃ (②) | Ⅲ ⊃ (③) |
| | | 제4석유류 ⊃ (④) | 실린더유 | 3000리터 ⊃ (⑤) | Ⅲ |

## 05

**답안** (1) 10kg
(2) 1000kg
(3) 100kg

**보충** 아세틸퍼옥사이드[Acetyl Peroxide, $(CH_3CO)_2O_2$]는 두 개의 아세틸기($-CH_3CO$)가 산소로 연결되어 있는 구조이다. 아세틸렌퍼옥사이드[Acetyl Peroxide, $(CH_3CO)_2O_2$]가 속한 품명은 유기과산화물이고, 제5류 위험물(자기반응성 물질)로 분류되며, **1종의 지정수량 10kg**, 위험등급 Ⅰ등급물질로 지정·관리되고 있다.

과망가니즈산암모늄(Ammonium Permanganate, $NH_4MnO_4$)이 속한 품명은 과망가니즈산염류이고, 제1류 위험물(산화성 고체)로 분류되며, **지정수량 1000kg**, 위험등급 Ⅲ등급물질로 지정·관리되고 있다.

칠황화인(Phosphorus Heptasulfide, $P_4S_7$)이 속한 품명은 황화인이고, 제2류 위험물(가연성 고체)로 분류되며, **지정수량 100kg**, 위험등급 Ⅱ등급물질로 지정·관리되고 있다.

## 06

**답안** (1) 1000kg
(2) 300kg
(3) 100kg

**보충** 다이크로뮴산염류($K_2Cr_2O_7$, $Na_2Cr_2O_7$, $CaCr_2O_7$ 등)는 산화성 고체로 제1류 위험물로 분류되며, **지정수량 1,000kg**, 위험등급 Ⅲ이다.

수소화나트륨은 자연발화성물질 및 금수성물질로서 제3류 위험물로 분류되며, 품명은 금속의 수소화물, **지정수량 300kg**, 위험등급 Ⅲ이다.

나이트로글리세린은 자기반응성 물질로 제5류 위험물로 분류되며, 품명은 나이트로화합물(니트로화합물), **지정수량은 2종 100kg(위험등급 Ⅱ), 1종 10kg(위험등급 Ⅰ)**이다.

## 07

**답안** (1) 제3류 위험물, 10kg
(2) 제1류 위험물, 300kg
(3) 제5류 위험물(2종), 100kg
(4) 제6류 위험물, 300kg

▶ 법령보기 ◀

| 위험물 | | | 지정수량 |
|---|---|---|---|
| 유별 | 성질 | 품명 | |
| 제1류 | 산화성고체 | 질산염류 | 300킬로그램 |
| 제3류 | 자연발화성물질 및 금수성물질 | 칼륨 | 10킬로그램 |
| 제5류 | 자기반응성물질 | 나이트로화합물 | 제1종 : 10킬로그램<br>제2종 : 100킬로그램 |
| 제6류 | 산화성액체 | 질산 | 300킬로그램 |

## 08 답안 황린, 황화인, 질산은, 바륨, 라듐

▶ 법령보기 ◀

| 위험물 | | | 지정수량 |
|---|---|---|---|
| 유별 | 성질 | 품명 | |
| 제1류 | 산화성고체 | 질산염류 | 300킬로그램 |
| 제2류 | 가연성고체 | 황화인 | 100킬로그램 |
| 제3류 | 자연발화성물질 및 금수성물질 | 칼륨 | 10킬로그램 |
| | | 나트륨 | 10킬로그램 |
| | | 알킬알루미늄 | 10킬로그램 |
| | | 알킬리튬 | 10킬로그램 |
| | | 황린 | 20킬로그램 |
| | | 알칼리금속(칼륨 및 나트륨 제외) 및 알칼리토금속 | 50킬로그램 |

[비고]
- 칼슘, 베릴륨, 바륨 등은 알칼리토금속에 속한다.
- K, Na, Li 등은 알칼리금속에 속한다.

● 참고 ●

**알칼리토금속의 이화학적 특성**

| 구분 | 칼슘(Ca) | 베릴륨(Be) | 스트론튬(Sr) | 바륨(Ba) | 라듐(Ra) |
|---|---|---|---|---|---|
| 강도 | 금속 | 금속 | 금속(무름) | 금속(무름) | 금속(방사성) |
| 비중 | 1.55 | 1.85 | 2.64 | 3.5 | 5.5 |
| 색상 | 은백색 | 회백색 | 은백색~노란색 | 은백색 | 은백색 |
| 불꽃색 | 주홍색 | 없음 | 붉은색 | 황록색 | 분홍색 |
| 화학반응성 | 반응성 큼 | 반응성 큼 | Ca보다 반응성 큼 | Sr보다 반응성 큼 | 가장 격렬함 |

## 09 답안
(1) 2000L
(2) 1000L
(3) 50L
(4) 400L

▶ 법령보기 ◀

| 유별 | 위험물 | | | 지정수량 |
|---|---|---|---|---|
| | 성질 | 품명 | | |
| 제4류 | 인화성 액체 | 특수인화물 ⊃ (다이에틸에테르) | | 50리터 |
| | | 제1석유류 | 비수용성액체 | 200리터 |
| | | | 수용성액체 ⊃ (아세톤) | 400리터 |
| | | 알코올류 | | 400리터 |
| | | 제2석유류 | 비수용성액체 ⊃ (경유) | 1,000리터 |
| | | | 수용성액체 | 2,000리터 |
| | | 제3석유류 | 비수용성액체 ⊃ (중유) | 2,000리터 |
| | | | 수용성액체 | 4,000리터 |
| | | 제4석유류 | | 6,000리터 |
| | | 동식물유류 | | 10,000리터 |

**圖 보충** 이 문제는 위험물의 유별 성질, 품명, 지정수량을 암기하고 있지 않으면 해결하기 어렵다. 따라서 오래 기억에 담아두기 위해서는 다음과 같이 암기하는 방법을 고려해 볼 수 있다.

[시범풀이]

"중유, 경유, 디에틸에테르(다이에틸에터), 아세톤"은 모두 "제4류 위험물이다."라는 항목을 저자가 풀이해 보이 겠다. 4류 위험물 전체를 암기하는 것이므로 내용이 좀 많은 편이다.

- 중유 : 중유는 제4류 위험물 – 3석유류이다.

┌─────────────── 이승원의 제3석유류 암기법 ───────────────┐

■ 세째 아벤니 또? / 에글리고 올레? 4층 수유실로

- 세 : 3석유류
- 째 : 중유
- 아 : 아닐린
- 벤 : 벤질알코올
- 니 또 : 니트로벤젠 – 또(둘) – 2000L
- 에 : 에틸렌글리콜
- 글리고 : 글리세린
- 올레 : 올레인산
- 4층 수유실로 : 4000L(수용성)

└─────────────────────────────────────────────────────┘

∴ 암기한 내용에서 중유는 "째"에 해당하는데, 니트로벤젠(나이트로벤젠)까지 2000L이므로 중유의 지정수 량도 2000L가 된다.

- 경유 : 경유는 제4류 위험물 – 2석유류이다.

┌─────────────── 이승원의 제2석유류 암기법 ───────────────┐

■ 이런 큰등 송장틸테/ 경비(처리수용) / 셀포수릴 얼른헤야디

- 이 : 2석유류
- 런 : 자일렌(파라, 메타)
- 큰 : 클로로벤젠
- 등 : 등유
- 송 : 송근유
- 장 : 장뇌유
- 틸 : 스티렌
- 테 : 테레핀유
- 경 : 경유
- 비 : 비수용성
- 처 : 천(1000)(이상 비수용성)
- 리수용 : 2000L(이하) 수용성 – 성수기는 2000
- 셀 : 셀로솔브(메틸, 에틸, 프로필, 부틸)
- 포 : 폼산
- 수 : 수용성
- 릴 : 아크릴산
- 얼른 : 빙(氷)초산
- 헤 : 하이드라진
- 야디 : 에틸렌디아민

└─────────────────────────────────────────────────────┘

∴ 암기한 내용에서 경유는 "경"에 해당하며, 경유까지 비수용성이며, 지정수량은 1000L가 된다.

- 디에틸에테르(다이에틸에터) : 디에틸에테르는 제4류 위험물 – 특수인화물이다.

> **이승원의 특수인화물 암기법**
>
> ■ 특수한 오일 아이디에 – 싼걸로 에들 풀어 불고 에라 – 발뻗고 인자 코자~
> - **특수한 오일** : 특수인화물, 50L, I 등급
> - **이** : 이황화탄소
> - **싼** : 산화프로필렌
> - **에들(한테)** : 에틸브로마이드
> - **발뻗고** : 발화점 100℃ 이하
> - **아** : 아세트알데히드
> - **디에** : 디에틸에테르
> - **걸로** : 클로로아세톤
> - **풀어 불고** : 플로로톨루엔
> - **인자(자승)** : 인화점 -20℃ 이하
> - **에라** : 에틸퓨란
> - **코(鼻)자** : 비점 40℃

∴ 암기한 내용에서 디에틸에테르는 "디에"에 해당하며, 지정수량은 50L가 된다.

- 아세톤 : 아세톤은 제4류 위험물 – 1석유류이다.

> **이승원의 제1석유류 암기법**
>
> ■ 1석 이조 휘둘조지메삐서 – 아씨피나네~
> - **1석** : 1석유류
> - **휘** : 휘발유
> - **조** : 초산에틸
> - **메** : 메틸에틸케톤
> - **아** : 아세톤
> - **피** : 피리딘
> - **이조(22)** : 200L, II 등급
> - **둘** : 톨루엔
> - **지** : 벤젠
> - **삐서** : 이상 비수용성, 이하 수용성
> - **시** : 시안화수소(사이안화수소)
> - **나네** : 넷(400L)

∴ 암기한 내용에서 아세톤은 "아"에 해당하며, 수용성으로 지정수량은 400L가 된다.

### 개념문제

다음 위험물들의 지정수량 합계는 얼마인가? (단, 1, 2, 3석유류는 수용성이다.)  [07,08,16②,20]

- 다이에틸에터 : 100L
- 제1석유류 : 200L
- 제2석유류 : 2,000L
- 제3석유류 : 6,000L
- 제4석유류 : 12,000L

**Hack 답안지** 지정수량의 배수 합계 $= \dfrac{100}{50} + \dfrac{200}{400} + \dfrac{2,000}{2,000} + \dfrac{6,000}{4,000} + \dfrac{12,000}{6,000} = 7$ 배

▶ 법령보기 ◀

▫ 둘 이상의 위험물을 같은 장소에서 저장 또는 취급하는 경우에 있어서 당해 장소에서 저장 또는 취급하는 각 위험물의 수량을 그 위험물의 지정수량으로 각각 나누어 얻은 수의 합계가 1 이상인 경우 당해 위험물은 지정수량 이상의 위험물로 본다.

| 위험물 | | | | 지정수량 | 비고 |
|---|---|---|---|---|---|
| 유별 | 성질 | 품명 | | | |
| 제4류 | 인화성 액체 | 특수인화물 | | 50리터 | 디에틸에테르 |
| | | 제1석유류 | 비수용성액체 | 200리터 | |
| | | | 수용성액체 | 400리터 | |
| | | 알코올류 | | 400리터 | |
| | | 제2석유류 | 비수용성액체 | 1,000리터 | |
| | | | 수용성액체 | 2,000리터 | |
| | | 제3석유류 | 비수용성액체 | 2,000리터 | |
| | | | 수용성액체 | 4,000리터 | |
| | | 제4석유류 | | 6,000리터 | |
| | | 동식물유류 | | 10,000리터 | |

▫ 디에틸에테르(다이에틸에터)는 특수인화물로서 지정수량 50L, 1석유류로서 수용성인 것의 지정수량은 400L, 2석유류로서 수용성인 것의 지정수량은 2000L, 3석유류로서 수용성인 것의 지정수량은 4000L이므로 각 위험물들의 지정수량의 배수를 구하여 합산하면 된다.

● 참고 ●

• 디에틸에테르 : 디에틸에테르(다이에틸에터)는 제4류 위험물 – 특수인화물이다.

▸ 이승원의 특수인화물 암기법 ◂

■ 특수한 오일 아이디에 – 싼걸로 에들 풀어 불고 에라 – 발뻗고 인자 코자~

• 특수한 오일 : 특수인화물, 50L, Ⅰ등급
• 이 : 이황화탄소
• 싼 : 산화프로필렌
• 에들(한테) : 에틸브로마이드
• 에라 : 에틸퓨란
• 인자(자승) : 인화점 -20℃ 이하
• 아 : 아세트알데하이드
• 디에 : 디에틸에테르
• 걸로 : 클로로아세톤
• 풀어 불고 : 플로로톨루엔
• 발뻗고 : 발화점 100℃ 이하
• 코(鼻)자 : 비점 40℃

∴ 암기한 내용에서 디에틸에테르는 "디에"에 해당하며, 지정수량은 50L이다.

• 제1석유류

▸ 이승원의 제1석유류 암기법 ◂

■ 1석 이조 휘둘조지메삐서 – 아씨피나네~

• 1석 : 1석유류
• 휘 : 휘발유
• 조 : 초산에틸
• 메 : 메틸에틸케톤
• 아 : 아세톤
• 피 : 피리딘
• 이조(22) : 200L, Ⅱ등급
• 둘 : 톨루엔
• 지 : 벤젠
• 삐서 : 이상 비수용성, 이하 수용성
• 시 : 시안화수소(사이안화수소)
• 나네 : 넷(400L)

∴ 암기한 내용에서 제1석유류의 수용성의 지정수량은 400L이다.

- 제2석유류

> **이승원의 제2석유류 암기법**
>
> ■ 이런 큰등 송장틸테/ 경비(처리수용) / 셀포수릴 얼른헤야디
> - 이 : 2석유류
> - 런 : 자일렌(파라, 메타)
> - 큰 : 클로로벤젠
> - 등 : 등유
> - 송 : 송근유
> - 장 : 장뇌유
> - 틸 : 스티렌
> - 테 : 테레핀유
> - 경 : 경유
> - 비 : 비수용성
> - 처 : 천(1000)(이상 비수용성)
> - 리수용 : 2000L(이하) 수용성 – 성수기는 2000
> - 셀 : 셀로솔브(메틸, 에틸, 프로필, 부틸)
> - 포 : 폼산
> - 수 : 수용성
> - 릴 : 아크릴산
> - 얼른 : 빙(氷)초산
> - 헤 : 하이드라진
> - 야디 : 에틸렌디아민

∴ 암기한 내용에서 제2석유류의 수용성의 지정수량은 2000L이다.

- 제3석유류

> **이승원의 제3석유류 암기법**
>
> ■ 세째 아벤니 또? / 에글리고 올레? 4층 수유실로
> - 세 : 3석유류
> - 째 : 중유
> - 아 : 아닐린
> - 벤 : 벤질알코올
> - 니 또 : 니트로벤젠 – 또(둘) – 2000L
> - 에 : 에틸렌글리콜
> - 글리고 : 글리세린
> - 올레 : 올레인산
> - 4층 수유실로 : 4000L(수용성)

∴ 암기한 내용에서 제3석유류의 수용성의 지정수량은 4000L이다.

- 제4석유류

> **이승원의 제4석유류 암기법**
>
> ■ 넷은 더 기죽어
> - 넷 : 4석유류
> - 더 : 실린더유
> - 기 : 기어유
> - 죽어 : 죽(6000L)

∴ 암기한 내용에서 제4석유류의 수용성의 지정수량은 6000L이다.

▫ 공식 : 지정수량의 배수 합계 $= \dfrac{\text{A품명의 수량}}{\text{A품명의 지정수량}} + \dfrac{\text{B품명의 수량}}{\text{B품명의 지정수량}} + \cdots +$

▫ 대입·계산 : 지정수량의 배수 합계 $= \dfrac{100}{50} + \dfrac{200}{400} + \dfrac{2,000}{2,000} + \dfrac{6,000}{4,000} + \dfrac{12,000}{6,000} = 7$ 배

### 유사문제

**01** 벤젠, 경유, 등유 각각 1,000L 저장 시 지정수량은 몇 배인지 계산하시오. [04,13]

**02** 어느 저장소에 다음과 같은 물질이 동일 장소에 저장되어 있다. 저장량은 지정수량의 몇 배인지 구하시오. (단, 계산식을 쓰시오.) [04,09,11,17]

- 메틸에틸케톤 : 1,000L
- 메틸알코올 : 1,000L
- 클로로벤젠 : 1,500L

**03** 제4류 위험물 중 비수용성인 제1석유류 200L, 제2석유류 500L, 제3석유류 1,000L, 제4석유류 6,000L의 환산 지정수량은 몇 배인지 계산하시오. [03,05]

**04** 아세톤 20리터 100개, 경유 200리터 5드럼의 지정수량 배수를 구하시오. [12,20]

**05** 트라이나이트로톨루엔 120kg, 마그네슘분 160kg, 아닐린이 동일한 장소에 저장되어 있다면 아닐린을 얼마로 저장할 경우 지정수량 이하가 되는지 계산하시오. [08]

**06** 유황 100kg, 철분 500kg, 질산염류 600kg을 저장하고 있다. 동일 장소에 저장되어 있을 경우, 저장량은 지정수량의 몇 배인지를 구하시오. [19]

### 유사문제 답안·해설

**01** **답안** 지정수량의 배수 $= \dfrac{1,000}{200} + \dfrac{1,000}{1,000} + \dfrac{1,000}{1,000} = 7$

**보충** □ 벤젠 : 제1석유류-비수용성의 지정수량 200L

---

**이승원의 제1석유류 암기법**

■ 1석 이조 휘둘조지메삐서 – 아씨피나네~

- 1석 : 1석유류
- 휘 : 휘발유
- 조 : 초산에틸
- 메 : 메틸에틸케톤
- 아 : 아세톤
- 피 : 피리딘

- 이조(22) : 200L, Ⅱ등급
- 둘 : 톨루엔
- 지 : 벤젠
- 삐서 : 이상 비수용성, 이하 수용성
- 시 : 시안화수소(사이안화수소)
- 나네 : 넷(400L)

□ 경유 : 제2석유류-비수용성의 지정수량 1000L

---
**이승원의 제2석유류 암기법**

■ 이런 큰등 송장틸테 / 경비(처리수용) / 셀포수릴 얼른헤야디
- 이 : 2석유류
- 런 : 자일렌(파라, 메타)
- 큰 : 클로로벤젠
- 등 : 등유
- 송 : 송근유
- 장 : 장뇌유
- 틸 : 스티렌
- 테 : 테레핀유
- 경 : 경유
- 비 : 비수용성
- 처 : 천(1000)(이상 비수용성)
- 리수용 : 2000L(이하) 수용성 - 성수기는 2000
- 셀 : 셀로솔브(메틸, 에틸, 프로필, 부틸)
- 포 : 폼산
- 수 : 수용성
- 릴 : 아크릴산
- 얼른 : 빙(氷)초산
- 헤 : 하이드라진
- 야디 : 에틸렌디아민
---

□ 등유 : 제2석유류-비수용성의 지정수량 1000L

∴ 지정수량의 배수 = $\dfrac{1,000}{200} + \dfrac{1,000}{1,000} + \dfrac{1,000}{1,000} = 7$

## 02

**답안** 지정수량의 배수 = $\dfrac{1,000}{200} + \dfrac{1,000}{400} + \dfrac{1,500}{1,000} = 9$

**보충**
- 메틸에틸케톤($CH_3COC_2H_5$)은 비수용성 → 지정수량은 200L
- 메틸알코올($CH_3OH$)은 수용성 → 지정수량은 400L
- 클로로벤젠($C_6H_5Cl$)은 비수용성 → 지정수량은 1,000L

∴ 지정수량의 배수 = $\dfrac{1,000}{200} + \dfrac{1,000}{400} + \dfrac{1,500}{1,000} = 9$

## 03

**답안** 지정수량의 배수 = $\dfrac{200}{200} + \dfrac{500}{1,000} + \dfrac{1,000}{2,000} + \dfrac{6,000}{6,000} = 3$

**보충**
- 제1석유류-비수용성의 지정수량 200L
- 제2석유류-비수용성의 지정수량 1000L
- 제3석유류-비수용성의 지정수량 2000L
- 제4석유류-비수용성의 지정수량 6000L

## 04

**답안** 지정수량의 배수 = $\dfrac{20L \times 100}{400L} + \dfrac{200L \times 5}{1,000L} = 6$

**보충**
- 아세톤 : 제4류 위험물-1석유류-수용성의 지정수량 400L
- 경유 : 제4류 위험물-2석유류-비수용성의 지정수량 1000L

## 05

**답안** 지정수량의 배수 $= \dfrac{120}{200} + \dfrac{160}{500} + \dfrac{x}{2,000} = 1.0$

∴ $x$ (= 아닐린의 저장량) = 160L

**보충** 지정수량 : 트라이나이트로톨루엔(200kg), 마그네슘분(500kg), 아닐린(2,000L)

⇨ $x = \left(1 - \dfrac{120}{200} - \dfrac{160}{500}\right) \times 2,000$  ∴ $x$ (= 아닐린의 저장량) = 160L

## 06

**답안** 지정수량 배수 합계 $= \dfrac{100}{100} + \dfrac{500}{500} + \dfrac{600}{300} = 4$

**보충** 지정수량의 배수를 구하는 문제에서 지금 문제와 같이 유별을 달리하여 출제될 수도 있다. 이 문제는 제2류 위험물인 유황(지정수량 100kg), 철분(지정수량 500kg)과 제1류 위험물인 질산염류(지정수량 300kg)를 혼성한 형태이다.

문제에서 제시한 각 품명별 지정수량을 아래의 공식에 이를 대입하여 지정수량의 배수를 산정한다.

▫ 공식 : 지정수량 배수 합계 $= \dfrac{\text{A품명의 수량}}{\text{A품명의 지정수량}} + \dfrac{\text{B품명의 수량}}{\text{B품명의 지정수량}} + \cdots +$

▫ 대입 · 계산 : 지정수량 배수 합계 $= \dfrac{100}{100} + \dfrac{500}{500} + \dfrac{600}{300} = 4$ 배

● 참고 ●

• 유황 · 철분 : 제2류 위험물

**이승원의 제2류 암기법**

- ■2류가 / 화적들 뺀(hundred)이라면 / 마금철은 오삼오 / 인고? – 원참 알고 나니 미안하지? / 왕초는 없고 화적들만 꼬이네
- 이류가 : 2류, 가연성고체
- 화 : 황화인
- 적 : 적린
- 들 뺀 : 단어의 복수형 – s (S) – 뺀(hundred) 100kg
- 마 : 마그네슘
- 금 : 금속분
- 철은 오삼오(불고기) : 철분 – 500kg, 53㎛, 50%(체하 제외)
- 인고 – 원참 알고 나니 미안하지? : 인화성고체 – 1000kg, 고형 알코올과 인화점 40℃ 미만
- 왕초는 없고 화적들만 꼬이네 : I 등급 없음, "화""적""들"만 II등급

• 질산염류 : 제1류 위험물

**이승원의 제1류 암기법**

- ■일류산 / 씨(Cl)무아과 먹고 / 퍼질브싸요 ~ 이 / 건망증오셨써
- 일류산 일본 : 1류 – 산화성고체, I 등급
- 씨(Cl) : 염소산염류
- 무 : 무기과산화물
- 아 : 아염소산염류
- 과 : 과염소산염류 … 먹고(50kg)
- 퍼 : 퍼옥소이황산염류
- 질 : 질산염류
- 브 : 브롬산염류
- 싸요 ~ 이 : 싸(300kg), 요오드산염류 … ~이(II)등급
- 건망 : 과망간염류(과망가니즈산염류)
- 증 : 중크롬산염류(다이크로뮴산염류)
- 오셨써(thousand) : 구간별 지정수량 → 50kg, 300kg, 1000kg

## 3 위험물의 조성 · 성상에 따른 특성

### (1) 산화성 물질(酸化性物質, Oxidizing Material) $\begin{cases} \circ \text{산화성 고체} \rightarrow \text{제1류 위험물} \\ \circ \text{산화성 액체} \rightarrow \text{제6류 위험물} \end{cases}$

① 산화성 고체 ➡ 제1류 위험물

※ 시험방법 $\begin{cases} \bullet \text{산화성 시험 : 연소시험, 대량 연소시험} \\ \bullet \text{충격 민감성 시험 : 낙구식 타격감도 시험, 철관시험} \end{cases}$

㉮ 산화성 고체(Oxidizing Solid)란 그 자체로 연소하지 않더라도 일반적으로 산소를 발생시켜 다른 물질을 연소시키거나 연소에 기여하는 고체를 말함

㉯ 대상 품명 · 지정수량 · 위험등급

| 성질 | 대표 품명 | 지정수량 | 위험 등급 |
|---|---|---|---|
| 산화성 고체 | • 무기과산화물($K_2O_2$, $Na_2O_2$, $CaO_2$, $MgO_2$, $Li_2O_2$ 등)<br>• 아염소산염류($KClO_2$, $NaClO_2$ 등)<br>• 염소산염류($KClO_3$, $NaClO_3$, $NH_4ClO_3$, $AgClO_3$ 등)<br>• 과염소산염류($KClO_4$, $NaClO_4$, $NH_4ClO_4$ 등) | 50kg | I |
| | • 질산염류($KNO_3$, $NaNO_3$, $NH_4NO_3$, $AgNO_3$ 등)<br>• 아이오딘산염류(요오드산염류)($KIO_3$, $NaIO_3$, $AgIO_3$ 등)<br>• 브로민산염류(브롬산염류)($KBrO_3$, $NaBrO_3$, $NH_4BrO_3$ 등)<br>• 퍼옥소이황산염류[$Na_2S_2O_8$, $(NH_4)_2S_2O_8$ 등] | 300kg | II |
| | • 과망가니즈산염류($KMnO_4$, $NaMnO_4$, $NH_4MnO_4$ 등)<br>• 다이크로뮴산염류($K_2Cr_2O_7$, $Na_2Cr_2O_7$, $CaCr_2O_7$ 등) | 1,000kg | III |

② 산화성 액체 ➡ 제6류 위험물

※ 시험방법 : 산화성 시험(연소시험)

㉮ 산화성 액체(Oxidizing Liquid)란 그 자체는 반드시 가연성을 가지지 않으나, 일반적으로 산소를 발생시켜 다른 물질을 연소시키거나 연소에 기여할 우려가 있는 액체를 말함

㉯ 대상품명 · 지정수량 · 위험등급

| 성질 | 품명 | 지정수량 | 위험 등급 |
|---|---|---|---|
| 산화성 액체 | • 과염소산($HClO_4$), 과산화수소($H_2O_2$), 질산($HNO_3$)<br>• 할로젠간화합물($BrF_3$, $BrF_5$, $IF_5$ 등) | 300kg | I |

> ● 참고 ●
>
> **소방법상 용어 정의**
> - 산화성 고체 : 1기압 및 20℃에서 기체(氣體) 외의 것을 말함
>   - 고체(固體)
>   - 액체(液體)로서 1기압, 20℃에서 액상인 것
>   - 20 ~ 40℃ 이하에서 액상인 것
> - 액상(液狀) : 수직 시험관(안지름 30mm, 높이 120mm의 원통형 유리관)에 시료를 55mm까지 채운 다음 당해 시험관을 수평으로 하였을 때, 시료액면의 선단이 **30mm**를 이동하는데 걸리는 시간이 **90초** 이내에 있는 것을 말함

**┃ 산화성 고체와 산화성 액체의 특성비교 ┃**

| 비교 | 산화성 고체 | 산화성 액체 |
|---|---|---|
| 비중 | • 대부분 무색 결정 또는 백색 분말<br>• 비중이 1보다 큼 | • 산화성 액체<br>• 비중이 1보다 큼 |
| 용해성 | 대부분 물에 잘 녹음 | 물에 잘 녹음 |
| 연소성 | • 일반적으로 불연성<br>• 산소를 많이 함유하고 있는 강산화제 | • 불연성<br>• 산소를 많이 함유한 조연성 물질 |
| 기타 반응성 | • 반응성 풍부<br>• 열, 타격, 마찰 또는 분해를 촉진하는 약품과의 접촉으로 인해 폭발 위험 | • 부식성이 강함<br>• 증기는 유독함<br>• 가연물 및 분해를 촉진하는 약품과 접촉시 분해·폭발함 |

③ 산화성 물질에서 유의해야 할 이화학적 특성

㉮ 산화성 고체(제1류 위험물)

　㉠ 유의할 이화학적 성질

- 반응성이 커서 열, 충격, 마찰 또는 분해를 촉진하는 약품과 접촉할 경우 폭발할 수 있음
- 가열하여 용융된 진한 용액은 가연성 물질과 접촉·혼촉 시 발화 위험성이 있음

| 제1류 위험물 |
|---|
| • 알칼리금속의 과산화물 → "화기·충격주의", "물기엄금" 및 "가연물접촉주의"<br>• 그 밖의 것 → "화기·충격주의" 및 "가연물접촉주의" |

　㉡ 제1류 위험물의 화재예방 대책

- 저장, 취급 및 운반 시 가열·충격·마찰을 피할 것
- 환기가 잘 되고, 차가운 곳에 저장할 것
- 분해를 촉진하는 물질과의 접촉을 피할 것
- 조해성이 있으므로 습기 등에 주의하여 밀폐하여 저장할 것
- 다른 약품류 및 가연물과의 접촉을 피할 것
- 열원, 산화되기 쉬운 물질, 산 또는 화재 위험이 있는 곳으로부터 멀리할 것

- 용기의 파손에 의한 위험물의 누설에 주의할 것

| 차광성 덮개를 해야 하는 위험물 | 방수성 덮개를 해야 하는 위험물 |
|---|---|
| • 제1류 위험물<br>• 제3류 위험물 중 자연발화성 물질<br>• 제4류 위험물 중 특수인화물<br>• 제5류 위험물<br>• 제6류 위험물 | • 제1류 위험물 중 알칼리금속의 과산화물<br>• 제2류 위험물 중 철분·금속분·마그네슘<br>• 제3류 위험물 중 금수성 물질 |

※ 온도관리 : 보냉 컨테이너에 수납하는 등 적정한 온도관리를 해야 하는 것은 제5류 위험물 중 55℃ 이하의 온도에서 분해될 우려가 있는 위험물임

⑭ 산화성 액체(제6류 위험물)
  ㉠ 유의할 이화학적 성질
   - 물, 유기물, 가연물 및 산화제와의 접촉을 피할 것
   - 저장용기는 내산성 용기를 사용하며, 흡습성이 강하므로 용기는 밀전, 밀봉하여 액체의 누설이 되지 않도록 할 것
   - 증기는 유독하므로 취급 시에는 보호구를 착용할 것

| 제6류 위험물 |
|---|
| "가연물접촉주의" |

  ㉡ 제6류 위험물의 화재예방 대책
   - **자신은 불연성이지만 연소를 돕는 물질이므로 화재 시에는 가연물과 격리하도록 할 것**
   - 물, 유기물, 가연물 및 산화제와의 접촉을 피할 것
   - 용기는 착색하여 직사광선이 닿지 않게 할 것
   - 열과 빛에 의해 분해될 수 있으므로 **갈색 유리병**에 넣어 냉암소에 보관할 것
   - 분해를 막기 위해 분해방지 안정제(인산, 요산 등)를 사용할 것
   - 저장용기는 내산성 용기를 사용하며, 흡습성이 강하므로 용기는 밀전, 밀봉하여 액체의 누설이 되지 않도록 할 것. 다만, **과산화수소**는 분해될 때 산소를 발생하기 때문에 내압에 의해 파열될 수 있으므로 저장 용기는 밀전하지 않고 **구멍이 뚫린 마개**를 사용할 것
   - 소량 화재 시는 다량의 물로 희석할 수 있지만 **원칙적으로 주수는 하지 말 것**
   - 유출 사고 시에는 마른 모래를 뿌리거나 중화제로 중화할 것
   - 제6류 위험물을 운반할 때에는 **제1류 위험물과 혼재할 수 있음**

**▌위험물의 혼재기준 ▌**

| 위험물의 구분 | 제1류 | 제2류 | 제3류 | 제4류 | 제5류 | 제6류 |
|---|---|---|---|---|---|---|
| 제1류 |  | × | × | × | × | ○ |
| 제2류 | × |  | × | ○ | ○ | × |
| 제3류 | × | × |  | ○ | × | × |
| 제4류 | × | ○ | ○ |  | ○ | × |
| 제5류 | × | ○ | × | ○ |  | × |
| 제6류 | ○ | × | × | × | × |  |

[비고]
- "×" 표시는 혼재할 수 없음을 표시한다.
- "○" 표시는 혼재할 수 있음을 표시한다.
- 이 표는 지정수량의 1/10 이하의 위험물에 대해서는 적용하지 않음

## (2) 가연성 물질과 인화성 물질 { ○ 가연성 고체 → 제2류 위험물 / ○ 인화성 액체 → 제4류 위험물

① 가연성 고체(Flammable Solid) ➡ 제2류 위험물

　※ 시험방법 { • 착화성 시험 : 작은 불꽃 착화시험 / • 인화성 시험 : 인화점 측정시험

㉮ 분류 범위 : 위험물로 분류되는 가연성 고체는 황화인, 적린, 유황 등의 가연물과 철분·금속분·마그네슘 등의 금속류의 일부 및 기타 인화성 고체가 이에 속한다. 유황은 순도가 60%(중량) 이상인 것을 말한다.

㉯ 품명과 지정수량

| 성질 | 대표 품명 | 지정수량 | 위험 등급 |
|---|---|---|---|
| 가연성 고체 | • 황화인($P_4S_3$, $P_2S_5$, $P_4S_7$), 적린(P)<br>• 유황(단사황, 사방황, 고무상황) | 100kg | II |
|  | 철분(Fe), 마그네슘(Mg), 금속분(Al, Zn, Sb) | 500kg | III |
|  | 인화성 고체(소디움메틸레이트, 마그네슘에틸레이트 등) | 1,000kg | III |

● 참고 ●

**품명에 대한 별도규정**

- 유황 : 순도가 60%(중량) 이상인 것을 말함
- 철분 : 철의 분말
  - 제외되는 것 : 53$\mu$m의 표준체를 통과하는 것이 50%(중량) 미만인 것
- 금속분 : 알칼리금속·알칼리토금속·철 및 마그네슘 외의 금속의 분말을 말함
  - 제외되는 것 : 구리분·니켈분, 150$\mu$m의 체를 통과하는 것이 50%(중량) 미만인 것
- 마그네슘 및 마그네슘을 함유한 것
  - 제외되는 것 : 2mm 이상의 덩어리 상태이거나, 직경 2mm 이상의 막대모양
- 인화성 고체 : 고형 알코올 그밖에 1기압에서 인화점이 40℃ 미만인 고체를 말함

④ 제2류 위험물의 화재예방 대책

- 철분, 마그네슘, 금속분류는 산 또는 물과의 접촉을 피할 것
- 점화원을 멀리하고 가열을 피할 것, 산화제와의 접촉을 피할 것
- 용기의 파손으로 위험물의 누설에 주의할 것

| 제2류 위험물 |
|---|
| • 철분 · 금속분 · 마그네슘 → "화기주의" 및 "물기엄금"<br>• 인화성 고체 → "화기엄금"<br>• 그 밖의 것 → "화기주의" |

② 인화성 액체(Combustible Liquid) → 제4류 위험물

※ 인화성시험 { ◦ 인화점 측정 시험<br>◦ 연소점 측정 시험<br>◦ 발화점 측정 시험<br>◦ 비점 측정 시험

㉮ 분류 범위 : 인화성액체라 함은 액체(제3석유류, 제4석유류 및 동식물유류의 경우 1기압, 20℃에서 액체인 것만 해당)로서 인화의 위험성이 있는 것을 말한다.

㉯ 품명과 지정수량

| 성질 | 대표 품명 | | 지정수량 | 위험 등급 |
|---|---|---|---|---|
| 인화성<br>액체 | 특수인화물(이황화탄소, 산화프로필렌, 아세트알데하이드 등) | | 50L | I |
| | 제1석유류 | 비수용성(휘발유, 벤젠, 톨루엔, 초산에틸 등) | 200L | II |
| | | 수용성(아세톤, 사이안화수소, 피리딘 등) | 400L | II |
| | 알코올류(메틸알코올, 에틸알코올, 아이소프로필알코올 등) | | 400L | II |
| | 제2석유류 | 비수용성(등유, 경유, 자일렌, 클로로벤젠 등) | 1,000L | III |
| | | 수용성(아크릴산, 하이드라진, 에틸렌디아민 등) | 2,000L | III |
| | 제3석유류 | 비수용성(중유, 아닐린, 벤질알코올, 나이트로벤젠 등) | 2,000L | III |
| | | 수용성(에틸렌글리콜, 글리세린, 올레인산 등) | 4,000L | III |
| | 제4석유류(윤활기유, 트라이벤질페놀, 메탄술폰산 등) | | 6,000L | III |
| | 동식물유류(아마인유, 피마자유, 야자유, 채종유 등) | | 10,000L | III |

㉰ 제4류 위험물의 화재예방 대책

- 증기 및 액체의 누설에 주의하여 저장할 것
- 정전기의 발생에 주의하여 저장 · 취급할 것
- 인화점 이상 가열하여 취급하지 말 것

| 제4류 위험물 |
|---|
| "화기엄금" |

### (3) 자연발화성 물질·자기반응성 물질 
{ ○ 자연발화성 물질 → 제3류 위험물
○ 자기반응성 물질 → 제5류 위험물 }

① 자연발화성 물질(Pyrophoric substance) 및 금수성 물질 ➡ 제3류 위험물

※ 시험방법 { • 자연발화성 시험
• 금수성 시험 : 물과의 반응성 시험 }

㉮ 분류 범위 : 제3류 위험물로 분류되는 것은 자연발화성물질 중에서 특히 상온의 공기 중에서 짧은 시간(10분 이내)에 발화할 수 있는 혼합물 및 용액(액체 또는 고체)으로 공기 중에서 발화의 위험성이 있는 것을 말한다. 또한 물과 접촉하여 발화하거나 가연성가스를 발생하는 위험성이 있는 금수성 물질도 제3류 위험물에 포함된다.

㉯ 품명과 지정수량

| 성질 | 품명 | 지정수량 | 위험 등급 |
|---|---|---|---|
| 자연발화성 물질 및 금수성 물질 | 칼륨, 나트륨, 알킬알루미늄, 알킬리튬 | 10kg | I |
| | 황린 | 20kg | I |
| | 알칼리금속(칼륨 및 나트륨 제외) 및 알칼리토금속 | 50kg | II |
| | 유기금속화합물(알킬알루미늄 및 알킬리튬을 제외) | 50kg | II |
| | 금속의 수소화물, 금속의 인화물, 칼슘 또는 알루미늄의 탄화물 | 300kg | III |

㉰ 제3류 위험물의 화재예방 대책
• 화재발생에 대비하여 희석제를 혼합하거나 수분의 침입이 없도록 하여야 함
• 물과 접촉하여 가연성 가스를 발생하므로 화기로부터 멀리하여야 함
• 보호액 속에 위험물을 저장할 경우 위험물이 보호액 표면에 노출되지 않게 할 것
• 용기의 파손 및 부식을 막으며 공기 또는 수분의 접촉을 방지할 것
• 황린($P_4$)은 주수 소화 시 비산하여 연소가 확대될 위험이 있으므로 주의하여야 하고, 고온산화 시 독성 가스인 오산화인($P_2O_5$)을 발생시키므로 유의하여야 함

| 제3류 위험물 |
|---|
| • 자연발화성 물질 ➡ "화기엄금" 및 "공기접촉엄금"<br>• 금수성 물질 ➡ "물기엄금" |

② 자기반응성물질(Self Reactive Substances) ➡ 제5류 위험물

※ 시험방법 { • 폭발성 시험 : 열분석 시험
• 가열분해성 시험 : 압력용기 시험 }

㉮ 분류 범위 : 고체 또는 액체로서 산소(공기)의 공급 없이도 격렬하게 발열·분해되기 쉬운 열적으로 불안정한 물질로서 폭발의 위험성 또는 가열분해의 위험성이 높은 물질을 말한다.

④ 품명과 지정수량

| 성질 | 품명 | 지정수량 | 위험 등급 |
|---|---|---|---|
| 자기<br>반응성 물질 | • 유기과산화물<br>• 질산에스터(질산에스테르)류 | 1종 10kg<br><br>2종 100kg | Ⅰ (1종 만) |
| | • 나이트로화합물(니트로화합물)<br>• 나이트로소화합물(니트로소화합물)<br>• 아조화합물<br>• 다이아조화합물(디아조화합물)<br>• 하이드라진 유도체(히드라진 유도체) | | Ⅱ (Ⅰ등급 외) |
| | • 하이드록실아민(히드록실아민)<br>• 하이드록실아민(히드록실아민)염류 | | |

㉰ 제5류 위험물의 화재예방 대책

- 가열, 충격, 마찰 등을 피하고 화기 및 점화원으로부터 멀리 저장하여야 함
- 열원으로부터 멀리 하여야 함
- 직사광선을 피해야 함
- 진한 질산, 진한 황산과의 접촉을 피할 것
- 유기과산화물은 산소-산소 결합에 의해 다른 물질을 산화시키는 특성(산화성)을 갖고 있어 환원제나 산화제와의 접촉을 피해야 함
- 자기반응성(자기연소성) 물질은 $CO_2$, 분말, 할론, 포 등에 의한 질식소화는 효과가 없으며, 다량의 물로 냉각하는 것이 적당함

| 제5류 위험물 |
|---|
| "화기엄금" 및 "충격주의" |

## 개념문제

제1류 위험물 중 위험등급 Ⅰ등급에 해당하는 품명을 3가지 쓰시오. [13, 22]

 **답안지** 무기과산화물, 아염소산염류, 과염소산염류

**해설** 이 문제는 위험물의 류별 성질, 품명, 지정수량을 암기하고 있지 않으면 해결하기 어렵다. 따라서 문제에 해당하는 항목에 대하여 저자가 소개하는 다음과 같은 방법 등으로 암기해 두길 권한다.

▶ 법령보기 ◀ 위험등급 Ⅰ의 위험물
㉮ 제1류 위험물 중 아염소산염류, 염소산염류, 과염소산염류, 무기과산화물 그 밖에 지정수량이 50kg인 위험물
㉯ 제3류 위험물 중 칼륨, 나트륨, 알킬알루미늄, 알킬리튬, 황린 그 밖에 지정수량이 10kg 또는 20kg인 위험물
㉰ 제4류 위험물 중 특수인화물
㉱ 제5류 위험물 중 지정수량이 10kg인 위험물
㉲ 제6류 위험물

## ▌참고 ▌

**[시범풀이]**

**첫 번째**
일단, 암기해 둔 제1류 위험물의 품명을 나열하여 다음과 같이 찾는다.

---
**● 이승원의 제1류 암기법 ●**

- ■ 일류산 / 씨(Cl)무아과 먹고 / 퍼질브싸요 ~ 이 / 건망증오셨써
- 일류산 일본 : 1류 – 산화성고체, Ⅰ등급
- 씨(Cl) : 염소산염류        • 무 : 무기과산화물        • 아 : 아염소산염류
- 과 : 과염소산염류 … 먹고(50kg) ~ 여기까지 Ⅰ등급
- 퍼 : 퍼옥소이황산염류        • 질 : 질산염류        • 브 : 브로민산염류(브롬산염류)
- 싸요 ~ 이 : 싸(300kg), 아이오딘산염류(요오드산염류) … ~이(Ⅱ)등급
- 건망 : 과망가니즈산염류(과망간산염류)        • 증 : 다이크로뮴산염류(중크롬산염류)
- 오셨써(thousand) : 구간별 지정수량 → 50kg, 300kg, 1000kg

---

위에서 제1류 위험물–위험등급 Ⅰ등급에 해당되는 것은 "씨(Cl)", "무", "아", "과"에 해당하는 위험물인 염소산염류, 무기과산화물, 아염소산염류, 과염소산염류가 된다.

**두 번째**
지금 문제처럼 단일류(1류 ~ 4류 등)에서 위험등급을 묻는 경우는 위와 같은 암기 방식으로 대처할 수 있으나 다양한 류형과 품명이 혼합되어 출제될 경우는 이에 대응하기 어렵게 된다. 그러므로 시험에 잘 출제되는 "Ⅰ등급" 위험물과 "Ⅱ등급" 위험물 중심으로 다음과 같이 암기하여 대응하는 것이 유리하다.

---
**● 이승원의 위험물 Ⅰ등급 암기법 ●**

- ■ 첫염소가 이빼고 세칼린(KALiNs) 사람 오기질에 죽었다 – 오일장
- **첫염소가** : 첫(1류) – 염소산염류, 아염소산염류, 과염소산염류, 무기과산화물
- **이빼고** : 이(2류)는 모두 뺌
- **세칼린** : 세(3류) – K, 알킬Al, 알킬Li, Na, 황린
- **사람** : 사(4류) – 특수인화물
- **오기질에** : 오(5류) – 유기과산화물, 질산에스터(질산에스테르)류
- **죽었다** : 죽(6류) – 모두다
- **오일장** : 50kg, 10 ~ 20kg, 10kg(1종)

---

---
**● 이승원의 위험물 Ⅱ등급 암기법 ●**

- ■ 2등급인 너(you)저질러싸 ~ 유리알그릇 셋다 / 저기 누리끼한 것은 2+1 / 질부러진 요념은 1+3 / 사정 하면 1알 더와
- **유리알그릇 셋다**(3류, 50kg) – 유기금속, 알칼리금속, 알칼리토금속
- **저기 누리끼한 것은 2+1**(2류 100kg) – 적린, 유황, 황화인
- **질부러진 요념은 1+3**(1류 300kg) – 질산염류, 브로민산염류(브롬산염류), 요드산염류(아이오딘산염류)
- **사정하면 1알 더 와** – 사정(4류)하면 1알(1석유류, 알코올류), 더와(4+1=5류)

---

위의 암기법을 적용하면, 제1류 위험물 중 위험등급 Ⅰ등급에 해당되는 것은 "첫염소가"에 해당하는 위험물인 **염소산염류, 아염소산염류, 과염소산염류, 무기과산화물**이 된다.

### 유사문제

**01** 다음 위험물에 대해 위험등급 II에 해당하는 품명을 2개씩 쓰시오. [06,12,20]
  (1) 제1류
  (2) 제2류
  (3) 제4류

**02** 제3류 위험물에 대한 다음 물음에 답하시오. [12,17,19,22]
  (1) 제3류 위험물 중 위험등급 I등급에 해당하는 품명 5가지를 쓰시오.
  (2) 제3류 위험물 중 지정수량이 50kg인 품명을 모두 쓰시오.

**03** 다음 열거된 제3류 위험물에 대하여 위험등급 I과 위험등급 II로 구분하여 쓰시오. [18]

  - 칼륨, 나트륨, 알킬알루미늄
  - 알킬리튬, 황린, 알칼리금속
  - 알칼리토금속

  (1) 위험등급 I등급 물질
  (2) 위험등급 II등급 물질

**04** 제4류 위험물 중 위험등급 II등급에 속하는 품명 2개를 쓰시오. [11,19]

**05** 다음에 제시하는 제1류 위험물의 지정수량을 쓰시오. [09]
  (1) 아염소산염류
  (2) 브로민산염류(브롬산염류)
  (3) 다이크로뮴산염류(중크롬산염류)

**06** 제1류 위험물 중에서 지정수량이 같은 품명을 3가지 쓰시오. [05]

**07** 제1류 위험물 중 위험물의 품명 4가지와 지정수량을 쓰시오. [09]

**08** 다음에 제시된 물질 중 위험물에 해당하지 않는 것을 모두 골라 기호를 쓰시오. (단, 없으면 "없음"이라고 쓰시오.) [18]

  - A. 질산구아니딘
  - B. 구리분
  - C. 황산
  - D. 과아이오딘산(과요오드산)
  - E. 금속아지화합물

### 유사문제 답안·해설

**01**  **답안**  (1) 브로민산염류, 질산염류, 아이오딘산염류(요오드산염류) (※ 이중 2개만 기재)
  (2) 황화인, 적린, 유황 (※ 이중 2개만 기재)
  (3) 제1석유류, 알코올류

**보충** 이 문제는 위험물의 류별, 품명이 혼합된 유형의 문제이므로 앞에서 저자가 소개한 방법 등으로 암기를 해 두면 문제를 해결하는 데 도움이 된다.

---
**이승원의 위험물 II등급 암기법**

- 2등급인 너(you)저질러싸 ~ 유리알그릇 셋다 / 저기 누리끼한 것은 2+1 / 질부러진 요념은 1+3 / 사정하면 1알 더와
- 유리알그릇 셋다(3류, 50kg) - 유기금속, 알칼리금속, 알칼리토금속
- 저기 누리끼한 것은 2+1(2류 100kg) - 적린, 유황, 황화인
- 질부러진 요념은 1+3(1류 300kg) - 질산염류, 브로민산염류(브롬산염류), 요드산염류(아이오딘산염류)
- 사정하면 1알 더 와 - 사정(4류)하면 1알(1석유류, 알코올류), 더와(4+1=5류)
---

위의 암기법을 적용하면, 제1류 위험물 중 위험등급 Ⅱ등급에 해당되는 것은 "질부러진 요념은 1+3"에서 질산염류, 브로민산염류(브롬산염류), 요드산염류(아이오딘산염류)(※ 이중 2개만 기재)가 되고, 제2류 위험물 중 위험등급 Ⅱ등급에 해당되는 것은 "저기 누리끼한 것은 2+1"에서 적린, 유황, 황화인이 해당된다. 그리고 제4류 위험물 중 위험등급 Ⅱ등급에 해당되는 것은 "사정하면 1알"에서 제1석유류, 알코올류가 해당된다.

● 참고 ●

**제3류 위험물의 품명과 위험등급 및 지정수량**

| 분류 | | 품명 | 위험등급 | 지정수량 |
|---|---|---|---|---|
| 제3류 | 자연발화성 물질 및 금수성 물질 | 칼륨, 나트륨, 알킬알루미늄, 알킬리튬 | Ⅰ | 10kg |
| | | 황린 | Ⅰ | 20kg |
| | | 알칼리금속(칼륨 및 나트륨 제외) 및 알칼리토금속 | Ⅱ | 50kg |
| | | 유기금속화합물(알킬알루미늄 및 알킬리튬을 제외) | Ⅱ | 50kg |
| | | 금속수소화물, 금속인화물, Ca 또는 Al의 탄화물 | Ⅲ | 300kg |

**02** 답안 (1) 칼륨, 나트륨, 알킬알루미늄, 알킬리튬, 황린
(2) 알칼리금속(칼륨 및 나트륨 제외), 알칼리토금속, 유기금속화합물(알킬알루미늄 및 알킬리튬 제외)

📖 보충 제3류 위험물 중 위험등급 Ⅰ등급 물질은 칼륨, 나트륨, 알킬알루미늄, 알킬리튬, 황린 그밖에 지정수량이 10kg 또는 20kg인 위험물이다. 그리고 제3류 위험물 중 지정수량이 50kg인 품명을 쓸 때, 앞에서 학습한 암기법을 적용하면 문제 해결에 도움을 받을 수 있다.

[시범풀이]
첫 번째,
일단, 암기해 둔 제3류 위험물의 품명을 나열하여 다음과 같이 찾는다.

┌─── 이승원의 제3류 위험물 암기법 ───┐

■ 삼연승 칼린(KA-LiN) 짱 / 피포두 / 알토란 유기하고 / 수인선 안타서
• 삼연승 : 3류, 자연발화성, 금수성
• 칼린(KA-LiN) 짱 : K, 알킬Al, 알킬Li, Na - 10kg
• 피포두 : $P_4$ - 20kg
• 알토란 : 알칼리금속, 알칼리토금속
• 유기하고 : 유기금속화합물, 고(50kg)
• 수인선 안타서 : 금속의 수소화물, 금속의 인화물, 칼슘 또는 알루미늄의 탄화물(300kg)

위의 암기법을 적용하면, 제3류 위험물 중 위험등급 Ⅰ등급에 해당되는 것은 "칼린(KALiN)짱 / 피포두"에 해당하는 위험물(칼륨, 나트륨, 알킬알루미늄, 알킬리튬, 황린)임을 알 수 있으며, 지정수량이 50kg인 품명은 암기법에서 "알토란"에 해당하는 위험물 알칼리금속, 알칼리토금속이 된다는 것을 알 수 있다.

두 번째,

현재 문제처럼 위험등급만 묻는 경우는 "Ⅰ등급" 위험물과 "Ⅱ등급" 위험물 중심으로 다음과 같이 암기하여 대응하는 것이 유리하다.

---
● **이승원의 Ⅰ등급 위험물 암기법** ●

- **첫염소가 이빼고 세칼린(KALiNs) 사람 오기질에 죽었다 – 오일장**
- **첫염소가** : 첫(1류) – 염소산염류, 아염소산염류, 과염소산염류, 무기과산화물
- **이빼고** : 이(2류)는 모두 뺌
- **세칼린** : 세(3류) – K, 알킬Al, 알킬Li, Na, 황린
- **사람** : 사(4류) – 특수인화물
- **오기질에** : 오(5류) – 유기과산화물, 질산에스터(질산에스테르)류
- **죽었다** : 죽(6류) – 모두다
- **오일장** : 50kg, 10 ~ 20kg, 10kg(1종)
---

위의 암기법을 적용하면, 제3류 위험물 중 위험등급 Ⅰ등급에 해당되는 것은 "세칼린(3류-KALiN)"에 해당하는 위험물(칼륨, 나트륨, 알킬알루미늄, 알킬리튬, 황린)임을 알 수 있다.

한편, 제3류 위험물 중 지정수량이 50kg인 품명은 Ⅱ등급 위험물이므로 "Ⅱ등급" 위험물의 암기법을 적용하여 품명을 파악하도록 한다.

---
● **이승원의 Ⅱ등급 위험물 암기법** ●

- **2등급인 너(you)저질러싸 ~ 유리알그릇 셋다 / 저기 누리끼한 것은 2+1 / 질부러진 요넘은 1+3 / 사정하면 1알 더 와**
- **유리알그릇 셋다**(3류, 50kg) – 유기금속, 알칼리금속, 알칼리토금속
- **저기 누리끼한 것은 2+1**(2류 100kg) – 적린, 유황, 황화인
- **질부러진 요넘은 1+3**(1류 300kg) – 질산염류, 브로민산염류(브롬산염류) 요오드산염류(아이오딘산염류)
- **사정하면 1알 더 와** – 사정(4류)하면 1알(1석유류, 알코올류), 더와(4+1=5류)
---

위의 암기법을 적용하면, 제3류 위험물 중 위험등급 Ⅱ등급에 해당되는 것은 "**유리알그릇 셋다**(3류, 50kg) – 유기금속, 알칼리금속, 알칼리토금속"이 이에 해당됨을 알 수 있다.

**03** **답안** (1) Ⅰ등급 : 칼륨, 나트륨, 알킬알루미늄, 알킬리튬, 황린
      (2) Ⅱ등급 : 알칼리금속, 알칼리토금속

**보충** 위험물의 등급분류는 "폭발·인화 위험성"과 "화재위험성"의 정도에 따라 Ⅰ등급 ~ Ⅲ등급으로 분류되고 있다. Ⅰ등급 물질은 극인화성·대폭발 위험성이 있는 물질, Ⅱ등급 물질은 비산위험성은 있지만, 대폭발위험성이 없는 물질, Ⅲ등급은 Ⅰ, Ⅱ등급 이외의 물질로 화재위험성이 있으며 또한 약한 폭풍위험성이나 약한 비산위험성 중 어느 한쪽 또는 양쪽 모두의 위험성은 있지만 대폭발 위험성은 없는 물질이 이에 해당한다.

**첫 번째,** [일반풀이]

위험물의 위험등급은 아래 [표]와 같다. 따라서 일반 수험서의 문제해설 또는 시험 응시를 준비하는 학생들은 반복적으로 이를 학습하여 익히는 방법을 취하고 있다.

▶ 법령보기 ◀

| 위험등급 | 해당 품명 및 품목 |
|---|---|
| Ⅰ등급 위험물 | • 제1류 위험물 중 아염소산염류, 염소산염류, 과염소산염류, 무기과산화물 그밖에 지정수량이 50kg인 위험물<br>• 제3류 위험물 중 칼륨, 나트륨, 알킬알루미늄, 알킬리튬, 황린 그밖에 지정수량이 10kg 또는 20kg인 위험물<br>• 제4류 위험물 중 특수인화물<br>• 제5류 위험물 중 지정수량이 10kg인 위험물<br>• 제6류 위험물 |
| Ⅱ등급 위험물 | • 제1류 위험물 중 브로민산염류(브롬산염류), 질산염류, 아이오딘산염류(요오드산염류) 그밖에 지정수량이 300kg인 위험물<br>• 제2류 위험물 중 황화인, 적린, 유황 그밖에 지정수량이 100kg인 위험물<br>• 제3류 위험물 중 알칼리금속(칼륨 및 나트륨 제외) 및 알칼리토금속, 유기금속화합물(알킬알루미늄 및 알킬리튬 제외) 그밖에 지정수량이 50kg인 위험물<br>• 제4류 위험물 중 제1석유류 및 알코올류<br>• 제5류 위험물 중 Ⅰ등급 이외 위험물 |
| Ⅲ등급 위험물 | Ⅰ등급 및 Ⅱ등급 외의 위험물 |

제3류 위험물 중 위험등급 Ⅰ등급 물질은 칼륨, 나트륨, 알킬알루미늄, 알킬리튬, 황린 그밖에 지정수량이 10kg 또는 20kg인 위험물이다.

제3류 위험물 중 위험등급 Ⅱ등급 물질은 알칼리금속(칼륨 및 나트륨 제외) 및 알칼리토금속, 유기금속화합물(알킬알루미늄 및 알킬리튬 제외) 그밖에 지정수량이 50kg인 위험물이다.

제3류 위험물 중 위험등급 Ⅲ등급 물질은 Ⅰ, Ⅱ등급 이외의 물질인 금속의 수소화물, 금속의 인화물, 칼슘 또는 알루미늄의 탄화물 등 지정수량 300kg인 물질이다.

**두 번째** 저자의 **[시범풀이]**

"Ⅰ등급" 위험물과 "Ⅱ등급" 위험물 중심으로 다음과 같이 암기하여 대응할 수 있다.

```
●─────────────── 이승원의 Ⅰ등급 위험물 암기법 ───────────────●

■ 첫염소가 이빼고 세칼린(KALiNs) 사람 오기질에 죽었다 – 오일장
 • 첫염소가 : 첫(1류) – 염소산염류, 아염소산염류, 과염소산염류, 무기과산화물
 • 이빼고 : 이(2류)는 모두 뺌
 • 세칼린 : 세(3류) – K, 알킬Al, 알킬Li, Na, 황린
 • 사람 : 사(4류) – 특수인화물
 • 오기질에 : 오(5류) – 유기과산화물, 질산에스터(질산에스테르)류
 • 죽었다 : 죽(6류) – 모두다
 • 오일장 : 50kg, 10 ~ 20kg, 10kg(1종)
```

위의 암기법을 적용하면, 제3류 위험물 중 위험등급 Ⅰ등급에 해당되는 것은 "세칼린(3류-KALiN)"에 해당하는 위험물(칼륨, 나트륨, 알킬알루미늄, 알킬리튬, 황린)임을 알 수 있다. 그러므로 문제의 [보기] 항목에서 칼륨, 나트륨, 알킬알루미늄, 알킬리튬, 황린이 Ⅰ등급 위험물이다.

제3류 위험물 중 Ⅱ등급 위험물은 "Ⅱ등급" 위험물의 암기법을 적용하여 품명을 파악하도록 한다.

---
**이승원의 Ⅱ등급 위험물 암기법**

- 2등급인 너(you)저질러싸 ~ 유리알그릇 셋다 / 저기 누리끼한 것은 2+1 / 질부러진 요넘은 1+3 / 사정하면 1알 더 와
- 유리알그릇 셋다(3류, 50kg) – 유기금속, 알칼리금속, 알칼리토금속
- 저기 누리끼한 것은 2+1(2류 100kg) – 적린, 유황, 황화인
- 질부러진 요넘은 1+3(1류 300kg) – 질산염류, 브로민산염류(브롬산염류), 아이오딘산염류(아이오딘산염류)
- 사정하면 1알 더 와 – 사정(4류)하면 1알(1석유류, 알코올류), 더와(4+1=5류)
---

위의 암기법을 적용하면, 제3류 위험물 중 위험등급 Ⅱ등급에 해당되는 것은 "유리알그릇 셋다(3류, 50kg) – 유기금속, 알칼리금속, 알칼리토금속"이 이에 해당됨을 알 수 있다. 따라서 문제의 [보기] 항목에서 알칼리금속, 알칼리토금속이 Ⅱ등급 위험물이다.

## 04  답안 알코올류, 제1석유류

**보충** 제4류 위험물 중 위험등급 Ⅰ등급 물질은 특수인화물이고, Ⅱ등급 물질은 알코올류와 제1석유류이다. 나머지 품명은 Ⅲ등급으로 지정·관리되고 있다.

[시범풀이]
첫 번째, 앞 단원에서도 학습한 바 있는 제4류 위험물 암기법을 적용하면 문제 해결에 도움을 받을 수 있다.

---
**이승원의 제4류 위험물 암기법**

- 싸인 똥만 하나 빼서이사, 둘은 비행기–배로, 셋이나, 넷은 더 기죽어 – 알째화물 다 보내 / 1화물에 2알씩 묶어서
- 싸인 : 4류위험물, 인화성 액체
- 똥만 : 동식물유류 – 만(10000)L
- 하나빼서 이사 : 1석유류 – 빼(비)수용성(200L), 서(수)용성(400L)
- 둘은 비행기 배로 : 2석유류 – 비수용성(하늘, 1000L), 수용성(배로 2000L)
- 셋이나 : 3석유류 – 비수용성(이, 2000L), 수용성(나, 4000L)
- 넷은 더 기죽어 : 4석유류 : 실린더유, 기어유, 죽(6000L)
- 알째 : 알코올류 – 짜(400L)
- 화물 다 보내 : 특수인화물 – 다(다섯, 50L)
- 1화물에 2알씩 묶어서 : Ⅰ등급 – 특수인화물, Ⅱ등급 – 알코올류·1석유류
---

암기법의 끝부분의 "1화물에 2알씩 묶어서" → Ⅰ등급–"특수인화물", Ⅱ등급–"알코올류·1석유류"라는 것이 내재되어 있다.

두 번째, "Ⅰ등급" 위험물과 "Ⅱ등급" 위험물 중심으로 다음과 같이 암기하여 대응하면 보다 쉽게 문제를 해결할 수 있다.

**이승원의 Ⅰ등급 위험물 암기법**

- 첫염소가 이빼고 세칼린(KALiNs) 사람 오기질에 죽었다 – 오일장
- 첫염소가 : 첫(1류) – 염소산염류, 아염소산염류, 과염소산염류, 무기과산화물
- 이빼고 : 이(2류)는 모두 뺌
- 세칼린 : 세(3류) – K, 알킬Al, 알킬Li, Na, 황린
- 사람 : 사(4류) – 특수인화물
- 오기질에 : 오(5류) – 유기과산화물, 질산에스터(질산에스테르)류
- 죽었다 : 죽(6류) – 모두다
- 오일장 : 50kg, 10 ~ 20kg, 10kg(1종)

위의 암기법을 적용하면, 제4류 위험물 중 위험등급 Ⅰ등급에 해당되는 것은 "특수인화물"뿐이다. 제4류 위험물 중 Ⅱ등급 위험물은 "Ⅱ등급" 위험물의 암기법을 적용하여 품명을 파악하도록 한다.

**이승원의 Ⅱ등급 위험물 암기법**

- 2등급인 너(you)저질러싸 ~ 유리알그릇 셋다 / 저기 누리끼한 것은 2+1 / 질부러진 요념은 1+3 / 사정하면 1알 더 와
- 유리알그릇 셋다(3류, 50kg) – 유기금속, 알칼리금속, 알칼리토금속
- 저기 누리끼한 것은 2+1(2류 100kg) – 적린, 유황, 황화인
- 질부러진 요념은 1+3(1류 300kg) – 질산염류, 브로민산염류(브롬산염류), 요드산염류(아이오딘산염류)
- 사정하면 1알 더 와 – 사정(4류)하면 1알(1석유류, 알코올류), 더와(4+1=5류)

위의 암기법을 적용하면, 제4류 위험물 중 위험등급 Ⅱ등급에 해당되는 것은 "사정(4류)하면 1알(1석유류, 알코올류) – 제1석유류, 알코올류"가 이에 해당됨을 알 수 있다.

**05** 답안 (1) 50kg
(2) 300kg
(3) 1,000kg

**06** 답안 아염소산염류, 염소산염류, 과염소산염류, 무기과산화물류 (이 중에서 3가지만 기술할 것)

**07** 답안 아염소산염류(50kg), 염소산염류(50kg), 과염소산염류(50kg), 무기과산화물(50kg)

## 08 답안  B, C

**보충** 출제빈도가 높지 않은 문제이므로 "참조수준"으로 시험대비 하도록 한다. A의 질산구아니딘, D의 과아이오딘산, E의 금속의 아지화합물은 제5류 위험물이다. 따라서 위험물에 해당하지 않는 것은 B의 구리분과 C의 황산이다. 현행(2024.4.) 위험물안전관리법 시행령상의 유별 위험물 품명은 다음과 같다.

▶ 법령보기 ◀

㉮ 제1류 위험물(산화성고체)
- 아염소산염류, 염소산염류, 과염소산염류, 무기과산화물, 브로민산염류(브롬산염류), 질산염류, 아이오딘산염류(요오드산염류), 과망가니즈산염류(과망산간산염류), 다이크로뮴산염류(중크롬산염류)
- 그밖에 행정안전부령으로 정하는 것(아래)
    - 과아이오딘산염류
    - 과아이오딘산
    - 크로뮴, 납 또는 아이오딘의 산화물
    - 아질산염류
    - 차아염소산염류
    - 염소화아이소사이아누르산
    - 퍼옥소이황산염류
    - 퍼옥소붕산염류
- 위의 어느 하나 이상 함유한 것

㉯ 제2류 위험물(가연성고체)
- 황화인, 적린, 황, 철분, 금속분, 마그네슘
- 위의 어느 하나 이상 함유한 것
- 인화성고체

    □ 황 : 순도 60%(wt) 이상인 것을 말하며, 순도측정을 하는 경우 불순물은 활석 등 불연성물질과 수분으로 한정함
    □ 철분 : 철의 분말로서 $53\mu m$의 표준체를 통과하는 것이 50%(wt) 미만인 것은 제외
    □ 금속분 : 알칼리금속·알칼리토류금속·철 및 마그네슘 외의 금속의 분말을 말함
    - 구리분·니켈분 제외
    - $150\mu m$의 체를 통과하는 것이 50%(wt) 미만인 것은 제외
    □ 마그네슘 및 마그네슘을 함유한 것 : 다음에 해당하는 것은 제외
    - 2mm의 체를 통과하지 아니하는 덩어리 상태의 것
    - 지름 2mm 이상의 막대 모양의 것
    □ 인화성고체 : 고형알코올 그밖에 1기압에서 인화점이 40℃ 미만인 고체를 말함

㉰ 제3류 위험물(자연발화성물질 및 금수성물질)
- 칼륨, 나트륨, 알킬알루미늄, 알킬리튬, 황린, 알칼리금속(칼륨 및 나트륨 제외) 및 알칼리토금속, 유기금속화합물(알킬알루미늄 및 알킬리튬 제외), 금속의 수소화물, 금속의 인화물, 칼슘 또는 알루미늄의 탄화물
- 그밖에 행정안전부령으로 정하는 것 → 염소화규소화합물
- 위의 어느 하나 이상을 함유한 것

㉱ 제4류 위험물(인화성액체) : 특수인화물, 알코올류, 제1석유류(비수용성액체/수용성액체), 제2석유류(비수용성액체/수용성액체), 제3석유류(비수용성액체/수용성액체), 제4석유류, 동식물유류

㉲ 제5류 위험물(자기반응성물질)
- 유기과산화물, 질산에스터(질산에스테르)류, 나이트로(니트로)화합물, 나이트로소(니트로소)화합물, 아조화합물, 다이아조화합물(디아조화합물), 하이드라진 유도체(히드라진 유도체), 하이드록실아민(히드록실아민), 하이드록실아민염류(히드록실아민염류)
- 그밖에 행정안전부령으로 정하는 것(아래)
    - 금속의 아지화합물
    - 질산구아니딘

- 위의 어느 하나 이상 함유한 것
  - □ **자기반응성물질** : 고체 또는 액체로서 폭발의 위험성 또는 가열분해의 격렬함을 판단하기 위하여 고시로 정하는 시험에서 고시로 정하는 성질과 상태를 나타내는 것을 말하며, 위험성 유무와 등급에 따라 **제1종** 또는 **제2종**으로 분류함
  - □ 유기과산화물을 함유하는 것 중에서 **불활성고체를 함유하는 것**으로서 다음에 해당하는 것은 제외함
    - 과산화벤조일의 함유량이 35.5%(wt) 미만인 것으로서 전분가루, 황산칼슘2수화물 또는 인산수소칼슘2수화물과의 혼합물
    - 비스(4-클로로벤조일)퍼옥사이드의 함유량이 30%(wt) 미만인 것으로서 불활성고체와의 혼합물
    - 과산화다이쿠밀의 함유량이 40%(wt) 미만인 것으로서 불활성고체와의 혼합물
    - 1·4비스(2-터셔리뷰틸퍼옥시아이소프로필)벤젠의 함유량이 40%(wt) 미만인 것으로서 불활성고체와의 혼합물
    - 사이클로헥세인온퍼옥사이드의 함유량이 30%(wt) 미만인 것으로서 불활성고체와의 혼합물

(ㅂ) 제6류 위험물(산화성액체)
- 과염소산, 과산화수소, 질산
- 그밖에 행정안전부령으로 정하는 것 → 할로젠간화합물
- 위의 어느 하나 이상 함유한 것
  - □ **산화성액체** : 액체로서 산화력의 잠재적인 위험성을 판단하기 위하여 고시로 정하는 시험에서 고시로 정하는 성질과 상태를 나타내는 것을 말함
  - □ **과산화수소** : 농도가 36%(wt) 이상인 것에 한함
  - □ **질산** : 비중이 1.49 이상인 것에 한함

## 4 위험물의 유(類)별 각개 특성

### (1) 제1류 위험물

① 품명 및 지정수량

| 성질 | 대표 품명 | 지정수량 | 위험 등급 |
|---|---|---|---|
| 산화성 고체 | • 무기과산화물($K_2O_2$, $Na_2O_2$, $CaO_2$, $MgO_2$, $Li_2O_2$ 등)<br>• 아염소산염류($KClO_2$, $NaClO_2$ 등)<br>• 염소산염류($KClO_3$, $NaClO_3$, $NH_4ClO_3$, $AgClO_3$ 등)<br>• 과염소산염류($KClO_4$, $NaClO_4$, $NH_4ClO_4$ 등) | 50kg | I |
| | • 질산염류($KNO_3$, $NaNO_3$, $NH_4NO_3$, $AgNO_3$ 등)<br>• 아이오딘산염류(요오드산염류, $KIO_3$, $NaIO_3$, $AgIO_3$ 등)<br>• 브로민산염류(브롬산염류, $KBrO_3$, $NaBrO_3$, $NH_4BrO_3$ 등)<br>• 퍼옥소이황산염류[$Na_2S_2O_8$, $(NH_4)_2S_2O_8$ 등] | 300kg | II |
| | • 과망가니즈산염류($NH_4MnO_4$, $KMnO_4$, $NaMnO_4$ 등)<br>• 다이크로뮴산염류($K_2Cr_2O_7$, $Na_2Cr_2O_7$, $CaCr_2O_7$ 등) | 1,000kg | III |

| 제1류 위험물 |
|---|
| ■ **산화성 고체** : 그 자체로는 연소하지 않더라도 일반적으로 산소를 발생시켜 다른 물질을 연소시키거나 연소를 돕는 고체를 말함<br>■ 각 품명의 대표적인 품목<br>  • 아염소산염류 : 아염소산나트륨($NaClO_2$), 아염소산칼륨($KClO_2$) 등<br>  • 염소산염류 : 염소산나트륨($NaClO_3$), 염소산칼륨($KClO_3$) 등<br>  • 과염소산염류 : 과염소산나트륨($NaClO_4$), 과염소산칼륨($KClO_4$), 과염소산암모늄($NH_4ClO_4$) 등<br>  • 무기과산화물류 : 과산화나트륨($Na_2O_2$), 과산화칼륨($K_2O_2$) 등<br>  • 브로민산염류(브롬산염류) : $NaBrO_3$, $KBrO_3$ 등<br>  • 질산염류 : 질산나트륨($NaNO_3$), 질산칼륨($KNO_3$), 질산암모늄($NH_4NO_3$) 등<br>  • 아이오딘산염류(요오드산염류) : $NaIO_3$, $KIO_3$ 등<br>  • 과망가니즈산염류(과망간산염류) : $NH_4MnO_4$, $NaMnO_4$, $KMnO_4$ 등<br>  • 다이크로뮴산염류(중크롬산염류) : $Na_2Cr_2O_7$, $K_2Cr_2O_7$ 등 |

② 제1류 위험물의 공통 특성

- **불연성**이며, 무기화합물로서 **강산화제**로 작용함
- 다량의 산소를 함유하고 있는 **강력한 산화제**로서 분해하면 산소를 방출함
- 대부분 무색의 결정 또는 백색분말로서 비중이 1보다 크고, 물에 잘 녹음
- 산화성 고체의 일부는 물과 반응하여 **열과 산소**를 발생시키는 것도 있음
- 열·충격·마찰 또는 분해를 촉진하는 약품과 접촉할 경우 폭발할 위험성이 있음
- 다른 약품과 접촉할 경우 분해하면서 다량의 산소를 방출하기 때문에 다른 가연물의 연소를 촉진하는 성질이 있음

③ 제1류 위험물의 개별적 구조 및 성질

㉮ 아염소산염류

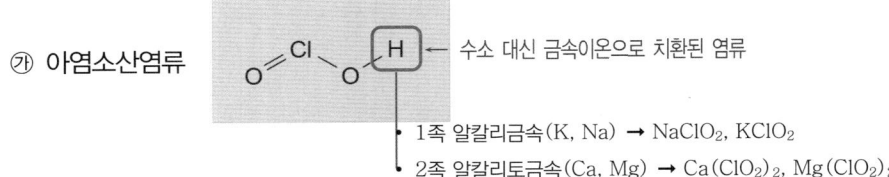

- 1족 알칼리금속(K, Na) → $NaClO_2$, $KClO_2$
- 2족 알칼리토금속(Ca, Mg) → $Ca(ClO_2)_2$, $Mg(ClO_2)_2$

- 무색의 고체로서 중성·염기성 용액에서는 안정되나 **빛에는 민감함**
- Ag, Pb, Hg염 이외는 **물에 용해성**이며, 중금속류염은 **기폭제**로 이용됨
- 차아염소산(HOCl)염보다는 안정되나 염소산($HClO_3$)염보다는 **불안정함**
- 급속 가열 또는 산(酸)을 가하면 위험한 $ClO_2$를 발생하고, 폭발하는 것이 있음
- **산화력이 강하여** 살균 및 표백제로 많이 사용됨

㉯ 염소산염류

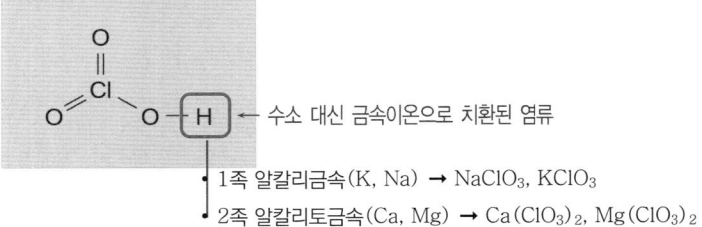

- 1족 알칼리금속(K, Na) → $NaClO_3$, $KClO_3$
- 2족 알칼리토금속(Ca, Mg) → $Ca(ClO_3)_2$, $Mg(ClO_3)_2$

- 무색의 고체로 알칼리금속염은 $MnO_2$ 등의 촉매와 가열하면 **산소를 발생**함
- $KClO_3$는 냉수, 알코올에는 잘 녹지 않으나 온수, 글리세린에는 잘 녹음
- $NaClO_3$는 물, 알코올, 글리세린, 에테르에 모두 잘 녹음
- 강산(强酸)을 작용시키면 대량의 **이산화염소**를 발생시키므로 매우 위험함
- 급격한 가열이나 가연물의 존재하에서 마찰이나 충격으로 **폭발위험**이 있음

㉰ 과염소산염류

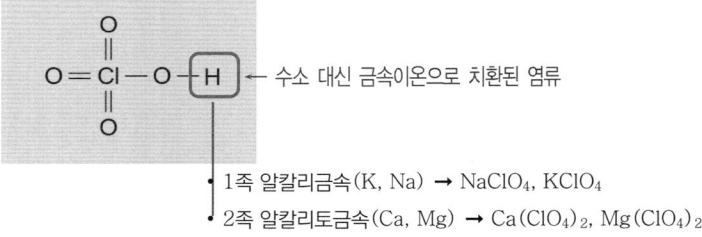

- 1족 알칼리금속(K, Na) → $NaClO_4$, $KClO_4$
- 2족 알칼리토금속(Ca, Mg) → $Ca(ClO_4)_2$, $Mg(ClO_4)_2$

- 무색의 고체로 **조해성**이며, 염소의 염소산염 중에서 가장 안정성이 높음
- 가연성이 있는 물질 하에서 가열하거나 연마하면 **폭발할 위험성**이 있음
- 대부분 물에 쉽게 녹지만 **알칼리금속류와 결합한 염**(⑩ $KClO_4$ 등)은 물, 알코올, 에테르에 잘 녹지 않음. 그러나 알칼리금속염 외의 과염소산염은 알코올, 아세톤에 비교적 용해성임
- 온도가 낮을 때는 산화력이 약하지만 고온에서 농도가 높은 경우, 강한 **산화력**을 갖는 특성이 있음

㉣ 무기과산화물

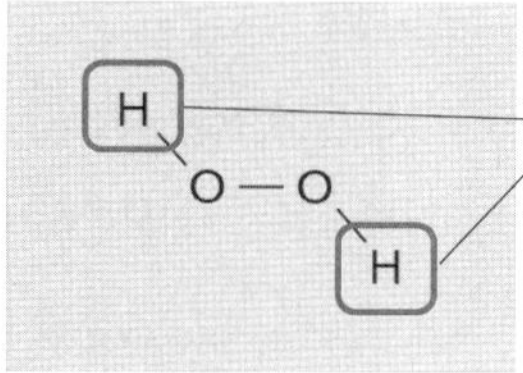


수소 대신 금속이온으로 치환된 염류

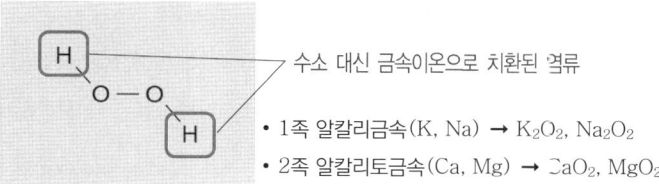

- 1족 알칼리금속(K, Na) → $K_2O_2$, $Na_2O_2$
- 2족 알칼리토금속(Ca, Mg) → $CaO_2$, $MgO_2$

> - 무기과산화물류는 $O_2^{2-}$의 화합물로 분자구조 내 O – O결합을 가짐
> - $M_2O_2$ 유형에서 M은 무기물(알칼리금속 또는 기타 금속)임
> - M이 유기물일 경우에는 유기과산화물로서 **제5류 위험물**로 분류됨
> - **과산화수소**($H_2O_2$)는 O–O결합을 갖지만 **제6류 위험물** 산화성 액체로 분류됨
> - 알칼리금속염은 원자번호가 증가함에 따라 **백색 → 황색 → 황갈색**으로 됨
> - 알칼리토류 금속염은 대부분 백색임
> - 무기과산화물류는 물과 산(酸)에 접촉하면 분해하고, 수산화물과 과산화수소를 생성함
> - 무기과산화물류는 강한 산화제이므로 산화제나 표백제로 사용됨

④ 제1류 위험물의 이화학적 특성

㉮ 용해 특성

| | |
|---|---|
| 물에 잘 녹는 것 | • $NaClO_2$, $NaClO_4$, $NH_4ClO_4$<br>• $NaBrO_3$, $NaNO_3$, $KIO_3$<br>• $NH_4MnO_4$, $NaMnO_4$ |
| 물에 쉽게 분해되는 것 | 과산화나트륨($Na_2O_2$), 과산화칼륨($K_2O_2$) |
| 물에 약간 녹는 것 | 과산화마그네슘($MgO_2$) |
| 물에 녹지 않는 것 | 과아이오딘산칼륨(과요오드산칼륨, $KIO_4$) |
| 물에는 잘 녹으나<br>에테르(에터), 알코올에는 잘 녹지 않는 것 | 아이오딘산나트륨($NaIO_3$) |
| 온수, 글리세린에 녹지만<br>냉수, 알코올에 잘 안 녹는 것 | 염소산칼륨($KClO_3$) |
| 물에는 미량 녹으나<br>에테르(에터), 알코올에는 녹지 않는 것 | • 과염소산칼륨($KClO_4$)<br>• 다이크로뮴산칼륨($K_2Cr_2O_7$)<br>• 다이크로뮴산나트륨($Na_2Cr_2O_7$) |
| 물, 에터, 알코올에 모두 잘 녹는 것 | 염소산나트륨($NaClO_3$) |
| 물과 알코올 모두 잘 녹는 것 | 질산암모늄($NH_4NO_3$) |
| 물에 녹지만 알코올에는 분해되는 것 | 과망가니즈산칼륨($KMnO_4$) |
| 물에 잘 녹지 않고,<br>에탄올, 에터에도 녹지 않는 것 | 과산화칼슘($CaO_2$) |

㉯ 색깔 특징
- 무색인 것 → $NaClO_2$, $NaClO_3$, $NaClO_4$, $NaNO_2$, $NaBrO_3$, $KNO_3$, $KClO_3$, $KClO_4$, $KNO_2$, $KIO_3$, $NH_4ClO_3$, $NH_4ClO_4$, $NH_4NO_3$, $Ca(ClO_3)_2$
- 백색인 것 → $KClO_2$, $Ca(ClO_2)_2$, $MgO_2$
- 무색 또는 담황색인 것 → 질산나트륨($NaNO_3$)
- 백색 또는 담황색인 것 → 과산화칼슘($CaO_2$)
- 기타 색상

| 담황색 | 황색 및 오렌지색 | 적색 | 적자색 | 흑자색 | 등적색 | 흑갈색 |
|---|---|---|---|---|---|---|
| $AgNO_2$ | $Na_2O_2$ $K_2O_2$ | $Pb_3O_4$ | $KMnO_4$ $NaMnO_4$ | $NH_4MnO_4$ | $K_2Cr_2O_7$ $Na_2Cr_2O_7$ | $PbO_2$ |

㉰ 분해 특성
- 과염소산암모늄 : $2NH_4ClO_4 \xrightarrow{130℃ 이상} 2O_2 + Cl_2 + N_2 + 4H_2O$
- 아염소산칼륨 : $KClO_2 \xrightarrow{160℃ 이상} O_2 + KCl$
- 질산암모늄 : $2NH_4NO_3 \xrightarrow{200℃ 이상} O_2 + 2N_2 + 4H_2O$
- 과산화칼슘 : $2CaO_2 \xrightarrow{270℃ 이상} O_2 + 2CaO$
- 염소산나트륨 : $2NaClO_3 \xrightarrow{300℃ 이상} 3O_2 + 2NaCl$
- 아염소산나트륨 : $3NaClO_2 \xrightarrow{350℃ 이상} 2O_2 + 2NaOCl + NaCl$
- 브로민산(브롬산)칼륨 : $2KBrO_3 \xrightarrow{380℃ 이상} 3O_2 + 2KBr$
- 질산칼륨 : $2KNO_3 \xrightarrow{380℃ 이상} O_2 + 2KNO_2$
- 질산나트륨(칠레초석) : $2NaNO_3 \xrightarrow{380℃ 이상} O_2 + 2NaNO_2$
- 염소산칼륨 : $2KClO_3 \xrightarrow{400℃ 이상} 3O_2 + 2KCl$
- 과염소산칼륨 : $KClO_4 \xrightarrow{400℃ 이상} 2O_2 + KCl$
- 과산화칼륨 : $2K_2O_2 \xrightarrow{450℃ 이상} O_2 + 2K_2O$
- 과산화나트륨 : $2Na_2O_2 \xrightarrow{460℃ 이상} O_2 + 2Na_2O$
- 다이크로뮴산칼륨 : $4K_2Cr_2O_7 \xrightarrow{500℃ 이상} 3O_2 + 4K_2CrO_4 + 2Cr_2O_3$
- 과산화바륨 : $2BaO_2 \xrightarrow{800℃ 이상} O_2 + 2BaO$

 **개념문제**

다음 제1류 위험물의 각 품명과 지정수량을 쓰시오. [20]

(1) $KIO_3$ : ① 품명, ② 지정수량
(2) $AgNO_3$ : ① 품명, ② 지정수량
(3) $KMnO_4$ : ① 품명, ② 지정수량

**답안지** (1) 아이오딘산염류(요오드산염류), 300kg
(2) 질산염류, 300kg
(3) 과망가니즈산염류(과망간산염류), 1000kg

**해설** 이 문제는 위험물의 류별 성질, 품명, 지정수량을 암기하고 있지 않으면 해결하기 어렵다. 따라서 문제에 해당하는 항목에 대하여 저자가 소개하는 다음과 같은 방법 등으로 암기해 두길 권한다.

[시범풀이]
일단, 암기해 둔 제1류 위험물의 품명을 나열하여 다음과 같이 찾는다.

---
**이승원의 제1류 위험물 암기법**

■ 일류산 / 씨(Cl)무아과 먹고 / 퍼질브싸요 ~ 이 / 건망증오셨써

- **일류산 일본** : 1류 - 산화성고체, I 등급
- **무** : 무기과산화물
- **과** : 과염소산염류 … 먹고(50kg)
- **질** : 질산염류
- **싸요 ~ 이** : 싸(300kg), 아이오딘산염류(요오드산염류) … ~이(Ⅱ)등급
- **건망** : 과망가니즈산염류(과망간산염류)
- **씨(Cl)** : 염소산염류
- **아** : 아염소산염류
- **퍼** : 퍼옥소이황산염류
- **브** : 브로민산염류(브톤산염류)
- **증** : 다이크로뮴산염류, 중크롬산염류
- **오셨써**(thousand) : 구간별 지정수량 → 50kg, 300kg, 1000kg
---

□ $KIO_3$는 아이오딘산칼륨(요오드산칼륨, Potassium Iodate)이다. 위의 암기법 중 "요"에 해당한다.
∴ 품명은 요드산염류(아이오딘산염류), 지정수량은 300kg이다.

□ $AgNO_3$는 질산은(Silver Nitrate)이다. 위의 암기법 중 "질"에 해당한다.
∴ 품명은 질산염류, 지정수량은 300kg이다.

□ $KMnO_4$는 과망가니즈산칼륨(과망간산칼륨, Potassium Manganate)이다. 위의 암기법 중 "간망"에 해당한다.
∴ 품명은 과망가니즈산염류, 지정수량은 1000kg이다.

## 개념문제

**염소산칼륨에 대해 다음 물음에 답하시오. (단, 원자량은 K 39, Cl 35.5임)** [10,13,16,17,20,22]

(1) 열분해반응식을 쓰시오.
(2) 분해하여 발생되는 기체의 명칭을 쓰고, 기체의 화학적 작용을 기술하시오.
(3) 표준상태에서 염소산칼륨 24.5kg이 완전분해 시 발생하는 산소의 부피($m^3$)를 구하시오.

**답안지** (1) 열분해 반응 : $KClO_3 \rightarrow KCl + 1.5O_2$

(2) 산소, 조연작용

(3) 산소 발생 부피 : $KClO_3 \rightarrow KCl + 1.5O_2$
　　　　　　　　　　1mol　　:　　1.5mol

$$\therefore O_2 부피 = 24.5kg \times \frac{1kmol}{(39+35.5+16\times3)kg} \times \frac{1.5kmol}{kmol} \times \frac{22.4m^3}{1kmol} = 6.72\,m^3$$

**해설** 염소산칼륨은 기준산인 염소산($HClO3$)에서 수소(H)를 칼륨(K)으로 치환된 물질이므로 화학식은 $KClO3$가 된다. $KClO3$가 열분해 될 경우 이승원의 반응규칙 중 "환원우선"을 적용한다. $KClO3$를 구성하고 있을 때 염소의 산화수는 +5가이지만 환원이 되면 -1가로 산화수가 낮아진다. 그러므로 다음과 같이 분해 반응식을 조각할 수 있다.

▫ $KClO_3 \rightarrow KCl +$ 부생물(?)
　　→ 반응계의 미반응 원소는 O 3개, → 부생물로 방출($1.5O_2$)

〈완성〉 $KClO_3 \rightarrow KCl + 1.5O_2$
　　　　　1mol　:　　1.5mol

열분해하여 발생되는 기체는 산소이며, 산소는 연소에 도움을 주는 조연작용을 한다. 염소산칼륨(분자량 122.5) 24.5kg이 완전분해할 경우, 발생하는 산소의 부피($m^3$)는 위의 반응식을 토대로 다음과 같이 계산한다.

▫ 산소량 = $KClO_3$량 × 반응비$\left(\frac{산소}{KClO_3}\right)$

$$\therefore 산소량 = 24.5\,kg \times \left(\frac{1.5 \times 22.4\,m^3}{1 \times 122.5\,kg}\right) = 6.72\,m^3$$

## ▌참고▐

**상세해설** 염소산칼륨은 제1류 위험물(산화성 고체) 중 염소산염류에 속하며, 지정수량 50kg, 위험등급 Ⅰ등급으로 지정·관리되는 위험물이다. 산화성 고체의 공통적인 특징은 불연성이며, 무기화합물로서 강산화제로 작용하며, 다량의 산소를 함유하고 있는 강력한 산화제로서 분해하면 산소를 방출한다는 것이다.

### 첫 번째

이 문제의 첫 번째 Blockage는 "**염소산칼륨**"이라는 한글 명칭이다. 왜냐하면 염소산칼륨(Potassium Chlorate)의 화학식을 모르면 문제풀이를 시작할 엄두조차 내지 못한다. 그래서 앞서 한번 학습했지만 이러한 경우를 대비하기 위해 아래와 같은 기준산을 알아 둘 것을 당부했다.

▫ Ex(기준산)
- 황산($H_2SO_4$)
- 질산($HNO_3$)
- 염소산($HClO_3$)
- 인산($H_3PO_4$)
- 탄산($H_2CO_3$, 카보닐산)
- 초산($CH_3COOH$, 아세트산)

염소산의 분자식은 $HClO_3$(기준산)이다. 산소 하나를 떼면 $HClO_2$(아염소산)이 되고, 기준산에 산소를 더 붙이면 $HClO_4$(과염소산)이 된다는 것을 학습했었다.

**염소산칼륨**은 칼륨이 양이온 1가이므로 염소산($HClO_3$)에서 수소(H)하나를 떼고 음이온의 염소산이온($ClO_3^-$)이 양이온 1가인 칼륨과 결합하면 $KClO_3$의 분자를 구성할 수 있을 것이다.

산소하나를 떼어내면 $KClO_2$(아염소산칼륨)가 되고, 산소를 더 붙이면 $KClO_4$(과염소산칼륨)가 된다. 아염소산 · 염소산 · 과염소산염류 모두 제1류 위험물(산화성 고체), 지정수량 50kg, 위험등급 Ⅰ등급으로 지정 · 관리되는 위험물이다.

**[시범풀이]**

염소산칼륨의 열분해 반응식을 만들어 보자!

- 반응식 기초 : $aKClO_3 \rightarrow KCl + $ 부생물
  - 생성계 칼륨(K) 1개 → 반응계 K 1개 → ∴ $aKClO_3 = KClO_3$
  - 반응계 산소(O) 3개 남음 → 이를 생성계의 부생물에 반영
- ※ O만 남은 경우, 부생물은 $O_2$를 넣어 완성함 ➡ $KClO_3 \rightarrow KCl + 1.5O_2$

〈완성〉 $KClO_3 \rightarrow KCl + 1.5O_2$ 또는 $2KClO_3 \rightarrow 2KCl + 3O_2$

**두 번째**

분해하여 발생되는 기체의 명칭은 산소($O_2$)이고, 기체의 화학적 작용은 조연작용이다.

**세 번째**

염소산칼륨 24.5kg이 완전분해 시 발생하는 산소의 부피($m^3$)를 구하는 문제이다. 앞의 열분해 반응식에서 발생되는 $O_2$량과 염소산칼륨 간의 비례식을 적용하여 문제를 푼다. 이때 단위환산에 적용되는 원자량은 문제에서 제시한 K 39, Cl 35.5를 사용하면 $KClO_3$의 분자량은 122.5이다. 단위환산에서 통상 1mol=g분자량=22.4L을 적용하지만 필요에 따라 MKS 단위개념으로 1kmol=kg분자량=22.4$m^3$를 적용하여도 아무런 문제가 없다. 지금의 계산은 MKS(m, kg, sec) 단위개념으로 계산한 것이다.

- $KClO_3 \rightarrow KCl + 1.5O_2$
  1mol : 1.5mol

$$\therefore O_2 \text{부피} = 24.5 \text{kg} \times \frac{1\text{kmol}(KClO_3)}{(39+35.5+16\times 3)\text{kg}} \times \frac{1.5\text{kmol}(O_2)}{\text{kmol}(KClO_3)} \times \frac{22.4 m^3}{1\text{kmol}(O_2)} = 6.72 m^3$$

## 개념문제

다음 위험물 1kg이 각각 열분해될 경우, 산소 발생량(kg)을 구하시오.
(1) 과염소산나트륨
(2) 염소산나트륨
(3) 아염소산나트륨

**Hack 답안지** (1) 과염소산나트륨 열분해 : 산소 발생량 $= 1\text{kg} \times \left(\dfrac{2 \times 32\,\text{kg}}{1 \times 122.5\,\text{kg}}\right) = 0.52\,\text{kg}$

(2) 염소산나트륨 열분해 : 산소 발생량 $= 1\text{kg} \times \left(\dfrac{1.5 \times 32\,\text{kg}}{1 \times 106.5\,\text{kg}}\right) = 0.45\,\text{kg}$

(3) 아염소산나트륨 열분해 : 산소 발생량 $= 1\text{kg} \times \left(\dfrac{1 \times 32\,\text{kg}}{1 \times 90.5\,\text{kg}}\right) = 0.35\,\text{kg}$

**해설** 과염소산나트륨의 화학식은 $NaClO_4$(분자량=23+35.5+16×4=122.5)이다. 열분해 될 경우, 이승원의 반응규칙에 따라 "환원우선"을 적용하므로 +7가로 존재하는 $NaClO_4$ 중 Cl이 -1가로 환원되면서 NaCl을 형성하므로 다음과 같이 반응식을 조각하여 산소 발생량을 계산한다.

□ $NaClO_4 \rightarrow NaCl +$ 부생물( ? )
→ 반응계의 미반응 원소는 O 4개, → 부생물로 방출 ($2O_2$)

⟨완성⟩ $NaClO_4 \rightarrow NaCl + 2O_2$
　　　　1mol　　　　　　　2mol

∴ 산소 발생량 $= 1\text{kg} \times \left(\dfrac{2 \times 32\,\text{kg}}{1 \times 122.5\,\text{kg}}\right) = 0.52\,\text{kg}$

염소산나트륨의 화학식은 $NaClO_3$(분자량=23+35.5+16×3=106.5)이다. 열분해 될 경우, 이승원의 반응규칙에 따라 "환원우선"을 적용하므로 +5가로 존재하는 $NaClO_3$ 중 Cl이 -1가로 환원되면서 NaCl을 형성하므로 다음과 같이 반응식을 조각하여 산소 발생량을 계산한다.

□ $NaClO_3 \rightarrow NaCl +$ 부생물( ? )
→ 반응계의 미반응 원소는 O 3개, → 부생물로 방출 ($1.5O_2$)

⟨완성⟩ $NaClO_3 \rightarrow NaCl + 1.5O_2$
　　　　1mol　　　　　　　1.5mol

∴ 산소 발생량 $= 1\text{kg} \times \left(\dfrac{1.5 \times 32\,\text{kg}}{1 \times 106.5\,\text{kg}}\right) = 0.45\,\text{kg}$

아소산나트륨의 화학식은 $NaClO_2$(분자량=23+35.5+16×2=90.5)이다. 열분해 될 경우, 이승원의 반응규칙에 따라 "환원우선"을 적용하므로 +3가로 존재하는 $NaClO_2$ 중 Cl이 -1가로 환원되면서 NaCl을 형성하므로 다음과 같이 반응식을 조각하여 산소 발생량을 계산한다.

□ $NaClO_2 \rightarrow NaCl +$ 부생물( ? )
→ 반응계의 미반응 원소는 O 2개, → 부생물로 방출 ($O_2$)

⟨완성⟩ $NaClO_2 \rightarrow NaCl + O_2$
　　　　1mol　　　　　　　1mol

∴ 산소 발생량 $= 1\text{kg} \times \left(\dfrac{1 \times 32\,\text{kg}}{1 \times 90.5\,\text{kg}}\right) = 0.35\,\text{kg}$

### 유사문제

**01** 다음 괄호 안에 알맞은 말을 쓰시오. [05,17]

염소산칼륨은 ( ① ) 부근에서 분해되기 시작하고, 과염소산칼륨은 540~560℃에서 분해되기 시작하여 ( ② )과 ( ③ )를 방출한다. (단, ④ 반응식을 함께 작성할 것)

**02** 염소산칼륨의 610℃에서의 분해반응식을 쓰시오. [09,17,20]

**03** 분자량이 117.5, 분해온도가 300℃인 제1류 위험물 중 과염소산염류의 화학식을 쓰시오. [06]

**04** 제1류 위험물인 성질로 옳은 것을 보기에서 골라 번호를 쓰시오. [12]

① 무기화합물
② 유기화합물
③ 산화제
④ 인화점이 0℃ 이하
⑤ 인화점이 0℃ 이상
⑥ 고체

**05** 다음의 위험물을 분해온도가 낮은 것부터 높은 것의 순서대로 그 기호를 쓰시오. [18]

A. 염소산칼륨
B. 과염소산암모늄
C. 과산화바륨

**06** 염소산염류 중에서 분자량 106.5, 분해온도가 300℃이고 비중이 2.5이며, 철을 부식시키므로 철제 용기에 저장하면 아니 되는 것의 명칭과 화학식을 쓰시오. [06,07,11,13]

**07** 염소산칼륨과 적린이 혼촉·발화하였다. 다음 물음에 답하시오. [20]
(1) 두 물질의 반응식을 쓰시오.
(2) 두 물질의 반응으로 생성된 산화물이 물과 반응하면 어떤 물질이 생성되는지 그 물질의 명칭을 쓰시오.

**08** 다음 [보기] 중 위험물이 분해할 때 산소의 부피가 많은 것부터 순서대로 쓰시오. [17]

[보기]
① 과염소산도늄  ② 염소산칼륨
③ 염소산암모늄  ④ 과염소산칼륨

### 유사문제 답안·해설

**01** **답안** ① $KClO_3$ 열분해 온도 : 400℃
② $KCl$
③ $O_2$
④ 열분해 반응식 : $KClO_3 \rightarrow KCl + 1.5O_2$, $KClO_4 \rightarrow KCl + 2O_2$

**보충** 염소산칼륨은 제1류 위험물(산화성 고체) 중 염소산염류에 속하고, 과염소산염류나 아염소산염류, 염소산염류, 무기과산화물도 제1류 위험물(산화성 고체)로 분류되며, 지정수량 50kg, 위험등급 Ⅰ등급으로 지정·관리된다. 산화성 고체의 공통적인 특징은 불연성이며, 무기화합물로서 강산화제로 작용하며, 다량의 산소를 함유하고 있는 강력한 산화제로서 염소산칼륨($KClO_3$)은 400℃ 부근에서 분해되기 시작하고, 과염소산칼륨은 540~560℃에서 분해되기 시작하여 KCl과 산소($O_2$)를 방출한다.

□ $KClO_3 \rightarrow KCl + 1.5O_2$
□ $KClO_4 \rightarrow KCl + 2O_2$

## 02  답안 $KClO_4 \rightarrow KCl + 2O_2$

▣ 보충  과염소산칼륨은 540~560℃에서 분해되기 시작하여 KCl과 산소($O_2$)를 방출한다.
□ $KClO_4 \rightarrow KCl + 2O_2$

## 03  답안 $NH_4ClO_4$

▣ 보충  제1류 위험물로 분류되는 물질 중 품명 "과염소산염류"에 속하는 것은 과염소산나트륨($NaClO_4$), 과염소산칼륨($KClO_4$), 과염소산암모늄($NH_4ClO_4$) 등이다. 원자량은 Na 23, Cl 35.5, O 16, K 39, N 14이므로 이 중에서 분자량 117.5인 위험물을 찾아 답안지에 기재하면 된다. → $NH_4ClO_4$

그러나, 과염소산염류의 화학종을 알고 있지 못하는 상태에서는 시범 풀이와 같은 방법을 시도하여 유추하는 수밖에 없다.

**[시범풀이]**
문제에서 주어진 Hint는 분자량 117.5의 과염소산염류이다. "과염소산"의 1가의 이온($ClO_4^-$)과 결합가능한 양이온을 찾아내어 둘을 결합시킨 분자식의 분자량이 117.5이어야 한다. 그래서 다음의 방법을 사용해 보기로 한다.

□ $117.5 = 35.5 + 16 \times 4 + x$, $x = 18$(결합되는 양이온의 이온질량)
□ $Ca^{2+} = 40$, $K^+ = 39$, $Mg^{2+} = 24$, $Na^+ = 23$, $NH_4^+ = 18$, $Li^+ = 6.94$,

∴ "과염소산이온($ClO_4^-$)"와 결합가능한 1가 양이온은 $NH_4^+$이다. 따라서 분자량이 117.5, 분해온도가 300℃인 제1류 위험물 과염소산염류는 과염소산암모늄($NH_4ClO_4$)임을 확신할 수 있다.

답안지에는 과염소산암모늄의 화학식 "$NH_4ClO_4$"만 간단하게 기재하면 된다.

## 04  답안 ①, ③, ⑥

▣ 보충  제1류 위험물은 산화성고체로서 불연성이며, 무기화합물이고 강산화제로 작용하며, 열·충격·마찰 또는 분해를 촉진하는 약품과 접촉할 경우 폭발할 위험성이 있다.

▶ 법령보기 ◀
제1류 위험물은 산화성고체이다. 산화성고체라 함은 고체로서 산화력의 잠재적인 위험성 또는 충격에 대한 민감성이 높은 물질이다. 다만, 액체(1기압 및 20℃에서 액상인 것 또는 20℃ 초과 40℃이하에서 액상인 것) 또는 기체(1기압 및 20℃에서 기상인 것)는 제외한다.

## 05  답안  B < A < C

**보충** 과염소산암모늄($NH_4ClO_4$)은 백색 흡습성 결정으로 130℃이상 200℃미만에서 분해된다. 따라서 제시된 물질 중 분해온도가 가장 낮다. 분해온도의 크기는 $NH_4ClO_4$ < $KNO_3$ < $KClO_3$ < $Na_2O_2$ < $BaO_2$ 순서이다.

- 과염소산암모늄 : $2NH_4ClO_4 \xrightarrow[\text{산소, 염소가스 발생}]{130℃ \text{ 이상}} 2O_2 + Cl_2 + N_2 + 4H_2O$

- 염소산칼륨 : $2KClO_3 \xrightarrow[\text{산소 발생}]{400℃ \text{ 이상(촉매 존재 시 } 200℃ \uparrow)} 3O_2 + 2KCl$

- 과산화나트륨 : $2Na_2O_2 \xrightarrow[\text{산소 발생}]{460℃ \text{ 이상}} O_2 + 2Na_2O$

- 과산화바륨 : $2BaO_2 \xrightarrow[\text{산소 발생}]{850℃ \text{ 이상}} O_2 + 2BaO$

## 06  답안  $NaClO_3$

**참고**

앞에서도 학습했지만 **염소의 산소산, 즉 염소산(鹽素酸)**에 대한 기본개념을 알고 있어야 한다. 염소산의 분자식은 $HClO_3$이고, 결합된 **산소 3개가 기준(표준)**산소이다. 산소가 2개이면 "**아염소산**", 4개이면 "**과염소산**"이라 명명된다. 문제에서 제시한 염소산염류 중 분자량이 106.5인 위험물을 알아내기 위해서는 음이온 1가인 $ClO_3^-$(염소산이온)와 결합되는 1가 양이온을 고려하면 된다.

- $106.5 = 35.5 + 16 \times 3 + x$, $x = 23$

왜, 1가 양이온만 고려대상이 되어야 하는가 하면 …→ 음이온 1가인 염소산이온($ClO_3^-$)이 Ca, Mg 등 양이온 2가의 알칼리토금속과 결합되는 경우, 염소산이온($ClO_3^-$)은 2mol이 결합되어야 하므로 제시된 분자량의 범위(106.5)를 한참 벗어난다. 그러므로 문제에 부합되는 분자량 106.5의 위험물은 반드시 양이온 1가인 $K^+$, $Na^+$, $NH_4^+$ 등으로만 구성되어야 하므로 정답의 해당 범주가 크게 좁혀진다.

양이온 1가의 물질 중에서 K의 원자량은 39, Na 원자량은 23, $NH_4^+$의 이온량은 14+4=18이므로 이미 정답이 나왔다.

분해온도를 암기하거나 비중의 크기를 가지고 해당 문제의 정답을 찾으려고 시도하는 것은 무의미하므로 아예 그러한 엄두조차 하지 말기를!!!

## 07

**답안** (1) 반응식 : $5KClO_3 + 6P \rightarrow 3P_2O_5 + 5KCl$

(2) 인산

**보충** 염소산칼륨($KClO_3$)은 강력한 산화제이고, 적린(赤燐, P)은 가연물질이다. 이 두 물질이 접촉하면 가연물질의 산화반응과 산화제의 환원반응이 동시에 이루어진다. 따라서 산화되는 인(P)은 이승원의 반응규칙 중 "기준 산화물" 우선을 적용, 오산화인($P_2O_5$)으로 산화되며, 환원되는 염소산칼륨($KClO_3$)은 이승원의 반응규칙 중 "환원 우선"을 적용, 염화칼륨(KCl)으로 환원되므로 다음과 같이 반응식을 조각할 수 있다.

▫ $NaClO_3 + P \rightarrow NaCl + P_2O_5$

→ 생성계에서 O 5개, → 반응계에 이를 고려하여 조정 ∴ $5NaClO_3$

→ 생성계에서 P 2개, → 반응계에 이를 고려하여 조정 ∴ 2P

⇨ $5NaClO_3 + 2P \rightarrow 5NaCl + P_2O_5$

→ 반응계에서 O 15개, → 생성계, 반응계 모두 교차 조정 ∴ $3P_2O_5$, ∴ 6P

〈완성〉 $5NaClO_3 + 6P \rightarrow 5NaCl + 3P_2O_5$

생성된 산화물은 P2O5이고, 이것이 물과 반응할 경우 이승원의 반응규칙 중 "산(酸)" 우선을 적용하므로 다음과 같이 반응식을 조각할 수 있다.

▫ $P_2O_5 + xH_2O \rightarrow H_3PO_4$

→ 생성계에서 H 5개, → 반응계에 이를 고려하여 조정 ∴ $xH_2O = 3H_2O$

→ 반응계에서 P 2개, → 생성계에 이를 고려하여 조정 ∴ $2H_3PO_4$

〈완성〉 $P_2O_5 + 3H_2O \rightarrow 2H_3PO_4$

위의 반응식을 통해, 생성된 산화물이 물과 반응할 경우 인산(H3PO4)이 된다는 것을 알 수 있다. 따라서 답안지에는 "인산"이라고 명칭을 기재해야 한다. 화학식을 기재하면 안된다.

## 참고

염소산칼륨은 제1류 위험물(산화성 고체) 중 염소산염류에 속하며, 지정수량 50kg, 위험등급 Ⅰ등급으로 지정·관리되는 위험물이다. 산화성 고체의 공통적인 특징은 불연성이며, 무기화합물로서 강산화제로 작용하며, 다량의 산소를 함유하고 있는 강력한 산화제로서 **분해하면 산소를 방출**한다는 점이다.

적린(赤燐)은 제2류 위험물(가연성 고체)로 분류되며, 지정수량 100kg, 위험등급 Ⅱ등급으로 지정·관리되는 위험물이다. 이에 반해 **황린**(黃燐, 백린)은 제3류 위험물(자연발화성)로 분류되며, 지정수량 20kg, 위험등급 Ⅰ등급으로 지정·관리되는 위험물이다.

황린은 공기 중에서는 산화되어 발화하므로 수중에 저장하며, 유독하지만 제2류 위험물(가연성 고체)로 분류되는 **적린**(赤燐)은 황린과 동소체이지만 공기 중에서도 안정되기 때문에 스스로 발화하지 않으며, 황린보다 훨씬 복잡한 결정구조를 가지고 있고, 서로 붙어있는 원자의 수가 많은 특징을 보인다.

### 첫 번째,

이 문제의 첫 번째 Blockage는 "**염소산칼륨**"이라는 한글 명칭이다. 왜냐하면 염소산칼륨(Potassium Chlorate)의 화학식을 모르면 풀이를 시작조차 진행하지 못한다. 그래서 앞서 한번 학습했지만 "염소산"의 기본식 $HClO_3$에서 수소($H^+$) 대신 칼륨($K^+$)으로 치환한 것이 염소산칼륨($KClO_3$)이다.

[시범풀이]

적린의 화학식은 P로 쓴다. 인(P)은 $KClO_3$의 산화작용(산소제공)에 의해 산화되어 산화물을 형성한다. 이때 P는 +5가이고, 산소는 -2가이므로 등가결합 원칙을 적용, 산화수를 교호적용하면 오산화인($P_2O_5$)으로 되면서 부생물을 생성한다고 유추할 수 있다.

- 반응식 기초 : $(a) KClO_3 + (b) P \to P_2O_5 +$ 부생물
  - 생성계 인(P) 2개 → ∴ $(b) P = 2P$
  - 생성계 산소(O) 5개 → ∴ $(a) KClO_3 = (5/3) KClO_3$
    ➡ $(5/3) KClO_3 + 2P \to P_2O_5 +$ 부생물
  - 반응계 KCl 남음 → 이를 생성계의 부생물에 반영
  - $(5/3) KClO_3 + 2P \to P_2O_5 + (5/3) KCl$
    ➡ 각 항에 3을 곱하면
- 〈완성〉 $5KClO_3 + 6P \to 3P_2O_5 + 5KCl$

두 번째,

염소산칼륨과 적린, 두 물질의 반응으로 생성된 물질은 오산화인($P_2O_5$)과 염화칼륨(KCl)이다. 염화칼륨은 금속할로겐화합물인 염(鹽)이고, 오산화인($P_2O_5$)도 P가 연소하여 생성된 백색의 가루이다. 이중에서 "두 물질의 반응으로 생성된 **산화물**"에 초점을 맞추면 → 오산화인($P_2O_5$)이 된다.

염화칼륨(KCl)은 염소산칼륨($KClO_3$)이 환원되어 생성된 물질이기 때문에 해당되지 않는다. 오산화인($P_2O_5$)과 물의 반응식을 만들기 이전에 앞에서 학습한 내용을 아래에 재소환하면;

〈필수정리〉

Ⓐ **통상적으로 위험물은 물($H_2O$)과 반응할 경우, 수산화물(水酸化物)을 형성하면서 부생물이 발생한다.**

Ⓑ **예외로 황화인의 인(P)은 물($H_2O$)로부터 산소와 수산화이온을 제공받아 인산($H_3PO_4$)이 된다.**

이제 반응식을 만들어보자!!

- 반응식 기초 : $(a) P_2O_5 + (b) H_2O \to 2H_3PO_4$
  - 생성계 인(P) 1개 → ∴ $(a) P_2O_5 = P_2O_5$
  - 생성계 수소(H) 6개 → ∴ $(b) H_2O = 3H_2O$
    ➡ $P_2O_5 + 3H_2O \to 2H_3PO_4$
- 〈완성〉 $P_2O_5 + 3H_2O \to 2H_3PO_4$

생성되는 물질의 명칭은 "인산"이므로 이를 답안지에 기재하면 된다. 아니면 영문으로 Phosphoric Acid라고 기재해도 된다. 그런데, 명칭을 기재하라고 주문하였는데도 품명이나 분자식, 시성식, 구조식 등을 기재하는 것은 틀린다.

## 08  답안  ④ > ② > ① > ③

**보충** 이 문제의 가장 큰 Blockage는 각 물질의 화학식을 판단하는 것이다. 과염소산(-)암모늄(+)="과염소산" $ClO_4^-$ "암모늄" $NH_4^+$ ➡ ∴ $NH_4ClO_4$, 염소산(-)칼륨(+)="염소산" $ClO_3^-$ "칼륨" $K^+$ ➡ ∴ $KClO_3$, 염소산(-)암모늄(+)=염소산" $ClO_3^-$ "암모늄" $NH_4^+$ ➡ ∴ $NH_4ClO_3$, 과염소산(-)칼륨(+)=과염소산" $ClO_4^-$ "칼륨" $K^+$ ➡ ∴ $KClO_4$로 각 명칭을 화학식으로 변경하였다. ( )안의 ±는 음이온, 양이온으로 결합된 것을 표시한 것이다. 이러한 문제를 풀기 위해 모든 물질에 대한 열분해 반응식을 작성해서 비교하는 것 자체가 바보스럽다. 문제의 주문은 산소의 부피가 많은 것부터 순서대로 쓰는 것이다. 그러므로 굳이 반응식을 작성할 필요가 없고, 시간만 많이 소모되기 때문에 비효율적이다.

[시범풀이]
일단은 제시 물질의 화학식을 파악했으면 ① $NH_4ClO_4$, ② $KClO_3$, ③ $NH_4ClO_3$, ④ $KClO_4$ ⋯ 이렇게 쭉 나열 해놓고 열분해 반응을 고려해 본다.
- 수소(H)는 $H_2O$로 전환된다. $NH_4ClO_4 \rightarrow 2H_2O$, $NH_4ClO_3 \rightarrow 2H_2O$ 수소가 산화된 후의 잔류하는 산소가 $O_2$로 발생된다.
  ∴ ① $NH_4ClO_4 \rightarrow 4-2=1O_2$   ③ $NH_4ClO_3 \rightarrow 3-2=0.5O_2$
- 수소(H)가 없는 것은 전부 $O_2$로 전환된다. ② $KClO_3 \rightarrow 1.5O_2$,   ④ $KClO_4 \rightarrow 2O_2$

산소의 mol비는 부피비 이므로 산소의 부피가 많은 것부터 순서대로 나열하면 ④ > ② > ① > ③이 된다.

### 개념문제

질산암모늄이 열분해하면 $N_2$와 $H_2O$, $O_2$가 발생한다. 1몰(mol)의 질산암모늄이 0.9기압, 300℃에서 분해하고 있다. 다음 물음에 답하시오.   [07.11.19.22]
(1) 질산암모늄에 포함되어 있는 질소함량과 수소함량은 몇 wt%인지 계산하시오.
(2) 질산암모늄의 열분해 반응식을 쓰시오.
(3) 열분해시 발생하는 $H_2O$의 부피(L)를 구하시오.(계산과정과 답을 기재할 것)

**답안지** (1) $N_{(\%)} = \dfrac{14+14}{80} \times 100 = 35\%(wt)$   ∴ $H_{(\%)} = \dfrac{4}{80} \times 100 = 5\%(wt)$

(2) $NH_4NO_3 \rightarrow N_2 + 2H_2O + 0.5O_2$

(3) $NH_4NO_3 \rightarrow N_2 + 2H_2O + 0.5O_2$
   1mol  :   2mol

- $H_2O(L) = 1mol \times \dfrac{2mol}{1mol} \times \dfrac{22.4L}{1mol} = 44.8L$

∴ $H_2O^* = 44.8(L) \times \dfrac{273+300}{273} \times \dfrac{1}{0.9} = 104.48L$

**해설** 질산암모늄은 질산($HNO_3$)에서 수소($H^+$) 대신 암모늄이온($NH_4^+$)으로 치환된 것이므로 화학식은 $NH_4NO_3$(분자량 80)가 된다. 각 원소의 비율은 질소가 2개($14 \times 2 = 28$), 수소 4개(4), 산소 3개($16 \times 3 = 48$)이므로 구성 성분 질량비율은 다음과 같이 계산된다.

- 질소 = $\frac{28}{80} \times 100 = 35\%(wt)$
- 수소 = $\frac{4}{80} \times 100 = 5\%(wt)$
- 산소 = $\frac{48}{80} \times 100 = 60\%(wt)$

질산암모늄($NH_4NO_3$)의 열분해 반응은 이승원의 반응규칙 중 "환원우선"을 적용하므로 $NH_4NO_3$를 구성하고 있는 질소의 산화수는 각각 +3, +5가 상태이다. 이 상태에서 환원될 경우, 산화수가 낮아져야 하므로 $N_2$로 전환되어야 하고, 수소(H) 4개는 $2H_2O$로 전환되므로 다음과 같이 반응식을 조각할 수 있다.

- $NH_4NO_3 \rightarrow N_2 + 2H_2O +$ 부생물(?)
- → 반응계에서 미반응 원소 O 1개, → 생성계의 부생물로 방출 ∴ 부산물 = $0.5O_2$

〈완성〉 $NH_4NO_3 \rightarrow N_2 + 2H_2O + 0.5O_2$
　　　1mol　　　：　　　2mol

위의 반응식을 토대로 1몰(mol)의 질산암모늄이 분해될 때 0.9기압, 300℃에서 발생되는 H2O의 부피(L)는 다음과 같이 계산할 수 있다.

- $H_2O(부피) = 표준상태(부피) \times \frac{273 + t℃}{273} \times \frac{1기압}{P기압}$

∴ $H_2O(부피) = 1mol \times \left(\frac{2 \times 22.4L}{1mol}\right) \times \frac{273 + 300}{273} \times \frac{1}{0.9} = 104.48L$

**참고**

 이 문제의 첫 번째 Blockage는 "질산암모늄"이라는 한글 명칭을 화학식으로 나타낼 수 있어야만 난관을 통과할 수 있다. 두 번째 Blockage는 열분해 반응식을 쓰고, 분해시 발생되는 기체 중 $H_2O$의 부피를 구하는 것이며, 세 번째 Blockage는 온도와 압력을 별도로 제시하였으므로 표준상태가 아닌 실측상태의 부피로 환산하기 위해 온도와 압력을 보정하는 과정을 잘 통과하여야 한다.

[시범풀이]

첫 번째,

한글 명칭으로 "질산암모늄"이라고 하였을 경우, **음이온 – 양이온** 순서로 이름을 붙여 부르므로 음이온인 질산($NO_3^-$)이온과 양이온인 암모늄($NH_4^+$)이온이 결합된 것, 그러므로 질산암모늄(Ammonium Nitrate)의 분자식은 **$NH_4NO_3$**가 된다는 것을 알 수 있다.

질산암모늄은 제1류 위험물(산화성 고체) 중 질산염류에 해당(물이나 알코올에 모두 잘 녹음)하며, 지정수량은 300kg, 위험등급 Ⅱ등급으로 지정·관리되고 있는 위험물이다.

두 번째,

질산암모늄($NH_4NO_3$)의 분자량은 $14 + 1 \times 4 + 14 + 16 \times 3 = 80$이고, 이중에서 질소는 $14 + 14 = 28$, 수소는 $1 \times 4 = 4$이므로 아래의 공식에 이를 대입하면 질량(무게)백분율을 산출할 수 있다.

- 함량(%, Wt) = $\frac{원소량(질량)}{화합물 \ 분자량(질량)} \times 100$

**세 번째,**

열분해(熱分解)는 물질이 고온에서 분해반응을 일으키는 것인데, 문제의 조건으로 질산암모늄의 열분해 생성물의 **구성물질을 지정**($N_2$, $H_2O$, $O_2$)하였으므로 반응계(분자식)와 생성계(생성물) 간의 단순한 물질수지(mol 또는 질량)를 맞추어(산수 수준임) 작성하면 된다. 이때 산소에 **초점**을 맞추면 보다 쉽다.

- $NH_4NO_3 \rightarrow aN_2 + bH_2O + cO_2$
  - 반응계 3O(산소 3개) → 생성계 $c = 1.5O_2$
  - 반응계 2N(질소 2개) → 생성계 $a = N_2$
  - 반응계 4H(수소 4개) → 생성계 $b = 2H_2O$
  - ➡ 반응계 3O → 생성계 $2 \times O + 1.5 \times O_2$ (생성계가 많음, ∴ 산소를 줄임)
  - ➡ 조정: 반응계 3O → 생성계 $2 \times O + 0.5 \times O_2$ (산소수지: 반응계=생성계)
- 〈완성〉 $NH_4NO_3 \rightarrow N_2 + 2H_2O + 0.5O_2$

문제에서 열분해 반응에서 생성되는 $H_2O$의 부피(L) 산정을 주문하고 있으므로 앞의 완성된 반응식을 이용하여 다음과 같은 비례식을 만들어 문제를 푼다.

- $NH_4NO_3 \rightarrow N_2 + 2H_2O + 0.5O_2$
  - 1mol           2mol

기화(氣化)된 1mol의 모든 물질의 체적은 22.4L이므로 이를 토대로 요구하는 단위에 맞추어 문제를 풀어낸다. (이 또한 산수 수준임)

- $H_2O(L) = 1\text{mol}(\text{질산암모늄}) \times \dfrac{2\text{mol}(H_2O)}{1\text{mol}(\text{질산암모늄})} \times \dfrac{22.4\text{L}(STP)}{1\text{mol}(H_2O)} = 44.8\text{L}$

STP는 표준상태(0℃, 1기압)를 의미하는 것으로 Standard Temperature and Pressure의 약어이다. 이런 약어(略語)는 몰라도 된다. 다만, 1mol=22.4L라는 값은 표준상태(0℃, 1기압=760mmHg)에서만 성립되는 것이라는 것만 기억하면 된다. 문제에서 "0.9기압, 300℃"의 조건을 제시하였으므로 위에서 계산된 44.8L에 대하여 보일-샤를의 법칙(Boyle-Charle's Law)을 적용하여 부피를 보정하여야 한다.

- $V_2 = V_1 \times \dfrac{T_2}{T_1} \dfrac{P_1}{P_2}$ $\begin{cases} V_2 : 300℃, 0.9\text{기압 상태하의 기체부피(L)} \\ V_1 : 0℃, 1\text{기압 상태하의 기체부피(L)} = 44.8\text{L} \\ T_1, T_2 : 0℃ \text{와 } 300℃ \text{ 절대온도 } (K = 273 + t℃) \\ P_1, P_2 : 0.9\text{기압}, 1\text{기압} \end{cases}$

이상기체 상태방정식(PV=nRT)은 별도의 조건으로 주문할 때만 적용하도록 한다.

- ∴ $V_2 = 44.8(L) \times \dfrac{273 + 300}{273} \times \dfrac{1}{0.9} = 104.48\text{L}$

이 문제의 주문사항 두 가지[질산암모늄 열분해 반응식, 열분해시 발생하는 $H_2O$의 부피(L)]를 모두 작성해야 정상적인 점수를 얻을 수 있다. 부분적으로 답안지를 작성하고서, 발표하는 날 식구들 몰래 화장실에 가서 요행합격을 바라거나 이의신청으로 해결하려 들지 말고 지금부터 제대로 된 수험서로 꾸준하게 **완벽한 답안작성 연습을** 해 두어야 한다.

## 유사문제

**01** 제1류 위험물로서 품명 질산염류, 분자량 80, ANFO 폭약을 만들 때 사용하는 물질에 대해 다음 물음에 답하시오. [13,20]
  (1) 해당물질의 화학식을 쓰시오.
  (2) 해당물질이 분해할 때 질소, 산소, 물(수증기)을 발생하는 반응식을 쓰시오.

**02** 제1류 위험물인 과망가니즈산칼륨에 대하여 답하시오. [04,06]
  (1) 지정수량을 쓰시오.
  (2) 가열분해 시 발생되는 조연성 기체의 명칭을 쓰시오.
  (3) 염산과 반응 시 발생되는 기체의 명칭을 쓰시오.

**03** $KMnO_4$이 열분해 할 때와 묽은 황산과 반응할 때 공통으로 발생하는 물질은? [10]

**04** 제1류 위험물이 가열에 의해 분해 시 발생되는 공통된 가스는? [03]

**05** 아염소산나트륨과 알루미늄의 반응에서 산화알루미늄, 염화나트륨이 생성되는 반응식을 쓰시오. [09]

**06** 아염소산나트륨이 직사일광에 광분해되거나 염산과 접촉하였을 때, 공통으로 발생하는 폭발성 물질의 명칭을 쓰시오. [04]

## 유사문제 답안·해설

**01** **답안** (1) 화학식 : $NH_4NO_3$
  (2) 반응식 : $NH_4NO_3 \rightarrow N_2 + 2H_2O + 0.5O_2$

**보충** 문제에서 품명이 질산염류라 하였으므로 질산($HNO_3$)에서 수소(H)를 치환할 수 있는 양이온($NH_4^+$, $K^+$, $Na^+$)가 결합된 질산암모늄, 질산칼륨, 질산나트륨 등이 이에 해당한다. 각 원자량은 N 14, H 1, K 39, Na 23이므로 $NH_4NO_3$, $KNO_3$, $NaNO_3$에 대한 각 분자량을 검토 해 보면 → 질산염류 중 분자량이 80인 것은 질산암모늄($NH_4NO_3$)이라는 것을 확인할 수 있다.

질산암모늄이 분해할 때 질소, 산소, 물(수증기)을 발생하는 반응식을 쓰는 부분은 앞에서도 상세히 설명하였으므로 간략히 한번 더 해설하면;

이승원의 반응규칙 중 "환원우선"을 적용하므로 $NH_4NO_3$를 구성하고 있는 질소의 산화수는 각각 +3, +5가 상태이다. 이 상태에서 환원될 경우, 산화수가 낮아져야 하므로 $N_2$로 전환되어야 하고, 수소(H) 4개는 $2H_2O$로 전환되므로 다음과 같이 반응식을 조각할 수 있다.

  □ $NH_4NO_3 \rightarrow N_2 + 2H_2O +$ 부생물(?)
  → 반응계에서 미반응 원소 O 1개, → 생성계의 부생물로 방출 ∴ 부산물 = $0.5O_2$
  〈완성〉 $NH_4NO_3 \rightarrow N_2 + 2H_2O + 0.5O_2$

## 02

**답안** (1) 지정수량 : 1,000kg
(2) 조연성 기체 : 산소
(3) 염산과 반응 발생되는 기체 : 염소

**보충** 과망가니즈산칼륨($KMnO_4$)은 산화성고체로서 제1류 위험물의 과망가니즈산염류(과망간산염류)에 해당하므로 지정수량은 1000kg이다.

$KMnO_4$가 열분해할 경우, 이승원의 반응규칙 중 "환원 우선"을 적용하므로 $KMnO_4$를 구성하는 Mn의 산화수가 +7가에서 +3가 또는 +4로 낮아져서 $KMnO_2$ 또는 $MnO_2$로 전환(환원)되므로 다음과 같이 반응식을 조각할 수 있다.

  □ $KMnO_4$ → $KMnO_2$ + 부생물(?)
  → 반응계에서 미반응 원소 O 2개, → 생성계의 부생물로 방출 ∴ 부산물 = $O_2$
〈완성〉 $KMnO_4$ → $KMnO_2$ + $O_2$

반응식에서 보듯이, 열분해되 발생되는 기체는 산소이고, 산소는 다른 물질이 연소할 때 연소에 도움을 주는 대표적인 조연물질이다.

$KMnO_4$과 염산(HCl)이 반응할 경우, 이승원의 반응규칙 중 "염산염 우선"을 적용하므로 $KMnO_4$를 구성하는 K와 Mn이 각각 염산염(KCl, $MnCl_2$)을 형성하고, 염산(HCl) 중의 수소(H)와 염소(Cl)은 산화제($KMnO_4$)의 산화작용을 받아 각각 $H_2O$와 $Cl_2$로 산화된다. 그러므로 $KMnO_4$가 염산(HCl)과 반응할 발생되는 기체는 염소($Cl_2$)가스이다.

**참고**

이 문제의 첫 번째 Blockage는 "과망가니즈산칼륨(과망간산칼륨)"이라는 한글 명칭을 화학식으로 전환하는 것이며, 두 번째 Blockage는 이 물질이 가열분해 할 경우 발생되는 조연성(助燃性) 기체의 명칭을 쓰는 것이며, 세 번째 Blockage는 과망가니즈산칼륨이 염산(HCl)과 반응하였을 때 발생하는 기체를 파악하여 그 기체의 명칭을 쓰는 일이다.

**[시범풀이]**
첫 번째.
제1류 위험물의 품명, 지정수량, 위험등급을 암기해 두고 이를 응용한다. ∴ 과망가니즈칼륨의 지정수량은 1000kg이다.

▶ 법령보기 ◀

| 유별 | 성질 | 품명 | 지정수량 | 위험등급 |
|---|---|---|---|---|
| 제1류 | 산화성 고체 | • 무기과산화물<br>• 염소산염류, 아염소산염류, 과염소산염류 | 50kg | I |
| | | • 질산염류<br>• 퍼옥소이황산염류, 아이오딘산염류, 브로민산염류 | 300kg | II |
| | | 과망가니즈산염류, 다이크로뮴산염류 | 1,000kg | III |

> **이승원의 제1류 암기법**
>
> ■ 일류산 / 씨(Cl)무아과 먹고 / 퍼질브싸요 ~ 이 / 건망증오셨써
> - 일류산 일본 : 1류 – 산화성고체, Ⅰ등급
> - 무 : 무기과산화물
> - 과 : 과염소산염류 … 먹고(50kg)
> - 질 : 질산염류
> - 싸요 ~ 이 : 싸(300kg), 아이오딘산염류(요오드산염류) … ~이(Ⅱ)등급
> - 건망 : 과망가니즈산염류(과망간산염류)
> - 오셨써(thousand) : 구간별 지정수량 → 50kg, 300kg, 1000kg
> - 씨(Cl) : 염소산염류
> - 아 : 아염소산염류
> - 퍼 : 퍼옥소이황산염류
> - 브 : 브로민산염류
> - 증 : 다이크로뮴산염류(중크롬산염류)

∴ 과망가니즈칼륨의 지정수량은 1000kg이다.

두 번째,
과망가니즈산칼륨의 가열분해 반응식을 만들기 위해, 과망가니즈산칼륨이라는 한글 명칭에서 "Hint"를 얻어 화학식을 만든다. "과망가니즈" → 망가니즈(망간, Mn)의 산화물로 과산화된 것 ➡ 산소 4개 → $MnO_4$… 여기에 수소(H)를 붙이면 "과망가니즈산($HMnO_4$)", 수소(H)자리에 "칼륨(K)"을 붙이면 "과망가니즈산칼륨($KMnO_4$)"이 된다.

화학식을 통해 짐작할 수 있듯 "과망가니즈산칼륨($KMnO_4$)"이 열분해되면 분자 내에 함유된 "산소"가 방출되면서 연소를 촉진하는 "조연제(助燃劑)" 역할을 하게 된다.

□ 반응식 기초 : $KMnO_4 \rightarrow O_2 + KMnO_2$
- 산소수지, 수소수지(반응계=생성계, ok)

〈완성〉 $KMnO_4 \xrightarrow[240℃]{열분해} O_2 + KMnO_2$  또는  $2KMnO_4 \rightarrow O_2 + MnO_2 + K_2MnO_4$

세 번째,
$KMnO_4$과 염산(HCl)이 반응할 경우, 이승원의 반응규칙 중 "염산염 우선"을 적용하므로 $KMnO_4$를 구성하는 K와 Mn이 각각 염산염(KCl, $MnCl_2$)을 형성하고, 염산(HCl) 중의 수소(H)와 염소(Cl)은 산화제($KMnO_4$)의 산화작용을 받아 각각 $H_2O$와 $Cl_2$로 산화된다. 그러므로 $KMnO_4$가 염산(HCl)과 반응할 발생되는 기체는 염소($Cl_2$) 가스이다. 따라서 다음과 같이 반응식을 조각할 수 있다.

□ $KMnO_4 + x\,HCl \rightarrow KCl + MnCl_2 + H_2O + Cl_2$

→ 반응계의 O 4개, → 생성계의 산소항 조정 ∴ $H_2O = 4H_2O$

⇨ $KMnO_4 + x\,HCl \rightarrow KCl + MnCl_2 + 4H_2O + Cl_2$

→ 생성계의 H 8개, → 반응계의 HCl 조정 ∴ $x\,HCl = 8HCl$

⇨ $KMnO_4 + 8HCl \rightarrow KCl + MnCl_2 + 4H_2O + Cl_2$

→ 반응계의 Cl 8개 > 생성계의 Cl 5개 이므로 → 생성계의 $Cl_2$ 조정 ∴ $Cl_2 = 2.5Cl_2$

〈완성〉 $KMnO_4 + 8HCl \rightarrow KCl + MnCl_2 + 4H_2O + 2.5Cl_2$

$KMnO_4$가 염산(HCl)과 반응할 경우, 염소(Cl2) 가 발생되는 것을 확인할 수 있다.

> **참고**
>
> **열분해되어 "산소"를 발생하는 위험물**
> - 질산칼륨($KNO_3$) : $2KNO_3 \rightarrow O_2 + 2KNO_2$
> - 질산나트륨($NaNO_3$) : $2NaNO_3 \rightarrow O_2 + 2NaNO_2$
> - 질산암모늄($NH_4NO_3$) : $2NH_4NO_3 \rightarrow O_2 + 2N_2 + 4H_2O$
> - 아염소산칼륨($KClO_2$) : $KClO_2 \rightarrow O_2 + KCl$
> - 아염소산나트륨($NaClO_2$) : $3NaClO_2 \rightarrow 2O_2 + 2NaOCl + NaCl$
> - 염소산칼륨($KClO_3$) : $2KClO_3 \rightarrow 3O_2 + 2KCl$
> - 염소산나트륨($NaClO_3$) : $2NaClO_3 \rightarrow 3O_2 + 2NaCl$
> - 염소산암모늄($NH_4ClO_3$) : $2NH_4ClO_3 \rightarrow O_2 + N_2 + Cl_2 + 4H_2O$
> - 과염소산칼륨($KClO_4$) : $KClO_4 \rightarrow 2O_2 + KCl$
> - 과염소산나트륨($NaClO_4$) : $NaClO_4 \rightarrow 2O_2 + NaCl$
> - 과염소산암모늄($NH_4ClO_4$) : $2NH_4ClO_4 \rightarrow 2O_2 + N_2 + Cl_2 + 4H_2O$
> - 과산화칼륨($K_2O_2$) : $2K_2O_2 \rightarrow O_2 + 2K_2O$
> - 과산화칼슘($CaO_2$) : $2CaO_2 \rightarrow O_2 + 2CaO$
> - 과산화나트륨($Na_2O_2$) : $2Na_2O_2 \rightarrow O_2 + 2Na_2O$
> - 과망가니즈산칼륨($KMnO_5$) : $2KMnO_4 \rightarrow O_2 + MnO_2 + K_2MnO_4$
> - 다이크로뮴산칼륨($K_2Cr_2O_7$) : $4K_2Cr_2O_7 \rightarrow 3O_2 + 4K_2CrO_4 + 2Cr_2O_3$

## 03  답안  산소($O_2$)

📖 **보충** $KMnO_4$이 열분해 할 때와 묽은 황산과 반응할 때 공통으로 발생하는 물질은 산소($O_2$)이다. $KMnO_4$가 열분해할 경우, 이승원의 반응규칙 중 "환원 우선"을 적용하므로 $KMnO_4$를 구성하는 Mn의 산화수가 +7가에서 +3가 또는 +4로 낮아져서 $KMnO_2$ 또는 $MnO_2$로 전환(환원)되므로 다음과 같이 반응식을 조각할 수 있다.

　　□ $KMnO_4 \rightarrow KMnO_2 +$ 부생물(?)
　　　→ 반응계에서 미반응 원소 O 2개, → 생성계의 부생물로 방출 ∴ 부산물 = $O_2$
　　〈완성〉 $KMnO_4 \rightarrow KMnO_2 + O_2$

반응식에서 보듯이 열분해되 발생되는 기체는 산소임을 확인할 수 있다.
$KMnO_4$과 황산($H_2SO_4$)이 반응할 경우, 이승원의 반응규칙 중 "황산염 우선"을 적용하므로 $KMnO_4$를 구성하는 K와 Mn이 각각 황산염($K_2SO_4$, $MnSO_4$)을 형성하고, 황산($H_2SO_4$) 중의 수소(H)는 산화제($KMnO_4$)의 산화작용을 받아 $H_2O$로 산화되므로 다음과 같이 반응식을 조각할 수 있다.

　　□ $KMnO_4 + x\,H_2SO_4 \rightarrow K_2SO_4 + MnSO_4 + H_2O +$ 부생물(?)
　　　→ 생성계의 K 2개, → 반응계의 $KMnO_4$항 조정 ∴ $KMnO_4 = 2KMnO_4$
　　　→ 반응계가 변화됨에 따라 생성계의 Mn항도 재조정, → ∴ $MnSO_4 = 2MnSO_4$
　　⇨ $2KMnO_4 + x\,H_2SO_4 \rightarrow K_2SO_4 + 2MnSO_4 + H_2O +$ 부생물(?)
　　　→ 생성계의 S 3개, → 반응계의 $H_2SO_4$ 조정 ∴ $x\,H_2SO_4 = 3H_2SO_4$

$$\Rightarrow 2KMnO_4 + 3H_2SO_4 \rightarrow K_2SO_4 + 2MnSO_4 + 3H_2O + 부생물(?)$$
→ 반응계에서 미반응 원소 O 5개, → 생성계의 부생물로 방출 ∴ 부산물 = $2.5O_2$

〈완성〉 $2KMnO_4 + 3H_2SO_4 \rightarrow K_2SO_4 + 2MnSO_4 + 3H_2O + 2.5O_2$

## 04 답안 산소($O_2$)

**보충**
- 불연성이며, 무기화합물로서 강산화제로 작용함
- 다량의 산소를 함유하고 있는 강력한 산화제로서 분해할 경우, 산소를 방출함
- 대부분 무색의 결정 또는 백색분말로서 비중이 1보다 크고, 물에 잘 녹음
- 산화성 고체의 일부는 물과 반응하여 열과 산소를 발생시키는 것도 있음
- 열·충격·마찰 또는 분해를 촉진하는 약품과 접촉할 경우 폭발할 위험성이 있음
- 다른 약품과 접촉할 경우 분해하면서 다량의 산소를 방출하기 때문에 다른 가연물의 연소를 촉진하는 성질이 있음

## 05 답안 $3NaClO_2 + 4Al \rightarrow 2Al_2O_3 + 3NaCl$

**보충** 아염소산나트륨($NaClO_2$)과 알루미늄의 반응에서 산화알루미늄, 염화나트륨이 생성되는 반응식은 다음과 같다.

□ $3NaClO_2 + 4Al \rightarrow 2Al_2O_3 + 3NaCl$

염소산나트륨($NaClO_3$) 및 아염소산나트륨($NaClO_2$)의 관련 분해반응식은 다음과 같다.

□ $3NaClO_3 \xrightarrow[\text{과염소산나트륨, 이산화염소 발생}]{\text{열분해}} 2ClO_2 + NaClO_4 + Na_2O$

□ $3NaClO_2 \xrightarrow[\text{이산화염소 발생}]{\text{광분해}} 2ClO_2 + NaOCl + Na_2O$

□ $3NaClO_2 \xrightarrow[\text{과산화수소, 이산화염소 가스 발생}]{\text{강산(HCl 존재 시)}} 2ClO_2 + H_2O_2 + 3NaCl$

**∥참고∥**

**상세해설** 아염소산나트륨은 산화성고체로 화학식은 $NaClO_2$이고, 알루미늄(Al)은 가연성 금속이다. 이 두 물질이 반응하면, $NaClO_2$는 산소와 같은 산화제로 작용하면서 자신은 환원되므로 이승원의 반응규칙 중 "환원 우선"을 적용할 경우, $NaClO_2$ 중의 Cl이 +3가에서 -1가로 산화수가 낮아져 NaCl로 환원되고, 알루미늄(Al)은 아염소산나트륨에 의해 산화작용을 받기 때문에 이승원의 반응규칙 중 "기준 산화물" 우선을 적용, $Al_2O_3$로 산화된다. 따라서 다음과 같이 반응식을 조각할 수 있다.

□ $NaClO_2 + x\,Al \rightarrow Al_2O_3 + NaCl + 부생물(?)$

→ 생성계의 Al 2개, → ∴ 반응계의 $x\,Al = 2Al$
→ 생성계의 O 3개, → 반응계의 O항 조정필요 ∴ $3NaClO_2$
→ 반응계가 변화됨에 따라 생성계의 Na항도 재조정, → ∴ $NaCl = 3NaCl$

⇒ $3NaClO_2 + 2Al \rightarrow Al_2O_3 + 3NaCl + 부생물(?)$

→ 반응계 O 6개 > 생성계 O 3개이므로 재조정, ∴ $2Al \rightarrow 4Al$

〈완성〉 $3NaClO_2 + 4Al \rightarrow 2Al_2O_3 + 3NaCl + 부생물(없음)$

## 06  답안 이산화염소

**보충** 아염소산나트륨이 직사일광에 광분해되거나 염산과 접촉하였을 때, 공통으로 발생하는 폭발성 물질은 이산화염소이다.

아염소산나트륨($NaClO_2$)은 산화성고체로서 제1류 위험물로 분류되며, 지정수량 50kg, 위험등급 Ⅰ로 지정되어 있는 물질이며, 열분해온도는 350℃ 이상이지만 물이나 수분이 존재할 경우 120~130℃ 범위에서 분해된다. 불연성물질이지만 물·높은 습도·산(Acid)·나무·종이·유기물과 격렬히 반응하여 반응폭주를 일으키거나 수소와의 혼합물이나 황, 인, 황화물 등과는 접촉하면 폭발한다. 살균제 원료인 아염소산나트륨 취급설비를 수리하는 과정에서 폭발사고를 일으키는 사례가 있다.

□ $3NaClO_2 \xrightarrow[\text{이산화염소 발생}]{\text{광분해}} 2ClO_2 + NaOCl + Na_2O$

□ $3NaClO_2 \xrightarrow[\text{과산화수소, 이산화염소 가스 발생}]{\text{강산(HCl 존재 시)}} 2ClO_2 + H_2O_2 + 3NaCl$

**참고**

아염소산나트륨은 산화성고체로 화학식은 $NaClO_2$이다. 광분해 반응은 열분해 반응과 마찬가지로 이승원의 반응규칙 중 "환원 우선"을 적용하지만 분해물질이 모두 산소를 포함한다는 점이 다르다. 따라서 광분해 될 경우 Na가 먼저 분리되면서 $ClO_2$를 발생하고, 잔류하는 Cl의 일부는 표백작용이 있는 NaOCl로, 분리된 나트륨은 산화나트륨($Na_2O$)으로 전환되므로 다음과 같이 반응식을 조각할 수 있다.

□ $NaClO_2 \rightarrow ClO_2 + NaOCl + Na_2O$

→ 생성계의 Na 3개, → 반응계의 Na 조정 필요, ∴ $3NaClO_2$

→ 반응계가 변화됨에 따라 생성계의 Cl항도 재조정, → ∴ $ClO_2 = 2ClO_2$

〈완성〉 $3NaClO_2 \rightarrow 2ClO_2 + NaOCl + Na_2O$

아염소산나트륨($NaClO_2$)이 염산(HCl)과 접촉할 경우, 이승원의 반응규칙 중 "염산염 우선"을 적용한다. 염산염의 대표적인 물질이 NaCl이다. 염산(鹽酸, HCl) 자체는 통상 산화제(酸化劑)로 작용하지만 금속과 접촉할 경우는 금속을 산화시키는 환원제 역할을 하는 특성이 있다.

그러므로 $NaClO_2$ 중의 금속류인 Na가 염산(HCl)의 환원작용을 받아 NaCl로 전환되고, 잔류하는 Cl은 아염소산나트륨의 산화작용을 받아 $ClO_2$로, 수소(H)도 산화작용을 받아 과산화수소($H_2O$)를 발생하게 된다. 따라서 다음과 같이 반응식을 조각할 수 있다.

□ $NaClO_2 + x\,HCl \rightarrow NaCl + ClO_2 + H_2O_2$

→ 생성계의 H 2개, → 반응계의 HCl 조정 필요, ∴ $x\,HCl = 2HCl$

→ 반응계의 O항을 재조정하면→ 연관된 다른 항목도 더불어 재조정 필요

⇨ $2NaClO_2 + 2\,HCl \rightarrow 2NaCl + ClO_2 + H_2O_2$

→ 생성계의 Cl 3개→ 반응계의 연관 항목 재조정 ∴ $3NaClO_2$

〈완성〉 $3NaClO_2 + 2\,HCl \rightarrow 3NaCl + 2ClO_2 + H_2O_2$

이 반응은 강산성 조건에서 진행되며, 아염소산나트륨과 염산의 반응식을 통해, 이산화염소와 과산화수소가 발생하는 것을 확인할 수 있다.

 **개념문제**

다음 [보기]의 물질 중 물과 반응하여 가연성 가스를 발생시키는 위험물을 2가지만 고르고, 해당 물질과 물의 반응식을 완성하시오.                                             [20,22]

[보기] 과산화나트륨, 칼슘, 나트륨, 황린, 염소산칼륨, 인화칼슘

**답안지** (1) 가연성 가스를 발생하는 위험물 : 칼슘, 나트륨
(2) 물과의 반응식 : $Ca + 2H_2O \rightarrow Ca(OH)_2 + H_2$
$Na + H_2O \rightarrow NaOH + 0.5H_2$

**해설** 과산화나트륨($Na_2O_2$)과 염소산칼륨($KClO_3$)은 물에 잘 녹는 물질이므로 가스가 발생되지 않는다. 그러므로 최우선 배제한다. 황린($P_4$)은 물 속에 저장하는 위험물이며, 반응성이 없으므로 배제한다. 다음, 인화칼슘은 물과 반응할 경우 가연성의 포스핀($PH_3$) 가스를 발생한다. 그러나 답안지에 "2가지만" 기재하라고 하였으므로 잠시 보류해 둔다.
남은 위험물은 칼슘(Ca)과 나트륨(Na)이다. 이들 금속류는 물과 급격한 발열반응을 하면서 폭발성이 높은 수소 가스를 발생한다. 따라서 금속류 2가지를 선택하여 답안지에 기재하고, 둘과의 반응식을 작성한다.
ㅁ $Ca + 2H_2O \rightarrow Ca(OH)_2 + H_2$
ㅁ $Na + H_2O \rightarrow NaOH + 0.5H_2$

**참고**

 일반 수험생들이 이런 유형의 문제를 접하는 순간 최우선적으로 찾는 것이 "물기엄금 물질" 제1류 위험물 아니면 제2류 위험물, 제3류 위험물 중 "금수성 물질"의 품명이나 명칭을 생각해 내느라고 애를 쓰고, 이것으로 문제에서 제시된 [보기]의 품명과 매칭(matching)하려 할 것이며, 이렇게 하여 용케 찾았다 하더라도 반응식을 자력으로 완성하기 어렵기 때문에 이때는 머릿속의 깜지식으로 암기해 둔 반응식들을 쥐어짜듯 소환해서 해결하려 드는 것이 일반사항이다.
이러한 문제 해결 전략과 전술의 문제점은 → 기억에 전적으로 의존해야 되며, 반복 학습에 시간도 많이 소요되고, 불명확하고, 반응식과 계산에 대한 검산을 제대로 할 수 없으며, 자신이 쓴 답안지에 확신을 갖지 못하는 즉, 자기가 답안지를 써 놓았으면서도 옳게 썼는지 틀리게 썼는지 분간을 못하고 채점자의 아량만 바라는 깜깜이 시험(실기시험)을 치른 다음 자신감 없이 시무룩하게 시험장을 나서게 된다는 것이다.
저자는 이러한 고민을 단번에 해결할 수 있는 학습비법을 소개하고자 한다.
우선, 이 문제의 첫 번째 Blockage를 통과하려면 **"물과 반응"**하면 **"수산화물"**을 형성한다는 것을 전제하고 해당되는 물질을 찾아야 한다. **수산화물**(水酸化物, Hydroxide)은 칼륨(포타슘, K), 칼슘(Ca)의 양이온이 음이온인 수산화 이온($OH^-$)과 결합하는 물질로서 물에 녹아 이온화되면 염기성을 띠는 물질이라는 점이다.
여기에 더하여 위험물에 대한 다음 **3가지 반응특성**을 꼭 알아둘 필요가 있다.
ㅁ 수산화물을 형성하는 위험물(암기법, 물손 칼국수)은 K, Na, Ca를 함유하고 있다.
• 물 : 물과 반응
• 손 : 수산화물
• 칼국수 : 칼륨, 국(금속류), 수산화물을 만듦
ㅁ 과산화물은 물과 반응하면 산소를 발생한다.
ㅁ 염소산화물은 물과는 잘 반응하지 않으며, 열분해(熱分解) 한다.

이제 문제를 풀어보자!!

문제의 주된 질문은 "물과 반응하여 가연성 가스를 발생하는 것"이다. 앞서 설명했듯이 물과 반응하면 "수산화물"이 잘 형성되는 것을 찾아야 하고, 수산화물을 형성하려면 물($H_2O$)에서 제공되는 음이온인 수산화 이온($OH^-$)과 쉽게 결합될 수 있는 양이온 원소(1~2족)를 찾으면 된다.

다음은 반응식을 만들어 보자!!

보기에서 1~2족 원소에 해당하는 물질을 선택하면 ➡ 칼슘, 나트륨, 인화칼슘 3가지이지만 답안지에 칼슘과 나트륨 2가지만 기재해도 정답이 된다.

과산화나트륨($Na_2O_2$)은 제1류 위험물 중 무기과산화물류에 속한다. 앞에서 요약한 바와 같이 과산화물은 물과 반응하면 산소를 발생한다(선택 제외).

황린($P_4$)은 제3류 위험물로 물에 안전하고, 불용성이며, 물속에 저장하는 위험물이다(선택 제외).

염소산칼륨($KClO_3$)은 제1류 위험물로 물에는 잘 녹는다. 즉, 물에 용해(전리)되기 때문에 선택에서 제외된다.

[시범풀이]

첫 번째,

칼슘(Ca)은 2족 원소이다. 최외각 전자가 2개이므로 양이온이 되면 2가($Ca^{2+}$)로 된다. 이에 대응하는 수산화 이온($OH^-$)은 1가 음이온이므로 등가원칙에 따라 이들이 결합한 수산화물의 구성은 1 : 2 즉 $Ca^{2+} : 2OH^- = Ca(OH)_2$로 된다.

  □ 반응식 기초 : $a Ca + b H_2O \rightarrow Ca(OH)_2 + $ 부생물

   • 생성계 칼슘(Ca) 1개 → 반응계 Ca 1개  → ∴ $a Ca = Ca$

   • 생성계 산소(O) 2개 → 반응계도 동일해야 하므로 → ∴ $b H_2O = 2H_2O$

   ➡ $Ca + 2H_2O \rightarrow Ca(OH)_2 + $ 부생물

   • 좌우 원소수지 비교 → 반응계 수소 2개 남음 → 이를 생성계의 부생물에 반영

    ※ H만 남은 경우, 부생물은 $H_2$를 넣어 완성함

  〈완성〉 $Ca + 2H_2O \rightarrow Ca(OH)_2 + H_2$

두 번째,

나트륨(Na)은 1족 원소이다. 최외각 전자가 1개이므로 양이온이 되면 1가($Na^+$)로 된다. 이에 대응하는 수산화 이온($OH^-$)은 1가 음이온이므로 등가원칙에 따라 이들이 결합한 수산화물의 구성은 1 : 1 즉 $Na^+ : OH^- = NaOH$로 된다.

  □ 반응식 기초 : $a Na + b H_2O \rightarrow NaOH + $ 부생물

   • 생성계 나트륨(Na) 1개 → 반응계 Na 1개  → ∴ $a Na = Na$

   • 생성계 산소(O) 1개 → 반응계도 동일해야 하므로 → ∴ $b H_2O = H_2O$

   ➡ $Na + H_2O \rightarrow NaOH + $ 부생물

   • 좌우 원소수지 비교 → 반응계 수소 1개 남음 → 이를 생성계의 부생물에 반영

    ※ H만 남은 경우, 부생물은 $H_2$를 넣어 완성함

  〈완성〉 $Na + H_2O \rightarrow NaOH + 0.5H_2$

세 번째,

인화칼슘은 5가 인(P, 15족)과 2가 칼슘(Ca, 2족)이 결합되는 물질이므로 칼슘이 2중결합을 하는 구조를 가져야만 인화합물을 구성할 수 있다. 즉, Ca=P-Ca-P=Ca이고, 화학식은 $Ca_3P_2$로 된다. 화학식을 암기해서 사용할 경우, 정답을 맞출 수 있으나 쉽게 잊혀지고, 능력향상에 도움이 되지 않지만 **저자처럼 화학식을 만들어 사용하는 기법을 익혀두면 쉽게 잊혀지지 않을 뿐만 아니라 언제든 기억을 더듬어 꺼내 쓸 수 있는 도구가 될 뿐만 아니라 실력·능력 향상에 크게 도움을 줄 것이다.**

인화칼슘($Ca_3P_2$)과 물($H_2O$)의 반응식을 만들 때, 칼슘(Ca)에 초점을 맞춘다. 칼슘(Ca)은 2족 원소이고 최외각 전자가 2개이므로 양이온이 되면 2가($Ca^{2+}$)로 된다. 이에 대응하는 수산화 이온($OH^-$)은 1가 음이온이므로 등가원칙에 따라 이들이 결합한 수산화물의 구성은 1 : 2 즉 $Ca^{2+} : 2OH^- = Ca(OH)_2$로 된다.

▫ 반응식 기초 : $aCa_3P_2 + bH_2O \rightarrow 3Ca(OH)_2 +$ 부생물

- 반응계 칼슘(Ca) 3개 → 생성계 Ca 3개 → ∴ $aCa_3P_2 = Ca_3P_2$
- 생성계 산소(O) 6개 → 반응계도 동일해야 하므로 → ∴ $bH_2O = 6H_2O$
  → $Ca_3P_2 + 6H_2O \rightarrow 3Ca(OH)_2 +$ 부생물
- 좌우 원소수지 비교 : 반응계 P 2개, H 6개 남음 → 이를 생성계의 부생물에 반영
  ※ P와 H만 남은 경우, 부생물은 $PH_3$를 넣어 완성함

〈완성〉 $Ca_3P_2 + 6H_2O \rightarrow 3Ca(OH)_2 + 2PH_3$

포스핀(Phosphine, $PH_3$)은 가연성의 유독가스로 자연발화성 물질이며, 반도체 도핑(Doping, 전기적 특성조절)에 주로 사용된다.

### 유사문제

**01** 다음의 3가지 위험물질 중 염산과 반응시켰을 때 제6류 위험물이 발생하는 물질의 명칭을 쓰고, 그 물질과 물과의 반응식을 쓰시오. [21]

> 과산화나트륨, 과망가니즈산칼륨, 마그네슘

**02** $Ca_3P_2$에 대하여 다음 물음에 답하시오. [06]
(1) $Ca_3P_2$의 지정수량은 얼마인가?
(2) 물과의 반응식을 쓰시오.
(3) 발생가스의 성질을 쓰시오.

**03** 다음에서 괄호 안에 알맞은 말을 쓰시오. [06]

> 알칼리금속의 과산화물은 ( ① )과 심하게 ( ② )반응하여 ( ③ )가스를 발생시키며 발생량이 많을 경우 ( ④ )하게 된다.

**04** 1kg $MgCO_3$ 완전분해 시 650℃, 1atm, $MgCO_3$ 분자량 84.3일 때, 생성되는 물질의 부피는 몇 L인가? (단, 반응물($MgCO_3$)과 생성물의 몰 비는 1 : 1) [04,06]

**05** 표준상태에서 78g의 과산화나트륨과 물이 반응할 때 생성되는 산소 mol 수는? [12]

**06** 탄산수소나트륨이 270℃에서 열분해 반응식을 쓰고, 탄산수소나트륨이 10kg일 때 발생하는 이산화탄소의 양은 표준상태에서 몇 $m^3$인가? (단, 나트륨의 원자량은 23) [07]

### 유사문제 답안·해설

**01**  **답안** (1) 과산화나트륨
(2) $Na_2O_2 + 2HCl \rightarrow 2NaCl + H_2O_2$

**보충** 제6류 위험물은 질산(窒酸), 과염소산, 과산화수소 등이다. 염산(HCl)은 강산(强酸)이지만 비위험물이며, 통상 산화제로 작용하는 물질이지만 금속류와 만나면 환원제의 역할을 한다. 보기에서 제시한 3가지 위험물(과산화나트륨, 과망가니즈산칼륨, 마그네슘)이 염산(HCl)과 반응할 경우, 발생 가능성이 높은 제6류 위험물은 과산화수소($H_2O_2$)이고, 해당 위험물은 과산화나트륨($Na_2O_2$)이다.

제시된 위험물에 대해, 반응식을 모두 작성해 보고 답안을 작성하려면 시간이 많이 소요되므로 가능성이 높은 물질을 하나 콕 집어서 반응식을 작성, 확인하는 시험요령이 필요하다.

과산화나트륨($Na_2O_2$)과 염산(HCl)의 반응에서는 이승원의 반응규칙 중 "염산염 우선"을 적용하므로 과산화나트륨($Na_2O_2$) 중의 Na는 HCl의 환원작용을 받아 NaCl을 형성하면서 산소만 남게되므로 $H_2O_2$가 발생될 가능성이 높다. 반응식을 조각하여 확인하면;

□ $Na_2O_2$ + $x$ HCl → 2NaCl + 부생물( ? )
→ 생성계 Cl 2개 → 반응계의 연관 항목 조정 ∴ $x$ HCl = 2HCl
⇨ $Na_2O_2$ + 2 HCl → 2NaCl + 부생물( ? )
→ 미반응 원소 O 2개, H 2개 → 생성계의 부생물로 방출(∴ $H_2O_2$)
〈완성〉 $Na_2O_2$ + 2 HCl → 2NaCl + $H_2O_2$

### ■ 참고

 이 문제의 첫 번째 Blockage는 "과산화나트륨"과 "과망가니즈산칼륨"이라는 한글 명칭을 화학식으로 전환하는 것이며, 두 번째 Blockage는 이 물질이 염산(HCl)과 반응하였을 때 발생하는 기체를 파악해야 하며, 세 번째 Blockage는 이들 위험물 중 물과 반응했을 때 발생되는 제6류 위험물질의 명칭을 쓰고 그 반응식을 작성할 것을 요구하고 있다.

제6류 위험물질의 품명이나 명칭을 먼저 파악해야 한다. 제6류 위험물은 산화성 액체로 지정수량 300kg으로 높지만 모두가 위험등급 Ⅰ등급으로 지정·관리되는 물질들이다. 제6류 위험물 품명 암기법을 먼저 소개하고자 한다. 없는 것 보다 낫다고 생각하면 비밀무기 삼아 암기해 두는 것이 좋다.

```
━━━━━━━━━━ 이승원의 제6류 위험물 암기법 ━━━━━━━━━━

■ 식산 모두 과하지여삼 … 6류 모두 Ⅰ등급

• 식산 : (Six)6류, 산화성 액체              • 모두 : 모두 Ⅰ등급
• 과 : 과산화수소(36%)                      • 하 : 할로젠간화합물
• 지 : 질산(1.49)      • 여 : 과염소산       • 삼 : 300kg
```

되돌아 가서,
3가지 물질 모두 물과 반응식을 작성해 볼 것이 아니라 우선, 시간 절약상 제시된 보기의 물질 3가지(과산화나트륨, 과망가니즈산칼륨, 마그네슘) 중에서 물과 반응하여 6류 위험물이 생성될 만한 것을 골라 선택적으로 반응식을 완성하여 확인하는 요령이 필요하다.

### [시범풀이]

과산화나트륨에서 "과"를 떼면 산화나트륨이다. Na는 +1가 산소(O) -2가 이므로 등가결합 원칙을 적용하면 산화나트륨의 분자식은 $Na_2O$가 된다. 여기에 산소를 하나 더 붙인 것이 과산화나트륨이므로 과산화나트륨의 분자식은 $Na_2O_2$가 될 것이다.

$Na_2O_2$가 염산(HCl)과 반응한다면 이승원의 반응규칙 중 "염산염 우선"을 적용하므로 과산화나트륨($Na_2O_2$) 중의 Na는 HCl의 환원작용을 받아 NaCl을 형성하면서 산소만 남게되므로 $H_2O_2$가 발생될 가능성이 높다.

과망가니즈산칼륨($KMnO_4$) 중의 K는 HCl의 환원작용을 받아 KCl을 형성하고, Mn 역시 환원작용을 받아 $MnCl_2$로 되지만 HCl 중의 수소(H)는 $KMnO_4$의 산화작용을 받아 $H_2O$로 산화되므로 과산화수소의 발생가능성은 낮다.

마그네슘(Mg)은 HCl의 환원작용을 받아 $MgCl_2$로 되면서 HCl에서 떨어져 나온 수소(H)는 수소가스 로 방출될 것이므로 과산화수소의 발생과 무관하다.

> ● 참고 ●
>
> **산·염기와 접촉하여 폭발성 또는 유해가스를 생성하는 위험물**
>
> - 마그네슘과 질산 : $Mg + 2HNO_3 \rightarrow H_2 + Mg(NO_3)_2$
> - 망가니즈와 질산 : $Mn + 2HNO_3 \rightarrow H_2 + Mn(NO_3)_2$
> - 칼슘과 질산 : $Ca + 2HNO_3 \rightarrow H_2 + Ca(NO_3)_2$
> - 아연과 염산 : $Zn + 2HCl \rightarrow H_2 + ZnCl_2$
> - 아염소나트륨과 염산 : $3NaClO_2 + 2HCl \rightarrow H_2O_2 + 2ClO_2 + 3NaCl$
> - 염소나트륨과 염산 : $2NaClO_3 + 2HCl \rightarrow H_2O_2 + 2ClO_2 + 2NaCl$
> - 과산화칼륨과 염산 : $K_2O_2 + 2HCl \rightarrow H_2O_2 + 2KCl$
> - 트라이에틸알루미늄과 염산 : $(C_2H_5)_3Al + HCl \rightarrow C_2H_6 + (C_2H_5)_2AlCl$
> - 과산화칼륨과 황산 : $K_2O_2 + H_2SO_4 \rightarrow H_2O_2 + K_2SO_4$
> - 과산화칼륨과 초산(아세트산) : $K_2O_2 + CH_3COOH \rightarrow H_2O_2 + 2CH_3COOK$
> - 과산화나트륨과 초산(아세트산) : $Na_2O_2 + 2CH_3COOH \rightarrow H_2O_2 + 2CH_3COONa$
> - 과망가니즈산칼륨과 염산 : $2KMnO_4 + 16HCl \rightarrow 5Cl_2 + 2KCl + 2MnCl_2 + 8H_2O$
> - 과망가니즈산칼륨과 황산 : $KMnO_4 + H_2SO_4 \rightarrow 5O_2 + 2K_2SO_4 + 4MnSO_4 + 6H_2O$
> - 나트륨과 암모니아 : $2Na + 2NH_3 \rightarrow H_2 + 2NaNH_2$
> - 적린(P)과 강염기(KOH) : $4P + 3KOH + 3H_2O \rightarrow PH_3(포스핀) + 3KH_2PO_2$
> - 황린($P_4$)과 강염기(KOH) : $P_4 + 3KOH + 3H_2O \rightarrow PH_3(포스핀) + 3KH_2PO_2$

**02** **답안** (1) 300kg

(2) $Ca_3P_2 + 6H_2O \rightarrow 2PH_3 + 3Ca(OH)_2$

(3) 유독성이며, 가연성임

**보충** 인화칼슘($Ca_3P_2$)은 제3류 위험물(자연발화성물질 및 금수성물질)로서 품명 "금속의 인화물"로 분류되며, 지정수량은 300kg, 위험등급 Ⅲ으로 지정하고 있다. 『참고』로 포스핀을 발생하는 금속의 인화물은 인화칼슘, 인화알루미늄, 인화아연 등이 있다.

인화칼슘($Ca_3P_2$)은 물 및 습기와 반응하여 유독성 가스($PH_3$, 포스핀)를 발생시킨다. 포스핀은 마늘 냄새 또는 부패된 생선 냄새를 가진 인(P)의 수소화합물로 반도체 및 화학산업에 이용되고 있다.

□ 인화칼슘과 물의 반응 : $Ca_3P_2 + 6H_2O \rightarrow 2PH_3 + 3Ca(OH)_2$

□ 인화칼슘과 강산의 반응 : $Ca_3P_2 + 6HCl \rightarrow 2PH_3 + 3CaCl_2$

□ 생성된 포스핀의 연소반응 : $2PH_3 + 4O_2 \rightarrow P_2O_5 + 3H_2O$

※ $Zn_3P_2 + 6HCl \rightarrow 2PH_3 + 3ZnCl_2$

※ $AlP + 3H_2O \rightarrow PH_3 + Al(OH)_3$

**03** 답안 ① 물  ② 발열  ③ 산소  ④ 폭발

보충 알칼리금속의 과산화물은 물과 심하게 발열반응하여 산소가스를 발생시키며, 발생량이 많을 경우 폭발하게 된다.

**04** 답안 $MgCO_3 \rightarrow MgO + CO_2$

$$\therefore CO_2 = 1{,}000\,g \times \frac{22.4L}{84.3\,g} \times \frac{273+650}{273} \times \frac{0.5}{1} = 449.19\,L$$

보충 $MgCO_3$(탄산마그네슘)은 물에 잘 녹지 않는 무독성, 무취, 무색의 고체결정 또는 무정형 분말이다. $CaCO_3$와 더불어 난연성 재료로 이용된다. $MgCO_3$는 550~650℃에서 탄산가스($CO_2$)를 방출하고, 산화마그네슘(MgO)으로 전환된다.

  □ $MgCO_3 \rightarrow MgO + CO_2$

이 반응식에 근거하여 $MgCO_3$가 완전분해하였다면 $MgCO_3$(탄산마그네슘) 1mol당 발생되는 탄산가스($CO_2$)는 1mol이 되므로 다음과 같이 계산(650℃의 온도보정 포함)된다.

  □ $MgCO_3 \rightarrow MgO + CO_2$
     1mol  :  1mol

$$\therefore CO_2 = 1{,}000\,g \times \frac{22.4L}{84.3\,g} \times \frac{273+650}{273} = 898.38\,L$$

그러나, 문제의 마지막 단서조건이 "반응물($MgCO_3$)과 생성물의 몰 비는 1 : 1"이라고 하였으므로 $MgCO_3$가 완전분해 하였지만 $MgCO_3$ 1mol 당 생성물 전체 mol수는 1mol이라는 것이므로 → 이 조건에 부합하려면 $MgCO_3$ 1mol이 열분해하여 MgO와 $CO_2$가 각각 0.5mol과 0.5mol이 된다는 것이다. 따라서 650℃의 온도보정 포함하되, 다음과 같은 비례식을 적용하여 문제를 풀어야 한다.

  □ $MgCO_3 \rightarrow MgO + CO_2$
     1mol  :  0.5mol : 0.5mol

$$\therefore CO_2 = 1{,}000\,g \times \frac{22.4L}{84.3\,g} \times \frac{273+650}{273} \times \frac{0.5}{1} = 449.19\,L$$

**05** 답안 $O_2 = 78\,g \times \dfrac{1mol}{2 \times 78\,g} = 0.5\,mol$

보충 과산화나트륨의 분자식은 $Na_2O_2$(분자량 ; 23×2+16×2=78)이고, 물과 반응하여 산소를 발생한다고 하였으므로 물과의 반응식을 만들고 이를 토대로 산소의 양을 산출하면 된다.

  □ $2Na_2O_2 + 2H_2O \rightarrow O_2 + 4NaOH$
     2mol   :   1mol

$$\therefore O_2 = 78\,g \times \frac{1mol}{2 \times 78\,g} = 0.5\,mol$$

## 06

**답안** (1) $2NaHCO_3 \rightarrow CO_2 + Na_2CO_3 + H_2O$

(2) $CO_2 = 10\,kg \times \dfrac{22.4\,Sm^3}{2 \times 84\,kg} = 1.33\,Sm^3$

**보충** 탄산수소나트륨은 우리가 흔히 주방에서 사용되는 베이킹소다라고 하는 물질로 백색의 단사정계 결정으로 가열하면 이산화탄소와 물을 발생시키고, 탄산나트륨 무수물로 변하는 성질을 가지고 있다.

탄산수소나트륨의 분자식은 $NaHCO_3$(분자량 ; $23+1+12\times1+16\times3=84$)이고, 열분해하여 이산화탄소를 발생한다고 하였으므로 열분해 반응식을 만들고 이를 토대로 이산화탄소의 양을 산출하면 된다. 이때 유의할 점은 문제의 조건이 "표준상태의 부피($m^3$)"를 묻고 있으므로 270℃의 온도보정을 하면 틀린다.

- $aNaHCO_3 \rightarrow bCO_2 +$ 부생물
  - $NaHCO_3$ 중 H → 생성계에서 $H_2O$로 전환되므로 → 반응물 수소가 2개이어야 함 ∴ $a=2$
  - → $2NaHCO_3 \rightarrow bCO_2 + H_2O +$ 부생물
  - $b=1$을 넣으면 → 반응계의 잔류물질은 Na 2개, $CO_3$ 1개이므로 이를 부생물로 구성하면;
- 〈완성〉 $2NaHCO_3 \rightarrow CO_2 + H_2O + Na_2CO_3$

완성된 반응식을 토대로 이산화탄소의 양을 표준상태로 계산한다.

- $2NaHCO_3 \rightarrow CO_2 + H_2O + Na_2CO_3$
  2mol : 1mol

∴ $CO_2 = 10\,kg \times \dfrac{1 \times 22.4\,Sm^3}{2 \times 84\,kg} = 1.33\,Sm^3$

## (2) 제2류 위험물

① 품명 및 지정수량

| 성질 | 대표 품명 | 지정수량 | 위험 등급 |
|---|---|---|---|
| 가연성 고체 | • 황화인($P_4S_3$, $P_2S_5$, $P_4S_7$), 적린(P)<br>• 유황(단사황, 사방황, 고무상황) | 100kg | II |
| | 철분(Fe), 마그네슘(Mg), 금속분(Al, Zn, Sb, Cr, Mn, Zr··) | 500kg | III |
| | 인화성 고체(소디움메틸레이트, 마그네슘에틸레이트 등) | 1,000kg | III |

### 제2류 위험물

- **가연성 고체** : 고체로서 화염에 의한 발화의 위험성 또는 인화의 위험성을 판단하기 위하여 고시로 정하는 시험에서 고시로 정하는 성질과 상태를 나타내는 것을 말한다.
- **각 품명에 대한 규정**
  - 유황은 순도가 60%(중량) 이상인 것을 말한다.
  - 철분이라 함은 철의 분말로서 53μm의 표준체를 통과하는 것이 50%(중량) 미만인 것은 제외한다.
  - 금속분이라 함은 알칼리금속·알칼리토금속·철 및 마그네슘 외의 금속의 분말을 말하고, 구리분·니켈분 및 150μm의 체를 통과하는 것이 50%(중량) 미만인 것은 제외한다.
  - 마그네슘 및 마그네슘을 함유한 것에 있어서는 다음에 해당하는 것은 제외한다.
    - 2mm 이상의 덩어리 상태
    - 직경 2mm 이상의 막대모양
  - 인화성고체라 함은 고형 알코올 그밖에 1기압에서 인화점이 40℃ 미만인 고체를 말한다.

② 제2류 위험물의 공통 특성
- 비교적 낮은 온도에서 착화하기 쉬운 가연성 고체로서 이연성, 속연성 물질임
- 대단히 연소속도가 빠른 고체임
- 강한 환원제로서 비중이 1보다 큼
- 철분, 마그네슘, 금속분류는 물과 산과 접촉하면 발열함
- 산화제와 접촉, 마찰로 인하여 착화되면 급격히 연소함
- 산소를 함유하고 있지 않기 때문에 강력한 환원제(산소결합 용이) 연소열이 크고, 연소온도가 높음

③ 제2류 위험물의 개별적 구조 및 성질

㉮ 황화인(黃化燐, 황화린, Phosphorus Sulfide) : 황화인에는 삼황화인($P_4S_3$), 오황화인($P_2S_5$), 칠황화인($P_4S_7$) 등이 있다.

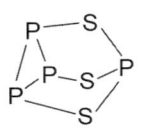
〈그림〉 $P_4S_3$

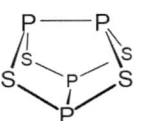
〈그림〉 $P_4S_4$

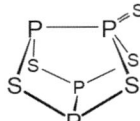
〈그림〉 $P_4S_5$

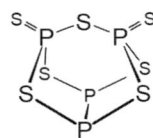
〈그림〉 $P_4S_7$

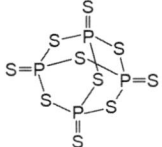
〈그림〉 $P_4S_{10}$

## 황화인의 이화학적 특성

| 구분 | 삼황화인($P_4S_3$) | 오황화인($P_2S_5$) | 칠황화인($P_4S_7$) |
|---|---|---|---|
| 색상<br>조해성 | 황색, 흡습성 | 담황색, 조해성, 흡습성 | 담황색, 조해성, 흡습성 |
| 용해성 | 물에 불용<br>(뜨거운 물에서 분해) | 물에 용해, 알칼리에 분해 | 가장 가수분해 되기 쉬움 |
| | 질산, 이황화탄소, 벤젠에 용해 | 이황화탄소에 용해 | 이황화탄소에 약간 용해 |
| 발화온도 | 약 100℃ | 약 140℃ | - |
| 용도 | 성냥, 유기합성 탈색 | 선광제, 농약제조 등 | 유기황화물 합성 |
| 반응성 | • 공기 중에서는 인광을 발하고 가열하면 발화되어 이산화황, 산화인이 생긴다. ❶<br>• 산소, 습기가 없으면 700℃에서도 분해하지 않는다.<br>• 끓는 물에서 천천히 분해하여 황화수소를 발생, 인산을 생성한다. ❷ | • 물에서 분해되어 황화수소와 인산으로 된다. ❷<br>• 170 ~ 220℃에서 용융하지만 동시에 분해된다. | • 더운물에서는 급격히 분해하여 황화수소를 발생한다. ❸<br>• 유기옥시화합물(알코올, 케톤 등)과의 반응성이 좋다. |

❶ $P_4S_3 + 8O_2 \rightarrow 2P_2O_5 + 3SO_2$
❷ $a(P_4S_3 \text{ or } P_2S_5) + bH_2O \rightarrow xH_2S + zH_3PO_4$
❸ $aP_4S_7 + bH_2O \rightarrow xH_2S + zH_3PO_4 + $ 기타

[비고]
• 조해성이 있는 것 : 조해성(潮解性, Deliquescence ; 고체가 공기 중의 습기를 흡수하여 녹는 성질)이 있는 것은 오황화인($P_2S_5$)과 칠황화인($P_4S_7$)임
• 차가운 물에 불용성인 것 : 삼황화인($P_4S_3$)
• 가열·발화하여 아황산가스와 산화인을 발생하는 것 : 삼황화인($P_4S_3$)

㉠ 삼황화인($P_4S_3$)

• 황색 결정, 흡습성이며, 습기가 있는 공기 중에서는 약 100℃에서 발화함
• 산소·습기가 없으면 700℃에서도 분해하지 않음
• 연소생성물은 독성과 부식성을 가진 이산화황($SO_2$)과 오산화인($P_2O_5$)임
• 물에 불용이지만 뜨거운 물에서는 서서히 분해되어 황화수소와, 인산을 생성함

㉡ 오황화인($P_2S_5$)

• 담황색 결정, 조해성, 흡습성을 가지며, 물에 용해됨
• 오황화인의 공기 중 발화온도는 약 140℃이므로 자연발화하지 않음
• 물 또는 산과 반응하여 황화수소($H_2S$)를 발생시킴
• 황화수소($H_2S$)는 가연성, 환원성의 무색가스로 달걀 썩는 냄새가 나며 유독함

㉢ 칠황화인($P_4S_7$)

• 담황색 결정, 조해성이 있음
• 찬물에서는 서서히 분해되지만 더운물에서는 급격히 분해하여 황화수소($H_2S$)를 발생시킴
• 황화인 중 가장 가수분해 되기 쉬운 물질임

④ 적린(赤燐, Red Phosphorus, P)

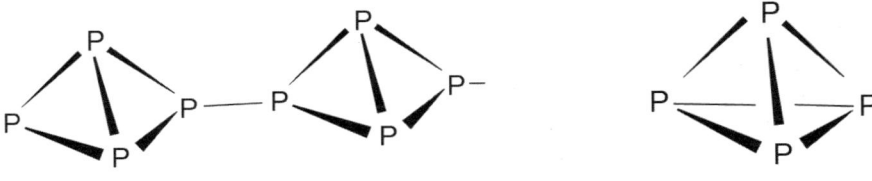

〈그림〉 적린(赤燐)　　　　　　　　　〈그림〉 백린(白燐, 황린)

| 황린과 백린 / 백린과 적린 |
|---|

- 백린과 황린 : 인(燐)은 새로 증류한 직후에는 무색이기 때문에 백린(白燐)이라 하지만 잠시 후에 표면이 담황색으로 되므로 황린(黃燐)이라 한다. 따라서 보통 황린이라 하지만 백린이라고도 한다.
- 황린(백린)과 적린
  - 분류 비교 : 적린은 **제2류** 위험물로 분류되고, 백린은 **제3류** 위험물로 분류됨
  - 구조 비교 : 백린(白燐, 황린)은 인원자 4개로 이루어진 정사면체모양의 **분자상태**로 존재하지만 **적린**(赤燐)은 사슬모양의 **중합체**의 구조를 가진다.
  - 화학성 비교
    - 백린(白燐, 황린)은 인 동소체들 중 가장 불안정하고 가장 반응성이 크며, 밀도는 가장 작고(비중 1.82) 다른 동소체에 비해 독성이 매우 크다.
    - 백린은 적린으로 변환되는 성질이 있으므로 백린 속에는 항상 소량의 적린이 존재하며, 이로 인해 백린은 **노란색**을 띤다.
    - 백린은 공기 중에서는 산화되어 발화하므로 수중에 저장하며, 유독하다.
    - 적린(赤燐)의 비중 2.34로 백린에 비해 크며, 백린을 250℃ 이상으로 가열하거나 태양광에 노출시킴으로써 만들 수 있으며, 그 이상 가열하면 인 결정(고체)이 생성된다.
    - 적린은 장시간 가열하거나 보관하면 색이 더 어두워지며, **훨씬** 안정해져서 공기 중에서 **스스로 발화하지 않**는다.
    - 암적색으로 자연발화의 위험이 없고, 백린(황린)에 비하여 독성이 약하다.

㉠ 적린의 이화학적 특성
- 적린(赤燐)은 암적색의 분말로 황린과의 동소체임
- 황린과는 달리 자연발화성, 인광, 맹독성은 아님
- 물, 이황화탄소, 알칼리, 에테르에 녹지 않음
- 자연발화는 하지 않으나 260℃ 이상 가열하면 발화, 400℃ 이상에서 승화함

㉡ 적린의 위험물 특성
- 수산화칼륨(KOH) 등의 강알칼리용액과 반응할 경우 가연성, 유독성의 **포스핀가스**를 발생함
  - $4P + 3KOH + 3H_2O \rightarrow PH_3(포스핀) + 3KH_2PO_2$
- 공기 중에서 연소하면 황린과 같이 유독성의 $P_2O_5$를 발생하고, 일부는 포스핀으로 전환될 수 있음
  - $4P + 5O_2 \rightarrow 2P_2O_5$

- 염소산칼륨 등 강산화제와 혼합하면 불안정한 폭발물과 같은 형태로 되어 가열·충격·마찰에 의해 폭발함
  - $6P + 5KClO_3 \rightarrow 3P_2O_5 + 5KCl$
- 무기과산화물류와 혼합한 것에 약간의 수분이 침투하면 발호함
- 질산칼륨($KNO_3$), 질산나트륨($NaNO_3$)과 혼촉하면 발화위험이 있음
- 분진은 공기 중 부유할 때 점화원에 의해 분진폭발을 일으킴

㉣ 황(黃, S) : 황은 상온에서 황색의 비금속 고체이며 황(S)의 동소체는 30개 이상으로 탄소 다음으로 많은데 대표적인 것은 단사황, 사방황, 고무상황 등이다.

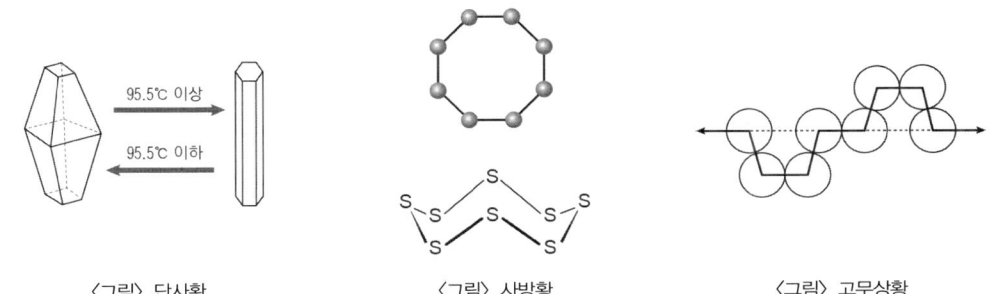

〈그림〉 단사황　　〈그림〉 사방황　　〈그림〉 고무상황

㉠ 황의 이화학적 특성

| 구분 | | 단사황($S_8$) | 사방황($S_8$) | 고무상황$[S_8]_n$ |
|---|---|---|---|---|
| 형태 및 변화 | | 침상형 | 왕관형(판면체) | 무정형(사슬형) |
| | | <ul><li>천연의 황을 용융시킨 후 응고시킬 때 석출되는 담황색의 결정이 단사황임</li><li>액체의 황을 물에서 급랭시키면 황갈색의 고무상황이 됨</li><li>모든 황은 방치해 두면 사방황이 됨</li><li>95.5℃ 이상에서는 단사황이 안정하고, 95.5℃ 이하에서는 **사방황이 가장 안정함**</li></ul> | | | |
| 용해성 | | 물에 녹지 않음 | 물에 녹지 않음 | 물에 녹지 않음 |
| | | 질산, $CS_2$, 벤젠에 용해됨 | • $CS_2$·염화황에 잘 녹음<br>• 알코올, 에테르, 벤젠, 글리세롤에는 약간 녹음 | $CS_2$에 약간 용해됨 |
| 화학성 | | <ul><li>황은 전기부도체이고, 마찰에 의해 대전됨</li><li>화학적으로는 산소와 비슷하고, 활성이 상당히 좋음</li><li>물에 녹지 않고 이황화탄소($CS_2$)에는 잘 녹으며, 알코올·벤젠·에테르에도 다소 녹음</li><li>황(S)은 공기 중에서 가열하면 **푸른 불꽃**을 내며, 연소되어 가스인 이산화황이 됨</li><li>분말은 상온의 공기 중에서 산화되며, 금·백금 이외의 금속과는 직접 화합함</li><li>흑색화약의 원료에는 유황, 질산칼륨, 숯이 사용됨</li></ul> | | | |
| 용도 | | 황산·이황화탄소·성냥·**흑색 화약**·염료, 살충제, 농약, 합성섬유공업에 이용됨 | | | |

© 황의 위험물 특성
- 위험물안전관리법상 위험물에 해당하는 것은 순도가 60wt% 이상인 것을 말함
- 연소하기 쉬운 가연성 고체로서 연소 자체는 격렬하지 않지만 다량의 유독성 가스($SO_2$)를 발생함
  - $S + O_2 \rightarrow SO_2$
- 질산칼륨 등 강산화성 물질과 혼합하고 있는 것을 가열, 충격, 마찰을 가하면 발화, 폭발함
  - $3S + 16KNO_3 + 21C \rightarrow xCO_2 + yH_2O + zN_2 + kK_2SO_4 + $ 기타
- 환원성 물질이므로 아염소산나트륨과 접촉하면 염소 등 유해가스를 발생시킴
  - $3S + 2NaClO_2 \xrightarrow{\text{유해가스 발생}} Cl_2 + 2SO_2 + Na_2S$
- 미세한 분말상태로 공기 중에 부유하면 분진폭발을 일으킴

㉣ 금속분
  ㉠ 금속분의 이화학적 특성

| 구분 | 철(Fe)분 | 알루미늄(Al)분 | 마그네슘(Mg)분 | 아연(Zn)분 |
|---|---|---|---|---|
| 색상 | 회백색 | 은백색 | 회백색 | 회색 |
| 비중 | 약 7.9 | 약 2.7 | 약 1.7 | 약 7.14 |
| 연소성 | 연소되기 쉬움 | 연소되기 쉬움 | 연소되기 쉬움 | 가열 시 연소되기 쉬움 |
| 자연발화 가능성 등 | 기름접촉 자연발화 | 물과 접촉 자연발화 산화피막 형성 | 물과 접촉 자연발화 | 물과 접촉 자연발화 산화피막 형성 |

  ㉡ 금속분의 위험물 특성
    ⓐ 산소에 의한 연소 발열반응 ➡ Al, Mg, Zn
      - 알루미늄(Al)분말은 산소와 반응하여 연소열을 발생시킴
        - $4Al + 3O_2 \rightarrow 2Al_2O_3$
      - 마그네슘(Mg)분말은 산소와 반응하여 연소열을 발생시킴
        - $2Mg + O_2 \rightarrow 2MgO$
      - 아연(Zn)분말은 산소와 반응하여 연소열을 발생시킴
        - $2Zn + O_2 \rightarrow 2ZnO$
    ⓑ 산소 외 물질과의 발열반응 ➡ $Mg + N_2$, $Fe + Br_2$
      - 가열된 마그네슘(Mg)분말은 $N_2$에 의해 발열함
        - $3Mg + N_2 \rightarrow Mg_3N_2$
      - 가열된 철(Fe)분말은 $Br_2$에 의해 발열함
        - $2Fe + 3Br_2 \rightarrow 2FeBr_3$

ⓒ 산소 외 물질에 의한 산화반응 : 가열된 마그네슘(Mg)분말은 $SO_2$, $CO_2$에 의해 산화마그네슘을 형성함

- $3Mg + SO_2(산화제) \rightarrow 2MgO + MgS$
- $Mg + CO_2(산화제) \rightarrow MgO + CO$
- $2Mg + CO_2 \rightarrow 2MgO + C$

ⓓ 수소의 발생 → Al, Fe, Mg, Zn, Zr

- 알루미늄(Al)분은 산(酸), 물, 알칼리와 반응하여 수소를 발생시킴
    - $2Al + 6HCl \rightarrow 3H_2 + 2AlCl_3$
    - $2Al + 6H_2O \rightarrow 3H_2 + 2Al(OH)_3$
    - $2Al + 2NaOH + 2H_2O \rightarrow 3H_2 + 2NaAlO_2$
- 철(Fe)분은 산(酸) 및 온수와 반응하여 열(熱)과 수소를 발생시킴
    - $2Fe + 6HCl \rightarrow 3H_2 + 2FeCl_3$
    - $2Fe + 3H_2O \rightarrow 3H_2 + Fe_2O_3$
- 마그네슘(Mg)분은 산(酸) 및 온수와 반응하여 열(熱)과 수소를 발생시킴
    - $Mg + 2HCl \rightarrow H_2 + MgCl_2$
    - $Mg + 2H_2O \rightarrow H_2 + Mg(OH)_2$
- 아연(Zn)분은 산(酸)과 반응하여 수소를 발생시킴
    - $Zn + 2HCl \rightarrow H_2 + ZnCl_2$
    - $Zn + H_2SO_4 \rightarrow H_2 + ZnSO_4$
- 지르코늄(Zr)분은 불화수소산(HF)과 반응하여 수소를 발생시킴
    - $Zr + 7HF \rightarrow 2H_2 + H_3ZrF_7$

⑪ 인화성 고체

㉠ 품목

- 소디움메틸레이트, 마그네슘에틸레이트
- 알루미늄에틸레이트, 2,2,3,3-사메틸부탄
- 에틸마그네슘브로마이드, 알루미늄아이소프로폭사이드, 트라이메틸아민보란 등

| 구분 | $NaOCH_3$<br>(소디움메틸레이트) | $C_2H_5MgBr$<br>(에틸마그네슘브로마이드) |
|---|---|---|
| 색상/성상 | 백색, 고체분말 | 회색, 고체분말 |
| 인화점 | 33℃ | 35℃ |
| 발화점 | 240℃ | - |

ⓒ 인화성 고체의 위험물 특성
  ⓐ 소디움메틸레이트
    - 물과 접촉할 경우 격렬하게 폭발적으로 반응하며, 유거수는 화재 또는 폭발위험이 있음
    - 공기 중 분산되거나 입자를 형성하게 되면 Dust 폭발 가능성 있음
  ⓑ 에틸마그네슘브로마이드
    - 마찰, 열, 스파크 또는 화염에 의해 화재나 폭발될 수 있음
    - 물과 반응하므로 물의 접촉을 금해야 하며, 연소할 경우 유독가스를 발생함

**다음 물음에 답하시오.**                                                                                   [08,21,22]
(1) 인화성고체의 용어 정의를 쓰시오.
(2) 위험물로 분류되는 철분에 대한 용어 정의를 쓰시오.
(3) 제2석유류의 용어 정의를 쓰시오.

**Hack 답안지** (1) 고형 알코올과 1기압에서 인화점이 40℃ 미만인 고체를 말함
(2) 철의 분말을 말함[단, 53μm의 표준체를 통과하는 것이 50%(중량) 미만인 것은 제외]
(3) 등유, 경유 등, 1기압에서 인화점이 21 ~ 70℃ 미만인 액체를 말함

▶ 법령보기 ◀
㉮ 인화성고체라 함은 고형알코올 그밖에 1기압에서 인화점이 섭씨 40도 미만인 고체를 말한다.
㉯ 철분이라 함은 철의 분말로서 53마이크로미터의 표준체를 통과하는 것이 50중량퍼센트 미만인 것은 제외한다.
㉰ 제2석유류라 함은 등유, 경유 그밖에 1기압에서 인화점이 섭씨 21도 이상 70도 미만인 것을 말한다. 다만, 도료류 그 밖의 물품에 있어서 가연성 액체량이 40중량퍼센트 이하이면서 인화점이 섭씨 40도 이상인 동시에 연소점이 섭씨 60도 이상인 것은 제외한다.

## 유사문제

**01** 다음은 위험물에 대한 정의를 열거한 것이다. ( ) 안에 알맞은 내용을 쓰시오. [07,11,12,20]
(1) 유황은 순도 ( ① )중량% 이상인 것을 위험물로 규정한다.
(2) 철분은 철의 분말로서 ( ② )μm의 표준체를 통과하는 것이 ( ③ )중량% 미만인 것을 제외한다.
(3) 금속분은 알칼리금속·알칼리토금속·철 및 마그네슘 외의 금속분말을 말하고, 구리분·니켈분 및 ( ④ )μm의 체를 통과하는 것이 ( ⑤ )중량% 미만인 것을 제외한다.
(4) 인화성 고체란 고형알코올 그밖에 인화점이 섭씨 ( ⑥ )도 미만인 고체를 말한다.
(5) 특수인화물이라 함은 이황화탄소, 디에틸에테르 그밖에 1기압에서 발화점이 섭씨 ( ⑦ )도 이하인 것 또는 인화점이 섭씨 영하 ( ⑧ )도 이하이고, 비점이 섭씨 ( ⑨ )도 이하인 것을 말한다.

**02** 다음 각 물음에 답을 쓰시오. [11,16]
(1) ( )라 함은 고형알코올 그밖에 1기압에서 인화점이 섭씨 40도 미만인 고체를 말한다.
(2) (1)에 해당되는 위험물은 몇 류 위험물인지 쓰시오.
(3) (1)에 해당되는 위험물의 지정수량을 쓰시오.

**03** 다음 괄호 안에 알맞은 말을 쓰시오. [07,12]

철분은 입자의 크기가 ( ① )마이크로미터 표준체를 통과하는 것이 ( ② )중량퍼센트 미만이면 위험물에서 제외된다.

**04** 제2류 위험물 품명 4가지와 각각의 지정수량을 쓰시오. [17]

**05** $CS_2$에 녹지 않는 황의 명칭을 쓰시오. [06,10]

**06** 황화인에 대해 물음에 답하시오. [15]
(1) 지정수량을 쓰시오.
(2) 몇 류 위험물인지 쓰시오.
(3) 황화인의 각 종류의 화학식을 쓰시오.

**07** 제2류 위험물 중 황화인에 대하여 물음에 답하시오. [09]
(1) 3가지의 화학식을 쓰시오.
(2) 조해성이 없는 황화인의 화학식을 쓰시오.

**08** 다음은 제2류 위험물에 대한 설명이다. 제2류 위험물의 설명 중 맞는 것을 모두 고르시오. [20]

A. 황화인, 적린, 유황은 위험등급 II에 속한다.
B. 산화성 물질이다.
C. 대부분 물에 잘 녹는다.
D. 대부분 비중이 1보다 작다.
E. 고형알코올은 제2류 위험물에 속하며, 품명은 알코올류이다.
F. 지정수량은 100kg, 500kg, 1,000kg이 존재한다.
G. 위험물제조소에 설치하는 주의사항은 위험물의 종류에 따라 화기엄금 또는 화기주의로 표시한다.

**09** 황화인에 대한 다음 물음에 답하시오.
(1) 아래 황화인 중 조해성이 있는 것과 없는 것을 구분하여 쓰시오. [19]

① 삼황화인
② 오황화인
③ 칠황화인

(2) 위의 황화인 중 발화점이 가장 낮은 것에 대해 다음 물음에 답하시오.

① 해당 위험물의 화학식을 쓰시오.
② 연소반응식을 쓰시오.

## 유사문제 답안·해설

**01** **답안** (1) ① 60
(2) ② 53, ③ 50
(3) ④ 150, ⑤ 50
(4) ⑥ 40
(5) ⑦ 100, ⑧ 20, ⑨ 40

▶ 법령보기 ◀
- 유황은 순도가 60%(중량) 이상인 것을 말한다.
- 철분이라 함은 철의 분말로서 53$\mu$m의 표준체를 통과하는 것이 50%(중량) 미만인 것은 제외한다.
- 금속분이라 함은 알칼리금속·알칼리토금속·철 및 마그네슘 외의 금속의 분말을 말하고, 구리분·니켈분 및 150$\mu$m의 체를 통과하는 것이 50%(중량) 미만인 것은 제외한다.
- 마그네슘 및 마그네슘을 함유한 것에 있어서는 다음에 해당하는 것은 제외한다.
  – 2mm 이상의 덩어리 상태
  – 직경 2mm 이상의 막대모양
- 인화성 고체라 함은 고형 알코올 그밖에 1기압에서 인화점이 40℃ 미만인 고체를 말한다.
- 특수인화물이라 함은 이황화탄소, 디에틸에테르 그밖에 1기압에서 발화점이 섭씨 100도 이하인 것 또는 인화점이 섭씨 영하 20도 이하이고 비점이 섭씨 40도 이하인 것을 말한다.

**02** **답안** (1) 인화성 고체
(2) 제2류 위험물
(3) 1,000kg

▶ 법령보기 ◀
인화성고체라 함은 고형알코올 그밖에 1기압에서 인화점이 섭씨 40도 미만인 고체를 말한다.

| 위험물 | | | 지정수량 |
|---|---|---|---|
| 유별 | 성질 | 품명 | |
| 제2류 | 가연성 고체 | 황화인 | 100킬로그램 |
| | | 적린 | 100킬로그램 |
| | | 황 | 100킬로그램 |
| | | 철분 | 500킬로그램 |
| | | 금속분 | 500킬로그램 |
| | | 마그네슘 | 500킬로그램 |
| | | 인화성고체 | 1,000킬로그램 |

**03** **답안** ① 53 ② 50

▶ 법령보기 ◀
철분이라 함은 철의 분말로서 53$\mu$m의 표준체를 통과하는 것이 50%(중량) 미만인 것은 제외한다.

**04** 답안 ① 황화인(100kg)  ② 적린(100kg)  ③ 유황(100kg)  ④ 마그네슘(500kg)

보충 문제 해결을 위해 앞서 학습해 둔 암기법을 적용해 본다. 암기가 되어 있다면 7종의 품명과 지정수량을 정확하게 답안지에 쓸 수 있다.

---
**이승원의 제2류 위험물 암기법**

- 2류가 / 화적들 빽(hundred)이라면 / 마금철은 오삼오 / 인고? – 원참 알그 나니 미안하지? / 왕초는 없고 화적들만 꼬이네
- 이류가 : 2류, 가연성고체    • 화 : 황화인    • 적 : 적린
- 들 빽 : 단어의 복수형 – s (S) – 빽(hundred) 100kg
- 마 : 마그네슘    • 금 : 금속분
- 철은 오삼오(불고기) : 철분 – 500kg, 53μm, 50%(체하 제외)
- 인고 – 원참 알고 나니 미안하지? : 인화성고체 – 1000kg, 고형 알코올과 인화점 40℃ 미만
- 왕초는 없고 : Ⅰ등급 없음
- 화적들만 꼬이네 : "화""적""들"만 Ⅱ등급
---

**05** 답안 고무상황(※ 고무상황=비정계황 동일하므로 하나로만 작성할 것)

**06** 답안 (1) 100kg
(2) 제2류 위험물
(3) $P_4S_3$(삼황화인), $P_2S_5$(오황화인), $P_4S_7$(칠황화인)

**07** 답안 (1) $P_4S_3$(삼황화인), $P_2S_5$(오황화인), $P_4S_7$(칠황화인)
(2) $P_4S_3$(삼황화인)

**08** 답안 A, F, G

**09** 답안 (1) ① 없음, ② 있음, ③ 있음
(2) ① $P_4S_3$, ② $P_4S_3 + 8O_2 \rightarrow 3SO_2 + 2P_2O_5$

### 유사문제

**01** 제2류 위험물에 속하는 황화인의 종류 3가지를 화학식으로 쓰시오. [06,14,19]

**02** 오황화인과 물의 반응 시 생성되는 물질의 명칭을 쓰시오. [16]

**03** 제2류 위험물 중 황화인의 미립자는 기관지와 눈을 자극한다. 지정수량과 3종류의 화학식을 쓰시오. [09,19]

**04** 오황화인의 ① 연소반응식, ② 산성비의 원인물질을 쓰시오. [17]

**05** 적린이 연소 시 발생하는 가스의 명칭과 가스의 색을 쓰시오. [11]

**06** 조해성이 없는 삼황화인이 연소 시 생성되는 물질 2가지를 화학식으로 쓰시오. [10,13]

### 유사문제 답안·해설

**01** 답안  $P_4S_3$,  $P_2S_5$,  $P_4S_7$

**02** 답안  황화수소, 인산

- 참고
  
  오황화인과 물의 반응식
  
  $P_2S_5 + 8H_2O \rightarrow 5H_2S + 2H_3PO_4$

**03** 답안 (1) 지정수량 : 1000kg

(2) 3가지 종류 화학식 : $P_4S_3$, $P_2S_5$, $P_4S_7$

보충  제2류 위험물 중 황화인(黃化燐, Phosphorus Sulfide)의 특성을 정리하면 다음과 같다.
① 품명과 지정수량 : 황화인, 100kg, 위험등급 Ⅱ

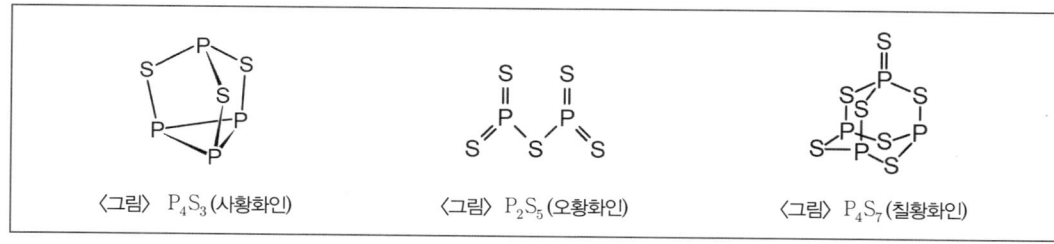

〈그림〉 $P_4S_3$ (사황화인)　　〈그림〉 $P_2S_5$ (오황화인)　　〈그림〉 $P_4S_7$ (칠황화인)

- 삼황화인($P_4S_3$)은 공기 중에서는 인광을 발하고 가열하면 발화되어 아황산가스, 산화인을 발생함
- 오황화인($P_2S_5$)은 담황색 고체로 조해성, 흡습성을 가지며, 물과 알칼리에 녹음. 물 또는 산과 반응하여 가연성 기체인 황화수소($H_2S$)를 발생함

- 칠황화인($P_4S_7$)은 냉수에서는 서서히 분해되지만 더운물에서는 급격히 분해하여 황화수소($H_2S$)를 발생시킴

② 황화인의 화학적 특성
- 조해성이 있는 것 : 조해성(潮解性, Deliquescence ; 고체가 공기 중의 습기를 흡수하여 녹는 성질)이 있는 것은 오황화인($P_2S_5$)과 칠황화인($P_4S_7$)임
- 차가운 물에 불용성인 것 : 삼황화인($P_4S_3$)
- 연소반응 : 삼황화인($P_4S_3$), 오황화인($P_2S_5$), 칠황화인($P_4S_7$)은 동소체 관계로 연소할 때 공통적으로 유독성의 기체 $SO_2$와 $P_2O_5$를 발생한다.

    $P_4S_3 + 8O_2 \rightarrow 2P_2O_5 + 3SO_2$
    $P_2S_5 + 7.5O_2 \rightarrow P_2O_5 + 5SO_2$
    $P_4S_7 + 12O_2 \rightarrow 2P_2O_5 + 7SO_2$

- 물과 반응 : 삼황화인($P_4S_3$)은 끓는 물에서 천천히 분해하여 황화수소를 발생, 인산을 생성하고, 조해성이 있는 오황화인($P_2S_5$)과 칠황화인($P_4S_7$)은 습기·물과 반응하여 유독성 기체인 황화수소($H_2S$)를 발생하고 인산을 만듦

    $P_2S_5 + 8H_2O \rightarrow 5H_2S + 2H_3PO_4$
    $aP_4S_7 + bH_2O \rightarrow xH_2S + zH_3PO_4 + 기타$

**04** 답안 (1) $2P_2S_5 + 15O_2 \rightarrow 2P_2O_5 + 10SO_2$
   (2) $SO_2$

**05** 답안 $P_2O_5$(오산화인), 백색

> 참고
> 
> **인(적린)의 산화**
> 
> $4P + 5O_2 \rightarrow 2P_2O_5$

**06** 답안 $P_2O_5$(오산화인), $SO_2$(이산화황)

> 참고
> 
> **황화인(삼황화인)의 산화**
> 
> $P_4S_3 + 8O_2 \rightarrow 2P_2O_5 + 3SO_2$

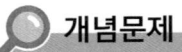 **개념문제**

마그네슘에 대해 다음 물음에 답하시오. [09,21]
(1) 이산화탄소와의 반응식을 쓰시오.
(2) 마그네슘의 화재는 이산화탄소 소화기로 소화할 수 없는데 그 이유를 쓰시오.

**Hack 답안지** (1) $2Mg + CO_2 \rightarrow 2MgO + C$
(2) 마그네슘은 산소에 대한 친화력이 매우 커서, $CO_2$ 속에서도 연소되기 때문임

 **해설** 마그네슘(Mg)과 이산화탄소($CO_2$)가 반응할 경우, 이승원의 반응규칙의 예외로 "탄산염" 우선이 적용되지 않는다. 유의하기 바란다. 마그네슘(Mg)은 이산화탄소($CO_2$) 중의 산소를 소모하면서 "기준 산화물"인 산화마그네슘(MgO)으로 전환된다. 그래서, 마그네슘의 화재에 이산화탄소 소화기를 사용할 경우 오히려 화재를 확대시킬 수 있다.

Mg와 $CO_2$의 반응은 다음과 같이 조각된다.

  □ $Mg + CO_2 \rightarrow MgO + $ 부생물(?)
  → 반응계의 O 2개 → 생성계와 반응계 모두 이를 고려 조정하면 ∴ 2MgO, 2Mg
  ⇨ $2Mg + CO_2 \rightarrow 2MgO + $ 부생물(?)
  → 반응계의 미반응 원소는 C 1개 → 생성계에서 부생물로 발생(C)
  〈완성〉 $2Mg + CO_2 \rightarrow 2MgO + C$

■ **참고** ■

**상세해설** 출제자가 묻고자 하는 핵심은 2항에 있다. 1항은 이산화탄소와 마그네슘의 반응식을 묻고, 2항은 이에 대한 결론으로 이산화탄소 소화기로 소화할 수 없는 이유를 묻고 있다.

마그네슘(Mg)은 산소에 대한 친화력(親和力)이 매우 크기 때문에 이산화탄소 속에서도 마그네슘은 연소할 수 있다. 또한 마그네슘은 질소기체 속에서도 질화마그네슘($Mg_3N_2$)을 형성하면서 연소할 수 있다.

  Ⓐ $2Mg + CO_2 \rightarrow 2MgO + C$
  Ⓑ $Mg + CO_2(산화제) \rightarrow MgO + CO$

$CO_2$와 Mg의 반응식은 위의 어느 것을 기재하더라도 문제되지 않는다. 마그네슘은 이산화탄소의 존재하에서도 연소반응을 하여 산화마그네슘을 생성한다는 것이 주요 핵심이기 때문이다.

마그네슘은 어떤 조건하에서 산소와 쉽게 결합하는데 마그네슘 화재를 소화하는데 물을 사용할 경우 사용되는 물을 산소와 수소로 분해시키는 특성을 가지고 있다. 즉, 물 중의 산소는 마그네슘과 결합하고 수소를 방출되기 때문에 화재의 세기를 더욱 증가시키게 된다.

따라서 마그네슘 화재가 발생했을 때, 일반적으로 소화에 적합한 이용할 수 있는 불활성기체는 없다고 보면 된다.

마그네슘 화재를 소화하는 방법은 물질의 형태에 많이 좌우된다. 타고 있는 깎아낸 부스러기 등 작은 조각의 경우 흑연이나 염화나트륨과 같은 적당한 건조소화제로 질식 냉각시켜 소화해야 한다.

이때 분말상태의 마그네슘은 소화제를 적용하는 동안 공기 중에서 분진폭발을 일으킬 수 있는 분진운(粉塵雲, Dust Cloud)의 생성에 주의하여야 한다.

### 유사문제

**01** 제2류 위험물인 마그네슘에 대하여 다음 물음에 답하시오. [10]
  (1) 연소반응식을 쓰시오.
  (2) 황산과 반응식을 쓰시오.

**02** 마그네슘에 대해 다음 물음에 답하시오. [22]
  (1) 물과의 반응식을 쓰시오.
  (2) 염산과의 반응식을 쓰시오.
  (3) 마그네슘에 대한 다음의 내용에서 빈칸에 공통으로 들어갈 내용을 쓰시오.

  > 다음 중 어느 하나에 해당하는 마그네슘은 제2류 위험물에서 제외한다.
  > • (   )mm의 체를 통과하지 아니하는 덩어리상태의 것
  > • 직경 (   )mm 이상의 막대모양의 것

  (4) 마그네슘의 위험등급을 쓰시오.

**03** 제2류 위험물의 품명을 5가지 쓰시오. [05]

**04** 다음은 제2류 위험물에 대한 설명이다. 제2류 위험물의 설명 중 맞는 것을 모두 고르시오. [11,17]

  > ① 황화인, 유황, 적린은 등급이 Ⅱ등급이다.
  > ② 고형알코올의 지정수량은 1,000kg이다.
  > ③ 물에 대부분 잘 녹는다.
  > ④ 비중은 1보다 작다.
  > ⑤ 산화제로 작용한다.

**05** 제2류 위험물 금속분 중 알루미늄과 물의 반응식을 쓰시오. [13]

**06** 알루미늄의 완전연소식과 염산과의 반응 시 생성가스를 쓰시오. [14]

**07** 금속의 위험물과 물이 반응할 때 생성되는 위험성이 높은 가스는 무엇인지 쓰시오. [05]

### 유사문제 답안·해설

**01** 답안 (1) 연소반응식 : $2Mg + O_2 \rightarrow 2MgO$

(2) 황산과 반응식 : $Mg + H_2SO_4 \rightarrow H_2 + MgSO_4$

보충 마그네슘(Mg)의 연소반응은 이승원의 반응규칙 중 "기준 산화물" 우선을 적용한다. Mg의 기준 산화물은 산화마그네슘(MgO)이므로 다음과 같이 반응식을 조각할 수 있다.

  □ $Mg + xO_2 \rightarrow MgO$
  → $xO_2 = 0.5O_2$
  〈완성〉 $Mg + 0.5O_2 \rightarrow MgO$
  ※ 각 항에 2를 곱하여 $2Mg + O_2 \rightarrow 2MgO$로 기재해도 됨

마그네슘(Mg)과 황산($H_2SO_4$)의 반응은 이승원의 반응규칙 중 "황산염" 우선을 적용한다. Mg의 황산염은 황산마그네슘($MgSO_4$)이므로 다음과 같이 반응식을 조각할 수 있다.

  □ $Mg + xH_2SO_4 \rightarrow MgSO_4 + 부생물(?)$
  → 반응계의 미반응 원소는 수소(H) 2개, → ∴ 부생물 = $H_2$
  〈완성〉 $Mg + H_2SO_4 \rightarrow MgSO_4 + H_2$

## 02

**답안** (1) $Mg + 2H_2O \rightarrow H_2 + Mg(OH)_2$

(2) $Mg + 2HCl \rightarrow H_2 + MgCl_2$

(3) 2

(4) Ⅲ등급

▶ 법령보기 ◀

마그네슘은 제2류 위험물로서 위험등급 Ⅲ등급으로 분류되며, 지정수량은 500kg이고, 마그네슘 및 마그네슘을 함유한 것 중에서 2mm 이상의 덩어리 상태 또는 직경 2mm 이상의 막대모양은 제외한다.

**보충** 마그네슘(Mg)과 물($H_2O$)의 반응은 이승원의 반응규칙 중 "수산화물" 우선을 적용한다. 마그네슘의 수산화물은 수산화마그네슘[$Mg(OH)_2$]이므로 다음과 같이 반응식을 조각할 수 있다.

□ $Mg + xH_2O \rightarrow Mg(OH)_2 + 부생물(?)$

→ 생성계의 산소(O) 2개, → 반응계에 이를 고려하면 ∴ $x H_2O = 2H_2O$

⇨ $Mg + 2H_2O \rightarrow Mg(OH)_2 + 부생물(?)$

→ 반응계의 미반응 원소는 수소(H) 2개, → ∴ 부생물 = $H_2$

〈완성〉 $Mg + 2H_2O \rightarrow Mg(OH)_2 + H_2$

마그네슘(Mg)과 염산(HCl)의 반응은 이승원의 반응규칙 중 "염산염" 우선을 적용한다. 마그네슘의 염산염은 염화마그네슘($MgCl_2$)이므로 다음과 같이 반응식을 조각할 수 있다.

□ $Mg + xHCl \rightarrow MgCl_2 + 부생물(?)$

→ 생성계의 염소(Cl) 2개, → 반응계에 이를 고려하면 ∴ $x HCl = 2HCl$

⇨ $Mg + 2HCl \rightarrow MgCl_2 + 부생물(?)$

→ 반응계의 미반응 원소는 수소(H) 2개, → ∴ 부생물 = $H_2$

〈완성〉 $Mg + 2HCl \rightarrow MgCl_2 + H_2$

마그네슘(Mg)의 화재에는 물, 불활성기체, 이산화탄소 등을 소화제로 사용할 경우 화재를 확대할 수 있으므로 사용해서는 안된다.

□ 가열된 마그네슘(Mg) 분말은 $N_2$에 의해서도 발열함

· $3Mg + N_2 \rightarrow Mg_3N_2$

□ 가열된 마그네슘(Mg) 분말은 $SO_2$, $CO_2$에 의해서도 산화됨

· $3Mg + SO_2(산화제) \rightarrow 2MgO + MgS$

· $Mg + CO_2(산화제) \rightarrow MgO + CO$

## 03

**답안** 황화인, 적린, 유황, 마그네슘, 철분, 금속분, 인화성 고체 (이 중에서 5가지 기재)

## 04  답안 ①, ②

▶ 법령보기 ◀

| 분류 | | 품명 | 위험등급 | 지정수량 |
|---|---|---|---|---|
| 제2류 | 가연성 고체 | 황화인, 적린, 유황 | II | 100kg |
| | | 철분, 금속분, 마그네슘 | III | 500kg |
| | | 인화성 고체(소디움메틸레이트, 마그네슘에틸레이트 등) | III | 1,000kg |

● 이승원의 제2류 암기법 ●

■ 2류가 / 화적들 빽이라면 / 마금철은 오삼오 / 인고? – 원참 알고 나니 미안하지? / 왕초는 없고 화적들만 꼬이네
- 이류가 : 2류, 가연성고체        • 화 : 황화인        • 적 : 적린
- 들 빽 : 단어의 복수형 – s (S) – 빽(hundred) 100kg
- 마 : 마그네슘                    • 금 : 금속분
- 철은 오삼오(불고기) : 철분 – 500kg, 53$\mu$m, 50%(체하 제외)
- 인고 – 원참 알고 나니 미안하지? : 인화성고체 – 1000kg, 고형 알코올과 인화점 40℃ 미만
- 왕초는 없고 : I등급 없음
- 화적들만 꼬이네 : "화""적""들"만 II등급

**보충** 위험물의 분류체계는 동일한 양의 물질이라도 형태에 따라 위험성에 차이를 두고 있다. 예를 들면, Fe, Zn, Al분 등의 금속분은 보통 괴상(塊狀)은 규제대상이 아니지만 분상(粉狀)은 제2류 위험물로서 규제대상이 된다. 또한 동일한 산화성을 갖지만 고체 산화물인 경우는 제1류 위험물로 액체 산화물인 경우는 제6류 위험물, 환원성을 갖는 가연성 고체인 경우는 제2류 위험물로 분류하고 있다. 제2류 위험물의 화학적 특성은 다음과 같다.
- 비교적 낮은 온도에서 착화하기 쉬운 가연성 고체로서 이연성, 속연성 물질이다.
- 연소속도가 빠르고, 물에 잘 녹지 않으며, 강한 환원제로서 비중이 1보다 크다.
- 철분, 마그네슘, 금속분류는 물과 산과 접촉하면 발열한다.
- 산화제와 접촉, 마찰로 인하여 착화되면 급격히 연소한다.
- 산소를 함유하고 있지 않기 때문에 강력한 환원제(산소결합 용이) 연소열이 크고, 연소온도가 높다.

## 05  답안  $2Al + 6H_2O \rightarrow 3H_2 + 2Al(OH)_3$

**보충** 알루미늄(Al)과 물($H_2O$)의 반응은 이승원의 반응규칙 중 "수산화물" 우선을 적용한다. 알루미늄의 수산화물은 수산화알루미늄[$Al(OH)_3$]이므로 다음과 같이 반응식을 조각할 수 있다.

$\square\ Al + x\,H_2O \rightarrow Al(OH)_3 + 부생물(?)$

→ 생성계의 산소(O) 3개,  → 반응계에 이를 고려하면 ∴ $x\,H_2O = 3H_2O$

⇨ $Al + 3H_2O \rightarrow Al(OH)_3 + 부생물(?)$

→ 반응계의 미반응 원소는 수소(H) 3개,  → ∴ 부생물 = $1.5H_2$

〈완성〉 $Al + 3H_2O \rightarrow Al(OH)_3 + 1.5H_2$

※ 각 항에 2를 곱하여 $2Al + 6H_2O \rightarrow 2Al(OH)_3 + 3H_2$로 기재해도 됨

## 06

**답안** ① 연소반응 : $4Al + 3O_2 \rightarrow 2Al_2O_3$

② 염산과 반응 : $2Al + 6HCl \rightarrow 3H_2 + 2AlCl_3$

**보충** 알루미늄(Al)의 연소반응은 이승원의 반응규칙 중 "기준 산화물" 우선을 적용한다. 알루미늄의 기준 산화물은 산화알루미늄($AlO_3$)이므로 다음과 같이 반응식을 조각할 수 있다.

□ $Mg + xHCl \rightarrow MgCl_2 + $ 부생물(?)

→ 생성계의 염소(Cl) 2개, → 반응계에 이를 고려하면 ∴ $x\,HCl = 2HCl$

⇨ $Mg + 2HCl \rightarrow MgCl_2 + $ 부생물(?)

→ 반응계의 미반응 원소는 수소(H) 2개, → ∴ 부생물 $= H_2$

〈완성〉 $Mg + 2HCl \rightarrow MgCl_2 + H_2$

알루미늄(Al)과 염산(HCl)의 반응은 이승원의 반응규칙 중 "염산염" 우선을 적용한다. 알루미늄의 염산염은 염화알루미늄($AlCl_3$)이므로 다음과 같이 반응식을 조각할 수 있다.

□ $Al + xHCl \rightarrow AlCl_3 + $ 부생물(?)

→ 생성계의 염소(Cl) 3개, → 반응계에 이를 고려하면 ∴ $x\,HCl = 3HCl$

⇨ $Al + 3HCl \rightarrow AlCl_3 + $ 부생물(?)

→ 반응계의 미반응 원소는 수소(H) 3개, → ∴ 부생물 $= 1.5H_2$

〈완성〉 $Al + 3HCl \rightarrow AlCl_3 + 1.5H_2$

※ 각 항에 2를 곱하여 $2Al + 6HCl \rightarrow 2AlCl_3 + 3H_2$로 기재해도 됨

● 참고 ●

- 수소를 발생시키는 대표적 금속분 → Al, Fe, Mg, Zn, Zr
- 산소와 연소반응을 하는 대표적 금속분 → Al, Mg, Zn

## 07

**답안** 수소($H_2$)

**보충** 금속 위험물과 물이 반응할 경우, 가연성, 폭발성이 있는 수소가스를 발생한다.

□ $2K + 2H_2O \rightarrow 2KOH + H_2$

□ $2Na + 2H_2O \rightarrow 2NaOH + H_2$

□ $Mg + 2H_2O \rightarrow H_2 + Mg(OH)_2$

□ $2Al + 6H_2O \rightarrow 3H_2 + 2Al(OH)_3$

□ $2Fe + 3H_2O \rightarrow Fe_2O_3$(산화철)$+ 3H_2$

## (3) 제3류 위험물

① 품명 및 지정수량

| 성질 | 품명 | 지정수량 | 위험 등급 |
|---|---|---|---|
| 자연발화성 물질 및 금수성 물질 | 칼륨, 나트륨, 알킬알루미늄, 알킬리튬 | 10kg | I |
| | 황린 | 20kg | I |
| | 알칼리금속(칼륨 및 나트륨 제외) 및 알칼리토금속 | 50kg | II |
| | 유기금속화합물(알킬알루미늄 및 알킬리튬을 제외) | 50kg | II |
| | 금속의 수소화물, 금속의 인화물, 칼슘 또는 알루미늄의 탄화물 | 300kg | III |

② 제3류 위험물의 공통 특성
- 제3류 위험물은 무기화합물과 유기화합물로 구성되어 있음
- 제3류 위험물은 대부분이 고체임(단, 알킬알루미늄, 알킬리튬은 고체 또는 액체)
- 칼륨(K), 나트륨(Na), 알킬알루미늄(RAl), 알킬리튬(RLi)을 제외하고 물보다 무거움
- 물과 반응하여 화학적으로 활성화되며, 황린(黃燐)을 제외한 모든 물질이 물에 대해 위험 반응을 일으킴 → 물과 반응하여 가연성 가스를 발생함(단, 황린은 제외)
- 칼륨, 나트륨, 알칼리금속, 알칼리토금속 → 보호액(석유) 속에 보관함
- 알킬알루미늄, 알킬리튬은 물 또는 공기와 접촉하면 폭발함 → 헥산(헥세인) 속에 저장
- 황린은 공기와 접촉하면 자연발화함 → pH 9의 물속에 저장
- 가열하거나 강산화성 물질 및 강산(强酸)과 접촉할 경우 위험성이 증가함

③ 제3류 위험물의 개별적 특성

㉮ 알칼리금속 및 알칼리토금속류

㉠ 알칼리금속의 이화학적 특성

| 구분 | 칼륨(K) | 나트륨(Na) | 리튬(Li) | 루비듐(Rb) | 세슘(Cs) |
|---|---|---|---|---|---|
| 강도 | 경금속(무름) | 경금속(무름) | 경금속(무름) | 금속(무름) | 금속(무름) |
| 비중 | 0.86 | 0.97 | 0.53 | 1.53 | 1.93 |
| 색상 | 은백색 | 은백색 | 회백색 | 은백색 | 노란색 |
| 비열 | | | 가장 큼 | | |
| 불꽃반응 | 적자색 | 황색 | 적색 | 적색 | 청색 |
| 화학반응성 | 높음 | 높음 | 가장 낮음 | 높음 | 가장 높음 |
| 물과 반응 | 격렬반응 | 격렬반응 | 격렬반응 | 폭발적 반응 | 폭발적 반응 |

- **칼륨(K)의 반응** : 은백색의 광택이 있는 금속이지만 실온의 공기 중 빠르게 산화되어 피막을 형성하여 광택을 잃음. 공기 중에서 자연발화의 위험이 있음
  - 산화성 물질과 접촉할 경우, 충격·마찰에 의해 폭발의 위험이 있음
    - $4K + O_2 \xrightarrow[\text{보라색 불꽃}]{\text{녹는점 64℃ 이상}} 2K_2O$
    - $xK + \text{모래}(n\,SiO_2) \xrightarrow[\text{연소성 촉진}]{\text{모래를 뿌릴 경우}} y\,K_2O \cdot n\,SiO_2$
  - 칼륨은 **흡습성, 조해성**이 있고, 물과는 격렬히 반응하여 발열하고, 수소를 발생시킴
    - $2K + 2H_2O \xrightarrow[\text{수소가스}(H_2)\,\text{발생}]{\text{발열반응}} H_2 + 2KOH$
  - 알코올과 반응하여 수소를 발생시킴
    - $2K + 2C_2H_5OH \longrightarrow H_2 + 2C_2H_5OK$
  - 사염화탄소와 같은 할로젠화합물과 폭발적으로 반응하며, 이산화탄소와도 반응함. 습기가 존재하는 환경에서는 일산화탄소와 접촉할 경우 폭발할 수 있음
    - $4K + 3CO_2 \longrightarrow 2K_2CO_3 + C$
    - $4K + CCl_4 \longrightarrow 4KCl + C$

- **나트륨(Na)의 반응** : 은백색의 광택이 있는 경금속이지만 실온의 공기 중에서 빠르게 산화되어 피막을 형성하고 광택을 잃음
  - 강산화성 물질과 혼합한 것은 가열, 충격, 마찰에 의해 폭발의 위험이 있음
  - 공기 중 방치하면 자연발화하고 산소 중 가열하면 황색불꽃을 내면서 연소함
    - $4Na + O_2 \xrightarrow[\text{황색 불꽃}]{\text{녹는점 98℃ 이상}} 2Na_2O$
  - 물과는 격렬히 반응하여 발열하고, 수소를 발생함
    - $2Na + 2H_2O \xrightarrow[\text{수소가스}(H_2)\,\text{발생}]{\text{발열반응}} H_2 + 2NaOH$
  - 알코올, 액체 암모니아와 반응하여 수소를 발생함
    - $2Na + 2C_2H_5OH \xrightarrow[\text{수소가스}(H_2)\,\text{발생}]{\text{발열반응}} H_2 + 2C_2H_5ONa$
    - $2Na + 2NH_3 \xrightarrow[\text{수소가스}(H_2)\,\text{발생}]{\text{용해}} H_2 + 2NaNH_2$
  - 이산화탄소, 사염화탄소와도 반응함
    - $4Na + CO_2 \longrightarrow C + 2Na_2O$
    - $4Na + CCl_4 \longrightarrow C + 4NaCl$

■ 리튬(Li)의 반응 : 리튬은 연한 은백색의 금속으로 고체원소 중에서 가장 가볍고 고체금속 중 비열(0.97 cal/g · ℃)이 가장 큼
- 강산화제와 혼합 시 발열하고, 질산과 혼합 시 발화함
- 산소와 반응하지 않지만, 200℃로 가열하면 강한 선홍색 불꽃을 내며 연소하여 산화물이 됨

  - $4Li + O_2 \xrightarrow[\text{불꽃(백색 ~ 녹색)}]{200℃ \text{ 이상 가열}} 2Li_2O$

- 질소와는 고온에서 화합하여 적색의 질화리튬($Li_3N$)이 됨

  - $6Li + N_2 \rightarrow 2Li_3N$
  - $Li_3N + 3H_2O \rightarrow 3LiOH + NH_3$

- 물과 상온에서는 서서히, 고온에서는 격렬하게 반응하여 수소를 발생함

  - $2Li + 2H_2O \xrightarrow[\text{수소가스 발생}]{\text{실온에서 서서히(고온에서는 격렬히) 녹음}} H_2 + 2LiOH$

- 탄산가스 속에서도 꺼지지 않고 연소가 지속됨

  - $3Li_2O + CO_2 \rightarrow Li_2CO_3$

ⓒ 알칼리토금속의 이화학적 특성

| 구분 | 칼슘(Ca) | 베릴륨(Be) | 스트론튬(Sr) | 바륨(Ba) | 라듐(Ra) |
|---|---|---|---|---|---|
| 강도 | 금속 | 금속 | 금속(무름) | 금속(무름) | 금속(방사성) |
| 비중 | 1.55 | 1.85 | 2.64 | 3.5 | 5.5 |
| 색상 | 은백색 | 회백색 | 은백색 ~ 노란색 | 은백색 | 은백색 |
| 불꽃색 | 주홍색 | 없음 | 붉은색 | 황록색 | 분홍색 |
| 화학반응성 | 반응성 큼 | 반응성 큼 | Ca보다 반응성 큼 | Sr보다 반응성 큼 | 가장 격렬함 |

■ 칼슘(Ca)의 반응
- 고온으로 가열하면 등색불꽃을 내며, 연소하여 산화칼슘이 됨

  - $2Ca + O_2 \xrightarrow[\text{불꽃(등적색 ~ 주홍색)}]{850℃ \text{ 이상 가열}} 2CaO$

- 물과 반응(상온에서 서서히, 고온에서는 격렬히)하여 수소($H_2$) 기체를 발생함

  - $Ca + 2H_2O \xrightarrow[\text{수소가스 발생}]{\text{실온에서 서서히(고온에서는 격렬히) 녹음}} H_2 + Ca(OH)_2$

- 묽은 산, 알코올과 반응하여 수소($H_2$) 기체를 발생한다.

  - $Ca + 2HNO_3 \xrightarrow[\text{수소가스 발생}]{\text{반응}} H_2 + Ca(NO_3)_2$

  - 알칼리 토금속 $+ xC_2H_5OH \xrightarrow[\text{수소가스 발생}]{\text{반응}} H_2 + y(Alkoxide)$

■ 베릴륨(Be)의 반응 : 회백색의 단단하고 가벼운 금속으로 환원성이 강하며, 내열성이 풍부하기 때문에 상온에서는 공기 또는 물과 잘 반응하지 않음
- 상온에서 공기 또는 물과 잘 반응하지 않음
- 뜨거운 물이나 묽은 산, 알칼리 수용액에 녹아 수소($H_2$) 기체를 발생함
  - $Be + 2H_2O \xrightarrow[\text{수소가스 발생}]{\text{고온에서 녹음}} H_2 + Be(OH)_2$
  - $Be + 2HCl \xrightarrow[\text{수소가스 발생}]{\text{염산에 녹음}} H_2 + BeCl_2$

■ 바륨(Ba)의 반응 : 바륨은 은백색의 무른 금속으로 화학적으로 칼슘이나 스트론튬과 비슷하나 반응성은 이들보다 큼
- 공기에 노출되면 산소와 쉽게 반응하여 산화됨
- 황산을 제외한 대부분의 산에 잘 녹음
- 물과 알코올과도 반응하여 수소($H_2$) 기체를 발생함
  - $2Ba + O_2 \xrightarrow[\text{산화반응}]{\text{상온에서}} 2BaO$
  - $Ba + 2H_2O \xrightarrow[\text{수소가스 발생}]{\text{실온에서 서서히 녹음}} H_2 + Ba(OH)_2$

④ 알킬기(R)와 결합된 금속화합물 { • 알킬알루미늄 • 알킬리튬 • 유기금속화합물 }

※ 금속 $\begin{Bmatrix} Al(3가) \\ Li(1가) \\ 기타 중금속 \end{Bmatrix}$ + 알킬그룹 $\begin{Bmatrix} 3R \text{ or } 2R+X \\ R \end{Bmatrix}$ = 알킬금속화합물 $\begin{Bmatrix} R_3Al \\ R_2AlX \\ RLi \end{Bmatrix}$

㉠ 알킬금속화합물의 이화학적 특성
- 알킬알루미늄 = 알킬기 + Al

| 명칭 | 트라이메틸알루미늄 | 트라이에틸알루미늄 |
|---|---|---|
| 분자식 | $(CH_3)_3Al$ | $(C_2H_5)_3Al$ |
| 비중 | 0.75 | 0.83 |
| 색상 | 무색액체 | 무색액체 |
| 물과 반응 | 심하게 반응·폭발 | 폭발적 반응(에탄생성) |
| 공기노출 | 자연발화 | 자연발화(탄소수 $C_1 \sim C_4$) |
| 산, 알코올 | 심하게 반응 | 심하게 반응 |

- 알킬리튬 = 알킬기 + Li

| 명칭 | 메틸리튬 | 뷰틸리튬 |
|---|---|---|
| 분자식 | $(CH_3)Li$ | $(C_4H_9)Li$ |
| 물과 반응 | 심하게 반응·폭발 (메탄생성) | 심하게 반응·폭발 (부테인생성) |
| 공기노출 | 자연발화 | 자연발화 |
| 산, 알코올 | 심하게 반응 | 심하게 반응 |

• 유기금속화합물 = 알킬기 + 중금속

| 명칭 | 디메틸아연 | 디에틸텔루트 |
|---|---|---|
| 분자식 | $Zn(CH_3)_2$ | $Te(C_2H_5)_2$ |
| 물과 반응 | 격렬반응, 인화성 증기와 열발생 | 격렬반응, 인화성 증기와 열발생 |
| 공기노출 | 자연발화 | 자연발화 |
| 알코올 | 심하게 반응 | 심하게 반응 |

ⓒ 알킬금속화합물의 위험물 특성

■ 자연발화

- 알킬알루미늄(트라이메틸알루미늄, 트라이에틸알루미늄, 트라이아이소부틸알루미늄 등) 중 탄소수 1~4개인 것은 발화성이 강하여 공기 중에 노출하면 백연을 내며 연소함
  - $2(CH_3)_3Al + 12O_2 \rightarrow Al_2O_3 + 6CO_2 + 9H_2O$
  - $2(C_2H_5)_3Al + 21O_2 \rightarrow Al_2O_3 + 12CO_2 + 15H_2O$

- 알킬리튬(메틸리튬, 에틸리튬, 뷰틸리튬 등)은 발화성이 강하여 공기 중에 노출되면 어떤 온도에서도 자연발화함
  - $4(CH_3)Li + 9O_2 \rightarrow 4LiO + 4CO_2 + 6H_2O$
  - $4(C_2H_5)Li + 15O_2 \rightarrow 4LiO + 8CO_2 + 10H_2O$

- 유기금속화합물(메틸주석, 디메틸칼륨 등)은 공기 중에서 자연발화의 위험이 있음. 단, 사에틸납[$(C_2H_5)_4Pb$]은 **자연발화성이 없으며**, 대부분의 유기용제에 녹지만 물, 묽은 산, 묽은 알칼리에는 녹지 않음
  - $Sn(CH_3)_2 + 4.5O_2 \rightarrow SnO_2 + 2CO_2 + 3H_2O$
  - $Ga(CH_3)_2 + 4.5O_2 \rightarrow GaO_2 + 2CO_2 + 3H_2O$

■ 수분과의 반응

- 알킬알루미늄(트라이메틸알루미늄, 트라이에틸알루미늄, 트라이아이소부틸알루미늄 등)은 수분과 접촉하면 폭발적으로 반응하여 가연성 가스(메탄, 에탄 등)를 형성하고 발열·폭발함
  - $(CH_3)_3Al + 3H_2O \rightarrow 3CH_4 + Al(OH)_3$
  - $(C_2H_5)_3Al + 3H_2O \rightarrow 3C_2H_6 + Al(OH)_3$

- 알킬리튬(메틸리튬, 에틸리튬, 뷰틸리튬 등)은 수분과 접촉하면 폭발적으로 반응하여 가연성 가스(메탄, 에탄 등)를 형성하고 발열·폭발함
  - $(CH_3)Li + H_2O \rightarrow CH_4 + LiOH$
  - $(C_2H_5)Li + H_2O \rightarrow C_2H_6 + LiOH$

■ 알코올·산(酸)과의 반응

**알킬알루미늄**(트라이메틸알루미늄, 트라이에틸알루미늄, 트라이아이소부틸알루미늄 등)은 알코올 및 산과 접촉하면 폭발적으로 반응하여 가연성 가스(메탄, 에탄 등)를 형성하고 발열·폭발함

- $(CH_3)_3Al + 3CH_3OH \rightarrow 3CH_4 + Al(CH_3O)_3$
- $(C_2H_5)_3Al + 3CH_3OH \rightarrow 3C_2H_6 + Al(CH_3O)_3$
- $(C_2H_5)_3Al + HCl \rightarrow C_2H_6 + (C_2H_5)_2AlCl$

㉢ 금속의 수소화물
- 염류성(鹽類性) 수소화물
- 금속성 수소화물
- 이합체성 또는 중합체성 수소화물
- 휘발성 공유결합 수소화물

㉠ 이화학적 특성 : 금속의 수소화물은 금속이나 준금속 원자에 1개 이상의 수소원자가 결합하고 있는 화합물을 말함

▫ 염류성 수소화물
- 2원소 염류성 화합물 : $NaH$, $LiH$, $CaH_2$
- 다원소 염류성 화합물 : $LiAlH_4$, $NaBH_4$

- 수소가 음이온으로 존재하는 수소화물임
- 물과 격렬하게 반응하여 다량의 수소 기체를 발생시킴
- 염류성 수소화물은 환원제로 널리 사용됨

▫ 금속성 수소화물
- 수소화 티탄($TiH_2$)
- 수소화 토륨($ThH_2$, $Th_4H_{15}$)

- 전기전도도가 큰 금속의 특징을 가짐
- 염과 합금 사이의 중간적인 성질을 가짐

▫ 이합체성 또는 중합체성 수소화물
- 디보란($B_2H_6$, $H_2BH_2BH_2$)
- 펜타보란[$B_5H_9$, $H_2B(BH_2)_2B-BH_3$]

- 수소가 금속이나 준금속 원자를 이어주는 다리 역할을 하는 수소화물임
- 연소 시는 탄화수소들이 탈 때보다 훨씬 더 많은 에너지를 방출함
- 알루미늄·구리·베릴륨의 수소화물들은 고체·액체·기체 형태로 존재하는 부도체들로서 열에 불안정하며, 공기나 습기 중에서 폭발하기도 함

▫ 휘발성 공유결합 수소화물
- 실란($SiH_4$)
- 아르신($AsH_3$)
- 수소화붕소알루미늄[$Al(BH_4)_3$]

- 원자의 전기음성도가 서로 비슷하여 전자쌍을 공유하여 결합을 형성하고 있는 수소화물임
- 휘발성이 있고 열에 불안정하며, 냄새가 남
- 수소화붕소알루미늄과 같은 수소화물은 공기와 습기 중에서 발화함

ⓛ 금속 수소화합물의 위험물 특성
  ■ 수분과의 반응 : 금속 수소화합물은 대체로 습기, 물과 격렬히 반응하여 수소를 발생하고, 이 발열반응에 의해 발생한 열에 의해 자연발화할 수 있음
    - LiH(수소화리튬) + $H_2O$ → $H_2$ + LiOH
    - KH(수소화칼륨) + $H_2O$ → $H_2$ + KOH
    - NaH(수소화나트륨) + $H_2O$ → $H_2$ + NaOH
    - $CaH_2$(수소화칼슘) + $2H_2O$ → $2H_2$ + $Ca(OH)_2$
    - $Li(AlH_4)$(수소화알루미늄리튬) + $4H_2O$ → $4H_2$ + LiOH + $Al(OH)_3$
  ■ 산(酸)과의 반응 : 금속 수소화합물은 산(酸)과 반응하여 수소를 발생하며 화재, 폭발 위험이 높음
    - $2AlH_3$(수소화알루미늄) + $2CH_3COOH$ → $H_2$ + $2CH_3COOAl$
    - $Li(AlH_4)$ + $CH_3COOH$ → $H_2$ + $CH_3COOLi$ + $AlH_3$

㉱ 칼슘 또는 알루미늄 등의 탄화물
  - 탄화칼슘($CaC_2$, 카바이드)
  - 탄화알루미늄($Al_4C_3$)
  - 기타 탄화물($Mn_3C$, $MgC_2$, $LiC_2$, $K_2C_2$ 등)

㉠ 이화학적 특성 : 탄화물이란 탄소와 그보다 양성인 원소와의 화합물을 말함
  • 이온성 탄화물로서 순수한 시료는 투명성이 낮은 고체임
  • 산(酸)이나 어떤 경우에는 물과도 반응하여 탄화수소와 금속 수산화물로 분해됨
  • **탄화칼슘**은 흑회색의 괴상으로 물과 알코올에 분해되고 에테르에는 녹지 않음
  • **탄화알루미늄**은 무색 또는 황색으로 물에 분해되지만 알코올과 에테르에는 녹지 않음

ⓛ 칼슘 또는 알루미늄 등 탄화물의 위험물 특성
  ■ 수분과 반응 : 물·습기와 반응하여 **가연성 기체**(수소, 메탄, 에틴)를 발생함
    • 물, 습기와 반응하여 에틴(아세틸렌)을 발생하는 것
      - $CaC_2$(탄화칼슘) + $2H_2O$ → $C_2H_2$ + $Ca(OH)_2$
      - $K_2C_2$(탄화칼륨) + $2H_2O$ → $C_2H_2$ + 2KOH
      - $MgC_2$(탄화마그네슘) + $2H_2O$ → $C_2H_2$ + $Mg(OH)_2$
    • 물, 습기와 반응하여 **메탄**을 발생하는 것
      - $Al_4C_3$(탄화알루미늄) + $12H_2O$ → $3CH_4$ + $4Al(OH)_3$
      - $BeC_2$(탄화베릴륨) + $4H_2O$ → $CH_4$ + $2Be(OH)_2$
    • 물, 습기와 반응하여 **메탄과 수소**를 발생하는 것
      - $Mn_3C$(탄화망가니즈) + $6H_2O$ → $CH_4$ + $H_2$ + $3Mn(OH)_2$

■ 발열 발화위험 : 다른 위험물질과 혼합할 경우 **발열**하거나 **발화**의 위험이 있음
- 탄화칼슘은 황(S), 황산, 염산, 사염화탄소, 클로로벤젠 등과 혼합 시 가열, 충격 등에 의해 발열하거나 발화의 위험이 있음
- 탄화알루미늄은 제1류 위험물($NaClO_4$ 등 산화성 염류)이나 제6류 위험물($H_2O_2$ 등 산화성 액체)과 반응할 경우 심하게 발열함

⑭ 금속의 인화물
- 인화칼슘($Ca_3P_2$)
- 인화알루미늄(AlP)
- 인화아연($Zn_3P_2$)
- 인화나트륨(NaP)
- 인화마그네슘($Mg_3P_2$)
- 인화스트론튬($Sr_3P_2$) 등

㉠ 이화학적 특성 : 금속의 인화물은 인과 금속 원소로 이루어지는 화합물을 말한다.
- 고온에서는 분해되어 인을 만드는 것이 많음
- 공유결합성은 강하지 않은데 물 또는 묽은 산과 쉽게 반응하여 포스핀을 만듦

㉡ 금속 인화물의 위험물 특성

■ 물·습기와 반응 : 유독성 가스($PH_3$, 포스핀)를 발생함
- $Ca_3P_2$(인화칼슘) + $6H_2O$ → $2PH_3$ + $3Ca(OH)_2$
- AlP(인화알루미늄) + $3H_2O$ → $PH_3$ + $Al(OH)_3$

■ 산(酸)과 반응 : 유독성 가스($PH_3$, 포스핀)를 발생함
- $Ca_3P_2$(인화칼슘) + 6HCl → $2PH_3$ + $3CaCl_2$
- $Zn_3P_2$(인화아연) + 6HCl → $2PH_3$ + $3ZnCl_2$

■ 연소반응 : 유해성 가스($P_2O_5$, 오산화인)를 발생함
- 2AlP(인화알루미늄) + $4O_2$ → $P_2O_5$ + $Al_2O_3$

⑮ 황린($P_4$)

㉠ 이화학적 특성
- 황린은 백색 또는 담황색 왁스상의 가연성 고체로 발화점이 34℃로 낮음
- 물에 녹지 않지만(물속에 저장) 벤젠, 이황화탄소에 녹음
- 어두운 곳에서 청백색의 인광을 냄

㉡ 황린의 위험물 특성
- 증기는 공기보다 무겁고 맹독성, 가연성임
- 발화점이 매우 낮아 공기 중에 노출되면 자연발화함
- 공기 중에서 격렬하게 연소하여 유독성 가스인 **오산화인의 백색연기**(백연)을 냄
- 강산화제와 접촉하면 발화위험이 있으며 충격, 마찰에 의해서도 발화함
- 수산화나트륨 등 강알칼리용액과 반응하여 맹독성의 **포스핀가스**를 발생함
  - $P_4$(황린) + $5O_2$ → $2P_2O_5$

- $P_4(황린) + 3NaOH + 3H_2O \rightarrow PH_3 + 3NaH_2PO_2$
- $P_4(황린) + 3KOH + 3H_2O \rightarrow PH_3 + 3KH_2PO_2$

### 개념문제

제3류 위험물 중 지정수량이 10kg인 것의 품명 4가지를 쓰시오. [06,09,20]

 **답안지** 칼륨, 나트륨, 알킬리튬, 알킬알루미늄

▶ 법령보기 ◀

| 위험물 | | | 지정수량 |
|---|---|---|---|
| 유별 | 성질 | 품명 | |
| 제3류 | 자연발화성물질 및 금수성물질 | 칼륨 | 10킬로그램 |
| | | 나트륨 | 10킬로그램 |
| | | 알킬알루미늄 | 10킬로그램 |
| | | 알킬리튬 | 10킬로그램 |
| | | 황린 | 20킬로그램 |
| | | 알칼리금속(칼륨 및 나트륨 제외) 및 알칼리토금속 | 50킬로그램 |
| | | 유기금속화합물(알킬알루미늄 및 알킬리튬 제외) | 50킬로그램 |
| | | 금속의 수소화물 | 300킬로그램 |
| | | 금속의 인화물 | 300킬로그램 |
| | | 칼슘 또는 알루미늄의 탄화물 | 300킬로그램 |

## 유사문제

**01** 제3류 위험물의 지정수량을 쓰시오. [10]
(1) 칼륨
(2) 나트륨
(3) 알킬알루미늄
(4) 알킬리튬
(5) 황린
(6) 알칼리금속(K 및 Na 제외) 및 알칼리토금속
(7) 유기금속화합물(알킬알루미늄 및 알킬리튬 제외)

**02** 다음 빈칸을 채우시오. [13]

> 황린의 화학식은 ( ① )이며, ( ② )의 흰 연기 발생하고 ( ③ )속에 저장한다.

**03** 다음 물질 중 금수성 및 자연발화성인 것을 골라 쓰시오. (단, 없을 경우 "해당 없음"이라고 쓰시오.) [22]

- 칼륨
- 황린
- 트라이나이트로페놀
- 나이트로벤젠
- 글리세린
- 수소화나트륨

**04** 다음은 제3류 위험물에 대한 내용이다. 빈칸에 품명 및 지정수량을 쓰시오. [13,20]

| 품명 | 지정수량 |
| --- | --- |
| 칼륨 | ( ① )kg |
| 나트륨 | ( ② )kg |
| 알킬알루미늄 | ( ③ )kg |
| ( ④ ) | 10kg |
| ( ⑤ ) | 20kg |
| 알칼리금속 | ( ⑥ )kg |
| 유기금속화합물 | ( ⑦ )kg |

**05** 다음의 위험물에 대한 보호액을 쓰시오. [05②,09②,20]

- 황린
- 나트륨
- 이황화탄소

**06** 황린, 이산화탄소, 나트륨, 칼륨을 저장 시 상부에 함께 저장하는 물질(보호액)을 기술하시오. [03,06]

**07** 금속칼륨의 저장 및 취급 시 주의사항 3가지를 쓰시오. [04]

**08** 다음 조건에 맞는 위험물을 쓰시오. [06,09]

> 은백색 연한 금속이며, 비중 0.534, 융점 180℃, 비점 1,336℃, 최근 2차 전지의 원료로 쓰이고 있다.

**09** 비중 0.53, 융점 180℃ 연소 시 적색불꽃을 내는 것의 명칭을 쓰시오. [08]

**10** 원자량 23, 비중 0.97, 불꽃반응 시 노란색 물질에 다음 각 물음에 답을 쓰시오. [14]
(1) 명칭(원소기호)을 쓰시오.
(2) 물질의 지정수량을 쓰시오.

**11** 나트륨에 관하여 다음 물음에 답하시오. [12]
(1) 나트륨의 연소반응식을 쓰시오.
(2) Na의 불꽃반응의 색상을 쓰시오.

## 유사문제 답안·해설

**01** 답안 (1) 10kg
(2) 10kg
(3) 10kg
(4) 10kg
(5) 20kg
(6) 50kg
(7) 50kg

**02** 답안 ① $P_4$  ② $P_2S_5$  ③ pH 9의 물

**03** 답안 칼륨, 수소화나트륨

보충 "금수성 및 자연발화성"인 것은 제3류 위험물이다. 제3류 위험물에 해당하는 명칭을 골라 답안지에 기재하면 된다. 단, 황린은 물에 안정하므로 제외한다. 트라이나이트로페놀은 제5류 위험물로서 자기반응성 물질이고, 나이트로벤젠과 글리세린은 인화성 액체로서 제4류 위험물 중 3석유류로 분류된다.

**04** 답안 ① 10  ② 10  ③ 10  ④ 알킬리튬  ⑤ 황린  ⑥ 50  ⑦ 50

보충 문제의 [표]는 "제3류 위험물"에 대한 것이므로 다음의 암기법을 적용해 본다.

---
**이승원의 제3류 위험물 암기법**

- 삼연승 칼린(KA-LiN) 짱 / 피포두 / 알토란 유기하고 / 수인선 안타서
- 삼연승 : 3류, 자연발화성, 금수성
- 칼린(KALiN) 짱 : K, 알킬Al, 알킬Li, Na – 10kg
- 피포두 : $P_4$ – 20kg
- 알토란 : 알칼리금속, 알칼리토금속
- 유기하고 : 유기금속화합물, 고(50kg)
- 수인선 안타서 : 금속의 수소화물, 금속의 인화물, 칼슘 또는 알루미늄의 탄화물(300kg)
---

이를 이용하면 해당 위험물의 품명과 지정수량을 모두 기재할 수 있다.

▶ 법령보기 ◀

| 위험물 | | | 지정수량 |
|---|---|---|---|
| 유별 | 성질 | 품명 | |
| 제3류 | 자연발화성물질 및 금수성물질 | 칼륨 | 10킬로그램 |
| | | 나트륨 | 10킬로그램 |
| | | 알킬알루미늄 | 10킬로그램 |
| | | 알킬리튬 | 10킬로그램 |
| | | 황린 | 20킬로그램 |
| | | 알칼리금속(칼륨 및 나트륨 제외) 및 알칼리토금속 | 50킬로그램 |
| | | 유기금속화합물(알킬알루미늄 및 알킬리튬 제외) | 50킬로그램 |
| | | 금속의 수소화물 | 300킬로그램 |
| | | 금속의 인화물 | 300킬로그램 |
| | | 칼슘 또는 알루미늄의 탄화물 | 300킬로그램 |

**05** **답안** ① 황린 : pH 9의 물  ② 나트륨 : 석유  ③ 이황화탄소 : 물

**보충** 제3류 위험물 중 황린(黃燐, $P_4$)은 인(燐) 동소체들 중 가장 불안정하고 가장 반응성이 크며, 밀도는 가장 작고(비중 1.82), 공기 중에서는 산화되어 발화하기 쉬우며, 동소체에 비해 독성이 매우 크므로 pH 9의 물에 저장한다. 제3류 위험물 중 칼륨(K), 나트륨(Na), 알킬알루미늄(RAl), 알킬리튬(RLi)을 제외한 물질은 물보다 무겁고, 물과 반응하여 화학적으로 활성화 된다. 황린(黃燐)을 제외한 제3류 위험물은 물과 반응하여 가연성 가스를 발생하는 위험한 반응을 일으키므로 칼륨, 나트륨, 알칼리금속, 알칼리토금속 등은 보호액으로 석유(등유, 경유, 유동파라핀 등)를 사용하여 보관한다.

이황화탄소($CS_2$)는 제4류 위험물 중 특수인화물로 분류되는데, 특수인화물이란 1기압에서 발화점이 100℃ 이하인 것 또는 인화점이 영하 20℃ 이하이고, 비점이 40℃ 이하로 휘발성이 강하고 인화성이 매우 높으며, 비중은 1.26으로 물보다 무겁고, 물에 녹지 않아 가연성 증기발생을 억제하기 위해 물 속에 저장한다. 이황화탄소($CS_2$)는 황(S), 황린($P_4$), 벤젠($C_6H_6$), 나이트로벤젠($C_6H_5NO_2$), 톨루엔($C_6H_5CH_3$)과 더불어 물에 잘 녹지 않는 대표적인 물질이다.

● 이승원의 보호액 암기법 ●

■ **칼등으로 황씨구하고 알킬헥산 보호**
- **칼등으로** : KAlN(칼륨, 나트륨, 알칼리금속, 알칼리토금속) → 등유 등 석유
- **황씨 구하고** : 황린(pH 9), $CS_2$ → 물
- **알킬헥산 보호** : 알킬알루미늄, 알킬리튬 → 헥산(헥세인), 보호액

**06** **답안** ① 황린 : pH 9의 물  ② 이황화탄소 : 물  ③ 나트륨 : 석유  ④ 칼륨 : 석유

**07** **답안** ① 조해성이 있으므로 습기에 주의하며, 용기는 밀폐하여 저장
② 환기가 양호한 냉암소에 저장
③ 환원제, 산(酸) 또는 화기와 가열 위험이 있는 곳으로부터 멀리함
④ 가열·충격·마찰 등을 피하고, 분해를 촉진하는 약품류 및 가연물과 접촉을 피함
(※ 이 중에서 3가지를 기재함)

**08** **답안** 리튬(Li)

**09** **답안** 리튬(Li)

**10** **답안** (1) 나트륨(Na)
(2) 10kg

● 참고 ●

### 제3류 위험물

■ 제3류 위험물 중 알칼리금속의 특성

| 구분 | 칼륨(K) | 나트륨(Na) | 리튬(Li) | 루비듐(Rb) | 세슘(Cs) |
|---|---|---|---|---|---|
| 지정수량 | 10kg | 10kg | 50kg | 50kg | 50kg |
| 위험물 등급 | I | I | II | II | II |
| 강도 | 경금속(무름) | 경금속(무름) | 경금속(무름) | 금속(무름) | 금속(무름) |
| 비중 | 0.86 | 0.97 | 0.53 | 1.53 | 1.93 |
| 색상 | 은백색 | 은백색 | 회백색 | 은백색 | 노란색 |
| 불꽃반응 | 보라색 | 황색 | 적색 | 적색 | 청색 |
| 화학반응성 | 높음 | 높음 | 가장 낮음 | 높음 | 가장 높음 |

■ 제3류 위험물의 저장·보관 방법
- 칼륨(K), 나트륨(Na), 알킬알루미늄(RAl), 알킬리튬(RLi)을 제외하고 물보다 무겁다.
- 물과 반응하여 화학적으로 활성화되며, 황린(黃燐)을 제외한 모든 물질이 물에 대해 위험한 반응을 일으킨다. → 물과 반응하여 가연성 가스를 발생한다(황린은 제외).
- 칼륨, 나트륨, 알칼리금속, 알칼리토금속 → 석유(등유, 경유, 파라핀 등) 속에 보관
- 알킬알루미늄, 알킬리튬은 물 또는 공기와 접촉하면 폭발한다. → 헥산(헥세인) 속에 저장
- 황린은 공기와 접촉하면 자연발화한다. → pH 약 9의 물속에 저장(소석회 및 생석회 첨가)

## 11  답안 (1) $4Na + O_2 \rightarrow 2Na_2O$
(2) 황색(노란색)

**보충** 금속원소들의 불꽃 반응의 특징을 알아두어야 한다. 1족 금속원소 및 2족 금속원소의 불꽃반응 색상은 다음과 같다.

> ● 참고 ●
>
> **불꽃색 정리**
>
> ① 1족 금속
>   - 리튬(Li)은 아름다운 붉은색 불꽃을 냄
>   - 나트륨염은 밝은 노란색 불꽃을 냄
>   - 칼륨염은 엷은 보라색 불꽃을 냄
>
> ② 2족 금속
>   - 마그네슘은 푸른색 불꽃을 냄
>   - 칼슘염은 붉은 벽돌색 불꽃을 냄
>   - 스트론튬염은 심홍색 불꽃을 냄
>   - 바륨은 황록색의 불꽃을 냄

### 개념문제

다음 반응에서 생성되는 유독가스의 명칭을 쓰시오. (단, 없으면 "없음"이라고 쓰시오.) [08,16,19,22②]
(1) 황린의 연소반응에 의해 생성하는 유독가스의 명칭을 쓰시오.
(2) 황린과 수산화칼륨 수용액의 반응에 의해 생성되는 유독가스의 명칭을 쓰시오.
(3) 아세트산의 연소반응에 의해 생성되는 유독가스의 명칭을 쓰시오.
(4) 인화칼슘과 물의 반응에 의해 생성되는 유독가스의 명칭을 쓰시오.
(5) 과산화바륨과 물의 반응에 의해 생성되는 유독가스의 명칭을 쓰시오.

**답안지** (1) 황린의 연소 반응 → 오산화인
(2) 황린과 수산화칼륨 수용액의 반응 → 포스핀
(3) 아세트산의 연소반응 : 없음
(4) 인화칼슘과 물의 반응 → 포스핀
(5) 과산화바륨과 물의 반응 : 없음

**해설** 황린(黃燐)의 화학식은 $P_4$이다. 황린의 연소반응은 이승원의 반응규칙 중 "기준 산화물" 우선을 적용한다. 인(P)의 기준 산화물은 오산화인($P_2O_5$)이므로 다음과 같이 연소반응식을 조각할 수 있다.

□ $P_4 + xO_2 \rightarrow 2P_2O_5$
→ 생성계의 O 10개 → 반응계에 이를 적용하면 ∴ $xO_2 = 5O_2$
〈완성〉 $P_4 + 5O_2 \rightarrow 2P_2O_5$

황린($P_4$)과 수산화칼륨 수용액($KOH \cdot H_2O$)의 반응은 이승원의 반응규칙 중 "인산염" 우선을 적용한다. 황린의 인산염은 차아인산칼륨($KH_2PO_2$)이므로 다음과 같이 반응식을 조각한다.

　　□ $P_4 + x\,KOH \cdot H_2O \rightarrow KH_2PO_2 +$ 부생물( ? )
　　　→ 반응계의 H 3개 > 생성계의 H 2개 → 생성계에 큰 수를 반영 ∴ $3KH_2PO_2$
　　　⇨ $P_4 + 3KOH \cdot H_2O \rightarrow 3KH_2PO_2 +$ 부생물( ? )
　　　→ 반응계의 미반응 원소는 P 1개, H 3개 → 생성계의 부생물로 낳출($PH_3$)
　　〈완성〉 $P_4 + 3KOH \cdot H_2O \rightarrow 3KH_2PO_2 + PH_3$

아세트산(초산)의 화학식은 $CH_3COOH$이다. 아세트산의 연소반응은 이승원의 반응규칙 중 "기준 산화물" 우선을 적용하므로 2개의 탄소는 $2CO_2$로, 수소 4개는 $H_2O$로 산화되므로 다음과 같이 연소반응식을 조각할 수 있다.

　　□ $CH_3COOH + x\,O_2 \rightarrow 2CO_2 + 2H_2O$
　　　→ 생성계의 O 6개 → 반응계에 이를 적용하면 ∴ $x\,O_2 = 3\,O_2$
　　〈완성〉 $CH_3COOH + 3\,O_2 \rightarrow 2CO_2 + 2H_2O$

인화칼슘의 화학식은 $Ca_3P_2$이다. 인화칼슘이 물과 반응할 경우, 이승원의 반응규칙 중 "수산화물" 우선을 적용하므로 3개의 Ca는 $3Ca(OH)_2$를 형성하므로 다음과 같이 반응식을 조각할 수 있다.

　　□ $Ca_3P_2 + x\,H_2O \rightarrow 3Ca(OH)_2 +$ 부생물( ? )
　　　→ 생성계의 O 6개 → 반응계에 이를 적용하면 ∴ $x\,H_2O = 6H_2O$
　　　⇨ $Ca_3P_2 + 6H_2O \rightarrow 3Ca(OH)_2 +$ 부생물( ? )
　　　→ 반응계의 미반응 원소는 P 2개, H 6개 → 생성계의 부생물로 낳출($2PH_3$)
　　〈완성〉 $Ca_3P_2 + 6H_2O \rightarrow 3Ca(OH)_2 + 2PH_3$

과산화바륨의 화학식은 $BaO_2$이다. 과산화바륨이 물과 반응할 경우, 이승원의 반응규칙 중 "수산화물" 우선을 적용하므로 Ba는 $Ba(OH)_2$를 형성하므로 다음과 같이 반응식을 조각할 수 있다.

　　□ $BaO_2 + x\,H_2O \rightarrow Ba(OH)_2 +$ 부생물( ? )
　　　→ 생성계의 H 2개 → 반응계에 이를 적용하면 ∴ $x\,H_2O = H_2O$
　　　⇨ $BaO_2 + H_2O \rightarrow Ba(OH)_2 +$ 부생물( ? )
　　　→ 반응계의 미반응 원소는 O 1개, → 생성계의 부생물로 방출($0.5\,O_2$)
　　〈완성〉 $BaO_2 + H_2O \rightarrow Ba(OH)_2 + 0.5\,O_2$

### ▎참고▎

이러한 문제를 다룰 때, 첫 번째 맞닥뜨리는 Blockage는 화학식(분자식, 시성식, 조성식 등)이다. 물질의 화학식을 모르면 풀이를 개시할 수 조차 없다.

앞서 학습한 것을 복기해보자!!

황린(黃燐)을 "화(four)린"="$P_4$"로 기억 해 두었다. 이 방법을 이용하여 황린의 화학식을 기억한다.

아세트산(Acetic Acid)은 우리가 식용하는 초산(醋酸)이다. 앞서 공부하면서 "**초산**"의 발음을 "**초오 ~ COOH**"를 기억하고 여기에 메틸기($CH_3-$)를 더하면 $CH_3COOH$가 되는데 이것이 아세트산(초산)의 화학식이다.

인화칼슘에서 칼슘(Ca)은 +2가, 인(P)은 -3가이다. 1 : 1 결합이 어렵다. 그러므로 등가결합 원리에 따라 교호적용하면 $Ca_3P_2$의 화학식을 얻을 수 있다.

과산화바륨에서 바륨(Ba)은 2족 원소로 +2가, 산소는 -2가이므로 1 : 1결합을 하여 기준 산화물인 산화바륨(BaO)을 만들 수 있다. 이 기준산화물에 산소가 하나 더 붙이면 $BaO_2$로 되는데, 이것을 과산화바륨이라고 한다. 따라서 과산화바륨의 분자식은 $BaO_2$이다.

이 문제는 위험물과 다양한 반응조건에서 생성되는 유독가스를 아는 지의 여부를 판단하기 위한 문제이다. 문제의 조건이 명칭을 기재하라고 할 경우, 명칭만 기재해도 정답처리 된다. 그렇지만 "반응식을 함께 기재하라"고 하는데도 명칭만 쓰면 틀린 것으로 채점된다.

[시범풀이]

**첫 번째.**

황린의 연소반응에서 황린(黃燐, $P_4$)에서 인(P)은 **연소용 산소($O_2$)**에 의해 연소 산화되면 $P_2O_5$를 발생하게 된다는 것을 알았다. 그것은 인은 +5가, 산소는 −2가이므로 등가원칙을 이것에 적용하면 P는 2개, O는 5개로 구성되어야만 하므로 $P_2O_5$가 인의 연소 산화물이 된다고 학습했다. $P_2O_5$의 명칭은 오산화인(또는 오산화이인)이며, 피부를 부식시키고 자극하며, 눈을 자극하거나 손상을 준다. 연소반응은 다음과 같이 된다.

□ $P_4 + 5O_2 \rightarrow 2P_2O_5$

**두 번째.**

황린과 수산화칼륨 수용액의 반응에서 수산화칼륨은 이름에서 알 수 있듯이 음이온 1가인 수산화이온($OH^-$)와 양이온 1가인 칼륨이온($K^+$)이 결합된 물질이므로 화학식은 KOH가 된다. 수산화칼륨 수용액은 KOH가 용해되어 있는 용액이므로 이 **수화물(水化物)의 분자식은 $KOH \cdot H_2O$**으로 생각하면 된다. 수산화칼륨 수용액은 황린($P_4$)에 대하여 산화제(酸化劑)로 작용한다.

이때 인(P)은 +5가이므로 P를 중심으로 −H, −H, =O, −O⋯$K^+$를 부착한 차아인산염(Hypophosphite)의 일종인 차아인산칼륨($KH_2PO_2$)을 형성한다.

〈그림〉 차아인산칼륨

□ 반응식 기초 : $P_4 + (b)KOH \cdot H_2O \rightarrow K[H_2PO_2] +$ 부생물
- 반응계 P 4개 → 생성계 P 1개 (∴ $b$를 증가하여 생성계의 P를 늘림, $b$를 증가시킬 때, P 이외 원소 balance도 함께 변하므로 유의해서 증가시켜야 함
- $\begin{cases} P_4 + 2KOH \cdot H_2O \rightarrow 2KH_2PO_2 + \text{부생물} \cdots 2P, 2H \text{ (부생물성립×)} \\ P_4 + 3KOH \cdot H_2O \rightarrow 3KH_2PO_2 + \text{(부생물} ≒ PH_3) \end{cases}$

〈완성〉 $P_4 + 3KOH \cdot H_2O \rightarrow 3KOH_2PO + PH_3$

**세 번째.**

아세트산의 연소반응에서 아세트산(초산)은 제4류 위험물(인화성 액체) 중 제2석유류(수용성), Ⅲ등급 위험물에 해당하며 지정수량은 2000L이다.

아세트산, 즉 초산(醋酸)을 우리말로 길게하면 "초오~산"이 된다. 이것을 "Hint"로 삼아 COOH를 붙이고, 여기에 메틸기($CH_3-$)를 더하면 $CH_3COOH$가 되는데 이것이 아세트산(초산)의 화학식이다.

$CH_3COOH$가 산소에 의해 이론적으로 완전 연소되는 것을 전제할 때 구성원소 중의 C는 2개가 이산화탄소($CO_2$)로 되므로 $2CO_2$, H는 4개가 물($H_2O$)로 산화되므로 $2H_2O$로 된다. 여기서 $CH_3COOH$ 내에 존재하는 산소(O)는 조연성분(助燃成分, 가연성분이 아니면서 연소에 도움을 주는 성분)으로 작용하므로 산화반응식을 작성할 때 이를 보정하여야 한다는 점을 잊지 말도록!!

□ 반응식 기초 : $CH_3COOH + (b)O_2 \rightarrow 2CO_2 + 2H_2O$
- 산소수지 : 생성계($2CO_2 + 2H_2O$)에서 산소 개수=6O ← 초산 내에 산소 2개를 보정해야 함
  → ∴ 반응계의 ($b$)$O_2$에는 $2O_2$가 들어가야함

〈완성〉 $CH_3COOH + 2O_2 \rightarrow 2CO_2 + 2H_2O$

초산(아세트산, $CH_3COOH$)의 연소반응에서 생성되는 가스의 $CO_2$와 $H_2O$이므로 유독가스는 생성되지 않는다. 따라서 답안지에는 "없음"으로 기재하면 된다.

네 번째,

인화칼슘과 물의 반응에서 인화칼슘은 적갈색의 괴상고체로 제3류 위험물(자연발화성 금수성 물질)로 분류되며, 지정수량 300kg, 위험등급 Ⅲ등급으로 지정·관리되고 있다.

인화칼슘은 5가 인(P)과 2가 칼슘(Ca)이 결합되는 물질이므로 칼슘이 2중결합을 하는 구조를 가져야만 인화합물을 구성할 수 있다. 즉, Ca=P-Ca-P=Ca이고, 화학식은 $Ca_3P_2$로 된다.

칼슘(Ca)은 2족 원소이고 최외각 전자가 2개이므로 양이온이 되면 2가($Ca^{2+}$)로 된다. 이에 대응하는 수산화이온($OH^-$)은 1가 음이온이므로 등가원칙에 따라 이들이 결합한 수산화물의 구성은 1 : 2 즉 $Ca^{2+}$ : $2OH^-$ = $Ca(OH)_2$로 된다.

   □ 반응식 기초 : $Ca_3P_2 + bH_2O \rightarrow 3Ca(OH)_2 + $ 부생물
   - 생성계 O 6개 → 반응계도 동일해야 하므로 → ∴ $bH_2O = 6H_2O$
   ➡ $Ca_3P_2 + 6H_2O \rightarrow 3Ca(OH)_2 + $ 부생물 ← 반응계 P 2개, H 6개 남음
   ※ P, H가 남은 경우, $PH_3$를 적용하여 부생물의 분자식을 만들어 완성함

   〈완성〉 $Ca_3P_2 + 6H_2O \rightarrow 3Ca(OH)_2 + 2PH_3$

인화칼슘과 물의 반응에서 생성되는 유독가스는 포스핀($PH_3$)이다. 따라서 답안지에는 "포스핀" 또는 "인화수소"로 기재하면 된다.

다섯 번째,

과산화바륨과 물의 반응에서 과산화바륨의 분자식은 $BaO_2$이다. $BaO_2$가 물과 반응하면 바륨은 양이온 2가($Ba^{2+}$), 수산화이온은 음이온 1가($OH^-$)이므로 등가원칙에 따라 이들이 결합한 수산화물의 구성은 1 : 2 즉 $Ba^{2+}$ : $2OH^-$ = $Ba(OH)_2$로 된다.

   □ 반응식 기초 : $BaO_2 + bH_2O \rightarrow Ba(OH)_2 + $ 부생물
   - 생성계 H 2개 → 반응계 → ∴ $bH_2O = H_2O$
   ➡ $BaO_2 + H_2O \rightarrow Ba(OH)_2 + $ 부생물
   - 좌우 원소수지 비교 : 반응계 O 1개 남음 → 이를 생성계의 부생물에 반영
   ※ O가 남은 경우, $O_2$를 적용하여 부생물의 분자식을 만들어 완성함

   〈완성〉 $BaO_2 + H_2O \rightarrow Ba(OH)_2 + 0.5O_2$

과산화바륨($BaO_2$)과 물($H_2O$)의 반응에서 유독가스는 생성되지 않고, 산소($O_2$)가 발생된다. 산소는 유독가스가 아니므로 답안지에는 "없음"으로 기재하면 된다.

문제에서 반응식을 주문하지 않고, "유독가스의 명칭"을 주문하고 있으므로 유독가스를 생성하지 않는 경우는 "없음"으로 유독가스를 생성하는 경우는 유독가스의 "명칭"을 기재하면 된다. 반응식을 굳이 기재할 필요는 없다. 답안지에는 반응식을 쓰는 것이 아니라 문제의 주문조건에 따라 "반응에서 생성되는 **유독가스의 명칭**"을 기재해야 한다.

## 유사문제

**01** 제3류 위험물인 황린은 강알칼리성과 접촉하면 위험성 기체가 발생한다. 생성기체의 시성식을 쓰시오. [15]

**02** 황린은 저장 시 보호액의 pH를 9 정도로 유지하여 보관하는 이유는 어떤 물질의 생성을 방지하기 위한 것인지 해당 물질의 화학식을 쓰고, pH 9를 유지하기 위해 첨가하는 물질(약품)의 명칭 한 가지를 쓰시오. [04,10]

**03** 황린의 완전연소 반응식을 쓰시오. [07,12,14]

**04** 황린의 연소반응식을 쓰고, 황린 10kg이 완전연소하기 위한 공기량(부피)을 구하시오. (단, 공기중 산소의 부피는 21%이다) [04,07,19②]

**05** 황린 10kg이 완전연소할 때 필요한 공기의 양은 몇 $m^3$인가? (단, 황린의 원자량 31, 공기 중의 산소는 20vol%) [04,07]

**06** 황린 20kg을 완전연소할 경우 연소반응식과 1기압, 5℃에서 연소 시 필요한 이론공기량은 몇 $m^3$인가? (단, 공기 중의 산소의 양은 21% 존재한다.) [09]

**07** 제2류 위험물과 동소체의 관계가 있는 자연발화성인 제3류 위험물에 대하여 다음 물음에 답하시오. [21]
 (1) 해당물질의 연소반응식을 쓰시오.
 (2) 해당물질의 위험등급을 쓰시오.
 (3) 이 위험물을 옥내저장소에 보관할 경우 바닥면적은 몇 $m^2$ 이하로 하여야 하는지 쓰시오.

**08** 제3류 위험물 중 물과 반응성이 없고 공기 중에서 반응하여 흰연기를 발생시키는 물질명과 지정수량을 쓰시오. [14]

**09** 다음 물음에 답하시오. [20]
 (1) 제3류 위험물 중 이화학적 특성이 물과는 반응하지 않으나 공기 중에서 연소하여 백색연기를 발생하는 물질의 명칭을 쓰시오.
 (2) (1)의 물질이 저장된 물에 강알칼리성 염을 가할 때 발생되는 독성기체의 화학식을 쓰시오.
 (3) (1)의 물질을 저장하는 옥내저장소의 바닥면적은 몇 $m^2$ 이하로 해야 하는지 쓰시오.

## 유사문제 답안·해설

**01** **답안** $PH_3$

**02** **답안** ① $PH_3$  ② 소석회[수산화칼슘, $Ca(OH)_2$] ※ 명칭 또는 화학식 중 하나만 기재

**■ 참고 ■**

 황린(黃燐)은 강산화제와 접촉하면 발화위험이 있으며 충격, 마찰에 의해서도 발화하고, 수산화나트륨 등 강알칼리용액과 반응하여 맹독성의 포스핀가스($PH_3$)를 발생시킨다.

  ▫ $P_4$(황린) + $5O_2$ → $2P_2O_5$
  ▫ $P_4$(황린) + $3NaOH$ + $3H_2O$ → $PH_3$ + $3NaH_2PO_2$
  ▫ $P_4$(황린) + $3KOH$ + $3H_2O$ → $PH_3$ + $3KH_2PO_2$

황린은 "공기와 접촉하면 자연발화하기 때문에 pH 9의 물속에 저장한다." 물이 전리(電離)되면 $H_2O \rightarrow H^+ + OH^-$로 된다. 순수 상태에서 이것의 pH는 7이다. pH=9를 유지하려면 황린의 안정성에 영향을 미치지 않는 pH조정제, 즉 알칼리성 염기(鹽基) 또는 완충액(緩衝液)을 부가적(附加的)으로 첨가하여야 한다는 것을 유추할 수 있다. 여기서, 물의 pH가 9 범위를 벗어나거나 수온이 증가할 경우, 황린을 보호하고 있는 용액의 안정성이 붕괴된다. 다시 말해, 보호액의 물이 산성(酸性)으로 바뀌면, $H_2O \rightarrow H^+ + OH^-$에서 보호액 중 수소이온($H^+$)이 증가하게 되고, 저장되어 있는 황린의 용해도를 증가시켜 산성화(酸性化)를 가속시킨다.

반대로, 물의 pH를 높이기 위해 KOH, NaOH 등과 같은 강염기를 가하게 되면, 이것 또한 보호액의 안정성이 붕괴되어 황린의 산성화(酸性化)를 가속시키거나 독성가스인 포스핀($PH_3$)을 발생시킨다.

반응 메커니즘을 살펴보면;

ㅁ 황린이 저장된 보호액(물, pH 9)에 KOH를 가하면($KOH \rightleftharpoons OH^- + K^+$) → 용액의 pH가 변한다.

$P_4 + 3H_2O + 3KOH \rightarrow PH_3 + 3KH_2PO_2$

- KOH의 전리(電離)에 의해 보호액 중에 $-OH$가 다량 존재하게 된다.
- $OH^-$는 물($H_2O \rightleftharpoons H^+ + OH^-$)로부터 수소이온($H^+$)을 끌어당겨 $H_2O$를 형성하면서 물의 안정성을 더욱 떨어트린다.
- 보호액의 pH는 수산화이온($OH^-$)이 증가하면서 9이상으로 증폭한다.

ㅁ 보호액의 pH가 증가되면서 안정되어 있던 황린($P_4$)이 활성을 찾게 되면 → 보호액 중에 존재하는 $H^+$, $OH^-$ 및 $K^+$와 반응한다. 이때, 인(P)은 최외각 전자가 5개이므로 통상 +5가(價)로 보지만 -3가 ~ +3가 ~ +5가까지 다양한 산화수를 갖는다. 황린과 강염기(强鹽基)와의 반응에는 -3가와 +3가가 주된 역할을 한다.

■ $P_4 \rightarrow$
- $KOH \rightleftharpoons OH^- + K^+$,  $H_2O \rightleftharpoons H^+ + OH^-$
- $P^{3-} + 3H^+ = PH_3$
- $P^{3+} + \begin{cases} -OH \\ -OH \\ -OH \end{cases} = H_3PO_3 \rightleftharpoons [(PO)(OH)_2]^-$
- $[(PO)(OH)_2]^- + K^+ = KH_2PO_2$

따라서, 황린($P_4$)을 보호하고 있는 수조(水槽)에 강알칼리성 염류가 접촉할 경우, $PH_3$(인화수소) 독성기체가 발생된다.

## 03

**답안** $P_4 + 5O_2 \rightarrow 2P_2O_5$

**보충** 인(P)이 산소와 반응하여 연소될 경우, 오산화인($P_2O_5$)이 된다. 그러므로 황린($P_4$) 1mol이 완전 산화되면 2mol의 오산화인($2P_2O_5$)이 생성된다.

인(P)이 산소와 반응하여 오산화인($P_2O_5$)이 되는 이유는 P는 +5가이고, 산소는 -2가이므로 등가결합 원칙을 적용, 산화수를 교호적용을 하면 오산화인($P_2O_5$)이 된다는 것을 유추할 수 있다.

ㅁ 반응식 기초 : $(a)P_4 + (b)O_2 \rightarrow P_2O_5 +$ 부생물

- 반응계 P 4개, $a = 1$ → ∴ 생성계 → $2P_2O_5$
  ➡ $P_4 + (b)O_2 \rightarrow 2P_2O_5 +$ 부생물
- 생성계 O 10개 → ∴ $(b)O_2 = 5O_2$

〈완성〉 $P_4 + 5O_2 \rightarrow 2P_2O_5$

# 04

**답안** 공기량 $= 9032.26\,\text{L} \times \dfrac{1}{0.21} = 43010.75\,\text{L} = 43.01\,\text{m}^3$

**비고** 현재의 답안지와 같이 기재해도 되고, 보다 세밀하게 작성하려면 하단의 "세밀답안"처럼 공식을 포함한 단위의 계산과정을 알 수 있도록 명료하게 기재하여도 된다.

**세밀답안**
$$P_4 + 5O_2 \rightarrow 2P_2O_5$$
$$1\text{mol} : 5\text{mol}$$

- $O_2(\text{부피}) = 10\text{kg} \times \dfrac{1000\text{g}}{1\text{kg}} \times \dfrac{1\text{mol}}{(31 \times 4)\text{g}} \times \dfrac{5\text{mol}}{1\text{mol}} \times \dfrac{22.4\text{L}}{1\text{mol}} = 9032.26\,\text{L}$

∴ 공기량 $= 9032.26\,\text{L} \times \dfrac{1}{0.21} = 43010.75\,\text{L} = 43.01\,\text{m}^3$

## ▌참고 ▌

**상세해설** 이러한 문제를 접하면 첫 번째 맞닥뜨리는 Blockage는 화학식이다. 물질의 화학식을 모르면 연소반응식을 작성하지도 못할 뿐만 아니라 연소용 공기량도 산출할 수 없다.

그래서 준비해 둔다. 황린(黃燐)을 기억할 때 "화(four)린"으로 기억 해 두면 → "분자식에 숫자가 붙은 $P_4$"라는 것을 기억해 낼 수 있다. 이렇게 해 두면 적린(P)과 헷갈리지 않고 구분할 수 있다.

### [시범풀이]

황린이 산소와 반응하여 산화되면 $P_2O_5$로 된다.

□ 반응식 기초 : $4P + (\ b\ )O_2 \rightarrow c\,P_2O_5 +$ 부생물

- 생성계 P 2개 → 반응계 P 4개 → ∴ $c\,P_2O_5 = 2P_2O_5$
- ➡ $4P + (\ b\ )O_2 \rightarrow 2P_2O_5 +$ 부생물
- 생성계 O $(2\times 5) = 10$개 → 반응계도 동일해야 하므로 → ∴ $(\ b\ )O_2 = 5O_2$

〈완성〉 $P_4 + 5O_2 \rightarrow 2P_2O_5$

문제의 주문사항은 "황린 10kg이 완전연소하기 위한 공기량(부피)"을 구하는 것이다. 위에서 작성한 반응식을 토대로 비례식을 작성하여 계산한다. 이때 "공기 중 산소의 부피는 21%"라는 조건을 반드시 고려하여야 하며, 기체 1mol의 질량=g분자량=22.4L라는 것은 양론에서 기본적으로 사용되는 값이다.

□ $P_4 + 5O_2 \rightarrow 2P_2O_5$
$1\text{mol} : 5\text{mol}$

- $O_2 = 10\text{kg}(P_4) \times \dfrac{1000\text{g}}{1\text{kg}} \times \dfrac{1\text{mol}}{(31 \times 4)\text{g}} \times \dfrac{5\text{mol}(O_2)}{1\text{mol}(P_4)} \times \dfrac{22.4\text{L}(O_2)}{1\text{mol}(O_2)} = 9032.26\,\text{L}$

∴ 공기(부피) $= 9032.26\,\text{L}(O_2) \times \dfrac{1(\text{Air})}{0.21(O_2)} = 43010.75\,\text{L} = 43.01\,\text{m}^3$

문제에서 부피의 단위를 명시해 주지 않을 경우, L 또는 $\text{m}^3$ 등 부피단위로 계산한 것은 모두 정답처리 된다. 답안지에 기재할 때는 단서 조건이 없는 경우, 현재의 답안지와 같이 기재해도 되고, 보다 세밀하게 작성하려면 현재 기재된 답안지 하단의 "**세밀답안**"이나 위의 **최종 계산과정**처럼 산소량과 단위의 정산과정을 알 수 있도록 명료하게 기재하여도 된다.

● 참고 ●

**황린 - 적린 - 황화인의 비교정리**

| 비교항목 | 황린 | 적린 | 황화인(암기법 : 424인 357황) |
|---|---|---|---|
| 원소기호<br>(화학식) | $P_4$ | P | $P_4S_3$, $P_2S_5$, $P_4S_7$ |
| 구조 | P원자 4개로 정사면체 모양 | 사슬모양의 중합체 구조 | $P_4S_3$ / $P_4S_5$ / $P_4S_7$ |
| 색상<br>조해성 | 황색(−백색) | 암적색 | 황색<br>조해성 × / 담황색<br>조해성 ○ / 담황색<br>조해성 ○ |
| 위험물<br>분류 | 제3류 위험물(자연발화성)<br>(지정수량 20kg, I 등급) | 제2류 위험물(가연성 고체)<br>(지정수량 100kg, II 등급) | 제2류 위험물(가연성 고체)<br>(지정수량 100kg, II 등급) |
| 발화온도 | 34℃(약 30℃) | 약 250℃ | 100 ~ 140℃ |
| 특징 | • 동소체 중 가장 불안정<br>• 반응성이 크며, 밀도가 작음<br>• 자연발화성, 인광(燐光)발생<br>• 독성이 매우 높음 | • 자연발화성, 인광, 맹독성 아님<br>• 물·이황화탄소 등에 녹지 않음<br>• 화학반응성은 비활성으로 고온이 되지 않으면 반응하지 않음 | • $P_4S_3$만 인광(燐光)을 발함<br>• $P_4S_3$만 가수분해 안됨<br>• $P_4S_3$만 조해성이 없음<br>• 연소되면 $SO_2$, $P_2O_5$<br>• 물과 반응하면 $H_2S$, $H_3PO_4$ |

**05** [답안] 공기량 $= 9.032\,m^3(산소량) \times \dfrac{1}{0.20} = 45.16\,m^3$

[비고] 현재의 답안지와 같이 기재해도 되고, 보다 세밀하게 작성하려면 하단의 "세밀답안"처럼 공식을 포함한 단위의 정산과정을 알 수 있도록 명료하게 기재하여도 된다.

[세밀답안] 공기량(부피) = 산소량(부피) $\times \dfrac{1}{0.20}$

• 황린의 연소반응 : $P_4 + 5O_2 \rightarrow 2P_2O_5$

$\quad\quad\quad\quad\quad\quad$ 124kg : $5 \times 22.4\,m^3$
$\quad\quad\quad\quad\quad\quad$ 10kg : $x\,(m^3)$, $\quad x = 9.032\,m^3$

∴ 공기량 $= 9.032\,m^3 \times \dfrac{1}{0.20} = 45.16\,m^3$

## 06

**답안** 공기량 $= 18.065\,\mathrm{Sm^3} \times \dfrac{1}{0.21} \times \dfrac{273+5}{273} = 87.60\,\mathrm{m^3}$

[비고] 현재의 답안지와 같이 기재해도 되고, 보다 세밀하게 작성하려면 하단의 "세밀답안"처럼 공식을 포함한 단위의 계산과정을 알 수 있도록 명료하게 기재하여도 된다.

[세밀답안] 공기량(부피) = 산소량(부피) $\times \dfrac{1}{0.20}$

- 황린의 연소반응: $\mathrm{P_4 + 5O_2 \rightarrow 2P_2O_5}$
  
  $124\,\mathrm{kg} : 5 \times 22.4\,\mathrm{Sm^3}$
  
  $20\,\mathrm{kg} : x\,(\mathrm{Sm^3}), \quad x = 18.065\,\mathrm{Sm^3}$

∴ 공기량 $= 18.065\,\mathrm{Sm^3} \times \dfrac{1}{0.21} \times \dfrac{273+5}{273} = 87.60\,\mathrm{m^3}$

## 07

**답안** (1) $\mathrm{P_4 + 5O_2 \rightarrow 2P_2O_5}$

(2) Ⅰ등급

(3) $1{,}000\,\mathrm{m^2}$ 이하

### ▌참고 ▌

[상세해설] 이 문제의 핵심은 "제2류 위험물과 동소체의 관계에 있는 자연발화성이 있는 제3류 위험물"의 품명을 알아내는 것이 급선무이다. "2류 위험물과 동소체 관계가 있는 3류 위험물"에서 Hint를 얻어 → 황린($\mathrm{P_4}$)임을 알아야 한다.

황린(黃燐, $\mathrm{P_4}$)과 적린(赤燐, P)은 동소체(同素體)관계이지만 적린(赤燐)은 제2류 위험물로 분류되고, 황린(黃燐, 백린)은 제3류 위험물로 분류된다.

황린(黃燐, $\mathrm{P_4}$)은 인(燐) 동소체들 중 가장 불안정하고 반응성이 매우 크며, 자연발화성이 있고, 밀도가 가장 작으며(비중 1.82), 물과 반응하지 않으나 다른 동소체에 비해 독성이 매우 크므로 수중에 저장한다. 반면에 적린(赤燐, P)의 비중은 2.34로 황린(백린)에 비해 크며, 황린을 250℃ 이상으로 가열하거나 태양광에 노출시키면 적린이 되는데 암적색으로 자연발화의 위험이 없고, 백린(황린)에 비하여 독성이 약하다.

문제의 물질이 황린(黃燐, $\mathrm{P_4}$)임을 알았으므로 다음과 같이 문제를 해결한다.

**[시범풀이]**

첫 번째,

연소반응에서 앞에서 학습한 바와 같이 인(P)이 산소와 반응하여 연소될 경우, 오산화인($\mathrm{P_2O_5}$)이 된다.

▫ 반응식 기초: $(a)\mathrm{P_4} + (b)\mathrm{O_2} \rightarrow \mathrm{P_2O_5} + $ 부생물

- 반응계 P 4개, $a = 1$ → ∴ 생성계 → $2\mathrm{P_2O_5}$

→ $\mathrm{P_4} + (b)\mathrm{O_2} \rightarrow 2\mathrm{P_2O_5} + $ 부생물

- 생성계 O 10개 → ∴ $(b)\mathrm{O_2} = 5\mathrm{O_2}$

〈완성〉 $\mathrm{P_4 + 5O_2 \rightarrow 2P_2O_5}$

두 번째,

위험등급 Ⅰ등급에 해당하는 품명과 품목은 아래와 같다. 황린이 속하는 제3류 위험물 중 칼륨, 나트륨, 알킬알루미늄, 알킬리튬, 황린 그밖에 지정수량이 10kg 또는 20kg인 위험물은 Ⅰ등급 위험물로 분류된다.

| 위험등급 | 해당 품명 및 품목 |
|---|---|
| Ⅰ등급 | • 제1류 위험물 중 아염소산염류, 염소산염류, 과염소산염류, 무기과산화물 그밖에 지정수량이 50kg인 위험물<br>• 제3류 위험물 중 칼륨, 나트륨, 알킬알루미늄, 알킬리튬, 황린 그밖에 지정수량이 10kg 또는 20kg인 위험물<br>• 제4류 위험물 중 특수인화물<br>• 제5류 위험물 중 지정수량이 10kg인 위험물<br>• 제6류 위험물 |

─────── 이승원의 위험물 Ⅰ등급 암기법 ───────

■ 첫염소가 이빼고 세칼린(KALiNs) 사람 오기질에 죽었다 – 오일장
- 첫염소가 : 첫(1류) – 염소산염류, 아염소산염류, 과염소산염류, 무기과산화물
- 이빼고 : 이(2류)는 모두 뺌
- 세칼린 : 세(3류) – K, 알킬Al, 알킬Li, Na, 황린
- 사람 : 사(4류) – 특수인화물
- 오기질에 : 오(5류) – 유기과산화물, 질산에스터(질산에스테르)류
- 죽었다 : 죽(6류) – 모두다
- 오일장 : 50kg, 10 ~ 20kg, 10kg(1종)

─────── 이승원의 위험물 Ⅱ등급 암기법 ───────

■ 2등급인 너(you)저질러싸 ~ 유리알그릇 셋다 / 저기 누리끼한 것은 2+1 / 짙부러진 요념은 1+3 / 사정하면 1알 더와
- 유리알그릇 셋다(3류, 50kg) – 유기금속, 알칼리금속, 알칼리토금속
- 저기 누리끼한 것은 2+1(2류 100kg) – 적린, 유황, 황화인
- 짙부러진 요념은 1+3(1류 300kg) – 질산염류, 브로민산염류(브롬산염류), 요오드산염류(아이오딘산염류)
- 사정하면 1알 더와 – 사정(4류)하면 1알(1석유류, 알코올류), 더와(4+1=5류)

세 번째,

옥내저장소의 바닥면적은 위험물 위험등급과 밀접한 관련이 있다. 1등급 위험물과 4류 위험물 중 Ⅱ등급인 제1석유류와 알코올류는 1,000m² 이하에 저장하여야 하는 위험물이다. 황린은 제3류 위험물(자연발화성 물질)로 지정수량 20kg으로 위험등급 Ⅰ등급으로 분류된다. 그러므로 황린을 저장하는 옥내저장소의 바닥면적은 1000m² 이하로 하여야 한다.

▶ 법령보기 ◀

| 바닥면적 | 적용 위험물 |
|---|---|
| ① 1,000m² 이하에<br>저장할 수 있는 위험물 | • 제1류 위험물 중 아염소산염류, 염소산염류, 과염소산염류, 무기과산화물 그밖에 지정수량이 50kg인 위험물<br>• 제3류 위험물 중 칼륨, 나트륨, 알킬알루미늄, 알킬리튬 그밖에 지정수량이 10kg인 위험물 및 황린<br>• 제4류 위험물 중 특수인화물, 제1석유류 및 알코올류<br>• 제5류 위험물 중 지정수량이 10kg인 위험물<br>• 제6류 위험물 |
| ② 2,000m² 이하에<br>저장할 수 있는 위험물 | ①항 외의 위험물을 저장하는 창고 |
| ③ 1,500m² 이하에<br>저장할 수 있는 위험물 | • 내화구조의 격벽으로 완전히 구획된 실에 각각 저장하는 창고<br>• 단, ①항의 위험물을 저장하는 실의 면적은 500m²를 초과할 수 없음 |

**08** 답안 ① 황린  ② 20kg

📖 보충  황린(黃燐, $P_4$)은 자연발화성 물질로 제 3류 위험물로 분류되며, 지정수량 20kg, 위험등급 Ⅰ등급으로 지정·관리되고 있다.

**09** 답안 (1) 황린
(2) $PH_3$
(3) 1,000m²

■참고■

상세해설

이 문제의 해결 "key point"는 제3류 위험물로 "물과 반응하지 않음"이다. 이를 토대로 "제3류 위험물" → "물과 반응하지 않는 것" → "물을 보호액으로 사용하는 것" → "연소되면 백연을 발생하는 것"으로 압축하면서 핵심 Kategorie에 접근한다. 제3류 위험물 중 "물과는 반응하지 않으나 공기 중에서 연소하여 백색연기를 발생하는 물질"이 핵심 Hint이다. 이론시험을 합격할 정도로 학습한 수험생들은 이 물질이 "황린($P_4$)"이라는 것을 금방 알아 챌 것이다.

숙련하지 못한 수험생들에게 도움을 주기 위해 문제를 색다른 방법으로 풀어내는 방법을 소개하고자 아래의 내용을 첨삭·편제한다. 우선 아래와 같이 "위험물의 저장특성"(보호액 포함)을 숙지해 두는 것이 좋다.

┌─────────── 이승원의 위험물 저장특성 암기법 ───────────┐
│                                                                          │
│  ■ 위장 물탄포인 / 돌까나리 / 코인셀로 / 헤킹이라                         │
│  • 위장 : 위험물 저장                                                     │
│  • 물탄포 : 물에 저장 ➡ 탄(이황화탄소), 포인(4, $P_4$)                     │
│  • 돌까나리 : 돌(石, 석유류) 저장 ➡ 까(칼륨), 나(나트륨), 리(리튬)       │
│  • 코인셀로 : 코(알코올) 저장 ➡ 인(인화칼슘), 셀로(니트로셀룰로오스)   │
│  • 헤킹이라 : 헤(헥산) 저장 ➡ 킹이라(알킬알루미늄, 알킬리튬)             │
│                                                                          │
└──────────────────────────────────────────────────────┘

암기법의 2번째 줄에 "물탄포"라고 되어 있는 부분에 이황화탄소($CS_2$)와 황린($P_4$)이 들어 있다. 이황화탄소 아니면 $P_4$이므로 이미 2가지 물질로 답(答)이 좁혀졌음을 알 수 있다.

여기에 더하여, 문제의 조건에서 "제3류 위험물"이라고 하였으므로 〈암기법〉의 제3류 위험물의 종류를 불러 모은다.

---

**이승원의 제3류 암기법**

■ 삼연승 칼린(KA-LiN) 짱 / 피포두 / 알토란 유기하고 / 수인선 안타서
• 삼연승 : 3류, 자연발성, 금수성
• 칼린(KALiN) 짱 : K, 알킬Al, 알킬Li, Na – 10kg
• 피포두 : $P_4$ – 20kg
• 알토란 : 알칼리금속, 알칼리토금속
• 유기하고 : 유기금속화합물, 고(50kg)
• 수인선 안타서 : 금속의 수소화물, 금속의 인화물, 칼슘 또는 알루미늄의 탄화물(300kg)

---

암기법의 세 번째 줄에 "피포두"라고 되어 있는 부분에 황린($P_4$)이 들어 있다. 이황화탄소($CS_2$)는 제3류 위험물 암기목록에 없다. 따라서 이황화탄소는 3류위험물이 아니므로 배제한다. 이황화탄소($CS_2$)는 제4류 위험물 중 특수인화물이다. 그러므로 첫 번째 항목의 답(答)은 황린($P_4$)임을 확신할 수 있다.

**[시범풀이]**

첫 번째,

황린(黃燐, 백린)은 제3류 위험물(지정수량 20kg)로 분류되며, 인(P) 동소체들 중 가장 불안정하고 반응성이 크며, 밀도는 가장 작고 다른 동소체에 비해 독성이 매우 크다.

황린을 260℃ 정도로 가열하면 적린(赤燐)이 되는데, 적린은 가연성 고체로 제2류 위험물로 분류된다. 적린(P)은 황린에 비하여 화학반응성은 비활성으로 고온이 되지 않으면 반응하지 않는다. 공기 중에서 발화온도는 260℃이며, 연소되면 백색연기(오산화인, $P_2O_5$)를 발생한다.

□ $2P + 2.5O_2 \rightarrow P_2O_5$

제3류 위험물 중에서 유일하게 물과 반응하여 화학적으로 활성화되지 않는 것은 황린(黃燐)이다. 그러므로 황린은 공기와 접촉하면 자연발화하기 때문에 pH 약 9의 물속에 저장한다. 반면에 칼륨, 나트륨, 알칼리금속, 알칼리토금속은 보호액으로 석유 속에 보관하며, 알킬알루미늄, 알킬리튬은 물 또는 공기와 접촉하면 폭발하므로 헥산(헥세인) 속에 저장한다.

황린(黃燐)은 강산화제와 접촉하면 발화위험이 있으며 충격, 마찰에 의해서도 발화하고, 수산화나트륨 등 강알칼리용액과 반응하여 맹독성의 **포스핀가스**($PH_3$)를 발생한다.

두 번째,

옥내저장소의 바닥면적은 위험물 위험등급과 밀접한 관련이 있다. 1등급 위험물과 4류 위험물 중 Ⅱ등급인 제1석유류와 알코올류는 1,000m² 이하에 저장하여야 하는 위험물이다.

▶ **법령보기** ◀

5번문제 해설 참조

황린은 제3류 위험물(자연발화성 물질)로 지정수량 20kg으로 위험등급 Ⅰ등급으로 분류된다. 그러므로 황린을 저장하는 옥내저장소의 바닥면적은 1000m² 이하로 하여야 한다.

앞 문제의 보충해설에서 언급된 1등급 위험물과 2등급 위험물의 암기하는 기법을 한 번 더 정리해 두도록!!

> **이승원의 바닥면적 $1000^2$ 이하 대상, 위험등급 I 등급 동시 암기법**
>
> - 바닥친 1등만 2제외 – 오실때유 / 일류 아소산 무기사 오고 / 새칼(KALN), 긴활 / 사서오슈 알써?
> - 바닥친 : 바닥면적 $1000m^2$ 이하     • 1등만 : I 등급만     • 2제외 : 2류위험물 제외
> - 오실테유(지정수량 10) : −오 : 5류위험물, −실때 : 질산에스테르류, −유 : 유기과산화물
> - 일류 아소산 무기사 오고(지정수량 50) : −일류 : 1류위험물, −아 : 아염소산염류, −소 : 염소산염류, −산 : 과염소산염류, −무기사 : 무기과산화물, −오고 : 50kg
> - 새칼(KALN)과 긴활 사서오슈(지정수량 10) : −새 : 3류위험물, −칼(KALN) : 칼륨, 알킬(알루미늄, 리튬), 나트륨, −긴 : 장(長, 10kg), −활 : 황린
> - 사서오슈. 알써? : −사 : 4류위험물, −서 : 제1석유류, −오 : 알코올류, −슈 : 특수인화물, −알써? : 알코올, 제1석유류는 위험등급 1등급에서 제외

## 유사문제

**01** 다음 물질의 완전 연소반응식을 쓰시오. [21]
  (1) $P_2S_5$
  (2) Al
  (3) Mg

**02** 삼황화인과 오황화인이 연소 시 공통으로 발생하는 물질을 모두 쓰시오. (단, 공통으로 발생하는 물질이 없으면 "없음"이라 쓰시오.) [18,22,25]

**03** 오황화인에 대해 다음 물음에 답하시오. [20]
  (1) 물과의 반응식을 쓰시오.
  (2) 물과 반응할 때 발생하는 기체의 연소반응식을 쓰시오.

## 유사문제 답안·해설

**01** 답안 (1) $P_2S_5 + 7.5O_2 \rightarrow P_2O_5 + 5SO_2$
  (2) $Al + 1.5O_2 \rightarrow Al_2O_3$
  (3) $Mg + 0.5O_2 \rightarrow MgO$

보충 $P_2S_5$는 오황화인이다. 오황화인의 완전연소 반응은 이승원의 반응규칙 중 "기준 산화물" 우선을 적용한다. 인(P)의 기준 산화물은 오산화인($P_2O_5$)이며, 황(S)의 기준 산화물은 $SO_2$이므로 다음과 같이 연소반응식을 조각할 수 있다.

  □ $P_2S_5 + xO_2 \rightarrow P_2O_5 + 5SO_2$
  → 생성계의 O 15개 → 반응계에 이를 적용하면 ∴ $xO_2 = 7.5O_2$
  〈완성〉 $P_2S_5 + 7.5O_2 \rightarrow P_2O_5 + 5SO_2$
    ※ 각 항에 2를 곱하여 $2P_2S_5 + 15O_2 \rightarrow 2P_2O_5 + 10SO_2$으로 기재해도 됨

알루미늄(Al)의 완전연소 반응은 이승원의 반응규칙 중 "기준 산화물" 우선을 적용한다. 알루미늄(Al)의 기준 산화물은 산화알루미늄($Al_2O_3$)이므로 다음과 같이 연소반응식을 조각할 수 있다.

  □ $2Al + xO_2 \rightarrow Al_2O_3$

  → 생성계의 O 3개 → 반응계에 이를 적용하면 ∴ $xO_2 = 1.5O_2$

  〈완성〉 $2Al + 1.5O_2 \rightarrow Al_2O_3$

  ※ 각 항에 2를 곱하여 $4Al + 3O_2 \rightarrow 2Al_2O_3$ 로 기재해도 됨

마그네슘(Mg)의 연소 반응은 이승원의 반응규칙 중 "기준 산화물" 우선을 적용한다. 마그네슘(Mg)의 기준 산화물은 산화마그네슘(MgO)이므로 다음과 같이 연소반응식을 조각할 수 있다.

  □ $Mg + xO_2 \rightarrow MgO$

  → 생성계의 O 1개 → 반응계에 이를 적용하면 ∴ $xO_2 = 0.5O_2$

  〈완성〉 $Mg + 0.5O_2 \rightarrow MgO$

  ※ 각 항에 2를 곱하여 $2Mg + O_2 \rightarrow 2MgO$로 기재해도 됨

■ 참고 ■

이 문제의 핵심 공통사항은 가연물질이므로 연소될 경우 모두 산화물이 발생한다는 것이다. 화학식이 모두 제시되어 있기 때문에 명칭문제로 난관에 부딪칠 일은 없을 것이다.

인(P)의 산화물은 P는 +5가, 산소는 -2가이므로 등가원칙에 따라 이들의 가수를 교호(交互)로 적용하여 화학식을 만들면 $P_2O_5$으로 된다.

황(S)의 산화물은 $SO_2$이다. 알루미늄(Al)의 산화물은 Al은 +3가, 산소는 -2가이므로 등가원칙에 따라 이들의 가수를 교호(交互)로 적용하여 화학식을 만들면 $Al_2O_3$로 된다.

마그네슘(Mg)의 산화물은 Mg는 +2가, 산소는 -2가이므로 등가원칙에 따라 MgO가 된다. 이것들만 알면 연소반응식은 손쉽게 작성할 수 있다. 그리고, 연소반응식을 만들 때, 반응물 기준은 모두 1mol로 놓고 시작하는 것이 유리하다.

**02** 답안 $SO_2$ 와 $P_2O_5$ 또는 이산화황, 오산화인

보충 황화인 삼황화인의 화학식은 $P_4S_3$이고, 오황화인의 화학식은 $P_2S_5$이다. 화학식만 알수 있으면 연소반응이므로 곧바로 이승원의 반응규칙 중 "기준 산화물" 우선을 적용하면 된다. 황화인은 황(S)과 인(P)으로 구성되어 있으므로 연소될 경우, 기준 산화물은 황(S)은 $SO_2$(이산화황), 인(P)은 $P_2O_5$(오산화인)이다. 그러므로 연소반응식을 작성해 볼 필요도 없이 삼황화인과 오황화인이 연소 시 공통으로 발생하는 둘질은 $SO_2$와 $P_2O_5$임을 알 수 있다.

■ 참고 ■

이 문제의 첫 번째 Blockage는 "삼황화인"과 "오황화인"의 화학식을 알아내는 것이고, 두 번째 Blockage는 삼황화인과 오황화인이 연소했을 때 공통으로 발생하는 기체를 알아내어 그 기체의 화학식이나 명칭을 쓰는 것이다. 여기서 중요한 것은 "삼황화인"과 "오황화인"의 화학식을 알아내지 못하면 모든 문제를 해결할 수 없다는 것이다. 따라서 문제풀이에 가장 큰 장벽은 한글명칭의 화합물을 화학식으로 전환하는 일이 될 것이다.

삼황화인과 오황화인은 위험물 품명 **황화인**에 속한다. 적린, 유황과 마찬가지로 제2류 위험물(가연성 고체)로 지정수량은 100kg, 위험등급 II등급으로 지정·관리되고 있다.

**첫째,** 원소의 이름 끝에 "화"를 붙여서 명명한 것은 단원자 음이온이 결합되어 있다는 의미이다. 즉, "오황화"라고 하였으므로 황(S)의 음이온($S^{2-}$) 5개가 양이온($P^{3+}$)과 결합되어 분자물질을 구성하고 있는 것이므로 오황화인의 화학식은 $P_2S_5$이다.

앞서 학습하였지만 황화인 중 등가결합 원리를 적용할 수 있는 것은 "오직" "오황화인($P_2S_5$)" 밖에 없다고 하였다. 오황화인 외의 황화인은 모두 공통적으로 $P_4$를 적용하여 분자식을 만든다.

　　　　　　· 삼황화인 : $P_4S_3$,　사황화인 : $P_4S_4$,　칠황화인 : $P_4S_7$,　십황화인 : $P_4S_{10}$

**둘째,** 화학식을 모두 해결하였으므로 연소반응식을 만들어 보자!! 황화인의 연소반응식을 만들 때 핵심이 되는 것은 황(S)이다. 황(S)은 연소하여 $SO_2$가 된다.

　Ⓐ **삼황화인($P_4S_3$)의 연소반응 :** 황화인의 연소반응식을 만들 때 핵심이 되는 것은 황(S)이다. 황(S)은 연소하여 $SO_2$가 된다.

　　▫ 반응식 기초 : $P_4S_3 + b(O_2) \rightarrow 3SO_2 +$ 부생물

　　　· 생성계 O 6개 → ∴ $bO_2 = 3O_2$이어야 함 ➡ $P_4S_3 + 3O_2 \rightarrow 3SO_2 +$ 부생물

　　　➡ $P_4S_3 + 3O_2 \rightarrow 3SO_2 +$ 부생물

　　　· 반응계에서 P(+5가) 4개 남음 → 산소(-2가)를 증가시켜 산화물(부산물)을 만듦

　　　➡ $P_4S_3 + b^*O_2 \rightarrow 3SO_2 + 2P_2O_5$ (부생물, 등가결합 및 교호방식 적용)

　　　· 생성계 O 16개 → ∴ $b^*O_2 = 8O_2$ ➡ $P_4S_3 + 8O_2 \rightarrow 3SO_2 + 2P_2O_5$

　　〈완성〉 $P_4S_3 + 8O_2 \rightarrow 3SO_2 + 2P_2O_5$

　Ⓑ **오황화인($P_2S_5$)의 연소반응 :** 황화인의 연소반응식을 만들 때 핵심이 되는 것은 황(S)이다. 황(S)은 연소하여 $SO_2$가 된다.

　　▫ 반응식 기초 : $P_2S_5 + b(O_2) \rightarrow 5SO_2 +$ 부생물

　　　· 생성계 O 10개 → ∴ $bO_2 = 5O_2$ ➡ $P_2S_5 + 5O_2 \rightarrow 5SO_2 +$ 부생물

　　　· 반응계에서 P(+5가) 2개 남음 → 산소(-2가)를 증가시켜 산화물(부산물)을 만듦

　　　➡ $P_2S_5 + b^*O_2 \rightarrow 5SO_2 + P_2O_5$ (부생물, 등가결합 및 교호방식 적용)

　　　· 생성계 O 15개 → ∴ $b^*O_2 = 7.5O_2$ ➡ $P_2S_5 + 7.5O_2 \rightarrow 5SO_2 + P_2O_5$

　　〈완성〉 $P_2S_5 + 7.5O_2 \rightarrow 5SO_2 + P_2O_5$

## 03

**답안** (1) $P_2S_5 + 8H_2O \rightarrow 2H_3PO_4 + 5H_2S$

　　　(2) $H_2S + 1.5O_2 \rightarrow H_2O + SO_2$

**보충** 오황화인의 화학식은 $P_2S_5$이고, 물과 반응할 경우 오황화인의 화학식은 $P_2S_5$이다. 화학식만 알 수 있으면 연소반응이므로 곧바로 이승원의 반응규칙 중 황화인이므로 "인산우선"을 적용하면 된다. 오황화인은 인(P)이 2개이므로 $2H_3PO_4$를 생성할 수 있으므로 다음과 같이 반응식을 조각한다.

　　▫ $P_2S_5 + xH_2O \rightarrow 2H_3PO_4 +$ 부생물( ? )

　　　→ 생성계의 O 8개 → 반응계에 이를 적용하면 ∴ $xH_2O = 8H_2O$

　　　⇨ $P_2S_5 + 8H_2O \rightarrow 2H_3PO_4 +$ 부생물( ? )

　　　→ 반응계 미반응 원소는 H = 10개, S 5개 → 부생물로 ∴ 부생물 = $5H_2S$

　　〈완성〉 $P_2S_5 + 8H_2O \rightarrow 2H_3PO_4 + 5H_2S$

오황화인($P_2S_5$)이 물($H_2O$)과 반응하여 발생하는 기체는 $H_2S$이므로 이것의 연소반응은 이승원의 반응규칙 중 "기준 산화물"우선을 적용하면 된다. $H_2S$에서 H 2개의 수소는 $H_2O$로, 1개의 S는 $SO_2$로 기준 산화물이 되므로 다음과 같이 연소반응식을 조각할 수 있다.

$\square \ H_2S + xO_2 \rightarrow H_2O + SO_2$

→ 생성계의 O 3개 → 반응계에 이를 반영하면 ∴ $xO_2 = 1.5O_2$

〈완성〉 $H_2S + 1.5O_2 \rightarrow H_2O + SO_2$

※ 각 항에 2를 곱하여 $2H_2S + 3O_2 \rightarrow 2H_2O + 2SO_2$로 기재하여도 됨

### ▮참고▮

**상세해설** 이 문제의 첫 번째 Blockage는 "오황화인"의 화학식을 알아내는 것이고, 두 번째 Blockage는 오황화인과 물과의 반응식을 작성하는 것이며, 세 번째 Blockage는 오황화인이 물과 반응했을 때 발생하는 기체를 알아내어 그 기체의 연소반응식을 작성하는 것이다. 여기서 중요한 것은 "오황화인"의 화학식을 알아내지 못하면 모든 문제를 해결할 수 없다는 것이다. 따라서 문제풀이에 가장 큰 장벽은 한글명칭의 화합물을 화학식으로 전환하는 일이 될 것이다.

오황화인은 위험물 품명 **황화인**에 속한다. 적린, 유황과 마찬가지로 제2류 위험물(가연성 고체)로 지정수량은 100kg, 위험등급 Ⅱ등급으로 지정·관리되고 있다.

**오황화인**에서처럼 원소의 이름 끝에 "화"를 붙여서 명명한 것은 **단원자 음이온**이 결합되어 있다는 의미이다. 즉, "오황화"라고 하였으므로 황(S)의 음이온 5개가 인(P) 양이온과 결합되어 분자물질을 구성하고 있다는 것이다. 등가결합 원칙에 따라 음이온 2가인 황(S)이 5개 결합되어 있으므로 양이온 5가인 인(P)은 2개 결합하여야만 오황화인($P_2S_5$)을 구성할 수 있음을 알 수 있다. 그러므로 오황화인의 화학식은 $P_2S_5$가 되고 g분자량은 $31 \times 2 + 32 \times 5 = 222$가 된다.

분자식 판단할 때 단위체가 큰 고분자(高分子, Polymer)형태는 등가결합 원칙을 적용하기 어렵기 때문에 이를 이용하지 않는 것이 좋다.

예를 들면; 오황화인($P_2S_5$)의 경우는 단량체의 평면구조를 갖기 때문에 등가결합 원칙에 따라 분자식을 유추할 수 있지만 중합·축합·층상구조를 이루고 있는 고분자(Polymer)형의 황화인은 등가결합 원칙을 적용할 수 없다. 다른 방법을 쓴다.

오황화인($P_2S_5$) 외의 황화인은 모두 공통적으로 $P_4$를 적용하여 분자식을 만든다.

- 삼황화인 : $P_4S_3$, 사황화인 : $P_4S_4$, 칠황화인 : $P_4S_7$, 십황화인 : $P_4S_{10}$

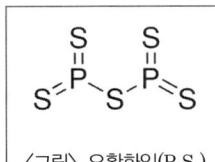
〈그림〉 오황화인($P_2S_5$)

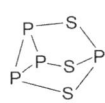
〈그림〉 $P_4S_3$

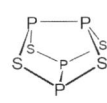
〈그림〉 $P_4S_4$

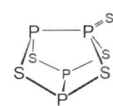
〈그림〉 $P_4S_5$

〈그림〉 $P_4S_7$

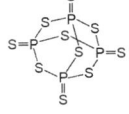
〈그림〉 $P_4S_{10}$

황화인(黃化燐, Phosphorus Sulfide)의 종류를 통상 3가지만 있다고 설명하고 소개한다. → 삼황화인($P_4S_3$), 오황화인($P_2S_5$), 칠황화인($P_4S_7$). 그렇지 않다. 황화인은 인(P)의 황화물을 통칭하는 것으로 전술된 황화물 이외에 사황화인($P_4S_4$), 십황화인($P_4S_{10}$) 등 다양하다. 이들을 보다 구별하기 위해서 삼황화사인($P_4S_3$), 오황화이인($P_2S_5$), 칠황화사인($P_4S_7$) 등 "인"명칭 앞에 숫자형 한글(이, 사 등)을 붙여서 명명하기도 한다.

위험물에서 황화인을 삼황화인($P_4S_3$), 오황화인($P_2S_5$), 칠황화인($P_4S_7$) 중심으로 다루는 것은 흡습성을 가지며, 물과 알칼리에 분해하여 유독성인 황화수소($H_2S$)와 인산($H_3PO_4$)을 발생시키고, 연소생성물은 독성과 부식성을 가진 이산화황($SO_2$)과 오산화인($P_2O_5$)을 발생하는 등 황화인의 높은 위험성을 대표하기 때문이다.

오황화인($P_2S_5$)과 물($H_2O$)의 반응식을 만들기 전에 알아두어야 할 몇가지 특성이 있다. 황화인은 인(P)의 황화물로서 강한 환원성을 가지고 있다. 그러므로 **다른 물질은 환원**하게 하고 **자신은 산화**되는 특성을 지닌다.

이러한 특성 때문에 다른 위험물들은 물과 반응할 경우 통상 수산화물(水酸化物)을 형성하지만 황화인은 물($H_2O$)로부터 수소를 제공받아 황(S)을 → 환원성이 강한 황화수소($H_2S$)로 변환시키고, 인(P)은 물($H_2O$)로부터 산소와 수산화이온을 제공받아 인산($H_3PO_4$)이 된다.

이유와 원리를 첨삭하면 ;

물($H_2O$)은 전리(電離)되면 → $H^+$ + $OH^-$로 된다. 이와 반응할 인(P)은 +5가로 작용하는 원소이다. 반응 생성물이 만들어지는 과정을 메커니즘적으로 설명하자면 ➡ P는 양이온 +5가이므로 그 주변에 전기적 음성을 띠는 -OH를 끌어모아 산소를 헤드(Head)로 하여 -OH 3개를 끌어 붙이고(+3 소모), 나머지 P의 +2는 산소($O^{2-}$)와 이중결합을 형성하여 화학적 안정성을 추구한다. 그래서 황화인의 인(P)은 물의 -OH와 결합하되, 수산화물(水酸化物)을 형성하지 않고, O=(P)-3($OH^-$)형태로 결합함으로써 분자식 $H_3PO_4$의 인산(燐酸)을 형성하게 된다.

아무튼 통상의 다른 위험물은 물과 반응할 경우 수산화물(水酸化物)을 형성하지만 "**황화인은 물($H_2O$)과 접촉할 경우 인산($H_3PO_4$)으로 된다**"는 것을 꼭 체크해 두도록!!

**[시범풀이]**

첫 번째,

오황화인($P_2O_5$)과 물($H_2O$)의 반응식을 만들 때 핵심이 되는 것은 인(P)이 인산($H_3PO_4$)으로 된다는 것이다.

  □ 반응식 기초 : $P_2S_5 + b(H_2O)$ → $2H_3PO_4$ + 부생물
  • 생성계 O 8개 → ∴ $bH_2O = 8H_2O$이어야 함 ➡ $P_2S_5 + 8H_2O$ → $2H_3PO_4$ + 부생물
  • 반응계 S 5개, H 10개 남음 → 부생물에 이를 반영함 → ∴ 부생물 = $5H_2S$이어야 함
  ※ S, H가 남은 경우, $H_2S$를 적용하여 부생물의 분자식을 만들어 완성함
  〈완성〉 $P_2S_5 + 8H_2O$ → $2H_3PO_4 + 5H_2S$

두 번째,

오황화인이 물과 반응 시 발생하는 기체는 황화수소($H_2S$)이므로 연소반응식에서 $H_2S$ 중의 황(S)은 산소에 의해 이산화황($SO_2$)으로 산화되고, 수소(H)는 산소에 의해 물($H_2O$)로 산화되므로 다음과 같이 연소반응식을 만들 수 있다.

  □ 반응식 기초 : $H_2S + b(O_2)$ → $H_2O + SO_2$
  • 생성계 O 3개 → ∴ $bO_2 = 1.5O_2$이어야 함 ➡ $H_2S + 1.5O_2$ → $H_2O + SO_2$
  • H, S, O 수지(반응계=생성계, ok)
  〈완성〉 $H_2S + 1.5O_2$ → $H_2O + SO_2$

참고로, 오황화인($P_2S_5$)의 연소반응식도 만들어보자!! 황화인의 연소반응식을 만들 때 핵심이 되는 것은 황(S)이다. 황(S)은 연소하여 $SO_2$가 된다.

  □ 반응식 기초 : $P_2S_5 + b(O_2)$ → $5SO_2$ + 부생물
  • 생성계 O 10개 → ∴ $bO_2 = 5O_2$ ➡ $P_2S_5 + 5O_2$ → $5SO_2$ + 부생물
  • 반응계에서 P(+5가) 2개 남음 → 산소(-2가)를 증가시켜 산화물(부산물)을 만듦
    ➡ $P_2S_5 + b^*O_2$ → $5SO_2 + P_2O_5$ (부생물, 등가결합 및 교호방식 적용)
  • 생성계 O 15개 → ∴ $b^*O_2 = 7.5O_2$ ➡ $P_2S_5 + 7.5O_2$ → $5SO_2 + P_2O_5$
  〈완성〉 $P_2S_5 + 7.5O_2$ → $5SO_2 + P_2O_5$

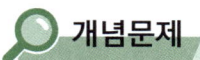 **개념문제**

금속칼륨에 대한 다음 물음에 답하시오. (단, 해당되지 않으면 "해당 없음"이라고 쓰시오.) [08,17,21,22]
(1) 물과의 반응식을 쓰시오.
(2) 제4류 위험물질인 경유와의 반응식을 쓰시오.
(3) 이산화탄소와의 반응식을 쓰시오.
(4) 에틸알코올과의 반응식을 쓰시오.

**Hack 답안지** (1) 칼륨과 물의 반응 : $K + H_2O \rightarrow KOH + 0.5H_2$
(2) 해당 없음
(3) 칼륨과 탄산가스 반응 : $2K + 1.5CO_2 \rightarrow K_2CO_3 + 0.5C$
(4) 칼륨과 에틸알코올 반응 : $C_2H_5OH + K \rightarrow C_2H_5OK + 0.5H_2$

**해설** 금속 칼륨(K)과 물의 반응은 이승원의 반응규칙 중 "수산화물" 우선을 적용하면 된다. 칼륨(K)의 수산화물은 KOH이므로 다음과 같이 반응식을 조각할 수 있다.

　□ $K + xH_2O \rightarrow KOH + $ 부생물(?)
　　→ 생성계의 O 1개 → 반응계에 이를 반영하면 ∴ $xH_2O = H_2O$
　　⇨ $K + H_2O \rightarrow KOH + $ 부생물(?)
　　→ 반응계 미반응 원소는 O = 1개, → 부생물로 방출 ∴ 부생물 $= 0.5O_2$
　〈완성〉 $K + H_2O \rightarrow KOH + 0.5O_2$
　　※ 각 항에 2를 곱하여 $2K + 2H_2O \rightarrow 2KOH + O_2$로 기재하여도 됨

금속 칼륨(K)은 석유류에 보관하는 위험물이다. 그러므로 제4류 위험물질인 경유와 반응하지 않는다.

금속 칼륨(K)과 탄산가스($CO_2$)의 반응은 이승원의 반응규칙 중 "탄산염" 우선을 적용하면 된다. 칼륨(K)의 탄산염은 $KCO_3$이므로 다음과 같이 반응식을 조각할 수 있다.

　□ $K + xCO_2 \rightarrow KCO_3 + $ 부생물(?)
　　→ 생성계의 O 3개 → 반응계에 이를 반영하면 ∴ $xCO_2 = 1.5CO_2$
　　⇨ $K + 1.5CO_2 \rightarrow KCO_3 + $ 부생물(?)
　　→ 반응계 미반응 원소는 C = 0.5개, → 부생물로 방출 ∴ 부생물 $= 0.5C$
　〈완성〉 $K + 1.5CO_2 \rightarrow KCO_3 + 0.5C$
　　※ 각 항에 2를 곱하여 $2K + 3CO_2 \rightarrow 2KCO_3 + C$로 기재하여도 됨

금속 칼륨(K)과 에탄올($C_2H_5OH$)의 반응은 이승원의 반응규칙 중 '알콕사이드' 우선을 적용하면 된다. 칼륨(K)은 에탄올($C_2H_5OH$)과 반응하여 알콕사이드($C_2H_5OK$)를 발생하므로 다음과 같이 반응식을 조각할 수 있다.

　□ $K + C_2H_5OH \rightarrow C_2H_5OK + $ 부생물(?)
　　→ 반응계의 미반응 원소는 H 1개이므로 → 생성계의 부생물로 방출($0.5H_2$)
　〈완성〉 $K + C_2H_5OH \rightarrow C_2H_5OK + 0.5H_2$
　　※ 각 항에 2를 곱하여 $2K + 2C_2H_5OH \rightarrow 2C_2H_5OK + H_2$로 기재해도 된다.

■ 참고 ■

 금속 칼륨(K)은 제3류 위험물(자연발화성 물질 및 금수성 물질)로서 지정수량 10kg, 위험등급 Ⅰ등급 물질로 지정·관리되고 있다.

이 문제의 Blockage는 "수산화물"에 있다. 물의 접촉을 금하고 있는 주요 위험물은 하나같이 물과 반응하여 수산화물을 생성하는 반응과정에서 2차적 위험물인 수소, 메테인(메탄), 에테인(에탄), 에틴(아세틸렌), 에텐(에틸렌) 등의 폭발성 가스를 발생하거나 아니면, 산소 등 폭발 및 연소를 조장하는 물질이 생성된다는 것을 알아두어야 한다. 이것이 물과의 반응식을 쉽게 만들어 낼 수 있는 핵심요소이기도 하다.

[시범풀이]

첫 번째,

칼륨과 물과의 반응식에서 칼륨(표준명칭, 포타슘)의 원소기호는 K이고, 물(Water)의 분자식은 $H_2O$이다. 양이온 1가(최외각 전자 1개)인 칼륨(K)은 불안정한 물질로 물($H_2O$)과 만나면 물이 지닌 수산화 음이온($OH^-$)과 결합하여 수산화물(水酸化物, hydroxide, KOH)을 형성하여 안정을 찾으려고 할 것이다.

반응 생성물이 칼륨의 수산화물이 될 것임을 유추하였으므로 다음과 같이 반응식 기초를 만들고 반응계(분자식)과 생성계(생성물) 간에 단순한 물질수지(mol 또는 질량)를 맞추어(산수 수준임) 반응식을 완성한다. 이때 수산화물에 초점을 맞추면 보다 쉽다.

□ 반응식 기초 : $aK + bH_2O \rightarrow cKOH + $ 부생물

- 반응계 K 1개 → 생성계 K 1개 → ∴ $cKOH = KOH$
- 생성계 O 1개 → 반응계도 동일해야 하므로 → ∴ $bH_2O = H_2O$
- 좌우 원소수지 비교 → 〈정산 결과〉 반응계 수소 1개 남음 → 이를 생성계의 부생물에 반영

※ H만 남은 경우, $H_2$를 생물에 적용함 ➡ $K + H_2O \rightarrow KOH + 0.5H_2$

〈완성〉 $K + H_2O \rightarrow KOH + 0.5H_2$  또는  $2K + 2H_2O \rightarrow 2KOH + H_2$

두 번째,

칼륨과 경유와의 반응식에서 이것은 금방 "trick"이라는 것이 드러난다. 등유, 경유, 중유 등과 같은 석유류는 다양한 성분들이 유기체로 (-CHOSN-)n 집성되어 있고, 조성이 다양하다. 따라서 특정 성분을 콕 집어 분자식을 제시하지 않는 한 칼륨과의 반응식을 만들 수 없다.

그리고, 금속칼륨은 제3류 위험물(자연발화성 물질 및 금수성 물질)이고, 경유는 제4류 위험물 중 제2석유류이다. 아래의 혼재기준을 보면 3류위험물과 4류위험물은 혼재가 가능하다. 그것은 그만큼 반응성이 낮거나 안전성이 높음을 의미한다.

칼륨, 나트륨, 알칼리금속, 알칼리토금속 → 보호액(석유, 경유, 유동파라핀 등) 속에 보관

어찌됐던 경유의 화학식을 제시하지 않는 한 칼륨과의 반응식을 작성할 수 없으므로 문제의 주문사항에서 "해당없음"이다.

▶ 법령보기 ◀

| 위험물의 구분 | 제1류 | 제2류 | 제3류 | 제4류 | 제5류 | 제6류 |
|---|---|---|---|---|---|---|
| 제1류 |  | × | × | × | × | ○ |
| 제2류 | × |  | × | ○ | ○ | × |
| 제3류 | × | × |  | ○ | × | × |
| 제4류 | × | ○ | ○ |  | ○ | × |
| 제5류 | × | ○ | × | ○ |  | × |
| 제6류 | ○ | × | × | × | × |  |

[비고]
- "×" 표시는 혼재할 수 없음을 표시한다.
- "○" 표시는 혼재할 수 있음을 표시한다.
- 이 표는 지정수량의 1/10 이하의 위험물에 대하여는 적용하지 아니한다.

**세 번째,**

주문사항이 "금속칼륨과 이산화탄소와의 반응식을 쓰라"는 것이다. 이것이 바로 "Hint"이다. 이산화탄소를 제시한 이유는 바로 금속화재가 발생했을 때 $CO_2$소화제로 사용할 경우 발생될 수 있는 문제점(금속산화물이 되면서 발생할 수 있는 문제점)을 인지하고 반응식으로 만들 수 있는 지의 여부를 알고 싶은 것이다.

제시된 K는 제3류 위험물(자연발화성 물질 및 금수성 물질)로서 지정수량 10kg, 위험등급 Ⅰ등급 물질이다. 금속 칼륨이나 나트륨, 마그네슘 등은 사염화탄소 및 할로겐 화합물과 접촉하면 폭발적으로 반응하고 이산화탄소와도 반응한다. 그리고 마그네슘의 소화에 할론류 등을 사용하더라도 산화마그네슘이 소화제와 화학적 결합을 일으키므로 효과가 없다. 높은 온도에서 연소되고 알루미늄도 또한 물 이산화탄소 및 사염화탄소류와 반응한다.

반응식을 만들어 보자!!

칼륨(K)은 1족 원소이므로 전자 하나를 내어놓고 쉽게 양이온 1가 이온으로 되고자 한다. 그러나 결합하는 탄산가스는 화학적으로 안정되어 있는 분자상태($CO_2$)이므로 산소 하나를 끌어당겨 음이온 2가인 탄산이온($CO_3^{2-}$)으로 되어야만 칼륨($K^+$)과 결합할 수 있다. 그런데 이때 칼륨은 1가, 탄산이온은 2가이므로 K와 $CO_2$ 결합비는 2:1이 되어야만 한다.

- 반응식 기초 : K와 $CO_2$ 결합비는 2:1이 되어야 결합가능!!
- $aK + bCO_2 \rightarrow K_2CO_3 +$ 부생물
  - 생성계 $K_2CO_3$를 우선 만듦
  - 생성계 K 2개 → ∴ $aK = 2K$가 되어야 함
  - 생성계 O 3개 → ∴ $bCO_2 = 1.5CO_2$가 되어야 함
  - ※ C만 남은 경우, C를 그대로 부생물에 적용함 ➡ $2K + 1.5CO_2 \rightarrow K_2CO_3 + 0.5C$
- 〈완성〉 $2K + 1.5CO_2 \rightarrow K_2CO_3 + 0.5C$ 또는 $4K + 3CO_2 \rightarrow 2K_2CO_3 + C$

금속류의 소화에는 물, 이산화탄소, 사염화탄소, 탄산칼슘 또는 분말 소화제는 결코 사용해서는 안 된다. 또한 저장지역에 이와 같은 소화제를 사용해서는 안되고 건조염화나트륨, 건조소다회, 건조흑연 등을 사용하여 질식소화하여야 한다. 특히, 칼륨 소화를 할 때 모래를 뿌리면 오히려 모래 중의 규소와 결합하여 격렬히 반응하므로 위험하다.

- 칼륨(K)과 $CO_2$ : $4K + 3CO_2 \rightarrow C + 2K_2CO_3$
- 나트륨(Na)과 $CO_2$ : $4Na + CO_2 \rightarrow C + 2Na_2O$
- 마그네슘과 $CO_2$ : $2Mg + CO_2 \rightarrow C + 2MgO$
- 알루미늄과 $CO_2$ : $4Al + 3CO_2 \rightarrow 3C + 2Al_2O_3$

**네 번째,** 주문사항이 "금속칼륨과 에틸알코올의 반응식을 쓰라"는 것이다. 에틸알코올(에탄올)은 탄화수소 에테인($C_2H_6$)에서 수소(H) 하나를 떼 내고 그 자리에 수산화기(-OH)를 붙인 것이다. 그러므로 화학식은 $C_2H_5OH$이고 분자량은 46이다.

에틸알코올(에탄올)과 칼륨(K)의 반응에서 한쪽은 금속(K)이고, 반응물질인 에틸알코올($C_2H_5OH$)은 안정된 분자 상태(산화수 0)로 존재하므로 이들 둘은 현재 그대로는 결합할 수 없다.

그래서 두 물질의 결합이 일어나려면 → 칼륨(K)은 전자하나를 내어 놓고 양이온으로 되고, 에틸알코올($C_2H_5OH$)은 수소하나를 떼 내어 음이온 1가($C_2H_5O^-$, 에톡시기)를 만듦으로써 결합이 가능하게 된다.

이렇게 하여 이들 둘은 $C_2H_5OK$(칼륨에톡사이드, Potassium Ethoxide)라고 하는 화합물을 만들 수 있게 된다. 반응에 의해 생성되는 물질이 $C_2H_5OK$라는 것을 알았으므로 반응에 참여하지 않은 나머지 물질만 찾아내면 되기 때문에 곧바로 잡아 낼 수 있을 것이다. 바로 수소($H_2$)이다.

이를 토대로 반응식을 만들어 보자!!

□ 반응식 기초 : $C_2H_5OH$ + ( $b$ )K → $C_2H_5OK$ + 부생물
- 생성계 K 1개 → 반응계에 이를 고려 ∴ ( $b$ )K = K
- $C_2H_5OH$ + K → $C_2H_5OK$ + 부생물
- 좌우 원소수지 비교 → 반응계 수소 1개 남음 → 이를 생성계의 부생물에 반영
※ H만 남은 경우, $H_2$를 적용하여 부생물의 분자식을 만들어 완성함

〈완성〉 $C_2H_5OH$ + K → $C_2H_5OK$ + $0.5H_2$

따라서 에틸알코올과 칼륨의 반응에서 발생하는 기체는 수소($H_2$)라는 것을 알 수 있다.

## 유사문제

**01** 칼륨에 대해 다음 물음에 답하시오. [22]
(1) 이산화탄소와의 반응식을 쓰시오.
(2) 에틸알코올과의 반응식을 쓰시오.

**02** 금속나트륨에 대해 다음 물음에 답하시오. [07,14,18,20,22]
(1) 지정수량을 쓰시오.
(2) 금속나트륨의 보호액을 쓰시오.
(3) 물과의 반응식을 쓰시오.
(4) 연소반응식을 쓰시오.
(5) 연소 시 불꽃색을 쓰시오.
(6) 에탄올과의 반응식과 반응 시 발생되는 가스의 명칭을 쓰시오.
(7) 에탄올과의 반응할 때, 생성되는 가연성 기체의 위험도를 구하시오.

**03** 물과의 반응에서 칼륨, 트라이에틸알루미늄, 인화알루미늄의 생성가스를 쓰시오. [12,16]

**04** 다음 각 물질의 물과의 반응식을 쓰시오. [18,20②]
(1) $K_2O_2$
(2) Mg
(3) Na

**05** 인화알루미늄 580g이 물과 반응할 경우, 표준상태에서 발생되는 독성가스의 부피(L)를 산출하시오. [12,18,19,20]

**06** A물질에 대하여 물음에 답하시오. (단, A물질은 경금속으로 제3류 위험물 중 보라색 불꽃반응을 하는 위험물이며, 과산화반응을 통해 생성된 물질이다.) [22]
(1) 물과의 반응식을 쓰시오.
(2) 이산화탄소와의 반응식을 쓰시오.
(3) 이 물질을 옥내저장소에 저장할 경우, 바닥면적($m^2$)은 얼마 이하로 하여야 하는지 쓰시오.

**07** 탄화칼슘에 대하여 다음 물음에 답하시오. [04,06,09,10②,12,13,17,19,20,25]
(1) 물과의 화학반응식을 쓰시오.
(2) 물과 반응 시 생성기체와 구리(Cu)가 접촉할 경우, 화학반응식을 쓰시오.
(3) (2)에서 생성된 물질이 폭발반응을 하는 이유를 쓰시오.
(4) 발생가스의 완전연소 반응식을 쓰시오.

## 유사문제 답안·해설

**01** **답안** (1) 이산화탄소와 반응 : $2K + 1.5CO_2 \rightarrow K_2CO_3 + 0.5C$

(2) 에틸알콜올과 반응 : $C_2H_5OH + K \rightarrow C_2H_5OK + 0.5H_2$

**보충** 금속 칼륨(K)은 제3류 위험물(자연발화성 물질 및 금수성 물질)로서 지정수량 10kg, 위험등급 Ⅰ등급 물질로 지정·관리되고 있다.

> ● 참고 ●
>
> 2차시험(실기시험)에서 $CO_2$와 위험물 간의 반응을 주문할 때 → 대상물질에 화재가 발생했을 경우 "탄산가스, 분말, 포 등의 효과가 없기 때문에 이런 문제가 주어진다고 생각해야 하며 → 문제의 결론적 취지는 왜 그런 건지 이를 반응식(메커니즘적)으로 작성해서 개념을 정리해 보여달라'는 의미를 가지고 있다.
> 이러한 경우를 대비해서 다음 반응식을 잘 학습해 두어야 한다.
> 칼륨(K), 나트륨(Na), 마그네슘(Mg) 등의 금속류는 이산화탄소, 사염화탄소, 할로겐 화합물과 반응하기 때문에 물($H_2O$), 질소($N_2$), 이산화탄소($CO_2$), 사염화탄소($CCl_4$), 탄산칼슘 포말 또는 분말 소화제를 사용해서는 안된다.
> - 칼륨은 이산화탄소와 반응하여 탄산칼륨을 생성한다.
>   $2K + 1.5CO_2 \rightarrow K_2CO_3 + 0.5C$
> - 나트륨은 이산화탄소와 반응하여 산화나트륨을 생성하고, 사염화탄소와 반응하여 염화나트륨을 생성한다.
>   $4Na + CCl_4 \rightarrow NaCl + C$
>   $4Na + CO_2 \rightarrow 2Na_2O + C$
> - 마그네슘은 이산화탄소와 반응하여 산화마그네슘을 생성한다.
>   $2Mg + CO_2 \rightarrow 2MgO + C$
> - 할론류의 소화제를 사용할 경우 산화마그네슘이 소화제와 화학적 결합을 일으키므로 마그네슘의 소화에는 효과가 없다.
>   $2MgO + CCl_4 \rightarrow 2MgCl_2 + C$
> - 높은 온도에서 타고 있는 알루미늄도 또한 물 이산화탄소 및 사염화탄소류와 반응한다.
>   $4Al + 3CO_2 \rightarrow 2Al_2O_3 + 3C$

**02** **답안** (1) 지정수량 : 10kg

(2) 보호액 : 석유, 경유, 유동파라핀

(3) 물과 반응 : $Na + H_2O \rightarrow NaOH + 0.5H_2$

(4) 연소반응 : $2Na + 0.5O_2 \rightarrow Na_2O$

(5) 불꽃반응 : 노란색

(6) 에탄올과의 반응 : $C_2H_5OH + Na \rightarrow C_2H_5ONa + 0.5H_2$, 발생가스 명칭 : 수소

(7) 위험도 : 위험도 $= \dfrac{74.5 - 4}{4} = 17.63$

**보충** 금속 나트륨의 지정수량은 10kg(제3류 위험물)이며, 1족 금속으로 밝은 노란색 불꽃을 내며 연소한다. 나트륨이 물과 반응할 경우, 이승원의 반응규칙 중 "수산화물" 우선을 적용한다. 나트륨(Na)의 수산화물은 NaOH이므로 다음과 같이 반응식을 조각할 수 있다.

  □ $Na + xH_2O \rightarrow NaOH +$ 부생물( ? )
  → 생성계의 O 1개 → 반응계에 이를 반영하면 ∴ $xH_2O = H_2O$
  ⇨ $Na + H_2O \rightarrow NaOH +$ 부생물( ? )
  → 반응계 미반응 원소는 H = 1개, → 부생물로 방출 ∴ 부생물 = $0.5H_2$
  〈완성〉 $Na + H_2O \rightarrow NaOH + 0.5H_2$
  ※ 각 항에 2를 곱하여 $2Na + 2H_2O \rightarrow 2NaOH + H_2$로 기재하여도 됨

나트륨(Na)이 연소할 경우 이승원의 반응규칙 중 "기준 산화물" 우선을 적용하면 된다. 나트륨(Na)의 기준 산화물은 산화나트륨($Na_2O$)이므로 다음과 같이 반응식을 조각할 수 있다.

  □ $2Na + xO_2 \rightarrow Na_2O +$ 부생물( 없음 )
  → 생성계의 O 1개 → 반응계에 이를 반영하면 ∴ $xO_2 = 0.5O_2$
  〈완성〉 $2Na + 0.5O_2 \rightarrow Na_2O$
  ※ 각 항에 2를 곱하여 $4Na + O_2 \rightarrow 2Na_2O$로 기재하여도 됨

나트륨(Na)과 에탄올($C_2H_5OH$)의 반응은 이승원의 반응규칙 중 "알콕사이드" 우선을 적용하면 된다. 나트륨(Na)은 에탄올($C_2H_5OH$)과 반응하여 알콕사이드($C_2H_5ONa$)를 발생하므로 다음과 같이 반응식을 조각할 수 있다.

  □ $Na + C_2H_5OH \rightarrow C_2H_5ONa +$ 부생물( ? )
  → 반응계의 미반응 원소는 H 1개이므로 → 생성계의 부생물로 방출($0.5H_2$)
  〈완성〉 $Na + C_2H_5OH \rightarrow C_2H_5ONa + 0.5H_2$
  ※ 각 항에 2를 곱하여 $2Na + 2C_2H_5OH \rightarrow 2C_2H_5ONa + H_2$로 기재해도 된다.

나트륨(Na)과 에탄올(C2H5OH)의 반응에 의해 발생된 가스는 수소(H2)이고, 수소의 연소범위(폭발범위)는 4%~74.5%이므로 이것을 토대로 위험도를 구한다.

  □ 위험도 = $\dfrac{74.5 - 4}{4} = 17.63$

**참고**

금속 나트륨(Na)은 물보다 가볍고, 칼로도 자를 수 있을 정도로 무르며, 광택이 있는 은백색 금속으로 제3류 위험물(자연발화성 및 금수성물질)로 분류되며, 칼륨, 알킬알루미늄, 알킬리튬과 함께 **지정수량 10kg**이며, 위험물 등급 I 등급으로 지정·관리되는 물질이다. 반응성이 강하여 공기중에 보관할 수 없고 **석유, 경유, 유동파라핀** 등의 보호액 중에 보관한다. 석유, 경유, 유동파라핀 등의 보호액 중에 보관하는 위험물의 종류는 칼륨, 나트륨, 알칼리금속, 알칼리토금속 등이다.

**[시범풀이]**
**물과 반응**에서, 물($H_2O$)이 제공하는 음이온 1가의 수산화이온($OH^-$)은 나트륨 1가의 양이온($Na^+$)과 결합하여 수산화물(水酸化物)을 형성하면서 부생물을 발생한다.

  □ 반응식 기초 : $Na + (b)H_2O \rightarrow NaOH +$ 부생물
   • 생성계 O 1개 ⇌ 반응계 1개 → ∴ 일단 $b=1$ 적용해 봄
    → $Na + H_2O \rightarrow NaOH +$ 부생물
   • 좌우 원소수지 비교 → 〈정산〉 반응계 수소(H) 1개 남음 → 이를 부생물에 반영
   ※ H만 남은 경우, $H_2$를 적용하여 부생물의 분자식을 만들어 완성함
  〈완성〉 $Na + H_2O \rightarrow NaOH + 0.5H_2$

**연소 반응**에서, 나트륨은 반응성이 매우 높아서 공기에 노출된 부분은 공기 중의 산소와 반응하여 산화나트륨($Na_2O$)으로 산화된다. 연소될 때 반응하는 산소는 음이온 2가($O^{2-}$)이고, 나트륨은 양이온 1가($Na^+$)이므로 나트륨 산화물의 분자식은 등가결합에 따라 $Na^+(2) : O^{2-}(1)$로 결합된 $Na_2O$가 된다. 연소되는 나트륨 불꽃 색상은 **노란색**으로 다음과 같이 연소반응한다.

- 반응식 기초 : $(a)\,Na + (b)\,O_2 \rightarrow Na_2O$
  - 생성계 Na 2개 ⇌ 반응계 1개 → ∴ $a = 2$
    → $2Na + (b)\,O_2 \rightarrow Na_2O$
  - 생성계 O 1개 ⇌ 반응계 1개 → ∴ $b = 0.5$

〈완성〉 $2Na + 0.5O_2 \rightarrow Na_2O$

**불꽃 반응**에서, 금속류의 불꽃반응은 다음과 같이 정리해 둘 필요가 있다.

- 1족 금속의 불꽃반응
  - 리튬(Li)은 아름다운 붉은색 불꽃을 냄
  - 나트륨염은 밝은 노란색 불꽃을 냄
  - 칼륨염은 엷은 보라색 불꽃을 냄
- 2족 금속의 불꽃반응
  - 마그네슘은 푸른색 불꽃을 냄
  - 칼슘염은 붉은 벽돌색 불꽃을 냄
  - 스트론튬염은 심홍색 불꽃을 냄
  - 바륨은 황록색의 불꽃을 냄

**나트륨과 에탄올의 반응**에서, 에틸알코올(에탄올)과 나트륨(Na)의 반응에서 한쪽은 금속(Na)이고, 반응물질인 에틸알코올($C_2H_5OH$)은 안정된 분자상태(산화수 0)로 존재하므로 이들 둘은 현재의 상태로는 결합할 수 없다. 앞에서도 설명한 바 있는데, 두 물질의 결합이 일어나려면 → 에틸알코올($C_2H_5OH$)은 수소하나를 떼 내어 음이온 1가($C_2H_5O^-$, 에톡시기)를 만들고 나트륨(Na)은 1가 양이온($Na^+$)으로 되어 에틸알코올($C_2H_5OH$)의 수소자리에 결합한다. 이렇게 하여 이들 둘은 $C_2H_5ONa$(나트륨 에톡사이드)라고 하는 화합물을 만든다.

반응에 의해 생성되는 물질이 $C_2H_5ONa$라는 것을 알았으므로 반응에 참여하지 않은 나머지 물질만 찾아내면 되기 때문에 곧바로 잡아 낼 수 있을 것이다. 바로 **수소($H_2$)**이다. 이를 토대로 반응식을 만들어 보자!!

- 반응식 기초 : $C_2H_5OH + (b)\,Na \rightarrow C_2H_5ONa + 부생물$
  - 생성계 Na 1개 → 반응계에 이를 고려 ∴ $(b)Na = Na$
    → $C_2H_5OH + Na \rightarrow C_2H_5ONa + 부생물$
  - 좌우 원소수지 비교 → 반응계 수소 1개 남음 → 이를 생성계의 부생물에 반영
  - ※ H만 남은 경우, $H_2$를 적용하여 부생물의 분자식을 만들어 완성함

〈완성〉 $C_2H_5OH + Na \rightarrow C_2H_5ONa + 0.5H_2$

**위험도 산정**에서, 에탄올과 반응할 때 생성되는 가연성 기체는 수소($H_2$)이므로 수소의 위험도를 구한다. 발생가스의 위험도 산정은 연소범위(폭발범위, 4% ~ 74.5%)를 이용하여 하한을 기준으로 하여 하한과 상한의 차이가 하한의 몇 배에 해당하는 가를 나타낸다. 따라서 다음과 같이 산정할 수 있다.

- 위험도 $= \dfrac{상한\ 값 - 하한\ 값}{하한\ 값} = \dfrac{74.5 - 4}{4} = 17.63$

● 참고 ●

**주요 위험물의 연소범위**

| 물질명 | 연소범위 (용량%) | | 물질명 | 폭발범위 (용량%) | |
| --- | --- | --- | --- | --- | --- |
| | 하한 (LEL) | 상한 (UEL) | | 하한 (LEL) | 상한 (UEL) |
| 휘발유 | 1.4 | 7.6 | 메테인 | 5 | 15 |
| 톨루엔 | 1.27 | 7.0 | 에테인 | 3.0 | 12.5 |
| 에틸에테르 | 1.9 | 48 | 프로페인 | 2.1 | 9.5 |
| 아세톤 | 2 | 13 | 부테인 | 1.8 | 8.4 |
| 아세틸렌(에틴) | 2.5 | 82 | 메틸알코올 | 7.3 | 36 |
| 에틸렌 | 3.0 | 33.5 | 에틸알코올 | 3.5 | 20 |
| 산화프로필렌 | 2.5 | 38.5 | 황화수소 | 4.3 | 45 |
| 산화에틸렌 | 3.0 | 80 | 사이안화수소 | 5.6 | 40 |
| 수소 | 4.0 | 74.5 | 암모니아 | 15.7 | 27.4 |
| 일산화탄소 | 12 | 75 | 벤젠 | 1.4 | 7.1 |

**◆ 이승원의 위험물 연소범위 암기법 ◆**

- 낮엔(1.3) / 멘발에 부아로 살아세 / 네코(3)수염 / 메시(5) 메알산으로 암(알았음)(15.7)
  · 낮엔 : 하한(LEL) 톨루엔(1.3)
  · 멘발에 부아로 살아세 : 벤젠·휘발유(1.4), 에틸에테르(1.9), 부탄(1.8), 아세톤(2), 프로판(2.1) 산화프로필렌, 아세틸렌(2.5)
  · 네코(3)수염 : 네코[에탄, 에틸렌, 산화에틸렌(3), 에틸알코올(3.5)] 수소(4), 황화수소(4.3)
  · 메시 메알산으로 암(알았음) : 메탄(5), 시안화수소(5.6), 메틸알코올(7.3), 일산화탄소(12), 암모니아(15.7)

- 놈팽이(82) 아쎄끼 / 일수에라 / 황안한 메모에 / C(1,2,3,4)발 제로(7)
  · 놈팽이 아쎄끼 : 상한(UEL) 팽이(82)(아세틸렌), 끼(산화에틸렌)(80)
  · 일수에라 : 일산화탄소(75), 수소(74.5), 에틸에테르(48)
  · 황안한 메모에 : 황화수소(45), 시안화수소(40), 산화프로필렌(38.5), 메틸알코올(36), 암모니아(27.4), 에틸알코올(20)
  · C(1,2,3,4)발 제로 : 메탄(15), 에탄(12.5), 프로판(9.5), 부탄(8.4), 휘발유(7.6), 벤젠(7.1), 톨루엔(7)

**03**   **답안** (1) 칼륨과 물의 반응 생성물 : $H_2$

(2) 트라이에틸알루미늄과 물의 반응 생성물 : $C_2H_6$

(3) 인화알루미늄과 물의 반응 생성물 : $PH_3$

**보충** 칼륨의 화학식은 K, 트라이에틸알루미늄(트리에틸알루미늄)의 화학식은 $Al(C_2H_5)_3$, 인화알루미늄의 화학식은 AlP이다. 반응식을 작성하는 문제가 아니므로 반응식을 일일이 작성하여 확인 할 시간적 여유가 없을 때는 다음과 같이 속도감 있게 풀어야 한다.

이들 위험물이 물($H_2O$)과 반응할 경우, 이승원의 반응규칙 중 "수산화물" 우선을 적용한다. 칼륨(K)의 수산화물은 KOH → 미반응 원소 예측 ➡ H, ∴ 수소가스 발생, 트라이에틸알루미늄[$Al(C_2H_5)_3$]의 수산화물은 $Al(OH)_3$ → 미반응 원소 예측 ➡ C, H, ∴ 탄화수소 발생($C_2H_6$), 인화알루미늄(AlP)의 수산화물은 $Al(OH)_3$ → 미반응 원소 예측 ➡ P, H, ∴ 포스핀($PH_3$) 발생

### ▌참고▐

이 문제의 첫 번째 Blockage는 한글 명칭을 화학식으로 전환하는 것이고, 두 번째 Blockage는 이 물질이 물과 반응하였을 때 발생하는 기체를 알아내어 생성물질의 명칭을 답안지에 기재하는 것이다.

알킬알루미늄인 트라이에틸알루미늄(트리에틸알루미늄)에서 "트리(tri)에틸"은 에틸기(Ethyl Group)가 3개라는 의미($3C_2H_5-$)이고, 이것이 알루미늄(Al)과 결합하고 있음을 의미한다. 알루미늄은 +3가이므로 음이온의 에틸기($C_2H_5-$) 3개는 알루미늄을 중심원소로 하여 집중결합하는 구조를 갖는다.
따라서 트라이에틸알루미늄(Triethylaluminium)화학식은 $Al(C_2H_5)_3$으로 된다.

인화알루미늄처럼 원소의 이름 끝에 -화를 붙여서 명명한 것은 단원자 음이온이 결합되어 있다는 의미이다. 즉, "인화"라고 하였으므로 인(P)의 음이온이 알루미늄(Al) 양이온과 결합되어 분자를 구성하고 있다는 것이다. 인(P)은 주기율표상 5가이다. +5가가 가장 큰 산화수이고, 이에 대응하는 가장 작은 산화수는 -3이다. 알루미늄(Al)은 주기율표상 +3가이므로 알루미늄이온($Al^{3+}$)이 인이온($P^{3-}$)과 전자 3개를 공유할 수 있으므로 Al과 P는 3중결합(Al≡P)으로 되어 있음을 알 수 있고, 인화알루미늄(Aluminum Phosphide)의 화학식은 "AlP"라는 것을 알 수 있다.

물과 반응에서 - 〈필수정리〉
- Ⓐ **통상적으로 위험물은 물($H_2O$)과 반응할 경우, 수산화물(水酸化物)을 형성하면서 부생물이 발생한다.**
- Ⓑ **예외로 황화인의 인(P)은 물($H_2O$)로부터 산소와 수산화이온을 제공받아 인산($H_3PO_4$)이 된다.**

### [시범풀이]
첫 번째,
칼륨과 물의 반응에서 양이온 1가인 칼륨(K)은 물($H_2O$)이 제공하는 1가의 수산화 음이온($OH^-$)과 결합하여 수산화물(水酸化物, hydroxide, KOH)을 형성한다.

- □ 반응식 기초 : K + $b H_2O$ → KOH + 부생물
  - 생성계 O 1개 → 반응계도 동일해야 하므로 → ∴ $bH_2O = H_2O$
  - 좌우 원소수지 비교 → 반응계 수소 1개 남음 → 이를 생성계의 부생물에 반영
    ※ H만 남은 경우, $H_2$를 생물에 적용함
- 〈완성〉 K + $H_2O$ → KOH + $0.5H_2$  또는  $2K + 2H_2O$ → $2KOH + H_2$

두 번째,
트라이에틸알루미늄(트리에틸알루미늄)과 물의 반응에서 $Al(C_2H_5)_3$ 중의 알루미늄(Al)은 양이온 3가($Al^{3+}$)이고, 이와 반응하는 $H_2O$에서 제공되는 수산화 이온($OH^-$)은 1가 음이온이므로 등가원칙에 따라 이들이 결합한 수산화물의 구성은 1 : 3 즉 $Al^{3+} : 3OH^- = Al(OH)_3$로 된다.

- □ 반응식 기초 : $Al(C_2H_5)_3$ + $bH_2O$ → $Al(OH)_3$ + 부생물
  - 생성계 O 3개 ⇌ 반응계 O $b \times 1$개 → ∴ 일단 $b = 3$을 적용해 봄
    ➡ $Al(C_2H_5)_3$ + $3H_2O$ → $Al(OH)_3$ + 부생물
  - 좌우 원소수지 비교 → 반응계 탄소(C) 6개, 수소(H) 18개 남음 → 이를 부생물에 반영
    ※ C, H가 남은 경우, $C_nH_{2n}$ 아니면 $C_nH_{2n+2}$를 적용하여 부생물의 분자식을 만들어 완성함
- 〈완성〉 $Al(C_2H_5)_3$ + $3H_2O$ → $Al(OH)_3$ + $3C_2H_6$

세 번째,
<u>인화알루미늄과 물의 반응</u>에서 인화알루미늄(AlP)이 물($H_2O$)과 반응할 경우, 수산화물(水酸化物)을 형성하면서 부생물이 발생한다. 알루미늄은 양이온 3가($Al^{3+}$), 물에서 제공되는 수산화이온($OH^-$)은 음이온 1가이므로 등가결합 원칙에 따라 이들이 결합한 수산화물의 구성은 1:3 즉 $Al^{3+} : 3OH^- = Al(OH)_3$로 된다. 거듭 강조하지만 물과의 반응은 모두 **수산화물**에 **초점**을 맞추면 보다 쉽다.

□ 반응식 기초 : $a\,AlP + b\,H_2O \rightarrow c\,Al(OH)_3 +$ 부생물
- 생성계 Al 1개 → 반응계 Al 1개 → ∴ $a = c = 1$
- 생성계 O 3개 → 반응계 산소도 3개이어야 함 → ∴ $b = 3$
  ➡ $AlP + 3H_2O \rightarrow Al(OH)_3 +$ 부생물
- 반응계 P 1개, H(6−3=3개) 남음 → 이를 생성계의 부생물에 반영
  ※ P, H가 남은 경우, $PH_3$에 심중을 두고 부생물의 분자식을 만들어 완성함
  ➡ $AlP + 3H_2O \rightarrow Al(OH)_3 + PH_3$ (포스핀)

⟨완성⟩ $AlP + 3H_2O \rightarrow Al(OH)_3 + PH_3$

## 04

**답안** (1) 과산화칼륨과 물의 반응 : $K_2O_2 + H_2O \rightarrow 2KOH + 0.5O_2$
(2) 마그네슘과 물의 반응 : $Mg + 2H_2O \rightarrow Mg(OH)_2 + H_2$
(3) 나트륨과 물의 반응 : $Na + H_2O \rightarrow NaOH + 0.5H_2$

**보충** 과산화칼륨의 화학식은 $K_2O_2$이다. 물($H_2O$)과 반응할 경우, 이승원의 반응규칙 중 "수산화물" 우선을 적용한다. 칼륨(K)의 수산화물은 KOH이므로 다음과 같이 반응식을 조각할 수 있다.

□ $K_2O_2 + H_2O \rightarrow 2KOH +$ 부생물(?)
→ 반응계 미반응 원소는 O 1개, → 부생물로 방출 ∴ 부생물 $= 0.5O_2$
⟨완성⟩ $K_2O_2 + H_2O \rightarrow 2KOH + 0.5O_2$
※ 각 항에 2를 곱하여 $2K_2O_2 + 2H_2O \rightarrow 4KOH + O_2$로 기재하여도 됨

마그네슘의 화학식은 Mg이다. 물($H_2O$)과 반응할 경우, 이승원의 반응규칙 중 "수산화물" 우선을 적용한다. 마그네슘(Mg)의 수산화물은 $Mg(OH)_2$이므로 다음과 같이 반응식을 조각할 수 있다.

□ $Mg + x\,H_2O \rightarrow Mg(OH)_2 +$ 부생물(?)
→ 생성계의 O 2개 → 반응계에 이를 반영하면 ∴ $x\,H_2O = 2H_2O$
⇨ $Mg + 2H_2O \rightarrow Mg(OH)_2 +$ 부생물(?)
→ 반응계 미반응 원소는 H 2개, → 부생물로 방출 ∴ 부생물 $= H_2$
⟨완성⟩ $Mg + 2H_2O \rightarrow Mg(OH)_2 + H_2$

나트륨의 화학식은 Na이다. 물($H_2O$)과 반응할 경우, 이승원의 반응규칙 중 "수산화물" 우선을 적용한다. 나트륨(Na)의 수산화물은 NaOH이므로 다음과 같이 반응식을 조각할 수 있다.

□ $Na + H_2O \rightarrow NaOH +$ 부생물(?)
→ 반응계 미반응 원소는 H 1개, → 부생물로 방출 ∴ 부생물 $= 0.5H_2$
⟨완성⟩ $Na + H_2O \rightarrow NaOH + 0.5H_2$
※ 각 항에 2를 곱하여 $2Na + 2H_2O \rightarrow 2NaOH + H_2$로 기재하여도 됨

■ 참고 ■

과산화칼륨($K_2O_2$)은 제1류 위험물(산화성 고체)로서 품명 무기과산화물에 속하며, 지정수량 50kg, 위험물 등급 I 등급으로 지정·관리되는 물질이다.

제1류 위험물-품명 무기과산화물류에는 과산화나트륨, 과산화칼륨, 과산화마그네슘, 과산화칼슘, 과산화바륨, 과산화리튬, 과산화베릴륨 등이 이에 속한다. 이들은 금수성 물질(禁水性物質)로서 공기 중의 수분이나 물과 접촉시 발화하거나 가연성가스의 발생 위험성이 있는 물질이다.

Mg(마그네슘)은 제2류 위험물(가연성 고체-마그네슘, 철분, 금속분)로 분류되며, 지정수량은 500kg이며, 위험물 등급 Ⅲ등급으로 지정·관리되는 물질이다. (단, 마그네슘 및 마그네슘을 함유한 것에 있어서는 2mm 이상의 덩어리 상태, 직경 2mm 이상의 막대모양을 제외함)

Na(나트륨)은 제3류 위험물(자연발화성 및 금수성물질)로 분류되며, 칼륨, 알킬알루미늄, 알킬리튬과 함께 지정수량 10kg이며, 위험물 등급 I 등급으로 지정·관리되는 물질이다.

〈필수정리〉
Ⓐ **통상적**으로 위험물은 물($H_2O$)과 반응할 경우, 수산화물(水酸化物)을 형성하면서 부생물이 발생한다.
Ⓑ **예외**로 황화인의 인(P)은 물($H_2O$)로부터 산소와 수산화이온을 제공받아 인산($H_3PO_4$)이 된다.

[시범풀이]
첫 번째,
과산화칼륨($K_2O_2$)과 물($H_2O$)의 반응에서 물($H_2O$)이 제공하는 음이온 1가의 수산화이온($OH^-$)은 과산화칼륨($K_2O_2$) 중 1가의 양이온인 칼륨($K^+$)과 결합하여 수산화물(水酸化物)을 형성하면서 부산물을 생산한다.

- 반응식 기초 : $K_2O_2 + (b)H_2O \rightarrow 2KOH + 부생물$
  - 생성계 O 2개 ⇌ 반응계 O $(2+b\times 1)$개 → ∴ 일단 $b=1$ 적용해 놓
    → $K_2O_2 + H_2O \rightarrow 2KOH + 부생물$
  - 좌우 원소수지 비교 → 반응계 산소 1개 남음 → 이를 부생물에 반영
    ※ O만 남은 경우, $O_2$를 적용하여 부생물의 분자식을 만들어 완성함
  〈완성〉 $K_2O_2 + H_2O \rightarrow 2KOH + 0.5O_2$

두 번째,
마그네슘(Mg)과 물($H_2O$)의 반응에서 물($H_2O$)이 제공하는 음이온 1가의 수산화이온($OH^-$)은 마그네슘 2가의 양이온($Mg^{2+}$)과 결합하여 수산화물(水酸化物)을 형성하면서 부산물을 생산한다.

- 반응식 기초 : $Mg + (b)H_2O \rightarrow Mg(OH)_2 + 부생물$
  - 생성계 O 2개 ⇌ 반응계 O $(b\times 1)$개 → ∴ 일단 $b=2$ 적용해 봄
    → $Mg + 2H_2O \rightarrow Mg(OH)_2 + 부생물$
  - 좌우 원소수지 비교 → 반응계 수소(H) 2개 남음 → 이를 부생물에 반영
    ※ 수소(H)만 남은 경우, $H_2$를 적용하여 부생물의 분자식을 만들어 완성함
  〈완성〉 $Mg + 2H_2O \rightarrow Mg(OH)_2 + H_2$

세 번째,
나트륨(Na)과 물($H_2O$)의 반응에서 물($H_2O$)이 제공하는 음이온 1가의 수산화이온($OH^-$)은 나트륨 1가의 양이온($Na^+$)과 결합하여 수산화물(水酸化物)을 형성하면서 부산물을 생산한다.

▫ 반응식 기초 : Na + ( $b$ )$H_2O$ → NaOH + 부생물

· 생성계 O 1개 ⇌ 반응계 O 1 개 → ∴ 일단 $b$ = 1 적용해 봄

→ Na + $H_2O$ → NaOH + 부생물

· 좌우 원소수지 비교 → 반응계 수소(H) 1개 남음 → 이를 부생물에 반영

※ 수소(H)만 남은 경우, $H_2$를 적용하여 부생물의 분자식을 만들어 완성함

〈완성〉 Na + $H_2O$ → NaOH + $0.5H_2$

## 05

**답안** AlP + $3H_2O$ → $Al(OH)_3$ + $PH_3$
　　　　1mol　　　　　　　　　　　1mol

∴ $PH_3$ 부피 = $580g \times \dfrac{1mol}{58g} \times \dfrac{22.4L}{1mol} = 224L$

**보충** 인화알루미늄의 화학식은 AlP이다. 물($H_2O$)과 반응할 경우, 이승원의 반응규칙 중 "수산화물" 우선을 적용한다. 알루미늄(Al)의 수산화물은 $Al(OH)_3$이므로 다음과 같이 반응식을 조각할 수 있다.

▫ AlP + $x$ $H_2O$ → $Al(OH)_3$ + 부생물( ? )

→ 생성계의 O 3개 → 반응계에 이를 반영하면 ∴ $x$ $H_2O$ = $3H_2O$

⇨ AlP + $3H_2O$ → $Al(OH)_3$ + 부생물( ? )

→ 반응계 미반응 원소는 P 1개, H 3개 → 부생물로 방출 ∴ 부생물 = $PH_3$

〈완성〉 AlP + $3H_2O$ → $Al(OH)_3$ + $PH_3$
　　　　1mol　　　　：　　　　　1mol

위의 반응식을 토대로 인화알루미늄(AlP, 분자량 27+31=58) 580g이 물과 반응할 경우, 발생되는 독성가스(포스핀, PH3)의 부피(L)는 다음과 같이 계산된다.

▫ $PH_3$ 부피 = AlP의 양 × 반응비$\left(\dfrac{PH_3}{AlP}\right)$

∴ $PH_3$ 부피 = $580g \times \left(\dfrac{1 \times 22.4L}{1 \times 58g}\right) = 224L$

**┃참고┃**

 이 문제의 첫 번째 Blockage는 "**인화알루미늄**"이라는 한글 명칭을 화학식으로 전환하는 것이고, 두 번째 Blockage는 이 물질이 물과 반응하였을 때 발생하는 기체를 알아내어 부피로 환산하는 것이다.

첫 번째,
위험물 명칭이 "인화알루미늄"처럼 원소의 이름 끝에 −화를 붙여서 명명한 것은 단원자 음이온이 결합되어 있다는 의미이다. 즉, "인화"라고 하였으므로 인(P)의 음이온이 알루미늄(Al) 양이온과 결합되어 분자를 구성하고 있다는 것이다.

인(P)은 주기율표상 5가이다. +5가가 가장 큰 산화수이고, 이에 대응하는 가장 작은 산화수는 −3이다.
알루미늄(Al)은 주기율표상 +3가이므로 알루미늄이온($Al^{3+}$)이 인이온($P^{3-}$)과 전자 3개를 공유할 수 있으므로 Al과 P는 3중결합(Al≡P)으로 되어 있음을 알 수 있고, **인화알루미늄**(Aluminum Phosphide)의 화학식은 "AlP"라는 것을 알 수 있다.

품명이 금속의 인화물에 속하는 인화알루미늄(AlP)은 제3류 위험물(자연발화성 물질 및 금수성 물질)로서 지정수량 300kg, 위험등급 Ⅲ등급으로 지정·관리되고 있는 물질이다.

두 번째,

위험물이 물($H_2O$)과 반응할 경우, 수산화물(水酸化物)을 형성하면서 부생물이 발생한다. 알루미늄은 양이온 3가($Al^{3+}$), 물에서 제공되는 수산화이온($OH^-$)은 음이온 1가이므로 등가결합 원칙에 따라 이들이 결합한 수산화물의 구성은 1 : 3 즉 $Al^{3+} : 3OH^- = Al(OH)_3$로 된다. 거듭 강조하지만 물과의 반응은 모두 **수산화물**에 **초점**을 맞추면 보다 쉽다.

□ 반응식 기초 : $aAlP + bH_2O \rightarrow cAl(OH)_3 + 부생물$
- 생성계 Al 1개 → 반응계 Al 1개 → ∴ $a = c = 1$
- 생성계 O 3개 → 반응계 산소도 3개이어야 함 → ∴ $b = 3$
  → $AlP + 3H_2O \rightarrow Al(OH)_3 + 부생물$
- 반응계 P 1개, H(6−3=3개) 남음 → 이를 생성계의 부생물에 반영
  ※ P, H가 남은 경우, $PH_3$를 적용하여 부생물의 분자식을 만들어 완성함
  → $AlP + 3H_2O \rightarrow Al(OH)_3 + PH_3$ (포스핀)

⟨완성⟩ $AlP + 3H_2O \rightarrow Al(OH)_3 + PH_3$

세 번째,

앞의 반응식을 토대로 비례식을 적용하여 인화알루미늄 580g이 물과 반응할 때 생성되는 기체(포스핀)의 부피(L)를 산출한다. 이때 AlP의 g분자량은 27+31=58g을 적용하고, $PH_3$ 기체 1mol = 34g = 22.4L을 적용하여 문제에서 요구하는 부피단위(L)로 계산한다.

□ $AlP + 3H_2O \rightarrow Al(OH)_3 + PH_3$
  1mol : 1mol

∴ $PH_3$ 부피 $= 580g \times \dfrac{1mol}{58g} \times \dfrac{1mol(PH_3)}{1mol(AlP)} \times \dfrac{22.4L(PH_3)}{1mol(PH_3)} = 224L$

**06** **답안** (1) $K_2O_2 + H_2O \rightarrow 2KOH + 0.5O_2$

(2) $K_2O_2 + CO_2 \rightarrow K_2CO_3 + 0.5O_2$

(3) $1,000m^2$ 이하

**보충** 이 문제에서 제시한 A 위험물의 특성 "3류 위험물 중 보라색 불꽃반응을 하는 위험물"은 칼륨(K)이고, "과산화반응을 통해 생성된 물질"은 과산화칼륨($K_2O_2$)이다.

과산화칼륨($K_2O_2$)과 물($H_2O$)의 반응은 이승원의 반응규칙 중 "수산화물" 우선을 적용한다. 칼륨(K)의 수산화물은 KOH이므로 다음과 같이 반응식을 조각할 수 있다.

□ $K_2O_2 + H_2O \rightarrow 2KOH + 부생물(?)$
  → 반응계 미반응 원소는 O 1개 → 부생물로 방출 ∴ 부생물 $= 0.5O_2$

⟨완성⟩ $K_2O_2 + H_2O \rightarrow 2KOH + 0.5O_2$

※ 각 항에 2를 곱하여 $2K_2O_2 + 2H_2O \rightarrow 4KOH + O_2$로 기재하여도 됨

과산화칼륨($K_2O_2$)과 이산화탄소($CO_2$)의 반응은 이승원의 반응규칙 중 "탄산염" 우선을 적용한다. 칼륨(K)의 탄산염은 $K_2CO_3$이므로 다음과 같이 반응식을 조각할 수 있다.

- $K_2O_2 + CO_2 \rightarrow K_2CO_3$ + 부생물( ? )
  → 반응계 미반응 원소는 O 1개 → 부생물로 방출 ∴ 부생물 = $0.5O_2$

〈완성〉 $K_2O_2 + CO_2 \rightarrow K_2CO_3 + 0.5O_2$

※ 각 항에 2를 곱하여 $2K_2O_2 + 2CO_2 \rightarrow 2K_2CO_3 + O_2$로 기재하여도 됨

3류 위험물 중 칼륨, 나트륨, 알킬알루미늄, 알킬리튬 그밖에 지정수량이 10kg인 위험물 및 황린을 옥내저장소에 저장할 경우 저장소의 바닥면적은 $1000m^2$ 이하이어야 한다.

■ 참고 ■

이 문제의 핵심은 "3류 위험물 중 보라색 불꽃반응을 하는 위험물이 과산화반응을 통해 생성된 물질"을 알아내는 것이다. "보라색 불꽃"에서 Hint를 얻어 → 칼륨(K)임을 알아야 하고, "과산화반응을 통해 생성된 물질"이므로 → 과산화칼륨($K_2O_2$)에 대한 것을 묻고 있다는 것을 알아야 문제를 해결할 수 있다.
우선, 금속원소들의 불꽃 반응의 특징을 알아두어야 한다. 1족 금속원소 및 2족 금속원소의 불꽃반응 색상은 다음과 같다.

㉮ 1족 금속
- 리튬(Li)은 아름다운 붉은색 불꽃을 냄
- 나트륨염은 밝은 노란색 불꽃을 냄
- 칼륨염은 엷은 보라색 불꽃을 냄

㉯ 2족 금속
- 마그네슘은 푸른색 불꽃을 냄
- 칼슘염은 붉은 벽돌색 불꽃을 냄
- 스트론튬염은 심홍색 불꽃을 냄
- 바륨은 황록색의 불꽃을 냄

[시범풀이]

첫 번째,

산화칼륨과 물의 반응은 "제1단원 기초양론"에서 학습한 바와 같이 물($H_2O$)이 제공하는 음이온 1가의 수산화이온($OH^-$)은 칼륨 1가의 양이온($K^+$)과 결합하여 수산화물(水酸化物)을 형성하면서 부생물을 발생시킨다.

- 반응식 기초 : $K_2O_2$ + ( $b$ )$H_2O$ → $2KOH$ + 부생물
  - 생성계 O 2개 ⇌ 반응계 3 개 → ∴ 일단 $b = 1$ 적용해 봄
  → $K_2O_2 + H_2O \rightarrow 2KOH$ + 부생물
  - 좌우 원소수지 비교 → 반응계 산소(O) 1개 남음 → 이를 부생물에 반영

〈완성〉 $K_2O_2 + H_2O \rightarrow 2KOH + 0.5O_2$

물의 접촉을 금하고 있는 주요 위험물(물접촉 엄금 물질)은 하나같이 물과 반응하여 수산화물을 생성하는 반응과정에서 2차적 위험물인 수소, 에테인(에탄), 메테인(메탄), 에틴(아세틸렌, 에타인), 에텐(에틸렌) 등의 폭발성 가스를 발생하거나 아니면, 산소 등 폭발 및 연소를 조장하는 물질이 생성된다는 것을 알아두어야 한다. 이것이 물과의 반응식을 쉽게 만들어 낼 수 있는 핵심요소이기도 하다.

두 번째,

탄화칼륨과 $CO_2$와 반응에서 탄산가스($CO_2$)가 특정 물질과 결합하여 염(鹽)을 형성할 때는 음이온 2가의 탄산이온 ($CO_3^{2-}$)으로 작용하므로 칼륨 1가의 양이온($K^+$) 2mol과 결합하여 탄산염(炭酸鹽)을 형성하면서 부생물을 발생시킨다.

- 반응식 기초 : $K_2O_2 + (b)CO_2 \rightarrow K_2CO_3 +$ 부생물
  - 생성계 O 3개 ⇌ 반응계 4 개 → ∴ 일단 $b=1$ 적용해 봄
    ➡ $K_2O_2 + CO_2 \rightarrow K_2CO_3 +$ 부생물
  - 좌우 원소수지 비교 → 〈정산〉 반응계 산소(O) 1개 남음 → 이를 부생물에 반영

〈완성〉 $K_2O_2 + CO_2 \rightarrow K_2CO_3 + 0.5O_2$

세 번째,

저장소 바닥면적에 대한 것은 법규상의 시설 관련 규정에 대한 문제이다. 그렇지만 지금과 같이 끼워넣기 양식으로 몇 문제 출제될 수 있다. 옥내저장소의 바닥면적에 대한 시설규정은 다음과 같이 구분하여 정하고 있다. 아래의 [표]를 보면 제3류 위험물 중 칼륨, 나트륨, 알킬알루미늄, 알킬리튬 그밖에 지정수량이 10kg인 위험물 및 황린을 옥내저장소에 저장할 경우 저장소의 바닥면적은 $1000m^2$ 이하이어야 한다.

▶ 법령보기 ◀

| 바닥면적 | 적용 위험물 |
|---|---|
| ① $1,000m^2$ 이하에 저장할 수 있는 위험물 | • 제1류 위험물 중 아염소산염류, 염소산염류, 과염소산염류, 무기과산화물 그밖에 지정수량이 50kg인 위험물<br>• 제3류 위험물 중 칼륨, 나트륨, 알킬알루미늄, 알킬리튬 그밖에 지정수량이 10kg인 위험물 및 황린<br>• 제4류 위험물 중 특수인화물, 제1석유류 및 알코올류<br>• 제5류 위험물 중 지정수량이 10kg인 위험물<br>• 제6류 위험물 |
| ② $2,000m^2$ 이하에 저장할 수 있는 위험물 | ①항 외의 위험물을 저장하는 창고 |
| ③ $1,500m^2$ 이하에 저장할 수 있는 위험물 | • 내화구조의 격벽으로 완전히 구획된 실에 각각 저장하는 창고<br>• 단, ①항의 위험물을 저장하는 실의 면적은 $500m^2$를 초과할 수 없음 |

**07** 답안 (1) $CaC_2 + 2H_2O \rightarrow C_2H_2 + Ca(OH)_2$

(2) $C_2H_2 + 2Cu \rightarrow H_2 + Cu_2C_2$

(3) 수소와 구리 아세틸라이드는 폭발성을 가짐

(4) $2C_2H_2 + 5O_2 \rightarrow 2H_2O + 4CO_2$

圖보충 탄화칼슘은 우리가 흔히 카바이드라고 하는 물질로서 화학식은 $CaC_2$이다. 탄화칼슘(카바이드)이 물($H_2O$)과 반응할 경우, 이승원의 반응규칙 중 "수산화물" 우선을 적용한다. 칼슘(Ca)의 수산화물은 $Ca(OH)_2$이므로 다음과 같이 반응식을 조각할 수 있다.

- $CaC_2 + xH_2O \rightarrow Ca(OH)_2 +$ 부생물(?)
  → 생성계의 산소 O 2개 → 반응계에 이를 반영 ∴ $xH_2O = 2H_2O$
- ⇨ $CaC_2 + 2H_2O \rightarrow Ca(OH)_2 +$ 부생물(?)
  → 반응계 미반응 원소는 C 2개, H 2개 → 부생물로 방출 ∴ 부생물 $= C_2H_2$

〈완성〉 $CaC_2 + 2H_2O \rightarrow Ca(OH)_2 + C_2H_2$

생성기체($C_2H_2$)와 구리(Cu)가 접촉할 경우, 금속의 아세틸라이드(아세틸리드, Acetylide, $Cu_2C_2$)를 형성하므로 다음과 같이 반응식을 조각할 수 있다.

　　□ $C_2H_2 + 2Cu \rightarrow Cu_2C_2 +$ 부생물( ? )
　　　→ 반응계 미반응 원소는 H 2개 → 부생물로 방출 ∴ 부생물 = $H_2$
　　〈완성〉 $C_2H_2 + 2Cu \rightarrow Cu_2C_2 + H_2$

위의 반응에서 보듯이 반응 생성물질이 폭발성을 갖는 이유는 폭발 위험도가 높은 수소가스와 아세틸라이드를 발생하기 때문이다.

발생가스는 $C_2H_2$이고, 이것의 연소반응은 이승원의 반응규칙 중 "기준 산화물" 우선을 적용한다. 탄소 2개는 $2CO_2$로, 수소 2개는 $H_2O$로 산화되므로 다음과 같이 반응식을 조각할 수 있다.

　　□ $C_2H_2 + xO_2 \rightarrow 2CO_2 + H_2O$
　　　→ 생성계의 산소 O 5개 → 반응계에 이를 반영 ∴ $xO_2 = 2.5O_2$
　　〈완성〉 $C_2H_2 + 2.5O_2 \rightarrow 2CO_2 + H_2O$
　　　※ 각 항에 2를 곱하여 $2C_2H_2 + 5O_2 \rightarrow 4CO_2 + 2H_2O$ 로 기재하여도 됨

## ▮참고▮

탄화칼슘($CaC_2$)은 제3류 위험물(자연발화성 물질 및 금수성 물질) 중에서 칼슘의 탄화물(품명)을 말하며, 지정수량 300kg, 위험등급 Ⅲ등급으로 지정·관리되고 있다.

탄화칼슘은 칼슘 양이온과 탄소 음이온이 이온결합(Ionic Bond)을 형성하고 있는 물질이다. 그러므로 칼슘 양이온(+2)과 결합하는 탄소(14족, 4가)가 음이온을 띠어 이온결합을 하려면 → 4가인 탄소 2개가 삼중결합을 하고 있을 때 가능한 것이다. 즉, ·C≡C·(-2가 탄소 음이온, ※ "·"은 비공유 전자쌍)으로 되고 분자식은 $CaC_2$가 된다.

물과의 반응식을 만들어 보자!!

### [시범풀이]

첫 번째,

탄화칼슘과 물의 반응에서, 칼슘(Ca)은 양이온 2가($Ca^{2+}$)이고, 이와 반응하는 수산화 이온($OH^-$)은 1가 음이온이므로 등가원칙에 따라 이들이 결합한 수산화물의 구성은 1:2 즉 $Ca^{2+} : 2OH^- = Ca(OH)_2$로 되어야 한다.

　　□ 반응식 기초: $CaC_2 + bH_2O \rightarrow Ca(OH)_2 +$ 부생물
　　　• 생성계 O 2개 → 반응계도 동일해야 하므로 → ∴ $bH_2O = 2H_2O$
　　　➡ $CaC_2 + 2H_2O \rightarrow Ca(OH)_2 +$ 부생물
　　　• 반응계 탄소(C) 2개, 수소(H) 2개 남음 → 이를 생성계의 부생물에 반영
　　　※ C, H가 남은 경우, $C_nH_{2n}$ 아니면 $C_nH_{2n+2}$를 적용하여 부생물의 분자식을 만들어 완성함
　　〈완성〉 $CaC_2 + 2H_2O \rightarrow Ca(OH)_2 + C_2H_2$

두 번째,

탄화칼슘과 물과 반응하여 발생하는 기체는 아세틸렌(에타인, 에틴, Ethyne, $C_2H_2$)이므로 이것과 구리(Cu)의 화학반응식을 작성하라는 것이다.

아세틸렌($C_2H_2$)과 구리(Cu)의 화학반응에서, 아세틸렌(HC≡CH)이 자신의 양쪽에 결합되어 있는 수소(H)를 떼어 내고 양이온을 갖는 금속이온(Cu, 산화수 +1, +2, +3)과 붙어서 중금속을 결합한 형태의 염(鹽)과 비슷한 화합물을 형성하는데, 이와 같은 것을 총칭하여 아세틸라이드(아세틸리드, Acetylide)를 형성한다고 한다.

$$Cu^+ \; ^-C \equiv C^- \; Cu^+$$

아세틸라이드(Acetylide)의 유형은 알칼리금속 및 구리·은·금의 화합물에서는 $M_2C_2$형, 알칼리 토금속 및 아연·카드뮴에서는 $MC_2$형, 알루미늄·세륨에서는 $M_2(C_2)_3$형, 희토류원소·토륨·바나듐·우라늄에서는 $MC_2$형 등의 4종이 있는 것으로 알려지고 있다.

에세틸렌(HC≡CH)의 탄소(C, 14족, -4가)에 붙어 있는 양쪽의 수소(H, 1족, 외각전자 1개) 2개를 떼어내고 수소를 떼어낸 자리에 구리(Cu, 11족, 외각전자 1개)를 1 : 1로 바꾸면 다음과 같은 반응식을 만들 수 있다.

□ 반응식 기초 : $HC≡CH + bCu → CuC≡CCu +$ 부생물
- 생성계 구리(Cu) 2개 → 반응계도 동일해야 하므로 → ∴ $bCu = 2Cu$
➡ $C_2H_2 + 2Cu → Cu_2C_2 +$ 부생물
- 반응계 수소(H) 2개 남음 → 이를 생성계의 부생물에 반영

⟨완성⟩ $C_2H_2 + 2Cu → Cu_2C_2 + H_2$

세 번째,
생성된 물질이 폭발반응을 하는 이유를 말하는 것이다. 반응식에서 보는 바와 같이 수소가스($H_2$)가 발생되므로 폭발성을 가지며, 아세틸라이드(Acetylide) 중 특히, 구리의 아세틸라이드는 적갈색으로 폭발성을 가지고 있다.

네 번째,
생성가스인 아세틸렌(에타인, 에틴, Ethyne, $C_2H_2$)의 연소반응식을 작성하는 것이다. $C_2H_2$ 중의 C는 $CO_2$로, H는 $H_2O$로 되므로 다음과 같이 연소반응식을 작성할 수 있다.

□ $C_2H_2 + 2.5O_2 → 2CO_2 + H_2O$ 또는 $2C_2H_2 + 5O_2 → 2H_2O + 4CO_2$

● 참고 ●

### 에틴(아세틸렌, $C_2H_2$)의 위험 특성

- 폭발범위 : LEL 2.5% ~ UEL 82%
- 산화폭발 : 산소와 혼합된 상태에서 점화되면 폭발함
  □ $C_2H_2 + 2.5O_2 → 2CO_2 + H_2O$
- 분해폭발 : 가압상태(1atm 이상)에서 충격을 주면 폭발함
  □ $C_2H_2 → H_2 + 2C$
- 화합폭발 : Cu, Ag, Hg 등의 금속(M)과 접촉할 경우 폭발성의 아세틸라이드(Acetylide)를 생성함
  □ $C_2H_2 + 2M → M_2C_2 + H_2$

▶ 법령보기 ◀

㉮ 아세트알데하이드, 산화프로필렌등의 옥외저장탱크의 설비는 동·마그네슘·은·수은 또는 이들을 성분으로 하는 합금으로 만들지 아니하여야 한다.

㉯ 옥외저장탱크의 설비는 동·마그네슘·은·수은 또는 이들을 성분으로 하는 합금으로 만들지 아니하여야 한다.

 개념문제

**다음 물음에 답하시오.** [08,11,17②,19②,20]
(1) 과산화나트륨과 아세트산의 반응식을 쓰시오.
(2) 과산화나트륨과 아세트산의 반응에서 생성물질의 분해 반응식을 쓰시오.
(3) 아세트산의 연소반응식을 쓰시오.
(4) 과산화나트륨과 이산화탄소의 반응식을 쓰시오.

**Hack 답안지**
(1) 과산화나트륨과 아세트산 반응 : $Na_2O_2 + 2CH_3COOH \rightarrow 2CH_3COONa + H_2O_2$
(2) 생성물의 분해반응 : $2H_2O_2 \rightarrow O_2 + 2H_2O$
(3) 아세트산의 연소반응 : $CH_3COOH + 2O_2 \rightarrow 2CO_2 + 2H_2O$
(4) 과산화나트륨과 탄산가스 반응 : $Na_2O_2 + CO_2 \rightarrow Na_2CO_3 + 0.5O_2$

**해설** 과산화나트륨의 화학식은 $Na_2O_2$이고, 아세트산(초산)의 화학식은 $CH_3COOH$이다. 이 두 물질이 반응하는 경우, 이승원의 반응규칙 중 "초산염" 우선을 적용한다. 나트륨(Na)의 초산염은 $CH_3COONa$이므로 다음과 같이 반응식을 조각할 수 있다.

□ $Na_2O_2 + x CH_3COOH \rightarrow 2CH_3COONa +$ 부생물(?)
→ 생성계의 $CH_3$ 2개 → 반응계에 이를 반영 ∴ $x CH_3COOH = 2CH_3COOH$
⇨ $Na_2O_2 + 2CH_3COOH \rightarrow 2CH_3COONa +$ 부생물(?)
→ 반응계 미반응 원소는 H 2개, O 2개 → 부생물로 방출 ∴ 부생물 $= H_2O_2$
〈완성〉 $Na_2O_2 + 2CH_3COOH \rightarrow 2CH_3COONa + H_2O_2$

과산화나트륨과 초산이 반응하여 생성하는 물질은 과산화수소($H_2O_2$)이므로 이것의 분해반응은 이승원의 반응규칙 중 "환원우선"을 적용하므로 다음과 같이 반응식을 조각할 수 있다.

〈완성〉 $H_2O_2 \rightarrow H_2O + 0.5O_2$
※ 각 항에 2를 곱하여 $2H_2O_2 \rightarrow 2H_2O + O_2$로 기재하여도 됨

아세트산($CH_3COOH$)의 연소반응은 이승원의 반응규칙 중 "기준 산화물"을 적용하므로 탄소 2개는 $2CO_2$로, 수소 4개는 $2H_2O$로 산화되므로 다음과 같이 반응식을 조각할 수 있다.

□ $CH_3COOH + x O_2 \rightarrow 2CO_2 + 2H_2O$
→ 생성계의 O 6개 → 반응계에 이를 반영 ∴ $x O_2 = [(6-2)/2]O_2$
〈완성〉 $CH_3COOH + 2O_2 \rightarrow 2CO_2 + 2H_2O$

과산화나트륨($Na_2O_2$)과 탄산가스($CO_2$)가 반응하는 경우, 이승원의 반응규칙 중 "탄산염"을 적용하므로 다음과 같이 반응식을 조각할 수 있다.

□ $Na_2O_2 + CO_2 \rightarrow Na_2CO_3 +$ 부생물(?)
→ 반응계 미반응 원소는 O 1개 → 부생물로 방출 ∴ 부생물 $= 0.5O_2$
〈완성〉 $Na_2O_2 + CO_2 \rightarrow Na_2CO_3 + 0.5O_2$
※ 각 항에 2를 곱하여 $2Na_2O_2 + 2CO_2 \rightarrow 2Na_2CO_3 + O_2$로 기재하여도 됨

## ▌참고▐

 이 문제의 첫 번째 Blockage는 "과산화나트륨"이라는 한글 명칭을 화학식으로 전환하는 것이고, 두 번째 Blockage는 이 물질이 아세트산과 반응하는 반응식을 작성하는 것이다.

[시범풀이]

첫 번째,

"과산화나트륨"의 이름에서 "과"를 떼 내면 "산화나트륨"이 된다. 나트륨은 양이온 1가($Na^+$), 산소는 음이온 2가($O^{2-}$)이므로 산화물을 형성하기 위해서는 등가결합 원칙에 따라 나트륨과 산소의 구성은 2 : 1 즉 $2Na^+ : O^{2-}$ = $Na_2O$(산화나트륨)이고, 여기에 산소를 추가하면 $Na_2O_2$가 되므로 이 명칭은 산화나트륨에 "과"를 붙여서 **과산화나트륨**($Na_2O_2$, $23 \times 2 + 16 \times 2 = 78g$)으로 명명한다.

다음은 아세트산이다. **아세트산**(Acetic Acid)은 우리가 식용하는 초산(醋酸)이다. 앞서 공부하면서 "초산"의 발음을 "초오 ~ COOH"를 기억하고 여기에 메틸기($CH_3-$)를 더하면 $CH_3COOH$가 되는데 이것이 아세트산(초산)의 화학식이다.

이제 이 두 물질의 반응식을 만들어 보자!!

과산화나트륨($Na_2O_2$)에서 나트륨(Na)은 양이온 1가이고, 초산($CH_3COOH$)으로부터 제공되는 1가 음이온은 초산이온($CH_3OOO^-$)이다. 따라서 과산화나트륨의 나트륨과 아세트산의 초산이온은 1 : 1로 등가결합하여 $CH_3OOONa$가 된다. 이를 선점하면 반응식은 거의 완성된 것이나 마찬가지이다.

- 반응식 기초 : $aNa_2O_2 + bCH_3COOH \rightarrow cCH_3COONa + 부생물$
  - 반응계 Na 2개 → 생성계 Na 2개이어야 함 → ∴ $a = 1$, $c = 2$
    → $Na_2O_2 + bCH_3COOH \rightarrow 2CH_3COONa + 부생물$
  - 생성계 O 4개 〈 반응계 $(2+2b)$개 ~ 반응계 산소가 많음
  - 생성계 H 6개 〈 반응계 $(4b)$개이므로 계산보다는 두 번만 계수를 바꾸어 보면 됨
  - $\begin{cases} Na_2O_2 + 2CH_3COOH \rightarrow 2CH_3COONa + (부생물 \fallingdotseq H_2O_2) \\ Na_2O_2 + 3CH_3COOH \rightarrow 2CH_3COONa + (부생물) \cdots 3H, 4O \; (부생물 성립 \times) \end{cases}$
  
  ※ H, O만 남은 경우, $H_2O$ 아니면 $H_2O_2$를 적용하여 부생물의 분자식을 만들어 완성함
    → $Na_2O_2 + 2CH_3COOH \rightarrow 2CH_3COONa + H_2O_2$

〈완성〉 $Na_2O_2 + 2CH_3COOH \rightarrow 2CH_3COONa + H_2O_2$

두 번째,

과산화나트륨($Na_2O_2$)과 아세트산($CH_3COOH$)의 반응에서 생성된 물질은 과산화수소($H_2O_2$)이다. 과산화수소($H_2O_2$)는 제6류 위험물(산화성 액체)로 농도가 36wt% 이상의 것만 위험물로 취급한다. 위험물관리규정에 농도를 규정하는 것은 과산화수소($H_2O_2$, 36wt% 이상)와 유황(60wt% 이상) 뿐이다.

과산화수소를 포함한 제6류 위험물의 모두 위험등급은 I등급으로 지정수량은 300kg이며, 제1류 위험물과 혼재가 가능하다.

과산화수소($H_2O_2$)는 일반적으로 강력한 산화제이지만 강산화물과 공존할 경우 환원제로 작용하는 양쪽성 물질이다. 열역학적으로 불안정하여 물과 산소로 분해될 수 있으므로 과산화수소의 저장 용기는 구멍이 뚫린 마개를 사용하여 분해되는 가스를 방출시켜야 하고, 분해방지를 위하여 인산($H_3PO_4$), 요산($C_5H_4N_4O_3$) 등의 안정제를 첨가하여 보관하고 있다.

과산화수소($H_2O_2$)는 조성물질이 수소와 산소로 구성되어 있으므로 공기 중에서 물과 산소로 분해된다.

- $2H_2O_2 \rightarrow O_2 + 2H_2O$

세 번째,

제4류 위험물인 아세트산($CH_3COOH$) 연소반응식의 작성을 요구하고 있다. 아세트산($CH_3COOH$)의 구성원소에서 C는 이산화탄소($CO_2$)로, H는 물($H_2O$)로 산화된다. 여기서 산소수지를 취할 때 아세트산 내의 산소는 보정(감산)하여 반응식을 작성해야 한다.

ㅁ 반응식 기초 : $CH_3COOH + b(O_2) \rightarrow 2CO_2 + 2H_2O$

- 생성계 O 6개 → ∴ $bO_2 = \dfrac{6-2}{2} O_2$ 이어야 함

→ $CH_3COOH + 2O_2 \rightarrow 2CO_2 + 2H_2O$

〈완성〉 $CH_3COOH + 2O_2 \rightarrow 2CO_2 + 2H_2O$

네 번째,

과산화나트륨($Na_2O_2$)과 이산화탄소($CO_2$)의 반응식을 만들어 보자!! 이산화탄소($CO_2$)는 과산화나트륨($Na_2O_2$)으로부터 산소를 제공받아 음이온 2가의 탄산이온($CO_3^{2-}$)으로 되고, 이와 결합할 양이온은 나트륨($Na^+$)이다. 탄산이온은 음이온 2가($CO_3^{2-}$), 나트륨은 양이온 1가($Na^+$)이므로 $Na^+ : CO_3^{2-}$의 결합은 등가결합 원칙에 따라 2 : 1로 결합하여 $Na_2CO_3$를 형성한다. 나머지 원소를 부생물로 하여 다음과 같이 반응식을 만들 수 있다.

ㅁ 반응식 기초 : $Na_2O_2 + bCO_2 \rightarrow Na_2CO_3 +$ 부생물

- 생성계 C 1개 → ∴ $bCO_2 = 1CO_2$

→ $Na_2O_2 + CO_2 \rightarrow Na_2CO_3 +$ 부생물

- 반응계 O 4개 〈 생성계 O 3개 → 미반응 산소는 부생물에 반영함

〈완성〉 $Na_2O_2 + CO_2 \rightarrow Na_2CO_3 + 0.5O_2$ 또는 $2Na_2O_2 + 2CO_2 \rightarrow 2Na_2CO_3 + O_2$

---

### 유사문제

**01** 인화칼슘에 대해 다음 물음에 답하시오.
[07,14,15,20]
(1) 유별을 쓰시오.
(2) 지정수량을 쓰시오.
(3) 인화칼슘과 물의 반응식을 쓰시오.
(4) 물과의 반응 후 생성되는 기체의 명칭을 쓰시오.

**02** 과산화나트륨이 물과 반응할 때, 과산화나트륨 1kg당 생성된 기체는 350℃, 1기압에서 그 부피는 몇 L인가?
[08,14]

**03** 과산화나트륨 1kg이 열분해하여 발생하는 산소의 부피(L)는 350℃, 720mmHg에서 몇 L인지 산출하시오.
[14,17,20]

**04** 다음 물질이 물과 반응할 때 1기압, 30℃에서 발생하는 기체의 몰 수를 구하시오. (단, 계산과정과 답을 함께 기재할 것)
[20]
(1) 과산화나트륨 78g이 물과 반응할 때
(2) 수소화칼슘 42g이 물과 반응할 때

**05** 과산화나트륨의 분해 시 생성되는 물질 2가지와 이산화탄소와의 반응식을 쓰시오.
[12,17,19]

**06** 과산화마그네슘이 공기 중 습기를 만나면 어떻게 변하는지를 화학반응식으로 쓰시오.
[04]

# 유사문제 답안·해설

## 01
**답안** 
(1) 제3류 위험물
(2) 300kg
(3) $Ca_3P_2 + 6H_2O \rightarrow 3Ca(OH)_2 + 2PH_3$
(4) 포스핀 또는 인화수소(※ 둘 중 하나만 기재하여도 됨)

**보충** 인화칼슘의 화학식은 $Ca_3P_2$, 금속의 인화물이므로 제3류 위험물로 분류되며, 지정수량은 300kg이다. 인화칼슘($Ca_3P_2$)이 물과 반응할 경우, 이승원의 반응규칙 중 "수산화물" 우선을 적용한다. 칼슘(Ca)의 수산화물은 $Ca(OH)_2$이므로 다음과 같이 반응식을 조각할 수 있다.

□ $Ca_3P_2 + x\,H_2O \rightarrow 3Ca(OH)_2 +$ 부생물(?)
→ 생성계의 산소 O 6개 → 반응계에 이를 반영 ∴ $x\,H_2O = 6H_2O$
⇨ $Ca_3P_2 + 6H_2O \rightarrow 3Ca(OH)_2 +$ 부생물(?)
→ 반응계 미반응 원소는 P 2개, H 6개 → 부생물로 방출 ∴ 부생물 = $2PH_3$
〈완성〉 $Ca_3P_2 + 6H_2O \rightarrow 3Ca(OH)_2 + 2PH_3$

인화칼슘이 물과 반응하여 발생되는 기체는 포스핀(인화수소)이다.

**참고**

 인화칼슘($Ca_3P_2$)은 상온의 건조한 공기 중에서는 비교적 안정된 물질이며, 알코올, 에테르에는 녹지 않는다. 하지만 물, 묽은 염산(鹽酸), 습한 공기 등과 반응하여 유독성의 포스핀($PH_3$)을 생성한다. 특히 물과 격렬하게 반응, 자연적으로 발화하는 기체상의 인화수소(포스핀, $PH_3$)을 만들어내는 특성을 이용하여 해상신호용으로 이용되기도 한다.

□ $Ca_3P_2 + 6H_2O \rightarrow 3Ca(OH)_2 + 2PH_3$
□ $Ca_3P_2 + 6HCl \rightarrow 2PH_3 + 3CaCl_2$

**[시범풀이]**
이러한 문제를 다룰 때, 첫 번째 맞닥뜨리는 Blockage는 화학식(분자식, 시성식, 조성식 등)이다. 물질의 화학식을 모르면 풀이를 개시할 엄두조차 낼 수 없다. **인화칼슘에서 칼슘(Ca)은 +2가, 인(P)은 -3가이다.** 1 : 1 결합이 어렵다. 그러므로 등가결합 원리에 따라 교호적용하면 $Ca_3P_2$의 화학식을 얻을 수 있다.
인화칼슘은 5가 인(P)과 2가 칼슘(Ca)이 결합되는 물질이므로 칼슘이 2중결합을 하는 구조를 가져야만 인화합물을 구성할 수 있다. 즉, Ca=P-Ca-P=Ca이고, 화학식은 $Ca_3P_2$로 된다.
칼슘(Ca)은 2족 원소이고 최외각 전자가 2개이므로 양이온이 되면 2가($Ca^{2+}$)로 된다. 이에 대응하는 수산화이온($OH^-$)은 1가 음이온이므로 등가원칙에 따라 이들이 결합한 수산화물의 구성은 1 : 2 즉 $Ca^{2+} : 2OH^- = Ca(OH)_2$로 된다.

□ 반응식 기초 : $Ca_3P_2 + b\,H_2O \rightarrow 3Ca(OH)_2 +$ 부생물
• 생성계 O 6개 → 반응계도 동일해야 하므로 → ∴ $b\,H_2O = 6H_2O$
➡ $Ca_3P_2 + 6H_2O \rightarrow 3Ca(OH)_2 +$ 부생물 ← 반응계 P 2개, H 6개 남음
※ P, H가 남은 경우, $PH_3$를 적용하여 부생물의 분자식을 만들어 완성함
〈완성〉 $Ca_3P_2 + 6H_2O \rightarrow 3Ca(OH)_2 + 2PH_3$

인화칼슘($Ca_3P_2$)과 물의 반응에서 생성되는 유독가스는 포스핀($PH_3$)이다. 따라서 답안지에는 "포스핀" 또는 "인화수소"로 기재하면 된다.

▶ 법령보기 ◀

인화칼슘($Ca_3P_2$)은 적갈색의 괴상고체로 제3류 위험물(자연발화성 금수성 물질)로 분류되며, 지정수량 300kg, 위험등급 Ⅲ 등급으로 지정·관리되고 있다.

| 위험물 | | | 지정수량 |
|---|---|---|---|
| 유별 | 성질 | 품명 | |
| 제3류 | 자연발화성물질 및 금수성물질 | 칼륨 | 10킬로그램 |
| | | 나트륨 | 10킬로그램 |
| | | 알킬알루미늄 | 10킬로그램 |
| | | 알킬리튬 | 10킬로그램 |
| | | 황린 | 20킬로그램 |
| | | 알칼리금속(칼륨 및 나트륨 제외) 및 알칼리토금속 | 50킬로그램 |
| | | 유기금속화합물(알킬알루미늄 및 알킬리튬 제외) | 50킬로그램 |
| | | 금속의 수소화물 | 300킬로그램 |
| | | 금속의 인화물 | 300킬로그램 |
| | | 칼슘 또는 알루미늄의 탄화물 | 300킬로그램 |

**이승원의 제3류 암기법**

- 삼연승 칼린(KA-LiN) 짱 / 피포두 / 알토란 유기하고 / 수인선 안타서
- 삼연승 : 3류, 자연발화성, 금수성
- 칼린(KALiN) 짱 : K, 알킬Al, 알킬Li, Na – 10kg
- 피포두 : $P_4$–20kg
- 알토란 : 알칼리금속, 알칼리토금속
- 유기하고 : 유기금속화합물, 고(50kg)
- 수인선 안타서 : 금속의 수소화물, 금속의 인화물, 칼슘 또는 알루미늄의 탄화물(300kg)

**02** [답안] $O_2$부피 $= 1kg \times \dfrac{10^3 g}{kg} \times \dfrac{1mol}{78g} \times \dfrac{0.5mol}{1mol} \times \dfrac{22.4L}{1mol} \times \dfrac{273+350}{273} = 327.68\,L$

[비고] 현재의 답안지와 같이 기재해도 되고, 보다 세밀하게 작성하려면 하단의 "세밀답안"처럼 공식을 포함한 단위의 정산과정을 알 수 있도록 명료하게 기재하여도 된다.

[세밀답안]
$Na_2O_2 + H_2O \rightarrow 2NaOH + 0.5O_2$
1mol : 0.5mol

- $O_2$부피 $= 1kg \times \dfrac{10^3 g}{kg} \times \dfrac{1mol}{78g} \times \dfrac{0.5mol}{1mol} \times \dfrac{22.4L}{1mol} = 143.59\,L$

∴ $O_2^* = 143.59\,L \times \dfrac{273+350}{273} = 327.68\,L$

## ▌참고▐

 이 문제의 첫 번째 Blockage는 "과산화나트륨"이라는 한글 명칭을 화학식으로 전환하는 것이고, 두 번째 Blockage는 이 물질이 물과 반응하였을 때 발생하는 기체를 알아내어 부피로 환산하는 것이며, 세 번째 Blockage는 발생되는 가스의 부피를 표준상태가 아닌 실측상태(350℃, 1기압)의 부피로 환산하기 위해 온도와 압력을 보정하는 과정을 통과하여야 한다.

### [시범풀이]

**첫 번째,**

과산화나트륨에서 "과"를 떼 내면 "산화나트륨"이 된다. 나트륨은 양이온 1가($Na^+$), 산소는 음이온 2가($O^{2-}$)이므로 산화물을 형성하기 위해서는 등가결합 원칙에 따라 나트륨과 산소의 구성은 2 : 1 즉 $2Na^+ : O^{2-} = Na_2O$로 된다.

과산화(過酸化, Peroxidation)라는 이름은 표준적인 산소 화합물보다 많은 산소를 가지고 있을 때 붙이는 것이므로 **과산화나트륨**은 **산화나트륨**($Na_2O$)에 산소(O) 하나를 더 추가한 것으로 분자식은 $Na_2O_2$로 된다는 것을 알 수 있다.

과산화나트륨($Na_2O_2$)은 제1류 위험물(산화성 고체) 중 품명이 **무기과산화물**에 속하며, 지정수량 50kg, 위험등급 Ⅰ등급으로 지정·관리되고 있는 물질이다. 무기과산화물에는 과산화수소, 과산화나트륨, 과산화칼륨, 알칼리토금속류의 과산화물 등이 있다.

---

● **참고** ●

과산화물(peroxide)은 산소 – 산소(–O–O–) 단일 결합의 분자구조 형태를 보인다.

| 과산화수소 | 과산화나트륨 | 과산화칼륨 | 과산화칼슘 | 과산화마그네슘 |
|---|---|---|---|---|
| (제6류 위험물) | (제1류 위험물) | (제1류 위험물) | (제1류 위험물) | (제1류 위험물) |
| 지정수량 : 300kg | 지정수량 50kg | 지정수량 50kg | 지정수량 50kg | 지정수량 50kg |

---

**두 번째,**

앞선 학습에서 모든 위험물이 물($H_2O$)과 반응할 경우, "수산화물을 형성하면서 부생물이 발생한다."고 강조해 왔다. 과산화나트륨($Na_2O_2$)과 물($H_2O$)의 반응에서 나트륨은 양이온 1가($Na^+$), 물에서 제공되는 수산화이온($OH^-$)은 음이온 1가이므로 → "등가결합 원칙"에 따라 이들이 결합한 수산화물의 구성은 1 : 1 즉 $Na^+ : OH^- =$ NaOH로 된다. 거듭 강조하지만 물과의 반응은 모두 **수산화물**에 **초점**을 맞추면 보다 쉽다.

ㅁ 반응식 기초 : $aNa_2O_2 + bH_2O \rightarrow cNaOH$ + 부생물

- 생성계 Na 1개 → 반응계 Na 2개 → ∴ $a = 1$, $c = 2$
  → $Na_2O_2 + bH_2O \rightarrow 2NaOH$ + 부생물
- 반응계 O $(2+b)$개 > 생성계 O 2개 → 남는 산소는 생성계의 부생물에 반영
  ※ O가 남은 경우, $O_2$를 적용하여 부생물의 분자식을 만들어 완성함
  → $Na_2O_2 + H_2O \rightarrow 2NaOH + 0.5O_2$

〈완성〉 $Na_2O_2 + H_2O \rightarrow 2NaOH + 0.5O_2$

세 번째,

앞의 반응식을 토대로 비례식을 적용한다. 과산화나트륨($Na_2O_2$)의 g분자량은 $23 \times 2 + 16 \times 2 = 78g$이며, 과산화나트륨 1kg 당 생성된 기체($O_2$)를 표준상태가 아닌 350℃, 1기압의 실측상태 부피(L)로 환산하기 위해서는 기체의 표준상태 환산인자인 $1mol = 32g = 22.4L$을 적용하고, 표준상태 산소부피를 보일-샤를의 법칙(Boyle-Charle's Law)을 적용, 온도와 압력을 보정한 부피를 최종 답안으로 기재하면 된다.

$$\square \ Na_2O_2 + H_2O \rightarrow 2NaOH + 0.5O_2$$
$$\quad 1mol \quad\quad\quad : \quad\quad\quad 0.5mol$$

- $O_2$부피 $= 1kg \times \dfrac{10^3 g}{kg} \times \dfrac{1mol(Na_2O_2)}{78g(Na_2O_2)} \times \dfrac{0.5mol(O_2)}{1mol(Na_2O_2)} \times \dfrac{22.4L(O_2)}{1mol(O_2)} = 143.59L$

- $V_2 = V_1 \times \dfrac{T_2}{T_1} \times \dfrac{P_1}{P_2}$

$\therefore O_2^* = 143.59L \times \dfrac{273 + 350}{273} \times \dfrac{1}{1} = 327.68L$

## 03

**답안** $O_2$부피 $= 1kg \times \dfrac{10^3 g}{kg} \times \dfrac{1mol}{78g} \times \dfrac{0.5mol}{1mol} \times \dfrac{22.4L}{1mol} \times \dfrac{273+350}{273} \times \dfrac{760}{720} = 345.88L$

**비고** 현재의 답안지와 같이 기재해도 되고, 보다 세밀하게 작성하려면 하단의 "세밀답안"처럼 공식을 포함한 단위의 정산과정을 알 수 있도록 명료하게 기재하여도 된다.

**세밀답안**
$Na_2O_2 \rightarrow Na_2O + 0.5O_2$
$\quad 1mol \quad : \quad\quad 0.5mol$

- $O_2$부피 $= 1kg \times \dfrac{10^3 g}{kg} \times \dfrac{1mol}{78g} \times \dfrac{0.5mol}{1mol} \times \dfrac{22.4L}{1mol} = 143.59L$

$\therefore O_2^* = 143.59L \times \dfrac{273+350}{273} \times \dfrac{760}{720} = 345.88L$

**보충** 과산화나트륨의 화학식은 $Na_2O_2$이다. 이것이 분해 될 경우, 이승원의 반응규칙 중 "환원 우선"을 적용하면 $Na_2O_2$를 구성하고 있을 때의 Na의 산화수가 +2가인 것이 +1가로 낮아지는 환원반응이 일어나므로 Na는 $Na_2O$로 분해하게 된다. 따라서 다음과 같이 열분해 반응식을 조각할 수 있다.

$\square \ Na_2O_2 \rightarrow Na_2O + $ 부생물(?)
$\rightarrow$ 반응계의 미반응 원소는 O 1개, $\rightarrow$ 부생물로 방출 ($\therefore$ 부생물 $= 0.5O_2$)

〈완성〉 $Na_2O_2 \rightarrow Na_2O + 0.5O_2$
$\quad\quad 1mol \quad : \quad\quad 0.5 mol$

350℃, 720mmHg에서 과산화나트륨(분자량 78) 1kg이 열분해하여 발생하는 산소의 부피(L)는 다음과 같이 계산할 수 있다. 부피에 대한 온도와 압력보정은 보일-샤를의 법칙(Boyle-Charle's Law)을 적용한다.

$\square$ 산소량 $= Na_2O_2$량 $\times$ 반응비$\left(\dfrac{O_2}{Na_2O_2}\right)$

$\therefore$ 산소량(L) $= 1kg \times \left(\dfrac{0.5 \times 22.4 m^3}{1 \times 78 kg}\right) \times \dfrac{273+350}{273} \times \dfrac{760}{720} \times 1000 = 345.88L$

## 참고

이 문제의 첫 번째 Blockage는 "과산화나트륨"이라는 한글 명칭을 화학식으로 전환하는 것이고, 두 번째 Blockage는 이 물질이 열분해하였을 때 발생하는 산소를 부피로 환산하는 것이며, 세 번째 Blockage는 발생되는 가스의 부피를 표준상태가 아닌 실측상태(350℃, 720mmHg)의 부피로 환산하기 위해 온도와 압력을 보정하는 과정을 통과하여야 한다.

과산화나트륨($Na_2O_2$)은 제1류 위험물(산화성 고체) 중 품명이 **무기과산화물**에 속하며, 지정수량 50kg, 위험등급 Ⅰ등급으로 지정·관리되고 있는 물질이다.

### [시범풀이]

**첫 번째**,

앞에서 학습한 것을 복기하면, 과산화나트륨에서 "과"를 떼 내면 "산화나트륨"이 된다. 나트륨은 양이온 1가($Na^+$), 산소는 음이온 2가($O^{2-}$)이므로 산화물을 형성하기 위해서는 등가결합 원칙에 따라 나트륨과 산소의 구성은 2 : 1 즉 $2Na^+ : O^{2-} = Na_2O$로 된다.

과산화(過酸化, Peroxidation)라는 이름은 표준적인 산소 화합물보다 많은 산소를 가지고 있을 때 붙이는 것이므로 **과산화나트륨**은 **산화나트륨**($Na_2O$)에 산소(O) 하나를 더 추가한 것으로 분자식은 $Na_2O_2$로 된다는 것을 알 수 있다.

**두 번째**,

열분해는 말 그대로 온도(460℃ 이상)의 영향을 받아 분해하는 것이므로 상대 반응물이 별도로 존재하지 않는다. $Na_2O_2$가 열분해되면 과산화 될 때 결합한 산소가 떨어져 나간다. 산소가 모두 떨어져 나간다면 나트륨 이온이 되는 것이므로 그런 일은 일어나지 않는다. 그러므로 다음과 같이 간단하게 반응식을 완성할 수 있다.

$$Na_2O_2 \rightarrow Na_2O + 0.5O_2$$

**세 번째**,

앞의 반응식을 토대로 비례식을 적용한다. 과산화나트륨($Na_2O_2$)의 g분자량은 $23 \times 2 + 16 \times 2 = 78g$이다. 열분해 할 때 과산화나트륨 1kg 당 생성된 산소($O_2$)를 표준상태가 아닌 350℃, 720mmHg의 실측상태 부피(L)로 환산하기 위해서는 발생되는 $O_2$ 기체의 표준상태 환산인자인 1mol=32g=22.4L을 적용하고, 표준상태 산소부피를 실측상태로 환산하기 위해서는 보일-샤를의 법칙(Boyle-Charle's Law)을 적용한다. 이때 표준 1기압은 760mmHg라는 것을 알아두도록!!

$$Na_2O_2 \rightarrow Na_2O + 0.5O_2$$
$$1mol \quad : \quad 0.5mol$$

- $O_2$ 부피 $= 1kg \times \dfrac{10^3 g}{kg} \times \dfrac{1mol(Na_2O_2)}{78g(Na_2O_2)} \times \dfrac{0.5mol(O_2)}{1mol(Na_2O_2)} \times \dfrac{22.4L(O_2)}{1mol(O_2)} = 143.59L$

- $V_2 = V_1 \times \dfrac{T_2}{T_1} \times \dfrac{P_1}{P_2}$

$\therefore O_2^* = 143.59L \times \dfrac{273+350}{273} \times \dfrac{760}{720} = 345.88L$

**04** 답안 (1) $O_2 = \dfrac{78g}{78g} \times 0.5 = 0.5\,\text{mol}$

(2) $H_2 = \dfrac{42g}{42g} \times 2 = 2\,\text{mol}$

비고 현재의 답안지와 같이 기재해도 되고, 보다 세밀하게 작성하려면 하단의 "세밀답안"처럼 공식을 포함한 단위의 정산과정을 알 수 있도록 명료하게 기재하여도 된다.

세밀답안 (1) 과산화나트륨과 물의 반응 : $Na_2O_2 + H_2O \rightarrow 2NaOH + 0.5O_2$
　　　　　　　　　　　　　　　　　　 1mol　　　　　　　　：　　0.5mol

∴ $O_2\,(\text{mol}) = 78g \times \dfrac{1\,\text{mol}}{78g} \times \dfrac{0.5\,\text{mol}}{1\,\text{mol}} = 0.5\,\text{mol}$

(2) 수소화칼슘과 물의 반응 : $CaH_2 + 2H_2O \rightarrow Ca(OH)_2 + 2H_2$
　　　　　　　　　　　　　　　　　1mol　　　　　　　　：　　　　　　2mol

∴ $H_2\,(\text{mol}) = 42g \times \dfrac{1\,\text{mol}}{42g} \times \dfrac{2\,\text{mol}}{1\,\text{mol}} = 2\,\text{mol}$

보충 과산화나트륨의 화학식은 $Na_2O_2$(분자량 78)이고, 물과 반응하는 경우, 이승원의 반응규칙 중 "수산화물" 우선을 적용, 즉 2NaOH를 발생하므로 다음과 같이 반응식을 조각할 수 있다.

ㅁ $Na_2O_2 + H_2O \rightarrow 2NaOH +$ 부생물( ? )
→ 반응계 미반응 원소는 O 1개, → 부생물로 방출 ∴ 부생물 $= 0.5O_2$
⟨완성⟩ $Na_2O_2 + H_2O \rightarrow 2NaOH + 0.5O_2$
　　　　　 1mol　　　　　：　　　0.5mol

1기압, 30℃에서 발생하는 기체의 몰 수는 다음과 같이 계산한다. 이때 온도와 압력은 무관한 인자이다.

ㅁ 기체 $\text{mol} = Na_2O_2$ 량 $\times$ 반응비$\left(\dfrac{\text{산소}}{Na_2O_2}\right)$

ㅁ 기체 $\text{mol} = 78g \times \left(\dfrac{0.5\,\text{mol}}{1 \times 78g}\right) = 0.5\,\text{mol}$

수소화칼슘의 화학식은 $CaH_2$(분자량 42)이고, 물과 반응하는 경우, 이승원의 반응규칙 중 "수산화물" 우선을 적용, 즉 $Ca(OH)_2$를 발생하므로 다음과 같이 반응식을 조각할 수 있다.

ㅁ $CaH_2 + H_2O \rightarrow Ca(OH)_2 +$ 부생물( ? )
→ 생성계의 O 2개, → 반응계에 이를 반영 ∴ $H_2O = 2H_2O$
⇨ $CaH_2 + 2H_2O \rightarrow Ca(OH)_2 +$ 부생물( ? )
→ 반응계의 미반응 원소는 H 4개, → 부생물로 방출 ∴ 부생물 $= 2H_2$
⟨완성⟩ $CaH_2 + 2H_2O \rightarrow Ca(OH)_2 + 2H_2$
　　　　　 1mol　　　　　：　　　　　　2mol

1기압, 30℃에서 발생하는 기체의 몰 수는 다음과 같이 계산한다. 이때 온도와 압력은 무관한 인자이다.

ㅁ 기체 $\text{mol} = CaH_2$ 량 $\times$ 반응비$\left(\dfrac{\text{수소}}{CaH_2}\right)$

ㅁ 기체 $\text{mol} = 42g \times \left(\dfrac{2\,\text{mol}}{1 \times 42g}\right) = 2\,\text{mol}$

## ∎참고∎

이 문제의 첫 번째 Blockage는 "과산화나트륨"과 "수소화칼슘"이라는 한글 명칭을 화학식으로 전환하는 것이며, 두 번째 Blockage는 이 물질이 물과 반응하였을 때 발생하는 기체의 mol수를 구하는 것이며, 세 번째 Blockage는 발생된 가스의 mol을 표준상태가 아닌 실측상태(30℃, 1기압)로 정산한 다음 답안지에 기재해 달라고 주문하고 있다.

첫 번째,
과산화나트륨과 물의 반응이다. 과산화나트륨에서 "과"를 떼 내면 "산화나트륨"이 된다. 나트륨은 양이온 1가($Na^+$), 산소는 음이온 2가($O^{2-}$)이므로 산화물을 형성하기 위해서는 등가결합 원칙에 따라 나트륨과 산소의 구성은 2 : 1 즉 $2Na^+ : O^{2-} = Na_2O$(산화나트륨)이고, 여기에 산소를 추가하면 $Na_2O_2$가 되므로 이 명칭은 산화나트륨에 "과"를 붙여서 **과산화나트륨**($Na_2O_2$, $23 \times 2 + 16 \times 2 = 78g$)으로 명명한다. 앞에서 학습한 것과 같이 물과의 반응은 모두 **수산화물**에 초점을 맞추면 반응식을 유도하기 쉽다.

- □ 반응식 기초 : $Na_2O_2 + bH_2O \rightarrow 2NaOH +$ 부생물
  - 반응계 O $(2+b)$개 〉 생성계 O 2개 → 남는 산소는 생성계의 부생물에 반영
  - ※ O가 남은 경우, $O_2$를 적용하여 부생물의 분자식을 만들어 완성함
    - ➡ $Na_2O_2 + H_2O \rightarrow 2NaOH + 0.5O_2$

이 반응식을 토대로 과산화나트륨 78g이 물과 반응할 때 생성되는 기체 mol수를 구하면;

- $Na_2O_2 \rightarrow Na_2O + 0.5O_2$
  
  1mol : 0.5mol

$$\therefore O_2 (mol) = 78g \times \frac{1mol(Na_2O_2)}{78g(Na_2O_2)} \times \frac{0.5mol(O_2)}{1mol(Na_2O_2)} = 0.5\,mol$$

발생된 가스의 mol을 표준상태가 아닌 실측상태(30℃, 1기압)로 정산한 다음 답안지에 기재해 달라고 주문하고 있지만 이것은 함정(Trap)이다. 왜냐하면 부피단위(L, $m^3$ 등)일 때만 온도와 압력에 대한 보정이 필요하다. 질량(g, kg 등) 또는 물질량(mol)은 온도와 압력에 변화되지 않기 때문이다. 따라서 정답은 0.5mol이 된다.

두 번째,
수소화칼슘과 물의 반응이다. "수소화"에서 "화"를 쓴다는 것은 수소가 "단원자 음이온"으로 결합되어 있다는 의미이다. 통상적으로 수소(H)의 산화수는 +1을 쓴다. 그러나 산화수 규칙에 따르면 금속과 결합할 경우, 수소의 산화수는 -1이 된다.

따라서 수소화칼슘을 형성하기 위해서는 등가결합 원칙에 따라 칼슘과 수소의 구성은 1 : 2 즉 $Ca^{2+} : 2H^- = CaH_2$(수소화칼슘)으로 되어야만 한다. 수소화칼슘의 g분자량은 $40 + 1 \times 2 = 42$이다.

수소화칼슘과 물의 반응에서 ➡ 앞선 학습에서 모든 위험물이 물($H_2O$)과 반응할 경우, "수산화물(水酸化物)을 형성하면서 부생물이 발생한다."고 강조해 왔다. 수소화칼슘($CaH_2$)과 물($H_2O$)의 반응에서 칼슘은 양이온 2가($Ca^{2+}$), 물에서 제공되는 수산화이온($OH^-$)은 음이온 1가이므로 등가결합 원칙에 따라 이들이 결합한 수산화물의 구성은 1 : 2 즉 $Ca^{2+} : 2OH^- = Ca(OH)_2$로 된다.

- □ 반응식 기초 : $CaH_2 + bH_2O \rightarrow Ca(OH)_2 +$ 부생물
  - 생성계 O 2개 → 반응계 O 2개 → ∴ $b = 2$
    - ➡ $CaH_2 + 2H_2O \rightarrow Ca(OH)_2 +$ 부생물
  - 생성계 H 6개 → 생성계 H 2개 → 남는 수소는 생성계의 부생물에 반영
  - ※ H가 남은 경우, $H_2$를 적용하여 부생물의 분자식을 만들어 완성함
    - ➡ $CaH_2 + 2H_2O \rightarrow Ca(OH)_2 + 2H_2$

이 반응식을 토대로 $CaH_2$(분자량 42) 42g이 물과 반응할 때 생성되는 기체 mol수를 구하면;

$$CaH_2 + 2H_2O \rightarrow Ca(OH)_2 + 2H_2$$
$$\quad 1mol \quad : \quad\quad\quad\quad\quad\quad 2mol$$

$$\therefore H_2(mol) = 42g \times \frac{1mol(CaH_2)}{42g(CaH_2)} \times \frac{2mol(H_2)}{1mol(CaH_2)} = 2mol$$

## 05

**답안** ① $Na_2O$, $O_2$　② $2Na_2O_2 + 2CO_2 \rightarrow O_2 + 2Na_2CO_3$

**보충** 과산화나트륨($Na_2O_2$)은 산화성고체로서 제1류 위험물(무기과산화물류)로 분류되며, 지정수량 50kg이다. 불연성이며, 무기화합물로서 강산화제로 작용하고, 다량의 산소를 함유하고 있는 산화제이므로 분해하면 산소를 방출한다.

## 06

**답안** $2MgO_2 + 2H_2O \rightarrow O_2 + 2Mg(OH)_2$

**보충** 과산화마그네슘($MgO_2$)은 과산화나트륨($Na_2O_2$)과 마찬가지로 산화성고체로서 제1류 위험물(무기과산화물류)로 분류되며, 지정수량 50kg이다. 불연성이며, 무기화합물로서 강산화제로 작용하고, 다량의 산소를 함유하고 있는 산화제이므로 분해하면 산소를 방출한다.

$$2MgO_2 \xrightarrow[\text{산소 발생, 발열}]{\text{수분}(H_2O)\ 2mol과\ 반응} O_2 + 2Mg(OH)_2$$

$$MgO_2 \xrightarrow[\text{과산화수소 발생}]{\text{강산}(HCl\ 2mol과\ 반응)} H_2O_2 + MgCl_2$$

### 개념문제

**탄화칼슘에 대하여 다음 물음에 답하시오.**　　　　　　　[04,07,08,09,14,17,18,19,21]

(1) 물과의 화학반응식을 쓰시오.
(2) 반응 생성가스의 명칭과 연소범위를 쓰시오.
(3) 반응 생성가스의 연소반응식을 쓰시오.

**답안지**　(1) 물과의 화학반응 : $CaC_2 + 2H_2O \rightarrow Ca(OH)_2 + C_2H_2$
　　　　　(2) 반응 생성가스의 명칭과 연소범위 : 아세틸렌, LEL 2.5% ~ UEL 81%
　　　　　(3) 반응 생성가스의 연소반응 : $C_2H_2 + 2.5O_2 \rightarrow 2CO_2 + H_2O$

**해설** 탄화칼슘은 카바이드(Carbide)라고도 하는 물질로 화학식은 $CaC_2$이다. 물과 반응할 경우, 이승원의 반응규칙 중 "수산화물" 우선을 적용한다. 칼슘의 수산화물은 $Ca(OH)_2$이므로 다음과 같이 반응식을 조각할 수 있다.

- $CaC_2 + H_2O \to Ca(OH)_2 + $ 부생물( ? )
  - → 생성계의 O 2개, → 반응계에 이를 반영 ∴ $H_2O = 2H_2O$
- ⇨ $CaC_2 + 2H_2O \to Ca(OH)_2 + $ 부생물( ? )
  - → 반응계 미반응 원소는 C 2개, H 2개 → 부생물로 방출 ∴ 부생물 $= C_2H_2$

〈완성〉 $CaC_2 + 2H_2O \to Ca(OH)_2 + C_2H_2$

반응 생성가스의 명칭은 아세틸렌(에타인)이며, 연소범위는 2.5%~81%이다. 생성가스의 연소반응은 이승원의 반응규칙 중 "기준 산화물" 우선을 적용한다. $C_2H_2$ 중 탄소 2개는 $2CO_2$로, 수소 2개는 $H_2O$로 산화되므로 다음과 같이 반응식을 조각할 수 있다.

- $C_2H_2 + x\,O_2 \to 2CO_2 + H_2O$
  - → 생성계의 O 5개, → 반응계에 이를 반영 ∴ $x\,O_2 = 2.5\,O_2$

〈완성〉 $C_2H_2 + 2.5\,O_2 \to 2CO_2 + H_2O$

※ 각 항에 2를 곱하여 $2C_2H_2 + 5O_2 \to 4CO_2 + 2H_2O$로 기재하여도 됨

**참고**

**상세해설** 탄화칼슘의 명명에서 "화"라고 하였으므로 **단원자 음이온이 결합되어 있다는** 의미이다. 즉, "탄화"라고 하였으므로 탄소(C)의 음이온이 칼슘(Ca) 양이온과 결합되어 분자를 구성하고 있다는 것이다.

탄화칼슘에서 −4가인 탄소와 +2가인 칼슘이 결합된 물질이므로 탄소가 양이온 2가인 칼슘이온($Ca^{2+}$)과 결합하기 위해서는 음이온 2가로 전환되어야 하므로 탄소는 이중결합($-C=C-$)을 하여 음이온 2가인 상태에서 칼슘이온과 결합된다. 그러므로 분자식은 $CaC_2$가 된다.

[시범풀이]

첫 번째,

물과의 화학반응에서 칼슘(Ca)은 양이온 2가($Ca^{2+}$)이고, 이와 반응하는 수산화 이온($OH^-$)은 1가 음이온이므로 등가원칙에 따라 이들이 결합한 수산화물의 구성은 1 : 2 즉 $Ca^{2+} : 2OH^- = Ca(OH)_2$로 되어야 한다.

- 반응식 기초 : $CaC_2 + b\,H_2O \to Ca(OH)_2 + $ 부생물
  - 생성계 O 2개 → 반응계도 동일해야 하므로 → ∴ $b\,H_2O = 2H_2O$
    ➡ $CaC_2 + 2H_2O \to Ca(OH)_2 + $ 부생물
  - 반응계 탄소 2개, H 2개 남음 → 이를 생성계의 부생물에 반영
    ※ C, H가 남은 경우, $C_nH_{2n}$ 아니면 $C_nH_{2n+2}$를 적용하여 부생물의 분자식을 만들어 완성함

〈완성〉 $CaC_2 + 2H_2O \to Ca(OH)_2 + C_2H_2$

반응 후 생성가스는 아세틸렌(Acetylene, 에틴, $C_2H_2$)이다. 아세틸렌(에틴)($C_2H_2$)과 에틸렌(에텐, Ethylene, $C_2H_4$)은 분자식으로 쉽게 구분할 수 있으나 한글 명칭으로 부를 때는 혼동하기 쉽다. 그래서 수소(H)를 기준으로 "아에 이사(24)간다"로 기억 해 두면 효과를 볼 수 있다.

두 번째,
반응 생성가스의 명칭과 연소범위에서 탄화칼슘($CaC_2$)과 물이 반응하여 생성되는 가스는 아세틸렌(Acetylene, 에틴, $C_2H_2$)이다. 아세틸렌(에틴)의 연소범위는 하한(LEL) 2.5%, 상한(UEL) 81%로 위험도가 매우 높다.

| 물질명 | 연소범위(용량%) | |
|---|---|---|
| | 하한(LEL) | 상한(UEL) |
| 톨루엔 | 1.27 | 7.0 |
| 에틸에테르 | 1.9 | 48 |
| 아세톤 | 2 | 13 |
| 에틴(아세틸렌) | 2.5 | 82 |
| 에텐(에틸렌) | 3.0 | 33.5 |

**이승원의 위험물 연소범위 암기법**

- 낮엔(1.3) / 멘발에 부아로 살아세 / 네코(3)수염 / 메시(5) 메알산으로 암(알았음)(15.7)
- 낮엔 : 하한(LEL) 톨루엔(1.3)
- 멘발에 부아로 살아세 : 벤젠·휘발유(1.4), 에틸에테르(1.9), 부탄(1.8), 아세톤(2), 프로판(2.1) 산화프로필렌, 아세틸렌(2.5)
- 네코(3)수염 : 네코[에탄, 에틸렌, 산화에틸렌(3), 에틸알코올(3.5)] 수소(4), 황화수소(4.3)
- 메시 메알산으로 암(알았음) : 메탄(5), 시안화수소(5.6), 메틸알코올(7.3), 일산화탄소(12), 암모니아(15.7)

- 놈팽이(82) 아세끼 / 일수에라 / 황안한 메모에 / C(1,2,3,4)발 제로(7)
- 놈팽이 아세끼 : 상한(UEL) 팽이(82)(아세틸렌), 끼(산화에틸렌)(80)
- 일수에라 : 일산화탄소(75), 수소(74.5), 에틸에테르(48)
- 황안한 메모에 : 황화수소(45), 시안화수소(40), 산화프로필렌(38.5), 메틸알코올(36), 암모니아(27.4), 에틸알코올(20)
- C(1,2,3,4)발 제로 : 메탄(15), 에탄(12.5), 프로판(9.5), 부탄(8.4), 휘발유(7.6), 벤젠(7.1), 톨루엔(7)

**위험도** : 발생가스의 위험도 산정은 연소범위(폭발범위, 2.5% ~ 81%)를 이용하여 하한을 기준으로 하여 하한과 상한의 차이가 하한의 몇 배에 해당하는가를 나타낸다. 따라서 다음과 같이 산정할 수 있다.

$$\square \text{ 위험도} = \frac{\text{상한 값} - \text{하한 값}}{\text{하한 값}} = \frac{81 - 2.5}{2.5} = 31.4$$

세 번째,
생성가스의 연소반응식 작성에서 생성되는 가스는 $C_2H_2$이고, 분자내의 탄소(C)는 산소에 의해 이산화탄소($CO_2$)로 산화되고, 수소(H)는 산소에 의해 물($H_2O$)로 산화되므로 다음과 같이 연소반응식을 만들 수 있다.

- □ 반응식 기초 : $C_2H_2 + b(O_2) \rightarrow 2CO_2 + H_2O$
  - 생성계 O 5개 → ∴ $bO_2 = 2.5O_2$이어야 함 → $C_2H_2 + 2.5O_2 \rightarrow 2CO_2 + H_2O$
  - H, S, O 수지(반응계=생성계이므로 ok)
- 〈완성〉 $C_2H_2 + 2.5O_2 \rightarrow 2CO_2 + H_2O$

답안지는 문제의 주문사항을 빠짐없이 한 번 더 체크한 후 간단명료하게 기재하도록 하여야 한다.

 **개념문제**

트라이메틸알루미늄과 트라이에틸알루미늄에 대한 다음 물음에 답하시오. [09,11,13,14,17②,18,19,20②]
(1) 트라이메틸알루미늄(TMA)의 연소반응식을 쓰시오.
(2) 트라이에틸알루미늄(TEA)의 연소반응식을 쓰시오.
(3) 트라이메틸알루미늄과 물의 반응식을 쓰시오.
(4) 트라이에틸알루미늄과 물의 반응식을 쓰시오.

**답안지** (1) TMA의 연소반응 : $Al(CH_3)_3 + 6O_2 \rightarrow \frac{1}{2}(Al_2O_3) + 3CO_2 + 4.5H_2O$

(2) TEA의 연소반응 : $Al(C_2H_5)_3 + 10.5O_2 \rightarrow \frac{1}{2}(Al_2O_3) + 6CO_2 + 7.5H_2O$

(3) TMA와 물의 반응 : $Al(CH_3)_3 + 3H_2O \rightarrow Al(OH)_3 + 3CH_4$

(4) TEA와 물의 반응 : $Al(C_2H_5)_3 + 3H_2O \rightarrow Al(OH)_3 + 3C_2H_6$

**해설** 트라이메틸알루미늄(트리메틸알루미늄)의 화학식은 $Al(CH_3)_3$이다. 이것의 연소반응은 이승원의 반응규칙 중 "기준 산화물" 우선을 적용한다. 알루미늄의 기준 산화물은 산화알루미늄($Al_2O_3$)이고, 탄소는 $CO_2$, 수소는 $H_2O$로 산화되므로 다음과 같이 연소반응식을 조각할 수 있다.

□ $2Al(CH_3)_3 + xO_2 \rightarrow Al_2O_3 + 6CO_2 + 9H_2O$

→ 생성계의 O 24개, → 반응계에 이를 반영 ∴ $xO_2 = 12O_2$

〈완성〉 $2Al(CH_3)_3 + 12O_2 \rightarrow Al_2O_3 + 6CO_2 + 9H_2O$

※ TMA 1mol을 기준으로 $Al(CH_3)_3 + 6O_2 \rightarrow (1/2)Al_2O_3 + 3CO_2 + 4.5H_2O$로 기재해도 됨

트라이에틸알루미늄(트리에틸알루미늄)의 화학식은 $Al(C_2H_5)_3$이다. 이것의 연소반응은 이승원의 반응규칙 중 "기준 산화물" 우선을 적용한다. 알루미늄의 기준 산화물은 산화알루미늄($Al_2O_3$)이고, 탄소는 $CO_2$, 수소는 $H_2O$로 산화되므로 다음과 같이 연소반응식을 조각할 수 있다.

□ $2Al(C_2H_5)_3 + xO_2 \rightarrow Al_2O_3 + 12CO_2 + 15H_2O$

→ 생성계의 O 42개, → 반응계에 이를 반영 ∴ $xO_2 = 21O_2$

〈완성〉 $2Al(C_2H_5)_3 + 21O_2 \rightarrow Al_2O_3 + 12CO_2 + 15H_2O$

※ TEA 1mol을 기준으로 $Al(C_2H_5)_3 + 10.5O_2 \rightarrow (1/2)Al_2O_3 + 6CO_2 + 7.5H_2O$로 기재해도 됨

트라이메틸알루미늄[$Al(CH_3)_3$]과 물($H_2O$)의 반응은 이승원의 반응규칙 중 "수산화물" 우선을 적용한다. 알루미늄의 수산화물은 수산화알루미늄[$Al(OH)_3$]이므로 다음과 같이 반응식을 조각할 수 있다.

□ $Al(CH_3)_3 + xH_2O \rightarrow Al(OH)_3 + $ 부생물( ? )

→ 생성계의 O 3개, → 반응계에 이를 반영 ∴ $xH_2O = 3H_2O$

⇨ $Al(CH_3)_3 + 3H_2O \rightarrow Al(OH)_3 + $ 부생물( ? )

→ 반응계 미반응 원소는 C 3개, H 12개 → 부생물로 방출 ∴ 부생물 $= 3CH_4$

〈완성〉 $Al(CH_3)_3 + 3H_2O \rightarrow Al(OH)_3 + 3CH_4$

트라이에틸알루미늄[$Al(C_2H_5)_3$]과 물($H_2O$)의 반응은 이승원의 반응규칙 중 "수산화물" 우선을 적용한다. 알루미늄의 수산화물은 수산화알루미늄[$Al(OH)_3$]이므로 다음과 같이 반응식을 조각할 수 있다.

□ $Al(C_2H_5)_3 + x\,H_2O \rightarrow Al(OH)_3 +$ 부생물(?)
→ 생성계의 O 3개, → 반응계에 이를 반영 ∴ $x\,H_2O = 3H_2O$
⇨ $Al(C_2H_5)_3 + 3H_2O \rightarrow Al(OH)_3 +$ 부생물(?)
→ 반응계 미반응 원소는 C 6개, H 18개 → 부생물로 방출 ∴ 부생물 $= 3C_2H_6$

〈완성〉 $Al(C_2H_5)_3 + 3H_2O \rightarrow Al(OH)_3 + 3C_2H_6$

## ▌참고 ▌

 이 문제의 첫 번째 Blockage는 한글 명칭을 화학식으로 나타낼 수 있어야 한다. **트라이메틸알루미늄**(Trimethyl-aluminium)에서 "트라이(tri)메틸"은 메틸기(Methyl Group)가 3개라는 의미($3CH_3-$)이고, 이것이 알루미늄(Al)과 결합하고 있음을 의미한다. 알루미늄은 +3가이므로 음이온의 메틸기($CH_3-$) 3개는 알루미늄을 중심원소로 하여 집중결합하는 구조를 갖는다. 그러므로 트라이메틸알루미늄의 화학식은 $Al(CH_3)_3$이 된다.

**트라이에틸알루미늄**에서 "트라이(tri)에틸"은 에틸기(Ethyl Group)가 3개라는 의미($3C_2H_5-$)이고, 이것이 알루미늄(Al)과 결합하고 있음을 의미한다. 알루미늄은 +3가이므로 음이온의 에틸기($C_2H_5-$) 3개는 알루미늄을 중심원소로 하여 집중결합하는 구조를 갖는다. 그러므로 트라이에틸알루미늄(Triethylaluminium)의 화학식은 $Al(C_2H_5)_3$이다.

트라이에틸알루미늄, 트라이메틸알루미늄은 모두 **알킬알루미늄**(Alkylaluminium)에 속한다. 알킬알루미늄은 알킬기(R)와 알루미늄(Al)의 화합물(R-Al)을 총칭하며, 여기에는 전술된 물질 이외에 트라이프로필알루미늄, 트라이부틸알루미늄 등 다양하게 존재한다.

알킬알루미늄(Alkylaluminium)은 **제3류 위험물**(자연발화성 물질 및 금수성 물질)로서 지정수량 10kg으로 칼륨, 나트륨, 알킬리튬과 함께 위험등급 I등급으로 지정·관리되는 물질이며, 알킬알루미늄, 알킬리튬은 물 또는 공기와 접촉하면 폭발하기 때문에 헥산(헥세인, Hexane, $C_{16}H_{14}$) 속에 저장한다.

$$CH_3-Al(CH_3)-CH_3$$

〈그림〉 트라이에틸알루미늄

**[시범풀이]**

**첫 번째**,

트라이메틸알루미늄의 연소반응에서, Al은 산화되어 $Al_2O_3$가 되므로 $Al(CH_3)_3$ 중의 알루미늄(Al)은 양이온 3가($Al^{3+}$)이고, 상응하는 음이온 2가인 산소($O^{2-}$)에 의해 연소산화되어 산화물을 형성할 때 등가원칙과 교호적용의 원리에 따라 Al의 산화물 구성은 2 : 3 즉 $2Al^{3+} : 3O^{2-} = Al_2O_3$로 되어야 하고, C는 연소되어 $CO_2$로, H는 연소되어 $H_2O$로 된다.

□ 반응식 기초 : $Al(CH_3)_3 + bO_2 \rightarrow \frac{1}{2}(Al_2O_3) + 3CO_2 + 4.5H_2O$

• 생성계 O 12개 ⇌ 반응계의 산소도 같은 양이어야 하므로 ∴ $b = 6$

→ $Al(CH_3)_3 + 6O_2 \rightarrow \frac{1}{2}(Al_2O_3) + 3CO_2 + 4.5H_2O$

〈완성〉 $Al(CH_3)_3 + 6O_2 \rightarrow \frac{1}{2}(Al_2O_3) + 3CO_2 + 4.5H_2O$

두 번째,

트라이에틸알루미늄의 연소반응에서 Al은 산화되어 $Al_2O_3$가 되므로 $Al(C_2H_5)_3$ 중의 알루미늄(Al)은 양이온 3가($Al^{3+}$)이므로, 음이온 2가인 산소($O^{2-}$)에 의해 연소되어 산화물을 형성할 때, 등가원칙과 교호적용의 원리에 따라 Al의 산화물 구성은 2 : 3 즉 $2Al^{3+} : 3O^{2-} = Al_2O_3$로 되어야 하고, C는 연소되어 $CO_2$로, H는 연소되어 $H_2O$로 된다.

- □ 반응식 기초 : $Al(C_2H_5)_3 + bO_2 \rightarrow \frac{1}{2}(Al_2O_3) + 6CO_2 + 7.5H_2O$
- 생성계 O 21개 ⇌ 반응계의 산소도 같은 양이어야 하므로 ∴ $b = 10.5$
  → $Al(C_2H_5)_3 + 10.5O_2 \rightarrow \frac{1}{2}(Al_2O_3) + 6CO_2 + 7.5H_2O$

〈완성〉 $Al(C_2H_5)_3 + 10.5O_2 \rightarrow \frac{1}{2}(Al_2O_3) + 6CO_2 + 7.5H_2O$

세 번째,

트라이메틸알루미늄과 물의 반응에서 메테인(메탄, $CH_4$)이 생성된다. $Al(C_2H_5)_3$ 중의 알루미늄(Al)은 양이온 3가($Al^{3+}$)이고, 이와 반응하는 $H_2O$에서 제공되는 수산화 이온($OH^-$)은 1가 음이온이므로 등가원칙에 따라 이들이 결합한 수산화물의 구성은 1 : 3 즉 $Al^{3+} : 3OH^- = Al(OH)_3$로 되어야 한다.

- □ 반응식 기초 : $Al(CH_3)_3 + bH_2O \rightarrow Al(OH)_3 +$ 부생물
- 생성계 O 3개 ⇌ 반응계 O $b \times 1$ 개 → ∴ 일단 $b = 3$을 적용해 봄
  → $Al(CH_3)_3 + 3H_2O \rightarrow Al(OH)_3 +$ 부생물
- 좌우 원소수지 비교 → 반응계 탄소(C) 3개, 수소(H) 12개 남음 → 이를 부생물에 반영

※ C, H가 남은 경우, $C_nH_{2n}$ 아니면 $C_nH_{2n+2}$를 적용하여 부생물의 분자식을 만들어 완성함

〈완성〉 $Al(CH_3)_3 + 3H_2O \rightarrow Al(OH)_3 + 3CH_4$

네 번째,

트라이에틸알루미늄과 물의 반응에서 에테인($C_2H_6$)이 생성된다. $Al(C_2H_5)_3$ 중의 알루미늄(Al)은 양이온 3가($Al^{3+}$)이고, 이와 반응하는 $H_2O$에서 제공되는 수산화 이온($OH^-$)은 1가 음이온이므로 등가원칙에 따라 이들이 결합한 수산화물의 구성은 1 : 3 즉 $Al^{3+} : 3OH^- = Al(OH)_3$로 되어야 한다.

- □ 반응식 기초 : $Al(C_2H_5)_3 + bH_2O \rightarrow Al(OH)_3 +$ 부생물
- 생성계 O 3개 ⇌ 반응계 O $b \times 1$ 개 → ∴ $b = 3$을 적용해 봄
  → $Al(C_2H_5)_3 + 3H_2O \rightarrow Al(OH)_3 +$ 부생물
- 좌우 원소수지 비교 → 반응계 탄소(C) 6개, 수소(H) 18개 남음 → 이를 부생물에 반영

※ C, H가 남은 경우, $C_nH_{2n}$ 아니면 $C_nH_{2n+2}$를 적용하여 부생물의 분자식을 만들어 완성함

〈완성〉 $Al(C_2H_5)_3 + 3H_2O \rightarrow Al(OH)_3 + 3C_2H_6$

## 유사문제

**01** 다음 위험물의 물과의 반응식을 쓰시오. [21]
  (1) 탄화칼슘
  (2) 탄화알루미늄

**02** 탄화알루미늄이 물과 접촉·반응할 때 발생하는 가스에 대해 다음 물음에 답하시오. [03,07,13,16,20②,21]
  (1) 발생가스의 화학식을 쓰시오.
  (2) 발생가스의 연소반응식을 쓰시오.
  (3) 발생가스의 연소범위를 쓰시오.
  (4) 발생가스의 위험도를 산정하시오.

**03** 탄화알루미늄에 대해 다음 물음에 답하시오. [22]
  (1) 물과의 반응식
  (2) 염산과의 반응식

**04** 다음 물질의 물과의 반응식을 쓰시오. [20]
  (1) 수소화알루미늄리튬
  (2) 수소화칼륨
  (3) 수소화칼슘

**05** 트라이에틸알루미늄과 메탄올은 폭발적으로 반응한다. 다음 물음에 답하시오. [05,11,14,22]
  (1) 메틸코올과의 반응식을 쓰시오.
  (2) 생성되는 기체의 연소반응식을 쓰시오.

**06** 트라이에틸알루미늄이 공기 중에서 자연발화하는 반응식을 쓰시오. [19]

**07** 트라이에틸알루미늄 228g이 물과 접촉·반응하고 있다. 다음 물음에 답하시오. [08,12,19,22]
  (1) 물과의 반응식을 쓰시오.
  (2) 표준상태에서 물과 반응할 때 발생하는 가연성 기체의 부피(L)를 구하시오.

## 유사문제 답안·해설

**01** **답안** (1) 탄화칼슘과 물의 반응 : $CaC_2 + 2H_2O \rightarrow Ca(OH)_2 + C_2H_2$
  (2) 탄화알루미늄과 물의 반응 : $Al_4C_3 + 12H_2O \rightarrow 4Al(OH)_3 + 3CH_4$

**보충** 탄화칼슘의 화학식은 $CaC_2$이고, 물과 반응할 경우, 이승원의 반응규칙 중 "수산화물" 우선을 적용하므로 다음과 같이 반응식을 조각할 수 있다.

  □ $CaC_2 + x\,H_2O \rightarrow Ca(OH)_2 + 부생물(?)$
  → 생성계의 O 2개, → 반응계에 이를 반영 ∴ $x\,H_2O = 2H_2O$
  ⇨ $CaC_2 + 2\,H_2O \rightarrow Ca(OH)_2 + 부생물(?)$
  → 반응계 미반응 원소는 C 2개, H 2개 → 부생물로 방출 ∴ 부생물 $= C_2H_2$
  〈완성〉 $CaC_2 + 2\,H_2O \rightarrow Ca(OH)_2 + C_2H_2$

탄화알루미늄의 화학식은 $Al_4C_3$이고, 물과 반응할 경우, 이승원의 반응규칙 중 "수산화물" 우선을 적용하므로 다음과 같이 반응식을 조각할 수 있다.

  □ $Al_4C_3 + x\,H_2O \rightarrow 4Al(OH)_3 + 부생물(?)$
  → 생성계의 O 12개, → 반응계에 이를 반영 ∴ $x\,H_2O = 12H_2O$
  ⇨ $Al_4C_3 + 12\,H_2O \rightarrow 4Al(OH)_3 + 부생물(?)$
  → 반응계 미반응 원소는 C 3개, H 12개 → 부생물로 방출 ∴ 부생물 $= 3CH_4$
  〈완성〉 $Al_4C_3 + 12\,H_2O \rightarrow 4Al(OH)_3 + 3CH_4$

■ **참고** ■

 이 문제의 첫 번째 Blockage는 "탄화칼슘", "탄화알루미늄"이라는 한글 명칭을 화학식으로 나타낼 수 있어야 한다. 우선, 탄화물이란 탄소와 그 보다 양성인 원소와의 화합물을 말하는 것으로 모두 탄소(C)와 결합된 화합물이다.

탄화칼슘에서 $-4$가인 탄소와 $+2$가인 칼슘이 결합된 물질이므로 탄소가 양이온 2가인 칼슘이온($Ca^{2+}$)과 결합하기 위해서는 음이온 2가로 전환되어야 하므로 탄소는 이중결합($-C\equiv C-$)을 하여 음이온 2가인 상태에서 칼슘이온과 결합된다. 그러므로 분자식은 $CaC_2$가 된다. 탄화칼슘($CaC_2$)은 제3류 위험물(자연발화성 및 금수성물질)로 지정수량 300kg, 위험등급 Ⅲ등급으로 지정·관리되는 물질이다.

탄화알루미늄에서 $-4$가인 탄소와 $+3$가인 알루미늄이 결합된 물질이므로 탄소가 양이온 3가인 알루미늄($Al^{3+}$)과 결합하기 위해서는 등가원칙에 따라 이들의 가수를 교호(交互)로 적용하여 화학식을 만들면 $Al_4C_3$로 된다. 탄화알루미늄($Al_4C_3$)은 제3류 위험물(자연발화성 및 금수성물질)로 지정수량 300kg, 위험등급 Ⅲ등급으로 지정·관리되는 물질이다.

이 문제의 두 번째 Blockage는 위험물과 물의 반응식 작성이다. 앞서 정리했지만 일반적으로 위험물은 물($H_2O$)과 반응할 경우, 수산화물(水酸化物)을 형성하면서 부생물이 발생한다. 이를 적용하여 물과의 반응식을 다음과 같이 만든다.

[시범풀이]

첫 번째,

탄화칼슘($CaC_2$)과 물($H_2O$)의 반응에서 칼슘(Ca)은 양이온 2가($Ca^{2+}$)이고, 이와 반응하는 수산화 이온($OH^-$)은 1가 음이온이므로 등가원칙에 따라 이들이 결합한 수산화물의 구성은 1 : 2 즉 $Ca^{2+} : 2OH^- = Ca(OH)_2$로 되어야 한다.

  □ 반응식 기초 : $CaC_2 + bH_2O \rightarrow Ca(OH)_2 +$ 부생물
  • 생성계 O 2개 ⇌ 반응계 O $b \times 1$개 → ∴ 일단 $b = 2$ 적용해 봄
    ➡ $CaC_2 + 2H_2O \rightarrow Ca(OH)_2 +$ 부생물
  • 좌우 원소수지 비교 → 반응계 탄소(C) 2개, 수소(H) 2개 남음 → 이를 부생물에 반영
    ※ C, H가 남은 경우, $C_nH_{2n}$ 아니면 $C_nH_{2n+2}$를 적용하여 부생물의 분자식을 만들어 완성함
  〈완성〉 $CaC_2 + 2H_2O \rightarrow Ca(OH)_2 + C_2H_2$

두 번째,

탄화알루미늄($Al_4C_3$)과 물($H_2O$)의 반응에서 알루미늄(Al)은 양이온 3가($Al^{3+}$)이고, 이와 반응하는 수산화 이온($OH^-$)은 1가 음이온이므로 등가원칙에 따라 이들이 결합한 수산화물의 구성은 1 : 3 즉 $Al^{3+} : 3OH^- = Al(OH)_3$로 되어야 한다.

  □ 반응식 기초 : $Al_4C_3 + bH_2O \rightarrow 4Al(OH)_3 +$ 부생물
  • 생성계 O 12개 ⇌ 반응계 O $b \times 1$개 → ∴ 일단 $b = 12$ 적용해 봄
    ➡ $Al_4C_3 + 12H_2O \rightarrow 4Al(OH)_3 +$ 부생물
  • 좌우 원소수지 비교 → 반응계 탄소(C) 3개, 수소(H) 12개 남음 → 이를 부생물에 반영
    ※ C, H가 남은 경우, $C_nH_{2n}$ 아니면 $C_nH_{2n+2}$를 적용하여 부생물의 분자식을 만들어 완성함
  〈완성〉 $Al_4C_3 + 12H_2O \rightarrow 4Al(OH)_3 + 3CH_4$

## 02

**답안**
(1) 발생가스 : $CH_4$

(2) 연소반응 : $CH_4 + 2O_2 \rightarrow CO_2 + 2H_2O$

(3) 연소범위 : 5% ~ 15%

(4) 위험도 : 위험도 = $\dfrac{15-5}{5} = 2$

**보충** 탄화알루미늄의 화학식은 $Al_4C_3$이고, 물과 반응할 경우, 이승원의 반응규칙 중 "수산화물" 우선을 적용하므로 다음과 같이 반응식을 조각할 수 있다.

- □ $Al_4C_3 + x\,H_2O \rightarrow 4Al(OH)_3 + $ 부생물 ( ? )
  - → 생성계의 O 12개, → 반응계에 이를 반영 ∴ $x\,H_2O = 12H_2O$
  - ⇨ $Al_4C_3 + 12\,H_2O \rightarrow 4Al(OH)_3 + $ 부생물 ( ? )
  - → 반응계 미반응 원소는 C 3개, H 12개 → 부생물로 방출 ∴ 부생물 = $3CH_4$
- ⟨완성⟩ $Al_4C_3 + 12\,H_2O \rightarrow 4Al(OH)_3 + 3CH_4$

발생가스는 메탄(메테인)이며, 연소범위는 5~15%이다. $CH_4$의 연소반응은 이승원의 반응규칙 중 "기준 산화물" 우선을 적용하므로 다음과 같이 반응식을 조각할 수 있다.

- □ $CH_4 + x\,O_2 \rightarrow CO_2 + 2H_2O$
  - → 생성계의 O 4개, → 반응계에 이를 반영 ∴ $x\,O_2 = 2O_2$
- ⟨완성⟩ $CH_4 + 2O_2 \rightarrow CO_2 + 2H_2O$

메탄(메테인) 가스의 연소범위는 5~15%이므로 다음과 같이 위험도를 산정할 수 있다.

- □ 위험도 = $\dfrac{15-5}{5} = 2$

**참고**

이 문제의 첫 번째 Blockage는 "**탄화알루미늄**"이라는 한글 명칭을 화학식으로 나타낼 수 있어야 한다. 우선, 탄화물이란 탄소와 그 보다 양성인 원소와의 화합물을 말하는 것으로 모두 탄소(C)와 결합된 화합물이다.

탄화알루미늄에서 -4가인 탄소와 +3가인 알루미늄이 결합된 물질이므로 탄소가 양이온 3가인 알루미늄($Al^{3+}$)과 결합하기 위해서는 등가원칙에 따라 이들의 가수를 교호(交互)로 적용하여 화학식을 만들면 $Al_4C_3$로 된다. 탄화알루미늄($Al_4C_3$)은 제3류 위험물(자연발화성 및 금수성물질)로 지정수량 300kg, 위험등급 Ⅲ등급으로 지정·관리되는 물질이다.

**[시범풀이]**

**첫 번째,**

탄화알루미늄과 물의 반응에서 생성되는 가스에서 알루미늄(Al)은 양이온 3가($Al^{3+}$)이고, 이와 반응하는 수산화이온($OH^-$)은 1가 음이온이므로 등가원칙에 따라 이들이 결합한 수산화물의 구성은 1 : 3 즉 $Al^{3+} : 3OH^- = Al(OH)_3$로 되어야 한다.

- □ 반응식 기초 : $Al_4C_3 + b\,H_2O \rightarrow 4Al(OH)_3 + $ 부생물
  - • 생성계 O 12개 ⇌ 반응계 O $b \times 1$ 개 → ∴ 일단 $b = 12$ 적용해 봄
    - ➡ $Al_4C_3 + 12H_2O \rightarrow 4Al(OH)_3 + $ 부생물
  - • 좌우 원소수지 비교 → 반응계 탄소(C) 3개, 수소(H) 12개 남음 → 이를 부생물에 반영
    - ※ C, H가 남은 경우, $C_nH_{2n}$ 아니면 $C_nH_{2n+2}$를 적용하여 부생물의 분자식을 만들어 완성함
- ⟨완성⟩ $Al_4C_3 + 12H_2O \rightarrow 4Al(OH)_3 + 3CH_4$  ∴ 발생하는 가스는 $CH_4$임

두 번째,

탄화알루미늄이 물과 반응하여 생성되는 가스는 메테인($CH_4$)이므로 $CH_4$의 연소반응식을 작성한다. 메테인이 연소될 경우 $CH_4$ 중의 탄소(C)는 $CO_2$로 산화되고, 수소(H)는 $H_2O$로 산화되므로 다음과 같이 연소반응식을 만들 수 있다.

- 반응식 기초 : $CH_4 + bO_2 \rightarrow CO_2 + 2H_2O$
  - 생성계 O 4개 → 반응계도 동일해야 하므로 → ∴ $bO_2 = 2O_2$

〈완성〉 $CH_4 + 2O_2 \rightarrow CO_2 + 2H_2O$

세 번째,

발생가스 메테인($CH_4$)의 연소범위(폭발범위)는 하한(LEL) 5% ~ 상한(UEL) 15%이다.

| 물질명 | 연소범위(용량%) | |
|---|---|---|
| | 하한(LEL) | 상한(UEL) |
| 메테인(메탄) | 5 | 15 |
| 에테인(에탄) | 3.0 | 12.5 |
| 프로페인(프로판) | 2.1 | 9.5 |
| 부테인(부탄) | 1.8 | 8.4 |

---

**● 이승원의 위험물 연소범위 암기법 ●**

- ■ 낮엔(1.3) / 멘발에 부아로 살아세 / 네코(3)수염 / 메시(5) 메알산으로 암(알았음)(15.7)
- 낮엔 : 하한(LEL) 톨루엔(1.3)
- 멘발에 부아로 살아세 : 벤젠·휘발유(1.4), 에틸에테르(1.9), 부탄(1.8), 아세톤(2), 프로판(2.1) 산화프로필렌, 아세틸렌(2.5)
- 네코(3)수염 : 네코[에탄, 에틸렌, 산화에틸렌(3), 에틸알코올(3.5)] 수소(4), 황화수소(4.3)
- 메시 메알산으로 암(알았음) : 메탄(5), 시안화수소(5.6), 메틸알코올(7.3), 일산화탄소(12), 암모니아(15.7)
- ■ 놈팽이(82) 아세끼 / 일수에라 / 황안한 메모에 / C(1,2,3,4)발 제로(7)
- 놈팽이 아세끼 : 상한(UEL) 팽이(82)(아세틸렌), 끼(산화에틸렌)(80)
- 일수에라 : 일산화탄소(75), 수소(74.5), 에틸에테르(48)
- 황안한 메모에 : 황화수소(45), 시안화수소(40), 산화프로필렌(38.5), 메틸알코올(36), 암모니아(27.4), 에틸알코올(20)
- C(1,2,3,4)발 제로 : 메탄(15), 에탄(12.5), 프로판(9.5), 부탄(8.4), 휘발유(7.3), 벤젠(7.1), 톨루엔(7)

---

네 번째,

발생가스의 위험도 산정은 연소범위(폭발범위, 5% ~ 15%)를 이용하여 하한을 기준으로 하여 하한과 상한의 차이가 하한의 몇 배에 해당하는 가를 나타낸다. 따라서 다음과 같이 산정할 수 있다.

- 위험도 = $\dfrac{\text{상한 값} - \text{하한 값}}{\text{하한 값}} = \dfrac{15 - 5}{5} = 2$

● 참고 ●

**탄화알루미늄의 연소반응**

탄화알루미늄(화학식, $Al_4C_3$)에서 3개의 탄소(C)는 $CO_2$로 산화된다. 즉 $3CO_2$를 생성한다. 알루미늄은 양이온 3가, 산소는 음이온 2가이므로 등가원칙에 따라 이들의 가수를 교호(交互)로 적용하여 화학식을 만들면 $Al_2O_3$으로 된다. 즉 알루미늄이 연소 산화되면 흔히 알루미나(Alumina)라고 하는 산화알루미늄($Al_2O_3$)이 된다.

▫ 반응식 기초 : $Al_4C_3 + bO_2 \rightarrow 2Al_2O_3 + 3CO_2$
- 생성계 O 12개 → 반응계도 동일해야 하므로 → ∴ $bO_2 = 6O_2$
➡ $Al_4C_3 + 6O_2 \rightarrow 2Al_2O_3 + 3CO_2$

〈완성〉 $Al_4C_3 + 6O_2 \rightarrow 2Al_2O_3 + 3CO_2$

## 03

**답안** (1) 물과 반응 : $Al_4C_3 + 12H_2O \rightarrow 4Al(OH)_3 + 3CH_4$

(2) 염산과 반응 : $Al_4C_3 + 12HCl \rightarrow 4AlCl_3 + 3CH_4$

**보충** 탄화알루미늄($Al_4C_3$)이 물($H_2O$)과 반응할 경우, 이승원의 반응규칙 중 "수산화물" 우선을 적용하므로 다음과 같이 반응식을 조각할 수 있다.

▫ $Al_4C_3 + x\,H_2O \rightarrow 4Al(OH)_3 +$ 부생물(?)
→ 생성계의 O 12개, → 반응계에 이를 반영 ∴ $x\,H_2O = 12H_2O$
⇨ $Al_4C_3 + 12\,H_2O \rightarrow 4Al(OH)_3 +$ 부생물(?)
→ 반응계 미반응 원소는 C 3개, H 12개 → 부생물로 방출 ∴ 부생물 $= 3CH_4$

〈완성〉 $Al_4C_3 + 12\,H_2O \rightarrow 4Al(OH)_3 + 3CH_4$

탄화알루미늄($Al_4C_3$)이 염산(HCl)과 반응할 경우, 이승원의 반응규칙 중 "염산염" 우선을 적용하므로 다음과 같이 반응식을 조각할 수 있다.

▫ $Al_4C_3 + x\,HCl \rightarrow 4AlCl_3 +$ 부생물(?)
→ 생성계의 Cl 12개, → 반응계에 이를 반영 ∴ $x\,HCl = 12HCl$
⇨ $Al_4C_3 + 12\,HCl \rightarrow 4AlCl_3 +$ 부생물(?)
→ 반응계 미반응 원소는 C 3개, H 12개 → 부생물로 방출 ∴ 부생물 $= 3CH_4$

〈완성〉 $Al_4C_3 + 12\,HCl \rightarrow 4AlCl_3 + 3CH_4 CH_4 + 2O_2 \rightarrow CO_2 + 2H_2O$

**▌참고▐**

**상세해설** 이 문제의 첫 번째 Blockage는 "**탄화알루미늄**"이라는 한글 명칭을 화학식으로 나타낼 수 있어야 한다. 우선, 탄화물이란 탄소와 그보다 양성인 원소와의 화합물을 말하는 것으로 모두 탄소(C)와 결합된 화합물이다.

탄화알루미늄에서 $-4$가인 탄소와 $+3$가인 알루미늄이 결합된 물질이므로 탄소가 양이온 3가인 알루미늄($Al^{3+}$)과 결합하기 위해서는 등가원칙에 따라 이들의 가수를 교호(交互)로 적용하여 화학식을 만들면 $Al_4C_3$로 된다. 탄화알루미늄($Al_4C_3$)은 제3류 위험물(자연발화성 및 금수성물질)로 지정수량 300kg, 위험등급 Ⅲ등급으로 지정·관리되는 물질이다.

[시범풀이]

첫 번째,

탄화알루미늄과 물과 반응식에서 $Al_4C_3$ 중의 알루미늄(Al)은 양이온 3가($Al^{3+}$)이고, 이와 반응하는 $H_2O$에서 제공되는 수산화 이온($OH^-$)은 1가 음이온이므로 등가원칙에 따라 이들이 결합한 수산화물의 구성은 1:3 즉 $Al^{3+} : 3OH^- = Al(OH)_3$로 되어야 한다.

  □ 반응식 기초 : $Al_4C_3 + bH_2O \rightarrow 4Al(OH)_3 +$ 부생물
    • 생성계 O 12개 ⇌ 반응계 O $b \times 1$개 → ∴ 일단 $b = 12$ 적용해 봄
      → $Al_4C_3 + 12H_2O \rightarrow 4Al(OH)_3 +$ 부생물
    • 좌우 원소수지 비교 → 반응계 탄소(C) 3개, 수소(H) 12개 남음 → 이를 부생물에 반영
    ※ C, H가 남은 경우, $C_nH_{2n}$ 아니면 $C_nH_{2n+2}$를 적용하여 부생물의 분자식을 만들어 완성함
    〈완성〉 $Al_4C_3 + 12H_2O \rightarrow 4Al(OH)_3 + 3CH_4$

두 번째,

탄화알루미늄과 염산의 반응식에서 $Al_4C_3$ 중의 알루미늄(Al)은 양이온 3가($Al^{3+}$)이고, 이와 반응하는 염산(HCl)에서 제공되는 음이온 1가의 염소이온($Cl^-$)은 등가원칙에 따라 이들이 결합한 염화알루미늄의 구성은 3:1 즉 $3Cl^- : Al^{3+} = AlCl_3$로 되어야 한다.

  □ 반응식 기초 : $Al_4C_3 + bHCl \rightarrow 4AlCl_3 +$ 부생물
    • 생성계 Cl 12개 ⇌ 반응계 Cl $b \times 1$개 → ∴ 일단 $b = 12$ 적용해 봄
      → $Al_4C_3 + 12HCl \rightarrow 4AlCl_3 +$ 부생물
    • 좌우 원소수지 비교 → 반응계 탄소(C) 3개, 수소(H) 12개 남음 → 이를 부생물에 반영
    ※ C, H가 남은 경우, $C_nH_{2n}$ 아니면 $C_nH_{2n+2}$를 적용하여 부생물의 분자식을 만들어 완성함
    〈완성〉 $Al_4C_3 + 12HCl \rightarrow 4AlCl_3 + 3CH_4$

**04** 답안 (1) 수소화알루미늄리튬과 물의 반응 : $LiAlH_4 + 4H_2O \rightarrow Al(OH)_3 + LiOH + 4H_2$
  (2) 수소화칼륨과 물의 반응 : $KH + H_2O \rightarrow KOH + H_2$
  (3) 수소화칼슘과 물의 반응 : $CaH_2 + 2H_2O \rightarrow Ca(OH)_2 + 2H_2$

보충 수소화알루미늄리튬의 화학식은 $LiAlH_4$이다. 이것이 물($H_2O$)과 반응할 경우, 이승원의 반응규칙 중 "수산화물" 우선을 적용하므로 다음과 같이 반응식을 조각할 수 있다.

  □ $LiAlH_4 + xH_2O \rightarrow LiOH + Al(OH)_3 +$ 부생물(?)
    → 생성계의 O 4개, → 반응계에 이를 반영 ∴ $xH_2O = 4H_2O$
    ⇨ $LiAlH_4 + 4H_2O \rightarrow LiOH + Al(OH)_3 +$ 부생물(?)
    → 반응계 미반응 원소는 H 8개, → 부생물로 방출 ∴ 부생물 $= 4H_2$
  〈완성〉 $LiAlH_4 + 4H_2O \rightarrow LiOH + Al(OH)_3 + 4H_2$

수소화칼륨의 화학식은 KH이다. 이것이 물($H_2O$)과 반응할 경우, 이승원의 반응규칙 중 "수산화물" 우선을 적용하므로 다음과 같이 반응식을 조각할 수 있다.

   ㅁ $KH + H_2O \rightarrow KOH +$ 부생물( ? )
   → 반응계 미반응 원소는 H 2개, → 부생물로 방출 ∴ 부생물 = $H_2$
   〈완성〉 $KH + H_2O \rightarrow KOH + H_2$

수소화칼슘의 화학식은 $CaH_2$이다. 이것이 물($H_2O$)과 반응할 경우, 이승원의 반응규칙 중 "수산화물" 우선을 적용하므로 다음과 같이 반응식을 조각할 수 있다.

   ㅁ $CaH_2 + 2H_2O \rightarrow Ca(OH)_2 +$ 부생물( ? )
   → 반응계 미반응 원소는 H 2개, → 부생물로 방출 ∴ 부생물 = $H_2$
   〈완성〉 $CaH_2 + 2H_2O \rightarrow Ca(OH)_2 + H_2$

■ **참고** ■

 이 문제의 첫 번째 Blockage는 한글 명칭을 화학식으로 나타낼 수 있어야 한다. 수소화알루미늄리튬, 수소화칼륨, 수소화칼슘처럼 원소의 이름 끝에 "화"를 붙여서 명명한 것은 **단원자 음이온**이 결합되어 있다는 의미이다. 즉, "수소화"라고 하였으므로 수소(H)의 음이온이 결합된 구조라는 것이다.

우리가 흔히 알고 있는 것은 수소는 양이온 1가($H^+$)라는 것이다. 그러나 **산화수 규칙**에서 수소(H)가 금속과 결합하면 산화수는 –1로 규정하고 있다. 그러므로 수소화알루미늄리튬, 수소화칼륨, 수소화칼슘처럼 수소가 금속과 결합한 경우 **음이온 1가로 작용**한다는 것에 유의하도록!!

수소화알루미늄리튬(Lithium Aluminium Hydride)은 수소가 결합된 알루미늄리튬이라는 것이므로 리튬(Li) +1가, 알루미늄(Al) +3가이므로 결합되는 음이온 수소($H^-$)는 4개가 되어야 산화수 규칙에 맞는다. 그러므로 수소화알루미늄리튬의 분자식은 $LiAlH_4$가 된다.

수소화칼륨(Potassium Hydride)은 수소가 결합된 칼륨(K)이라는 것이므로 칼륨은 +1가이므로 결합되는 음이온 수소($H^-$)는 1개가 되어야 산화수 규칙에 맞는다. 그러므로 수소화칼륨의 분자식은 KH가 된다.

수소화칼슘(Calcium Hydride)은 수소가 결합된 칼슘(Ca)이라는 것이므로 칼슘은 +2가이므로 결합되는 음이온 수소($H^-$)는 2개가 되어야 산화수 규칙에 맞는다. 그러므로 수소화칼슘의 분자식은 $CaH_2$가 된다.

금속의 수소화물은 제3류 위험물(자연발화성, 금수성 물질)로 분류되며, 지정수량은 300kg, 위험등급 Ⅲ등급으로 지정·관리되고 있다.

[시범풀이]

첫 번째,
수소화알루미늄리튬과 물의 반응식 작성에서 수소화알루미늄리튬($LiAlH_4$) 중의 양이온($Al^{3+}$, $Li^+$)은 $H_2O$에서 제공되는 수산화 이온($OH^-$)과 등가결합하여 수산화물(水酸化物)을 만든다.

   ㅁ 반응식 기초 : $LiAlH_4 + bH_2O \rightarrow Al(OH)_3 + LiOH +$ 부생물
   • 생성계 O 4개 ⇌ 반응계 O $b \times 1$ 개 → ∴ 일단 $b = 4$를 적용해 봄
   → $LiAlH_4 + 4H_2O \rightarrow Al(OH)_3 + LiOH +$ 부생물
   • 좌우 원소수지 비교 → 반응계 수소(H) 8개 남음 → 이를 부생물에 반영
   ※ 수소(H)만 남은 경우, $H_2$를 적용하여 부생물의 분자식을 만들어 완성함
   〈완성〉 $LiAlH_4 + 4H_2O \rightarrow Al(OH)_3 + LiOH + 4H_2$

두 번째,
수소화칼륨과 물의 반응식에서 수소화칼륨(KH) 중의 양이온($K^+$)은 $H_2O$에서 제공되는 수산화 이온($OH^-$)과 등가결합하여 수산화물(水酸化物)을 만든다.

- 반응식 기초 : $KH + bH_2O \rightarrow KOH + $ 부생물
  - 생성계 O 1개 ⇌ 반응계 O $b \times 1$ 개 → ∴ 일단 $b = 1$을 적용해 봄
    ➜ $KH + H_2O \rightarrow KOH + $ 부생물
  - 좌우 원소수지 비교 → 반응계 수소(H) 2개 남음 → 이를 부생물에 반영
  ※ 수소(H)만 남은 경우, $H_2$를 적용하여 부생물의 분자식을 만들어 완성함
  〈완성〉 $KH + H_2O \rightarrow KOH + H_2$

세 번째,
수소화칼슘과 물의 반응식 작성에서 수소화칼슘($CaH_2$) 중의 양이온($Ca^{2+}$)은 $H_2O$에서 제공되는 수산화 이온($OH^-$)과 등가결합하여 수산화물(水酸化物)을 만든다.

- 반응식 기초 : $CaH_2 + bH_2O \rightarrow Ca(OH)_2 + $ 부생물
  - 생성계 O 2개 ⇌ 반응계 O $b \times 1$ 개 → ∴ 일단 $b = 2$를 적용해 봄
    ➜ $CaH_2 + 2H_2O \rightarrow Ca(OH)_2 + $ 부생물
  - 좌우 원소수지 비교 → 반응계 수소(H) 4개 남음 → 이를 부생물에 반영
  ※ 수소(H)만 남은 경우, $H_2$를 적용하여 부생물의 분자식을 만들어 완성함
  〈완성〉 $CaH_2 + 2H_2O \rightarrow Ca(OH)_2 + 2H_2$

**05** **답안** (1) 메틸알코올과의 반응식 : $Al(C_2H_5)_3 + 3CH_3OH \rightarrow Al(CH_3O)_3 + 3C_2H_6$

(2) 생성되는 기체의 연소반응식 : $C_2H_6 + 3.5O_2 \rightarrow 2CO_2 + 3H_2O$

**보충** 트라이에틸알루미늄의 화학식은 $Al(C_2H_5)_3$, 메탄올의 화학식은 $CH_3OH$이다. 이 두 물질이 반응할 경우, 이승원의 반응규칙 중 "알콕사이드" 우선을 적용하므로 다음과 같이 반응식을 조각할 수 있다.

- $Al(C_2H_5)_3 + x\,CH_3OH \rightarrow Al(CH_3O)_3 + $ 부생물(?)
  → 생성계의 O 3개, → 반응계에 이를 반영 ∴ $x\,CH_3OH = 3CH_3OH$
  ⇨ $Al(C_2H_5)_3 + 3CH_3OH \rightarrow Al(CH_3O)_3 + $ 부생물(?)
  → 반응계 미반응 원소는 C 6개, H 18개 → 부생물로 방출 ∴ 부생물 $= 3C_2H_6$
  〈완성〉 $Al(C_2H_5)_3 + 3CH_3OH \rightarrow Al(CH_3O)_3 + 3C_2H_6$

트라이에틸알루미늄과 메탄올의 반응에서 생성되는 기체는 에탄(에테인)이며, 이것의 연소반응은 이승원의 반응규칙 중 "기준 산화물" 우선을 적용하여 다음과 같이 반응식을 조각할 수 있다.

- $C_2H_6 + x\,O_2 \rightarrow 2CO_2 + 3H_2O$
  → 생성계의 O 7개, → 반응계에 이를 반영 ∴ $x\,O_2 = 3.5\,O_2$
  〈완성〉 $C_2H_6 + 3.5\,O_2 \rightarrow 2CO_2 + 3H_2O$
  ※ 각 항에 2를 곱하여 $2C_2H_6 + 7O_2 \rightarrow 4CO_2 + 6H_2O$로 가재하여드 됨

■ 참고 ■

이 문제의 첫 번째 Blockage는 한글 명칭을 화학식으로 나타낼 수 있어야 한다. 트라이에틸알루미늄에서 "트라이(tri)에틸"은 에틸기(Ethyl Group)가 3개라는 의미($3C_2H_5-$)이고, 이것이 알루미늄(Al)과 결합하고 있음을 의미한다. 알루미늄은 $+3$가이므로 음이온의 에틸기($C_2H_5-$) 3개는 알루미늄을 중심원소로 하여 집중결합하는 구조를 갖는다.

따라서 트라이에틸알루미늄(Triethylaluminium)화학식은 $Al(C_2H_5)_3$으로 된다. 메탄올(Methanol)은 메테인(메탄, $CH_4$)에서 수소하나를 떼어내고 OH가 결합된 구조를 가지므로 분자식은 $CH_3OH$가 된다.

트라이에틸알루미늄[$Al(C_2H_5)_3$]과 메탄올($CH_3OH$)의 반응에서 메탄올은 수소(H) 하나를 떼 내어 음이온 1가의 메톡실기($CH_3O-$)를 형성하여 트라이에틸알루미늄[$Al(C_2H_5)_3$] 중의 알루미늄 양이온($Al^{3+}$)과 결합하여 알루미늄 메틸레이트[$(CH_3O)_3Al$]를 형성하고, 잔류물은 부생물로 탄화수소(에테인, $C_2H_6$)를 발생시킨다.

[시범풀이]

첫 번째,

이 반응을 3에틸알루미늄[$Al(C_2H_5)_3$]+메탄올($CH_3OH$) → 3에테인($3C_2H_6$)으로 기억해 두거나, 트라이에틸알루미늄[$Al(C_2H_5)_3$]+메탄올($CH_3OH$) → $3(CH_3O^-)+Al^{3+}$으로 기억해 두면 반응식을 보다 쉽게 완성할 수 있을 것이다. 저자가 제시한 아래 두 가지 방법 중 하나를 선택하도록!!

에틸 → 에테인 우선 반응식을 만들어 보자!

□ 반응식 기초 : $Al(C_2H_5)_3 + b\,CH_3OH \rightarrow 3C_2H_6 +$ 부생물
- 반응계에 남아있는 $Al^{3+}$과 $b\,(CH_3O^-)$를 묶어야 하므로 → ∴ $b=3$
  ➡ $Al(C_2H_5)_3 + 3CH_3OH \rightarrow 3C_2H_6 +$ 부생물
- 부생물 자리의 들어갈 물질 → 남아 있는 양이온($Al^{3+}$)과 결합되는 3개의 음이온($CH_3O^-$)임
  ➡ $Al(C_2H_5)_3 + 3CH_3OH \rightarrow 3C_2H_6 + Al(CH_3O)_3$
- 좌우 원소수지 비교(반응계=생성계 이면 ok)

〈완성〉 $Al(C_2H_5)_3 + 3CH_3OH \rightarrow 3C_2H_6 + Al(CH_3O)_3$

3가 알루미늄($Al^{3+}$) 우선 반응식을 만들어 보자!

□ 반응식 기초 : $Al(C_2H_5)_3 + b\,CH_3OH \rightarrow Al(CH_3O)_3 +$ 부생물
- 생성계 ($CH_3O^-$) 3개 ⇌ 반응계의 ($CH_3O^-$) 또한 3개이어야 함 → ∴ $b=3$
  ➡ $Al(C_2H_5)_3 + 3CH_3OH \rightarrow Al(CH_3O)_3 +$ 부생물
- 반응계에 남아있는 $3(C_2H_5)$, $3H$ 를 묶어 부생물의 분자식을 만들어 완성함

〈완성〉 $Al(C_2H_5)_3 + 3CH_3OH \rightarrow Al(CH_3O)_3 + 3C_2H_6$

두 번째,

생성되는 기체의 연소반응식에서 트라이에틸알루미늄[$Al(C_2H_5)_3$]과 메탄올($CH_3OH$)의 반응에서 생성되는 기체는 에테인(에탄, $C_2H_6$)이다. 연소반응은 $C_2H_6$ 중의 탄소(C)는 $CO_2$로 수소(H)는 $H_2O$로 산화되므로 다음과 같이 반응식을 만든다.

□ 반응식 기초 : $C_2H_6 + (b)O_2 \rightarrow 2CO_2 + 3H_2O$
- 산소수지 : 생성계($2CO_2+3H_2O$)에서 산소=7O → ∴ $bO_2 = 3.5O_2$ 가 되어야 함

〈완성〉 $C_2H_6 + 3.5\,O_2 \rightarrow 2CO_2 + 3H_2O$

**06** 답안  $Al(C_2H_5)_3 + 10.5\,O_2 \rightarrow \dfrac{1}{2}(Al_2O_3) + 6\,CO_2 + 7.5\,H_2O$

보충  트라이에틸알루미늄(트리에틸알루미늄)의 화학식은 $Al(C_2H_5)_3$이다. 이것의 자연발화는 연소반응과 동일하게 이승원의 반응규칙 중 "기준 산화물" 우선을 적용한다. 알루미늄의 기준 산화물은 산화알루미늄($Al_2O_3$)이고, 탄소는 $CO_2$, 수소는 $H_2O$로 산화되므로 다음과 같이 연소반응식을 조각할 수 있다.

- $2\,Al(C_2H_5)_3 + x\,O_2 \rightarrow Al_2O_3 + 12\,CO_2 + 15\,H_2O$
  → 생성계의 O 42개, → 반응계에 이를 반영 ∴ $x\,O_2 = 21\,O_2$

〈완성〉 $2\,Al(C_2H_5)_3 + 21\,O_2 \rightarrow Al_2O_3 + 12\,CO_2 + 15\,H_2O$

※ TEA 1mol을 기준으로 $Al(C_2H_5)_3 + 10.5\,O_2 \rightarrow (1/2)Al_2O_3 + 6\,CO_2 + 7.5\,H_2O$로 기재해도 됨

---

**07** 답안  (1) 물과의 반응식 : $Al(C_2H_5)_3 + 3\,H_2O \rightarrow Al(OH)_3 + 3\,C_2H_6$

(2) $C_2H_6(\text{부피}) = 228g \times \dfrac{1\text{mol}}{114g} \times \dfrac{3\text{mol}}{1\text{mol}} \times \dfrac{22.4L}{1\text{mol}} = 134.4L$

비고  현재의 답안지와 같이 기재해도 되고, 보다 세밀하게 작성하려면 하단의 "세밀답안"처럼 공식을 포함한 단위의 정산과정을 알 수 있도록 명료하게 기재하여도 된다.

세밀답안
(1) 물과의 반응식 : $Al(C_2H_5)_3 + 3\,H_2O \rightarrow Al(OH)_3 + 3\,C_2H_6$
(2) 생성되는 기체의 부피 : $Al(C_2H_5)_3 + 3\,H_2O \rightarrow Al(OH)_3 + 3\,C_2H_6$
  $\qquad\qquad\qquad\qquad\qquad$ 1mol $\qquad\qquad\qquad\qquad$ : $\qquad\qquad$ 3mol

∴ $C_2H_6(l) = 228g \times \dfrac{1\text{mol}}{114g} \times \dfrac{3\text{mol}}{1\text{mol}} \times \dfrac{22.4L}{1\text{mol}} = 134.4L$

보충  선행 학습에서도 다루었지만 트라이에틸알루미늄[$Al(C_2H_5)_3$, 분자량 114]과 물($H_2O$)의 반응은 이승원의 반응규칙 중 "수산화물" 우선을 적용하면, 다음과 같은 반응식을 조각할 수 있다.

- $Al(C_2H_5)_3 + 3\,H_2O \rightarrow Al(OH)_3 + 3\,C_2H_6$
  1mol : 3mol

반응식에서 발생되는 가연성기체는 에탄(에테인)이므로 트라이에틸알루미늄 228g이 물과 반응했을 때 발생하는 가연성 기체의 부피(L)은 다음과 같이 계산할 수 있다.

- 기체부피 = 트라이에틸알루미늄의 양 × 반응비 $\left(\dfrac{C_2H_6}{Al(C_2H_5)_3}\right)$

∴ 기체부피(L) = $228g \times \left(\dfrac{3 \times 22.4L}{1 \times 114g}\right) = 134.4L$

## 개념문제

다음 각 위험물에 대한 연소반응식을 쓰시오. (단, 해당사항 없으면 "해당 없음"이라고 쓰시오.) [22]
(1) 질산나트륨
(2) 염소산암모늄
(3) 알루미늄분
(4) 메틸에틸케톤
(5) 과산화수소

**답안지** (1) 해당 없음
(2) 해당 없음
(3) $2Al + 1.5O_2 \rightarrow Al_2O_3$
(4) $CH_3COC_2H_5 + 5.5O_2 \rightarrow 4CO_2 + 4H_2O$
(5) 해당 없음

**해설** 위험물에 대한 연소반응식은 가연성·인화성 성분에 한하여 작성할 수 있다. 제시된 위험물 중 연소가능한 것은 (3)의 알루미늄분과 (4)의 메틸에틸케톤이다. 나머지 항목은 해당사항 없으므로 "해당 없음"이라고 쓰면 된다.

알루미늄(Al)의 연소반응은 이승원의 반응규칙 중 "기준 산화물" 우선을 적용하면, $Al_2O_3$가 되므로 다음과 같이 반응식을 조각할 수 있다.

□ $2Al + xO_2 \rightarrow Al_2O_3$
→ 생성계의 O 3개, 이를 반응계에 반영하면 ∴ $xO_2 = 1.5O_2$
⟨완성⟩ $2Al + 1.5O_2 \rightarrow Al_2O_3$
※ 각 항에 2를 곱하여 $4Al + 3O_2 \rightarrow 2Al_2O_3$로 기재해도 됨

메틸에틸케톤($CH_3COC_2H_5$)의 연소반응은 이승원의 반응규칙 중 "기준 산화물" 우선을 적용하면, 탄소는 $CO_2$로, 수소는 $H_2O$로 산화되므로 다음과 같이 반응식을 조각할 수 있다.

□ $CH_3COC_2H_5 + xO_2 \rightarrow 4CO_2 + 4H_2O$
→ 생성계의 O 12개, 이를 반응계에 반영하면 ∴ $xO_2 = (12-1)/2 = 5.5O_2$
⟨완성⟩ $CH_3COC_2H_5 + 5.5O_2 \rightarrow 4CO_2 + 4H_2O$
※ 각 항에 2를 곱하여 $2CH_3COC_2H_5 + 11O_2 \rightarrow 8CO_2 + 8H_2O$로 기재해도 됨

**∥참고∥**

이 문제의 첫 번째 Blockage는 "연소성", "불연성"을 구분하는 것이다. 제2류 위험물은 "가연성 고체"이므로 연소성이고, 제4류 위험물은 "인화성 액체"이므로 이 또한 연소성이다. 이 두 가지만 고려하면 위의 5가지 제시된 위험물에 대한 연소반응성 여부를 판단할 수 있다.

- 질산나트륨($NaNO_3$)은 질산염류로 제1류 위험물로서 지정수량 300kg
- 염소산암모늄($NH_4ClO_3$)은 염소산염류로 제1류 위험물로서 지정수량 50kg
- 알루미늄분은 금속분으로 제2류 위험물로서 지정수량 500kg
- 메틸에틸케톤($CH_3COC_2H_5$)은 제4류 위험물 중 제1석유류로서 비수용성이며, 지정수량 200L
- 과산화수소는 제6류 위험물서 지정수량 300kg이다.

제시된 5개 위험물 중 위에서 선정한 2종류(알루미늄분은 금속분, 메틸에틸케톤)에 대해서만 연소반응식을 작성하면 되고, 나머지는 답안지에 "해당 없음"이라고 기재하면 된다.

연소반응을 하지 않는 3가지 물질에 대한 설명이다.

**질산나트륨**은 양이온 1가인 나트륨($Na^+$)과 음이온 1가인 질산이온($NO_3^-$)이 결합된 화합물($NaNO_3$)이다. 무기물 형태로 분해되므로 연소반응(산소와 반응하여 열과 빛을 수반하는 반응)을 하지 않는다.

**염소산암모늄**은 양이온 1가인 암모늄이온($NH_4^+$)과 염소산($HClO_3$)이 근원인 음이온 1가의 염소산이온($ClO_3^-$)이 결합된 화합물($NH_4ClO_3$)이다. 무기물 형태로 분해되므로 역시 연소반응(산소와 반응하여 열과 빛을 수반하는 반응)을 하지 않는다.

**과산화수소**는 물($H_2O$)에 산소 원자가 하나 더 붙어서 만들어진 무기화합물이다. 매우 불안정한 물질로 공기중에서 쉽게 분해되지만 물과 산소로 분해된다. 역시 연소반응(산소와 반응하여 열과 빛을 수반하는 반응)을 하지 않는다. 분해되면 물과 산소가 된다.

[시범풀이]

첫 번째,

연소반응을 하는 알루미늄분의 반응식 작성에서, 제2류 위험물인 가연성 고체 **알루미늄분**(Al)이 연소·산화되면, 알루미늄(Al)의 산화물인 **산화알루미늄**($Al_2O_3$)으로 된다. 알루미늄은 양이온 3가($Al^{3+}$), 반응하는 산소는 음이온 2가($O^{2-}$)이므로 1:1로 결합할 수 없다. 그러므로 등가결합의 원칙과 계수를 교호적용하여 3가인 Al은 2개, 2가인 O는 3개가 결합되는 $Al_2O_3$의 산화물을 형성하게 된다. 반응식을 만들어 보이면;

  □ 반응식 기초 : $aAl + b(O_2) \rightarrow Al_2O_3 +$ 부생물

  • 생성계 Al 2개 → ∴ $aAl = 2Al$이어야 함 ➡ $2Al + b(O_2) \rightarrow Al_2O_3 +$ 부생물

  • 생성계 산소 3개 → ∴ $bO_2 = 1.5O_2$이어야 함 ➡ $2Al + 1.5O_2 \rightarrow Al_2O_3$

〈완성〉 $2Al + 1.5O_2 \rightarrow Al_2O_3$

두 번째,

연소반응을 하는 메틸에틸케톤의 반응에서, 제4류 위험물 중 1석유류의 케톤류(Ketones)에는 아세톤($CH_3COCH_3$), 메틸에틸케톤($CH_3COC_2H_5$), 염화아세틸($CH_3COCl$), 이염화에탄($C_2H_4Cl_2$) 등이 있다.

〈그림〉 아세톤    〈그림〉 메틸에틸케톤    〈그림〉 염화아세틸    〈그림〉 이염화에탄

메틸에틸케톤에서 "메틸($-CH_3$)" "에틸($-C_2H_5$)" 케톤($>C=O$)으로 기억해 주었다가 화학식을 만들 때, 이를 합산하는 요령을 쓴다. 즉, $CH_3+CO+C_2H_5=CH_3COC_2H_5$로 화학식을 만들어 낸다.

메틸에틸케톤($CH_3COC_2H_5$)은 탄소, 수소, 산소로 구성된 물질이므로 연소되면 탄소(C)는 $CO_2$로, 수소(H)는 $H_2O$로 되므로 다음과 같은 연소반응식을 만들 수 있다. 이때 물질수지를 취할 때, $CH_3COC_2H_5$ 내의 산소를 보정(감산)해야 하는 것에 유의하도록!!

  □ 반응식 기초 : $CH_3COC_2H_5 + b(O_2) \rightarrow 4CO_2 + 4H_2O$

  • 생성계 O 12개 → 반응계 O 1개 ∴ $bO_2 = 5.5O_2$이어야 함

  ➡ $CH_3COC_2H_5 + 5.5O_2 \rightarrow 4CO_2 + 4H_2O$

〈완성〉 $CH_3COC_2H_5 + 5.5O_2 \rightarrow 4CO_2 + 4H_2O$

모든 반응식을 반복적으로 학습해서 익히거나 무조건 암기하려 들지 말고, 의와 같이 기초개념으로 이해하고 풀어나가면 골치아픈 것을 아주 손쉽게 해결할 수 있다는 사실을 확인하기 바란다.

## 유사문제

**01** 알루미늄분에 대해 다음 물음에 답하시오. [20②]
  (1) 물과의 반응식을 쓰시오.
  (2) 연소반응식을 쓰시오.
  (3) 염산과의 반응식을 쓰시오.
  (4) 위험등급을 쓰시오.

**02** Li, Al를 제외한 금속과 알킬기를 가진 물질의 품명을 적고, 탄소수가 적을수록 위험성을 가지는 요인을 쓰시오. [03,05]

**03** 황이 연소 시에 발생시키는 가스와 밀폐된 공간에서 황의 미분이 부유할 때 어떠한 위험성이 있는지 쓰시오. [04]

**04** 알킬알루미늄의 희석제를 2가지 적으시오. (단, 이 희석제는 20 ~ 30% 사용한다.) [04]

**05** 연소범위가 약 2 ~ 11%이며, 딸기냄새를 가지는 무색, 투명한 가연성 액체인 초산에스터류의 위험물은 무엇인지 쓰시오. [04]

## 유사문제 답안·해설

**01** **답안** (1) 알루미늄분과 물의 반응 : $Al + 3H_2O \rightarrow Al(OH)_3 + 1.5H_2$
  (2) 알루미늄분의 연소반응 : $2Al + 1.5O_2 \rightarrow Al_2O_3$
  (3) 알루미늄과 염산의 반응 : $Al + 3HCl \rightarrow AlCl_3 + 1.5H_2$
  (4) Al의 위험물 등급 : Ⅲ등급

### 참고

**상세해설** 알루미늄분은 제2류 위험물(가연성 고체)로 철분, 마그네슘과 함께 지정수량은 500kg, 위험등급 Ⅲ등급으로 지정·관리되고 있다. 제2류 위험물은 가연성 고체로서 비교적 낮은 온도에서 착화하기 쉬운 이연성(易燃性), 속연성(速燃性) 물질이며, 연소속도가 매우 빠르며, 연소열이 큰 편이다.

[시범풀이]
첫 번째,
Al과 물의 반응에서, 알루미늄이 물과 반응할 때, Al은 양이온 3가, 결합되는 수산화이온은 음이온 1가이므로 등가원칙에 따라 이들이 결합한 수산화물의 구성은 1 : 3, 즉 $Al^{3+} : 3OH^- = Al(OH)_3$로 되어야 한다.

  ▫ 반응식 기초 : $aAl + bH_2O \rightarrow Al(OH)_3 +$ 부생물
  • 생성계 Al 1개 → 반응계 Al 1개 → ∴ $aAl = Al$
  • 생성계 O 3개 → 반응계도 동일해야 하므로 → ∴ $bH_2O = 3H_2O$
  ➡ $Al + 3H_2O \rightarrow Al(OH)_3 +$ 부생물 ← 반응계 수소 3개 남음
  ※ H만 남은 경우, $H_2$를 적용하여 부생물의 분자식을 만들어 완성함
  〈완성〉 $Al + 3H_2O \rightarrow Al(OH)_3 + 1.5H_2$

두 번째,

Al의 연소반응에서, 알루미늄이 연소되면 연소산화물, 즉 알루미늄의 산화물을 만든다. Al은 양이온 3가, 결합되는 산소는 음이온 2가이므로 등가원칙에 따라 이들의 가수를 교호(交互)로 적용하여 화학식을 만들면 $Al_2O_3$으로 된다. 즉, 알루미늄이 연소 산화되면 흔히 알루미나(Alumina)라고 하는 산화알루미늄($Al_2O_3$)이 된다.

□ 반응식 기초 : $aAl + bO_2 \rightarrow Al_2O_3$ + 부생물
- 생성계 Al 2개 → 반응계 Al 2개 → ∴ $aAl = 2Al$
- 생성계 O 3개 → 반응계도 동일해야 하므로 → ∴ $bO_2 = 1.5O_2$
  ➡ $2Al + 1.5O_2 \rightarrow Al_2O_3$ + 부생물
- 좌우 원소수지 비교 → 남는 원소가 없으므로 부생물은 생성되지 않음

〈완성〉 $2Al + 1.5O_2 \rightarrow Al_2O_3$

세 번째,

Al과 염산의 반응에서, 알루미늄이 이온으로 되면 3가 양이온이 되는데, 이와 접촉하는 염산 등 강산은 전리되어 음이온을 제공함으로써 화합물을 형성한다. 양이온 3가인 알루미늄이온($Al^{3+}$)과 음이온 1가인 염산온($Cl^-$)이 결합하기 위해서는 등가원칙에 따라 1 : 3 즉 $Al^{3+} : 3Cl^- = AlCl_3$로 되어야 한다.

□ 반응식 기초 : $aAl + bHCl \rightarrow AlCl_3$ + 부생물
- 생성계 Al 1개 → 반응계 Al 1개 → ∴ $aAl = Al$
- 생성계 Cl 3개 → 반응계도 동일해야 하므로 → ∴ $bHCl = 3HCl$
  ➡ $Al + 3HCl \rightarrow AlCl_3$ + 부생물
- 좌우 원소수지 비교 → 수소 3개가 남으므로 부생물에 이를 반영
  ※ H가 남은 경우, $H_2$를 적용하여 부생물의 분자식을 만들어 완성함

〈완성〉 $Al + 3HCl \rightarrow AlCl_3 + 1.5H_2$

네 번째,

Al의 위험물 등급에서, 알루미늄분은 제2류 위험물(가연성 고체)로 철분, 마그네슘과 함께 지정수량은 500kg, 위험등급 Ⅲ등급으로 지정·관리되고 있다. 아래의 Ⅰ, Ⅱ등급으로 지정된 이외 위험물은 Ⅲ등급이다.

---

**이승원의 위험물 Ⅰ등급 암기법**

- ■ **첫염소가 이빼고 세칼린(KALiNs) 사람 오기질에 죽었다 – 오일장**
- **첫염소가** : 첫(1류) – 염소산염류, 아염소산염류, 과염소산염류, 무기과산화물
- **이빼고** : 이(2류)는 모두 뺌
- **세칼린** : 세(3류) – K, 알킬Al, 알킬Li, Na, 황린
- **사람** : 사(4류) – 특수인화물
- **오기질에** : 오(5류) – 유기과산화물, 질산에스터(질산에스테르)류
- **죽었다** : 죽(6류) – 모두다
- **오일장** : 50kg, 10 ~ 20kg, 10kg(1종)

---

> **이승원의 위험물 Ⅱ등급 암기법**
>
> - 2등급인 너(you)저질러싸 ~ 유리알그릇 셋다 / 저기 누리끼한 것은 2+1 / 질부러진 요념은 1+3 / 사정하면 1알 더 와
> - 유리알그릇 셋다(3류, 50kg) – 유기금속, 알칼리금속, 알칼리토금속
> - 저기 누리끼한 것은 2+1(2류 100kg) – 적린, 유황, 황화인
> - 질부러진 요념은 1+3(1류 300kg) – 질산염류, 브로민산염류(브롬산염류), 요오드산염류(아이오딘산염류)
> - 사정하면 1알 더 와 – 사정(4류)하면 1알(1석유류, 알코올류), 더와(4+1=5류)

## 02  답안  유기금속화합물, 자연발화 위험성이 높음

### ▌참고▐

 알킬알루미늄은 제3류 위험물(자연발화성물질 및 금수성물질), 분자식 $(C_nH_{2n+1})Al$로 나타내는 화학종으로 여기에는 트리에틸알루미늄, 트리메틸알루미늄 등이 해당된다. 지정수량은 10kg, 위험등급 Ⅰ이다. 반면에 알킬알루미늄 및 알킬리튬을 제외한 유기금속화합물은 지정수량 50kg으로 위험등급 Ⅱ이다.

알킬알루미늄은 탄소수에 따라 위험성이 달라지는데, $C_1$~$C_4$까지는 공기와 접촉하면 자연발화 위험성이 높으나 5개 이상으로 증가할수록 자연발화의 위험성은 감소한다. 그렇지만 탄소수 5개의 화합물은 점화원을 가했을 때 연소될 수 있으며, 탄소수 6개 이상은 공기 중에서 서서히 산화하여 흰 연기를 발생시키는데, 발생된 흰 연기는 인체에 유해하다.

공기와 접촉하면 발화하는 위험성이 있고, 물과 접촉할 경우 에테인($C_2H_6$) 등의 가연성 가스가 발생되며, 특히 탄소수 1 ~ 4개인 것은 발화성이 강하여 공기 중에 노출하면 백연을 내며 연소하는 특성을 가진다.

- $2(CH_3)_3Al + 12O_2 \rightarrow Al_2O_3 + 6CO_2 + 9H_2O$
- $2(C_2H_5)_3Al + 21O_2 \rightarrow Al_2O_3 + 12CO_2 + 15H_2O$
- $(C_2H_5)_3Al + 3H_2O \rightarrow 3C_2H_6 + Al(OH)_3$

한편, **유기금속화합물**은 알킬기와 중금속이 결합된 화합물로서 다이메틸아연[$Zn(CH_3)_2$], 디에틸텔루트[$Te(C_2H_5)_2$] 등이 이에 해당되는데, 이들 유기금속화합물이 공기에 노출될 경우, 자연발화되며, 물과 격렬하게 반응하여 인화성 증기와 열을 발생시킨다. 탄소수가 적을수록 위험성이 증대된다.

## 03  답안  $SO_2$, 분진에 의한 폭발

**보충**  황은 제2류 위험물(가연성 고체)로 연소할 때 유독성의 이산화황($SO_2$) 가스가 발생된다. 위험물로 분류되는 황은 순도가 60%(중량) 이상인 것이다. 비교적 낮은 온도에서 착화하기 쉬운 가연성 고체로서 이연성, 속연성 물질로서 연소속도가 빠른 고체이므로 밀폐된 공간에서 황의 미분이 부유할 경우, 분진에 의한 폭발 위험성이 있다.

## 04 답안 ① 벤젠 ② 헥산(헥세인)

**보충** 알킬알루미늄의 위험성을 저감하기 위해 사용되는 희석제는 벤젠, 헥산(헥세인), 톨루엔 등이다.

## 05 답안 초산에틸

**보충** 연소범위가 약 2~11%, 딸기냄새를 가지는 무색, 투명하고, 휘발성의 방향성분이며, 가연성을 갖는 액체는 초산에틸(Ethyl Acetate, $C_4H_8O_2$, $CH_3-COO-CH_2-CH_3$)이다. 초산에틸은 에스테르류에 속하는 착향료로 인화점은 $-4℃$, 폭발 한계는 2~11% 정도이다. 아이스크림, 알코올 음료, 빵 등에 사용되고 감의 탈삽제로 사용하기도 한다.

## (4) 제4류 위험물

① 품명 및 지정수량

| 성질 | 품명 | | 지정수량 | 위험 등급 |
|---|---|---|---|---|
| 인화성 액체 | 특수인화물 | | 50L | I |
| | 제1석유류 | 비수용성 액체 | 200L | II |
| | | 수용성 액체 | 400L | |
| | 알코올류 | | 400L | II |
| | 제2석유류 | 비수용성 액체 | 1,000L | III |
| | | 수용성 액체 | 2,000L | |
| | 제3석유류 | 비수용성 액체 | 2,000L | III |
| | | 수용성 액체 | 4,000L | |
| | 제4석유류 | | 6,000L | III |
| | 동·식물유류 | | 10,000L | III |

▎제4류 위험물의 "인화점"에 따른 분류 ▎

| 구분 | 특수인화물 | 제1석유류 | 제2석유류 | 제3석유류 | 제4석유류 | 동·식물유류 |
|---|---|---|---|---|---|---|
| 인화점 | -20℃ 이하 | 21℃ 미만 | 21℃ ~ 70℃ | 70℃ ~ 200℃ | 200℃ ~ 250℃ | 250℃ 미만 |

② **제4류 위험물의 일반 특성** : 인화성 액체는 제4류 위험물로 분류된다. 인화성 액체란 액체로서 인화의 위험성이 있는 것을 말하며, 인화의 위험성이란 액체가 온도 상승에 의해 증기가 발생하게 되고 점화를 시키면 **증기가 점화원에 의해 순간 연소**하는 현상을 말한다. 제4류 위험물은 다음과 같은 일반적인 특성을 가지고 있으며, 제1석유류 ~ 제4석유류는 인화점의 크기로 구분된다.

- 물에 녹지 않는 것이 많다.
- 화기 등에 의한 인화, 폭발의 위험이 크다.
- 액체의 비중은 1보다 작은(물보다 가벼운) 것이 많다.
- 증기비중은 공기보다 무거우며, 1보다 커서 낮은 곳에 체류하고 낮게 멀리 이동한다.
- 전기부도체로 정전기가 축적되기 쉽고, 정전기 방전불꽃에 의하여 인화하는 것도 있다.
- 액체는 유동성이 있고, 화재발생 시 확대위험이 있다.

③ **제4류 위험물의 개별적 특성**

㉮ **특수인화물** : 특수인화물이라 함은 이황화탄소, 디에틸에테르 그밖에 1기압에서 발화점이 100℃ 이하인 것 또는 인화점이 영하 20℃ 이하이고, 비점이 40℃ 이하인 것을 말한다.

㉠ **품목** : 이황화탄소($CS_2$), 아세트알데하이드($CH_3CHO$), 다이에틸에터(디에틸에테르, $C_2H_5OC_2H_5$), 프로필렌옥사이드($CH_3CHOCH_2$), 플루오로톨루엔($C_7H_7F$), 에틸브로마이드($C_2H_5Br$), 에틸퓨란($C_6H_8O$), 클로로아세톤($C_3H_5ClO$) 등

ⓒ 주요 품목과 이화학적 특성

| 구분 | $CS_2$<br>(이황화탄소) | $C_2H_5OC_2H_5$<br>(디에틸에테르) | $CH_3CHOCH_2$<br>(산화프로필렌) | $CH_3CHO$<br>(아세트알데하이드) | $C_2H_5Br$<br>(에틸브로마이드) |
|---|---|---|---|---|---|
| 인화점 | −30℃ | −40℃ 미만 | −37.2℃ | −39℃ | −20℃ |
| 발화점 | 90℃ | 160℃ | 465℃ | 175℃ | 511℃ |
| 비점 | 46℃ | 34.5℃ | 35℃ | 21℃ | 38.4℃ |
| 비중 | 1.26 | 0.7 | 0.82 | 0.78 | 1.46 |
| 연소범위 | 1.2~44% | 1.9~48% | 2.5~38.5% | 4.1~57% | − |
| 물 용해성 | 불용(물에 보관) | 물에 잘 안 녹음 | 물과 혼합 | 물에 잘 녹음 | 물에 잘 안 녹음 |

ⓒ 특수인화물의 위험성
- 이황화탄소는 연소 또는 물과 반응하여 유해성 가스를 발생함
  - $CS_2 + 3O_2 \rightarrow 2SO_2 + CO_2$
  - $CS_2 + 2H_2O(고온수) \rightarrow 2H_2S + CO_2$
- 다이에틸에터(디에틸에테르)는 공기 중에서 산화알데하이드 및 과산화물을 생성하여 폭발할 수 있음. 과산화물은 100℃ 이상에서 폭발함
  - $C_2H_5OC_2H_5 + 3.5O_2 \rightarrow C_2H_5COOH + 2CO_2 + 2H_2O$
- 에틸브로마이드는 물 또는 수증기와 반응하여 부식성이 강한 브로민 또는 브로민화수소를 발생함
  - $C_2H_5Br + H_2O \rightarrow HBr(부식성) + CH_3CH_2OH$

㉯ 제1석유류 : 아세톤, 휘발유 그밖에 1기압에서 인화점이 21℃ 미만인 것을 말한다.
ⓘ 품목
- 아세톤($CH_3COCH_3$), 메틸에틸케톤($CH_3COC_2H_5$), 염화아세틸($CH_3COCl$), 이염화에탄($C_2H_4Cl_2$)
- 휘발유($C_5H_{12}$~$C_9H_{20}$), $n$-옥탄($C_8H_{18}$), 사이클로펜테인($C_5H_{10}$), 사이클로헥세인($C_6H_{12}$)
- 벤젠($C_6H_6$), 톨루엔($C_6H_5CH_3$), 에틸벤젠($C_6H_5C_2H_5$)
- 초산메틸($CH_3COOCH_3$), 초산에틸($CH_3COOC_2H_5$), 초산프로필($CH_3COOC_3H_7$)
- 폼산메틸(포름산메틸, $HCOOCH_3$), 폼산에틸($HCOOC_2H_5$), 폼산프로필($HCOOC_3H_7$), 폼산부틸($HCOOC_4H_9$)
- 사이안화수소(시안화수소, HCN), 피리딘($C_5H_5N$), 다이에틸아민[$(C_2H_5)_2NH$], 트리에틸아민[$(C_2H_5)_3N$]
- 아크롤레인($CH_2=CHCHO$), 아크릴로니트릴($CH_2=CHCN$), 아세토니트릴($CH_3CN$), 디옥산, 아밀알코올[$CH_3CH_2C(CH_3)_2OH$], 붕산트리메틸[$B(OCH_3)_3$] 등

※ ㈜ 아민류 중에서
1. 메틸아민(아미노메탄, $CH_3NH_2$)은 위험물로 분류되지 않는다.
2. 에틸아민, 아이소프로필아민, 디메틸에틸아민은 제1석유류가 아닌 특수인화물에 속한다.

ⓒ 주요 품목과 이화학적 특성

| 구분 | $CH_3COCH_3$ (아세톤) | $C_6H_6$ (벤젠) | $C_6H_5CH_3$ (톨루엔) | $CH_3COOC_2H_5$ (초산에틸) | $CH_3COC_2H_5$ (메틸에틸케톤) |
|---|---|---|---|---|---|
| 인화점 | -20℃ | -11℃ | 4℃ | -3℃ | -1℃ |
| 발화점 | 465℃ | 562℃ | 480℃ | 429℃ | 516℃ |
| 비점 | 56℃ | 80℃ | 111℃ | 77.5℃ | 80℃ |
| 물 용해성 | 녹음 | 녹지 않음 | 녹지 않음 | 녹음 | 녹음 |
| 액체비중 | 0.79 | 0.95 | 0.87 | 0.93 | 0.8 |
| 증기비중 | 2 | 2.8 | 3.14 | 2.55 | 2.4 |

● 참고 ●

**벤젠유도체의 구조와 위험물 분류**

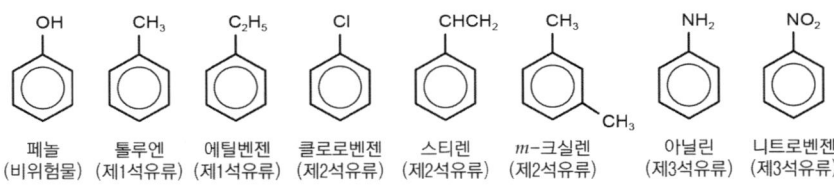

페놀 (비위험물), 톨루엔 (제1석유류), 에틸벤젠 (제1석유류), 클로로벤젠 (제2석유류), 스티렌 (제2석유류), $m$-크실렌 (제2석유류), 아닐린 (제3석유류), 니트로벤젠 (제3석유류)

ⓒ 제1석유류의 위험물 특성
- 대체로 액체의 비중은 물보다 가볍지만 증기인 경우, 공기보다 무겁다. 특히, 증기비중이 무거운 것은 → 가솔린(3~4), $o$-크실렌(3.66), 톨루엔(3.14)임
- 석유류는 정전기 발생에 의해 연소될 수 있으며, 연소 시는 고온의 열을 발생시키고, 이산화탄소와 물을 발생함
  - $C_8H_{18}$ (가솔린) + $12.5O_2$ → $8CO_2$ + $9H_2O$
  - $C_6H_6$ (벤젠) + $7.5O_2$ → $6CO_2$ + $3H_2O$
  - $CH_3COC_2H_5$ (메틸에틸케톤, MEK) + $5.5O_2$ → $4CO_2$ + $4H_2O$

㉰ 제2석유류 : 등유(燈油, Kerosene), 경유(輕油, Light Oil) 그밖에 1기압에서 인화점이 21℃ 이상 70℃ 미만인 것을 말한다. 다만, 도료(塗料)류 그 밖의 물품에 있어서 가연성 액체량이 40%(wt) 이하이면서 인화점이 40℃ 이상인 동시에 연소점이 60℃ 이상인 것은 제외한다.

㉠ 품목
- 등유($C_9 \sim C_{18}$), 경유($C_{10} \sim C_{20}$), 아세트산(초산, $CH_3COOH$), 폼산(의산, $HCOOH$)
- 부탄올($CH_3CH_2CH_2CH_2OH$), 아릴알코올($CH_2=CHCH_2OH$)
- 크실렌(자일렌)[$C_6H_4(CH_3)_2$], 클로로벤젠($C_6H_5Cl$), 스티렌($C_6H_5CH=CH_2$)
- 아크릴산($CH_2=CHCOOH$), 프로피온산($CH_3CH_2COOH$)

㉡ 주요 품목의 이화학적 특성

| 구분 | 등유<br>탄소수<br>$C_9 \sim C_{18}$<br>끓는점 범위가<br>180~250℃인<br>석유 | 경유<br>탄소수<br>$C_{10} \sim C_{20}$<br>끓는점 범위가<br>250~350℃인<br>석유 | $CH_3COOH$<br>(아세트산) | $HCOOH$<br>폼산(포름산)<br>(86% 이상) | $C_4H_9OH$<br>(n-부탄올) |
|---|---|---|---|---|---|
| 인화점 | 39℃ 이상 | 41℃ 이상 | 40℃ | 55℃ | 35℃ |
| 발화점 | 210℃ | 257℃ | 485℃ | 540℃ | 343℃ |
| 비점 | 150~300℃ | 150℃~375℃ | 118℃ | 108℃ | 117℃ |
| 물 용해성 | 불용해 | 불용해 | 용해 | 용해 | 용해 |
| 액체비중 | 0.8~0.85 | 0.82~0.84 | 1.05 | 1.2 | 0.81 |
| 증기비중 | 4~5 | 4~5 | 2.07 | 1.6 | 2.6 |

● 참고 ●

**폼산 · 알코올 · 부탄올 · 벤젠의 분류**

- **폼산의 분류**
  - 1석유류 : 포름산메틸, 포름산에틸, 클로로포름산에틸
  - 2석유류 : 포름산(86%↑), 클로로포름산아릴에스테르, 포름산노르말부틸에스테르, 포름산이소아밀, 오소포름산에틸, 포름산디에틸에스테르
  - 3석유류 : 클로로포름산메틸에스테르, 오소포름산, $n$-프로필

- **알코올의 분류**
  - 1석유류 : 3차-아밀알코올
  - 2석유류 : 알릴알코올, 디아세톤알코올, 이소아밀알코올
  - 3석유류 : 벤질알코올, 데실알코올, 펜에틸알코올
  - 알코올류 : 메틸알코올, 에틸알코올, 이소프로필알코올, 1-프로판올, 메탄올-디(1)

- **부탄올의 분류**
  - 1석유류 : $t$-부탄올
  - 2석유류 : $n$-부탄올, sec-부탄올, 이소부탄올, 어틸부탄올, 시클로부탄올
  - 3석유류 : 4-아미노-1-부탄올, 디엘-2-아미노-1-부탄올

- **벤젠의 분류**
  - 1석유류 : 벤젠, 에틸벤젠, 플루오르벤젠, 헥사플로토벤젠, 클로로(3-)플로로벤젠
  - 2석유류 : 1,2-디클로로벤젠, 브로모벤젠, 이소부틸벤젠, 1,2-디에틸벤젠
  - 3석유류 : 니트로벤젠, 도데실벤젠, 1-에틸-4-ㄴ트로벤젠, 아이오도벤젠

ⓒ 제2석유류의 위험물 특성

- 스티렌($C_6H_5CH=CH_2$)은 자체가 **유독성** 및 **마취성**을 가지고 있음. 실온에서 쉽게 인화될 수 있으며, 화재 시에는 방향족 화합물 특유의 그을음을 내며 연소하고, 폭발성의 유기과산화물을 발생함

- 하이드라진(히드라진)(Hydrazine, $N_2H_4$)은 제2석유류로 분류되지만 1,2-디메틸하이드라진($C_2H_8N_2$)은 제1석유류로 분류됨. 하이드라진($N_2H_4$)은 발연성의 액체로 열(熱)에 불안정하며, 공기 중에서 가열하면 약 180℃에서 분해하여 **수소**, **암모니아**, **질소가스**를 발생함. 또한 강한 **환원성 물질**로 산소가 존재하지 않아도 열, 화염, 기타 점화원과의 접촉에 의해 **폭발**할 수 있음

  - $2N_2H_4 \rightarrow H_2 + 2NH_3 + N_2$
  - $N_2H_4 + 2H_2O_2 \rightarrow N_2 + 4H_2O$

〈그림〉 스티렌(styrene)　　〈그림〉 하이드라진(Hydrazine)　　〈그림〉 1,2-디메틸하이드라진

- 폼산(Formic Acid, HCOOH)은 백금 등 촉매 하에서는 분해하여 수소를 발생하고, 진한 황산과 접촉할 경우는 탈수반응에 의해 유해성이 높은 CO를 발생함. 또한 수소화알루미늄이나 칼륨, 나트륨 등 알칼리금속과 반응하여 수소를 발생하기도 함

  - $HCOOH + AlH_3 \rightarrow 2H_2 + CH_3COOAl$
  - $HCOOH \xrightarrow[\text{탈수 작용}]{\text{진한 황산}} CO + H_2O$

- 자일렌[크실렌, $C_6H_4(CH_3)_2$]은 이성질체 분리에 의해 $p$-자일렌, $o$-자일렌, $m$-자일렌 3가지가 있으며 산화성 물질과의 혼합 시 폭발할 우려가 있음

| 오쏘($o$)-자일렌 | 메타($m$)-자일렌 | 파라($p$)-자일렌 |
|---|---|---|
| 발화점 : 106.2℃ | 발화점 : 528℃ | 발화점 : 529℃ |
| 인화점 : 32℃ | 인화점 : 25℃ | 인화점 : 25℃ |

㉔ **제3석유류** : 제3석유류라 함은 중유, 클레오소트유 그밖에 1기압에서 인화점이 70℃ 이상 200℃ 미만인 것을 말한다. 다만, 도료류 그 밖의 물품은 가연성 액체량이 40%(wt) 이하인 것은 제외한다.

㉠ 품목

- 중유, 클레오소트유(Creosote oil), 니코틴(Nicotine), $m$-크레졸($CH_3C_6H_4OH$)
- 글리세린[$C_3H_5(OH)_3$], 에틸렌글리콜[$C_2H_4(OH)_2$], 디에틸렌글리콜[$(HOCH_2CH_2)_2O$]
- 나이트로벤젠($C_6H_5NO_2$), 오쏘-나이트로톨루엔($C_6H_4CH_3NO_2$), 염화벤조일($C_6H_5COCl$)
- 아닐린($C_6H_5NH_2$), 디클로로에틸렌(ClCH=CHCl), 올레인산[$CH_3(CH_2)_7CH=CH(CH_2)_7COOH$]

㉡ 주요 품목의 이화학적 특성

| 구분 | 중유<br>(중질유) | 클레오소트유<br>(부식성 있음) | $C_3H_5(OH)_3$<br>(글리세린) | $C_2H_4(OH)_2$<br>(에틸렌글리콜) | $C_6H_5NH_2$<br>(아닐린) |
|---|---|---|---|---|---|
| | 끓는점 범위가 350℃ 이상인 유분 | 타르에서 증류에 의해 얻어지는 중유 이상의 증류분의 혼합물 | (구조식) | (구조식) | (구조식) |
| 인화점 | 70℃ 이상 | 74℃ 이상 | 176℃ | 120℃ | 76℃ |
| 발화점 | 400℃ 이상 | 336℃ | 370℃ | 398℃ | 615℃ |
| 비점 | 200℃ 이상 | 194~400℃ | 182℃ | 198℃ | 184℃ |
| 물 용해성 | 불용해 | 불용해 | 물에 잘 녹음 | 물에 잘 녹음 | 소량 녹음 |
| 액체비중 | 0.92~1.0 | 1.05 | 1.26 | 1.1 | 1.02 |

㉢ 제3석유류의 위험물 특성

- **중유**(重油, Heavy Oil)는 암갈색의 액체연료로 많이 이용되며, 액체연료이지만 **분해연소를** 하는 특성이 있으며, 강산화제와 혼합할 경우 발화위험이 있음
- **아닐린**($C_6H_5NH_2$)의 가열증기는 인화, 폭발위험이 있으며, 황산이나 강산화제와 접촉할 경우 격렬하게 반응함
- **나이트로벤젠**($C_6H_5NO_2$)을 비점 이상으로 가열할 경우 인화, 폭발위험이 있으며, 강산화제와 접촉할 경우 격렬하게 발화함
- **염화벤조일**($C_6H_5COCl$)을 강산화제와 접촉시킬 경우 폭발할 위험이 있음

㉕ **제4석유류** : 제4석유류는 기어유, 실린더유 그밖에 1기압에서 인화점이 200℃ 이상 250℃ 미만의 것을 말한다. 다만, 도료류 그 밖의 물품은 가연성 액체량이 40%(wt) 이하인 것은 제외한다.

㉠ 품목

- 윤활기유, 실린더유, 미네랄오일, 스쿠알렌
- 폴리에틸렌글리콜[$H(OCH_2CH_2)_nOH$], 디옥틸프탈레이트(DOP), 메탄술폰산($CH_3SO_3H$)
- 트리페닐포스파이트[$(C_6H_5O)_3P$], DIDA(Diisodecyl adipate) 등

ⓒ 제4석유류의 위험물 특성
- 제4석유류는 다른 물질에 비해 인화점이 높기 때문에 가열되지 않는 한 인화위험은 거의 없으나 화재로 인해 일단 액온(液溫)의 상승과 더불어 연소가 진행되는 상황에서는 진압하기 매우 어렵게 됨

ⓑ 동식물유류 : 동식물유류라 함은 동물의 지육(脂肉) 등 또는 식물의 종자나 과육으로부터 추출한 것으로서 1기압에서 인화점이 250℃ 미만인 것을 말한다.

㉠ 품목 : 아마인유, 동유(오동나무 열매의 기름), 피마자유, 올리브유, 야자유, 테레핀유, 채종유, 정어리기름

㉡ 분류
- 건성유(아이오딘가 130 이상) : 해바라기유, 동유(오동기름), 정어리유, 아마인유, 들기름
- 반건성유(아이오딘가 100 ~ 130) : 채종유(겨자), 쌀겨유, 면실유(목화), 참기름, 옥수수유, 콩기름
- 불건성유(아이오딘가 100 미만) : 야자유, 올리브유, 피마자유, 낙화생기름

> **참고**
>
> **아이오딘가(요오드가, Iodine Value)**
>
> 아이오딘가는 유지(油脂) 100g당 부가되는 아이오딘의 g 수를 말하며, 이 값이 클수록 유지류의 불포화도가 높으며, 자연발화 위험성이 높아짐

㉢ 건성유(아이오딘가 130 이상)의 이화학적 특성

| 구분 | 들기름 | 아마인유 | 정어리기름 | 동유(오동기름) | 해바라기유 |
|---|---|---|---|---|---|
| 아이오딘가 | 192 ~ 208 | 170 ~ 204 | 154 ~ 196 | 145 ~ 176 | 113 ~ 146 |
| 인화점 | 279℃ | 222℃ | 223℃ | 289℃ | 235℃ |
| 비중 | 0.93 | 0.93 | 0.93 | 0.93 | 0.92 |

㉣ 반건성유(아이오딘가 100 ~ 130)의 이화학적 특성

| 구분 | 콩기름 | 옥수수유 | 면실유(목화) | 참기름 | 쌀겨유 |
|---|---|---|---|---|---|
| 아이오딘가 | 117 ~ 141 | 88 ~ 148 | 88 ~ 121 | 104 ~ 116 | 97 ~ 107 |
| 인화점 | 282℃ | 232℃ | 252℃ | 255℃ | 234℃ |
| 비중 | 0.91 | 0.91 | 0.91 | 0.92 | 0.91 |

㉤ 불건성유(아이오딘가 100 미만)의 이화학적 특성

| 구분 | 땅콩기름 | 피마자유 | 올리브유 | 야자유 |
|---|---|---|---|---|
| 아이오딘가 | 84 ~ 100 | 81 ~ 91 | 70 ~ 90 | 7 ~ 11 |
| 인화점 | 282℃ | 229℃ | 225℃ | 216℃ |
| 비중 | 0.91 | 0.96 | 0.91 | 0.91 |

㉑ 알코올류 : 알코올류라 함은 1분자를 구성하는 탄소원자의 수가 1개부터 3개까지인 포화 1가 알코올(변성 알코올을 포함)을 말한다. 다만, 가연성 액체량이 60%(wt) 미만이고 인화점 및 연소점(태그개방식 인화점 측정기에 의한 연소점)이 에틸알코올 60%(wt) 수용액의 인화점 및 연소점을 초과하는 것은 제외한다.

㉠ 품목
- 메틸알코올, 에틸알코올, 에틸알코올(60%), 아이소프로필알코올(2-프로판올), 프로필알코올(1-프로판올)
- 정부틸알코올, 아밀알코올, 수산화 테트라-n-부틸암모늄

㉡ 주요 품목과 이화학적 특성

| 구분 | $CH_3OH$ (메틸알코올) | $C_2H_5OH$ (에틸알코올) | $(CH_3)_2CHOH$ (아이소프로필알코올) | $CH_3CH_2CH_2OH$ (프로필알코올) |
|---|---|---|---|---|
| 인화점 | 11℃ | 13℃ | 11.7℃ | 15℃ |
| 발화점 | 464℃ | 363℃ | 399℃ | 371℃ |
| 비점 | 64.6℃ | 80℃ | 81.8℃ | 97℃ |
| 물 용해성 | 용해성 | 용해성 | 용해성 | 용해성 |
| 증기비중 | 1.1(공기보다 무거움) | 1.59 | 2.07 | 2.1 |
| 액체비중 | 0.79(물보다 가벼움) | 0.79 | 0.79 | 0.8 |
| 연소범위 | 6~36%(넓음) | 3.3~19% | 2~12%(좁음) | 2.1~13.5% |

㉢ 알코올류의 위험물 특성
- 알코올류는 인화점이 낮고, 연소범위가 넓기 때문에 인화의 위험성이 높음. 알코올류의 연소반응은 다음과 같음
  - $CH_3OH$ (메틸알코올) + $1.5O_2$ → $CO_2$ + $2H_2O$
  - $C_2H_5OH$ (에틸알코올) + $3O_2$ → $2CO_2$ + $3H_2O$
  - $(CH)_3CHOH$ (아이소프로필알코올) + $4.75O_2$ → $4CO_2$ + $2.5H_2O$
- 알코올류는 강한 산화제 또는 고농도의 과산화수소와 접촉할 경우 폭발위험이 있음
- 알코올류는 칼륨, 나트륨 등의 알칼리금속과 접촉할 경우 폭발위험이 높은 수소가스를 발생시킴
  - $CH_3OH$ (메틸알코올) + Na → $2H_2$ + $2CH_3Na$
  - $2C_2H_5OH$ (에틸알코올) + 2Na → $H_2$ + $2C_2H_5ONa$

## 개념문제

다음 위험물의 품명과 해당 위험물의 지정수량을 쓰시오. [20]

(1) $CH_3COOH$
(2) $N_2H_4$
(3) $C_2H_4(OH)_2$
(4) $C_3H_5(OH)_3$
(5) $HCN$

**Hack 답안지**
(1) $CH_3COOH$ : 제2석유류, 2,000L
(2) $N_2H_4$ : 제2석유류, 2,000L
(3) $C_2H_4(OH)_2$ : 제3석유류, 4,000L
(4) $C_3H_5(OH)_3$ : 제3석유류, 4,000L
(5) $HCN$ : 제1석유류, 400L

**▌참고▐**

상세해설

오래도록 기억할 수 있는 학습기법을 소개하고자 한다. 문제에서 제시된 $CH_3COOH$는 해당 분자식을 영어식으로 읽어보면 "초오"로 비슷하게 발음되므로 **초산**(아세트산)이며, $N_2H_4$는 수소(水素)가 영어식 이름이 "하이드로젠"(Hydrogen)이고 여기에 "질소"가 결합된 물질이므로 **하이드라진(히드라진)**이라고 부른다.

$C_2H_4(OH)_2$는 에틸렌($C_2H_4$)에 수산기(-OH) 2개가 결합된 것, 즉 "에틸렌($C_2H_4$)에 OH 2개가 걸린 것"이므로 **에틸렌글리콜**이다. $C_3H_5(OH)_3$는 "3개의 CH(C, 4가)에 OH 3개가 걸린 것"이므로 **글리세린(글리세롤)**이다. $HCN$은 시안(CN)과 수소(H)가 결합된 **사이안화수소(시안화수소)**이다.

에틸렌글리콜은 2가 알코올의 하나이며, 글리세린은 3가 알코올의 하나이다. 하이드라진(히드라진)($N_2H_4$)은 암모니아와 비슷한 냄새가 나는 액체로서 발연성이 높아 로켓의 연료나 플라스틱 발포제로 쓰인다.

사이안화수소(시안화수소, $HCN$)는 무색의 휘발성 액체로서 연소시키면 아름다운 핑크색 불꽃을 내면서 탄다. 따라서, 제시된 물질은 모두 연소성(인화성) 액체에 해당한다는 것을 알 수 있다.

위험물 분류체계에서 인화성 액체에 해당하는 위험물은 제4류 위험물(싸인 → 4류위험물, 인화성 액체)로 분류된다. 제4류 위험물은 다시 1석유류 ~ 4석유류와 특수인화물, 알코올, 동식물유로 분류되므로 앞에서 학습한 저자가 권장하는 암기법을 동원하여 해당 위험물의 품명을 체크해 보자!

---

**이승원의 제1석유류 암기법**

■1석 이조 휘둘조지메삐서 - 아씨피나네~

- 1석 : 1석유류
- 휘 : 휘발유
- 조 : 초산에틸
- 메 : 메틸에틸케톤
- 아 : 아세톤
- 피 : 피리딘
- 이조(22) : 200L, 2등급
- 둘 : 톨루엔
- 지 : 벤젠
- 삐서 : 이상 비수용성, 이하 수용성
- 시 : 시안화수소(사이안화수소, $HCN$)
- 나네 : 넷(400L)

---

다섯 번째 제시된 $HCN$(사이안화수소)은 1석유류 암기법의 "**시 : 시안화수소(사이안화수소)**"에 해당하므로 제1석유류이다. (5)의 답안지에 "제1석유류"라고 기재하고, 지정수량은 "**나네 : 넷(400L)**"에 해당하므로 400L이다.

---

**이승원의 제2석유류 암기법**

- 이런 큰등 송장틸테/ 경비(처리수용) / 셀포수릴 얼른헤야디
- 이 : 2석유류
- 큰 : 클로로벤젠
- 송 : 송근유
- 틸 : 스티렌($C_6H_5CH=CH_2$)
- 경 : 경유
- 처 : 1000L(이상) – 비수기는 1000
- 셀 : 셀로솔브(메틸, 에틸, 프로필, 부틸)
- 수 : 수용성
- 얼른 : 빙(氷)초산
- 야디 : 에틸렌디아민
- 런 : 자일렌(파라, 메타)
- 등 : 등유
- 장 : 장뇌유
- 테 : 테레핀유($C_{10}H_{16}$)
- 비 : 비수용성
- 리수용 : 2000L(이하) 수용성 – 성수기는 2000
- 포 : 폼산
- 릴 : 아크릴산
- 헤 : 하이드라진(히드라진)

첫 번째 제시된 $CH_3COOH$(초산)은 2석유류 암기법의 "얼른 : 빙(氷)초산"에 해당하므로 제2석유류이다.

두 번째 제시된 $N_2H_4$는 2석유류 암기법의 "헤 : 하이드라진(히드라진)"에 해당하므로 제2석유류이다. 지정수량은 암기법에서 "리수용 : 2000L(이하) 수용성 – 성수기는 2000"에 해당하므로 2000L이다.

---

**이승원의 제3석유류 암기법**

- 세째 아벤니 또? / 에글리고 올레? 4층 수유실로
- 세 : 3석유류
- 째 : 중유
- 아 : 아닐린
- 벤 : 벤질알코올
- 니 또 : 니트로벤젠(나이트로벤젠) – 또(둘) – 2000L
- 에 : 에틸렌글리콜
- 글리고 : 글리세린
- 올레 : 올레인산
- 4층 수유실로 : 4000L(수용성)

---

세 번째 제시된 $C_2H_4(OH)_2$(에틸렌글리콜)는 3석유류 암기법의 "에 : 에틸렌글리콜"에 해당하므로 제3석유류이고, 지정수량은 "4층 수유실로"에 해당되므로 4000L이다.

네 번째 제시된 $C_3H_5(OH)_3$(글리세린)은 3석유류 암기법의 "글리고 : 글리세린"에 해당하므로 제3석유류이고, 지정수량은 "4층 수유실로"에 해당되므로 4000L이다.

● 참고 ●

### 제4류 위험물(인화성 액체)의 품명과 지정수량

| 성질 | 품명 | | 위험등급 | 지정수량 |
|---|---|---|---|---|
| 인화성 액체 | 특수인화물(이황화탄소, 아세트알데하이드, 디에틸에테르 등) | | Ⅰ | 50L |
| | 제1석유류(아세톤, 벤젠, HCN, 휘발유 등) | 비수용성 액체 | Ⅱ | 200L |
| | | 수용성 액체 | Ⅱ | 400L |
| | 알코올류 | – | Ⅱ | 400L |
| | 제2석유류(등유, 경유, 아세트산, 크실렌 등) | 비수용성 액체 | Ⅲ | 1,000L |
| | | 수용성 액체 | Ⅲ | 2,000L |
| | 제3석유류(중유, 글리세린, 아닐린 등) | 비수용성 액체 | Ⅲ | 2,000L |
| | | 수용성 액체 | Ⅲ | 4,000L |
| | 제4석유류(기어유, 실린더유 등) | – | Ⅲ | 6,000L |
| | 동식물유류(해바라기유, 채종유, 야자유 등) | – | Ⅲ | 10,000L |

### 유사문제

**01** 다음 [보기]의 위험물 중 수용성만을 골라 쓰시오. [20③]

- 휘발유, 벤젠, 톨루엔, 아세톤
- 메틸알코올, 클로로벤젠, 아세트알데하이드
- 사이안화수소, 피리딘
- 클로로벤젠, 글리세린, 하이드라진(히드라진)

**02** 다음 중 수용성인 것을 모두 쓰시오. [10②]

- 아세톤
- 아닐린
- 메틸알코올
- 에테르
- 이황화탄소
- 아세트알데하이드

**03** 다음 제시된 위험물 중에서 제2석유류이며, 수용성인 위험물을 고르시오. [22]

- 메틸알코올
- 아세트산
- 폼산
- 글리세린
- 나이트로벤젠

**04** 제4류 위험물 제2석유류를 위험물안전관리법에 의하여 3가지로 분류하시오. [10]

**05** 제4류 위험물의 공통 성질 5가지를 쓰시오. [05]

**06** 고인화점 위험물의 정의를 쓰시오. [12,19]

**07** 다음 위험물 중 비중이 1보다 큰 것을 모두 고르시오. [15]

- 이황화탄소, 글리세린, 피리딘
- 산화프로필렌, 클로로벤젠

**08** 제4류 위험물 중에서 위험등급 II에 해당하는 위험물의 품명 2가지를 쓰시오. [11]

**09** $CH_3COOH$에 $C_2H_5OH$를 첨가하여 반응시킨 딸기향이 나는 무색·투명한 물질의 명칭을 쓰시오. [05]

**10** 다음 [보기]에서 제2석유류와 관련된 올바른 설명을 모두 고르시오. [17]

① 등유, 경유
② 중유, 경유
③ 1기압에서 인화점이 섭씨 200도 이상 섭씨 250도 미만인 것을 말한다.
④ 1기압에서 인화점이 섭씨 70도 이상 섭씨 200도 미만인 것을 말한다.
⑤ 도료류 그 밖의 물품에 있어서 가연성 액체량이 40중량 퍼센트 이하이면서 인화점이 섭씨 40도 이상인 동시에 연소점이 섭씨 60도 이상인 것은 제외한다.

**11** 크실렌의 이성질체 3가지에 대한 명칭과 구조식을 쓰시오. [03,06,07,08,14,15,20,22]

---

## 유사문제 답안·해설

**01** **답안** 아세톤, 메틸알코올, 아세트알데하이드, 사이안화수소, 피리딘, 글리세린, 하이드라진

■ **참고** ■

**상세해설** 위험물 중 물에 녹는 물질은 아세트알데하이드($CH_3CHO$), 아세트산($CH_3COOH$), 폼산(HCOOH), 글리세린[$C_3H_5(OH)_3$], 에틸렌글리콜[$C_2H_4(OH)_2$], 아세톤($CH_3COCH_3$), 메틸에틸케톤($CH_3COC_2H_5$), 사이안화수소(HCN), 피리딘($C_5H_5N$), 하이드라진(히드라진)($N_2H_4$), 아크릴산($C_3H_4O_2$), 알코올류, 아염소산염, 염소산염, 무기과산화물 등이다.

알코올은 물과 어떠한 비율로 혼합해도 완벽히 섞이므로(miscible) 용해도(溶解度)의 의미가 없으나 분자 내의 −OH기는 물에 잘 녹게 해주는 특성을 지니게 한다. 그러나 메탄올·에탄올·프로판올 같은 작은 분자는 물에 용해되지만 더 큰 분자는 탄소 사슬이 우세하기 때문에 탄소 수가 7개 이상인 알코올은 물에 용해되지 않는 것으로 간주한다.

한편, 물에 잘 녹지 않는 물질은 휘발유, 등유, 경유, 중유, 황(S), 황린($P_4$), 이황화탄소($CS_2$), 벤젠($C_6H_6$), 나이트로벤젠($C_6H_5NO_2$), 클로로벤젠($C_6H_5Cl$), 톨루엔($C_6H_5CH_3$), 아닐린($C_6H_7N$), 벤질알코올($C_7H_8O$), 에테르류(에터류, $C_2H_5OC_2H_5$, $CH_3OC_2H_5$), 과염소산염류 중 $KClO_4$, 질산에스터($C_2H_5ONO_2$), 초산에틸($C_4H_8O_2$), 클레오소트유 등이다.

## 02
**답안** 아세톤, 메틸알코올, 아세트알데하이드

## 03
**답안** 아세트산, 폼산

## 04
**답안**
① 등유, 경유
② 1기압에서 인화점이 21℃ 이상 70℃ 미만인 것
③ 도료류 그 밖의 물품

▶ 법령보기 ◀
제2석유류라 함은 등유, 경유 그밖에 1기압에서 인화점이 섭씨 21도 이상 70도 미만인 것을 말한다. 다만, 도료류 그 밖의 물품에 있어서 가연성 액체량이 40중량퍼센트 이하이면서 인화점이 섭씨 40도 이상인 동시에 연소점이 섭씨 60도 이상인 것은 제외한다.

## 05
**답안**
① 상온에서 액체이며, 인화하기 쉬움
② 착화온도가 낮은 것은 인화 위험성이 높음
③ 비중이 물보다 작고, 물에 잘 녹지 않음
④ 증기는 공기보다 무거움
⑤ 증기는 공기와 약간 혼합되어도 연소함

## 06
**답안** 인화점 100℃ 이상의 제4류 위험물을 말함

▶ 법령보기 ◀
고인화점위험물이란 인화점이 100℃ 이상인 제4류 위험물을 말한다.

## 07 답안 이황화탄소, 글리세린, 클로로벤젠

**보충** 위험물 중 비중이 1보다 큰 것은 물에 녹지 않아 물 속에 저장하는 특성을 가진 물질이거나 대체로 방향족 벤젠이 중심이 되는 물질 또는 분자량이 90이상으로 고분자인 물질이 이에 해당한다.

따라서, 물에 잘 녹지 않는 특성을 지니면서 물속에 저장하는 위험물인 이황화탄소($CS_2$, 분자량 76)와 글리세린 [$C_3H_5(OH)_3$, 분자량 92], 벤젠이 중심이 되는 클로로벤젠($C_6H_5Cl$, 분자량 112.5) 등이 비중이 1보다 큰 물질에 해당한다. 산화프로필렌($C_3H_6O$)의 분자량은 58, 비중은 0.83이고, 피리딘($C_5H_5N$)의 분자량은 79, 비중은 0.98이다.

제4류 위험물 중 비중이 1.0보다 큰 위험물은 이황화탄소(1.26), 에틸브로마이드(1.46), 아세트산(1.05), 폼산(1.2), 글리세린(1.26), 에틸렌글리콜(1.1), 아닐린(1.02), 클로로벤젠(1.11) 등이 있다.

## 08 답안 제1석유류, 알코올류

▶ 법령보기 ◀

| 위험등급 | 해당 품명 및 품목 |
|---|---|
| Ⅰ등급 위험물 | • 제1류 위험물 중 아염소산염류, 염소산염류, 과염소산염류, 무기과산화물 그밖에 지정수량이 50kg인 위험물<br>• 제3류 위험물 중 칼륨, 나트륨, 알킬알루미늄, 알킬리튬, 황린 그밖에 지정수량이 10kg 또는 20kg인 위험물<br>• 제4류 위험물 중 특수인화물<br>• 제5류 위험물 중 지정수량이 10kg인 위험물<br>• 제6류 위험물 |
| Ⅱ등급 위험물 | • 제1류 위험물 중 브로민산염류, 질산염류, 아이오딘산염류 그밖에 지정수량이 300kg인 위험물<br>• 제2류 위험물 중 황화인, 적린, 유황 그밖에 지정수량이 100kg인 위험물<br>• 제3류 위험물 중 알칼리금속(칼륨 및 나트륨 제외) 및 알칼리토금속, 유기금속화합물(알킬알루미늄 및 알킬리튬 제외) 그밖에 지정수량이 50kg인 위험물<br>• 제4류 위험물 중 <u>제1석유류 및 알코올류</u><br>• 제5류 위험물 중 Ⅰ등급 이외 위험물 |

## 09 답안 아세트산 에틸

**보충** $CH_3COOH$에 $C_2H_5OH$ 및 강산을 첨가하여 촉매의 존재하에서 축합반응(에스터화, Esterification)시켜 만든다. 아세트산 에틸(Ethyl Acetate, $CH_3COOC_2H_5$)은 딸기향이 나는 무색·투명한 물질로서 접착제, 매니큐어, 차와 커피의 디카페인 공정 등에 이용되고 있다. 인화점은 $-4℃$, 발화점은 $427℃$, 폭발범위는 2%(LEL) ~ 11.5%(UEL)이다.

• $CH_3COOH + C_2H_5OH \xrightarrow[\text{에스터화}]{c-H_2SO_4} CH_3COOC_2H_5$ (아세트산에틸) $+ H_2O$

• $CH_3COOH + CH_3OH \xrightarrow[\text{에스터화}]{c-H_2SO_4} CH_3COOCH_3$ (아세트산메틸) $+ H_2O$

## 10  답안 ①, ⑤

▶ 법령보기 ◀

제2석유류라 함은 등유, 경유 그밖에 1기압에서 인화점이 섭씨 21도 이상 70도 미만인 것을 말한다. 다만, 도료류 그 밖의 물품에 있어서 가연성 액체량이 40중량퍼센트 이하이면서 인화점이 섭씨 40도 이상인 동시에 연소점이 섭씨 60도 이상인 것은 제외한다.

## 11  답안

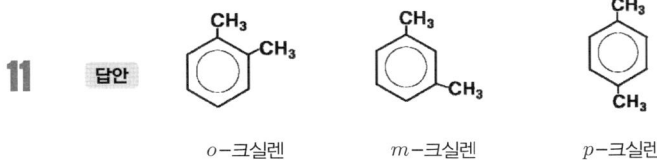

o-크실렌    m-크실렌    p-크실렌

**보충** 크실렌[자일렌, $C_6H_4(CH_3)_2$]은 이성질체 분리에 의해 $p$-자일렌, $o$-자일렌, $m$-자일렌 3가지가 있으며, 산화성 물질과의 혼합 시 폭발할 우려가 있다.

| 오쏘($o$)-크실렌 | 메타($m$)-크실렌 | 파라($p$)-크실렌 |
|---|---|---|
| 발화점 : 106.2℃ | 발화점 : 528℃ | 발화점 : 529℃ |
| 인화점 : 32℃ | 인화점 : 25℃ | 인화점 : 25℃ |

 개념문제

보기는 제4류 위험물에 대한 설명이다. 보기에 해당하는 위험물을 화학식으로 나타내고, 이 위험물의 지정수량을 쓰시오.
[06.17②]

- 인화점은 -37℃ 정도이며, 연소범위는 약 2.5~38.5%이다.
- 물에 잘 녹는 무색의 투명한 액체이다.
- 증기 및 액체는 인체에 유해하다.
- 저장용기는 동 및 동합금을 사용할 수 없다.
- 산 및 알칼리와는 중합반응을 한다.

**답안지** $CH_3CHOCH_2$, 50L

∎ 참고 ∎

 문제에서 "연소범위 2.5~38.5%", "저장용기는 동 및 동합금을 사용할 수 없는 위험물"에 초점을 맞춘다. 먼저, "저장용기는 동 및 동합금을 사용할 수 없는 위험물"은 아세트알데하이드, 산화프로필렌 등이다. 아세트알데하이드, 산화프로필렌을 취급하는 옥외저장탱크의 설비는 동·마그네슘·은·수은 또는 이들을 성분으로 하는 합금은 위험물 제조설비의 재질로 사용하지 못한다.

아세트알데하이드의 연소범위(용량%)는 하한(LEL) 4%~상한(UEL) 60%인 반면에 산화프로필렌의 연소범위(용량%)는 하한(LEL) 2.5%~상한(UEL) 39%로 하한이 더 낮다. 산화프로필렌의 연소범위는 아세트알데하이드($CH_3CHO$)의 연소범위(4~60%) 보다는 좁지만 아세톤($CH_3COCH_3$, 2~13%)이나 휘발유(가솔린, 1.2~7.6%) 보다는 넓다.

따라서, 이 문제에서 제시한 특성에 가장 부합되는 것은 산화프로필렌이다. 산화프로필렌의 화학식은 $C_3H_6O$ 또는 $CH_3CHCH_2O$로 표시된다.

여기서 잠깐, 우리가 흔히 메테인(methane), 에테인(ethane), 프로페인(propane), 부테인(butane)… 등과 같이 "ane"를 붙이는 것은 탄소가 단일결합(單一結合, Single bond)으로 된 **포화탄화수소**(HC)라는 의미를 갖는다.
→ 알케인(알칸, alkane, 파라핀), $C_nH_{2n+2}$

그런데, 탄소가 2 이상 결합되는 에틸렌(ethylene), 프로필렌(Propylene), 부틸렌(butylene)… 등과 같이 "ene"를 붙이는 탄화수소는 탄소가 이중결합(二重結合, Double bond)으로 된 **불포화탄화수소**(HC)라는 의미를 갖는다.
→ 알켄(알킨, alkene), $C_nH_{2n}$

그러나, 아세틸렌(Acetylene)은 $C_nH_{2n-2}$의 구조를 갖는 삼중결합(三重結合)으로 된 **불포화탄화수소**(HC)라는 것에 유의하여야 한다. 이를 구분하기 위해 탄소 2개의 3중결합인 아세틸렌(Acetylene)을 에틴(에타인, Ethyne), 탄소 3개의 3중결합 프로파인(Propyne)이라 한다. 공통적으로 명칭에 "yne"를 붙이는 것을 알 수 있다. →
알카인(alkyne), $C_nH_{2n-2}$

되돌아 가서, **프로필렌**(Propylene)에서 "프로(Pro)"이므로 ➡ 프로페인의 **탄소** C 3개를 연상한다. "ㅏ"발음 "ane"이 아닌 "ㅔ"발음 "ene"의 물질이므로 탄소(C)가 이중결합으로 된 탄화수소(HC)라는 것을 짐작할 수 있다.

  Ⓐ 탄소(C)는 4가이므로 bond가 4개라는 것을 유의하면서

  Ⓑ 먼저, 탄소(C) 3개를 나열하고 연결 $\begin{cases} ㉠ -C-C-C- & \cdots \text{단일결합} \cdots \text{alkane} \\ ㉡ -C=C=C- & \cdots \text{이중결합} \cdots \text{alkene} \\ ㉢ -C\equiv C\equiv C- & \cdots \text{삼중결합} \cdots \text{alkyne} \end{cases}$

  Ⓒ 이 중에서 ㉡을 선택하고 탄소(C)에서 bond 4개를 확인 후 bond 끝에 수소를 붙인다. 첫 번째 탄소, 두 번째 탄소, 세 번째 탄소 모두 수소(H) 2개씩을 붙여 **시성식**(示性式)을 만들면;

    ➡ $CH_2CH_2CH_2$, 이것에서 동일 원소를 모으면 **프로필렌**(Propylene)의 **분자식**(分子式)이 된다.

    ➡ $C_3H_6$

그렇다면, **산화프로필렌**(Propylene Oxide)은 말 그대로 프로필렌($C_3H_6$)에 산소(O)를 첨가한 물질이므로 → "$C_3H_6O$"가 된다. 이것이 산화프로필렌의 화학식이다.

불포화탄화수소의 2중결합을 갖는 프로필렌(Propylene, >C=C=C<)에 산소(O)를 첨가하면 → 이중결합이 파괴되면서 단일결합(-C-C-C-)으로 전환됨과 동시에 중앙 탄소(C)에 산소(O)가 달라 붙어 아래의 구조와 같이 고리 에터(Cyclic Ether)를 형성하게 된다.

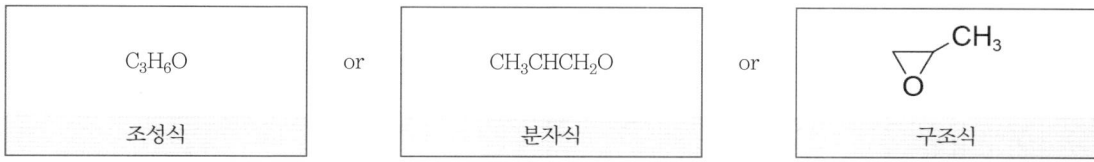

| $C_3H_6O$ | | $CH_3CHCH_2$ | | (구조식) |
|:---:|:---:|:---:|:---:|:---:|
| 조성식 | or | 분자식 | or | 구조식 |

산화프로필렌(Propylene Oxide, $C_3H_6O$)은 폭약으로 사용되기도 하는데, 단위 무게당 폭발로 인한 폭풍효과는 TNT[Trinitrotoluene, $C_6H_2CH_3(NO_2)_3$]의 수배에 이르는 위험물(제4류-인화성액체, 특수인화물)로 분류되고 있으며, 지정수량 50L(위험등급 Ⅰ등급)이다.

산화프로필렌($C_3H_6O$)은 인화점 −37℃로 매우 낮지만 자연발화점은 430℃로 비교적 높은 편이다. 분자량이 58이므로 증기비중은 58/29=2로써 공기보다 2배 무거우며, 액체비중은 0.8로서 물보다 가볍다.

저장 및 보관할 때는 내화성 물질, 가연성 물질, 과산화물, 산(酸), 염기(鹽基), 금속염, 아민, 그리고 강산화제(強酸化劑)로부터 분리하여 보관하여야 하고, 건조하고 선선한 곳, 잘 밀폐된 상태에서 빛이 들지 않는 곳에 보관하여야 한다.

| 비교항목 | 아세트알데하이드 | 산화프로필렌 |
|:---:|:---:|:---:|
| 분류 / 품명 | 제4류 위험물 / 특수인화물 | 제4류 위험물 / 특수인화물 |
| 지정수량 / 위험등급 | 50L / Ⅰ등급 | 50L / Ⅰ등급 |
| 분자식 / 분자량 | $CH_3CHO$ / 44 | $C_3H_6O$ / 58 |
| 비중 | 0.78 (물보다 가벼움) | 0.83 (물보다 가벼움) |
| 시설사용 제한 금속 | 동·마그네슘·은·수은 또는 이들을 성분으로 하는 합금 사용금지 | 동·마그네슘·은·수은 또는 이들을 성분으로 하는 합금 사용금지 |
| 물에 대한 용해성 | 수용성 | 수용성 |
| 인화점 | −37.8℃ | −37℃ |
| 연소범위 | 4 ~ 57% | 2.5 ~ 38.5% |

● 참고 ●

주요 위험물의 저장기준에서 온도에 관한 사항은 다음과 같다.
① 압력탱크(아세트알데하이드, 디에틸에테르, 산화프로필렌)
　㉠ 압력탱크에 저장하는 경우 : 40℃ 이하
　㉡ 압력탱크 외에 저장하는 경우
　　• 디에틸에테르, 산화프로필렌과 이를 함유한 것 : 30℃ 이하
　　• 아세트알데하이드 또는 이를 함유한 것 : 15℃ 이하
② 이동탱크(디에틸에테르, 아세트알데하이드, 산화프로필렌의 저장온도)
　㉠ 보냉장치가 있는 이동탱크저장소의 경우 : 위험물의 비점 이하의 온도를 유지하여야 함
　㉡ 보냉장치가 없는 이동탱크저장소의 경우 : 40℃ 이하

### 이승원의 위험물 연소범위 암기법

■ 낮엔(1.3) / 멘발에 부아로 살아세 / 네코(3)수염 / 메시(5) 메알산으로 암(알았음)(15.7)
• 낮엔 : 하한(LEL) 톨루엔(1.3)
• 멘발에 부아로 살아세 : 벤젠·휘발유(1.4), 에틸에테르(1.9), 부탄(1.8), 아세톤(2), 프로판(2.1) 산화프로필렌, 아세틸렌(2.5)
• 네코(3)수염 : 네코[에탄, 에틸렌, 산화에틸렌(3), 에틸알코올(3.5)] 수소(4), 황화수소(4.3)
• 메시 메알산으로 암(알았음) : 메탄(5), 시안화수소(5.6), 메틸알코올(7.3), 일산화탄소(12), 암모니아(15.7)

■ 놈팽이(82) 아세끼 / 일수에라 / 황안한 메모에 / C(1,2,3,4)발 제로(7)
• 놈팽이 아세끼 : 상한(UEL) 팽이(82)(아세틸렌), 끼(산화에틸렌)(80)
• 일수에라 : 일산화탄소(75), 수소(74.5), 에틸에테르(48)
• 황안한 메모에 : 황화수소(45), 시안화수소(40), 산화프로필렌(38.5), 메틸알코올(36), 암모니아(27.4), 에틸알코올(20)
• C(1,2,3,4)발 제로 : 메탄(15), 에탄(12.5), 프로판(9.5), 부탄(8.4), 휘발유(7.6), 벤젠(7.1), 톨루엔(7)

## 유사문제

**01** 특수인화물 중 산화프로필렌에 대하여 다음 물음에 답하시오. [10]
  (1) 화학식을 쓰시오.
  (2) 지정수량을 쓰시오.

**02** 산화프로필렌에 대해 다음 물음에 답하시오. [22]
  (1) 증기비중을 구하시오.
  (2) 위험등급을 쓰시오.
  (3) 보냉장치가 없는 이동탱크저장소에 저장할 경우의 저장온도를 쓰시오.

**03** 에텐(에틸렌)과 산소를 $CuCl_2$의 촉매하에 생성된 A 물질은 특수인화물로 인화점 −39℃, 비점 21℃, 연소범위가 4.1～57%이다. 다음 물음에 답하시오.
  [04,13,16,18,19,20②,22②]
  (1) A물질의 시성식을 쓰시오.
  (2) A물질의 증기비중을 구하시오.
  (3) A물질의 위험도를 구하시오.
  (4) A물질을 보냉장치가 없는 이동저장탱크에 저장하는 경우 온도는 몇 ℃ 이하로 유지하여야 하는지 쓰시오.
  (5) A물질을 옥외저장탱크 중 압력탱크 외의 탱크에 저장하는 경우 저장온도는 몇 ℃ 이하로 해야 하는지 쓰시오.
  (6) A물질을 산화할 경우 생성되는 제4류 위험물의 명칭을 쓰시오.

**04** 아세트알데하이드에 대한 다음 물음에 답하시오. [07,08,15]
  (1) 시성식을 쓰시오.
  (2) 품명을 쓰시오.
  (3) 지정수량을 쓰시오.
  (4) 에틸렌(에텐)을 직접 산화반응시켜 제조하는 반응식을 쓰시오.
  (5) 아세트알데하이드의 연소범위를 쓰시오.

**05** 아세트알데하이드가 산화되면 생성되는 제4류 위험물에 대해 다음 물음에 답하시오. [19,22]
  (1) 화학식을 쓰시오.
  (2) 연소반응식을 쓰시오.
  (3) 옥내저장소에 저장할 경우 저장소의 바닥면적을 쓰시오.

**06** 아세트알데하이드의 증기밀도, 증기비중, 위험도를 구하시오. (단, 공기 분자량은 29, 연소범위는 4.1～57%) [03]

## 유사문제 답안·해설

**01** 답안 (1) $C_3H_6O$ 또는 $CH_3CHOCH_2$ 또는 

  (2) 50L

**참고**

**상세해설** 이 문제의 첫 번째 Blockage는 "산화프로필렌"이라는 한글 명칭을 화학식으로 나타내는 것이고, 두 번째 Blockage는 지정수량을 쓰는 것이다.

[시범풀이]
첫 번째,
산화프로필렌(Propylene Oxide)의 화학식에서, 프로필렌(Propylene)에서 "프로(Pro)"이므로 ➡ 프로페인의 탄소 C 3개를 연상한다. "ㅏ"발음 "ane"이 아닌 "ㅔ"발음 "ene"의 물질이므로 탄소(C)가 이중결합으로 된 탄화수소(HC)라는 것을 짐작할 수 있다.

프로필렌은 탄소가 3개이므로 첫 번째 탄소, 두 번째 탄소, 세 번째 탄소 모두 수소(H) 2개씩을 붙여 **시성식**(示性式)을 만들면 ➡ $CH_2CH_2CH_2$, 이것에서 동일 원소를 모으면 **프로필렌**(Propylene)의 **분자식**(分子式)이 된다. ➡ $C_3H_6$

**산화프로필렌**(Propylene Oxide)은 ➡ 말 그대로 프로필렌($C_3H_6$)에 산소(O)를 첨가한 물질이므로 → "$C_3H_6O$"가 된다. 이것이 산화프로필렌의 화학식이다.

그리고, 불포화탄화수소의 2중결합을 갖는 프로필렌(Propylene, >C=C=C<)에 산소(O)를 첨가하면 → 이중결합이 파괴되면서 단일결합(-C-C-C-)으로 전환됨과 동시에 중앙 탄소(C)에 산소(O)가 달라붙어 아래의 구조와 같이 고리 에테르(Cyclic Ether)를 형성하게 되는데, 이를 그림으로 나타낸 것이 산화프로필렌의 구조식이다.

두 번째,

산화프로필렌(Propylene Oxide)의 지정수량은 문제 중에 "Hint"가 있다. 문제 조건이 "**특수인화물 중 산화프로필렌**"이라고 하였으므로 특수인화물의 지정수량을 쓰면 된다. 제4류 위험물 중 품명이 특수인화물인 것(산화프로필렌, 이황화탄소, 아세트알데하이드 등)은 모두 지정수량이 50L이다.

답안지에는 간단명료하게 기재해야 한다. 산화프로필렌의 "화학식"을 쓰는 것이므로 분자식, 시성식, 구조식 등 어느 것을 기재해도 답(쏨)이 된다. 그리고 지정수량을 쓸 때는 인화성 액체에 대한 것이므로 반드시 단위를 "50L"로 기재해야 한다. "50kg"으로 쓰면 틀린다.

## 02

**답안** (1) 증기비중 : 2

(2) 위험등급 : I 등급

(3) 저장온도 : 40℃ 이하

**보충** 산화프로필렌($C_3H_6O$) 기체 1mol=g분자량(58)=22.4L이므로 다음의 공식을 적용하여 증기비중과 증기밀도를 구할 수 있다.

□ 증기비중 = $\dfrac{\text{산화프로필렌 밀도}}{\text{공기밀도}} = \dfrac{58/22.4}{29/22.4} = 2$

□ 증기밀도 = $\dfrac{\text{산화프로필렌의 g분자량}}{22.4} = \dfrac{58\,g}{22.4\,L} = 2.59\,g/L$

산화프로필렌은 제4류 위험물 중 "**특수인화물**"이므로 위험등급 I 등급으로 분류되며, 보냉장치가 없는 이동탱크저장소의 경우 40℃ 이하로 유지하여야 한다.

## 03

**답안**
(1) 시성식 : $CH_3CHO$

(2) 증기비중 : 증기비중 $= \dfrac{CH_3CHO \text{ 밀도}}{\text{공기 밀도}} = \dfrac{44/22.4}{29/22.4} = 1.52$

(3) 위험도 : 위험도 $= \dfrac{57-4.1}{4.1} = 12.9$

(4) 온도제어(보냉장치가 없는 이동저장탱크) : 40℃ 이하
(5) 온도제어(압력탱크 외의 탱크) : 15℃ 이하
(6) 생성물질 : 아세트산

## 참고

**상세해설** 이 문제의 첫 번째 Blockage는 "에텐(에틸렌)"이라는 한글 명칭을 화학식으로 나타내는 것이고, 두 번째 Blockage는 에텐(에틸렌, Ethylene)을 산화시켜 생성된 물질이 특수인화물 중의 무엇인지를 알아내는 것이며, 세 번째 Blockage는 생성물질의 증기비중을 구하고, 네 번째 Blockage는 생성물질을 산화시켰을 경우 4류 위험물이 발생되는데 그 명칭을 쓰라는 것으로 간단한 듯 여러 미션이 복합적으로 얽혀있다.

### [시범풀이]
첫 번째,
생성물질의 시성식에서 "에텐(에틸렌)(Ethylene)"은 포화탄화수소인 에테인($C_2H_6$)에서 수소 2개를 떼어내고 불포화탄화수소로 만든 것이므로 분자식은 $C_2H_4$, 탄소는 2중결합(C=C)을 갖는다.
이것($C_2H_4$)에 산소(O)를 더하여 생성된 특수인화물이라 하였다. 앞에서 학습해 두었던 특수인화물 암기법을 여기에 다시 써 보면 ;

---

**● 이승원의 특수인화물 암기법 ●**

■ 특수한 오일 아이디에 – 싼걸로 에들 풀어 불고 에라 – 발뻗고 인자 코자~

- **특수한 오일** : 특수인화물, 50L, I 등급
- 이 : 이황화탄소($CS_2$)
- 싼 : 산화프로필렌($CH_3CHOCH_2$)
- 에들한테 : 에틸브로마이드($C_2H_5Br$)
- 에라 : 에틸퓨란($C_6H_8O$)
- 인자(자슥) : 인화점 −20℃ 이하
- 아 : 아세트알데하이드($CH_3CHO$)
- 디에 : 디에틸에테르($C_2H_5OC_2H_5$)
- 걸로 : 클로로아세톤($C_3H_5ClO$) 등
- 풀어 불고 : 플로로톨루엔($C_7H_7F$)
- 발뻗고 : 발화점 100℃ 이하
- 코(鼻)자 : 비점 40℃ 이하

---

암기내용 중에서 $C_2H_4+O=C_2H_4O$가 되는 것은 "아 : 아세트알데하이드($CH_3CHO$)"라는 걸 정확히 알 수 있다. 따라서 아세트알데하이드의 시성식 "$CH_3CHO$"를 답안지에 기재하면 된다.

□ $C_2H_4 + \dfrac{1}{2}O_2 \xrightarrow[\text{CuCl}_2]{\text{촉매 산화}} C_2H_4O \ (=CH_3CHO, \ Acetaldehyde)$

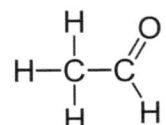

〈그림〉 아세트알데하이드

두 번째,

증기비중 계산에서 비중(比重, Specific gravity)은 무차원 수로서 기준물질(표준물질)에 비해 대상물질이 몇 배 더 무거운 지를 판단하는 척도이다. 따라서 아세트알데하이드(Acetaldehyde)의 비중은 아세트알데하이드의 밀도(密度)를 표준 기체인 공기밀도로 나누어 산정한다. 아세트알데하이드($CH_3CHO$)의 분자량이 44이므로 기체 1mol=g분자량=22.4L이므로 다음과 같이 증기비중 공식을 이용하여 산출할 수 있다.

$$\square \ 증기비중 = \frac{아세트알데하이드\ 밀도(=분자량/22.4)}{공기\ 밀도(=분자량/22.4)} = \frac{44}{29} = 1.52$$

세 번째,

위험도 산정에서, 에텐(에틸렌, $C_2H_4$)과 산소(O)를 $CuCl_2$의 촉매 하에 생성된 물질은 특수인화물인 아세트알데하이드($CH_3CHO$)이고, 문제에서 연소범위를 4.1~57%로 제시하고 있다. 위험도는 연소범위 하한을 기준으로 하여 하한과 상한의 차이가 하한의 몇 배에 해당하는 가를 나타낸다. 따라서 다음과 같이 산정할 수 있다.

$$\square \ 위험도 = \frac{상한\ 값 - 하한\ 값}{하한\ 값} = \frac{57-4.1}{4.1} = 12.9$$

네 번째 ~ 다섯 번째,

저장온도와 관련한 내용에서, 아세트알데하이드($CH_3CHO$)는 제4류 위험물 중 특수인화물에 속한다. 지정수량은 50L, 위험등급 Ⅰ등급인 특수인화물은 제4류 위험물중 1기압에서 발화점 100℃ 이하, **인화점 -20℃ 이하**, 비점 **40℃ 이하**이다. 이와 같이 위험성이 높은 물질을 취급할 때는 다음과 같은 저장 및 취급기준을 따라야 한다.

- □ **설비에 사용할 수 없는 재료** : 아세트알데하이드, 산화프로필렌 등의 옥외저장탱크의 설비는 동·마그네슘·은·수은 또는 이들을 성분으로 하는 합금을 사용해서는 안된다.
- □ **압력탱크 온도** : 압력탱크에 저장하는 아세트알데하이드 등 또는 디에틸에테르 등의 온도는 40℃ 이하로 유지하여야 한다.
- □ **압력탱크 외에 저장하는 경우의 온도** : 압력탱크 외의 탱크에 저장하는 디에틸에테르 등 또는 아세트알데하이드 등의 온도는 산화프로필렌과 이를 함유한 것 또는 디에틸에테르 등에 있어서는 30℃ 이하로, 아세트알데하이드 또는 이를 함유한 것에 있어서는 15℃ 이하로 각각 유지하여야 한다.
- □ **보냉장치가 없는 경우의 온도** : 아세트알데하이드($CH_3CHO$)의 연소범위는 4~57%로 매우 넓다. 그러므로 보냉장치가 없는 이동저장탱크에 저장하는 아세트알데하이드 또는 디에틸에테르 등의 온도는 40℃ 이하로 유지하여야 한다.

여섯 번째,

산화할 경우 생성되는 제4류 위험물에 대해서, 에텐(에틸렌, $C_2H_4$)과 산소를 $CuCl_2$의 촉매하에 산화시켜 생성된 특수인화물인 아세트알데하이드($CH_3CHO$)를 다시 산화시켜 제4류 위험물 중 특정물질이 생성된다고 하였는데…
→ $CH_3CHO + O = CH_3COOH$, 즉 초산(아세트산)이 된다는 것을 알 수 있다. 그러므로 답안지에는 아세트산 또는 초산이라고 기재하면 된다.

---

● **참고** ●

**에틸렌(에텐)과 아세트알데하이드의 산화반응**

- $CH_2 = CH_2 (에틸렌) + 0.5 O_2 \xrightarrow[CuCl_2 \ or \ PdCl_2]{촉매} CH_3CHO$
- $CH_3CHO (아세트알데히드) + 0.5 O_2 \rightarrow CH_3COOH (아세트산)$

문제는 억지로 푸는 것이 아니라 술술 풀어내야 막걸리 술술 넘기듯 제대로 공부하는 맛이 나는 것이다. 주의할 사항은 시성식은 $CH_3CHO$(아세트알데하이드), $CH_3COOH$(아세트산)이다. 아세트산(초산)은 제4류 위험물(인화성 액체) 중 제2석유류(수용성), 3등급 위험물에 해당하며 지정수량은 2000L이다. 답안지를 작성할 때는 불필요한 서술을 하지 말고 간단명료하게 기재하여야 한다.

**04** 답안 (1) 시성식 : $CH_3CHO$
(2) 품명 : 특수인화물
(3) 지정수량 : 50 L
(4) 제조 반응식 : $C_2H_4 + 0.5O_2 \rightarrow C_2H_4O$
(5) 연소범위 : 4.1 ~ 57%

**▌참고 ▌**

 이러한 문제유형에서 가장 큰 Blockage는 화학식이 된다는 것을 알아야 한다. 앞서 공부한데로 아세트알데하이드는 알데하이드의 구성을 떠 올린다. → "알써"(RCHO)
- R이 H이면 : "손(手, 손수)품보고 알써"(HCHO)=폼(포름)알데하이드
- R이 $CH_3$이면 : "덜 알써" (메틸기-CHO) → $CH_3CHO$=아세트알데하이드로 구분한다.

[시범풀이]
첫 번째 ~ 세 번째.
아세트알데하이드($CH_3CHO$)는 제4류 위험물 중 **특수인화물**에 속한다. **지정수량은 50L**, 위험등급 Ⅰ등급인 특수인화물로서 제4류 위험물 중 1기압에서 발화점 100℃ 이하, 인화점 -20℃ 이하, 비점 40℃ 이하이다. 시성식은 "$CH_3CHO$", 품명은 "특수인화물", 지정수량 "50L"이라고 답안지에 기재하면 된다.

네 번째.
에텐(에틸렌, Ethylene, $C_2H_4$)을 직접 산화반응시켜 아세트알데하이드($CH_3CHO$, Acetaldehyde)를 제조하는 반응식을 기재하라는 것이다.
에틸렌(에텐)과 에틴(아세틸렌)은 한글 명칭으로 부를 때는 혼동하기 쉽다. 그래서 수소(H)를 기준으로 "아에 이사(24)간다" → 아(2) ~ $C_2H_2$, 에(4) ~ $C_2H_4$로 기억 해 두면 효과를 볼 수 있다. 그리고 아세트알데하이드는 "알써"(RCHO)에서 → 덜 아써($CH_3-CHO$)로 기억 해 두도록!!
에텐(에틸렌, Ethylene, $C_2H_4$)을 산화시키면, 에텐에 산소가 붙어 $C_2H_4O$가 될 것이다. 즉 $C_2H_4+O=C_2H_4O$, $C_2H_4O=CH_3CHO$가 된다. 이것을 반응식으로 표현하면;
□ $C_2H_4 + 0.5O_2 \rightarrow CH_3CHO$ 또는 $C_2H_4 + 0.5O_2 \rightarrow C_2H_4O$
개념만 확실하게 잡히면 복잡하게 생각할 필요 없이 간단하게 문제를 해결할 수 있다.

다섯 번째,
아세트알데하이드의 연소범위는 4.1% ~ 57%이다.

| 물질명 | 연소범위(용량%) | |
|---|---|---|
| | 하한(LEL) | 상한(UEL) |
| 이황화탄소 | 1.2 | 44 |
| 다이에틸에터 | 1.9 | 48 |
| 아세트알데하이드 | 4.1 | 57 |
| 에틴(아세틸렌) | 2.5 | 82 |
| 에틸렌(에텐) | 3.0 | 33.5 |
| 산화프로필렌 | 2.5 | 39 |
| 산화에텐(산화에틸렌) | 3.0 | 80 |
| 수소 | 4.0 | 74.5 |
| 산화프로필렌 | 2.1 | 38 |

● **참고** ●

**아세트알데하이드, 에텐(에틸렌)의 산화반응과 제법**

아세트알데하이드($CH_3CHO$)는 이황화탄소, 디에틸에테르 등과 함께 제4류 위험물의 특수인화물로 분류되며, 지정수량은 50L이다.

■ 에텐(에틸렌)의 산화반응 : 에텐(에틸렌, $CH_2=CH_2$)은 활성이 높은 이중결합을 가지고 있으므로 다양한 반응을 일으킬 수 있는 물질이다.
  • 에텐의 생성 : 에텐은 산화되어 아세트알데하이드를 생성한다.
    $CH_2 = CH_2 + 0.5O_2 \rightarrow CH_3CHO$
  • 염화에틸의 생성 : 에틸렌은 염화수소와 산(酸) 촉매 하에서 염화에틸을 생성한다.
    $CH_2 = CH_2 + HCl \rightarrow CH_3CH_2Cl$
  • 알코올의 생성 : 에텐은 물과 반응하여 에틸알코올을 생성한다.
    $CH_2 = CH_2 + H_2O \rightarrow C_2H_5OH$
■ 에텐(에틸렌)의 제법
  • 에테인(에탄)을 수증기로 묽게 하고, 700~750℃에서 열분해한다.
  • 석유를 열분해하거나 에틴(아세틸렌)을 수소화하여 얻는다.
  • 에탄올을 탈수하거나 코크스로 가스에서 에텐(에틸렌)을 분리한다.

**05** **답안** (1) 시성식 : $CH_3COOH$
  (2) 연소반응 : $CH_3COOH + 2O_2 \rightarrow 2CO_2 + 2H_2O$
  (3) 저장소 바닥면적 : $2000m^2$ 이하

▎**참고** ▎

이 문제의 첫 번째 Blockage는 "아세트알데하이드"의 화학식을 알아내는 것이고, 이것의 산화반응을 통해 생성된 4류 위험물의 화학식, 연소반응식, 이 물질을 옥내저장소에 저장할 경우 저장소의 바닥면적을 묻고 있는 것이다.

[시범풀이]

**첫 번째,**

앞에서도 공부했지만, 아세트알데하이드는 알데하이드의 구성을 떠 올린다. → "알써"(RCHO)
- R이 H이면 : "손(手, 손수)폼보고 알써"(HCHO)=폼(포름)알데하이드
- R이 $CH_3$이면 : "덜 알써" (메틸기-CHO) → $CH_3CHO$=**아세트알데하이드**로 구분한다.

다음은 아세트알데하이드의 산화를 생각해 보자!! ➡ 아세트알데하이드($CH_3CHO$)에 산소를 불어넣어 산화시키면 → $CH_3CHO+O$로 되므로 → $CH_3COOH$(아세트산, 초산)가 된다.
문제에서 "아세트산의 화학식"을 기재하라고 주문하였으므로 이미 정답을 얻은 것이다. 따라서 아세트알데하이드가 산화되면 생성되는 제4류 위험물은 $CH_3COOH$(아세트산, 초산)이다.

ㅁ $C_2H_5OH$ $\xrightarrow[\text{수소제거 (H 2개)}]{\text{산화}}$ $CH_3COH$(아세트알데하이드) $\xrightarrow[\text{산소첨가}]{\text{산화}}$ $CH_3COOH$(초산, 아세트산)

아세트산(초산, $CH_3COOH$)은 등유, 경유, 폼산(포름산, 의산, HCOOH)과 함께 제4류 위험물(인화성 액체) 중 제2석유류(수용성)로 분류되며 지정수량은 2,000L, 위험등급 Ⅲ등급으로 지정 관리되고 있다.

**두 번째,**

연소반응에서, 아세트알데하이드의 연소반응식을 묻는 것이 아니므로 혼동하면 안된다. 문제의 주문사항은 아세트알데하이드($CH_3CHO$)가 산화되어 생성된 제4류 위험물인 아세트산($CH_3COOH$)의 연소반응식을 요구하고 있는 것이다.

아세트산($CH_3COOH$)의 구성원소에서 C는 이산화탄소($CO_2$)로, H는 물($H_2O$)으로 산화된다. 여기서 산소수지를 취할 때 아세트산 내의 산소는 보정하여 반응식을 작성해야 한다.

ㅁ 반응식 기초 : $CH_3COOH + b(O_2) \rightarrow 2CO_2 + 2H_2O$
- 생성계 O 6개 → ∴ $bO_2 = \dfrac{6-2}{2}O_2$이어야 함
- ➡ $CH_3COOH + 2O_2 \rightarrow 2CO_2 + 2H_2O$
- 산소수지, 수소수지(반응계=생성계, ok)

〈완성〉 $CH_3COOH + 2O_2 \rightarrow 2CO_2 + 2H_2O$

**세 번째,**

법령상의 시설관련 규정에 대한 문제이지만 끼워넣기 양식으로 몇 문제 출제될 수 있다. 옥내저장소의 바닥면적에 대한 시설규정은 다음과 같이 구분하여 정하고 있다.
아래의 [표]를 보면 제4류 위험물 중 특수인화물, 제1석유류 및 알코올류의 옥내저장소 바닥면적은 1000$m^2$이지만 아세트산(초산)은 제4류 위험물 2석유류로서 지정수량 2000L, Ⅲ등급 위험물이므로 ②항의 바닥면적을 적용한다. 그러므로 옥내저장소에 저장할 경우 저장소의 바닥면적은 2000$m^2$ 이하이어야 한다.

▶ 법령보기 ◀

| 바닥면적 | 적용 위험물 |
|---|---|
| ① 1,000m² 이하에 저장할 수 있는 위험물 | • 제1류 위험물 중 아염소산염류, 염소산염류, 과염소산염류, 무기과산화물 그밖에 지정수량이 50kg인 위험물<br>• 제3류 위험물 중 칼륨, 나트륨, 알킬알루미늄, 알킬리튬 그밖에 지정수량이 10kg인 위험물 및 황린<br>• 제4류 위험물 중 특수인화물, 제1석유류 및 알코올류<br>• 제5류 위험물 중 지정수량이 10kg인 위험물<br>• 제6류 위험물 |
| ② 2,000m² 이하에 저장할 수 있는 위험물 | ①항 외의 위험물을 저장하는 창고 |
| ③ 1,500m² 이하에 저장할 수 있는 위험물 | • 내화구조의 격벽으로 완전히 구획된 실에 각각 저장하는 창고<br>• 단, ①항의 위험물을 저장하는 실의 면적은 500m²를 초과할 수 없음 |

### 이승원의 바닥면적 1000² 이하 대상, 위험등급 I 등급 동시 암기법

- ■ 바닥친 1등만 2제외 – 오실때유 / 일류 아소산 무기사 오고 / 새칼(KALN), 긴활 / 사서오슈 알써?
- 바닥친 : 바닥면적 1000m² 이하, 1등만 : I 등급만, 2제외 : 2류위험물 제외
- 오실때유(지정수량 10) : 오 : 5류위험물, 실때 : 질산에스테르류, 유 : 유기과산화물
- 일류 아소산 무기 사오고(지정수량 50) : 일류 : 1류위험물, 아 : 아염소산염류, 소 : 염소산염류, 산 : 과염소산염류, 무기사 : 무기과산화물, 오고 : 50kg
- 새칼(KALN)과 긴활 사서오슈(지정수량 10) : 새 : 3류위험물, 칼(KALN) : 칼륨, 알킬(알루미늄, 리튬), 나트륨, 긴 : 장(長, 10kg), 활 : 황린
- 사서오슈. 알써? : 사 : 4류위험물, 서 : 제1석유류, 오 : 알코올류, 슈 : 특수인화물, 알써? : 알코올, 제1석유류는 위험등급 1등급에서 제외

## 06

**답안** (1) 증기밀도 계산 : 증기밀도 = $\dfrac{44\,g}{22.4\,L} = 1.96\,g/L$

(2) 증기비중 계산 : 증기비중 = $\dfrac{44/22.4}{29/22.4} = 1.52$

(3) 위험도 계산 : 위험도 = $\dfrac{57-4.1}{4.1} = 12.9$

■ 참고 ■

**상세해설** 이 문제의 첫 번째 Blockage는 아세트알데히드의 화학식을 알아야 한다는 것이다. 공식을 잘 기억하고 있더라도 분자식·분자량을 모른다면 증기밀도, 증기비중을 구할 수 없다.

알데하이드(Aldehyde)는 작용기(作用基)인 알데하이드기(-CHO, 포르밀기)를 가지고 있는 탄소화합물(RCHO)이다. R이 메틸기($-CH_3$)이면 $CH_3CHO$(아세트알데히드), R이 H이면 HCHO(폼알데하이드)가 된다.

아세트알데히드($CH_3CHO$) 기체 1mol=g분자량(44)=22.4L이므로 다음의 공식을 적용하여 증기밀도와 증기비중을 구할 수 있다.

□ 증기밀도 = $\dfrac{CH_3CHO\ g분자량}{22.4} = \dfrac{44\,g}{22.4\,L} = 1.96\,g/L$

□ 증기비중 = $\dfrac{아세트알데히드\ 밀도}{공기밀도} = \dfrac{44/22.4}{29/22.4} = 1.52$

아세트알데하이드($CH_3CHO$)의 연소범위는 4.1~57%라고 제시하였으므로 아세트알데하이드의 위험도는 폭발하한값을 기준으로 한 폭발 상·하한 값의 차를 배수로 나타낸 지수이므로 다음과 같이 산출된다.

- 위험도($H$) = $\dfrac{U-L}{L}$ $\begin{cases} U : 폭발상한값 = 57\% \\ L : 폭발하한값 = 4.1\% \end{cases}$

∴ 위험도 = $\dfrac{57-4.1}{4.1} = 12.9$

### 유사문제

**01** 옥외저장탱크 또는 지하저장탱크에 다음과 같이 위험물을 저장하는 경우 저장온도는 몇 ℃ 이하로 해야 하는지 쓰시오. [21]
 (1) 압력탱크에 저장하는 디에틸에테르의 저장온도를 쓰시오.
 (2) 압력탱크에 저장하는 아세트알데하이드의 저장온도를 쓰시오.
 (3) 압력탱크 외의 탱크에 저장하는 아세트알데하이드의 저장온도를 쓰시오.
 (4) 압력탱크 외의 탱크에 저장하는 디에틸에테르의 저장온도를 쓰시오.
 (5) 압력탱크 외의 탱크에 저장하는 산화프로필렌의 저장온도를 쓰시오.

**02** 아세트알데하이드에 대해 다음 물음에 답하시오. [20]
 (1) 아세트알데하이드의 시성식을 쓰시오.
 (2) 에텐(에틸렌)의 직접 산화반응식을 쓰시오.
 (3) 압력탱크 외의 탱크에 저장하는 아세트알데하이드의 저장온도는 몇 ℃ 이하인가?
 (4) 압력탱크에 저장하는 아세트알데하이드의 저장온도는 몇 ℃ 이하인가?

### 유사문제 답안·해설

**01** 답안 ① 40℃  ② 40℃  ③ 15℃  ④ 30℃  ⑤ 30℃

**02** 답안 ① $CH_3COOH$  ② $C_2H_4 + 0.5O_2 \rightarrow C_2H_4O$  ③ 15℃  ④ 40℃

 **개념문제**

에틸알코올(에탄올)에 대하여 다음 물음에 답하시오.   [05,08,09,11,14,17,18,20,22]
(1) 에틸알코올의 연소반응식을 쓰시오.
(2) 에틸알코올과 칼륨의 반응에서 발생하는 기체를 쓰시오.
(3) 칼륨과 $CO_2$의 반응식을 쓰시오.
(4) 에틸알코올의 구조 이성질체로서 다이메틸에터의 화학식을 쓰시오.

**Hack 답안지** (1) 에틸알코올의 연소반응 : $C_2H_5OH + 3O_2 \rightarrow 2CO_2 + 3H_2O$

(2) 에틸알코올과 칼륨의 반응에서 발생하는 기체 : $H_2$

(3) 칼륨과 탄산가스의 반응식 : $4K + 3CO_2 \rightarrow 2K_2CO_3 + C$

(4) 다이메틸에터 : $CH_3OCH_3$

■ **참고** ■

 이 문제의 첫 번째 Blockage는 "에틸알코올(에탄올)"이라는 한글 명칭을 화학식으로 나타낼 수 있어야 하고, 두 번째 Blockage는 이 물질의 연소반응식을 작성하는 것이며, 세 번째 Blockage는 이 물질이 칼륨과 반응하여 발생되는 기체의 명칭, 또는 반응식을 작성하는 것이고, 네 번째 Blockage는 에틸알코올의 이성질체인 디메틸에테르의 화학식을 알아내어 답안지에 기재하는 것이다.

에틸알코올(Ethyl Alcohol)은 제4류 위험물(인화성 액체) 알코올류에 속하며, 지정수량 400L, 위험등급 Ⅱ등급 물질로 지정·관리되고 있다.

에탄올(=에틸알코올)의 분자식이 생각나지 않을 때는 **포화탄화수소**에서 탄소 1개 메테인(메탄, $CH_4$), 탄소 2개 에테인(에탄, $C_2H_6$), 탄소 3개는 프로페인(프로판, $C_3H_8$)이라 명명한다. 이들 분자식에서 **수소(H) 하나를 빼고 OH로 바꾸어 넣으면** 메탄올($CH_3OH$), 에탄올($C_2H_5OH$), 프로판올($C_3H_7OH$) 등등으로 된다. 익히 잘 알고 있겠지만 헷갈려하는 수험생들을 위해 한 번 더 소개해 보았다.

**[시범풀이]**

첫 번째,

에틸알코올(에탄올)의 "연소반응을 쓰라"고 하였으므로 $C_2H_5OH$가 산소에 의해 이론적으로 완전 연소되는 것을 전제할 때, 구성원소 중의 C 2개는 이산화탄소($CO_2$)로 되므로 $2CO_2$, H 6개는 물($H_2O$)로 산화되므로 $3H_2O$로 된다. 여기서 $C_2H_5OH$ 내에 존재하는 산소(O)는 조연성분(助燃成分, 연소성분이 아니면서 연소에 도움을 주는 성분)으로 작용하므로 산화반응식을 작성할 때, 이를 **보정(감산)하여야 한다**는 점을 잊지 말도록!!

연소반응식에 대해 앞 이론편에서 충분히 설명하였지만, 한 번 더 아주 쉽게 설명하겠다.

□반응식 기초 : $C_2H_5OH + ( b )O_2 \rightarrow 2CO_2 + 3H_2O$

• 산소수지 : 생성계($2CO_2 + 3H_2O$)에서 산소 개수=7개 ← 에탄올 내 산소 1개를 보정해야 함

∴ 반응계의 ( b )$O_2$에는 $3O_2$가 들어가야함

〈완성〉 $C_2H_5OH + 3O_2 \rightarrow 2CO_2 + 3H_2O$

**두 번째,**

에틸알코올(에탄올)과 칼륨(K)의 반응에서 한쪽은 금속(K)이고, 반응물질인 어틸알코올($C_2H_5OH$)은 안정된 분자상태(산화수 0)로 존재하므로 이들 둘은 현재대로는 결합할 수 없다.

그래서 두 물질의 결합이 일어나려면 → 칼륨(K)은 전자하나를 내어 놓고 양이온으로 되고, 에틸알코올($C_2H_5OH$)은 수소하나를 떼 내어 음이온 1가($C_2H_5O^-$, 에톡시기)를 만듦으로써 결합이 가능하게 되는데, 이렇게 하여 이들 둘은 $C_2H_5OK$(칼륨에톡시드, Potassium Ethoxide)라고 하는 화합물을 만든다.

시험특성상 출제자는 가능하면 잘 숨기려 하고, 수험생은 온 신경을 집중하여 지정된 시간에 신속하게 찾아내어야 하는 일종의 숨바꼭질 게임과 같다. 그래서 수험자 입장에서는 경향감각을 익혀야 한다.

**저자가 소개하는 이러한 학습기법으로 딱 한 번만 개념을 잡으면 유사한 수백 문제 이상 소화해 낼 수 있는 내공과 응용력이 생긴다.** 긴 문장이라 터부시 하지 말고 저자를 믿고 집중하여 정독하시길!!

위험물로 지정·관리되는 물질들은 한결같이 위험요소가 잠재되어 있기 때문이다. 반응을 통해 **수소, 에테인, 메테인, 에틴(아세틸렌), 에텐(에틸렌)** 등의 폭발성 가스를 발생하거나 아니면, 산소 등 폭발 및 연소를 조장하는 물질이 생성되거나 그도 아니면, **유리탄소(C), CO, 황화수소, 포스핀** 등의 독성물질이 생성될 수 있는 위험물들이다.

되돌아 가서, 칼륨(K)과 에탄올($C_2H_5OH$)이 반응하여 생성되는 위험요소를 감(感)으로 찾아야 한다.

반응에 의해 생성되는 물질이 $C_2H_5OK$라는 것을 알았으므로 반응에 참여하지 않은 나머지 물질만 찾아내면 되기 때문에 곧바로 잡아 낼 수 있을 것이다. 바로 **수소($H_2$)**이다.

이들 토대로 반응식을 만들어 보자!! 앞 이론편에서 충분히 설명하였지만, 한 번 더 아주 쉽게 원시적으로 설명하겠다. 이들 토대로 반응식을 만들어 보자!!

  □ 반응식 기초 : $C_2H_5OH + (b)K \rightarrow C_2H_5OK +$ 부생물
   • 생성계 K 1개 → 반응계에 이를 고려 ∴ $(b)K = K$
   ➡ $C_2H_5OH + K \rightarrow C_2H_5OK +$ 부생물
   • 좌우 원소수지 비교 → 반응계 수소 1개 남음 → 이를 생성계의 부생물에 반영
    ※ H가 남은 경우, $H_2$를 적용하여 부생물의 분자식을 만들어 완성함
  〈완성〉 $C_2H_5OH + K \rightarrow C_2H_5OK + 0.5H_2$

에틸알코올과 칼륨의 반응에서 발생하는 기체는 수소($H_2$)라는 것을 알 수 있다.

**세 번째,**

칼륨(K)과 탄산가스($CO_2$)의 반응식을 알아보자!! 칼륨은 양이온 1가($K^+$)이고, 탄산가스($CO_2$)는 분자상태이므로 그대로 칼륨($K^+$)과 결합할 수 없고, 외부 산소공급원도 없으므로 탄산가스($CO_2$)가 자신의 반응 mol 수를 증대시켜 음이온의 탄산($CO_3^{2-}$)으로 되어 칼륨($K^+$)과 결합한다.

칼륨은 양이온 1가($K^+$), 탄산은 음이온 2가($CO_3^{2-}$)이므로 등가결합을 위해서는 $K^+ : CO_3^{2-} = 2 : 1$로 결합하여 $K_2CO_3$를 형성한다. 반응계의 미반응 물질은 생성계의 부생물이 된다.

  □ 반응식 기초 : $(a)K + (b)CO_2 \rightarrow K_2CO_3 +$ 부생물
   • 생성계 K 2개 → 반응계에 이를 고려 ∴ $(a)K = 2K$
   • 생성계 O 3개 → 반응계에 이를 고려 ∴ $(b)CO_2 = 3CO_2$
   ➡ $2K + 3CO_2 \rightarrow K_2CO_3 +$ 부생물 ← 생성계 O 증가(조정)
   ➡ $4K + 3CO_2 \rightarrow 2K_2CO_3 +$ 부생물
   • 반응계 C 1개 남음 → 이를 생성계의 부생물에 반영
  〈완성〉 $4K + 3CO_2 \rightarrow 2K_2CO_3 + C$

네 번째,

에틸알코올의 구조 이성질체로서 "다이메틸에터"의 화학식을 쓰는 문제이다.

제시된 위험물의 명칭에서 힌트를 얻는다. 다이메틸에터(Dimethylether)에서 "다이(디, Di)"는 2개를 의미한다. 무엇이? → "메틸기($-CH_3$)"가 2개 결합된 것(Dimethyl)이다. 어떤 형태? 무엇을 중심으로? → ether ➡ 에테르기 ($-O-$)를 중심으로 → ∴ 이를 종합하면 $CH_3-O-CH_3$로 결합되어 있는 것이므로 시성식은 $CH_3OCH_3$, 조성식은 $C_2H_6O$로 나타낼 수 있을 것이다. 에테르(Ether)와 알코올은 분자식이 $C_nH_{2n+2}O$로 같기 때문에 서로 이성질체이다.

문제의 조건이 다이메틸에터의 **시성식**(示性式)으로 답할 것을 주문하였으므로 $CH_3OCH_3$가 된다.

> ● 참고 ●
>
> **알코올과 알칼리금속의 반응**
>
> 알코올류는 칼륨, 나트륨 등의 알칼리금속과 접촉할 폭발위험이 높은 수소가스를 발생한다.
> - $CH_3OH$ (메틸알코올) + $2Na$ → $H_2$ + $2CH_3Na$
> - $2C_2H_5OH$ (에틸알코올) + $2Na$ → $H_2$ + $2C_2H_5ONa$
> - $2C_2H_5OH$ (에틸알코올) + $2K$ → $H_2$ + $2C_2H_5OK$

## 유사문제

**01** 에틸알코올에 황산을 촉매로 첨가하면 발생하는 지정수량이 50L인 특수인화물의 화학식을 쓰시오. [08,16]

**02** 제4류 위험물인 다이에틸에터에 대한 다음 물음에 답하시오. [06]
(1) 시성식을 쓰시오.
(2) 구조식을 쓰시오.
(3) 지정수량을 쓰시오.
(4) 이 물질의 증기비중을 구하시오. (단, 공기의 평균 분자량은 29)

**03** 아이소프로필알코올을 산화시켜 만든 것으로 아이오도폼(요오드포름)반응을 하는 제1석유류에 대하여 다음 물음에 답하시오. [04,07,10,21②]
(1) 위험물의 명칭을 쓰시오.
(2) 아이오도폼의 화학식을 쓰시오.
(3) 아이오도폼의 색깔을 쓰시오.

**04** 에터(에테르)에 생성된 과산화물을 측정하는 시약의 명칭이나 화학식을 쓰시오. [04,05]

**05** 다음 괄호 안에 알맞은 말을 쓰시오. [11]

> 다이에테르에서 과산화물을 검출할 때 10% ( ① )을 반응시켜 ( ② )색이 나타나는 것으로 과산화물의 검출이 가능하다.

**06** 증기는 마취성이 있고 아이오도폼 반응을 하며, 산화시키면 아세트알데하이드가 되고, 화장품의 원료로 사용되는 물질에 대하여 다음 물음에 답하시오. [11,19]
(1) 설명에 해당하는 위험물의 명칭을 쓰시오.
(2) 지정수량을 쓰시오.
(3) 이 화합물이 진한 황산과 축합반응 후 생성되는 물질을 쓰시오.

# 유사문제 답안·해설

## 01 답안 $C_2H_5OC_2H_5$

### ■ 참고

이 문제의 첫 번째 Blockage는 "에틸알코올"이라는 한글 명칭을 화학식으로 나타낼 수 있어야 하고, 두 번째 Blockage는 이 물질과 황산이 반응할 때 발생되는 제4류 위험물인 특수인화물 중 어떤 것이 발생되는지 알아야 하며, 세 번째 Blockage는 발생된 물질의 화학식을 답안지에 기재하는 것이다.

에틸알코올은 제4류 위험물(인화성 액체)–알코올류에 속하며, 지정수량 400L, 위험등급 Ⅱ등급 물질로 지정·관리되고 있다.

**첫째**, 에틸알코올(에탄올)은 우리가 쉽게 알 수 있는 에테인($C_2H_6$)에서 **수소(H) 하나를 빼고 OH로** 바꾸어 넣으면 $C_2H_5OH$가 된다. 이를 에틸알코올 또는 에탄올이라 한다. 에탄올은 제4류 위험물(인화성 액체) 중 품명 알코올류에 속하며, 지정수량은 400L이고, 제1석유류와 함께 위험등급 Ⅱ등급으로 지정·관리되고 있는 물질이다.

황산(黃酸, Sulfuric Acid)은 염산(鹽酸), 질산(窒酸)과 함께 3대 강산(强酸, Strong Acid)에 속하는 물질이다. 그러나 위험물관련법률에는 **질산 및 과염소산은** 위험물(危險物)로 지정(산화성 액체–제6류 위험물)되어 있지만 **염산(鹽酸)과 황산(黃酸)은** 비위험물(非危險物)로 분류된다. 비위험물이란 위험물 이외 화학물질로 위험물관련법률에 적용받지 않는 물질을 말한다.

**둘째**, 산(酸)의 명칭은 음이온을 따라 명명하되 기준산(基準酸)에는 산(酸)을 붙이고, 산소가 하나 적을 때는 '아'를 붙이고, 기준산보다 산소가 많을 때는 '과'를 붙인다. 현재 에틸알코올의 탄응에 첨가하는 물질이 황산(黃酸)이라고 하였으므로 기준산을 말한다.

산(酸, Acid)이라고 할 때는 반드시 화학식에 H가 포함된다. 산(酸)이 수용액 중에 전리(電離)되어 $H^+$가 1개 나오면 1가산(價酸), $H^+$가 2개 나오면 2가산(價酸)이라 한다. 황산 역시 수소를 2개 지닌 물질이므로 2가산이다. 황(S)은 16족 원소이므로 +6가이다. 산화되어 기준산의 음이온이 되려면 S : O=1 : 4=$SO_4^{2-}$가 되고, 황산이온이 음이온 2가이므로 양이온 1가인 수소($H^+$)는 2개 결합, 즉 $SO_4^{2-} : 2H^+ = H_2SO_4$(황산)를 형성하게 되는데 이를 황(S)의 기준산(基準酸)이라 한다. 이 보다 산소가 하나 적으면 "아"를 붙여 아황산($H_2SO_3$)이라 명명한다. 익히 알고 있는 내용일 수 있으나 기본기가 부족한 사람들의 학습에 도움을 주고자 설명을 첨삭하였다.

하나 더, 에틸알코올($C_2H_5OH$)과 황산($H_2SO_4$)의 기본특성에 대하여 약간 학습하고 넘어가자!

  Ⓐ 에탄올($C_2H_5OH$)은 공유결합으로 이루어진 중성(中性)의 유기화합물이므로 H–C–C–O–H와 같이 결합된 H는 **이온화되지 않는다**. 즉, $C_2H_5OH \rightleftharpoons C_2H_5O^- + H^+$ 또는 $C_2H_5OH \rightleftharpoons C_2H_5^+ + OH^-$로 이온화되지 않는다.

$$C_2H_5OH \qquad H_2SO_4$$

  Ⓑ 황산($H_2SO_4$)은 염산(HCl)과 달리 비휘발성이지만 묽은 황산이라도 가열을 하여 수분을 증발시키면 농황산(진한 황산)으로 농축될 위험성이 있다. 진한 황산(黃酸, Sulfuric Acid)은 산(酸)으로서의 성질이 약한 대신 흡습성(吸濕性, Hygroscopicity)이 매우 강하기 때문에 유기물에 대한 강한 **탈수작용**(脫水作用, Dehydration Reaction)을 한다.

되돌아 가서, 앞서 설명한 바와 같이 에틸알코올은 전리되어 이온화하지 않는다고 하였고, 진한 황산은 흡습성이 강하여 탈수작용을 한다고 하였다. 이들 특성을 고려하여 에틸알코올에 진한 황산을 촉매로 첨가하여 가열하면 다음과 같은 반응이 생길 것이라 추정한다.

$$2C_2H_5OH + 촉매(H_2SO_4) \xrightarrow[탈수]{가열} (C_2H_5\text{-}O\text{-}C_2H_5) + H_2O + H_2SO_4$$

생성된 $(C_2H_5\text{-}O\text{-}C_2H_5)$은 다이에틸에터$(C_2H_5OC_2H_5)$이며, 제4류 위험물 중 특수인화물(종류; 다이에틸에터, 이황화탄소, 산화프로필렌, 아세트알데하이드 등)에 속하며, 지정수량은 50L, 위험등급 Ⅰ등급으로 지정·관리되고 있는 물질이다. 문제에서 요구하는 것은 특수인화물의 화학식이므로 **답안지에는 $C_2H_5OC_2H_5$로 기재하면 된다.**

● **참고** ●

**알코올의 반응특성**

알코올의 작용기(-OH)는 공유결합성이므로 염기로 작용하지 않으며, 매우 약한 산성(대체로 중성에 가까움)이다.

• 금속과 반응 : Na와 같이 활성이 매우 큰 금속과 반응하여 수소와 유기염(알콕시드=반응시약)을 생성함

$$2CH_3OH(L) + 2Na(s) \longrightarrow 2CH_3ONa(s) + H_2(g)$$
메톡시화 소듐

• 황산과 반응 : 황산과 같은 탈수제의 존재 하에 가열하면 에터(Ether)가 생성됨

$$ROH + ROH \xrightarrow{탈수제 (황산 등)} ROR + H_2O$$

$$CH_3CH_2OH + HOCH_2CH_3 \xrightarrow{H_2SO_4} CH_3CH_2OCH_2CH_3 + H_2O$$
에탄올  에탄올  다이에틸에터(에테르)

• 유기산과 반응 : 유기산과 반응하면 에스터(Ester)가 생성됨(에스터화 반응)

카보닐기(유기산, 케톤, 에스터, 아마이드)

$$CH_3\overset{O}{\underset{\|}{C}}\text{-}OH + HOCH_2CH_3 \longrightarrow CH_3\overset{O}{\underset{\|}{C}}\text{-}O\text{-}CH_2CH_3 + H_2O$$
아세트산  에탄올  아세트산에틸(향기) → 니스, 래커, 필름

**02** **답안** (1) 시성식 : $C_2H_5OC_2H_5$

(2) 구조식

$$H-\underset{\underset{H}{|}}{\overset{\overset{H}{|}}{C}}-\underset{\underset{H}{|}}{\overset{\overset{H}{|}}{C}}-O-\underset{\underset{H}{|}}{\overset{\overset{H}{|}}{C}}-\underset{\underset{H}{|}}{\overset{\overset{H}{|}}{C}}-H$$

(3) 지정수량 : 50 L

(4) 비중 : $S_{(비중)} = \dfrac{증기밀도}{공기밀도}$, $\therefore S_{(비중)} = \dfrac{74/22.4}{29/22.4} = 2.55$

■ **참고** ■

 이 문제도 앞의 문제들과 마찬가지로 첫 번째 Blockage는 "다이에틸에터"라는 한글 명칭을 화학식으로 나타내는 것이고, 두 번째 Blockage는 증기비중 계산식을 이용하여 비중을 구하는 것이다. 첫 번째 관문을 통과하지 못하면 두 번째 문제도 풀 수 없으므로 다이에틸에터의 분자식을 간파하는 것이 이 문제의 핵심이 된다.

[시범풀이]

첫 번째,

디에틸에테르 시성식 작성에서, "에테르(Ether, 에터)"라고 명명하는 화합물은 에테르기(-O-)를 중심으로 두 개의 탄화수소기(炭化水素基, R,R')가 결합(R-O-R')된 유기화합물(有機化合物, Organic Compounds)을 총칭한다.

여기에 더하여, 디(다이, di-)에틸(ethyl)은 **2개의 에틸기(-C₂H₅)**가 결합된 것이므로 에틸에테르, 즉 다이에틸에터(Diethyl ether)의 작용기(作用基)는 에테르기(-O-)이므로 다이에틸에터의 시성식(示性式)은 $C_2H_5OC_2H_5$, 화학식(분자식)은 $(C_2H_5)_2O$로 표시할 수 있다.

다이에틸에터(Diethyl ether)는 제4류 위험물(인화성 액체)의 특수인화물로 분류되며, 이황화탄소($CS_2$), 산화프로필렌($CH_3CHOCH_2$) 등과 함께 **지정수량 50L**로 **위험등급 Ⅰ등급**으로 지정·관리되고 있다.

두 번째,

구조식 작성에서, 다이에틸에터(Diethyl ether)의 구조식은 아래와 같이 다양하게 나타낼 수 있다. 작용기(作用基)인 에터기(-O-)를 중심으로 에틸기(-C₂H₅) 2개를 결합하여 그려낸다. 아래의 그림 중 가장 선호하는 것 하나를 선택하여 답안지에 기재하면 된다.

세 번째,

다이에틸에터(Diethyl ether)는 제4류 위험물(인화성 액체) 중 품명이 특수인화물에 속하며, 지정수량은 50L, 위험등급 Ⅰ등급으로 지정·관리되고 있다. 제4류 위험물 중 품명이 특수인화물인 것(산화프로필렌, 이황화탄소, 아세트알데하이드 등)은 모두 지정수량이 50L이다.

네 번째,

증기비중 계산에서, 다이에틸에터($C_2H_5OC_2H_5$)의 분자량이 별도로 제시되지 않았으므로 일반적으로 적용하는 원자량 C 12, H 1, O 16을 합산하면 분자량 74(12×2+1×5+16+12×2 +1×5)를 얻는다. 그러므로 1mol의 질량은 74g이고, 모든 기체에 적용되는 것은 1mol이 증발될 경우, 그 체적은 22.4L(0℃, 1기압)이 된다. 이것을 토대로 다음과 같이 다이에틸에터의 증기비중을 산정한다. 증기비중은 공기밀도를 기준으로 대상물질의 밀도가 몇 배 무거운 지의 척도가 된다.

$$\square \text{ 증기비중} = \frac{\text{증기밀도}}{\text{공기밀도}} = \frac{\text{증기분자량}/22.4}{\text{공기분자량}/22.4} = \frac{\text{증기분자량}}{\text{공기분자량}} = \frac{74}{29} = 2.55$$

## 03

**답안** (1) 아세톤
(2) CHI$_3$
(3) 황색

**■ 참고 ■**

이 문제의 첫 번째 Hint는 "아이오도폼 반응(요오드포름 반응)을 하는 제4류 위험물 중 1석유류"이고, 두 번째 Hint는 "프로필알코올을 산화시켜 만든 것"에 있다.

**[시범풀이]**

첫 번째,
앞서 학습한 암기법을 동원하여 기억해 두었던 제1석유류의 명칭을 대략적으로 나열해 본다.

---

**이승원의 제1석유류 암기법**

■ 1석 이조 휘둘조지메삐서 – 아씨피나네~

- **1석** : 1석유류
- **둘** : 톨루엔
- **메** : 메틸에틸케톤
- **아** : 아세톤
- **피** : 피리딘

- **이조(22)** : 200L, Ⅱ등급
- **조** : 초산에틸
- **삐서** : 이상 비수용성, 이하 수용성
- **시** : 시안화수소(사이안화수소)
- **나네** : 넷(400L)

- **휘** : 휘발유
- **지** : 벤젠

---

여기에 더하여 문제의 [보기]는 "아이소프로필알코올을 산화시켜 제조하는 물질"이라 하였으므로 "**프로필알코올**(Propyl Alcohol)"의 분자식을 생각해 보자. 일반적으로 알고 있는 **프로페인**(C$_3$H$_8$)을 시작으로 → 프로페인에서 수소하나를 떼어 내고 그 자리에 –OH를 붙이면 ······ → 프로필알코올의 분자식 C$_3$H$_7$OH(C$_3$H$_8$O)이 된다.

접두어로 "아이소(iso, 이소)"를 붙인 것을 특별히 신경 쓸 필요 없지만, 개념적으로 "**측쇄(側鎖)** 가지가 존재(C$^*$–OH)"하고 있음을 표현하는 것이다. 한편, 탄소가 직선상(C–C–C–C ➡ CH$_3$CH$_2$CH$_2$CH$_3$)으로 늘어서 있는 경우는 측쇄가 없으므로 접두에 노말(Normal)이라 붙인다.

아이소프로필알코올[(CH$_3$)$_2$–CH–OH]에서 산화제를 이용하여 산화시키면 "CH" 중 수소와 "OH" 중의 수소(H)가 떨어져 나가면서 산소(O)가 달라붙어 탄소=산소는 카보닐(Carbonyl, –C=O)을 형성하게 되므로 CH$_3$COCH$_3$가 된다.

CH$_3$COCH$_3$는 알킬기(R =–CH$_3$)가 결합되어 있으므로 앞선 학습에서 "아" → 탄소가 3개(C–C–C) → "세", 카보닐 (>C=O)이 결합되어 있으므로 "**콘**"이라고 하고, "아세콘"="아세톤"으로 기억해둔 바 있다.

따라서, 아이소프로필알코올[(CH$_3$)$_2$–CH–OH]을 산화시켜 제조하는 물질은 아세톤(CH$_3$COCH$_3$)이다. 앞선 1석유류 "암기법"에서 "아"에 해당한다.

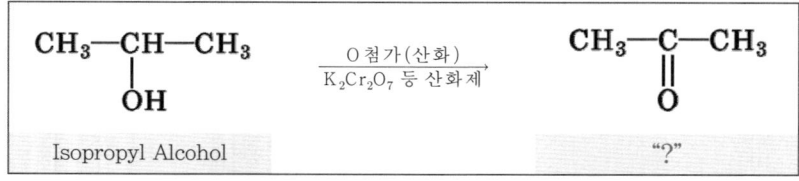

아세톤은 사이안화수소(HCN), 피리딘(C$_5$H$_5$N) 등과 함께 제4류 위험물 제1석유류(수용성)이며, 지정수량은 400L이고, 제1석유류 및 알코올류는 위험등급 Ⅱ등급으로 지정·관리되고 있다.

두 번째, 세 번째,

아이오도폼(요오드폼)의 화학식과 색깔을 쓰는 문제에서, "아이오도 폼(요오드포름, Iodoform)"에서 "폼(포름, form)"과 비슷한 명칭을 갖는 것을 생각해 보면 → 폼알데하이드(포름알데히드, HCHO)이고, 이를 산화시킨 폼산(포름산, HCOOH) 등은 모두 "HC"를 골격으로 하고 있다. 따라서 수소와 결합된 탄소(C)는 +4가, 아이오딘(요오드, I)은 -1가 이므로 "I" 3개가 "C"에 달라 붙어 분자를 구성하여 → $HCI_3$가 된다. 그러므로 아이오도폼(Iodoform)의 화학식은 $HCI_3$이다.

> ● 참고 ●
>
> **아이오도폼 반응(Iodoform Reaction)**
> ① 개념 : 아이오도폼 반응(요오드포름 반응, Iodoform Reaction)은 아세틸기(基)나 옥시에틸기를 가지는 화합물을 검출하는 정성반응(定性反應)임
> ② 아이오도폼(요오드포름) : $HCI_3$

아이오도폼 반응이란 수산화나트륨(NaOH)과 아이오딘($I_2$)과 반응하여 황색의 아이오도폼($CHI_3$) 침전을 생성하는 반응을 말하는데, 메탄올(메틸알코올)과 에탄올(에틸알코올)이 각각 담겨있는 비커에서 일부를 분취하여 시험관에 넣고, $I_2$와 NaOH 용액 몇 방울을 차례로 적하하여 잘 혼합한 후 정치하면 에탄올 시험관에는 황색(갈색) 침전물이 형성되지만 메탄올 시험관은 침전물이 형성되지 않는다.

이러한 반응특성을 이용하여 에탄올(에틸알코올)이나 아세톤 등의 검출에 사용된다. 이는 아세틸기($CH_3CO^-$) 또는 산화되어 아세틸기를 발생하는 옥시에틸기[$CH_3CH(OH)^-$]를 갖는 화합물에 아이오딘($I_2$)과 수산화나트륨(NaOH) 수용액을 작용시키면 아이오도폼(요오드포름, $CHI_3$)이 생성되는 원리를 이용한 것이다.

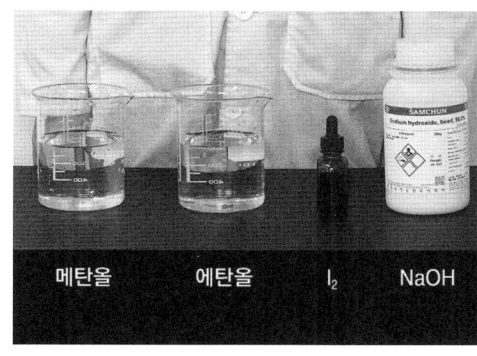
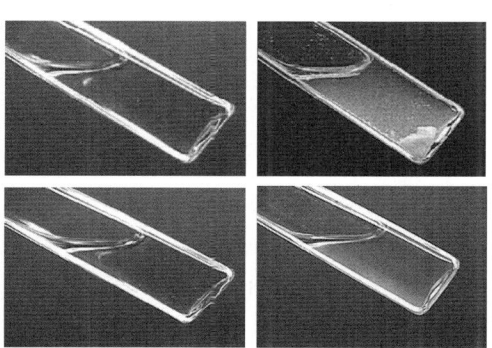

- 아이오도폼 반응에 의해 황색 침전이 생기는 것
  - 에탄올(에틸알코올)
  - 아세톤
  - 아세트알데하이드
- 아이오도폼 반응을 하지 않는 것
  - 메탄올(메틸알코올)

## 04
**답안** 아이오딘화칼륨 또는 KI [※ 둘 중 하나를 쓰거나 아이오딘화칼륨(KI)으로 기재]

**보충** KI(아이오딘화칼륨)는 다이에틸에터에서 과산화물을 검출할 때, 또는 유지류의 과산화물가(유지의 산화정도, 산패) 측정에 이용된다.

과산화물가(過酸化物價, Peroxide Value)는 과산화물이 아이오딘화칼륨(요오드화칼륨, KI)으로부터 아이오딘(I, 요오드)을 유리시키는 반응에 기초한 것으로 유리된 아이오딘(요오드)을 티오황산나트륨으로 적정하여 그 함량을 나타낸다. 측정된 값은 시료 1kg에 대한 유리된 아이오딘의 밀리당량으로부터 환산한 과산화물산소의 밀리당량(meq/kg)으로 표시한다.

## 05
**답안** ① 아이오딘화칼륨  ② 황

## 06
**답안** (1) 에틸알코올
(2) 400L
(3) 다이에틸에터

**보충** 문제에서 설명하는 "증기는 마취성이 있고 아이오도폼 반응을 하며, 산화시키면 아세트알데하이드($CH_3CHO$)가 되는 물질"은 에틸알코올(에탄올, $C_2H_5OH$)이다.

아세틸기($CH_3CO^-$)를 갖는 유기화합물에 수산화알칼리와 아이오딘을 작용시키면 황색의 침상결정이 생성되는데 이를 아이오도폼(iodoform) 반응이라 한다. 아이오도폼 반응(요오드포름 반응)은 에탄올이나 아세톤의 검출반응에 사용된다.

즉, 에틸알코올($C_2H_5OH$)이 1차적으로 산화(H원자 2개 잃음)되면 아세트알데하이드($CH_3CHO$)가 되고, 2차적으로 산화하면 최종적으로 아세트산(초산, $CH_3COOH$)으로 된다.

□ $C_2H_5OH \xrightarrow[-2H]{산화} CH_3CHO \xrightarrow[1/2\ O_2]{산화} CH_3COOH$

반면에 메틸알코올(메탄올, $CH_3OH$)은 1차적으로 산화(H원자 2개 잃음)되면 포름알데하이드(포름알데히드)가 되고, 2차적으로 산화되면 최종적으로 폼산(Formic Acid, 포름산, HCOOH)이 된다.

□ $CH_3OH \xrightarrow[-2H]{산화} HCHO \xrightarrow[1/2\ O_2]{산화} HCOOH$

알코올류(메틸알코올, 에틸알코올, 아이소프로필알코올 등)는 제4류 위험물-알코올류로 분류되어 있으며 **지정수량은 모두 400L**이다.

에틸알코올($C_2H_5OH$)은 황산($H_2SO_4$)과 같은 탈수제(脫水劑)의 존재하에서 가열하면 에터(에테르, Ether)가 생성되는데, 그 대표적인 물질이 제4류 위험물 중 특수인화물로 분류되고 있는 **다이에틸에터($C_2H_5OC_2H_5$)**이다. 특수인화물인 다이에틸에터는 인화점이 -45℃로 가장 낮으며, 연소범위는 1.7~48%로 넓은 편이고, 발화점은 160~180℃이며, 공기 중에서 산화알데하이드 및 과산화물을 생성하여 폭발할 수 있는 위험한 물질이다.

□ $C_2H_5OH + C_2H_5OH \xrightarrow[H_2SO_4]{탈수\cdot축합반응} C_2H_5OC_2H_5$

## 개념문제

**제4류 위험물인 알코올류에 관한 내용이다. 빈칸을 채우시오.** [13,21]

(1) 위험물안전관리법령상 알코올류는 탄소의 수가 1개부터 ( ① )개까지인 포화 1가 알코올(변성알코올을 포함)을 말한다. 다만, 다음의 하나에 해당하는 것은 제외한다.
(2) 1분자를 구성하는 탄소원자의 수가 1개 내지 ( ② )개의 포화 1가 알코올의 함유량이 ( ③ )중량% 미만인 수용액
(3) 가연성 액체량이 60중량% 미만이고, 인화점 및 연소점이 에틸알코올 ( ④ )중량% 수용액의 인화점 및 연소점을 초과하는 것

**답안지** ① 3, ② 3, ③ 60, ④ 60

**해설** 위험물안전관리법상 용어의 정의는 다음과 같다.

▶ 법령보기 ◀

알코올류라 함은 1분자를 구성하는 탄소원자의 수가 1개부터 3개까지인 포화1가 알코올(변성알코올을 포함)을 말한다. 다만, 다음에 해당하는 것은 제외한다.
- 1분자를 구성하는 탄소원자의 수가 1개 내지 3개의 포화1가 알코올의 함유량이 60중량퍼센트 미만인 수용액
- 가연성액체량이 60중량퍼센트 미만이고, 인화점 및 연소점(태그개방식인화점측정기에 의한 연소점)이 에틸알코올 60중량퍼센트 수용액의 인화점 및 연소점을 초과하는 것

● 참고 ●

**주요 알코올류의 이화학적 특성**

| 구분 | $CH_3OH$ (메틸알코올) | $C_2H_5OH$ (에틸알코올) | $(CH_3)_2CHOH$ (아이소프로필알코올) | $CH_3CH_2CH_2OH$ (프로필알코올) |
|---|---|---|---|---|
| 구조식 | H-C(H)(H)-OH | H-C(H)(H)-C(H)(H)-OH | H₃C-C(OH)(H)-CH₃ | H-C(H)(H)-C(H)(H)-C(H)(H)-OH |
| 인화점 | 11℃ | 13℃ | 11.7℃ | 15℃ |
| 발화점 | 464℃ | 363℃ | 399℃ | 371℃ |
| 비점 | 64.6℃ | 80℃ | 81.8℃ | 97℃ |
| 물 용해성 | 용해성 | 용해성 | 용해성 | 용해성 |
| 증기비중 | 1.1(공기보다 무거움) | 1.59 | 2.07 | 2.1 |
| 액체비중 | 0.79(물보다 가벼움) | 0.79 | 0.79 | 0.8 |
| 연소범위 | 6~36%(넓음) | 3.3~19% | 2~12%(좁음) | 2.1~13.5% |

### 유사문제

**01** 제4류 위험물로서 흡입 시 시신경을 마비시키는 것으로 인화점은 11℃, 발화점 464℃인 위험물에 대하여 다음 물음에 답하시오. [08,15,19]
(1) 위험물의 명칭을 쓰시오.
(2) 지정수량을 쓰시오.

**02** 제4류 위험물인 메틸알코올(메탄올)에 대한 다음 물음에 답을 쓰시오. [09,15,21]
(1) 이론적 완전연소 반응식을 쓰시오.
(2) 메틸알코올 1몰에 대한 연소생성 물질의 몰 수의 총합을 산출하시오. (단, 메탄올의 연소에는 산소만 사용되었음)

**03** 위험물안전관리법령상 제4류 위험물 중 에틸렌글리콜, 사이안화수소, 글리세린은 몇 석유류인지 쓰시오. [15]

**04** 다음 [보기]를 읽고 물음에 답하시오. [22]

- 제4류 위험물 중 제1석유류이며, 비수용성 액체임
- 무색·투명하고, 방향성을 가지며, 휘발성이 강함
- 분자량 78, 인화점은 −11℃

(1) 해당 위험물의 명칭을 쓰시오.
(2) 해당 위험물의 구조식을 쓰시오.
(3) 위험물을 취급하는 설비에 있어서 [보기]에 해당하는 위험물이 직접 배수구에 흘러가지 아니하도록 집유설비에 무엇을 설치하여야 하는가? (단, 해당 없으면 "해당 없음"이라 쓰시오)

**05** 금속 니켈의 촉매 하에서 300℃로 가열하면 수소 첨가반응이 일어나서 사이클로헥세인이 생성되고, 분자량 78인 물질의 명칭(지정수량)과 구조식을 쓰시오. [08,15]

### 유사문제 답안·해설

**01** **답안** (1) 메틸알코올
(2) 400L

**보충** 위험물안전관리법상 용어의 정의에서 "제4류 위험물의 알코올류라 함은 1분자를 구성하는 탄소원자의 수가 1개부터 3개까지인 포화 1가 알코올(변성 알코올을 포함)을 말한다.

메틸알코올(메탄올, $CH_3OH$)은 인체에 대한 유독성이 있으나 에틸알코올(에탄올, $C_2H_5OH$)은 인체에 대한 유독성이 없다. 따라서 제4류 위험물로서 흡입 시 시신경을 마비시키는 것은 메틸알코올이다.

메틸알코올의 연소범위는 6~36%, 에틸알코올의 연소범위는 3.3~19%로 메틸알코올의 연소범위가 넓다. 메틸알코올의 인화점은 11℃, 에틸알코올의 인화점은 13℃이다. 메틸알코올과 에틸알코올의 비중은 모두 0.79이고 물보다 작다. 알코올류(메틸알코올, 에틸알코올, 아이소프로필알코올 등)의 지정수량은 모두 400L이고, 메틸알코올, 에틸알코올, 아이소프로필알코올은 알코올류로 분류되지만 부틸알코올은 제2석유류로 분류되고 있다는 점을 체크해 두어야 한다.

> **참고**
> 주요 알코올류의 이용성
> - 메탄올($CH_3OH$)은 독성이 높음(인체 구역질, 실명), 휴대용 연료로 이용
> - 에탄올($C_2H_5OH$)은 곧은 사슬 알코올 중 유일하게 무독성임(알코올 음료)
> - 2-프로판올[$CH_3CH(OH)CH_3$]은 소독용 알코올로 이용됨
> - 에틸렌글리콜[$C_2H_4(OH)_2$]은 비점이 약 197℃, 무색의 액체로서, 약간 단맛이 있으며, 유독함. 자동차 부동액으로 주로 이용됨

**02** 답안 (1) 연소반응식 : $CH_3OH + 1.5O_2 \rightarrow CO_2 + 2H_2O$

(2) 연소생성물 mol 수 : 연소생성물 $= 1mol \times \dfrac{3mol}{1mol} = 3mol$

[비고] 현재의 답안지와 같이 기재해도 되고, 보다 세밀하게 작성하려면 하단의 "세밀답안"처럼 공식을 포함한 단위의 정산과정을 알 수 있도록 명료하게 기재하여도 된다.

[세밀답안] (1) 연소반응식 : $CH_3OH + 1.5O_2 \rightarrow CO_2 + 2H_2O$

(2) 연소생성물 mol 수 : $CH_3OH + 1.5O_2 \rightarrow CO_2 + 2H_2O$
　　　　　　　　　　　　1mol　　　　　　：　　(1+2) mol

∴ 연소생성물 $= 1mol(CH_3OH) \times \dfrac{3mol(CO_2+H_2O)}{1mol(CH_3OH)} = 3mol$

## ▌참고▐

[상세해설] 이 문제의 Blockage는 "메탄올"이라는 한글 명칭이다. 메탄올(메틸알코올)은 메테인(메탄, $CH_4$)에서 수소 하나를 떼 내고 수산화기(OH)를 붙인 유형이므로 $CH_3OH$의 분자식을 갖는다.

**[시범풀이]**

**첫 번째,**

메탄올($CH_3OH$)이 산소(공기)에 의해 이론적으로 완전 연소되는 것이므로 구성원소의 C는 이산화탄소($CO_2$)로, H는 $H_2O$로 된다. 이때 산소가 아닌 공기에 의해 연소가 이루어 졌을 경우는 공기 중에 존재하는 질소($N_2$) 가스가 생성계에 추가될 수 있다.

　□ 반응식 기초 : $aCH_3OH + b(O_2) \rightarrow cCO_2 + dH_2O$
　　• 반응계의 에탄올은 1mol로 기준함 → $aCH_3OH \rightarrow CH_3OH$
　　➡ $CH_3OH + b(O_2) \rightarrow cCO_2 + dH_2O$
　　• 반응계 C 1개 → 생성계 $CO_2$ → ∴ $cCO_2 \rightarrow CO_2$이어야 함
　　• 반응계 H 4개 → 생성계 $2H_2O$ → ∴ $dH_2O \rightarrow 2H_2O$이어야 함
　　➡ $CH_3OH + b(O_2) \rightarrow CO_2 + 2H_2O$
　　• 산소수지 : 생성계($CO_2+2H_2O$)에서 산소 개수=4O
　　　반응계의 $CH_3OH$ 내에 산소(O) 1개 보정함 → 반응계의 b( )$O_2$에는 $1.5O_2$가 들어가야함
　　〈완성〉 $CH_3OH + 1.5O_2 \rightarrow CO_2 + 2H_2O$

**두 번째,**

연소생성 물질의 몰 수의 총합을 구하기 위해 앞에서 완성한 연소반응식을 이용하여 다음과 같이 mol비를 적용하여 계산한다.

　□ $CH_3OH + 1.5O_2 \rightarrow CO_2 + 2H_2O$
　　　1mol　　　：　　(1+2) mol

∴ 연소생성물 $= 1mol(CH_3OH) \times \dfrac{3mol(CO_2+H_2O)}{1mol(CH_3OH)} = 3mol$

**03** **답안** ① 에틸렌글리콜 : 제3석유류
② 사이안화수소 : 제1석유류
③ 글리세린 : 제3석유류

▶ 법령보기 ◀

▫ 제1석유류라 함은 아세톤, 휘발유 그밖에 1기압에서 인화점이 섭씨 21도 미만인 것을 말한다.
▫ 제2석유류라 함은 등유, 경유 그밖에 1기압에서 인화점이 섭씨 21도 이상 70도 미만인 것을 말한다. 다만, 도료류 그 밖의 물품에 있어서 가연성 액체량이 40중량퍼센트 이하이면서 인화점이 섭씨 40도 이상인 동시에 연소점이 섭씨 60도 이상인 것은 제외한다.
▫ 제3석유류란 중유, 크레오소트유, 그밖에 1기압에서 인화점이 섭씨 70도 이상 섭씨 200도 미만인 것을 말한다. 다만, 도료류 그 밖의 물품은 가연성 액체량이 40중량퍼센트 이하인 것은 제외한다.
▫ 제4석유류라 함은 기어유, 실린더유 그밖에 1기압에서 인화점이 섭씨 200도 이상 섭씨 250도 미만의 것을 말한다. 다만 도료류 그 밖의 물품은 가연성 액체량이 40중량퍼센트 이하인 것은 제외한다.

● 이승원의 제1석유 암기법 ●

■ 1석 이조 휘둘조지메삐서 - 아씨피나네~
• 1석 : 1석유류
• 휘 : 휘발유
• 조 : 초산에틸
• 메 : 메틸에틸케톤
• 아 : 아세톤
• 피 : 피리딘
• 이조(22) : 200L, Ⅱ등급
• 둘 : 톨루엔
• 지 : 벤젠
• 삐서 : 이상 비수용성, 이하 수용성
• 시 : 시안화수소(사이안화수소)
• 나네 : 넷(400L)

● 이승원의 제2석유 암기법 ●

■ 이런 큰등 송장틸테/ 경비(처리수용) / 셀포수릴 얼른헤야디
• 이 : 2석유류
• 큰 : 클로로벤젠
• 송 : 송근유
• 틸 : 스티렌($C_6H_5CH=CH_2$)
• 경 : 경유
• 처 : 1000L(이상) - 비수기는 1000
• 셀 : 셀로솔브(메틸, 에틸, 프로필, 부틸)
• 수 : 수용성
• 얼른 : 빙(氷)초산
• 야디 : 에틸렌디아민
• 런 : 자일렌(파라, 메타)
• 등 : 등유
• 장 : 장뇌유
• 테 : 테레핀유($C_{10}H_{16}$)
• 비 : 비수용성
• 리수용 : 2000L(이하) 수용성 - 성수기는 2000
• 포 : 폼산
• 릴 : 아크릴산
• 헤 : 하이드라진(히드라진)

● 이승원의 제3석유 암기법 ●

■ 세째 아벤니 또? / 에글리고 올레? 4층 수유실로
• 세 : 3석유류
• 아 : 아닐린
• 니 또 : 니트로벤젠(나이트로벤젠) - 또(둘) - 2000L
• 에 : 에틸렌글리콜
• 올레 : 올레인산
• 째 : 중유
• 벤 : 벤질알코올
• 글리고 : 글리세린
• 4층 수유실로 : 4000L(수용성)

---

- **이승원의 제4석유 암기법**
  - 넷은 더 기죽어
  - 넷은 : 4석유류
  - 더 : 실린더유
  - 기죽어 : 기어유, 죽(6000L)

---

**04**  **답안** (1) 명칭 : 벤젠

(2) 구조식 :

(3) 집유설비에 설치하는 장치 : 유수분리장치

■ **참고** ■

**상세해설** 이 문제에서 제시된 [보기]에서 몇 가지 "Hint"를 얻을 수 있다. "제4류 위험물 중 제1석유류", "방향성", "분자량 78"이 그것이다.

**[시범풀이]**

**첫 번째**, 위험물의 명칭에서

위험물의 명칭에서, 우선, 앞서 학습해 두었던 제4류 위험물 중 "제1석유류 암기법"을 적용해 본다!! 이것이 이승원의 그물 학습법이다. 저자가 만든 그물에 문제가 딱 걸리면 꼼짝없이 잡히게 되어 있다.

---

- **이승원의 제1석유류 암기법**
  - ■ 1석 이조 휘둘조지메삐서 – 아씨피나네~
  - 1석 : 1석유류
  - 휘 : 휘발유
  - 조 : 초산에틸
  - 메 : 메틸에틸케톤
  - 아 : 아세톤
  - 피 : 피리딘
  - 이조(22) : 200L, Ⅱ등급
  - 둘 : 톨루엔
  - 지 : 벤젠
  - 삐서 : 이상 비수용성, 이하 수용성
  - 시 : 시안화수소(사이안화수소)
  - 나네 : 넷(400L)

---

위와 같이 하나씩 필기를 해 가면서 시험을 보는 것이 아니다. 1석이조 "휘둘조지메삐 – 아씨피나네~"만 해 본 후 "방향성"을 갖는 것은 어느 것인가 물색을 하는 것이다. 방향성을 갖는 분자는 고리형이어야 한다. "둘=톨루엔", "지= 벤젠", "피=피리딘" 3가지로 축약되고, 이 3가지 중에서 "분자량 78"인 것을 고르면, 벤젠이 된다.

벤젠($C_6H_6$)은 제4류 위험물 중 제1석유류의 비수용성 물질로 휘발유, 톨루엔, 초산에틸 등과 함께 지정수량 200L, 위험등급 Ⅱ등급으로 지정ㆍ관리되고 있는 물질이다.

**한번 더** 확인을 위해 인화점을 대조한다. 주요물질의 인화점은 다음과 같이 암기해 두면 특수한 상황에서 요긴하게 쓸 수 있다. 특히 인화점이 낮은 위험물로만 선택하였다. 이것이 이승원의 그물 학습법이다.

> **이승원의 마이너스 인화점 암기법**
>
> ■ 마이너 신발 : D에 등산화시스 / 마~ 싸고 33한데 / 아CN 18 / 발이 젠장 마구아퍼
> • 마이너 신발(인화, 人靴 → 인화점) : 영하의 인화점을 갖는 위험물
> □ D에 등산화시스 / 마~ 싸고 33한데
>  • D에 : 디에틸에테르    • 등산화 : 산화프로필렌    • 시스 : $CS_2$(이황화탄소)
>  • 마~싸고 33한데 : 마(마이너스)(−45, −37, −30)
> □ 아CN 18, 발이 젠장 마구아퍼
>  • 아CN 18 : 아세톤, HCN −18    • 발이 : 휘발유 : −20    • 젠장 : 벤젠 : −11
>  • 마구(MEK)아퍼 : 메틸에틸케톤(MEK) : −9

문제의 [보기]에 해당하는 물질이 확실하게 벤젠이라는 것을 인화점 −11℃, 즉 위의 "제기랄"로서 재확인하였다. 이 책에 소개되는 모든 학습기법은 저자 이승원의 독창적인 작품으로 허락받지 않은 제3자는 복제 · 복사 사용하거나 온라인, 오프라인, 블로그 등에 사용할 수 없음을 알린다.

**두 번째**, 위험물의 구조식에서

위험물의 구조식에서, 앞서 소개한 방향족(벤젠 중심) 탄화수소에 대한 저자의 학습법을 여기에 재소환하면;
• 벤젠 : 육(육각), 페놀 : 육수(페수, 육각−OH), 아닐린 : 육수아님(육각−$NH_2$)
• 톨루엔 : 돌루멘(육각−$CH_3$), 크실렌 : 큰돌[육각−$2CH_3(o, m, p)$], 벤조산 : 벤초산(육각−COOH)

벤젠(Benzene)은 6각형의 구조를 가진다. 각 모서리마다 탄소(C)가 하나씩 붙고, 여기에 수소(H)하나
가 달라붙어 있다. 그러므로 벤젠의 화학식(분자식)은 $C_6H_6$이다. 문제에서 "구조식(構造式)"으로 주문하고 있다는 점에 유의해야 한다. 헷갈릴 경우, 구조식을 그릴 때 6각형 내의 실선은 생략해도 된다. 그러나 화학식(분자식, 시성식, 조성식, 실험식 등)을 쓰면 틀린다.

**세 번째**, 집유설비에 설치하는 장치(구조물)에 대해서

집유설비에 설치하는 장치(구조물)에 대해서 → 이 항목도 앞에서 풀이한 내용과 제시된 [보기]에서 몇 가지 "Hint"를 얻을 수 있다. "석유류" "비수용성"이라고 하였고, "직접 배수구에 흘러가지 아니하도록 집유설비"라고 하였으므로 물보다 가벼운 기름성분과 물을 분리하여 제거하는 장치를 설치하여야 하는데 이 장치를 "**유분리장치**"라 한다.

벤젠(Benzene)은 비수용성(非水溶性) 액체로 물에 녹지 않으며, 밀도가 $0.88g/cm^3$로 물($1g/cm^3$)보다 가볍기 때문에 벤젠은 물 위로 부상(浮上)하게 된다. 벤젠과 같이 물에 용해(溶解)되지 않고, 물 위로 부상하는 유분(油分)을 물 위로 분리(걷어 냄)하는 장치를 유수분리장치(油水分離裝置, Oil Separator)라 한다. 따라서, 부상식(浮上式) 유수분리장치는 수용성(水溶性) 액체에는 적용하기 어렵다. 법령상의 관련규정은 아래와 같다. 시험에 한번 출제되었으니… → "자라 보고 놀란 가슴 솥뚜껑 보고 놀란다"고 유수분리장치를 전문적으로 학습하거나 관련이론 및 설계기준, 메커니즘까지 준비할 필요는 없을 것 같다.

● **참고** ●
> 온도 20℃의 물 100g에 용해되는 양이 1g 미만인 위험물을 취급하는 설비에 있어서는 당해 위험물이 직접 배수구에 흘러들어가지 아니하도록 집유설비에 유분리장치를 설치하여야 한다.

문제 답안지를 작성할 때는 집중하여 조건−간단−명료(답, 과정, 단위확인)하게 작성해야 한다. 그리고 **품명**(品名)으로 답하라고 했으면 물품의 이름을 말하므로 "제1석유류 비수용성"이라고 답해야 하지만, 해당 위험물의 이름인 **명칭**(名稱)으로 주문하였으므로 "벤젠"이라 기재해야 한다.

## 05  답안  ① 명칭 : 벤젠(지정수량 200L)

② 구조식 :

### ▌참고▐

**상세해설**  이 문제의 Blockage는 "**분자량 78**"이라는 부분이다. 사이클로헥세인(Cyclohexane, 시클로헥센)의 원료가 되는 물질을 찾아내어야 하는데 이 물질의 분자량이 78이라는 것이다.

사실, 분자량 78이라는 조건을 주면 정답을 금방 알아채는 수험생들이 많다. 위험물을 조금이라도 공부한 사람은 분자량 78이 탄소 6개(12×6), 수소 6개(1×6)의 합(合)에서 나온다는 것을 금방 알아채기 때문이다.

사이클로헥세인(Cyclohexane)의 구조를 탄소 6개인 헥세인(hexane, $C_6H_{14}$)에서 "Hint"를 얻을 수 있겠으나 **저자의 경우**는 "Cyclo ➡ Cyclone(사이클론)"에서 얻는다. 사이클론은 원심력에 의해 빙빙 돌아가는 기류(氣流)이다. 그래서 사이클로헥세인(Cyclohexane)의 기본 구조는 원형과 가까운 벤젠(Benzene)을 기본틀로 한다는 것이다. 벤젠(Benzene)은 6각형이고, 각 모서리마다 탄소(C)가 하나씩 붙고, 여기에 수소(H)하나가 달라붙어 있다. 그러므로 벤젠의 화학식(분자식)은 $C_6H_6$이다.

사이클로헥세인(Cyclohexane)은 이러한 벤젠($C_6H_6$) 육각형에 뻥뻥 돌아가면서(사이클론) 각 모서리마다 수소(H)하나 씩을 더 갖다 붙인 구조를 갖는다. 그래서 사이클로헥세인(Cyclohexane)의 화학식은 $C_6H_{12}$가 된다고 이해한다면 정말 오래도록 기억될 것이다.

| Benzene | Cyclohexane |
|---|---|

문제에서 요구하는 사항은 사이클로헥세인이 아니라 "**벤젠**"이며, 품명(品名)이 아니라 "**명칭(名稱)**"을 쓰는 것이다. 품명(品名)으로 답하라고 했으면 물품의 이름을 말하므로 "제1석유류 비수용성"이라고 답해야 하며, 해당 위험물의 이름인 명칭(名稱)으로 주문하였으므로 "벤젠"이라 기재해야 한다.

그리고, 지정수량을 쓸 때, 벤젠(Benzene)은 액체이므로 단위가 kg이 아닌 "L"로 표시해야 하고, 시성식이나 조성식이 아닌 "**구조식(構造式)**"으로 주문하고 있다는 점에 유의해야 한다. 구조식 이외의 화학식(분자식, 시성식, 조성식, 실험식 등)은 틀린 것으로 처리 된다.

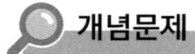 **개념문제**

다이에틸에터, 이황화탄소, 산화프로필렌, 아세톤을 인화점이 낮은 순으로 쓰시오.                                    [09,12,16]

**Hack 답안지**  다이에틸에터 < 산화프로필렌 < 이황화탄소 < 아세톤

**해설**  인화점(引火點, Flash Point)이란 가연성 액체 또는 고체의 증기와 공기의 혼합 기체가 섬광을 발하며 순간적으로 연소하는 최저온도를 말한다.

인화점 관련 문제는 인화성 액체인 제4류 위험물에서 주로 출제된다. 제4류 위험물의 인화점 순서는 특수인화물(−20℃이하) − 1석유류(21℃미만) − 2석유류(21 ~ 70℃), − 3석유류(70 ~ 200℃), − 4석유류(200 ~ 250℃)이다.

다이에틸에터, 이황화탄소, 산화프로필렌, 아세톤은 모두 인화점이 낮은 제4류 위험물의 특수인화물에 속한다. 다이에틸에터($C_4H_{10}O$) −45℃, 이황화탄소($CS_2$) −30℃, 산화프로필렌($C_3H_6O$) −37℃, 아세톤($C_3H_6O$) −18℃ 이므로 인화점이 낮은 순서는 다이에틸에터 < 산화프로필렌 < 이황화탄소 < 아세톤이다.

주요물질의 인화점은 다음과 같이 암기해 두면 특수한 상황에서 요긴하게 쓸 수 있다. 특히 인화점이 낮은 위험물로만 선택하였다.

---
**이승원의 마이너스 인화점 암기법**

- ■ 마이너 신발 : D에 등산화시스 / 마~ 싸고 33한데 / 아CN 18 / 발이 젠장 마구아퍼
- • 마이너 신발(인화, 人靴 ➡ 인화점) : 영하의 인화점을 갖는 위험물
- □ D에 등산화시스 / 마~ 싸고 33한데
- • D에 : 디에틸에테르          • 등산화 : 산화프로필렌          • 시스 : $CS_2$(이황화탄소)
- • 마~싸고 33한데 : 마(마이너스)(−45, −37, −30)
- □ 아CN 18, 발이 젠장 마구아퍼
- • 아CN 18 : 아세톤, HCN −18     • 발이 : 휘발유 : −20     • 젠장 : 벤젠 : −11
- • 마구(MEK)아퍼 : 메틸에틸케톤(MEK) : −9

---

### 유사문제

**01** 다음 중 인화점 21℃ 이상 70℃ 미만이고 수용성인 물질을 고르시오. [11]

> 메탄올, 아세트산, 벤젠, 에틸렌글리콜, 폼산

**02** 다음의 위험물을 인화점이 낮은 것부터 높은 것의 순서대로 쓰시오. [22]

> 초산에틸, 이황화탄소, 클로로벤젠, 글리세린

**03** 다음 중 제2석유류의 조건에 해당하는 것을 모두 골라 그 기호를 쓰시오. [22]

> A. 등유와 경유가 속하는 품명이다.
> B. 1기압에서 인화점이 70℃ 이상 200℃ 미만이다.
> C. 1기압에서 인화점이 200℃ 이상 250℃ 미만이다.
> D. 중유, 크레오소트유가 속하는 품명이다.
> E. 도료류, 그 밖의 물품의 경우 가연성 액체량이 40중량% 이하이면서 인화점이 40℃ 이상인 동시에 연소점이 60℃ 이상인 것은 제외한다.

**04** 이황화탄소, 메틸알코올, 아세톤, 아닐린 중 인화점이 낮은 순으로 쓰시오. [15,20]

**05** 다음 위험물을 인화점이 낮은 것부터 높은 것 순서로 쓰시오. [06,08,17,19]

> · 초산에틸    · 메탄올
> · 에틸렌글리콜    · 나이트로벤젠

**06** 다음 위험물을 인화점이 낮은 것부터 높은 것 순서로 쓰시오. [20]

> · 다이에틸에터    · 이황화탄소
> · 산화프로필렌    · 아세톤

**07** 다음 위험물의 인화점을 쓰시오. [07,10]

(1) $CS_2$
(2) 초산에틸
(3) 클로로벤젠
(4) 글리세린

**08** 산화프로필렌의 ① 인화점, ② 연소범위, ③ 비중을 쓰시오. [05]

**09** 제1석유류에 해당하는 물질의 인화점의 한계를 쓰시오. [04,17]

**10** 제4류 위험물 중 제3석유류의 인화점은 몇 ℃ 이상 몇 ℃ 미만의 것이 해당되는지 쓰시오. [09]

### 유사문제 답안·해설

**01** **답안** 폼산, 아세트산

**보충** 문제에서 인화점(引火點)이 21℃ 이상 70℃ 미만인 것으로 한정하였으므로 등유, 경유, 아세트산(초산), 폼산(의산), 부탄올, 크실렌(자일렌), 클로로벤젠, 스티렌 등의 제4류 위험물(인화성 액체) 중 **제2석유류에 해당되는 것 중에서 수용성인 것**을 고르는 것이다.

▶ 법령보기 ◀

제2석유류라 함은 등유, 경유 그밖에 1기압에서 인화점이 섭씨 21도 이상 70도 미만인 것을 말한다. 다만, 도료류 그 밖의 물품에 있어서 가연성 액체량이 40중량퍼센트 이하이면서 인화점이 섭씨 40도 이상인 동시에 연소점이 섭씨 60도 이상인 것은 제외한다.

앞에서 학습한 저자가 권장하는 암기법을 동원하여 해당 위험물의 품명을 체크해 보자.

> **이승원의 제2석유류 암기법**
>
> ■ 이런 큰등 송장틸테 / 경비(처리수용) / 셀포수릴 얼른헤야디
> - 이 : 2석유류
> - 큰 : 클로로벤젠
> - 송 : 송근유
> - 틸 : 스티렌($C_6H_5CH=CH_2$)
> - 경 : 경유
> - 처 : 1000L(이상) - 비수기는 1000
> - 셀 : 셀로솔브(메틸, 에틸, 프로필, 부틸)
> - 수 : 수용성
> - 얼른 : 빙(氷)초산
> - 야디 : 에틸렌디아민
> - 런 : 자일렌(파라, 메타)
> - 등 : 등유
> - 장 : 장뇌유
> - 테 : 테레핀유($C_{10}H_{16}$)
> - 비 : 비수용성
> - 리수용 : 2000L(이하) 수용성 - 성수기는 2000
> - 포 : 폼산
> - 릴 : 아크릴산
> - 헤 : 하이드라진(히드라진)

문제에서 제시하고 있는 위험물을 체크 해보면 → "이 : 2석유류"중 수용성인 것은 "셀, 포, 수, 릴, 얼른, 헤, 야디"이므로 "포 : 폼산", "얼른 : 빙(氷)초산"이 답(똡)이라는 것을 알 수 있다.

● 참고 ●

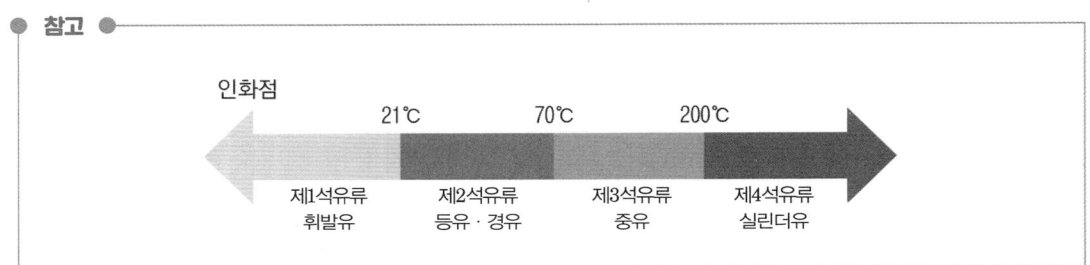

> **이승원의 제4류 인화점 암기법**
>
> ■ 신(인화)발 비싸 / 특이한발 / 이거든 / 삼칠이 주고 / 이사실 때 또 오구 만나야지
> - 신 : 인화(人靴)발 비싸 : 발화점 100℃ 이하, 비점 40℃ 이하
> - 특이 : 특수인화물, -20℃ 미만(인화점)
> - 한발 : 제1석유류, 21℃ 미만, 휘발유
> - 이거든 : 제2석유류, 경유, 등유
> - 삼칠이 주고 : 제3석유류, 70~200℃, 중유
> - 이사실 때 또오고 만나야지 : 200℃ 이상, 제4석유류, 실린더유, 동식물유 250℃ 미만

## 02

**답안** 이황화탄소, 초산에틸, 클로로벤젠, 글리세린

**보충** 인화점 관련 문제는 인화성 액체인 제4류 위험물에서 주로 출제되는데, 제4류 위험물의 인화점 순서는 특수인화물(-20℃ 이하) - 1석유류(21℃ 미만) - 2석유류(21~70℃) - 3석유류(70~200℃) - 4석유류(200~250℃)이므로 이를 잘 적용하면 충분히 문제를 해결할 수 있다.
초산에틸($CH_3COOC_2H_5$)은 제1석유류이므로 인화점은 21℃ 미만이고, 이황화탄소($CS_2$)는 특수인화물이므로 인화점이 -20℃ 이하이며, 클로로벤젠($C_6H_5Cl$)은 제2석유류이므로 인화점은 21~70℃ 미만, 글리세린 [$C_3H_5(OH)_3$]은 제3석유류이므로 인화점은 70~200℃ 미만이 된다.

그러므로 인화점이 낮은 것부터 높은 것의 순서는 이황화탄소, 초산에틸, 클로로벤젠, 글리세린이 된다. 위험물의 류별 인화점의 구분만 잘 정리해 둔다면 각 품명별 인화점은 별도로 암기할 필요가 없을 것이다.

## 03 답안 A, E

▶ 법령보기 ◀

제2석유류라 함은 등유, 경유 그밖에 1기압에서 인화점이 섭씨 21도 이상 70도 미만인 것을 말한다. 다만, 도료류 그 밖의 물품에 있어서 가연성 액체량이 40중량퍼센트 이하이면서 인화점이 섭씨 40도 이상인 동시에 연소점이 섭씨 60도 이상인 것은 제외한다.

보충 [보기]에서 "A"와 "E"항만 제2석유류의 조건에 해당한다.
"B항"은 제4류 위험물의 제3석유류에 대한 규정이다. "제4류 위험물의 제3석유류"라 함은 중유, 클레오소트유 그밖에 1기압에서 인화점이 70℃ 이상 200℃ 미만인 것을 말한다. 다만, 도료류 그 밖의 물품은 가연성 액체량이 40%(wt) 이하인 것은 제외한다.
"C항"은 제4류 위험물의 제4석유류에 대한 규정이다. "제4류 위험물의 제4석유류"라 함은 기어유, 실린더유 그밖에 1기압에서 인화점이 200℃ 이상 250℃ 미만의 것을 말한다. 다만, 도료류 그 밖의 물품은 가연성 액체량이 40%(wt) 이하인 것은 제외한다.
"D항"의 중유, 크레오소트유가 속하는 품명은 제4류 위험물의 제3석유류이다.

## 04 답안 이황화탄소 < 아세톤 < 메틸알코올 < 아닐린

보충 이황화탄소($CS_2$)는 제4류 위험물-특수인화물이다. 특수인화물은 1기압에서 발화점이 100℃ 이하이고, 인화점이 영하 20℃ 이하이므로 인화점이 가장 낮다. 아세톤은 제4류 위험물-제1석유류이다. 제1석유류는 1기압에서 인화점이 21℃ 미만인 것을 말하므로 다음으로 인화점이 낮다. 메틸알코올은 제4류 위험물-알코올류로서 인화점은 11℃이므로 다음으로 인화점이 낮다. 끝으로 아닐린은 제4류 위험물-제3석유류이다. 제3석유류는 1기압에서 인화점이 70℃ 이상 200℃ 미만인 것을 말하므로 인화점이 가장 높다. 아닐린의 인화점은 76℃이다.

## 05 답안 초산에틸 < 메탄올 < 나이트로벤젠 < 에틸렌글리콜

보충 초산에틸은 제4류 위험물-제1석유류-비수용성이다. 제1석유류는 1기압에서 인화점이 21℃ 미만인 것을 말하며, 인화점은 -4℃이고, 발화점은 427℃이다. 제시된 위험물 중 인화점이 가장 낮다. 메틸알코올은 제4류 위험물-알코올류로서 인화점은 11℃이므로 그 다음으로 인화점이 낮다. 나이트로벤젠은 제4류 위험물-제3석유류-비수용성이다. 제3석유류는 1기압에서 인화점이 70℃ 이상 200℃ 미만인 것을 말하는데, 나이트로벤젠의 인화점은 88℃이다. 에틸렌글리콜은 제4류 위험물-제3석유류-수용성으로 인화점은 111℃이다.

**06** **답안** 다이에틸에터 < 산화프로필렌 < 이황화탄소 < 아세톤

**보충** 디에틸에테르(다이에틸에터)는 제4류 위험물-특수인화물로서 인화점은 -45℃이고, 산화프로필렌 역시 제4류 위험물-특수인화물로서 인화점은 -37℃이므로 다이에틸에터의 인화점 온도가 더 낮다. 이황화탄소 역시 제4류 위험물-특수인화물이며, 인화점은 -30℃이므로 그 다음이 된다. 아세톤은 제4류 위험물-제1석유류-수용성이므로 제시된 위험물 중 인화점이 가장 높다. 아세톤의 인화점은 -18℃이다.

**07** **답안** (1) -30℃
(2) -4℃
(3) 29℃
(4) 176℃

**보충** 이황화탄소는 제4류 위험물-특수인화물이며, 인화점은 -30℃이고, 초산에틸은 제4류 위험물-제1석유류-비수용성으로 인화점은 -4℃이다. 클로로벤젠은 제4류 위험물-제2석유류-비수용성으로 인화점은 29℃이다. 글리세린은 제4류 위험물-제3석유류-수용성으로 인화점은 176℃이다.

**08** **답안** ① -37℃  ② 2.5~38.5%  ③ 0.83

**보충** 산화프로필렌은 제4류 위험물-특수인화물로서 인화점은 -37℃이고, 연소범위는 2.5~38.5% 비중은 물 보다 가벼우므로 0.80이다. 증기비중은 산화프로필렌($C_3H_6O$) 분자량 58을 공기의 분자량 29로 나누어 계산하면 2.0의 값이 나온다.

**09** **답안** 1기압에서 인화점이 21℃ 미만

▶ 법령보기 ◀
제1석유류라 함은 아세톤, 휘발유 그밖에 1기압에서 인화점이 섭씨 21도 미만인 것을 말한다.

**10** **답안** 70℃ 이상 200℃ 미만

▶ 법령보기 ◀
제3석유류란 중유, 크레오소트유, 그밖에 1기압에서 인화점이 섭씨 70도 이상 섭씨 200도 미만인 것을 말한다. 다만, 도료류 그 밖의 물품은 가연성 액체량이 40중량퍼센트 이하인 것은 제외한다.

 **개념문제**

"이황화탄소, 산화프로필렌, 에탄올"을 발화점이 낮은 순으로 쓰시오. [14]

**H*ack*답안지** 이황화탄소 < 에탄올 < 산화프로필렌

■ 참고 ■

 발화점(發火點, Ignition Point)이란 연소성 물질(가연물)이 지속적으로 연소될 수 있는 가장 낮은 온도를 말한다. 화염이나 불꽃과 같은 외부적 요인에 의해 발화된 후에 연소 상태가 5초 이상 지속되는 가장 낮은 온도를 뜻하는 **연소점**(燃燒點, Fire Point) 또는 **착화점**(着火點)과 같은 의미로 사용되기도 한다.

제시된 위험물 중 이황화탄소($CS_2$)는 제4류 위험물–특수인화물로 분류된다. 특수인화물은 이황화탄소, 다이에틸에터 그밖에 1기압에서 발화점이 100℃ 이하인 것 또는 인화점이 -20℃ 이하이고 비점이 40℃ 이하인 것을 말하므로 발화점이 100℃ 이하인 물질이다. $CS_2$의 발화점은 100℃이고, 인화점은 -43℃, 폭발한계(연소한계)는 1.2 ~ 44%이다.

산화프로필렌($CH_3CHOCH_2$) 역시 제4류 위험물–특수인화물로 분류되는 물질이다. 인화점은 -37℃로 낮지만 발화점은 430℃로 높다. 따라서 공기 중에서 자연발화가 잘 일어나지 않는다. 에탄올은 제4류 위험물–알코올류로 분류되는 물질이다. 인화점은 13℃로 낮지만 발화점은 363℃로 높다. 따라서 공기중에서 자연발화가 잘 일어나지 않는다.

이를 종합해 보면 ; 발화점의 크기 순서는 이황화탄소 < 에탄올 < 산화프로필렌이 된다. "참조수준"정도로만 시험대비 하는 것이 좋다.

● 참고 ●

**각종 위험물(인화물·석유류)의 특성비교**

| 구분 | $CS_2$ (이황화탄소) | $C_2H_5OC_2H_5$ (디에틸에테르) | $CH_3CHOCH_2$ (산화프로필렌) | $CH_3CHO$ (아세트알데하이드) | $C_2H_5Br$ (에틸브로마이드) |
|---|---|---|---|---|---|
| 인화점 | -30℃ | -40℃ 미만 | -37℃ | -39℃ | -20℃ |
| 발화점 | 100℃ | 160℃ | 465℃ | 175℃ | 511℃ |
| 비점 | 46℃ | 34.5℃ | 35℃ | 21℃ | 38.4℃ |
| 연소범위 | 1.2 ~ 44% | 1.9 ~ 48% | 2.5 ~ 38.5% | 4.1 ~ 57% | – |

| 구분 | $CH_3COCH_3$ (아세톤) | $C_6H_6$ (벤젠) | $C_6H_5CH_3$ (톨루엔) | $CH_3COOC_2H_5$ (초산에틸) | $(CH_3COC_2H_5)$ (메틸에틸케톤) |
|---|---|---|---|---|---|
| 인화점 | -20℃ | -11℃ | 4℃ | -3℃ | -1℃ |
| 발화점 | 465℃ | 562℃ | 480℃ | 429℃ | 516℃ |
| 비점 | 56℃ | 80℃ | 111℃ | 77.5℃ | 380℃ |

| 구분 | CH₃OH<br>(메틸알코올) | C₂H₅OH<br>(에틸알코올) | (CH₃)₂CHOH<br>(아이소프로필알코올) | CH₃CH₂CH₂OH<br>(프로필알코올) |
|---|---|---|---|---|
| 인화점 | 11℃ | 13℃ | 11.7℃ | 15℃ |
| 발화점 | 464℃ | 363℃ | 399℃ | 371℃ |
| 비점 | 64.6℃ | 80℃ | 81.8℃ | 97℃ |
| 연소범위 | 6% ~ 36%(넓음) | 3.3 ~ 19% | 2 ~ 12%(좁음) | 2.1 ~ 13.5% |

| 구분 | 중유<br>(중질유) | 클레오소트유<br>(부식성) | $C_3H_5(OH)_3$<br>(글리세린) | $C_2H_4(OH)_2$<br>(에틸렌글리콜) | $C_6H_5NH_2$<br>(아닐린) |
|---|---|---|---|---|---|
| 인화점 | 70℃ 이상 | 74℃ 이상 | 160℃ | 120℃ | 70℃ |
| 발화점 | 400℃ 이상 | 336℃ | 370℃ | 398℃ | 615℃ |
| 비점 | 200℃ 이상 | 194~400℃ | 182℃ | 198℃ | 184℃ |

## 개념문제

**제4류 위험물 중 물 속에 저장하는 위험물에 대해 다음 물음에 답하시오.** [09,11,14,20,21②,25]

(1) 이 물질의 품명을 쓰시오.
(2) 증기비중을 구하시오.
(3) 이 물질의 공기중 산소에 의한 연소반응식을 쓰시오.
(4) 연소 시 발생하는 독성가스의 화학식을 쓰시오.
(5) 다음 괄호안에 들어갈 알맞은 내용을 쓰시오.

이황화탄소의 저장탱크는 벽 및 바닥의 두께가 (    )m 이상이고 누수가 되지 않는 철근콘크리트의 수조에 넣어 보관해야 한다. 이 경우 보유공지, 통기관 및 자동계량장치는 생략할 수 있다.

**답안지** (1) 품명 : 특수인화물

(2) 증기비중 : 증기비중 = $\dfrac{CS_2 \text{ 밀도}(76/22.4)}{\text{공기 밀도}(29/22.4)} = \dfrac{76}{29} = 2.62$

(3) 연소반응 : $CS_2 + 3O_2 \rightarrow CO_2 + 2SO_2$

(4) 독성가스 화학식 : $SO_2$

(3) 벽·바닥 두께 : 0.2 m 이상

**해설** 물 속에 저장하는 대표적인 위험물은 이황화탄소이다. 이황화탄소는 제4류 위험물, 품명 특수인화물로 분류된다. 이황화탄소($CS_2$)의 분자량은 76이다. 그러므로 증기비중은 대상밀도÷공기밀도로 산정하면 $[(76/22.4)÷(29/22.4)=2.62]$ 된다.

연소반응은 이승원의 반응규칙 중 "기준 산화물" 우선이므로 $CS_2$ 1mol 당 1mol의 $CO_2$와 2mol의 $SO_2$를 발생시킨다. 다음과 같이 연소반응식을 작성할 수 있으며, 연소 후 발생되는 독성가스는 $SO_2$이다.

□ $CS_2 + 3O_2 \rightarrow CO_2 + 2SO_2$

**참고**

이 문제의 첫 번째 Blockage는 "제4류 위험물 중 물 속에 저장하는 위험물"이다. 이 장애물을 넘지 못하면 나머지 항목 모두 풀 수 없는 상황이 된다.

[시범풀이]

**첫 번째,**

"제4류 위험물 중 물 속에 저장하는 위험물"의 품명에서, 암기해 둔 위험물의 저장특성(보호액 포함)을 우선 모두 불러 모아 본다.

```
┌─────────── 이승원의 위험물 저장특성 암기법 ───────────┐
│                                                      │
│  ■ 위장 물탄포인 / 돌까나리 / 코인셀로 / 헤킹이라    │
│  • 위장 : 위험물 저장                                 │
│  • 물탄포인 : 물에 저장 ➡ 탄(이황화탄소), 포인(4, $P_4$) │
│  • 돌까나리 : 돌(石, 석유류) 저장 ➡ 까(칼륨), 나(나트륨), 리(리튬) │
│  • 코인셀로 : 코(알코올) 저장 ➡ 인(인화칼슘), 셀로(니트로셀룰로오스) │
│  • 헤킹이라 : 헤(헥산, 헥세인) 저장 ➡ 킹이라(알킬알루미늄, 알킬리튬) │
└──────────────────────────────────────────────────────┘
```

물에 저장하는 위험물이라는 것에 Hint를 잡아 암기법을 동원하면 곧바로 "이황화탄소($CS_2$)"라는 것을 알 수 있다. 문제에서는 이황화탄소의 품명을 묻고 있다. 이황화탄소라는 것은 위험물의 이름, 즉 **명칭**(名稱, Name)이다. 문제에서 요구하고 있는 것은 **품명**(品名, Name of Variety), 즉 품종의 이름을 쓰라는 것이다. 이황화탄소는 특수인화물에 속한다. 그러므로 품명은 "**특수인화물**"이다.

암기법은 모르고 있는 것보다 알고 있는 게 도움이 된다고 생각되면, 따라서 해 보는 게 좋고, 우연히 살펴보다가 느낌표(!!)가 생긴다면 "가슴으로 공부한 것!!"이 되므로 오래 오래 기억되는 좋은 학습법이 될 것이다. 저자가 당부드리는 말씀은 학습용도 외에 다른 불량한 의도는 절대 없으므로 부디 저자에 대한 오해나 인식평가의 소재로 삼지 않기를 바란다.

**두 번째,**

증기비중 계산에서, 이황화탄소($CS_2$)의 g분자량은 $12+32×2=76$, 기체 1mol=g분자량=22.4L이므로 다음과 같이 증기비중 공식을 이용하여 다음과 같이 산출할 수 있다.

□ 증기비중 $= \dfrac{CS_2 \text{ 밀도}(=\text{분자량}/22.4)}{\text{공기 밀도}(=\text{분자량}/22.4)} = \dfrac{76}{29} = 2.62$

세 번째.

연소반응식 작성에서, 이황화탄소에서 "화"를 붙이는 물질들은 단원자 **음이온**이 결합되어 있다는 의미이다. 즉, "이황화"라고 하였으므로 황(S)의 음이온 2개가 탄소(C) 양이온과 결합되어 분자를 구성하고 있다는 것이다. 황(S)은 −2가, 탄소(C)는 +4가이므로 등가결합 원칙에 따라 C : S = 1 : 2 즉, $CS_2$의 화학식을 얻을 수 있다. 탄소(C)는 연소 산화되면 $CO_2$, 황(S)은 연소 산화되면 $SO_2$가 되므로 다음과 같이 연소반응식을 작성할 수 있다.

- 반응식 기초 : $CS_2 + b(O_2) \rightarrow CO_2 + 2SO_2$
  - 산소수지 : 생성계($CO_2 + 2SO_2$)에서 산소 개수 = 6O → 반응계의 $b(\ )O_2 = 3O_2$

〈완성〉 $CS_2 + 3O_2 \rightarrow CO_2 + 2SO_2$

네 번째.

독성가스의 화학식 작성에서, 이황화탄소가 연소할 때, 생성되는 독성가스는 이산화황(아황산가스, $SO_2$)이다. 화학식을 묻고 있으므로 답안지를 쓸 때 한글명칭(이산화황, 아황산가스 등)을 기재하면 틀린다.

다섯 번째.

벽 및 바닥 두께에 대하여, 법령상의 시설관련 규정에 대한 문제이지만 끼워 넣기 양식으로 몇 문제 출제될 수 있다. 시설규정(취급위험물에 따른 보강기준)은 다음과 같이 정하고 있다.

▶ 법령보기 ◀
- 제3류 위험물 중 금수성 물질(고체에 한함)의 옥외저장탱크에는 방수성의 불연재료로 만든 피복설비를 설치하여야 한다.
- 이황화탄소의 옥외저장탱크는 벽 및 바닥의 두께가 0.2m 이상이고 누수가 되지 아니하는 철근콘크리트의 수조에 넣어 보관하여야 한다. 이 경우 보유공지·통기관 및 자동계량장치는 생략할 수 있다.

## 유사문제

**01** CS₂와 150℃에서 물과의 반응 시 생성되는 가스의 종류를 쓰시오. [08]

**02** 이황화탄소에 대해 다음 물음에 답하시오. [16,15]
(1) 지정수량을 쓰시오.
(2) 연소반응식을 쓰시오.

**03** 이황화탄소에 대해 다음 물음에 답하시오. [18]
(1) 연소 시 발생하는 물질을 모두 쓰시오.
(2) 연소 시 불꽃반응색을 쓰시오.

**04** 100kg의 이황화탄소가 150℃에서 물(열수)과 반응하여 발생하는 독성가스(유해성 가스)의 체적은 800mmHg, 30℃에서 몇 m³인지 계산하시오. [05,11]
(1) 물과의 반응식을 쓰시오.
(2) 독성가스의 부피(m³)를 구하시오.

**05** 제4류 위험물로서 특수인화물에 속하며, 물 속에 저장하는 위험물에 대하여 다음 물음에 답하시오. [21]
(1) 이 물질이 연소할 경우, 발생되는 독성가스의 화학식을 쓰시오.
(2) 이 물질의 증기비중을 쓰시오.
(3) 이 위험물을 옥외저장탱크에 보관할 경우, 보관하는 철근콘크리트의 수조의 벽 및 바닥의 두께는 몇 m 이상으로 해야 하는지 쓰시오.

**06** 다음에 설명하는 위험물의 시성식을 쓰시오. [15]

- 환원력이 아주 크다.
- 이것은 산화하여 아세트산이 된다.
- 증기비중은 약 1.50이다.

**07** 아세트알데하이드에 암모니아성 질산은 용액을 반응시키면 은이 석출되는데 이 반응을 무엇이라 하는지 쓰시오. [04]

**08** 상온에서 무색의 액체로 분자량은 27, 인화점 −18℃, 끓는점 26℃이며, 맹독성인 위험물에 대하여 다음 물음에 답하시오. [06,09,20]
(1) 화학식을 쓰시오.
(2) 지정수량을 쓰시오.
(3) 증기비중을 쓰시오.

**09** 특수인화물인 다이에틸에터의 지정수량과 구조식을 쓰시오. [04]
(1) 지정수량을 쓰시오.
(2) 구조식을 쓰시오.

**10** 다음 [보기]에서 설명하는 제4류 위험물에 대한 각 물음에 답하시오. [25]

- 분자량 76
- 비중 1.26, 비점 46℃
- 물에 녹지 않는다.
- 불쾌한 냄새가 난다.

(1) 명칭을 쓰시오.
(2) 화학식을 쓰시오.
(3) 완전 연소반응식을 쓰시오.

## 유사문제 답안·해설

**01** 답안 $H_2S$, $CO_2$

보충 CS₂와 고온의 물(150℃ 이상)은 다음과 같이 반응하여 황화수소와 이산화탄소를 발생시킨다.

□ $CS_2 + 2H_2O \rightarrow 2H_2S + CO_2$

## 02 답안 (1) 50L

(2) $CS_2 + 3O_2 \rightarrow CO_2 + 2SO_2$

**보충** 이황화탄소는 제4류 위험물의 특수인화물(이황화탄소, 산화프로필렌, 아세트알데하이드 등)에 해당되므로 위험등급 I등급이며, 지정수량은 50L이다. 이황화탄소($CS_2$)는 연소 또는 물과 반응하여 유해성 가스를 발생한다.

□ $CS_2 + 3O_2 \rightarrow 2SO_2$(유독성 가스) + $CO_2$

□ $CS_2 + 2H_2O$(고온수) $\rightarrow 2H_2S$ (유독성 가스) + $CO_2$

## 03 답안 (1) $CO_2$, $SO_2$

(2) 푸른색

**보충** 이황화탄소의 화학식은 $CS_2$이며, 불꽃반응 색상은 푸른색을 띤다. 이황화탄소의 연소반응은 이승원의 반응규칙 중 "기준 산화물" 우선을 적용하므로 $CS_2$ 1mol 당 1mol의 $CO_2$와 2mol의 $SO_2$를 발생시킨다. 다음과 같이 연소반응식을 작성할 수 있으며, 작성된 연소반응식을 통해 연소시 발생하는 물질은 $CO_2$와 $SO_2$임을 확인할 수 있다.

□ $CS_2 + 3O_2 \rightarrow CO_2 + 2SO_2$

### ■ 참고 ■

이 문제의 첫 번째 Blockage는 "이황화탄소"라는 한글 명칭을 화학식으로 나타낼 수 있어야 하고, 두 번째 Blockage는 이 물질이 연소했을 때 발생되는 물질(가스)이 무엇인지 파악할 수 있어야 하며, 세 번째 Blockage는 연소할 때 불꽃의 반응색을 쓰는 것이다.

이황화탄소에서 "화"를 붙이는 물질들은 **단원자 음이온**이 결합되어 있다는 의미이다. 즉, "이황화"라고 하였으므로 황(S)의 음이온 2개가 탄소(C) 양이온과 결합되어 분자를 구성하고 있다는 것이다. 황(S)은 -2가, 탄소(C)는 +4가이므로 등가결합 원칙에 따라 C : S=1 : 2 즉, $CS_2$의 화학식을 얻을 수 있다.

이황화탄소($CS_2$)는 제4류 위험물(가연성 액체) 중 특수인화물로 분류하고 있으며 **지정수량 50L로 위험등급 I 등급**으로 지정·관리되고 있는 위험물이다. 공기 중에서 연소할 경우 **푸른색 불꽃**을 내며 타면서 이산화황(Sulfur dioxide)을 생성한다. 이황화탄소의 연소반응식을 만들어보자!!

□ 반응식 기초 : $CS_2 + b(O_2) \rightarrow CO_2 + 2SO_2$

• 산소수지 : 생성계($CO_2+2SO_2$)에서 산소 개수=6O → 반응계의 $b(\ )O_2 = 3O_2$

⟨완성⟩ $CS_2 + 3O_2 \rightarrow CO_2 + 2SO_2$

이황화탄소의 연소시 발생하는 물질(가스)은 $CO_2$와 $SO_2$이다.

## 04 답안 (1) $CS_2 + 2H_2O \rightarrow 2H_2S + CO_2$

(2) 독성가스 부피 $= 100 \times 10^{-3} \times \dfrac{2 \times 22.4}{76} \times \dfrac{273+30}{273} \times \dfrac{760}{800} = 62153.85\,L = 62.15\,m^3$

**비고** 현재의 답안지와 같이 기재해도 되고, 보다 세밀하게 작성하려면 하단의 "세밀답안"처럼 공식을 포함한 단위의 정산과정을 채점자가 잘 파악할 수 있도록 명료하게 기재하여도 된다.

(1) $CS_2 + 2H_2O \rightarrow 2H_2S + CO_2$

(2) $CS_2 + 2H_2O \rightarrow 2H_2S + CO_2$
   1mol : 2mol

□ $H_2S = 100kg \times \dfrac{10^3 g}{kg} \times \dfrac{1mol}{76g} \times \dfrac{2mol}{1mol} \times \dfrac{22.4L}{1mol} = 58947.37L$

□ $V_2^* = V_1 \times \dfrac{T_2}{T_1} \times \dfrac{P_1}{P_2}$

∴ $H_2S(부피) = 58947.37 \times \dfrac{273+30}{273} \times \dfrac{760}{800} = 62153.85L = 62.15 m^3$

## ▌참고▐

이 문제의 첫 번째 Blockage는 "이황화탄소"라는 한글 명칭을 화학식으로 나타낼 수 있어야 하고, 두 번째 Blockage는 이 물질이 물과 반응했을 때 발생되는 유해가스가 무엇인지 파악할 수 있어야 하며, 세 번째 Blockage는 발생되는 유해가스의 부피를 표준상태가 아닌 실측상태의 부피로 환산하기 위해 온도와 압력을 보정하는 과정을 잘 통과하여야 한다. 차분하게 개념을 잡아가면서 풀어내는 것을 저자가 직접 시범해 보이겠다.

[시범풀이]

**첫 번째,**
물과 이황화탄소의 반응식 작성에서, 이황화탄소($CS_2$)가 열수(물, $H_2O$)과 반응하여 독가스(유해성 가스)가 발생한다는 것이다. 그렇다면 다음과 같은 기본 반응식을 만들어 보아야 한다. 아주 쉽게 개념적으로 설명하겠다.

□ $CS_2 + bH_2O \rightarrow CO_2 +$ 부생물

- 생성계에서 O 2개 → ∴ $bH_2O = 2$
→ $CS_2 + 2H_2O \rightarrow CO_2 +$ 부생물
- 반응계에서 S 2개, H 4개 남음 → 부생물에 이를 반영

〈완성〉 $CS_2 + 2H_2O \rightarrow CO_2 + 2H_2S$

이왕 공부하는 것!!! → 저자가 전수하는 방법으로 개념적(더하기 빼기의 산수 수준)으로 한 번만 정리 해두면 될 것을 …→ 문제를 수도없이 반복해서 풀어보거나, 아예 반응식들만 깜지로 만들어 모아 두고 노래를 불러가면서 암기하려 드는 사람도 보았다. 이것이야 말로 헛고생하는 것이다.

이런 유형의 수험생은 엊그제 머리싸매고 달달 외워서 치른 중간고사 시험문제를 며칠지나 오늘 떠올리려 하면 도무지 생각나지 않는다.

약간의 노력으로 저자가 가이드하는 방법으로 차분하게 학습을 하면 가슴에 뭔가 느껴질 것이다. 그것은 공부를 머리가 아닌 가슴으로 한 결과(감동공부)이다.

**두 번째,**
독성가스의 부피($m^3$) 계산에서, 이황화탄소와 물의 반응식을 완성해 보면, 발생하는 독가스가 황화수소라는 것을 알 수 있다. 온도와 압력이 제시되어 있으므로 독가스(유해성 가스)의 체적은 반드시 온도와 압력보정을 하여야 한다. 이때 이 부분 "150℃에서 물(열수)과 반응"은 독가스 부피계산에 전혀 무관한 온도(액체의 반응온도)이므로 이것에 속지 않도록 유의해야 한다.

계산해 보면… ;

□ $CS_2 + 2H_2O \rightarrow 2H_2S + CO_2$
  1mol : 2mol

표준상태(0℃, 1기압=760mmHg)에서 1mol(분자량은 76)=22.4L의 관계를 적용하되, 문제에서 "30℃, 800mmHg"의 조건을 제시하였으므로 위에서 표준상태로 계산된 부피 값에 보일-샤를의 법칙(Boyle-Charle's Law)을 적용하여 온도와 압력을 보정하여야 한다.

- $V_1(표준상태, H_2S) = 100\text{kg} \times \dfrac{10^3\text{g}}{\text{kg}} \times \dfrac{1\text{mol}}{76\text{g}} \times \dfrac{2\text{mol}}{1\text{mol}} \times \dfrac{22.4\text{L}}{1\text{mol}} = 58947.37\,\text{L}$
- $V_2 = V_1 \times \dfrac{T_2}{T_1} \times \dfrac{P_1}{P_2}$
- $H_2S(부피) = 58947.37 \times \dfrac{273+30}{273} \times \dfrac{760}{800} = 62153.85\,\text{L} = 62.15\,\text{m}^3$

문제에서 지금과 같이 단위를 지정($\text{m}^3$)해 줄 경우, 계산의 마지막 부분에서 최종단위를 정산하여 지정된 단위로 환산하는 것이 유리하다. 이때 깜빡하고 놓칠 수 있으니 유의하여야 한다.
부피단위를 "L"로 산출하거나 질량단위(g, kg 등)로 산출할 경우는 틀린다. 그리고 "계산과정을 답안지에 기재하라"고 하는 경우, 답안지와 같은 방법으로 기재하면 가장 이상적일 것이다.

## 05  답안  (1) $SO_2$
(2) 2.62
(3) 0.2m

▣ 보충  제4류 위험물로서 "특수인화물", "물 속에 저장하는 위험물"이면 이황화탄소($CS_2$)라는 것을 쉽게 알 수 있다. 이 물질이 연소할 경우, 탄소(C)는 $CO_2$로, 황(S)은 이산화황($SO_2$)으로 산화되므로 발생되는 독성가스는 이산화황(아황산가스)이며, 그 화학식은 $SO_2$이다.

- $CS_2 + 3O_2 \rightarrow CO_2 + 2SO_2$

휘발되는 이황화탄소($CS_2$)의 비중(증기비중)은 표준물질인 공기의 밀도를 기준하여 산정되므로 이황화탄소 분자량(76)÷공기분자량(29)으로 산출할 수 있으며, 그 값은 **2.62**이다.
특수인화물인 이황화탄소($CS_2$)는 비수용성이면서 물보다 비중이 크기 때문에 수조(물탱크)에 보관하며, 액면을 물로 채워 증기의 발생을 억제시켜야 한다.

▶ 법령보기 ◀
이황화탄소의 옥외저장탱크는 벽 및 바닥의 두께가 0.2m 이상이고 누수가 되지 아니하는 철근콘크리트의 수조에 넣어 보관하여야 한다. 이 경우 보유공지·통기관 및 자동계량장치는 생략할 수 있다.

## 06  답안  $CH_3CHO$

▣ 참고 ▣

문제에서 Hint를 얻는다. 먼저, 아세트산을 보자!! 아세트산(Acetic Acid)은 우리가 식용하는 초산(醋酸)이다. 앞서 공부하면서 "초산"의 발음을 "초오 ~ COOH"를 기억하고 여기에 메틸기($CH_3-$)를 더하면 $CH_3COOH$가 되는데 이것이 아세트산(초산)의 화학식이다.
문제에서 이 물질(해당 물질)이 "산화하여 아세트산이 된다."고 하였으므로 → 거꾸로 아세트산을 환원시키면 해당물질이 된다. 즉, $CH_3COOH$에서 산소를 하나 소거(환원)하면 $CH_3CHO$가 된다. $CH_3CHO$는 아세트알데하이드($CH_3CHO$)이다.

이 물질의 "증기비중은 1.5"라고 하였으므로 이를 토대로 앞에서 결정한 물질을 재검토 해보면, 1.5(비중)＝(분자량/29), ∴ 개략적 분자량은 43.5인데, 아세트알데하이드($CH_3CHO$)의 분자량은 44이므로 이에 부합된다고 볼 수 있다. 아세트알데하이드는 환원성을 가지며, 유기합성의 원료. 주로 합성수지, 염료, 폭발물 등의 합성 등에 사용된다.

시성식(示性式, Rational Formula)이란 분자(分子)가 가지는 특성을 쉽게 파악할 수 있도록 작용기(作用基, Functional Group)를 써서 나타낸 식을 말하는데, 알데하이드의 작용기는 **포르밀기**(−CHO)이다. 포르밀기가 있는 화합물은 대체로 환원성이므로 은거울 반응과 펠링용액 반응을 하는 특성이 있다. 아세트알데하이드의 시성식(Rational Formula)은 "$CH_3CHO$"로 나타낸다.

## 07 답안 은거울 반응

■ 참고 ■

은거울 반응(Silver Mirror Reaction)은 주로 포르밀기(−CHO)를 가진 화합물이 일으키는 반응이다. 암모니아성의 질산은 용액과 알데하이드를 혼합하여 가열하면 은이온이 환원되어 시험관 표면에 얇은 은박이 생성되는데, 이 반응을 은거울 반응이라 한다.

알데하이드는 환원성을 가지기 때문에 은거울 반응(Silver Mirror Reaction)이나 펠링 반응(Fehling Reaction)을 통해 자신은 산화되어 카르복시산으로 산화된다.

**포름알데하이드**(HCHO)는 상온, 상압에서 무색의 기체로 촉매를 가하여 메탄올 증기와 공기를 반응시키면 생성되는데 포름알데하이드의 37∼50% 수용액을 포르말린이라 한다. 아세트알데하이드는 인화성 액체로 제4류 위험물(특수인화물)로 분류되며, 지정수량은 50L이다. 자극성 냄새가 있는 가연성 액체로 비중은 0.79, 인화점 −39℃, 발화점 175℃, 연소범위 4∼57%를 가지며, 물·알코올·에테르는 임의의 비율로 녹는다.

□ RCHO $\begin{cases} \circ \text{ R = H이면} \rightarrow \text{HCHO}(CH_2O) \text{ ; 포름알데하이드(Formaldehyde)} \\ \circ \text{ R = }CH_3\text{이면} \rightarrow CH_3CHO(C_2H_4O) \text{ ; 아세트알데하이드(Acetaldehyde)} \end{cases}$

## 08 답안 (1) HCN
(2) 400L
(3) 0.93

■ 참고 ■

문제에서 Hint를 얻는다. 먼저, "**분자량 27**"과 "**맹독성물질**", "**인화성액체**"에 주목한다!! 인화성 액체이면 "제4류 위험물"에 해당된다. 분자량이 27이면 공기보다 가볍고 휘발성이 강하다는 것을 짐작할 수 있다. 분자량 27을 구성하려면 유기물 원소(CHOSN) 중 기본원소인 탄소(C) 원자량이 12이므로 여기에 "15가 추가된다"는 것이므로 질소(원자량 14) 하나와 수소(원자량 1) 하나가 결합되면 분자량 27을 충족할 수 있다. 그러므로 해당물질은 HCN(사이안화수소, 시안화수소)이 되는 것이다.

사이안화수소(HCN)는 제4류 인화성 액체의 제1석유류 수용성 액체로 지정수량은 400L이다. 사이안화수소는 맹독성 물질로서 기체상의 경우는 "청산가스"라고도 하며, 액체상은 "액화청산"이라고도 한다. 수용액은 약산성 (弱酸性)을 나타내기 때문에 "사이안화수소산(시안화수소산)"이라고도 한다.

기체의 증기비중은 "(기체분자량)÷(공기분자량)"으로 산정되므로 사이안화수소(HCN)의 분자량 "27"과 공기의 분자량 "29"를 나누어 산출한다. 즉, HCN 기체비중=27/29=0.93이다.

사이안화수소(HCN)의 비점(沸點)은 상온(常溫)이므로 기온이 낮으면 액체, 기온이 높으면 기체상으로 된다. 휘발성이 강하기 때문에 낮은 온도에서도 휘발되는 증기에 의해 중독될 수 있으므로 취급에 각별히 유하여야 한다.

## 09 답안
(1) 지정수량 : 50L

(2) 구조식 : 
```
      H H   H H
      | |   | |
   H-C-C-O-C-C-H
      | |   | |
      H H   H H
```

### 참고

 상세해설

다이에틸에터(디에틸에테르)는 이황화탄소, 산화프로필렌, 아세트알데하이드 등과 함께 제4류 위험물(인화성 액체) 중 특수인화물로서 위험등급 Ⅰ등급으로 분류되며, 지정수량은 50L이다.

다이에틸에터(Diethyl Ether)의 구조는 위험물의 명칭에서 힌트를 얻는다. 다이에틸에터(Diethyl Ether)에서 "디(다이, Di)"는 2개를 의미한다. 무엇이? → "에틸기($-C_2H_5$)"가 2개 결합된 것(Diethyl)이다. 어떤 형태? 무엇을 중심으로? → ether(에테르=에터) ➡ 에테르기(-O-)를 중심으로 → ∴ 이를 종합하면 "$C_2H_5-O-C_2H_5$"으로 결합되어 있는 것이므로 시성식은 $C_2H_5OC_2H_5$, 조성식은 $C_4H_{10}O$ 또는 $(C_2H_5)_2O$로 나타낼 수 있고, 구조식(構造式)은 분자를 구성하는 원자와 원자 사이의 결합모양이나 배열상태를 결합선을 사용하여 선(線)으로 나타낸 화학식을 말하므로 아래와 같이 나타낸다. 답안지에는 이 셋 중에 편리하고 실수하지 않을 하나만을 선택하여 기재하면 된다.

```
      H H   H H
      | |   | |
   H-C-C-O-C-C-H           CH3\O/CH3              \_O_/
      | |   | |
      H H   H H
```

## 10 답안
(1) 이황화탄소
(2) $CS_2$
(3) $CS_2 + 3O_2 \rightarrow CO_2 + 2SO_2$

 **개념문제**

위험물안전관리법령상 동식물유류에 관한 물음에 답하시오. [15,20,22]
(1) 아이오딘가의 정의를 쓰시오.
(2) 동식물유류를 아이오딘가에 따라 분류하고, 범위를 쓰시오.

 **답안지** (1) 아이오딘가의 정의 : 유지 100g에 부가되는 아이오딘의 g수
(2) 아이오딘가에 따른 분류
① 건성유 : 아이오딘가 130 이상
② 반건성유 : 아이오딘가 100 ~ 130
③ 불건성유 : 아이오딘가 100 이하

**참고**

**상세해설** 아이오딘가(요오드가, Iodine Value)는 지방(脂肪) 100g이 흡수하는 아이오딘(요오드)의 그램(g) 수를 나타낸다. 이 값이 클수록 유지류의 불포화도가 높으며, 자연발화의 위험성이 높은 특성을 지닌다.

아이오딘가(요오드가)가 130 이상인 식물유지를 건성유, 100~130의 것을 반건성유, 100 이하의 것을 불건성유라고 분류한다.

**아이오딘가의 크기에 따른 유지류의 이화학적 특성**

| 아이오딘가가 높은 기름 | 아이오딘가가 낮은 기름 |
|---|---|
| • 융점이 낮음 | • 융점이 높음 |
| • 이중결합이 많음(불포화도가 높음) | • 이중결합이 적음(불포화도가 낮음) |
| • 반응성이 풍부함(자연발화 위험성이 큼) | • 반응성이 적음(산화안정성이 좋음) |

■ 건성유 : 아이오딘가 130 이상

| 구분 | 들기름 | 아마인유 | 정어리유 | 동유(오동기름) | 해바라기유 |
|---|---|---|---|---|---|
| 아이오딘가 | 192 ~ 208 | 170 ~ 204 | 154 ~ 196 | 145 ~ 176 | 113 ~ 146 |
| 인화점 | 279℃ | 222℃ | 223℃ | 289℃ | 235℃ |
| 비중 | 0.93 | 0.93 | 0.93 | 0.93 | 0.92 |

■ 반건성유 : 아이오딘가 100 ~ 130

| 구분 | 콩기름 | 옥수수유 | 면실유(목화) | 참기름 | 쌀겨유 |
|---|---|---|---|---|---|
| 아이오딘가 | 117 ~ 141 | 88 ~ 148 | 88 ~ 113 | 104 ~ 116 | 97 ~ 107 |
| 인화점 | 282℃ | 232℃ | 252℃ | 255℃ | 234℃ |
| 비중 | 0.91 | 0.91 | 0.91 | 0.92 | 0.91 |

■ 불건성유 : 아이오딘가 100 이하

| 구분 | 땅콩기름 | 피마자유 | 올리브유 | 야자유 |
|---|---|---|---|---|
| 아이오딘가 | 84 ~ 100 | 81 ~ 91 | 70 ~ 90 | 7 ~ 11 |
| 인화점 | 282℃ | 229℃ | 225℃ | 216℃ |
| 비중 | 0.91 | 0.96 | 0.91 | 0.91 |

### 이승원의 동식물유류 분류 · 아이오딘가 암기법

■ 건백삼고 들마전동해 / 반콩오면 챙기고 / 안말리면 땅퍼올려야?
  □ 건백삼고 들마전동해
  • 건백삼고 : 건성유 – 130 이상
  • 들마전동해 : 들깨(208) > 아마인유 > 정어리(196) > 동유(163 ~ 173) > 해바라기(146)
  □ 반콩오면챙기고
  • 반 : 반건성 – 100 ~ 130
  • 콩오면챙기고 : 콩기름(141) > 옥수수유(120) > 면실유(목화, 113) > 참기름(110) > 쌀겨유(107)
  □ 안말리면 땅퍼올려야
  • 안말리면 : 불건성 – 100 이하
  • 땅퍼올려야 : 땅콩(100) > 피마자(91) > 올리브(80) > 야자유(11)

## 유사문제

**01** 다음의 동식물유류를 건성유, 반건성유, 불건성유로 분류하시오. [06,13,20]

- 아마인유
- 야자유
- 들기름
- 쌀겨기름
- 목화씨유
- 땅콩유

**02** 동식물유류 중에서 건성유의 아이오딘가는 얼마 이상인가? [06]

**03** 다음 각 동식물유류에 대해 아이오딘가의 범위를 쓰시오. [18]

(1) 건성유
(2) 반건성유
(3) 불건성유

## 유사문제 답안·해설

**01** 답안 (1) 건성유 : 아이오딘가 130 이상인 아마인유, 들기름 등
  (2) 반건성유 : 아이오딘가 100 ~ 130 범위인 목화씨유, 쌀겨기름 등
  (3) 불건성유 : 아이오딘가 100 이하인 야자유, 땅콩유 등

**02** 답안 130 이상

**03** 답안 (1) 건성유 : 아이오딘가 130 이상
  (2) 반건성유 : 아이오딘가 100~130 범위
  (3) 불건성유 : 아이오딘가 100 이하

### (5) 제5류 위험물

① 품명 및 지정수량

(※ 개정 2024.4.30)

| 성질 | 품명 | 지정수량 | 위험등급 |
|---|---|---|---|
| 자기반응성 물질 | • 유기과산화물<br>• 질산에스터(질산에스테르)류 | 1종 10kg<br><br>2종 100kg | Ⅰ등급<br>(지정수량 10kg)<br>Ⅱ등급<br>(Ⅰ등급 이외) |
| | • 나이트로화합물(니트로화합물)<br>• 나이트로소화합물(니트로소화합물)<br>• 아조화합물<br>• 다이아조화합물(디아조화합물)<br>• 하이드라진 유도체(히드라진 유도체) | | |
| | • 하이드록실아민(히드록실아민)<br>• 하이드록실아민(히드록실아민)염류 | | |

② **제5류 위험물의 일반 특성** : 제5류 위험물은 다음과 같은 일반적인 특성을 가지고 있다.
- 제5류 위험물은 가연성 물질로서 그 **자체가 산소를 함유**하므로 **내부연소**(자기연소)를 일으키기 쉬운 자기반응성 물질임
- 대체로 물보다 무거운 고체 또는 액체의 가연성 물질이며, 산소함유 물질도 있기 때문에 자기연소를 일으키기 쉽고 연소속도가 매우 빨라 폭발성이 강한 물질임
- 모두 유기화합물이므로 가열, 충격, 마찰 등으로 인한 폭발위험이 있음
- 장시간 저장 시 화학반응이 일어나 열분해되어 **자연발화**할 수 있음
- 제5류 위험물 중 유기과산화물을 제외한 물질은 일반적으로 불연성이지만 단독으로 존재하는 것보다 **가연물과 혼재한 경우가** 위험성이 더 높아짐

③ 제5류 위험물의 개별적 특성

㉮ **유기과산화물** : 유기과산화물은 과산화수소($H_2O_2$, H-O-O-H)에서 수소원자 1~2개가 메틸기($-CH_3$), 에틸기($-C_2H_5$), 아세틸기($CH_3CO-$), 벤조일기($C_6H_5CO-$) 등과 같은 유기라디칼(Organic Radical)로 치환된 물질을 총칭한다.

※ 
- 유기과산화물 - 제5류(자기반응성물질) $(C_6H_5CO)_2O_2$ 등 { ◦ 위험등급 Ⅰ등급<br>◦ 지정수량 10kg(1종) }
- 무기과산화물 - 제1류(산화성고체) $Na_2O_2$ 등 { ◦ 위험등급 Ⅰ등급<br>◦ 지정수량 50kg }

㉠ **품목** : 과산화벤조일(벤조일퍼옥사이드), 과산화아세트산, 메틸에틸케톤퍼옥사이드, 사이클로헥사논퍼옥사이드, 메틸아이소부틸케톤퍼옥사이드, 다이큐밀퍼옥사이드, 라우로일퍼옥사이드, 다이아이소프로필퍼옥시디카보네이트, 숙신산퍼옥사이드, 큐멘하이드로퍼옥사이드, 메틸하이드라진 등

ⓒ 특성
- 유기과산화물은 <u>스스로 발열 · 분해하는</u> 특성이 있음
- 분자 내에 $-O-O-$ 의 퍼옥시기(Peroxy Radical)가 존재하기 때문에 화학적으로 불안정하고, 반응성이 높음
- 쉽게 분해되어 활성산소를 방출하는 특성을 가짐

**∥ 주요 품목의 이화학적 특성 ∥**

| 구분 | $(C_6H_5CO)_2O_2$ (벤조일퍼옥사이드) (과산화벤조일) | $C_8H_{14}O_6$ (다이아이소프로필 퍼옥시디카보네이트) | $C_8H_{18}O_6$ (메틸에틸케톤 퍼옥사이드) |
|---|---|---|---|
| 인화점 | 80℃ | 79℃ | 59℃ |
| 발화점 | 80℃ | 125℃ | 556℃ |
| 비점 | 폭발함 | 폭발됨(205℃) | 75℃ |
| 비중 | 1.33 | 1.0 | 1.06 |
| 용해성 | 물에 잘 녹지 않음<br>유기용매에 용해됨<br>알코올에 일부 용해 | 거의 불용성<br>탄화수소와 잘 혼합됨<br>염화탄화수소와 잘 혼합됨 | 물에 약간 녹음<br>케톤류, 에테르에 녹음<br>알코올에 잘 녹음 |

● 비고 ●

**주요 특성**

1. 과산화벤조일[벤조일퍼옥사이드, Benzoyl peroxide, $(C_6H_5CO)_2O_2$]
    - 열, 스파크에 의해 점화될 수 있음
    - 충격과 마찰에 민감하고, 가열 시 불안정함
    - 환원제와 접촉 시 자연적인 화학물질 반응에 의해 화재위험이 있음

2. 다이아이소프로필퍼옥시디카보네이트(Diisopropyl peroxydicarbonate, $C_8H_{14}O_6$)
    - 온도의 상승에 특히 민감하고, 공기에 노출 시 자연발화가 일어날 수 있음
    - 재점화 가능성이 높음
    - 열, 스파크 또는 불꽃에 의해 발화될 수 있음
    - 유거수는 화재나 폭발 위험성이 있음

3. 메틸에틸케톤퍼옥사이드(Methyl ethyl ketone peroxide, $C_8H_{18}O_6$)
    - 가열에 의해 화재 또는 폭발할 수 있음
    - 충격 또는 고온에서 격렬한 분해를 일으킬 수 있음
    - 폭발성이 있는 과산화물을 형성할 수 있음

④ 질산에스터(질산에스테르)류 : 질산의 수소 원자를 알킬기로 치환한 화합물(일반식, $RONO_2$)로 표시되는 화합물이며, 분해하여 산화질소를 생성하므로 폭발하기 쉽다. 폭발성이 크고 폭약이나 로켓용 액체연료로 사용된다.
  ㉠ 품목 : 나이트로셀룰로오스(니트로셀룰로오스), 나이트로글리세린(니트로글리세린), 셀룰로이드, 나이트로글리콜(니트로글리콜), 질산메틸, 질산에틸 등
    ※ { • 상온에서 액체인 것 : 니트로글리세린, 질산메틸, 질산에틸, 니트로글리콜
         • 상온에서 고체인 것 : 니트로셀룰로오스, 셀룰로이드
  ㉡ 품목별 주요 특성
    □ 나이트로셀룰로오스(니트로셀룰로오스, 면화약, $C_{24}H_{36}N_8O_{38}$)
      • 일반적으로 무연 화약에는 질소량이 12% 이상, 다이너마이트용에는 12% 정도, 도료용, 셀룰로이드용 등에는 12% 이하를 사용함
      • 질소량이 약 13% 이상의 것을 강면약, 약 10~12%의 것을 약면약이라 함
    □ 나이트로글리세린(니트로글리세린, $C_3H_5N_3O_9$)
      • 강산화제임
      • 유기용제, 강산, NaOH, 나트륨 금속 등과 혼촉 시 발화폭발함
      • 물에는 별로 녹지 않으나, 에탄올에는 녹음
      • 에테르와 임의의 비율로 섞이며, 벤젠 등 유기용매에 잘 용해됨

㉰ 나이트로 화합물(니트로 화합물, Nitro Compound)
  ㉠ 개요 : 유기화합물의 수소 원자가 나이트로기($-NO_2$)로 치환된 화합물로서 지방족과 방향족으로 분류된다. 화약류로 주로 사용되는 것은 방향족으로 나이트로기가 3개 이상 56개까지 결합된 화합물이 폭발성이 크고 화학적으로도 안전하여 폭약으로 사용되고 있다.
  ㉡ 품목
    □ 지방족 : 나이트로메탄, 나이트로에탄, 테트라나이트로메탄 등

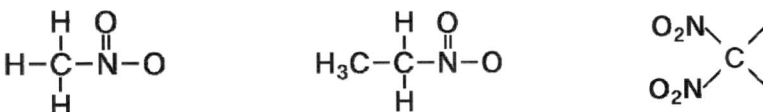

〈그림〉 Nitromethane　　〈그림〉 Nitroethane　　〈그림〉 Tetranitromethane

    □ 방향족 : 벤젠의 수소원자 3개가 나이트로기($-NO_2$)로 치환된 트라이나이트로벤젠[$C_6H_3(NO_2)_3$], 나이트로기($-NO_2$) 3개와 메틸기($-CH_3$) 하나가 치환된 트라이나이트로톨루엔[$C_6H_2(NO_2)_3CH_3$], 나이트로기($-NO_2$) 3개와 수산기($-OH$) 하나가 치환된 트라이나이트로페놀(피크린산, $C_6H_2(NO_2)_3OH$), 테트릴, 피크린산암모늄, 트라이나이트로벤조산 등

| $C_6H_2(NO_2)_3CH_3$ (2,4,6-트라이나이트로톨루엔) | $C_6H_3(NO_2)_3$ (1,3,5-트라이나이트로벤젠) | $C_6H_2(NO_2)_3OH$ [피크린산(트라이나이트로페놀)] |
|---|---|---|
| 폭약(TNT) | 폭발 물질 | 폭약(TNP) |
| • 240℃ 이상 가열 시 폭발함<br>• 열분해 시 질산화물의 독성이 있는 흄(fume)을 방출<br>• K, KOH, HCl과 접촉 시 발화·폭발 위험 | • 부분적으로 함수상태에서도 연소될 수 있음<br>• 마찰이나 열·스파크에 의해 화재 또는 폭발을 일으킬 수 있음 | • 물, 에탄올에 녹음<br>• 300℃ 이상 급격하게 가열할 경우 폭발함<br>• 암소에 저온으로 보존 |

㉔ **나이트로소 화합물**(Nitroso Compound)
  ㉠ 개요 : 유기화합물의 수소 원자(H)가 나이트로소기(-NO)로 치환된 화합물로서 지방족과 방향족이 있다. 위험물로 분류되고 있는 것은 방향족으로 나이트로소기가 2개 이상 결합하고 있는 것으로 분자 내에 산소를 함유한 자기연소성 폭발성 물질들이다.
  ㉡ 품목 : 다이나이트로소 벤젠[디니트로소벤젠, $C_6H_4(NO)_2$], 다이나이트로소 레조르시놀 [$C_6H_2(OH)_2(NO)_2$]

㉕ **아조화합물**(Azo Compound)
  ㉠ 개요 : 아조기(-N=N-)를 가지는 화합물을 총칭한다. 아조기는 강력한 발색단(發色團)을 가지고 있으므로 아조염료로 주로 이용되고 있다.
  ㉡ 품목 : 아조비스아이소부티로니트릴, 아조디카본아마이드, 1,3-디페닐트리아진, 5-메틸-1H -테트라졸, 2,2′-아조비스아이소부틸산디메틸, 디메틸사이클로헥세인(1,2-) 등

| $(CH_3)_2C(CN)N=NC(CH_3)_2CN$ (아조비스아이소부티로니트릴) | $NH_2CON=NCONH_2$ (아조디카본아마이드) | $[COOCH_3(CH_3)_2CN]_2$ (2,2′-아조비스아이소부틸산디메틸) |
|---|---|---|
| • 열분해 시 독성 물질(HCN)이 발생될 수 있음<br>• 다른 가연성 물질과 접촉하여 화재를 일으킬 수 있음<br>• 고온에서 격렬하게 중합반응하여 폭발을 일으킴 | • 열분해 시 독성 물질(HCN)이 발생될 수 있음<br>• 고온에서 격렬하게 중합반응하여 폭발을 일으킴<br>• 열, 스파크, 화염에 의해 점화될 수 있음 | • 산화성 물질과의 혼합 시 폭발할 우려가 있음<br>• 분진은 공기와 결합하여 폭발성 혼합물을 형성하여 점화원이 존재하면 폭발할 수 있음 |

⑭ 다이아조화합물(디아조화합물, Diazo Compound)
  ㉠ 개요 : 질소 2개가 연결된 다이아조기(= N₂)를 가지는 화합물을 총칭한다. 다이아조기는 반응성이 풍부하므로 농약, 살충제 등 다양한 화학원료로 이용되고 있다.
  ㉡ 품목 : 1,3-디페닐트리아진, 2-다이아조-1-나프토온-5-술폰산염화물 등

| $C_{12}H_{11}N_3$ (1,3-다이페닐트리아진) | $C_{10}H_5Cl_1N_2O_3S$ (2-다이아조-1-나프토온-5-술폰산염화물) |
|---|---|
| • 가열할 경우 폭발할 수 있음<br>• 더스트(dust)는 공기와 결합하여 폭발성 혼합물을 형성할 수 있음<br>• 일반적으로 초기 또는 주요 폭발은 밀폐된 공간에서 발생함<br>• 연소성 고체로서 연소는 되지만 화염이 잘 확산되지 않음 | • 가열할 경우 폭발할 수 있음<br>• 더스트(dust)는 공기와 결합하여 폭발성 혼합물을 형성할 수 있음<br>• 연소성 고체로서 연소 후 황산화물, 질소산화물 등 유해성 가스를 발생시킴 |

⑮ 하이드라진(히드라진) 유도체
  ㉠ 개요 : 하이드라진($H_2N-NH_2$)의 유도체들은 반응성이 풍부하므로 다양한 화학원료로 이용되고 있으며, 열에 의해 분해할 경우 부식성을 가지며, 유해성 증기를 생성한다.
  ㉡ 품목 : 염산하이드라진, 황산하이드라진, 티오세미카바지트, 3-메틸-5-피라졸론, p-톨루엔설포닐하이드라지드, 티오카보하이드라지드 등

| $C_2H_8N_2$ (N,N-디메틸하이드라진) | $O(C_6H_4SO_2NHNH_2)_2$ (벤젠설포닐하이드라지드) | $NH_2CSNHNH_2$ (티오세미카바지트) |
|---|---|---|

⑯ 하이드록실아민 및 하이드록실아민염류
  ㉠ 개요 : 히드라진($H_2N-NH_2$)에서 아미노기($-NH_2$) 하나가 수산기($-OH$)로 치환된 것이 하이드록실아민(히드록실아민)($HO-NH_2$)이며, 여기에 황산($H_2SO_4$), 염산($HCl$) 등의 강산이 결합되어 있는 것이 하이드록실아민(히드록실아민)염류이다.
  ㉡ 품목 : 염산하이드라진, 황산하이드라진, 티오세미카바지트, 3-메틸-5-피라졸론, p-톨루엔설포닐히드

ⓒ 특성
- 하이드록실아민(히드록실아민)은 조해성이 매우 강하며, 물, 에탄올과 잘 혼합됨
- 에테르, 클로로포름, 벤젠, 이황화탄소에 잘 안 녹음
- 가열하면 15℃부터 분해가 시작되고, 질소, 암모니아, 물 등을 만듦
- 강하게 가열하면 격렬한 폭발성을 가지며, 자외선에 의해서도 폭발할 수 있음

### 개념문제

제5류 위험물 중 지정수량 100kg인 품명을 3가지 쓰시오. [15,21]

**답안지** 나이트로화합물, 나이트로소화합물, 아조화합물, 다이아조화합물, 하이드라진 유도체(이 중에서 3가지)

**해설** 제5류 위험물로서 지정수량 100kg인 것은 제2종 위험물이다. 나이트로화합물(니트로화합물), 나이트로소화합물(니트로소화합물), 아조화합물, 다이아조화합물(디아조화합물), 하이드라진(히드라진) 유도체 등이다. 답안지에는 이 중에서 3가지를 기재한다.

### 유사문제

**01** 자기반응성 물질로서 화약의 원료로 쓰이는 위험물은 몇 류 위험물인지 쓰시오. [05]

**02** 다음 제5류 위험물의 지정수량을 쓰시오. [09]
(1) 유기과산화물 (1종)
(2) 질산에스터류 (1종)
(3) 나이트로화합물 (1종)
(4) 아조화합물 (2종)
(5) 하이드라진 유도체 (2종)

**03** 트라이나이트로페놀과 트라이나이트로톨루엔의 시성식을 쓰시오. [15,25]

**04** 제5류 위험물인 질산에스터(질산에스테르)류와 나이트로화합물(니트로화합물)의 종류를 각각 3가지씩 쓰시오. [13]

**05** 다음은 제5류 위험물을 나열한 것이다. 위험등급에 해당되는 물질을 〈보기〉에서 골라 쓰시오. (단, 위험등급에 해당되는 물질이 없을 경우 "없음"이라고 쓰시오.) [20]

- 유기과산화물
- 질산에스터류
- 나이트로화합물
- 하이드록실아민
- 하이드라진 유도체
- 아조화합물

(1) 위험등급 I
(2) 위험등급 II
(3) 위험등급 III

**06** 다음 위험물의 화학식과 지정수량을 쓰시오. [20]
(1) 과산화벤조일(1종)
(2) 과망가니즈산암모늄
(3) 인화아연

## 유사문제 답안·해설

**01** 답안: 제5류 위험물

**02** 답안: 
(1) 10kg
(2) 10kg
(3) 10kg
(4) 100kg
(5) 100kg

▶ 법령보기 ◀

| 위험물 | | | 지정수량 |
|---|---|---|---|
| 유별 | 성질 | 품명 | |
| 제5류 | 자기반응성물질 | 유기과산화물 | 제1종 : 10킬로그램<br>제2종 : 100킬로그램 |
| | | 질산에스터류 | |
| | | 나이트로화합물 | |
| | | 나이트로소화합물 | |
| | | 아조화합물 | |
| | | 다이아조화합물 | |
| | | 하이드라진 유도체 | |
| | | 하이드록실아민 | |
| | | 하이드록실아민염류 | |
| | | 그밖에 행정안전부령으로 정하는 것 | |

**03** 답안: 
① 트라이나이트로페놀 : $C_6H_2OH(NO_2)_3$
② 트라이나이트로톨루엔 : $C_6H_2CH_3(NO_2)_3$

**│참고│**

상세해설: 트라이나이트로페놀(Trinitrophenol, TNP)의 "트리(Tri)"는 3개를 의미한다. 무엇이 3개인가? → 나이트로기($-NO_2$)가 3개 결합된 것이다. 어떤 형태로 결합되었나? 무엇을 중심으로 결합되어 있나? → "페놀" → $C_6H_5OH$($-OH$)을 중심으로 즉, 페놀에 $-NO_2$가 하나씩 치환될 때마다 수소(H)만 하나씩 감소하므로 $H_5-3(개)=H_2$가 된다. 이를 고려하면 트라이나이트로페놀(Trinitrophenol, 일명 Picric Acid)의 시성식(示性式)은 $C_6H_2OH(NO_2)_3$, 조성식(組成式)은 $C_6H_3N_3O_7$으로 나타낼 수 있다.

트라이나이트로톨루엔(TNT) → 앞 단원에서 "톨루엔"은 "돌루멘[벤젠에 메틸기가 부착된 것 → 육각-$CH_3$(◯$-CH_3$)]"으로 학습해 두었으므로 벤젠(◯, $C_6H_6$)의 6개 모서리 중 1개는 $CH_3$가 결합되고, 3개 모서리는 나이트로기($-NO_2$)가 결합되므로 TNT의 시성식은 $C_6H_2CH_3(NO_2)_3$으로 나타낼 수 있다.

시성식(示性式)은 분자가 가지는 특성을 알 수 있도록 작용기를 써서 나타낸 화학식을 말하므로 제5류 자기반응성 물질 중 주요 나이트로화합물(니트로화합물)의 시성식은 → 트라이나이트로페놀(피크린산, TNP) → $C_6H_2OH(NO_2)_3$, 트라이나이트로톨루엔(TNT) → $C_6H_2CH_3(NO_2)_3$, 트라이나이트로벤젠 → $C_6H_3(NO_2)_3$, 나이트로메탄 → $CH_3NO_2$, 나이트로에탄 → $C_2H_5NO_2$, 피크린산암모늄 → $NH_4C_6(NO_2)_3OH$으로 나타낸다.

## 04

**답안** ① 질산에스터류 : 나이트로셀룰로오스, 나이트로글리세린, 나이트로글리콜
② 나이트로화합물 : 트라이나이트로톨루엔(TNT), 피크린산(TNP), 트라이나이트로벤젠

■ **참고** ■

 에스터(ester) 또는 에스터류는 산(酸, Acid)의 수소(H) 자리에 유기 라디칼이 치환된 것을 말한다. 에스터의 가장 공통적인 전형은 카르복시산-에스터(R'-C(=O)-O-R₂)이며, 다른 에스터로는 질산·황산·인산·붕산에스터 등이 있다.

질산에스터는 알코올기(글리세린 등)를 가진 화합물을 질산(窒酸, Nitric Acid)과 반응시켜, 알코올기가 질산기로 치환된 에스터를 질산에스터라 한다. 즉, 알코올과 산(酸)이 반응하여 물이 분리된 화합물을 에스터(에스테르)라 하며, 질산을 반응시킨 것이 질산에스터(질산에스테르)이다. 폭약으로 사용되는 질산에스터에는 나이트로글리세린, 나이트로셀룰로오스, 펜트리트 등이 있다.

나이트로화합물(니트로화합물)은 유기화합물의 탄소(C)에 나이트로기(-NO₂)가 직접 결합하여 생성된 화합물을 말한다. 나이트로 화합물에는 지방족과 방향족이 있다. 화약류로 주로 사용되는 것은 방향족이다. 벤젠의 수소원자 3개가 나이트로기(-NO₂)로 치환된 트라이나이트로벤젠[$C_6H_3(NO_2)_3$], 나이트로기(-NO₂) 3개와 메틸기(-CH₃) 하나가 치환된 트라이나이트로톨루엔[$C_6H_2(NO_2)_3CH_3$], 나이트로기(-NO₂) 3개와 수산기(-OH) 하나가 치환된 트라이나이트로페놀(피크린산, $C_6H_2(NO_2)_3OH$), 테트릴, 피크린산암모늄, 트라이니트로벤조산 등이 있다.
이 중에서 나이트로기가 1개 또는 2개 결합된 것은 폭발성이 적어 폭약으로 사용할 수 없다. 나이트로기가 3개 이상 5,6개까지 결합된 화합물이 폭발성이 크고 화학적으로도 안전하여 폭약으로 사용되고 있다.

나이트로화합물은 제5류 자기반응성 물질로서 피크린산(TNP), 트라이나이트로톨루엔(TNT), 트라이나이트로벤젠, 나이트로메탄, 나이트로에탄, 피크린산암모늄 등 30여 종류가 지정되어 있으며, 지정수량은 1종 10kg, 2종 100kg이다.

**05** 답안 (1) 위험등급 Ⅰ : 유기과산화물, 질산에스터(질산에스테르)류
(2) 위험등급 Ⅱ : 나이트로화합물(니트로화합물), 하이드록실아민(히드록실아민), 하이드라진(히드라진) 유도체, 아조화합물
(3) 위험등급 Ⅲ : 없음

▶ 법령보기 ◀

| 위험등급 | 해당 품명 및 품목 |
|---|---|
| Ⅰ등급 위험물 | • 제1류 위험물 중 아염소산염류, 염소산염류, 과염소산염류, 무기과산화물 그밖에 지정수량이 50kg인 위험물<br>• 제3류 위험물 중 칼륨, 나트륨, 알킬알루미늄, 알킬리튬, 황린 그밖에 지정수량이 10kg 또는 20kg인 위험물<br>• 제4류 위험물 중 특수인화물<br>• 제5류 위험물 중 지정수량이 10kg인 위험물<br>• 제6류 위험물 |
| Ⅱ등급 위험물 | • 제1류 위험물 중 브로민산염류, 질산염류, 아이오딘산염류 그밖에 지정수량이 300kg인 위험물<br>• 제2류 위험물 중 황화인, 적린, 유황 그밖에 지정수량이 100kg인 위험물<br>• 제3류 위험물 중 알칼리금속(칼륨 및 나트륨 제외) 및 알칼리토금속, 유기금속화합물(알킬알루미늄 및 알킬리튬 제외) 그밖에 지정수량이 50kg인 위험물<br>• 제4류 위험물 중 제1석유류 및 알코올류<br>• 제5류 위험물 중 Ⅰ등급 이외의 위험물 |
| Ⅲ등급 위험물 | Ⅰ등급 및 Ⅱ등급 외의 위험물 |

**06** 답안 (1) $(C_6H_5CO)_2O_2$, 10kg(1종) (※ 제5류, Ⅰ등급)
(2) $NH_4MnO_4$, 1000kg (※ 제1류, Ⅲ등급)
(3) $Zn_3P_2$, 300kg (※ 제3류, Ⅲ등급)

■ 참고 ■

 과산화벤조일(Benzoyl Peroxide, 벤조일퍼옥사이드)은 벤조일기 두 개와 유기과산화기가 결합해 있는 유기과산화물의 일종으로 분자 내에 퍼옥시(Peroxy, -O-O-)기가 존재하기 때문에 불안정하고, 반응성이 높으며, 쉽게 분해되어 활성산소를 방출하는 특성을 가진다. 제5류 위험물 중 유기과산화물로서 지정수량이 10kg인 위험물은 1종, 위험등급 Ⅰ로 분류된다.

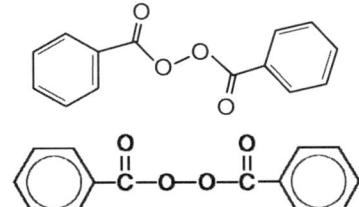

〈그림〉 과산화벤조일$(C_6H_5CO)_2O_2$

• 무색·결정성 고체로 공업적으로 중합개시제, 경화제, 표백제 등에 사용되는 유기화합물로 물에 불용, 유기용매에는 녹음
• 강한 산화제로 작용하며, 인화점(발화점)은 125℃
• 가열, 마찰, 충격 등에 의하여 폭발되며 스스로 분해 되기 쉬움
• 금속재료를 부식시키며, 인체에 큰 영향을 미침

과산화벤조일은 제5류 위험물의 유기과산화물로 분류되며, 벤조일퍼옥사이드(Benzoyl Peroxide, BPO)라고도 하며, 투명한 백색의 고체로 산소를 다량 포함하는 폭발성이 매우 강한 강산화제로서 유기성의 환원성물질로 가연성물질이다.

BPO는 100℃ 전후에서도 폭발의 위험이 있으며, 일단 착화되면 순간적으로 분해하여 유독성의 검은 연기(디페닐)를 발생시키면서 연소한다.

□ $H_6C_5CO-OO-COC_6H_5 \rightarrow H_5C_6-C_6H_5 + 2CO_2$

과산화벤조일은 물에 녹지 않으나 에테르 등의 유기용제에는 잘 녹는다. 백색의 고체로 산소를 다량 포함하는 산화성 물질이며, 연소 시 흰 연기를 발생하고, 열을 가하면 폭발하므로 화기에 주의해야 한다. 비활성의 프탈산디메틸(DMP), 프탈산디부틸(DBP)의 희석제를 첨가하면 폭발성을 낮출 수 있다.

과망가니즈산암모늄($NH_4MnO_4$)은 제1류 위험물로서 지정수량 1,000kg, 위험등급 Ⅲ으로 물에 잘 녹는 특성을 가지고 있다. 비교적 낮은 온도(130℃)에서 분해가 개시되어 300℃ 이상이 되면 급속히 진행되며 폭발성이 있다.

□ $2NH_3ClO_4 \rightarrow 2O_2 + N_2 + Cl_2 + 4H_2O$

인화아연($Zn_3P_2$)은 제3류 위험물(자연발화성물질 및 금수성물질)로서 품명; "금속의 인화물"에 속하며, 지정수량 300kg, 위험등급 Ⅲ으로 지정·관리되는 물질이다. 강산(強酸)인 염산과 반응할 경우 유독성 가스($PH_3$, 포스핀)를 발생한다.

□ $Zn_3P_2$(인화아연) $+ 6HCl \rightarrow 2PH_3 + 3ZnCl_2$

## 유사문제

**01** 제5류 위험물인 TNT의 분해 시 생성되는 물질 3가지를 쓰시오. [10,16]

**02** 나이트로톨루엔의 제조 반응식을 쓰시오. [08,09,10,12]

**03** 나이트로화합물을 만들 때 사용하는 것으로 제6류 위험물인 것은? [04]

**04** 톨루엔과 진한 질산, 진한 황산을 반응하면 생성되는 물질의 명칭을 쓰시오. [11]

**05** [보기]에 대하여 다음 물음에 답하시오. [20]

- 과산화벤조일
- TNT
- TNP
- 나이트로글리세린
- 다이나이트로벤젠

(1) 품명이 질산에스터(질산에스테르)에 속하는 것을 모두 고르시오.
(2) 상온에서 액체, 영하의 온도에서는 고체인 위험물을 고르고 그 폭발·분해반응식을 쓰시오.

**06** 제5류 위험물인 과산화벤조일(벤조일퍼옥사이드)의 구조식을 쓰시오. [10,14]

**07** 벤조일퍼옥사이드에 대하여 다음 물음에 답하시오. [09]

(1) 상태(고체, 액체, 기체)
(2) 연소될 경우 연기의 색깔

**08** 질산칼륨에 대해 다음 물음에 답하시오. [20]

(1) 품명을 쓰시오.
(2) 지정수량을 쓰시오.
(3) 위험등급을 쓰시오.
(4) 제조소에 설치하는 주의사항 게시판에 들어갈 내용(단, 없으면 "없음"이라 쓰시오.)
(5) 분해반응식을 쓰시오.

**09** 제1류 위험물 중 공기 중에서는 안정하지만 고온 또는 밀폐용기·가연성 물질과 닿으면 쉽게 폭발한다. 다음 각 물음에 답을 쓰시오. [13]

(1) 폭탄을 제조하는 물질의 화학식을 쓰시오.
(2) 질소, 산소, 물이 생성되는 분해반응식을 쓰시오.

## 유사문제 답안·해설

**01** 답안  $C_6H_2CH_3(NO_2)_3 \rightarrow 2.5H_2 + 6CO + C + 1.5N_2$

- 기체 : $H_2$, $CO$, $N_2$
- 고체 : $C$

보충 TNT는 트라이니트로톨루엔의 약어로서 화학식은 $C_6H_2(NO_2)_3CH_3$이다. 분해반응은 이승원의 반응규칙 중 "환원 우선"을 적용한다. 그러므로 $C_6H_2(NO_2)_3CH_3$ 내의 수소 5개는 $2.5H_2$로, 질소 3개는 $1.5N_2$로, 분자내의 산소 6개는 탄소와 결합하여 $6CO$로 전환되므로 다음과 같이 반응식을 조각할 수 있다.

□ $C_6H_2CH_3(NO_2)_3 \rightarrow 2.5H_2 + 1.5N_2 + 6CO +$ 부생물 ( ? )
→ 반응계의 미반응 원소는 C 1개, → ∴ 부생물 = C
⟨완성⟩ $C_6H_2CH_3(NO_2)_3 \rightarrow 2.5H_2 + 1.5N_2 + 6CO + C$

반응식으로 확인할 수 있듯이 TNT가 분해되었을 때 발생되는 물질 3가지는 기체상 물질로는 수소, 질소, 일산화 탄소이고, 탄소는 고체물질로 방출된다.
TNT[$C_6H_2(NO_2)_3CH_3$, 트라이나이트로톨루엔]은 제5류 자기반응성 물질의 나이트로화합물로서 지정수량 10kg(1종), 100kg(2종)이며, 지정수량 10kg(1종)인 것은 위험등급 Ⅰ로 분류된다.


**02** 답안 $C_6H_5CH_3 + 3HNO_3 \xrightarrow[\text{나이트로화}]{c-H_2SO_4} C_6H_2CH_3(NO_2)_3 + 3H_2O$

보충 나이트로톨루엔의 구조를 먼저 떠 올려야 한다. 톨루엔은 "벤젠-메틸기"이므로 화학식은 $C_6H_5CH_3$이다. 이 구조물에 나이트로기($-NO_2$)를 붙여야 하므로 질산($HNO_3$)에 강산의 촉매인 황산($H_2SO_4$)을 혼합하면 양성자를 갖는 나이트로늄 이온($NO_2^+$)이 생성되는데, 이것이 톨루엔의 수소($H^+$)자리를 빼앗아 니트로화합물을 구성하게 된다. 1개가 치환되면 $C_6H_4CH_3-NO_2$, 2개가 치환되면 $C_6H_3CH_3-(NO_2)_2$, 3개가 치환되면 $C_6H_2CH_3-(NO_2)_3$, 즉 TNT(트라이나이트로톨루엔)가 만들어 지는 것이다.
그러므로 지금 문제와 같이 "나이트로톨루엔의 제조 반응식을 쓰라"고 하는 경우는 TNT의 제조반응 사례를 들어 기재된 답안처럼 반응계와 생성계를 나누어 핵심만 기재하도록 한다


**03** 답안 질산

보충 나이트로화합물은 나이트로기($-NO_2$)를 가진 화합물이므로 나이트로화합물을 만들 때 사용하는 것은 제6류 위험물인 질산($HNO_3$)이다.

## 04 답안 트라이나이트로톨루엔(TNT)

■ 참고 ■

 톨루엔과 진한 질산, 진한 황산을 반응시켜 제조되는 것이 TNT이고, 페놀과 진한 질산, 진한 황산을 반응시켜 제조되는 것이 TNP이다.

- 트라이나이트로톨루엔[TNT, $C_6H_2(NO_2)_3CH_3$]제조
  - 톨루엔($C_6H_5CH_3$) + $3HNO_3$ $\xrightarrow[\text{니트로화 반응}]{\text{진한 황산}}$ $C_6H_2CH_3(NO_2)_3 + 3H_2O$
- 트라이나이트로페놀[TNP, $C_6H_2(NO_2)_3OH$]제조
  - 페놀($C_6H_5OH$) + $3HNO_3$ $\xrightarrow[\text{니트로화 반응}]{\text{진한 황산}}$ $C_6H_2OH(NO_2)_3 + 3H_2O$

## 05 답안 (1) 나이트로글리세린(니트로글리세린)
(2) $2C_3H_5(NO_3)_3 \rightarrow 6CO_2 + 5H_2O + 3N_2 + 1/2 O_2$

■ 보충 품명이 질산에스터(질산에스테르)에 속하는 위험물은 나이트로글리세린, 나이트로셀룰로오스, 질산메틸, 질산에틸, 셀룰로이드, 나이트로글리콜 등이다. 그러므로 (1)항의 답은 나이트로글리세린이다. 상온에서 액체, 영하의 온도에서는 고체인 위험물은 나이트로글리세린[Nitroglycerin, $C_3H_5(NO_3)_3$]이며, 분해반응의 경우, 이승원의 반응규칙 중 "환원우선"을 적용한다. 질소는 $N_2$로, 수소는 $H_2O$로, 폭발 및 자기연소를 위해서는 스스로 산소를 제공할 수 있어야 하므로 다음과 같이 반응식을 조각할 수 있다.

- $C_3H_5(NO_3)_3 \rightarrow 1.5N_2 + 2.5H_2O + 3CO_2 +$ 부생물(?)
  → 반응계의 미반응 원소는 O 0.5개, ∴ 부생물 = $0.25O_2$
- 〈완성〉 $C_3H_5(NO_3)_3 \rightarrow 1.5N_2 + 2.5H_2O + 3CO_2 + 0.25O_2$
  ※ 각 항에 2를 곱하면 $2C_3H_5(NO_3)_3 \rightarrow 3N_2 + 5H_2O + 6CO_2 + 0.5O_2$
  ※ 다시 2를 곱하면 $4C_3H_5(NO_3)_3 \rightarrow 6N_2 + 10H_2O + 12CO_2 + O_2$로 기재해도 된다.

■ 참고 ■

 품명이 질산에스터(질산에스테르)류는 제5류 위험물-자기반응성 물질로 분류되며, 이 품명에 속하는 위험물은 나이트로글리세린, 나이트로셀룰로오스, 질산메틸, 질산에틸, 셀룰로이드, 나이트로글리콜 등이다.

- 상온에서 액체인 것 : 나이트로글리세린, 나이트로글리콜, 질산메틸, 질산에틸
- 상온에서 고체인 것 : 나이트로셀룰로오스, 셀룰로이드

**과산화벤조일**(Benzoyl Peroxide, 벤조일퍼옥사이드)은 제5류 위험물 중 유기과산화물로서 지정수량 10kg(1종), 100kg(2종)이며, 지정수량 10kg(1종)인 것은 위험등급 Ⅰ로 분류된다.

**TNT**[$C_6H_2(NO_2)_3CH_3$, 트라이나이트로톨루엔]은 제5류 자기반응성 물질의 나이트로화합물(니트로화합물)로서 지정수량 10kg(1종), 100kg(2종)이며, 지정수량 10kg(1종)인 것은 위험등급 Ⅰ로 분류된다.

**TNP**[$C_6H_2(NO_2)_3OH$, 트라이나이트로페놀]은 제5류 자기반응성 물질의 나이트로화합물(니트로화합물)로서 지정수량 10kg(1종), 100kg(2종)이며, 지정수량 10kg(1종)인 것은 위험등급 Ⅰ로 분류된다.

**다이나이트로벤젠**[Dinitrobenzenes, $C_6H_4(NO_2)_2$]은 무색 또는 황색의 결정으로 제5류 위험물(자기반응성 물질)-나이트로화합물(니트로화합물)로서 지정수량 10kg(1종), 100kg(2종)이며, 인화점 150℃이고 충격과 마찰에 민감하며, 물을 함유한 광범위한 물질과 반응한다.

**06** 답안

$$\text{C}_6\text{H}_5-\overset{\overset{O}{\|}}{\text{C}}-\text{O}-\text{O}-\overset{\overset{O}{\|}}{\text{C}}-\text{C}_6\text{H}_5$$

**보충** 과산화벤조일은 제5류 위험물-유기과산화물로 벤조산에서 유도되는 과산화물로 과산화물에 의해 연결된 두 개의 벤조일을 갖는다. 벤조일퍼옥사이드(Benzoyl Peroxide, BPO)라고도 하며, 투명한 백색의 고체로 산소를 다량 포함하는 산화성 물질이다. 열을 가하면 폭발하므로 화기에 주의해야 하며, 비활성의 프탈산디메틸(DMP), 프탈산디부틸(DBP)의 희석제를 첨가하면 폭발성을 낮출 수 있다.

**07** 답안 (1) 고체
(2) 백색

**참고**

**상세해설** 벤조일퍼옥사이드(Benzoyl Peroxide, BPO)는 과산화벤조일을 말한다. 제5류 위험물-유기과산화물로 투명한 백색의 고체로 산소를 다량 포함하는 폭발성의 위험물로 유기성-환원성물질, 가연성물질이며, 인화점은 80℃, 발화점은 125℃이다.

BPO는 100℃ 전후에서도 폭발의 위험이 있으며, 일단 착화되면 순간적으로 분해하여 유독성의 검은 연기(다이페닐)를 발생시키면서 연소한다.

$$H_6C_5CO-OO-COC_6H_5 \rightarrow H_5C_6-C_6H_5 + 2CO_2$$

BPO는 다이메틸아민, 황화다이메틸 등과 접촉하면 화재 폭발을 일으킨다. 특히 건조상태일 때는 약간의 열 또는 충격, 마찰에 의해 폭발적으로 분해가 일어나기 쉽다.

과산화벤조일은 제5류 위험물 중 유기과산화물로 물에 녹지 않으므로 화재가 발생했을 경우, 다량의 물을 이용한 주수소화가 적합하다.

**08** 답안 (1) 질산염류
(2) 300kg
(3) Ⅱ등급
(4) 없음
(5) $KNO_3 \rightarrow 0.5O_2 + KNO_2$

**보충** 질산칼륨($KNO_3$)은 제1류 위험물(산화성고체)로서 품명은 질산염류로서 지정수량은 300kg, 위험등급은 Ⅱ이다. 분해될 경우, 이승원의 반응규칙 중 "환원우선"을 적용한다. 질산칼륨($KNO_3$)을 구성하고 있을 때 질소(N)의 산화수는 +5가이지만 분해되면 산화수가 +3가로 한단계 낮아져야 하므로 다음과 같이 반응식을 조각할 수 있다.

$KNO_3 \rightarrow KNO_2 + $ 부생물 ( ? )

→ 반응계의 미반응 원소는 O 1개, ∴ 부생물 $= 0.5O_2$

〈완성〉 $KNO_3 \rightarrow KNO_2 + 0.5O_2$

■ 참고 ■

질산칼륨($KNO_3$)은 제1류 위험물(산화성고체)로서 품명은 질산염류이고, 여기에 해당되는 위험물의 종류는 $KNO_3$, $NaNO_3$, $NH_4NO_3$, $AgNO_3$ 등이다. 지정수량은 300kg, 위험등급은 Ⅱ이다. 질산칼륨은 제1류 위험물 중 알칼리금속의 과산화물($K_2O_2$, $Na_2O_2$ 등)이 아니므로 저장되는 위험물에 따른 주의사항을 표시한 게시판을 설치하여야 하는 규정대상이 아니다. 그러므로 "없음"이라 기재한다.

▶ 법령보기 ◀
저장 또는 취급하는 위험물에 따라 다음의 규정에 의한 주의사항을 표시한 게시판을 설치할 것
- 제1류 위험물 중 알칼리금속의 과산화물과 이를 함유한 것 또는 제3류 위험물 중 금수성물질에 있어서는 "물기엄금"
- 제2류 위험물(인화성고체 제외)에 있어서는 "화기주의"
- 제2류 위험물 중 인화성고체, 제3류 위험물 중 자연발화성물질, 제4류 위험물 또는 제5류 위험물에 있어서는 "화기엄금"
- 게시판의 색은 "물기엄금"을 표시하는 것에 있어서는 청색바탕에 백색문자로, "화기주의" 또는 "화기엄금"을 표시하는 것에 있어서는 적색바탕에 백색문자로 할 것

질산칼륨은 380℃ 이상의 고온에서 분해되어 산소($O_2$)와 아질산칼륨($KNO_2$)을 생성하며, 유기물의 분말 또는 활성탄과의 혼합물은 충격에 의해 폭발의 위험이 있다.

$$2KNO_3 \xrightarrow[\text{산소 발생}]{\text{380℃ 이상}} O_2 + 2KNO_2 \quad \text{또는} \quad KNO_3 \rightarrow 0.5O_2 + KNO_2$$

**09** 답안 (1) $NH_4NO_3$

(2) $2NH_4NO_3 \rightarrow 2N_2 + O_2 + 4H_2O$

📖 보충 제1류 위험물 중 공기 중에서는 안정하지만 고온 또는 밀폐용기·가연성 물질과 닿으면 쉽게 폭발하는 특성을 가진 것은 질산암모늄이다. 질산암모늄의 화학식은 $NH_4NO_3$이고, 질소, 산소, 물이 생성되는 분해반응식은 이승원의 반응규칙 중 "환원우선"을 적용한다. $NH_4NO_3$ 중의 질소는 $N_2$로, 수소는 $H_2O$로 전환되므로 다음과 같이 반응식을 조각할 수 있다.

$$NH_4NO_3 \rightarrow N_2 + 2H_2O + \text{부생물}(?)$$
→ 반응계의 미반응 원소는 O 1개, ∴ 부생물 = $0.5O_2$

〈완성〉 $NH_4NO_3 \rightarrow N_2 + 2H_2O + 0.5O_2$

※ 각 항에 2를 곱하면 $2NH_4NO_3 \rightarrow 2N_2 + 4H_2O + O_2$로 기재해도 된다.

■ 참고 ■

질산암모늄($NH_4NO_3$)은 제1류 위험물의 질산염류(窒酸鹽類, $NH_4NO_3$, $NaNO_3$, $KNO_3$ 등)로 폭약 및 화약의 원료로 사용된다. 질산암모늄은 무색, 무취의 결정으로 조해성(潮解性, Deliquescence; 고체가 공기 중의 습기를 흡수하여 녹는 성질)이 있다.

열을 가하면 산소, 질소, 수증기가 발생하거나 산소, 아산화질소($N_2O$)와 수증기가 생성되고 유기물이 혼합되면 가열, 충격 등에 의해 폭발한다.

질산암모늄은 물과 알코올 모두 잘 녹는 특성을 가지고 있다. 물과 반응(물에 용해)할 경우 질산과 수산화암모늄으로 되며, 200℃ 이상의 고온에서는 산소를 발생하면서 폭발할 수 있다.

$$NH_4NO_3 + H_2O \rightarrow HNO_3 + NH_4OH$$

$$2NH_4NO_3 \xrightarrow[\text{산소 발생, 폭발}]{\text{200℃ 이상}} O_2 + 2N_2 + 4H_2O$$

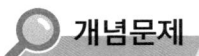 **개념문제**

제5류 위험물 중 나이트로화합물(니트로화합물)인 피크린산(트라이나이트로페놀)에 대하여 물음에 답하시오.
[08,09,10,12,13,16,17,18,20]

(1) 품명을 쓰시오.
(2) 지정수량을 쓰시오.
(3) 구조식을 기재하시오.

**답안지** (1) 품명 : 나이트로화합물(니트로화합물)
(2) 지정수량 : 200kg
(3) 구조식

■ **참고** ■

**상세해설** 이 문제의 Blockage는 "트라이나이트로페놀"이다. 제시된 위험물의 명칭에서 힌트를 얻는다. 트라이나이트로페놀 (Trinitrophenol, TNP)의 "트라이(Tri)"는 3개를 의미한다. 무엇이? → 나이트로기(나이트로기, $-NO_2$)가 3개 결합된 것이다. 어떤 형태? 무엇을 중심으로? → Phenol ➡ 페놀($C_6H_5OH$, ⌬-OH)을 중심으로 즉, 페놀에 $-NO_2$가 하나씩 치환될 때마다 수소(H)만 하나씩 감소하므로 $H_5-3(개) = H_2$가 된다.

이를 종합하면 트라이나이트로페놀(Trinitrophenol, 일명 Picric Acid)의 시성식(示性式)은 $C_6H_2(OH)(NO_2)_3$, 조성식(組成式)은 $C_6H_3N_3O_7$으로 되며, 구조식(構造式)은 아래와 같이 나타낼 수 있다.

이때 육각형의 벤젠(⌬)을 사람의 몸통이라 생각하면 수산기(-OH)는 머리, $NO_2$를 붙이는 위치는 양팔과 다리를 그려서 붙인다고 생각하고 한번만 연습하면 평생 잊혀지지 않을 노하우 학습기법이 될 것이다.

[시범풀이]

첫 번째,
트라이나이트로페놀(트리니트로페놀)의 품명에서, 트라이나이트로페놀의 **품명은 나이트로화합물(니트로화합물)** 이다. 제5류 위험물(자기반응성물질) 중 폭약의 원료로 사용되는 대표적인 나이트로화합물은 트라이나이트로벤젠 $[C_6H_3(NO_2)_3]$, 트라이나이트로톨루엔$[C_6H_2(NO_2)_3CH_3]$, 트라이나이트로페놀[피크린산, $C_6H_2(NO_2)_3OH$], 테트릴$[C_6H_2(NO_2)_3N(NO_2CH_3]$ 등이 있다.

두 번째,
트라이나이트로페놀의 지정수량에 대하여, 품명 나이트로화합물인 트라이나이트로페놀(피크린산)은 나이트로소 화합물, 아조화합물, 디아조화합물, 히드라진 유도체 등과 함께 제5류 위험물(자기반응성물질)로 분류되며, **지정 수량 200kg**, 위험등급 Ⅱ등급으로 지정·관리되고 있다.

세 번째,
나이트로화합물인 트라이나이트로페놀(피크린산)의 구조식을 작성하는 것에서, **구조식(構造式, Graphic Formula)** 은 어원(語源) 그대로 분자 내의 원자 상호 결합 상태를 그림 양식으로 나타낸 것을 말한다.
결합하고 있는 각 원자의 원소 기호를, 단결합(—), 이중 결합(=), 삼중 결합(≡)에 따라, 각각 1개, 2개, 3개의 짧은 선 등으로 연결하여 나타낸다. 동일한 분자식이면서 성질이 다른 이성체 등을 구별하는데 편리하고, 주로 유기 화합물에 사용된다. 물을 H-O-H로 나타내는 것과 같은 형식이다.

|   |   |   |   |
|---|---|---|---|
| Trinitrobenzene (TNB) | Trinitrotoluene (TNT) | Trinitrophenol (TNP) | Tetryl(테트릴) (Trinitrophenylmethylnitramine) |

## 유사문제

**01** 흑색화약의 원료 3가지 중 위험물인 것 2가지를 쓰고, 각각 지정수량을 쓰시오. [04,13,20]

**02** 인화점 150℃, 비중 1.8, 황색의 침상결정으로 쓴맛이 나며, 금속과 반응하여 금속염이 생성하는 제5류 위험물의 물질에 대한 다음 물음에 답하시오. [17]
(1) 위험물의 명칭을 쓰시오.
(2) 해당 위험물(2종)의 지정수량을 쓰시오.

**03** 트라이나이트로페놀과 트라이나이트로톨루엔의 시성식을 작성하시오. [15]

**04** 규조토에 흡수시켜 다이너마이트를 만드는 물질에 대해 다음 물음에 답하시오. [20]
(1) 해당물질의 구조식을 쓰시오.
(2) 품명과 지정수량(단, 1종)을 쓰시오.
(3) 이산화탄소, 수증기, 질소, 산소가 발생하는 분해반응식을 쓰시오.

**05** 분자량이 227g이며, 폭약의 원료이고, 담황색의 주상결정이며, 물에 녹지 않고, 아세톤과 벤젠에는 녹는 물질에 대해 다음 물음에 답하시오. [19②,22]
(1) 품명을 쓰시오.
(2) 시성식을 쓰시오.
(3) 해당 위험물의 제조방법을 사용원료를 중심으로 설명하시오.

## 유사문제 답안·해설

**01**  **답안** (1) 흑색화약 원료 : 질산칼륨, 유황
(2) 지정수량 : 질산칼륨 300kg, 유황 100kg

■ 참고 ■

**상세해설** 흑색화약(黑色火藥, Black Powder)의 개략적 표준조성은 질산칼륨 75%, 유황 15%, 목탄 10%이다. 각 성분을 따로따로 건조·분쇄하고, 먼저 유황과 목탄을 새의 깃털 등을 사용하여 마찰이 일어나지 않도록 섞고 이어 질산칼륨을 섞는다.

문제의 조건이 "원료 3가지 중 위험물인 것 2가지를 쓰는 것"이므로 위험물이 아닌 목탄을 제외한 2가지 즉, "질산칼륨"과 "유황"을 답안지에 쓰는 것이다.

흑색화약에서 가연물로 작용하는 유황(S)은 가연성고체로서 제2류 위험물의 "품명-유황"에 속하며, 위험등급 Ⅱ등급, 지정수량 100kg이다.

흑색화약에서 산화제로 작용하는 질산칼륨($KNO_3$)은 산화성고체로서 제1류 위험물의 "품명-질산염류"에 속하며, 위험등급 Ⅱ등급, 지정수량 300kg이다. 질산칼륨($KNO_3$)은 산화성고체이므로 충격, 가열, 환원제와 접촉할 경우 화재 및 폭발 위험이 있다.

$$2KNO_3 \xrightarrow[\text{산소 발생}]{380℃ \text{ 이상}} O_2 + 2KNO_2$$

흑색화약은 목탄(버드나무 또는 미루나무 숯)을 혼합하였기 때문에 흑색을 띠며, 불이 잘 붙고 연소화염이 길며, 급격한 연소를 하지만 폭굉(爆轟)은 일으키지 않는 특징이 있다.

흑색화약의 폭발반응은 다음과 같다.

$$2KNO_3 + S + 3C \rightarrow K_2S + N_2 + 3CO_2$$

문제의 조건이 "원료 3가지 중 위험물인 것 2가지를 쓰는 것"이므로 질산칼륨이 아닌 위험물이 품명인 "질산염류"라고 쓰는 것은 옳지 않다. 질산염류에는 질산나트륨($NaNO_3$), 질산칼륨($KNO_3$), 질산암모늄($NH_4NO_3$) 등을 총칭하는 것이므로 정확한 정답으로 볼 수 없다.

● 참고 ●

### 화약제조(사용원료 중심)

① 면화약(Trinitro Cellulose) 제조 : 황산과 질산의 혼합액에 셀룰로스를 녹여 제조한다.

- $\begin{cases} aHNO_3(\text{질산}) \\ bC_6H_{10}O_5(\text{셀룰로오스}) \end{cases} \longrightarrow c[C_6H_7(NO_2)_3O_5]_n + dH_2O$

② 흑색화약(Black Powder) 제조 : 질산칼륨·칠레초석 등의 산화제와 가견성물질인 유황·탄소(숯)와의 혼합물(흑색화약)이다

- $\begin{cases} \text{질산염}(KNO_3, NaNO_3) \ 70 \sim 75\% \\ C(\text{목탄, 숯}) \text{ 및 } H_2O \ 14 \sim 20\% \\ S \text{ 및 } SO_3 \ 10 \sim 30\% \end{cases} \longrightarrow a[K_2CO_3 \cdot K_2SO_c] + bCO_2 + cN_2$

③ 트라이나이트로톨루엔[TNT, $C_6H_2(NO_2)_3CH_3$] 제조

- 톨루엔($C_6H_5CH_3$) + $3HNO_3$ $\xrightarrow[\text{나이트로화 반응}]{\text{진한 황산}}$ $C_6H_2CH_3(NO_2)_3 + 3H_2O$

④ 트라이나이트로페놀[TNP, $C_6H_2(NO_2)_3OH$] 제조

- 페놀($C_6H_5OH$) + $3HNO_3$ $\xrightarrow[\text{나이트로화 반응}]{\text{진한 황산}}$ $C_6H_2OH(NO_2)_3 + 3H_2O$

⑤ 나이트로글리세린(니트로글리세린)[NG, $C_3H_5O_3(NO_2)_3$] 제조 : 진한 질산과 진한 황산의 혼합산이 존재하는 반응조에서 글리세린($C_3H_8O_3$, $CH_2OHCH(OH)CH_2OH$, 분자량 92)과 합성을 통해 만들어 진다. 나이트로글리세린(니트로글리세린)은 규조토에 흡수시켜 다이너마이트(Dynamite)를 만드는 대표적인 물질이다. 다이너마이트는 나이트로글리세린(니트로글리세린)을 규조토, 목탄, 면화약 등에 흡수시켜 만든다.

- 글리세린($C_3H_8O_3$) + $3HNO_3$ $\xrightarrow[\text{나이트로화 반응}]{\text{진한 황산}}$ $C_3H_5O_3(NO_2)_3 + 3H_2O$

Glycerine + Nitric Acid → Nitroglycerin

## 02

**답안** (1) 트라이나이트로페놀
(2) 100kg

### ▌참고 ▌

출제빈도가 높은 문제가 아니므로 "비중 1.8, 황색의 침상결정으로 쓴맛과 독성을 갖는 위험물=트라이나이트로페놀(TNP)" 정도로 수험대비 해 두는 것이 좋다. 문제에서 "비중 1.8인 물질로서 침상결정(針狀結晶, Acicular Crystal)을 이룬다"고 하였는데, 여기서 말하는 비중 1.8은 고체의 밀도(단위 부피당 질량)로서 $1.8g/cm^3$이라는 의미이므로 일반 기체(가스)의 비중과는 다른 의미를 가지기 때문에 분자량과 연관성을 지어 해당물질의 분자식을 찾으려 들지 않는 것이 좋다.

나이트로화합물(니트로화합물)인 트라이나이트로페놀(피크린산)은 제5류 위험물(자기반응성물질)로 분류되며, 나이트로소화합물(니트로소화합물), 아조화합물, 다이아조화합물(디아조화합물), 하이드라진 유도체(히드라진 유도체) 등과 함께 **지정수량은 1종 10kg, 2종 100kg**이며, 위험등급 Ⅱ등급으로 지정·관리되고 있다.

트라이나이트로페놀(Trinitro Phenol)의 주요 특성을 살펴보면;
순수한 것은 무색이지만 보통 공업용은 휘황색의 침상결정이고, 비중이 약 1.8로 물보다 무겁고 물에 전리하여 강한 산(황색)이 된다. 단독으로는 충격, 마찰에 둔감하고 안정한 편이다.

**▌ 제5류 위험물의 품명과 지정수량(※ 개정 2024.4.30) ▌**

| 품명 | 지정수량 | 위험 등급 |
|---|---|---|
| • 유기과산화물<br>• 질산에스터(질산에스테르)류 | 1종 10kg<br><br>2종 100kg | 1종 Ⅰ등급<br><br>2종 Ⅱ등급 |
| • 나이트로화합물(니트로화합물)<br>• 나이트로소화합물(니트로소화합물)<br>• 아조화합물<br>• 다이아조화합물(디아조화합물)<br>• 하이드라진 유도체(히드라진 유도체) | | |
| • 하이드록실아민(히드록실아민)<br>• 하이드록실아민(히드록실아민)염류 | | |

## 03

**답안** (1) 트리니트로페놀 : $C_6H_2OH(NO_2)_3$
(2) 트리니트로톨루엔 : $C_6H_2CH_3(NO_2)_3$

### ▌참고 ▌

이 문제의 Blockage는 한글명칭을 화학식으로 전환하는 일이다. 한글명칭에서 오히려 "Hint"를 얻어야 한다. **트라이나이트로페놀**(Trinitrophenol, TNP)의 "트라이(Tri)나이트로"는 3개의 나이트로기($-NO_2$)가 결합되어 있는데 이것이 페놀(phenol, $C_6H_5OH$, ⬡$-OH$)을 중심으로 결합되어 있다는 뜻이다. 페놀에 $-NO_2$가 하나씩 치환될 때마다 수소(H)만 하나씩 감소하므로 $H_5-3(개)=H_2$가 되므로 트라이나이트로페놀의 시성식(示性式)은 $C_6H_2OH(NO_2)_3$가 된다.

다음, "**트라이나이트로톨루엔**"에서 앞선 학습법에서 "톨루엔=돌루멤(⬡$-CH_3$)"으로 기억해 두라고 권장하였다. 벤젠($C_6H_6$, ⬡)에서 수소(H) 하나를 떼고 $-CH_3$를 붙인 것, 즉 $C_6H_5CH_3$가 톨루엔(Toluene)의 시성식이다.

트라이나이트로톨루엔(Trinitrotoluene, TNT)의 "**트라이(Tri)나이트로**"는 3개의 나이트로기(-NO$_2$)가 결합되어 있는데 이것이 톨루엔(C$_6$H$_5$CH$_3$, ◯-CH$_3$)을 중심으로 결합되어 있다는 뜻이다. 톨루엔에 -NO$_2$가 하나씩 치환될 때마다 수소(H)만 하나씩 감소하므로 H$_5$-3(개)=H$_2$가 되므로 트라이나이트로톨루엔의 **시성식**(示性式)은 C$_6$H$_2$CH$_3$(NO$_2$)$_3$가 된다.

이때 문제의 주문사항인 **시성식**(示性式, Rational Formula)을 쓰지않고, 조성식(組成式)이나 구조식(構造式)을 쓰면 틀린다.

## 04

**답안** (1) 나이트로글리세린의 구조식

$$\begin{array}{c} H \quad H \quad H \\ | \quad | \quad | \\ H-C-C-C-H \\ | \quad | \quad | \\ O \quad O \quad O \\ | \quad | \quad | \\ NO_2 \; NO_2 \; NO_2 \end{array}$$

(2) 품명 : 질산에스터류, 지정수량(1종) : 10kg
(3) 분해반응식 : C$_3$H$_5$O$_3$(NO$_2$)$_3$ → 3CO$_2$ + 2.5H$_2$O + 1.5N$_2$ + 0.25O$_2$

**보충** 나이트로글리세린은 제5류 위험물의 질산에스터(질산에스테르)류로 화학식은 C$_3$H$_5$O$_3$(NO$_2$)$_3$이다. 이것의 분해 반응은 이승원의 반응규칙 중 "환원우선"을 적용하므로 분자내의 질소 3개는 1.5N$_2$로 수소 5개는 2.5H$_2$O로, 탄소 3개는 3CO$_2$로 전환되므로 다음과 같이 반응식을 조각할 수 있다.

□ C$_3$H$_5$O$_3$(NO$_2$)$_3$ → 1.5N$_2$ + 2.5H$_2$O + 3CO$_2$ + 부생물( ? )

→ 반응계의 미반응 원소는 O.5 1개, ∴ 부생물 = 0.25O$_2$

〈완성〉 C$_3$H$_5$O$_3$(NO$_2$)$_3$ → 1.5N$_2$ + 2.5H$_2$O + 3CO$_2$ + 0.25O$_2$

※ 각 항에 2를 곱하면 2C$_3$H$_5$O$_3$(NO$_2$)$_3$ → 3N$_2$ + 5H$_2$O + 6CO$_2$ + 0.5O$_2$

※ 다시 2를 곱하면 4C$_3$H$_5$O$_3$(NO$_2$)$_3$ → 6N$_2$ + 10H$_2$O + 12CO$_2$ + 5O$_2$로 기재해도 된다.

## ▮참고▮

**상세 해설** 문제에서 제시한 설명 중 "**규조토에 흡수시켜 다이너마이트를 만드는 물질**"은 바로 품명 질산에스터(질산에스테르)류의 **나이트로글리세린**[NG, C$_3$H$_5$O$_3$(NO$_2$)$_3$]이라는 것을 짐작할 수 있다. "조토" "니글렀어"라고 기억해 둔다.

[시범풀이]
첫 번째,
나이트로글리세린의 구조식 작성에서, 나이트로글리세린(Nitroglycerin)의 화학식은 ➡ "니글리세여"로 기억해 둔다. "나이트로(Nitro)"가 붙어 있으므로 -NO$_2$기(基)가 결합되어 있다는 것을 유의하면서 먼저, 바탕을 만들면 "세"는 탄소 3개를 뜻하고, "여"는 OH를 뜻하고, "글리"는 수소(H)자리에 NO$_2$가 걸려있는 구조라는 것이다.

Ⓐ "세"부터 적용 → 탄소는 3개를 나란히 연결 -C-C-C-
Ⓑ C는 4가이므로 팔 4개를 만들어 → 빈자리는 모두 수소(H)를 붙임
Ⓒ "여"(=OH) → 탄소와 결합된 각 수소(H) 하나씩을 OH를 붙임
Ⓓ "글리"적용 → OH의 각 수소(H)를 -NO$_2$를 걸어 붙임 ➡ 나이트로글리세린의 구조식 완성

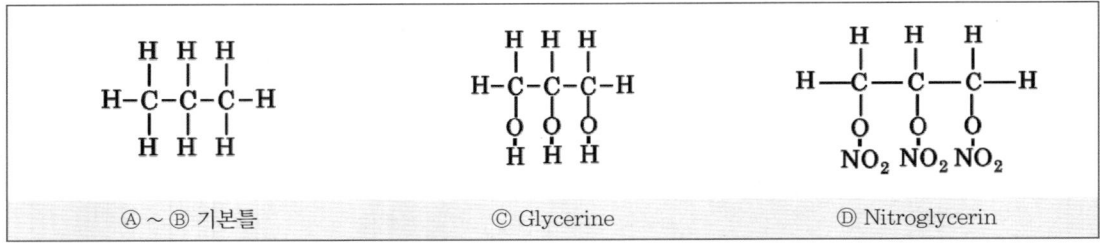

구조식을 완성한 다음 이를 참조하여 Nitroglycerin의 화학식을 만들면 ➡ $(CH_2O)_2CHO(NO_2)_3$라는 형태로 만들어 쓰더라도 아무 문제될 일 없다. 굳이 "$C_3H_5O_3(NO_2)_3$"처럼 사전적 화학식을 사용하지 않아도 된다는 것이다. 문제의 주문사항은 "구조식(構造式)을 쓰라"는 것이다. 그런데 조성식(組成式)이나 시성식(示性式)을 쓰면 틀린다. 구조식은 위의 ⓓ그림 처럼 답안지에 그려주면 된다.

두 번째,

품명과 지정수량에서, 나이트로글리세린(니트로글리세린)(Nitroglycerin)은 제5류 위험물 중 품명 "질산에스터(질산에스테르)류"이고 1종의 지정수량은 10kg, 위험등급 Ⅰ등급으로 지정·관리되고 있다. 아래는 제5류 위험물의 품명 및 지정수량 암기법을 소개한 것이다. 구법(舊法)과 개정(改定) 법령의 지정수량 수치가 다르므로 유의하여야 한다.

---

● **이승원의 제5류 암기법** ●

■ 오짜 기집에 짱 / 힘디조아 니도 이젠 / 백 헤드록 당해 / 종일 입에 거품 물꺼야

- 5짜 : 5류, 자기반응성
- 집에 : 질산에스터류(질산에스테르류)
- 힘 : 하이드라진 유도체(히드라진 유도체)
- 조아 : 아조화합물
- 니도 : 니트로(나이트로)화합물, 나이트로소화합물(니트로소화합물)
- 이젠 : 200kg (개정전 구법기준)
- 백 : 100kg (개정전 구법기준)
- 헤드록 당해 : 하이드록실아민(히드록실아민), 하이드록실아민(히드록실아민)염류
- 종일 입에 거품 물꺼야(개정 후 현행기준) : 제1종(10kg), 제2종(100kg)
- 기 : 유기과산화물
- 짱 : 이상 10kg(개정전 구법기준), Ⅰ등급
- 디 : 다이아조화합물(디아조화합물)

---

세 번째,

분해반응 작성에서, 나이트로글리세린(니트로글리세린)[Nitroglycerin, $C_3H_5O_3(NO_2)_3$]이 분해될 경우, 이산화탄소, 수증기, 질소, 산소가 발생한다고 조건을 제시해 주었으므로 탄소(C)는 전량 $CO_2$로, 수소(H)는 전량 $H_2O$로, 질소(N)는 전량 $N_2$로 생성되는 것으로 먼저 반응식을 놓고, 나머지는 부생물 자리로 비워두고 반응식 기초를 마련한 다음 각 원소수지(元素收支)에 맞추어 반응식을 만들면 된다.

  □ 반응식 기초 : $C_3H_5O_3(NO_2)_3 \rightarrow 3CO_2 + 2.5H_2O + 1.5N_2$ + 부생물
  - 반응계 O 9개 ⇌ 생성계 O 8.5 → ∴ 부생물 $=0.5O_2$이어야 함
  - 산소수지, 수소수지(반응계=생성계,  ok)

〈완성〉  $C_3H_5O_3(NO_2)_3 \rightarrow 3CO_2 + 2.5H_2O + 1.5N_2 + 0.5O_2$

## 05

**답안** (1) 품명 : 나이트로화합물(니트로화합물)
(2) 시성식 : $C_6H_2CH_3(NO_2)_3$
(3) 제조방법 : 톨루엔을 황산과 질산의 혼합물로 나이트로화시켜 제조함

■ 참고 ■

 폭약의 원료로 사용될 수 있는 물질은 제1류 위험물(산화성 고체)과 제5류 위험물(자기반응성 물질)이 대표적이며, 품명과 명칭도 매우 다양하고, 이들의 특성들을 모두 숙지하여 답안을 쓴다는 것 또한 어려운 것이 사실이다.

[시범풀이]

첫 번째,

산화성 고체인 제1류 위험물 중 염소산칼륨($KClO_3$) 및 질산염류($NaNO_3$, $KNO_3$, $NH_4NO_3$) 등이 있는데 염소산칼륨은 물(온수)에, 질산염류는 물에 잘 녹는 물질이므로 문제에서 제시한 "물에 녹지 않는 물질"이 아니므로 이후 단계로 분자량을 살펴 볼 필요도 없이 배제한다.

그리고, 일단 문제의 [보기]에서 **"폭약의 원료"**라고 제시되면 제5류 위험물 중 나이트로화합물(니트로화합물)인 "피크린산[트라이나이트로페놀, TNP, $C_6H_2OH(NO_2)_3$] 아니면 트라이나이트로톨루엔[TNT, $C_6H_2CH_3(NO_2)_3$]일 것"이라 짐작하고 화학식을 토대로 제시된 "분자량(227)에 해당되는가"를 정산해 보는 풀이 요령이 필요하다.
분자식이 잘 생각나지 않을 경우 ➡ 트라이나이트로톨루엔(TNT) → 앞 단원에서 "톨루엔"은 "돌루멤[벤젠에 메틸기가 부착된 것 → 육각-$CH_3$(◯-$CH_3$)]"으로 학습해 두었으므로 벤젠(◯, $C_6H_6$)의 6개 모서리 중 1개는 $CH_3$가 결합되고, 3개 모서리는 나이트로기($-NO_2$)가 결합되므로 TNT의 분자식은 $C_6H_2CH_3(NO_2)_3$으로 되며, 분자량은 $227(=12\times7+1\times5+14\times3+32\times3)$이 된다.

트라이나이트로페놀(TNP) → 앞 단원에서 "페놀"은 "페수[벤젠에 수산기가 부착된 것 → 육각-OH(◯-OH)]"으로 학습해 두었으므로 벤젠(◯, $C_6H_6$)의 6개 모서리 중 1개는 OH가 결합되고, 3개 모서리는 나이트로기($-NO_2$)가 결합되므로 TNP의 분자식은 $C_6H_2OH(NO_2)_3$으로 되며, 분자량은 $229(=12\times6+1\times3+16+14\times3+32\times3)$이다.

따라서 분자량이 227g, 폭약의 원료인 것은 제5류 위험물 중 **나이트로화합물**(니트로화합물)인 **트라이나이트로톨루엔**[TNT, $C_6H_2CH_3(NO_2)_3$]이다.

두 번째,

시성식(示性式)은 분자가 가지는 특성을 알 수 있도록 작용기를 써서 나타낸 화학식을 말하므로 제5류 자기반응성 물질 중 주요 나이트로화합물(니트로화합물)의 시성식은 → 트라이나이트로페놀(피크린산, TNP) → $C_6H_2OH(NO_2)_3$, 트라이나이트로톨루엔(TNT) → $C_6H_2CH_3(NO_2)_3$, 트라이나이트로벤젠 → $C_6H_3(NO_2)_3$, 나이트로메탄 → $CH_3NO_2$, 나이트로에탄 → $C_2H_5NO_2$, 피크린산암모늄 → $NH_4C_6(NO_2)_3OH$으로 나타낸다.

따라서 나이트로화합물(니트로화합물) 중 분자량이 227g, 폭약의 원료로 사용되는 트라이나이트로톨루엔(TNT)의 시성식은 $C_6H_2CH_3(NO_2)_3$이다.

● 참고 ●

**TNT와 TNP**

- **TNT**(트라이나이트로톨루엔, Trinitrotoluene) → 제5류 자기반응성 물질의 나이트로화합물(니트로화합물)
  - 트라이나이트로톨루엔은 톨루엔의 수소 3개를 나이트로기(基)로 치환한 화합물이다.
  - 많은 이성질체가 알려져 있는데, 이들 중에서 2, 4, 6 - 트라이나이트로톨루엔은 폭약으로 알려져 있다.
- **TNP**(트라이나이트로페놀, Trinitrophenol) → 제5류 자기반응성 물질의 나이트로화합물(니트로화합물)
  - 피크린산 또는 피크르산이라고도 한다.
  - 트라이나이트로페놀은 페놀의 수소 3개를 나이트로기(基)로 치환한 화합물이다.
  - TNT와 함께 폭약 또는 의약품으로 사용되기도 한다.

| 구분 | $C_6H_2CH_3(NO_2)_3$<br>(트라이나이트로톨루엔) | $C_6H_2OH(NO_2)_3$<br>[피크린산(트라이나이트로페놀)] |
|---|---|---|
| 구조식 | (구조식: 벤젠고리에 $CH_3$, $O_2N$, $NO_2$, $NO_2$) | (구조식: 벤젠고리에 $OH$, $O_2N$, $NO_2$, $NO_2$) |
| 용도 | 폭약(TNT) | 황색염료, 폭약(TNP) |
| 제법 | 톨루엔을 황산과 질산의 혼합물에 의해 나이트로화시켜 제조한다. | 페놀을 황산과 질산의 혼합물에 의해 나이트로화시켜 제조한다. |
| 성상<br>특성 | • 담황색의 주상결정(막대모양)이다.<br>• 물에는 거의 녹지 않는다.<br>• 벤젠에 쉽게 녹고, 알코올에도 상당량 녹는다. | • 순수한 것은 무색이지만 공업용은 황색의 침상결정이다.<br>• 물에 전리하여 강한 산이 되며, 쓴맛을 가진다.<br>• 알코올, 아세톤에 녹는다. |
| 분자량 | 227 | 229 |
| 비중 | 1.65 | 1.8 |
| 녹는점 | 80.1℃ | 122℃ |
| 인화점 | 2℃ | 150℃ |
| 발화점 | 300℃ | 300℃ |
| 끓는점 | 280℃ | 255℃ |

**세 번째,**
TNT는 톨루엔을 황산과 질산의 혼합물로 나이트로화시켜 제조한다. 현재 문제의 조건은 "**제조방법을 사용원료를 중심으로 설명**"하는 것이므로 답안지를 쓸 때, 보다 구체적인 제조법을 기재하려고 하면 난감하고, 꼬이기 쉽다. 그러므로 문제에서 제시하는 "조건"에 맞게 사용원료가 포함되는 선(**톨루엔, 황산, 질산**)에서 답하고, 제조방식은 "**나이트로화시켜 제조한다**"라는 정도만 해도 정확하게 쓴 것이 된다.
그러나 문제의 조건이 "제조 반응식을 기재하는 조건"이라면 아래와 같이 답안지를 쓰는 것이 올바르다.

① 벤젠(◯) + 메틸기($-CH_3$) → 톨루엔(◯$-CH_3$)

② 질산($HNO_3$) $\xrightarrow[\text{나이트로화 반응}]{\text{진한 황산}}$ 나이트로기($-NO_2$)

(구조식: $O_2N$, $CH_3$, $NO_2$, $NO_2$가 결합된 벤젠고리)

또는 톨루엔$(C_6H_5CH_3)+3HNO_3 \xrightarrow[\text{나이트로화 반응}]{\text{진한 황산}} C_6H_2CH_3(NO_2)_3+3H_2O$

트라이나이트로톨루엔[TNT, $C_6H_2CH_3(NO_2)_3$]은 위험등급 Ⅰ등급물질로 물에 거의 녹지 않기 때문에 운반할 때는 10%의 물에 적셔 운반하는 것이 안전하다. 폭발·분해할 경우 생성되는 물질은 CO, $H_2$, $N_2$, C이다.

- $C_7H_5(NO_2)_3 \rightarrow 6CO+2.5H_2+1.5N_2+C$

● 참고 ●

### 질산에스터류 특징

질산에스터(질산에스테르, Nitric Ester)류는 질산(窒酸)의 수소 원자를 알킬기(R, Alkyl Group)로 치환한 화합물(일반식, $RONO_2$)로서 분해하여 산화질소를 생성한다. 나이트로글리세린(니트로글리세린), 나이트로셀룰로오스(니트로셀룰로오스), 질산메틸, 질산에틸, 셀룰로이드, 나이트로글리콜(니트로글리콜) 등이 이에 속하는데, 폭발하기 쉽고, 폭약이나 로켓용 액체연료로 많이 사용되고 있다.

- 상온에서 액체인 것 : 니트로글리세린(NG), 질산메틸, 질산에틸, 니트로글리콜
- 상온에서 고체인 것 : 니트로셀룰로오스(NC), 셀룰로이드

나이트로글리세린[NG, $C_3H_5(NO_3)_3$]은 삼질산글리세롤이라고도 하는데, 안정형일 경우, 녹는점이 약 13℃이지만, 불안정형은 약 2℃이므로 상온에서는 액체, 2℃ 이하 영하에서는 고체로 존재한다.

위험물로서 위험등급 Ⅰ등급물질로 폭발성이 매우 강하여 액체상태로는 제조소의 출하부터 금지되며 규조토 등에 흡수시켜 운반하여야 하고, 철도를 이용한 운반도 금지된다.

나이트로셀룰로오스[NC, ${C_6H_9(NO_2)O_5}_n$]는 위험등급 Ⅰ등급물질로 셀룰로스 중합체로 "면약(면화약)"이라고도 하는데, 셀룰로오스[${C_6H_{10}O_5}_n$]에 질산염기(Nitrate, $-NO_2$)가 붙어 있는 화합물이다. 습도가 낮은 건조한 조건에서는 폭발위험이 있으므로 알코올 수용액 또는 물로 습면하고, 안정제를 가하여 저장하여야 한다.

### (6) 제6류 위험물

① 품명 및 지정수량

| 성질 | 품명 | 지정수량 | 위험등급 |
|---|---|---|---|
| 산화성 액체 | 과염소산, 과산화수소, 질산, 할로젠간화합물 | 300kg | I |

② **제6류 위험물의 일반 특성** : 제6류 위험물은 **산화성 액체**로서 분자구조 내에 산소 또는 할로젠이 가연물의 전자를 **빼앗아** 산화시키는 작용을 한다.
- 제6류 위험물은 모두 **강산류**인 동시에 **강산화제**임
- 모두 **불연성**이며, 모두 위험등급 I 등급임
- 산소를 많이 포함하여 다른 가연물의 연소를 도움(조연성)
- **부식성** 및 **유독성**이 강함
- 산화성 액체의 비중이 1보다 큼
- 물에 잘 녹고, 물과 반응 시 **발열함**
- 가연물 및 분해를 촉진하는 약품과 분해·폭발함

③ **제6류 위험물의 개별적 특성**
- 가열 또는 금속 촉매와 접촉 시 화재 및 폭발성의 위험성이 있음

    □ $HClO_4$ (과염소산) $\xrightarrow[\text{HCl과 산소 발생}]{\text{가열}}$ $HCl + 2O_2$

    □ $2H_2O_2$ (과산화수소) $\xrightarrow[\text{산소 발생}]{\text{가열}}$ $O_2 + 2H_2O$

    □ $2HNO_3$ (질산) $\xrightarrow[\text{NO}_2 \text{ 발생}]{\text{가열}}$ $2NO_2 + 2H_2O$

    □ $4HNO_3$ $\xrightarrow[\text{광분해}]{h\nu \text{(자외선)}}$ $4NO_2 + 2H_2O + O_2$

- **질산**($HNO_3$)은 불연성 액체로, 부식성이 있고, 물과 접촉시 발열하며, 발연성이 있는 대표적인 강산임. 금속(Mg, Mn 등)과 반응할 경우 수소를 발생함

    □ $2HNO_3 + Mg \rightarrow H_2 + Mg(NO_3)_2$

- 질산은 화재 및 폭발 위험은 없지만 과산화질소, 질소산화물, 질산 흄(fume) 등의 부식성·독성 흄이 생성됨
- **과염소산**은 금속, 환원제류, 유기물과 접촉시 폭발과 화재의 위험이 있음
- **과산화수소**는 하이드라진(히드라진)과 만나면 격렬히 반응하고 폭발할 수 있음

    □ $2H_2O_2 + N_2H_4 \rightarrow 4H_2O + N_2$

- **할로젠간화합물**은 모두 휘발성이고, 대다수가 불안정하나 **폭발하지는 않음**

| 구분 | HClO₄ (과염소산) | H₂O₂ (과산화수소) | HNO₃ (질산) |
|---|---|---|---|
| | O=Cl(=O)−O−O·H | H−O−O−H | O=N(O)−O·H |
| 농도 및 비중기준 | − | 36wt% 이상 | 비중 1.49 이상 |
| 색상/냄새 | 무색, 무취 | 무색, 무취 | 무색(노랑, 적색), 자극취 |
| 비점 | 39℃ | 125℃ | 122℃ |
| 액체비중 | 1.76 | 1.46 | 1.49 |
| 증기비중 | 3.46 | 1.0 | 2.2 |
| 반응성 | 염소산 중에서 가장 강산임 | 산화제 및 환원제로 작용함 | 흡습성, 부식성이 강한 강산임 |
| | 알코올류와 접촉 시 발화·폭발 | 물, 알코올류, 에테르에 녹음 | 물, 알코올, 에테르에 잘 녹음 |
| | 금속(Fe, Cu, Zn)과 격렬한 반응 | 석유 및 벤젠에는 녹지 않음 | 구리와 반응하여 NO, NO₂ 발생 |

※ 할로젠간화합물은 염화아이오딘, 브로민화아이오딘, 플루오르화브로민, 염화브로민, 플루오르화염소, IF₅, BrF₅, ICl₃, BrF₃, ClF₃, ICl, IBr, BrF, BrCl, ClF 등이 있음

### 개념문제

다음 위험물이 제6류 위험물이 되기 위한 조건을 쓰시오. (단, 조건이 없는 경우 "없음"이라 쓰시오.)

[17, 20]

(1) 과염소산
(2) 과산화수소
(3) 질산

 답안지 (1) 없음
(2) 농도 36%(중량) 이상
(3) 비중 1.49 이상

**┃참고┃**

상세해설 위험물관리규정에 농도를 규정하는 것은 과산화수소(H₂O₂)와 유황 뿐이다. 과산화수소(H₂O₂)는 제6류 위험물(산화성 액체)로 농도가 36wt% 이상의 것만 위험물로 취급한다. 제2류 위험물로 지정·관리되고 있는 유황은 순도가 60%(중량) 이상인 것을 말한다. 다음 사항을 잘 정리해 두어야 한다.

▶ 법령보기 ◀

☐ 과산화수소($H_2O_2$)는 농도가 36중량% 이상인 것을 위험물(제6류)로 지정·관리(지정수량 300kg)
☐ 유황은 순도가 60%(중량) 이상인 것을 위험물(제2류)로 지정·관리(지정수량 100kg)된다.
☐ 질산($HNO_3$)은 비중이 1.49 이상인 것을 위험물(제6류)로 지정·관리(지정수량 300kg)된다.
☐ 철분은 제2류 위험물로 지정·관리(지정수량 500kg)되는데, 분말로서 53μm의 표준체를 통과하는 것이 50%(중량) 미만인 것은 제외한다.
☐ 금속분은 제2류 위험물로 지정·관리(지정수량 500kg)되는데, 알칼리금속·알칼리토금속·철 및 마그네슘 외의 금속의 분말을 말하고, 구리분·니켈분 및 150μm의 체를 통과하는 것이 50%(중량) 미만인 것은 제외한다.
☐ 마그네슘 및 마그네슘을 함유한 것은 제2류 위험물로 지정·관리(지정수량 500kg)되는데, 2mm 이상의 덩어리 상태, 직경 2mm 이상의 막대모양은 제외한다.
☐ 인화성 고체는 제2류 위험물로 지정·관리(지정수량 1,000kg)되는데, 고형 알코올 그밖에 1기압에서 인화점이 40℃ 미만인 고체를 말한다.

## 유사문제

**01** 제6류 위험물의 품명 3가지를 쓰시오. [08]

**02** 제6류 위험물의 지정수량을 쓰시오. [08]

**03** 제6류 위험물인 질산을 갈색병에 저장하는 이유를 쓰시오. [07]

**04** 제6류 위험물인 질산의 열분해 반응식을 쓰시오. [09]

**05** 제6류 위험물의 물성 및 화학적 성질에 관한 일반적인 성질 3가지를 쓰시오. [04]

**06** 다음 물질 중 비수용성인 것을 모두 고르시오. [20]

- 이황화탄소
- 아세트알데하이드
- 클로로벤젠
- 스티렌
- 아세톤

**07** 과염소산($HClO_4$)의 위험성 2가지를 쓰시오. [05]

**08** 다음에 해당하는 위험물에 대하여 물음에 답하시오. (단, 해당 없으면 "해당 없음"이라고 쓰시오.) [22]

- 무색무취의 유동하기 쉬운 액체임
- 흡습성이 강하고, 매우 불안정한 강산임
- 분자량 100.5g/mol
- 비중 1.76
- 염소산 중 가장 강한 산(酸)임

(1) 해당 위험물의 화학식을 쓰시오.
(2) 해당 위험물의 유별 구분을 쓰시오.
(3) 이 물질을 취급하는 제조소와 병원과의 안전거리를 쓰시오.
(4) 이 물질 5,000kg을 취급하는 제조소의 경우, 보유공지 너비를 쓰시오.

**09** 분자량이 63이며, 염산과 혼합하여 금, 백금을 부식시키는 위험물의 화학식과 지정수량을 쓰시오. [07,10,14]

## 유사문제 답안·해설

**01** **답안** 과염소산, 과산화수소, 질산

▶ 법령보기 ◀

| 유별 | 위험물 | | 지정수량 |
|---|---|---|---|
| | 성질 | 품명 | |
| 제6류 | 산화성액체 | 과염소산 | 300킬로그램 |
| | | 과산화수소 | 300킬로그램 |
| | | 질산 | 300킬로그램 |
| | | 그밖에 행정안전부령으로 정하는 것 | 300킬로그램 |

**02** **답안** 300kg

**03** **답안** 직사일광을 차단하여 질산의 분해를 방지하기 위함

**참고**

 **상세해설** 질산($HNO_3$)은 제6류 위험물(※ 질산염류는 제1류 위험물, 질산에스터류는 제5류 위험물)에 해당하는 물질로서 햇빛에 의해 갈색의 연기를 내며 분해할 위험이 있으므로 갈색병에 보관하여야 한다. 질산($HNO_3$)은 자극적인 냄새가 나는 무색 또는 황색의 산화성이 강한 액체로 환원성 물질이나 유기화합물과 접촉할 경우 폭발과 화재의 위험이 있고 특히, 황화수소, 아세틸렌, 이황화탄소 등과 혼합하면 폭발할 수 있다. 제6류 위험물은 산화성 액체물질로서 모두 불연성이지만 분자 내부에 산소를 갖고 있으므로 분해에 의해 산소를 방출하므로 조연성 물질이며, 운반할 때에는 제1류 위험물과 혼재할 수 있다.

- $HNO_3 \xrightarrow[\text{광분해}]{h\nu} 4NO_2 + 2H_2O + O_2$
- $2HNO_3 \xrightarrow[\text{수소발생}]{\text{금속(Mg, Mn)과 반응}} H_2 + 2M(NO_3)_2$ ※ M : 금속이온
- $8HNO_3 + 3Cu \rightarrow 2NO + 4H_2O + 3Cu^{2+} + 6NO_3^-$
- $2HNO_3 \xrightarrow[\text{NO}_2 \text{ 발생}]{\text{가열}} 2NO_2 + 2H_2O$
- $4HNO_3 \xrightarrow[\text{NO}_2, \text{O}_2 \text{ 발생}]{\text{가열}} 4NO_2 + 2H_2O + O_2$

**04** **답안** $4HNO_3 \rightarrow 4NO_2 + 2H_2O + O_2$

**05** **답안** ① 부식성 및 유독성이 강한 산화제이다.
② 산소를 많이 포함하여 다른 가연물의 연소를 돕는다.
③ 비중이 1보다 크며, 물에 잘 녹고 물과 접촉하면 발열한다.
④ 가연물 또는 분해를 촉진하는 약품과 접촉하면 분해 폭발한다. (이 중에서 3가지 기술)

**06** **답안** 이황화탄소, 클로로벤젠, 스티렌

**보충** 이황화탄소($CS_2$)의 물(상온)에 대한 용해도는 0.173mL/100mL로서 매우 낮아 비수용성으로 분류된다. 클로로벤젠($C_6H_5Cl$)는 물에 녹지 않고, 대부분의 유기용매와 임의의 비율로 섞인다. 스티렌(Styrene)은 벤젠에 비닐기가 붙은 유기 화합물로 $C_6H_5CH=CH_2$의 화학식으로 가지며, 물에 대한 용해도가 0.03%이하로 비수용성 액체로 분류된다.

**07** **답안** ① 가열에 의해 폭발할 위험성이 있음
② 물과 접촉하면 심하게 반응하여 발열함

**보충** 과염소산($HClO_4$)은 산화성 액체로 제6류 위험물(지정수량 300kg, 과염소산염류는 산화성 고체로 제1류 위험물 −지정수량 50kg)이며, 염소의 산소산으로 무색이고 물에 녹는 액체이며, 황산이나 질산 정도의 강산성을 띤다. 제6류 위험물은 산화성 액체로서 분자구조 내에 산소 또는 할로젠이 가연물의 전자를 빼앗아 산화시키는 작용을 한다.

과염소산과 같은 제6류 위험물은 모두 강산류인 동시에 강산화제이지만 모두 불연성이다. 비중이 1보다 크며 물에 잘 녹고, 물과 반응 시 발열한다. 부식성 및 유독성이 강한 강산화제이다. 가열 또는 금속 촉매와 접촉 시 화재 및 폭발성의 위험성이 있다.

□ $HClO_4 \xrightarrow[\text{HCl과 산소 발생}]{\text{가열}} HCl + 2O_2$

**08** **답안** (1) 화학식 : $HClO_4$
(2) 위험물 유별 : 제6류
(3) 병원과의 안전거리는 : 30m
(4) 보유공지 너비 : 5m 이상

**참고**

**상세해설** 염소산 중에서 가장 강한 산은 과염소산($HClO_4$)이다. 과염소산은 제6류 위험물로 산화성 액체이므로 유동하기 쉬운 액체이고, 흡습성이 강하고, 매우 불안정한 강산이다. 과염소산($HClO_4$)의 분자량은 $1+35.5+16\times4$ =100.5이다. 알코올류와 접촉할 경우 발화·폭발하며, 금속(Fe, Cu, Zn)과 격렬한 반응을 한다. 제6류 위험물인 과염소산의 지정수량은 300kg이므로 지정수량의 배수는 5000/300=16.7배이다. 지정수량의 10배를 초과하면 보유공지는 5m 이상으로 하여야 한다.

제시된 분자량 "100.5"에서와 같이 "0.5"가 존재하는 것은 염소(Cl)이 홀수로 존재한다는 것이다. 왜냐하면 Cl의 원자량이 35.5이므로 짝수로 존재하면 "0.5"와 같은 숫자가 나올 수 없다. 그러므로 일단 염소(Cl)가 한 개인 물질로 가정하고 시작하는 것이 좋다.

다음, "염소산"이라 하였으므로 반드시 수소(H)가 들어간다는 것이다. 그러면 다음과 같이 분자량을 토대로 계산식을 만들 수 있다.

　　□ 분자량(100.5)=H+Cl+$x$ ➡ 100.5=1+35.5+$x$  ∴  $x$=64

여기서, 우리가 흔히 3대 강산(强酸)으로 알려진 물질에는 염산(HCl), 황산($H_2SO_4$), 질산($HNO_3$)이 있다. 문제에서 "염소산 중 가장 강한 산(酸)"이라고 하였으므로 "염소를 함유한 염산(HCl)보다도 더 강한 산(酸)은 어떤 물질일까?"를 생각해야 한다. 그렇다. → 과도하게 산화된 산(酸) → 과염소산이다. 앞에서 산정한 $x$=64의 값을 산소(O)의 원자량인 16으로 나누어 보면 → "64/16=4"가 나온다.

분자식을 유추하면 ➡ $HClO_4$(과염소산)가 되고, 이것의 분자량은 100.5가 된다. 문제에서 "유동(流動)하기 쉬운 액체"라고 하였으므로 위험물분류에서 "액체"라고 명시하고 있는 것은 2가지, 제4류와 제6류 위험물 중 하나가 된다.

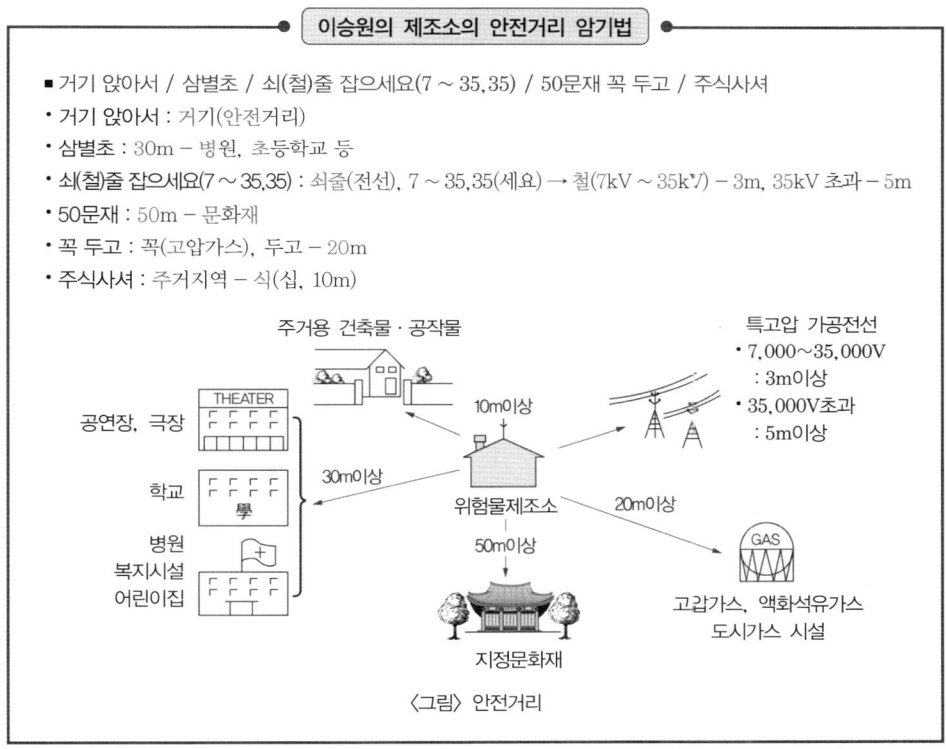

● 이승원의 제조소의 안전거리 암기법 ●

- ■ 거기 앉아서 / 삼별초 / 쇠(철)줄 잡으세요(7~35,35) / 50문재 꼭 두고 / 주식사셔
- 거기 앉아서 : 거기(안전거리)
- 삼별초 : 30m - 병원, 초등학교 등
- 쇠(철)줄 잡으세요(7~35,35) : 쇠줄(전선), 7~35,35(세요) → 철(7kV ~ 35kV) - 3m, 35kV 초과 - 5m
- 50문재 : 50m - 문화재
- 꼭 두고 : 꼭(고압가스), 두고 - 20m
- 주식사셔 : 주거지역 - 식(십, 10m)

〈그림〉 안전거리

> **이승원의 제조소의 안전거리 암기법**
>
> - 보고 / 싶은쉐이는 / 열고와
> - 보고 : 제조소 보유공지
> - 싶은쉐이는 : 싶은(10배 이하) 쉐(3m) 이상
> - 열고와 : 열(10배) 고(5m) 와(초과)
>
> | 취급하는 위험물의 최대수량 | 공지의 너비 |
> |---|---|
> | 지정수량의 10배 이하 | 3m 이상 |
> | 지정수량의 10배 초과 | 5m 이상 |

## 09   답안  (1) $HNO_3$
　　　　　(2) 300kg

■ 참고 ■

 부식성이 강한 대표적인 위험물은 제6류 위험물이다. 이외에 염소산염, 황화인, 클레오소트유 등이 부식성을 갖는다. 염산과 혼합할 경우 금, 백금을 부식시키는 위험물은 왕수(王水)이며, 왕수는 진한 질산과 염산을 혼합하여 조제된다.

　　□ 왕수 : $HNO_3 + 3HCl \rightleftarrows Cl_2 + NOCl + 2H_2O$

문제에서 분자량이 63이라고 전제하였으므로 제6류 위험물질 중 질산이 된다. 질산은 흡습성, 부식성이 강한 강산이며, 질산($HNO_3$)의 분자량은 $1+14+16 \times 3=63$이다.

> ● 참고 ●
>
> **왕수(王水)의 조제와 특성**
>
> - 반응식 : $HNO_3 + 3HCl \rightleftarrows Cl_2 + NOCl + 2H_2O$
> - 왕수는 진한 염산과 진한 질산의 혼합액으로 독특한 냄새가 나는 노란색 액체이다.
> - 왕수는 염산이나 질산에도 녹지 않는 금·백금과 같은 귀금속을 용해·부식시킨다.
> - 왕수는 발생기(發生期)의 염소와 염화나이트로실(NOCl)이 생기기 때문에 강력한 산화용해성을 지닌다.
> - 왕수에 녹지 않는 원소 → 이리듐(Ir), 루테늄(Ru), 로듐(Rh), 오스뮴(Os) 등

### 유사문제

**01** 제6류 위험물에 대하여 다음 물음에 답하시오. [07,09,13]
  (1) 과산화수소의 위험물로서 조건(농도)과 지정수량을 쓰시오.
  (2) 질산의 위험물로서 조건(비중)과 지정수량을 쓰시오.

**02** 과산화수소가 이산화망가니즈 존재하에 햇빛에 의해 분해되는 반응식과 발생기체의 명칭을 쓰시오. [10,21]

**03** 분자량 34, 표백작용·살균작용을 하며, 운반용기 외부에 표시하여야 하는 주의사항은 "가연물접촉주의"로 농도가 36%(wt) 이상인 것이 위험물이 되는 이 물질에 대해 다음 물음에 답하시오. [22]
  (1) 이 위험물의 명칭을 쓰시오.
  (2) 해당 위험물의 시성식을 쓰시오.
  (3) 해당 위험물의 분해 반응식을 쓰시오.
  (4) 해당물질을 취급하는 제조소의 표지판에 설치해야 하는 주의사항을 쓰시오. (단, 해당사항 없으면 "해당 없음"이라고 쓰시오.)

**04** 위험물안전관리법령상 농도 36%(중량) 이상인 것에 한하여 제6류 위험물로 지정·관리되고 있는 위험물에 대하여 다음 물음에 답하시오. [20]
  (1) 이 위험물의 분해 반응식을 쓰시오.
  (2) 이 위험물을 운반할 때 운반용기의 외부에 표시하는 주의사항을 쓰시오.
  (3) 이 위험물의 위험등급을 쓰시오.

**05** 어떤 물질이 하이드라진(히드라진)과 만나면 격렬히 반응하고 폭발한다. 다음 각 물음에 답을 쓰시오. [13,20]
  (1) 이 물질의 품명과 위험물이 되는 조건을 쓰시오.
  (2) 이 물질과 하이드라진(히드라진)의 폭발반응식을 쓰시오.

### 유사문제 답안·해설

**01** 답안 (1) 36%(중량) 이상, 300kg
  (2) 비중 1.49 이상, 300kg

**02** 답안 ① 분해반응식 : $2H_2O_2 \rightarrow O_2 + 2H_2O$ 또는 $H_2O_2 \rightarrow 0.5O_2 + H_2O$
  ② 발생기체 : $O_2$

**03** 답안 (1) 과산화수소
  (2) $H_2O_2$
  (3) $2H_2O_2 \rightarrow O_2 + 2H_2O$ 또는 $H_2O_2 \rightarrow 0.5O_2 + H_2O$
  (4) 해당 없음

■ 참고 ■

이 문제는 몇 군데 "Hint"가 있다. "분자량" 34, "농도 36중량% 이상인 것만 위험물로 지정·관리된다"는 부분이다. "표백작용"과 "살균작용" "가연물접촉주의"와 같은 것은 이 물질만 가지는 고유의 특징이라고 볼 수 없다. 과산화수소($H_2O_2$)는 분자량 34이다. 과산화수소는 제6류 위험물(산화성 액체)로 농도가 36wt% 이상의 것만 위험물로 취급한다. 위험물관리규정에 농도를 규정하는 것은 과산화수소($H_2O_2$, 36wt% 이상)와 유황(60wt% 이상) 뿐이다. 과산화수소를 포함한 제6류 위험물의 모두 위험등급은 Ⅰ등급으로 지정수량은 300kg이다.

[시범풀이]

첫 번째,
이 물질의 명칭은 과산화수소(Hydrogen Peroxide)이다. "명칭을 쓰라"고 하는데 화학식을 쓰면 안된다.

두 번째,
과산화수소의 시성식은 $H_2O_2$이다. $H_2O_2$는 과산화수소의 화학식, 분자식으로도 사용한다. 그러나 실험식으로 나타내면 수소와 산소로 구성된 물질이므로 HO가 된다. 주의하여야 할 부분이다.

세 번째,
과산화수소의 분해반응식을 만들어 보자!! 과산화수소($H_2O_2$)가 분해되면 물($H_2O$)이 되면서 산소를 부생시킨다.

  □ 반응식 기초 : $H_2O_2 \rightarrow H_2O +$ 부생물
  • 생성계 H 2개 → 반응계 H 2개
  • 생성계 O 1개 → 반응계 O 2개 ← 미반응 산소는 부생물에 포함

  〈완성〉 $H_2O_2 \rightarrow H_2O + 0.5O_2$

네 번째,
"제조소등의 표지판에 설치해야 하는 주의사항을 기재하라"고 하였다. "제조소등"이란 제조소, 저장소 및 취급소를 말한다.
과산화수소($H_2O_2$)는 과염소산, 질산, 할로겐간화합물과 더불어 제6류 위험물(산화성 액체)로 분류되며, 지정수량은 300kg, 위험등급 Ⅰ등급으로 지정·관리되는 물질로서 제6류 위험물은 **주의사항 게시판 설치규정에서 제외된다.** 따라서 답안지에는 "**해당 없음**"으로 기재한다.

● 참고 ●

① 과산화물 : 과산화물(Peroxide)은 산소-산소(-O-O-) 단일 결합의 분자구조 형태를 보인다.

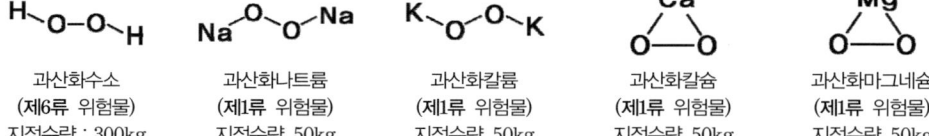

| 과산화수소 | 과산화나트륨 | 과산화칼륨 | 과산화칼슘 | 과산화마그네슘 |
| (제6류 위험물) | (제1류 위험물) | (제1류 위험물) | (제1류 위험물) | (제1류 위험물) |
| 지정수량 : 300kg | 지정수량 50kg | 지정수량 50kg | 지정수량 50kg | 지정수량 50kg |

② 제조소의 게시판 표시사항 : 제조소의 게시판 표시사항은 다음 단원에서 자세히 다루겠지만 간단히 정리하여 보면 다음과 같다.

  □ 물기엄금 { ◦ 제1류 위험물 중 알칼리금속의 과산화물
             ◦ 제3류 위험물 중 금수성물질
  □ 화기주의 : 제2류 위험물(인화성 고체 제외)
  □ 화기엄금 { ◦ 제2류 위험물 중 인화성고체
             ◦ 제3류 위험물 중 자연발화성 물질
             ◦ 제4류 위험물
             ◦ 제5류 위험물

③ 운반용기 외부의 주의사항 표시 : 운반용기 외부의 주의사항 표시에 관한 내용 역시 다음 단원에서 자세히 다루겠지만 간단히 정리하여 보면 다음과 같다.

- 제1류 위험물
  - 알칼리금속의 과산화물 : 화기·충격주의, 물기엄금, 가연물 접촉주의
  - 그밖의 것 : 화기·충격주의, 가연물 접촉주의
- 제2류 위험물
  - 철분·금속분·마그네슘 : 화기주의, 물기엄금
  - 인화성 고체 : 화기엄금
  - 그밖의 것 : 화기주의
- 제3류 위험물
  - 자연발화성 물질 : 화기엄금, 공기접촉엄금
  - 금수성 물질 : 물기엄금
- 제4류 위험물 : 화기엄금
- 제5류 위험물 : 화기엄금, 충격주의
- 제6류 위험물 : 가연물 접촉주의

제조소등의 표지판과 운반차량·운반용기 표지판의 규격과 내용을 비교·정리하면 다음과 같다.

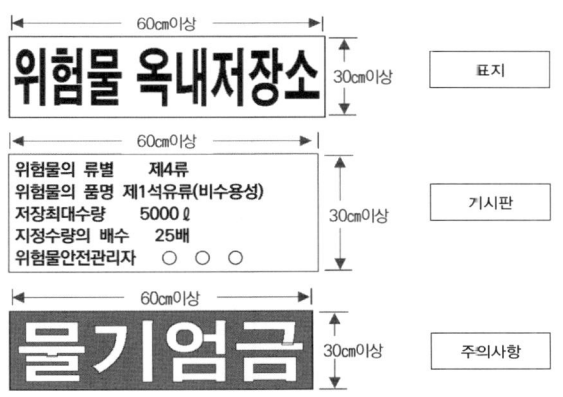

**04** 답안 (1) $2H_2O_2 \rightarrow O_2 + 2H_2O$    또는   $H_2O_2 \rightarrow 0.5O_2 + H_2O$

(2) 가연물 접촉주의

(3) Ⅰ등급

▶ 법령보기 ◀ 위험물의 위험등급

| 위험등급 | 해당 품명 및 품목 |
|---|---|
| Ⅰ등급 위험물 | • 제1류 위험물 중 아염소산염류, 염소산염류, 과염소산염류, 무기과산화물 그밖에 지정수량이 50kg인 위험물<br>• 제3류 위험물 중 칼륨, 나트륨, 알킬알루미늄, 알킬리튬, 황린 그밖에 지정수량이 10kg 또는 20kg인 위험물<br>• 제4류 위험물 중 특수인화물<br>• 제5류 위험물 중 지정수량이 10kg인 위험물<br>• 제6류 위험물 |
| Ⅱ등급 위험물 | • 제1류 위험물 중 브로민산염류, 질산염류, 아이오딘산염류 그밖에 지정수량이 300kg인 위험물<br>• 제2류 위험물 중 황화인, 적린, 유황 그밖에 지정수량이 100kg인 위험물<br>• 제3류 위험물 중 알칼리금속(칼륨 및 나트륨 제외) 및 알칼리토금속, 유기금속화합물(알킬알루미늄 및 알킬리튬 제외) 그밖에 지정수량이 50kg인 위험물<br>• 제4류 위험물 중 제1석유류 및 알코올류<br>• 제5류 위험물 중 Ⅰ등급 이외 위험물 |
| Ⅲ등급 위험물 | Ⅰ등급 및 Ⅱ등급 외의 위험물 |

**05** 답안 (1) 과산화수소, 농도 36%(중량) 이상인 것만 위험물로 취급됨

(2) $2H_2O_2 + N_2H_4 \rightarrow 4H_2O + N_2$

■ 참고 ■

 위험물의 품명·위험물이 되는 조건을 별도로 규정하는 위험물은 다음과 같다.

▫ 제6류 위험물에서 위험물이 되는 조건은 다음과 같다.
• 과산화수소는 그 농도가 36중량퍼센트 이상인 것에 한한다.
• 질산은 그 비중이 1.49 이상인 것에 한한다.

과산화수소($H_2O_2$)는 강한 산화력을 가지고 있으며, 약산성을 띤다. 특유의 불안정성 때문에 고농도로 존재하기 어렵기 때문에 농도 36%(중량) 이상인 것에 한하여 위험물로 규정하고 있다.

▫ 제5류 위험물 중 유기과산화물을 함유하는 것 중에서 불활성고체를 함유하는 것으로서 다음에 해당하는 것은 제외한다.
• 과산화벤조일의 함유량이 35.5중량퍼센트 미만인 것으로서 전분가루, 황산칼슘2수화물 또는 인산수소칼슘2수화물과의 혼합물
• 비스(4-클로로벤조일)퍼옥사이드의 함유량이 30중량퍼센트 미만인 것으로서 불활성고체와의 혼합물
• 과산화다이쿠밀의 함유량이 40중량퍼센트 미만인 것으로서 불활성고체와의 혼합물
• 1·4비스(2-터셔리뷰틸퍼옥시아이소프로필)벤젠의 함유량이 40중량퍼센트 미만인 것으로서 불활성고체와의 혼합물
• 사이클로헥산온퍼옥사이드의 함유량이 30중량퍼센트 미만인 것으로서 불활성고체와의 혼합물

▫ 제4석유류에서 → 도료류 그 밖의 물품은 가연성 액체량이 40중량퍼센트 이하인 것은 제외한다.
▫ 제3석유류에서 → 도료류 그 밖의 물품은 가연성 액체량이 40중량퍼센트 이하인 것은 제외한다.
▫ 제2석유류에서 → 도료류 그 밖의 물품에 있어서 가연성 액체량이 40중량퍼센트 이하이면서 인화점이 섭씨 40도 이상인 동시에 연소점이 섭씨 60도 이상인 것은 제외한다.
▫ 알코올류에서 다음에 해당하는 것은 위험물에서 제외한다.
• 1분자를 구성하는 탄소원자의 수가 1개 내지 3개의 포화1가 알코올의 함유량이 60중량퍼센트 미만인 수용액
• 가연성액체량이 60중량퍼센트 미만이고 인화점 및 연소점(태그개방식인화점측정기에 의한 연소점)이 에틸알코올 60중량퍼센트 수용액의 인화점 및 연소점을 초과하는 것

□ 동식물유류에서 → 행정안전부령으로 정하는 용기기준과 수납·저장기준에 따라 수납되어 저장·보관되고 용기의 외부에 물품의 통칭명, 수량 및 화기엄금의 표시가 있는 경우를 제외한다.

하이드라진(히드라진)의 분자식은 $N_2H_4$이고, 제4류 위험물-제2석유류로 분류된다. ㈜ 하이드라진 유도체는 자기반응성물질로 제5류 위험물로 분류되는 물질임

하이드라진(히드라진, $N_2H_4$)은 발연성(發煙性, Smokability)의 액체이므로 열(熱)에 불안정하며, 공기 중에서 가열하면 약 180℃에서 분해하여 수소, 암모니아, 질소가스를 발생한다. 또한 하이드라진은 강한 환원성 물질로 산소가 존재하지 않아도 과산화수소와 같은 강산화제와 접촉하거나 열, 화염, 기타 점화원과의 접촉에 의해 폭발할 수 있다.

□ $N_2H_4 + 2H_2O_2 \rightarrow N_2 + 4H_2O$

□ $2N_2H_4 \rightarrow H_2 + 2NH_3 + N_2$

● 참고 ●

**하이드라진과 유사 명칭을 갖는 위험물**

① 하이드라진(Hydrazine, $N_2H_4$) : 하이드라진(히드라진)은 제4류 위험물의 제2석유류(수용성 액체)이며, 지정수량은 2,000L이고, 위험 등급 Ⅲ등급으로 지정된 물질임

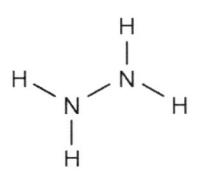
〈그림〉 하이드라진($N_2H_4$)

- 히드라진은 **암모니아 분자**에서 분자 하나당 수소를 하나씩 뺀 것을 두 개 쌍으로 만든 구조임
- 히드라진은 로켓 연료로 사용되는 액체 화학물질임
- 히드라진은 암모니아와 비슷한 냄새가 남
- 물과 비슷한 밀도를 가지며, 물과 비슷한 온도 범위에서 액체 상태로 존재함
- 공기 중에서 가열하면 약 180℃에서 분해하여 수소, 암모니아, 질소가스를 발생함

② 하이드라진 유도체(황산히드라진, 염산히드라진 등) : 제5류 위험물(자기반응성 물질)로서 지정수량은 1종 10kg, 2종 100kg이고, 위험등급 Ⅱ등급으로 지정된 물질임

③ 다이메틸 하이드라진 : 제4류 위험물(인화성 액체) 중 제1석유류(수용성 액체)이며, 지정수량은 400L이고, 위험등급 Ⅱ등급으로 지정된 물질임

④ 하이드라진 모노하이드레이트, 페닐히드라진 : 제4류 위험물(인화성 액체) 중 제3석유류(수용성 액체)이며, 지정수량은 4,000L이고, 위험 등급 Ⅲ등급으로 지정된 물질임

# Chapter 03 위험물안전 · 설비기준

## 1. 위험물 안전

### 1 위험물의 저장 · 취급

(1) 공통기준

① 일반 공통기준(중요기준)
- 허가 및 신고품명 외의 위험물이나 허가 및 신고수량 또는 지정수량의 배수를 초과하는 위험물을 저장 또는 취급하지 아니하여야 한다(중요기준).
- 위험물의 성질에 따라 **차광** 또는 **환기**를 실시하여야 한다.
- 위험물은 **온도계, 습도계, 압력계** 그 밖의 계기를 감시하여 당해 위험물의 성질에 맞는 적정한 **온도, 습도** 또는 **압력**을 유지하도록 저장 또는 취급하여야 한다.
- 위험물을 저장 또는 취급하는 경우에는 위험물의 변질, 이물의 혼입 등에 의하여 당해 위험물의 위험성이 증대되지 아니하도록 필요한 조치를 강구하여야 한다.
- 위험물이 남아 있거나 남아 있을 우려가 있는 설비, 기계 · 기구, 용기 등을 수리하는 경우에는 안전한 장소에서 위험물을 완전하게 제거한 후에 실시하여야 한다.
- 위험물을 용기에 수납하여 저장 또는 취급할 때에는 그 용기는 당해 위험물의 성질에 적응하고 **파손 · 부식 · 균열** 등이 없는 것으로 하여야 한다.
- **가연성**의 액체 · 증기 또는 가스가 새거나 체류할 우려가 있는 장소 또는 **가연성**의 **미분**이 현저히 부유할 우려가 있는 장소에서는 **전선**과 **전기기구**를 완전히 접속하고 불꽃을 발하는 기계 · 기구 · 공구 · 신발 등을 사용하지 아니하여야 한다.
- 위험물을 **보호액** 중에 보존하는 경우에는 당해 위험물이 **보호액**으로부터 노출되지 아니하도록 하여야 한다.

② 위험물의 유별 저장 · 취급에 관한 공통기준(중요기준)
  ㉮ 제1류 위험물 : 가연물과의 **접촉 · 혼합**이나 분해를 촉진하는 물품과의 **접근** 또는 **과열 · 충격 · 마찰** 등을 피하는 한편, 알칼리금속의 과산화물 및 이를 함유한 것에 있어서는 **물과의 접촉**을 피하여야 한다.

㉯ 제2류 위험물 : 산화제와의 접촉·혼합이나 불티·불꽃·고온체와의 접근 또는 과열을 피하는 한편, 철분·금속분·마그네슘 및 이를 함유한 것에 있어서는 물이나 산과의 접촉을 피하고 인화성 고체에 있어서는 함부로 증기를 발생시키지 아니하여야 한다.

㉰ 제3류 위험물 중 자연발화성 물질 : 불티·불꽃 또는 고온체와의 접근·과열 또는 공기와의 접촉을 피하고, 금수성 물질에 있어서는 물과의 접촉을 피하여야 한다.

㉱ 제4류 위험물 : 불티·불꽃·고온체와의 접근 또는 과열을 피하고, 함부로 증기를 발생시키지 아니하여야 한다.

㉲ 제5류 위험물 : 불티·불꽃·고온체와의 접근이나 과열·충격 또는 마찰을 피하여야 한다.

㉳ 제6류 위험물 : 가연물과의 접촉·혼합이나 분해를 촉진하는 물품과의 접근 또는 과열을 피하여야 한다.

● 참고 ●

**유별을 달리하는 위험물**

유별을 달리하는 위험물은 동일한 저장소(내화구조의 격벽으로 완전히 구획된 실이 2 이상 있는 저장소에 있어서는 동일한 실)에 저장하지 아니하여야 한다.
다만, 옥내저장소 또는 옥외저장소에 있어서 다음의 규정에 의한 위험물을 저장하는 경우로서 위험물을 유별로 정리하여 저장하는 한편, 서로 1m 이상의 간격을 두는 경우에는 그러하지 아니하다(중요기준).

※ 함께 저장하는 것이 법적으로 허용되는 것

■ 제1류 위험물
  • 제1류 위험물(알칼리금속의 과산화물 제외)과 제5류 위험물을 저장하는 경우
  • 제1류 위험물(산화성 고체)과 제6류 위험물(산화성 액체)을 저장하는 경우
  • 제1류 위험물과 제3류 위험물 중 자연발화성 물질(황린을 함유한 것에 한함)을 저장하는 경우
■ 제2류 위험물 중 인화성 고체와 제4류 위험물을 저장하는 경우
■ 제3류 위험물 중 알킬알루미늄 등과 제4류 위험물(알킬알루미늄 또는 알킬리튬에 한함)을 저장하는 경우
■ 제4류 위험물 중 유기과산화물 또는 이를 함유하는 것과 제5류 위험물 중 유기과산화물 또는 이를 함유한 것을 저장하는 경우

 **개념문제**

황린은 "공기와 접촉하면 자연발화하기 때문에 pH 9의 물속에 저장한다." 물의 pH를 9로 유지하려면 알칼리성의 염기(pH 조정제)를 첨가한다. 이때 보호액의 pH가 과도하게 증가하거나 당해 위험물이 보호액으로부터 노출되어 알칼리액과 접촉할 경우, 발생되는 위험성 기체의 시성식을 쓰시오.

**H**ack **답안지**  $PH_3$

■ 참고 ■

 황린이 저장된 보호액(물, pH 9)에 KOH를 가하면($KOH \rightleftharpoons OH^- + K^+$) → 용액의 pH가 변한다.

- $P_4 + 3H_2O + 3KOH \rightarrow PH_3 + 3KH_2PO_2$
  - KOH의 전리(電離)에 의해 보호액 중에 $-OH$가 다량 존재하게 된다.
  - $OH^-$는 물($H_2O \rightleftharpoons H^+ + OH^-$)로부터 수소이온($H^+$)을 끌어당겨 $H_2O$를 형성하면서 물의 안정성을 더욱 감소시킨다.
  - 보호액의 pH는 수산화이온($OH^-$)이 증가하면서 9 이상으로 증폭한다.

▫ 보호액의 pH가 증가되면서 안정되어 있던 황린($P_4$)이 활성을 찾게 되면 → 보호액 중에 존재하는 $H^+$, $OH^-$ 및 $K^+$와 반응한다. 이때, 인(P)은 최외각 전자가 5개이므로 통상 +5가(價)로 보지만 $-3$가 ~ $+3$가 ~ $+5$가까지 다양한 산화수를 갖는다. 황린과 강염기(强鹽基)와의 반응에는 $-3$가와 $+3$가가 주된 역할을 한다.

$$P_4 \rightarrow \begin{cases} \bullet KOH \rightleftharpoons OH^- + K^+, \quad H_2O \rightleftharpoons H^+ + OH^- \\ \bullet P^{3-} + 3H^+ = PH_3 \\ \circ P^{3+} + \begin{cases} -OH \\ -OH \\ -OH \end{cases} = H_3PO_3 \rightleftharpoons [(PO)(OH)_2]^- \\ \bullet [(PO)(OH)_2]^- + K^+ = KH_2PO_2 \end{cases}$$

결론적으로 황린($P_4$)을 보관하고 있는 수조(水槽)의 보호액의 pH가 과도하게 증가하거나 당해 위험물이 보호액으로부터 노출되어 강한 알칼리액과 접촉할 경우 $PH_3$(인화수소) 독성기체가 발생하게 된다.

## 개념문제

**다음은 위험물을 저장 또는 취급하는 공통기준이다. 괄호 안에 알맞은 말을 쓰시오.** [20]

(1) 위험물을 저장 또는 취급하는 건축물, 그 밖의 공작물 또는 설비는 당해 위험물의 성질에 따라 차광 또는 ( ① )를 실시하여야 한다.
(2) 위험물은 온도계, 습도계, ( ② )계, 그 밖의 계기를 감시하여 당해 위험물의 성질에 맞는 적정한 온도, 습도 또는 ( ② )을 유지하도록 저장 또는 취급하여야 한다.
(3) 위험물을 용기에 수납하여 저장 또는 취급할 때에는 그 용기는 당해 위험물의 성질에 적응하고 파손·( ③ )· 균열 등이 없는 것으로 하여야 한다.
(4) ( ④ )의 액체·증기 또는 가스가 새거나 체류할 우려가 있는 장소 또는 ( ④ )의 미분이 현저하게 부유할 우려가 있는 장소에서는 전선과 전기기구를 완전히 접속하고 불꽃을 발하는 기계·공구·신발 등을 사용하지 아니하여야 한다.
(5) 위험물을 ( ⑤ ) 중에 보존하는 경우에는 당해 위험물이 ( ⑤ )으로부터 노출되지 아니하도록 하여야 한다.

**답안지** ① 환기 ② 압력 ③ 부식 ④ 가연성 ⑤ 보호액

**보충** ▶ 법령보기 ◀

㉮ 위험물을 저장 또는 취급하는 건축물 그 밖의 공작물 또는 설비는 당해 위험물의 성질에 따라 차광 또는 환기를 실시하여야 한다.
㉯ 위험물은 온도계, 습도계, 압력계 그 밖의 계기를 감시하여 당해 위험물의 성질에 갖는 적정한 온도, 습도 또는 압력을 유지하도록 저장 또는 취급하여야 한다.
㉰ 위험물을 용기에 수납하여 저장 또는 취급할 때에는 그 용기는 당해 위험물의 성질에 적응하고 파손·부식·균열 등이 없는 것으로 하여야 한다.
㉱ 가연성의 액체·증기 또는 가스가 새거나 체류할 우려가 있는 장소 또는 가연성의 미분이 현저하게 부유할 우려가 있는 장소에서는 전선과 전기기구를 완전히 접속하고 불꽃을 발하는 기계·기구·공구·신발 등을 사용하지 아니하여야 한다.
㉲ 위험물을 보호액 중에 보존하는 경우에는 당해 위험물이 보호액으로부터 노출되지 아니하도록 하여야 한다.

## 개념문제

**다음은 위험물안전관리법령에서 정하는 위험물의 저장 및 취급기준이다. 다음 괄호 안에 알맞은 말을 쓰시오.** [15,17,18]

(1) 제( )류 위험물은 가연물과의 접촉 및 혼합이나 분해를 촉진하는 물품과의 접근 또는 과열, 충격, 마찰 등을 피하는 한편, 알칼리금속의 과산화물 및 이를 함유한 것에 있어서는 물과의 접촉을 피하여야 한다.
(2) 제( ① )류 위험물은 불티, 불꽃, 고온체와의 접근 또는 과열을 피하고, 함부로 ( ② )를 발생시키지 아니하여야 한다.
(3) 제( )류 위험물은 산화제와의 접촉, 혼합이나 불티, 불꽃, 고온체와의 접근 또는 과열을 피하는 한편, 철분, 금속분, 마그네슘 및 이를 함유한 것에 있어서는 물이나 산과의 접촉을 피하고 인화성 고체에 있어서는 함부로 증기를 발생시키지 아니하여야 한다.
(4) 제6류 위험물은 가연물과의 접촉 및 혼합으로 분해를 촉진하는 물품과의 접근 또는 ( )을 피하여야 한다.

**Hack 답안지** (1) 1
(2) ① 4  ② 증기
(3) 2
(4) 과열

▶ 법령보기 ◀
㉮ 제1류 위험물은 가연물과의 접촉·혼합이나 분해를 촉진하는 물품과의 접근 또는 과열·충격·마찰 등을 피하는 한편, 알카리금속의 과산화물 및 이를 함유한 것에 있어서는 물과의 접촉을 피하여야 한다.
㉯ 제4류 위험물은 불티·불꽃·고온체와의 접근 또는 과열을 피하고, 함부로 증기를 발생시키지 아니하여야 한다.
㉰ 제2류 위험물은 산화제와의 접촉·혼합이나 불티·불꽃·고온체와의 접근 또는 과열을 피하는 한편, 철분·금속분·마그네슘 및 이를 함유한 것에 있어서는 물이나 산과의 접촉을 피하고 인화성 고체에 있어서는 함부로 증기를 발생시키지 아니하여야 한다.
㉱ 제6류 위험물은 가연물과의 접촉·혼합이나 분해를 촉진하는 물품과의 접근 또는 과열을 피하여야 한다.

## 개념문제

다음은 위험물안전관리법에서 정하는 위험물의 유별 저장·취급에 대한 공통기준이다. 괄호 안에 들어갈 알맞은 내용을 쓰시오.                                                                [22]

(1) 제(  )류 위험물은 불티·불꽃·고온체와의 접근 또는 과열을 피하고, 함부로 증기를 발생시키지 아니하여야 한다.
(2) 제(  )류 위험물은 불티·불꽃·고온체와의 접근이나 과열·충격 또는 마찰을 피해야 한다.
(3) 제(  )류 위험물은 가연물과의 접촉·혼합이나 분해를 촉진하는 물품과의 접근 또는 과열을 피해야 한다.
(4) 유별을 달리하는 위험물은 동일한 저장소에 저장하지 아니하여야 한다. 다만, 옥내저장소 또는 옥외저장소에 있어서 다음의 규정에 의한 위험물을 저장하는 경우로서 위험물을 유별로 정리하여 저장하는 한편, 서로 1m 이상의 간격을 두는 경우에는 그러하지 아니하다.
① 제1류 위험물과 제(  )류 및 제(  )류 위험물을 저장하는 경우
② 제2류 위험물 중 인화성 고체와 제(  )류 위험물을 저장하는 경우

**Hack 답안지** (1) 4
(2) 5
(3) 6
(4) ① 5, 6  ② 4

▶ 법령보기 ◀

㉑ 제4류 위험물은 불티·불꽃·고온체와의 접근 또는 과열을 피하고, 함부로 증기를 발생시키지 아니하여야 한다.
㉯ 제5류 위험물은 불티·불꽃·고온체와의 접근이나 과열·충격 또는 마찰을 피하여야 한다.
㉰ 제6류 위험물은 가연물과의 접촉·혼합이나 분해를 촉진하는 물품과의 접근 또는 과열을 피하여야 한다.
㉱ 유별을 달리하는 위험물은 동일한 저장소에 저장하지 아니하여야 한다. 다만, 옥내저장소 또는 옥외저장소에 있어서 다음의 규정에 의한 위험물을 저장하는 경우로서 위험물을 유별로 정리하여 저장하는 한편, 서로 1m 이상의 간격을 두는 경우에는 그러하지 아니하다(중요기준).
  ㉠ 제1류 위험물과 제5류 위험물을 저장하는 경우
  ㉡ 제1류 위험물과 제6류 위험물을 저장하는 경우
  ㉢ 제2류 위험물 중 인화성 고체와 제4류 위험물을 저장하는 경우

##  개념문제

[보기]에서 설명하는 위험물에 대하여 다음 물음에 답하시오. [21]

[위험물의 저장 및 취급에 관한 기준]
불티, 불꽃, 고온체와의 접근이나 과열, 충격 또는 마찰을 피해야 한다.

(1) 운반 시 [보기]의 위험물과 혼재 가능한 위험물(유별)을 쓰시오.
(2) 운반용기 외부에 표기해야 하는 주의사항을 쓰시오.
(3) 해당 유별 및 품명에서 1종으로 분류되는 위험물의 지정수량을 쓰시오.

**답안지** (1) 제2류 위험물, 제4류 위험물
(2) 화기엄금, 충격주의
(3) 10kg

**해설** 불티, 불꽃, 고온체와의 접근이나 과열, 충격 또는 마찰을 피해야 하는 것은 제5류 위험물이다. 그러므로 혼재기준에서 혼재 가능한 위험물은 제2류 위험물, 제4류 위험물이다.
따라서 제5류 위험물의 운반용기 외부에 표기해야 하는 주의사항은 "화기엄금" 및 "충격주의"가 되는 것이고, 제5류 위험물 중 1종으로 분류되는 위험물의 지정수량은 10kg, 2종은 100kg이다.

▶ 법령보기 ◀

㉮ 유별을 달리하는 위험물의 혼재기준(별표 19-부표2)

| 위험물의<br>구분 | 제1류 | 제2류 | 제3류 | 제4류 | 제5류 | 제6류 |
|---|---|---|---|---|---|---|
| 제1류 |  | × | × | × | × | ○ |
| 제2류 | × |  | × | ○ | ○ | × |
| 제3류 | × | × |  | ○ | × | × |
| 제4류 | × | ○ | ○ |  | ○ | × |
| 제5류 | × | ○ | × | ○ |  | × |
| 제6류 | ○ | × | × | × | × |  |

[비고]
1. "×"표시는 혼재할 수 없음을 표시한다.
2. "○"표시는 혼재할 수 있음을 표시한다.

㉯ 운반용기 외부에 표시하여야 할 사항 : 위험물은 그 운반용기의 외부에 다음에 정하는 바에 따라 위험물의 품명, 수량 등을 표시하여 적재하여야 한다.
  ㉠ 위험물의 품명 · 위험등급 · 화학명 및 수용성(수용성 표시는 제4류 위험물로서 수용성인 것에 한함)
  ㉡ 위험물의 수량
  ㉢ 수납하는 위험물에 따라 다음의 규정에 의한 주의사항
  • 제1류 위험물 중 알칼리금속의 과산화물 또는 이를 함유한 것에 있어서는 "화기 · 충격주의", "물기엄금" 및 "가연물접촉주의", 그 밖의 것에 있어서는 "화기 · 충격주의" 및 "가연물접촉주의"
  • 제2류 위험물 중 철분 · 금속분 · 마그네슘 또는 이들중 어느 하나 이상을 함유한 것에 있어서는 "화기주의" 및 "물기엄금", 인화성고체에 있어서는 "화기엄금", 그 밖의 것에 있어서는 "화기주의"
  • 제3류 위험물 중 자연발화성물질에 있어서는 "화기엄금" 및 "공기접촉엄금", 금수성물질에 있어서는 "물기엄금"
  • 제4류 위험물에 있어서는 "화기엄금"
  • 제5류 위험물에 있어서는 "화기엄금" 및 "충격주의"
  • 제6류 위험물에 있어서는 "가연물접촉주의"

㉰ 제5류 위험물의 지정수량

| 위험물 | | | 지정수량 |
|---|---|---|---|
| 유별 | 성질 | 품명 | |
| 제5류 | 자기반응성물질 | 유기과산화물 | 제1종 : 10킬로그램<br><br>제2종 : 100킬로그램 |
| | | 질산에스터류 | |
| | | 나이트로화합물 | |
| | | 나이트로소화합물 | |
| | | 아조화합물 | |
| | | 다이아조화합물 | |
| | | 하이드라진 유도체 | |
| | | 하이드록실아민 | |
| | | 하이드록실아민염류 | |
| | | 그밖에 행정안전부령으로 정하는 것 | |

### 유사문제

**01** 다음은 위험물을 저장 또는 취급하는 공통기준이다. 괄호 안에 알맞은 말을 쓰시오. [10]

(1) 위험물을 저장 또는 취급하는 건축물 그 밖의 공작물 또는 설비는 당해 위험물의 성질에 따라 차광 또는 (　　)를 하여야 한다.

(2) 위험물은 온도계, 습도계, 압력계 그 밖의 계기를 감시하여 당해 위험물의 성질에 맞는 적당한 ( ① ), ( ② ) 또는 압력을 유지하도록 저장 또는 취급하여야 한다.

**02** 다음은 위험물의 유별 저장 및 취급에 관한 기준이다. 괄호 안에 알맞은 말을 쓰시오. [20]

(1) (　　)위험물은 불티·불꽃, 고온체와의 접근이나 과열·충격 또는 마찰을 피해야 한다.

(2) (　　)위험물은 가연물과의 접촉·혼합이나 분해를 촉진하는 물품과의 접근 또는 과열을 피해야 한다.

(3) (　　)위험물은 불티·불꽃, 고온체와의 접근 또는 과열을 피하고, 함부로 증기를 발생시키지 않아야 한다.

**03** 다음은 위험물안전관리법에서 정하는 위험물의 저장 및 취급 기준이다. 괄호 안에 알맞은 말을 쓰시오. [21]

(1) 제3류 위험물 중 자연발화성 물질에 있어서는 불티, 불꽃, 고온체와의 접근, 과열 또는 (　　)와의 접촉을 피하고, 금수성 물질에 있어서는 물과의 접촉을 피해야 한다.

(2) 제 (　　)류 위험물은 불티, 불꽃, 고온체와의 접근이나 과열, 충격 또는 마찰을 피해야 한다.

(3) 제2류 위험물은 산화제와의 접촉·혼합이나 불티, 불꽃, 고온체와의 접근 또는 과열을 피하는 한편, (　　), (　　), (　　) 및 이를 함유한 것에 있어서는 물이나 산과의 접촉을 피하고 인화성 고체에 있어서는 함부로 증기를 발생시키지 아니하여야 한다.

### 유사문제 답안·해설

**01** 답안 (1) 환기
(2) ① 온도　② 습도

**02** 답안 (1) 제5류
(2) 제6류
(3) 제4류

**03** 답안 (1) 공기
(2) 5
(3) 철분, 금속분, 마그네슘

## (2) 위험물의 저장기준

① **설비에 사용할 수 없는 재료** : 아세트알데하이드, 산화프로필렌등의 옥외저장탱크의 설비는 동·마그네슘·은·수은 또는 이들을 성분으로 하는 합금으로 만들지 아니하여야 한다.

② **저장소의 저장기준** : 저장소에는 위험물 외의 물품을 저장하지 아니하여야 한다. 다만, 다음에 해당하는 경우에는 그러하지 아니하다(중요기준).

㉮ 옥내저장소 또는 옥외저장소에서 위험물과 위험물이 아닌 물품을 함께 저장하는 경우. 단, 위험물과 위험물이 아닌 물품은 각각 모아서 저장하고 상호간에는 1m 이상의 간격을 두어야 한다.

㉯ 옥외탱크저장소·옥내탱크저장소·지하탱크저장소 또는 이동탱크저장소에서 당해 옥외탱크저장소 등의 구조 및 설비에 나쁜 영향을 주지 아니하면서 다음에서 정하는 위험물이 아닌 물품을 저장하는 경우

㉠ 제4류 위험물을 저장 또는 취급하는 옥외탱크저장소 등 : 합성수지류 등 또는 위험물에 해당하지 아니하는 물품 또는 위험물에 해당하지 아니하는 불연성 물품

㉡ 제6류 위험물을 저장 또는 취급하는 옥외탱크저장소 등 : 위험물에 해당하지 아니하는 물품 또는 위험물에 해당하지 아니하는 불연성 물품

③ **유별을 달리하는 위험물** : 유별을 달리하는 위험물은 동일한 저장소(내화구조의 격벽으로 완전히 구획된 실이 2 이상 있는 저장소에 있어서는 동일한 실)에 저장하지 아니하여야 한다.

다만, 옥내저장소 또는 옥외저장소에 있어서 다음의 규정에 의한 위험물을 저장하는 경우로서 위험물을 유별로 정리하여 저장하는 한편, 서로 1m 이상의 간격을 두는 경우에는 그러하지 아니하다(중요기준).

④ **황린의 저장** : 제3류 위험물 중 황린 그밖에 물속에 저장하는 물품과 금수성 물질은 동일한 저장소에서 저장하지 아니하여야 한다(중요기준).

⑤ **용기수납** : 옥내저장소에 있어서 위험물은 용기에 수납하여 저장하여야 한다. 다만, 덩어리상태의 유황은 그러하지 아니하다.

⑥ **품명별 이격거리** : 옥내저장소에서 **동일 품명의 위험물**이더라도 자연발화할 우려가 있는 위험물 또는 재해가 현저하게 증대할 우려가 있는 위험물을 다량 저장하는 경우에는 **지정수량의 10배 이하마다** 구분하여 **상호간 0.3m 이상의 간격**을 두어 저장하여야 한다.

⑦ 용기의 쌓는 높이 : 옥내저장소에서 위험물을 저장하는 경우에는 다음 규정에 의한 높이를 초과하여 용기를 겹쳐 쌓지 아니하여야 한다.
　㉮ 기계에 의하여 하역하는 구조로 된 **용기만을 겹쳐 쌓는 경우**에 있어서는 **6m**
　㉯ **제4류 위험물**
　　• **제3석유류, 제4석유류 및 동식물유류**를 수납하는 용기만을 겹쳐 쌓는 경우에 있어서는 **4m**
　　• 그 밖의 경우에 있어서는 **3m**

⑧ **저장온도** : 옥내저장소에서는 용기에 수납하여 저장하는 위험물의 온도가 **55℃를 넘지 않도록** 필요한 조치를 강구하여야 한다(중요기준).

⑨ **밸브 및 뚜껑 · 방유제의 관리**
　㉮ 옥외저장탱크 · 옥내저장탱크 또는 지하저장탱크의 **주된 밸브**(액체의 위험물을 이송하기 위한 배관에 설치된 밸브 중 탱크의 바로 옆에 있는 것) 및 **주입구의 밸브 또는 뚜껑**은 위험물을 넣거나 빼낼 때 **외에는 폐쇄**하여야 한다.
　㉯ 옥외저장탱크의 주위에 방유제가 있는 경우에는 그 배수구를 **평상시 폐쇄**하여 두고, 당해 방유제의 내부에 유류 또는 물이 고였을 때에는 지체 없이 이를 **배출**하여야 한다.

⑩ **이동저장탱크**
　㉮ **표지부착** : 이동저장탱크에는 당해 탱크에 저장 또는 취급하는 위험물의 위험성을 알리는 표지를 부착하고 잘 보일 수 있도록 관리하여야 한다.
　㉯ **안전장치 · 배출밸브관리** : 이동저장탱크 및 그 안전장치와 그 밖의 부속배관은 균열, 결합불량, 극단적인 변형, 주입호스의 손상 등에 의한 위험물의 누설이 일어나지 아니하도록 하고, 당해 탱크의 배출밸브는 **사용 시 외에는 완전하게 폐쇄**하여야 한다.

㉰ 견인자동차관리 : 피견인자동차에 고정된 이동저장탱크에 위험물을 저장할 때에는 당해 피견인자동차에 견인자동차를 **결합한 상태로** 두어야 한다. 다만, 피견인자동차를 철도·궤도상의 차량에 싣거나 차량으로부터 내리는 경우에는 그러하지 아니하다.
- 피견인자동차를 차량에 싣는 것은 견인자동차를 분리한 즉시 실시하고, 피견인자동차를 차량으로부터 내렸을 때에는 즉시 당해 피견인자동차를 견인자동차에 결합할 것
- 컨테이너식 이동탱크저장소 외의 이동탱크저장소에 있어서는 위험물을 저장한 상태로 이동저장탱크를 옮겨 싣지 아니하여야 한다(중요기준).

㉱ 이동탱크저장소 : 이동탱크저장소에는 당해 이동탱크저장소의 **완공검사필증** 및 **정기점검기록**을 비치하여야 한다.

㉲ 알킬알루미늄의 저장·취급 이동탱크저장소 : 알킬알루미늄 등을 저장 또는 취급하는 이동탱크저장소에는 <u>긴급시의 연락처, 응급조치에 관하여 필요한 사항을 기재한 서류, 방호복, 고무장갑, 밸브 등을 죄는 결합공구 및 휴대용 확성기를 비치</u>하여야 한다.

⑪ **옥외저장소**
㉮ **저장가능한 위험물**
- 제2류 위험물 중 황 또는 인화성고체(인화점이 섭씨 0도 이상인 것)
- 제4류 위험물중 제1석유류(인화점이 섭씨 0도 이상인 것)·알코올류·제2석유류·제3석유류·제4석유류 및 동식물유류
- 제6류 위험물

㉯ **용기수납** : 옥외저장소에 있어서 위험물은 용기에 수납하여 저장하여야 한다.
- 옥외저장소에서 위험물을 저장하는 경우에 있어서는 규정에 의한 높이를 초과하여 용기를 겹쳐 쌓지 아니하여야 한다.
- 옥외저장소에서 위험물을 수납한 용기를 **선반에** 저장하는 경우에는 **6m**를 초과하여 저장하지 아니하여야 한다.

㉢ 유황의 저장 : 유황을 용기에 수납하지 아니하고 저장하는 옥외저장소에서는 유황을 경계표시의 높이 이하로 저장하고, 유황이 넘치거나 비산하는 것을 방지할 수 있도록 경계표시 내부의 전체를 난연성 또는 불연성의 천막 등으로 덮고 당해 천막 등을 경계표시에 고정하여야 한다.

㉣ 저장탱크의 압력과 온도

- ㉠ 압력탱크
  - 알킬알루미늄 등은 당해 탱크 내의 압력이 **상용압력** 이하로 낮아지지 아니하도록 할 것
  - 압력탱크에 저장하는 아세트알데하이드 등 또는 다이에틸에터(디에틸에테르) 등의 온도는 40℃ 이하로 유지할 것

- ㉡ 압력탱크 외의 탱크
  - **알킬알루미늄**은 취출이나 온도의 저하에 의한 공기의 혼입을 방지할 수 있도록 **불활성의 기체**를 봉입할 것
  - 압력탱크 외의 탱크에 저장하는 다이에틸에터(디에틸에테르)등 또는 아세트알데하이드등의 온도는 산화프로필렌과 이를 함유한 것 또는 다이에틸에터등에 있어서는 30℃ 이하로, 아세트알데하이드 또는 이를 함유한 것에 있어서는 15℃ 이하로 각각 유지할 것

- ㉢ 새롭게 주입할 경우 : 새롭게 알킬알루미늄 등을 주입하는 때에는 미리 당해 탱크 안의 공기를 불활성 기체와 치환하여 둘 것

- ㉣ 봉입압력 : 이동저장탱크에 알킬알루미늄 등을 저장하는 경우에는 20kPa 이하의 압력으로 불활성의 기체를 봉입하여 둘 것

- ㉤ 보냉장치 유무에 따른 온도유지
  - **보냉장치가 있는 경우** : 이동저장탱크에 저장하는 아세트알데하이드 또는 다이에틸에터(디에틸에테르)의 온도는 당해 위험물의 **비점** 이하로 유지할 것
  - **보냉장치가 없는 경우** : 이동저장탱크에 저장하는 아세트알데하이드 또는 다이에틸에터(디에틸에테르)의 온도는 40℃ 이하로 유지할 것

## 개념문제

제4류 위험물 중 옥외저장소에 보관 가능한 품명 5가지를 쓰시오. [13,17,21]

**답안지**
① 제1석유류(인화점 섭씨 0도 이상)
② 제2석유류
③ 제3석유류
④ 제4석유류, 알코올류, 동식물유류
※ 이 중 5가지 기술

▶ 법령보기 ◀ 옥외저장소 저장대상 위험물
㉮ 제2류 위험물 중 황 또는 인화성고체(인화점이 섭씨 0도 이상인 것에 한한다)
㉯ 제4류 위험물중 제1석유류(인화점이 섭씨 0도 이상인 것에 한한다), 알코올류·제2석유류·제3석유류·제4석유류 및 동식물유류
㉰ 제6류 위험물
㉱ 제2류 위험물 및 제4류 위험물 중 특별시·광역시·특별자치시·도 또는 특별자치도의 조례로 정하는 위험물(보세구역 안에 저장하는 경우로 한정한다)
㉲ 「국제해사기구에 관한 협약」에 의하여 설치된 국제해사기구가 채택한 「국제해상위험물규칙」(IMDG Code)에 적합한 용기에 수납된 위험물

## 개념문제

다음 위험물을 압력탱크가 아닌 곳에 보관할 경우 온도를 쓰시오. [06,12,16,19②]
(1) 다이에틸에터(디에틸에테르)
(2) 아세트알데하이드
(3) 산화프로필렌

**답안지** (1) 30℃ 이하
(2) 15℃ 이하
(3) 30℃ 이하

▶ 법령보기 ◀
㉮ 옥외저장탱크·옥내저장탱크 또는 지하저장탱크 중 **압력탱크 외의 탱크**에 저장하는 디에틸에테르등 또는 아세트알데하이드등의 온도는 산화프로필렌과 이를 함유한 것 또는 디에틸에테르등에 있어서는 30℃ 이하로, 아세트알데하이드 또는 이를 함유한 것에 있어서는 15℃ 이하로 각각 유지할 것
㉯ 옥외저장탱크·옥내저장탱크 또는 지하저장탱크 중 압력탱크에 저장하는 아세트알데하이드등 또는 디에틸에테르등의 온도는 40℃ 이하로 유지할 것
㉰ 보냉장치가 있는 이동저장탱크에 저장하는 아세트알데하이드등 또는 디에틸에테르등의 온도는 당해 위험물의 비점 이하로 유지할 것
㉱ 보냉장치가 없는 이동저장탱크에 저장하는 아세트알데하이드등 또는 디에틸에테르등의 온도는 40℃ 이하로 유지할 것
㉲ 옥내저장소에서는 용기에 수납하여 저장하는 위험물의 온도가 55℃를 넘지 아니하도록 필요한 조치를 강구하여야 한다.

### 유사문제

**01** 다음은 옥내저장소 기준에 관한 내용이다. 괄호 안에 들어갈 알맞은 말을 쓰시오. [22]

(1) 옥내저장소에서 동일 품명의 위험물이더라도 자연발화할 우려가 있거나 재해가 현저하게 증대할 우려가 있는 위험물을 다량 저장하는 경우에는 지정수량의 ( ① ) 이하마다 구분하여 상호간 ( ② ) 이상의 간격을 두어 저장하여야 한다.

(2) 옥내저장소에서 위험물을 저장하는 경우에는 다음 규정에 의한 높이를 초과하여 용기를 겹쳐 쌓지 아니하여야 한다.

- 기계에 의하여 하역하는 구조로 된 용기를 겹쳐 쌓는 경우에는 ( ① )m
- 제4류 위험물 중 제3석유류, 제4석유류 및 동식물유류를 수납하는 용기만을 겹쳐 쌓는 경우에는 ( ② )m
- 그 밖의 경우에 있어서는 ( ③ )m

**02** 다음 내용은 위험물의 저장 및 취급에 관한 중요기준을 나타낸 것이다. 옳은 것을 모두 고르시오. [21]

① 옥내저장소에서는 용기에 수납하여 저장하는 위험물의 온도가 45℃가 넘지 아니하도록 필요한 조치를 강구하여야 한다.
② 제3류 위험물 중 황린, 그밖에 물속에 저장하는 물품과 금수성 물질은 동일한 저장소에 저장할 수 있다.
③ 컨테이너식 이동탱크저장소 외에 이동탱크저장소에 있어서는 위험물을 저장한 상태로 이동저장탱크를 옮겨 싣지 아니하여야 한다.
④ 위험물 이동취급소에 위험물을 이송하기 위한 배관·펌프 및 그에 부속한 설비의 안전을 확인하기 위한 순찰을 행하고, 위험물을 이송하는 중에는 이송하는 위험물의 압력 및 유량을 항상 감시하여야 한다.
⑤ 제조소등에서 허가 및 신고와 관련되는 품명 외의 위험물 또는 이러한 허가 및 신고와 관련되는 수량 또는 지정수량의 배수를 초과하는 위험물을 저장 또는 취급하지 아니하여야 한다.

**03** 위험물을 옥내저장소에 저장할 경우 저장높이는 몇 m를 초과할 수 없는지 다음 물음에 답하시오. [09,14]

(1) 기계에 의하여 하역하는 구조로 된 용기만을 겹쳐 쌓는 경우
(2) 제4류 위험물 중 제3석유류, 제4석유류 및 동식물유류를 수납하는 용기만을 겹쳐 쌓는 경우
(3) (1), (2) 이외의 경우

**04** 옥내저장소에 위험물을 수납한 용기를 저장하는 방법에 대해 물음어 답하시오. [20]

(1) 기계에 의하여 하역하는 구조로 된 용기를 겹쳐 쌓는 경우, 높이는 몇 m 이하로 하여야 하는지 쓰시오.
(2) 제4류 위험물 중 제3석유류, 제4석유류 및 동식물유를 수납한 용기를 겹쳐 쌓는 높이는 몇 m 이하로 하여야 하는지 쓰시오.
(3) 그 밖의 용기를 겹쳐 쌓는 높이는 몇 m 이하로 하여야 하는지 쓰시오.
(4) 옥내저장소에서는 용기에 수납하여 저장하는 경우, 위험물의 온도가 몇 ℃를 넘지 않도록 필요한 조치를 강구하여야 하는지 쓰시오.
(5) 동일한 품명의 위험물이라도 자연발화 할 우려가 있거나 재해가 현저하게 증대할 우려가 있는 위험물을 다량 저장하는 경우에는 지정수량의 10배 이하마다 구분하여 상호간 몇 m 이상의 간격을 두어 저장하여야 하는지 쓰시오.

## 유사문제 답안·해설

**01** **답안** (1) ① 10배, ② 0.3m
(2) ① 6, ② 4, ③ 3

▶ 법령보기 ◀

㉮ 옥내저장소에서 동일 품명의 위험물이더라도 자연발화할 우려가 있는 위험물 또는 재해가 현저하게 증대할 우려가 있는 위험물을 다량 저장하는 경우에는 지정수량의 10배 이하마다 구분하여 상호간 0.3m 이상의 간격을 두어 저장하여야 한다. 다만, 규정에 의한 위험물 또는 기계에 의하여 하역하는 구조로 된 용기에 수납한 위험물에 있어서는 그러하지 아니하다(중요기준).
㉯ 옥내저장소에서 위험물을 저장하는 경우에는 다음의 규정에 의한 높이를 초과하여 용기를 겹쳐 쌓지 아니하여야 한다.
 • 기계에 의하여 하역하는 구조로 된 용기만을 겹쳐 쌓는 경우에 있어서는 6m
 • 제4류 위험물 중 제3석유류, 제4석유류 및 동식물유류를 수납하는 용기만을 겹쳐 쌓는 경우에 있어서는 4m
 • 그 밖의 경우에 있어서는 3m

**02** **답안** ③, ⑤

▶ 법령보기 ◀

□ 중요기준 : 화재 등 위해의 예방과 응급조치에 있어서 큰 영향을 미치거나 그 기준을 위반하는 경우 직접적으로 화재를 일으킬 가능성이 큰 기준으로서 행정안전부령이 정하는 기준
㉮ 옥내저장소에서는 용기에 수납하여 저장하는 위험물의 온도가 55℃를 넘지 아니하도록 필요한 조치를 강구하여야 한다(중요기준).
㉯ 제3류 위험물 중 황린 그밖에 물속에 저장하는 물품과 금수성물질은 동일한 저장소에서 저장하지 아니하여야 한다(중요기준).
㉰ 컨테이너식 이동탱크저장소외의 이동탱크저장소에 있어서는 위험물을 저장한 상태로 이동저장탱크를 옮겨 싣지 아니하여야 한다(중요기준).
㉱ 위험물의 이송은 위험물을 이송하기 위한 배관·펌프 및 그에 부속한 설비의 안전을 확인한 후에 개시하여야 한다(중요기준). 현재 문제에서 제시된 ④항은 이송취급소에서의 취급기준이다. 위험물을 이송하기 위한 배관·펌프 및 이에 부속한 설비의 안전을 확인하기 위한 순찰을 행하고, 위험물을 이송하는 중에는 이송하는 위험물의 압력 및 유량을 항상 감시하여야 한다(중요기준).
㉲ 제조소등에서 허가 및 신고와 관련되는 품명 외의 위험물 또는 이러한 허가 및 신고와 관련되는 수량 또는 지정수량의 배수를 초과하는 위험물을 저장 또는 취급하지 아니하여야 한다(중요기준).

**03** **답안** (1) 6m
(2) 4m
(3) 3m

## 04  답안
(1) 6m
(2) 4m
(3) 3m
(4) 55℃
(5) 0.3m

### 개념문제

**위험물 탱크 시험자의 필수 기술능력 중 필수인력을 고르시오.** [11,16]

[보기]
- 위험물기능장
- 초음파비파괴검사기사·산업기사
- 위험물산업기사
- 누설비파괴검사기사·산업기사
- 비파괴검사 기능사
- 측량 및 지형공간정보 기술사, 기사, 산업기사 또는 측량기능사

 답안지 위험물기능장, 위험물산업기사, 초음파비파괴검사기사·산업기사

▶ 법령보기 ◀ 탱크시험자의 기술능력

㉮ 필수인력
- 위험물기능장·위험물산업기사 또는 위험물기능사 중 1명 이상
- 비파괴검사기술사 1명 이상 또는 초음파비파괴검사·자기비파괴검사 및 침투비파괴검사별로 기사 또는 산업기사 각 1명 이상

㉯ 필요한 경우에 두는 인력
- 충·수압시험, 진공시험, 기밀시험 또는 내압시험의 경우 : 누설비파괴검사 기사, 산업기사 또는 기능사
- 수직·수평도시험의 경우 : 측량 및 지형공간정보 기술사, 기사, 산업기사 또는 측량기능사
- 방사선투과시험의 경우 : 방사선비파괴검사 기사 또는 산업기사
- 필수 인력의 보조 : 방사선비파괴검사·초음파비파괴검사·자기비파괴검사 또는 침투비파괴검사 기능사

### 개념문제

**다음 물음에 답하시오.** [20]

(1) 대통령령이 정하는 위험물 탱크가 있는 제조소등이 탱크의 변경공사를 하는 때에는 완공검사를 받기 전에 무엇을 받아야 하는지 쓰시오.
(2) 이동탱크저장소의 완공검사 신청시기를 쓰시오.
(3) 지하탱크가 있는 제조소등의 완공검사 신청시기를 쓰시오.
(4) 제조소등의 완공검사를 실시한 결과 기술기준에 적합하다고 인정되는 경우 시·도지사는 무엇을 교부해야 하는지 쓰시오.

**H**ack**답안지** (1) 탱크안전성능검사
(2) 이동저장탱크를 완공하고 상치장소를 확보한 후
(3) 지하탱크를 매설하기 전
(4) 완공검사합격확인증

▶ 법령보기 ◀

㉮ 탱크안전성능검사 : 위험물을 저장 또는 취급하는 탱크로서 대통령령이 정하는 위험물탱크가 있는 제조소등의 설치 또는 그 위치·구조 또는 설비의 변경에 관하여 규정에 따른 허가를 받은 자가 위험물탱크의 설치 또는 그 위치·구조 또는 설비의 변경공사를 하는 때에는 규정에 따른 완공검사를 받기 전에 기술기준에 적합한지의 여부를 확인하기 위하여 시·도지사가 실시하는 탱크안전성능검사를 받아야 한다.

㉯ 완공검사 : 규정에 따른 허가를 받은 자가 제조소등의 설치를 마쳤거나 그 위치·구조 또는 설비의 변경을 마친 때에는 당해 제조소등마다 시·도지사가 행하는 완공검사를 받아 기술기준에 적합하다고 인정받은 후가 아니면 이를 사용하여서는 아니 된다.

㉰ 완공검사 신청 : 제조소등에 대한 완공검사를 받고자 하는 자는 이를 시·도지사에게 신청하여야 한다.

㉱ 완공검사 신청시기 : 제조소등의 완공검사 신청시기는 다음의 구분에 따른다.
- 지하탱크가 있는 제조소등의 경우 : 당해 지하탱크를 매설하기 전
- 이동탱크저장소의 경우 : 이동저장탱크를 완공하고 상시 설치 장소(상치장소)를 확보한 후
- 이송취급소의 경우 : 이송배관 공사의 전체 또는 일부를 완료한 후. 다만, 지하·하천 등에 매설하는 이송배관의 공사의 경우에는 이송배관을 매설하기 전
- 전체 공사가 완료되어 완공검사 실시가 곤란한 경우
  - 위험물설비 또는 배관의 설치가 완료되어 기밀시험 또는 내압시험을 실시하는 시기
  - 배관을 지하에 설치하는 경우에는 시·도지사, 소방서장 또는 기술원이 지정하는 부분을 매몰하기 직전
  - 기술원이 지정하는 부분의 비파괴시험을 실시하는 시기
- 이외 제조소등의 경우 : 제조소등의 공사를 완료한 후

㉲ 완공검사합격확인증 교부 : 완공검사 신청을 받은 시·도지사는 제조소등에 대하여 완공검사를 실시하고, 완공검사를 실시한 결과 해당 제조소등이 기술기준(탱크안전성능검사에 관련된 것을 제외)에 적합하다고 인정하는 때에는 완공검사합격확인증을 교부해야 한다.

### 유사문제

**01** 옥외저장탱크·옥내저장탱크 또는 지하저장탱크 중 압력탱크 외의 탱크 또는 압력탱크에 저장할 경우에 유지하여야 하는 온도를 쓰시오. [13]
(1) 압력탱크 외의 탱크에 저장
  ① 산화프로필렌
  ② 아세트알데하이드
(2) 압력탱크에 저장 : 다이에틸에터

**02** 다음 괄호 안에 알맞은 말을 쓰시오. [11]
아세트알데하이드 저장탱크 재료로 불가능한 금속은 수은, ( ① ), ( ② ), ( ③ )이다.

**03** 다음 괄호 안에 알맞은 말을 쓰시오. [11,17]
(1) 옥외탱크설비는 동, ( ① ), 은, ( ② ) 또는 이들 성분으로 하는 합금으로 만들지 아니할 것
(2) 아세트알데하이드를 저장하는 옥외저장탱크에는 ( ① ) 또는 ( ② ) 그리고 연소성 혼합기체의 생성에 의한 폭발을 방지하기 위한 불활성의 기체를 봉입하는 장치를 설치한다.

**04** 산화프로필렌의 위험등급과 보냉장치가 없는 이동탱크저장소에 저장할 경우의 저장온도를 쓰시오. [22]

## 유사문제 답안·해설

**01** 답안 (1) ① 30℃, ② 15℃
(2) 40℃

**02** 답안 ① 은  ② 구리  ③ 마그네슘

**03** 답안 (1) ① 마그네슘  ② 수은
(2) ① 냉각장치  ② 보냉장치

**04** 답안 Ⅰ등급, 40℃ 이하

보충 위험등급 Ⅰ등급물질, 주요 위험물의 저장온도를 정리하면 다음과 같다.

㉮ 위험등급 Ⅰ등급
- 제1류 위험물 중 아염소산염류, 염소산염류, 과염소산염류, 무기과산화물 그밖에 지정수량이 50kg인 위험물
- 제3류 위험물 중 칼륨, 나트륨, 알킬알루미늄, 알킬리튬, 황린 그밖에 지정수량이 10kg 또는 20kg인 위험물
- 제4류 위험물 중 특수인화물(이황화탄소, 산화프로필렌, 아세트알데히드 등)
- 제5류 위험물 중 유기과산화물, 질산에스터류 그밖에 지정수량이 10kg인 위험물
- 제6류 위험물(과염소산, 과산화수소, 질산, 할로젠간화합물 등)

㉯ 주요 위험물의 저장온도
- **압력탱크 저장** : 아세트알데히드 등 또는 다이에틸에터(디에틸에테르) 등의 온도는 40℃ 이하로 유지할 것
- **압력탱크 외의 탱크 저장**
  - 다이에틸에터(디에틸에테르), 산화프로필렌과 이를 함유한 것 : 30℃ 이하
  - 아세트알데히드 또는 이를 함유한 것 : 15℃ 이하
- **이동탱크**(디에틸에테르, 아세트알데히드, 산화프로필렌의 저장온도)
  - 보냉장치가 있는 이동탱크저장소의 경우 : 위험물의 비점 이하의 온도를 유지하여야 함
  - 보냉장치가 없는 이동탱크저장소의 경우 : 40℃ 이하

## 개념문제

**알킬알루미늄등 및 아세트알데하이드등의 취급기준에 관한 내용이다. 다음 빈칸을 채우시오.** [13]

(1) 알킬알루미늄등의 이동탱크 저장소에 있어서 이동저장탱크로부터 알킬알루미늄등을 꺼낼 때에는 동시에 (　　)kPa 이하의 압력으로 불활성의 기체를 봉입할 것

(2) 아세트알데하이드등의 이동탱크 저장소에 있어서 이동저장탱크로부터 아세트알데하이드등을 꺼낼 때에는 동시에 (　　)kPa 이하의 압력으로 불활성의 기체를 봉입할 것

**답안지** (1) 200
(2) 100

▶ 법령보기 ◀

㉮ 알킬알루미늄등의 제조소 또는 일반취급소에 있어서 알킬알루미늄등을 취급하는 설비에는 불활성의 기체를 봉입할 것

㉯ 알킬알루미늄등의 이동탱크저장소에 있어서 이동저장탱크로부터 알킬알루미늄등을 꺼낼 때에는 동시에 200kPa 이하의 압력으로 불활성의 기체를 봉입할 것

㉰ 아세트알데하이드등의 제조소 또는 일반취급소에 있어서 아세트알데하이드등을 취급하는 설비에는 연소성 혼합기체의 생성에 의한 폭발의 위험이 생겼을 경우에 불활성의 기체 또는 수증기[아세트알데하이드등을 취급하는 탱크(옥외에 있는 탱크 또는 옥내에 있는 탱크로서 그 용량이 지정수량의 5분의 1 미만의 것을 제외)에 있어서는 불활성의 기체]를 봉입할 것

㉱ 아세트알데하이드등의 이동탱크저장소에 있어서 이동저장탱크로부터 아세트알데하이드등을 꺼낼 때에는 동시에 100kPa 이하의 압력으로 불활성의 기체를 봉입할 것

### (3) 위험물의 취급기준

① 위험물의 취급 시 준수사항
- 이동저장탱크로부터 위험물을 저장 또는 취급하는 탱크에 **인화점이 40℃ 미만**인 위험물을 주입할 때에는 이동탱크저장소의 **원동기를 정지**시킬 것
- **휘발유·벤젠** 그밖에 정전기에 의한 재해발생의 우려가 있는 액체의 위험물을 이동저장탱크에 주입하거나 이동저장탱크로부터 배출하는 때에는 **도선으로** 이동저장탱크와 접지전극 등과의 사이를 긴밀히 연결하여 당해 **이동저장탱크를 접지**할 것
- 휘발유·벤젠 그밖에 정전기에 의한 재해발생의 우려가 있는 액체의 위험물을 이동저장탱크의 상부로 주입하는 때에는 주입관을 사용하되, 당해 주입관의 선단을 이동저장탱크의 밑바닥에 밀착할 것
- 휘발유를 저장하던 이동저장탱크에 등유나 경유를 주입할 때 또는 등유나 경유를 저장하던 이동저장탱크에 휘발유를 주입할 때에는 다음의 기준에 따라 정전기 등에 의한 재해를 방지하기 위한 조치를 할 것
- 이동저장탱크의 **상부**로부터 위험물을 주입할 때에는 위험물의 액표면이 주입관의 선단을 넘는 높이가 될 때까지 그 주입관 내의 **유속을 초당 1m 이하**로 할 것
- 이동저장탱크의 **밑부분**으로부터 위험물을 주입할 때에는 위험물의 액표면이 주입관의 정상부분을 넘는 높이가 될 때까지 그 주입배관 내의 **유속을 초당 1m 이하**로 할 것

② 위험물 취급소의 구분
- ㉠ **주유취급소** : 고정된 주유설비(항공기에 주유하는 경우에는 차량에 설치된 주유설비를 **포함**)에 의하여 자동차·항공기 또는 선박 등의 연료탱크에 **직접 주유**하기 위하여 위험물을 취급하는 장소 (위험물을 용기에 옮겨 담거나 **차량에 고정된 3,000L 이하**의 탱크에 주입하기 위하여 고정된 급유설비를 병설한 장소를 **포함**)
- ㉡ **판매취급소** : 점포에서 위험물을 용기에 담아 판매하기 위하여 **지정수량의 40배 이하**의 위험물을 취급하는 장소
- ㉢ **이송취급소** : 배관 및 이에 부속된 설비에 의하여 위험물을 이송하는 장소. 다만, 다음에 해당하는 경우의 장소를 제외한다.
  - 송유관에 의하여 위험물을 이송하는 경우
  - 제조소등에 관계된 시설(배관 제외) 및 그 부지가 같은 사업소 안에 있고 당해 사업소 안에서만 위험물을 이송하는 경우
  - 사업소와 사업소의 사이에 도로(폭 2m 이상의 일반교통에 이용되는 도로)만 있고 사업소와 사업소 사이의 이송배관이 그 도로를 횡단하는 경우
  - 사업소와 사업소 사이의 이송배관이 제3자(당해 사업소와 관련이 있거나 유사한 사업을 하는 자에 한함)의 토지만을 통과하는 경우로서 당해 배관의 길이가 100미터 이하인 경우

- 해상 구조물에 설치된 배관(이송되는 위험물이 제4류 위험물 중 제1석유류인 경우에는 배관의 내경이 30cm 미만인 것에 한함)으로서 당해 해상 구조물에 설치된 배관이 **길이가 30m 이하인 경우**
- 사업소와 사업소 사이의 이송배관이 위의 2 이상에 해당하는 경우
- 자가발전시설에 사용되는 위험물을 이송하는 경우

③ 위험물 취급기준

㉮ 주유취급소의 위험물 취급기준
- 자동차 등에 주유할 때에는 고정주유설비를 사용하여 직접 주유할 것(중요기준)
- 자동차 등에 **인화점 40℃ 미만의 위험물**을 주유할 때에는 자동차 등의 원동기를 정지시킬 것
- 자동차등에 주유할 때에는 고정주유설비 또는 고정주유설비에 접속된 탱크의 주입구로부터 4m 이내의 부분에, 이동저장탱크로부터 전용탱크에 위험물을 주입할 때에는 전용탱크의 주입구로부터 3m 이내의 부분 및 전용탱크 통기관의 선단으로부터 수평거리 1.5m 이내의 부분에 있어서는 다른 자동차 등의 주차를 금지하고 자동차 등의 점검·정비 또는 세정을 하지 아니할 것
- 수상구조물에 설치하는 고정주유설비를 이용하여 주유작업을 할 때에는 5m 이내에 다른 선박의 정박 또는 계류를 금지할 것
- 수상구조물에 설치하는 고정주유설비를 이용한 주유작업은 총 톤수가 300 미만인 선박에 대해서만 실시할 것(중요기준)

㉯ **판매취급소에서의 취급기준** : 판매취급소에서는 도료류, 제1류 위험물 중 염소산염류 및 염소산염류만을 함유한 것, 유황 또는 **인화점이** 38℃ 이상인 제4류 위험물을 배합실에서 배합하는 경우 외에는 위험물을 배합하거나 옮겨 담는 작업을 하지 아니할 것

㉰ 이송취급소에서의 취급기준 : 위험물의 이송은 위험물을 이송하기 위한 배관·펌프 및 그에 부속한 설비의 안전을 확인한 후에 개시할 것(중요기준)

㉱ 이동탱크저장소(컨테이너식 이동탱크저장소를 제외)에서의 **취급기준**
- 이동저장탱크로부터 위험물을 저장 또는 취급하는 탱크에 액체의 위험물을 주입할 경우에는 그 탱크의 주입구에 이동저장탱크의 주입 호스를 견고하게 결합할 것
- 이동저장탱크로부터 액체위험물을 용기에 옮겨 담지 아니할 것
- 이동저장탱크로부터 위험물을 저장 또는 취급하는 탱크에 인화점이 40℃ 미만인 위험물을 주입할 때에는 **이동탱크저장소의 원동기를 정지시킬 것**
- 이동저장탱크의 밑부분으로부터 위험물을 주입할 때에는 위험물의 액표면이 주입관의 정상부분을 넘는 높이가 될 때까지 그 **주입배관 내의 유속을 초당 1m 이하로 할 것**

④ 주유·판매·이송취급소 또는 이동탱크저장소에서의 위험물의 취급기준
  ㉮ 주유취급소의 위험물 취급기준
    • 자동차 등에 주유할 때에는 고정주유설비를 사용하여 직접 주유할 것(중요기준)
    • 자동차 등에 **인화점 40℃ 미만**의 위험물을 주유할 때에는 자동차 등의 원동기를 정지시킬 것
    • 자동차 등에 주유할 때에는 고정주유설비 또는 고정주유설비에 접속된 탱크의 **주입구로부터 4m 이내**의 부분에, 이동저장탱크로부터 전용탱크에 위험물을 주입할 때에는 전용탱크의 주입구로부터 3m 이내의 부분 및 전용탱크 통기관의 선단으로부터 수평거리 1.5m 이내의 부분에 있어서는 다른 자동차 등의 주차를 금지하고 자동차 등의 점검·정비 또는 세정을 하지 아니할 것
    • 수상구조물에 설치하는 고정주유설비를 이용하여 주유작업을 할 때에는 5m 이내에 다른 선박의 정박 또는 계류를 금지할 것
    • 수상구조물에 설치하는 고정주유설비를 이용한 주유작업은 총 톤수가 300 미만인 선박에 대해서만 실시할 것(중요기준)
  ㉯ **판매취급소에서의 취급기준** : 판매취급소에서는 **도료류**, 제1류 위험물 중 **염소산염류** 및 염소산염류만을 함유한 것, **유황** 또는 **인화점이 38℃ 이상인 제4류 위험물**을 배합실에서 배합하는 경우 외에는 위험물을 배합하거나 옮겨 담는 작업을 하지 아니할 것
  ㉰ **이송취급소에서의 취급기준** : 위험물의 이송은 위험물을 이송하기 위한 배관·펌프 및 그에 부속한 설비의 안전을 확인한 후에 개시할 것(중요기준)
  ㉱ 이동탱크저장소(컨테이너식 이동탱크저장소를 제외)에서의 취급기준
    • 이동저장탱크로부터 위험물을 저장 또는 취급하는 탱크에 액체의 위험물을 주입할 경우에는 그 탱크의 주입구에 이동저장탱크의 주입 호스를 견고하게 결합할 것
    • 이동저장탱크로부터 액체위험물을 용기에 옮겨 담지 아니할 것
    • 이동저장탱크로부터 위험물을 저장 또는 취급하는 탱크에 인화점이 40℃ 미만인 위험물을 주입할 때에는 **이동탱크저장소의 원동기를 정지시킬 것**
    • 이동저장탱크의 밑부분으로부터 위험물을 주입할 때에는 위험물의 액표면이 주입관의 정상부분을 넘는 높이가 될 때까지 그 **주입배관 내의 유속을 초당 1m 이하로 할 것**

⑤ 위험물의 저장 및 취급제한 : 지정수량 이상의 위험물을 저장소가 아닌 장소에서 저장하거나 제조소등이 아닌 장소에서 취급하여서는 아니 된다. 다만, 다음에 해당하는 경우에는 제조소등이 아닌 장소에서 지정수량 이상의 위험물을 취급할 수 있다.
  ㉮ 시·도의 조례가 정하는 바에 따라 관할소방서장의 승인을 받아 지정수량 이상의 위험물을 **90일 이내**의 기간 동안 임시로 저장 또는 취급하는 경우
  ㉯ 군부대가 지정수량 이상의 위험물을 군사목적으로 임시로 저장 또는 취급하는 경우

⑥ 제조공정기준
  ㉮ **증류공정** : 위험물을 취급하는 설비의 내부압력의 변동 등에 의하여 액체 또는 증기가 새지 아니하도록 할 것
  ㉯ **추출공정** : 추출관의 내부압력이 비정상으로 상승하지 아니하도록 할 것
  ㉰ **건조공정** : 위험물의 온도가 국부적으로 상승하지 아니하는 방법으로 가열 또는 건조할 것
  ㉱ **분쇄공정** : 위험물의 분말이 현저하게 부유하고 있거나 위험물의 분말이 현저하게 기계·기구 등에 부착하고 있는 상태로 그 기계·기구를 취급하지 아니할 것

## 개념문제

다음은 이동탱크저장소에 설치하는 주입설비에 대한 내용이다. 괄호 안에 알맞은 말을 쓰시오. [19,21]
(1) 주입설비의 길이는 (　　)m 이내로 하고, 그 끝부분에 축적되는 (　　)를 유효하게 제거할 수 있는 장치를 설치하여야 한다.
(2) 분당 배출량은 (　　)L 이하로 하여야 한다.

**답안지** (1) 50, 정전기
(2) 200

▶ 법령보기 ◀
㉮ 액체위험물의 이동탱크저장소의 주입호스는 위험물을 저장 또는 취급하는 탱크의 주입구와 결합할 수 있는 금속구를 사용하되, 그 결합금속구(제6류 위험물의 탱크의 것을 제외)는 놋쇠 그밖에 마찰 등에 의하여 불꽃이 생기지 아니하는 재료로 하여야 한다.
㉯ 이동탱크저장소에 주입설비를 설치하는 경우에는 다음 기준에 의하여야 한다.
  • 위험물이 샐 우려가 없고 화재예방상 안전한 구조로 할 것
  • 주입설비의 길이는 50m 이내로 하고, 그 끝부분에 축적되는 정전기를 유효하게 제거할 수 있는 장치를 할 것
  • 분당 배출량은 200L 이하로 할 것

## 2 위험물의 운반 · 운송

### (1) 운반용기의 기준

① 용기의 재질 : 운반용기의 재질은 강판 · 알루미늄판 · 양철판 · 유리 · 금속판 · 종이 · 플라스틱 · 섬유판 · 고무류 · 합성섬유 · 삼 · 짚 또는 나무 등으로 한다.
  - 내장용기의 재료 : 금속, 플라스틱, 플라스틱 필름포대, 종이포대
  - 외장용기의 재료 : 나무상자, 플라스틱상자, 파이버판상자, 금속제드럼, 합성수지포대(방수성이 있는 것), 플라스틱 필름포대, 섬유포대(방수성이 있는 것) 또는 종이포대(여러 겹으로서 방수성이 있는 것)

② 용기의 구조 : 운반용기는 부식 등의 열화에 대하여 적절히 보호되고, 수납하는 위험물의 내압 및 취급 시와 운반 시의 하중에 의하여 당해 용기에 생기는 응력에 대하여 안전할 것

③ 탱크의 용량 : 탱크의 용량은 당해 탱크의 내용적에서 공간용적을 뺀 용적으로 한다. 탱크의 공간용적은 내용적의 100분의 5 이상 100분의 10 이하의 용적으로 한다.

□ 탱크용량 = 내용적(계산용적) − 공간용적

| 구분 | 타원형 탱크 | 내용적 계산방법 |
|---|---|---|
| 양쪽이 볼록한 것 | | $\dfrac{\pi ab}{4}\left(l + \dfrac{l_1 + l_2}{3}\right)$ |
| 한쪽은 볼록하고 다른 한쪽은 오목한 것 | | $\dfrac{\pi ab}{4}\left(l + \dfrac{l_1 - l_2}{3}\right)$ |

| 구분 | 원통형 탱크 | 내용적 계산방법 |
|---|---|---|
| 횡(가로)으로 설치한 것 | | $\pi r^2 \left(l + \dfrac{l_1 + l_2}{3}\right)$ |
| 종(세로)으로 설치한 것 | | $\pi r^2 l$ |

[비고]

탱크의 공간공적 산정규정

㉮ 탱크의 공간용적은 탱크의 내용적의 100분의 5 이상 100분의 10 이하의 용적으로 한다. 다만, 소화설비(소화약제 방출구를 탱크안의 윗부분에 설치하는 것에 한한다)를 설치하는 탱크의 공간용적은 당해 소화설비의 소화약제방출구 아래의 0.3미터 이상 1미터 미만 사이의 면으로부터 윗부분의 용적으로 한다.

㉯ 암반탱크에 있어서는 당해 탱크 내에 용출하는 7일간의 지하수의 양에 상당하는 용적과 당해 탱크의 내용적의 100분의 1의 용적 중에서 보다 큰 용적을 공간용적으로 한다.

④ 운반용기의 최대용적 : 내장용기의 종류에 따른 최대용적은 다음과 같다.

| 구분 | 금속제 용기 | 유리 용기 | 플라스틱 용기 |
|---|---|---|---|
| 고체위험물 최대용적 | 30L | 10L | 10L |
| 액체위험물 최대용적 | 30L | 5~10L | 10L |

## 개념문제

위험물안전관리법령에서 플라스틱상자 최대용적이 125kg인 액체위험물을 운반용기에 수납하는 경우 금속제 내장용기의 최대용적은? [06,15]

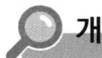 답안지  30L

## 개념문제

다음과 같이 횡으로 설치한 원통형 탱크의 용적($m^3$)과 용량($m^3$)을 구하시오. (단, 탱크의 공간용적은 10%이다.) [08,15,18,20,21,22]

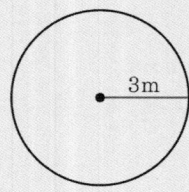

**Hack 답안지** ① 내용적 $= \pi r^2 \left( l + \dfrac{l_1 + l_2}{3} \right)$

$\therefore$ 내용적 $= 3.14 \times 3^2 \times \left( 8 + \dfrac{2+2}{3} \right) = 263.89 \, m^3$

② 탱크의 용량 $=$ 내용적 $-$ 공간용적 $=$ 내용적 $\times (1 -$ 공간 용적률$)$

$\therefore$ 탱크용량 $= 263.89 \times (1 - 0.1) = 237.5 \, m^3$

### 유사문제

**01** 다음과 같은 원형탱크의 내용적은 몇 m³인가? (단, 계산식도 함께 쓰시오.) [05,16]

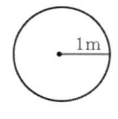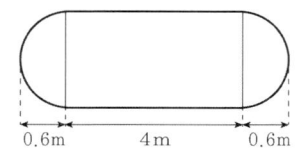

**02** 다음과 같이 횡으로 설치된 타원형 탱크에 위험물을 저장하는 경우 ① 최대용량과 ② 최소용량을 각각 구하시오. (단, 여기서 $a = 2m$, $b = 1.5m$, $l = 3m$, $l_1 = 0.3m$, $l_2 = 0.3m$이다.) [22]

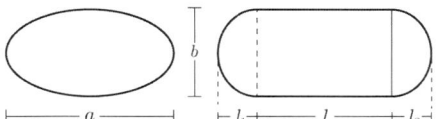

**03** 다음 그림과 같은 종형 탱크의 내용적(m³)을 구하시오. [12,17,18,21]

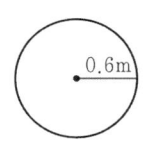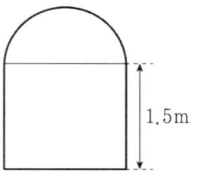

**04** 다음과 같이 위험물 저장탱크를 종으로 설치한 경우 다음 물음에 답하시오. [17]

(1) 탱크의 내용적 계산공식을 쓰시오.
(2) $r = 60cm$, $L = 150cm$일 때 내용적을 구하시오.

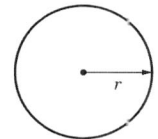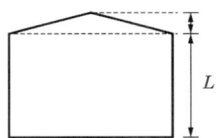

### 유사문제 답안·해설

**01** **답안** 탱크용적 $= \pi r^2 \left( l + \dfrac{l_1 + l_2}{3} \right)$

$\therefore$ 탱크용적 $= 3.14 \times 1^2 \times \left( 4 + \dfrac{0.6 + 0.6}{3} \right) = 13.82 \, m^3$

**02** **답안** 탱크 내용적 $= \dfrac{\pi ab}{4}\left(l + \dfrac{l_1 + l_2}{3}\right)$

- 탱크 내용적 $= \dfrac{3.14 \times 2 \times 1.5}{4} \times \left(3 + \dfrac{0.3 + 0.3}{3}\right) = 7.54\,\text{m}^3$

① 최대용량 = 탱크 내용적 − 최소 공간용적(5%)

∴ 최대용량 $= 7.54 - (7.54 \times 0.05) = 7.16\,\text{m}^3$

② 최소용량 = 탱크 내용적 − 최대 공간용적(10%)

∴ 최소용량 $= 7.54 - (7.54 \times 0.1) = 6.79\,\text{m}^3$

**03** **답안** 내용적 $= \pi r^2 l$

∴ 내용적 $= 3.14 \times 0.6^2 \times 1.5 = 1.7\,\text{m}^3$

**04** **답안** (1) 내용적$(\text{m}^3) = \pi r^2 \times L$

(2) 내용적 $= 3.14 \times 0.6^2 \times 1.5 = 1.70\,\text{m}^3$

### (2) 위험물의 수납률, 적재·혼재기준

① **적재 및 수납률** : 위험물은 운반용기를 이용하여 다음의 기준에 따라 수납하여 적재하여야 한다. 다만, 덩어리상태의 유황을 운반하기 위하여 적재하는 경우 또는 위험물을 동일구 내에 있는 제조소등의 상호간에 운반하기 위하여 적재하는 경우에는 그러하지 아니하다(중요기준).

㉮ **용기의 재질** : 수납하는 위험물과 위험한 반응을 일으키지 아니하는 등 당해 위험물의 성질에 적합한 재질의 운반용기에 수납할 것

㉯ **용기의 수납률 등** : 하나의 외장용기에는 다른 종류의 위험물을 수납하지 아니할 것

　㉠ **고체위험물** : 운반용기 내용적의 95% 이하의 수납률로 수납할 것

　㉡ **액체위험물** : 운반용기 내용적의 98% 이하의 수납률로 수납하되, 55℃의 온도에서 누설되지 아니하도록 충분한 공간용적을 유지하도록 할 것

　㉢ **제3류 위험물** : 다음의 기준에 따라 운반용기에 수납할 것
　　• 자연발화성 물질 : 불활성 기체를 봉입하여 밀봉하는 등 공기와 접하지 아니하도록 할 것
　　• 자연발화성 물질 외의 물품 : 파라핀·경유·등유 등의 보호액으로 채워 밀봉하거나 불활성 기체를 봉입하여 밀봉하는 등 수분과 접하지 아니하도록 할 것
　　• 알킬알루미늄등 : 위의 규정에 불구하고 자연발화성 물질 중 알킬알루미늄 등은 운반용기의 내용적의 90% 이하의 수납률로 수납하되, 50℃의 온도에서 5% 이상의 공간용적을 유지하도록 할 것

　　■ **보호액의 (예)**
　　　• 니트로셀룰로오스, 인화석회 – 알코올
　　　• 이황화탄소, 황린 – 물
　　　• 금속칼륨, 금속나트륨 – 등유, 경유, 석유등
　　　• 알킬알루미늄, 탄화칼슘등 – 질소 등 불활성 가스

---

**◆ 이승원의 수납률 암기법 ◆**

■ 수납이는 058을 알고 있는데~
• 수남이 : 수납률
• 0 : 알 (90%, 알킬알루미늄등)
• 5 : 고(95%, 고체)
• 8 : 액(98%, 액체)

---

**◆ 이승원의 보호액 암기법 ◆**

■ 물확탄 알코올인니 / 경석이 속나줘봤더니 / 화가나서 앙칼지네
• 물확탄 : 물(황린, 이황화탄소)
• 알코올 인니 : 알코올(인화석회, 니트로셀룰로오스)
• 경석이 속나 : 경유, 석유(금속나트륨 등)
• 화가나서 앙칼지네 : 불활성가스(알킬알루미늄, 탄화칼슘 등)

㉰ 용기의 적재방법
　㉠ 위험물을 수납한 운반용기가 전도·낙하 또는 파손되지 아니하도록 적재하여야 한다.
　㉡ 운반용기는 수납구를 **위로** 향하게 하여 적재하여야 한다(중요기준).
　㉢ 적재하는 위험물의 성질에 따라 일광의 직사 또는 빗물의 침투를 방지하기 위하여 유효하게 피복하는 등 다음에 정하는 기준에 따른 조치를 하여야 한다(중요기준).
　　• 차광성이 있는 피복으로 가려야 하는 것
　　　– 제1류 위험물
　　　– 제3류 위험물 중 자연발화성 물질
　　　– 제4류 위험물 중 특수인화물
　　　– 제5류 위험물
　　　– 제6류 위험물
　　• 방수성이 있는 피복으로 덮어야 하는 것
　　　– 제1류 위험물 중 알칼리금속의 과산화물 또는 이를 함유한 것
　　　– 제2류 위험물 중 철분·금속분·마그네슘 또는 이들 중 어느 하나 이상을 함유한 것
　　　– 제3류 위험물 중 금수성 물질
　　• 보냉 컨테이너에 수납하는 등 적정한 온도관리를 해야 하는 것 : 제5류 위험물 중 55℃ 이하의 온도에서 분해될 우려가 있는 것

② **위험물의 혼재기준** : 위험물은 다음의 규정에 의한 바에 따라 종류를 달리하는 그 밖의 위험물 또는 재해를 발생시킬 우려가 있는 물품과 함께 적재하지 아니하여야 한다.

| 위험물의 구분 | 제1류 | 제2류 | 제3류 | 제4류 | 제5류 | 제6류 |
|---|---|---|---|---|---|---|
| 제1류 |  | × | × | × | × | ○ |
| 제2류 | × |  | × | ○ | ○ | × |
| 제3류 | × | × |  | ○ | × | × |
| 제4류 | × | ○ | ○ |  | ○ | × |
| 제5류 | × | ○ | × | ○ |  | × |
| 제6류 | ○ | × | × | × | × |  |

[비고]
• "×" 표시는 **혼재할 수 없음**을 표시한다.
• "○" 표시는 **혼재할 수 있음**을 표시한다.
• 이 표는 지정수량의 1/10 이하의 위험물에 대해서는 적용하지 않음

③ **적재높이** : 위험물을 수납한 운반용기를 겹쳐 쌓는 경우에는 그 높이를 3m 이하로 하고, 용기의 상부에 걸리는 하중은 당해 용기 위에 당해 용기와 동종의 용기를 겹쳐 쌓아 3m의 높이로 하였을 때에 걸리는 하중 이하로 하여야 한다(중요기준).

## 개념문제

**다음의 빈칸을 채우시오.** [12,15]
(1) 고체위험물은 운반용기 내용적의 ( ① )% 이하로 수납률로 수납할 것
(2) 액체위험물은 운반용기 내용적의 ( ② )% 이하의 수납률로 수납하되, ( ③ )도의 온도에서 누설되지 아니하도록 충분한 공간용적을 유지하도록 할 것

**Hack 답안지** (1) ① 95
(2) ② 98  ③ 55

**보충**  수납률은 다음과 같이 암기한다.

─────────── 이승원의 수납률 암기법 ───────────

- 수납이는 058을 알고 있는데~
- 수납이 : 수납률
- 0 : 알 (90%, 알킬알루미늄등)
- 5 : 고(95%, 고체)
- 8 : 액(98%, 액체)

▶ 법령보기 ◀ 위험물의 적재방법
㉮ 수납하는 위험물과 위험한 반응을 일으키지 아니하는 등 당해 위험물의 성질에 적합한 재질의 운반용기에 수납할 것
㉯ 고체위험물은 운반용기 내용적의 95% 이하의 수납률로 수납할 것
㉰ 액체위험물은 운반용기 내용적의 98% 이하의 수납률로 수납하되, 55도의 온도에서 누설되지 아니하도록 충분한 공간용적을 유지하도록 할 것

##  개념문제

**다음 물음에 답하시오.** [11,17]
(1) 제1류 위험물 중 차광덮개와 방수덮개를 모두 해야 하는 위험물의 명칭 2가지를 쓰시오.
(2) 차광성이 있는 피복으로 가려야 하는 위험물의 류별 또는 품명을 4가지 쓰시오.

**Hack답안지** (1) 과산화칼륨, 과산화나트륨
(2) 제1류 위험물, 제3류 위험물 중 자연발화성 물질, 제4류 위험물 중 특수인화물, 제5류 위험물, 제6류 위험물
※ 이 중에서 4가지를 기재함

**보충** 차광덮개와 방수덮개, 차광성 피복대상 위험물의 종류는 다음과 같이 암기한다.

---
● **이승원의 차광성 · 방수성 피복대상 암기법** ●

- 이차는 빼고 산특한 것만 덮어서 방수하여 새알과 마금철을 보내버려 다 오지로
- 이차는 빼고 산특한 것만 덮어서 : 차광 – 2류 제외, 4류는 특수인화물만
- 방수하여 새(1, 2, 3)알과 마금철 : 방수(1, 2, 3류) – 알칼리금속의 과산화물, 마그네슘, 금속 · 금수성 물질, 철분
- 보내버려 다 오지로 : 보내(보냉 컨테이너 수납대상) – 다(5류 위험물 중), 오지로(55℃에서 분해될 수 있는 것)

---

※ 차광성 덮개와 방수성 피복을 모두 해야 하는 위험물
 • 제1류 위험물 중 알칼리금속의 과산화물
 • 제3류 위험물 중 금속수소화물, 칼륨, 나트륨, 알킬알루미늄, 알킬리튬

▶ 법령보기 ◀ 위험물의 적재방법
적재하는 위험물의 성질에 따라 일광의 직사 또는 빗물의 침투를 방지하기 위하여 유효하게 피복하는 등 다음에 정하는 기준에 따른 조치를 하여야 한다(중요기준).
㉮ 제1류 위험물, 제3류 위험물 중 자연발화성물질, 제4류 위험물 중 특수인화물, 제5류 위험물 또는 제6류 위험물은 차광성이 있는 피복으로 가릴 것
㉯ 제1류 위험물 중 알칼리금속의 과산화물 또는 이를 함유한 것, 제2류 위험물 중 철분 · 금속분 · 마그네슘 또는 이들중 어느 하나 이상을 함유한 것 또는 제3류 위험물 중 금수성물질은 방수성이 있는 피복으로 덮을 것
㉰ 제5류 위험물 중 55℃ 이하의 온도에서 분해될 우려가 있는 것은 보냉 컨테이너에 수납하는 등 적정한 온도관리를 할 것
㉱ 액체위험물 또는 위험등급 Ⅱ의 고체위험물을 기계에 의하여 하역하는 구조로 된 운반용기에 수납하여 적재하는 경우에는 당해 용기에 대한 충격등을 방지하기 위한 조치를 강구할 것. 다만, 위험등급 Ⅱ의 고체위험물을 플렉서블(flexible)의 운반용기, 파이버판제의 운반용기 및 목제의 운반용기 외의 운반용기에 수납하여 적재하는 경우에는 그러하지 아니하다.

## 유사문제

**01** 위험물은 운반용기에 넣을 때 수납률에 대하여 다음 물음에 답하시오. [11]
   (1) 고체위험물의 수납률은?
   (2) 액체위험물의 수납률은?
   (3) 알킬알루미늄의 수납률은?

**02** 다음 각 위험물의 운반용기의 수납률은 몇 % 이하로 해야 하는지 쓰시오. [20]
   (1) 과염소산
   (2) 질산칼륨
   (3) 질산
   (4) 알킬알루미늄
   (5) 알킬리튬

**03** 다음 각 위험물의 운반용기의 수납률은 몇 % 이하로 해야 하는지 쓰시오. [18]
   (1) 염소산암모늄
   (2) 톨루엔
   (3) 트라이에틸알루미늄

**04** 위험물 운반을 할 때, 차광성 덮개가 필요한 유별 5가지를 쓰시오. [17]

**05** 위험물 운반을 할 때, 방수성 덮개와 차광성 덮개를 모두 해야 하는 위험물의 품명을 다음 〈보기〉에서 골라 모두 쓰시오. [22]

- 알칼리금속의 과산화물
- 금속분
- 인화성 고체
- 특수인화물
- 제5류 위험물
- 제6류 위험물

**06** 위험물 운반을 할 때, 방수성 덮개와 차광성 덮개를 모두 해야 하는 위험물의 품명을 다음 〈보기〉에서 골라 모두 쓰시오. [19]

- 유기과산화물
- 질산
- 알칼리금속의 과산화물
- 염소산염류
- 제5류 위험물
- 제6류 위험물
- 금속분
- 특수인화물

**07** 제1류 위험물인 알칼리 금속의 과산화물을 운반할 경우 어떠한 운반덮개를 하여야 하는가? [03,07]

## 유사문제 답안·해설

**01** 답안 (1) 95% 이하
        (2) 98% 이하
        (3) 90% 이하

**02** 답안 (1) 98%
        (2) 95%
        (3) 98%
        (4) 90%
        (5) 90%

▶ 법령보기 ◀

㉮ 과염소산은 산화성액체(제6류 위험물, 지정수량 300kg)이므로 운반용기 내용적의 98% 이하의 수납률로 수납하되, 55℃의 온도에서 누설되지 아니하도록 충분한 공간용적을 유지하도록 하여야 한다.

㉯ 질산칼륨은 산화성고체(제1류 위험물, 지정수량 300kg)이므로 운반용기 내용적의 95% 이하의 수납률로 수납하여야 한다.

㉰ 질산은 산화성액체(제6류 위험물, 지정수량 300kg)이므로 운반용기 내용적의 98% 이하의 수납률로 수납하되, 55℃의 온도에서 누설되지 아니하도록 충분한 공간용적을 유지하도록 하여야 한다.

㉱ 알킬알루미늄은 자연발화성 물질 및 금수성 물질(제3류 위험물, 지정수량 10kg)이므로 내용적의 90% 이하의 수납률로 수납하되, 50℃의 온도에서 5% 이상의 공간용적을 유지하도록 하여야 한다.

㉲ 알킬리튬은 자연발화성 물질 및 금수성 물질(제3류 위험물, 지정수량 10kg)이며, "자연발화성 물질 중 **알킬알루미늄등**"에 해당되므로 운반용기의 내용적의 90% 이하의 수납률로 수납하되, 50℃의 온도에서 5% 이상의 공간용적을 유지하도록 하여야 한다.

## 03  답안
(1) 95%
(2) 98%
(3) 90%

▶ 법령보기 ◀

㉮ **염소산암모늄**은 산화성고체(염소산염류, 제1류 위험물, 지정수량 50kg)이므로 운반용기 내용적의 **95%** 이하의 수납률로 수납하여야 한다.

㉯ **톨루엔**은 인화성액체(제4류 위험물–제1석유류, 지정수량 200L)이므로 운반용기 내용적의 **98%** 이하의 수납률로 수납하되, 55℃의 온도에서 누설되지 아니하도록 충분한 공간용적을 유지하도록 할 것

㉰ **트라이에틸알루미늄**은 알킬알루미늄에 속하는 위험물로 자연발화성 물질 및 금수성 물질(제3류 위험물, 지정수량 10kg)이므로 내용적의 **90%** 이하의 수납률로 수납하되, 50℃의 온도에서 5% 이상의 공간용적을 유지하도록 하여야 한다.

## 04  답안
① 제1류 위험물
② 제3류 위험물 중 자연발화성물질
③ 제4류 위험물 중 특수인화물
④ 제5류 위험물
⑤ 제6류 위험물

─────── 이승원의 암기법 ───────

■ 이차는 빼고 산특한 것만 덮어서
  차광 – 2류 제외, 4류는 특수인화물만

## 05  답안  알칼리금속의 과산화물

**06** 답안 알칼리금속의 과산화물

**07** 답안 방수성 덮개 및 차광성 덮개

## 개념문제

**위험물안전관리법상 기계에 의하여 하역하는 구조로 된 운반용기의 기준에 대한 각 물음에 답하시오.** [25]
(1) 소방청장이 정하여 고시한 운반용기 시험의 종류 3가지를 쓰시오.
(2) (1)의 운반용기 시험을 적용하지 않아도 되는 위험물을 다음 [보기]에서 모두 고르시오.

[보기]
칼륨, 제3석유류, 동식물유류, 과산화수소, 금속의 인화물, 다조화합물

**Hack 답안지** (1) 낙하시험, 기밀시험, 내압시험
(2) 제3석유류, 동식물유류

**해설** 위험물안전관리법상 운반용기 시험 관련규정은 다음과 같다.

▶ 법령보기 ◀

▫ 기계에 의하여 하역하는 구조로 된 운반용기의 시험 : 낙하시험, 기밀시험, 내압(內壓)시험, 겹쳐쌓기시험, 아랫부분 인상시험, 윗부분 인상시험, 파열전파시험, 넘어뜨리기시험, 일으키기시험 ➡ 답안지에는 이중 3가지를 기재한다.
▫ 시험기준이 적용되지 않는 기계에 의하여 하역하는 구조로 된 운반용기 : 제4류 위험물 중 제2석유류(인화점이 61℃ 이상의 것에 한함), 제3석유류, 제4석유류 또는 동식물유류를 수납하는 운반용기

## 개념문제

위험물 운반에 관한 혼재기준에 맞게 다음 표에 ○와 ×를 채우시오. [14,16,17,20]

| 위험물의 구분 | 제1류 | 제2류 | 제3류 | 제4류 | 제5류 | 제6류 |
|---|---|---|---|---|---|---|
| 제1류 | | | | | | |
| 제2류 | | | | | | |
| 제3류 | | | | | | |
| 제4류 | | | | | | |
| 제5류 | | | | | | |
| 제6류 | | | | | | |

**Hack 답안지**

| 위험물의 구분 | 제1류 | 제2류 | 제3류 | 제4류 | 제5류 | 제6류 |
|---|---|---|---|---|---|---|
| 제1류 | | × | × | × | × | ○ |
| 제2류 | × | | × | ○ | ○ | × |
| 제3류 | × | × | | ○ | × | × |
| 제4류 | × | ○ | ○ | | ○ | × |
| 제5류 | × | ○ | × | ○ | | × |
| 제6류 | ○ | × | × | × | × | |

**보충** 위험물의 혼재기준은 다음과 같이 정리해 두면 보다 쉽고 오랜 기간 저장해 둘 수 있다. 가로에 1~6류까지 나열하고, 세로도 1~6류까지 나열한 다음 아래 그림과 같이 "X 표시"를 하여 상부선은 "공란선", 아래선은 "가능선"으로 설정하고, 여기에 2-4, 4-5를 추가하면 모두 정리된다.

| 위험물의 구분 | 제1류 | 제2류 | 제3류 | 제4류 | 제5류 | 제6류 |
|---|---|---|---|---|---|---|
| 제1류 | | × | × | × | × | ○ |
| 제2류 | × | | × | × | | × |
| 제3류 | × | | | ○ | × | × |
| 제4류 | × | | ○ | | × | × |
| 제5류 | × | | × | × | | × |
| 제6류 | ○ | × | × | × | × | |

※ 혼재가능 위험물 : 혼재가능선상 위험물+[(2-4),(4-5)]

### 유사문제

**01** 위험물 안전관리법상 제1류 위험물과 혼재할 수 없는 유별을 달리하는 위험물을 모두 쓰시오. (단, 지정수량의 10분의 1 초과의 위험물임) [06,14]

**02** 위험물의 운반에 관한 기준에서 제4류 위험물과 혼재할 수 없는 유별을 쓰시오. [19]

**03** 제5류 위험물인 유기과산화물과 혼재할 수 없는 위험물을 쓰시오. [11,15]

**04** 위험물 운반에 관한 혼재기준에서 다음 위험물과 혼재할 수 없는 유별을 모두 쓰시오. (단, 지정수량의 1/10을 초과하는 위험물을 운반하는 경우) [06,15,18,21]

(1) 제1류 위험물
(2) 제2류 위험물
(3) 제3류 위험물
(4) 제4류 위험물
(5) 제5류 위험물

**05** 제6류 위험물과 혼재 가능한 위험물은 무엇인지 쓰시오. [05,13]

**06** 위험물을 운반할 경우 종류를 달리하는 위험물, 재해를 발생시킬 우려가 있는 물품과는 함께 적재하지 아니한다. 그러나 혼재하여도 가능한 위험물 중 제3류 위험물과 혼재 가능한 위험물은 제 몇 류 위험물인가? [07,18]

**07** 위험물 운반에 관한 혼재기준에서 다음 위험물과 혼재할 수 있는 유별을 모두 쓰시오. (단, 지정수량의 1/10을 초과하는 위험물을 운반하는 경우) [10,18,20,22,25]

(1) 제2류
(2) 제3류
(3) 제4류
(4) 제6류

**08** 혼재 불가능한 위험물은 저장이 불가능하다. 옥내저장소 또는 옥외저장소에 혼재하여 보관할 수 있는 위험물은 다음 위험물안전관리법에 해당된다. 다음 ( )를 채우시오. [13]

(1) 제1류 위험물(구기과산화물류 제외)과 제( )류 위험물
(2) 제1류 위험물과 제( )류 위험물
(3) 제( )류 위험물과 제3류 위험물(자연발화성 물질 포함)

### 유사문제 답안·해설

**01** 답안 제2류 위험물, 제3류 위험물, 제4류 위험물, 제5류 위험물

**02** 답안 제1류 위험물, 제6류 위험물

**03** 답안 제1류 위험물, 제3류 위험물, 제6류 위험물

## 04
**답안** (1) 제2류 위험물, 제3류 위험물, 제4류 위험물, 제5류 위험물
(2) 제1류 위험물, 제3류 위험물, 제6류 위험물
(3) 제1류 위험물, 제2류 위험물, 제5류 위험물, 제6류 위험물
(4) 제1류 위험물, 제6류 위험물
(5) 제1류 위험물, 제3류 위험물, 제6류 위험물

| 위험물의 구분 | 제1류 | 제2류 | 제3류 | 제4류 | 제5류 | 제6류 |
| --- | --- | --- | --- | --- | --- | --- |
| 제1류 |  | × | × | × | × | ○ |
| 제2류 | × |  | × | × | ○ | × |
| 제3류 | × | × |  | ○ | × | × |
| 제4류 | × | × | ○ |  | ○ | × |
| 제5류 | × | ○ | × | ○ |  | × |
| 제6류 | ○ | × | × | × | × |  |

※ 혼재가능 위험물 : 혼재가능선상 위험물+[(2-4),(4-5)]

## 05
**답안** 제1류 위험물

## 06
**답안** 제4류 위험물

## 07
**답안** (1) 제4류 위험물, 제5류 위험물
(2) 제4류 위험물
(3) 제2류 위험물, 제3류 위험물, 제5류 위험물
(4) 제1류 위험물

## 08
**답안** (1) 5
(2) 6
(3) 1

 개념문제

제4류 위험물로서 인화점이 −37℃로 매우 낮고, 분자량이 약 58인 물질에 대하여 다음 물음에 답하시오.

[20]

(1) 해당 위험물의 화학식을 쓰시오.
(2) 지정수량을 쓰시오.
(3) 해당 위험물을 옥외저장탱크에 저장할 경우, 연소성 혼합기체의 생성에 의한 폭발방지를 위한 법령상 규정(기준)사항을 한 가지 쓰시오.

**Hack답안지** (1) $C_3H_6O$
(2) 50L
(3) 불활성 기체 봉입

**해설** 제4류 위험물로서 인화점이 −37℃로 매우 낮고, 분자량이 약 58인 물질은 "특수인화물" 중 하나일 것이라 생각하고 문제에 접근해야 한다. 왜냐하면 특수인화물이라 함은 인화점이 영하 20℃ 이하인 위험물로서 다이에틸에터(−45℃), 아세트알데하이드(−37.8℃), 산화프로필렌(−37℃), 이황화탄소(−30℃) 등이다.
다이에틸에터[디에틸에테르, $(C_2H_5)_2O$]는 분자량 74, 아세트알데하이드($CH_3CHO$)는 분자량 44, 산화프로필렌($C_3H_6O$)의 분자량은 58, 이황화탄소($CS_2$)의 분자량은 76이다. 따라서, 제4류 위험물로서 인화점이 영하 37℃, 분자량 58인 물질은 산화프로필렌($C_3H_6O$)이 되고, 특수인화물의 지정수량은 50L이다.
해당 위험물을 옥외저장탱크에 저장할 경우 ㉮ 동·마그네슘·은·수은 또는 이들을 성분으로 하는 합금으로 만들지 아니할 것, ㉯ 옥외저장탱크에는 냉각장치 또는 보냉장치를 설치할 것, ㉰ 그리고 연소성 혼합기체의 생성에 의한 폭발을 방지하기 위한 불활성의 기체를 봉입하는 장치를 설치할 것

▶ 법령보기 ◀ 옥외저장탱크 저장방법

알킬알루미늄등, 아세트알데하이드등 및 하이드록실아민등을 저장 또는 취급하는 옥외탱크저장소는 해당 위험물의 성질에 따라 다음 기준에 따라야 한다.

㉮ 알킬알루미늄등의 옥외탱크저장소
- 옥외저장탱크의 주위에는 누설범위를 국한하기 위한 설비 및 누설된 알킬알루미늄등을 안전한 장소에 설치된 조에 이끌어 들일 수 있는 설비를 설치할 것
- 옥외저장탱크에는 불활성의 기체를 봉입하는 장치를 설치할 것

㉯ 아세트알데하이드등의 옥외탱크저장소
- 옥외저장탱크의 설비는 동·마그네슘·은·수은 또는 이들을 성분으로 하는 합금으로 만들지 아니할 것
- 옥외저장탱크에는 냉각장치 또는 보냉장치, 그리고 연소성 혼합기체의 생성에 의한 폭발을 방지하기 위한 불활성의 기체를 봉입하는 장치를 설치할 것

㉰ 하이드록실아민등의 옥외탱크저장소
- 옥외탱크저장소에는 하이드록실아민등의 온도의 상승에 의한 위험한 반응을 방지하기 위한 조치를 강구할 것
- 옥외탱크저장소에는 철 이온 등의 혼입에 의한 위험한 반응을 방지하기 위한 조치를 강구할 것

**보충** 주요 위험물의 인화점과 착화점(발화온도)은 다음 [표]와 같다.

| 종류 | 인화점 | 착화점 | 종류 | 인화점 | 착화점 |
|---|---|---|---|---|---|
| 수소($H_2$) | <-150(℃) | 550℃ | 메탄올($CH_3OH$) | 11℃ | 470℃ |
| 메테인(메탄, $CH_4$) | -187℃ | 537℃ | 에탄올($C_2H_5OH$) | 13℃ | 425℃ |
| 에테인(에탄, $C_2H_6$) | -135℃ | 427℃ | 클로로벤젠($C_6H_5Cl$) | 29℃ | 640℃ |
| 에텐(에틸렌, $C_2H_4$) | -136℃ | 425℃ | 아닐린($C_6H_5NH_2$) | 76℃ | 540℃ |
| 프로페인(프로판, $C_3H_8$) | -104℃ | 432℃ | 다이에틸에터[($C_2H_5)_2O$] | -45℃ | 180℃ |
| 부테인(부탄, $C_4H_{10}$) | -72℃ | 365℃ | 산화프로필렌($C_3H_6O$) | -37℃ | 430℃ |
| 에타인(아세틸렌, $C_2H_2$) | -18℃ | 305℃ | 황화수소($H_2S$) | 83.3℃ | 260℃ |
| 벤젠($C_6H_6$) | -11℃ | 498℃ | 황린($P_4$) | - | 34℃ |
| 아세톤($CH_3COCH_3$) | -18℃ | 535℃ | 이황화탄소($CS_2$) | -30℃ | 100℃ |
| 메틸에틸케톤($CH_3C(O)C_2H_5$) | -9℃ | 505℃ | 아세트알데하이드($CH_3CHO$) | -37.8℃ | 185℃ |

### 개념문제

다음의 특성을 지닌 위험물에 대하여 물음에 답하시오. [22]

[보기]
- 분자량 약 78, 인화점 -11℃
- 무색투명한 방향성을 갖는 휘발성이 강한 액체
- 수소첨가반응으로 사이클로헥세인(시클로헥산)을 생성하는 제4류 위험물

(1) 해당 위험물의 화학식을 쓰시오.
(2) 해당 위험물의 위험등급을 쓰시오.
(3) 해당하는 위험물을 운송할 때 위험물안전카드를 휴대해야 하는지의 여부를 쓰시오. (단, 해당사항 없으면 "해당 없음"이라고 쓰시오)
(4) 위험물안전관리법령상 "위험물운송자는 장거리에 걸치는 운송을 하는 때에는 2명 이상의 운전자로 해야 한다"고 규정하고 있다. 해당 위험물이 이에 해당하는지의 여부를 쓰시오. (단, 해당사항 없으면 "해당 없음"이라고 쓰시오)

**답안지** (1) $C_6H_6$
(2) 위험등급 Ⅱ
(3) 위험물안전카드를 휴대해야 함
(4) 해당 없음

**해설** 인화점이 -11℃로 낮고, 분자량이 약 78이라는 점에 먼저 초점을 맞춘다. 분자량 78, 곧바로 벤젠이라는 것을 알 수 있다. 왜냐하면 벤젠은 육각형의 환형구조에 6개 모서리에 탄소를 가지고 있으므로 분자식이 $C_6H_6$이며, 분자량을 산정하면 12×6+1×6=78이 되기 때문이다. 추가로 벤젠은 방향성이 있고, 휘발성이 강하므로 문제의 특성을 갖는 것은 벤젠임을 확신할 수 있다.
벤젠($C_6H_6$)은 제4류 위험물(인화성액체)-제1석유류(비수용성)이므로 위험등급 Ⅱ등급으로 지정수량은 200L이다.

이동탱크저장소에 의한 위험물을 운송할 때 준수하여야 하는 기준에서 → 위험물(제4류 위험물에 있어서는 특수인화물 및 제1석유류에 한함)을 운송하게 하는 자는 위험물안전카드를 위험물운송자로 하여금 휴대하게 하여야 한다.

그리고 위험물을 장거리 운송하는 때에는 2명 이상의 운전자로 해야 하는데, 운송하는 위험물이 제2류 위험물·제3류 위험물(칼슘 또는 알루미늄의 탄화물과 이것만을 함유한 것에 한함)과 제4류 위험물(특수인화물 제외)인 경우에는 이 규정(장거리 운송 시 2명 이상의 운전자로 해야 하는 규정)을 적용하지 않는다. 따라서 (4)항은 "해당 없음"이라고 답하면 된다.

● 참고 ●

### 위험물의 위험등급 분류

| 위험등급 | 해당 품명 및 품목 |
|---|---|
| Ⅰ등급 위험물 | · 제1류 위험물 중 아염소산염류, 염소산염류, 과염소산염류, 무기과산화물 그밖에 지정수량이 50kg인 위험물<br>· 제3류 위험물 중 칼륨, 나트륨, 알킬알루미늄, 알킬리튬, 황린 그밖에 지정수량이 10kg 또는 20kg인 위험물<br>· 제4류 위험물 중 특수인화물<br>· 제5류 위험물 중 유기과산화물, 질산에스테르류(질산에스테르류) 그밖에 지정수량이 10kg인 위험물<br>· 제6류 위험물 |
| Ⅱ등급 위험물 | · 제1류 위험물 중 브로민산염류, 질산염류, 아이오딘산염류 그밖에 지정수량이 300kg인 위험물<br>· 제2류 위험물 중 황화인, 적린, 유황 그밖에 지정수량이 100kg인 위험물<br>· 제3류 위험물 중 알칼리금속(칼륨 및 나트륨 제외) 및 알칼리토금속, 유기금속화합물(알킬알루미늄 및 알킬리튬 제외) 그밖에 지정수량이 50kg인 위험물<br>· 제4류 위험물 중 제1석유류 및 알코올류<br>· 제5류 위험물 중 Ⅰ등급 이외 위험물 |
| Ⅲ등급 위험물 | · Ⅰ등급 및 Ⅱ등급 외의 위험물 |

▶ 법령보기 ◀ 위험물 운송시 준수하여야 할 사항(문제의 해당 내용중심)

㉮ 위험물안전카드 소지 : 위험물을 운송하게 하는 자는 위험물안전카드를 위험물운송자로 하여금 휴대하게 하여야 한다(제4류 위험물에 있어서는 특수인화물 및 제1석유류에 한함).

㉯ 장거리 운송시 2명 이상의 운전자로 해야 하는 규정 : 위험물운송자는 장거리(고속국도에 있어서는 340km 이상, 그 밖의 도로에 있어서는 200km 이상을 말함)에 걸치는 운송을 하는 때에는 2명 이상의 운전자로 할 것. 다만, 다음에 해당하는 경우에는 그러하지 아니하다.
· 운송책임자를 동승시킨 경우
· 운송하는 위험물이 제2류 위험물·제3류 위험물(칼슘 또는 알루미늄의 탄화물과 이것만을 함유한 것에 한함)또는 제4류 위험물(특수인화물 제외)인 경우
· 운송도중에 2시간 이내마다 20분 이상씩 휴식하는 경우

### (3) 운반용기의 표시 · 주의사항 게시판의 표지 및 운반방법

① 운반용기의 표시 : 위험물은 그 운반용기의 외부에 다음에 정하는 바에 따라 위험물의 품명, 수량 등을 표시하여 적재하여야 한다.

- 위험물의 품명, 위험등급, 화학명, 수용성(제4류 위험물로서 수용성인 것에 한함)
- 위험물의 수량
- 주의사항의 표시

㉮ 제1류 위험물
  ㉠ 알칼리금속의 과산화물 → "화기·충격주의", "물기엄금" 및 "가연물접촉주의"
  ㉡ 그 밖의 것 → "화기·충격주의" 및 "가연물접촉주의"

㉯ 제2류 위험물
  ㉠ 철분·금속분·마그네슘 → "화기주의" 및 "물기엄금"
  ㉡ 인화성 고체 → "화기엄금"
  ㉢ 그 밖의 것 → "화기주의"

㉰ 제3류 위험물
  ㉠ 자연발화성 물질 → "화기엄금" 및 "공기접촉엄금"
  ㉡ 금수성 물질 → "물기엄금"

㉱ 제4류 위험물 → "화기엄금"

㉲ 제5류 위험물 → "화기엄금" 및 "충격주의"

㉳ 제6류 위험물 → "가연물접촉주의"

[비고]

1. 위의 규정에 불구하고 제1류·제2류 또는 제4류 위험물(위험등급 Ⅰ의 위험물 제외)의 운반용기로서 최대용적이 1L 이하인 운반용기의 품명 및 주의사항은 위험물의 통칭명 및 당해 주의사항과 동일한 의미가 있는 다른 표시로 대신할 수 있다.

2. 위의 규정에 불구하고 제4류 위험물에 해당하는 화장품(에어졸을 제외)의 운반용기 중 최대용적이 150mL 이하인 것에 대하여는 규정에 의한 표시를 하지 아니할 수 있고, 최대용적이 150mL 초과 300mL 이하의 것에 대하여는 위험물의 품명·위험등급·화학명 및 수용성제 표시를 하지 아니할 수 있으며, 규정에 의한 주의사항을 당해 주의사항과 동일한 의미가 있는 다른 표시로 대신할 수 있다.

3. 위의 규정에 불구하고 제4류 위험물에 해당하는 에어졸의 운반용기로서 최대용적이 300mL 이하의 것에 대하여는 위험물의 품명·위험등급·화학명 및 수용성제 표시를 하지 아니할 수 있으며, 규정에 의한 주의사항을 당해 주의사항과 동일한 의미가 있는 다른 표시로 대신할 수 있다.

4. 위의 규정에 불구하고 제4류 위험물 중 동식물유류의 운반용기로서 최대용적이 3L 이하인 것에 대하여는 위험물의 품명·위험등급·화학명 및 수용성제의 표시에 대하여 각각 위험물의 통칭명 및 규정에 의한 표시와 동일한 의미가 있는 다른 표시로 대신할 수 있다.

② 주의사항 게시판 표지

㉮ 위험물별 표시사항
- 물기엄금 : 제1류 위험물 중 알칼리금속의 과산화물, 제3류 위험물 중 금수성 물질
- 화기주의 : 제2류 위험물(인화성 고체를 제외)
- 화기엄금 : 제2류 위험물 중 인화성 고체, 제3류 위험물 중 자연발화성 물질, 제4류 위험물 또는 제5류 위험물

㉯ 바탕색과 글자색
- 물기엄금 : 청색바탕에 백색문자
- 화기주의, 화기엄금 : 적색바탕에 백색문자

㉰ 운반차량의 표시 : 지정수량 이상의 위험물을 차량으로 운반하는 경우에는 당해 차량에 다음 기준에 의한 표지를 설치하여야 한다.
- 한 변의 길이가 0.3m 이상, 다른 한 변의 길이가 0.6m 이상인 직사각형의 판으로 표지를 설치하여야 한다.
- 바탕은 흑색으로 하고, 황색의 반사도료 또는 그 밖의 반사성이 있는 재료로 "위험물"이라고 표시한다.
- 표지는 차량의 전면 및 후면의 보기 쉬운 곳에 설치한다.

③ 운반방법

㉮ 위험물 또는 위험물을 수납한 운반용기가 현저하게 마찰 또는 동요를 일으키지 아니하도록 운반하여야 한다(중요기준).

㉯ 지정수량 이상의 위험물을 차량으로 운반하는 경우에는 해당 차량에 소방청장이 정하여 고시하는 바에 따라 운반하는 위험물의 위험성을 알리는 표지를 설치하여야 한다.

㉰ 지정수량 이상의 위험물을 차량으로 운반하는 경우에 있어서 다른 차량에 바꾸어 싣거나 휴식·고장 등으로 차량을 일시 정차시킬 때에는 안전한 장소를 택하고 운반하는 위험물의 안전확보에 주의하여야 한다.

㉴ 지정수량 이상의 위험물을 차량으로 운반하는 경우에는 당해 위험물에 적응성이 있는 소형수동식 소화기를 당해 위험물의 소요단위에 상응하는 능력단위 이상 갖추어야 한다.

㉮ 위험물의 운반도중 위험물이 현저하게 새는 등 재난발생의 우려가 있는 경우에는 **응급조치**를 강구하는 동시에 가까운 **소방관서** 그 밖의 **관계기관**에 **통보**하여야 한다.

㉯ 품명 또는 지정수량을 달리하는 2 이상의 위험물을 운반하는 경우에 있어서 운반하는 각각의 위험물의 수량을 당해 위험물의 지정수량으로 나누어 얻은 수의 합이 1 이상인 때에는 지정수량 이상의 위험물을 운반하는 것으로 본다.

● 참고 ●

### 소요단위 및 소요능력 단위

- **용어의 개념**
  - **소요단위** : 소화설비의 설치대상이 되는 건축물 그 밖의 공작물의 규모 또는 위험물의 양의 기준단위를 말함
  - **능력단위** : 소요단위에 대응하는 소화설비의 소화능력의 기준단위를 말함

- **소요단위 계산방법**
  - 제조소 또는 취급소의 건축물은 외벽이 내화구조인 것은 연면적(제조소등의 용도로 사용되는 부분 외의 부분이 있는 건축물에 설치된 제조소등에 있어서는 당해 건축물중 제조소등에 사용되는 부분의 바닥면적의 합계를 말함) $100m^2$를 1소요단위로 하며, 외벽이 내화구조가 아닌 것은 연면적 $50m^2$를 1소요단위로 할 것
  - 저장소의 건축물은 외벽이 내화구조인 것은 연면적 $150m^2$를 1소요단위로 하고, 외벽이 내화구조가 아닌 것은 연면적 $75m^2$를 1소요단위로 할 것
  - 제조소등의 옥외에 설치된 공작물은 외벽이 내화구조인 것으로 간주하고 공작물의 최대수평투영면적을 연면적으로 간주 소요단위를 산정할 것
  - 위험물은 지정수량의 10배를 1소요단위로 할 것

- **소화설비의 능력단위**

| 소화설비 | 용량 | 능력단위 |
| --- | --- | --- |
| 소화전용(轉用)물통 | 8L | 0.3 |
| 수조(소화전용물통 3개 포함) | 80L | 1.5 |
| 수조(소화전용물통 6개 포함) | 190L | 2.5 |
| 마른 모래(삽 1개 포함) | 50L | 0.5 |
| 팽창질석 또는 팽창진주암(삽 1개 포함) | 160L | 1.0 |

 **개념문제**

알칼리금속의 과산화물 운반용기 외부용기에 표시해야 하는 주의사항 4가지 쓰시오. [09,12,14,18]

**Hack답안지** ① 화기주의 ② 충격주의 ③ 물기엄금 ④ 가연물접촉주의

**해설** 운반용기의 표시에 관한 관련 규정은 다음과 같다.
- 운반용기에 표시하여야 할 사항
  - 위험물의 품명, 위험등급, 화학명, 수용성(제4류 위험물로서 수용성)
  - 위험물의 수량, 주의사항의 표시
- 주의사항의 표시방법

| 제1류 위험물 | · 알칼리금속의 과산화물 → "화기 · 충격주의", "물기엄금", "가연물접촉주의"<br>· 그 밖의 것 → "화기 · 충격주의" 및 "가연물접촉주의" |
|---|---|
| 제2류 위험물 | · 철분 · 금속분 · 마그네슘 → "화기주의" 및 "물기엄금"<br>· 인화성 고체 → "화기엄금"<br>· 그 밖의 것 → "화기주의" |
| 제3류 위험물 | · 자연발화성 물질 → "화기엄금" 및 "공기접촉엄금"<br>· 금수성 물질 → "물기엄금" |
| 제4류 위험물 | · "화기엄금" |
| 제5류 위험물 | · "화기엄금" 및 "충격주의" |
| 제6류 위험물 | · "가연물접촉주의" |

**─● 이승원의 용기의 주의사항 암기법 ●─**

용기 → 물 → 가연 → 화기해서 → 충격
- 첫알은 물 – 가연 – 화기해서 충격, 외의 것은 물만 뺌(건식으로)
  - 1류, 알칼리금속 과산화물 – 물기엄금 / 가연물접촉주의 / 화기주의 / 충격주의
  - 알칼리금속 과산화물 외의 것은 – 가연물접촉주의 / 화기주의 / 충격주의
- 한움큼 인자 두시네오
- 한움큼 : 화기엄금
- 인자 : 인화성 고체(2) – 자연발화성 물질(3)
- 두시네오 : 2, 3, 4, 5류
- 물은 1, 2, 3 알마즘
- 물은 : 물기엄금
  - 1 : 알 1류 – 알(알칼리금속의 과산화물
  - 2 : 마 2류 – 마(마그네슘 · 금속분 · 철분)
  - 3 : 즘 3류 – 즘(금수성 물질)
- 충격주의 15 : 충격주의 – 1류, 5류
- 가족은 나와 너, 공족은 세발, 화주는 12홍이다.
  - 가족은 나와 너 : 가연물 접촉주의 – 나(I=1류)와 너(yoy=유=6류)
  - 공족은 세발 : 공기접촉엄금 – 세(3류) 발(자연발화성)
  - 화주는 아차 12홍이다 : 화기주의 – 아차 12홍(알칼리 금속의 과산화물 1류, 철분 2류 – 그 밖의 것)

**■ 참고 ■**

위험물안전관리법에서 규정하고 있는 "운반용기의 외부에 표시해야 하는 주의사항"의 경우 잠시 동안은 숙지한 듯하여도 시간이 지나면서 헷갈리기 쉽기 때문에 아래와 같은 암기법을 사용하여 기억해 두는 것이 가장 효과적인 학습법이다.

"달걀을 삶는 것"을 순서로 하면 – 그릇에 달걀넣고(알을 넣고) – 물을 부어(물기엄금), 가스(가연물) 불켜고 가열(화기)해서 삶은 다음 – 충격을 주어 껍질을 깨트린 다음 먹는다. 이외 물을 사용하지 않고 굽는 요리방식도 있으므로 이것을 "건식(물을 뺀 방식) – 알칼리금속의 과산화물 이외 물질은 위에서 물기엄금을 뺀 것"이라 생각하고 암기법의 흐름을 숙지하면 효과적으로 머리에 입력될 것이다.

### 개념문제

다음 위험물의 운반용기의 외부에 표시해야 하는 주의사항을 쓰시오.  [17, 20]

(1) 제2류 인화성 고체
(2) 제3류 금수성 물질
(3) 제4류 위험물
(4) 제5류 위험물
(5) 제6류 위험물

**Hack 답안지**
(1) 화기엄금
(2) 물기엄금
(3) 화기엄금
(4) 화기엄금 및 충격주의
(5) 가연물접촉주의

**■ 참고 ■**

한번 더 해보자! "달걀을 삶는 것"을 순서로 생각하면 – 그릇에 달걀넣고(알을 넣고) – 물을 부어(물기엄금), 가스(가연물) 불켜고 가열(화기)해서 삶은 다음 – 충격을 주어 껍질을 깨트린 다음 먹는다. 이외 물을 사용하지 않고 굽는 요리방식도 있으므로 이것을 "건식(물을 뺀 방식) – 알칼리금속의 과산화물 이외 물질은 위에서 물기엄금을 뺀 것"이라 생각하고 암기법을 숙지하면 효과적으로 머리에 입력될 것이다.

앞의 암기법을 적용할 때 "화기엄금"으로 표시해야 하는 위험물은 "인자 한움큼 두시네오" – 2류 인화성고체, 3류 자연발화성물질, 4류, 5류위험물이다.

다음, "물기엄금"으로 표시해야 하는 위험물은 "물은 1, 2, 3 알마즘" – 1류의 알칼리금속의 과산화물, 2류의 마그네슘·금속분·철분, 3류의 금수성 물질이 된다.

따라서 "2류 위험물 – 인화성고체"가 포함된 주의표시 항목은 "한움큼 인자 두시네오"에 해당되므로 "화기엄금"이 되고, "3류 위험물 – 금수성물질"이 포함된 주의표시 항목은 "물은 1, 2, 3 알마즘"에 해당되므로 "물기엄금"이 된다.

또한 "4류 위험물"이 포함된 주의표시 항목은 "한움큼 인자 두시네오"에 해당되므로 "화기엄금"이 되고, "5류 위험물"이 포함된 주의표시 항목은 "한움큼 인자 두시네오"와 "회충은 15세 이하"에 해당되므로 "화기엄금", "화기·충격주의", "6류 위험물"이 포함된 주의표시 항목은 "가족은 나와 너, 공족은 세발, 화주는 아차 12홍이다."에 해당되므로 "가연물접촉주의"로 표시되어야 한다는 것을 알 수 있다.

복잡하고, 헷갈릴수록 딱 한번 마음먹고 확실하게 암기해 두어야 한다!

### 유사문제

**01** 제5류 위험물의 운반용기 외부 포장 주의사항을 모두 쓰시오. [11]

**02** 과산화벤조일을 옮기려 한다. 이 운반용기 표면에 작성되어 있어야 할 주의사항을 모두 쓰시오. [08,15]

**03** 과산화나트륨을 수납한 운반용기의 외부에 표시하는 주의사항을 모두 쓰시오. [09,18]

**04** 제2류 위험물 운반표기 외부포장 표시 중 수납위험물의 주의사항을 쓰시오. [10]
 (1) 철분, 금속분, 마그네슘 또는 이를 함유한 것
 (2) 인화성 고체
 (3) (1), (2) 이외의 제2류 위험물

**05** 다음의 위험물에 대하여 운반용기 외부에 표시하는 주의사항을 쓰시오. [20]
 (1) 제1류 위험물 중 알칼리금속의 과산화물
 (2) 제3류 위험물 중 자연발화성 물질
 (3) 제5류 위험물

**06** 다음 위험물의 운반용기 외부포장 표시방법을 쓰시오. [10,12]
 (1) 제2류 위험물 중 인화성 고체
 (2) 제3류 위험물 중 금수성 고체
 (3) 제4류 위험물
 (4) 제6류 위험물

**07** 다음 위험물의 운반용기 외부에 표시해야 하는 주의사항을 쓰시오. [21]
 (1) 황린
 (2) 인화성 고체
 (3) 과산화나트륨

**08** 다음 위험물의 운반용기의 외부에 표시하는 주의사항을 쓰시오. [20]
 (1) 황린
 (2) 아닐린
 (3) 질산
 (4) 염소산칼륨
 (5) 철분

### 유사문제 답안·해설

**01** 답안 화기엄금, 충격주의

**02** 답안 화기엄금, 충격주의

**03** 답안 화기·충격주의, 물기엄금, 가연물접촉주의

**04** **답안** (1) 화기주의, 물기엄금
(2) 화기엄금
(3) 화기주의

**05** **답안** (1) 물기엄금, 화기·충격주의, 가연물접촉주의
(2) 화기엄금, 공기접촉엄금
(3) 화기엄금, 화기·충격주의

**06** **답안** (1) 화기엄금
(2) 물기엄금
(3) 화기엄금
(4) 가연물접촉주의

**07** **답안** (1) 화기엄금, 공기접촉엄금
(2) 화기엄금
(3) 화기·충격주의, 가연물접촉주의, 물기엄금

**08** **답안** (1) 화기엄금, 공기접촉엄금
(2) 화기엄금
(3) 가연물접촉주의
(4) 화기·충격주의, 가연물접촉주의
(5) 화기주의, 물기엄금

### 개념문제

다음의 위험물을 취급하는 제조소에 설치해야 하는 주의사항을 쓰시오. [16]
(1) 과산화나트륨
(2) 유황
(3) TNT

**Hack 답안지** (1) 물기엄금
(2) 화기주의
(3) 화기엄금

**해설** 과산화나트륨($Na_2O_2$)은 제1류 위험물(산화성고체) 중 무기과산화물(지정수량 10kg)의 알칼리금속의 과산화물에 속하므로 위험물별 표시사항은 "물기엄금"이다. 유황은 제2류 위험물(가연성고체, 지정수량 100kg)에 속하므로 위험물별 표시사항은 "화기주의"이다. TNT(트라이나이트로톨루엔)는 제5류 위험물(자기반응성물질, 지정수량 200kg)의 나이트로 화합물(Nitro Compound)에 속하므로 위험물별 표시사항은 "화기엄금"이다. 표지판과 게시판의 규격 및 표시사항에 관한 규정은 아래와 같다.

▶ 법령보기 ◀ 제조소의 표지 및 게시판

㉮ 표지 : 제조소에는 보기 쉬운 곳에 다음 각목의 기준에 따라 "위험물 제조소"라는 표시를 한 표지를 설치하여야 한다.
  • 표지는 한변의 길이가 0.3m 이상, 다른 한변의 길이가 0.6m 이상인 직사각형으로 할 것
  • 표지의 바탕은 백색으로, 문자는 흑색으로 할 것

㉯ 게시판 : 제조소에는 보기 쉬운 곳에 다음 각목의 기준에 따라 방화에 관하여 필요한 사항을 게시한 게시판을 설치하여야 한다.
  • 게시판은 한변의 길이가 0.3m 이상, 다른 한변의 길이가 0.6m 이상인 직사각형으로 할 것
  • 게시판에 기재하여야 할 사항
    - 저장 또는 취급하는 위험물의 유별 · 품명
    - 저장최대수량 또는 취급최대수량
    - 지정수량의 배수
    - 안전관리자의 성명 또는 직명
  • 게시판의 바탕은 백색으로, 문자는 흑색으로 할 것
  • 저장 또는 취급하는 위험물에 따라 다음 규정에 의한 주의사항을 표시한 게시판을 설치할 것
    - 제1류 위험물 중 알칼리금속의 과산화물과 이를 함유한 것 또는 제3류 위험물 중 금수성물질에 있어서는 "물기엄금"
    - 제2류 위험물(인화성고체 제외)에 있어서는 "화기주의"
    - 제2류 위험물 중 인화성고체, 제3류 위험물 중 자연발화성물질, 제4류 위험물 또는 제5류 위험물에 있어서는 "화기엄금"
    - 게시판의 색은 "물기엄금"을 표시하는 것에 있어서는 청색바탕에 백색문자로, "화기주의" 또는 "화기엄금"을 표시하는 것에 있어서는 적색바탕에 백색문자로 할 것

---

**이승원의 표시사항(표지판 · 게시판) 암기법**

■ 게판 – 물화기 2류 16금 3×6 흑백바지
• 물 1알과 삼지마라 : 물기엄금(1류, 알칼리-과산화물, 3류 금수성)
• 부주의하면 이고생 한다 : 화기주의(불주의하면 2류 고체 쌩깐다)
• 화나거든 일찍 자라 : 화기엄금(1류, 6류 제외)

---

**이승원의 표시사항 색깔 암기법**

• 물위에 백조 : 물기엄금/물기주의는 청색바탕에 백색글자
• 불위에 백조(잡아서 굽고 있음) : 화기(주의/엄금/화기 · 충격주의)는 적색바탕에 백색글자
• 가공해서 흰종이에 먹으로(택배포장) : 가연물접촉주의/공기접촉엄금은 백색바탕에 흑색글자
• 충격을 주면(던짐) 바로 검푸르게 상함 : 충격주의는 흑색바탕에 청색글자

### 유사문제

**01** 다음 위험물의 주의사항 게시판에 써야 할 문자는 무엇인지 쓰시오. [08]
  (1) 제1류 위험물 중 알칼리금속의 과산화물
  (2) 제2류 위험물(인화성 고체 제외)
  (3) 제5류 위험물 중 트라이나이트로톨루엔

**02** 각 류별 위험물의 주의사항 게시판에 표시하는 문자를 쓰시오. [07,17]
  (1) 제2류 위험물 중 인화성 고체
  (2) 제3류 위험물 중 금수성 물질
  (3) 제4류 위험물
  (4) 제5류 위험물
  (5) 제6류 위험물

**03** 제2류 위험물을 제조하는 장소에서 저장 또는 취급하는 위험물에 따라 주의사항을 표시한 게시판을 설치해야 한다. 이때 게시판에 써야 할 주의사항을 쓰시오. (단, 인화성 고체는 제외) [05]

**04** 다음 제4류 위험물 저장소의 주의사항 게시판에 대한 물음에 답하시오. [15]
  (1) 게시판의 크기
  (2) 색상
  (3) 주의사항

### 유사문제 답안·해설

**01** 답안 (1) 물기엄금
          (2) 화기주의
          (3) 화기엄금

**02** 답안 (1) 화기엄금
          (2) 물기엄금
          (3) 화기엄금
          (4) 화기엄금
          (5) 가연물접촉주의

**03** 답안 화기주의

**04** 답안 (1) 한 변의 길이가 0.3m 이상, 다른 한 변의 길이가 0.6m 이상인 직사각형
          (2) 적색바탕에 백색문자
          (3) 화기엄금

## (4) 위험물의 운송기준

① **운송책임자의 자격요건** : 위험물 운송책임자는 다음에 해당하는 자로 한다.
- 당해 위험물의 취급에 관한 **국가기술자격을 취득**하고 관련 업무에 **1년 이상 종사**한 경력이 있는 자
- 위험물의 운송에 관한 **안전교육을 수료**하고 관련 업무에 **2년 이상 종사**한 경력이 있는 자

② **운송책임자의 감독 또는 지원의 방법**
㉮ 운송책임자가 이동탱크저장소에 동승하여 운송중인 위험물의 안전확보에 관하여 운전자에게 필요한 감독 또는 지원을 하는 방법. 다만, 운전자가 운반책임자의 자격이 있는 경우에는 운송책임자의 자격이 없는 자가 동승할 수 있다.
㉯ 운송의 감독 또는 지원을 위하여 마련한 별도의 사무실에 운송책임자가 대기하면서 다음의 사항을 이행하는 방법
  ㉠ 운송경로를 미리 파악하고 관할소방관서 또는 관련업체(비상대응에 관한 협력을 얻을 수 있는 업체)에 대한 연락체계를 갖추는 것
  ㉡ 이동탱크저장소의 운전자에 대하여 수시로 안전확보 상황을 확인하는 것
  ㉢ 비상시의 응급처치에 관하여 조언을 하는 것
  ㉣ 그밖에 위험물의 운송 중 안전확보에 관하여 필요한 정보를 제공하고 감독 또는 지원하는 것

③ **이동탱크저장소에 의한 위험물의 운송 시에 준수하여야 하는 기준**
㉮ 위험물운송자는 운송의 개시 전에 이동저장탱크의 배출밸브 등의 밸브와 폐쇄장치, 맨홀 및 주입구의 뚜껑, 소화기 등의 점검을 충분히 실시할 것
㉯ 위험물운송자는 장거리(고속국도에 있어서는 **340km 이상**, 그 밖의 도로에 있어서는 **200km 이상**)에 걸치는 운송을 하는 때에는 **2명 이상의 운전자**로 할 것. 다만, 다음에 해당하는 경우에는 그러하지 아니하다.
  - **운송책임자를 동승**시킨 경우
  - 운송하는 위험물이 **제2류 위험물 · 제3류 위험물**(칼슘 또는 알루미늄의 탄화물과 이것만을 함유한 것에 한함) 또는 **제4류 위험물**(특수인화물을 제외)인 경우
  - 운송 도중에 **2시간 이내마다 20분 이상씩 휴식**하는 경우
㉰ 위험물운송자는 이동탱크저장소를 휴식 · 고장 등으로 일시 정차시킬 때에는 안전한 장소를 택하고 당해 이동탱크저장소의 안전을 위한 감시를 할 수 있는 위치에 있는 등 운송하는 위험물의 안전확보에 주의할 것
㉱ 위험물운송자는 이동저장탱크로부터 위험물이 현저하게 새는 등 재해발생의 우려가 있는 경우에는 재난을 방지하기 위한 응급조치를 강구하는 동시에 소방관서 그 밖의 관계 기관에 통보할 것
㉲ 위험물(제4류 위험물에 있어서는 **특수인화물 및 제1석유류**에 한함)을 운송하게 하는 자는 위험물안전카드를 위험물운송자로 하여금 휴대하게 할 것

⑭ 위험물운송자는 위험물안전카드를 휴대하고 당해 카드에 기재된 내용에 따를 것. 다만, 재난 그 밖의 불가피한 이유가 있는 경우에는 당해 기재된 내용에 따르지 아니할 수 있다.

## 개념문제

**다음 물음에 답하시오.** [20]

(1) 대통령령이 정하는 위험물 탱크가 있는 제조소등이 탱크의 변경공사를 하는 때에는 완공검사를 받기 전에 무엇을 받아야 하는지 쓰시오.
(2) 이동탱크저장소의 완공검사 신청시기를 쓰시오.
(3) 지하탱크가 있는 제조소등의 완공검사 신청시기를 쓰시오.
(4) 제조소등의 완공검사를 실시한 결과 기술기준에 적합하다고 인정되는 경우 시·도지사는 무엇을 교부해야 하는지 쓰시오.

### Hack 답안지

(1) 탱크안전성능검사
(2) 이동저장탱크를 완공하고 상치장소를 확보한 후
(3) 지하탱크를 매설하기 전
(4) 완공검사합격확인증

▶ **법령보기** ◀ 탱크의 안전성능검사와 완공검사

㉮ 안전성능검사
- 위험물을 저장 또는 취급하는 탱크로서 대통령령이 정하는 탱크(위험물탱크)가 있는 제조소등의 설치 또는 그 위치·구조 또는 설비의 변경에 관하여 규정에 따른 허가를 받은 자가 위험물탱크의 설치 또는 그 위치·구조 또는 설비의 변경공사를 하는 때에는 규정에 따른 완공검사를 받기 전에 규정에 따른 기술기준에 적합한지의 여부를 확인하기 위하여 시·도지사가 실시하는 **탱크안전성능검사**를 받아야 한다.
- 시·도지사는 규정에 따른 허가를 받은 자가 규정에 따른 탱크안전성능시험자 또는 한국소방산업기술원으로부터 탱크안전성능시험을 받은 경우에는 대통령령이 정하는 바에 따라 당해 탱크안전성능검사의 전부 또는 일부를 면제할 수 있다.

㉯ 완공검사 신청 및 신청시기
- 규정에 따른 허가를 받은 자가 제조소등의 설치를 마쳤거나 그 위치·구조 또는 설비의 변경을 마친 때에는 당해 제조소등마다 시·도지사가 행하는 완공검사를 받아 규정에 따른 기술기준에 적합하다고 인정받은 후가 아니면 이를 사용하여서는 아니 된다. 다만, 제조소등의 위치·구조 또는 설비를 변경함에 있어서 규정에 따른 변경허가를 신청하는 때에 화재예방에 관한 조치사항을 기재한 서류를 제출하는 경우에는 당해 변경공사와 관계가 없는 부분은 완공검사를 받기 전에 미리 사용할 수 있다.
- 제조소등에 대한 완공검사를 받고자 하는 자는 이를 시·도지사에게 신청하여야 한다. 완공검사의 신청시기는 다음의 구분에 따른다.
  - 지하탱크가 있는 제조소등의 경우: 당해 지하탱크를 매설하기 전
  - 이동탱크저장소의 경우: 이동저장탱크를 완공하고 상시 설치 장소(상치장소)를 확보한 후
  - 이송취급소의 경우: 이송배관 공사의 전체 또는 일부를 완료한 후. 다만, 지하·하천 등에 매설하는 이송배관의 공사의 경우에는 이송배관을 매설하기 전
- 완공검사 신청을 받은 시·도지사는 제조소등에 대하여 완공검사를 실시하고, 완공검사를 실시한 결과 해당 제조소등이 기술기준(탱크안전성능검사에 관련된 것을 제외)에 적합하다고 인정하는 때에는 **완공검사합격확인증**을 교부해야 한다.

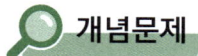 **개념문제**

**다음 물음에 답하시오.** [22]

(1) 운송책임자의 운전자 감독·지원하는 방법으로 옳은 것을 모두 고르시오.
   ① 이동탱크저장소에 동승
   ② 사무실에 대기하면서 감독·지원
   ③ 부득이한 경우 GPS로 감독·지원
   ④ 다른 차량을 이용하여 따라다니면서 감독·지원

(2) 위험물 운송 시 운전자가 장거리 운전할 경우 2명 이상의 운전자로 하여야 하는데, 그러하지 않아도 되는 경우를 모두 고르시오.
   ① 운송책임자가 동승하는 경우
   ② 제2류 위험물(칼슘 또는 알루미늄의 탄화물과 이것만을 함유한 것)을 운반하는 경우
   ③ 제4류 위험물 중 제1석유류를 운반하는 경우
   ④ 2시간 이내마다 20분 이상씩 휴식하는 경우

(3) 운송책임자의 감독·지원을 받아 운송하여야 하는 위험물 2가지를 쓰시오.

**답안지** (1) ①, ②

(2) ①, ②, ③, ④

(3) 알킬알루미늄, 알킬리튬

▶ 법령보기 ◀

㉮ 운송책임자의 감독·지원을 받아 운송하여야 하는 위험물
   ㉠ 알킬알루미늄
   ㉡ 알킬리튬
   ㉢ 위의 물질을 함유하는 위험물

㉯ 운송책임자의 감독 또는 지원방법
   ㉠ 운송책임자가 이동탱크저장소에 동승하여 운송 중인 위험물의 안전확보에 관하여 운전자에게 필요한 감독 또는 지원을 하는 방법
   ㉡ 운송의 감독 또는 지원을 위하여 마련한 별도의 사무실에 운송책임자가 대기하면서 이행하는 방법
      • 운송경로를 미리 파악하고 관할소방서 또는 관련업체(비상대응에 관한 협력을 얻을 수 있는 업체)에 대한 연락체계를 갖추는 것
      • 이동탱크저장소의 운전자에 대하여 수시로 안전확보 상황을 확인하는 것
      • 비상시의 응급처치에 관하여 조언을 하는 것
      • 그밖에 위험물의 운송중 안전확보에 관하여 필요한 정보를 제공하고 감독 또는 지원하는 것

㉰ 이동탱크저장소에 의한 위험물의 운송시에 준수하여야 하는 기준 : 위험물운송자는 장거리(고속국도는 340km 이상, 그밖의 도로는 200km 이상)에 걸치는 운송을 하는 때에는 2명 이상의 운전자로 할 것. 다만, 다음에 해당하는 경우에는 그러하지 아니하다.
   ㉠ 규정에 의하여 운송책임자를 동승시킨 경우
   ㉡ 운송하는 위험물이 제2류 위험물·제3류 위험물(칼슘 또는 알루미늄의 탄화둘과 이것만을 함유한 것에 한함) 또는 제4류 위험물(특수인화물 제외)인 경우
   ㉢ 운송도중에 2시간 이내마다 20분 이상씩 휴식하는 경우

㉱ 이동탱크저장소에 의한 위험물의 운송시에 준수하여야 하는 기준 : 위험물운송자는 장거리(고속국도는 340km 이상, 그밖의 도로는 200km 이상)에 걸치는 운송을 하는 때에는 2명 이상의 운전자로 하여야 한다.

## 2. 설비기준

### 1 제조소등의 분류 · 용어의 정의

**(1) 분류체계**
- 제조소 : 위험물을 제조할 목적으로 지정수량 이상의 위험물을 취급하기 위하여 허가를 받은 장소
- 저장소 : 지정수량 이상의 위험물을 저장하기 위한 장소로 허가를 받은 장소
- 취급소 : 지정수량 이상의 위험물을 제조 외의 목적으로 취급하기 위한 장소로 규정에 따른 허가를 받은 장소
- 제조소등 : 제조소 · 저장소 및 취급소를 말함

#### 개념문제

아래의 도표에 대하여 다음 물음에 답하시오. [21]

```
          ┌─ 제조소
          │
          │              ┌─ 옥내저장소
          │              ├─ 옥외저장소
          │              ├─ 옥내탱크저장소
          │              ├─ 옥외탱크저장소
    ①  ──┼─ 저장소 ─────┼─ 지하탱크저장소
          │              ├─ 이동탱크저장소
          │              ├─ 암반탱크저장소
          │              └─ ②
          │
          │              ┌─ 판매취급소
          │              ├─ 주유취급소
          └─ 취급소 ─────┼─ ③
                         └─ 일반취급소
```

(1) 제조소, 저장소, 취급소를 포괄하는 ①항의 위험물안전관리법령상 명칭을 쓰시오.
(2) ②항의 명칭을 쓰시오.
(3) ③항의 명칭을 쓰시오.
(4) 위험물안전관리자를 선임하지 않아도 되는 저장소를 모두 쓰시오. (단, 없으면 "없음"이라 쓰시오.)
(5) 이동저장탱크에 액체위험물을 주입하는 일반취급소로서 액체위험물을 용기에 옮겨 담는 취급소를 포함하는 일반취급소의 명칭을 쓰시오.

**답안지** (1) ① 제조소등 (2) ② 간이탱크저장소 (3) ③ 이송취급소
(4) 이동탱크저장소 (5) 충전하는 일반취급소

**해설** 위험물안전관리자 선임대상 제외 : 규정에 따라 허가를 받지 아니하는 제조소등과 이동탱크저장소(차량에 고정된 탱크에 위험물을 저장 또는 취급하는 저장소)

▶ 법령보기 ◀

㉮ "제조소"라 함은 위험물을 제조할 목적으로 지정수량 이상의 위험물을 취급하기 위하여 규정에 따른 허가를 받은 장소를 말한다.
㉯ "제조소등"이라 함은 제조소 · 저장소 및 취급소를 말한다.
㉰ "저장소"라 함은 지정수량 이상의 위험물을 저장하기 위한 대통령령이 정하는 장소로서 규정에 따른 허가를 받은 장소를 말한다. 저장소의 구분은 다음과 같다.
 ㉠ 옥내저장소, 옥외저장소
 ㉡ 옥외탱크저장소, 옥내탱크저장소
 ㉢ 지하탱크저장소, 간이탱크저장소, 이동탱크저장소, 암반탱크저장소
㉱ "취급소"라 함은 지정수량 이상의 위험물을 제조외의 목적으로 취급하기 위한 대통령령이 정하는 장소로서 규정에 따른 허가를 받은 장소를 말한다. 취급소의 구분은 다음과 같다.
 ㉠ 판매취급소
 ㉡ 주유취급소
 ㉢ 이송취급소
 ㉣ 일반취급소
  • **분무도장작업등의 일반취급소** : 도장, 인쇄 또는 도포를 위하여 제2류 위험물 또는 제4류 위험물(특수인화물 제외)을 취급하는 일반취급소로서 지정수량의 30배 미만의 것
  • **세정작업의 일반취급소** : 세정을 위하여 위험물(인화점이 40℃ 이상인 제4류 위험물에 한함)을 취급하는 일반취급소로서 지정수량의 30배 미만의 것
  • **열처리작업 등의 일반취급소** : 열처리작업 또는 방전가공을 위하여 위험물(인화점이 70℃ 이상인 제4류 위험물에 한함)을 취급하는 일반취급소로서 지정수량의 30배 미만의 것
  • **보일러등으로 위험물을 소비하는 일반취급소** : 보일러, 버너 그 밖의 이와 유사한 장치로 위험물(인화점이 38℃ 이상인 제4류 위험물에 한한다)을 소비하는 일반취급소로서 지정수량의 30배 미만의 것
  • **충전하는 일반취급소** : 이동저장탱크에 액체위험물(알킬알루미늄등, 아세트알데하이드등 및 하이드록실아민등을 제외)을 주입하는 일반취급소(액체위험물을 용기에 옮겨 담는 취급소를 포함)
  • **옮겨 담는 일반취급소** : 고정급유설비에 의하여 위험물(인화점이 38℃ 이상인 제4류 위험물에 한함)을 용기에 옮겨 담거나 4,000L 이하의 이동저장탱크(용량이 2,000L를 넘는 탱크에 있어서는 그 내부를 2,000L 이하마다 구획한 것에 한함)에 주입하는 일반취급소로서 지정수량의 40배 미만인 것
  • **유압장치등을 설치하는 일반취급소** : 위험물을 이용한 유압장치 또는 윤활유 순환장치를 설치하는 일반취급소(고인화점 위험물만을 100℃ 미만의 온도로 취급하는 것에 한함)로서 지정수량의 50배 미만의 것
  • **절삭장치등을 설치하는 일반취급소** : 절삭유의 위험물을 이용한 절삭장치, 연삭장치 그 밖의 이와 유사한 장치를 설치하는 일반취급소(고인화점 위험물만을 100℃ 미만의 온도로 취급하는 것에 한함)로서 지정수량의 30배 미만의 것
  • **열매체유 순환장치를 설치하는 일반취급소** : 위험물 외의 물건을 가열하기 위하여 위험물(고인화점 위험물에 한한다)을 이용한 열매체유(열 전달에 이용하는 합성유) 순환장치를 설치하는 일반취급소로서 지정수량의 30배 미만의 것
  • **화학실험의 일반취급소** : 화학실험을 위하여 위험물을 취급하는 일반취급소로서 지정수량의 30배 미만의 것(위험물을 취급하는 설비를 건축물에 설치하는 것만 해당)
  • **반도체 제조공정의 일반취급소** : 국가첨단전략기술 중 반도체 관련 제품의 제조를 위하여 위험물을 취급하는 일반취급소(위험물을 취급하는 설비를 건축물에 설치하는 것으로 한정)
  • **이차전지 제조공정의 일반취급소** : 국가첨단전략기술 중 이차전지 관련 제품의 제조를 위하여 위험물을 취급하는 일반취급소

### (2) 소요단위 · 안전관리자

① 소요단위
- ㉮ 개념 : 소요단위란 소화설비의 설치대상이 되는 건축물 그 밖의 공작물의 규모 또는 위험물의 양의 기준단위를 말함
- ㉯ 제조소 또는 취급소의 소요단위
  - 건축물 외벽이 내화구조인 것은 **연면적 100m²**를 1소요단위로 함
  - 건축물 외벽이 내화구조가 아닌 것은 **연면적 50m²**를 1소요단위로 함
- ㉰ 저장소의 소요단위
  - 저장소의 건축물 외벽이 내화구조인 것은 **연면적 150m²**를 1소요단위로 함
  - 저장소의 건축물 외벽이 내화구조가 아닌 것은 연면적 **75m²**를 1소요단위로 함
- ㉱ 옥외에 설치된 공작물의 소요단위 : 제조소등의 옥외에 설치된 공작물은 외벽이 내화구조인 것으로 간주하고 공작물의 최대 수평투영면적을 연면적으로 간주하여 소요단위를 산정함
- ㉲ 위험물의 양에 대한 소요단위 : 위험물은 **지정수량의 10배**를 1소요단위로 함

② 위험물안전관리자
- ㉮ 제조소등의 관계인은 위험물의 안전관리에 관한 직무를 수행하게 하기 위하여 제조소등마다 대통령령이 정하는 위험물의 취급에 관한 자격이 있는 자(위험물취급자격자)를 위험물안전관리자(안전관리자)로 선임하여야 한다.

**‖ 대통령령이 정하는 위험물의 취급에 관한 자격이 있는 자(위험물취급자격자) ‖**

| 위험물취급자격자의 구분 | 취급할 수 있는 위험물 |
|---|---|
| 위험물기능장, 위험물산업기사, 위험물기능사 | 모든 위험물 |
| 안전관리자교육이수자 | 제4류 위험물 |
| 소방공무원 경력자(경력 3년 이상) | 제4류 위험물 |

- ㉯ 안전관리자를 선임한 제조소등의 관계인은 그 안전관리자를 해임하거나 안전관리자가 퇴직한 때에는 해임하거나 퇴직한 날부터 **30일 이내**에 다시 안전관리자를 선임하여야 한다.
- ㉰ 제조소등의 관계인은 안전관리자를 선임한 경우에는 선임한 날부터 **14일 이내**에 행정안전부령으로 정하는 바에 따라 소방본부장 또는 소방서장에게 신고하여야 한다.

 **개념문제**

위험물안전관리법령에서 규정하고 있는 안전관리자에 대한 내용이다. 물음에 답하시오. [20]

(1) 안전관리자를 선임하여야 하는 책무를 가진 대상을 다음 중에서 골라 쓰시오.

- 제조소등의 관계인
- 제조소등의 설치자
- 시·도지사
- 소방서장
- 소방청장

(2) 안전관리자 해임 후 재선임 기간을 쓰시오. (제한이 없으면 "없음"이라 쓰시오)
(3) 안전관리자 퇴직 후 재선임 기간을 쓰시오. (제한이 없으면 "없음"이라 쓰시오)
(4) 안전관리자 선임 후 신고 기간을 쓰시오. (제한이 없으면 "없음"이라 쓰시오)
(5) 안전관리자가 여행, 질병 그 밖의 사유로 인하여 일시적으로 직무를 수행할 수 없을 때 직무를 대행하는 기간을 쓰시오. (제한이 없으면 "없음"이라 쓰시오)

**Hack 답안지**
(1) 안전관리자를 선임 책무 : 제조소등의 관계인
(2) 재선임 기간 : 30일 이내
(3) 안전관리자 퇴직 후 : 30일 이내
(4) 신고 기간 : 14일 이내
(5) 직무대행 기간 : 30일 미만

**해설** 위험물안전관리자에 대한 관련규정은 다음과 같다.

▶ 법령보기 ◀

㉮ 제조소등의 관계인은 위험물의 안전관리에 관한 직무를 수행하게 하기 위하여 제조소등마다 위험물의 취급에 관한 자격이 있는 자를 안전관리자로 선임하여야 한다.
㉯ 규정에 따라 안전관리자를 선임한 제조소등의 관계인은 그 안전관리자를 해임하거나 안전관리자가 퇴직한 때에는 해임하거나 퇴직한 날부터 30일 이내에 다시 안전관리자를 선임하여야 한다.
㉰ 제조소등의 관계인은 안전관리자를 선임한 경우에는 선임한 날부터 14일 이내에 행정안전부령으로 정하는 바에 따라 소방본부장 또는 소방서장에게 신고하여야 한다.
㉱ 제조소등의 관계인이 안전관리자를 해임하거나 안전관리자가 퇴직한 경우 그 관계인 또는 안전관리자는 소방본부장이나 소방서장에게 그 사실을 알려 해임되거나 퇴직한 사실을 확인받을 수 있다.
㉲ 안전관리자를 선임한 제조소등의 관계인은 안전관리자가 여행·질병 그 밖의 사유로 인하여 일시적으로 직무를 수행할 수 없거나 안전관리자의 해임 또는 퇴직과 동시에 다른 안전관리자를 선임하지 못하는 경우에는 국가기술자격법에 따른 위험물의 취급에 관한 자격취득자 또는 위험물안전에 관한 기본지식과 경험이 있는 자로서 행정안전부령이 정하는 자를 대리자(代理者)로 지정하여 그 직무를 대행하게 하여야 한다. 이 경우 대리자가 안전관리자의 직무를 대행하는 기간은 30일을 초과할 수 없다.
㉳ 안전관리자는 위험물을 취급하는 작업을 하는 때에는 작업자에게 안전관리에 관한 필요한 지시를 하는 등 행정안전부령이 정하는 바에 따라 위험물의 취급에 관한 안전관리와 감독을 하여야 하고, 제조소등의 관계인과 그 종사자는 안전관리자의 위험물 안전관리에 관한 의견을 존중하고 그 권고에 따라야 한다.
㉴ 제조소등에 있어서 위험물취급자격자가 아닌 자는 안전관리자 또는 대리자가 참여한 상태에서 위험물을 취급하여야 한다.
㉵ 다수의 제조소등을 동일인이 설치한 경우에는 관계인은 1인의 안전관리자를 중복하여 선임할 수 있다. 이 경우 제조소등의 관계인은 대리자의 자격이 있는 자를 각 제조소등별로 지정하여 안전관리자를 보조하게 하여야 한다.

 **개념문제**

다음의 제조소등에 대한 알맞은 소요단위를 쓰시오. [22]
(1) 연면적 300m²인 제조소로서 내화구조 외벽을 갖춘 경우
(2) 연면적 300m²인 제조소로서 내화구조 외벽이 아닌 경우
(3) 연면적 300m²인 저장소로서 내화구조 외벽을 갖춘 경우

**Hack답안지** (1) 3
  (2) 6
  (3) 2

**해설** 소요단위란 소화설비의 설치대상이 되는 건축물 그 밖의 공작물의 규모 또는 위험물의 양의 기준단위를 말한다. 제조소 또는 취급소의 건축물에 대한 소요단위는 외벽구성이 내화구조 여부에 따라 다음과 같이 산정된다.
▫ 제조소로서 건축물 외벽이 내화구조인 것은 연면적 100m²를 1소요단위로 하므로 제조소 연면적이 300m²인 경우 소요단위는 300/100=3이 된다.
▫ 제조소로서 건축물 외벽이 내화구조가 아닌 것은 연면적 50m²를 1소요단위로 하므로 제조소 연면적이 300m²인 경우 소요단위는 300/50=6이 된다.
▫ 저장소로서 건축물 외벽이 내화구조인 것은 연면적 150m²를 1소요단위로 하므로 저장소 연면적이 300m²인 경우 소요단위는 300/150=2가 된다.

---

**이승원의 제조소 소요단위 암기법**

- 제 왜(제조소 외벽) 내백 아뇨?
- 내백 : 내화구조(외벽) → 1소요단위=100m²
- 아뇨 : 아닌 것 → 1소요단위=50m²

---

**이승원의 저장소 소요단위 암기법**

- 저장(저장소 연면적) 빼오고 아니면 치워
- 저장 빼오고 : 빼오공(150) → 1소요단위=150m²
- 아니면 치워 : 치위(75) → 1소요단위=75m²

---

**이승원의 위험물 소요단위 암기법**

- 위풍당당
- 위 : 위험물
- 풍 : 10배(지정수량) = 1소요단위
- 당당 : 각 위험물별 지정수량의 합을 산정하여 소요단위를 구함

### 유사문제

**01** 다음 물음에 답하시오. [20]
  (1) 연면적 150m², 외벽이 내화구조인 옥내저장소의 소요단위를 산정하여 쓰시오.
  (2) 위험물 저장소에 에틸알코올 1,000L, 클로로벤젠 1,500L, 동식물유류 20,000L, 특수인화물 500L를 함께 저장하고 있다. 소요단위를 산정하여 쓰시오.

**02** 다이에틸에터(디에틸에테르) 2,000L의 소요단위는 얼마인지 쓰시오. [06,08,12]

**03** 건축물의 기둥, 바닥, 외벽이 내화구조로 된 위험물 제조소의 바닥면적이 450m²일 경우 소요단위는 몇 단위인지 쓰시오. [12,17]

**04** 다음의 제조소등에 대한 알맞은 소요단위를 쓰시오. [22]
  (1) 다이에틸에터(디에틸에테르) 2,000L
  (2) 연면적 1,500m²인 내화구조 외벽이 아닌 저장소
  (3) 연면적 1,500m²인 내화구조 외벽을 갖춘 제조소

### 유사문제 답안·해설

**01** 답안 (1) 1
  (2) 1.6

보충  저장소의 건축물 외벽이 내화구조인 것은 연면적 150m²를 1소요단위로 하므로 현재 시설의 소요단위는 150/150=1이 된다.
위험물은 지정수량의 10배를 1소요단위로 하므로 지정수량의 배수를 먼저 산출하여야 한다. 에틸알코올은 지정수량 400L이므로 지정수량의 배수는 → 1000L/400L=2.5, 클로로벤젠의 지정수량은 1000L이므로 지정수량의 배수는 → 1500L/1000L=1.5, 동식물유류의 지정수량은 10000L이므로 지정수량의 배수는 → 20000L/10000=2, 특수인화물의 지정수량은 50L이므로 지정수량의 배수는 → 500L/50L=10이 된다. 따라서 지정수량 배수의 총합은 2.5+1.5+2+10=16이다.
위험물은 지정수량의 10배를 1소요단위로 하므로 → 16을 10으로 나눈 1.6이 해당 저장소의 소요단위가 된다.

● 참고 ●

| 위험물 | | | 지정수량 |
|---|---|---|---|
| 유별 | 성질 | 품명 | |
| 제4류 | 인화성액체 | 특수인화물($CS_2$, 산화프로필렌, 아세트알데하이드, 디에틸에터르등) | 50L |
| | | 제1석유류    비수용성(휘발유, 벤젠, 톨루엔, 초산에틸 등) | 200L |
| | | 제1석유류    수용성(아세톤, 사이안화수소, 피리딘 등) | 400L |
| | | 알코올류(메틸알코올, 에틸알코올, 아이소프로필알코올 등) | 400L |
| | | 제2석유류    비수용성(등유, 경유, 자일렌, 클로로벤젠 등) | 1,000L |
| | | 제2석유류    수용성(아크릴산, 하이드라진, 에틸렌다이아민 등) | 2,000L |
| | | 제3석유류    비수용성(중유, 아닐린, 벤질알코올, 나이트로벤젠 등) | 2,000L |
| | | 제3석유류    수용성(에틸렌글리콜, 글리세린, 올레인산 등) | 4,000L |
| | | 제4석유류<br>• 윤활유(기어유, 실린더유, 터빈유, 모빌유, 엔진오일 등)<br>• 가소제[Phthalate계 – DBP, DOP, Phophate계 – TCP, TOP, Sebacate계 – DBS, DOS 등] | 6,000L |
| | | 동식물유류(아마인유, 피마자유, 야자유, 채종유, 올리브유 등) | 10,000L |

**02** **답안** 소요단위 $= 2,000\text{L} \times \dfrac{1\text{단위}}{50\text{L} \times 10} = 4$

**보충** 소요단위 $=$ 디에틸에터르 $\times \dfrac{1\text{단위}}{\text{지정수량의 }10\text{배}}$

┌─────────── 이승원의 위험물 소요단위 암기법 ───────────┐

- 위풍당당
  - 위 : 위험물
  - 풍 : 10배(지정수량) = 1소요단위
  - 당당 : 각 위험물별 지정수량의 합을 산정하여 소요단위를 구함

└────────────────────────────────────────────────┘

**03** **답안** 소요단위 $= 450\text{ m}^2 \times \dfrac{1\text{단위}}{100\text{m}^2} = 4.5$

**보충** 소요단위 $=$ 제조소 바닥면적 $\times \dfrac{1\text{단위}}{100\text{m}^2}$

## 04

**답안** (1) 소요단위 $= 2{,}000\,\text{L} \times \dfrac{1단위}{50\,\text{L} \times 10} = 4$

(2) 소요단위 $= 1500\,\text{m}^2 \times \dfrac{1단위}{75\,\text{m}^2} = 20$

(3) 소요단위 $= 1500\,\text{m}^2 \times \dfrac{1단위}{100\,\text{m}^2} = 15$

**보충** 소요단위 $=$ 디에틸에테르 $\times \dfrac{1단위}{지정수량의\ 10배}$

소요단위 $=$ 연면적$(\text{m}^2) \times \dfrac{1단위}{75\,\text{m}^2}$

소요단위 $=$ 연면적$(\text{m}^2) \times \dfrac{1단위}{100\,\text{m}^2}$

---

**● 이승원의 위험물 소요단위 암기법 ●**

- **위풍당당**
- **위** : 위험물
- **풍** : 10배(지정수량) = 1소요단위
- **당당** : 각 위험물별 지정수량의 합을 산정하여 소요단위를 구함

---

**● 이승원의 제조소 소요단위 암기법 ●**

- **제 왜(제조소 외벽) 내백 아뇨?**
- **내백** : 내화구조(외벽) → 1소요단위=100m²
- **아뇨** : 아닌 것 → 1소요단위=50m²

---

**● 이승원의 저장소 소요단위 암기법 ●**

- **저장(저장소 연면적) 빼오고 아니면 치워**
- **저장 빼오고** : 빼오공(150) → 1소요단위=150m²
- **아니면 치워** : 치워(75) → 1소요단위=75m²

## 2 안전거리(제조소등)

**(1) 제조소등**

① 안전거리 : 제조소(제6류 위험물을 취급하는 제조소 제외)는 다음의 규정에 의한 건축물의 외벽 또는 이에 상당하는 공작물의 외측으로부터 당해 제조소의 외벽 또는 이에 상당하는 공작물의 외측까지의 사이에 다음의 규정에 의한 수평거리(안전거리)를 두어야 한다.

㉮ 특고압 가공전선 : 사용전압 7,000V 초과 35,000V 이하 → **3m 이상**

사용전압 35,000V 초과 → **5m 이상**

㉯ 주거용 건축물·공작물(제조소가 설치된 부지 내에 있는 것을 제외) → **10m 이상**

㉰ 고압가스, 액화석유가스 또는 도시가스를 저장 또는 취급하는 시설 → **20m 이상**

- 고압가스 사용시설로서 1일 30m³ 이상의 용적을 취급하는 시설이 있는 것
- 고압가스저장시설
- 액화산소를 소비하는 시설
- 액화석유가스 제조시설 및 액화석유가스 저장시설
- 가스공급시설

㉱ 학교·병원·극장 그밖에 다수인을 수용하는 시설 → **30m 이상**

- 학교
- 병원급 의료기관
- 공연장, 영화상영관 및 그밖에 이와 유사한 시설로서 3백명 이상의 인원을 수용할 수 있는 것
- 아동복지시설, 노인복지시설, 장애인복지시설, 한부모가족복지시설, 어린이집, 성매매피해자 등을 위한 지원시설, 정신보건시설, 가정폭력피해자 보호시설 및 그밖에 이와 유사한 시설로서 20명 이상의 인원을 수용할 수 있는 것

㉲ 유형문화재와 기념물 중 지정문화재 → **50m 이상**

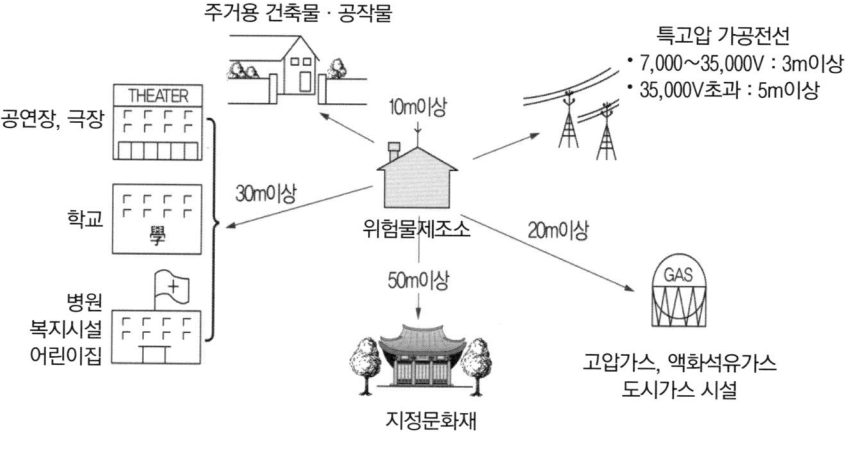

〈그림〉 안전거리

② 안전거리 단축

㉮ 적용대상
- 취급하는 위험물의 최대수량(지정수량의 배수)이 10배 미만
- 제조소등의 외벽 또는 이에 상당하는 공작물의 외측까지의 사이에 불연재료로 된 **방화상 유효한 담 또는 벽을 설치하는 경우**

**∥ 방화상 유효한 담 또는 벽을 설치하는 경우의 안전거리 단축 ∥**

| 구분 | 취급하는 위험물의 최대수량 (지정수량의 배수) | 안전거리 (이상) (단위 : m) | | |
|---|---|---|---|---|
| | | 주거용 건축물 | 학교 · 유치원 등 | 문화재 |
| 제조소 및 일반취급소 | 10배 미만 | 6.5 | 20 | 35 |
| | 10배 이상 | 7.0 | 22 | 38 |

㉯ 방화상 유효한 담의 높이
  ㉠ 주변건물의 높이가 낮은 경우, 즉 $H \leq pD^2 + a$일 때
    → 방화상 유효한 담의 높이($h$) = 2m 이상이어야 함
  ㉡ 주변건물의 높이가 높은 경우, 즉 $H > pD^2 + a$일 때
    → 방화상 유효한 담의 높이($h$) = $H - p(D^2 - d^2)$m 이상이어야 함

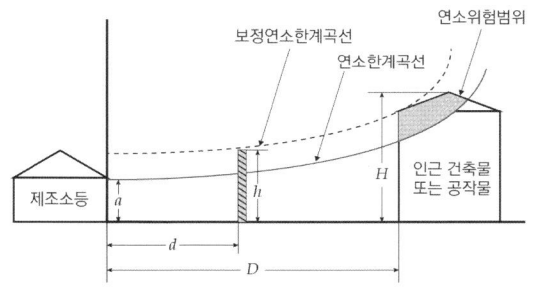

$\begin{cases} D : 제조소등과 인근 건축물과의 거리(m) \\ H : 인근 건축물 또는 공작물의 높이(m) \\ a : 제조소등의 외벽의 높이(m) \\ d : 제조소등과 방화 담과의 거리(m) \\ h : 방화상 유효한 담의 높이(m) \\ p : 상수(건축물의 방호안전에 따른 상수) \end{cases}$

$p$값의 적용 $\begin{cases} p = 0.04 \begin{cases} 건축물 또는 공작물이 목조인 경우 \\ 건축물 또는 공작물이 방화구조 또는 내화구조 \\ 제조소등과 면한 부분의 개구부에 방화문이 설치되지 않은 경우 \end{cases} \\ p = 0.15 \begin{cases} 건축물 또는 공작물이 방화구조인 경우 \\ 건축물 또는 공작물이 방화구조 또는 내화구조 \\ 제조소등과 면한 부분의 개구부에 \mathbf{30분방화문}이 설치되지 않은 경우 \end{cases} \\ p = \infty \begin{cases} 건축물 또는 공작물이 내화구조이고 \\ 제조소등에 면한 개구부에 \mathbf{60분방화문}이 설치된 경우 \end{cases} \end{cases}$

※ ・방화문 $\begin{cases} \circ 60분+방화문 : 연기/불꽃 차단시간 60분 이상, 열 차단시간 30분 이상 \\ \circ 60분방화문 : 연기/불꽃 차단시간 60분 이상 \\ \circ 30분방화문 : 연기/불꽃차단 시간 30분 이상 60분 미만 \end{cases}$
・갑종방화문 → 비차열(非遮熱) 1시간 이상, 차열(遮熱) 30분 이상

㉰ **방화상 유효한 담의 길이** : 제조소등의 외벽의 양단을 중심으로 인근 건축물 또는 공작물까지의 안전거리를 반지름으로 한 원을 그려서 당해 원의 내부에 들어오는 인근 건축물의 양단을 연결하는 선분을 연결한 선분의 간격을 담의 길이로 한다.

> ● 참고 ●
>
> **담의 높이와 안전거리에 따른 보강**
>
> - 담의 높이에 따른 보강 : 본문의 ②항 계산식에 의해 산출된 담의 수치가 2 미만일 때에는 담의 높이를 2m로, 4 이상일 때에는 담의 높이를 4m로 하되, 다음의 소화설비를 보강하여야 한다.
>   - ⊙ 소형소화기 설치대상인 것 → 대형소화기를 1개 이상을 증설할 것
>   - ⓒ ⊙항의 소화설비 설치대상 → 대형소화기 대신 소화전·스프링클러설비, 물·포·불활성 가스·할로젠화합물·분말설비 중 적응소화설비를 설치할 것
>   - ⓒ ⓒ항의 소화설비 설치대상 → 반경 30m마다 대형소화기 1개 이상을 증설할 것
> - **안전거리에 따른 보강**
>   - ⊙ 방화상 유효한 담은 제조소등으로부터 5m 미만의 거리에 설치하는 경우에는 내화구조로 하여야 한다.
>   - ⓒ 방화상 유효한 담은 제조소등으로부터 5m 이상의 거리에 설치하는 경우에는 불연재료로 하여야 한다.
>   - ⓒ 제조소등의 벽을 높게 하여 방화상 유효한 담을 갈음하는 경우에는 그 벽을 내화구조로 하고 개구부를 설치해서는 안 된다.

③ 안전거리 규정의 예외 : 다음에 해당하는 옥내저장소는 안전거리를 두지 않을 수 있다.
  ㉮ 제4석유류 또는 동식물유류의 위험물을 저장 또는 취급하는 옥내저장소로서 그 최대수량이 지정수량의 20배 미만인 것
  ㉯ 제6류 위험물을 저장 또는 취급하는 옥내저장소
  ㉰ 지정수량의 20배(하나의 저장창고의 바닥면적이 $150m^2$ 이하인 경우에는 50배) 이하의 위험물을 저장 또는 취급하는 옥내저장소로서 다음의 기준에 적합한 것
  - 저장창고의 벽·기둥·바닥·보 및 지붕이 내화구조인 것
  - 저장창고의 출입구에 수시로 열 수 있는 자동폐쇄방식의 60분+방화문 또는 60분방화문이 설치되어 있을 것
  - 저장창고에 창을 설치하지 아니할 것

## 개념문제

다음 그림은 제조소의 안전거리를 나타낸 것이다. 제조소등으로부터 (1) ~ (5)의 각 인근 건축물까지의 안전거리를 쓰시오.

[20,22]

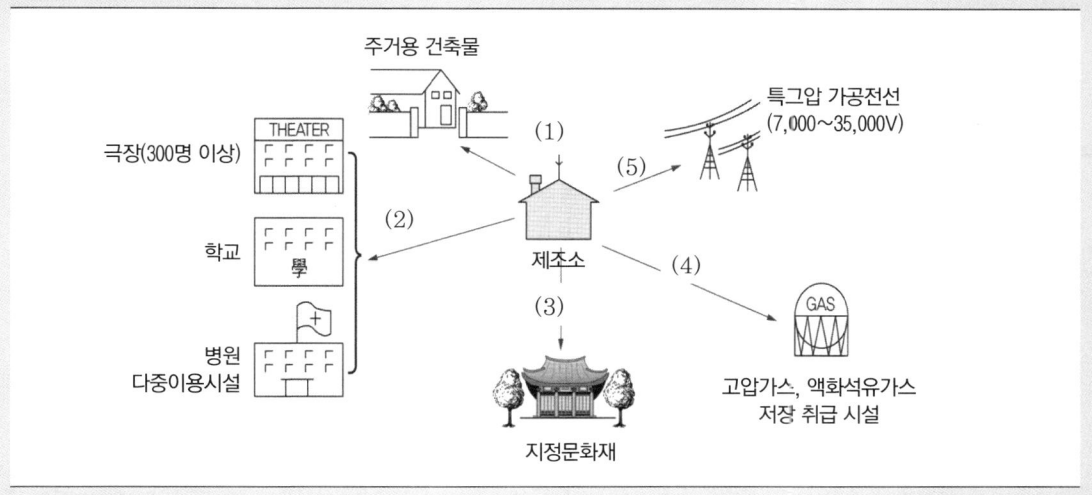

**답안지**
(1) 10m 이상
(2) 30m 이상
(3) 50m 이상
(4) 20m 이상
(5) 3m 이상

---

● 이승원의 안전거리 암기법 ●

- 거기 앉아서 / 삼별초 / 쇠(철)줄 잡으세요(7 ~ 35,35) / 50문재 꼭 두고 / 주셔
- 거기 앉아서 : 거기(안전거리)
- 삼별초 : 30m - 병원, 초등학교 등
- 쇠(철)줄 잡으세요(7 ~ 35,35) : 쇠줄(전선), 7 ~ 35,35(세요) → 철(7kV ~ 35kV) - 3m, 35kV 초과 - 5m
- 50문재 : 50m - 문화재
- 꼭 두고 : 꼭(고압가스), 두고 - 20m
- 주셔 : 주거지역 - 식(십, 10m)

## 개념문제

다음 빈칸을 채우시오. [13]

제조소에서 건축물 등은 부표의 기준에 의하여 불연재료로 된 방화상 유효한 (　　)을 설치하는 경우, 기준에 의하여 안전거리를 단축할 수 있다.

**Hack 답안지** 담 또는 벽

## 개념문제

다음과 같은 제조소의 조건일 경우 방화담 설치높이는 얼마로 하여야 하는지 산정하시오. [06,22]

- 제조소의 높이 : 3m
- 인접건물의 높이 : 4m
- 제조소와 인접건물 거리 : 10m
- $p$상수 : 0.15
- 제조소와 방화담 거리 : 5m

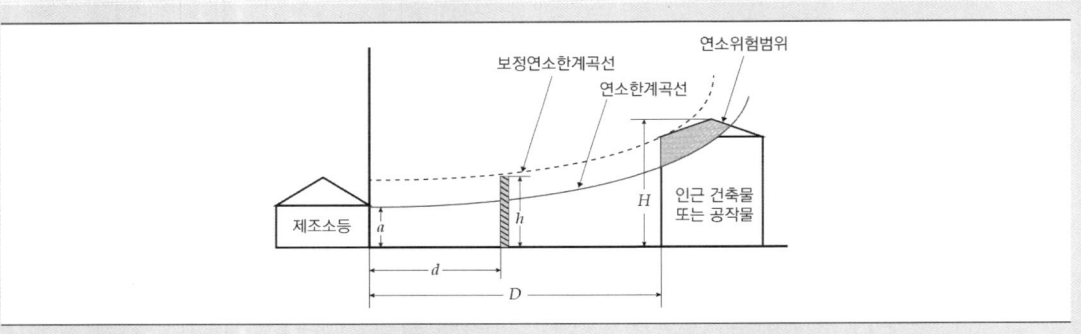

**Hack 답안지** $pD^2 + a$ $\begin{cases} D: \text{제조소와 인근 건축물과의 거리} = 10\text{m} \\ a: \text{제조소의 높이} = 3\text{m} \\ p: \text{상수} = 0.15 \end{cases}$ → $0.15 \times 10^2 + 3 = 18$

- $H \leq pD^2 + a$ → 인접 건물높이($H$, 4m)보다 산출된 ($pD^2 + a$)값(18)이 더 크므로
∴ $h = 2\,\text{m}$ 이상

● 참고 ●

**제조소등의 방화상 유효한 담의 높이 결정방법**

■ $pD^2 + a$ 값을 먼저 산정함 $\begin{cases} D: \text{제조소와 인근 건축물과의 거리(m)} \\ a: \text{제조소의 높이(m)} \\ p: \text{상수} \end{cases}$

■ $pD^2 + a$ 값을 인접건물의 높이($H$) 값과 크기를 비교하여 담의 높이를 결정함
- $H \leq pD^2 + a$이면 → $h$(담의 높이) = $2\,\text{m}$ 이상으로 하여야 함
- $H > pD^2 + a$이면 → $h$(담의 높이) = $H - p(D^2 - d^2)$ 이상으로 하여야 함

## 3 보유공지(제조소 · 저장소)

### (1) 제조소등의 보유공지

① **보유공지의 확보** : 위험물을 취급하는 건축물 그 밖의 시설(위험물을 이송하기 위한 배관 그밖에 이와 유사한 시설을 제외한다)의 주위에는 그 취급하는 위험물의 최대수량에 따라 다음 [표]에 의한 너비의 공지를 보유하여야 한다.

| 취급하는 위험물의 최대수량 | 공지의 너비 |
| --- | --- |
| 지정수량의 10배 이하 | 3m 이상 |
| 지정수량의 10배 초과 | 5m 이상 |

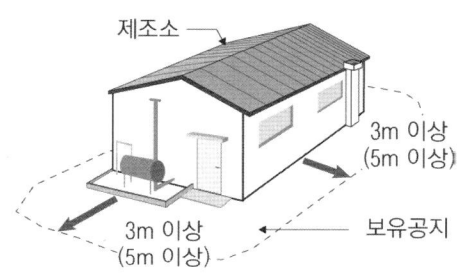

〈그림〉 제조소의 보유공지

② **보유공지의 예외규정** : 제조소의 작업공정이 다른 작업장의 **작업공정과 연속**되어 있어, 제조소의 건축물 그 밖의 공작물의 주위에 공지를 두게 되면 그 제조소의 작업에 현저한 지장이 생길 우려가 있는 경우 당해 제조소와 다른 작업장 사이에 다음의 기준에 따라 **방화상 유효한 격벽을 설치**한 때에는 당해 제조소와 다른 작업장 사이에 (1)의 규정에 의한 공지를 보유하지 아니할 수 있다.

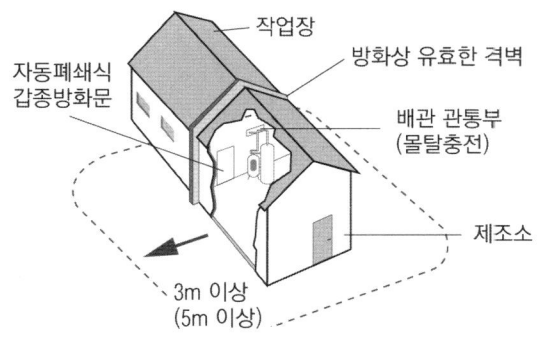

〈그림〉 제조소의 격벽 및 방화구조

- 방화벽은 **내화구조**로 할 것. 다만, 취급하는 위험물이 **제6류 위험물**인 경우에는 **불연재료**로 할 수 있다.
- 방화벽에 설치하는 출입구 및 창 등의 개구부는 가능한 한 최소로 하고, **출입구 및 창**에는 자동폐쇄식의 60분+방화문, 60분 방화문을 설치할 것
- 방화벽의 양 단이 외벽 또는 지붕으로부터 **50cm 이상 돌출**하도록 할 것

● 참고 ●

**방화문과 방화벽**

- **방화문** : 화재의 확대, 연소를 방지하기 위해 개구부에 설치하는 문을 말함

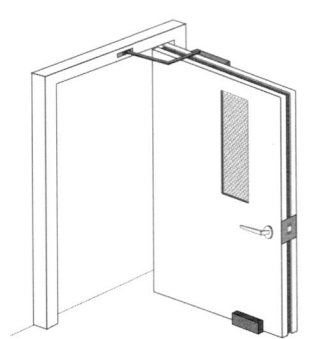

  ㉠ 60분+방화문(갑종방화문) : 비차열(非遮熱) 1시간 이상의 성능을 확보할 수 있는 문
  - 양면 철판 : 0.5mm 이상
  - 한 철판 : 1.5mm 이상

  ㉡ 30분 방화문(을종방화문) : 비차열 30분 이상의 성능을 확보할 수 있는 문
  - 한면 철판 : 0.8 ~ 1.5mm
  - 망입 유리
  ※ 비차열(非遮熱) : 화재로 인한 열은 막지 못하지만 화염은 막음

- **방화벽** : 화재발생 시 불이 더 이상 번지지 않도록 불연재로 만든 벽을 말함
  ㉠ 벽돌조로서 두께가 19cm 이상인 것
  ㉡ 철근콘크리트조 또는 철골철근콘크리트조로서 두께가 10cm 이상인 것
  ㉢ 골구를 철골조로 하고, 그 양면을 두께 4cm 이상의 철망모르타르 바름 등

## (2) 저장소의 보유공지(공지확보등)

① **옥내저장소** : 옥내저장소의 주위에는 그 저장 또는 취급하는 위험물의 최대수량에 따라 다음 [표]에 의한 너비의 공지를 보유하여야 한다. 다만, **지정수량의 20배를 초과**하는 옥내저장소와 동일한 부지 내에 있는 다른 옥내저장소와의 사이에는 아래의 [표]에 정하는 공지의 너비의 **3분의 1**(당해 수치가 3m 미만인 경우에는 3m)의 공지를 보유할 수 있다.

| 저장 또는 취급하는 위험물의 최대수량 | 공지의 너비 | |
| --- | --- | --- |
| | 벽·기둥 및 바닥이 내화구조로 된 건축물 | 그 밖의 건축물 |
| 지정수량의 5배 이하 | - | 0.5m 이상 |
| 지정수량의 5배 초과 10배 이하 | 1m 이상 | 1.5m 이상 |
| 지정수량의 10배 초과 20배 이하 | 2m 이상 | 3m 이상 |
| 지정수량의 20배 초과 50배 이하 | 3m 이상 | 5m 이상 |
| 지정수량의 50배 초과 200배 이하 | 5m 이상 | 10m 이상 |
| 지정수량의 200배 초과 | 10m 이상 | 15m 이상 |

● 참고 ●

저장창고의 바닥면적

하나의 저장창고의 바닥면적(2이상의 구획된 실이 있는 경우에는 각 실의 바닥면적의 합계)은 다음의 구분에 의한 면적 이하로 하여야 한다.

㉮ 바닥면적 1,000m² 이하
- 제1류 위험물 중 아염소산염류, 염소산염류, 과염소산염류, 무기과산화물 등 지정수량이 50kg인 위험물
- 제3류 위험물 중 칼륨, 나트륨, 알킬알루미늄, 알킬리튬 등 지정수량이 10kg인 위험물 및 황린
- 제4류 위험물 중 특수인화물, 제1석유류 및 알코올류
- 제5류 위험물 중 유기과산화물, 질산에스터류 등 지정수량이 10kg인 위험물
- 제6류 위험물

㉯ 바닥면적 2,000m² 이하 : ㉮목의 위험물 외의 위험물을 저장하는 창고

㉰ 바닥면적 1,500m² 이하 : ㉮목의 위험물과 ㉯목의 위험물을 내화구조의 격벽으로 완전히 구획된 실에 각각 저장하는 창고(다만, ㉮목의 위험물을 저장하는 실의 면적은 500m²를 초과할 수 없다)

㉱ ㉮목의 위험물과 ㉯목의 위험물을 같은 저장창고에 저장하는 때에는 ㉮목의 위험물을 저장하는 것으로 보아 그에 따른 바닥면적을 적용한다.

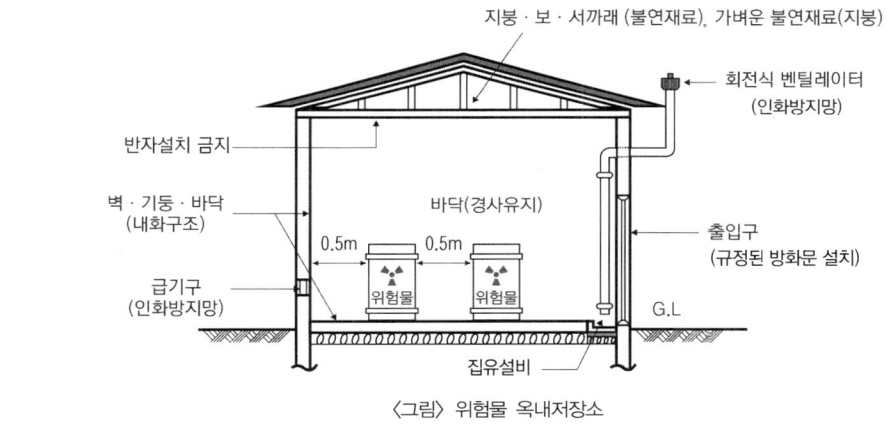

〈그림〉 위험물 옥내저장소

● 참고 ●

피뢰침 설치

**지정수량의 10배 이상**의 옥내저장소의 저장창고(제6류 위험물의 저장창고 제외)에는 피뢰침을 설치하여야 한다. 다만, 저장창고 주위의 상황에 따라 안전상 지장이 없는 경우에는 피뢰침을 설치하지 아니할 수 있다.

> **비고**
>
> **옥내저장소의 특례(강화기준)**
>
> - 적용대상
>   - 제5류 위험물중 유기과산화물 또는 이를 함유하는 것으로서 지정수량이 10kg인 것(지정과산화물)
>   - 알킬알루미늄등
>   - 하이드록실아민등
>
> ㉮ 지정과산화물 저장소의 강화기준
>   ㉠ 안전거리 강화 : 옥내저장소는 당해 옥내저장소의 외벽으로부터 건축물의 외벽 또는 이에 상당하는 공작물의 외측까지의 사이에 규정하는 강화된 안전거리를 두어야 한다.
>   ㉡ 공지확보 강화 : 옥내저장소의 저장창고 주위에는 강화된 규정된 너비의 공지를 보유하여야 한다. 다만, 2이상의 옥내저장소를 동일한 부지 내에 인접하여 설치하는 때에는 당해 옥내저장소의 상호간 공지의 너비를 규정된 공지 너비의 3분의 2로 할 수 있다.
>   ㉢ 옥내저장소 저장창고의 강화기준
>     - 격벽설치 : 저장창고는 150m² 이내마다 격벽으로 완전하게 구획할 것. 이 경우 당해 격벽은 두께 30cm 이상의 철근콘크리트조 또는 철골철근콘크리트조로 하거나 두께 40cm 이상의 보강콘크리트 블록조로 하고, 당해 저장창고의 양측의 외벽으로부터 1m 이상, 상부의 지붕으로부터 50cm 이상 돌출하게 하여야 한다.
>     - 외벽강화 : 저장창고의 외벽은 두께 20cm 이상의 철근콘크리트조나 철골철근콘크리트조 또는 두께 30cm 이상의 보강콘크리트 블록조로 하여야 한다.
>     - 지붕강화 : 저장창고의 지붕은 다음에 적합하게 할 것
>       - 중도리 또는 서까래의 간격은 30cm 이하로 할 것
>       - 지붕의 아래쪽 면에는 한 변의 길이가 45cm 이하의 환강(丸鋼)·경량형강(輕量形鋼) 등으로 된 강제(鋼製)의 격자를 설치할 것
>       - 지붕의 아래쪽 면에 철망을 쳐서 불연재료의 도리·보 또는 서까래에 단단히 결합할 것
>       - 두께 5cm 이상, 너비 30cm 이상의 목재로 만든 받침대를 설치할 것
> ㉯ 알킬알루미늄 저장소의 강화기준 : 옥내저장소에는 누설범위를 국한하기 위한 설비 및 누설한 알킬알루미늄등을 안전한 장소에 설치된 조(槽)로 끌어들일 수 있는 설비를 설치하여야 한다. 단, 다층 건물의 옥내저장소의 기준 내지 소규모 옥내저장소의 특례 규정은 적용하지 않는다.
> ㉰ 하이드록실아민 저장소의 강화기준 : 하이드록실아민 등의 온도의 상승에 의한 위험한 반응을 방지하기 위한 조치를 강구하는 것으로 한다.

② **옥외저장소** : 경계표시의 주위에는 그 저장 또는 취급하는 위험물의 최대수량에 따라 다음 [표]에 의한 너비의 공지를 보유할 것. 다만, 제4류 위험물 중 **제4석유류**와 **제6류 위험물**을 저장 또는 취급하는 옥외저장소의 보유공지는 다음 [표]에 의한 공지의 너비의 3분의 1 이상의 너비로 할 수 있다.

| 저장 또는 취급하는 위험물의 최대수량 | 공지의 너비 |
|---|---|
| 지정수량의 10배 이하 | 3m 이상 |
| 지정수량의 10배 초과 20배 이하 | 5m 이상 |
| 지정수량의 20배 초과 50배 이하 | 9m 이상 |
| 지정수량의 50배 초과 200배 이하 | 12m 이상 |
| 지정수량의 200배 초과 | 15m 이상 |

● 참고 ●

**선반설치 · 차광 등**

㉮ 선반설치
- 불연재료로 만들고 견고한 지반면에 고정할 것
- 선반은 당해 선반 및 그 부속설비의 자중 · 저장하는 위험물의 중량 · 풍하중 · 지진의 영향 등에 의하여 생기는 응력에 대하여 안전할 것
- 선반의 높이는 6m를 초과하지 아니할 것
- 선반에는 위험물을 수납한 용기가 쉽게 낙하하지 아니하는 조치를 강구할 것

㉯ 차광 · 캐노피 설치 등
- 과산화수소 또는 과염소산을 저장하는 옥외저장소에는 불연성 또는 난연성의 천막 등을 설치하여 햇빛을 가릴 것
- 눈 · 비 등을 피하거나 차광 등을 위하여 옥외저장소에 캐노피 또는 지붕을 설치하는 경우에는 환기 및 소화활동에 지장을 주지 아니하는 구조로 할 것. 이 경우 기둥은 내화구조로 하고, 캐노피 또는 지붕을 불연재료로 하며, 벽을 설치하지 아니하여야 한다.

● 참고 ●

**옥외저장소에 저장 가능한 위험물**

㉮ 제2류 위험물 중 황 또는 인화성고체(인화점이 섭씨 0도 이상인 것에 한함)
㉯ 제4류 위험물중 제1석유류(인화점이 섭씨 0도 이상인 것에 한함) · 알코올류 · 제2석유류 · 제3석유류 · 제4석유류 및 동식물유류
㉰ 제6류 위험물
㉱ 제2류 위험물 및 제4류 위험물 중 특별시 · 광역시 · 특별자치시 · 도 또는 특별자치도의 조례로 정하는 위험물(「관세법」 제154조에 따른 보세구역 안에 저장하는 경우로 한정)
㉲ 「국제해사기구에 관한 협약」에 의하여 설치된 국제해사기구가 채택한 「국제해상위험물규칙」(IMDG Code)에 적합한 용기에 수납된 위험물

③ 옥내탱크 저장소

㉮ 건축물 : 옥내탱크는 단층 건축물에 설치된 **탱크전용실**에 설치하여야 한다.
㉯ 간격유지 : 탱크와 탱크전용실의 벽과의 사이 및 옥내저장탱크의 상호간에는 **0.5m 이상**의 간격을 유지하여야 한다.

㉰ **탱크의 용량** : 옥내저장탱크의 용량은 **지정수량의 40배 이하**로 하여야 한다. 다만, 제4석유류 및 동식물유류 외의 **제4류 위험물**에 있어서 당해 수량이 20,000L를 초과할 때에는 20,000L로 한다.

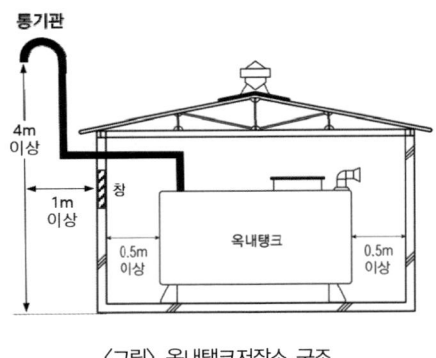

〈그림〉 옥내탱크저장소 구조    〈그림〉 탱크 – 벽, 탱크 – 탱크의 간격

● 비고 ●

**옥내탱크 저장소 구조·시설기준**

㉮ **방화문 설치** : 탱크전용실의 창 및 출입구에는 60분+방화문, 60분방화문 또는 30분방화문을 설치하는 동시에, 연소의 우려가 있는 외벽에 두는 출입구에는 수시로 열 수 있는 자동폐쇄식의 60분+방화문 또는 60분방화문을 설치하여야 한다.

㉯ **통기관 설치** : 옥내저장탱크 중 압력탱크(최대상용압력이 부압 또는 정압 5kPa을 초과하는 탱크) 외의 탱크(제4류 위험물의 옥내저장탱크로 한정)에 있어서는 밸브 없는 통기관 또는 대기밸브 부착 통기관을 다음의 기준에 따라 설치하여야 한다.

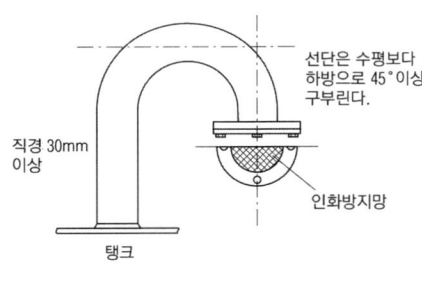
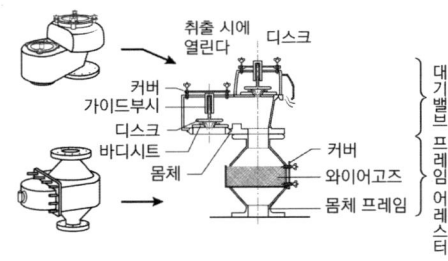

〈그림〉 밸브없는 통기관    〈그림〉 밸브부착 통기관

㉠ **밸브없는 통기관**

- 통기관의 끝부분은 건축물의 창·출입구 등의 **개구부로부터 1m 이상** 떨어진 옥외의 장소에 **지면으로부터 4m 이상**의 높이로 설치하되, 인화점이 40℃ 미만인 위험물의 탱크에 설치하는 통기관에 있어서는 부지경계선으로부터 **1.5m 이상** 거리를 둘 것(다만, 고인화점 위험물만을 100℃ 미만의 온도로 저장 또는 취급하는 탱크에 설치하는 통기관은 그 끝부분을 탱크전용실 내에 설치할 수 있다)
- 통기관은 가스 등이 체류할 우려가 있는 굴곡이 없도록 할 것
- 통기관의 **지름은 30mm 이상**일 것

- 끝부분은 수평면보다 45도 이상 구부려 빗물 등의 침투를 막는 구조로 할 것
- 인화점이 38℃ 미만인 위험물만을 저장 또는 취급하는 탱크에 설치하는 통기관에는 화염방지장치를 설치하고, 그 외의 탱크에 설치하는 통기관에는 40메쉬(mesh) 이상의 구리망 또는 동등 이상의 성능을 가진 인화방지장치를 설치할 것. 다만, 인화점이 70℃ 이상인 위험물만을 해당 위험물의 인화점 미만의 온도로 저장 또는 취급하는 탱크에 설치하는 통기관에는 인화방지장치를 설치하지 않을 수 있다.
- 가연성의 증기를 회수하기 위한 밸브를 통기관에 설치하는 경우에 있어서는 당해 통기관의 밸브는 저장탱크에 위험물을 주입하는 경우를 제외하고는 항상 개방되어 있는 구조로 하는 한편, 폐쇄하였을 경우에 있어서는 10kPa 이하의 압력에서 개방되는 구조로 할 것. 이 경우 개방된 부분의 유효단면적은 777.15mm² 이상이어야 한다.

ⓒ 대기밸브 부착 통기관
- 밸브 없는 통기관의 구조기준 참조
- 5kPa 이하의 압력차이로 작동할 수 있을 것

④ 옥외탱크 저장소

| 저장 또는 취급하는 위험물의 최대수량 | 공지의 너비 |
|---|---|
| 지정수량의 500배 이하 | 3m 이상 |
| 지정수량의 500배 초과 1,000배 이하 | 5m 이상 |
| 지정수량의 1,000배 초과 2,000배 이하 | 9m 이상 |
| 지정수량의 2,000배 초과 3,000배 이하 | 12m 이상 |
| 지정수량의 3,000배 초과 4,000배 이하 | 15m 이상 |
| 지정수량의 4,000배 초과 | 당해 탱크의 수평단면의 최대지름(횡형인 경우에는 긴 변)과 높이 중 큰 것과 같은 거리 이상. 다만, 30m 초과의 경우에는 30m 이상으로 할 수 있고, 15m 미만의 경우에는 15m 이상으로 하여야 한다. |

● 참고 ●

**제6류 위험물의 옥외저장탱크에 대한 보유공지의 특례**
- 제6류 위험물을 저장 또는 취급하는 옥외저장탱크 → 규정된 보유공지의 3분의 1 이상의 너비로 할 수 있다. 이 경우 보유공지의 너비는 1.5m 이상이 되어야 한다.
- 제6류 위험물을 저장 또는 취급하는 옥외저장탱크를 동일구 내에 2개 이상 인접하여 설치하는 경우 → 규정된 보유공지 너비의 3분의 1 이상의 너비로 할 수 있다. 이 경우 보유공지의 너비는 1.5m 이상이 되어야 한다.
- 제6류 위험물 외의 위험물을 저장 또는 취급하는 옥외저장탱크(지정수량의 4,000배를 초과하여 저장 또는 취급하는 옥외저장탱크를 제외)를 동일한 방유제 안에 2개 이상 인접하여 설치하는 경우 그 인접하는 방향의 보유공지 → 규정된 보유공지의 3분의 1 이상의 너비로 할 수 있다. 이 경우 보유공지의 너비는 3m 이상이 되어야 한다.

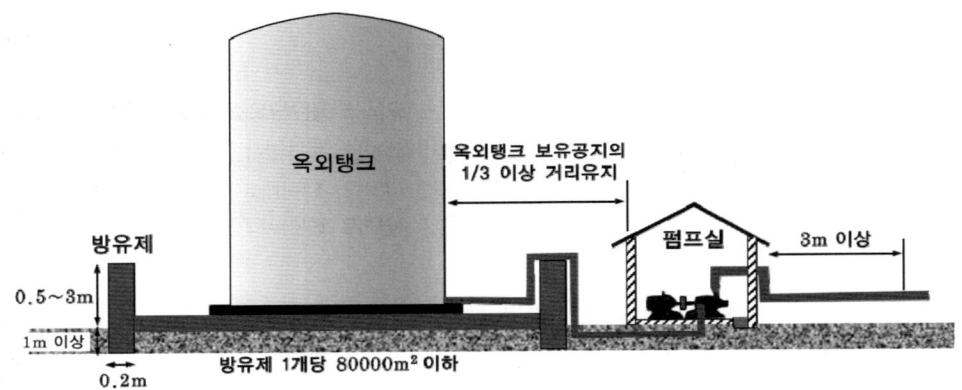

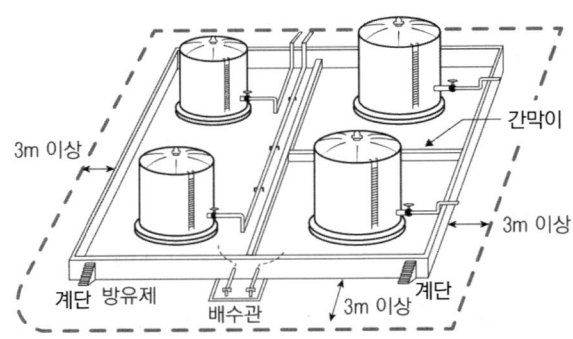

〈그림〉 옥외탱크 저장소

● 비고 ●

**옥외저장탱크 구조 · 시설기준**

① 탱크
- ㉮ 두께 및 재료 : 3.2mm 이상의 강철판을 사용
    - ※ 준특정옥외저장탱크의 두께 : 3.2mm 이상이어야 함
    - ※ 이황화탄소의 옥외저장탱크는 벽 및 바닥의 두께가 0.2m 이상이고 누수가 되지 아니하는 철근콘크리트의 수조에 넣어 보관하여야 함
- ㉯ 충수시험 및 수압시험 : 압력탱크 외의 탱크는 충수시험, 압력탱크는 최대상용압력의 1.5배의 압력으로 10분간 실시하는 수압시험에서 각각 새거나 변형되지 않아야 한다.
- ㉰ 용접부 시험 : 방사선투과시험, 진공시험 등의 비파괴시험
- ㉱ 통기관 설치 : 옥내저장탱크 중 압력탱크(최대상용압력이 부압 또는 정압 5kPa을 초과하는 탱크) 외의 탱크(제4류 위험물의 옥내저장탱크로 한정)에 있어서는 밸브 없는 통기관 또는 대기밸브 부착 통기관을 설치하여야 한다(옥내탱크 기준과 동일).

② 펌프실
- ㉮ 방화문 : 펌프실의 창 및 출입구에는 60분+방화문 · 60분방화문 또는 30분방화문을 설치할 것
- ㉯ 창 · 출입구 : 펌프실의 창 및 출입구에 유리를 이용하는 경우에는 망입유리로 할 것
- ㉰ 바닥 : 펌프실의 바닥의 주위에는 높이 0.2m 이상의 턱을 만들고 바닥은 콘크리트 등 위험물이 스며들지 아니하는 재료로 적당히 경사지게 하여 그 최저부에는 집유설비를 설치할 것

③ 방유제
- ㉮ 설치대상 : 제3류, 제4류 및 제5류 위험물 중 인화성이 있는 액체(이황화탄소 제외)의 옥외탱크저장소의 탱크 주위에는 방유제를 설치하여야 한다.
- ㉯ 방유제의 용량 : 방유제의 용량은 방유제안에 설치된 탱크가 하나인 때에는 그 탱크 **용량의 110% 이상**, **2기 이상인 때에는 그 탱크 중 용량이 최대인 것의 용량의 110% 이상**으로 할 것. 이 경우 방유제의 용량은 당해 방유제의 내용적에서 용량이 최대인 탱크 외의 탱크의 방유제 높이 이하 부분의 용적, 당해 방유제 내에 있는 모든 탱크의 지반면 이상 부분의 기초의 체적, 간막이 둑의 체적 및 당해 방유제 내에 있는 배관 등의 체적을 뺀 것으로 한다.
- ㉰ 방유제의 높이·두께 등 : 방유제는 높이 0.5 ~ 3m 이하, 두께 0.2m 이상, 지하매설 깊이 1m 이상으로 할 것. 다만, 방유제와 옥외저장탱크 사이의 지반면 아래에 불침윤성(不浸潤性 : 수분 흡수를 막는 성질) 구조물을 설치하는 경우에는 지하매설깊이를 해당 불침윤성 구조물까지로 할 수 있다.
- ㉱ 방유제내의 면적 : 8만m² 이하로 할 것
- ㉲ 방유제내의 탱크 수 : 방유제내의 설치하는 옥외저장탱크의 수는 10 이하로 할 것[방유제내에 설치하는 모든 옥외저장탱크의 용량이 20만L 이하이고, 당해 옥외저장탱크에 저장 또는 취급하는 위험물의 인화점이 70℃ 이상 200℃ 미만(중유 등 제3석유류)인 경우에는 20]. 다만, 인화점이 200℃ 이상인 위험물(기어유 등 제4석유류)을 저장 또는 취급하는 옥외저장탱크에 있어서는 그러하지 아니하다(탱크의 수 제한 없음).
- ㉳ 구내도로 : 방유제 외면의 2분의 1 이상은 자동차 등이 통행할 수 있는 3m 이상의 노면폭을 확보한 구내도로(옥외저장탱크가 있는 부지내의 도로를 말함)에 직접 접하도록 할 것. 다만, 방유제내에 설치하는 옥외저장탱크의 용량합계가 20만L 이하인 경우에는 소화활동에 지장이 없다고 인정되는 3m 이상의 노면폭을 확보한 도로 또는 공지에 접하는 것으로 할 수 있다.

④ 안전거리 : 방유제는 옥외저장탱크의 지름에 따라 그 탱크의 옆판으로부터 다음에 정하는 거리를 유지할 것. 다만, 인화점이 200℃ 이상인 위험물을 저장 또는 취급하는 것에 있어서는 그러하지 아니하다.
- ㉮ 지름이 15m 미만인 경우에는 탱크 높이의 3분의 1 이상
- ㉯ 지름이 15m 이상인 경우에는 탱크 높이의 2분의 1 이상

⑤ 간막이 둑 : 용량이 1,000만L 이상인 옥외저장탱크의 주위에 설치하는 방유제에는 다음의 규정에 따라 당해 탱크마다 간막이 둑을 설치할 것
- ㉮ 간막이 둑의 높이는 0.3m(방유제내에 설치되는 옥외저장탱크의 용량의 합계가 2억L를 넘는 방유제에 있어서는 1m)이상으로 하되, 방유제의 높이보다 0.2m 이상 낮게 할 것
- ㉯ 간막이 둑은 흙 또는 철근콘크리트로 할 것
- ㉰ 간막이 둑의 용량은 간막이 둑안에 설치된 **탱크의 용량의 10% 이상**일 것

⑥ 계단설치 : 높이가 1m를 넘는 방유제 및 간막이 둑의 안팎에는 방유제내에 출입하기 위한 계단 또는 경사로를 약 **50m마다** 설치할 것

▶ 주의 – "제조소"에 있는 옥외 위험물취급탱크의 **방유제 용량**
- 하나의 취급탱크 주위에 설치하는 경우 : 당해 탱크용량의 50% 이상으로 함
- 2 이상의 취급탱크 주위에 하나의 방유제를 설치하는 경우 : 당해 탱크 중 용량이 최대인 것의 50%에 나머지 탱크용량 합계의 10%를 가산한 양 이상이 되게 할 것

⑤ 간이탱크 저장소
  ㉮ **공지확보** : 간이저장탱크는 움직이거나 넘어지지 아니하도록 지면 또는 가설대에 고정시키되, 옥외에 설치하는 경우에는 그 탱크의 주위에 너비 1m 이상의 공지를 두고, 전용실 안에 설치하는 경우에는 탱크와 전용실의 벽과의 사이에 0.5m 이상의 간격을 유지하여야 한다.
  ㉯ **탱크 수** : 하나의 간이탱크 저장소에 설치하는 간이저장탱크는 그 수를 3 이하로 하고, 동일한 품질의 위험물의 간이저장탱크를 2 이상 설치하지 않아야 한다.
  ㉰ **탱크용량** : 간이저장탱크의 용량은 600L 이하이어야 한다.
  ㉱ **탱크의 강도와 기밀성** : 간이저장탱크는 두께 3.2mm 이상의 강판으로 흠이 없도록 제작하여야 하며, 70kPa 압력으로 10분간의 수압시험을 실시하여 새거나 변형되지 아니하여야 한다.

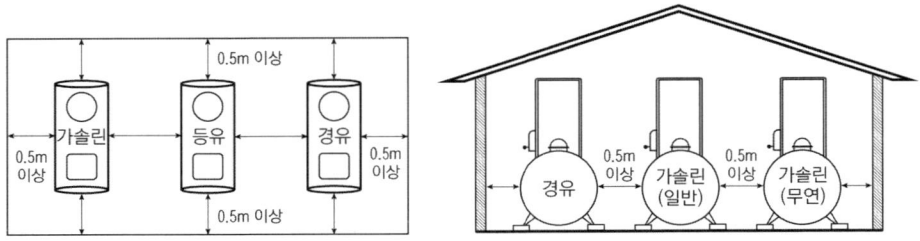

〈그림〉 간이탱크저장소

⑥ 지하탱크 저장소
  ㉮ **설치제한** : 지하철·지하가 또는 지하터널로부터 수평거리 10m 이내의 장소 또는 지하건축물 내의 장소에 설치하지 아니할 것
  ㉯ **매설깊이** : 지하저장탱크의 윗부분은 **지면으로부터 0.6m 이상** 아래에 있어야 한다.

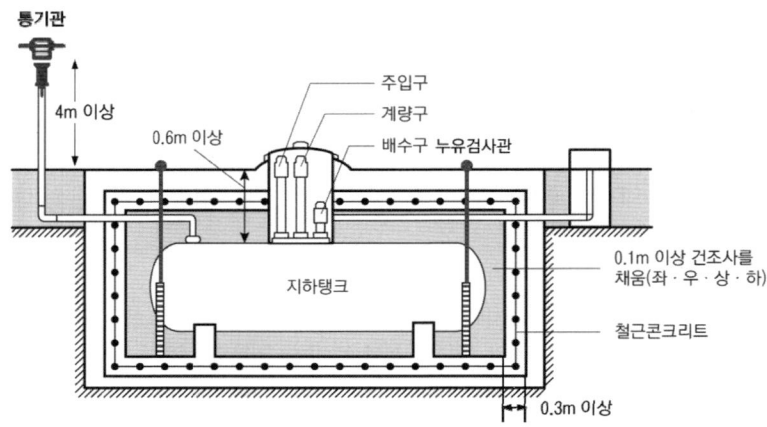

〈그림〉 지하탱크의 구조

  ㉰ **탱크간 이격** : 지하저장탱크를 2 이상 인접해 설치하는 경우에는 그 **상호간에 1m**(당해 2 이상의 지하저장탱크의 용량의 합계가 지정수량의 100배 이하인 때에는 **0.5m**) 이상의 간격을 유지하여야 한다.

- ㉣ **콘크리트 구조물** : 철근콘크리트 구조의 벽과 바닥은 두께 0.3m 이상으로 한다.
- ㉤ **채움재** : 지하저장탱크와 탱크전용실의 안쪽과의 사이는 0.1m 이상의 간격을 유지하도록 하며, 당해 탱크의 주위에 마른 모래 또는 습기 등에 의하여 응고되지 아니하는 **입자지름 5mm 이하의 마른 자갈분**을 채워야 한다.
- ㉥ **탱크재료** : 강판, 수지(UP-CM, UP-CE 또는 UP-CEE) 및 강화재로 만들어진 강화플라스틱
  - ㉠ 강판의 최소두께 : 3.2mm
  - ㉡ 수압시험 강도 : 압력탱크 외의 탱크에 있어서는 70kPa의 압력으로, 압력탱크에 있어서는 최대 상용압력의 1.5배의 압력으로 각각 10분간 수압시험을 실시하여 새거나 변형되지 아니하여야 한다.

● 비고 ●

**통기관 · 과충전 방지장치 · 누설검사관(누유검사관)**

㉮ 통기관
- **밸브 없는 통기관** : 통기관의 끝부분은 건축물의 창 · 출입구 등의 개구부로부터 1m 이상 떨어진 옥외의 장소에 지면으로부터 4m 이상의 높이로 설치하여야 하며, 가스 등이 체류할 우려가 있는 굴곡이 없도록 하여야 한다.
- **대기밸브 부착 통기관** : 통기관의 끝부분은 건축물의 창 · 출입구 등의 거구부로부터 1m 이상 떨어진 옥외의 장소에 지면으로부터 4m 이상의 높이로 설치하되, 지하의 부분은 그 상부의 지면에 걸리는 중량이 직접 해당 부분에 미치지 아니하도록 보호하여야 한다. 다만, 제4류 위험물 제1석유류를 저장하는 탱크는 다음의 압력 차이에서 작동하여야 한다.
  - 정압 : 0.6kPa 이상 1.5kPa 이하
  - 부압 : 1.5kPa 이상 3kPa 이하

㉯ **과충전 방지장치** : 지하저장탱크에는 다음에 해당하는 방법으로 과충전을 방지하는 장치를 설치하여야 한다.
- 탱크용량을 초과하는 위험물이 주입될 때 자동으로 그 주입구를 폐쇄하거나 위험물의 공급을 자동으로 차단하는 방법
- 탱크용량의 90%가 찰 때 경보음을 울리는 방법

㉰ **누설검사관(누유검사관)** : 지하저장탱크의 주위에는 당해 탱크로부터의 액체위험물의 누설을 검사하기 위한 관을 다음의 기준에 따라 4개소 이상 적당한 위치에 설치하여야 한다.
- 이중관으로 할 것. 다만, 소공이 없는 상부는 단관으로 할 수 있다.
- 재료는 금속관 또는 경질합성수지관으로 할 것
- 관은 탱크전용실의 바닥 또는 탱크의 기초까지 닿게 할 것
- 관의 밑부분으로부터 탱크의 중심 높이까지의 부분에는 소공이 뚫려 있을 것. 다만, 지하수위가 높은 장소에 있어서는 지하수위 높이까지의 부분에 소공이 뚫려 있을 것
- 상부는 물이 침투하지 아니하는 구조로 하고, 뚜껑은 검사시에 쉽게 열 수 있도록 할 것

⑦ 이동탱크 저장소

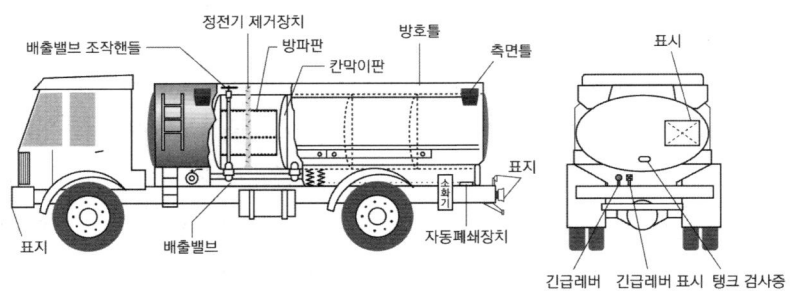

〈그림〉 이동탱크 저장소

㉮ 상치장소
- **옥외상치장소** : 화기를 취급하는 장소 또는 인근의 **건축물로부터 5m 이상**(인근의 건축물이 **1층인 경우에는 3m 이상**)의 거리를 확보하여야 한다. 다만, 하천의 공지나 수면, 내화구조 또는 불연재료의 담 또는 벽 그밖에 이와 유사한 것에 접하는 경우를 제외한다.
- **옥내상치장소** : 벽·바닥·보·서까래 및 지붕이 내화구조 또는 불연재료로 된 건축물의 **1층**에 설치하여야 한다.

㉯ 이동탱크의 재질 : 탱크(맨홀 및 주입관의 뚜껑을 포함)는 두께 3.2mm 이상의 강철판 또는 이와 동등 이상의 강도·내식성 및 내열성이 있다고 인정하여 소방청장이 정하여 고시하는 재료 및 구조로 위험물이 새지 아니하게 제작하여야 한다.

㉰ 수압시험
- **압력탱크**(최대상용압력이 46.7kPa 이상인 탱크)는 **최대상용압력의 1.5배의 압력**으로 각각 **10분**간의 수압시험을 실시하여 새거나 변형되지 아니하여야 한다.
- **압력탱크 외의 탱크는 70kPa의 압력으로 10분간의 수압시험**을 실시하여 새거나 변형되지 아니하여야 한다. 이 경우 수압시험은 용접부에 대한 비파괴시험과 기밀시험으로 대신할 수 있다.

㉱ 칸막이 : 이동저장탱크는 그 내부에 **4,000L 이하마다** 3.2mm 이상의 강철판 또는 이와 동등 이상의 강도·내열성 및 내식성이 있는 금속성의 것으로 칸막이를 설치하여야 한다. 다만, 고체인 위험물을 저장하거나 고체인 위험물을 가열하여 액체 상태로 저장하는 경우에는 그러하지 아니하다.

㉲ 방파판 : 칸막이로 구획된 각 부분마다 맨홀과 방파판을 설치하여야 한다. 다만, 칸막이로 구획된 부분의 용량이 2,000L 미만인 부분에는 방파판을 설치하지 아니할 수 있다.
- **두께 및 재료** : 1.6mm 이상의 강철판 또는 이와 동등 이상의 강도·내열성 및 내식성이 있는 금속성의 것
- 하나의 구획부분에 2개 이상의 방파판을 이동탱크저장소의 진행방향과 평행으로 설치하되, 각 방파판은 그 높이 및 칸막이로부터의 거리를 다르게 할 것

- 하나의 구획부분에 설치하는 각 방파판의 면적의 합계는 당해 구획부분의 최대 수직단면적의 50% 이상으로 할 것. 다만, 수직단면이 원형이거나 짧은 지름이 1m 이하의 타원형일 경우에는 40% 이상으로 할 수 있다.

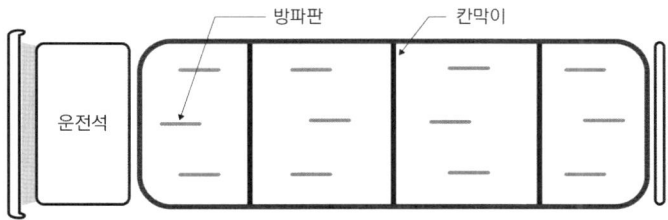

〈그림〉 이동저장탱크의 칸막이와 방파판

ⓑ **안전장치** : 상용압력이 20kPa 이하인 탱크에 있어서는 20kPa 이상 24kPa 이하의 압력에서, 상용압력이 20kPa를 초과하는 탱크에 있어서는 상용압력의 1.1배 이하의 압력에서 작동하는 것으로 하여야 한다.

## 개념문제

위험물의 지정수량의 배수가 다음과 같을 때, 제조소의 보유공지는 몇 m 이상으로 해야 하는지 쓰시오. [21]
(1) 1배
(2) 5배
(3) 10배
(4) 20배
(5) 200배

 **답안지** (1) 3m 이상
(2) 3m 이상
(3) 3m 이상
(4) 5m 이상
(5) 5m 이상

**해설** 제조소의 보유공지에 적용되는 지정수량의 배수는 2가지만 있다. 지정수량의 10배 이하일 경우 보유공지의 너비는 3m 이상, 지정수량의 10배를 초과하는 경우는 보유공지의 너비는 5m 이상으로 하여야 한다.

▶ 법령보기 ◀

제조소의 설비의 기준에서 위험물을 취급하는 건축물 그 밖의 시설(배관 그 밖에 이와 유사한 시설 제외)의 주위에는 그 취급하는 위험물의 최대수량에 따라 다음 표에 의한 너비의 공지를 보유하여야 한다.

| 취급하는 위험물의 최대수량 | 공지의 너비 |
|---|---|
| 지정수량의 10배 이하 | 3m 이상 |
| 지정수량의 10배 초과 | 5m 이상 |

## 개념문제

제4류 위험물을 제조하는 제조소에서는 지정수량 몇 배 이상을 취급할 때 피뢰침을 설치하는가? [08]

**Hack답안지** 10배 이상

## 개념문제

다음 괄호 안에 알맞은 말을 쓰시오. [17,21]

지정과산화물을 저장·취급하는 옥내저장소는 바닥면적 ( ① )m² 이내마다 격벽으로 구획하여야 하며, 격벽의 두께는 철근콘크리트조 또는 철골철근콘크리트조의 경우 ( ② )cm 이상, 보강콘크리트블록조의 경우 ( ③ )cm 이상으로 하고, 창고 양측의 외벽으로부터 ( ④ )m 이상, 창고 상부의 지붕으로부터 ( ⑤ )cm 이상 돌출시켜야 한다.

**Hack답안지** ① 150  ② 30  ③ 40  ④ 1  ⑤ 50

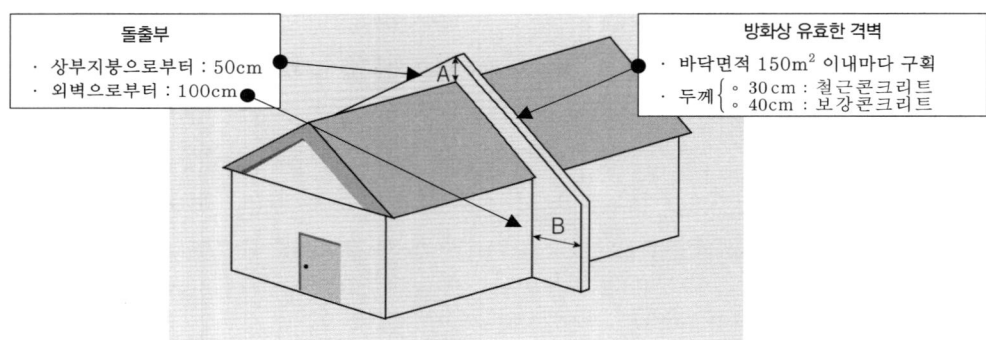

▶ 법령보기 ◀ 지정과산화물 저장·취급 옥내저장소 창고기준

㉮ 저장창고는 150m² 이내마다 격벽으로 완전하게 구획할 것
   이 경우 당해 격벽은 두께 30cm 이상의 철근콘크리트조 또는 철골철근콘크리트조로 하거나 두께 40cm 이상의 보강콘크리트블록조로 하고, 당해 저장창고의 양측의 외벽으로부터 1m 이상, 상부의 지붕으로부터 50cm 이상 돌출하게 하여야 한다.

㉯ 저장창고의 외벽은 두께 20cm 이상의 철근콘크리트조나 철골철근콘크리트조 또는 두께 30cm 이상의 보강콘크리트블록조로 할 것

㉰ 저장창고의 지붕은 다음에 적합할 것
   ㉠ 중도리(서까래 중간을 받치는 수평의 도리) 또는 서까래의 간격은 30cm 이하로 할 것
   ㉡ 지붕의 아래쪽 면에는 한 변의 길이가 45cm 이하의 환강(丸鋼)·경량형강(輕量形鋼) 등으로 된 강제(鋼製)의 격자를 설치할 것
   ㉢ 지붕의 아래쪽 면에 철망을 쳐서 불연재료의 도리(서까래를 받치기 위해 기둥과 기둥사이에 설치한 부재)·보 또는 서까래에 단단히 결합할 것
   ㉣ 두께 5cm 이상, 너비 30cm 이상의 목재로 만든 받침대를 설치할 것

㉱ 저장창고의 출입구에는 60분+방화문 또는 60분방화문을 설치할 것

㉲ 저장창고의 창은 바닥면으로부터 2m 이상의 높이에 두되, 하나의 벽면에 두는 창의 면적의 합계를 당해 벽면의 면적의 80분의 1 이내로 하고, 하나의 창의 면적을 0.4m² 이내로 할 것

##  개념문제

다음에 해당하는 위험물을 저장하는 옥내저장소에 저장할 경우, 바닥면적을 몇 m² 이하로 하여야 하는지 쓰시오.

[19,25]

(1) 염소산염류
(2) 제2석유류
(3) 유기과산화물

**H**ack **답안지**  (1) $1000m^2$
(2) $2000m^2$
(3) $1000m^2$

▶ 법령보기 ◀

하나의 저장창고의 바닥면적(2 이상의 구획된 실이 있는 경우에는 각 실의 바닥면적의 합계)은 다음의 구분에 의한 면적 이하로 하여야 한다. 이 경우 ㉮의 위험물과 ㉯의 위험물을 같은 저장창고에 저장하는 데에는 ㉮의 위험물을 저장하는 것으로 보아 그에 따른 바닥면적을 적용한다.

㉮ 다음의 위험물을 저장하는 창고 : $1,000m^2$
  ㉠ 제1류 위험물 중 아염소산염류, 염소산염류, 과염소산염류, 무기과산화물 그밖에 지정수량이 50kg인 위험물(위험등급Ⅰ)
  ㉡ 제3류 위험물 중 칼륨, 나트륨, 알킬알루미늄, 알킬리튬 그밖에 지정수량이 10kg인 위험물 및 황린(위험등급Ⅰ)
  ㉢ 제4류 위험물 중 특수인화물(위험등급Ⅰ), 제1석유류 및 알코올류(위험등급Ⅱ)
  ㉣ 제5류 위험물 중 유기과산화물, 질산에스터류 그밖에 지정수량이 10kg인 위험물(위험등급Ⅰ)
  ㉤ 제6류 위험물(위험등급Ⅰ)
㉯ ㉮의 위험물 외의 위험물을 저장하는 창고 : $2,000m^2$
㉰ ㉮의 위험물과 ㉯의 위험물을 내화구조의 격벽으로 완전히 구획된 실에 각각 저장하는 창고 : $1,500m^2$ (㉮의 위험물을 저장하는 실의 면적은 $500m^2$를 초과할 수 없다)

─── 이승원의 암기법 ───

■ 저바닥 / 둘빼고 중요한 것은 천으로 / 나머지는 이천으로 / 혼합은 거 알아서 해라!
• 저바닥 : 저장소 바닥면적
• 둘빼고 중요한 것은 천으로 : 2류 빼고 주요 위험물(지정수량이 낮은 1, 3, 4, 5, 6류) → 천($1000m^2$)
• 나머지는 이 천으로 : 나머지 위험물 → 이천($2000m^2$)
• 혼합은 거 알아서 해라 : 혼합위험물(거, 격벽) → 알아서($1500m^2$)

## 개념문제

위험등급 I 등급에 해당하는 위험물을 저장하는 옥내저장소에 대하여 다음 물음에 답하시오. [10]
(1) 건축물의 바닥면적
(2) 지면에서 처마까지의 높이

**답안지** (1) 1,000m² 이하
(2) 6m 미만


## 개념문제

옥내저장소에 다음의 각 용기를 겹쳐 쌓는 높이는 몇 m 이하로 해야 하는지 쓰시오. [19]
(1) 기계에 의하여 하역하는 구조로 된 용기
(2) 제3석유류를 수납한 용기
(3) 동식물유류를 수납한 용기

**답안지** (1) 6m
(2) 4m
(3) 4m

▶ 법령보기 ◀ 저장기준(공통기준)
㉮ 옥내저장소에서 위험물을 저장하는 경우에는 다음 각목의 규정에 의한 높이를 초과하여 용기를 겹쳐 쌓지 아니하여야 한다.
- 기계에 의하여 하역하는 구조로 된 용기만을 겹쳐 쌓는 경우에 있어서는 6m
- 제4류 위험물 중 제3석유류, 제4석유류 및 동식물유류를 수납하는 용기만을 겹쳐 쌓는 경우에 있어서는 4m
- 그 밖의 경우에 있어서는 3m

㉯ 옥내저장소에서 동일 품명의 위험물이더라도 자연발화할 우려가 있는 위험물 또는 재해가 현저하게 증대할 우려가 있는 위험물을 다량 저장하는 경우에는 지정수량의 10배 이하마다 구분하여 상호간 0.3m 이상의 간격을 두어 저장하여야 한다. 다만, 화약류 위험물 또는 기계에 의하여 하역하는 구조로 된 용기에 수납한 위험물에 있어서는 그러하지 아니하다(중요기준).

㉰ 유별을 달리하는 위험물은 동일한 저장소에 저장하지 아니하여야 한다. 다만, 옥내저장소 또는 옥외저장소에 있어서 다음의 규정에 의한 위험물을 저장하는 경우로서 위험물을 유별로 정리하여 저장하는 한편, 서로 1m 이상의 간격을 두는 경우에는 그러하지 아니하다(중요기준).
- 제1류 위험물(알칼리금속의 과산화물 또는 이를 함유한 것 제외)과 제5류 위험물을 저장하는 경우
- 제1류 위험물과 제6류 위험물을 저장하는 경우
- 제1류 위험물과 제3류 위험물 중 자연발화성물질(황린 또는 이를 함유한 것에 한함)을 저장하는 경우
- 제2류 위험물 중 인화성고체와 제4류 위험물을 저장하는 경우
- 제3류 위험물 중 알킬알루미늄등과 제4류 위험물(알킬알루미늄 또는 알킬리튬을 함유한 것에 한함)을 저장하는 경우
- 제4류 위험물 중 유기과산화물 또는 이를 함유하는 것과 제5류 위험물 중 유기과산화물 또는 이를 함유한 것을 저장하는 경우

㉱ 제3류 위험물 중 황린 그밖에 물속에 저장하는 물품과 금수성물질은 동일한 저장소에서 저장하지 아니하여야 한다(중요기준).

[응용] 함께해요 : 1-6(○), 2-4(○)
  1-3(△황린), 1-5(△알과)
  3-4(△알킬만)
  4-5(△유기과산화물)

| 위험물의 구분 | 제1류 | 제2류 | 제3류 | 제4류 | 제5류 | 제6류 |
|---|---|---|---|---|---|---|
| 제1류 |  | × | △ | × | △ | ○ |
| 제2류 | × |  | × | ○ | × | × |
| 제3류 | △ | × |  | △ | × | × |
| 제4류 | × | ○ | △ |  | △ | × |
| 제5류 | △ | × | × | △ |  | × |
| 제6류 | ○ | × | × | × | × |  |

## 개념문제

옥내저장소의 동일한 실에 [보기]의 물질과 함께 저장할 수 있는 것을 아래에서 골라 쓰시오. (단, 유별끼리 저장하여 1m 이상의 거리를 둔 경우이다.)    [20]

[보기]
- 과염소산칼륨  • 염소산칼륨  • 과산화나트륨  • 질산
- 아세톤  • 과염소산  • 아세트산

(1) $CH_3ONO_2$
(2) 인화성고체
(3) $P_4$

 **답안지**
(1) 과염소산칼륨, 염소산칼륨, 과염소산
(2) 아세톤, 아세트산
(3) 과염소산칼륨, 염소산칼륨, 과산화나트륨

**│참고│**

**상세해설** 함께 저장 가능한 위험물을 골라야 하므로 → [법령보기]에서 "위험물을 유별로 정리하여 저장하는 한편, 서로 1m 이상의 간격을 두는 경우에는 함께 저장할 수 있다"라고 규정하는 부분을 살펴본다.

㉠ 제1류 위험물(알칼리금속의 과산화물 또는 이를 함유한 것을 제외)과 제5류 위험물을 저장하는 경우
㉡ 제1류 위험물과 제6류 위험물을 저장하는 경우
㉢ 제1류 위험물과 제3류 위험물 중 자연발화성물질(황린 또는 이를 함유한 것에 한함)을 저장하는 경우
㉣ 제2류 위험물 중 인화성고체와 제4류 위험물을 저장하는 경우
㉤ 제3류 위험물 중 알킬알루미늄등과 제4류 위험물(알킬알루미늄 또는 알킬리튬을 함유한 것에 한함)을 저장하는 경우
㉥ 제4류 위험물 중 유기과산화물 또는 이를 함유하는 것과 제5류 위험물 중 유기과산화물 또는 이를 함유한 것을 저장하는 경우

| 위험물의 구분 | 제1류 | 제2류 | 제3류 | 제4류 | 제5류 | 제6류 |
|---|---|---|---|---|---|---|
| 제1류 |  | × | △ | × | △ | ○ |
| 제2류 | × |  | × | ○ | × | × |
| 제3류 | △ | × |  | △ | × | × |
| 제4류 | × | ○ | △ |  | △ | × |
| 제5류 | △ | × | × | △ |  | × |
| 제6류 | ○ | × | × | × | × |  |

[보기] 항목에서 제시된 위험물들을 유별로 분류해 보면(각 지정수량은 참고로 제시한 것임);

Ⓐ 과염소산칼륨($KClO_4$) : 제1류 위험물(산화성고체), 과염소산염류로서 지정수량 50kg
Ⓑ 염소산칼륨($KClO_3$) : 제1류 위험물(산화성고체), 염소산염류로서 지정수량 50kg
Ⓒ 과산화나트륨($Na_2O_2$) : 제1류 위험물(산화성고체), 무기과산화물류로서 지정수량 50kg
Ⓓ 질산($HNO_3$) : 제6류 위험물(산화성액체)로서 지정수량 300kg
Ⓔ 아세톤($CH_3COCH_3$) : 제4류 위험물(제1석유류, 수용성)로서 지정수량 400L
Ⓕ 과염소산($HClO_4$) : 제6류 위험물(산화성액체)로서 지정수량 300kg
Ⓖ 아세트산($CH_3COOH$) : 제4류 위험물(제2석유류, 수용성)로서 지정수량 2000L

문제의 (1), (2), (3) 항목의 위험물, 즉 $CH_3ONO_2$, 인화성고체, $P_4$의 유별 파악을 하면(지정수량은 참조적으로 게시한 것임);

(1) $CH_3ONO_2$ : 질산메틸(Methyl Nitrate)로서 자기반응성을 갖는 제5류 위험물로 분류되는 질산에스터류(질산에스테르류, 지정수량은 1종 10kg, 2종 100kg)이다.
 ➡ 규정상 함께 저장 가능한 것
   ㉠ 제1류 위험물(알칼리금속의 과산화물 또는 이를 함유한 것 제외)과 제5류 위험물을 저장하는 경우
   ㉡ 제1류 위험물과 제6류 위험물을 저장하는 경우
   ㉢ 제1류 위험물과 제3류 위험물 중 자연발화성물질(황린 또는 이를 함유한 것에 한함)을 저장하는 경우
 ➡ ∴ (1)의 질산메틸($CH_3ONO_2$, 제5류 위험물)은 제1류 위험물인 과염소산칼륨, 염소산칼륨과 유별을 달리하여 1m 이상의 간격을 둘 경우, 함께 저장할 수 있다. 또한 과염소산($HClO_4$)은 제6류 위험물(산화성액체)이므로 유별을 달리하여 1m 이상의 간격을 둘 경우, 함께 저장할 수 있다. 여기서, 과산화나트륨($Na_2O_2$)은 제1류 위험물이지만 알칼리금속의 과산화물 또는 이를 함유한 것은 제외하고 있으므로 함께 저장하는 물질에서 제외된다.

(2) 인화성고체 : 제2류 위험물(가연성고체, 지정수량 1,000kg)이다.
 ➡ 규정상 함께 저장 가능한 것
   ㉣ 제2류 위험물 중 인화성고체와 제4류 위험물을 저장하는 경우
 ➡ ∴ (2)의 인화성고체는 제4류 위험물인 아세톤($CH_3COCH_3$)과 아세트산($CH_3COOH$)을 유별을 달리하여 1m 이상의 간격을 둘 경우, 함께 저장할 수 있다.

(3) $P_4$ : 황린으로 제3류 위험물(자연발화성물질 및 금수성물질, 지정수량 20kg)이다.
 ➡ 규정상 함께 저장 가능한 것
   ㉢ 제1류 위험물과 제3류 위험물 중 자연발화성물질(황린 또는 이를 함유한 것에 한함)을 저장하는 경우
 ➡ ∴ (3)의 황린($P_4$)는 제1류 위험물인 과염소산칼륨, 염소산칼륨, 과산화나트륨과 유별을 달리하여 1m 이상의 간격을 둘 경우, 함께 저장할 수 있다.

이것을 종합하여 정리하면;

(1)의 $CH_3ONO_2$와 함께 저장 가능한 것 : 과염소산칼륨, 염소산칼륨, 과염소산

(2)의 인화성고체와 함께 저장 가능한 것 : 아세톤, 아세트산

(3)의 $P_4$와 함께 저장 가능한 것 : 과염소산칼륨, 염소산칼륨, 과산화나트륨

▶ 법령보기 ◀ **저장기준**(공통기준)

유별을 달리하는 위험물은 동일한 저장소(내화구조의 격벽으로 완전히 구획된 실이 2 이상 있는 저장소에 있어서는 동일한 실)에 저장하지 아니하여야 한다. 다만, 옥내저장소 또는 옥외저장소에 있어서 다음의 규정에 의한 위험물을 저장하는 경우로서 위험물을 유별로 정리하여 저장하는 한편, 서로 1m 이상의 간격을 두는 경우에는 그러하지 아니하다(중요기준).

㉮ 제1류 위험물(알칼리금속의 과산화물 또는 이를 함유한 것 제외)과 제5류 위험물을 저장하는 경우

㉯ 제1류 위험물과 제6류 위험물을 저장하는 경우

㉰ 제1류 위험물과 제3류 위험물 중 자연발화성물질(황린 또는 이를 함유한 것에 한함)을 저장하는 경우

㉱ 제2류 위험물 중 인화성고체와 제4류 위험물을 저장하는 경우

㉲ 제3류 위험물 중 알킬알루미늄등과 제4류 위험물(알킬알루미늄 또는 알킬리튬을 함유한 것에 한함)을 저장하는 경우

㉳ 제4류 위험물 중 유기과산화물 또는 이를 함유하는 것과 제5류 위험물 중 유기과산화물 또는 이를 함유한 것을 저장하는 경우

## 유사문제

**01** 지정과산화물을 저장·취급하는 옥내저장소에 대하여 다음 물음에 답하시오. [12]
  (1) 저장소 하나의 바닥면적
  (2) 철근콘크리트 격벽의 두께
  (3) 보강콘크리트 블록조의 두께
  (4) 건축물의 외벽과 돌출된 양측의 격벽거리
  (5) 건축물의 지붕과 돌출된 격벽의 높이차

**02** 지정과산화물을 저장·취급하는 옥내저장소에 대하여 다음 물음에 답하시오. [21]
  (1) 지정과산화물의 위험등급을 쓰시오.
  (2) 바닥면적은 몇 $m^2$ 이하로 해야 하는지 쓰시오.
  (3) 철근콘크리트조로 된 옥내저장소 외벽의 두께는 몇 cm 이상으로 해야 하는지 쓰시오.

**03** 다음 중 옥내저장소의 동일한 실에 함께 저장할 수 있는 유별끼리 연결한 것을 모두 고르시오. (단, 유별끼리 저장하여 1m 이상의 거리를 둔 경우이다.) [19]

  A. 무기과산화물 – 유기과산화물
  B. 질산염류 – 과염소산
  C. 황린 – 질산염류
  D. 인화성 고체 – 제1석유류
  E. 유황–톨루엔

**04** 위험물안전관리법령 중 지정과산화물을 저장하는 옥내저장창고의 지붕에 관한 내용이다. 다음 빈칸을 채우시오. [15,22]

  • 중도리 또는 서까래의 간격은 ( ① )cm 이하로 할 것
  • 지붕의 아래쪽 면에는 한 변의 길이가 ( ② )cm 이하의 환강(丸鋼)·경량형강(輕量形鋼) 등으로 된 강제(鋼製)의 격자를 설치할 것
  • 두께 ( ③ )cm 이상, 너비 ( ④ )cm 이상의 목재로 만든 받침대를 설치할 것

**05** 다음 물음에 답하시오. [18]
  (1) 옥내저장소에서 황린을 다량 저장하는 경우, 저장하는 창고의 면적은 ( )$m^2$ 이하로 하여야 하는지 쓰시오.
  (2) 황린을 저장하는 옥내저장소에서 하나의 실의 면적은 ( )$m^2$로 하여야 하는지 쓰시오.

**06** 다음 괄호에 들어갈 알맞은 말을 쓰시오. [18]

  옥내저장소에서 황린을 다량 저장하는 경우에는 지정수량의 ( A )배 이하마다 상호 ( B )m 이상의 간격을 두어 저장하여야 한다.

## 유사문제 답안·해설

**01** 답안 (1) 150$m^2$ 이하
  (2) 30cm 이상
  (3) 40cm 이상
  (4) 1m 이상
  (5) 50cm 이상

**02** 답안 (1) Ⅰ등급
  (2) 1,000$m^2$
  (3) 20m

## 03  답안  A, B, C, D

**■ 참고 ■**

**상세해설** 저장소의 저장기준(옥내저장소 또는 옥외저장소)

㉮ 위험물과 위험물이 아닌 물품을 함께 저장하는 경우 : 위험물과 위험물이 아닌 물품은 각각 모아서 저장하고 상호간에는 1m 이상의 간격을 두어야 한다.

㉯ 유별을 달리하는 위험물 : 유별을 달리하는 위험물은 동일한 저장소(내화구조의 격벽으로 완전히 구획된 실이 2 이상 있는 저장소에 있어서는 동일한 실)에 저장하지 아니하여야 한다.

다만, 옥내저장소 또는 옥외저장소에 있어서 다음의 규정에 의한 위험물을 저장하는 경우로서 위험물을 유별로 정리하여 저장하는 한편, 서로 1m 이상의 간격을 두는 경우에는 그러하지 아니하다(중요기준).

문제의 A에서 무기과산화물은 제1류 위험물(산화성고체)이고, 유기과산화물은 제5류 위험물(자기반응성물질)이므로 유별로 정리하여 서로 1m 이상의 간격을 두는 경우, 함께 저장할 수 있다.

문제의 B에서 질산염류는 제1류 위험물(산화성고체)이고, 과염소산은 제6류 위험물(산화성액체)이므로 유별로 정리하여 서로 1m 이상의 간격을 두는 경우, 함께 저장할 수 있다. 참고로 과염소산염류는 제1류 위험물(산화성고체)이므로 혼동하지 말아야 한다.

문제의 C에서 황린은 제3류 위험물(자연발화성물질)이고, 질산염류는 제1류 위험물(산화성고체)이므로 유별로 정리하여 서로 1m 이상의 간격을 두는 경우, 함께 저장할 수 있다.

문제의 D에서 인화성고체(소디움메틸레이트, 마그네슘에틸레이트 등)는 제2류 위험물(가연성고체)이고, 제1석유류(휘발유, 벤젠, 아세톤 등)는 제4류 위험물(인화성액체)이므로 유별로 정리하여 서로 1m 이상의 간격을 두는 경우, 함께 저장할 수 있다.

문제의 E에서 유황은 제2류 위험물(가연성고체)이고, 톨루엔은 제4류 위험물(인화성액체)-1석유류이므로 동일장소에 같이 저장할 수 없다. 제4류 위험물과 함께 저장할 수 있는 위험물은 제2류 위험물 중 인화성고체, 제4류 위험물 중 알킬알루미늄·알킬리튬과 제3류 위험물 중 알킬알루미늄, 제4류 위험물 중 유기과산화물 또는 이를 함유한 것과 제5류 위험물 유기과산화물이다.

## 04  답안  ① 30  ② 45  ③ 5  ④ 30

## 05  답안  (1) 1000
(2) 500

**보충** 옥내저장소에서 저장창고의 바닥면적(2 이상의 구획된 실이 있는 경우에는 각 실의 바닥면적의 합계)은 다음 구분에 의한 면적 이하로 하여야 한다.

㉮ 창고면적 1,000m² 이하로 하여야 유별과 그 품명
- 제1류 위험물 중 아염소산염류, 염소산염류, 과염소산염류, 무기과산화물 그밖에 지정수량이 50kg인 위험물
- 제3류 위험물 중 칼륨(K), 나트륨(Na), 알킬알루미늄, 알킬리튬 그밖에 지정수량이 10kg인 위험물 및 황린($P_4$)
- 제4류 위험물 중 특수인화물, 제1석유류 및 알코올류
- 제5류 위험물 중 유기과산화물, 질산에스터류 그밖에 지정수량이 10kg인 위험물

- 제6류 위험물
- ④ 창고면적 2,000m² 이하 대상 : ㉮ 외의 위험물을 저장하는 창고
- ⑤ 창고면적 1,500m² 이하 대상 : ㉮의 위험물과 ㉯의 위험물을 내화구조의 격벽으로 완전히 구획된 실에 각각 저장하는 경우. 다만, ㉮의 위험물을 저장하는 실의 면적은 500m²를 초과할 수 없으며, ㉮의 위험물과 ㉯의 위험물을 같은 저장창고에 저장하는 때에는 ㉮의 위험물을 저장하는 것으로 보아 그에 따른 바닥면적을 적용하여야 한다.

---
**이승원의 암기법**

- ■ 저바닥 / 둘빼고 중요한 것은 천으로 / 나머지는 이천으로 / 혼합은 거 알아서 해라!
- 저바닥 : 저장소 바닥면적
- 둘빼고 중요한 것은 천으로 : 2류 빼고 주요 위험물(지정수량이 낮은 1, 3, 4, 5, 6류) → 천(1000m²)
- 나머지는 이 천으로 : 나머지 위험물 → 이천(2000m²)
- 혼합은 거 알아서 해라 : 혼합위험물(거, 격벽) → 알아서(1500m²)

---

## 06  답안  A : 10   B : 0.3

**보충** 황린($P_4$)의 저장

㉮ 3류 위험물 중 황린(그밖에 물속에 저장하는 물품)과 금수성물질은 동일한 저장소에서 저장하지 아니하여야 한다(중요기준). 금수성물질(禁水性物質)이라 함은 공기중의 수분이나 물과 접촉시 발화하거나 가연성가스의 발생 위험성이 있는 다음의 물질을 말한다.
- 제1류 위험물 중 무기과산화물류 : 과산화나트륨, 과산화칼륨, 과산화마그네슘, 과산화칼슘, 과산화바륨, 과산화리튬, 과산화베릴륨
- 제2류 위험물 중 마그네슘, 철분, 금속분, 황화인
- 제3류 위험물 : 칼륨, 나트륨, 알킬알루미늄, 알킬리튬, 알칼리금속 및 알칼리토금속류, 유기금속화합물류, 금속수소화합물류, 금속인화물류, 칼슘 또는 알루미늄의 탄화물류
- 제4류 위험물 중 특수인화물인 다이에틸에테르(디에틸에테르), 콜로디온 등
- 제6류 위험물 : 과염소산, 과산화수소, 질산

㉯ 동일 유의 동일 품명별 이격거리 : 저장소에 동일 품명의 위험물이더라도 자연발화할 우려가 있는 위험물 또는 재해가 현저하게 증대할 우려가 있는 위험물을 다량 저장하는 경우에는 **지정수량의 10배 이하마다** 구분하여 상호간 **0.3m 이상**의 간격을 두어 저장하여야 한다.

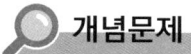 **개념문제**

내부면적이 300m²인 옥외저장소에 덩어리상태의 유황을 30,000kg 저장하는 경우에 대해 다음 물음에 답하시오.
[21]
(1) 이 옥외저장소에는 덩어리상태의 유황을 저장하기 위한 경계구역을 몇 개까지 설치할 수 있는지 쓰시오.
(2) 경계구역과 경계구역 사이의 간격은 몇 m 이상으로 해야 하는지 쓰시오.
(3) 이 옥외저장소에 인화점 10℃인 제4류 위험물을 함께 저장할 수 있는지의 유무를 쓰시오.

**Hack 답안지**  (1) 3개
(2) 10m
(3) 함께 저장할 수 있음(유별로 1m 이상 이격하여 저장)

**┃참고┃**

 옥외저장소에 덩어리상태의 유황을 저장할 때 하나의 경계표시의 내부의 면적은 100m² 이하로 하여야 한다. 현재 옥외저장소의 내부면적은 300m²이므로 경계구역은 3개로 하여야 한다. 경계구역을 2개로 하면 하나의 경계표시 내부면적이 150m²가 되므로 규정에 부합되지 않는다.

유황의 지정수량은 100kg이다. 현재의 옥외저장소에 저장하는 유황의 양은 30 000kg이므로 지정수량의 배수는 30000/100=300배이다. 저장 또는 취급하는 위험물의 최대수량이 지정수량의 200배 이상인 경우에는 인접하는 경계표시와 경계표시와의 간격을 10m 이상으로 하여야 한다.

옥외저장소에 저장 가능한 위험물은 제2류 위험물 중 황 또는 인화성고체(인화점이 섭씨 0도 이상인 것에 한함), 제4류 위험물 중 제1석유류(인화점이 섭씨 0도 이상인 것에 한함)·알코올류·제2석유류·제3석유류·제4석유류 및 동식물유류이다.

유황은 제2류 위험물(가연성고체), 인화점 10℃ 이상인 제4류 위험물과는 유별로 정리하여 저장하는 한편, 서로 1m 이상의 간격을 두는 경우에는 동일한 저장소에 저장할 수 있다. 그러므로 (3)항에 대한 답안은 "함께 저장할 수 있음(유별로 1m 이상 이격 저장)"으로 기재한다.

**┃ 제4류 위험물의 인화점 ┃**

| 구분 | 특수인화물 | 제1석유류 | 제2석유류 | 제3석유류 | 제4석유류 | 동·식물유 |
|---|---|---|---|---|---|---|
| 인화점 | -20℃ 이하 | 21℃ 미만 | 21~70℃ | 70~200℃ | 200~250℃ | 250℃ 미만 |

▶ 법령보기 ◀
옥외저장소 중 덩어리 상태의 황만을 지반면에 설치한 경계표시의 안쪽에서 저장 또는 취급하는 것의 위치·구조 및 설비의 기술기준은 다음과 같다.
• 하나의 경계표시의 내부의 면적은 100m² 이하일 것
• 2이상의 경계표시를 설치하는 경우에 있어서는 각각의 경계표시 내부의 면적을 합산한 면적은 1,000m² 이하로 하고, 인접하는 경계표시와 경계표시와의 간격을 규정에 의한 공지의 너비의 2분의 1 이상으로 할 것. 다만, 저장 또는 취급하는 위험물의 최대수량이 지정수량의 200배 이상인 경우에는 10m 이상으로 하여야 한다.
• 경계표시는 불연재료로 만드는 동시에 황이 새지 아니하는 구조로 할 것
• 경계표시의 높이는 1.5m 이하로 할 것
• 경계표시에는 황이 넘치거나 비산하는 것을 방지하기 위한 천막 등을 고정하는 장치를 설치하되, 천막 등을 고정하는 장치는 경계표시의 길이 2m마다 한 개 이상 설치할 것
• 황을 저장 또는 취급하는 장소의 주위에는 배수구와 분리장치를 설치할 것

## 개념문제

옥외저장소의 지정수량 10배 이하 및 지정수량 10배 초과 20배 이하의 보유공지를 쓰시오. [16]

**답안지** (1) 지정수량 10배 이하 : 3m 이상
(2) 지정수량 10배 초과 20배 이하 : 5m 이상

## 개념문제

옥외저장소의 보유공지에 대하여 다음 빈칸을 알맞게 채우시오. [22]

| 저장 또는 취급하는 위험물의 최대수량 | 저장 또는 취급하는 위험물 | 공지의 너비 |
|---|---|---|
| 지정수량의 10배 이하 | 제1석유류 | ( ① )m 이상 |
|  | 제2석유류 | ( ② )m 이상 |
| 지정수량의 20배 초과 50배 이하 | 제2석유류 | ( ③ )m 이상 |
|  | 제3석유류 | ( ④ )m 이상 |
|  | 제4석유류 | ( ⑤ )m 이상 |

**답안지** ① 3  ② 3  ③ 9  ④ 9  ⑤ 3

## 유사문제

**01** 지정수량 50배를 저장하는 옥외저장소의 보유공지는 몇 m 이상인가? [09]

**02** 유황을 지정수량의 150배로 저장하는 옥외저장소의 보유공지는 몇 m 이상으로 해야 하는지 쓰시오. [17]

**03** 위험물안전관리법령상 옥내저장소 또는 옥외저장소에 있어서 유별을 달리하는 위험물을 동일한 장소에 저장할 경우 이격거리는 몇 m인가? [15]

## 유사문제 답안·해설

**01** 답안 9m 이상

**02** 답안 12m 이상

**03** 답안 1m 이상

> **참고**
>
> 이격거리와 관련된 기준 재정리 - 옥내저장소 또는 옥외저장소
>
> - 옥내저장소 또는 옥외저장소에 있어서 유별을 달리하는 위험물을 동일한 장소에 저장할 경우 → 이격거리는 1m 이상으로 한다.
> - 동일 품명의 위험물이더라도 자연발화할 우려가 있는 위험물 또는 재해가 현저하게 증대할 우려가 있는 위험물을 다량 저장하는 경우 → 지정수량의 10배 이하마다 구분하여 상호간 0.3m 이상의 간격을 두어 저장하여야 한다.
> - 옥내저장소 또는 옥외저장소에서 위험물과 위험물이 아닌 물품은 → 각각 모아서 저장하고 상호간에는 1m 이상의 간격을 두어야 한다.

## 개념문제

옥내탱크 저장소에 설치하는 밸브 없는 통기관의 선단의 기준에 대해 다음 물음게 답하시오. [09,19]

(1) 통기관의 끝부분은 건축물의 창 및 출입구의 개구부등으로부터 몇 m 이상 떨어진 옥외의 장소에 설치해야 하는지 쓰시오.
(2) 통기관의 끝부분은 지면으로부터 몇 m 이상의 높이에 설치해야 하는지 쓰시오.
(3) 인화점 40℃ 미만인 위험물의 탱크에 설치하는 통기관의 끝부분은 부지경계선으로부터 몇 m 이상 이격시켜야 하는지 쓰시오.

 **답안지**  (1) 1m
(2) 4m
(3) 1.5m

## 개념문제

단층으로 된 옥내탱크 저장소에 저장용기(탱크) 2개에 에틸알코올을 보관하고 있다. 다음 물음에 답하시오. [20]

(1) 벽과 저장용기(탱크)의 거리는 몇 m 이상으로 하여야 하는지 쓰시오.
(2) 저장용기(탱크) 상호간의 거리는 몇 m 이상으로 하여야 하는지 쓰시오.
(3) 에틸알코올 저장용기(탱크)의 용량은 몇 L 이하로 하는지 쓰시오.

 **답안지**  (1) 0.5m
(2) 0.5m
(3) 16,000L

▶ 법령보기 ◀

옥내탱크 저장소에서 탱크와 탱크전용실의 벽과의 사이 및 옥내저장탱크의 상호간에는 0.5m 이상의 간격을 유지하여야 한다. 그리고 법령상 "옥내저장탱크의 용량은 지정수량의 40배 이하로 하여야 한다. 다만, 제4석유류 및 동식물유류 외의 제4류 위험물에 있어서 당해 수량이 20,000L를 초과할 때에는 20,000L로 한다."라고 규정하고 있다. 에틸알코올은 제4류 위험물(인화성액체) - 알코올류이므로 지정수량은 400L이고, 지정수량의 40배를 고려한다면 옥내저장탱크 용량은 16,000L 이하로 하여야 한다.

## 개념문제

액체위험물의 옥내탱크 저장시설 주입구의 설치기준 3가지를 쓰시오. [05]

 ① 화재예방상 지장이 없는 장소에 설치할 것
② 밸브 또는 뚜껑을 설치할 것
③ 주입구 부근에는 정전기를 유효하게 제거하기 위한 접지전극을 설치할 것

▶ 법령보기 ◀

액체위험물의 옥내저장탱크의 주입구는 "옥외저장탱크"의 주입구의 기준을 준용한다. ➡ 옥외저장탱크의 주입구는 다음의 기준에 의하여야 한다.
- 화재예방상 지장이 없는 장소에 설치할 것
- 주입호스 또는 주입관과 결합할 수 있고, 결합하였을 때 위험물이 새지 아니할 것
- 주입구에는 밸브 또는 뚜껑을 설치할 것
- 휘발유, 벤젠 그밖에 정전기에 의한 재해가 발생할 우려가 있는 액체위험물의 옥외저장탱크의 주입구 부근에는 정전기를 유효하게 제거하기 위한 접지전극을 설치할 것
- 인화점이 21℃ 미만인 위험물의 옥외저장탱크의 주입구에는 보기 쉬운 곳에 다음의 기준에 의한 게시판을 설치할 것
- 주입구 주위에는 새어나온 기름 등 액체가 외부로 유출되지 아니하도록 방유턱을 설치하거나 집유설비 등의 장치를 설치할 것

## 개념문제

다음은 옥내탱크저장소의 탱크전용실 구조에 관한 내용이다. 괄호 안에 들어갈 알맞은 말을 쓰시오. [21]
(1) 탱크전용실의 창 또는 출입구에 유리를 이용하는 경우에는 (　　)로 할 것
(2) 액상인 위험물의 옥내저장탱크를 설치하는 탱크전용실의 바닥은 적당한 경사를 두는 한편, (　　)를 설치할 것
(3) 옥내저장탱크의 펌프설비를 탱크전용실 외의 장소에 설치하는 경우
　・상층이 없는 경우에는 지붕을 (　　)로 하며, 천장을 설치하지 아니할 것
　・펌프실에는 창을 설치하지 아니할 것. 다만, 제6류 위험물의 탱크전용실에 있어서는 (　　) 또는 (　　)이 있는 창을 설치할 수 있다.
(4) 탱크전용실에 펌프설비를 설치하는 경우에는 견고한 기초 위에 고정한 다음 그 주위에는 불연재료로 된 턱을 (　　)m 이상의 높이로 설치하는 등 누설된 위험물이 유출되거나 유입되지 아니하도록 하는 조치를 할 것

**답안지** (1) 망입유리
(2) 집유설비
(3) 불연재료, 60분+방화문·60분방화문, 30분방화문
(4) 0.2

▶ 법령보기 ◀

㉮ 탱크전용실은 벽·기둥 및 바닥을 내화구조로 하고, 보를 불연재료로 하며, 연소의 우려가 있는 외벽은 출입구외에는 개구부가 없도록 할 것. 다만, 인화점이 70℃ 이상인 제4류 위험물만의 옥내저장탱크를 설치하는 탱크전용실에 있어서는 연소의 우려가 없는 외벽·기둥 및 바닥을 불연재료로 할 수 있다.
㉯ 탱크전용실의 창 또는 출입구에 유리를 이용하는 경우에는 망입유리로 할 것
㉰ 탱크전용실의 창 및 출입구에는 60분+방화문·60분방화문 또는 30분방화문을 설치하는 동시에, 연소의 우려가 있는 외벽에 두는 출입구에는 수시로 열 수 있는 자동폐쇄식의 60분+방화문 또는 60분방화문을 설치할 것
㉱ 액상의 위험물의 옥내저장탱크를 설치하는 탱크전용실의 바닥은 위험물이 침투하지 아니하는 구조로 하고, 적당한 경사를 두는 한편, 집유설비를 설치할 것

■ 옥내저장탱크의 펌프설비를 <u>탱크전용실 외의 장소에 설치하는 경우</u>
  • 펌프실은 벽·기둥·바닥 및 보를 내화구조로 할 것
  • 펌프실은 상층이 있는 경우에 있어서는 상층의 바닥을 내화구조로 하고, 상층이 없는 경우에 있어서는 지붕을 불연재료로 하며, 천장을 설치하지 아니할 것
  • 펌프실에는 창을 설치하지 아니할 것. 다만, 제6류 위험물의 탱크전용실에 있어서는 60분+방화문·60분방화문 또는 30분방화문이 있는 창을 설치할 수 있다.
  • 펌프실의 출입구에는 60분+방화문 또는 60분방화문을 설치할 것. 다만, 제6류 위험물의 탱크전용실에 있어서는 30분방화문을 설치할 수 있다.
  • 펌프실의 환기 및 배출의 설비에는 방화상 유효한 댐퍼 등을 설치할 것
■ 탱크전용실에 펌프설비를 설치하는 경우 : 견고한 기초 위에 고정한 다음 그 주위에는 불연재료로 된 턱을 0.2m 이상의 높이로 설치하는 등 누설된 위험물이 유출되거나 유입되지 아니하도록 하는 조치를 할 것

## 개념문제

옥외저장탱크는 몇 mm 두께 이상의 강철판으로 하여야 하는지 쓰시오. (단, 특정옥외저장탱크 및 준특정옥외저장탱크는 제외) [04,18]

**답안지** 3.2mm

## 개념문제

옥외탱크 저장시설의 저장배수가 3,000배 초과 4,000배 이하일 때 보유공지는 얼마 이상인가? [05]

**답안지** 15m 이상

▶ 법령보기 ◀ 옥외탱크 시설의 보유공지

| 저장 또는 취급하는 위험물의 최대수량 | 공지의 너비 |
|---|---|
| 지정수량의 500배 이하 | 3m 이상 |
| 지정수량의 500배 초과 1,000배 이하 | 5m 이상 |
| 지정수량의 1,000배 초과 2,000배 이하 | 9m 이상 |
| 지정수량의 2,000배 초과 3,000배 이하 | 12m 이상 |
| 지정수량의 3,000배 초과 4,000배 이하 | 15m 이상 |
| 지정수량의 4,000배 초과 | 당해 탱크의 수평단면의 최대지름(횡형인 경우에는 긴 변)과 높이 중 큰 것과 같은 거리 이상. 다만, 30m 초과의 경우에는 30m 이상으로 할 수 있고, 15m 미만의 경우에는 15m 이상으로 하여야 한다. |

## 유사문제

**01** 법령상 옥외저장탱크에 지정수량의 5,000배를 저장 또는 취급하는 경우 공지의 너비에 대하여 설명하시오. [05]

**02** 준특정옥외탱크의 본체의 강철판의 두께를 쓰시오. [12]

**03** 다음은 제4류 위험물의 옥외탱크 저장소의 보유공지를 나타낸 것이다. 괄호 안에 알맞은 말을 쓰시오. [19,21]

| 지정수량의 배수 | 보유공지 |
|---|---|
| 500배 이하 | ( ① ) 이상 |
| 500배 초과 1,000배 이하 | ( ② ) 이상 |
| 1,000배 초과 2,000배 이하 | ( ③ ) 이상 |
| 2,000배 초과 3,000배 이하 | ( ④ ) 이상 |
| 3,000배 초과 4,000배 이하 | ( ⑤ ) 이상 |

## 유사문제 답안·해설

**01** 답안 탱크의 수평단면의 최대지름(횡형인 경우에는 긴 변)과 높이 중 큰 것과 같은 거리 이상으로 함

**02** 답안 3.2mm 이상

**03** 답안 ① 3m  ② 5m  ③ 9m  ④ 12m  ⑤ 15m

## 개념문제

옥외탱크저장소에 탱크 바닥의 반지름($r$)이 3m, 높이($l$)가 20m인 종으로 세워진 원통형 탱크가 있다. 다음 물음에 답하시오.
[22]

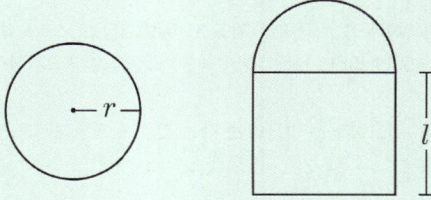

(1) 세로로 세워진 원통형 탱크의 내용적(L)을 구하시오.
(2) 완공검사를 받아야 하면 ○, 받지 않아도 되면 ×를 쓰시오.
(3) 기술검토를 받아야 하면 ○, 받지 않아도 되면 ×를 쓰시오.
(4) 정기검사를 받아야 하면 ○, 받지 않아도 되면 ×를 쓰시오.

**답안지** (1) 내용적 = $\pi r^2 l = 3.14 \times 3^2 \times 20 = 565.2$ m³ = 565200L
(2) ○
(3) ○
(4) ○

### 참고

세로(종형)로 세워진 원통형 탱크의 **내용적 계산공식**은 "$\pi r^2 l$"이다. 이 공식에 문제에서 제시된 반지름($r$) 3m, 높이($l$) 20m를 대입하여 산출하면 된다.

**완공검사**에 관해서는 규정에 따른 허가를 받은 자가 제조소등의 설치를 마쳤거나 그 위치·구조 또는 설비의 변경을 마친 때에는 당해 제조소등마다 시·도지사가 행하는 완공검사를 받아 규정에 따른 기술기준에 적합하다고 인정받은 후가 아니면 이를 사용하여서는 안된다. 그러므로 완공검사를 받아야 한다.

**기술검토**를 받아야 하는지의 여부에 관해서 → 제조소등은 한국소방산업기술원의 기술검토를 받고 그 결과가 행정안전부령으로 정하는 기준에 적합한 것으로 인정받아야 한다. 다만, 보수 등을 위한 부분적인 변경으로서 소방청장이 정하여 고시하는 사항에 대해서는 기술원의 기술검토를 받지 않을 수 있으나 행정안전부령으로 정하는 기준에는 적합해야 한다. 문제의 조건은 이에 해당되지 않으므로 기술검토를 받아야 한다.

**정기검사**에 관해서는 정기점검의 대상이 되는 제조소등의 관계인 가운데 대통령령으로 정하는 제조소등(액체위험물을 저장 또는 취급하는 50만L 이상의 옥외탱크저장소)의 관계인은 행정안전부령으로 정하는 바에 따라 소방본부장 또는 소방서장으로부터 해당 제조소등이 기술기준에 적합하게 유지되고 있는지의 여부에 대하여 정기적으로 검사를 받아야 한다. 문제에서 제시된 탱크용량은 50만L 이상이므로 정기검사 대상이 된다.

▶ 법령보기 ◀ 완공검사 · 기술검토 · 정기점검 · 정기검사

㉮ 완공검사(법 제9조) : 규정에 따른 허가를 받은 자가 제조소등의 설치를 마쳤거나 그 위치 · 구조 또는 설비의 변경을 마친 때에는 당해 제조소등마다 시 · 도지사가 행하는 완공검사를 받아 기술기준에 적합하다고 인정받은 후가 아니면 이를 사용하여서는 아니 된다.

㉯ 기술검토
  ㉠ 대상(령 제6조)
    - 지정수량의 1천배 이상의 위험물을 취급하는 제조소 · 일반취급소(구조 · 설비에 관한 사항)
    - 옥외탱크저장소(저장용량 50만 리터 이상인 것만 해당) 또는 암반탱크저장소(위험물탱크의 기초 · 지반, 탱크본체 및 소화설비에 관한 사항)
  ㉡ 기술검토 신청(규칙 제9조) : 기술검토를 받으려는 자는 신청서(전자문서로 된 신청서를 포함)와 서류(전자문서 포함)를 기술원에 제출하여야 한다.

㉰ 정기점검
  ㉠ 횟수(규칙 제64조) : 제조소등의 관계인은 당해 제조소등에 대하여 연 1회 이상 정기점검을 실시하여야 한다.
  ㉡ 정기점검 대상 : 지하탱크저장소, 이동탱크저장소, 위험물을 취급하는 탱크로서 지하에 매설된 탱크가 있는 제조소 · 주유취급소 또는 일반취급소, 다음의 제조소등
    - 지정수량의 10배 이상의 위험물을 취급하는 제조소
    - 지정수량의 100배 이상의 위험물을 저장하는 옥외저장소
    - 지정수량의 150배 이상의 위험물을 저장하는 옥내저장소
    - 지정수량의 200배 이상의 위험물을 저장하는 옥외탱크저장소
    - 암반탱크저장소
    - 이송취급소
    - 지정수량의 10배 이상의 위험물을 취급하는 일반취급소. 다만, 제4류 위험물(특수인화물 제외)만을 지정수량의 50배 이하로 취급하는 일반취급소(제1석유류 · 알코올류의 취급량이 지정수량의 10배 이하인 경우에 한함)로서 다음에 해당하는 것을 제외한다.
      ▷ 보일러 · 버너 또는 이와 비슷한 것으로서 위험물을 소비하는 장치로 이루어진 일반취급소
      ▷ 위험물을 용기에 옮겨 담거나 차량에 고정된 탱크에 주입하는 일반취급소
  ㉢ 정기점검의 내용(규칙 제66조) : 제조소등의 위치 · 구조 및 설비가 기술기준에 적합한지를 점검하는 데 필요한 정기점검의 내용 · 방법 등에 관한 기술상의 기준과 그 밖의 점검에 관하여 필요한 사항은 소방청장이 정하여 고시한다.
  ㉣ 정기점검의 실시자(규칙 제67조) : 제조소등의 안전관리자 또는 위험물운송자

㉱ 정기검사
  ㉠ 대상(령 제17조) : 액체위험물을 저장 또는 취급하는 50만L 이상의 옥외탱크저장소
  ㉡ 정밀정기검사 시기 : 다음의 어느 하나에 해당하는 기간 내에 1회
    - 특정 · 준특정옥외탱크저장소의 설치허가에 따른 완공검사합격확인증을 발급받은 날부터 12년
    - 최근의 정밀정기검사를 받은 날부터 11년
  ㉢ 중간정기검사 시기 : 다음에 해당하는 기간 내에 1회
    - 특정 · 준특정옥외탱크저장소의 설치허가에 따른 완공검사합격확인증을 발급받은 날부터 4년
    - 최근의 정밀정기검사 또는 중간정기검사를 받은 날부터 4년

## 개념문제

휘발유를 저장하는 옥외저장탱크의 방유제에 관한 다음 물음에 답하시오. [20,22]
(1) 옥외탱크저장소의 방유제 높이의 범위를 쓰시오.
(2) 방유제 내의 면적은 몇 $m^2$ 이하로 하는지 쓰시오.
(3) 방유제 내에 설치할 수 있는 탱크의 수를 쓰시오.
(4) 저장탱크의 개수에 제한을 두지 않는 경우에 대해 쓰시오.
(5) 제1석유류를 15만L 저장하는 경우, 방유제 안에 설치할 수 있는 탱크의 수를 쓰시오.

**답안지** (1) 0.5 ~ 3m
(2) 80,000$m^2$ 이하
(3) 10
(4) 인화점이 200℃ 이상인 위험물을 저장하는 경우
(5) 10

■ 참고 ■

 옥외탱크저장소의 방유제는 높이 0.5m 이상 3m 이하로 하여야 한다. 방유제 내의 면적은 8만$m^2$ 이하로 하여야 한다. 방유제내의 설치하는 옥외저장탱크의 수는 다음과 같이 한다.

㉮ 방유제 내에 설치하는 옥외저장탱크의 수는 10 이하로 하여야 한다.
㉯ 방유제 내에 설치하는 모든 옥외저장탱크의 용량이 20만L 이하이고, 당해 옥외저장탱크에 저장 또는 취급하는 위험물의 인화점이 70℃ 이상 200℃ 미만인 경우에는 20이하로 하여야 한다.
㉰ 인화점이 200℃ 이상인 위험물을 저장 또는 취급하는 옥외저장탱크에 있어서는 탱크의 수에 제한을 받지 아니한다.

제1석유류는 인화점이 21℃ 미만이므로 방유제 내에 설치하는 옥외저장탱크의 수는 ㉮항의 규정을 적용받기 때문에 탱크의 수는 10 이하로 하여야 한다.

## 개념문제

제조소의 옥외에 있는 액체위험물(이황화탄소 제외)을 취급하는 탱크 주위에 방유제를 설치하려고 한다. 하나의 방유제 안에 용량 50만L인 위험물 저장탱크 1기를 설치하고, 또 다른 방유제 안에 100만L인 위험물 저장탱크 1기, 50만L인 위험물 저장탱크 1기, 10만L인 위험물 저장탱크 3기를 더 설치하려면 방유제 전체 용량은 몇 L (리터) 이상으로 해야 하는지 쓰시오.

[22]

**답안지** 830,000L 이상

### 참고

이 문제는 "제조소의 옥외에 있는 액체위험물 취급탱크 주위에 방유제를 설치한다"는 것에 유의하여야 한다. **옥외탱크 저장소의 방유제의 용량은 방유제안에 설치된 탱크가 하나인 때에는 그 탱크 용량의 110% 이상, 2기 이상인 때에는 그 탱크 중 용량이 최대인 것의 용량의 110% 이상으로 하여야 하지만 제조소의 옥외에 있는 위험물취급탱크로서 액체위험물(이황화탄소 제외)을 취급하는 경우, 하나의 취급탱크 주위에 설치하는 방유제의 용량은 당해 탱크용량의 50% 이상으로 하고, 2 이상의 취급탱크 주위에 하나의 방유제를 설치하는 경우 그 방유제의 용량은 당해 탱크 중 용량이 최대인 것의 50%에 나머지 탱크용량 합계의 10%를 가산한 양 이상이 되게 하여야 한다.**

따라서, 이 문제의 방유제 용량은 다음과 같이 산정하여야 한다.

㉠ 하나의 방유제 안에 용량 50만L인 위험물 저장탱크 1기를 설치 → 방유제의 용량은 당해 탱크용량의 50% 이상으로 하여야 하므로 → 50만L×0.5 = 25만L

㉡ 2이상의 취급탱크 주위에 하나의 방유제를 설치하는 경우 그 방유제의 용량은 당해 탱크 중 용량이 최대인 것의 50%에 나머지 탱크용량 합계의 10%를 가산한 양으로 하여야 하므로 → 100만×0.5+50만×0.1+10만×3×0.1 = 58만L

∴ 방유제 전체 용량 = 25만L+58만L = 83만L 이상이어야 한다.

## 유사문제

**01** 위험물 제조소에 200m³와 100m³의 탱크가 각각 1개씩 2개가 있다. 탱크 주위로 방유제를 만들 때, 방유제의 용량은 얼마 이상이어야 하는지 산정하시오. [10,13②,20]

**02** 옥외저장탱크의 방유제 안에 인화성 액체를 저장하는 30만리터, 20만리터, 50만리터 탱크 3기를 설치할 경우 방유제의 용량은 몇 m³ 이상으로 해야 하는지 산정하시오. [10]

**03** 옥외탱크 저장소의 방유제의 높이가 몇 m 이상일 때 계단을 설치해야 하는지 쓰시오. [16]

**04** 옥외탱크 저장소의 방유제에 대하여 다음 물음에 답하시오. [04,09]
 (1) 방유제의 높이
 (2) 방유제 하나의 최대면적
 (3) 하나의 방유제 안에 포함할 수 있는 옥외탱크의 최대 수

**05** 옥외저장탱크 저장소에 내용적 5천만L인 탱크에 현재 3천만L의 휘발유가 저장되어 있고 내용적 1억 2천만L인 탱크에는 현재 8천만L의 경유가 저장되어 있다. 두 개의 옥외저장탱크를 하나의 방유제 안에 설치할 경우 다음 물음에 답하시오. [20]
 (1) 두 탱크 중 내용적이 더 적은 탱크의 최대용량은 몇 L 이상인지 쓰시오.
 (2) 두 개의 옥외저장탱크를 둘러싸고 있는 방유제의 용량은 몇 L 이상인지 쓰시오. (단, 두 개의 옥외저장탱크의 공간용적은 모두 10%이다)
 (3) 두 옥외저장탱크 사이를 구획하는 설비의 명칭을 쓰시오.

## 유사문제 답안·해설

**01 답안** 방유제 용량 = 최대용량탱크 × 50% + 나머지 탱크용량 합계의 10%

∴ 방유제 용량 = $200\,m^3 \times 0.5 + 100\,m^3 \times 0.1 = 110\,m^3$

**02 답안** 방유제 용량 = 최대용량탱크 × 110%

∴ 방유제 용량 = $500{,}000\,L \times 0.11 \times \dfrac{m^3}{1{,}000\,L} = 550\,m^3$

**03 답안** 1m

**04 답안** (1) 0.5m 이상 3m 이하
 (2) 80,000m² 이하
 (3) 10개 이하

## 05

**답안** (1) 47,500,000L
(2) 118,800,000L
(3) 간막이 둑

**참고**

 탱크용량 및 방유제의 용량은 다음과 같이 산정할 수 있다.

㉮ 두 탱크 중 내용적이 더 적은 탱크의 최대용량 산정 ➡ 내용적이 더 적은 탱크는 내용적 5천만L인 탱크이므로 이 탱크의 최대용량을 산정하는 것이다. 여기서, "위험물안전관리에 관한 세부기준(소방청고시 제2024-24호)"에서 ➡ "탱크의 공간용적은 탱크의 내용적의 100분의 5 이상 100분의 10 이하의 용적으로 한다."라고 규정되어 있으므로 이것을 적용(100분의 5)하여 탱크의 용량을 산정하여야 한다. ➡ ∴ 탱크의 최대용량 = 내용적-공간용적 ➡ 5천만L-5천만L×(5/100) = 47500000L가 된다.

㉯ 두 개의 옥외저장탱크를 둘러싸고 있는 방유제의 용량 산정(두 개의 옥외저장탱크의 공간용적은 모두 10%) ➡ 방유제 내에 탱크 2기가 설치되었으므로 방유제의 용량은 탱크 중 용량이 최대인 것의 용량의 110% 이상으로 하여야 한다. ➡ ∴ 방유제의 용량 = 큰 탱크 최대용량×(110/100)으로 산정한다. 큰 탱크는 내용적 1억2천만L인 탱크이고, 문제의 조건에 따라 공간용적 10%를 제외한 용량이 해당 탱크(큰 탱크)의 최대용량이 된다. 여기에 탱크용량의 110%를 가산한 것이 방유제의 용량이 되므로 ➡ 방유제의 용량 = [1억2천만L-1억2천만×(10/100)]×(110/100) =118800000L가 된다.

두 옥외저장탱크 사이를 구획하는 설비의 명칭은 "간막이 둑"이다. 용량 1,000만L 이상인 옥외저장탱크의 주위에 설치하는 방유제에는 탱크마다 간막이 둑을 설치하여야 한다. 간막이 둑의 높이는 0.3m(방유제 내에 설치되는 옥외저장탱크의 용량의 합계가 2억L를 넘는 방유제에 있어서는 1m)이상으로 하되, 방유제의 높이보다 0.2m 이상 낮게 하여야 하고, 간막이 둑은 흙 또는 철근콘크리트로 하여야 한다.

 개념문제

**간이저장탱크에 대하여 다음 물음에 답하시오.** [06,15]
(1) 강철판 두께
(2) 최대저장량

**Hack 답안지** (1) 3.2mm 이상
(2) 600L 이하

● 참고 ●

저장시 탱크의 용량, 두께 및 수압시험 비교정리

| 저장시설 | 시설기준 | | |
|---|---|---|---|
| | 용량 | 강판두께 | 수압시험 |
| 간이저장탱크 | 600L | 3.2mm | 70kPa의 압력으로 10분간의 수압시험 |
| 옥외저장탱크 | - | 3.2mm | 최대상용압력의 1.5배 압력으로 10분간 |
| 준특정옥외탱크 | 50만L ~ 100만L 미만 | 3.2mm | - |
| 이동저장탱크 | 4,000L마다 칸막이 설치 | 3.2mm | 압력탱크(최대상용압력이 46.7kPa 이상인 탱크) 외의 탱크는 70kPa의 압력으로, 압력탱크는 최대상용압력의 1.5배의 압력으로 각각 10분간의 수압시험 |
| | | ※1.6mm (방파판) | |
| 지하저장탱크 | 4,000L 이하 | 3.2mm | 압력탱크(최대상용압력이 46.7kPa 이상인 탱크) 외의 탱크에 있어서는 70kPa의 압력으로, 압력탱크에 있어서는 최대상용압력의 1.5배의 압력으로 각각 10분간 수압시험 |
| | 4,000 ~ 15,000L 이하 | 4.24mm | |
| | 15,000 ~ 45,000L 이하 | 6.10mm | |
| | 45,000 ~ 75,000L 이하 | 7.67mm | |
| | 75,000 ~ 189,000L 이하 | 9.27mm | |
| | 189,000L 초과 | 10mm | |

## 개념문제

다음 물음에 답하시오. [20]

(1) 간이저장탱크를 옥외에 설치하는 경우, 탱크 주위에 몇 m이상 너비의 공지를 두어야 하는지 쓰시오.
(2) 간이저장탱크를 전용실 안에 설치할 때, 탱크와 전용실의 벽과의 사이에 몇 m 이상의 간격을 유지하여야 하는지 쓰시오.
(3) 간이저장탱크는 몇 mm 두께 이상의 강철판으로 제작하여야 하는지 쓰시오.
(4) 간이저장탱크의 용량은 몇 L 이하로 하여야 하는지 쓰시오.
(5) 간이저장탱크의 수압시험은 몇 kPa의 압력으로 10분간 실시하여 새거나 변형되지 아니하여야 하는지 쓰시오.

**Hack 답안지**
(1) 1m
(2) 0.5m
(3) 3.2mm
(4) 600L
(5) 70kPa

▶ 법령보기 ◀
㉮ 공지너비 : 간이저장탱크는 움직이거나 넘어지지 아니하도록 지면 또는 가설대에 고정시키되, 옥외에 설치하는 경우에는 그 탱크의 주위에 너비 1m 이상의 공지를 두고, 전용실안에 설치하는 경우에는 탱크와 전용실의 벽과의 사이에 0.5m 이상의 간격을 유지하여야 한다.
㉯ 용량 : 간이저장탱크의 용량은 600L 이하이어야 한다.
㉰ 두께 및 기밀성 : 간이저장탱크는 두께 3.2mm 이상의 강판으로 흠이 없도록 제작하여야 하며, 70kPa 압력으로 10분간의 수압시험을 실시하여 새거나 변형되지 아니하여야 한다.
㉱ 외면처리 : 간이저장탱크의 외면에는 녹을 방지하기 위한 도장을 하여야 한다. 다만, 탱크의 재질이 부식의 우려가 없는 스테인레스 강판 등인 경우에는 그러하지 아니하다.

## 개념문제

**지하탱크 저장소에 대하여 다음 물음에 답하시오.** [20]

(1) 하나의 지하탱크 저장소에는 누유검사관을 몇 개소 이상 설치해야 하는지 쓰시오.
(2) 지하저장탱크의 윗부분은 지면으로부터 몇 m 이상 아래에 있어야 하는지 쓰시오.
(3) 밸브 없는 통기관의 선단은 지면으로 몇 m 이상의 높이에 설치해야 하는지 쓰시오.
(4) 탱크전용실의 벽 및 바닥의 두께는 몇 m 이상으로 해야 하는지 쓰시오.
(5) 지하저장탱크 주위에 채우는 재료의 종류를 쓰시오.

**답안지**
(1) 4개소
(2) 0.6m
(3) 4m
(4) 0.3m
(5) 입자지름 5mm 이하의 마른 자갈분

## 개념문제

**다음은 탱크전용실을 설치하지 않아도 되는 지하저장탱크에 관한 내용이다. 물음에 답하시오.** [15]

(1) 지하저장탱크와 지면과의 거리
(2) 지하철, 지하가 또는 지하터널로부터 수평거리
(3) 벽, 피트, 가스관 등의 시설물 및 대지경계선으로부터의 거리

**답안지**
(1) 0.6m 이상
(2) 10m 이상
(3) 0.6m 이상

▶ 법령보기 ◀
㉮ 위험물을 저장 또는 취급하는 지하탱크는 지면하에 설치된 탱크전용실에 설치하여야 한다.
  ㉠ 당해 탱크를 지하철·지하가 또는 지하터널로부터 수평거리 10m 이내의 장소 또는 지하건축물내의 장소에 설치하지 아니할 것
  ㉡ 당해 탱크를 그 수평투영의 세로 및 가로보다 각각 0.6m 이상 크고 두께가 0.3m 이상인 철근콘크리트조의 뚜껑으로 덮을 것
  ㉢ 뚜껑에 걸리는 중량이 직접 당해 탱크에 걸리지 아니하는 구조일 것
  ㉣ 당해 탱크를 견고한 기초 위에 고정할 것
  ㉤ 당해 탱크를 지하의 가장 가까운 벽·피트(pit : 인공지하구조물)·가스관 등의 시설물 및 대지경계선으로부터 0.6m 이상 떨어진 곳에 매설할 것
㉯ 탱크전용실은 지하의 가장 가까운 벽·피트·가스관 등의 시설물 및 대지경계선으로부터 0.1m 이상 떨어진 곳에 설치하고, 지하저장탱크와 탱크전용실의 안쪽과의 사이는 0.1m 이상의 간격을 유지하도록 하며, 당해 탱크의 주위에 **마른 모래** 또는 습기 등에 의하여 응고되지 아니하는 입자지름 5mm 이하의 **마른 자갈분**을 채워야 한다.
㉰ 지하저장탱크의 윗부분은 **지면**으로부터 **0.6m 이상 아래**에 있어야 한다.
㉱ 지하저장탱크를 2이상 인접해 설치하는 경우에는 그 **상호간**에 1m(당해 2 이상의 지하저장탱크의 용량의 합계가 **지정수량의 100배** 이하인 때에는 0.5m) 이상의 간격을 유지하여야 한다. 다만, 그 사이에 탱크전용실의 벽이나 두께 20cm 이상의 콘크리트 구조물이 있는 경우에는 그러하지 아니하다.

##  개념문제

지하저장탱크 2개에 경유 15,000L, 휘발유 8,000L을 인접해 설치하는 경우 그 상호간에 몇 m 이상의 간격을 유지하여야 하는가?
[13,18]

**H*ack*답안지** 0.5m

■ 참고 ■

 지하저장탱크를 2 이상을 인접해 설치하는 경우에는 그 상호간에 1m(당해 2 이상의 지하저장탱크의 용량의 합계가 지정수량의 100배 이하인 때에는 0.5m) 이상의 간격을 유지하여야 한다. 다만, 그 사이에 탱크전용실의 벽이나 두께 20cm 이상의 콘크리트 구조물이 있는 경우에는 그렇지 않다.
  • 경유 : 경유는 제2석유류(1기압에서 인화점 21℃ 이상 70℃ 미만)이고 지정수량은 1,000L
    따라서 지정수량의 배수=15,000/1,000=15배
  • 휘발유 : 휘발유는 제1석유류(1기압에서 인화점이 섭씨 21도 미만)이고 지정수량은 200L
    따라서 지정수량의 배수=8,000/200=40배

〈판단〉 2 이상의 지하저장탱크의 용량의 합계가 지정수량의 100배 이하이므로 저장탱크를 2 이상 인접해 설치하는 경우에는 그 상호간에 거리를 0.5m 이상으로 하여야 한다.

## 유사문제

**01** 지정수량 100배 초과의 지하저장탱크를 2개 이상 인접하여 저장할 경우 상호거리는 몇 m 이상 간격을 두어야 하는가? [09]

**02** 다음 각각의 위험물을 저장하는 지하저장탱크를 인접해 설치할 때, 두 지하저장탱크 사이의 간격은 몇 m 이상으로 해야 하는지 쓰시오. [22]
(1) 경유 20,000L와 휘발유 8,000L
(2) 경유 8,000L와 휘발유 20,000L
(3) 경유 20,000L와 휘발유 20,000L

**03** 위험물 지하저장탱크에 관한 사항이다. 빈칸을 채우시오. [04,07,09,17]

> 위험물을 저장·취급하는 이동탱크는 두께 ( ① ) 이상의 강판으로 위험물이 새지 않게 제작하고, 압력탱크에 있어서는 최대상용압력의 ( ② )배의 압력으로, 압력탱크를 제외한 탱크에 있어서는 ( ③ )의 압력으로 각각 ( ④ )간 행하는 수압시험에서 새거나 변형되지 아니하여야 한다.

**04** 지하저장탱크 저장소를 강판 또는 강화플라스틱 등으로 피복한 이중벽탱크의 탱크 성능시험 방법 2종류를 쓰시오. [12]

**05** 다음은 지하탱크저장소의 설치기준에 관한 내용이다. 괄호 안에 알맞은 말을 쓰시오. [21]
(1) 탱크전용실은 지하의 벽, 가스관 등의 시설물 및 대지경계선으로부터 ( )m 이상 떨어진 곳에 설치한다.
(2) 지하저장탱크의 윗부분은 지면으로부터 ( )m 이상 아래에 있어야 하며, 지하저장탱크를 2 이상 인접해 설치하는 경우 상호간에 ( )m [탱크 용량의 합계가 지정수량의 100배 이하인 경우에는 ( )m] 이상의 간격을 유지하여야 한다. 다만, 그 사이에 탱크전용실의 벽이나 두께 ( )cm 이상의 콘크리트 구조물이 있는 경우에는 그러하지 아니하다.

## 유사문제 답안·해설

**01** 답안 1m 이상

▶ 법령보기 ◀
지하저장탱크를 2이상 인접해 설치하는 경우에는 그 상호간에 1m(당해 2 이상의 지하저장탱크의 용량의 합계가 지정수량의 100배 이하인 때에는 0.5m) 이상의 간격을 유지하여야 한다. 다만, 그 사이에 탱크전용실의 벽이나 두께 20cm 이상의 콘크리트 구조물이 있는 경우에는 그러하지 아니하다.

**02** 답안 (1) 0.5m 이상
(2) 1m 이상
(3) 1m 이상

■ 참고 ■

상세해설 경유는 제4류 위험물-제2석유류이며, 지정수량은 1000L이고, 휘발유는 제4류 위험물-제1석유류이며, 지정수량은 200L이다.

그러므로 (1)항-"경유 20,000L와 휘발유 8,000L"에 대하여 지정수량의 배수합을 먼저 산정하여 100배 이하인지의 여부를 판단하여야 한다.

지정수량의 배수합 =(20000/1000)+(8000/200)=60이다.
"지하저장탱크를 2 이상 인접해 설치하는 경우에는 그 상호간에 1m로 하지만 2 이상의 지하저장탱크의 용량의 합계가 지정수량의 100배 이하인 때에는 0.5m 이상의 간격을 유지하여야 한다."
그러므로 (1)항의 조건인 경우 이격거리는 0.5m 이상이어야 한다.

(2)항-"경유 8000L와 휘발유 20000L"도 앞에서와 마찬가지로 지정수량의 배수합을 먼저 산정하여 100배 이하인지의 여부를 판단하여야 한다.
지정수량의 배수합 =(8000/1000)+(20000/200)=108이다. 따라서 2이상의 지하저장탱크의 용량의 합계가 지정수량의 100배를 초과하는 때에는 1m 이상의 간격을 유지하여야 한다.
그러므로 (2)항의 조건인 경우 이격거리는 1m 이상이어야 한다.

(3)항-"경유 20000L와 휘발유 20000L"도 앞에서와 마찬가지로 지정수량의 배수합을 먼저 산정하여 100배 이하인지의 여부를 판단하여야 한다.
지정수량의 배수합 =(20000/1000)+(20000/200)=120이다. 따라서, 2이상의 지하저장탱크의 용량의 합계가 지정수량의 100배를 초과하는 때에는 1m 이상의 간격을 유지하여야 한다.
그러므로 (3)항의 조건인 경우 이격거리는 1m 이상이어야 한다.

## 03

**답안** ① 3.2mm  ② 1.5  ③ 70kPa  ④ 10분

▶ 법령보기 ◀

지하저장탱크는 기준에 적합하게 강철판 또는 동등 이상의 성능이 있는 금속재질로 완전용입용접 또는 양면겹침이음용접으로 틈이 없도록 만드는 동시에, 압력탱크(최대상용압력이 46.7kPa 이상인 탱크를 말함) 외의 탱크에 있어서는 70kPa의 압력으로, 압력탱크에 있어서는 최대상용압력의 1.5배의 압력으로 각각 10분간 수압시험을 실시하여 새거나 변형되지 아니하여야 한다. 이 경우 수압시험은 소방청장이 정하여 고시하는 기밀시험과 비파괴시험을 동시에 실시하는 방법으로 대신할 수 있다.

## 04

**답안** ① 수압시험  ② 기밀시험

▶ 법령보기 ◀

이중벽탱크의 성능시험 중 강화플라스틱제 이중벽탱크에 대한 것은 다음에 정하는 기준에 따른다.
㉮ 기밀시험
 ㉠ 감지층에 대하여 다음의 공기압을 5분 동안 가압하는 경우에 누출되거나 파손되지 아니할 것
  • 탱크 직경이 3m 미만인 경우 : 30kPa
  • 탱크 직경이 3m 이상인 경우 : 20kPa
 ㉡ 탱크를 정격최대압력 및 정격진공압력으로 24시간동안 유지한 후 감지층에 대하여 정격최대압력의 2배의 압력과 진공압력(20kPa)을 각각 1분간 가하는 경우에 탱크가 파손되거나 손상되지 아니할 것
 ㉢ 탱크 직경과 매설깊이별로 산출되는 진공압력을 5분 동안 가하는 경우에 탱크가 파손되지 아니할 것
㉯ 수압시험
 ㉠ 다음의 규정에 따른 수압을 1분 동안 탱크내부에 가하는 경우에 파손되지 아니하고 내압력을 지탱할 것
  • 탱크 직경이 3m 미만인 경우 : 0.17MPa
  • 탱크 직경이 3m 이상인 경우 : 0.1MPa
 ㉡ 빈 탱크를 시험용 도크(dock)에 적절히 고정하고 탱크 윗부분이 수면으로부터 0.9m 이상 잠기도록 물을 채워 24시간 동안 유지한 후 1분 동안 탱크내부에 20kPa의 진공압력을 작용시키는 경우에 파열 또는 손상이 없을 것

## 05  답안 (1) 0.1
(2) 0.6, 1, 0.5, 20

▶ 법령보기 ◀
㉮ 탱크전용실은 지하의 가장 가까운 벽·피트·가스관 등의 시설물 및 대지경계선으로부터 0.1m 이상 떨어진 곳에 설치하고, 지하저장탱크와 탱크전용실의 안쪽과의 사이는 0.1m 이상의 간격을 유지하도록 하며, 당해 탱크의 주위에 마른 모래 또는 습기 등에 의하여 응고되지 아니하는 입자지름 5mm 이하의 마른 자갈분을 채워야 한다.
㉯ 지하저장탱크의 윗부분은 지면으로부터 0.6m 이상 아래에 있어야 한다.
㉰ 지하저장탱크를 2 이상 인접해 설치하는 경우에는 그 상호간에 1m(당해 2 이상의 지하저장탱크의 용량의 합계가 지정수량의 100배 이하인 때에는 0.5m) 이상의 간격을 유지하여야 한다. 다만, 그 사이에 탱크전용실의 벽이나 두께 20cm 이상의 콘크리트 구조물이 있는 경우에는 그러하지 아니하다.

## 개념문제

이동탱크저장소에 대해 다음 괄호에 들어갈 알맞은 말을 쓰시오. [04,17]
(1) 이동저장탱크(맨홀 및 주입관의 뚜껑 포함)는 두께 ( ① )mm 이상의 강철판으로 제작하여야 한다.
(2) 이동저장탱크의 시험압력은 압력탱크의 경우 최대상용압력의 ( ② )배의 압력으로, 압력탱크 외의 탱크의 경우 ( ③ )kPa의 압력으로 각각 ( ④ )분간 수압시험을 실시하여 새거나 변형되지 않아야 한다.

**답안지** (1) ① 3.2
(2) ② 1.5  ③ 70  ④ 10

▶ 법령보기 ◀
㉮ 탱크(맨홀 및 주입관의 뚜껑 포함)는 두께 3.2mm 이상의 강철판 또는 이와 동등 이상의 강도·내식성 및 내열성이 있다고 인정하여 소방청장이 정하여 고시하는 재료 및 구조로 위험물이 새지 아니하게 제작할 것
㉯ 압력탱크(최대상용압력이 46.7kPa 이상인 탱크를 말함) 외의 탱크는 70kPa의 압력으로, 압력탱크는 최대상용압력의 1.5배의 압력으로 각각 10분간의 수압시험을 실시하여 새거나 변형되지 아니할 것. 이 경우 수압시험은 용접부에 대한 비파괴시험과 기밀시험으로 대신할 수 있다.

## 개념문제

다음은 이동탱크저장소에 설치하는 주입설비 기준에 관한 내용이다. 괄호 안에 알맞은 말을 쓰시오. [19]
(1) 위험물이 (    ) 우려가 없고, 화재예방상 안전한 구조로 하여야 한다.
(2) 주입설비의 길이는 (    ) 이내로 하고, 그 선단에 축적되는 (    )를 유효하게 제거할 수 있는 장치를 설치하여야 한다.
(3) 분당 토출량은 (    ) 이하로 하여야 한다.

**답안지** (1) 샐
(2) 50m, 정전기
(3) 200L

▶ 법령보기 ◀
㉮ 위험물이 샐 우려가 없고 화재예방상 안전한 구조로 할 것
㉯ 주입설비의 길이는 50m 이내로 하고, 그 끝부분에 축적되는 정전기를 유효하게 제거할 수 있는 장치를 할 것
㉰ 분당 배출량은 200L 이하로 할 것

## 개념문제

이동저장탱크의 구조와 이송취급소의 구조에 관한 내용이다. 빈칸을 채우시오. [13]
(1) 상용압력이 20kPa를 초과하는 탱크에 있어서는 상용압력의 (    )배 이하의 압력에서 작동하는 것으로 할 것
(2) 배관계에는 배관 내의 압력이 최대상용압력을 초과하거나 유격작용 등에 의하여 생긴 압력이 최대상용압력의 (    )배를 초과하지 아니하도록 제어하는 장치를 설치할 것

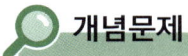 답안지
(1) 1.1
(2) 1.1

▶ 법령보기 ◀
㉮ 안전장치 : 상용압력이 20kPa 이하인 탱크에 있어서는 20kPa 이상 24kPa 이하의 압력에서, 상용압력이 20kPa를 초과하는 탱크에 있어서는 상용압력의 1.1배 이하의 압력에서 작동하는 것으로 할 것
㉯ 압력안전장치 : 배관계에는 배관 내의 압력이 최대상용압력을 초과하거나 유격작용 등에 의하여 생긴 압력이 최대상용압력의 1.1배를 초과하지 아니하도록 제어하는 장치(압력안전장치)를 설치할 것

## 유사문제

**01** 이동저장탱크의 구조에 관한 내용이다. 빈칸을 채우시오. [08,14]

이동저장탱크는 그 내부에 ( ① )L 이하 마다 ( ② )mm 이상의 강철판 또는 이와 동등 이상의 강도·내열성 및 내식성이 있는 금속성의 것으로 칸막이를 설치하여야 한다.

**02** 이동저장탱크에 대하여 다음 물음에 답하시오. [08,10]
(1) 탱크 본체의 강철판의 두께를 쓰시오.
(2) 수압시험시간을 쓰시오.
(3) 방파판의 강철판의 두께를 쓰시오.

**03** 다음 물음에 답하시오. [21]
(1) 다음 괄호에 들어갈 위험물의 명칭과 지정수량을 쓰시오.

( ㉮ )·( ㉯ ), 그밖에 정전기에 의한 재해발생의 우려가 있는 액체의 위험물을 이동저장탱크의 상부로 주입하는 때에는 주입관을 사용하되 당해 주입관의 선단을 이동저장탱크의 밑바닥에 밀착할 것

① ㉮의 명칭과 지정수량
② ㉯이 명칭과 지정수량
(2) (1)의 물질 중 겨울철에 응고할 수 있고 인화점이 낮아 고체상태에서도 인화할 수 있는 방향족 탄화수소에 해당하는 위험물의 구조식을 쓰시오.

## 유사문제 답안·해설

**01** 답안 ① 4,000  ② 3.2

▶ 법령보기 ◀
이동저장탱크는 그 내부에 4,000L 이하마다 3.2mm 이상의 강철판 또는 이와 동등 이상의 강도·내열성 및 내식성이 있는 금속성의 것으로 칸막이를 설치하여야 한다. 다만, 고체인 위험물을 저장하거나 고체인 위험물을 가열하여 액체 상태로 저장하는 경우에는 그러하지 아니하다.

**02** 답안 (1) 3.2mm 이상
(2) 10분간
(3) 1.6mm 이상

▶ 법령보기 ◀
㉮ 탱크(맨홀 및 주입관의 뚜껑 포함)는 두께 3.2mm 이상의 강철판 또는 이와 동등 이상의 강도·내식성 및 내열성이 있다고 인정하여 소방청장이 정하여 고시하는 재료 및 구조로 위험물이 새지 않게 제작하여야 한다.
㉯ 압력탱크(최대상용압력이 46.7kPa 이상인 탱크) 외의 탱크는 70kPa의 압력으로, 압력탱크는 최대상용압력의 1.5배의 압력으로 각각 10분간의 수압시험을 실시하여 새거나 변형되지 아니할 것. 이 경우 수압시험은 용접부에 대한 비파괴시험과 기밀시험으로 대신할 수 있다.
㉰ 방파판은 두께 1.6mm 이상의 강철판 또는 이와 동등 이상의 강도·내열성 및 내식성이 있는 금속성의 것으로 하여야 한다.

**03** 답안 (1) ① 휘발유, 200L  ② 벤젠, 200L
(2)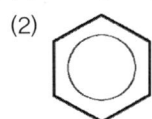

▶ 법령보기 ◀ 이동탱크저장소에서의 취급기준
㉮ 휘발유·벤젠 그밖에 정전기에 의한 재해발생의 우려가 있는 액체의 위험물을 이동저장탱크에 주입하거나 이동저장탱크로부터 배출하는 때에는 도선으로 이동저장탱크와 접지전극 등과의 사이를 긴밀히 연결하여 당해 이동저장탱크를 접지할 것
㉯ 휘발유·벤젠·그밖에 정전기에 의한 재해발생의 우려가 있는 액체의 위험물을 이동저장탱크의 상부로 주입하는 때에는 주입관을 사용하되, 당해 주입관의 끝부분을 이동저장탱크의 밑바닥에 밀착할 것
㉰ 휘발유를 저장하던 이동저장탱크에 등유나 경유를 주입할 때 또는 등유나 경유를 저장하던 이동저장탱크에 휘발유를 주입할 때에는 다음 기준에 따라 정전기등에 의한 재해를 방지하기 위한 조치를 할 것
- 이동저장탱크의 상부로부터 위험물을 주입할 때에는 위험물의 액표면이 주입관의 끝부분을 넘는 높이가 될 때까지 그 주입관내의 유속을 초당 1m 이하로 할 것
- 이동저장탱크의 밑부분으로부터 위험물을 주입할 때에는 위험물의 액표면이 주입관의 정상부분을 넘는 높이가 될 때까지 그 주입배관내의 유속을 초당 1m 이하로 할 것
- 그 밖의 방법에 의한 위험물의 주입은 이동저장탱크에 가연성증기가 잔류하지 아니하도록 조치하고 안전한 상태로 있음을 확인한 후에 할 것

## 4 취급소 등 관련규정

### (1) 주유취급소

① 주유취급소의 공지 및 급유공지

㉮ **공지확보** : 주유취급소의 고정주유설비의 주위에는 주유를 받으려는 자동차 등이 출입할 수 있도록 너비 15m 이상, 길이 6m 이상의 콘크리트 등으로 포장한 공지를 보유하여야 하고, 고정급유설비를 설치하는 경우에는 고정급유설비의 호스 기기의 주위에 필요한 공지를 보유하여야 한다.

㉯ **공지바닥** : 공지의 바닥은 주위 지면보다 높게 하고, 그 표면을 적당하게 경사지게 하여 새어나온 기름 그 밖의 액체가 공지의 외부로 유출되지 아니하도록 배수구 · 집유설비 및 유분리장치를 하여야 한다.

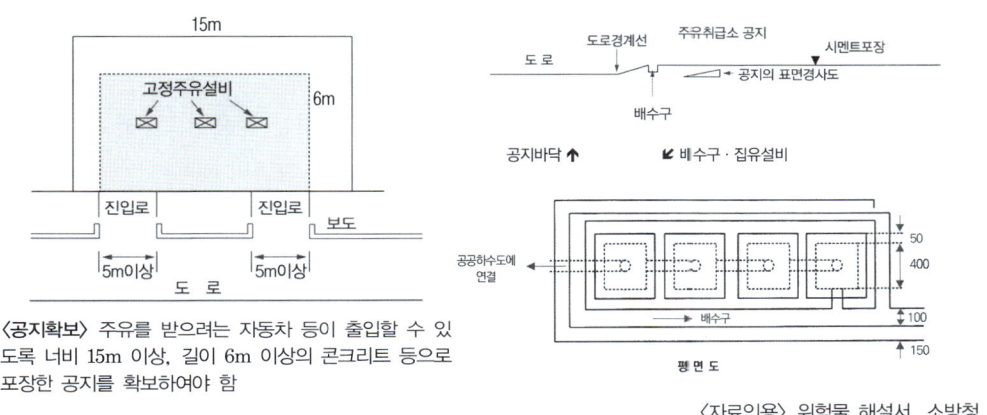

〈공지확보〉 주유를 받으려는 자동차 등이 출입할 수 있도록 너비 15m 이상, 길이 6m 이상의 콘크리트 등으로 포장한 공지를 확보하여야 함

〈자료인용〉 위험물 해설서, 소방청

② 표지 및 게시판

㉮ **표지** : 주유취급소에는 보기 쉬운 곳에 "위험물 주유취급소"라는 표시를 한 표지를 설치하여야 한다.
   ㉠ 표지는 한 변의 길이가 0.3m 이상, 다른 한 변의 길이가 0.6m 이상인 직사각형으로 할 것
   ㉡ 표지의 바탕은 백색으로, 문자는 흑색으로 할 것

㉯ **게시판** : 방화에 관하여 필요한 사항을 게시한 게시판 및 "주유 중 엔진정지"라는 표시를 한 게시판을 설치하여야 한다.
   ㉠ 게시판은 한 변의 길이가 0.3m 이상, 다른 한 변의 길이가 0.6m 이상인 직사각형으로 할 것
   ㉡ 게시판의 바탕은 황색으로, 문자는 흑색으로 할 것

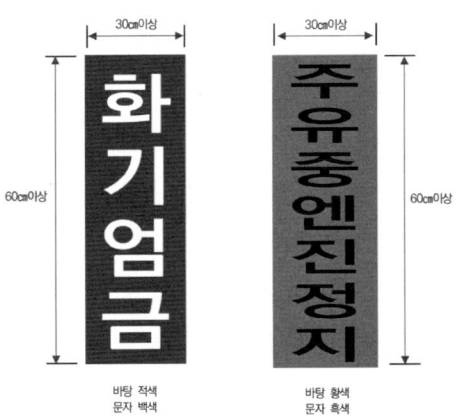

③ **탱크의 용량제한** : 주유취급소에는 다음의 탱크 외에는 위험물을 저장 또는 취급하는 탱크를 설치할 수 없다.
- 자동차 등에 주유하기 위한 고정주유설비에 직접 접속하는 전용탱크로서 50,000L 이하의 것
- 고정급유설비에 직접 접속하는 전용탱크로서 50,000L 이하의 것
- 보일러 등에 직접 접속하는 전용탱크로서 10,000L 이하의 것
- 자동차 등을 점검·정비하는 작업장 등(주유취급소 안에 설치된 것에 한함)에서 사용하는 폐유·윤활유 등의 위험물을 저장하는 탱크로서 용량이 2,000L 이하인 탱크(폐유탱크)
- 고정주유설비 또는 고정급유설비에 직접 접속하는 3기 이하의 간이탱크

■ **고속국도 주유취급소의 특례** : 고속국도의 도로변에 설치된 주유취급소에 있어서는 탱크의 용량을 60,000L까지 할 수 있다.

④ **고정주유설비** : 주유취급소에는 자동차 등의 연료탱크에 직접 주유하기 위한 고정주유설비를 설치하여야 한다. 주유취급소의 고정주유설비 또는 고정급유설비는 **하나의 탱크만으로부터** 위험물을 공급받을 수 있도록 하고, 다음의 기준에 적합한 구조로 하여야 한다.

㉮ **최대토출량**
  ㉠ **제1석유류** : 분당 50L 이하
  ㉡ **경유** : 분당 180L 이하
  ㉢ **등유** : 분당 80L 이하

㉯ **주유관의 길이** : 주유관의 길이는 **5m**(현수식의 경우에는 지면위 0.5m의 수평면에 수직으로 내려 만나는 점을 중심으로 반경 3m) 이내

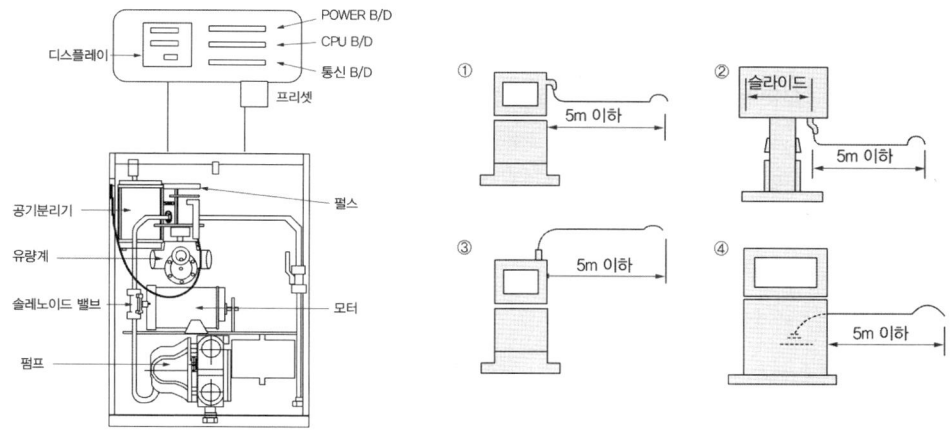

〈그림〉 고정주유설비    〈그림〉 주유호스 길이

〈자료인용〉 위험물 해설서. 소방청

㉳ **주유설비의 설치위치** : 고정주유설비 또는 고정급유설비는 다음에 적합한 위치에 설치하여야 한다.

㉠ **주변거리** : 고정주유설비의 중심선을 기점으로 하여

- 도로경계선까지 **4m 이상**
- 부지경계선 · 담 및 건축물의 **벽까지 2m**(개구부가 없는 벽까지는 1m) 이상

☐ 고정급유설비의 중심선을 기점으로 하여

- 도로경계선까지 **4m 이상**
- 부지경계선 및 담까지 **1m 이상**
- 건축물의 벽까지 **2m**(개구부가 없는 벽까지는 1m) 이상

㉡ **설비간 거리** : 고정주유설비와 고정급유설비 사이에는 **4m 이상**의 거리를 유지할 것

㉴ **탱크의 위치** : 탱크(용량 1,000L를 초과하는 것)는 옥외의 지하 또는 캐노피 아래의 지하(캐노피 기둥의 하부를 제외)에 매설하여야 한다.

## 개념문제

주유취급소에 설치하는 탱크의 용량을 몇 L 이하로 하는지 다음 물음에 쓰시오. [11,14]
(1) 고속국도의 도로변에 설치하지 않은 고정급유설비에 직접 접속하는 전용탱크로서 (    )L 이하의 것
(2) 고속국도의 도로변에 설치된 주유취급소에 있어서는 탱크의 용량을 (    )L까지 할 수 있다.

**답안지** (1) 50,000
(2) 60,000

● 참고 ●

**주유취급소의 탱크 용량과 관련된 규정**
- 자동차 등에 주유하기 위한 고정주유설비에 직접 접속하는 전용탱크 → 50,000L 이하
- 고정급유설비에 직접 접속하는 전용탱크 → 50,000L 이하
- 보일러 등에 직접 접속하는 전용탱크 → 10,000L 이하
- 자동차 등을 점검·정비하는 작업장 등 → 용량 2,000L 이하(폐유탱크)
- 고속국도 주유취급소(특례) → 용량 60,000L까지

## 개념문제

"주유중 엔진정지" 게시판에 대하여 다음 물음에 답하시오. [04,06,07,12,14,16,18,19]
(1) 바탕색과 문자의 색을 쓰시오.
(2) 규격을 쓰시오.

**답안지** (1) 황색바탕, 흑색문자
(2) 한 변의 길이가 0.3m 이상, 다른 한 변의 길이가 0.6m 이상인 직사각형

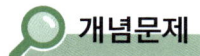

## 개념문제

"셀프용 고정주유설비"의 기준에 관한 내용이다. 다음 빈칸을 채우시오. [13]

1회의 연속주유량 및 주유시간의 상한을 미리 설정할 수 있는 구조일 것. 이 경우 주유량의 상한과 주유시간 상한은 휘발유는 ( ① )L 이하, ( ② )분 이하, 경유는 ( ③ )L 이하, ( ④ )분 이하로 하여야 한다.

**답안지** ① 100 ② 4 ③ 600 ④ 4

▶ 법령보기 ◀

㉮ 셀프용 "고정주유설비" 기준
  ㉠ 주유호스의 끝부분에 수동개폐장치를 부착한 주유노즐을 설치할 것. 다만, 수동개폐장치를 개방한 상태로 고정시키는 장치가 부착된 경우에는 다음의 기준에 적합하여야 한다.
    • 주유작업을 개시함에 있어서 주유노즐의 수동개폐장치가 개방상태에 있는 때에는 당해 수동개폐장치를 일단 폐쇄시켜야만 다시 주유를 개시할 수 있는 구조로 할 것
    • 주유노즐이 자동차 등의 주유구로부터 이탈된 경우 주유를 자동적으로 정지시키는 구조일 것
  ㉡ 주유노즐은 자동차 등의 연료탱크가 가득 찬 경우 자동적으로 정지시키는 구조일 것
  ㉢ 주유호스는 200kg중 이하의 하중에 의하여 깨져 분리되거나 이탈되어야 하고, 깨져 분리되거나 이탈된 부분으로부터의 위험물 누출을 방지할 수 있는 구조일 것
  ㉣ 휘발유와 경유 상호간의 오인에 의한 주유를 방지할 수 있는 구조일 것
  ㉤ 1회의 연속주유량 및 주유시간의 상한을 미리 설정할 수 있는 구조일 것. 이 경우 연속 주유량 및 주유시간의 상한은 다음과 같다.
    • 휘발유는 100L 이하, 4분 이하로 할 것
    • 경유는 600L 이하, 12분 이하로 할 것

㉯ 셀프용 "고정급유설비" 기준
  ㉠ 급유호스의 끝부분에 수동개폐장치를 부착한 급유노즐을 설치할 것
  ㉡ 급유노즐은 용기가 가득찬 경우에 자동적으로 정지시키는 구조일 것
  ㉢ 1회의 연속급유량 및 급유시간의 상한을 미리 설정할 수 있는 구조일 것. 이 경우 급유량의 상한은 100L 이하, 급유시간의 상한은 6분 이하로 한다.

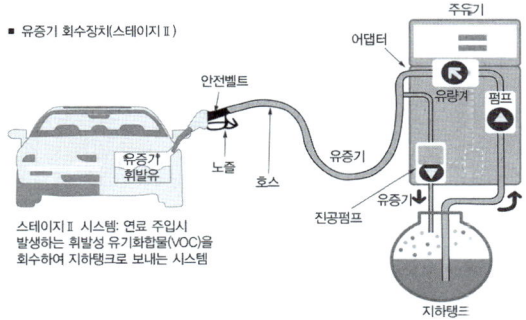

〈그림〉 가연성 증기를 회수하는 고정주유설비의 구조

〈자료인용〉 위험물 해설서, 소방청

 **개념문제**

다음은 주유취급소의 고정주유설비에 대한 규정이다. 물음에 답하시오.  [10]
(1) 도로경계선과의 거리
(2) 부지경계선 및 담과의 거리
(3) 개구부가 없는 외벽과의 거리

**Hack 답안지** (1) 4m 이상
             (2) 2m 이상
             (3) 1m 이상

▶ 법령보기 ◀

㉮ 고정주유설비의 중심선을 기점으로 하여 <u>도로경계선까지 4m 이상, 부지경계선·담 및 건축물의 벽까지 2m(개구부가 없는 벽까지는 1m)</u> 이상의 거리를 유지하여야 한다.
㉯ 고정급유설비의 중심선을 기점으로 하여 도로경계선까지 4m 이상, 부지경계선 및 담까지 1m 이상, 건축물의 벽까지 2m(개구부가 없는 벽까지는 1m) 이상의 거리를 유지하여야 한다.
㉰ 고정주유설비와 고정급유설비의 사이에는 4m 이상의 거리를 유지하여야 한다.

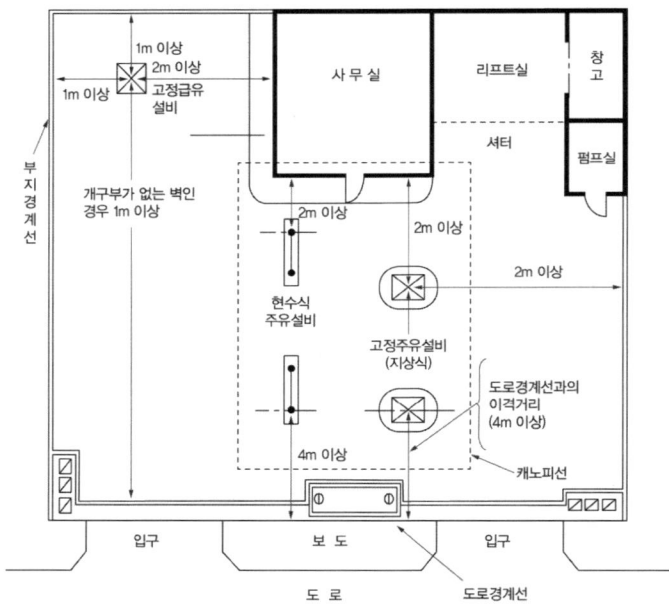

〈자료인용〉 위험물 해설서, 소방청

## 유사문제

**01** 주유취급소에 설치하는 고정주유설비 또는 고정급유설비는 법령으로 적합한 위치에 설치하도록 규제하고 있다. 다음 물음에 답하시오. [20]
(1) 고정주유설비의 중심선을 기점으로 하여 도로경계선까지의 거리
(2) 고정급유설비의 중심선을 기점으로 하여 도로경계선까지의 거리
(3) 고정주유설비의 중심선을 기점으로 하여 부지경계선까지의 거리
(4) 고정급유설비의 중심선을 기점으로 하여 부지경계선까지의 거리
(5) 고정급유설비의 중심선을 기점으로 하여 개구부가 없는 벽까지의 거리

**02** 고정주유설비에 직접 접속하는 전용탱크의 용량을 다음의 주유취급소별로 각각 구분하여 쓰시오. [18]
(1) 고속국도 외의 주유취급소에서 자동차 등에 주유하기 위한 고정주유설비에 직접 접속하는 전용탱크
(2) 고속국도의 도로변에 설치된 주유취급소의 탱크

**03** 주유취급소에는 아래 문제 항목[(1) ~ (4)]과 같이 규정된 탱크 외에는 위험물을 저장 또는 취급하는 탱크를 설치할 수 없다(단, 이동탱크저장소 제외). 다음 빈칸에 들어갈 알맞은 답을 쓰시오. [22]
(1) 자동차 등에 주유하기 위한 고정주유설비에 직접 접속하는 전용탱크로서 (　　)L 이하의 것
(2) 고정급유설비에 직접 접속하는 전용탱크로서 (　　)L 이하의 것
(3) 보일러 등에 직접 접속하는 전용탱크로서 (　　)L 이하의 것
(4) 폐유·윤활유 등의 위험물을 저장하는 탱크로서 용량이 (　　)이하인 것

## 유사문제 답안·해설

**01**　**답안** (1) 4m 이상
　　　　(2) 4m 이상
　　　　(3) 2m 이상
　　　　(4) 1m 이상
　　　　(5) 1m 이상

　　▶ 법령보기 ◀
　㉮ 고정주유설비
　　• 고정주유설비의 중심선을 기점으로 하여 도로경계선까지 4m 이상
　　• 부지경계선·담 및 건축물의 벽까지 2m(개구부가 없는 벽까지는 1m) 이상
　㉯ 고정급유설비
　　• 고정급유설비의 중심선을 기점으로 하여 도로경계선까지 4m 이상
　　• 부지경계선 및 담까지 1m 이상
　　• 건축물의 벽까지 2m(개구부가 없는 벽까지는 1m) 이상
　㉰ 고정주유설비와 고정급유설비의 사이에는 4m 이상의 거리를 유지할 것

## 02 답안 (1) 50,000L 이하
(2) 60,000L 이하

▶ 법령보기 ◀

㉮ 고속국도 외의 주유취급소 : 다음의 탱크 외에는 위험물을 저장 또는 취급하는 탱크를 설치할 수 없다.
- 자동차 등에 주유하기 위한 고정주유설비에 직접 접속하는 전용탱크로서 50,000L 이하의 것
- 고정급유설비에 직접 접속하는 전용탱크로서 50,000L 이하의 것
- 보일러 등에 직접 접속하는 전용탱크로서 10,000L 이하의 것
- 폐유·윤활유 등의 위험물을 저장하는 탱크로서 용량이 2,000L 이하인 탱크(폐유탱크)

㉯ 고속국도주유취급소의 특례 : 고속국도의 도로변에 설치된 주유취급소에 있어서는 탱크의 용량을 60,000L까지 할 수 있다.

## 03 답안 (1) 50,000L
(2) 50,000L
(3) 10,000L
(4) 2,000L

▶ 법령보기 ◀

주유취급소에는 다음 각목의 탱크 외에는 위험물을 저장 또는 취급하는 탱크를 설치할 수 없다. 다만, 규정에 의한 이동탱크저장소의 상시주차장소를 주유공지 또는 급유공지 외의 장소에 확보하여 이동탱크저장소(당해 주유취급소의 위험물의 저장 또는 취급에 관계된 것에 한함)를 설치하는 경우에는 그러하지 아니하다.
- 자동차 등에 주유하기 위한 고정주유설비에 직접 접속하는 전용탱크로서 50,000L 이하의 것
- 고정급유설비에 직접 접속하는 전용탱크로서 50,000L 이하의 것
- 보일러 등에 직접 접속하는 전용탱크로서 10,000L 이하의 것
- 자동차 등을 점검·정비하는 작업장 등(주유취급소안에 설치된 것에 한함)에서 사용하는 폐유·윤활유 등의 위험물을 저장하는 탱크로서 용량(2이상 설치하는 경우에는 각 용량의 합계)이 2,000L 이하인 탱크

## 개념문제

제1종 판매취급소에 설치하는 위험물 배합실의 조건에 대해 다음 괄호 안에 들어갈 알맞은 내용을 쓰시오.

[12,17,20]

(1) 바닥면적은 (    )m² 이상 (    )m² 이하로 할 것
(2) 벽은 (    )또는 (    )로 구획할 것
(3) 출입구에는 자동폐쇄식의 (    )을 설치할 것
(4) 출입구 문턱의 높이는 바닥면으로부터 (    )m 이상으로 할 것
(5) 바닥에는 적당한 경사를 두고 (    )를 설치할 것

**Hack 답안지** (1) 6, 15
(2) 내화구조, 불연재료
(3) 60분+방화문 또는 60분방화문
(4) 0.1
(5) 집유설비

▶ 법령보기 ◀

㉮ 판매취급소의 구분
　㉠ 제1종 판매취급소 : 저장 또는 취급하는 위험물의 수량이 지정수량의 20배 이하인 판매취급소
　㉡ 제2종 판매취급소 : 저장 또는 취급하는 위험물의 수량이 지정수량의 40배 이하인 판매취급소

㉯ 제1종 판매취급소의 시설기준
　㉠ 제1종 판매취급소의 용도로 사용하는 부분의 창 및 출입구에는 60분+방화문·60분방화문 또는 30분방화문을 설치할 것
　㉡ 제1종 판매취급소의 용도로 사용하는 부분의 창 또는 출입구에 유리를 이용하는 경우에는 망입유리로 할 것
　㉢ 위험물을 배합하는 실은 다음에 의할 것
　　• 바닥면적은 $6m^2$ 이상 $15m^2$ 이하로 할 것
　　• 내화구조 또는 불연재료로 된 벽으로 구획할 것
　　• 바닥은 위험물이 침투하지 아니하는 구조로 하여 적당한 경사를 두고 집유설비를 할 것
　　• 출입구에는 수시로 열 수 있는 자동폐쇄식의 60분+방화문 또는 60분방화문을 설치할 것
　　• 출입구 문턱의 높이는 바닥면으로부터 0.1m 이상으로 할 것

〈그림〉 판매취급소

〈자료인용〉 위험물 해설서, 소방청

㉰ 제2종 판매취급소의 시설기준
　㉠ 제1종 판매취급소의 규정을 준용하는 외에 다음의 기준에 의한다.
　㉡ 제2종 판매취급소의 용도로 사용하는 부분 중 연소의 우려가 없는 부분에 한하여 창을 두되, 해당 창에는 60분+방화문·60분방화문 또는 30분방화문을 설치할 것
　㉢ 제2종 판매취급소의 용도로 사용하는 부분의 출입구에는 60분+방화문·60분방화문 또는 30분방화문을 설치할 것. 다만, 해당 부분 중 연소의 우려가 있는 벽에 설치하는 출입구에는 수시로 열 수 있는 자동폐쇄식의 60분+방화문 또는 60분방화문을 설치해야 한다.

# Chapter 04 화재특성 · 소화방법 · 소화설비

## 1. 화재특성 · 소화방법론

### 1 화재특성 분류 · 대응

**(1) 화재위험작업**
- 인화성 · 가연성 · 폭발성 물질을 취급하거나 가연성 가스를 발생시키는 작업
- 용접 · 용단(금속 · 유리 · 플라스틱 따위를 녹여서 절단하는 일) 등 불꽃을 발생시키거나 화기(火氣)를 취급하는 작업
- 전열기구, 가열전선 등 열을 발생시키는 기구를 취급하는 작업
- 알루미늄, 마그네슘 등을 취급하여 폭발성 부유분진(공기 중에 떠다니는 미세한 입자)을 발생시킬 수 있는 작업

**(2) 화재특성에 따른 분류와 대응**

① 일반가연물 화재(A급 화재)
  ㉮ 대상 : 연소 후 재를 남기는 종류의 화재로서 목재, 종이, 섬유, 플라스틱 등으로 만들어진 가재도구, 각종 생활용품 등이 타는 화재를 말함
  ㉯ 대응 : 주로 물에 의한 냉각소화 또는 분말소화약제 사용

② 유류 및 가스 화재(B급 화재)
  ㉮ 대상 : 연소 후 아무것도 남기지 않는 종류의 화재로서 휘발유, 경유, 알코올, LPG 등 인화성 액체, 기체 등의 화재를 말함
  ㉯ 대응 : 공기를 차단시켜 질식소화하는 방법으로 포소화약제를 이용하거나, 할로젠화합물, 이산화탄소, 분말소화약제 등을 사용

③ 전기화재(C급 화재)
  ㉮ 대상 : 전기기계 · 기구 등에 전기가 공급되는 상태에서 발생된 화재로서 전기적 절연성을 가진 소화약제로 소화해야 하는 화재를 말함
  ㉯ 대응 : 이산화탄소, 할로젠화물소화약제, 분말소화약제를 사용

④ 금속화재(D급 화재)
  ㉮ 대상 : 특별히 금속화재를 분류할 경우에는 리튬, 나트륨, 마그네슘 같은 금속화재를 D급 화재로 분류함
  ㉯ 대응 : 팽창질석, 팽창진주암, 마른 모래 등을 사용

⑤ 식용유화재(F급 화재 또는 K급 화재)
  ㉮ 대상 : 튀김용기의 식용유가 과열되면 불이 붙기 쉽고, 불을 끄더라도 냉각이 쉽지 않아 순간적으로 꺼졌던 불이 다시 붙는 재발화의 위험성이 있어 과거에는 유류화재(B급 화재)로 분류하였으나 최근에는 별도 분류하는 경향이 있음
  ㉯ 대응 : 보통의 소화방법으로 분말소화약제를 사용

### (3) 위험물의 유별 위험특성과 대응

① 제1류 위험물(산화성 고체)
  - 아염소산염류, 염소산염류, 과염소산염류
  - 무기과산화물, 브로민산염류, 질산염류
  - 아이오딘산염류(요오드산염류)
  - 과망가니즈산염류, 다이크로뮴산염류 등

  ㉮ 유의할 이화학적 성질
   • 반응성이 커서 열, 충격, 마찰 또는 분해촉진 약품과 접촉할 경우 폭발할 수 있음
   • 가열하여 용융된 진한 용액은 가연성 물질과 접촉 시 혼촉·발화할 위험성이 있음

   ● 참고 ●
   **제1류 위험물의 표시사항**
   • 알칼리금속의 과산화물 → "화기·충격주의", "물기엄금" 및 "가연물접촉주의"
   • 그 밖의 것 → "화기·충격주의" 및 "가연물접촉주의"

  ㉯ 예방대책
   • 저장, 취급 및 운반 시 가열·충격·마찰을 피할 것
   • 환기가 잘 되고, 차가운 곳에 저장할 것
   • 분해를 촉진하는 물질과의 접촉을 피할 것
   • 조해성이 있으므로 습기 등에 주의하여 밀폐하여 저장할 것
   • 다른 약품류 및 가연물과의 접촉을 피할 것
   • 열원이나 산화되기 쉬운 물질과 산 또는 화재 위험이 있는 곳으로부터 멀리할 것
   • 용기의 파손에 의한 위험물의 누설에 주의할 것

ⓒ 화재 시 대응 : 위험물의 분해를 억제하는 것을 중점으로 대량방수를 하고, 연소물과 위험물의 온도를 내리는 방법을 취함
- 직사 · 분무방수, 포말소화, 건조사가 효과적임
- 분말소화는 인산염류로 제조한 것을 사용해야 함
※ 유의사항 : 알칼리금속인 과산화물에의 방수는 절대엄금

② 제2류 위험물(가연성 고체) { ◦ 황화인, 적린, 유황
◦ 철분, 금속분, 마그네슘등, 인화성고체

㉮ 유의할 이화학적 성질
- 철분, 마그네슘, 금속분류는 물이나 산과 접촉하면 발열함
- 산화제와 접촉, 마찰로 인하여 착화되면 급격히 연소함
- 금속분, 철분, 마그네슘의 연소 시 주수하면 급격한 수증기 압력이나 분해에 의해 발생된 수소에 의한 폭발위험과 연소 중인 금속의 비산으로 화재면적을 확대시킬 수 있음

> ● 참고 ●
> 제2류 위험물의 표시사항
> - 철분 · 금속분 · 마그네슘 → "화기주의" 및 "물기엄금"
> - 인화성 고체 → "화기엄금"
> - 그 밖의 것 → "화기주의"

㉯ 예방대책
- 철분, 마그네슘, 금속분 종류는 산 또는 물과의 접촉을 피할 것
- 점화원을 멀리하고 가열을 피할 것, 산화제와의 접촉을 피할 것
- 용기의 파손으로 위험물의 누설에 주의할 것

㉰ 화재 시 대응 : 건조사, 팽창질석을 사용하는 질식소화방법을 취함
- 인산염류를 제외한 분말소화, 건조사로 소화함
- 고압분무에 의한 위험물의 비산에 유의해야 함
- 금속분 등의 금수성 물질은 건조사로 질식소화의 방법을 취함
- 주수에 의하여 발연하는 것(황화인)은 마른 모래 등으로 질식소화하거나 금속화재용 분말소화제를 이용하여 진화함
※ 유의사항 : 고압분무에 의한 위험물의 비산은 피해야 함

③ 제3류 위험물(자연발화성·금수성)
- 칼륨, 나트륨, 알킬알루미늄, 알킬리튬, 황린
- 알칼리금속(칼륨 및 나트륨 제외) 및 알칼리토금속
- 유기금속화합물(알킬알루미늄 및 알킬리튬 제외)
- 금속 수소화물, 금속 인화물
- 칼슘 또는 알루미늄의 탄화물등

㉮ 유의할 이화학적 성질
- 칼륨과 나트륨은 금수성 물질로 물과 반응하여 가연성 기체를 발생시킴
- 탄화칼슘은 물과 반응하여 폭발성의 에타인(아세틸렌)가스를 발생시킴
- 알킬알루미늄 중 탄소수 1~4개의 화합물은 공기와 접촉하면 자연발화 위험이 있으며, 물과 접촉할 경우 에테인(에탄, $C_2H_6$) 등의 가연성 가스가 발생되므로 저장용기의 상부는 불연성 가스로 봉입하여야 함
- 알킬알루미늄 중 탄소수 5개의 화합물은 점화원을 가했을 때 연소될 수 있으며, 탄소수 6개 이상은 공기 중에서 서서히 산화하여 흰 연기를 발생시킴
- 황린(=백린, $P_4$)은 자연발화성 물질이며, 물과 반응하지 않으나 강알칼리성 용액과 반응하여 유독성의 포스핀($PH_3$, 인화수소)을 발생시킴[인화칼슘($Ca_3P_2$)은 물과 반응하여 유독성의 포스핀가스를 발생시킴].

● 참고 ●

**제3류 위험물의 표시사항**
- 자연발화성 물질 → "화기엄금" 및 "공기접촉엄금"
- 금수성 물질 → "물기엄금"

㉯ 예방대책
- 화재발생에 대비하여 희석제를 혼합하거나 수분의 침입이 없도록 할 것
- 물과 접촉하여 가연성 가스를 발생하므로 화기로부터 멀리할 것
- 보호액 속에 위험물을 저장할 경우 위험물이 보호액 표면에 노출되지 않게 할 것
- 용기의 파손 및 부식을 막으며 공기 또는 수분의 접촉을 방지할 것
- 황린(=백린, $P_4$)은 주수 소화 시 비산하여 연소가 확대될 위험이 있으므로 주의하여야 하고, 고온에서 산화되어 독성 가스인 오산화인($P_2O_5$)을 발생시키므로 유의하여야 함

㉰ 화재 시 대응 : 주수소화(主水消化, Main water digestion, water purification, 물분무소화)를 피하고 주위로의 연소방지에 중점을 둠
- 건조사로 질식소화·금속화재소화용 분말소화제를 사용함
- 마른 모래, 팽창질석과 진주암은 제3류 위험물 전체의 소화에 사용할 수 있음
- 금수성 물질 이외(자연발화성 물질)의 것은 포소화설비에 적응성이 있음
- 보호액인 석유가 연소할 경우에는 $CO_2$나 분말을 사용해도 좋음

- 자연발화성만 가진 위험물(황린)의 소화에는 물 또는 강화액 포와 같은 물계통의 소화제를 사용하는 것이 가능함

※ 유의사항 : 주수소화를 피할 것(황린 제외)

④ 제4류 위험물(인화성액체) { ∘ 특수인화물
∘ 제1석유류, 알코올류, 제2석유류, 제3석유류, 제4석유류
∘ 동식물유류등 }

㉮ 유의할 이화학적 성질
- 상온에서 액체이며, 대단히 인화되기 쉬움
- 증기는 공기와 약간 혼합되어도 연소하며, 공기보다 무거움[단, 사이안화수소(시안화수소, HCN)는 예외]
- 특수인화물인 이황화탄소($CS_2$)는 비수용성이면서 물보다 비중이 크기 때문에 수조(물탱크)에 보관하며, 액면을 물로 채워 증기의 발생을 억제하여야 함

● 참고 ●

제4류 위험물의 표시사항 → "화기엄금"

㉯ 예방대책
- 증기 및 액체의 누설에 주의하여 저장할 것
- 정전기의 발생에 주의하여 저장·취급할 것
- 인화점 이상 가열하여 취급하지 말 것

㉰ 화재 시 대응 : 소화방법은 질식소화가 효과적임. 그 수단으로서 연소위험물에 대한 소화와 화면(火面) 확대방지 태세를 취하여야 함
- 포(거품), 이산화탄소, 할로젠화물, 분말, 무상의 강화액 등으로 소화함
- 비중이 1보다 작은 위험물의 화재에 주수하면 위험물이 부유하여 화재면을 확대시키기 때문에 일반적으로 물에 의한 소화는 적당하지 않음. 주수소화(主水消化, Main water digestion, water purification, 물분무소화)는 할 수 없으나 무상인 경우에는 사용이 가능함
- 수용성의 위험물화재에는 수용성이 아닌 특수한 내알코올포(수용성 위험물용 포소화약제)를 사용함
- 화면확대를 방지하기 위하여 토사 등을 유효하게 활용하여 위험물의 유동을 막는 조치를 취함
- 유류화재에 대한 방수소화의 효과는 인화점이 낮고 휘발성이 강한 것은 방수에 의한 냉각소화는 불가능하지만 소량이면 분무방수에 의한 화재 억제효과가 있음
- 인화점이 높고 휘발성이 약한 것은 강력한 분무방수로 소화할 수 있는 경우가 많음

※ 유의사항 : 유류화재에 대한 방수소화의 효과는 인화점이 낮고 휘발성이 강한 것은 방수에 의한 냉각소화는 불가능하지만 소량이면 분무방수에 의한 화세 억제의 효과가 있음

⑤ 제5류 위험물(자기반응성 물질)
- 유기과산화물, 질산에스터류(질산에스테르류)
- 나이트로화합물(니트로화합물)
- 나이트로소화합물(니트로소화합물)
- 아조화합물, 다이아조화합물(디아조화합물)
- 하이드라진(히드라진)유도체
- 하이드록실아민, 하이드록실아민염류등

㉮ 유의할 이화학적 성질
- 가연성 물질로서 그 자체가 산소를 함유하므로 내부연소(자기연소)를 일으키기 쉬운 자기반응성 물질임
- 대부분 유기화물이므로 가열, 충격, 마찰 등으로 인한 폭발위험이 있음
- 장시간 저장 시 화학반응이 일어나 열분해되어 자연 발화함
- 과산화벤조일(=벤조일퍼옥사이드) 등의 유기과산화물은 물에 녹지 않으므로, 화재 시 다량의 물을 이용한 주수소화하는 것이 바람직함

● 참고 ●

제5류 위험물의 표시사항 → "화기엄금" 및 "충격주의"

㉯ 예방대책
- 가열, 충격, 마찰 등을 피하고 화기 및 점화원으로부터 멀리 저장할 것
- 열원으로부터 멀리할 것
- 직사광선을 피할 것
- 진한 질산, 진한 황산과의 접촉을 피할 것
- 유기과산화물은 산소-산소 결합에 의해 다른 물질을 산화시키는 특성(산화성)을 갖고 있어 환원제나 산화제와의 접촉을 피할 것
- 자기연소성 물질은 $CO_2$, 분말, 할론, 포 등에 의한 질식소화는 효과가 없으며, 다량의 물로 냉각하는 것이 적절함

㉰ 화재 시 대응 : 일반적으로 대량방수에 의한 냉각소화가 효과적임
- 일반적으로 대량의 물이 가장 효과적이고 포(거품)도 사용할 수 있음
- 폭발위험이 있으므로 안전거리를 유지하여야 함
- 산소함유 물질이므로 질식소화는 효과가 없음
- 셀룰로이드류의 화재는 순식간에 확대될 위험이 있고, 물의 침투성이 나쁘기 때문에 계면활성제를 혼용하거나 응급적으로 포(泡)를 사용하는 것도 좋음
※ 유의사항 : 산소함유 물질이므로 질식소화는 효과가 없음

⑥ 제6류 위험물(산화성 액체) { ○ 과염소산
○ 과산화수소
○ 질산등 }

㉮ 유의할 이화학적 성질
- 부식성 및 유독성이 강한 강산화제임
- 물과 만나면 발열함
- 암모니아 등 가연물 및 분해를 촉진하는 약품과 접촉할 경우 폭발함
- 소량 화재 시는 다량의 물로 희석할 수 있지만 원칙적으로 주수는 하지 않아야 함

> ● 참고 ●
> 제6류 위험물의 표시사항 → "가연물접촉주의"

㉯ 예방대책
- 물, 유기물, 가연물 및 산화제와의 접촉을 피할 것
- 용기는 착색하여 직사광선이 닿지 않게 할 것
- 분해를 막기 위해 분해방지 안정제(인산, 요산 등)를 사용할 것
- 저장용기는 내산성 용기를 사용하며, 흡습성이 강하므로 용기는 밀전, 밀봉하여 액체의 누설이 되지 않도록 할 것. 다만, 과산화수소는 분해될 때 산소를 발생하기 때문에 내압에 의해 파열될 수 있으므로 저장 용기는 밀전하지 않고 구멍이 뚫린 마개를 사용할 것

㉰ 화재 시 대응 : 위험물 자체는 연소하지 않으므로 알맞은 소화방법을 취함
- 연소물에 대응한 소화법으로 소화하고 2차 재해의 방지도 고려하여야 함
- 유출사고시에는 마른 모래를 뿌리거나 중화제로 중화함
- 소량일 때에는 건조사, 흙 등으로 흡수시킴
- 주위의 상황에 따라서 대량의 물로 희석하는 방법을 적용할 수 있음

※ 유의사항
- 물과 발열반응하는 물질에는 가능한 한 방수를 피할 것
- 고농도는 물과 작용하여 비산하므로 인체에 접촉하면 화상을 일으킬 수 있음
- 발생하는 증기는 유해한 것이 많으므로 활동 중에는 공기호흡기 등을 착용할 것

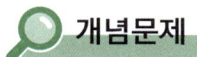 **개념문제**

나트륨과 칼륨을 주수소화하면 안 되는 이유 2가지를 화학적 반응과 연관지어 서술하시오. [07,15]

**답안지** (1) 칼륨은 물과 접촉하면 수소가스를 발생함
$$2K + 2H_2O \rightarrow H_2 + 2KOH$$
(2) 나트륨은 물과 접촉하면 수소가스를 발생함
$$2Na + 2H_2O \rightarrow H_2 + 2NaOH$$

∎ 참고 ∎

 상세해설 제3류 위험물(자연발화성·금수성) 중 자연발화성 물질의 위험물 표시사항은 "화기엄금" 및 "공기접촉엄금"이고, 금수성 물질은 "물기엄금"이다. 특히 칼륨과 나트륨은 금수성 물질로 물과 반응하여 가연성 기체를 발생한다. 그러므로 제3류 위험물 중 자연발화성만 가진 위험물(황린)에는 물을 위주로 하는 주수소화(主水消化, Main water digestion, 물분무소화), 강화액, 포와 같은 물계통의 소화제를 사용하는 것이 가능하지만 나트륨과 칼륨은 공기 중에서도 표면이 산화물 및 수산화물로 피복되는데, 이때 수산화물은 흡수성이 있어 대기중의 수분을 흡수하게 되고, 흡수된 수분이 금속과 반응하여 화재를 일으키기도 한다. 그러므로 나트륨과 칼륨에 주수소화하면 안된다.

### 유사문제

**01** 마그네슘과 물이 접촉하는 화학반응식과 주수소화가 안 되는 이유를 쓰시오. [12,14]

**02** 제1류 위험물과 제5류 위험물로 인한 화재 시 소화방법은? [03,05]

**03** 제2류 위험물의 소화방법에 대하여 간단히 쓰시오. [04]

**04** 제5류 위험물의 소화방법을 간단히 쓰시오. [05]

**05** 제5류 위험물이 질식소화가 안 되는 이유를 쓰시오. [06]

**06** 제1류 위험물인 $K_2O_2$의 화재에 주수소화가 부적합한 이유를 쓰시오. [10]

**07** 나트륨의 화재 시 사용할 수 있는 소화제를 [보기]에서 모두 고르시오. [11]

[보기]
팽창질석, 건조사, 포 소화설비,
$CO_2$ 소화설비, 인산염류 소화기

**08** 일반적으로 각 유별 소화효과에서 적당한 것을 쓰시오. [04]

(1) 제1류 위험물
(2) 제2류 위험물
(3) 제4류 위험물
(4) 제5류 위험물

**09** 다음 괄호 안에 알맞은 말을 쓰시오. [11]

알킬알루미늄의 화재발생 시 사용할 수 있는 소화제는 마른 모래와 ( ① ), ( ② )을 갖추어야 한다.

## 유사문제 답안·해설

**01** **답안** 마그네슘이 물과 접촉하면 수소가스를 발생함

$$Mg + 2H_2O \rightarrow H_2 + Mg(OH)_2$$

**보충** 마그네슘 등 제2류 위험물(가연성고체)
- ㉮ 화재 시 대응 : 건조사, 팽창질석을 사용하는 질식소화방법을 취함
  - 인산염류를 제외한 분말소화, 건조사로 소화함
  - 고압방수에 의한 위험물의 비산은 피해야 함
- ㉯ 유의사항 : 금수성 물질(금속분 등)은 건조사로 질식소화의 방법을 취해야 함

**02** **답안** 다량의 주수에 의한 냉각소화

**보충** 제1류 위험물(산화성 고체)
- ㉮ 화재 시 대응 : 대량 주수소화를 하고 연소물과 위험물의 온도를 내리는 방법을 취하여야 함
  - 직사·분무방수, 포말소화, 건조사가 효과적임
  - 분말소화는 인산염류로 제조한 것을 사용해야 함
- ㉯ 유의사항 : 알칼리금속의 과산화물에는 주수소화 절대금지

**03** **답안** 질식 또는 주수소화

**보충** 제2류 위험물(가연성 고체)
- ㉮ 화재 시 대응 : 건조사, 팽창질석을 사용하는 질식소화방법을 취함
  - 인산염류를 제외한 분말소화, 건조사로 소화함
  - 고압방수에 의한 위험물의 비산은 피해야 함
- ㉯ 유의사항 : 금수성 물질(금속분 등)은 건조사로 질식소화의 방법을 취해야 함

**04** **답안** 다량의 주수에 의한 냉각소화

**보충** 제5류 위험물(자기반응성 물질)
- ㉮ 화재 시 대응 : 일반적으로 대량방수에 의하여 냉각소화 함
  - 셀룰로이드류의 화재는 순식간에 확대될 위험이 있음
  - 물의 침투성이 나쁘기 때문에 계면활성제를 사용하거나 응급적으로 포를 사용할 것
- ㉯ 유의사항 : 산소함유 물질이므로 질식소화는 효과가 없음

**05** **답안** 산소함유 물질이므로 질식소화는 효과가 없음

**06** **답안** 물과 접촉하면 발열하며, 산소를 방출함

$$2K_2O_2 + 2H_2O \rightarrow 4KOH + O_2$$

**07** **답안** 팽창질석, 건조사

**08** **답안** (1) 대량주수에 의한 냉각소화
(2) 주수에 의한 냉각소화 및 질식소화
(3) 포말, 분말, $CO_2$ 등에 의한 질식소화
(4) 주수에 의한 냉각소화

**보충** 제4류 위험물(인화성 액체)

㉮ **화재 시 대응** : 소화방법은 질식소화가 효과적임
- 소화에는 포, 분말, $CO_2$가스, 건조사 등이 사용됨
- 화면 확대를 방지하기 위하여 토사 등을 유효하게 활용하여 위험물의 유동을 막을 것
- 인화점이 높고 휘발성이 약한 것은 강력한 분무방수로 소화할 수 있음

㉯ **유의사항** : 유류화재에 대한 방수소화의 효과는 인화점이 낮고 휘발성이 강한 것은 방수에 의한 냉각소화는 불가능하지만 소량이면 분무방수에 의한 화세 억제의 효과가 있음

**09** **답안** ① 팽창질석  ② 팽창진주암

## 2 소화방법론 · 소화난이도 · 소화설비의 적용성

(1) 소화이론

① **개념** : 소화(消火, extinguishment)란 화재를 제어하여 가연물의 연소반응을 중지시키는 것을 말한다. 즉, 다양한 물리적 또는 화학적 방법을 이용하여 가연물의 연소반응을 억제함으로써 인명 및 재산상의 피해를 줄이는 일련의 과정을 총칭한다.

② **소화의 기본원리** : 소화의 기본적인 원리는 연소의 4요소와 연관된 제거소화, 냉각소화, 질식소화, 부촉매소화가 있으며 이외에도 유화소화, 희석소화, 피복소화, 방진소화, 탈수소화 등이 있다.

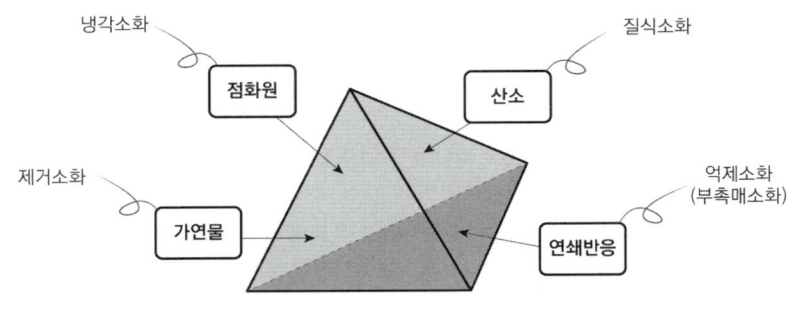

〈그림〉 소화의 기본원리

(2) 소화방법

- 물리적 소화 { 질식소화 : 산소공급원 차단
  냉각소화 : 점화원 및 점화에너지 차단
  제거소화 : 가연물 제거 또는 차단 }
- 화학적 소화 : 억제소화(부촉매소화) → 연쇄반응 차단

① **질식소화** : 질식소화는 가연물 주위의 공기 중 산소 농도를 낮추어 소화하는 방법. 연소반응에서 대기 중 산소 농도가 15%(용량) 이하일 경우 연소가 진행될 수 없음. 질식소화를 위한 대표적인 방법으로 공기차단법과 희석법이 있음

㉮ **공기차단법** : 점화원이나 화염을 주위 공기로부터 차단하는 방법
- 초기화재 시 밀폐성 고체 또는 마른 모래, 물에 젖은 담요 등을 화염 위에 덮어주는 방법
- 지하공간의 출입구와 개구부의 밀폐
- 발포성 소화약제 거품을 이용하는 방법

㉯ **희석법** : 공기 중 산소 농도를 연소범위 이하로 낮추는 방법
- 이산화탄소($CO_2$) 등 비가연성 기체를 가연물 주위에 분사
- 실내 비치용 소화기, 대규모 사업장 자동소화설비

② 냉각소화 : 가연물의 온도를 낮추어 연소의 진행을 억제하는 소화법
　㉮ 발화점 이하로 가연물의 온도 유지 : 증발열이 높은 액체나 물을 사용(물의 증발잠열은 539cal/g · 100℃ $H_2O$로 높음)
　㉯ 가연성 연소분해물의 생성 억제 : 냉각을 통해 온도에 비례하여 발생하는 가연성 분해생성물의 양을 감소시켜 화염의 성장과 연소를 억제함
　㉰ 연소반응속도 지연 : 냉각을 통해 연소반응속도를 지연시키거나 제거함

③ 제거소화 : 가연물을 연소반응의 진행으로부터 제거하는 소화법(가연물을 제거하는 방법에는 **격리, 소멸, 희석** 등의 방법이 있음)
　㉮ 격리 : 가연성 물질과 화염과의 접촉을 차단하는 방법(제거소화)
　　• 바람을 불어 촛불을 끄는 행위
　　• 가스화재 시 가스누출관의 차단밸브를 잠그는 행위
　　• 산불화재 시 인접 삼림을 베는 행위
　㉯ 소멸 : 소멸은 격리와 구분상의 경계가 모호한 부분이 있음. 유전화재에서 질소폭탄을 터뜨려 화염을 소멸시키는 방법이 대표적인 사례임
　㉰ 희석 : 가연성 가스나 증기의 농도를 연소한계(하한) 이하로 하여 소화하는 방법
　　• 기체 가연물의 경우 : 다량의 이산화탄소 기체를 분사하여 질식소화 작용과 함께 연소범위 이하로 낮추어진 농도로 인해 가연물 기체의 지속적인 연소를 불가능하게 하는 방법이 이에 해당함
　　• 액체 가연물의 경우 : 알코올류 저장탱크 화재에서 다량의 물을 탱크 내로 주입하여 알코올의 농도를 연소범위 이하로 낮추는 방법이 이에 해당함

④ **부촉매소화** : 연쇄반응과 관련된 소화법. 부촉매(anti-catalysis)의 의미는 정촉매와 반대로 화학반응의 속도를 늦추거나 억제하는 것을 말함
　㉮ 연소생성 라디칼(radical)을 감소시키거나 제거함으로써 연소반응을 억제함
　㉯ 화염을 동반한 일반적 연소반응에서 유용하게 사용되는 부촉매물질은 할로젠화합물이며 이를 이용한 약제를 할로젠 소화약제라고 함
　㉰ 실제 생활에서는 물품이 처음부터 불이 잘 붙지 못하도록 하는 방염처리(커튼, 카펫, 벽지 등에 불이 잘 붙지 않도록 약품 처리하는 것)도 이와 같은 원리를 이용한 것임

### (3) 소화난이도 · 난이도등급 · 소요단위

① 소화난이도
　㉮ 개념 : 제조소등에서 화재가 발생하였을 때 소화가 곤란한 정도

④ **소화난이도 등급** : 소화난이도 등급Ⅰ, 소화난이도 등급Ⅱ 및 소화난이도 등급Ⅲ으로 구분하되, 각 소화난이도등급에 해당하는 제조소등의 규모, 저장 또는 취급하는 위험물의 품명 및 최대수량 등과 그에 따라 제조소등별로 설치하여야 하는 소화설비의 종류, 각 소화설비의 적응성 및 소화설비에 따라 등급을 분류함

┃ **소화난이도 등급(비교정리)** ┃

| 구분 | 등급 Ⅰ | 등급 Ⅱ | 등급 Ⅲ |
|---|---|---|---|
| 제조소<br>일반취급소 | 연면적 1,000$m^2$ 이상인 것 | 600$m^2$ 이상 | Ⅰ~Ⅱ등급 외 |
| | 지정수량의 100배 이상인 것 | 10배 이상 | |
| | 지반면으로부터 6m 이상의 높이에 위험물 취급설비가 있는 것 | 생략 | |
| | 일반취급소로 사용되는 부분 외의 부분을 갖는 건축물에 설치된 것 | 생략 | |
| 옥내<br>저장소 | 연면적 150$m^2$를 초과하는 것 | 150$m^2$ 초과 | Ⅰ~Ⅱ등급 외 |
| | 처마높이가 6m 이상인 단층건물의 것 | 단층 이외 | |
| | 지정수량의 150배 이상인 것 | 10배 이상 | |
| | 옥내저장소로 사용되는 부분 외의 부분이 있는 건축물에 설치된 것 | 생략 | |
| 옥외<br>저장소 | 덩어리 상태의 황을 저장하는 것으로서 경계표시 내부의 면적 100$m^2$ 이상인 것 | 5~100$m^2$ | 5$m^2$ 미만 |
| | 지정수량의 100배 이상인 것 | 100배 이상 | Ⅰ~Ⅱ등급 외 |
| 옥외탱크<br>저장소 | • 액표면적이 40$m^2$ 이상(제6류는 제외)<br>• 지반면으로부터 탱크 옆판의 상단까지 높이가 6m 이상인 것(제6류는 제외)<br>• 지중탱크 또는 해상탱크로서 지정수량의 100배 이상인 것 (제6류는 제외)<br>• 고체위험물을 저장하는 것으로서 지정수량의 100배 이상인 것 | 소화난이도<br>Ⅰ등급 외의 것 | 지하탱크저장소<br>간이탱크저장소<br>이동탱크저장소 |
| 옥내탱크<br>저장소 | • 액표면적이 40$m^2$ 이상인 것(제6류 제외)<br>• 바닥면으로부터 탱크 옆판의 상단까지 높이가 6m 이상인 것(제6류 제외)<br>• 탱크전용실이 단층건물 외의 건축물에 있는 것으로서 인화점 38℃ 이상 70℃ 미만의 위험물을 지정수량의 5배 이상 저장하는 것 | | |
| 암반탱크<br>저장소 | • 액표면적이 40$m^2$ 이상인 것(제6류 제외)<br>• 고체위험물만을 저장하는 것으로서 지정수량의 100배 이상인 것 | - | |
| 주유취급소 | 면적의 합이 500$m^2$를 초과하는 것 | 옥내주유취급소로<br>Ⅰ등급 외의 것 | 옥내주유취급소 외 |
| 이송취급소 | 모든 대상 | 제2종 판매취급소 | 제1종 판매취급소 |

● 정리 ●

**지정수량 대비 소화난이도 Ⅰ등급**
- 제조소 · 일반취급소 : 100배
- 옥외탱크/암반탱크 : 지중탱크 또는 해상탱크 100배(※ 제6류는 제외)
- 옥내저장 : 150배 ※ 옥내탱크전용실 단층 외의 건축물 : 5배

② 소요단위
  ㉮ 개념 : 소화설비의 설치대상이 되는 건축물 · 공작물의 규모 또는 위험물의 양의 기준단위를 의미한다. 반면에 능력단위는 소요단위에 대응하는 소화설비의 소화능력의 기준단위를 의미한다.
  ㉯ 소요단위 기준 : 건축물 그 밖의 공작물 또는 위험물의 소요단위의 계산방법은 다음의 기준에 의한다.
    ㉠ 제조소 또는 취급소의 건축물은 외벽이 내화구조인 것은 연면적 100m²를 1소요단위로 하며, 외벽이 내화구조가 아닌 것은 연면적 50m²를 1소요단위로 한다.
    ㉡ 저장소의 건축물의 외벽이 내화구조인 것은 연면적 150m²를 1소요단위로 하고, 외벽이 내화구조가 아닌 것은 연면적 75m²를 1소요단위로 한다.
    ㉢ 제조소등의 옥외에 설치된 공작물은 외벽이 내화구조인 것으로 간주하고 공작물의 최대수평투영면적을 연면적으로 간주하여 위의 ㉠, ㉡의 규정에 의하여 소요단위를 산정한다.
    ㉣ 위험물은 지정수량의 10배를 1소요단위로 한다.

**개념문제**

소화의 원리는 기본적으로 연소의 4요소와 연관되어 있다고 한다. 소화방법(소화법)에 대하여 다음 물음에 답하시오. [21]
(1) 소화방법의 종류(소화법) 4가지를 쓰시오.
(2) 소화방법 중 증발잠열을 이용하는 소화법을 쓰시오.
(3) 소화방법 중 가스의 밸브를 폐쇄하여 소화하는 소화법을 쓰시오.
(4) 소화방법 중 불활성기체를 방사하여 소화하는 소화법을 쓰시오.

**Hack 답안지** (1) 질식소화, 냉각소화, 제거소화, 억제소화(부촉매소화)
(2) 냉각소화
(3) 제거소화
(4) 질식소화

### 참고

소화의 기본적인 원리는 연소의 4요소와 연관된 질식소화, 냉각소화, 제거소화, 억제소화(부촉매소화)가 있으며 이외에도 유화소화, 희석소화, 피복소화, 방진소화, 탈수소화 등이 있다.

- 질식소화(窒息消火, Smothering Extinguishment) : 산소의 공급을 차단하여 불을 끄는 방법이다. 연소반응에서 대기 중 산소 농도가 15%(용량) 이하일 경우 연소가 진행될 수 없다. 질식소화를 위한 대표적인 방법으로 공기차단법과 희석법이 있다.
- 냉각소화(冷却消火, Cooling Fire Extinguishment) : 연소되는 물체의 온도를 저하시켜 소화하는 방법이다. 증발열이 높은 액체나 물을 사용(물의 증발잠열은 539cal/g · 100℃ $H_2O$로 높음)하여 가연물의 온도를 낮추어 연소의 진행을 억제하거나 가연성 연소분해물의 생성을 억제함으로써 화염의 성장과 연소를 제어하는 원리이다.
- 제거소화(除去消火, Extinguishment for Removal of Fuel Supply) : 가연물이나 쉽게 연소될 수 있는 물질 등을 제거함으로써 화염 및 연소를 제어하는 방법이다. 가연물을 제거하는 방법에는 격리, 소멸, 희석 등의 방법이 있는데, 예를 들면, 바람을 불어 촛불을 끄는 행위, 가스화재 시 가스누출관의 차단밸브를 잠그는 행위, 산불확산을 막기 위해 주변 나무를 인위적으로 베는 행위 등이 여기에 속한다.
- 억제소화(抑制消化) : 산화반응의 진행을 차단하는 메커니즘, 즉 연소과정에서 발생되는 라디칼(radical)을 감소시키거나 제거함으로써 연소반응을 억제하는 것을 말한다. 화염을 동반하는 일반적 연소반응에서 유용하게 사용되는 대표적인 부촉매물질은 불활성을 갖는 할로젠화합물이다.
- 기타 : 석유류 등의 화재 시 유면을 에멀전화 시키는 유화소화법이 있고, 가연물의 농도를 희석시켜 가스나 증기의 농도를 연소한계(하한) 이하로 하여 소화하는 희석소화법이 있다.

### 개념문제

탄산가스의 질식소화 산소농도 유효한계범위는 몇 %인지 쓰시오. [04]

 15% 이하

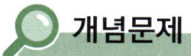 **개념문제**

위험물안전관리법령에서 정한 제조소 중 옥외탱크 저장소에 소화난이도 등급 Ⅰ에 해당하는 번호를 고르시오. (단, 해당 답이 없으면 "없음"이라 쓰시오.)

[15,21]

① 질산 60,000kg을 저장하는 옥외탱크저장소
② 과산화수소 액표면적이 40m² 이상인 옥외탱크저장소
③ 이황화탄소 500L를 저장하는 옥외탱크저장소
④ 유황 14,000kg을 저장하는 지중탱크
⑤ 휘발유 100,000L를 저장하는 해상탱크

**H**ack **답안지** ④, ⑤

**해설** 지정수량의 배수기준 소화난이도 등급을 파악하기 위해서는 우선 각 품명의 지정수량을 알아야만 지정수량의 배수를 구할 수 있다.

> ● 정리 ●
>
> **지정수량 대비 소화난이도 등급 Ⅰ**
> - 제조소 · 일반취급소 : 100배
> - 옥외탱크/암반탱크 : 지중탱크 또는 해상탱크 100배(※ 제6류는 제외)
> - 옥내저장 : 150배 ※ 옥내탱크전용실 단층 외의 건축물 : 5배

**참고**

 ① 질산 60,000kg을 저장하는 옥외탱크저장소 ➡ 질산은 제6류 위험물(산화성액체)로서 지정수량은 300kg이다. 지정수량의 배수를 산정해 보면 → 60,000/300=200배이다. 옥외탱크저장소의 경우 지정수량 100배 이상일 경우 소화난이도 Ⅰ등급에 해당된다. 그러나 "6류 위험물"이므로 ➡ Ⅰ등급에 해당되지 않는다.

② 과산화수소 액표면적이 40m² 이상인 옥외탱크저장소 ➡ 과산화수소 역시 제6류 위험물(산화성액체)로서 지정수량은 300kg이고, 옥외탱크/암반탱크/지중탱크 또는 해상탱크는 액표면적이 40m² 이상이면 소화난이도 Ⅰ등급에 해당된다. 그러나 "6류 위험물"이므로 ➡ Ⅰ등급에 해당되지 않는다.

③ 이황화탄소 500L를 저장하는 옥외탱크저장소 ➡ 이황화탄소는 제4류 위험물(특수인화물)로서 지정수량은 50L이므로 지정수량의 배수를 산정해 보면 → 500/50=10배이다. 옥외탱크저장소의 경우 지정수량 100배 이상일 경우 소화난이도 Ⅰ등급에 해당하므로 ➡ Ⅰ등급에 해당되지 않는다.

④ 유황 14,000kg을 저장하는 지중탱크 ➡ 유황은 제2류 위험물(가연성고체)로서 지정수량은 100kg이므로 지정수량의 배수를 산정해 보면 → 14000/100=140배이다. 옥외탱크저장소의 경우 지정수량 100배 이상일 경우 소화난이도 Ⅰ등급에 해당하므로 ➡ Ⅰ등급에 해당된다.

⑤ 휘발유 100,000L를 저장하는 해상탱크 ➡ 휘발유는 제4류 위험물(가제1석유류)로서 지정수량은 200L이므로 지정수량의 배수를 산정해 보면 → 100000/200=500배이다. 옥외탱크저장소의 경우 지정수량 100배 이상일 경우 소화난이도 Ⅰ등급에 해당하므로 ➡ Ⅰ등급에 해당된다.

## 유사문제

**01** 다음은 제조소·취급소의 소화난이도 등급 I 에 관한 내용이다. 괄호 안에 알맞은 말을 채우시오.
[13,17]

(1) 연면적 (   )m² 이상인 것을 말한다.
(2) 지정수량의 (   )배 이상인 것(고인화점 위험물만을 100℃ 미만의 온도에서 취급하는 것 및 화약류 위험물을 취급하는 것은 제외)을 말한다.
(3) 지반면으로부터 (   )m 이상의 높이에 위험물 취급설비가 있는 것(고인화점 위험물만을 100℃ 미만의 온도에서 취급하는 것은 제외)을 말한다.

**02** 다음 [보기]에서 소화난이도 등급 I 에 해당하는 것을 모두 골라 그 기호를 쓰시오. [18]

A. 연면적이 1,000m²인 제조소
B. 바닥면으로부터 탱크 옆판의 상단까지 높이가 6m인 옥내저장소
C. 지하탱크 저장소
D. 제2종 판매취급소
E. 이송취급소
F. 이동탱크 저장소

**03** 소화난이도 등급 I 의 제조소 또는 일반취급소에 반드시 설치해야 할 소화설비 종류 3가지를 쓰시오. [06,14]

## 유사문제 답안·해설

**01** 답안 (1) 1,000
(2) 100
(3) 6

▶ 법령보기 ◀ 제조소·일반취급소의 소화난이도 등급

㉮ 소화난이도 등급 I
- 연면적 1,000m² 이상인 것
- 지정수량의 100배 이상인 것(고인화점위험물만을 100℃ 미만의 온도에서 취급하는 것 및 화약류 위험물을 취급하는 것은 제외)
- 지반면으로부터 6m 이상의 높이에 위험물 취급설비가 있는 것(고인화점위험물만을 100℃ 미만의 온도에서 취급하는 것은 제외)
- 일반취급소로 사용되는 부분 외의 부분을 갖는 건축물에 설치된 것(내화구조로 개구부 없이 구획된 것, 고인화점위험물만을 100℃ 미만의 온도에서 취급하는 것 및 화학실험의 일반취급소는 제외)

㉯ 소화난이도 등급 II
- 연면적 600m² 이상인 것
- 지정수량의 10배 이상인 것(고인화점위험물만을 100℃ 미만의 온도에서 취급하는 것 및 화약류의 위험물을 취급하는 것은 제외)
- 일반취급소로서 소화난이도 등급 I 의 제조소등에 해당하지 아니하는 것(고인화점위험물만을 100℃ 미만의 온도에서 취급하는 것은 제외)

● 참고 ●

**소화난이도 등급 Ⅰ 시설(지정수량 비교)**

- 제조소 일반취급소 : 지정수량 100배 이상인 것(고인화점위험물만을 100℃ 미만의 온도에서 취급하는 것 및 화약류 위험물을 취급하는 것은 제외)
- 옥내저장소 : 지정수량의 150배 이상인 것(고인화점위험물만을 저장하는 것 및 화약류 위험물을 저장하는 것은 제외)
- 옥외저장소 : 제2류 인화성고체, 제4류 중 제1석유류 또는 알코올류로서 지정수량의 100배 이상인 것
- 옥내탱크저장소 : 탱크전용실이 단층건물 외의 건축물에 있는 것으로서 인화점 38℃ 이상 70℃ 미만의 위험물을 지정수량의 5배 이상 저장하는 것(내화구조로 개구부없이 구획된 것은 제외)
- 옥외탱크저장소 : 지중탱크 또는 해상탱크로서 지정수량의 100배 이상인 것(제6류 위험물을 저장하는 것 및 고인화점위험물만을 100℃ 미만의 온도에서 저장하는 것은 제외), 고체위험물을 저장하는 것으로서 지정수량의 100배 이상인 것

## 02   답안   A, B, E

■ 참고 ■

 A의 연면적이 1,000m²인 제조소의 경우 ➡ 제조소 일반취급소로서 연면적 1,000m² 이상인 것은 소화난이도 등급Ⅰ에 해당한다. 그러므로 소화난이도 등급Ⅰ에 해당한다.

● 참고 ●

**소화난이도 등급 Ⅰ 시설(면적비교)**

- 제조소 일반취급소 : 연면적 1,000m² 이상인 것
- 옥내저장소 : 연면적 1,000m² 이상인 것
- 옥외저장소 : 내부의 면적 100m² 이상인 것(덩어리 상태의 황 저장)
- 옥내탱크저장소 : 액표면적이 40m² 이상인 것(6류 제외)
- 옥외탱크저장소 : 액표면적이 40m² 이상인 것(6류 제외)
- 주유취급소 : 면적의 합이 500m²를 초과하는 것

B의 바닥면으로부터 탱크 옆판의 상단까지 6m인 옥내저장소의 경우 ➡ 바닥면으로부터 탱크 옆판의 상단까지 높이가 6m 이상인 것(제6류 위험물을 저장하는 것 및 고인화점위험물만을 100℃ 미만의 온도에서 저장하는 것은 제외)은 소화난이도 등급Ⅰ에 해당된다.

C의 지하탱크 저장소의 경우 ➡ 지하탱크 저장소, 간이탱크 저장소, 이동탱크 저장소는 모두 소화난이도 등급Ⅲ에 해당되므로 등급Ⅰ에 해당되지 않는다.

D의 제2종 판매취급소의 경우 ➡ 제2종 판매취급소는 소화난이도 등급Ⅱ에 해당되므로 등급Ⅰ에 해당되지 않는다. 참고로 제1종 판매취급소는 소화난이도 등급Ⅲ으로 분류된다.

E의 이송취급소의 경우 ➡ 모든 이송취급소는 소화난이도 등급Ⅰ에 해당된다.

F의 이동탱크 저장소의 경우 ➡ 이동탱크 저장소, 지하탱크 저장소, 간이탱크 저장소는 모두 소화난이도 등급Ⅲ에 해당되므로 등급Ⅰ에 해당되지 않는다.

**03** 답안  ① 옥내소화전설비  ② 옥외소화전설비  ③ 스프링클러설비

▶ **법령보기** ◀ 소화난이도 등급 Ⅰ의 소화설비

| 제조소등의 구분 | | | 소화설비 |
|---|---|---|---|
| 제조소 및 일반취급소 | | | 옥내소화전설비, 옥외소화전설비<br>스프링클러설비 또는 물분무등 소화설비 |
| 주유취급소 | | | 스프링클러설비(건축물에 한정)<br>소형수동식소화기등 |
| 옥내<br>저장소 | 처마높이가 6m 이상인 단층건물 또는 다른 용도의 부분이<br>있는 건축물에 설치한 옥내저장소 | | 스프링클러설비 또는<br>이동식 외의 물분무등소화설비 |
| | 그 밖의 것 | | 옥외소화전설비, 스프링클러설비, 이동식 외의 물분무등소화설비 또는 이동식 포소화설비(포소화전을 옥외에 설치하는 것에 한함) |
| 옥외<br>탱크<br>저장소 | 지중탱크<br>또는<br>해상탱크<br>외의 것 | 황만을 저장 취급하는 것 | 물분무소화설비 |
| | | 인화점 70℃ 이상의<br>제4류 위험물만을 저장취급하는 것 | 물분무소화설비 또는 고정식 포소화설비 |
| | | 그 밖의 것 | 고정식 포소화설비(포소화설비가 적응성이 없는 경우에는 분말소화설비) |
| | 지중탱크 | | 고정식 포소화설비<br>이동식 이외의 불활성가스소화설비 또는<br>이동식 이외의 할로젠화합물소화설비 |
| | 해상탱크 | | 고정식 포소화설비, 물분무소화설비<br>이동식이외의 불활성가스소화설비 또는<br>이동식 이외의 할로젠화합물소화설비 |
| 옥내<br>탱크<br>저장소 | 황만을 저장취급하는 것 | | 물분무소화설비 |
| | 인화점 70℃ 이상의 제4류 위험물만을<br>저장취급하는 것 | | 물분무소화설비, 고정식 포소화설비<br>이동식 이외의 불활성가스 소화설비<br>이동식 이외의 할로젠화합물소화설비 또는<br>이동식 이외의 분말소화설비 |
| | 그 밖의 것 | | 고정식 포소화설비<br>이동식 이외의 불활성가스소화설비<br>이동식 이외의 할로젠화합물소화설비 또는<br>이동식 이외의 분말소화설비 |
| 옥외저장소 및 이송취급소 | | | 옥내소화전설비, 옥외소화전설비<br>스프링클러설비 또는 물분무등 소화설비 |
| 암반<br>탱크<br>저장소 | 황만을 저장취급하는 것 | | 물분무소화설비 |
| | 인화점 70℃ 이상의 제4류 위험물만을<br>저장취급하는 것 | | 물분무소화설비 또는 고정식 포소화설비 |
| | 그 밖의 것 | | 고정식 포소화설비(포소화설비가 적응성이 없는 경우에는 분말소화설비) |

## (4) 대상물별 소화설비의 적응성

**위험물안전관리법 시행규칙(별표 17)**

| 소화설비의 구분 | | | 건축물·그 밖의 공작물 | 전기설비 | 제1류 위험물 | | 제2류 위험물 | | | 제3류 위험물 | | 제4류 위험물 | 제5류 위험물 | 제6류 위험물 |
|---|---|---|---|---|---|---|---|---|---|---|---|---|---|---|
| | | | | | 알칼리금속과산화물등 | 그 밖의 것 | 철분·금속분·마그네슘등 | 인화성고체 | 그 밖의 것 | 금수성물품(나트륨칼륨등) | 그 밖의 것 | | | |
| 옥내소화전 또는 옥외소화전 설비 | | | ○ | | | ○ | | ○ | ○ | | ○ | | ○ | ○ |
| 스프링클러설비 | | | ○ | | | ○ | | ○ | ○ | | ○ | △ | ○ | ○ |
| 물분무등 소화설비 | 물분무 소화설비 | | ○ | ○ | | ○ | | ○ | ○ | | ○ | ○ | ○ | ○ |
| | 포 소화설비 | | ○ | | | ○ | | ○ | ○ | | ○ | ○ | ○ | ○ |
| | 불활성기체 소화설비 | | | ○ | | | | | ○ | | | ○ | | |
| | 할로젠화합물 소화설비 | | | ○ | | | | | ○ | | | ○ | | |
| | 분말 소화설비 | 인산염류 등 | ○ | ○ | | ○ | | ○ | ○ | | | ○ | | ○ |
| | | 탄산수소염류 등 | | ○ | ○ | | ○ | ○ | | ○ | | ○ | | |
| | | 그 밖의 것 | | | ○ | | ○ | | | ○ | | | | |
| 대형·소형 수동식 소화기 | 봉상수(棒狀水) 소화기 | | ○ | | | ○ | | ○ | ○ | | ○ | | ○ | ○ |
| | 무상수(霧狀水) 소화기 | | ○ | ○ | | ○ | | ○ | ○ | | ○ | | ○ | ○ |
| | 봉상강화액 소화기 | | ○ | | | ○ | | ○ | ○ | | ○ | | ○ | ○ |
| | 무상강화액 소화기 | | ○ | ○ | | ○ | | ○ | ○ | | ○ | ○ | ○ | ○ |
| | 포 소화기 | | ○ | | | ○ | | ○ | ○ | | ○ | ○ | ○ | ○ |
| | 이산화탄소 소화기 | | | ○ | | | | | ○ | | | ○ | | △ |
| | 할로젠화합물 소화기 | | | ○ | | | | | ○ | | | ○ | | |
| | 분말 소화기 | 인산염류 소화기 | ○ | ○ | | ○ | | ○ | ○ | | | ○ | | ○ |
| | | 탄산수소염류 소화기 | | ○ | ○ | | ○ | ○ | | ○ | | ○ | | |
| | | 그 밖의 것 | | | ○ | | ○ | | | ○ | | | | |
| 기타 | 물통 또는 수조 | | ○ | | | ○ | | ○ | ○ | | ○ | | ○ | ○ |
| | 건조사 | | | | ○ | ○ | ○ | ○ | ○ | ○ | ○ | ○ | ○ | ○ |
| | 팽창질석 또는 팽창진주암 | | | | ○ | ○ | ○ | ○ | ○ | ○ | ○ | ○ | ○ | ○ |

[비고]
1. "○"표시는 당해 소방대상물 및 위험물에 대하여 소화설비가 적응성이 있음을 표시함
2. "△"표시는 제4류 위험물을 저장 또는 취급하는 장소의 살수기준면적에 따라 스프링클러설비의 살수밀도가 기준 이상인 경우에는 당해 스프링클러설비가 제4류 위험물에 대하여 적응성이 있음을, 제6류 위험물을 저장 또는 취급하는 장소로서 폭발의 위험이 없는 장소에 한하여 이산화탄소소화기가 제6류 위험물에 대하여 적응성이 있음을 각각 표시함

## 개념문제

소화설비가 적응성이 있는 위험물을 다음 중에서 골라 쓰시오. [20]

- 제1류 위험물 중 무기과산화물(알칼리금속 과산화물 제외)
- 제2류 위험물 중 인화성고체
- 제3류 위험물(금수성물질 제외)
- 제4류 위험물
- 제5류 위험물
- 제6류 위험물

(1) 포 소화설비
(2) 불활성기체 소화설비
(3) 옥외소화전설비

**답안지** (1) 포 소화설비
- 제1류 위험물 중 무기과산화물(알칼리금속 과산화물 제외)
- 제2류 위험물 중 인화성고체
- 제3류 위험물(금수성물질 제외)
- 제4류 위험물
- 제5류 위험물
- 제6류 위험물

(2) 불활성기체 소화설비
- 제2류 위험물 중 인화성고체
- 제4류 위험물

(3) 옥외소화전설비
- 제1류 위험물 중 무기과산화물(알칼리금속 과산화물 제외)
- 제2류 위험물 중 인화성고체
- 제3류 위험물(금수성물질 제외)
- 제5류 위험물
- 제6류 위험물

■ **참고** ■

 이러한 문제를 해결하기 위해서는 위험물의 특성을 개념적으로 완전히 숙지하여 소화설비를 연결지우거나 〈법령〉 상의 위험물안전관리법 시행규칙(별표 17)을 암기해 두어야만 답안을 완전하게 쓸 수 있다. 저자는 후술된 숙지하는 방법으로 문제해결에 도움을 주고자 한다. 적응성의 암기법은 4가지 유형으로 분류해서 기억해두는 것이 좋다.

---

● **이승원의 적응성 암기법** ●

■ 건전한 1, 2, 3 그것 4, 5, 6 PSW / 알철수(123) / 불로전 인사
① 건전한 1, 2, 3 그것 4, 5, 6 → 건축물, 전기설비, 인화성고체, 1류, 2류, 3류(그 밖의 것), 4류, 5류, 6류
 • P : 포졸 말고 ; 포소화설비는 전기시설만 뺌
 • S : 소상무가 ㅋ 너좀빼래 ➡ 소화전(옥내/옥외), 봉상수 · 무상수 소화기, 가(강)화액 ㅋ(컬러) → 위의 적응항목 중 너(4류 위험물), 좀(전기) 빼래(제외)
 • W : 물은 다넣어 ; 물분무 소화설비는 위에서 빠진 것(4류 위험물, 전기시설) 포함
② 불로전 인사 : 불활성기체, 할로젠 소화설비는 전기설비, 인화성고체, 제4류 위험물에 적응성이 있음
③ 알철수(1, 2, 3)+1 → 알철수(1, 2, 3)+①항 → ①항(건전한 1, 2, 3 그것, 4, 5, 6)+알칼리금속 과산화물(1류), 철분 · 금속분(2류), 금수성물품(3류)
 • 인삼은 알철수(123) 빼고, 분탕밖에 넣어 ➡ 인산염류는 알칼리금속 과산화물(1류), 철분 · 금속분(2류), 금수성물품(3류) 빼고, 분말의 탄산수소염류는 알철수(123), 그 밖의 것을 포함(넣어)
 • 조팽이는 건전지 빼고 123456 : 건조사 · 팽창질석 · 팽창진주암 ➡ 건축물, 전기 빼고 1, 2, 3, 4, 5, 6류 위험물에 적응성이 있음

---

(1)의 포소화설비에 적응성이 있는 대상물을 확실하게 하기 위해 위의 암기법을 적용하면 ➡ "P : 포졸 말고 ; 포소화설비는 전기시설만 뺌"에 들어 있다.

①항의 대상물은 "**건전한 1, 2, 3 그것 4, 5, 6 PSW**"에서 대상물은 ➡ 건축물, 전기설비, 인화성고체, 1류, 2류, 3류(그 밖의 것), 4류, 5류, 6류"이므로 여기서 "전기시설"만 제외한 대상물에 적응성을 갖는다.

따라서 포소화설비의 적응성은 건축물, 인화성고체, 1류 · 2류 · 3류 위험물의 그 밖의 것, 4류 · 5류 · 6류 위험물이다. 따라서 문제에서 제시된 [보기]를 중심으로 밑줄 체크해 보면 ;

• 제1류 위험물 중 무기과산화물(알칼리금속 과산화물 제외 = 그 밖의 것)
• 제2류 위험물 중 인화성고체
• 제3류 위험물(금수성물질 제외 = 그 밖의 것)
• 제4류 위험물
• 제5류 위험물
• 제6류 위험물. 6가지 대상물이 정답이다.

(2)의 불활성기체 소화설비 적응성이 있는 대상물을 확실하게 하기 위해 위의 암기법을 적용하면 ➡ "불로전 인사"에 관계 내용이 들어 있다. "불로전 인사" → 불활성기체, 할로젠 소화설비는 ➡ 전기설비, 인화성고체, 제4류 위험물이다. 따라서 문제에서 제시된 [보기]를 중심으로 밑줄 체크해 보면 ;

• 제2류 위험물 중 인화성고체
• 제4류 위험물. 2가지 대상물이 정답이다.

(3)의 옥외소화설비에 적응성이 있는 대상물을 확실하게 하기 위해 위의 암기법을 적용하면 ➡ "S : 소상무가 ㅋ 너좀빼래 ➡ 소화전(옥내/옥외), 봉상수 · 무상수 소화기, 가(강)화액 ㅋ(컬러) → 위의 적응항목 중 너(4류 위험물), 좀(전기) 빼래(제외)"에 관계내용이 들어 있다.

전체 적용 대상물은 "건전한 1, 2, 3 그것 4, 5, 6 PSW → 건축물, 전기설비, 인화성고체, 1류, 2류, 3류(그 밖의 것), 4류, 5류, 6류"이고, 여기서 "소상무가 ㄱ 너좀빼래" 즉 "너(4류 위험물), 좀(전기) 빼래(제외)"를 적용하면 ➡ 옥외소화설비에 적응성이 있는 대상물은 ➡ 건축물, 인화성고체, 1류·2류·3류의 그 밖의 것, 5류·6류 위험물이 된다. 따라서 문제에서 제시된 [보기]를 중심으로 밑줄 체크해 보면 ;

- 제1류 위험물 중 무기과산화물(알칼리금속 과산화물 제외 = 그 밖의 것)
- 제2류 위험물 중 인화성고체
- 제3류 위험물(금수성물질 제외 = 그 밖의 것)
- 제5류 위험물
- 제6류 위험물. 5가지 대상물이 정답이다.

## 개념문제

**다음 빈칸에 들어갈 소화설비의 종류를 쓰시오.** [20]

| 소화설비의 구분 | | | 대상물질 | 건축물·그 밖의 공작물 | 전기설비 | 제1류 위험물 알칼리금속 과산화물 등 | 제1류 위험물 그 밖의 것 | 제2류 위험물 철분·금속분·마그네슘 등 | 제2류 위험물 인화성고체 | 제2류 위험물 그 밖의 것 | 제3류 위험물 금수성물품 | 제3류 위험물 그 밖의 것 | 제4류 위험물 | 제5류 위험물 | 제6류 위험물 |
|---|---|---|---|---|---|---|---|---|---|---|---|---|---|---|---|
| ① 또는 ② | | | | ○ | | | ○ | | ○ | ○ | | ○ | | ○ | ○ |
| 스프링클러설비 | | | | ○ | | | ○ | | ○ | ○ | | ○ | △ | ○ | ○ |
| 물분무등 소화설비 | | ③ | | ○ | ○ | | ○ | | ○ | ○ | | ○ | ○ | ○ | ○ |
| | | ④ | | ○ | | | ○ | | ○ | ○ | | ○ | ○ | ○ | ○ |
| | 불활성기체 소화설비 | | | | ○ | | | | ○ | | | | ○ | | |
| | 할로젠화합물 소화설비 | | | | ○ | | | | ○ | | | | ○ | | |
| | ⑤ | 인산염류 등 | | ○ | ○ | | ○ | | ○ | ○ | | | ○ | | ○ |
| | | 탄산수소염류 등 | | | ○ | ○ | | ○ | ○ | | ○ | | ○ | | |
| | | 그 밖의 것 | | | | ○ | | ○ | | | ○ | | | | |

**Hack 답안지** ① 옥내소화전설비  ② 옥외소화전설비  ③ 물분무소화설비  ④ 포소화설비  ⑤ 분말소화설비

∥참고∥

 앞에서 학습한 적응성의 암기법을 동원하여 문제를 해결하도록 한다.

---

• **이승원의 적응성 암기법** •

■ 건전한 1, 2, 3 그것 4, 5, 6 PSW / 알철수(123) / 불로전 인사

① 건전한 1, 2, 3 그것 4, 5, 6 → 건축물, 전기설비, 인화성고체, 1류, 2류, 3류(그 밖의 것), 4류, 5류, 6류
  • P : 포졸 말고 ; 포소화설비는 전기시설만 뺌
  • S : 소상무가 ㅋ 너좀빼래 ➡ 소화전(옥내/옥외), 봉상수 · 무상수 소화기, 가(강)화액 ㅋ(컬러) → 위의 적응항목 중 너(4류 위험물), 좀(전기) 빼래(제외)
  • W : 물은 다넣어 ; 물분무 소화설비는 위에서 빠진 것(4류 위험물, 전기시설) 포함

② 불로전 인사 : 불활성기체, 할로젠 소화설비는 전기설비, 인화성고체, 제4류 위험물에 적응성이 있음

③ 알철수(1, 2, 3)+1 → 알철수(1, 2, 3)+①항 → ①항(건전한 1, 2, 3 그것, 4, 5, 6)+알칼리금속 과산화물(1류), 철분 · 금속분(2류), 금수성물품(3류)
  • 인삼은 알철수(123) 빼고, 분탕밖에 넣어 → 인산염류는 알칼리금속 과산화물(1류), 철분 · 금속분(2류), 금수성물품(3류) 빼고, 분말의 탄산수소염류는 알철수(123), 그 밖의 것을 포함(넣어)
  • 조팽이는 건전지 빼고 123456 : 건조사 · 팽창질석 · 팽창진주암 ➡ 건축물, 전기 빼고 1, 2, 3, 4, 5, 6류 위험물에 적응성이 있음

---

①, ②항의 대상물 구분에서 1, 2, 3류 위험물 중 "그 밖의 것"에 적응성이 있는 것으로 표기되어 있으므로 〈암기법〉에서 "건전한 1, 2, 3 그것 4, 5, 6 PSW"와 관련이 있고, "전기설비" "제4류 위험물"에는 적응성이 없으므로 〈암기법〉에서 "S : 소상무가 ㅋ 너좀빼래" ➡ 소화전(옥내/옥외), 봉상수 · 무상수 소화기, 가(강)화액 ㅋ(컬러) → 위의 적응항목 중 너(4류 위험물), 좀(전기) 빼래(제외)"가 해당된다. 특히, "① 또는 ②"라고 하였으므로 "소화전(옥내/옥외)"이라는 것을 알 수 있다. 따라서 "① 또는 ②"에는 옥내소화전 또는 옥외소화전이 들어간다.

③항의 적응성이 있는 것으로 "전기시설"과 "제4류 위험물"이 포함되어 있으므로 이에 해당되는 소화설비는 〈암기법〉에서 "W : 물은 다넣어 ➡ 물분무 소화설비는 위에서 빠진 것(4류 위험물, 전기시설) 포함"이 된다. 따라서 "③"에는 물분무 소화설비가 들어간다.

④항의 적응성이 있는 것으로 "전기시설"이 포함되어 있지 않고, "제4류 위험물"간 포함되어 있으므로 이에 해당되는 소화설비는 〈암기법〉에서 "P : 포졸 말고 ➡ 포소화설비는 전기시설만 뺌"이 된다. 따라서 "④"에는 포 소화설비가 들어간다.

인산염류, 탄산수소염류 등은 분말소화설비이므로 "⑤"에는 분말소화설비가 들어간다.

## 개념문제

다음 [표]는 위험물안전관련법령상 소화설비 적응성을 나타낸 것이다. 위험물에 대해 소화설비가 적응성이 있는 경우에 빈칸에 "○"로 표시하시오.

[20,22]

| 소화설비의 구분 | | 대상물질 → 대상물 구분 | | 제1류 위험물 | | 제2류 위험물 | | | 제3류 위험물 | | 제4류 위험물 | 제5류 위험물 | 제6류 위험물 |
|---|---|---|---|---|---|---|---|---|---|---|---|---|---|
| | | 건축물·그 밖의 공작물 | 전기설비 | 알칼리금속 과산화물 등 | 그 밖의 것 | 철분·금속분·마그네슘 등 | 인화성 고체 | 그 밖의 것 | 금수성 물품 | 그 밖의 것 | | | |
| 옥내소화전설비 | | | | | | | | | | | | | |
| 옥외소화전설비 | | | | | | | | | | | | | |
| 물분무등 소화설비 | 포소화설비 | | | | | | | | | | | | |
| | 불활성기체 소화설비 | | | | | | | | | | | | |
| | 할로젠화합물 소화설비 | | | | | | | | | | | | |

### 답안지

| 소화설비의 구분 | | 대상물질 → 대상물 구분 | | 제1류 위험물 | | 제2류 위험물 | | | 제3류 위험물 | | 제4류 위험물 | 제5류 위험물 | 제6류 위험물 |
|---|---|---|---|---|---|---|---|---|---|---|---|---|---|
| | | 건축물·그 밖의 공작물 | 전기설비 | 알칼리금속 과산화물 등 | 그 밖의 것 | 철분·금속분·마그네슘 등 | 인화성 고체 | 그 밖의 것 | 금수성 물품 | 그 밖의 것 | | | |
| 옥내소화전설비 | | ○ | | | ○ | | ○ | ○ | | ○ | ○ | ○ | ○ |
| 옥외소화전설비 | | ○ | | | ○ | | ○ | ○ | | ○ | ○ | ○ | ○ |
| 물분무등 소화설비 | 포소화설비 | ○ | | | ○ | | ○ | ○ | | ○ | ○ | ○ | ○ |
| | 불활성기체 소화설비 | | ○ | | | | ○ | | | | ○ | | |
| | 할로젠화합물 소화설비 | | ○ | | | | ○ | | | | ○ | | |

**참고**

 앞에서 학습한 적응성의 암기법을 동원하여 문제를 해결하도록 한다.

```
┌─────────────── 이승원의 적응성 암기법 ───────────────┐
│ ■ 건전한 1, 2, 3 그것 4, 5, 6 PSW / 알철수(123) / 불로전 인사 │
│ ① 건전한 1, 2, 3 그것 4, 5, 6 → 건축물, 전기설비, 인화성고체, 1류, 2류, 3류(그 밖의 것), 4류, 5류, 6류 │
│   • P : 포졸 말고 ; 포소화설비는 전기시설만 뺌 │
│   • S : 소상무가 ㅋ 너좀빼래 → 소화전(옥내/옥외), 봉상수·무상수 소화기, 가(강)화액 ㅋ(컬러) → 위의 적응항목 중 너(4류 위험물), 좀(전기) 빼래(제외) │
│   • W : 물은 다넣어 ; 물분무 소화설비는 위에서 빠진 것(4류 위험물, 전기시설) 포함 │
│ ② 불로전 인사 : 불활성기체, 할로젠 소화설비는 전기설비, 인화성고체, 제4류 위험물에 적응성이 있음 │
│ ③ 알철수(1, 2, 3)+1 → 알철수(1, 2, 3)+①항 → ①항(건전한 1, 2, 3 그것, 4, 5, 6)+알칼리금속 과산화물(1류), 철분·금속분(2류), 금수성물품(3류) │
│   • 인삼은 알철수(123) 빼고, 분탕밖에 넣어 → 인산염류은 알칼리금속 과산화물(1류), 철분·금속분(2류), 금수성물품(3류) 빼고, 분말의 탄산수소염류는 알철수(123), 그 밖의 것을 포함(넣어) │
│   • 조팽이는 건전지 빼고 123456 : 건조사·팽창질석·팽창진주암 → 건축물, 전기 빼고 1, 2, 3, 4, 5, 6류 위험물에 적응성이 있음 │
└─────────────────────────────────────────────┘
```

먼저 "옥내소화전"과 "옥외소화전"은 〈암기법〉에서 "건전한 1, 2, 3 그것 4, 5, 6 PSW"와 관련이 있고, 〈암기법〉에서 "소화전"이 포함된 것은 "S"이다. S : 소상무가 ㅋ 너좀빼래 → "소화전(옥내/옥외), 봉상수·무상수 소화기, 가(강)화액 ㅋ(컬러) → 위의 적응항목 중 너(4류 위험물), 좀(전기) 빼래(제외)"가 해당된다.

그러므로 옥내소화전, 옥외소화전, 스프링컬러는 "너(4류 위험물), 좀(전기) 빼래(제외)"한 "건전한 1, 2, 3 그것 4, 5, 6"이다.

즉, 제4류 위험물과 전기설비를 뺀 건전한 1, 2, 3 그것 4, 5, 6 → "건축물, 전기설비, 인화성고체, 1류, 2류, 3류(그 밖의 것), 4류, 5류, 6류"에서 4류 위험물과 전기설비을 제외한 건축물, 인화성고체, 1류(그 밖의 것), 2류(그 밖의 것), 3류(그 밖의 것), 5류, 6류에 동그라미를 한다.

| 소화설비의 구분 | 대상물질 | 대상물 구분 | | | | | | | | | |
|---|---|---|---|---|---|---|---|---|---|---|---|
| | | 건축물·그 밖의 공작물 | 전기설비 | 제1류 위험물 | | 제2류 위험물 | | | 제3류 위험물 | | 제4류 위험물 | 제5류 위험물 | 제6류 위험물 |
| | | | | 알칼리금속 과산화물 등 | 그 밖의 것 | 철분·금속분·마그네슘 등 | 인화성고체 | 그 밖의 것 | 금수성물품 | 그 밖의 것 | | | |
| 옥내소화전설비 | | ○ | | | ○ | | ○ | ○ | | ○ | | ○ | ○ |
| 옥외소화전설비 | | ○ | | | ○ | | ○ | ○ | | ○ | | ○ | ○ |

다음, 포 소화설비는 〈암기법〉에서 "건전한 1, 2, 3 그것 4, 5, 6 PSW"와 관련이 있고, 〈암기법〉에서 "포 소화설비"가 포함된 것은 "P"이다. ➡ "P : 포졸 말고 → 포소화설비는 전기시설 말고(뺀 것)"이다.

그러므로 "건전한 1, 2, 3 그것 4, 5, 6"에서 전기를 뺀 것 ➡ "건축물, ~~전기설비~~, 인화성고체, 1류, 2류, 3류(그 밖의 것), 4류, 5류, 6류"이므로 ➡ 건축물, 인화성고체, 1류(그 밖의 것), 2류(그 밖의 것), 3류(그 밖의 것), 4류, 5류, 6류에 동그라미를 한다.

| 소화설비의 구분 | | 대상물질 | 대상물 구분 | | | | | | | | | |
|---|---|---|---|---|---|---|---|---|---|---|---|---|
| | | | 건축물·그 밖의 공작물 | 전기설비 | 제1류 위험물 | | 제2류 위험물 | | | 제3류 위험물 | | 제4류 위험물 | 제5류 위험물 | 제6류 위험물 |
| | | | | | 알칼리금속과산화물등 | 그 밖의 것 | 철분·금속분·마그네슘등 | 인화성고체 | 그 밖의 것 | 금수성물품 | 그 밖의 것 | | | |
| 물분무등 소화설비 | | 포 소화설비 | ○ | | | ○ | | ○ | ○ | | ○ | ○ | ○ | ○ |

다음, 불활성기체, 할로젠화합물 소화설비는 〈암기법〉에서 "불로전 인사 ➡ 불활성기체, 할로젠 소화설비는 전기설비, 인화성고체, 제4류 위험물"에 해당한다.

그러므로 "건전한 1, 2, 3 그것 4, 5, 6"에서 전기설비, 인화성고체, 제4류 위험물만 적응성이 있으므로 ➡ "~~건축물~~, 전기설비, 인화성고체, ~~1류, 2류, 3류(그 밖의 것)~~, 4류, ~~5류, 6류~~"이므로 ➡ 전기설비, 인화성고체, 제4류 위험물에만 동그라미하면 된다.

| 소화설비의 구분 | | 대상물질 | 대상물 구분 | | | | | | | | | |
|---|---|---|---|---|---|---|---|---|---|---|---|---|
| | | | 건축물·그 밖의 공작물 | 전기설비 | 제1류 위험물 | | 제2류 위험물 | | | 제3류 위험물 | | 제4류 위험물 | 제5류 위험물 | 제6류 위험물 |
| | | | | | 알칼리금속과산화물등 | 그 밖의 것 | 철분·금속분·마그네슘등 | 인화성고체 | 그 밖의 것 | 금수성물품 | 그 밖의 것 | | | |
| 물분무등 소화설비 | | 불활성기체 소화설비 | | ○ | | | | ○ | | | | ○ | | |
| | | 할로젠화합물 소화설비 | | ○ | | | | ○ | | | | ○ | | |

## 유사문제

**01** 다음 [보기]에서 불활성기체 소화설비에 적응성이 있는 위험물을 2가지 고르시오. (단, 없으면 없음이라 표기하시오.) [17②]

① 제1류 위험물 중 알칼리금속의 과산화물
② 제2류 위험물 중 인화성고체
③ 제3류 위험물
④ 제4류 위험물
⑤ 제5류 위험물
⑥ 제6류 위험물

**02** 다음 중 나트륨에 적응성이 있는 소화설비를 모두 고르시오. [20]

① 팽창질석
② 인산염류분말소화설비
③ 건조사
④ 불활성기체 소화설비
⑤ 포소화설비

**03** 이산화탄소 소화설비에 적응성이 있는 위험물 또는 대상물 3가지를 쓰시오. [12]

**04** $CO_2$ 소화설비를 사용할 수 없는 대상물 3가지만 쓰시오. [04]

**05** 다음 [보기]에서 불활성기체 소화설비가 적응성이 있는 위험물을 모두 골라 그 기호를 쓰시오. [16,19]

A. 제1류 위험물
B. 제2류 위험물 중 인화성 고체
C. 제3류 위험물 중 금수성 물질
D. 제4류 위험물
E. 제5류 위험물
F. 제6류 위험물

**06** 제3류 위험물 중 금수성 물품 외의 것에 대해 적응성이 있는 소화설비를 4가지를 쓰시오. [10]

**07** 제3류 위험물 중 황린을 제외한 위험등급 I등급 위험물의 소화약제 2가지를 쓰시오. [04]

**08** 에터르의 소화제를 2가지 적으시오. [04]

## 유사문제 답안·해설

**01** **답안** 제2류 위험물 중 인화성고체, 제4류 위험물

**보충** 앞에서 학습한 암기법을 적용해 보면 → 불활성기체 소화설비는 위의 암기법에서 "불로전 인사 : 불활성기체, 할로젠 → 전기, 인화성고체, 제4류 위험물" 즉, 불활성기체 소화설비는 전기설비, 인화성고체, 제4류 위험물에 적응성이 있다는 것을 알 수 있다.

**02** **답안** 팽창질석, 건조사

**참고**

**상세해설** 나트륨은 칼륨, 알킬알루미늄, 알킬리튬과 더불어 제3류 위험물로서 "금수성 물품"에 해당한다. 주의할 것은 철분·금속분·마그네슘등은 제2류 위험물이므로 실수하지 않도록 해야 한다. 어찌됐든 앞에서 학습한 〈암기법〉을 적용해 보면 "알철수(1, 2, 3)+1 → 대상물 : ①항+알철수(1, 2, 3)"이다.

여기서, +1 즉, ①항은 "건전한 1, 2, 3 그것, 4, 5, 6"이고 +알철수(123)은 → "알칼리금속 과산화물(1류), 철분·금속분(2류), 금수성물품(3류)"이다. 이것에 적응성이 있는 소화설비를 보면;

- 인삼은 알철수(123)빼고, 분탕밖에 넣어 ➡ 인산염류는 알칼리금속 과산화물(1류), 철분·금속분(2류), 금수성 물품(3류) 빼고, 분말의 탄산수소염류는 알철수(123), 그 밖의 것을 포함(넣어)
- 조팽이는 건전지 빼고 123456 : 건조사·팽창질석·팽창진주암 ➡ 건축물, 전기 빼고 1, 2, 3, 4, 5, 6류 위험물에 적응성이 있음

적용한 암기법에서 보는 바와 같이 "인삼은 알철수(123) 빼고 분탕밖에 넣어"이므로 인산염류는 제3류 위험물에 적응성이 없으며, 분말의 탄산수소염류만 제3류 위험물에 적응성이 있다.

제시된 [보기]에서 탄산수소염류는 없으므로 "조팽이는 건전지 빼고 123456"에 해당되는 소화시설, 즉 건조사·팽창질석·팽창진주암만 나트륨에 적응성이 있다. 따라서 문제의 나트륨에 적응성이 있는 소화설비는 팽창질석과 건조사가 된다.

## 03  답안  인화성 고체, 제4류 위험물, 전기설비

보충 이산화탄소 소화설비는 "불활성기체 소화설비"에 해당한다. 전술된 〈암기법〉을 적용해 보면; "불로전 인사 ➡ 불활성기체, 할로젠 소화설비는 전기설비, 인화성고체, 제4류 위험물"에 해당한다. 그러므로 이산화탄소 소화설비에 적응성이 있는 위험물 또는 대상물은 전기설비, 인화성고체, 제4류 위험물이다.

## 04  답안  제3류 위험물, 제5류 위험물, 제6류 위험물

보충 이산화탄소 소화설비는 "불활성기체 소화설비"에 해당하며, 대상물의 항목 "건전한 1, 2, 3 그것 4, 5, 6"에서 "불로전 인사 ➡ 불활성기체, 할로젠 소화설비는 전기설비, 인화성고체, 제4류 위험물"에만 적용할 수 있으므로 해당한다. 이산화탄소 소화설비를 사용할 수 없는 대상물은 → "건축물, 전기설비, 인화성고체, 1류, 2류, 3류(그 밖의 것), 4류, 5류, 6류"가 된다. ➡ 그러므로 이산화탄소 소화설비를 사용할 수 없는 대상물은 건축물, 제1류 위험물, 제2류 위험물 중 인화성 고체를 제외한 철분·금속분·마그네슘등과 그 밖의 것, 제3류 위험물 중 금수성 물품 및 그 밖의 것, 제5류 위험물, 제6류 위험물이 된다.

문제에서 3가지만 기재하라고 하였으므로 보다 쉬운 것 위주로 ➡ 제1류 위험물, 제3류 위험물, 제5류 위험물, 제6류 위험물 중에서 3가지를 답안지에 기재하도록 한다.

## 05  답안  B, D

보충 앞에서 학습한 암기법을 적용해 보면 → 불활성기체 소화설비는 위의 암기법에서 "불로전 인사 : 불활성기체, 할로젠 ➡ 전기, 인화성고체, 제4류 위험물" 즉, 불활성기체 소화설비는 전기설비, 인화성고체, 제4류 위험물에 적응성이 있다는 것을 알 수 있다. 그러므로 [보기] 중에서 B와 D만 해당한다.

## 06 답안 옥내소화전설비, 옥외소화전설비, 스프링클러설비, 물분무 소화설비

### ■ 참고

**상세해설** 제3류 위험물 중 금수성 물품 외의 것에 대해 적응성이 있는 소화설비 → 즉 제3류 위험물 중 "그 밖의 것"에 적응성이 있는 소화설비를 기재하라고 요구하는 것이다.

앞에서 학습한 적응성의 〈암기법〉에서 "건전한 1, 2, 3 그것 4, 5, 6 PSW"와 관련이 있고, "그것"과 관련이 있는 소화설비이다. 즉, "3. 그것"에 동그라미를 할 수 있는 소화설비를 묻고 있다.

- S : 소상무가 ㅋ 너좀빼래" → "소화전(옥내/옥외), 봉상수·무상수 소화기, 가(강)화액 ㅋ(컬러) → 위의 적응항목 중 너(4류 위험물), 좀(전기) 빼래(제외)"가 해당되므로 → ∴ "3. 그것"에 적용되는 소화설비는 옥내소화전, 옥외소화전, 소화기는 제외(봉상수, 무상수, 강화액), 스프링클러 설비이다.
- P : 포졸 말고 ; 포소화설비는 전기시설만 뺌 → ∴ 포 소화설비는 "3. 그것"에 적용할 수 있다.
- W : 물은 다넣어 ; 물분무 소화설비는 위에서 빠진 것(4류 위험물, 전기시설) 포함 → ∴ 물분무 소화설비는 "3. 그것"에 적용할 수 있다.

불활성기체, 할로겐 소화설비는 적응성이 없으므로 이를 정리하면, 이 문제의 답안지에 쓸 수 있는 소화설비는 옥내소화전, 옥외소화전, 스프링클러설비, 물분무 소화설비 4가지이다.

---

**● 이승원의 적응성 암기법 ●**

■ 건전한 1, 2, 3 그것 4, 5, 6 PSW / 알철수(123) / 불로전 인사

① 건전한 1, 2, 3 그것 4, 5, 6 → 건축물, 전기설비, 인화성고체, 1류, 2류, 3류(그 밖의 것), 4류, 5류, 6류
  - P : 포졸 말고 ; 포소화설비는 전기시설만 뺌
  - S : 소상무가 ㅋ 너좀빼래 → 소화전(옥내/옥외), 봉상수·무상수 소화기, 가(강)화액 ㅋ(컬러) → 위의 적응항목 중 너(4류 위험물), 좀(전기) 빼래(제외)
  - W : 물은 다넣어 ; 물분무 소화설비는 위에서 빠진 것(4류 위험물, 전기시설) 포함
② 불로전 인사 : 불활성기체, 할로겐 소화설비는 전기설비, 인화성고체, 제4류 위험물에 적응성이 있음
③ 알철수(1, 2, 3)+1 → 알철수(1, 2, 3)+①항 → ①항(건전한 1, 2, 3 그것, 4, 5, 6)+알칼리금속 과산화물(1류), 철분·금속분(2류), 금수성물품(3류)
  - 인삼은 알철수(123) 빼고, 분탕밖에 넣어 → 인산염류는 알칼리금속 과산화물(1류), 철분·금속분(2류), 금수성물품(3류) 빼고, 분말의 탄산수소염류는 알철수(123), 그 밖의 것을 포함(넣어)
  - 조팽이는 건전지 빼고 123456 : 건조사·팽창질석·팽창진주암 → 건축물, 전기 빼고 1, 2, 3, 4, 5, 6류 위험물에 적응성이 있음

---

## 07 답안 마른 모래, 팽창질석, 팽창진주암, 탄산수소염류 분말소화제(이 중 2가지 기술)

## 08 답안 $CO_2$ 소화설비, 분말 소화설비, 포 소화설비, 할론 소화설비(이 중 2가지 기술)

# 2. 소화약제 · 소화설비

## 1 소화약제 특성 · 소화원리

(1) 소화설비 분류체계 · 소화약제 구비조건

① 소화설비 분류체계

㉮ 소방법령상 소화설비
- 소화기구(소화기등)
- 자동소화장치
- 옥내 소화전설비
- 스프링클러설비등
- 물분무등 소화설비
- 옥외 소화전설비

㉯ 물분무등 소화설비(소방법제)
- 물분무 소화설비, 미분무 소화설비
- 포소화설비
- 이산화탄소 소화설비
- 할론·할로젠화합물·불활성기체 소화설비
- 강화액 소화설비, 고체에어로졸 소화설비
- 분말소화설비

㉰ 물분무등 소화설비(위험물법제)
- 물분무 소화설비
- 포 소화설비
- 불활성가스 소화설비
- 할로젠화합물 소화설비
- 분말 소화설비
  - 인산염류
  - 탄산수소염류
  - 기타

㉱ 소화약제 성상에 따른 분류
- 물계통
  - 분무수(적상, 봉상, 무상)
  - 강화액
  - 포(거품)
- 가스계통
  - 이산화탄소
  - 할로젠(할론) 및 청정소화제
  - 분말

② 소화약제의 구비조건
- 소화성능이 뛰어날 것
- 독성이 없어 인체에 무해할 것
- 환경에 대한 악영향을 끼치지 않을 것
- 장기적 저장에 안정할 것
- 경제적이고, 원료의 구입이 용이할 것

(2) 물 소화약제

① 물의 이화학적 특성 : 물분자는 수소결합을 이루고 있다. 수소결합(Hydrogen Bond)을 갖기 때문에 분자 간의 인력이 강하여 분자 사이의 인력을 끊기 위해서는 많은 에너지가 필요하기 때문에 유사한 분자량을 가진 화합물과 비교할 때 녹는점, 끓는점이 높은 특성이 있음
- 물은 몰 증발열(kJ/mol) 및 기화열(증발잠열)이 큼(539cal/g · 100℃)
- 물은 밀도($g/cm^3$)가 크고, 비열(kJ/kg · ℃)이 큼
- 물은 분자량이 비슷한 다른 물질에 비해 녹는점과 끓는점이 높고, 융해열이 큼

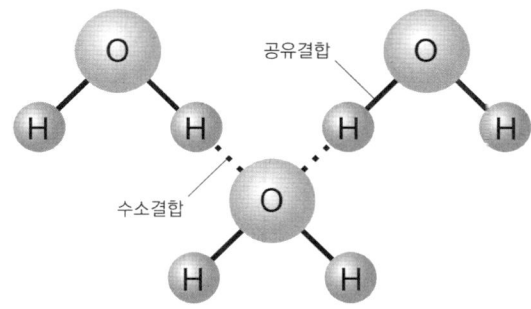

〈그림〉 물의 수소결합과 공유결합

② 소화약제로서 특성과 이용형태

㉮ 소화제로서 물의 특성
- 증발잠열이 높아 열 흡수 특성(냉각효과)이 우수함
- 쉽게 조달할 수 있고, 가격이 저렴함
- 간편하게 사용할 수 있음
- 독성이 없고, 변질우려가 없으며, 장기간 보관가능하고, 안전성이 높음

㉯ 물의 소화작용
- 냉각작용(주작용)
- 질식작용
- 유화작용
- 희석작용
- 타격작용

- 냉각작용 : 물은 액체 중 기화열(539kcal/kg)이 가장 크므로 다른 물질에 비해 냉각효과가 뛰어남
- 질식작용 : 물이 액체에서 기체로 증발하여 수증기를 형성할 경우 대기압 하에서 그 체적은 1,670배로 증가하는데, 그 팽창된 수증기가 연소면을 덮어, 산소의 공급을 차단하는 역할을 함
- 유화작용 : 물의 미립자가 유면(油面)을 두드려서 표면에 엷은 수성막을 형성하거나 에멀젼화(Emulsification, 유탁화)시킴으로써 유류의 증기압을 낮추는 역할을 함
- 희석작용 : 알코올 등과 같은 수용성 액체 위험물은 물에 잘 녹아 희석을 시킴
- 타격작용 : 물을 봉상(棒狀, 막대형)이나 적상(滴狀, 물방울형)으로 주수할 경우 연소물을 파괴 소화할 수 있음. 그러나 유류화재는 거품이 격렬하게 발생되기 때문에 **봉상주수를 피해야 함**

ⓒ 물의 화재 적응성 : 물은 A급 화재(일반화재)에 우수한 적응성을 가짐
- B급 화재(유류화재)에서는 오히려 화재가 확대될 수 있음
- C급 화재(전기화재)에서는 물입자를 무상(霧狀, 안개형)으로 방사(放射)할 경우 적응성을 가지지만 감전사고 위험성이 있음
- 물의 냉각효과(Cooling Effect)는 이산화탄소 소화약제, 할로젠화합물 소화약제, 청정 소화약제 등에 비해 월등하게 우수함
- 분무상주수(噴霧狀注水)는 비중이 물보다 큰 중유 또는 윤활유 등의 유류 화재의 소화약제로 사용이 가능함
- 스프링클러(Sprinkler), 소화전(消火栓) 등의 다양한 소화설비에 이용됨

ⓓ 물의 사용 제한요소 : 물은 다음의 몇 가지 가연성 물질의 화재에 대해서는 사용을 금지하거나 사용상 각별한 유의를 요함

㉠ 물과 반응하여 **가연성 가스**와 열을 발생하는 대상물
- 탄화칼슘 : $CaC_2 + 2H_2O \rightarrow C_2H_2 + Ca(OH)_2$
- 트라이에틸알루미늄 : $(C_2H_5)_3Al + 3H_2O \rightarrow 3C_2H_6 + Al(OH)_3$
- 탄화알루미늄 : $Al_4C_3 + 12H_2O \rightarrow 3CH_4 + 4Al(OH)_3$

㉡ 물과 반응하여 **수소가스**를 발생하는 금속류(K, Na, Al, Mg, Ca, Zn, Ti)
- 칼륨(K, 포타슘) : $2K + 2H_2O \rightarrow H_2 + 2KOH$
- 나트륨(Na) : $2Na + 2H_2O \rightarrow H_2 + 2NaOH$
- 마그네슘(Mg) : $Mg + 2H_2O \rightarrow H_2 + Mg(OH)_2$

㉢ 물 또는 수분과 반응하여 **산소**를 발생하는 과산화물($K_2O_2$, $Na_2O_2$ 등)
- 과산화칼륨($K_2O_2$) : $2K_2O_2 + 2H_2O \rightarrow O_2 + 4KOH$
- 과산화나트륨($Na_2O_2$) : $2Na_2O_2 + 2H_2O \rightarrow O_2 + 4NaOH$
- 과산화마그네슘($MgO_2$) : $2MgO_2 + 2H_2O \rightarrow O_2 + 2Mg(OH)_2$
- 과산화바륨($BaO_2$) : $2BaO_2 + 2H_2O \rightarrow O_2 + 2Ba(OH)_2$

㉣ 물보다 비중이 작은 비수용성(非水溶性) 액체인 벤젠($C_6H_6$), 톨루엔($C_6H_5CH_3$) 자일렌[$C_6H_4(CH_3)_2$] 등에 주수소화(主水消化, Main water digestion, 물분무소화)를 하면 화재면이 확대되어 위험성이 커지게 됨

∴ 분말, $CO_2$, 포 소화약제 등을 사용하여 소화해야 함

> **참고**
>
> 위험물질의 저장특성 정리
> - 물에 안전하고, 불용성이며, 물속에 저장하는 위험물 → 황린($P_4$), 이황화탄소($CS_2$)
> - 등유에 저장하는 위험물 → 칼륨(K), 나트륨(Na), 리튬(Li)
> - 물 또는 알코올에 저장하는 위험물 → 나이트로(니트로)셀룰로오스

### 개념문제

$CS_2$가 들어 있는 드럼통은 화재 시 물을 이용하여 소화가 가능하다. 이 물질의 비중과 소화효과를 비교해 상세히 설명하시오. [07,14]

 **답안지** 이황화탄소($CS_2$)의 액체비중은 1.26으로 휘발성이 강하고 인화점이 매우 낮다. 물보다 비중이 크고, 용해되지 않는 성질이므로 화재시 물을 사용할 경우 화재면을 덮음으로서 산소의 공급을 차단하는 질식효과, 물의 냉각효과, 가연물의 격리효과에 의해 소화할 수 있게 된다.

## (3) 강화액(强化液, Wet chemical agent)

① 구성 : 강화액 약제는 물의 동결현상을 극복하고, 소화능력을 증대시키기 위해 물에 알칼리성의 염류[첨가제 ; $K_2CO_3$, $NaHCO_3$, $(NH_4)_2SO_4$, $NH_4H_2PO_4$]와 침투제를 가하여 물의 소화력을 강화시킨 약알칼리성 액체계 소화약제임

② 강화액의 조건
- 알칼리 금속염류의 수용액인 경우에는 알칼리성 반응을 나타내어야 하며, 응고점이 영하 20℃ 이하여야 함
- 방사 강화액은 방염성이 있고, 또한 응고점(동결점)이 영하 20℃ 이하여야 함
- 강화액은 부촉매효과에 의한 화염의 억제작용과 재연소방지 효과가 있어야 함

③ 소화효과
- 물이 갖는 냉각효과 및 질식효과가 있음
- 금속염의 열분해로 유리된 이온($Na^+$, $K^+$, $NH_4^+$ 등)에 의한 부촉매효과(負觸媒效果, Negative Catalyst Effect)가 있음
- 첨가되는 탄산염류의 열분해 생성물인 $CO_2$에 의한 질식효과가 있음
- 표면장력이 낮고, 심부 화재에 빠르게 침투할 수 있으며, 방염성이 있음
  - $K_2CO_3 + 화염(온도) \xrightarrow[열분해]{흡열반응} CO_2 + K_2O$
  - $NH_4H_2PO_4 + 화염(온도) \xrightarrow[열분해]{흡열반응} H_2O + NH_3 + HPO_3$

④ 화재 적응성
- 봉상주수(棒狀注水)는 일반 고체가연물 화재(A급 화재, 일반화재)에만 적응성이 있음
- 무상주수(霧狀注水)는 전기화재와 제4류 위험물에도 적응성이 있어 A급, B급, C급(일반·유류·전기화재)에 적용할 수 있음
- 튀김 기름의 화재(K급 화재)에도 효과적으로 적용할 수 있음
- 사용할 때 분진가루가 발생되지 않으므로 시야방해 및 시설물에 피해를 입히지 않음
- 액체이지만 어는점이 −20℃ 이하로서 겨울철에도 얼지 않고 사용이 가능함
- 약제의 안정성이 높아 장기간 보관하여도 잘 변질되지 않음

⑤ 제한요소
- 금수성(禁水性) 물질에 사용할 수 없음
- 금속화재에는 사용할 수 없음

### (4) 포(泡, Foam)

① 용어의 정의 : "포 소화약제"란 주원료에 포 안정제, 그 밖의 약제를 첨가한 액상의 것으로 물과 일정한 농도로 혼합하여 공기 또는 불활성기체를 기계적으로 혼입시킴으로써 거품을 발생시켜 소화에 사용하는 약제를 말함

- **단백포 소화약제** : 단백질을 가수분해한 것을 주원료로 하는 것을 말함
- **합성계면활성제 포소화약제** : 합성계면활성제를 주원료로 하는 것을 말함
- **수성막 포소화약제** : 합성계면활성제를 주원료로 하는 포소화약제 중 기름표면에서 수성막을 형성하는 약제를 말함
- **알코올형 포소화약제** : 단백질 가수분해물이나 합성계면활성제 중에 지방산 금속염이나 타계통의 합성계면활성제 또는 고분자 겔 생성물 등을 첨가하여 유기산, 아민류, 에테르류, 케톤류, 알데하이드류, 알코올류 등 수용성 용제의 소화에 사용하는 약제를 말함
- **방수포용 포소화약제** : 대용량 포방수포 등에 사용하는 포소화약제를 말함

② 포 소화약제의 요구조건
- 안정성이 높을 것
- 독성이 없거나 적을 것
- 포의 유동성이 좋을 것
- 유류와의 접착성이 좋고, 유류 표면에 잘 분산될 것

③ 포의 분류
- 화학포 : 화학반응으로 만들어지는 포(泡)
- 기계포(공기포) : 기계적동력으로 강제 흡입된 기체에 의해 거품이 발생됨

㉮ **화학포**(Chemical Foam) : 알칼리제(A)와 산성제(B) 및 기포안정제를 주입하여 발생시키는 포(泡)로서 유지관리 문제, 유해성 문제로 국내에서는 사용되지 않음

> 알칼리성 A제 + 산성 B제 + 기포안정제 → (포핵 : 탄산가스) → 질식 · 냉각작용

- A제 : 중탄산나트륨($NaHCO_3$)
- B제 : 황산알루미늄[$Al_2(SO_4)_3 \cdot 18H_2O$]
- 기포안정제 : 사포닌, 계면활성제, 소다회, 가수분해(수용성)단백질 등
- $6NaHCO_3 + Al_2(SO_4)_3 \cdot 18H_2O \rightarrow 6CO_2 + 18H_2O + 3Na_2SO_4 + 2Al(OH)_3$
- $CO_2$가스 : 포(泡) 압력분출에 기여하며, 질식효과를 유발함
- $H_2O$ 및 수산화물 : 냉각효과를 유발함

㉴ 기계포(Mechanical Foam, 공기포) : 기계적 동력으로 인해 강제로 흡입된 기체에 의해 발생된 거품을 기계적 동력을 이용하여 분출하게 되며, 거품 기체(포핵)는 공기 또는 불활성기체가 됨

$$\boxed{\text{소화약제 원액 + 물 + 흡입공기} \rightarrow (\text{포핵 ; 공기}) \rightarrow \text{질식 · 냉각 · 유화 · 희석작용}}$$

- 소화약제 원액 : 단백포, 계면활성제포, 수성막포, 불화단백포, 내알코올포 등
- 물
- 기계적 동력사용(공기흡입/교반/분출)

● 참고 ●

**다양한 기계포(공기포)의 메커니즘과 특징**

□ 단백포 : $\begin{cases} \text{동식물 단백질} \\ \text{가수분해 물질} \\ \text{안정제(제1철염)} \\ \text{부동액(에틸렌글리콜)} \end{cases}$ + 물 $\longrightarrow$ 기포(핵, Air) + $H_2O$

- 기포는 양친매성(물과 기름 모두 친함)이고, 점착성이 좋음
- 재연방지 효과 우수함
- 내유성이 좋지 않으며, 유동성이 낮음

□ 계면활성제포 : $\begin{cases} \text{계면활성제} \\ \text{(고급알코올황산에스테르염)} \\ \text{기포 안정제} \end{cases}$ + 물 $\xrightarrow[\text{동력분사}]{\text{흡입공기}}$ 기포(Air) + $H_2O$

- 기포는 양친매성(물과 기름 모두 친함)이고, 점착성이 좋으며, **고팽창포로 사용**
- 포유동성이 좋고, 팽창범위가 넓어 고체 · 기체화재 적응성이 좋음
- 내열성 · 내유성이 낮음
- 포의 소멸시간이 짧음

□ 수성막포 : $\begin{cases} \text{불소계 계면활성제} \\ \text{안정제} \end{cases}$ + 물 $\xrightarrow[\text{교반 후 동력분사}]{\text{흡입공기}}$ 기포(핵, Air) + $H_2O$

- 불화단백포 = 단백포 + 불소계 계면활성제(미량)
- 포소화약제 중 소화력이 가장 좋음
- 화학적으로 안정하며, 보존성이 우수함
- 기포는 단친매성(물하고만 친함)이고, 내유성이 좋으며, 유동성이 우수함
- 내열성이 약함(대형화재, 1000℃이상 고온화재에 적용 제한)
- 내약품성으로 분말 소화약제와 트윈 에이전트 시스템(Twin Agent System)이 가능함
- 알코올 화재 시 수성막포는 효과가 없음(알코올이 수용성이어서 포를 소멸시킴)

※ 트윈 에이전트 시스템(Twin Agent System)이란 유류화재 시 분말 소화약제의 단점인 재발화 문제를 포 소화약제인 거품이 보완하고, 포 소화약제의 늦은 소화속도를 분말 소화약제의 빠른 소화능력, 즉 속소성이 이를 보완하게 함으로써 소화능력을 끌어올린 신개념 소화시스템을 말함

④ 포의 소화작용과 적응성

㉮ 소화작용 $\begin{cases} \circ \text{질식작용} \\ \circ \text{냉각작용} \\ \circ \text{유화작용(기계포)} \\ \circ \text{희석작용(기계포)} \end{cases}$

㉯ 포의 화재 적응시설
- 비행기 격납고, 자동차 정비공장, 차고 등 주로 기름을 사용하는 장소
- 특수가연물을 저장 취급하는 장소
- 제4류 위험물, 제5류 위험물, 제6류 위험물에 사용가능

㉰ 사용제한 · 비적응시설
- 제1류 위험물 중 알칼리금속과 제2류 위험물 중 금속분에는 사용할 수 없음
- 제3류 위험물 중 금수성 물질에는 사용할 수 없음
- 전기설비에 적응성이 없음

### 개념문제

A제의 $NaHCO_3$, B제의 황산알루미늄을 혼합하여 화학포를 발생시킨다. 반응식을 쓰고, 탄산가스 6몰이 생성되려면 $NaHCO_3$는 몇 몰이 필요한지 쓰시오. [04,07]

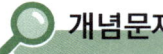 (1) $6NaHCO_3 + Al_2(SO_4)_3 \cdot 18H_2O \rightarrow 6CO_2 + 2Al(OH)_3 + 3Na_2SO_4 + 18H_2O$
(2) 6몰

**▌참고▐**

 화학포 원료인 A제의 화학식은 $NaHCO_3$으로 제시되었지만 B제의 황산알루미늄은 화학식을 제시하지 않았다. 황산알루미늄은 황산 음이온(2가, $SO_4^{2-}$)과 알루미늄 양이온(3가, $Al^{3+}$)이 결합된 화합물이다. 산화수(酸化數, Oxidation Number)를 교차 적용하여 황산알루미늄의 분자식을 만들면 → $Al_2(SO_4)_3$가 된다.

다음, $NaHCO_3$는 염기(알칼리)이고, 전리되면 $Na^+$와 탄산수소이온($HCO_3^-$)을 생성하므로 1가의 염기로 작용한다. 반면에 황산알루미늄[$Al_2(SO_4)_3$]은 전리되면 $2Al^{3+}$와 $3SO_4^{2-}$를 생성하고, 황산이온은 2가의 황산($H_2SO_4$)의 짝염기이므로 알루미늄은 3가의 잠산성(치환산성)을 지니기 때문에 2mol의 알루미늄이온이 전리되는 황산알루미늄[$Al_2(SO_4)_3$]은 6가의 산성으로 반응한다.

그러므로 산-염기의 반응은 "등가반응 원칙"이 적용되어야 하므로 1mol의 산성물질인 $Al_2(SO_4)_3$와 반응하는 염기성의 대응물질인 1가 $NaHCO_3$는 6mol이 반응하여야 한다. 이것을 토대로 반응식을 만들면;

□ $6NaHCO_3 + Al_2(SO_4)_3 \rightarrow 6CO_2 + 2Al(OH)_3 + 3Na_2SO_4$

반응식을 구성할 때 생성계의 물질구성이나 생성물의 분자식을 어떻게 쓸지 고민이 될 수 있겠으나, 소화제라는 특성을 여기에 접목하면 보다 쉽다. ➡ 탄산가스(질식작용), 수산화물(냉각작용), 이온성 라디칼($Na^+$, $K^+$)은 부촉매작용에 의한 소화효과를 유발한다고 알고 있다. 이 개념을 적용하면 된다.

□ $6NaHCO_3 + Al_2(SO_4)_3$ 에서 $\begin{cases} \circ\ 6CO_3\text{는} \rightarrow 6CO_2 \text{으로} \\ \circ\ 6Na^+\text{는}\ 3(SO_4^{2-})\text{와 결합}\ 3Na_2SO_4\ \text{형성} \\ \circ\ 2Al^{3+}\text{는 O와 H를 모아}(OH^-) \rightarrow \text{수산화물}[2Al(OH)_3] \end{cases}$

∴ $6NaHCO_3 + Al_2(SO_4)_3 \rightarrow 6CO_2 + 3Na_2SO_4 + 2Al(OH)_3$

답안지의 반응식을 쓸 때, $H_2O$를 빼고, 지금과 같이 기재하여도 틀리지 않는다.

다음, "탄산가스 6몰이 생성되려면 $NaHCO_3$는 몇 몰이 필요한지"는 앞에서 만든 반응식을 이용하면 간단히 해결할 수 있다.

$$6NaHCO_3 + Al_2(SO_4)_3 \rightarrow 6CO_2 + 3Na_2SO_4 + 2Al(OH)_3$$
$$1\text{mol} \quad : \quad 6\text{mol}$$

### 개념문제

냉각소화를 하기 위해 사용되는 산(酸)·알칼리 소화기에 대하여 물음에 답하시오. (단, 산은 황산, 알칼리는 탄산수소나트륨이다) [08]

(1) 소화기의 반응식을 쓰시오.
(2) 반응 시 생성되는 탄산가스의 양이 44g일 때 황산의 몰수를 구하시오.

**답안지** (1) $2NaHCO_3 + H_2SO_4 \rightarrow Na_2SO_4 + 2CO_2 + 2H_2O$

(2) $2NaHCO_3 + H_2SO_4 \rightarrow 2CO_2 + Na_2SO_4 + 2H_2O$
$$1\text{mol} \quad : \quad 2 \times 44\text{g}$$
$$x(\text{mol}) \quad : \quad 44\text{g}$$
$$\therefore H_2SO_4 = 0.5\,\text{mol}$$

### (5) 탄산가스 소화약제

① **이화학적 특성**: 이산화탄소($CO_2$)는 더 이상 산소와 반응하지 않는 불연성 기체이기 때문에 질소, 아르곤, 할로젠, 할론(halon) 등의 불활성기체와 함께 가스계 소화약제로 널리 이용되고 있음
- $CO_2$는 공기보다 1.5배 정도 무거움
- 압력을 가하면 쉽게 액화되기 때문에 고압가스 용기 속에서 액화시켜 보관할 수 있음
- 증기압이 21℃에서 57.8kg/cm² 정도로 매우 높기 때문에 자체압력으로 방사 가능함
- 가스 자체의 변화가 없으므로 장기보존성이 있음

② **탄산가스의 소화작용**
- 질식작용(주된 작용)
- 냉각작용
- 피복효과

㉮ **질식작용**
- $CO_2$ 소화약제를 방사하여 산소 농도를 15% 이하로 저하시켜 소화시키는 작용임
- 이론적인 최소 소화농도는 다음 수식으로 구할 수 있음(설계 농도는 이 값에 약 20%의 여유분을 고려하여 산정함)

$$CO_2 \text{ 소화 농도}(\%) = \frac{21 - \text{한계 산소농도}}{21} \times 100$$

㉯ **냉각작용**
- 탄산가스가 방출(단열적 팽창)될 때, **줄-톰슨 효과**(Joule-Thomson effect)에 의해 기화열을 주위로부터 흡수하는 효과임
- 유류탱크 화재처럼 불타는 물질에 직접 방출하는 경우에 가장 효과적으로 작용함
- 미세한 드라이 아이스(Dry Ice)입자가 존재하는 경우에는 냉각효과가 더욱 증대됨

㉰ **피복효과**
- 이산화탄소는 공기의 약 1.5배 정도로 무겁기 때문에 가연물이나 화염 표면을 덮어 공기의 공급을 차단하는 효과를 일으킬 수 있음
- 표면화재의 소화 메커니즘으로 작용함

③ **탄산가스의 장단점**

| 장점 | 단점 |
| --- | --- |
| • 공기보다 무거우므로 화재 심부까지 침투 용이 | • 질식의 위험성이 있음 |
| • 높은 증발잠열에 의한 냉각효과가 큼 | • 기화 시 급랭하여 동상의 우려가 있음 |
| • 기화 팽창률이 큼 | • 흰색운무에 의한 가시도 저하 |
| • 표면화재, 심부화재, 전기화재에 적용 가능 | • 동결에 따른 정밀기기의 손상 유발가능 |
| • 진화 후 소화약제에 의한 오손이 없음 | • 방사소음 문제 있음 |
| | • 물에 용해 시 약산성을 나타냄 |

④ 탄산가스의 화재 적응성과 제한성
  ㉮ 적응장소 : 탄산가스는 전기적으로 비전도성이기 때문에 전기화재(C급 화재)에도 사용할 수 있음
    • 유류화재(B급 화재), 전기화재(C급 화재)의 소화에 사용할 수 있음
    • 제4류 위험물, 특수 가연물 등의 소화에 사용할 수 있음
    • 통신실, 전산실, 변전실 등의 전기설비 취급장소에 적응성이 있음
  ㉯ 비적응장소
    • 인명 피해가 우려되는 밀폐된 장소
    • 금속물질(Na, K, Al, Mg 등)을 저장·취급하는 장소
    • 금속의 수소화합물(NaH, $CaH_2$ 등)을 저장·취급하는 장소
    • 나이트로셀룰로오스 등 제5류 위험물(자기반응성 물질)을 저장·취급하는 장소

⑤ 물 계통 소화약제와 탄산가스의 특성 비교

| 비교항목 | 물 계통 소화약제 | | 탄산가스($CO_2$) |
|---|---|---|---|
| | 물($H_2O$) | 포(Foam) | |
| 주된 소화작용 | 냉각작용 | 질식·냉각작용 | 질식작용 |
| 소화속도 | 느림 | 느림 | 빠름 |
| 냉각효과 | 큼 | 큼 | 적음 |
| 사용후 오염 | 많음 | 매우 많음 | 없음 |
| 재발화 | 낮음 | 낮음 | 있음 |
| 적응화재 | A급 화재 | A, B급 화재 | B, C급 화재 |

## (6) 할론가스(할로젠화합물, 할론류)

① 조성(구성) : 할로젠 소화약제는 메테인(메탄, $CH_4$), 에테인(에탄, $C_2H_6$) 등의 수소 일부 또는 전부가 할로젠 원소(F, Cl, Br, I 등)로 치환된 화합물을 말하며, 할론(Halon)이라고 부르기도 함

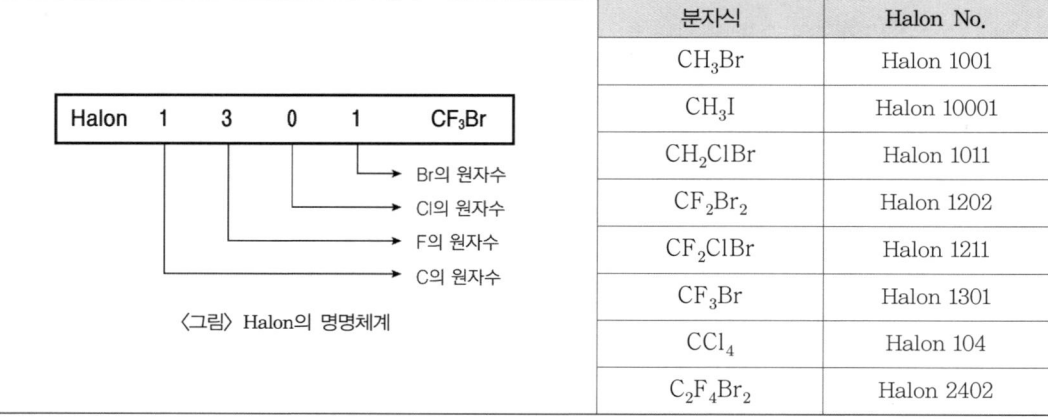

| 분자식 | Halon No. |
|---|---|
| $CH_3Br$ | Halon 1001 |
| $CH_3I$ | Halon 10001 |
| $CH_2ClBr$ | Halon 1011 |
| $CF_2Br_2$ | Halon 1202 |
| $CF_2ClBr$ | Halon 1211 |
| $CF_3Br$ | Halon 1301 |
| $CCl_4$ | Halon 104 |
| $C_2F_4Br_2$ | Halon 2402 |

〈그림〉 Halon의 명명체계

[비고] 할론은 C, F, Cl, Br, I의 순서로 개수를 나타내어 명명하는데 해당 원소가 없는 경우는 0으로 표시한다. 맨 끝의 숫자가 0이면 생략한다.

② 할론의 이화학적 특징
- 할로젠화합물은 공기보다 무거운 불연성 기체임
- 전기절연성이 좋고, 소화약제에 의한 오손이 없음
- 밀폐공간에서 5~10%의 방사 농도로 소화되므로 산소결핍에 의한 인체의 질식염려가 적지만 약제 자체와 열분해생성물 모두 인체에 유해함
- 상온, 상압에서 Halon 1301, Halon 1211은 **기체상태**로, Halon 2402, Halon 1011, Halon 104는 **액체상태**로 존재함
- Halon 1301은 전체 Halon 중에서 가장 소화효과가 크고, 독성은 가장 적음

③ 소화작용
- 할로젠화합물의 주요 소화기능은 연쇄반응을 억제시키는 **부촉매 효과**이고, 이외에 질식소화, 냉각소화 기능이 있음
- 할론의 분자식에서 F(불소)는 **불활성과 안정성**을 높여주고 Br(브롬)은 **부촉매 소화효과**를 증대시켜 주는 기능을 함

④ 할론의 화재 적응성
- 일반적으로 유류화재(B급 화재), 전기화재(C급 화재)에 적합함
- 전역방출과 같은 밀폐상태에서는 일반화재(A급 화재)에도 사용할 수 있음

### (7) 할로젠화합물·불활성기체 소화약제 등

① 소화제의 구성·조성
㉮ 할로젠화합물 및 불활성기체 소화약제 : 할로젠화합물 및 불활성기체로서 아래의 요건이 충족되는 소화약제를 말함(예전에는 "청정 소화약제"라고 불리기도 하였음)
- 할론 1301, 할론 2402, 할론 1211 제외
- 전기적으로 비전도성
- 휘발성이 없는 것
- 증발 후 잔여물을 남기지 않는 것

㉯ 할로젠화합물 소화약제 : 불소, 염소, 브롬 또는 요오드(아이오딘) 중 하나 이상의 원소를 포함하고 있는 유기화합물을 기본성분으로 하는 소화약제를 말함

**할로젠화합물 소화약제**

| 약제 기호 | 분자식/성분 | 약제 기호 | 분자식/성분 |
|---|---|---|---|
| FIC-1311 | $CF_3I$ | HCFC-124 | $CHClFCF_3$ |
| HFC-23 | $CHF_3$ | FK-5-12 | $CF_3CF_2C(O)CF(CF_3)_2$ |
| HFC-125 | $CHF_2CF_3$ | HCFC BLEND A (혼화제) | HCFC-22 82% <br> HCFC-123 4.75% <br> HCFC-124 9.5% <br> $C_{10}H_{16}$ 3.75% |
| HFC-227 | $CF_3CHFCF_3$ | | |
| HFC-236 | $CF_3CH_2CF_3$ | | |
| FC-3110 | $C_4F_{10}$ | | |

할로젠화합물의 약제기호 명명체계

소화약제(기호번호) + 90 = [a][b][c]

→ [a][b][c] $\xrightarrow{C, H, F의 순서대로 \\ 단위 분자의 원소 수임}$ $C_aH_bF_c$

※ 감 잡기 - 십단위(탄소수 1개)
  첫 번째[a] = 탄소수, 맨 끝 숫자 = 불소수
※ 감 잡기 - 1백미만(탄소수 2개)
  첫 번째[a] = 탄소수, 맨 끝 숫자 = 불소수
※ 감 잡기 - 2백미만(탄소수 3개)
  첫 번째[a] = 탄소수, 맨 끝 숫자 = 불소수
※ 감 잡기 - 천단위 이상
  첫 번째[a] = 탄소수, 맨 끝 숫자 = I or Br 수
※ 별종 : FC-3110 = $C_4F_{10}$

| 약제 기호 | 분자식 |
|---|---|
| HFC-23 <br> 23+90=113 | C 1, H 1, F 3 <br> $CHF_3$ |
| HFC-125 <br> 125+90=215 | C 1, H 2, F 5 <br> $C_2HF_5$ or $CHF_2CF_3$ |
| HFC-227 <br> 227+90=317 | C 3, H 1, F 7 <br> $C_3HF_7$ or $CF_3CHFCF_3$ |
| HFC-236 <br> 236+90=326 | C 3, H 2, F 6 <br> $C_3H_2F_6$ or $CF_3CH_2CF_3$ |
| HCFC-124 <br> 124+90=214 | C 2, H 1, F 4 <br> $C_2HF_4Cl$ or $CHClFCF_3$ |

㉰ 불활성기체 소화약제 : 헬륨, 네온, 아르곤 또는 질소가스 중 하나 이상의 원소를 기본성분으로 하는 소화약제를 말함

**불활성기체 소화약제**

| 약제 기호 | 분자식/성분 | 약제 기호 | 분자식/성분 |
|---|---|---|---|
| IG-01 | Ar | IG-55 | $Ar(50\%) + N_2(50\%)$ |
| IG-100 | $N_2$ | IG-541 | $N_2(52\%) + Ar(40\%) + CO_2(8\%)$ |

② 할로젠화합물 · 불활성기체 소화약제 특징
  • 기존 Halon, $CO_2$ 소화설비보다 소화약제량이 많아 넓은 저장공간을 필요로 함
  • 저장 용기수가 Halon, $CO_2$ 소화설비에 비해 2배 필요함

▎ **할로젠화합물 소화약제의 장단점** ▎

| 장점 | 단점 |
|---|---|
| • 부촉매효과에 의한 소화능력이 우수함<br>• 공기보다 5.1배 이상 무거워 심부화재에 효과적임<br>• 전기적 부도체이므로 C급 화재에 효과적임<br>• 저농도 소화가 가능하며, 질식의 우려가 없음<br>• 금속에 대한 부식성이 적고, 독성이 비교적 낮음<br>• 진화 후 소화약제에 의한 오손이 없음 | • CFC계열은 오존층 파괴의 원인물질임<br>• 사용제한 규제에 따른 수급이 불안정함<br>• 가격이 고가임 |

③ 소화작용 : 부촉매효과(주된 효과), 질식효과, 냉각효과

㉮ 할로젠화합물 소화약제 { ○ 냉각작용<br>○ 부촉매효과에 의한 소화작용

- F, Cl이 들어가는 물질 ➔ 냉각작용이 주 효과이고, 부촉매작용이 보조 효과임
- Br, I가 들어가는 물질 ➔ 부촉매효과가 주 효과이고, 냉각작용이 보조 효과임

㉯ 불활성기체 소화약제 { ○ 질식작용<br>○ 냉각효과에 의한 소화작용

● **참고** ●

□ **부촉매효과**(負觸媒效果, Negative Catalyst Effect) : 소화약제가 고온에서 분해될 때 발생하는 유리할로젠이 가연물의 활성라디칼인 연쇄전달체에 작용하여 활성화에너지를 증가시킴으로써 연소반응을 억제시키는 효과를 말함
□ **질식효과**(窒息效果, Suffocation Effect) : 소화약제가 고온에서 분해될 때 발생하는 불활성기체(HF, HBr 등)가 산소를 희석시킴으로써 연소를 지속할 수 없게 하는 소화작용을 말함
□ **냉각효과**(冷却效果, Cooling effect) : 할로젠화합물은 저비점(低沸點)을 갖는 물질이므로 고온에서 증발할 때 주변의 열을 다량 흡수함으로써 연소반응을 억제하는 작용을 함

④ 화재 적응성 및 비적응 장소

㉮ 적응성
- 유류화재(B급 화재), 전기화재(C급 화재)의 소화에 사용할 수 있음
- 밀폐상태에서 방출되는 전역방출방식인 경우 일반화재(A급 화재)에도 사용 가능함
- 제4류 위험물, 특수 가연물 등의 소화에 사용할 수 있음
- 통신실, 전산실, 변전실 등의 전기설비 취급장소에 적응성이 있음

㉯ 비적응성
- 금속물질(Na, K, Al, Mg 등)을 저장·취급하는 장소
- 금속의 수소화합물(NaH, $CaH_2$ 등)을 저장·취급하는 장소
- 나이트로셀룰로오스 등 제5류 위험물(자기반응성 물질)을 저장·취급하는 장소

⑤ 할로젠화합물·불활성기체의 사용제한
  ㉮ 사람이 상주하는 곳으로 최대허용 설계농도를 초과하는 장소
  ㉯ 제3류 위험물 및 제5류 위험물을 사용하는 장소

> ● 참고 ●
>
> **염화탄소(할론 104)의 사용제한 →** 현재 사용금지 소화제(맹독성 **포스겐 발생**)
> - 수분과 반응 포스겐 발생 : $CCl_4 + H_2O \rightarrow COCl_2 + 2HCl$
> - 공기 중 산소와 반응 포스겐 발생 : $2CCl_4 + O_2 \rightarrow 2COCl_2 + 2Cl_2$
> - 탄산가스와 반응 포스겐 발생 : $CCl_4 + CO_2 \rightarrow 2COCl_2$

## 개념문제

다음 [표]에 있는 할론 소화제의 화학식을 쓰시오.   [08,14]

| 할론 1301 | 할론 2402 | 할론 1211 |
|---|---|---|
| ① | ② | ③ |

**답안지** ① $CF_3Br$  ② $C_2F_4Br_2$  ③ $CF_2ClBr$

● 참고 ●

**Halon의 명명체계**

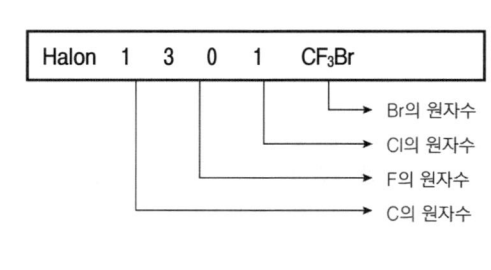

| 분자식 | Halon No. |
|---|---|
| $CH_3Br$ | Halon 1001 |
| $CH_2ClBr$ | Halon 1011 |
| $CF_2Br_2$ | Halon 1202 |
| $CF_2ClBr$ | Halon 1211 |
| $CF_3Br$ | Halon 1301 |
| $CCl_4$ | Halon 104 |
| $C_2F_4Br_2$ | Halon 2402 |

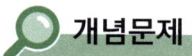 **개념문제**

다음 불활성기체 소화약제에 대한 구성 성분을 쓰시오. (단, 구성 성분에 대한 성분비를 함께 쓰시오.)

[18②,22]

(1) IG-55
(2) IG-541

**Hack 답안지** (1) $N_2$ 50%, Ar 50%
(2) $N_2$ 52%, Ar 40%, $CO_2$ 8%

**보충** 암기할 부분이 많은 내용이나 단원은 어느 정도 반복적 집중학습을 하면 학습효과가 생기기 마련이지만 내용이 중복되거나 비슷하면 머리에 저장되는 시간이 크게 단축되고 학습 스트레스를 받게 된다. 그러므로 지금과 같은 문제들은 "한번집중"에 "장기간 저장"할 수 있는 특이한 〈암기법〉으로 정리해 두어야 시험을 치루고 나서도 잘 잊혀지지 않고, 내공이 쌓이게 된다. 이를 소개하고자 한다.

---

**이승원의 불활성기체 암기법**

- 불활성 기체(IG, Inert Gas) 공일아 백지곤지다오 오늘은 지오두아사리판이다.
- 공일아 → IG01(아르곤, Ar)
- 백지곤지다오 → IG100(질소, $N_2$), (아르곤+질소)다오(55, 50%)
- 오늘은 지오두아사리판 → 오늘은(IG541), 지오두(질소 52), 아사(아르곤 40), 리판(이산화탄소 8)

---

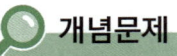 **개념문제**

다음 소화약제의 화학식 또는 구성 성분을 쓰시오. [20]
(1) 할론 1301
(2) IG-100
(3) 제2종 분말 소화약제

**Hack답안지** (1) $CF_3Br$
(2) $N_2$
(3) $KHCO_3$

■ 참고 ■

 할론 소화약제의 명명체계는 "씨불염봐요(C, F, Cl, Br, I)"의 순서로 개수를 나타내어 명명하는데 해당 원소가 없는 경우는 0으로 표시한다. 맨 끝의 숫자가 0이면 생략한다. 그러므로 할론 1301에 이 방법을 적용하면 → 1301 씨불염봐요(C, F, Cl, Br, I), 탄소 1개, 불소 3개, 염소 0개, 브롬 1개 ➡ $CF_3Br$가 된다.

확인 방법은 탄소(C)는 주기율표상의 14족이므로 최외각 전자가 4개인 4가원소다. 따라서 탄소를 중심으로 4개의 다른 원소와 결합할 수 있으므로 탄소 1개가 존재하는 분자식에는 탄소를 제외한 다른 원자수는 4개이어야만 1분자를 구성할 수 있으므로 작성한 분자식을 점검하는 데 이를 활용한다.

불활성기체 IG-100은 앞에서 학습한 〈암기법〉 "백지곤지다오 → IG100(질소, $N_2$), (아르곤+질소)다오(55, 50%)"를 사용해 본다.

제2종 분말 소화약제의 화학식은 앞으로 학습할 "분말 소화약제"편에서 다루어지겠지만 지금은 〈암기법〉 정도만 소개하도록 한다.

---
**● 이승원의 분말 소화약제 암기법 ●**

- 나캉모인다요잉 1, 2, 3, 4 탄산 수고
- 나캉모인다요잉 → 나트륨(Na), 칼륨(K), 암모늄($NH_4$), 인산($PO_4$), 다(혼합), 요(요소), 잉(2종)
- 1, 2, 3, 4 수고 → 1종, 2종, 3종, 4종, 탄산, 수소-공통
- ∴ 제1종 : 나트륨(Na)+수소(H)+탄산($CO_3$) ➡ $NaHCO_3$
- ∴ 제2종 : 칼륨(K)+수소(H)+탄산($CO_3$) ➡ $KHCO_3$
- ∴ 제3종 : 암모늄($NH_4$)+수소($H_2$)+인산($PO_4$) ➡ $NH_4H_2PO_4$
- ∴ 제4종 : 다요잉 ➡ 혼합+요소+2종 ➡ $KHCO_3$+요소[$(NH_2)_2CO$]

---

이 방법을 적용하면 → 제2종 분말 소화약제의 화학식은 $KHCO_3$임을 확실하게 기억해 낼 수 있다.

### (8) 분말 소화약제

① 약제의 구성·조성

㉮ 탄산수소나트륨, 탄산수소칼륨, 인산암모늄 등의 물질을 미세한 분말로 만들어 유동성을 높인 후 이를 $N_2$ 또는 $CO_2$의 가스압으로 분말을 분출하게 함

㉯ 분출되는 분말의 입자는 10 ~ 70$\mu m$ 범위이지만 최적의 소화효과를 나타내는 입자는 20 ~ 25$\mu m$ 범위이며, 그 성분에 따라 제1종 ~ 제4종으로 다음과 같이 분류함

- **제1종 분말** : 탄산수소나트륨(중탄산나트륨, $NaHCO_3$)이 주성분인 분말
- **제2종 분말** : 탄산수소칼륨(중탄산칼륨, $KHCO_3$)이 주성분인 분말
- **제3종 분말** : 인산이수소암모늄(제1인산암모늄, $NH_4H_2PO_4$)이 주성분인 분말
- **제4종 분말** : 탄산수소칼륨(중탄산칼륨, $KHCO_3$) + 요소[$(NH_2)_2CO$]의 혼합

| 구분 | 1종 | 2종 | 3종 | 4종 |
|---|---|---|---|---|
| 주성분 | $NaHCO_3$ | $KHCO_3$ | $NH_4H_2FO_4$ | $KHCO_3 + (NH_2)_2CO$ |
| 착색 | 백색 | 보라색/담회색 | 담홍색 | 회색 |
| 적응성 | B, C, F급 화재 | B, C급 화재 | A, B, C급 화재 | B, C급 화재 |

● **참고** ●

**화재의 분류**

| 국제표준화기구 | 미국방화협회 |
|---|---|
| A급화재 : 불꽃을 발생시키는 유기물질, 고체물질 화재 | A급화재 : 나무, 의류, 종이, 고무, 플라스틱 등의 화재 |
| B급화재 : 액체 또는 액화하는 고체로 인한 화재 | B급화재 : 모든 가연성 액체 또는 기름, 타르, 래커 등 화재 |
| C급화재 : 가스로 인한 화재 | C급화재 : 통전중인 전기설비를 포함한 화재 |
| D급화재 : 금속으로 인한 화재 | D급화재 : 마그네슘, 티타늄, 리튬 등 금속으로 인한 화재 |
| F급화재 : 가연성 튀김기름을 포함한 조리로 인한 화재 | K급화재 : 가연성 튀김기름을 포함한 조리로 인한 화재 |

● **비고** ●

- 열분해되면서 발생되는 이산화탄소는 산소공급을 차단시키는 질식효과가 있음
- 분말 소화약제가 열분해될 때 흡열반응을 하므로 냉각효과가 있음
- 열분해에 의해 발생되는 유리된 이온($Na^+$, $K^+$, $NH_4^+$ 등)은 부촉매효과를 발휘함
- 분말 소화약제 중 소화효과가 가장 우수한 것 → 4종 분말소화제

□ **1종 분말** : 탄산수소나트륨($NaHCO_3$) 분말은 고온(270 ~ 850℃)에서 흡열반응을 통해 $CO_2$와 $H_2O$를 생성시킴

$$2NaHCO_3 \xrightarrow[\text{흡열반응}]{\text{저온}(270℃)\ \text{열분해}} Na_2CO_3 + CO_2 + H_2O$$

$$2NaHCO_3 \xrightarrow[\text{흡열반응}]{\text{고온}(850℃\uparrow)\ \text{열분해}} Na_2O + 2CO_2 + H_2O$$

- 2종 분말 : 탄산수소칼륨($KHCO_3$) 분말은 고온(190 ~ 590℃)에서 흡열반응을 통해 $CO_2$와 $H_2O$를 생성시킴

$$2KHCO_3 \xrightarrow[\text{흡열반응}]{\text{저온(190℃) 열분해}} K_2CO_3 + CO_2 + H_2O$$

$$2KHCO_3 \xrightarrow[\text{흡열반응}]{\text{고온(590℃↑) 열분해}} K_2O + 2CO_2 + H_2O$$

- 3종 분말 : 제1인산암모늄($NH_4H_2PO_4$) 분말은 고온(166 ~ 360℃)에서 흡열반응을 통해 $NH_3$와 $H_2O$를 생성시킴

$$NH_4H_2PO_4 \xrightarrow[\text{흡열반응}]{\text{저온(166℃) 열분해}} H_3PO_4(\text{오쏘인산}) + NH_3$$

$$NH_4H_2PO_4 \xrightarrow[\text{흡열반응}]{\text{고온(360℃↑) 열분해}} + HPO_3(\text{메타인산}) + NH_3 + H_2O$$

- 4종 분말 : $KHCO_3 + (NH_2)_2CO$(요소)의 혼합 분말은 고온에서 흡열반응을 통해 $NH_3$와 $H_2O$를 생성시킴

$$2KHCO_3 + (NH_2)_2CO \xrightarrow[\text{흡열반응}]{\text{고온 열분해}} K_2CO_3 + 2NH_3 + 2CO_2$$

② 분말 소화약제 요구조건

- 분말의 안식각이 작고, 유동성이 클 것
- 수분에 대한 내습성과 시간에 따른 안정성이 커 덩어리짐이 없을 것
- 다양한 입자 크기(입도)가 유지되어 우수한 소화기능을 가질 것
- 밀도 0.82g/mL 이상일 것
- 장치에 대한 부식성이 없고, 열분해 시 독성 유발물질이 생성되지 않을 것

**∥ 분말 소화제의 장단점 ∥**

| 장점 | 단점 |
| --- | --- |
| • 신속한 화재진압(녹다운효과)이 가능함<br>• 소화성능이 우수하고 소화시간이 짧음<br>• 약제 수명이 반영구적임<br>• 동결우려가 없고 장기보존이 가능함<br>• 비전도성이므로 고전압기기의 소화에 안전함<br>• 간단하고 유지관리가 용이함<br>• 설비비가 경제적이며, 약제는 인체에 무해함 | • 냉각효과가 적음<br>• 금속에 대한 부식성이 있음<br>• 침투성이 나쁘고, 재발화 위험이 있음<br>• 잔유물로 인하여 2차 피해가 발생함<br>• 방사 후 청소를 하여야 함<br>• 가시도를 악화시켜 피난을 방해함 |

③ 분말 소화약제 소화작용
　{
　　○ 부촉매효과(주된 효과)
　　○ 질식효과
　　○ 열방사차단효과
　　○ 냉각효과
　　○ 탈수 탄화효과
　　○ 방진효과
　}

㉮ **부촉매효과** : 소화약제가 고온에서 분해될 때 발생하는 유리이온($Na^+$, $K^+$, $NH_4^+$)이 가연물의 활성라디칼인 연쇄전달체에 작용하여 **활성화에너지를 증가시킴으로써** 연소반응을 억제시킴

- 부촉매효과의 크기 : Rb > K > Na > Li
- 나트륨이온($Na^+$)의 부촉매효과가 있는 것 → 1종 분말소화제
- 칼륨이온($K^+$)의 부촉매효과가 있는 것 → 2종 분말소화제
- 암모늄이온($NH_4^+$)의 부촉매효과가 있는 것 → 3종 분말소화제

㉯ **질식효과** : 분말 소화약제가 열에 의해 분해될 때 $CO_2$, 수증기 등의 불연성 기체에 의해 공기 중의 산소 농도가 저하되어 나타나는 소화효과임

㉰ **열방사 차단효과** : 분말 소화약제가 방출되면서 화염과 가연물 사이에 운무를 형성하게 되고 이것이 화염의 방사열을 차단하는 효과로 작용함

㉱ **냉각효과** : 분말 소화약제가 열에 의해 분해될 때 발생되는 흡열반응과 고체분말에 의한 화염온도가 저하(고농도인 경우)될 때 나타나는 현상이지만 주된 소화효과는 아님

㉲ **탈수 탄화효과** : 제1인산암모늄이 열분해 될 때 생성되는 **오쏘인산**($H_3PO_4$)은 탈수 탄화작용을 유발하여 섬유소를 난연성의 탄소와 물로 분해함으로써 연소를 차단하는 작용을 함

㉳ **방진효과** : 오쏘인산($H_3PO_4$)이 고온에서 2차 분해되면 유리상의 메타인산($HPO_3$)을 형성하는데, 이 메타인산은 가연성 물질이 숯불형태로 연소하는 것을 방지하는 작용을 함

● 정리 ●

- 방진성능을 가진 분말소화제 → 3종 분말소화제
- 오쏘인산($H_3PO_4$) : 섬유소의 탈수·탄화 효과를 유발하여 난연성으로 전환시킴
- 메타인산($HPO_3$) : 가연성 물질이 숯불형태로 연소하는 것을 방지하는 작용을 함

④ 분말 소화제 화재 적응성

- 일반적으로 유류화재(B급 화재)에 사용됨
- 전기화재(C급 화재)에도 유효하나 약알칼리 또는 약산성을 나타내기 때문에 금속을 부식시킬 수 있으므로 방사·소화 후 즉시 청소를 해야 함
- 제3종 분말 소화약제는 일반화재(A급 화재)에도 적용이 가능함
- 요리용 기름화재(F급 화재)에도 적용할 수 있는 것 → 1종 분말소화제
- 다른 분말 소화약제와 달리 A급 화재에도 적용할 수 있는 것 → 3종 분말소화제
- A, B, C급 분말소화제 → 제1인산암모늄($NH_4H_2PO_4$)이 주성분인 3종 분말소화제

⑤ 분말 소화제 비적응 장소
- 금속물질(Na, K, Al, Mg 등)을 저장·취급하는 장소
- 제5류 위험물(자기반응성 물질)을 저장·취급하는 장소
- 정밀한 전기, 전자 장비가 설비되어 있는 장소(컴퓨터실 등)
- 일반 가연물의 심부화재

⑥ 각종 소화약제의 특성 비교

| 비교항목 | 물 계통 소화약제 | | 가스계통 소화약제 | | 분말 |
| --- | --- | --- | --- | --- | --- |
| | 물($H_2O$) | 포(Foam) | 탄산가스 | 할로겐 | |
| 주된 소화작용 | 냉각작용 | 질식작용<br>냉각작용 | 질식작용 | 부촉매효과 | 부촉매효과<br>질식작용 |
| 소화속도 | 느림 | 느림 | 빠름 | 빠름 | 빠름 |
| 냉각효과 | 큼 | 큼 | 적음 | 적음 | 극히 적음 |
| 사용후 오염 | 많음 | 매우 많음 | 없음 | 극히 낮음 | 적음 |
| 재발화 | 낮음 | 낮음 | 있음 | 있음 | 있음 |
| 적응화재 | A급 화재 | A, B급 화재 | B, C급 화재 | B, C급 화재 | A, B, C급 화재 |

### 🔍 개념문제

다음 분말소화약제의 화학식을 쓰시오. [21,22]
(1) 제1종 분말소화약제
(2) 제2종 분말소화약제
(3) 제3종 분말소화약제

**H**ack**답안지** (1) 1종 : $NaHCO_3$
(2) 2종 : $KHCO_3$
(3) 3종 : $NH_4H_2PO_4$

📖 **해설** 분말 소화약제의 화학식은 앞에서 언급한 〈암기법〉을 적용하면 쉽게 해결할 수 있다.

```
━━━━━━━━━━━ 이승원의 분말 소화약제 암기법 ━━━━━━━━━━━
■ 나칼모인다요잉 1, 2, 3, 4 탄산 수고
• 나칼모인다요잉 → 나트륨(Na), 칼륨(K), 암모늄(NH₄), 인산(PO₄), 다(혼합), 요(요소), 잉(2종)
• 1, 2, 3, 4 수고 → 1종, 2종, 3종, 4종, 탄산, 수소-공통
∴ 제1종 : 나트륨(Na)+수소(H)+탄산(CO₃) ➡ NaHCO₃
∴ 제2종 : 칼륨(K)+수소(H)+탄산(CO₃) ➡ KHCO₃
∴ 제3종 : 암모늄(NH₄)+수소(H₂)+인산(PO₄) ➡ NH₄H₂PO₄
∴ 제4종 : 다요잉 ➡ 혼합+요소+2종 ➡ KHCO₃+요소[(NH₂)₂CO]
```

이 방법을 적용하면 → 제1종 분말 소화약제의 화학식은 NaHCO₃임을 기억해 낼 수 있다.
→ 제2종 분말 소화약제의 화학식은 KHCO₃임을 기억해 낼 수 있다.
→ 제3종 분말 소화약제의 화학식은 NH₄H₂PO₄임을 기억해 낼 수 있다.

## 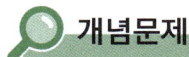 개념문제

**다음 분말 소화약제에 대한 1차 열분해반응식을 쓰시오.**  [17,21]
(1) 제1종 분말의 열분해 반응식을 쓰시오.
(2) 제2종 분말의 열분해 반응식을 쓰시오.

**답안지** (1) $2NaHCO_3 \rightarrow Na_2CO_3 + CO_2 + H_2O$
(2) $2KHCO_3 \rightarrow K_2CO_3 + CO_2 + H_2O$

### ▌참고▐

 분말 소화약제의 열분해반응식을 작성하려면 해당 소화제의 분자식(1종, 2종 등)을 우선 파악해야 한다. 분자식을 알았으면 이를 토대로 열분해 과정에서 생성되는 물질을 반응계 우측에 화살표를 한 다음 생성물질을 나열한 다음 반응계와 생성계의 물질수지 검산을 한 후 반응식을 완료해야 한다.

앞에서 언급된 분말 소화약제의 화학식 〈암기법〉을 적용해 보자!

---

**이승원의 분말 소화약제 암기법**

■ 나캉모인다요잉 1, 2, 3, 4 탄산 수고
• 나캉모인다요잉 → 나트륨(Na), 칼륨(K), 암모늄(NH₄), 인산(PO₄), 다(혼합), 요(요소), 잉(2종)
• 1, 2, 3, 4 수고 → 1종, 2종, 3종, 4종, 탄산, 수소 - 공통
∴ 제1종 : 나트륨(Na) + 수소(H) + 탄산(CO₃) → NaHCO₃
∴ 제2종 : 칼륨(K) + 수소(H) + 탄산(CO₃) → KHCO₃
∴ 제3종 : 암모늄(NH₄) + 수소(H₂) + 인산(PO₄) → NH₄H₂PO₄
∴ 제4종 : 다요잉 → 혼합 + 요소 + 2종 → KHCO₃ + 요소[(NH₂)₂CO]

---

이 방법을 적용하면 → 제1종 분말 소화약제의 화학식은 NaHCO₃이고, 제2종 분말 소화약제의 화학식은 KHCO₃임을 기억해 낼 수 있다.

소화약제가 열분해할 때 발생되는 생성계의 물질구성이나 생성물의 분자식을 어떻게 쓸지 고민이 될 수 있겠으나, 소화제라는 특성을 여기에 접목하면 보다 쉽다. ➡ 분말소화제는 부촉매효과가 주된 소화기능으로 작용하는데 이 작용을 유발하는 이온이나 염류는 나트륨, 칼륨, 암모늄이다. 즉, 1종 분말인 NaHCO₃는 Na이온 및 Na염류가, 2종 분말인 KHCO₃는 K이온 및 K염류가 부촉매작용을 유발하는 것이다.

분말 소화약제의 질식효과를 유발하는 것은 탄산가스(CO₂), 물(H₂O)은 냉각효과를 유발하므로 이들을 각각 생성계에 나열한 후 반응계와 물질수지 검산을 행하면 된다.

1종 분말인 $NaHCO_3$에 이 개념을 적용해보자!

- $NaHCO_3 \xrightarrow[열분해]{고온}$ 부촉매물질 + 질식·냉각효과 유발물질

$\begin{cases} \circ Na는 \rightarrow Na_2CO_3 \nearrow Na_2이므로 \text{ 생성계 } NaHCO_3 \times 2 = 2NaHCO_3 \\ \circ CO_3는 \rightarrow CO_2 \\ \circ H는 \rightarrow H_2O \text{ 또는 수산화물} \end{cases}$

∴ $2NaHCO_3 \rightarrow Na_2CO_3 + CO_2 + H_2O$  ※ 각 원소 물질수지 검산(반응계 = 생성계이어야 함)

2종 분말인 $KHCO_3$에 이 개념을 적용해보자!

- $KHCO_3 \xrightarrow[열분해]{고온}$ 부촉매물질 + 질식·냉각효과 유발물질

$\begin{cases} \circ K는 \rightarrow K_2CO_3 \nearrow K_2이므로 \text{ 생성계 } KHCO_3 \times 2 = 2KHCO_3 \\ \circ CO_3는 \rightarrow CO_2 \\ \circ H는 \rightarrow H_2O \text{ 또는 수산화물} \end{cases}$

∴ $2KHCO_3 \rightarrow K_2CO_3 + CO_2 + H_2O$  ※ 각 원소 물질수지 검산(반응계 = 생성계이어야 함)

이 문제에서 열분해반응에 대한 "1차 열분해"라고 단서를 달아 둔 것은 열분해에 대한 "우선적 단서"라기보다는 단순하게 "열분해"라고 한다면 "답안에 들 수 있는 논리나 다양한 메커니즘의 반응식"이 존재할 수 있고, 누구도 수험자가 쓴 정답이 "틀렸다"라고 단언할 수 없는 상황이 발생될 수 있으며, 채점결과에 대한 의의나 민원이 생길 수 있다. 이러한 문제점이나 혼란을 미연에 방지하기 위한 하나의 "예방적 단서"라고 생각하면 된다. 따라서 서술형 또는 논술형 시험을 대비하는 수험자는 반응식을 무조건 암기하려 들지 말고, 문제에서 제시되는 "단서 조건"에 알맞는 "맞춤형 반응식"을 만든다는 기분으로 시험대비하여야 한다.

### 유사문제

**01** 제1종 분말소화기에 대한 다음 물음에 답을 쓰시오. [14,15]
(1) A ~ D 등급 중 어느 등급 화재에 적용이 가능한지 2가지를 쓰시오.
(2) 주성분 화학식을 쓰시오.

**02** 제3종 분말소화약제의 주성분 화학식을 쓰시오. [13,18]

**03** 다음 온도에서 제1종 분말소화약제의 열분해반응식을 각각 쓰시오. [06,15,18,20]
(1) 270℃
(2) 850℃

**04** 제2종 분말소화약제의 열분해 반응식을 쓰시오. [08,12,17]

**05** 제1종 분말소화약제($NaHCO_3$)의 열분해 반응식, 질식소화작용, 냉각소화작용을 하는 것을 각각 쓰시오. [05]

**06** 메타인산이 발생하여 막을 형성하는 방식의 분말소화약제에 대해 다음 물음에 답하시오. [16]
(1) 이 소화약제는 몇 종 분말인지 쓰시오.
(2) 주성분의 화학식을 기술하시오.

**07** 제3종 분말 소화약제의 메타인산이 생성되는 열분해 반응식을 쓰시오. [09]

**08** 제3종 분말소화약제가 분해하여 오쏘인산을 발생시키는 분해반응식을 쓰시오. [19]

**09** A, B, C 분말소화기 중 오쏘인산이 생성되는 열분해 반응식을 쓰시오. [16]

## 유사문제 답안·해설

**01** 답안 (1) B, C
(2) $NaHCO_3$

**02** 답안 $NH_4H_2PO_4$

**03** 답안 (1) 270℃의 열분해 : $2NaHCO_3 \rightarrow Na_2CO_3 + CO_2 + H_2O$
(2) 850℃의 열분해 : $2NaHCO_3 \rightarrow Na_2O + 2CO_2 + H_2O$

**04** 답안 $2KHCO_3 \rightarrow CO_2 + H_2O + K_2CO_3$

**05** 답안 (1) 열분해 반응 : $2NaHCO_3 \rightarrow Na_2CO_3 + CO_2 + H_2O$
(2) 질식작용 : $CO_2$
(3) 냉각작용 : $H_2O$

**06** 답안 (1) 제3종
(2) $NH_4H_2PO_4$

**참고**

 메타인산(Metaphosphoric Acid)의 화학식은 $HPO_3$이다. 일반 인산($H_3PO_4$)보다 한 분자의 물($H_2O$)이 적은 무색 투명한 물질이다. 메타인산은 오산화인($P_2O_5$)을 0℃ 이하에서 물과 얼음으로 수화(水和)시키거나, 오쏘인산 ($H_3PO_4$)을 탈수시켰을 때 얻어지는 결정상의 이중인산(= 파이로인산, $H_4P_2O_7$)을 300℃ 이상으로 가열·탈수시 키면 메타인산이 된다.

- 오쏘인산(=일반 인산, P 원자가 +5 산화수 상태에 있는 인의 산소산) : $H_3PO_4$
- 메타인산(=유리모양 인산, P 원자가 +7 산화수 상태에 있는 빙산) : $HPO_3$

앞에서 학습한 〈암기법〉에서 …

---
**이승원의 분말 소화약제 암기법**

■ 나캉모인다요잉 1, 2, 3, 4 탄산 수고
· 나캉모인다요잉 → 나트륨(Na), 칼륨(K), 암모늄($NH_4$), 인산($PO_4$), 다(혼합), 요(요소), 잉(2종)
· 1, 2, 3, 4 수고 → 1종, 2종, 3종, 4종, 탄산, 수소−공통
인산염을 갖는 분말소화제 → 제3종 : 암모늄($NH_4$)+수소($H_2$)+인산($PO_4$) ➡ $NH_4H_2PO_4$(제1인산암모늄)

---

메타인산($HPO_3$)은 인산이수소암모늄을 방사했을 때 300℃ 이상의 고온에서 발생되어 가연성 물질이 숯불형태로 연소하는 것을 방지하는 작용을 한다. 조건에 맞추어 반응식을 만들어 보면;

□ $NH_4H_2PO_4 \xrightarrow[\text{열분해}]{\text{고온}}$ 메타인산 + 부촉매·질식·냉각효과 유발물질

$\begin{cases} \circ\ H_2PO_4\text{는} \rightarrow HPO_3\text{로 전환} \\ \circ\ NH_4\text{는} \rightarrow NH_3 \\ \circ\ \text{남은 2개의 H 및 1개의 O는} \rightarrow H_2O \end{cases}$

∴ $NH_4H_2PO_4 \rightarrow HPO_4 + NH_3 + H_2O$  ※ 각 원소 물질수지 검산(반응계 = 생성계이어야 함)

암모니아는 질소(N) 기반 물질이므로 연소가 어려운 가연성 물질이다. 대부분의 탄화수소들의 연소 가능한 하한계(LEL)가 1 ~ 3%이지만 암모니아의 연소한계치는 16% 정도되는데, 이것은 3종 분말소화제인 인산이수소암모늄을 방사했을 때 주변 공기 혼합물에 의해 빠르게 희석되어 암모니아가 연소될 수 있는 조건이 잘 형성되지 않음을 의미한다.

그리고 암모니아가 400 ~ 600℃의 고온에서 외부열을 흡수(흡열반응)하여 분해될 경우, 가연성의 수소를 발생하기도 하지만 부촉매효과가 있는 $NH_4^+$도 함께 생성되므로 별로 영향을 미치지 못한다.

□ 암모니아의 연소반응 : $NH_3 + 0.75O_2 \rightarrow 0.5N_2 + 1.5H_2O$

□ 암모니아의 고온분해 반응
  $2NH_3(g) \rightarrow N_2(g) + 3H_2(g)$  …  $\Delta H = 92.4 kJ/mol (400 ~ 600℃)$

정리하면, 3종 분말소화약제 $NH_4H_2PO_4$(제1인산암모늄)의 소화효과는 다음과 같다.
· 열분해시 유리(遊離)된 $NH_4^+$와 분말의 표면흡착에 따른 부촉매효과(負觸媒效果)
· 열분해에 의해 생성된 오쏘인산에 의한 섬유소의 탈수·탄화작용 등
· 열분해에 의해 생성된 메타인산의 방진효과(防塵效果)
· 분말의 운무(雲霧)에 의한 열방사(熱放射)의 차단효과
· 열분해시 흡열반응에 의한 냉각효과
· 열분해에 의해 생성된 불연성물질($H_2O$ 등)에 의한 질식효과

**07** 답안 $NH_4H_2PO_4 \rightarrow HPO_3 + NH_3 + H_2O$

보충 메타인산이 생성되는 열분해 반응식을 쓰는 것이다. 메타인산의 화학식은 $HPO_3$이므로 앞에서 학습한 〈암기법〉을 이용하여 3종 분말소화제의 화학식을 알아낸다.

> **이승원의 분말 소화약제 암기법**
> 
> ■ 나캉모인다요잉 1, 2, 3, 4 탄산 수고
> • 나캉모인다요잉 → 나트륨(Na), 칼륨(K), 암모늄($NH_4$), 인($PO_4$), 다(혼합), 요(요소), 잉(2종)
> • 1, 2, 3, 4 수고 → 1종, 2종, 3종, 4종, 탄산, 수소-공통
> 인산염을 갖는 분말소화제 → 제3종 : 암모늄($NH_4$)+수소($H_2$)+인산($PO_4$) ➡ $NH_4H_2PO_4$(제1인산암모늄)

반응식의 생성물은 메타인산($HPO_3$)이 되어야 하므로 조건에 맞추어 반응식을 만들어 보면;

$$NH_4H_2PO_4 \xrightarrow[\text{열분해}]{\text{고온}} \text{메타인산} + \text{부촉매·질식·냉각효과 유발물질}$$

$\begin{cases} \circ \ H_2PO_4\text{는} \rightarrow \text{메타인산}(HPO_3)\text{으로 전환} \\ \circ \ NH_4\text{는} \rightarrow NH_3 \\ \circ \ \text{남은 2개의 H 및 1개의 O는} \rightarrow H_2O \end{cases}$

∴ $NH_4H_2PO_4 \rightarrow HPO_4 + NH_3 + H_2O$  ※ 각 원소 물질수지 검산(반응계=생성계이어야 함)


**08** 답안 $NH_4H_2PO_4 \rightarrow H_3PO_4 + NH_3$

보충 오쏘인산이 생성되는 열분해 반응식을 쓰는 것이다. 오쏘인산의 화학식은 $H_3PO_4$이므로 앞에서 학습한 문제의 조건에 맞추어 반응식을 만들어 보면;

$$NH_4H_2PO_4 \xrightarrow[\text{열분해}]{\text{저온}} \text{오쏘인산} + \text{부촉매·질식·냉각효과 유발물질}$$

$\begin{cases} \circ \ H_2PO_4\text{는} \rightarrow \text{오쏘인산}(H_3PO_4)\text{으로 전환} \\ \circ \ NH_4\text{는} \rightarrow NH_3 \\ \circ \ \text{남은 H 및 O는} \rightarrow \text{없음} \end{cases}$

∴ $NH_4H_2PO_4 \rightarrow H_3PO_4 + NH_3$  ※ 각 원소 물질수지 검산(반응계=생성계이어야 함)


**09** 답안 $NH_4H_2PO_4 \rightarrow H_3PO_4 + NH_3$

보충 A, B, C 분말소화기는 제3종 소화기로 주 소화약제는 인산수소암모늄($NH_4H_2PO_4$)이다. 이것이 열분해하여 오쏘인산($H_3PO_4$)을 발생한다. 오쏘인산이 생성되는 열분해 반응식은 다음과 같이 작성할 수 있다.

$$NH_4H_2PO_4 \xrightarrow[\text{열분해}]{\text{저온}} \text{오쏘인산} + \text{부촉매·질식·냉각효과 유발물질}$$

$\begin{cases} \circ \ H_2PO_4\text{는} \rightarrow \text{오쏘인산}(H_3PO_4)\text{으로 전환} \\ \circ \ NH_4\text{는} \rightarrow NH_3 \\ \circ \ \text{남은 H 및 O는} \rightarrow \text{없음} \end{cases}$

∴ $NH_4H_2PO_4 \rightarrow H_3PO_4 + NH_3$

## 2 소화설비

### (1) 소화설비 범주 · 소화설비 능력단위

① 소화설비 범주 : 소화설비(消火設備, Digestion Facility)는 물 또는 그 밖의 소화약제를 사용하여 소화하는 기계·기구 또는 설비를 말하며, 소방시설 중의 하나이다.

소방시설에는 소화설비, 경보설비, 피난구조설비, 소화용수설비, 그밖에 소화활동설비를 말한다.

┃ **소방시설법 시행령 [별표 1]** ┃

■ 소화기구
- 소화기
- 간이소화용구(에어로졸식, 투척식 등)
- 자동확산소화기

■ 자동소화장치
- 주방용 자동소화장치
- 상업용 주방 자동소화장치
- 캐비넷형 자동소화장치
- 가스 자동소화장치
- 분말 자동소화장치
- 고체 에어로졸 자동소화장치

■ 옥내소화전설비(hose reel 옥내소화전설비 포함)

■ 옥외소화전설비

■ 스프링클러설비등
- 스프링클러설비
- 간이 스프링클러설비(캐비넷형 간이 스프링클러설비 포함)
- 화재 조기진압용 스프링클러설비

■ 물분무등 소화설비
- 물분무 소화설비
- 미분무 소화설비
- 포소화설비
- 이산화탄소 소화설비
- 할론 소화설비
- 할로젠화합물 및 불활성기체 소화설비
- 분말 소화설비
- 강화액 소화설비
- 고체 에어로졸 소화설비

② **소화설비의 능력단위** : 소화설비의 능력단위란 소화설비의 설치대상이 되는 건축물 그 밖의 공작물의 규모 또는 위험물의 양의 기준단위(=소요단위)에 대응하는 소화설비의 소화능력의 기준단위를 말함

㉮ 수동식 소화기의 능력단위는 수동식 소화기의 형식승인 및 검정기술기준에 의하여 형식승인 받은 수치로 함

㉯ 기타 소화설비의 능력단위는 다음의 [표]에 의함

| 소화설비 | 용량 | 능력단위 |
|---|---|---|
| 소화전용(轉用)물통 | 8L | 0.3 |
| 수조(소화전용물통 3개 포함) | 80L | 1.5 |
| 수조(소화전용물통 6개 포함) | 190L | 2.5 |
| 마른 모래(삽 1개 포함) | 50L | 0.5 |
| 팽창질석 또는 팽창진주암(삽 1개 포함) | 160L | 1.0 |

● **이승원의 암기법**

- 물파스야 / 조물주 일아게 두고 / 세파란 한놈 / 하나빼서 오래 / 팽이죽은 기본
- 물파스야 → 물통-8L-0.3
- 조물주 일아게 두고 → 수조(물통 6) – 일아게(190) – 두고(2.5)
- 세파란 한놈 → 세(물통 3) – 파란(80) – 한놈(1.5)
- 하나빼서 오래 → 하나빼서(1.5-1=0.5), 오(50) – 래(모래)
- 팽이죽은 기본 → 팽이죽은(팽창질석, 160), 기본(1.0)

## 개념문제

다음은 소화설비의 능력단위에 대한 내용이다. 괄호 안에 들어갈 알맞은 내용을 쓰시오.  [22]

| 소화설비 | 용량 | 능력단위 |
|---|---|---|
| 소화전용(轉用)물통 | ( ① )L | 0.3 |
| 수조(소화전용물통 3개 포함) | 80L | ( ④ ) |
| 수조(소화전용물통 6개 포함) | 190L | ( ⑤ ) |
| 마른 모래(삽 1개 포함) | ( ② )L | 0.5 |
| 팽창질석 또는 팽창진주암(삽 1개 포함) | ( ③ )L | 1.0 |

**답안지** ① 8  ② 50  ③ 160  ④ 1.5  ⑤ 2.5

## (2) 소화기(消火器, Fire Extinguisher)

① 물 소화기

㉮ 방출조작 : 수동 펌프를 설치한 펌프식, 압축공기를 주입해서 이 압력에 의해 물을 방출하는 축압식, 별도로 이산화탄소 등의 가압용 봄베 등을 설치하여 그 가스압력으로 물을 방출하는 가압식 등이 있음

㉯ 유의사항
- 물을 B급 화재(유류화재)에 사용하게 되면, 화재면(연소면) 확대의 우려가 발생되므로 사용을 금하여야 함
- 물 소화기는 기온이 0℃ 이하의 장소에 설치할 때는 부동액($CaCl_2$) 또는 식염($NaCl$)을 넣어두거나 보온을 유지하여야 함

㉰ 화재 적응성 : 기화잠열(539kcal/kg · 물 100℃)이 다른 물질에 비해 매우 높기 때문에 다른 물질에 비해 냉각효과가 뛰어남. 그러므로 A급 화재(일반화재)에 적응되며, 입자를 **무상**으로 방사할 경우에는 C급 화재(전기화재)에도 적응성이 있음

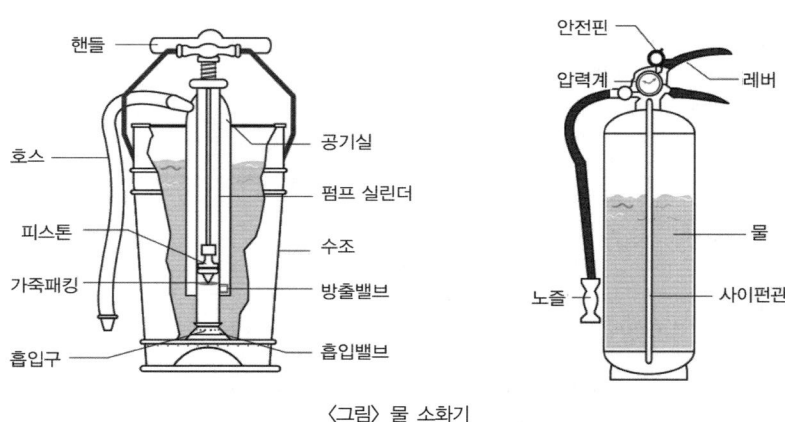

〈그림〉 물 소화기

② 산·알칼리 소화기

㉮ 방출조작 : 산·알칼리 소화기는 물 소화기의 일종으로 산과 알칼리의 반응에 의해서 생기는 이산화탄소의 가스압으로 용액을 방출함
- 탄산수소나트륨($NaHCO_3$)의 수용액과 앰플에는 **황산**($H_2SO_4$)이 봉입되어 있음
- 누름쇠에 충격을 가함으로써 황산앰플이 파괴되어 황산과 탄산수소나트륨이 산·알칼리 반응을 일으켜 이산화탄소가 발생함
- 이산화탄소의 압력은 약 5kg/cm$^2$로 중화된 소화약제가 용기 밖으로 방사됨

  ▫ $2NaHCO_3 + H_2SO_4 \rightarrow 2CO_2 + 2H_2O + Na_2SO_4$

④ 화재 적응성 : A급 화재(일반화재), 무상일 경우 C급 화재(전기화재)에도 가능

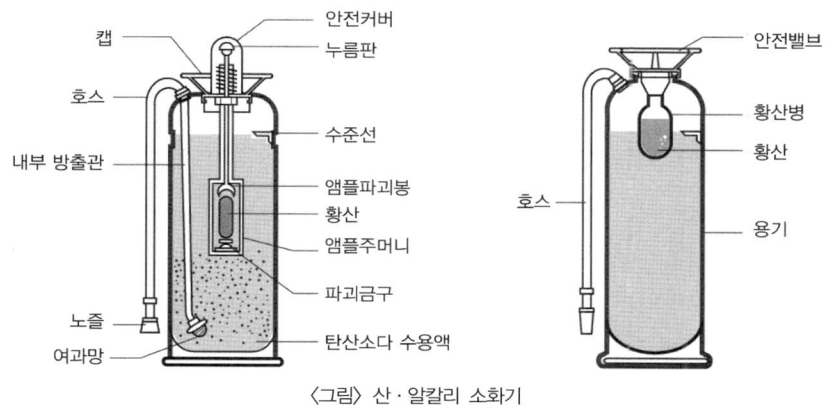

〈그림〉 산·알칼리 소화기

③ 강화액 소화기

㉮ **방출조작** : 강화액 탄산칼륨($KCO_3$)의 진한 수용액이 충전되고, 압축공기 또는 질소가스가 7.0 ~ 9.8kg/cm² 의 압력으로 봉입되어 있는 **축압식**(지시 압력계 부착)과 가압용 가스용기를 본체의 용기 속에 취부하는 **가압식** 및 용기 속에 황산을 넣고, 산·알칼리 반응에 의하여 발생하는 이산화탄소의 압력에 의해서 방사하는 반응식이 있음

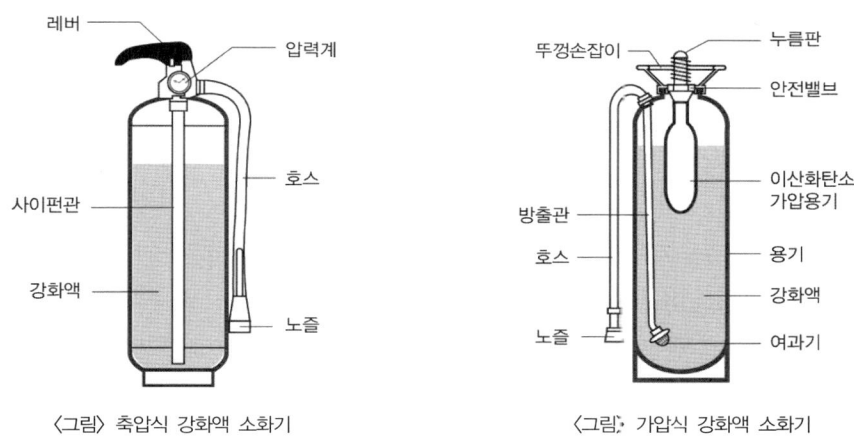

〈그림〉 축압식 강화액 소화기   〈그림〉 가압식 강화액 소화기

㉯ **강화액의 조건**
- 강화액 소화약제는 알칼리 금속염류의 수용액인 경우에는 알칼리성 반응을 나타내어야 하며, 응고점이 영하 20℃ 이하여야 함
- 소화기를 정상적인 상태에서 작동하였을 때에 방사되는 강화액은 방염성이 있고, 또한 응고점(동결점)이 영하 20℃ 이하여야 함
- 부촉매효과에 의한 화염의 억제작용과 **재연소방지** 작용이 있어야 함

㉰ 화재 적응성 : 봉상일 때는 **A급 화재**(일반화재), **무상일 경우에는 A, B, C급**(일반, 유류, 전기) 화재에 적용됨

④ 포말 소화기
  ㉮ **방출조작** : 전도식과 파괴식으로 나누어지는데, 대부분 전도식임. 외통액은 **중탄산나트륨**이 충전되고, 포 안정제로서 단백질 및 방부제를 사용하며, **내통액**은 **황산알루미늄**이 충전되어 있음. 두 약제의 화학반응에 의하여 발생한 이산화탄소가스의 압력에 의하여 포가 방출됨
    ▫ $6NaHCO_3 + Al_2(SO_4)_3 \cdot 18H_2O \rightarrow 6CO_2 + 18H_2O + 2Al(OH)_3 + 3Na_2SO_4$
  ㉯ **포 약제의 조건**
    - 부패, 변질 등의 염려가 있는 포 소화약제는 방부처리가 된 것일 것
    - 소화기로부터 방사되는 거품은 내화성을 지속할 수 있는 것일 것
    - 화학포 소화약제의 불용해분은 0.1vol% 이하일 것
    - 섭씨 20±2℃의 소화약제를 충전한 소화기를 작동하여 방사되는 거품의 용량은 소화약제 용량의 5배 이상일 것
    - 발포 종료로부터 1분이 경과한 때, 거품으로부터 환원되는 수용액이 발포전 수용액의 25% 이하일 것
  ㉰ **화재 적응성** : A급 화재(일반화재), B급 화재(유류화재)에 적응성이 있음

⑤ **할로젠화합물 소화기(증발성 액체 소화기)**
  ㉮ **방출조작** : 일반적으로 압축공기 또는 질소가스를 넣어서 축압해 둔 축압식과 본체 용기에 수동펌프가 부착된 수동펌프식, 공기 가압펌프가 붙어 있고, 보조적으로 내부의 공기를 가압하는 수동축압식, 상온에서 기체인 할로젠화합물의 경우 자기증기압식(할론 1301)이 있음
  ㉯ **사용상 유의사항**
    - 직사일광, 고온, 다습한 장소에 두지 말 것
    - 할론 1301을 제외한 할론 소화기는 좁고 밀폐한 실내에서는 사용하지 말 것
    - 발생가스는 유독하기 때문에 바람방향에서 방사하고, 사용 후에는 신속히 환기할 것
  ㉰ **화재 적응성** : 할론 소화기는 **B급 화재**(유류화재), **C급 화재**(전기화재)에 주된 적응성을 보이며, 할론 1301, 할론 1211은 **A급 화재**(일반화재)에도 적응성이 있음

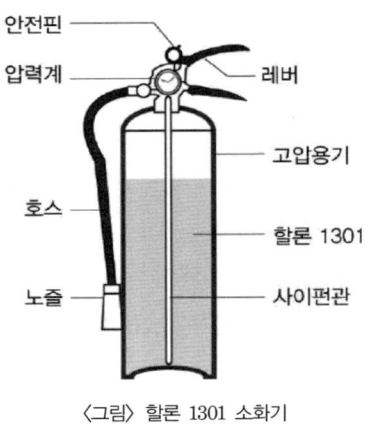

〈그림〉 할론 1301 소화기

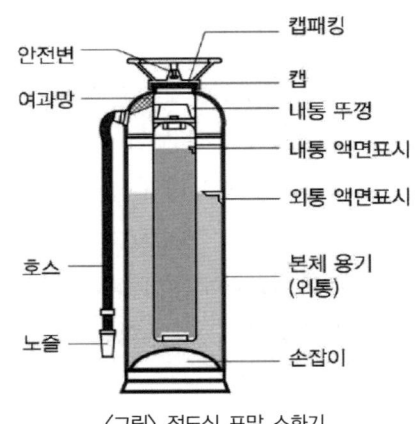

〈그림〉 전도식 포말 소화기

⑥ 이산화탄소 소화기
  ㉮ 방출조작 : 용기 내부에 액화된 이산화탄소가스가 충전(1kg에 대하여 용기의 내용적 1,500mL 이상)되어 있어 레버의 작동으로 액화된 이산화탄소가 가스모양이나 드라이아이스로서 방사됨

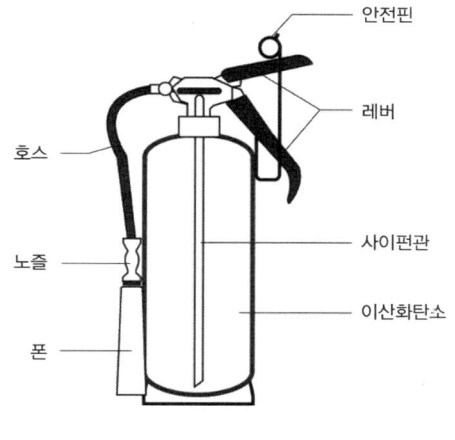

〈그림〉 이산화탄소 소화기

  ㉯ $CO_2$ 약제의 조건
    - 탄산가스는 용량이 99.5% 이상의 액화 탄산가스로서 냄새가 없을 것
    - 수분은 0.05% 이하일 것
  ㉰ 화재 적응성 : 소화작용은 방사할 때 기화잠열에 의하여 드라이아이스 모양이 되므로 그 냉각효과와 이산화탄소가스에 의한 질식작용에 의하여 **B급 화재**(유류화재) 및 **C급 화재**(전기화재)에 적응성이 있음

⑦ 분말소화기
  ㉮ 방출조작 : 용기에 분말 소화약제와 방출압력원인 질소가스가 함께 축압되어 있는 축압식과 별도로 이산화탄소가 충전된 가압 봄베를 본체 용기 안에 또는 본체 용기 밖에 설치하는 **가스가압식**으로 분류됨
  ㉯ 소화약제 조건 : 분말 소화약제는 방습가공을 한 나트륨 및 칼륨의 중탄산염 기타의 염류 또는 인산염류, 황산염류 기타 방염성을 가진 염류로서 다음의 조건을 충족하여야 함
    - 약제의 겉보기 비중은 0.820g/mL 이상일 것
    - 분말을 수면에 균일하게 살포할 경우에 1시간 이내에 침강하지 않을 것
    - 칼륨의 중탄산염이 주성분인 소화약제는 담자색으로 인산염 등이 주성분인 소화약제는 담홍색(또는 황색)으로 각각 착색할 것
    - 중탄산염이 주성분인 소화약제와 인산염 등이 주성분인 소화약제를 혼합하지 말 것

㉰ 화재 적응성
- 제3종 분말 소화기는 열분해에 의해 부착성이 좋은 메타인산($HPO_3$)을 생성하므로 A, B, C급 화재(일반, 유류, 전기)에 적용됨
- 제1종, 제2종 분말 소화기는 B, C급 화재(유류, 전기)에 효과가 있음
- 다른 소화기에 비해 재발화방지 효과가 적은 것이 단점임

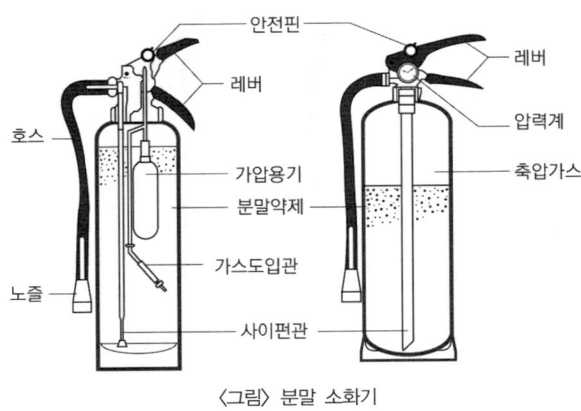

〈그림〉 분말 소화기

● 참고 ●

### 소화기의 종류별 적응성

| 종류 | 분류 | 약제성분 | 적응성 | | |
|---|---|---|---|---|---|
| | | | A급 | B급 | C급 |
| 분말 | ABC급 | 인산암모늄 | ● | ● | ● |
| | BC급 | 중탄산나트륨 | − | ● | ● |
| 할론 | 1211 | $CBrClF_2$ | ○ | ● | ● |
| | 1301 | $CBrF_3$ | ○ | ● | ● |
| 이산화탄소 | | $CO_2$ | − | ● | ● |

[비고]
▫ 화재종류에 따른 적응성 : A급 화재(일반화재), B급 화재(유류화재), C급 화재(전기화재)로 구분
  ㉠ A급 화재 : 목재, 섬유, 종이, 고무, 플라스틱과 같은 일반적인 가연성 물질의 화재
    • A급 화재에 적응하는 소화기 → 표면을 백색으로 표시
  ㉡ B급 화재 : 가연성 액체, 타르, 석유류, 유지, 유류, 알코올 및 인화성 가스의 화재
    • B급 화재에 적응하는 소화기 → 표면을 황색으로 표시
  ㉢ C급 화재 : 통전 중인 전기장치를 포함하는 화재를 C급 화재라 함
    • C급 화재에 적응하는 소화기 → 표면을 청색으로 표시
▫ 소화기의 요구 방사성능
  ㉠ 소화기의 방사시간은 온도 20±2℃에서 충전 소화약제의 중량이 700g 미만인 것은 5초 이상, 700g 이상 1kg 이하인 것은 6초 이상, 1kg을 초과하는 것은 8초 이상일 것
  ㉡ 소화에 유효한 충분한 방사거리가 있어야 하며, 충전된 소화약제의 용량 또는 중량의 90%(포말소화기는 85%) 이상의 양이 방사될 것

□ 소화기의 요구 사용온도 범위
  ㉠ 강화액 소화기 : 영하 20 ~ 40℃ 이하
  ㉡ 분말 소화기 : 영하 20 ~ 40℃ 이하
  ㉢ 기타 소화기 : 0 ~ 40℃ 이하
□ 소화기의 요구 소화능력
  ㉠ 소화능력단위 값은 1단위 이상일 것
  ㉡ 대형소화기로 A급 화재에 적응하는 것에 있어서는 능력단위가 10단위 이상일 것
  ㉢ B급 화재에 적응하는 것에 있어서는 능력단위가 20단위 이상일 것
    • B-2 : B는 유류화재(B급)를 뜻하며, 숫자 2는 소화기의 능력단위를 나타냄
    • A-2 : A는 일반화재(A급)를 뜻하며, 숫자 2는 소화기의 능력단위를 나타냄

● 참고 ●

### 소화기의 분류와 주성분

| 구분 | | | 주성분 |
|---|---|---|---|
| 수계 소화기 | 물 소화기 | | $H_2O$ + 침윤제 첨가 |
| | 산・알칼리 소화기 | | A제 : $NaHCO_3$, B제 : $H_2SO_4$ |
| | 강화액 소화기 | | $K_2CO_3$, $H_2SO_4$ |
| | 포 소화기 | 화학포 | A제 : $NaHCO_3$, B제 : $Al_2(SO_4)_3$ |
| | | 기계포 | AFFF(수성막포)<br>FFFP(수막형성 불화단백포) |
| 가스계 소화기 | $CO_2$ 소화기 | | $CO_2$ |
| | 청정약제 소화기 | | 국가 화재안전기준에 규정한 13종 - 일부 소화기유 |
| | Halon 소화기 | 1211 | $CF_2ClBr$ |
| | | 1301 | $CF_3Br$ |
| 분말계 소화기 | A, B, C급 소화기 | | $NH_4H_2PO_4$(제1인산암모늄) |
| | B, C급 소화기 | | $NaHCO_3$(1종) 또는 $KHCO_3$(2종) |

[비고] 소화기의 외부 표시사항
□ 종별・형식, 형식승인번호, 제조년월・제조번호, 제조업체명(상호), 수입업체명(수입품에 한함)
□ 사용온도범위, 소화능력단위, 충전된 소화약제의 주성분 및 중량(용량)
□ 소화기 가압용 가스용기의 가스 종류 및 가스량(가압식 소화기에 한함), 총 중량
□ 취급상의 주의사항, 적응화재별 표시사항, 사용방법
□ 품질보증에 관한 사항(보증기간, 보증내용, A/S방법, 자체검사필 등)
□ 부품(용기, 밸브, 호스, 소화약제)에 대한 원산지

### (3) 소화설비 설치기준 및 시설기준

① 옥내소화전 – 옥외소화전 설치기준(비교)

| 옥내소화전 | 옥외소화전 |
|---|---|
| • 제조소등의 건축물의 층마다 당해 층의 각 부분에서 하나의 호스접속구까지의 수평거리가 25m 이하가 되도록 설치할 것. 이 경우 옥내소화전은 각 층의 출입구 부근에 1개 이상 설치하여야 한다. | • 방호대상물의 각 부분(건축물의 1층 및 2층의 부분에 한함)에서 하나의 호스접속구까지의 수평거리가 40m 이하가 되도록 설치할 것. 이 경우 그 설치개수가 1개일 때는 2개로 하여야 한다. |
| • 수원의 수량은 옥내소화전이 가장 많이 설치된 층의 옥내소화전 설치개수(설치개수가 5개 이상인 경우는 5개)에 7.8m³를 곱한 양 이상이 되도록 설치할 것<br>〈계산〉 수원수량(m³) = 소화전 개수 × 7.8m³ | • 수원의 수량은 옥외소화전의 설치개수(설치개수가 4개 이상인 경우는 4개)에 13.5m³를 곱한 양 이상이 되도록 설치할 것<br>〈계산〉 수원수량(m³) = 소화전 개수 × 13.5m³ |
| • 옥내소화전설비는 각 층을 기준으로 하여 당해 층의 모든 옥내소화전(설치개수가 5개 이상인 경우는 5개)을 동시에 사용할 경우에 각 노즐선단의 **방수압력이 350kPa 이상**이고 방수량이 1분당 260L 이상의 성능이 되도록 할 것<br>〈계산〉 방수량(L/min) = 소화전 개수 × 260 | • 옥외소화전설비는 모든 옥외소화전(설치개수가 4개 이상인 경우는 4개)을 동시에 사용할 경우에 각 노즐선단의 방수압력이 350kPa 이상이고, **방수량이 1분당 450L 이상**의 성능이 되도록 할 것<br>〈계산〉 방수량(L/min) = 소화전 개수 × 450 |
| • 가압송수장치의 펌프 토출량은 옥내소화전이 가장 많이 설치된 층의 설치개수(옥내소화전이 5개 이상 설치된 경우에는 5개)에 130L/min를 곱한 양 이상이 되도록 할 것<br>〈계산〉 토출량(L/min) = 소화전 개수 × 130 | • 가압송수장치의 방수량은 해당 특정소방대상물에 설치된 옥외소화전(2개 이상 설치된 경우에는 2개)을 동시에 사용할 경우 각 옥외소화전의 노즐선단에서의 방수압력이 0.25MPa 이상이고, 방수량 350L/min 이상으로 할 것<br>• 펌프는 전용으로 할 것 |
| • 옥내소화전함 표면에 "**소화전**"이라고 표시할 것<br>• 옥내소화전함의 상부의 벽면에 적색의 표시등을 설치하되, 당해 표시등의 **부착면과 15° 이상**의 각도가 되는 방향으로 10m 떨어진 곳에서 용이하게 식별이 가능하도록 할 것 | • 옥외소화전함은 **보행거리 5m 이하**의 장소로서 화재발생 시 쉽게 접근가능하고 화재 등의 피해를 받을 우려가 적은 장소에 설치할 것 |
| • 축전지설비는 설치된 실의 벽으로부터 **0.1m 이상** 이격할 것<br>• 축전지설비를 동일실에 2 이상 설치하는 경우에는 축전지설비의 **상호간격은 0.6m 이상** 이격할 것(높이가 1.6m 이상인 선반을 설치한 경우에는 1m)<br>• 비상전원의 용량은 **45분 이상**일 것 | • 옥외소화전함에는 그 표면에 "**호스격납함**"이라고 표시할 것. 다만, 호스접속구 및 개폐밸브를 옥외소화전함의 내부에 설치하는 경우에는 "**소화전**"이라고 표시할 수도 있다.<br>• 옥외소화전에는 직근의 보기 쉬운 장소에 "**소화전**"이라고 표시할 것 |

● 정리 ●

## 옥내소화전 - 옥외소화전 설치기준(비교)

- 호스접속구까지의 수평거리 
  - 옥내소화전 : 25m 이하
  - 옥외소화전 : 40m 이하
- 수원수량($Q$, m³)
  - 옥내소화전 : 소화전개수(최대 5)×7.8m³
  - 옥외소화전 : 소화전개수(최대 4)×13.5m³
- 방수압력(kPa) : 옥내-옥외 공통 350kPa 이상
- 방수능력(L/min)
  - 옥내소화전 : 1분당 260L 이상
  - 옥외소화전 : 1분당 450L 이상
- 방수량(L/min) 산정
  - 옥내소화전 : 소화전개수(최대 5)×260
  - 옥외소화전 : 소화전개수(최대 4)×450
- 가압송수장치 토출량
  - 옥내소화전 : 소화전개수(최대 5)×130
  - 옥외소화전 : 방수압력 0.25MPa이상
    방수량 350L/min이상

● 참고 ●

## 가압송수장치 설치기준

□ 고가수조를 이용한 가압송수장치

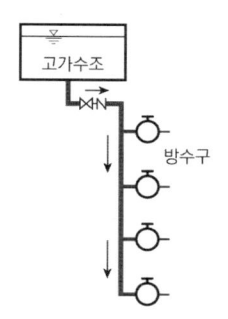

- 필요 낙차수두
  - 고가수조를 이용한 가압송수장치의 낙차(수조의 하단으로부터 호스접속구까지의 수직거리)는 다음 식에 의하여 구한 수치 이상으로 할 것
  - 수조에는 수위계, 배수관, 오버플로용 배수관, 보급수관 및 맨홀을 설치할 것

  $$H = h_1 + h_2 + 35\text{m}$$
  
  $\begin{cases} H : \text{필요낙차(m)} \\ h_1 : \text{방수용 호스의 마찰손실수두(m)} \\ h_2 : \text{배관의 마찰손실수두(m)} \end{cases}$

- 배관
  - 주배관 중 입상관은 관의 직경이 50mm 이상인 것으로 할 것
  - 배관은 당해 배관에 급수하는 가압송수장치의 체절압력의 1.5배 이상의 수압을 견딜 수 있는 것으로 할 것

□ 압력수조를 이용한 가압송수장치

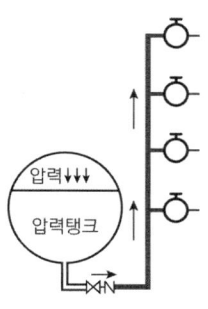

- 압력수조의 압력 : 압력수조의 압력은 다음 식에 의하여 구한 수치 이상으로 할 것

  $$P = p_1 + p_2 + p_3 + 0.35\,\text{MPa}$$
  
  $\begin{cases} P : \text{필요압력(MPa)} \\ p_1 : \text{호스의 마찰손실수두압(MPa)} \\ p_2 : \text{배관의 마찰손실수두압(MPa)} \\ p_3 : \text{낙차의 환산수두압(MPa)} \end{cases}$

- 압력수조의 수량은 당해 압력수조 체적의 2/3 이하일 것
- 압력수조에는 압력계, 수위계, 배수관, 보급수관, 통기관 및 맨홀을 설치할 것

□ 펌프를 이용한 가압송수장치

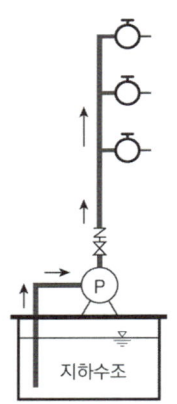

- 펌프의 전양정 : 펌프의 전양정은 다음에 의하여 구한 수치 이상으로 할 것
  □ $H = h_1 + h_2 + h_3 + 35\text{m}$
  $\begin{cases} H : \text{펌프의 전양정(m)} \\ h_1 : \text{호스의 마찰손실수두(m)} \\ h_2 : \text{배관의 마찰손실수두(m)} \\ h_3 : \text{낙차(m)} \end{cases}$
- 펌프의 토출량은 옥내소화전의 설치개수가 가장 많은 층에 대해 당해 설치개수(설치개수가 5개 이상인 경우에는 5개로 함)에 260L/min를 곱한 양 이상이 되도록 할 것
- 펌프의 토출량이 정격토출량의 150%인 경우에는 전양정은 정격전양정의 65% 이상일 것

## 개념문제

옥내저장소에 옥내소화전설비를 3개 설치할 경우 필요한 수원의 양은 몇 m³인지 계산하시오. [13,17]

**답안지** $Q = \dfrac{7.8\,\text{m}^3}{\text{개}} \times 3\text{개} = 23.4\,\text{m}^3$

**해설** 옥내소화전의 수원 수량은 옥내소화전이 가장 많이 설치된 층의 옥내소화전 설치개수(설치개수가 5개 이상인 경우는 5개)에 7.8m³를 곱한 양 이상이 되도록 설치하여야 한다.

## 개념문제

제조소등에 설치하는 옥내소화전에 대해 다음 물음에 답하시오. [21]

(1) 당해 층의 각 부분에서 하나의 호스접속구까지의 수평거리는 몇 m 이하로 해야 하는지 쓰시오.
(2) 수원의 양은 옥내소화전(옥내소화전이 가장 많이 설치된 층의 소화전 개수가 5개 이상이면 5개)의 개수에 몇 m³를 곱한 양 이상으로 해야 하는지 쓰시오.
(3) 당해 층의 모든 옥내소화전(옥내소화전이 가장 많이 설치된 층의 소화전 개수가 5개 이상이면 5개)을 동시에 사용할 경우 각 노즐선단의 방수압력은 몇 kPa 이상으로 해야 하는지 쓰시오.
(4) 당해 층의 모든 옥내소화전(옥내소화전이 가장 많이 설치된 층의 소화전 개수가 5개 이상이면 5개)을 동시에 사용할 경우 각 노즐선단의 방수량은 몇 L/min 이상으로 해야 하는지 쓰시오.

**Hack 답안지** (1) 25m
(2) 7.8m³
(3) 350kPa
(4) 260L/min

**보충** ▶ 법령보기 ◀ 옥내소화전

㉮ 옥내소화전은 제조소등의 건축물의 층마다 당해 층의 각 부분에서 하나의 호스접속구까지의 수평거리가 25m 이하가 되도록 설치할 것. 이 경우 옥내소화전은 각층의 출입구 부근에 1개 이상 설치하여야 한다.
㉯ 수원의 수량은 옥내소화전이 가장 많이 설치된 층의 옥내소화전 설치개수(설치개수가 5개 이상인 경우는 5개)에 7.8m³를 곱한 양 이상이 되도록 설치할 것
㉰ 옥내소화전설비는 각층을 기준으로 하여 당해 층의 모든 옥내소화전(설치개수가 5개 이상인 경우는 5개의 옥내소화전)을 동시에 사용할 경우에 각 노즐끝부분의 방수압력이 350kPa 이상이고 방수량이 1분당 260L 이상의 성능이 되도록 할 것

## 개념문제

다음은 옥내소화전설비의 가압송수장치 중 압력수조를 이용한 가압송수장치에 필요한 압력을 구하는 공식이다. 괄호 안에 들어갈 알맞은 내용을 다음의 [보기]에서 골라 그 기호를 쓰시오. [13,20]

$$P = (①) + (②) + (③) + (④)$$

[보기]
A. 호스의 마찰손실수두압(MPa)   B. 배관의 마찰손실수두압(MPa)
C. 낙차의 환산수두압(MPa)        D. 낙차 높이(m)
E. 호스의 마찰손실수두(m)         F. 배관의 마찰손실수두(m)
G. 0.35MPa                         H. 35MPa

**Hack 답안지** ① A  ② B  ③ C  ④ G

**해설** 압력수조를 이용한 가압송수장치에서 압력수조의 압력은 다음 식에 의하여 구한 압력수치 이상으로 하여야 한다.

$$P = p_1 + p_2 + p_3 + 0.35\text{MPa} \quad \begin{cases} P : \text{필요압력(MPa)} \\ p_1 : \text{호스의 마찰손실수두압(MPa)} \\ p_2 : \text{배관의 마찰손실수두압(MPa)} \\ p_3 : \text{낙차의 환산수두압(MPa)} \end{cases}$$

### 유사문제

**01** 옥내소화전설비의 개폐밸브 및 호스 접속구는 바닥면으로부터 몇 m 이하의 높이에 설치하는가?
[08,12]

**02** 옥외저장소에 옥외소화전설비를 6개 설치할 경우 필요한 수원의 양은 몇 m³인지 계산하시오.
[13,18]

**03** 위험물제조소에 옥외소화전을 다음과 같이 설치할 때 필요한 수원의 양은 몇 m³ 이상인지 쓰시오.
[21]
  (1) 3개
  (2) 6개

**04** 제조소등의 건축물에 다음과 같이 설치된 옥내소화전의 수원의 수량은 몇 m³인지 다음의 각 물음에 답하시오.
[20]
  (1) 1층에 1개, 2층에 3개로 총 4개의 옥내소화전이 설치된 경우
  (2) 1층에 2개, 2층에 5개로 총 7개의 옥내소화전이 설치된 경우

**05** 옥내소화전설비의 방수압력과 방수량을 쓰시오.
[17]

### 유사문제 답안·해설

**01** 답안 1.5m 이하

**02** 답안 $Q = \dfrac{13.5\text{m}^3}{\text{개}} \times 4\text{개} = 54\,\text{m}^3$

▶ 법령보기 ◀
① 옥외소화전의 수원의 수량은 옥외소화전의 설치개수(설치개수가 4개 이상인 경우는 4개의 옥외소화전)에 13.5m³를 곱한 양 이상이 되도록 설치하여야 한다.
② 옥내소화전의 수원의 수량은 옥내소화전이 가장 많이 설치된 층의 옥내소화전 설치개수(설치개수가 5개 이상인 경우는 5개)에 7.8m³를 곱한 양 이상이 되도록 설치하여야 한다.

**03** 답안 (1) $Q = \dfrac{13.5\text{m}^3}{\text{개}} \times 3\text{개} = 40.5\,\text{m}^3$
  (2) $Q = \dfrac{13.5\text{m}^3}{\text{개}} \times 4\text{개} = 54\,\text{m}^3$

**04** 답안 (1) $Q = \dfrac{7.8\,\text{m}^3}{\text{개}} \times 3\text{개} = 23.4\,\text{m}^3$

(2) $Q = \dfrac{7.8\,\text{m}^3}{\text{개}} \times 5\text{개} = 39\,\text{m}^3$

▶ 법령보기 ◀
① 옥외소화전의 수원의 수량은 옥외소화전의 설치개수(설치개수가 4개 이상인 경우는 4개의 옥외소화전)에 13.5m³를 곱한 양 이상이 되도록 설치하여야 한다.
② 옥내소화전의 수원의 수량은 옥내소화전이 가장 많이 설치된 층의 옥내소화전 설치개수(설치개수가 5개 이상인 경우는 5개)에 7.8m³를 곱한 양 이상이 되도록 설치하여야 한다.


**05** 답안 (1) 방수압력 : 350kPa 이상

(2) 방수량 : 260L/min 이상

▶ 법령보기 ◀
① 옥내소화전설비는 각층을 기준으로 하여 당해 층의 모든 옥내소화전(설치개수가 5개 이상인 경우는 5개의 옥내소화전)을 동시에 사용할 경우에 각 노즐끝부분의 방수압력이 350kPa 이상이고 방수량이 1분당 260L 이상의 성능이 되도록 하여야 한다.
② 옥외소화전설비는 모든 옥외소화전(설치개수가 4개 이상인 경우는 4개의 옥외소화전)을 동시에 사용할 경우에 각 노즐끝부분의 방수압력이 350kPa 이상이고, 방수량이 1분당 450L 이상의 성능이 되도록 하여야 한다.

② 스프링클러 - 물분무 소화설비 설치기준(비교)

㉮ 일반 설치기준(비교)

| 스프링클러설비 | 물분무 소화설비 |
|---|---|
| • 스프링클러헤드는 방호대상물의 천장 또는 건축물의 최상부 부근에 설치하되 방호대상물의 각 부분에서 하나의 스프링클러헤드까지의 **수평거리**가 **1.7m**(살수밀도의 기준을 충족하는 경우에는 **2.6m**) 이하가 되도록 설치할 것 | • 분무헤드로부터 방사되는 물분무에 의하여 방호대상물의 모든 표면을 유효하게 소화할 수 있도록 설치할 것<br>• 방호대상물의 표면적(건축물에 있어서는 바닥면적) 1m²당 규정에 따라 산정된 양의 수량을 표준방사량으로 방사할 수 있도록 설치할 것 |
| • 개방형 스프링클러헤드를 이용한 스프링클러설비의 **방사구역**은 **150m² 이상**(방호대상물의 바닥면적이 150m² 미만인 경우에는 당해 바닥면적)으로 할 것 | • 물분무소화설비의 **방사구역**은 **150m² 이상**(방호대상물의 표면적이 150m² 미만인 경우에는 당해 표면적)으로 할 것<br>※ 방사구역 : 하나의 일제개방밸브에 의하여 동시에 방사되는 구역을 말함 |
| • **수원의 수량**은 폐쇄형 스프링클러헤드를 사용하는 것은 30(헤드의 설치개수가 30 미만인 방호대상물인 경우에는 당해 설치개수), 개방형 스프링클러헤드를 사용하는 것은 스프링클러헤드가 가장 많이 설치된 방사구역의 스프링클러헤드 설치개수에 **2.4m³**를 곱한 양 이상이 되도록 설치할 것 | • **수원의 수량**은 분무헤드가 가장 많이 설치된 방사구역의 모든 분무헤드를 동시에 사용할 경우에 당해 방사구역의 **표면적 1m²당 1분당 20L**의 비율로 계산한 양으로 **30분간 방사**할 수 있는 양 이상이 되도록 설치할 것 |
| • 스프링클러설비는 스프링클러헤드를 동시에 사용할 경우에 각 선단의 **방사압력이 100kPa**(살수밀도의 기준을 충족하는 경우에는 **50kPa**) 이상이고, 방수량이 1분당 **80L**(살수밀도의 기준을 충족하는 경우에는 **56L**) 이상의 성능이 되도록 할 것 | • 물분무소화설비는 분무헤드를 동시에 사용할 경우에 각 선단의 **방사압력이 350kPa** 이상으로 표준방사량을 방사할 수 있는 성능이 되도록 할 것 |
| • 제어밸브는 바닥면으로부터 0.8m 이상 1.5m 이하의 높이에 설치하여야 한다. | • 물분무소화설비의 제어밸브는 바닥으로부터 0.8m 이상 1.5m 이하의 높이에 설치하여야 한다. |

● 정리 ●

**스프링클러 - 물분무 소화설비 설치기준(비교)**

- 방사구역
  - 스프링클러설비 : 150m² 이상
  - 물분무소화설비 : 150m² 이상
- 수원수량($Q$, m³)
  - 스프링클러 : $Q = n \times 2.4 \text{m}^3$
  - 물분무 : $Q = A_v(\text{m}^2) \times 20 \text{L/m}^2 \cdot \text{min} \times 20 \text{min}$
- 방사압력(kPa)
  - 스프링클러설비 : 100 kPa
  - 물분무소화설비 : 350 kPa
- 제어밸브 위치
  - 스프링클러설비 : 바닥위 0.8 ~ 1.5m
  - 물분무소화설비 : 바닥위 0.8 ~ 1.5m

④ 스프링클러의 세부 설치기준

| 개방형 스프링클러 | 폐쇄형 스프링클러 |
|---|---|
| 스프링클러헤드의 반사판으로부터 하방으로 0.45m, 수평방향으로 0.3m의 공간을 보유할 것 | 스프링클러헤드의 반사판과 당해 헤드의 부착면과의 거리는 0.3m 이하일 것 |
| • 스프링클러헤드는 헤드의 축심이 당해 헤드의 부착면에 대하여 직각이 되도록 설치할 것<br>• 일제개방밸브의 기동조작부 및 수동식개방밸브는 화재 시 쉽게 접근가능한 바닥면으로부터 1.5m 이하의 높이에 설치할 것<br>• 수동식개방밸브를 개방 조작하는데 필요한 힘이 15kg 이하가 되도록 설치할 것 | • 스프링클러헤드는 당해 헤드의 부착면으로부터 0.4m 이상 돌출한 보 등에 의하여 구획된 부분마다 설치할 것<br>• 급배기용 덕트 등의 긴 변의 길이가 1.2m를 초과하는 것이 있는 경우에는 당해 덕트 등의 아래면에도 스프링클러헤드를 설치할 것 |

● 참고 ●

스프링클러헤드는 그 부착장소의 평상시의 최고 주위온도에 따라 다음 표에 정한 표시온도를 갖는 것을 설치하여야 한다.

| 부착장소 최고 주위온도 | 표시온도 |
|---|---|
| 28℃ 미만 | 58℃ 미만 |
| 28 ~ 39℃ 미만 | 58 ~ 79℃ 미만 |
| 39 ~ 64℃ 미만 | 79 ~ 121℃ 미만 |
| 64 ~ 106℃ 미만 | 121 ~ 162℃ 미만 |
| 106℃ 이상 | 162℃ 이상 |

● 참고 ●

**살수기준면적에 따른 스프링클러설비의 살수밀도**

| 살수기준면적 (m$^2$) | 방사밀도 (L/m$^2$분) | | 비고 |
|---|---|---|---|
| | 인화점 38℃ 미만 | 인화점 38℃ 이상 | |
| 279 미만 | 16.3 이상 | 12.2 이상 | • 살수기준면적은 내화구조의 벽 및 바닥으로 구획된 하나의 실의 바닥면적을 말함<br>• 하나의 실의 바닥면적이 465m$^2$ 이상인 경우의 살수기준면적은 465m$^2$로 한다. |
| 279 이상 372 미만 | 15.5 이상 | 11.8 이상 | |
| 372 이상 465 미만 | 13.9 이상 | 9.8 이상 | |
| 465 이상 | 12.2 이상 | 8.1 이상 | |

● 참고 ●

**물분무 소화설비의 세부 설치기준**
- 물분무소화설비에 2 이상의 방사구역을 두는 경우에는 화재를 유효하게 소화할 수 있도록 인접하는 방사구역이 상호 중복되도록 할 것
- 고압의 전기설비가 있는 장소에는 당해 전기설비와 분무헤드 및 배관 사이에 전기절연을 위하여 필요한 공간을 보유할 것

③ 분말 소화설비의 설치기준
  ㉮ 소화약제
   • 제1종 분말 : 탄산수소나트륨을 주성분으로 한 분말소화약제를 말한다.
   • 제2종 분말 : 탄산수소칼륨을 주성분으로 한 분말소화약제를 말한다.
   • 제3종 분말 : 인산염을 주성분으로 한 분말소화약제를 말한다.
   • 제4종 분말 : 탄산수소칼륨과 요소가 화합된 분말소화약제를 말한다.
  ㉯ 저장용기 : 분말소화약제의 저장용기는 **방호구역 외의 장소로서 방화구획된 실에 설치해야 한다**
   ㉠ 내용적 : 저장용기의 내용적은 소화약제 **1kg당 1L**(제1종 분말은 0.8L, 제4종 분말은 1.25L)로 한다.
   ㉡ 안전밸브 : 가압식은 최고사용압력의 1.8배 이하, 축압식은 용기의 내압시험압력의 0.8배 이하의 압력에서 작동하는 안전밸브를 설치할 것
   ㉢ 충전비 : 저장용기의 **충전비는 0.8 이상**으로 할 것
  ㉰ 분사헤드
   ㉠ 전역방출방식
    • 방출된 소화약제가 방호구역의 전역에 균일하고 신속하게 확산할 수 있도록 할 것
    • 소약제 저장량을 30초 이내에 방출할 수 있는 것으로 할 것
   ㉡ 국소방출방식
    • 소화약제의 방출에 따라 가연물이 비산하지 않는 장소에 설치할 것
    • 기준저장량의 소화약제를 30초 이내에 방출할 수 있는 것으로 할 것
   ㉢ 호스릴 방식 : 화재 시 현저하게 **연기가 찰 우려가 없는 장소**로서 다음에 해당하는 장소에는 호스릴방식의 분말소화설비를 설치할 수 있다. 다만, 차고 또는 주차의 용도로 사용되는 장소는 제외한다.
    • 지상 1층 및 피난층에 있는 부분으로서 지상에서 수동 또는 원격조작에 따라 개방할 수 있는 개구부의 유효면적의 합계가 바닥면적의 15% 이상이 되는 부분
    • 전기설비가 설치되어 있는 부분 또는 다량의 화기를 사용하는 부분(해당 설비의 주위 5m 이내의 부분을 포함)의 바닥면적이 해당 설비가 설치되어 있는 구획의 바닥면적의 5분의 1 미만이 되는 부분
    • 호스릴방식의 분말소화설비는 하나의 노즐마다 **분당 27kg**(제1종 분말은 45kg, 제4종 분말은 18kg) 이상의 소화약제를 방사할 수 있는 것으로 할 것

④ 불활성가스 소화설비의 설치기준
  ㉮ 방출방식에 따른 기준
    ㉠ **전역방출방식** : 분사헤드는 불연재료의 벽·기둥·바닥·보 및 지붕(천장이 있는 경우에는 천장)으로 구획되고 개구부에 자동폐쇄장치(**60분＋방화문·60분방화문·30분방화문** 또는 **불연재료의 문**으로 불활성가스 소화약제가 방사되기 직전에 개구부를 자동적으로 폐쇄하는 장치를 말함)가 설치되어 있는 부분(방호구역)에 해당 부분의 용적 및 받호대상물의 성질에 따라 표준방사량으로 방호대상물의 화재를 유효하게 소화할 수 있도록 필요한 개수를 적당한 위치에 설치할 것
    ㉡ **국소방출방식** : 분사헤드는 방호대상물의 형상, 구조, 성질, 수량 또는 취급방법에 따라 방호대상물에 이산화탄소 소화약제를 직접 방사하여 표준방사량으로 방호대상물의 화재를 유효하게 소화할 수 있도록 필요한 개수를 적당한 위치에 설치할 것
    ㉢ **이동식** : 호스접속구는 모든 방호대상물에 대하여 당해 방호 대상물의 각 부분으로부터 하나의 호스접속구까지의 **수평거리가 15m 이하**가 되도록 설치할 것
  ㉯ 분사헤드
    ㉠ 할로겐화합물 및 불활성기체 소화설비
      • 설치높이 : 분사헤드의 설치높이는 방호구역의 바닥으로부터 최소 0.2m 이상 최대 3.7m 이하로 하며 천장높이가 3.7m를 초과할 경우에는 추가로 다른 열의 분사헤드를 설치할 것
      • 방출률 및 압력 : 분사헤드의 방출률 및 방출압력은 제조업체에서 정한 값으로 한다.
      • 분사헤드의 오리피스의 면적 : 분사헤드가 연결되는 배관구경 면적의 70% 이하가 되도록 할 것
    ㉡ 할론 소화설비
      • 전역방출방식
        - 할론 2402를 방출하는 분사헤드는 해당 소화약제가 무상으로 분무되는 것으로 할 것
        - 분사헤드의 방출압력은 0.1MPa(할론 1211을 방출하는 것은 0.2MPa, 할론1301을 방출하는 것은 0.9MPa) 이상으로 할 것
        - 기준저장량의 소화약제를 10초 이내에 방출할 수 있는 것으로 할 것
      • 국소방출방식
        - 할론 2402를 방출하는 분사헤드는 해당 소화약제가 무상으로 분무되는 것으로 할 것
        - 분사헤드의 방출압력은 0.1MPa(할론 1211을 방출하는 것은 0.2MPa, 할론1301을 방출하는 것은 0.9MPa) 이상으로 할 것
        - 기준저장량의 소화약제를 10초 이내에 방출할 수 있는 것으로 할 것

- **호스릴 방식**(차고 또는 주차의 용도로 사용되는 장소는 제외)
  - 노즐은 섭씨 20도에서 하나의 노즐마다 분당 45kg(할론 1211은 40kg, 할론 1301은 35kg) 이상의 소화약제를 방사할 수 있는 것으로 할 것
  - 방호대상물의 각 부분으로부터 하나의 호스접결구까지의 수평거리는 20미터 이하가 되도록 할 것

⑤ 이산화탄소 소화설비의 설치기준
  ㉮ **저장용기** : 이산화탄소 소화약제의 저장용기는 **방호구역 외의 장소**로서 방화구획된 실에 설치해야 하며, 용기는 다음의 기준에 적합해야 한다.
  - 저장용기는 **고압식은 25MPa 이상**, **저압식은 3.5MPa 이상**의 내압시험압력에 합격한 것으로 할 것
  - 저압식 저장용기에는 안전밸브, 봉판, 액면계, 압력계, 압력경보장치 및 자동냉동장치 등의 안전장치를 설치할 것
  - 저장용기의 **충전비**는 고압식은 1.5~1.9 이하, 저압식은 1.1~1.4 이하로 할 것

  ㉯ **분사헤드**
  ㉠ **전역방출방식**
  - 방출 소화약제가 방호구역의 전역에 균일, 신속하게 확산할 수 있도록 할 것
  - 분사헤드의 **방출압력이 2.1MPa**(저압식은 1.05MPa) 이상의 것으로 할 것
  ㉡ **국소방출방식**
  - 소화약제의 방출에 따라 가연물이 비산하지 않는 장소에 설치할 것
  - 이산화탄소 소화약제의 저장량은 30초 이내에 방출할 수 있는 것으로 할 것
  ㉢ **호스릴 방식** : 화재 시 현저하게 **연기가 찰 우려가 없는 장소**로서 다음에 해당하는 장소(차고 또는 주차의 용도로 사용되는 부분 제외)에는 호스릴이산화탄소 소화설비를 설치할 수 있다.
  - 지상 1층 및 피난층에 있는 부분으로서 지상에서 수동 또는 원격조작에 따라 개방할 수 있는 개구부의 유효면적의 합계가 바닥면적의 15% 이상이 되는 부분
  - 전기설비가 설치되어 있는 부분 또는 다량의 화기를 사용하는 부분(해당 설비의 주위 5m 이내의 부분을 포함)의 바닥면적이 해당 설비가 설치되어 있는 구획의 바닥면적의 5분의 1 미만이 되는 부분
  - 노즐은 20℃에서 하나의 **노즐마다 분당 60kg 이상**의 소화약제를 방사할 수 있는 것으로 할 것

⑥ 포소화설비의 설치기준
- 고정식 포소화설비의 포방출구 등은 방호대상물의 형상, 구조, 성질, 수량 또는 취급방법에 따라 표준방사량으로 당해 방호대상물의 화재를 유효하게 소화할 수 있도록 필요한 개수를 적당한 위치에 설치할 것
- 수원의 수량 및 포소화약제의 저장량은 방호대상물의 화재를 유효하게 소화할 수 있는 양 이상이 되도록 할 것

⑦ 대형 수동식 소화기의 설치기준 : 방호대상물의 각 부분으로부터 하나의 대형수동식소화기까지의 보행거리가 30m 이하가 되도록 설치할 것. 다만, 옥내소화전설비, 옥외소화전설비, 스프링클러설비 또는 물분무등소화설비와 함께 설치하는 경우에는 그러하지 아니하다.

⑧ 소형 수동식 소화기의 설치기준 : 소형수동식소화기 또는 그 밖의 소화설비는 지하탱크저장소, 간이탱크저장소, 이동탱크저장소, 주유취급소 또는 판매취급소에서는 유효하게 소화할 수 있는 위치에 설치하여야 하며, 그 밖의 제조소등에서는 방호대상물의 각 부분으로부터 하나의 소형수동식소화기까지의 보행거리가 20m 이하가 되도록 설치할 것. 다만, 옥내소화전설비, 옥외소화전설비, 스프링클러설비, 물분무등소화설비 또는 대형수동식소화기와 함께 설치하는 경우에는 그러하지 아니하다.

### 개념문제

다음 할로젠화합물 소화설비(전역방출방식)의 분사헤드의 방사압력을 쓰시오. [19]
(1) 할론 2402
(2) 할론 1211

**답안지** (1) 0.1MPa 이상
(2) 0.2MPa 이상

**해설** 할로젠화합물 소화설비의 전역방출방식 및 국소방출방식 모두 할론 2402를 방출하는 분사헤드는 해당 소화약제가 무상으로 분무되는 것으로 하여야 하며, 분사헤드의 방출압력은 0.1MPa 이상으로 하여야 한다. 다만, 할론 1211을 방출하는 것은 0.2MPa, 할론1301을 방출하는 것은 0.9MPa 이상으로 하여야 한다.

## 개념문제

**다음은 이산화탄소 소화설비에 관한 내용이다. 빈칸을 채우시오.** [12,20]

(1) 저장용기는 고압식은 ( ① ) 이상, 저압식은 ( ② ) 이상의 내압시험압력에 합격한 것으로 할 것
(2) 호스릴 이산화탄소 소화설비의 노즐은 섭씨 ( ① )도에서 하나의 노즐마다 분당 ( ② )kg 이상의 소화약제를 방사할 수 있는 것으로 할 것
(3) 전역방출방식의 이산화탄소 소화설비 분사헤드의 방출압력은 ( ① ) 이상, 저압식은 ( ② ) 이상의 것으로 할 것

**답안지**
(1) ① 25 MPa  ② 3.5 MPa
(2) ① 20  ② 60
(3) ① 2.1 MPa  ② 1.05 MPa

### 보충 ● 참고

㉮ 이산화탄소 소화약제의 저장용기는 고압식은 25메가파스칼 이상, 저압식은 3.5메가파스칼 이상의 내압시험압력에 합격한 것으로 할 것
㉯ 저압식 저장용기에는 안전밸브, 봉판, 액면계, 압력계, 압력경보장치 및 자동냉동장치 등의 안전장치를 설치할 것
㉰ 저장용기의 충전비는 고압식은 1.5 이상 1.9 이하, 저압식은 1.1 이상 1.4 이하로 할 것
㉱ 전역방출방식 분사헤드는 방출압력이 2.1MPa(저압식은 1.05MPa) 이상의 것으로 할 것
㉲ 호스릴 이산화탄소 소화설비의 노즐은 섭씨 20도에서 하나의 노즐마다 분당 60킬로그램 이상의 소화약제를 방사할 수 있는 것으로 할 것

## 개념문제

다음은 할로젠화합물 및 불활성기체 소화설비에 관한 내용이다. 빈칸을 채우시오. [20]

(1) 분사헤드의 설치높이는 방호구역의 바닥으로부터 최소 ( ① ) 이상 최대 ( ② ) 이하로 하며 천장높이가 ( ③ )를 초과할 경우에는 추가로 다른 열의 분사헤드를 설치할 것
(2) 분사헤드의 방출률 및 방출압력은 (     )으로 한다.
(3) 분사헤드의 오리피스의 면적은 분사헤드가 연결되는 배관구경 면적의 (     )% 이하가 되도록 할 것

**답안지** (1) ① 0.2m  ② 3.7m  ③ 3.7m
(2) 제조업체에서 정한 값
(3) 70

**보충 ● 참고 ●**

㉮ 분사헤드의 설치높이는 방호구역의 바닥으로부터 최소 0.2미터 이상 최대 3.7미터 이하로 하며 천장높이가 3.7미터를 초과할 경우에는 추가로 다른 열의 분사헤드를 설치할 것
㉯ 분사헤드의 방출률 및 방출압력은 제조업체에서 정한 값으로 한다.
㉰ 분사헤드의 오리피스의 면적은 분사헤드가 연결되는 배관구경 면적의 70퍼센트 이하가 되도록 할 것

## 3 자체소방대

### (1) 설치대상과 제외대상

① 자체소방대 설치대상
- 제4류 위험물을 취급하는 제조소등 또는 일반취급소.(보일러로 위험물을 소비하는 일반취급소 등 행정안전부령으로 정하는 일반취급소는 제외)
- 제4류 위험물을 저장하는 옥외탱크저장소
- 제조소 또는 일반취급소에서 취급하는 제4류 위험물의 최대수량의 합이 지정수량의 3천배 이상
- 옥외탱크저장소에 저장하는 제4류 위험물의 최대수량이 지정수량의 50만배 이상

② 자체소방대 설치 제외대상
- 보일러, 버너 그밖에 이와 유사한 장치로 위험물을 소비하는 일반취급소
- 이동저장탱크 그밖에 이와 유사한 것에 위험물을 주입하는 일반취급소
- 용기에 위험물을 옮겨 담는 일반취급소
- 유압장치, 윤활유 순환장치 그밖에 이와 유사한 장치로 위험물을 취급하는 일반취급소
- 「광산보안법」의 적용을 받는 일반취급소

### (2) 자체소방대의 구비 소화능력 · 소방대원

자체소방대를 설치하는 사업소의 관계인은 규정에 의하여 자체소방대에 화학소방자동차 및 자체소방대원을 두어야 한다. 다만, 화재 그 밖의 재난발생 시 다른 사업소 등과 상호응원에 관한 협정을 체결하고 있는 사업소에 있어서는 화학소방자동차 및 인원의 수를 달리할 수 있다.

**∥ 자체소방대에 두는 화학소방자동차 및 인원 ∥**

| 사업소의 구분 | 화학소방자동차 | 자체소방대원의 수 |
|---|---|---|
| 1. 제조소등 또는 일반취급소에서 취급하는 제4류 위험물의 최대수량의 합이 지정수량의 12만배 미만인 사업소 | 1대 | 5인 |
| 2. 제조소등 또는 일반취급소에서 취급하는 제4류 위험물의 최대수량의 합이 지정수량의 12만배 이상 24만배 미만인 사업소 | 2대 | 10인 |
| 3. 제조소등 또는 일반취급소에서 취급하는 제4류 위험물의 최대수량의 합이 지정수량의 24만배 이상 48만배 미만인 사업소 | 3대 | 15인 |
| 4. 제조소등 또는 일반취급소에서 취급하는 제4류 위험물의 최대수량의 합이 지정수량의 48만배 이상인 사업소 | 4대 | 20인 |
| 5. 옥외탱크 저장소에서 저장하는 제4류 위험물의 최대수량의 합이 지정수량의 50만배 이상인 사업소 | 2대 | 10인 |

[비고]
화학소방자동차에는 행정안전부령으로 정하는 소화능력 및 설비를 갖추어야 하고, 소화활동에 필요한 소화약제 및 기구(방열복 등 개인장구를 포함)를 비치하여야 한다.

## 화학소방자동차의 구분과 설비기준

| 화학소방자동차의 구분 | 소화능력 및 설비의 기준 |
|---|---|
| 포수용액 방사차 | 포수용액의 방사능력이 매분 2,000L 이상일 것 |
| | 소화약액탱크 및 소화약액혼합장치를 비치할 것 |
| | 10만L 이상의 포수용액을 방사할 수 있는 양의 소화약제를 비치할 것 |
| 분말 방사차 | 분말의 방사능력이 매초 35kg 이상일 것 |
| | 분말탱크 및 가압용가스설비를 비치할 것 |
| | 1,400kg 이상의 분말을 비치할 것 |
| 할로젠화합물 방사차 | 할로젠화합물의 방사능력이 매초 40kg 이상일 것 |
| | 할로젠화합물탱크 및 가압용가스설비를 비치할 것 |
| | 1,000kg 이상의 할로젠화합물을 비치할 것 |
| 이산화탄소 방사차 | 이산화탄소의 방사능력이 매초 40kg 이상일 것 |
| | 이산화탄소저장용기를 비치할 것 |
| | 3,000kg 이상의 이산화탄소를 비치할 것 |
| 제독차 | 가성소다 및 규조토를 각각 50kg 이상 비치할 것 |

## 개념문제

다음은 위험물안전관리법령에 따른 안전교육과정·교육대상자·교육시간·교육시기 및 교육기관에 관한 사항이다. 빈칸에 들어갈 내용을 보기에서 골라 쓰시오.

[보기]  안전관리자,   위험물운반자,   위험물운송자,   탱크시험자

| 교육과정 | 교육대상자 | 교육시간 |
|---|---|---|
| 강습교육 | ( 1 )가 되려는 사람 | 24시간 |
| | ( 2 )가 되려는 사람 | 8시간 |
| | ( 3 )가 되려는 사람 | 16시간 |
| 실무교육 | ( 1 ) | 8시간 |
| | ( 2 ) | 4시간 |
| | ( 3 ) | 8시간 |
| | ( 4 ) | 8시간 |

답안지 (1) 안전관리자
(2) 위험물운반자
(3) 위험물운송자
(4) 탱크시험자

▶ 법령보기 ◀

| 교육과정 | 교육대상자 | 교육시간 | 교육시기 | 교육기관 |
|---|---|---|---|---|
| 강습교육 | 안전관리자가 되려는 사람 | 24시간 | 최초 선임되기 전 | 안전원 |
| | 위험물운반자가 되려는 사람 | 8시간 | 최초 종사하기 전 | 안전원 |
| | 위험물운송자가 되려는 사람 | 16시간 | 최초 종사하기 전 | 안전원 |
| 실무교육 | 안전관리자 | 8시간 | • 제조소등의 안전관리자로 선임된 날부터 6개월 이내<br>• 교육을 받은 후 2년마다 1회 | 안전원 |
| | 위험물운반자 | 4시간 | • 위험물운반자로 종사한 날부터 6개월 이내<br>• 교육을 받은 후 3년마다 1회 | 안전원 |
| | 위험물운송자 | 8시간 | • 이동탱크저장소의 위험물운송자로 종사한 날부터 6개월 이내<br>• 교육을 받은 후 3년마다 1회 | 안전원 |
| | 탱크시험자 | 8시간 | • 탱크시험자의 기술인력으로 등록한 날부터 6개월 이내<br>• 교육을 받은 후 2년마다 1회 | 기술원 |

## 개념문제

**자체소방대에 관한 다음의 물음에 답하시오.** [20]

(1) 제조소 또는 일반취급소에서 취급하는 제4류 위험물의 최대수량의 합이 지정수량의 3천배 이상 12만배 미만일 때, 자체소방대원의 수를 쓰시오.
(2) 제조소 또는 일반취급소에서 취급하는 제4류 위험물의 최대수량의 합이 지정수량의 3천배 이상 12만배 미만일 때 화학소방자동차의 대수를 쓰시오.
(3) 제조소 또는 일반취급소에서 취급하는 제4류 위험물의 최대수량의 합이 지정수량의 48만배 이상일 때, 자체소방대원의 수를 쓰시오.
(4) 제조소 또는 일반취급소에서 취급하는 제4류 위험물의 최대수량의 합이 48만배 이상일 때, 화학소방자동차의 대수를 쓰시오.

**Hack 답안지**
(1) 5인
(2) 1대
(3) 20인
(4) 2대

## 유사문제

**01** 제조소·일반취급소에서 취급하는 제4류 위험물의 최대수량의 합이 지정수량의 12만배 이상 24만배 미만인 사업소에 자체소방대 소방차의 대수와 인원의 수를 쓰시오. [14]

**02** 제조소 또는 일반취급소에서 취급하는 제4류 위험물의 최대수량의 합이 지정수량의 48만배 이상인 사업소에 자체소방대 인원의 수와 소방차의 대수를 쓰시오. [11,14]

**03** 일반취급소 또는 제조소에서 취급하는 제4류 위험물의 최대수량의 합이 다음과 같을 때 사업소에 두는 자체소방대의 화학소방차 대수와 자체소방대원의 수를 각각 쓰시오. [21]
  (1) 3천배 이상 12만배 미만
  (2) 12만배 이상 24만배 미만
  (3) 24만배 이상 48만배 미만
  (4) 48만배 이상

**04** 다음은 자체소방대에 관한 내용이다. 물음에 대한 답하시오. [20]
  (1) 자체소방대를 두어야 하는 대상 사업소를 [보기]에서 고르시오.

  > ① 염소산염류 250톤 제조소
  > ② 염소산염류 250톤 일반취급소
  > ③ 특수인화물 250kL 제조소
  > ④ 특수인화물 250kL 충전하는 일반취급소

  (2) 자체소방대에 두는 화학소방자동차 1대당 필요한 소방대원의 수는 최소 몇 명이어야 하는지 쓰시오.
  (3) 다음 중 틀린 것을 고르시오. (단 해당사항 없는 경우 "없음"으로 쓰시오)

  > ① 다른 사업소등과 상호협정을 체결한 경우 그 모든 사업소를 하나의 사업소로 본다.
  > ② 포수용액 방사차에는 소화약액탱크 및 소화약액혼합장치를 비치할 것
  > ③ 포수용액 방사차는 자체 소방차 대수의 2/3 이상이어야 하고 포수용액 방사능력은 3,000L 이상일 것
  > ④ 10만L 이상의 포수용액을 방사할 수 있는 양의 소화약제를 비치할 것

  (4) 관련규정을 위반하여 자체소방대를 두지 아니한 제조소등의 관계인에 대한 벌칙을 쓰시오.

## 유사문제 답안·해설

**01** 답안 (1) 2대
            (2) 10인

**02** 답안 (1) 20인
            (2) 4대

## 03

**답안** (1) 화학소방차 1대, 자체소방대원의 수 5인
(2) 화학소방차 2대, 자체소방대원의 수 10인
(3) 화학소방차 3대, 자체소방대원의 수 15인
(4) 화학소방차 4대, 자체소방대원의 수 20인

▶ 법령보기 ◀

| 사업소의 구분 | 화학소방자동차 | 자체소방대원의 수 |
| --- | --- | --- |
| 1. 제조소 또는 일반취급소에서 취급하는 제4류 위험물의 최대수량의 합이 지정수량의 3천배 이상 12만배 미만인 사업소 | 1대 | 5인 |
| 2. 제조소 또는 일반취급소에서 취급하는 제4류 위험물의 최대수량의 합이 지정수량의 12만배 이상 24만배 미만인 사업소 | 2대 | 10인 |
| 3. 제조소 또는 일반취급소에서 취급하는 제4류 위험물의 최대수량의 합이 지정수량의 24만배 이상 48만배 미만인 사업소 | 3대 | 15인 |
| 4. 제조소 또는 일반취급소에서 취급하는 제4류 위험물의 최대수량의 합이 지정수량의 48만배 이상인 사업소 | 4대 | 20인 |
| 5. 옥외탱크저장소에 저장하는 제4류 위험물의 최대수량이 지정수량의 50만배 이상인 사업소 | 2대 | 10인 |

## 04

**답안** (1) ③, ④
(2) 5인
(3) ③
(4) 1년 이하의 징역 또는 1천만원 이하의 벌금

### ▌참고 ▌

(1)에서 ①, ②항은 제4류 위험물을 취급하는 사업소가 아니므로 자체소방대를 두어야 하는 대상 사업소가 아니다. 특수인화물은 제4류 위험물로서 지정수량 50L이다. 제조소 또는 일반취급소에서 취급하는 제4류 위험물의 최대수량의 합이 지정수량의 3천배 이상이면 자체소방대를 두어야 한다. ③, ④항은 지정수량의 5000배(=250×1000/50)이므로 자체소방대를 두어야 한다.

(2)에서, 화학소방자동차마다 5인 이상의 자체소방대원을 두어야 한다. 따라서 화학소방자동차 1대당 최소인원수는 5인이다.

(3)의 ①항에서, 자체소방대 편성의 특례에 따라 2 이상의 사업소가 상호응원에 관한 협정을 체결하고 있는 경우에는 당해 모든 사업소를 하나의 사업소로 본다. → ∴ ①항은 올바르다.

(3)의 ②, ③, ④항에서, 포수용액 방사차는 규정상 포수용액의 방사능력이 매분 2,000L 이상이어야 하고, 소화약액탱크 및 소화약액혼합장치를 비치하여야 하며, 10만L 이상의 포수용액을 방사할 수 있는 양의 소화약제를 비치하여야 한다. → ∴ ②, ④항은 올바르다.

그러나, ③항의 경우, 포수용액을 방사하는 화학소방자동차의 대수는 화학소방자동차의 대수의 3분의 2 이상으로 하여야 하고, 포수용액의 방사능력이 매분 2,000L 이상이어야 한다. → ∴ ③항은 틀리다.

(4)에서, 관련규정을 위반하여 자체소방대를 두지 아니한 관계인은 1년 이하의 징역 또는 1천만원 이하의 벌금에 처하게 된다.

▶ 법령보기 ◀

자체소방대 편성의 특례에 따라 2 이상의 사업소가 상호응원에 관한 협정을 체결하고 있는 경우에는 당해 모든 사업소를 하나의 사업소로 보고 제조소 또는 취급소에서 취급하는 제4류 위험물을 합산한 양을 하나의 사업소에서 취급하는 제4류 위험물의 최대수량으로 간주하여 규정에 의한 화학소방자동차의 대수 및 자체소방대원을 정할 수 있다. 이 경우 상호응원에 관한 협정을 체결하고 있는 각 사업소의 자체소방대에는 규정에 의한 화학소방차 대수의 2분의 1 이상의 대수와 화학소방자동차마다 5인 이상의 자체소방대원을 두어야 한다.

포수용액을 방사하는 화학소방자동차의 대수는 화학소방자동차의 대수의 3분의 2 이상으로 하여야 한다. 화학소방자동차에 갖추어야 하는 소화능력 및 설비의 기준은 다음과 같다.

| 화학소방자동차의 구분 | 소화능력 및 설비의 기준 |
|---|---|
| 포수용액 방사차 | 포수용액의 방사능력이 매분 2,000L 이상일 것 |
| | 소화약액탱크 및 소화약액혼합장치를 비치할 것 |
| | 10만L 이상의 포수용액을 방사할 수 있는 양의 소화약제를 비치할 것 |
| 분말 방사차 | 분말의 방사능력이 매초 35kg 이상일 것 |
| | 분말탱크 및 가압용가스설비를 비치할 것 |
| | 1,400kg 이상의 분말을 비치할 것 |
| 할로젠화합물 방사차 | 할로젠화합물의 방사능력이 매초 40kg 이상일 것 |
| | 할로젠화합물탱크 및 가압용가스설비를 비치할 것 |
| | 1,000kg 이상의 할로젠화합물을 비치할 것 |
| 이산화탄소 방사차 | 이산화탄소의 방사능력이 매초 40kg 이상일 것 |
| | 이산화탄소저장용기를 비치할 것 |
| | 3,000kg 이상의 이산화탄소를 비치할 것 |
| 제독차 | 가성소다 및 규조토를 각각 50kg 이상 비치할 것 |

**2025 최신판**

# 해커스
# 위험물산업기사
## 실기
## 한권합격 　이론+최신기출

초판 1쇄 발행 2025년 9월 10일

| | |
|---|---|
| 지은이 | 이승원 |
| 펴낸곳 | ㈜챔프스터디 |
| 펴낸이 | 챔프스터디 출판팀 |
| 주소 | 서울특별시 서초구 강남대로61길 23 ㈜챔프스터디 |
| 고객센터 | 02-537-5000 |
| 교재 관련 문의 | publishing@hackers.com |
| 동영상강의 | pass.Hackers.com |
| ISBN | 978-89-6965-667-4 (13570) |
| Serial Number | 01-01-01 |

저작권자 ⓒ 2025, 이승원
이 책의 모든 내용, 이미지, 디자인, 편집 형태는 저작권법에 의해 보호받고 있습니다.
서면에 의한 저자와 출판사의 허락 없이 내용의 일부 혹은 전부를 인용, 발췌하거나 복제, 배포할 수 없습니다.

**자격증 교육 1위
해커스자격증
pass.Hackers.com**

· 위험물산업기사 **전문 선생님의 본 교재 인강**(교재 내 할인쿠폰 수록)
· **무료 특강&이벤트, 최신 기출 문제** 등 다양한 학습 콘텐츠

주간동아 선정 2022 올해의 교육브랜드 파워 온·오프라인 자격증 부문 1위

# 쉽고 빠른 합격의 비결, 해커스자격증 국가기술·가산자격 시리즈

## 해커스 산업안전기사·산업기사 시리즈

## 해커스 위험물산업기사

## 해커스 전기기사·산업기사 시리즈

## 해커스 전기기능사

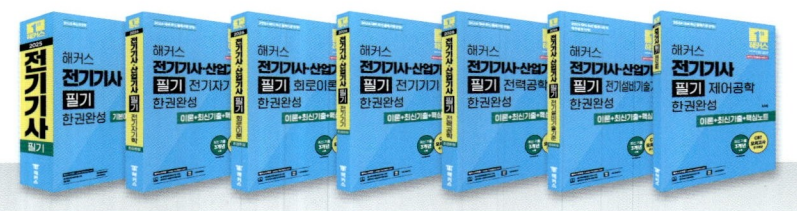

## 해커스 소방설비기사·산업기사 시리즈

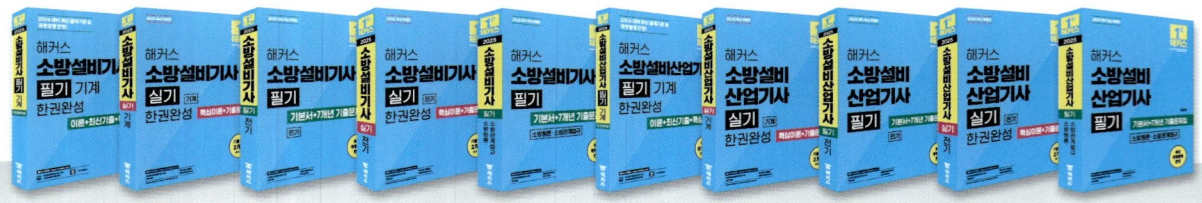

# 해커스
# 위험물산업기사
## 실기
### 한권합격 최신기출

해커스

# 목차

## 최신기출

### 위험물산업기사 기출문제

| | | | |
|---|---|---|---|
| 2024년 제1회 | 4 | 2021년 제2회 | 178 |
| 2024년 제2회 | 24 | 2021년 제4회 | 193 |
| 2024년 제3회 | 41 | 2020년 제1회 | 210 |
| 2023년 제1회 | 59 | 2020년 제2회 | 225 |
| 2023년 제2회 | 77 | 2020년 제3회 | 243 |
| 2023년 제4회 | 96 | 2020년 제4회 | 259 |
| 2022년 제1회 | 113 | 2020년 제5회 | 275 |
| 2022년 제2회 | 131 | 2019년 제1회 | 290 |
| 2022년 제4회 | 147 | 2019년 제2회 | 298 |
| 2021년 제1회 | 164 | 2019년 제4회 | 307 |

# 이론

## 위험물 취급실무

### Chapter 01 위험물 기초양론

1. 단위·농도·조성·반응식 등
   1. 기초단위·농도표시와 환산
   2. 화합물의 조성·화학식·실험식·분자식
   3. 반응식 만들기
   4. 반응양론

2. 폭발·연소이론
   1. 개요
   2. 폭발 및 화재
   3. 연소이론

3. 연소계산·연소범위 등
   1. 연소계산
   2. 연소범위(폭발범위)
   3. 기초 열역학 양론

### Chapter 02 위험물 분류 및 특성

1. 위험물의 분류
   1. 위험물의 성상 판정·위험물의 인화특성
   2. 위험물의 분류와 지정수량
   3. 위험물의 조성·성상에 따른 특성
   4. 위험물의 유(類)별 각개 특성

### Chapter 03 위험물안전·설비기준

1. 위험물 안전
   1. 위험물의 저장·취급
   2. 위험물의 운반·운송

2. 설비기준
   1. 제조소등의 분류·용어의 정의
   2. 안전거리(제조소등)
   3. 보유공지(제조소·저장소)
   4. 취급소 등 관련규정

### Chapter 04 화재특성·소화방법·소화설비

1. 화재특성·소화방법론
   1. 화재특성 분류·대응
   2. 소화방법론·소화난이도·소화설비의 적응성

2. 소화약제·소화설비
   1. 소화약제 특성·소화원리
   2. 소화설비
   3. 자체소방대

무료 특강·학습 콘텐츠 제공
pass.Hackers.com

# 2024년 제1회

**01** 제3류 위험물인 트라이에틸알루미늄에 대하여 다음 물음에 알맞은 답을 쓰시오.
  (1) 완전연소반응식을 쓰시오.
  (2) 물과의 반응식을 쓰시오.

**답안** (1) 완전연소반응 : $Al(C_2H_5)_3 + 10.5O_2 \rightarrow \frac{1}{2}(Al_2O_3) + 6CO_2 + 7.5H_2O$

  (2) 물과의 반응 : $Al(C_2H_5)_3 + 3H_2O \rightarrow Al(OH)_3 + 3C_2H_6$

■ 참고 ■

**상세해설**
트라이에틸알루미늄[TEA, $Al(C_2H_5)_3$]은 제3류 위험물(자연발화성/금수성)로 지정수량 10kg, 위험등급 Ⅰ로 지정·관리되고 있는 물질이다. 트라이에틸알루미늄(Triethylaluminum)은 알루미늄(Al)을 중심으로 에틸기(Ethyl Group, $C_2H_5-$)가 3개 결합되어 분자를 구성하므로 화학식으로 나타내면 [$Al(C_2H_5)_3$]가 되고, Al의 원자량 27, C의 원자량 12, H의 원자량 1이므로 트라이에틸알루미늄[$Al(C_2H_5)_3$]의 분자량은 114[27+{(12×2+1×5)×3}=114]이다.

알루미늄(Al)이 산화될 경우 산화알루미늄($Al_2O_3$)이 되는데, 알루미늄(Al)은 양이온 3가($Al^{3+}$)이고, 상응하는 음이온 2가인 산소($O^{2-}$)에 의해 연소산화되어 산화물을 형성할 때 등가원칙과 교호적용의 원리에 따라 Al의 산화물 구성은 2 : 3, 즉 $2Al^{3+} : 3O^{2-} = Al_2O_3$로 되고, C는 연소되어 $CO_2$로, H는 연소되어 $H_2O$로 된다.

  ㅁ $Al(C_2H_5)_3 + 10.5O_2 \rightarrow \frac{1}{2}(Al_2O_3) + 6CO_2 + 7.5H_2O$

트라이에틸알루미늄[$Al(C_2H_5)_3$]이 물($H_2O$)과 반응할 경우, 수산화물(水酸化物)을 형성하면서 부생물(에테인 = 에탄)이 발생한다. $Al(C_2H_5)_3$ 중의 알루미늄은 양이온 3가($Al^{3+}$), 물에서 제공되는 수산화이온($OH^-$)은 음이온 1가이므로 등가결합 원칙에 따라 이들이 결합한 수산화물의 구성은 1 : 3, 즉 $Al^{3+} : 3OH^- = Al(OH)_3$로 되면서 부산물로 에테인(에탄)가스를 방출하게 된다.

  ㅁ $Al(C_2H_5)_3 + 3H_2O \rightarrow Al(OH)_3 + 3C_2H_6$

**02** 과산화벤조일에 대하여 다음 물음에 답하시오.
  (1) 구조식을 쓰시오.
  (2) 옥내저장소에 저장할 경우 옥내저장소의 바닥면적을 몇 $m^2$ 이하로 하여야 하는지 쓰시오.
  (3) 위험등급을 쓰시오.

## 답안 (1) 구조식

(2) 바닥면적 : 1,000m² 이하
(3) 위험등급 : Ⅰ

## 참고

**상세해설**  과산화벤조일(Benzoyl Peroxide, 벤조일퍼옥사이드)을 기억할 때 "벤젠 + 일산화탄소 2개가 조우함"으로 머리에 저장해 두면 효과적이다. 벤조일기(◯-CO) 두 개와 퍼옥시기(Peroxy, -O-O-)가 결합(조우)되어 있기 때문에 이 물질은 화학적으로 불안정하고, 반응성이 높으며, 쉽게 분해되어 활성산소를 방출하는 특성을 가진다. 제5류 위험물 중 유기과산화물로서 지정수량이 10kg인 위험물은 1종, 위험등급 Ⅰ로 분류된다.

〈그림〉 과산화벤조일($C_6H_5CO)_2O_2$)

- 무색·결정성 고체로 공업적으로 중합개시제, 경화제, 표백제 등에 사용되는 유기화합물로 물에 불용, 유기용매에는 녹음
- 강한 산화제로 작용하며, 인화점(발화점)은 125℃
- 가열, 마찰, 충격 등에 의하여 폭발되며 스스로 분해되기 쉬움
- 금속재료를 부식시키며, 인체에 큰 영향을 미침

과산화벤조일은 제5류 위험물의 유기과산화물로 분류되며, 벤조일퍼옥사이드(Benzoyl Peroxide, BPO)라고도 하며, 투명한 백색의 고체로 산소를 다량 포함하는 폭발성이 매우 강한 강산화제로서 유기성의 환원성물질로 가연성물질이다.

**03** 알루미늄에 대한 다음 물음에 답하시오.
(1) 물과의 반응식을 쓰시오.
(2) (1)의 반응에서 생성되는 기체의 연소반응식을 쓰시오.
(3) (1)의 반응에서 생성되는 기체의 위험도를 구하시오.

## 답안
(1) $Al + 3H_2O \rightarrow Al(OH)_3 + 1.5H_2$
(2) $H_2 + 0.5O_2 \rightarrow H_2O$
(3) 위험도 $= \dfrac{\text{상한 값} - \text{하한 값}}{\text{하한 값}} = \dfrac{74.5 - 4}{4} = 17.63$

### ▋참고 ▋

 알루미늄(Al)은 마그네슘, 철분, 기타 금속분과 더불어 제2류 위험물(가연성고체)로 지정수량 500kg, 위험등급 Ⅲ으로 지정·관리되고 있다.

알루미늄분과 물의 반응에서, Al은 양이온 3가, 결합되는 수산화이온은 음이온 1가이므로 등가원칙에 따라 이들이 결합한 수산화물의 구성은 1 : 3, 즉 $Al^{3+}$ : $3OH^-$ = $Al(OH)_3$로 되고 수소가스($H_2$)를 방출한다.

□ $Al + 3H_2O \rightarrow Al(OH)_3 + 1.5H_2$

『참고』로 Al(알루미늄)과 염산이 반응하면, 알루미늄이 이온으로 되면 3가 양이온이 되는데, 이와 접촉하는 염산 등 강산은 전리되어 음이온을 제공함으로써 화합물을 형성한다. 양이온 3가인 알루미늄이온($Al^{3+}$)과 음이온 1가인 염산온($Cl^-$)이 결합하기 위해서는 등가원칙에 따라 1 : 3, 즉 $Al^{3+}$ : $3Cl^-$ = $AlCl_3$로 되고, 수소가스를 방출한다.

□ $Al + 3HCl \rightarrow AlCl_3 + 1.5H_2$

알루미늄분과 물의 반응에서 생성되는 기체는 수소($H_2$)이므로 수소에 대한 연소반응식을 작성한다. 수소는 연소되면 물($H_2O$)로 전환되므로 다음과 같이 수소의 연소반응식을 작성할 수 있다.

□ $H_2 + 0.5O_2 \rightarrow H_2O$

『참고』로 Al(알루미늄)이 연소되면 연소산화물, 즉 알루미늄의 산화물을 만든다. Al은 양이온 3가, 결합되는 산소는 음이온 2가이므로 등가원칙에 따라 이들의 가수를 교호(交互)로 적용하여 화학식을 만들면 $Al_2O_3$으로 된다. 즉 알루미늄이 연소 산화되면 흔히 알루미나(Alumina)라고 하는 산화알루미늄($Al_2O_3$)이 된다.

□ $2Al + 1.5O_2 \rightarrow Al_2O_3$

가연성·폭발성을 갖는 수소가스($H_2$)의 연소범위(폭발범위)는 하한 4% ~ 상한 74.5%이므로 다음의 공식을 적용하여 위험도를 산정한다. ※ 상한을 75%로 적용하여도 틀리지 않다.

□ 위험도 = $\dfrac{\text{상한 값} - \text{하한 값}}{\text{하한 값}}$ ∴ 위험도 = $\dfrac{74.5 - 4}{4}$ = 17.63

● 참고 ●

**주요 위험물의 연소범위**

| 물질명 | 연소범위(용량%) | | 물질명 | 폭발범위(용량%) | |
|---|---|---|---|---|---|
| | 하한(LEL) | 상한(UEL) | | 하한(LEL) | 상한(UEL) |
| 휘발유 | 1.4 | 7.6 | 메테인(메탄) | 5 | 15 |
| 톨루엔 | 1.27 | 7.0 | 에테인(에탄) | 3.0 | 12.5 |
| 다이에틸에터 | 1.9 | 48 | 프로페인(프로판) | 2.1 | 9.5 |
| 아세톤 | 2 | 13 | 부테인(부탄) | 1.8 | 8.4 |
| 아세틸렌(에틴) | 2.5 | 82 | 메틸알코올 | 7.3 | 36 |
| 에틸렌(에텐) | 3.0 | 33.5 | 에틸알코올 | 3.5 | 20 |
| 산화프로필렌 | 2.5 | 38.5 | 황화수소 | 4.3 | 45 |
| 산화에틸렌 | 3.0 | 80 | 사이안화수소 | 5.6 | 40 |
| 수소 | 4.0 | 74.5 | 암모니아 | 15.7 | 27.4 |
| 일산화탄소 | 12 | 75 | 벤젠 | 1.4 | 7.1 |

## 04 위험물안전관리법령상 소화난이도 등급 Ⅰ에 해당되는 것을 보기에서 골라 쓰시오. (단, 해당사항이 없으면 '없음'으로 표기하시오)

① 지하탱크저장소
② 면적 1,000m²인 제조소
③ 처마높이 6m인 옥내저장소
④ 제2종 판매취급소
⑤ 이송취급소
⑥ 간이탱크저장소
⑦ 이동탱크저장소

**답안** ②, ③, ⑤

**Point 설명** 소화난이도란 제조소등에서 화재가 발생하였을 때 소화가 곤란한 정도를 말한다. 제조소, 일반취급소의 소화난이도 등급은 다음과 같다.

▶ 법령보기 ◀

| 구분 | 등급Ⅰ | 등급Ⅱ | 등급Ⅲ |
|---|---|---|---|
| 제조소<br>일반취급소 | • 연면적 1,000m² 이상인 것<br>• 지정수량의 100배 이상인 것<br>• 지반면으로부터 6m 이상의 높이에 위험물 취급설비가 있는 것<br>• 일반취급소로 사용되는 부분 외의 부분을 갖는 건축물에 설치된 것 | • 600m² 이상<br>• 10배 이상<br>생략<br>생략 | Ⅰ~Ⅱ등급 외 |
| 옥내<br>저장소 | • 연면적 150m²를 초과하는 것<br>• 처마높이가 6m 이상인 단층건물의 것<br>• 지정수량의 150배 이상인 것<br>• 옥내저장소로 사용되는 부분 외의 부분이 있는 건축물에 설치된 것 | • 150m² 초과<br>• 단층 이외<br>• 10배 이상<br>생략 | Ⅰ~Ⅱ등급 외 |
| 옥외<br>저장소 | • 덩어리 상태의 황을 저장하는 것으로서 경계표시 내부의 면적 100m² 이상인 것<br>• 지정수량의 100배 이상인 것 | • 5~100m²<br>• 100배 이상 | • 5m² 미만<br>Ⅰ~Ⅱ등급 외 |
| 옥외탱크<br>저장소 | • 액표면적이 40m² 이상(제6류는 제외)<br>• 지반면으로부터 탱크 옆판의 상단까지 높이가 6m 이상인 것(제6류는 제외)<br>• 지중탱크 또는 해상탱크로서 지정수량의 100배 이상인 것(제6류는 제외)<br>• 고체위험물을 저장하는 것으로서 지정수량의 100배 이상인 것 | 소화난이도<br>Ⅰ등급 외의 것 | 지하탱크저장소<br>간이탱크저장소<br>이동탱크저장소 |
| 옥내탱크<br>저장소 | • 액표면적이 40m² 이상인 것(제6류 제외)<br>• 바닥면으로부터 탱크 옆판의 상단까지 높이가 6m 이상인 것(제6류 제외)<br>• 탱크전용실이 단층건물 외의 건축물에 있는 것으로서 인화점 38℃ 이상 70℃ 미만의 위험물을 지정수량의 5배 이상 저장하는 것 | | |
| 암반탱크<br>저장소 | • 액표면적이 40m² 이상인 것(제6류 제외)<br>• 고체위험물만을 저장하는 것으로서 지정수량의 100배 이상인 것 | – | |
| 주유취급소 | • 면적의 합이 500m²를 초과하는 것 | 옥내주유취급소로<br>Ⅰ등급 외의 것 | 옥내주유취급소 외 |
| 이송취급소 | • 모든 대상 | 제2종 판매취급소 | 제1종 판매취급소 |

**05** 옥외탱크 저장소에 탱크 용량 50만L 1기, 30만L 1기, 20만L 1기에 톨루엔이 저장되어 있다. 하나의 방유제를 설치할 경우 그 용량($m^3$)을 구하시오.

**답안** 방유제 용량 = 500000×(110/100) = 550000L = 550$m^3$

**Point 설명** 방유제의 용량은 방유제 안에 설치된 탱크가 하나인 때에는 그 탱크 용량의 110% 이상으로 하여야 하고, 2기 이상인 때에는 그 탱크 중 용량이 최대인 것의 용량의 110% 이상으로 하여야 하므로 다음과 같이 방유제의 용량을 산정할 수 있다.

□ 방유제 용량 = 최대용량탱크×110%

∴ 방유제 용량 = 500000×(110/100) = 550000L = 550$m^3$

▶ 법령보기 ◀ 방유제 용량산정 규정(비교)

| 옥외탱크저장소 | 제조소의 옥외탱크저장소 |
|---|---|
| • 방유제의 용량은 방유제 안에 설치된 탱크가 하나인 때에는 그 탱크 용량의 110% 이상으로 할 것<br>• 2기 이상인 때에는 그 탱크 중 용량이 최대인 것의 용량의 110% 이상으로 할 것. 이 경우 방유제의 용량은 당해 방유제의 내용적에서 용량이 최대인 탱크 외의 탱크의 방유제 높이 이하 부분의 용적, 당해 방유제 내에 있는 모든 탱크의 지반면 이상 부분의 기초의 체적, 간막이 둑의 체적 및 당해 방유제 내에 있는 배관 등의 체적을 뺀 것으로 한다.<br>• 방유제 내의 면적은 8만$m^2$ 이하로 할 것<br>• 방유제 내에 설치하는 옥외저장탱크의 수는 10(방유제 내에 설치하는 모든 옥외저장탱크의 용량이 20만L 이하이고, 당해 옥외저장탱크에 저장 또는 취급하는 위험물의 인화점이 70℃ 이상 200℃ 미만인 경우에는 20) 이하로 할 것 | □ 옥외에 있는 위험물취급탱크로서 액체위험물(이황화탄소 제외)을 취급하는 것의 주위에는 다음의 기준에 의하여 방유제를 설치할 것<br>• 하나의 취급탱크 주위에 설치하는 방유제의 용량은 당해 탱크 용량의 50% 이상으로 할 것<br>• 2 이상의 취급탱크 주위에 하나의 방유제를 설치하는 경우 그 방유제의 용량은 당해 탱크 중 용량이 최대인 것의 50%에 나머지 탱크용량 합계의 10%를 가산한 양 이상이 되게 할 것. 이 경우 방유제의 용량은 당해 방유제의 내용적에서 용량이 최대인 탱크 외의 탱크의 방유제 높이 이하 부분의 용적, 당해 방유제 내에 있는 모든 탱크의 지반면 이상 부분의 기초의 체적, 간막이 둑의 체적 및 당해 방유제 내에 있는 배관 등의 체적을 뺀 것으로 한다. |

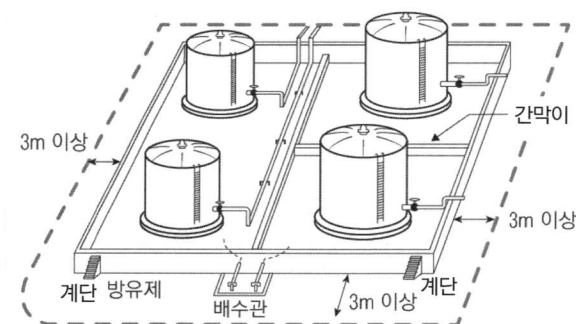

**06** 위험물 운반에 관한 혼재기준에 맞게 다음 표에 ○와 ×를 채우시오.

| 위험물의 구분 | 제1류 | 제2류 | 제3류 | 제4류 | 제5류 | 제6류 |
|---|---|---|---|---|---|---|
| 제1류 | | | | | | |
| 제2류 | | | | | | |
| 제3류 | | | | | | |
| 제4류 | | | | | | |
| 제5류 | | | | | | |
| 제6류 | | | | | | |

**답안**

| 위험물의 구분 | 제1류 | 제2류 | 제3류 | 제4류 | 제5류 | 제6류 |
|---|---|---|---|---|---|---|
| 제1류 |  | × | × | × | × | ○ |
| 제2류 | × |  | × | ○ | ○ | × |
| 제3류 | × | × |  | ○ | × | × |
| 제4류 | × | ○ | ○ |  | ○ | × |
| 제5류 | × | ○ | × | ○ |  | × |
| 제6류 | ○ | × | × | × | × |  |

**Point 설명** 위험물의 혼재기준은 다음과 같이 정리해 두면 보다 쉽고 오랜 기간 저장해 둘 수 있다. 가로에 1 ~ 6류까지 나열하고, 세로도 1 ~ 6류까지 나열한 다음 아래 그림과 같이 "X 표시"를 하여 상부선은 "공란선", 아래선은 "가능선"으로 설정하고, 여기에 2-4, 4-5를 추가하면 모두 정리된다.

| 위험물의 구분 | 제1류 | 제2류 | 제3류 | 제4류 | 제5류 | 제6류 |
|---|---|---|---|---|---|---|
| 제1류 |  | × | × | × | × | ○ |
| 제2류 | × |  | × | × |  | × |
| 제3류 | × | × |  | ○ | × | × |
| 제4류 | × | × | ○ |  | × | × |
| 제5류 | ×  | ○ | × | × |  | × |
| 제6류 | ○ | × | × | × | × |  |

※ 혼재가능 위험물 : 혼재가능선상 위험물+[(2-4),(4-5)]

**07** 제4류 위험물로서 물 속에 저장하는 위험물에 대하여 다음 물음에 답하시오.
 (1) 이 물질이 연소할 경우, 연소반응과 발생되는 독성가스의 화학식을 쓰시오.
 (2) 이 물질의 증기비중을 구하시오.
 (3) 이 위험물을 옥외저장탱크에 보관할 경우, 보관하는 철근콘크리트의 수조의 벽 및 바닥의 두께는 몇 m 이상으로 해야 하는지 쓰시오.

**답안** (1) 연소반응 : $CS_2 + 3O_2 \rightarrow CO_2 + 2SO_2$, 독성가스 : $SO_2$
 (2) 증기비중 = $\dfrac{CS_2 \text{ 밀도}(=76/22.4)}{\text{공기 밀도}(=29/22.4)} = \dfrac{76}{29} = 2.62$
 (3) 0.2

**Point 설명** 제4류 위험물로서 물 속에 저장하는 위험물은 이황화탄소이다. 이황화탄소는 산화프로필렌, 아세트알데하이드 등과 함께 품명 특수인화물에 해당한다. 지정수량 50L, 위험등급 Ⅰ로 지정·관리하고 있다.

이황화탄소($CS_2$)가 연소될 때, 탄소(C)는 $CO_2$로, 황(S)은 이산화황($SO_2$)으로 산화되므로 발생되는 독성가스는 이산화황(아황산가스)이며, 그 화학식은 $SO_2$이다.

▫ $CS_2 + 3O_2 \rightarrow CO_2 + 2SO_2$

특수인화물인 이황화탄소($CS_2$)는 비수용성이면서 물보다 비중이 크기 때문에 수조(물탱크)에 보관하며, 액면을 물로 채워 증기의 발생을 억제시켜야 한다.

이황화탄소($CS_2$)의 증기비중은 $CS_2$의 밀도(密度)를 표준 기체인 공기밀도로 나누어 산정한다. 이황화탄소($CS_2$)의 분자량은 12+32×2=76이므로 기체 1mol = g분자량 = 22.4L, 그러므로 다음과 같이 증기비중 공식을 이용하여 산출할 수 있다.

▫ 증기비중 = $\dfrac{CS_2 \text{ 밀도}(=76/22.4)}{\text{공기 밀도}(=29/22.4)} = \dfrac{76}{29} = 2.62$

▶ 법령보기 ◀
이황화탄소의 옥외저장탱크는 벽 및 바닥의 두께가 0.2m 이상이고, 누수가 되지 아니하는 철근콘크리트의 수조에 넣어 보관하여야 한다. 이 경우 보유공지·통기관 및 자동계량장치는 생략할 수 있다.

**08** 다음의 동식물유류를 건성유, 반건성유, 불건성유로 분류하시오. (단, 해당사항이 없으면 없음으로 표기하시오)

• 기어유   • 동유   • 야자유   • 올리브유   • 들기름   • 실린더유

**답안** (1) 건성유 : 아이오딘가 130 이상인 동유, 들기름
 (2) 반건성유 : 없음
 (3) 불건성유 : 아이오딘가 100 이하인 야자유, 올리브유

**Point 설명** 아이오딘가(요오드가, Iodine Value)가 130 이상인 식물유지를 건성유, 100~130의 것을 반건성유, 100 이하의 것을 불건성유로 분류한다.
- 건성유 : 아이오딘가 130 이상인 아마인유, 들기름, 동유(오동나무 기름), 해바라기유 등
- 반건성유 : 아이오딘가 100~130 범위인 참기름, 면실유, 쌀겨기름, 채종유, 청어유, 옥수수기름 등
- 불건성유 : 아이오딘가 100 이하인 피마자유, 땅콩유, 야자유, 올리브유, 동백유 등

▮ 아이오딘가의 크기에 따른 유지류의 이화학적 특성 ▮

| 아이오딘가 높은 기름 | 아이오딘가 낮은 기름 |
| --- | --- |
| • 융점이 낮음 | • 융점이 높음 |
| • 이중결합이 많음(불포화도가 높음) | • 이중결합이 적음(불포화도가 낮음) |
| • 반응성이 풍부함(자연발화 위험성이 큼) | • 반응성이 적음(산화안정성이 좋음) |

**09** 아래의 도표에 대하여 다음 물음에 답하시오.

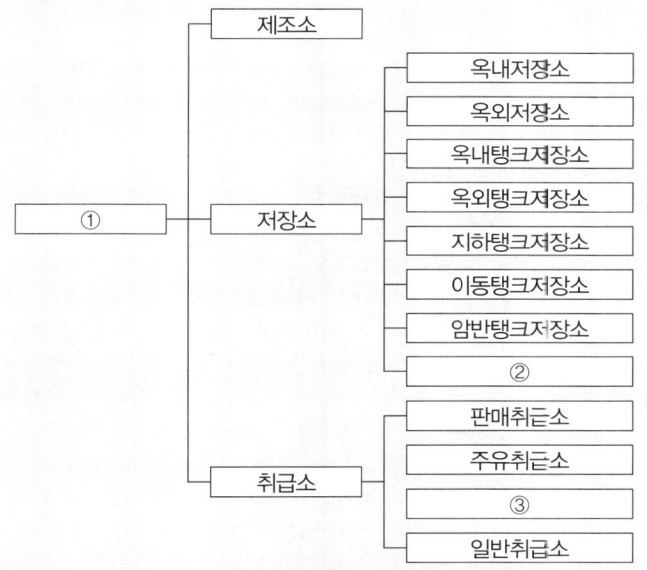

(1) 제조소, 저장소, 취급소를 포괄하는 ①항의 위험물안전관리법령상 명칭을 쓰시오.
(2) ②항의 명칭을 쓰시오.
(3) ③항의 명칭을 쓰시오.
(4) 위험물안전관리자를 선임하지 않아도 되는 저장소를 모두 쓰시오. (단, 없으면 "없음"이라 쓰시오)
(5) 이동저장탱크에 액체위험물을 주입하는 일반취급소로서 액체위험물을 용기에 옮겨 담는 취급소를 포함하는 일반취급소의 명칭을 쓰시오.

**답안**
(1) ① 제조소등
(2) ② 간이탱크저장소
(3) ③ 이송취급소
(4) 이동탱크저장소
(5) 충전하는 일반취급소

**Point 설명** 위험물안전관리자 선임대상에서 제외되는 곳은 규정에 따라 허가를 받지 아니하는 제조소등과 이동탱크저장소(차량에 고정된 탱크에 위험물을 저장 또는 취급하는 저장소)이다.

▶ 법령보기 ◀

㉮ "제조소"라 함은 위험물을 제조할 목적으로 지정수량 이상의 위험물을 취급하기 위하여 규정에 따른 허가를 받은 장소를 말한다.

㉯ "제조소등"이라 함은 제조소·저장소 및 취급소를 말한다.

㉰ "저장소"라 함은 지정수량 이상의 위험물을 저장하기 위한 대통령령이 정하는 장소로서 규정에 따른 허가를 받은 장소를 말한다. 저장소의 구분은 다음과 같다.
- 옥내저장소, 옥외저장소
- 옥외탱크저장소, 옥내탱크저장소
- 지하탱크저장소, 간이탱크저장소, 이동탱크저장소, 암반탱크저장소

㉱ "취급소"라 함은 지정수량 이상의 위험물을 제조 외의 목적으로 취급하기 위한 대통령령이 정하는 장소로서 규정에 따른 허가를 받은 장소를 말한다. 취급소의 구분은 다음과 같다.

Ⓐ 판매취급소
Ⓑ 주유취급소
Ⓒ 이송취급소
Ⓓ 일반취급소
- 분무도장작업등의 일반취급소 : 도장, 인쇄 또는 도포를 위하여 제2류 위험물 또는 제4류 위험물(특수인화물 제외)을 취급하는 일반취급소로서 지정수량의 30배 미만의 것
- 세정작업의 일반취급소 : 세정을 위하여 위험물(인화점이 40℃ 이상인 제4류 위험물에 한함)을 취급하는 일반취급소로서 지정수량의 30배 미만의 것
- 열처리작업 등의 일반취급소 : 열처리작업 또는 방전가공을 위하여 위험물(인화점이 70℃ 이상인 제4류 위험물에 한함)을 취급하는 일반취급소로서 지정수량의 30배 미만의 것
- 보일러등으로 위험물을 소비하는 일반취급소 : 보일러, 버너 그 밖의 이와 유사한 장치로 위험물(인화점이 38℃ 이상인 제4류 위험물에 한한다)을 소비하는 일반취급소로서 지정수량의 30배 미만의 것
- 충전하는 일반취급소 : 이동저장탱크에 액체위험물(알킬알루미늄등, 아세트알데하이드등 및 하이드록실아민등을 제외)을 주입하는 일반취급소(액체위험물을 용기에 옮겨 담는 취급소를 포함)
- 옮겨 담는 일반취급소 : 고정급유설비에 의하여 위험물(인화점이 38℃ 이상인 제4류 위험물에 한함)을 용기에 옮겨 담거나 4,000L 이하의 이동저장탱크(용량이 2,000L를 넘는 탱크에 있어서는 그 내부를 2,000L 이하마다 구획한 것에 한함)에 주입하는 일반취급소로서 지정수량의 40배 미만인 것
- 유압장치등을 설치하는 일반취급소 : 위험물을 이용한 유압장치 또는 윤활유 순환장치를 설치하는 일반취급소(고인화점 위험물만을 100℃ 미만의 온도로 취급하는 것에 한함)로서 지정수량의 50배 미만의 것
- 절삭장치등을 설치하는 일반취급소 : 절삭유의 위험물을 이용한 절삭장치, 연삭장치 그 밖의 이와 유사한 장치를 설치하는 일반취급소(고인화점 위험물만을 100℃ 미만의 온도로 취급하는 것에 한함)로서 지정수량의 30배 미만의 것
- 열매체유 순환장치를 설치하는 일반취급소 : 위험물 외의 물건을 가열하기 위하여 위험물(고인화점 위험물에 한한다)을 이용한 열매체유(열 전달에 이용하는 합성유) 순환장치를 설치하는 일반취급소로서 지정수량의 30배 미만의 것
- 화학실험의 일반취급소 : 화학실험을 위하여 위험물을 취급하는 일반취급소로서 지정수량의 30배 미만의 것(위험물을 취급하는 설비를 건축물에 설치하는 것만 해당)
- 반도체 제조공정의 일반취급소 : 국가첨단전략기술 중 반도체 관련 제품의 제조를 위하여 위험물을 취급하는 일반취급소(위험물을 취급하는 설비를 건축물에 설치하는 것으로 한정)
- 이차전지 제조공정의 일반취급소 : 국가첨단전략기술 중 이차전지 관련 제품의 제조를 위하여 위험물을 취급하는 일반취급소

**10** 다음 [보기]의 위험물에서 지정수량의 단위가 L인 위험물의 지정수량이 큰 것부터 작은 순서로 쓰시오.

[보기]
• 다이나이트로아닐린  • 하이드라진  • 피리딘  • 피크르산  • 글리세린  • 클로로벤젠

**답안** 글리세린 > 하이드라진 > 클로로벤젠 > 피리딘

### 참고

위험물 중 지정수량의 단위가 "L"인 위험물은 제4류 위험물(인화성액체)에 해당되는 것을 말하며, 이를 지정수량이 큰 것부터 작은 순서로 답안지에 기재하면 된다.

다이나이트로아닐린[$C_6H_3(NH_2)(NO_2)_2$]은 품명, 다이나이트로화합물(디니트로화합물)로 제5류 위험물이며, 지정수량은 1종 10kg, 2종 100kg이므로 지정수량의 단위가 L로 표시되는 위험물이 아니므로 배제한다.

피크르산(피크린산)은 트라이나이트로페놀(TNP, Trinitrophenol)을 말하는데, 품명, 나이트로화합물(니트로화합물)로 제5류 위험물(자기반응성)이며, 지정수량은 1종 10kg, 2종 100kg이므로 지정수량의 단위가 L로 표시되는 위험물이 아니므로 배제한다.

하이드라진(히드라진, $N_2H_4$)은 제4류 위험물 - 제2석유류(수용성)로 지정수량은 2,000L이다. 피리딘($C_5H_5N$)은 제4류 위험물 - 제1석유류(수용성)로 지정수량은 400L이다.

글리세린[$C_3H_5(OH)_3$]은 제4류 위험물 - 제3석유류(수용성)로 지정수량은 4,000L이다. 클로로벤젠($C_6H_5Cl$)은 제4류 위험물 - 제2석유류(비수용성)로 지정수량은 1,000L이다.

그러므로 지정수량의 단위가 L인 위험물의 지정수량이 큰 것부터 작은 순서는 글리세린(4,000) > 하이드라진(2,000) > 클로로벤젠(1,000) > 피리딘(400)으로 된다.

▶ 법령보기 ◀

| 유(類)별 | 성질 | 위험물 | | | 지정수량 |
|---|---|---|---|---|---|
| | | 품명 | | | |
| 제4류 | 인화성 액체 | • 특수인화물(이황화탄소, 산화프로필렌, 아세트알데하이드 등) | | | 50L |
| | | • 제1석유류 | 비수용성(휘발유, 벤젠, 톨루엔, 초산에틸 등) | | 200L |
| | | | 수용성(아세톤, 사이안화수소, 피리딘 등) | | 400L |
| | | • 알코올류(메틸알코올, 에틸알코올, 아이소프로필알코올 등) | | | 400L |
| | | • 제2석유류 | 비수용성(등유, 경유, 자일렌, 스티렌, 클로로벤젠 등) | | 1,000L |
| | | | 수용성(아크릴산, 하이드라진, 에틸렌다이아민 등) | | 2,000L |
| | | • 제3석유류 | 비수용성(중유, 아닐린, 벤질알코올, 나이트로벤젠 등) | | 2,000L |
| | | | 수용성(에틸렌글리콜, 글리세린, 올레인산 등) | | 4,000L |
| | | • 제4석유류(윤활유, 실린더유, 기어유, 트라이벤질페놀, 메탄술폰산 등) | | | 6,000L |
| | | • 동식물유류(아마인유, 피마자유, 야자유, 채종유, 올리브유 등) | | | 10,000L |

**11** 다음의 4가지 위험물질 중 염산과 반응시켰을 때 제6류 위험물이 발생하는 물질의 명칭을 쓰고, 선정한 그 물질과 물과의 반응식을 쓰시오. (단, 해당 없으면 해당 없음으로 표시하시오)

[보기]
과산화나트륨, 과염소산암모늄, 과망간산칼륨, 마그네슘

**답안** (1) 과산화나트륨
(2) $Na_2O_2 + H_2O \rightarrow 2NaOH + 0.5O_2$

**Point 설명** 제6류 위험물질의 품명이나 명칭을 먼저 파악해야 한다. 제6류 위험물은 산화성액체로 지정수량 300kg으로 높지만 모두가 위험등급 Ⅰ로 지정·관리되는 물질들이다.

| 유(類)별 | 성질 | 품명 | 위험등급 | 지정수량 |
|---|---|---|---|---|
| | | 위험물 | | |
| 제6류 | 산화성 액체 | • 과염소산, 과산화수소, 질산, 할로젠간화합물 | Ⅰ | 300kg |

과산화나트륨($Na_2O_2$)과 제6류 위험물 과산화수소($H_2O_2$)는 왠지 친척·사촌간의 같은 느낌이 올 것이다. 과산화나트륨($Na_2O_2$)과 염산(HCl)이 반응할 때, 생성되는 물질은 1차적으로 염소화합물이 발생된다고 생각하고, Na는 +1가 염소(Cl)은 -1가 이므로 등가결합 원칙을 적용하면 이들은 1 : 1로 결합하여 NaCl을 형성하면서 과산화수소($H_2O_2$)를 방출한다.

▫ $Na_2O_2 + 2HCl \rightarrow 2NaCl + H_2O_2$

과산화나트륨은 물과 접촉·반응할 경우 강알칼리성의 수산화물(NaOH)을 형성하면서 산소를 발생한다.

▫ $Na_2O_2 + H_2O \rightarrow 2NaOH + 0.5O_2$

---

**12** 탄화알루미늄이 물과 접촉·반응할 때, 발생하는 가스에 대하여 다음 물음에 답하시오.
(1) 가스의 명칭을 쓰시오.
(2) 기체비중을 구하시오.
(3) 가스의 연소반응식을 쓰시오.

**답안** (1) 메테인(메탄)
(2) 기체비중 = $\dfrac{CH_4 \text{ 밀도}(=16/22.4)}{\text{공기 밀도}(=29/22.4)} = \dfrac{16}{29} = 0.55$
(3) $CH_4 + 2O_2 \rightarrow CO_2 + 2H_2O$

**Point 설명** 탄화알루미늄의 구성은 -4가인 탄소와 +3가인 알루미늄이 결합된 물질이므로 탄소가 양이온 3가인 알루미늄($Al^{3+}$)과 결합하기 위해서는 등가원칙에 따라 이들의 가수를 교호(交互)로 적용하여 화학식을 만들면 $Al_4C_3$로 된다. 탄화알루미늄(화학식, $Al_4C_3$)은 제3류 위험물(자연발화성 및 금수성물질)로 지정수량 300kg, 위험등급 Ⅲ등급으로 지정·관리되는 물질이다.

탄화알루미늄과 물의 반응에서 알루미늄(Al)은 양이온 3가($Al^{3+}$)이고, 이와 반응하는 수산화 이온($OH^-$)은 1가 음이온이므로 등가원칙에 따라 이들이 결합한 수산화물의 구성은 1:3, 즉 $Al^{3+} : 3OH^- = Al(OH)_3$로 되면서 메테인(메탄, $CH_4$)가스를 방출한다.

□ $Al_4C_3 + 12H_2O \rightarrow 4Al(OH)_3 + 3CH_4$

탄화알루미늄과 물의 반응에서 생성된 메테인($CH_4$)이 연소될 경우 $CH_4$ 중의 탄소(C)는 $CO_2$로 산화되고, 수소(H)는 $H_2O$로 산화된다. 메테인($CH_4$)의 연소범위(폭발범위)는 하한(LEL) 5% ~ 상한(UEL) 15%이다.

□ $CH_4 + 2O_2 \rightarrow CO_2 + 2H_2O$

메테인의 기체비중은 표준물질인 공기밀도(=29/22.4)를 기준으로 하여 다음과 같이 산출된다. 메테인($CH_4$)의 분자량은 12+1×4=16이고, 공기의 분자량은 29를 적용한다.

□ 기체비중 = $\dfrac{CH_4 \text{ 밀도}(=16/22.4)}{\text{공기 밀도}(=29/22.4)} = \dfrac{16}{29} = 0.55$

**13** 다음 반응에서 생성되는 유독가스의 명칭을 쓰시오. (단, 유독가스 발생이 없으면 "없음"이라 쓰시오)
(1) 과염소산나트륨과 염산의 반응
(2) 과염소산칼륨과 황산의 반응
(3) 과산화칼륨과 물의 반응
(4) 질산칼륨과 물의 반응
(5) 질산암모늄과 물의 반응

 **답안** (1) 과염소산나트륨과 염산의 반응 : 이산화염소
(2) 과염소산칼륨과 황산의 반응 : 이산화염소
(3) 과산화칼륨과 물의 반응 : 없음
(4) 질산칼륨과 물의 반응 : 없음
(5) 질산암모늄과 물의 반응 : 없음

■ **참고** ■

**상세해설** 염소산의 기본구조는 $HClO_3$이다. 수소 하나를 떼어내고 1가 음이온이 되면 염소산이온($ClO_3^-$)이 된다. 이것이 나트륨 1가 이온($Na^+$)과 결합하면 ➡ 품명 염소산염류로 분류되는 "염소산나트륨($NaClO_3$)"이 되고, 여기에 다시 산소를 하나 더 붙이면 "과염소산나트륨($NaClO_4$)"이 된다. 과염소산나트륨($NaClO_4$)은 제1류 위험물(산화성고체)의 과염소산염류에 속하는 무기화합물로 불연성이며, 강산화제로 작용하며, 지정수량 50kg, 위험등급 Ⅰ로 지정·관리되고 있다.

과염소산나트륨($NaClO_4$)이 염산(HCl)과 반응할 경우 염화나트륨(NaCl)을 형성하면서, 이산화염소($ClO_2$)와 과산화수소($H_2O_2$)가 부생된다. 이 반응에서 생성되는 유독가스의 명칭은 이산화염소이다.

$$3NaClO_4 + 4HCl \rightarrow 3NaCl + 2H_2O_2 + 4ClO_2$$

과염소산칼륨($KClO_4$)도 제1류 위험물(산화성고체)의 과염소산염류에 속하는 물질로 불연성이며, 강산화제로 작용하며, 지정수량 50kg, 위험등급 Ⅰ로 지정·관리되고 있다.

과염소산칼륨($KClO_4$)의 구성은 KCl+4O이고, 반응 상대에게 산소를 제공하는 산화제 역할을 한다.

따라서 황산($H_2SO_4$)이 전리되면 $2H^+ + SO_4^{2-}$가 되므로, 황산의 $SO_4^{2-}$는 $2K^+$와 결합하여 $K_2SO_4$를 형성하고, 산소(O)의 일부는 $KClO_4$에서 분리되어 나온 Cl을 산화시켜 기체상의 이산화염소($ClO_2$)와 초강산인 액체상의 과염소산($HClO_4$)을 만들고, 미반응 산소는 기체($O_2$)로 방출된다.

$$6KClO_4 + 3H_2SO_4 \rightarrow 3K_2SO_4 + 2HClO_4 + 4ClO_2 + 2H_2O + 3O_2$$

또 다른 반응 형태는 황산 특유의 탈수작용으로 수소와 산소를 모두 빼앗아 전량 초강산인 액체상의 과염소산($HClO_4$)을 형성하는 반응이다. 과염소산은 폭발성이 있으며, 상온에서 서서히 분해되는데, 매우 유독한 물질로 알려져 있다.

$$2KClO_4 + H_2SO_4 \rightarrow K_2SO_4 + 2HClO_4$$
$$KClO_4 + H_2SO_4 \rightarrow KHSO_4 + HClO_4$$

그런데, 문제에서 "반응에서 생성되는 유독가스 명칭"으로 답할 것을 제한하고 있으므로 첫 번째 반응식에 의한 이산화염소($ClO_2$)를 답안지에 기재하도록 한다.

과산화칼륨은 제1류 위험물(산화성고체)에서 무기과산화물류(알칼리금속의 과산화물)에 해당되며, 분자식은 $K_2O_2$로 쓰고, 지정수량은 50kg, 위험등급 Ⅰ로 지정·관리되고 있다. 과산화칼륨이 물과 접촉·반응할 경우, 액체상의 수산화물(KOH)을 형성하면서 미반응 산소는 $O_2$로 방출된다. 반응에서 생성되는 유독가스는 존재하지 않는다.

$$2K_2O_2 + 2H_2O \rightarrow 4KOH + O_2$$

질산칼륨은 질산($HNO_3$)의 수소(H)가 칼륨 양이온($K^+$)으로 치환된 형태의 화합물로서 제1류 위험물(산화성고체)의 질산염류에 해당되며, 분자식은 $KNO_3$로 쓰고, 지정수량은 300kg, 위험등급 Ⅱ로 지정·관리되고 있다. 질산칼륨이 물과 접촉·반응할 경우, 액체상의 수산화물(KOH)과 질산($HNO_3$)을 만든다. 따라서 반응에서 생성되는 유독가스는 존재하지 않는다.

$$KNO_3 + H_2O \rightarrow KOH + HNO_3$$

질산암모늄은 질산($HNO_3$)의 수소(H)가 암모늄 양이온($NH_4^+$)으로 치환된 형태의 화합물로서 제1류 위험물(산화성고체)의 질산염류에 해당되며, 분자식은 $NH_4NO_3$로 쓰고, 지정수량은 300kg, 위험등급 Ⅱ로 지정·관리되고 있다. 질산암모늄이 물과 접촉·반응할 경우, 액체상의 수산화물($NH_4OH$)과 질산($HNO_3$)을 만든다. 따라서 반응에서 생성되는 유독가스는 존재하지 않는다.

$$NH_4NO_3 + H_2O \rightarrow NH_4OH + HNO_3$$

**14** 위험물안전관리법령에서 정한 자체소방대 설치에 관한 기준이다. 다음 빈칸에 알맞은 답을 쓰시오.

| 사업소의 구분 | 화학소방자동차 | 자체소방대원의 수 |
|---|---|---|
| 1. 제조소 또는 일반취급소에서 취급하는 제4류 위험물의 최대수량의 합이 지정수량의 ( ① )천배 이상 12만배 미만인 사업소 | 1대 | 5인 |
| 2. 제조소 또는 일반취급소에서 취급하는 제4류 위험물의 최대수량의 합이 지정수량의 12만배 이상 ( ② )만배 미만인 사업소 | 2대 | 10인 |
| 3. 제조소 또는 일반취급소에서 취급하는 제4류 위험물의 최대수량의 합이 지정수량의 ( ② )만배 이상 ( ③ )만배 미만인 사업소 | 3대 | 15인 |
| 4. 제조소 또는 일반취급소에서 취급하는 제4류 위험물의 최대수량의 합이 지정수량의 ( ③ )만배 이상인 사업소 | 4대 | 20인 |
| 5. 옥외탱크저장소에 저장하는 제4류 위험물의 최대수량이 지정수량의 50만배 이상인 사업소 | ( ④ )대 | ( ⑤ )인 |

**답안** ① 3 ② 24 ③ 48 ④ 2 ⑤ 10

**Point 설명** 위험물안전관리법령에서 정한 자체소방대 설치에 관한 기준은 다음과 같다.

▶ 법령보기 ◀

| 사업소의 구분 | 화학소방자동차 | 자체소방대원의 수 |
|---|---|---|
| 1. 제조소 또는 일반취급소에서 취급하는 제4류 위험물의 최대수량의 합이 지정수량의 3천배 이상 12만배 미만인 사업소 | 1대 | 5인 |
| 2. 제조소 또는 일반취급소에서 취급하는 제4류 위험물의 최대수량의 합이 지정수량의 12만배 이상 24만배 미만인 사업소 | 2대 | 10인 |
| 3. 제조소 또는 일반취급소에서 취급하는 제4류 위험물의 최대수량의 합이 지정수량의 24만배 이상 48만배 미만인 사업소 | 3대 | 15인 |
| 4. 제조소 또는 일반취급소에서 취급하는 제4류 위험물의 최대수량의 합이 지정수량의 48만배 이상인 사업소 | 4대 | 20인 |
| 5. 옥외탱크저장소에 저장하는 제4류 위험물의 최대수량이 지정수량의 50만배 이상인 사업소 | 2대 | 10인 |

**15** 다음 빈칸에 알맞은 답을 쓰시오.

| 명칭 | 화학식 | 지정수량 |
|---|---|---|
| ( ① ) | $C_6H_3(NO_2)_2CH_3$ | 2종 ( ② ) kg |
| 과망가니즈산암모늄 | ( ③ ) | 1000 kg |
| 인화아연 | ( ④ ) | ( ⑤ ) kg |

**답안** ① 다이나이트로톨루엔(디니트로톨루엔) ② 100 ③ $NH_4MnO_4$ ④ $Zn_3P_2$ ⑤ 300

**Point 설명** 다이나이트로톨루엔(Dinitrotoluene, 디니트로톨루엔)은 톨루엔을 골격으로 한다. "톨루엔 = 돌루멘"→ 벤젠에 메틸기가 달린 것 → "◯-CH₃"으로 공부해 두라고 하였는데, 벤젠(◯, $C_6H_6$)의 6개 모서리 중 수소 1개는 $CH_3$가 결합되고, 2개 모서리는 수소가 나이트로기(-$NO_2$)로 치환결합되어 있으므로 담황색의 침상결정을 하고 있다. 다이나이트로톨루엔의 시성식은 $C_6H_3CH_3(NO_2)_2$으로 나타낼 수 있다. 나이트로화합물은 제5류 위험물로 지정수량은 1종 10kg, 2종 100kg이다. 1종은 위험등급 Ⅰ, 2종은 위험등급 Ⅱ로 지정·관리되고 있다.

과망가니즈산암모늄(Ammonium Permanganate, 과망간산암모늄)은 "과망가니즈산 이온($MnO_4^-$) + 암모늄 이온($NH_4^+$)"이 결합된 것이므로 화학식은 $NH_4MnO_4$가 된다. 제1류 위험물(산화성고체)의 과망가니즈산염류에 속하며, 지정수량은 1000kg, 위험등급 Ⅲ으로 지정·관리되고 있다.

인화아연(Zinc Phosphide)은 "인($P^{3-}$) + 아연($Zn^{2+}$)"이 결합되어 분자를 구성하므로 화학식은 $Zn_3P_2$가 된다. 제3류 위험물(자연발화성물질 및 금수성물질)의 품명, 금속의 인화물에 해당하며, 지정수량은 300kg, 위험등급 Ⅲ으로 지정·관리되고 있다. 강산인 염산과 접촉하면 포스핀의 유독가스를 발생한다.

□ $Zn_3P_2 + 6HCl \rightarrow 2PH_3 + 3ZnCl_2$

## 16 다음 위험물의 분해반응식을 쓰시오.
(1) 과염소산칼륨
(2) 과산화칼슘
(3) 아염소산나트륨

**답안** (1) $KClO_4 \rightarrow 2O_2 + KCl$
(2) $CaO_2 \rightarrow 0.5O_2 + CaO$
(3) $NaClO_2 \rightarrow O_2 + NaCl$

**▌참고▐**

과염소산칼륨은 "과염소산($ClO_4^-$) + 칼륨($K^+$)"이 결합되어 분자를 구성하므로 화학식은 $KClO_4$가 된다. 과염소산칼륨은 제1류 위험물(산화성고체)로서 품명, 과염소산염류에 해당하며, 지정수량은 50kg, 위험등급 Ⅰ로 지정·관리되고 있다. 유의할 점은 과염소산($HClO_4$)은 제6류 위험물(산화성액체)로 지정수량 300kg이므로 혼동하지 말아야 한다. 과염소산칼륨($KClO_4$)이 분해되면 산소를 방출하므로 그 반응식은 다음과 같다.

□ $KClO_4 \xrightarrow[\text{산소 발생}]{\text{400℃ 이상}} 2O_2 + KCl$

과산화칼슘은 "Ca의 과산화물"을 뜻한다. 칼슘은 양이온 2가($Ca^{2+}$)이고, 산소는 음이온 2가($O^{2-}$)이므로 칼슘의 기준산화물은 소위 생석회라고 하는 CaO이다. 여기에 산소를 하나 더 추가함으로써 과산화칼슘($CaO_2$)가 된다. 과산화칼슘은 제1류 위험물(산화성고체)로서 품명, 무기과산화물류에 해당하며, 지정수량은 50kg, 위험등급 Ⅰ로 지정·관리되고 있다. 과산화칼슘($CaO_2$)이 분해되면 산소를 방출하므로 그 반응식은 다음과 같다.

□ $2CaO_2 \xrightarrow[\text{산소 발생}]{\text{270℃ 이상}} O_2 + 2CaO$

아염소산나트륨은 "아염소산($ClO_2^-$) + 나트륨($Na^+$)"이 결합되어 분자를 구성하므로 화학식은 $NaClO_2$가 된다. 아염소산나트륨은 제1류 위험물(산화성고체)로서 품명, 아염소산염류에 해당하며, 지정수량은 50kg, 위험등급 Ⅰ로 지정·관리되고 있다. 아염소산나트륨($NaClO_2$)이 분해되면 산소를 방출하므로 그 반응식은 다음과 같다.

- $NaClO_2 \xrightarrow[\text{산소 발생}]{350℃ \text{ 이상}} O_2 + NaCl$
- $3NaClO_2 \xrightarrow[\text{산소 발생}]{350℃ \text{ 이상(수분 존재 시 }130℃↑)} 2O_2 + 2NaOCl + NaCl$

**17** 다음 [보기]의 위험물을 인화점이 낮은 것부터 높은 순서대로 쓰시오. (단, 인화점이 없는 위험물은 제외하시오)

[보기]
- 벤젠
- 아세트알데하이드
- 아세트산
- 과염소산
- 나이트로셀룰로오스

**답안** 아세트알데하이드 < 벤젠 < 나이트로셀룰로오스 < 아세트산

## ▌참고▌

인화점이 낮은 것을 고를 때, 첫 번째 고려할 점은 제4류 위험물 중 "특수인화물(−20℃ 이하)"이고, 두 번째 고려할 점은 "제1석유류(21℃ 미만)"라는 것을 감(感) 잡아야 한다. 인화점이 가장 낮은 것을 고르는 것에서 알코올류와 제2석유류(21~70℃), 제3석유류(70~200℃)는 상대적으로 인화점이 높다고 인식하여야 한다. 아래 [표]를 보면 "어느 물질이 인화점이 낮은가"를 판별할 수 있다. 인화점이 가장 낮은 것은 "아세트알데하이드"라는 것을 알 수 있다.

| 구분 | 품명 | 인화점(℃) |
|---|---|---|
| 특수인화물<br>(−20℃ 이하) | 다이에틸에터(디에틸에테르) | −45 |
| | 아세트알데하이드 | −39 |
| | 산화프로필렌 | −37 |
| | 이황화탄소 | −30 |
| 제1석유류<br>(21℃ 미만) | 휘발유 | −20 ~ −43 |
| | 아세톤 | −18 |
| | 벤젠 | −11 |
| | 메틸에틸케톤 | −9 |
| 알코올류 | 메틸알코올 | 11 |
| | 에틸알코올 | 13 |
| 기타 | 나이트로셀룰로오스(제5류) | 4.4 |
| | 아세트산(제4류 − 2석유류) | 41.7 |

▌제4류 위험물의 인화점 범위▌

| 구분 | 특수인화물 | 제1석유류 | 제2석유류 | 제3석유류 | 제4석유류 | 동·식물유 |
|---|---|---|---|---|---|---|
| 인화점 | −20℃ 이하 | 21℃ 미만 | 21 ~ 70℃ | 70 ~ 200℃ | 200 ~ 250℃ | 250℃ 미만 |

**18** 다음은 지하탱크저장소(탱크전용실)에 대한 그림이다. 물음에 답하시오.

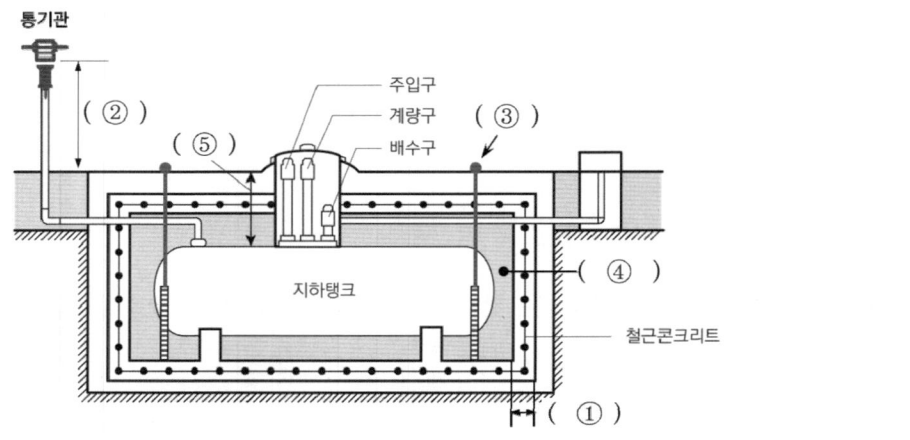

① 탱크전용실의 벽 두께는 몇 m 이상으로 하여야 하는지 쓰시오.
② 통기관은 지면으로부터 몇 m 이상의 높이에 설치하여야 하는지 쓰시오.
③ 액체위험물의 누설을 검사하기 위한 관을 몇 개소 이상 설치하여야 하는지 쓰시오.
④ 지하탱크와 철근콘크리트 사이에는 무엇으로 채워야 하는지 쓰시오.
⑤ 지하저장탱크의 윗부분은 지면으로부터 몇 m 이상 아래에 있어야 하는지 쓰시오.

**답안**  ① 0.3m  ② 4m  ③ 4개소  ④ 마른 모래 또는 마른 자갈분  ⑤ 0.6m

**Point 설명** 지하탱크저장소의 기준은 다음과 같다.

▶ 법령보기 ◀
㉮ 위험물을 저장 또는 취급하는 지하탱크는 지면하에 설치된 탱크전용실에 설치하여야 한다.
㉯ 당해 탱크를 지하철·지하가 또는 지하터널로부터 수평거리 10m 이내의 장소 또는 지하건축물내의 장소에 설치하지 아니할 것
㉰ 당해 탱크를 그 수평투영의 세로 및 가로보다 각각 0.6m 이상 크고 두께가 0.3m 이상인 철근콘크리트조의 뚜껑으로 덮을 것
㉱ 당해 탱크를 지하의 가장 가까운 벽·피트(pit : 인공지하구조물)·가스관 등의 시설물 및 대지경계선으로부터 0.6m 이상 떨어진 곳에 매설할 것
㉲ 탱크전용실은 지하의 가장 가까운 벽·피트·가스관 등의 시설물 및 대지경계선으로부터 0.1m 이상 떨어진 곳에 설치하고, 지하저장탱크와 탱크전용실의 안쪽과의 사이는 0.1m 이상의 간격을 유지하도록 하며, 당해 탱크의 주위에 마른 모래 또는 습기 등에 의하여 응고되지 아니하는 입자지름 5mm 이하의 마른 자갈분을 채워야 한다.
㉳ 지하저장탱크의 윗부분은 지면으로부터 0.6m 이상 아래에 있어야 한다.
㉴ 지하저장탱크를 2 이상 인접해 설치하는 경우에는 그 상호간에 1m(당해 2 이상의 지하저장탱크의 용량의 합계가 지정수량의 100배 이하인 때에는 0.5m) 이상의 간격을 유지하여야 한다. 다만, 그 사이에 탱크전용실의 벽이나 두께 20cm 이상의 콘크리트 구조물이 있는 경우에는 그러하지 아니하다.
㉵ 지하저장탱크의 주위에는 당해 탱크로부터의 액체위험물의 누설을 검사하기 위한 관을 4개소 이상 적당한 위치에 설치하여야 한다.

▶ 법령보기 ◀ 통기관 설치

㉮ 밸브없는 통기관 : 다음 기준에 따라 설치할 것
- 직경은 30mm 이상일 것
- 선단은 수평면보다 45도 이상 구부려 빗물 등의 침투를 막는 구조로 할 것
- 통기관의 선단은 건축물의 창·출입구 등의 개구부로부터 1m 이상 떨어진 옥외의 장소에 지면으로부터 4m 이상의 높이로 설치할 것
- 인화점이 40℃ 미만인 위험물의 탱크에 설치하는 통기관에 있어서는 부지경계선으로부터 1.5m 이상 이격할 것
- 다만, 고인화점 위험물만을 100℃ 미만의 온도로 저장 또는 취급하는 탱크에 설치하는 통기관은 그 선단을 탱크전용실 내에 설치할 것
- 통기관은 가스 등이 체류할 우려가 있는 굴곡이 없도록 할 것

㉯ 대기밸브 부착 통기관
- 작동압력 : 5kPa 이하의 압력차이로 작동할 수 있을 것
- 선단의 구조 : 가는 눈의 구리망 등으로 인화방지장치를 할 것

## 19 다음은 옥외탱크저장소의 지중탱크에 대한 기준이다. 물음에 답하시오.

- 탱크의 내경 : 100m
- 탱크의 높이 : 20m
- 저장 위험물 : 인화점 10℃인 제4류 위험물

(1) 옥외탱크저장소가 보유하는 부지의 경계선에서 지중탱크의 지반면의 옆판까지 사이의 거리를 구하시오.
(2) 지중탱크 주위에 보유해야 할 보유공지 너비를 구하시오.

**답안** (1) 옆판까지 사이의 거리 : 안지름×0.5=100m×0.5=50m
(2) 보유공지 너비 : 안지름×0.5=100m×0.5=50m

**Point 설명** 옥외탱크저장소의 지중탱크에 대한 기준은 다음과 같다.

▶ 법령보기 ◀

㉮ 지중탱크의 옥외탱크저장소의 위치는 Ⅰ의 규정에 의하는 것외에 당해 옥외탱크저장소가 보유하는 부지의 경계선에서 지중탱크의 지반면의 옆판까지의 사이에, 당해 지중탱크 수평단면의 안지름의 수치에 0.5를 곱하여 얻은 수치(당해 수치가 지중탱크의 밑판표면에서 지반면까지 높이의 수치보다 작은 경우에는 당해 높이의 수치) 또는 50m(당해 지중탱크에 저장 또는 취급하는 위험물의 인화점이 21℃ 이상 70℃ 미만의 경우에 있어서는 40m, 70℃ 이상의 경우에 있어서는 30m)중 큰 것과 동일한 거리 이상의 거리를 유지할 것

㉯ 지중탱크(위험물을 이송하기 위한 배관 그 밖의 이에 준하는 공작물 제외)의 주위에는 당해 지중탱크 수평단면의 안지름의 수치에 0.5를 곱하여 얻은 수치 또는 지중탱크의 밑판표면에서 지반면까지 높이의 수치중 큰 것과 동일한 거리 이상의 너비의 공지를 보유할 것

**20** 다음에 설명하는 위험물에 대하여 물음에 알맞은 답을 쓰시오.

- 담황색의 주상결정
- 분자량 227
- 햇빛에 노출될 경우 다갈색으로 변함
- 물에 녹지 않고 아세톤, 벤젠, 알코올, 에테르에 잘 녹음

(1) 해당물질의 구조식을 쓰시오.
(2) 해당물질을 운반할 때, 운반용기 외부에 표시하여야 할 주의사항을 모두 쓰시오.
(3) 제조소의 게시판에 설치해야 할 주의사항을 모두 쓰시오.

**답안** (1) 

$$\underset{\underset{NO_2}{|}}{\underset{O_2N}{\bigcirc}}\overset{CH_3}{\underset{}{}}NO_2$$

(2) 화기엄금, 충격주의
(3) 화기엄금

■ 참고 ■

**상세 해설** 분자량이 227, 폭약의 원료인 것은 제5류 위험물 중 품명이 나이트로화합물인 트라이나이트로톨루엔[TNT, $C_6H_2CH_3(NO_2)_3$]이다.

분자식이 잘 생각나지 않을 경우 ➡ 트라이나이트로톨루엔(TNT) → "톨루엔"은 선행학습에서 "톨루엔[벤젠에 메틸기가 부착된 것 → 육각-$CH_3$(◯-$CH_3$)]"으로 학습해 두었으므로 벤젠(◯, $C_6H_6$)의 6개 모서리 중 1개는 $CH_3$가 결합되고, 3개 모서리는 나이트로기(-$NO_2$)가 결합되므로 TNT의 시성식은 $C_6H_2CH_3(NO_2)_3$으로 되며, 분자량은 227(=12×7+1×5+14×3+32×3)이 된다.

$$\underset{\underset{NO_2}{|}}{\underset{O_2N}{\bigcirc}}\overset{CH_3}{\underset{}{}}NO_2$$

반면에, 이와 유사한 트라이나이트로페놀(TNP) → 벤젠(◯, $C_6H_6$)의 6개 모서리 중 1개는 OH가 결합되고, 3개 모서리는 나이트로기(-$NO_2$)가 결합되므로 TNP의 시성식은 $C_6H_2OH(NO_2)_3$으로 되며, 분자량은 229(=12×6+1×3+16+14×3+32×3)이므로 TNT와 분자량이 다르다.

▶ 법령보기 ◀

위험물은 그 운반용기의 외부에 다음에 정하는 바에 따라 위험물의 품명, 수량 등을 표시하여 적재하여야 한다. 다만, UN의 위험물 운송에 관한 권고(RTDG)에서 정한 기준 또는 소방청장이 정하여 고시하는 기준에 적합한 표시를 한 경우에는 그러하지 아니하다.
㉮ 위험물의 품명·위험등급·화학명 및 수용성(수용성 표시는 제4류 위험물로서 수용성인 것에 한함)
㉯ 위험물의 수량
㉰ 수납하는 위험물에 따른 주의사항
 - 제1류 위험물 중 알칼리금속의 과산화물 또는 이를 함유한 것에 있어서는 "화기·충격주의", "물기엄금" 및 "가연물접촉주의", 그 밖의 것에 있어서는 "화기·충격주의" 및 "가연물접촉주의"

- 제2류 위험물 중 철분·금속분·마그네슘 또는 이들 중 어느 하나 이상을 함유한 것에 있어서는 "화기주의" 및 "물기엄금", 인화성고체에 있어서는 "화기엄금", 그 밖의 것에 있어서는 "화기주의"
- 제3류 위험물 중 자연발화성물질에 있어서는 "화기엄금" 및 "공기접촉엄금", 금수성물질에 있어서는 "물기엄금"
- 제4류 위험물에 있어서는 "화기엄금"
- 제5류 위험물에 있어서는 "화기엄금" 및 "충격주의"
- 제6류 위험물에 있어서는 "가연물접촉주의"

▶ 법령보기 ◀

저장 또는 취급하는 위험물에 따라 다음의 규정에 의한 주의사항을 표시한 게시판을 설치하여야 한다.
㉮ 제1류 위험물 중 알칼리금속의 과산화물과 이를 함유한 것 또는 제3류 위험물 중 금수성물질에 있어서는 "물기엄금"
㉯ 제2류 위험물(인화성고체 제외)에 있어서는 "화기주의"
㉰ 제2류 위험물 중 인화성고체, 제3류 위험물 중 자연발화성물질, 제4류 위험물 또는 제5류 위험물에 있어서는 "화기엄금"
㉱ 게시판의 색은 "물기엄금"을 표시하는 것에 있어서는 청색바탕에 백색문자로, "화기주의" 또는 "화기엄금"을 표시하는 것에 있어서는 적색바탕에 백색문자로 할 것

# 2024년 제2회

**01** 위험물 운반에 관한 혼재기준에서 다음 위험물과 혼재할 수 없는 유별을 모두 쓰시오. (단, 지정수량의 1/10을 초과하는 위험물을 운반하는 경우)
  (1) 제1류 위험물
  (2) 제3류 위험물
  (3) 제6류 위험물

**답안** (1) 제1류 위험물 : 제2류, 제3류, 제4류, 제5류
  (2) 제3류 위험물 : 제1류, 제2류, 제5류, 제6류
  (3) 제6류 위험물 : 제2류, 제3류, 제4류, 제5류

**Point 설명** 위험물의 혼재기준은 다음과 같이 정리해 두면 보다 쉽고 오랜 기간 저장해 둘 수 있다. 가로에 1 ~ 6류까지 나열하고, 세로도 1 ~ 6류까지 나열한 다음 아래 그림과 같이 "X 표시"를 하여 상부선은 "공란선", 아래선은 "가능선"으로 설정하고, 여기에 2-4, 4-5를 추가하면 모두 정리된다.

| 위험물의 구분 | 제1류 | 제2류 | 제3류 | 제4류 | 제5류 | 제6류 |
|---|---|---|---|---|---|---|
| 제1류 |  | × | × | × | × | ○ |
| 제2류 | × |  | × | × | ○ | × |
| 제3류 | × | × |  | ○ | × | × |
| 제4류 | × | ○ | ○ |  | ○ | × |
| 제5류 | × | ○ | × | ○ |  | × |
| 제6류 | ○ | × | × | × | × |  |

※ 혼재가능 위험물 : 혼재가능선상 위험물+[(2-4), (4-5)]

**02** 다음의 구조를 갖는 탱크가 있다. 물음에 답하시오.

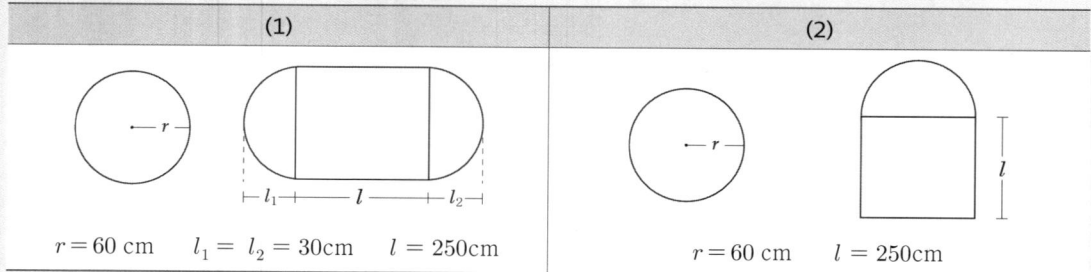

| (1) | (2) |
|---|---|
| $r = 60$ cm  $l_1 = l_2 = 30$ cm  $l = 250$ cm | $r = 60$ cm  $l = 250$ cm |

(1)의 탱크 내용적을 구하시오.
(2)의 탱크 내용적을 구하시오.

**답안** (1) 내용적 $= 3.14 \times (0.6)^2 \left(2.5 + \dfrac{0.3+0.3}{3}\right) = 3.05\,\text{m}^3$

(2) 내용적 $= 3.14 \times (0.6)^2 \times 2.5 = 2.83\,\text{m}^3$

**Point 설명** 위험물 저장탱크의 내용적은 탱크의 구조 및 형태에 따라 다음의 공식을 적용하여 계산한다.

(1)의 탱크는 횡(가로)으로 설치한 원형탱크이다.

탱크 내용적은 다음의 공식을 이용하여 계산한다.

□ 내용적 $= \pi r^2 \left(l + \dfrac{l_1 + l_2}{3}\right)$  ∴ 내용적 $= 3.14 \times (0.6)^2 \left(2.5 + \dfrac{0.3+0.3}{3}\right) = 3.05\,\text{m}^3$

(2)의 탱크는 종(세로)으로 설치한 원형탱크이다. 탱크 내용적은 다음의 공식을 이용하여 계산한다.

□ 내용적 $= \pi r^2 l$  ∴ 내용적 $= 3.14 \times (0.6)^2 \times 2.5 = 2.83\,\text{m}^3$

**03** 위험물안전관리법령상 위험물을 취급함에 있어서 정전기가 발생할 우려가 있는 설비에는 법령에서 정하는 방법으로 정전기를 유효하게 제거할 수 있는 설비를 설치하여야 한다. 이에 해당하는 방법 3가지를 쓰시오.

**답안** (1) 접지할 것
(2) 공기 중의 상대습도를 70% 이상으로 할 것
(3) 공기를 이온화할 것

**Point 설명** 정전기(靜電氣, Electricity)의 제거와 관련된 규정은 다음과 같다.

▶ 법령보기 ◀

위험물을 취급함에 있어서 정전기(靜電氣)가 발생할 우려가 있는 설비에는 다음에 해당하는 방법으로 정전기를 유효하게 제거할 수 있는 설비를 설치하여야 한다.
㉠ 접지(Earth Connecting)에 의한 방법
㉡ 공기 중의 상대습도를 70% 이상으로 하는 방법
㉢ 공기를 이온화하는 방법

**04** 피리딘에 대하여 다음 물음에 알맞은 답을 쓰시오.
(1) 화학식을 쓰시오.
(2) 증기비중을 구하시오.

**답안** (1) $C_5H_5N$

(2) 증기비중 $= \dfrac{\text{피리딘 밀도}(=79/22.4)}{\text{공기 밀도}(=29/22.4)} = \dfrac{79}{29} = 2.72$

**Point 설명** 피리딘($C_5H_5N$)은 고리 안에 질소원자 1개를 함유하는 헤테로고리화합물로서 아세톤($CH_3COCH_3$)과 사이안화수소(HCN) 등과 더불어 제4류 위험물 제1석유류(수용성)로 분류되며 지정수량 400L, 위험등급 Ⅱ로 지정·관리되고 있다.

피리딘(Pyridine)의 증기비중은 피리딘 밀도(密度)를 표준 기체인 공기밀도로 나누어 산정한다. 피리딘($C_5H_5N$)의 분자량은 79이므로 기체 1mol = g분자량 = 22.4L, 그러므로 다음과 같이 증기비중 공식을 이용하여 산출할 수 있다.

□ 증기비중 = $\dfrac{\text{피리딘 밀도}(=\text{분자량}/22.4)}{\text{공기 밀도}(=\text{분자량}/22.4)} = \dfrac{79}{29} = 2.72$

**05** 아이소프로필알코올을 산화시켜 만든 것으로 아이오도폼(요오드포름)반응을 하는 제1석유류에 대하여 다음 물음에 답하시오.
(1) 아이오도폼 반응을 하는 위험물의 명칭을 쓰시오.
(2) 아이오도폼의 화학식을 쓰시오.
(3) 아이오도폼의 색깔을 쓰시오.

 **답안** (1) 아세톤
(2) $CHI_3$
(3) 노란색

**■ 참고 ■**

**상세해설** 아이오도폼(요오드포름)반응을 하는 제1석유류 중 "아이소프로필알코올을 산화시켜 제조하는 물질"은 "프로필알코올(Propyl Alcohol)"이다. 프로필알코올의 분자식은 프로페인($C_3H_8$)을 시작으로 → 프로페인에서 수소하나를 −OH로 치환한 것이므로 프로필알코올의 분자식 $C_3H_7OH(C_3H_8O)$이 된다.

아이소프로필알코올[$(CH_3)_2$−CH−OH]에서 산화제를 이용하여 산화시키면 "CH" 중 수소와 "OH" 중의 수소(H)가 떨어져 나가면서 산소(O)가 달라붙어 탄소 = 산소는 카보닐(Carbonyl, −C=O)을 형성하게 되므로 아이소프로필알코올을 산화시켜 만든 것은 <u>아세톤</u>($CH_3COCH_3$, 제1석유류)이 된다.

아이오도폼(요오드포름, Iodoform)의 화학식은 <u>$HCI_3$</u>이다. 아이오도폼 반응이란 수산화나트륨(NaOH)과 아이오딘($I_2$)과 반응하여 황색의 아이오도폼($CHI_3$) 침전을 생성하는 반응을 말하는데, 메탄올(메틸알코올)과 에탄올(에틸알코올)이 각각 담겨있는 비커에서 일부를 분취하여 시험관에 넣고, $I_2$와 NaOH 용액 몇 방울을 차례로 적하(滴下)하여 잘 혼합한 후 정치하면 에탄올 시험관에는 <u>황색</u>(갈색) 침전물이 형성되지만 메탄올 시험관은 침전물이 형성되지 않는다.

**06** 다음 위험물을 제조소에서 저장 및 취급할 경우 위험물안전관리법령상 확보하여야 할 보유공지를 ( ) 안에 알맞게 쓰시오.

| 구분 | 저장 및 취급량 | 보유공지 |
|---|---|---|
| 아세톤 | 400L | ( ① ) |
| 사이안화수소 | 100,000L | ( ② ) |
| 톨루엔 | 15,000L | ( ③ ) |
| 메탄올 | 8,000L | ( ④ ) |
| 클로로벤젠 | 15,000L | ( ⑤ ) |

**답안**  ① 3  ② 5  ③ 5  ④ 5  ⑤ 5

■ 참고 ■

제조소의 보유공지에 적용되는 지정수량의 배수는 2가지만 있다. 지정수량의 10배 이하일 경우, 보유공지의 너비는 3m 이상, 지정수량의 10배를 초과하는 경우, 보유공지의 너비는 5m 이상으로 하여야 한다.

아세톤($CH_3COCH_3$)과 사이안화수소(HCN)는 제4류 위험물 – 제1석유류(수용성)로서 지정수량 400L, 위험등급 Ⅱ로 지정·관리되는 물질이다.

아세톤 400L은 지정수량의 1배로 지정수량의 10배 이하에 해당되므로 보유공지의 너비는 3m 이상으로 하여야 하고, 사이안화수소 100,000L은 지정수량의 250배로 지정수량의 10배를 초과하는 경우에 해당되므로 보유공지의 너비는 5m 이상으로 하여야 한다.

톨루엔($C_6H_5CH_3$)은 제4류 위험물 – 제1석유류(비수용성)로서 지정수량 200L, 위험등급 Ⅱ로 지정·관리되는 물질이다. 따라서 톨루엔 15,000L은 지정수량의 75배로 지정수량의 10배를 초과하는 경우에 해당되므로 보유공지의 너비는 5m 이상으로 하여야 한다.

메탄올($CH_3OH$)은 제4류 위험물 – 알코올류로서 지정수량 400L, 위험등급 Ⅱ로 지정·관리되는 물질이다. 메탄올 8000L은 지정수량의 20배로 지정수량의 10배를 초과하는 경우에 해당되므로 보유공지의 너비는 5m 이상으로 하여야 한다.

클로로벤젠($CH_3OH$)은 제4류 위험물 – 제2석유류(비수용성)로서 지정수량 1000L, 위험등급 Ⅲ으로 지정·관리되는 물질이다. 클로로벤젠 15,000L은 지정수량의 15배로 지정수량의 10배를 초과하는 경우에 해당되므로 보유공지의 너비는 5m 이상으로 하여야 한다.

▶ 법령보기 ◀

제조소의 설비의 기준에서 위험물을 취급하는 건축물 그 밖의 시설(배관 그밖에 이와 유사한 시설 제외)의 주위에는 그 취급하는 위험물의 최대수량에 따라 다음 표에 의한 너비의 공지를 보유하여야 한다.

| 취급하는 위험물의 최대수량 | 공지의 너비 |
|---|---|
| 지정수량의 10배 이하 | 3m 이상 |
| 지정수량의 10배 초과 | 5m 이상 |

**07** 위험물안전관리법령에 따른 소화설비의 능력단위에 대한 내용이다. 물음에 답하시오.

(1) 다음 소화설비의 능력단위에 대하여 빈칸에 알맞은 답을 쓰시오.

| 소화설비 | 용량 | 능력단위 |
|---|---|---|
| 소화전용(轉用)물통 | ( ① ) L | 0.3 |
| 수조(소화전용물통 3개 포함) | 80 L | ( ② ) |
| 수조(소화전용물통 6개 포함) | ( ③ ) | 2.5 |

(2) 연면적 200m²으로 내화구조의 벽으로 된 제조소의 소요단위를 구하시오.
(3) 과산화수소 6,000kg의 소요단위를 구하시오.

**답안** (1) ① 8  ② 1.5  ③ 190

(2) 소요단위 = 제조소 바닥면적 $\times \dfrac{1단위}{100\text{m}^2}$ = $200\text{m}^2 \times \dfrac{1}{100\text{m}^2}$ = 2

(3) 소요단위 = 과산화수소 $\times \dfrac{1단위}{지정수량의\ 10배}$ = $6000 \times \dfrac{1단위}{300 \times 10}$ = 2

**Point 설명** 소화설비의 능력단위는 소요단위에 대응하는 소화설비의 소화능력의 기준단위를 말한다.

▶ 법령보기 ◀ 소화설비 능력단위

| 소화설비 | 용량 | 능력단위 |
|---|---|---|
| 소화전용(轉用)물통 | 8L | 0.3 |
| 수조(소화전용물통 3개 포함) | 80L | 1.5 |
| 수조(소화전용물통 6개 포함) | 190L | 2.5 |
| 마른 모래(삽 1개 포함) | 50L | 0.5 |
| 팽창질석 또는 팽창진주암(삽 1개 포함) | 160L | 1.0 |

▶ 법령보기 ◀ 소요단위의 계산

㉮ 제조소 또는 취급소의 건축물은 외벽이 내화구조인 것은 연면적(제조소등의 용도로 사용되는 부분 외의 부분이 있는 건축물에 설치된 제조소등에 있어서는 당해 건축물중 제조소등에 사용되는 부분의 바닥면적의 합계) 100m²를 1소요단위로 하며, 외벽이 내화구조가 아닌 것은 연면적 50m²를 1소요단위로 할 것

㉯ 저장소의 건축물은 외벽이 내화구조인 것은 연면적 150m²를 1소요단위로 하고, 외벽이 내화구조가 아닌 것은 연면적 75m²를 1소요단위로 할 것

㉰ 제조소등의 옥외에 설치된 공작물은 외벽이 내화구조인 것으로 간주하고 공작물의 최대수평투영면적을 연면적으로 간주하여 ㉮ 및 ㉯의 규정에 의하여 소요단위를 산정할 것

㉱ 위험물은 지정수량의 10배를 1소요단위로 할 것

## 08 [보기]에서 불활성기체 소화설비에 적응성이 있는 위험물을 모두 고르시오.

[보기]
① 제1류 위험물 중 알칼리금속의 과산화물
② 제2류 위험물 중 인화성고체
③ 제3류 위험물
④ 제4류 위험물
⑤ 제5류 위험물
⑥ 제6류 위험물

**답안** ②, ④

**Point 설명** 불활성기체 소화설비가 적응성이 있는 위험물은 다음과 같다.

▶ 법령보기 ◀

| 소화설비의 구분 | | 대상물질 | 건축물·그 밖의 공작물 | 전기설비 | 제1류 위험물 | | 제2류 위험물 | | | 제3류 위험물 | | 제4류 위험물 | 제5류 위험물 | 제6류 위험물 |
|---|---|---|---|---|---|---|---|---|---|---|---|---|---|---|
| | | | | | 알칼리금속 과산화물등 | 그 밖의 것 | 철분·금속분·마그네슘등 | 인화성 고체 | 그 밖의 것 | 금수성 물품 | 그 밖의 것 | | | |
| 옥내소화전설비 | | | ○ | | | ○ | | ○ | ○ | | ○ | | ○ | ○ |
| 옥외소화전설비 | | | ○ | | | ○ | | ○ | ○ | | ○ | | ○ | ○ |
| 물분무등 소화설비 | 포 소화설비 | | ○ | | | ○ | | ○ | ○ | | ○ | ○ | ○ | ○ |
| | 불활성기체 소화설비 | | | ○ | | | | ○ | | | | ○ | | |
| | 할로젠화합물 소화설비 | | | ○ | | | | ○ | | | | ○ | | |

## 09 다음 위험물을 운반할 경우 운반용기 외부에 표시하여야 할 주의사항을 모두 쓰시오.

(1) 제1류 위험물 중 알칼리금속의 과산화물
(2) 제3류 위험물 중 자연발화성물질
(3) 제5류 위험물

**답안**
(1) 화기주의, 충격주의, 물기엄금, 가연물접촉주의
(2) 화기엄금, 공기접촉엄금
(3) 화기엄금, 충격주의

**Point 설명** 운반용기의 표시에 관한 규정은 다음과 같다.

▶ 법령보기 ◀

위험물은 그 운반용기의 외부에 다음에 정하는 바에 따라 위험물의 품명, 수량 등을 표시하여 적재하여야 한다. 다만, UN의 위험물 운송에 관한 권고(RTDG)에서 정한 기준 또는 소방청장이 정하여 고시하는 기준에 적합한 표시를 한 경우에는 그러하지 아니하다.
㉮ 위험물의 품명 · 위험등급 · 화학명 및 수용성(수용성 표시는 제4류 위험물로서 수용성인 것에 한함)
㉯ 위험물의 수량
㉰ 수납하는 위험물에 따른 주의사항
- 제1류 위험물 중 알칼리금속의 과산화물 또는 이를 함유한 것에 있어서는 "화기·충격주의", "물기엄금" 및 "가연물접촉주의", 그 밖의 것에 있어서는 "화기·충격주의" 및 "가연물접촉주의"
- 제2류 위험물 중 철분·금속분·마그네슘 또는 이들 중 어느 하나 이상을 함유한 것에 있어서는 "화기주의" 및 "물기엄금", 인화성고체에 있어서는 "화기엄금", 그 밖의 것에 있어서는 "화기주의"
- 제3류 위험물 중 자연발화성물질에 있어서는 "화기엄금" 및 "공기접촉엄금", 금수성물질에 있어서는 "물기엄금"
- 제4류 위험물에 있어서는 "화기엄금"
- 제5류 위험물에 있어서는 "화기엄금" 및 "충격주의"
- 제6류 위험물에 있어서는 "가연물접촉주의"

## 10 이동탱크저장소 주유 호스 재질에 대하여 다음 ( ) 안에 알맞은 답을 쓰시오.

- 위험물이 샐 우려가 없고 화재예방상 안전한 구조로 할 것
- 주입설비의 길이는 ( ① )m 이내로 하고, 그 끝부분에 축적되는 ( ② )를 유효하게 제거할 수 있는 장치를 할 것
- 분당 배출량은 ( ③ )L로 할 것

**답안** ① 50  ② 정전기  ③ 200

**Point 설명** 이동탱크저장소에 설치하는 주입설비 기준은 다음과 같다.

▶ 법령보기 ◀

㉮ 위험물이 샐 우려가 없고 화재예방상 안전한 구조로 할 것
㉯ 주입설비의 길이는 50m 이내로 하고, 그 끝부분에 축적되는 정전기(靜電氣)를 유효하게 제거할 수 있는 장치를 할 것
㉰ 분당(分當) 배출량은 200L 이하로 할 것
※ 구법기준(舊法基準) : 주입 호스는 내경이 23mm 이상이고, 0.3MPa 이상의 압력에 견딜 수 있는 것으로 하며, 필요 이상으로 길게 하지 아니하여야 한다.

## 11
인화성액체위험물을 저장하는 옥외탱크저장소의 방유제에 관한 내용이다. 다음 ( ) 안에 알맞은 답을 쓰시오.

- 방유제의 용량은 방유제 안에 설치된 탱크가 하나인 때에는 그 탱크 용량의 ( ① )% 이상, 2기 이상인 때에는 그 탱크 중 용량이 최대인 것의 용량의 ( ② )% 이상으로 할 것
- 방유제는 높이 0.5m 이상 ( ③ )m 이하, 두께 ( ④ )m 이상, 지하매설깊이 1m 이상으로 할 것
- 방유제 내의 면적은 ( ⑤ )m² 이하로 할 것

**답안** ① 110 ② 110 ③ 3 ④ 0.2 ⑤ 80,000

**Point 설명** 방유제(防油堤, Artificial Barricade)의 설치기준은 다음과 같다.

▶ 법령보기 ◀

제3류·제4류·제5류 위험물 중 인화성(引火性, Combustible)이 있는 액체(이황화탄소 제외)의 옥외탱크저장소의 탱크 주위에는 다음의 기준에 의하여 방유제를 설치하여야 한다.

㉮ 방유제의 용량은 방유제 안에 설치된 탱크가 하나인 때에는 그 탱크 용량의 110% 이상, 2기 이상인 때에는 그 탱크 중 용량이 최대인 것의 용량의 110% 이상으로 할 것. 이 경우 방유제의 용량은 당해 방유제의 내용적에서 용량이 최대인 탱크 외의 탱크의 방유제 높이 이하 부분의 용적, 당해 방유제 내에 있는 모든 탱크의 지반면 이상 부분의 기초의 체적, 간막이 둑의 체적 및 당해 방유제 내에 있는 배관 등의 체적을 뺀 것으로 한다.

㉯ 방유제는 높이 0.5m 이상 3m 이하, 두께 0.2m 이상, 지하매설깊이 1m 이상으로 할 것. 다만, 방유제와 옥외저장탱크 사이의 지반면 아래에 불침윤성(不浸潤性, 수분 흡수를 막는 성질) 구조물을 설치하는 경우에는 지하매설깊이를 해당 불침윤성 구조물까지로 할 수 있다.

㉰ 방유제 내의 면적은 8만m² 이하로 할 것

㉱ 방유제 내의 설치하는 옥외저장탱크의 수는 10(방유제 내에 설치하는 모든 옥외저장탱크의 용량이 20만L 이하이고, 당해 옥외저장탱크에 저장 또는 취급하는 위험물의 인화점이 70℃ 이상 200℃ 미만인 경우에는 20) 이하로 할 것. 다만, 인화점이 200℃ 이상인 위험물을 저장 또는 취급하는 옥외저장탱크에 있어서는 그러하지 아니하다.

㉲ 방유제 외면(外面)의 2분의 1 이상은 자동차 등이 통행할 수 있는 3m 이상의 노면폭을 확보한 구내도로(옥외저장탱크가 있는 부지내의 도로)에 직접 접하도록 할 것. 다만, 방유제 내에 설치하는 옥외 저장탱크의 용량합계가 20만L 이하인 경우에는 소화활동에 지장이 없다고 인정되는 3m 이상의 노면폭을 확보한 도로 또는 공지에 접하는 것으로 할 수 있다.

## 12
다음 위험물이 열분해할 경우 산소가 발생하는 반응식을 쓰시오. (단, 산소가 발생되지 않으면 "해당 없음"으로 쓰시오)

(1) 과염소산칼륨
(2) 질산칼륨
(3) 과산화칼륨

**답안**
(1) $KClO_4 \rightarrow 2O_2 + KCl$
(2) $2KNO_3 \rightarrow O_2 + 2KNO_2$
(3) $2K_2O_2 \rightarrow O_2 + 2K_2O$

■ 참고 ■

과염소산칼륨은 "과염소산($ClO_4^-$) + 칼륨($K^+$)"이 결합되어 분자를 구성하므로 화학식은 $KClO_4$가 된다. 과염소산 칼륨은 제1류 위험물(산화성고체)로서 품명, 과염소산염류에 해당하며, 지정수량은 50kg, 위험등급 Ⅰ로 지정·관리되고 있다. 유의할 점은 과염소산($HClO_4$)은 제6류 위험물(산화성액체)로 지정수량 300kg)이므로 혼동하지 말아야 한다. 과염소산칼륨($KClO_4$)이 분해되면 산소를 방출하므로 그 반응식은 다음과 같다.

$$\square\ KClO_4\ \xrightarrow[\text{산소 발생}]{\text{400℃ 이상}}\ 2O_2 + KCl$$

질산칼륨은 "질산($NO_3^-$) + 칼륨($K^+$)"이 결합되어 분자를 구성하므로 화학식은 $KNO_3$가 된다. 질산칼륨은 제1류 위험물(산화성고체)로서 품명, 질산염류에 해당하며, 지정수량은 300kg, 위험등급 Ⅱ로 지정·관리되고 있다. 질산칼륨($KNO_3$)이 분해되면 산소를 방출하므로 그 반응식은 다음과 같다.

$$\square\ 2KNO_3\ \xrightarrow{\text{380℃ 이상}}\ O_2 + 2KNO_2$$

과산화칼륨은 "과산화수소($H_2O_2$)에서 수소(H) 2개가 칼륨(K)으로 치환"되어 분자를 구성한 것이므로 화학식은 $K_2O_2$가 된다. 과산화칼륨은 제1류 위험물(산화성고체)로서 품명, 무기과산화물에 해당하며, 지정수량은 50kg, 위험등급 Ⅰ로 지정·관리되고 있다. 과산화칼륨($K_2O_2$)이 분해되면 산소를 방출하므로 그 반응식은 다음과 같다.

$$\square\ 2K_2O_2\ \xrightarrow{\text{450℃ 이상}}\ O_2 + 2K_2O$$

**13** [보기]의 위험물 중 물에는 녹지 않으나 이황화탄소에는 녹으며, 연소될 경우, 오산화인을 발생하는 물질이 있다. 해당 위험물을 선정한 후 다음 물음에 답하시오.

[보기]
• 적린    • 황    • 황화인    • 황린    • 인화칼슘    • 인화알루미늄

(1) 선정된 위험물과 수산화칼륨 수용액이 반응할 경우 생성되는 기체를 화학식으로 쓰시오. (단, 없으면 해당 없음으로 쓰시오)
(2) (1)의 반응에서 생성되는 기체의 연소반응식을 쓰시오. [단, (1)에서 없으면 해당 없음으로 쓰시오]
(3) 해당 물질을 옥내저장소에 저장할 경우 바닥면적($m^2$)의 기준을 쓰시오.
(4) 해당 물질의 위험등급을 쓰시오.

**답안** (1) $PH_3$
 (2) $2PH_3 + 4O_2 \rightarrow P_2O_5 + 3H_2O$
 (3) 1,000$m^2$ 이하
 (4) Ⅰ등급

■ 참고 ■

적린(P), 황(S), 황화인은 모두 제2류 위험물(가연성고체)로 지정수량 100kg이다. 적린(赤燐, P)은 물과 이황화탄소($CS_2$) 모두에 녹지 않으므로 선정대상에서 제외된다. 황(S)은 물에 녹지 않고, 이황화탄소에 잘 녹지만 연소될 경우 오산화인을 생성하는 위험물이 아니므로 선정대상에서 제외된다.

황화인($P_4S_3$, $P_2S_5$, $P_4S_7$ 등)은 이황화탄소에 녹고, 연소되면 공통적으로 유독성의 기체인 아황산가스($SO_2$)와 오산화인($P_2O_5$)을 발생한다. 그런데, 삼황화인($P_4S_3$)은 물에 불용이지만 오황화인($P_2S_5$)이나 칠황화인($P_4S_7$)은 물에 녹는다. 그러므로 선정대상에서 제외된다.

- $P_4S_3 + 8O_2 \rightarrow 2P_2O_5 + 3SO_2$
- $P_2S_5 + 7.5O_2 \rightarrow P_2O_5 + 5SO_2$
- $P_4S_7 + 12O_2 \rightarrow 2P_2O_5 + 7SO_2$

황린(黃燐, $P_4$)은 물에 녹지 않지만(물속에 저장) 벤젠, 이황화탄소에 녹는다. 제3류 위험물(자연발화성물질)로서 지정수량 20kg, 위험등급 Ⅰ인 물질로 연소·산화되면 오산화인($P_2O_5$)을 발생한다. 따라서 선정대상이 된다.

- $P_4 + 5O_2 \rightarrow 2P_2O_5$

인화칼슘($Ca_3P_2$)과 인화알루미늄(AlP)은 물에 녹는 물질이므로 선정대상에서 제외된다. 인화칼슘과 인화알루미늄은 제3류 위험물(자연발화성물질 및 금수성물질)로서 품명 "금속의 인화물"로 분류되며, 지정수량은 300kg, 위험등급 Ⅲ으로 지정하고 있다.

문제에서 제시한 특성, 즉 "물에는 녹지 않으나 이황화탄소에 녹으며, 연소될 경우 오산화인이 생성되는 물질"에 해당하는 위험물은 황린(黃燐, $P_4$)이다. 수산화칼륨 수용액이 반응할 경우, 생성되는 기체는 포스핀($PH_3$)이다. 황린과 수산화칼륨 수용액의 반응에서 수산화칼륨에서 제공되는 음이온 1가인 수산화이온($OH^-$)와 양이온 1가인 칼륨이온($K^+$)이 결합된 물질이므로 화학식은 KOH가 된다. 수산화칼륨 수용액은 KOH가 용해되어 있는 용액이므로 이 수화물(水化物)의 분자식은 $KOH \cdot H_2O$으로 생각하면 된다. 수산화칼륨 수용액은 황린($P_4$)에 대하여 산화제(酸化劑)로 작용하면서 인산염(燐酸鹽)이 형성되면서 포스핀($PH_3$)이 발생한다. 반응식은 다음과 같다.

- $P_4 + 3KOH \cdot H_2O \rightarrow 3KOH_2PO + PH_3$

포스핀($PH_3$)은 유독성·연소성·폭발성을 지닌 기체이며, 발화점은 38℃이고, 폭발한계는 1.79 ~ 98%이다. 연소될 경우, 분자 내의 인(P)은 오산화인($P_2O_5$)으로 산화된다.

- $2PH_3 + 4O_2 \rightarrow P_2O_5 + 3H_2O$

▶ 법령보기 ◀

하나의 저장창고의 바닥면적(2 이상의 구획된 실이 있는 경우에는 각 실의 바닥면적의 합계)은 다음의 구분에 의한 면적 이하로 하여야 한다. 이 경우 ㉮의 위험물과 ㉯의 위험물을 같은 저장창고에 저장하는 때에는 ㉮의 위험물을 저장하는 것으로 보아 그에 따른 바닥면적을 적용한다.

㉮ 다음의 위험물을 저장하는 창고 → 바닥면적 1,000m² 이하
  Ⓐ 제1류 위험물 중 아염소산염류, 염소산염류, 과염소산염류, 무기과산화물 그밖에 지정수량이 50kg인 위험물(위험등급 Ⅰ)
  Ⓑ 제3류 위험물 중 칼륨, 나트륨, 알킬알루미늄, 알킬리튬 그밖에 지정수량이 10kg인 위험물 및 황린(위험등급 Ⅰ)
  Ⓒ 제4류 위험물 중 특수인화물(위험등급 Ⅰ), 제1석유류 및 알코올류(위험등급 Ⅱ)
  Ⓓ 제5류 위험물 중 유기과산화물, 질산에스터류 그밖에 지정수량이 10kg인 위험물(위험등급 Ⅰ)
  Ⓔ 제6류 위험물(위험등급 Ⅰ)
㉯ ㉮의 위험물 외의 위험물을 저장하는 창고 → 바닥면적 2,000m² 이하
㉰ ㉮의 위험물과 ㉯의 위험물을 내화구조의 격벽으로 완전히 구획된 실에 각각 저장하는 창고 → 1,500m² (㉮의 위험물을 저장하는 실의 면적은 500m²를 초과할 수 없다)

  문제에서 "옥내저장소에 저장할 경우 바닥면적(m²)의 기준을 쓰라"고 하였으므로 단순히 1,000m²로 기재하면 틀린다. 이런 경우는 1,000m² 이하로 정확히 기재하여야 한다.

**14** 위험물안전관리법령상 제5류 위험물에 대한 내용이다. [보기]에 대하여 다음 물음에 답하시오.

[보기]
- 나이트로글리세린
- 트라이나이트로톨루엔
- 트라이나이트로페놀
- 과산화벤조일
- 다이나이트로벤젠

(1) 질산에스터류에 속하는 물질을 모두 쓰시오.
(2) 상온에서는 액체이지만 겨울철에는 동결하는 이 물질의 분해폭발반응식을 쓰시오.

**답안** (1) 나이트로글리세린
(2) $2C_3H_5(NO_3)_3 \rightarrow 6CO_2 + 5H_2O + 3N_2 + 1/2O_2$

### 참고

품명이 질산에스터(질산에스테르)류는 제5류 위험물 – 자기반응성 물질로 분류되며, 이 품명에 속하는 위험물은 나이트로글리세린, 나이트로셀룰로오스, 질산메틸, 질산에틸, 셀룰로이드, 나이트로글리콜 등이다.
- 상온에서 액체인 것 : 나이트로글리세린, 나이트로글리콜, 질산메틸, 질산에틸
- 상온에서 고체인 것 : 나이트로셀룰로오스, 셀룰로이드

과산화벤조일(Benzoyl Peroxide, 벤조일퍼옥사이드)은 제5류 위험물 중 유기과산화물로서 지정수량 10kg(1종), 100kg(2종)이며, 지정수량 10kg(1종)인 것은 위험등급 Ⅰ로 분류된다.

TNT[$C_6H_2(NO_2)_3CH_3$, 트라이나이트로톨루엔]은 제5류 자기반응성 물질의 나이트로화합물(니트로화합물)로서 지정수량 10kg(1종), 100kg(2종)이며, 지정수량 10kg(1종)인 것은 위험등급 Ⅰ로 분류된다.

TNP[$C_6H_2(NO_2)_3OH$, 트라이나이트로페놀]은 제5류 자기반응성 물질의 나이트로화합물(니트로화합물)로서 지정수량 10kg(1종), 100kg(2종)이며, 지정수량 10kg(1종)인 것은 위험등급 Ⅰ로 분류된다.

다이나이트로벤젠[Dinitrobenzenes, $C_6H_4(NO_2)_2$]은 무색 또는 황색의 결정으로 제5류 위험물(자기반응성 물질) – 나이트로화합물(니트로화합물)로서 지정수량 10kg(1종), 100kg(2종)이며, 인화점 150℃이고 충격과 마찰에 민감하며, 물을 함유한 광범위한 물질과 반응한다.

나이트로글리세린[Nitroglycerin, $C_3H_5(NO_3)_3$]이 분해·폭발할 경우, 화학양론적으로 탄소(C)는 $CO_2$로, 수소(H)는 $H_2O$로, 질소(N)는 $N_2$로 전환되며, 미반응 산소는 $O_2$로 방출된다.
- $2C_3H_5(NO_3)_3 \rightarrow 6CO_2 + 5H_2O + 3N_2 + 1/2O_2$

**15** 다음 [보기] 중 제1류 위험물의 특징으로 옳은 것을 모두 고르시오.

[보기]
① 모두 탄소성분이 있다.
② 모두 산소를 포함하고 있다.
③ 모두 가연성이다.
④ 모두 물과 반응한다.
⑤ 모두 고체이다.

**답안** ②, ⑤

**Point 설명** 제1류 위험물은 산화성고체로서 그 자체는 연소하지 않더라도 분자 내에 산소를 포함하고 있기 때문에 상대물질에 산소를 제공하거나 연소를 돕는 작용을 한다. 제1류 위험물의 공통 특성은 불연성이며, 무기화합물로서 강산화제로 작용하므로 ②항과 ⑤항만 올바르다.

제1류 위험물 – 산화성고체의 대표 품명으로는 다음의 위험물이 있다.
- 아염소산염류 : 아염소산나트륨($NaClO_2$), 아염소산칼륨($KClO_2$) 등
- 염소산염류 : 염소산나트륨($NaClO_3$), 염소산칼륨($KClO_3$) 등
- 과염소산염류 : 과염소산나트륨($NaClO_4$), 과염소산칼륨($KClO_4$), 과염소산암모늄($NH_4ClO_4$) 등
- 무기과산화물류 : 과산화나트륨($Na_2O_2$), 과산화칼륨($K_2O_2$) 등(이상 지정수량 50kg, 위험등급 Ⅰ)
- 브로민산염류(브롬산염류) : $NaBrO_3$, $KBrO_3$ 등
- 질산염류 : 질산나트륨($NaNO_3$), 질산칼륨($KNO_3$), 질산암모늄($NH_4NO_3$) 등
- 아이오딘산염류(요오드산염류) : $NaIO_3$, $KIO_3$ 등(이상 지정수량 300kg, 위험등급 Ⅱ)
- 과망가니즈산염류(과망간산염류) : $NH_4MnO_4$, $NaMnO_4$, $KMnO_4$ 등
- 다이크로뮴산염류(중크롬산염류) : $Na_2Cr_2O_7$, $K_2Cr_2O_7$ 등(이상 지정수량 1000kg, 위험등급 Ⅲ)

**16** 인화칼슘에 대해 다음 물음에 답하시오.
(1) 유별 분류를 쓰시오.
(2) 지정수량을 쓰시오.
(3) 인화칼슘과 물의 반응식을 쓰시오.
(4) 물과의 반응 후 생성되는 기체의 명칭을 쓰시오.

**답안** (1) 제3류 위험물
(2) 300kg
(3) $Ca_3P_2 + 6H_2O \rightarrow 3Ca(OH)_2 + 2PH_3$
(4) 포스핀 또는 인화수소(※ 둘 중 하나만 기재하여도 됨)

**┃참고┃**

 인화칼슘은 5가 인(P)과 2가 칼슘(Ca)이 결합되는 물질이므로 칼슘이 2중결합을 하는 구조를 가져야만 인화합물을 구성할 수 있다. 즉, Ca=P-Ca-P=Ca이고, 화학식은 $Ca_3P_2$로 된다.

인화칼슘($Ca_3P_2$)은 적갈색의 괴상고체로 제3류 위험물(자연발화성 금수성 물질)로 분류되며, 지정수량 300kg, 위험등급 Ⅲ등급으로 지정·관리되고 있다.

칼슘(Ca)은 2족 원소이고 최외각 전자가 2개이므로 양이온이 되면 2가($Ca^{2+}$)로 된다. 이에 대응하는 수산화이온($OH^-$)은 1가 음이온이므로 등가원칙에 따라 이들이 결합한 수산화물의 구성은 1 : 2, 즉 $Ca^{2+} : 2OH^- =$ $Ca(OH)_2$로 되면서 인화수소($PH_3$)를 부생물로 방출한다.

□ $Ca_3P_2 + 6H_2O \rightarrow 3Ca(OH)_2 + 2PH_3$

▶ 법령보기 ◀

| 위험물 | | | 지정수량 |
|---|---|---|---|
| 유별 | 성질 | 품명 | |
| 제3류 | 자연발화성물질 및 금수성물질 | 칼륨 | 10kg |
| | | 나트륨 | 10kg |
| | | 알킬알루미늄 | 10kg |
| | | 알킬리튬 | 10kg |
| | | 황린 | 20kg |
| | | 알칼리금속(칼륨 및 나트륨 제외) 및 알칼리토금속 | 50kg |
| | | 유기금속화합물(알킬알루미늄 및 알킬리튬 제외) | 50kg |
| | | 금속의 수소화물 | 300kg |
| | | 금속의 인화물 | 300kg |
| | | 칼슘 또는 알루미늄의 탄화물 | 300kg |

**보충** 인화칼슘($Ca_3P_2$)은 제3류 위험물(자연발화성물질 및 금수성물질)로서 품명 "금속의 인화물"로 분류되며, 지정수량은 300kg, 위험등급 Ⅲ으로 지정하고 있다. 『참고』로 포스핀을 발생하는 금속의 인화물은 인화칼슘, 인화알루미늄, 인화아연 등이 있다.

인화칼슘($Ca_3P_2$)은 물 및 습기와 반응하여 유독성 가스($PH_3$, 포스핀)를 발생한다. 포스핀은 마늘 냄새 또는 부패된 생선 냄새를 가진 인(P)의 수소화합물로 반도체 및 화학산업에 이용되고 있다. 알아두어야 할 반응식을 정리해 두었다.

◻ 인화칼슘과 물의 반응 : $Ca_3P_2 + 6H_2O \rightarrow 2PH_3 + 3Ca(OH)_2$
◻ 인화칼슘과 강산의 반응 : $Ca_3P_2 + 6HCl \rightarrow 2PH_3 + 3CaCl_2$
◻ 생성된 포스핀의 연소반응 : $2PH_3 + 4O_2 \rightarrow P_2O_5 + 3H_2O$
※ $Zn_3P_2 + 6HCl \rightarrow 2PH_3 + 3ZnCl_2$
※ $AlP + 3H_2O \rightarrow PH_3 + Al(OH)_3$

## 17 오황화인에 대해 다음 물음에 답하시오.

(1) 물과의 반응식을 쓰시오.
(2) 물과 반응할 때 발생하는 기체의 연소반응식을 쓰시오.

**답안** (1) 물과 반응 : $P_2S_5 + 8H_2O \rightarrow 2H_3PO_4 + 5H_2S$
(2) 기체의 연소반응 : $H_2S + 1.5O_2 \rightarrow H_2O + SO_2$

**┃참고┃**

**상세해설** 황화인(黃化燐, $P_4S_n$)은 인(P)의 황화물로서 강한 환원성을 가지고 있다. 그러므로 다른 물질은 환원하게 하고 자신은 산화되는 특성을 지닌다. 이러한 특성 때문에 다른 위험물들은 물과 반응할 경우 통상 수산화물(水酸化物)을 형성하지만 황화인($P_4S_n$)은 물($H_2O$)로부터 수소를 제공받아 황(S)을 환원성이 강한 황화수소($H_2S$)로 변환시키고, 인(P)은 물($H_2O$)로부터 산소와 수산화이온을 제공받아 인산($H_3PO_4$)이 된다.

◻ $P_2S_5 + 8H_2O \rightarrow 2H_3PO_4 + 5H_2S$

이 반응에 의해 발생된 황화수소($H_2S$)를 연소시키면 물($H_2O$)과 이산화황($SO_2$)이 발생한다.

□ $H_2S + 1.5O_2 \rightarrow H_2O + SO_2$

황화인은 $P_4S_n$이라는 결합공식을 가지고 있으며, $n$은 ≤10이다. 그러므로 황화인은 여러가지 이성질체로 존재하는데, 삼황화인($P_4S_3$), 사황화인($P_4S_4$), 오황화인($P_2S_5 = P_4S_{10}$) 외에도 육황화인($P_4S_6$), 칠황화인($P_4S_7$), 팔황화인($P_4S_8$), 구황화인($P_4S_9$), 십황화인($P_4S_{10}$) 등 다양하다. 이들을 보다 구별하기 위해서 삼황화사인($P_4S_3$), 오황화이인($P_2S_5$), 칠황화사인($P_4S_7$) 등 "인" 명칭 앞에 숫자형 한글(이, 사 등)을 붙여서 명명하기도 한다.

## 18 다음 [보기] 중 지정수량이 같은 품명 3가지를 쓰시오.

[보기]

적린, 과염소산, 황화인, 황, 브로민산염류, 철분, 알칼리토금속, 황린

**답안** 황화인, 적린, 황

**Point 설명** [보기]에서 제시한 위험물 중 지정수량이 같은 것은 황화인, 적린, 황으로 100kg이다.

▶ 법령보기 ◀

| 위험물 | | | 지정수량 |
|---|---|---|---|
| 유별 | 성질 | 품명 | |
| 제1류 | 산화성고체 | 아염소산염류, 염소산염류, 과염소산염류, 무기과산화물 | 50kg |
| | | 브로민산염류, 질산염류, 아이오딘산염류 | 300kg |
| | | 과망가니즈산염류, 다이크로뮴산염류 | 1,000kg |
| 제2류 | 가연성고체 | 황화인, 적린, 황 | 100kg |
| | | 철분, 금속분, 마그네슘 | 500kg |
| | | 인화성고체 | 1,000kg |
| 제3류 | 자연발화성물질 및 금수성물질 | 칼륨, 나트륨, 알킬알루미늄, 알킬리튬 | 10kg |
| | | 황린 | 20kg |
| | | 알칼리금속(칼륨 및 나트륨 제외) 및 알칼리토금속, 유기금속화합물(알킬알루미늄 및 알킬리튬 제외) | 50kg |
| | | 금속의 수소화물, 금속의 인화물, 칼슘 또는 알루미늄의 탄화물 | 300kg |

**19** 위험물안전관리법령상 주유취급소 중 항공기 주유취급소 기준에 관한 내용이다. 물음에 답하시오.

(1) 항공기주유취급소에서 항공기의 연료탱크에 직접 주유하기 위한 주유설비를 갖춘 이동탱크저장소의 명칭을 무엇이라 하는지 쓰시오.
(2) 비행장에서 항공기, 비행장에 소속된 차량 등에 주유하는 주유취급소에 대하여는 특례 적용이 가능한지 여부를 쓰시오.
(3) 다음 표의 내용에서 빈칸에 옳은 것은 O, 틀린 것은 X로 표시하시오.

| 내용 | |
|---|---|
| • 주유호스차 또는 주유탱크차에 의하여 주유하는 때에는 주유호스의 끝부분을 항공기의 연료탱크의 급유구에 긴밀히 결합하여야 한다. | ( ① ) |
| • 고정주유설비에는 당해 주유설비에 접속한 전용탱크 또는 위험물을 저장 또는 취급하는 탱크의 배관외의 것을 통하여서는 위험물을 주입하지 아니할 것 | ( ② ) |
| • 주유호스차 또는 주유탱크차에서 주유하는 때에는 주유호스차의 호스기기 또는 주유탱크차의 주유설비를 항공기와 전기적으로 접속할 것 | ( ③ ) |

 **답안** (1) 주유탱크차
　　　(2) 가능
　　　(3) ① O  ② O  ③ O

**■ 참고 ■**

항공기주유취급소에서 항공기의 연료탱크에 직접 주유하기 위한 주유설비를 갖춘 이동탱크저장소를 주유탱크차라 한다. 주유탱크차는 차량에 전용탱크, 필터 및 호스설비(호스릴) 등을 갖춘 것으로 항공기에서 떨어진 위치에서 호스를 연장하여 펌프에 의해 연료를 송출한다. 비행장에서 항공기, 비행장에 소속된 차량 등에 주유하는 주유취급소에 대하여는 항공기주유취급소의 특례를 적용한다.

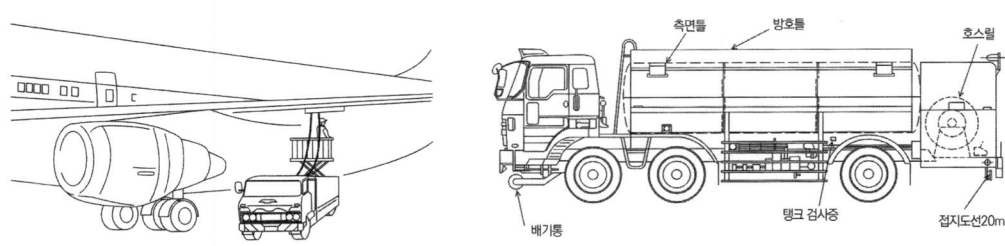

▶ 법령보기 ◀ 항공기주유취급소의 특례

㉠ 비행장에서 항공기, 비행장에 소속된 차량 등에 주유하는 주유취급소에 대하여는 일반 주유취급소 관련 시설규정인 주유공지(너비 15m 이상, 길이 6m 이상의 포장공지) 및 급유공지(고정급유설비 호스기기 주위에 필요한 공지), 표지 및 게시판 설치, 탱크용량 제한, 주유관 길이, 담 또는 벽의 설치, 캐노피(Canopy) 설치에 관한 규정을 적용하지 않는다. 이 외의 항공기 주유취급소에 대한 특례는 다음과 같다.
　• 항공기주유취급소에는 항공기 등에 직접 주유(注油)하는 데 필요한 공지(空地)를 보유할 것
　• 공지는 그 지면(地面)을 콘크리트 등으로 포장할 것
　• 공지에는 누설(漏洩)한 위험물 그 밖의 액체가 공지의 외부로 유출되지 아니하도록 배수구 및 유분리장치(油分離裝置)를 설치할 것
㉡ 지하식(호스기기가 지하의 상자에 설치된 형식)의 고정주유설비를 사용하여 주유하는 항공기주유취급소의 경우에는 다음의 기준에 의할 것
　• 호스기기를 설치한 상자에는 적당한 방수조치를 할 것
　• 고정주유설비의 펌프기기와 호스기기를 분리하여 설치한 항공기주유취급소의 경우에는 당해 고정주유설비의 펌프기기를 정지하는 등의 방법에 의하여 위험물저장탱크로부터 위험물의 이송을 긴급히 정지할 수 있는 장치를 설치할 것

㉢ 연료를 이송(移送)하기 위한 배관(주유배관) 및 당해 주유배관의 끝부분에 접속하는 호스기기를 사용하여 주유하는 항공기 주유취급소의 경우에는 다음의 기준에 의할 것
- 주유배관의 끝부분에는 밸브를 설치할 것
- 주유배관의 끝부분을 지면 아래의 상자에 설치한 경우에는 당해 상자에 대하여 적당한 방수조치를 할 것
- 주유배관의 끝부분에 접속하는 호스기기는 누설우려가 없도록 하는 등 화재예방상 안전한 구조로 할 것
- 주유배관의 끝부분에 접속하는 호스기기에는 주유호스의 끝부분에 축적되는 정전기를 유효하게 제거하는 장치를 설치할 것
- 항공기주유취급소에는 펌프기기를 정지하는 등의 방법에 의하여 위험물저장탱크로부터 위험물의 이송을 긴급히 정지할 수 있는 장치를 설치할 것

㉣ 주유배관의 끝부분에 접속하는 호스기기를 적재한 차량(주유호스차)을 사용하여 주유하는 항공기주유취급소의 경우에는 규정 외에 다음의 기준에 의할 것
- 주유호스차는 화재예방상 안전한 장소에 상시 주차할 것
- 주유호스차의 호스기기에는 항공기와 전기적으로 접속하기 위한 도선을 설치하고 주유호스의 끝부분에 축적되는 정전기를 유효하게 제거할 수 있는 장치를 설치할 것
- 항공기주유취급소에는 정전기를 유효하게 제거할 수 있는 접지전극을 설치할 것
- 주유탱크차를 사용하여 주유하는 항공기주유취급소에는 정전기를 유효하게 제거할 수 있는 접지전극을 설치할 것

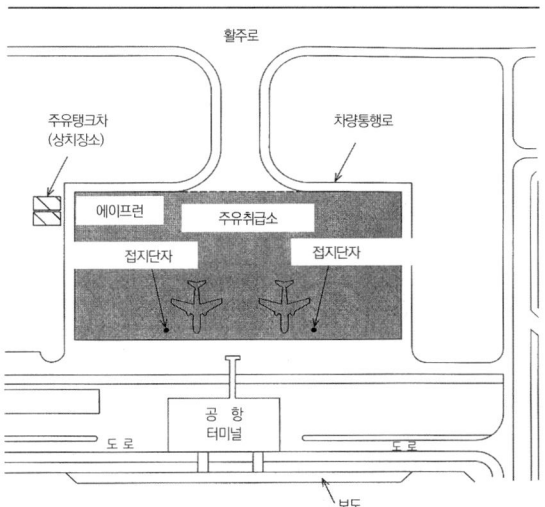

▶ 법령보기 ◀ **주유탱크차의 특례**

항공기주유취급소에 있어서 항공기의 연료탱크에 직접 주유하기 위한 주유설비를 갖춘 이동탱크저장소(주유탱크차)에 대하여는 일반 주유취급소의 펌프실 등의 구조, 담 또는 벽에 관한 규정을 적용하지 아니하되, 다음의 기준에 적합하여야 한다.

㉮ 주유탱크차에는 엔진배기통의 끝부분에 화염의 분출을 방지하는 장치를 설치할 것
㉯ 주유탱크차에는 주유호스 등이 적정하게 격납되지 아니하면 발진되지 아니하는 장치를 설치할 것
㉰ 주유설비는 다음 기준에 적합한 구조로 할 것
- 배관은 금속제로서 최대상용압력의 1.5배 이상의 압력으로 10분간 수압시험을 실시하였을 때 누설 그 밖의 이상이 없는 것으로 할 것
- 주유호스의 끝부분에 설치하는 밸브는 위험물의 누설을 방지할 수 있는 구조로 할 것
- 외장은 난연성이 있는 재료로 할 것

㉱ 주유설비에는 당해 주유설비의 펌프기기를 정지하는 등의 방법에 의하여 이동저장탱크로부터의 위험물 이송을 긴급히 정지할 수 있는 장치를 설치할 것
㉲ 주유설비에는 개방조작시에만 개방하는 자동폐쇄식의 개폐장치를 설치하고, 주유호스의 끝부분에는 연료탱크의 주입구에 연결하는 결합금속구를 설치할 것. 다만, 주유호스의 끝부분에 수동개폐장치를 설치한 주유노즐(수동개폐장치를 개방상태에서 고정하는 장치를 설치한 것을 제외)을 설치한 경우에는 그러하지 아니하다.

㉥ 주유설비에는 항공기와 전기적으로 접속하기 위한 도선을 설치하고, 주유호스의 끝부분에 축적된 정전기를 유효하게 제거하는 장치를 설치할 것
㉦ 주유호스는 최대상용압력의 2배 이상의 압력으로 수압시험을 실시하여 누설 그 밖의 이상이 없는 것으로 할 것

## 20 다음 [보기]의 위험물을 인화점이 낮은 순서대로 나열하시오.

[보기]
이황화탄소, 아세톤, 메탄올, 글리세린, 아닐린

**답안**  이황화탄소 < 아세톤 < 메탄올 < 아닐린 < 글리세린

**참고**

인화점(引火點)이 낮은 것을 고를 때, 첫 번째 고려할 점은 제4류 위험물 중 "특수인화물(-20℃ 이하)"이고, 두 번째 고려할 점은 "제1석유류(21℃ 미만)"라는 것을 감(感)잡아야 한다. 인화점이 가장 낮은 것을 고르는 것에서 알코올류와 제2석유류(21 ~ 70℃), 제3석유류(70 ~ 200℃)는 상대적으로 인화점이 높다고 인식하여야 한다. 아래 [표]를 보면 "어느 물질이 인화점이 낮은가"를 판별할 수 있다.

인화점이 가장 낮은 것은 "다이에틸에터 - 아세트알데하이드 - 산화프로필렌 - 이황화탄소"라는 것을 알 수 있다. 비수용성인 아닐린은 제3석유류로 인화점은 70℃이고, 수용성인 글리세린은 제3석유류로 인화점은 160℃로 가장 높다.

| 구분 | 품명 | 인화점 (℃) |
|---|---|---|
| 특수인화물<br>(-20℃ 이하) | 다이에틸에터(디에틸에테르) | -45 |
| | 아세트알데하이드 | -39 |
| | 산화프로필렌 | -37 |
| | 이황화탄소 | -30 |
| 제1석유류<br>(21℃ 미만) | 휘발유 | -20 ~ -43 |
| | 아세톤 | -18 |
| | 벤젠 | -11 |
| | 메틸에틸케톤 | -9 |
| 알코올류 | 메틸알코올(메탄올) | 11 |
| | 에틸알코올(에탄올) | 13 |
| 기타 | 나이트로셀룰로오스(제5류) | 4.4 |
| | 아세트산(제4류 - 2석유류) | 41.7 |
| | 아닐린(제4류 - 3석유류) | 76 |
| | 글리세린(제4류 - 3석유류) | 160 |

**┃ 제4류 위험물의 인화점 범위 ┃**

| 구분 | 특수인화물 | 제1석유류 | 제2석유류 | 제3석유류 | 제4석유류 | 동·식물유 |
|---|---|---|---|---|---|---|
| 인화점 | -20℃ 이하 | 21℃ 미만 | 21 ~ 70℃ | 70 ~ 200℃ | 200 ~ 250℃ | 250℃ 미만 |

# 2024년 제3회

**01** 위험물안전관리법상 다음 [표]는 지정수량 10배 초과한 위험물에 대하여 적용하는 유별을 달리하는 위험물의 혼재기준이다. 혼재가 되는 것은 ○, 혼재가 불가능한 것은 ×로 표를 채우시오.

| 위험물의 구분 | 제1류 | 제2류 | 제3류 | 제4류 | 제5류 | 제6류 |
|---|---|---|---|---|---|---|
| 제1류 | | | | | | |
| 제2류 | | | | | | |
| 제3류 | | | | | | |
| 제4류 | | | | | | |
| 제5류 | | | | | | |
| 제6류 | | | | | | |

**답안**

| 위험물의 구분 | 제1류 | 제2류 | 제3류 | 제4류 | 제5류 | 제6류 |
|---|---|---|---|---|---|---|
| 제1류 | | × | × | × | × | ○ |
| 제2류 | × | | × | ○ | ○ | × |
| 제3류 | × | × | | ○ | × | × |
| 제4류 | × | ○ | ○ | | ○ | × |
| 제5류 | × | ○ | × | ○ | | × |
| 제6류 | ○ | × | × | × | × | |

**Point 설명** 위험물의 혼재기준은 다음과 같이 정리해 두면 보다 쉽고 오랜기간 저장해 둘 수 있다. 가로에 1~6류까지 나열하고, 세로도 1~6류까지 나열한 다음 아래 그림과 같이 "X 표시"를 하여 상부선은 "공란선", 아래선은 "가능선"으로 설정하고, 여기에 2-4, 4-5를 추가하면 모두 정리된다.

| 위험물의 구분 | 제1류 | 제2류 | 제3류 | 제4류 | 제5류 | 제6류 |
|---|---|---|---|---|---|---|
| 제1류 | | × | × | × | × | ○ |
| 제2류 | × | 공란선 | × | × | 혼재가능선 | × |
| 제3류 | × | | | ○ | × | × |
| 제4류 | × | × | 혼재가능선 | | × | × |
| 제5류 | × | 혼재가능선 ○ | × | × | 공란선 | × |
| 제6류 | ○ | × | × | × | × | |

※ 혼재가능 위험물 : 혼재가능선상 위험물 + [(2-4), (4-5)]

**02** 다음 [보기]의 위험물 중 인화점이 낮은 것부터 높은 순으로 작성하시오.

[보기]
$C_6H_6$, $C_6H_5CH_3$, $C_6H_5CH=CH_2$, $C_6H_5C_2H_5$

**답안** $C_6H_6 < C_6H_5CH_3 < C_6H_5C_2H_5 < C_6H_5CH=CH_2$

**Point 설명** 인화점 관련 문제는 인화성액체인 제4류 위험물에서 주로 출제되는데, 제4류 위험물의 인화점 순서는 특수인화물(-20℃이하) - 1석유류(21℃미만) - 2석유류(21~70℃), - 3석유류(70~200℃), - 4석유류(200~250℃)이므로 이를 적극 활용하여야 한다.

[보기]의 항목 $C_6H_5CH=CH_2$는 스티렌으로 제2석유류 이고, 나머지 항목은 제1석유류이므로 스티렌의 인화점이 제일 높다. 제 1석유류 중에서는 벤젠($C_6H_6$)의 인화점이 -11℃로 가장 낮다. 인화점이 가장 낮은 것과 가장 높은 것을 결정했으므로 동일성이 있는 제1석유류에서는 분자량이 작을수록 인화점은 대체로 낮아지므로 그 순서로 작성하는 요령이 필요하다. 굳이 온도의 숫자를 암기하려 드는 것은 낭비적 요소가 많고, 쉽게 잊혀지기 때문에 권장하지 않는다.

그러므로 인화점(引火點)이 낮은 것부터 높은 순으로 작성한다면 $C_6H_6 < C_6H_5CH_3 < C_6H_5C_2H_5 < C_6H_5CH=CH_2$으로 된다.

**03** 위험물안전관리법상 제6류 위험물에 대한 각 위험물이 될 수 있는 조건을 쓰시오. (단, 없으면 '없음'이라 표기하시오)
(1) 과산화수소
(2) 과염소산
(3) 질산

**답안** (1) 농도 36wt% 이상의 것
(2) 없음
(3) 비중 1.49 이상인 것

**Point 설명** 위험물안전관리법상 농도로서 규정하는 것은 과산화수소($H_2O_2$)와 황(유황)이다. 과화수소($H_2O_2$)는 제6류 위험물(산화성 액체)로 농도가 36wt% 이상의 것만 위험물로 취급하고, 제2류 위험물로 지정·관리되고 있는 유황은 순도가 60%(중량) 이상인 것을 위험물로 지정·관리되고 있다. 그리고 질산($HNO_3$)은 비중이 1.49 이상인 것을 위험물(제6류)로 지정·관리(지정수량 300kg)된다.

**04** 제3류 위험물인 탄화알루미늄과 물이 반응할 때 생성되는 기체에 대한 각 물음에 답하시오.

(1) 생성기체의 완전연소반응식
(2) 생성기체의 연소범위
(3) 생성기체의 위험도

**답안** (1) $CH_4 + 2O_2 \rightarrow CO_2 + 2H_2O$

(2) 5~15%

(3) $H = \dfrac{U-L}{L}$, ∴ $H = \dfrac{15-5}{5} = 2$

## ▌참고 ▌

 탄화알루미늄에서 "탄화"는 탄소(C) 단원자가 "알루미늄"과 결합된 것임을 의미한다. 알루미늄은 양이온 3가($Al^{3+}$), 탄소는 음이온 4가($C^{4-}$)이므로 산화수의 등가원칙과 교호적용의 원리를 적용하면, 탄화알루미늄의 Al : C의 구성은 4 : 3, 즉 $4Al^{3+} : 3C^{4-} = Al_4C_3$로 된다는 것을 알 수 있다.

탄화알루미늄과 물의 반응에서는 이승원의 반응식 규칙 중에서 "수산화물 우선"을 적용한다. 금속류로서 Al의 수산화물인 $Al(OH)_3$를 우선 배정하고, 미반응 물질을 모아 부생물을 유추한다. 알루미늄은 양이온 3가($Al^{3+}$), 수산기(水酸基)는 음이온 1가($OH^-$)이므로 알루미늄이 수산화물을 구성하는 비율 Al : OH=1 : 3이 되고, 이렇게 구성된 알루미늄 수산화물의 분자식은 $Al(OH)_3$가 된다.

▫ $Al_4C_3 + x\,H_2O \rightarrow 4Al(OH)_3 +$ 부생물(?)

→ 생성계에서 Al 4개, 반응계 Al 4개이므로 → Al 조정 불필요
→ 생성계에서 O 12개, 반응계 O 1개이므로 → O 조정 필요(∴ $x = 12$)

⇨ $Al_4C_3 + 12\,H_2O \rightarrow 4Al(OH)_3 +$ 부생물(?)

→ 반응계의 미반응 원소는 C 3개, H 12개 → 생성계에서 부생물로 발생($3CH_4$)

〈완성〉 반응식 : $Al_4C_3 + 12\,H_2O \rightarrow 4Al(OH)_3 + 3CH_4$
　　　　　　　　 1　 : 　12 　: 　4 　 : 　3　　(mol비)

생성기체인 메테인(메탄)의 연소반응은 이승원의 반응식 규칙 중에서 "산화물 우선"을 적용하면, 탄소는 $CO_2$로, 수소는 $H_2O$로 산화되므로 다음과 같이 연소반응식을 조각할 수 있다.

▫ $CH_4 + x\,O_2 \rightarrow CO_2 + 2H_2O$

→ 생성계에서 O 4개, ∴ 반응계의 $x = 2\,(2O_2)$

〈완성〉 반응식 : $CH_4 + 2O_2 \rightarrow CO_2 + 2H_2O$
　　　　　　　　1 : 2 : 1 : 2 　(mol비)

탄화수소류의 연소범위는 메테인(메탄) 5~15%, 프로페인(프로판)은 2.1~9.5%, 뷰테인(부탄)은 1.8~8.4%이다. 이를 이용하여 위험도를 구한다. 위험도(Hazard)는 연소범위 하한계(LEL)를 기준으로 한 연소범위 상한계(UEL)와 연소범위 하한계(LEL)의 차를 비로 표시한 값으로 가스의 폭발위험성을 비교하는 지표(척도)로 이용되는데, 다음과 같이 메테인의 위험도를 구할 수 있다.

▫ $H = \dfrac{U-L}{L}$, ∴ $H = \dfrac{15-5}{5} = 2$

## 05 위험물안전관리법상 위험물안전관리자에 대한 내용일 때 각 물음에 답하시오.

(1) 다음 [보기]에서 안전관리자를 선임하여야 하는 대상을 모두 고르시오. (단, 없으면 '없음'이라 표기하시오)

[보기]
① 제조소등의 관계인   ② 제조소등의 설치자   ③ 소방서장   ④ 소방청장   ⑤ 시·도지사

(2) 안전관리자 해임 후 재선임 기간을 쓰시오. (단, 제한 없으면 '제한 없음'이라 표기하시오)
(3) 안전관리자 퇴직 후 재선임 기간을 쓰시오. (단, 제한 없으면 '제한 없음'이라 표기하시오)
(4) 안전관리자 선임 후 신고 기간을 쓰시오. (단, 제한 없으면 '제한 없음'이라 표기하시오)
(5) 안전관리자가 여행, 질병, 그 밖의 사유로 일시적으로 직무를 수행할 수 없을 때 직무를 대행하는 기간을 쓰시오. (단, 제한 없으면 '제한 없음'이라 표기하시오)

**답안** (1) ①
(2) 30일 이내
(3) 30일 이내
(4) 14일 이내
(5) 30일

**Point 설명** 위험물안전관리자에 대한 위험물안전관리법령상은 다음과 같다.
- 제조소등의 관계인은 위험물의 안전관리에 관한 직무를 수행하게 하기 위하여 제조소등마다 위험물취급자 격자를 위험물안전관리자로 선임하여야 한다.
- 규정에 따라 안전관리자를 선임한 제조소등의 관계인은 그 안전관리자를 해임하거나 안전관리자가 퇴직한 때에는 해임하거나 퇴직한 날부터 30일 이내에 다시 안전관리자를 선임하여야 한다.
- 제조소등의 관계인은 규정에 따라 안전관리자를 선임한 경우에는 선임한 날부터 14일 이내에 행정안전부령으로 정하는 바에 따라 소방본부장 또는 소방서장에게 신고하여야 한다.
- 제조소등의 관계인이 안전관리자를 해임하거나 안전관리자가 퇴직한 경우 그 관계인 또는 안전관리자는 소방본부장이나 소방서장에게 그 사실을 알려 해임되거나 퇴직한 사실을 확인받을 수 있다.
- 규정에 따라 안전관리자를 선임한 제조소등의 관계인은 안전관리자가 여행·질병 그 밖의 사유로 인하여 일시적으로 직무를 수행할 수 없거나 안전관리자의 해임 또는 퇴직과 동시에 다른 안전관리자를 선임하지 못하는 경우에는 국가기술자격법에 따른 위험물의 취급에 관한 자격취득자 또는 위험물안전에 관한 기본 지식과 경험이 있는 자로서 행정안전부령이 정하는 자를 대리자(代理者)로 지정하여 그 직무를 대행하게 하여야 한다. 이 경우 대리자가 안전관리자의 직무를 대행하는 기간은 30일을 초과할 수 없다.

## 06 제1류 위험물에 속하는 염소산칼륨에 대한 각 물음에 답하시오.

(1) 완전분해반응식
(2) 표준상태에서, 24.5kg의 염소산칼륨이 완전분해 시 생성되는 산소의 부피[m³]

**답안** (1) $KClO_3 \rightarrow KCl + 1.5O_2$

(2) 산소량$(m^3) = 24.5\,kg \times \left(\dfrac{1.5 \times 22.4\,m^3}{1 \times 122.5\,kg}\right) = 6.72\,m^3$

## ■ 참고 ■

**상세해설** "염소산(HClO₃)"에서 수소(H)를 칼륨(K)으로 치환한 것을 염소산칼륨(KClO₃)이라 하므로 화학식은 $KClO_3$가 된다. 염소산칼륨(KClO₃, 분자량 : 39+35.5+16×3=122.5)의 분해반응은 이승원의 반응식 규칙 중에서 "환원우선"을 적용하여 다음과 같이 반응식을 조각한다.

□ $KClO_3 \rightarrow KCl + $ 부생물(?)
　　　　→ 미반응 원소는 O 3개 → 생성계에서 부생물로 발생($1.5O_2$)

〈완성〉 반응식 : $KClO_3 \rightarrow KCl + 1.5O_2$
　　　　　　　　1　：　1　：　1.5　(mol비)

염소산칼륨(KClO₃)의 분해에 의해 발생되는 산소량은 앞에서 작성한 반응식을 토대로 다음과 같이 계산한다.

□ 산소량$(m^3) = KClO_3$ 양 × 반응비$\left(\dfrac{O_2}{KClO_3}\right)$

∴ 산소량$(m^3) = 24.5\,kg(KClO_3) \times $ 반응비$\left[\dfrac{1.5 \times 22.4\,m^3\,(O_2)}{1 \times 122.5\,kg\,(KClO_3)}\right] = 6.72\,m^3$


**07** 위험물안전관리법상 제3류 위험물인 나트륨에 대한 각 물음에 답하시오.
(1) 지정수량
(2) 보호액 1가지
(3) 물과의 반응식

**답안** (1) 10kg
(2) 경유등 석유류
(3) $Na + H_2O \rightarrow NaOH + 0.5H_2$

**Point 설명** 금속 나트륨은 제3류 위험물질의 자연발화성 및 금수성 물질로 지정수량 10kg, 위험등급 Ⅰ로 지정·관리되고 있다.

나트륨(Na)이 물과 반응할 경우, 이승원의 반응식 규칙 중에서 "수산화물 우선"을 적용한다. 나트륨(Na)이 물(H₂O)과 반응할 경우, Na는 양이온 1가(Na⁺), 수산기(水酸基)는 음이온 1가(OH⁻)이므로 1 : 1로 결합하여 수산화물을 형성한다. → NaOH

□ $Na + x\,H_2O \rightarrow NaOH + $ 부생물(?)
　　　　→ 생성계에서 Na 1개, 반응계 Na 1개이므로 → Na조정 불필요
　　　⇨ $Na + H_2O \rightarrow NaOH + $ 부생물(?)
　　　　→ 반응계의 미반응 원소는 H 1개 → 생성계에서 부생물로 발생($0.5H_2$)

〈완성〉 반응식 : $Na + H_2O \rightarrow NaOH + 0.5H_2$
　　　　　　　　1　：　1　：　1　：　0.5　(mol비)
　※ 각 항에 2를 곱하여 $2Na + 2H_2O \rightarrow 2NaOH + H_2$로 기재해도 됨

**08** 위험물안전관리법상 다음 그림과 같은 옥외탱크저장소에 위험물을 저장할 경우 각 물음에 답하시오. (단, $a$=2m, $b$=1.5m, $l$=3m, $l_1$=0.3m, $l_2$=0.3m이다)

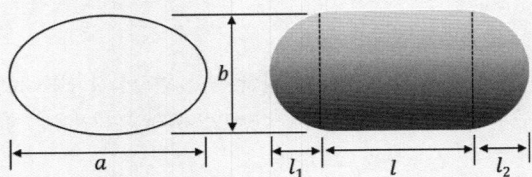

(1) 최대 탱크의 저장용량(m³)
(2) 최소 탱크의 저장용량(m³)

**답안** (1) 최대 저장용량 $= \dfrac{3.14 \times 2 \times 1.5}{4}\left(3 + \dfrac{0.3+0.3}{3}\right) \times (1-0.05) = 7.16\,\text{m}^3$

(2) 최소 저장용량 $= \dfrac{3.14 \times 2 \times 1.5}{4}\left(3 + \dfrac{0.3+0.3}{3}\right) \times (1-0.1) = 6.78\,\text{m}^3$

## 참고

상세해설 탱크의 저장용량은 당해 탱크의 내용적에서 공간용적을 뺀 용적으로 한다. 이때 탱크의 공간용적은 내용적의 100분의 5 이상 100분의 10 이하의 용적하므로 최대 저장용량은 공간용적 5%를 적용하여 산정한 용량이 되고, 최소 저장용량은 공간용적 10%를 적용하여 산정한 용량이 된다. 탱크의 용량은 내용적에서 공간용적을 제외한 용적을 말하므로 다음과 같이 최대용량과 최소용량을 계산할 수 있다.

▫ 공식(암기법) : 타이 파이다네 큰길에 작음함 놔 두세
  ➔ 타이(타원형), 파이다네($\pi ab/4$), 큰길($l$), 에(+), 작은함($l_1 + l_2$) 놔(÷) 두세(둘을 3으로 나눔)
  ➔ 타원형 내용적 $= \dfrac{\pi ab}{4}\left(l + \dfrac{l_1+l_2}{3}\right)$

▫ 탱크의 용량 = 내용적 − 공간용적 = 내용적 × (1 − 공간 용적률)

∴ 탱크의 최대 저장용량 $= \dfrac{\pi ab}{4}\left(l + \dfrac{l_1+l_2}{3}\right) \times (1-0.1)$

$= \dfrac{3.14 \times 2 \times 1.5}{4}\left(3 + \dfrac{0.3+0.3}{3}\right) \times (1-0.05) = 7.16\,\text{m}^3$

∴ 탱크의 최소 저장용량 $= \dfrac{\pi ab}{4}\left(l + \dfrac{l_1+l_2}{3}\right) \times (1-0.1)$

$= \dfrac{3.14 \times 2 \times 1.5}{4}\left(3 + \dfrac{0.3+0.3}{3}\right) \times (1-0.1) = 6.78\,\text{m}^3$

**09** 위험물안전관리법상 옥내저장소에서 위험물을 저장하는 경우 다음 [보기]의 규정에 의한 높이를 초과하여 용기를 겹쳐 쌓지 아니하여야 할 때 빈칸을 채우시오.

[보기]
- 기계에 의하여 하역하는 구조로 된 용기만을 겹쳐 쌓는 경우 : ( ① )m
- 제4류 위험물 중 제3석유류를 수납하는 용기만을 겹쳐 쌓는 경우 : ( ② )m
- 제4류 위험물 중 동식물유류를 수납하는 용기만을 겹쳐 쌓는 경우 : ( ③ )m

**답안** ① 6  ② 4  ③ 4

**Point 설명** 옥내저장소에서 용기수납 관련 규정은 다음과 같다.
- 기계에 의하여 하역하는 구조로 된 용기만을 겹쳐 쌓는 경우에 있어서는 6m
- 제4류 위험물 – 제3·제4석유류 및 동식물유류를 수납하는 용기만을 겹쳐 쌓는 경우에 있어서는 4m
- 그 밖의 경우에 있어서는 3m
- 옥내저장소에서는 용기에 수납하여 저장하는 위험물의 온도가 55℃를 넘지 아니하도록 필요한 조치를 강구하여야 한다.
- 옥내저장소에서 동일 품명의 위험물이더라도 자연발화할 우려가 있는 위험물 또는 재해가 현저하게 증대할 우려가 있는 위험물을 다량 저장하는 경우에는 지정수량의 10배 이하마다 구분하여 상호간 0.3m 이상의 간격을 두어 저장하여야 한다. 다만, 규정에 의한 위험물 또는 기계에 의하여 하역하는 구조로 된 용기에 수납한 위험물에 있어서는 그러하지 아니하다.

**10** 위험물안전관리법상 다음 [보기]는 제4류 위험물 특징에 대한 내용일 때 빈칸을 채우시오.

[보기]
- 제1석유류 : 아세톤, 휘발유 그밖에 1기압에서 인화점이 섭씨 ( ① )도 미만
- 제2석유류 : 등유, 경유 그밖에 1기압에서 인화점이 섭씨 ( ① )도 이상 ( ② )도 미만인 것을 말한다. 다만, 도료류 그 밖의 물품에 있어서 가연성 액체량이 ( ③ )wt% 이하이면서 인화점이 섭씨 40도 이상인 동시에 연소점이 섭씨 60도 이상인 것은 제외
- 제3석유류 : 중유, 크레오소트유, 그밖에 1기압에서 인화점이 섭씨 ( ② )도 이상 섭씨 ( ④ )도 미만인 것을 말한다. 다만, 도료류 그 밖의 물품은 가연성 액체량이 ( ③ )wt% 이하인 것은 제외
- 제4석유류 : 기어유, 실린더유 그밖에 1기압에서 인화점이 섭씨 ( ④ )도 이상 섭씨 ( ⑤ )도 미만의 것을 말한다. 다만 도료류 그 밖의 물품은 가연성 액체량이 ( ③ )wt% 이하인 것은 제외한다.

**답안** ① 21  ② 70  ③ 40  ④ 200  ⑤ 250

**Point 설명** 위험물안전관리법령에서 규정하는 제1석유류에서 제4석유류까지 인화점 범위는 다음과 같다.
- 제1석유류라 함은 아세톤, 휘발유 그밖에 1기압에서 인화점이 섭씨 21도 미만인 것을 말한다.
- 제2석유류라 함은 등유, 경유 그밖에 1기압에서 인화점이 섭씨 21도 이상 70도 미만인 것을 말한다. 다만, 도료류 그 밖의 물품에 있어서 가연성 액체량이 40중량퍼센트 이하이면서 인화점이 섭씨 40도 이상인 동시에 연소점이 섭씨 60도 이상인 것은 제외한다.
- 제3석유류란 중유, 크레오소트유, 그밖에 1기압에서 인화점이 섭씨 70도 이상 섭씨 200도 미만인 것을 말한다. 다만, 도료류 그 밖의 물품은 가연성 액체량이 40중량퍼센트 이하인 것은 제외한다.
- 제4석유류라 함은 기어유, 실린더유 그밖에 1기압에서 인화점이 섭씨 200도 이상 섭씨 250도 미만의 것을 말한다. 다만 도료류 그 밖의 물품은 가연성 액체량이 40중량퍼센트 이하인 것은 제외한다.

## 11 위험물안전관리법상 다음 [보기]의 위험물을 제5류 위험물 품명별로 알맞게 구분하시오. (단, 없으면 '없음'이라 표기하시오)

[보기]
나이트로에탄, 나이트로메탄, 다이나이트로벤젠, 벤조일퍼옥사이드,
나이트로글리콜, 나이트로글리세린, 나이트로셀룰로오스

(1) 유기과산화물
(2) 질산에스터류
(3) 나이트로화합물
(4) 아조화합물
(5) 하이드라진유도체

**답안** (1) 유기과산화물 – 벤조일퍼옥사이드
(2) 질산에스터류 – 나이트로글리콜, 나이트로글리세린, 나이트로셀룰로오스
(3) 나이트로화합물 – 나이트로에탄, 나이트로메탄, 다이나이트로벤젠
(4) 아조화합물 – 없음
(5) 하이드라진유도체 – 없음

**▌참고▌**

유기과산화물은 과산화수소($H_2O_2$, H-O-O-H)에서 수소원자 1~2개가 메틸기($-CH_3$), 에틸기($-C_2H_5$), 아세틸기($CH_3CO-$), 벤조일기($C_6H_5CO-$) 등과 같은 유기라디칼(Organic Radical)로 치환된 물질을 말하므로 과산화벤조일(벤조일퍼옥사이드), 과산화아세트산등이 이에 해당한다.

질산에스터류(질산에스테르류)는 질산의 수소 원자를 알킬기로 치환한 화합물(일반식, $RONO_2$)로 표시되는 화합물로 질산메틸, 질산에틸, 나이트로셀룰로오스(니트로셀룰로오스), 나이트로글리세린(니트로글리세린), 셀룰로이드, 나이트로글리콜(니트로글리콜) 등이 이에 해당한다.

나이트로화합물(니트로화합물)은 유기화합물의 수소 원자가 나이트로기($-NO_2$)로 치환된 화합물로서 지방족과 방향족으로 분류되는데 지방족에는 나이트로메탄, 나이트로에탄, 테트라나이트로메탄 등이 있고, 방향족에는 다이나이트로벤젠, 트라이나이트로벤젠, 다이나이트로톨루엔, 트라이나이트로톨루엔, 트리나이트로페놀, 테트릴(Tetryl), 피크린산암모늄, 트리나이트로벤조산 등이 있다.

아조화합물(Azo Compound)은 아조기(-N=N-)를 가지는 화합물을 총칭하며, 아조비스아이소부티로니트릴, 아조디카본아마이드 등이 있다.

하이드라진 유도체(히드라진 유도체, $H_2N-NH_2$)로는 염산하이드라진, 황산하이드라진, 티오세미카바지트 등이 있다.

**12** 다음 [보기]의 위험물 중에서 열분해되거나 물과 반응하여 공통으로 산소가 발생하는 위험물에 대한 각 물음에 답하시오. (단, 없으면 '없음'이라 표기하시오)

[보기]
과산화나트륨,   염소산칼륨,   질산암모늄,   브로민산칼륨,   다이오딘산칼륨

(1) 열분해반응식
(2) 물과의 반응식

 **답안**  (1) $Na_2O_2 \rightarrow Na_2O + 0.5O_2$
(2) $Na_2O_2 + H_2O \rightarrow 2Na(OH) + 0.5O_2$

■ **참고** ■

**상세해설** [보기]의 위험물 중에서 열분해되거나 물과 반응하여 공통으로 산소가 발생하는 위험물은 과산화나트륨이다. 과산화나트륨은 제1류 위험물(산화성고체)-무기과산화물류로 지정수량 50kg이다. 과산화나트륨은 제1류 위험물 중 무기과산화물류로 과산화수소($H_2O_2$)를 근간으로 수소(H)자리에 나트륨(Na)이 치환된 것이므로 화학식은 $Na_2O_2$로 나타낸다.

열분해되는 반응은 이승원의 반응규칙에서 "환원 우선"을 적용하므로 과산화나트륨이 → 산화나트륨으로 환원되면서 부생물을 방출하는데, 이때 발생되는 부생물은 산소($O_2$)가 된다.

□ $Na_2O_2 \rightarrow Na_2O +$ 부생물(?)
　　→ 생성계에서 Na 2개, 반응계 Na 2개이므로 → Na조정 불필요
　　→ 반응계의 미반응 원소는 O 1개 → 생성계에서 부생물로 발생($0.5O_2$)

〈완성〉 반응식 : $Na_2O_2 \rightarrow Na_2O + 0.5O_2$
　　　　　　　　  1  :  1  :  0.5  (mol비)
　　※ 각 항에 2를 곱하여 $2Na_2O_2 \rightarrow 2Na_2O + O_2$로 기재해도 됨

물과 반응에서는 이승원의 반응규칙에서 "수산화물 우선"을 적용하므로 나트륨이 → 수산화나트륨으로 전환되면서 부생물을 방출하는데, 이때 발생되는 부생물은 산소($O_2$)가 된다.

□ $Na_2O_2 + x H_2O \rightarrow 2Na(OH) +$ 부생물(?)
　　→ 생성계에서 Na 2개, 반응계 Na 2개이므로 → Na조정 불필요
　　→ 반응계의 미반응 원소는 O 1개 → 생성계에서 부생물로 발생($0.5O_2$)

〈완성〉 반응식 : $Na_2O_2 + H_2O \rightarrow 2Na(OH) + 0.5O_2$
　　　　　　　　  1  :  1  :  2  :  0.5  (mol비)
　　※ 각 항에 2를 곱하여 $2Na_2O_2 + 2H_2O \rightarrow 4Na(OH) + O_2$로 기재해도 됨

**13** 다음 [표]의 분말소화약제에 대한 각 물음에 답하시오.

| 종류 | 주성분 | 착색 | 적응화재 |
|---|---|---|---|
| 제1종 분말 | NaHCO$_3$ | 백색 | ( ① ) |
| 제2종 분말 | ( ② ) | ( ③ ) | B, C |
| 제3종 분말 | ( ④ ) | 담홍색 | ( ⑤ ) |

**답안** ① A, B  ② KHCO$_3$  ③ 담회색  ④ NH$_4$H$_2$PO$_4$  ⑤ A, B, C

**Point 설명** 분말소화약제의 종별 특징은 헷갈리기 쉬우므로 이론 교재에서도 잠시 소개한 바 있는 저자의 암기법으로 대처하는 것이 가장 효율적인 학습방법(머릿글의 명사적 공부방식)이 될 것이다.

---
**● 이승원의 분말소화제 암기법 ●**

■ 분말소화제 – 아 ~ 분해(분말)!!  하나둘셋(1234종) – 나갈넘/싹가요/백담사 회칠/ABC 30이나 BC
- 1종 나(탄산수소나트륨) ·················· 백(백색)
- 2종 갈(탄산수소칼륨) ····················· 담(담회색)
- 3종 넘(인산암모늄) ······················· 사(담홍색), ABC 3(3종), 나머지 BC
- 4종(싹) 가요(탄산수소칼륨+요소의 반응생성물) ······ 회칠(회색)

---

"학습기법" 및 "암기법"은 "이승원의 독창적인 저작물"이므로 저자의 허락을 받지 않고 복제ㆍ복사ㆍ모방ㆍ인용(오프라인, 온라인, 카페, 유튜브등 기타 IT포함)할 수 없으며, 저술내용은 모두 "저작권법"에 따라 엄격히 보호 받고 있음을 알린다.

**14** 위험물안전관리법상 다음 [보기]에서 설명하는 제4류 위험물에 대한 각 물음에 답하시오.

[보기]

인화점 약 11℃, 발화점 약 464℃인 위험물로 흡입 시 시신경을 마비시켜 눈이 멀게 될 수 있다.

(1) 해당 위험물의 연소반응식을 쓰시오.
(2) 해당 위험물을 옥내저장소에 저장할 경우, 옥내저장소의 바닥면적(m$^2$)을 쓰시오.
(3) 해당 위험물이 산화할 때 최종적으로 생성되는 제2석유류 물질의 명칭을 쓰시오.

**답안** (1) CH$_3$OH + 1.5 O$_2$ → CO$_2$ + 2H$_2$O
(2) 1000m$^2$ 이하
(3) 폼산

■ 참고 ■

 "시신경(視神經) 마비"하면 메탄올(메틸알코올)이다. 저자가 머릿글에서 쓴 "명사적 공부방식(확실한 암기방법)"으로 이것을 구분하면;

➡ "치(시)메 = 시신경 손상 = 메탄올"
➡ 에탄올은 "에(애)도 먹는다 = 음용가능"이라 해 두는 것이다. 잊을 래야 잊을 수 없는 암기법이다.

이것이 **명사적 공부를 확실하게 암기**하는 이승원의 특허기법이다. 메탄올은 메탄(메테인, $CH_4$)에서 수소 하나를 빼내고 그 자리에 수산기(水酸基, OH)가 들어간 것이므로 화학식은 $CH_3OH$가 된다.

메탄올(메틸알코올)의 연소반응은 이승원의 반응식 규칙 중에서 "산화물 우선"을 적용하면, 탄소는 $CO_2$로, 수소는 $H_2O$로 산화되므로 다음과 같이 연소반응식을 조각할 수 있다.

- $CH_3OH + xO_2 \rightarrow CO_2 + 2H_2O$
  → 생성계에서 O 4개, ∴ 반응계의 $x = 4 - 1 = 1.5 O_2$
- 〈완성〉 반응식 : $CH_3OH + 1.5O_2 \rightarrow CO_2 + 2H_2O$
  1 : 1.5 : 1 : 2 (mol비)

옥내저장소의 바닥면적을 생뚱맞게 중간에 끼워넣은 것은 조금 얄팍한 꼼수를 부린 것이다. 법령에서 규정하고 있는 모든 수치를 암기하려 드는 것은 무모한 것이며, 불가능하다. 그러므로 이런 문제의 수치를 암기 할 때, 수험자도 동일한 방식으로 꼼수를 사용해 보면 효과가 있다.

"1. 2천원에 옥자 존심 건들지 마라!!"라고 해 둔다.

옥내저장소(옥자)의 바닥면적은 "1000m² 이하와 2000m² 이하 2가지"라고 머릿속에 집어 넣는다. 1,000m² 이하로 하여야 하는 것은 대체로 위험등급 1,2등급(Ⅰ,Ⅱ)에 해당하는 품목이다.

여기까지 해보면 답이 나온다. 알코올류와 4류 위험물의 제1석유류는 Ⅱ등급 위험물이므로 바닥면적을 1,000m² 이하로 하여야 한다. 시중 교재나 유튜브 강의를 보면 → 위험물안전관리법이 나오는 [별표]만을 따다가 마냥 [표]를 체크하면서 소설 읽듯 하는데도~ 아!! 이런 걸 그냥 따라해 내어 시험 보는 학생들이 저자의 눈에는 더 대단하게 보일 때가 많다.

메탄올(메틸알코올)의 산화는 두 가지 방식으로 진행된다. 하나는 앞에서 본 연소산화반응이고, 다른 하나는 화학적 산화반응이다. 문제에서 묻고 있는 것은 화학적 산화에 대한 것이다.

화학적 산화(Oxidation)는 산소를 얻거나 수소 또는 전자를 잃는 일련의 반응과정이므로 메탄올(메틸알코올, $CH_3OH$)에서 → 수소 2개를 빼면(산화) → $CH_{(3-2)}OH(=CHOH \rightarrow HCHO)$, 즉 포름알데하이드(포름알데히드)가 된다.

여기서 또 산화(2차적) → 산소를 부여(산화) → $HCHOO(=HCOOH)$, 즉 폼산(포름산, Formic Acid, 의산, 개미산)이 된다는 것을 알 수 있다.

- $CH_3OH \xrightarrow[-2H]{산화} HCHO \xrightarrow[1/2\,O_2]{산화} HCOOH$

이러한 것을 암기한다고 될 일이 아니다. 반드시 "개념과 메커니즘"위주로 학습해 두어야만 오래 기억된다. 이 책의 이론편에는 이러한 형식으로 많은 내용이 수록되어 있으므로 이론이 부족할 경우, 참조 하시도록!!

**15** 위험물안전관리법상 다음 [보기]는 옥외탱크저장소의 보유공지에 대한 내용일 때 빈칸을 채우시오.

[보기]

| 취급하는 위험물의 최대수량 | 공지의 너비 |
|---|---|
| 지정수량의 500배 이하 | 3m 이상 |
| 지정수량의 500배 초과 1,000배 이하 | ( ① )m 이상 |
| 지정수량의 1,000배 초과 2,000배 이하 | 9m 이상 |
| 지정수량의 2,000배 초과 3,000배 이하 | ( ② )m 이상 |
| 지정수량의 3,000배 초과 ( ③ )배 이하 | ( ⑤ )m 이상 |
| 지정수량의 ( ③ )배 초과 | 당해 탱크의 수평단면의 최대지름(가로형인 경우에는 긴 변)과 높이 중 큰 것과 같은 거리 이상. 다만, ( ④ )m 초과의 경우에는 30m 이상으로 할 수 있고, 15m 미만의 경우에는 ( ⑤ )m 이상으로 하여야 한다. |

**답안** ① 5  ② 12  ③ 4,000  ④ 30  ⑤ 15

**참고**

[표]를 무조건 암기하려 들지 말고, 문제를 쉽게 풀어내는 요령을 알아야 한다. 문제에서 제시된 [표]에서 지정수량의 경우 처음은 2배, 그 다음은 1000씩 증가되므로 ③의 경우 4000이 된다는 것을 유추할 수 있다.

공지 너비의 경우 첫줄에 3m를 써 놓고, 셋째줄에 9m를 표시하면서 ~①항을 물었기 때문에 수험자가 3의 배수인 6m, ②항에 12m, ⑤에 15m라고 기재하면서~ 다 잘 썼다고 생각하고 볼펜을 놓았을 때 딱 하나에 때문에 걸리도록 만들어진 허들(Hurdle) 같은 문제다.

두 번째의 ①항만 3의 배수가 아닌 것을 기억해 두면 이 문제가 다시 나올 때, 이런 함정 같은 허들(Hurdle)에 걸려 넘어지는 일이 없을 것이다. 저자는 별표의 [표]는 외우는 게 아니라 풀어내는 요령이 필요하다 했다. 힘내시라!!!

| 저장 또는 취급하는 위험물의 최대수량 | 공지의 너비 |
|---|---|
| 지정수량의 500배 이하 | 3m 이상 |
| 지정수량의 500배 초과 1,000배 이하 | 5m 이상 |
| 지정수량의 1,000배 초과 2,000배 이하 | 9m 이상 |
| 지정수량의 2,000배 초과 3,000배 이하 | 12m 이상 |
| 지정수량의 3,000배 초과 4,000배 이하 | 15m 이상 |
| 지정수량의 4,000배 초과 | 당해 탱크의 수평단면의 최대지름(가로형인 경우에는 긴 변)과 높이 중 큰 것과 같은 거리 이상. 다만, 30m 초과의 경우에는 30m 이상으로 할 수 있고, 15m 미만의 경우에는 15m 이상으로 하여야 한다. |

**16** 위험물안전관리법상 주유취급소에 대한 각 물음에 답하시오.

(1) 휘발유 등 그밖에 정전기에 의한 재해가 발생할 우려가 있는 액체위험물의 옥외저장탱크 주입구 부근에는 정전기를 유효하게 제거하기 위해 무엇을 설치해야 하는지 쓰시오.
(2) 셀프주유취급소에서 휘발유의 1회 연속주유량의 상한은 몇 L 이하인지 쓰시오.
(3) 셀프주유취급소에서 휘발유의 1회 주유시간의 상한은 몇 분 이하인지 쓰시오.
(4) 이동저장탱크의 상부로부터 위험물을 주입할 때에는 위험물의 액표면이 주입관의 끝부분을 넘는 높이가 될 때까지 그 주입관의 유속은 몇 m/s 이하로 해야 하는지 쓰시오.
(5) 이동저장탱크의 밑 부분으로부터 위험물을 주입할 때에는 위험물의 액표면이 주입관의 정상부분을 넘는 높이가 될 때까지 그 주입관 내의 유속은 몇 m/s 이하로 해야 하는지 쓰시오.

**답안** (1) 접지전극
(2) 100L 이하
(3) 4분 이하
(4) 1m/s 이하
(5) 1m/s 이하

**참고**

정전기 대책은 일반적인 대책으로서는 접지하는 방법을 취하고 있지만 취급하는 물질 및 작업형태 등에 의해서 단독으로 혹은 다음의 방법을 조합하여 이용하고 있다.
- 폭발성분위기의 회피(불활성가스에 의한 봉입 등)
- 전도성 구조(유동하거나 분출하고 있는 액체는 일반적으로 전도율에 관계없이 접지에 의해서 대전을 방지할 수 없다)
- 액체 전도율의 증가(첨가제 등)
- 정전기의 중화(주위 공기의 이온화 등)
- 유속제한
- 습도조정(상대습도 70% 이상)
- 인체의 대전방지

위험물안전관리법령에서 규정하고 있는 정전기 관련 주요 내용은 다음과 같다.
- 휘발유, 벤젠 그밖에 정전기에 의한 재해가 발생할 우려가 있는 액체위험물의 옥외저장탱크의 주입구 부근에는 정전기를 유효하게 제거하기 위한 접지전극을 설치할 것
- 셀프용고정주유설비의 경우, 1회의 연속주유량 및 주유시간의 상한을 미리 설정할 수 있는 구조일 것. 이 경우 연속주유량 및 주유시간의 상한은 다음과 같다.
  - 휘발유는 100L 이하, 4분 이하로 할 것
  - 경유는 600L 이하, 12분 이하로 할 것
- 휘발유를 저장하던 이동저장탱크에 등유나 경유를 주입할 때 또는 등유나 경유를 저장하던 이동저장탱크에 휘발유를 주입할 때에는 다음의 기준에 따라 정전기등에 의한 재해를 방지하기 위한 조치를 할 것
  - 이동저장탱크의 상부로부터 위험물을 주입할 때에는 위험물의 액표면이 주입관의 선단을 넘는 높이가 될 때까지 그 주입관 내의 유속을 초당 1m 이하로 할 것
  - 이동저장탱크의 밑부분으로부터 위험물을 주입할 때에는 위험물의 액표면이 주입관의 정상부분을 넘는 높이가 될 때까지 그 주입배관 내의 유속을 초당 1m 이하로 할 것

**17** 다음 소화약제의 화학식을 각각 쓰시오.

(1) Halon 2402
(2) Halon 1211
(3) HFC-23
(4) HFC-125
(5) FK-5-1-12

**답안** (1) $C_2F_4Br_2$
(2) $CF_2ClBr$
(3) $CHF_3$
(4) $C_2HF_5$ 또는 $CHF_2CF_3$
(5) $CF_3CF_2C(O)CF(CF_3)_2$

■ 참고 ■

**상세해설** 다양한 소화제의 화학식은 꼭 챙겨두어야 하는 시험 포인트가 된다. 할론소화제, 할로젠소화제, 청정소화제의 약제기호와 화학식은 다음과 같이 학습해 둔다.

□ 할론류 : 〈기억법〉 "씨불염바요(CFClBrI)"의 순서로 개수로 약제기호를 나타냄
  • Halon 2402 → "씨불염바요"의 순서 → C2,F4,Cl0,Br2 → ∴ Halon 2402=$C_2F_4Br_2$
  • Halon 1211 → "씨불염바요"의 순서 → C1,F2,Cl1,Br1 → ∴ Halon 1211=$CF_2ClBr$

□ 할로젠류 : 〈기억법〉 "숫자+90=탄숫불(CHF)에 구위(90)"의 순서로 개수로 약제기호를 나타냄
  • HFC-23 → "23+90=113, 탄숫불"의 순서 → C1,H1,F3 → ∴ HFC-23=$CHF_3$
  • HFC-125 → "125+90=215, 탄숫불"의 순서 → C2,H1,F5 → ∴ HFC-125=$C_2HF_5$

□ 청정제(FK-5-1-12) : 〈기억법〉 "가운데 손가락질 → 시커먼손(COF)"의 순서로 숫자 이해
  • 시(C) 5개
  • 커(CO, 카보닐기) 1개
  • 먼(F) 12개

FK-5-1-12는 추가설명이 조금 필요한 부분이 있다.

Fk-5-1-12는 소화설비용 청정제로 Novec 1230이라는 상표명으로도 알려져 있으며, 플루오르화 케톤(fluorinated ketone)으로 분류된다.

Fk-5-1-12 소화 시스템용 청정제는 소화 효율성, 환경 프로필, 사용 안전성이 높은 특성을 가지므로 장기적인 관점에서 할론 및 프레온류를 대체하기 위해 개발된 제품으로 알려져 있다.

오존층 파괴 지수(ODP)가 제로(0)이고, 온난화 지수(GWP) 1 미만이며, 대기 잔존 년수(ATL)가 0.014로 매우 짧아 지구 온난화에 미치는 영향이 적으면서 소화효율이 우수하고, 독성이 낮으며, 부식성이 없고, 안정성이 높으며, 절연성이 양호하고, 상온에서 액체이므로 보관 및 운송이 편리한 장점이 있기 때문에 장기적으로는 할론 소화약제를 대체할 수 있다고 한다.

**18** 위험물안전관리법상 다음 설명하는 내용을 보고 해당하는 위험물을 [보기]에서 모두 고르시오. (단, 없으면 '없음'이라 표기하시오)

[보기]

부틸리튬, 인화알루미늄, 황린, 나트륨

(1) 이동저장탱크로부터 꺼낼 때에 동시에 200kPa 이하의 압력으로 불활성기체를 봉입해야 하는 위험물
(2) 옥내저장소의 바닥면적 1000m² 이하로 저장해야 하는 위험물
(3) 물과 반응 시 수소를 발생하는 위험물

**답안** (1) 부틸리튬
(2) 부틸리튬, 황린, 나트륨
(3) 나트륨

■ 참고 ■

첫 번째와 두 번째 문제 관련 위험물안전관리법령의 관련규정은 다음과 같다.
□ 알킬알루미늄등 및 아세트알데하이드등의 취급기준
  • 알킬알루미늄등의 제조소 또는 일반취급소에 있어서 알킬알루미늄등을 취급하는 설비에는 불활성의 기체를 봉입할 것
  • 알킬알루미늄등의 이동탱크저장소에 있어서 이동저장탱크로부터 알킬알루미늄등을 꺼낼 때에는 동시에 200kPa 이하의 압력으로 불활성의 기체를 봉입할 것
  • 아세트알데하이드등의 제조소 또는 일반취급소에 있어서 아세트알데하이드등을 취급하는 설비에는 연소성 혼합기체의 생성에 의한 폭발의 위험이 생겼을 경우에 불활성의 기체 또는 수증기[아세트알데하이드등을 취급하는 탱크(옥외에 있는 탱크 또는 옥내에 있는 탱크로서 그 용량이 지정수량의 5분의 1 미만의 것 제외)에 있어서는 불활성의 기체]를 봉입할 것
  • 아세트알데하이드등의 이동탱크저장소에 있어서 이동저장탱크로부터 아세트알데하이드등을 꺼낼 때에는 동시에 100kPa 이하의 압력으로 불활성의 기체를 봉입할 것
  ※ 알킬알루미늄등이란 제3류 위험물중 알킬알루미늄, 알킬리튬 또는 이중 어느 하나 이상을 함유하는 것을 말한다.
  ※ 부틸리튬은 제3류 위험물중 알킬리튬 품명에 속하며, 지정수량은 10kg, 위험등급 Ⅰ로 지정·관리되고 있는 물질이다.
□ 옥내저장소의 바닥면적 규정
  • 다음의 위험물을 저장하는 창고는 1,000m² 이하로 하여야 한다.
    - 제1류 위험물 중 아염소산염류, 염소산염류, 과염소산염류, 무기과산화물 그밖에 지정수량이 50kg인 위험물
    - 제3류 위험물 중 칼륨, 나트륨, 알킬알루미늄, 알킬리튬 그밖에 지정수량이 10kg인 위험물 및 황린
    - 제4류 위험물 중 특수인화물, 제1석유류 및 알코올류
    - 제5류 위험물 중 유기과산화물, 질산에스터류 그밖에 지정수량이 10kg인 위험물
    - 제6류 위험물
  • 위의 위험물 외의 위험물을 저장하는 창고는 2,000m² 이하로 하여야 한다.

세 번째 물과 반응 시 수소($H_2$)를 발생하는 위험물은 나트륨(Na)이다. 부틸리튬은 부탄(뷰테인, $C_4H_{10}$)에서 수소(H) 하나가 리튬(Li)으로 치환된 것이므로 화학식은 $C_4H_9Li$(제3류 위험물로서 알킬리튬의 부틸리튬)가 된다.

물과 반응식을 조각할 때, 이승원의 반응규칙에서 "수산화물 우선"을 적용하므로 리튬이 → 수산화리튬으로 전환되면서 부생물을 방출하는데, 이를 조각하면 다음과 같이 되고, 부생물은 뷰테인(부탄) 가스가 방출되는 것을 확인할 수 있다.

$\square$ $C_4H_9Li$ + $x\,H_2O$ → $Li(OH)$ + 부생물(?)
　　→ 생성계에서 Li 1개, 반응계 Li 1개이므로 → Li조정 불필요
　　→ 반응계의 미반응 원소는 C 4개, H 10개 → 생성계에서 부생물로 발생($C_4H_{10}$)
〈완성〉 반응식 : $C_4H_9Li$ + $H_2O$ → $Li(OH)$ + $C_4H_{10}$
　　　　　　　 1　:　 1 　:　 1 　:　 1　　(mol비)

인화알루미늄은 "인+알루미늄"의 개념이고, 인은 −3가($P^{3-}$), 알루미늄은 +3가($Al^{3+}$)이므로 1 : 1로 결합하여 분자를 구성하므로 인화알루미늄의 화학식은 AlP(제3류 위험물의 금속인화물)이 된다.

물과 반응식을 조각할 때, 이승원의 반응규칙에서 "수산화물 우선"을 적용하므로 알루미늄이 → 수산화알루미늄으로 전환되면서 부생물을 방출하는데, 이를 조각하면 다음과 같이 되고, 부생물은 포스핀(인화수소) 가스가 방출되는 것을 확인할 수 있다.

$\square$ AlP + $x\,H_2O$ → $Al(OH)_3$ + 부생물(?)
　　→ 생성계에서 Al 1개, 반응계 Al 1개이므로 → Al 조정 불필요
　　→ 생성계에서 O 3개, 반응계 O 1개이므로 → O조정 필요( $\therefore x = 3$ )
　$\Rightarrow$ AlP + $3\,H_2O$ → $Al(OH)_3$ + 부생물(?)
　　→ 반응계의 미반응 원소는 P 1개, H 3개 → 생성계에서 부생물로 발생($PH_3$)
〈완성〉 반응식 : AlP + $3\,H_2O$ → $Al(OH)_3$ + $PH_3$
　　　　　　　 1 　:　 3 　:　 1 　:　 1 　(mol비)

황린(黃燐, $P_4$)은 보관할 때, 물속에 넣어두는 물질이다. 그것은 물에 안정하다는 것을 의미하므로 물과의 반응에서 제외한다.

나트륨(Na)은 물과 폭발적인 발열반응을 하는 물질이다. 물과 반응식을 조각할 때, 이승원의 반응규칙에서 "수산화물 우선"을 적용하므로 나트륨이 → 수산화나트륨으로 전환되면서 부생물을 방출하는데, 이를 조각하면 다음과 같이 되고, 부생물은 수소 가스가 방출되는 것을 확인할 수 있다.

$\square$ Na + $x\,H_2O$ → NaOH + 부생물(?)
　　→ 생성계에서 Na 1개, 반응계 Na 1개이므로 → Na 조정 불필요
　$\Rightarrow$ Na + $H_2O$ → NaOH + 부생물(?)
　　→ 반응계의 미반응 원소는 H 1개 → 생성계에서 부생물로 발생($0.5H_2$)
〈완성〉 반응식 : Na + $H_2O$ → NaOH + $0.5H_2$
　　　　　　　 1 　:　 1 　:　 1 　:　 0.5　(mol비)

위험물의 분자식이나 반응식을 무작정 암기하려고 들면, 밑도 끝도 보이지 않는다. 그리고 암기했다고 해도 커피 한잔하고 뒤돌아보면 이내에 머리가 텅 비어버린다.

상황이 이러한데도 이러한 암기 공부방식을 권장하거나 이러한 방식으로 해설을 달아 둔 교재나 강의는 보면 볼수록, 들으면 들을수록 여러분들의 수험준비기간 내내 낙담+회의감+마음을 피폐하게 할 뿐 − 잔류하는 학습효과는 전혀 없다는 사실을 꼭 기억해 두어야 한다.

시간을 약간만 더 할애하여 이 책을 집중·정독하고, 저자의 풀이 가이드에 따라 하나하나 문제를 풀어나가면 공부가 정말 쉽고, 재미있고, 흥미롭다는 사실을 알게 될 것이다. 전수된 비장의 학습법으로 시험을 박살낼 파워를 가다듬으시길 바라면서 …　　저자 드림

## 19 에틸알코올(에탄올)에 대한 각 물음에 답하시오.

(1) 나트륨과 반응할 때 생성되는 가연성 기체의 명칭
(2) 진한황산과 축합반응 후 생성되는 제4류 위험물의 명칭
(3) 산화할 때 생성되는 특수인화물의 명칭

**답안**  (1) 수소
(2) 다이에틸에터
(3) 아세트알데하이드

### ■ 참고 ■

**상세 해설**

에틸알코올은 에탄(에테인, $C_2H_6$)을 근간으로 수소(H)자리에 수산기(水酸基, OH)가 치환된 것이므로 화학식은 $C_2H_5OH$로 나타낸다.

첫 번째, 나트륨(Na)과 에틸알코올($C_2H_5OH$)의 반응식을 조각할 때 이승원의 반응식 규칙에서 "알콕사이드(Alkoxide) 우선"을 적용하면 반응 후 수소가스가 생성된다는 것을 확인할 수 있다.

  □ $C_2H_5OH + Na \rightarrow C_2H_5ONa + $ 부생물(?)
  → 생성계에서 Na 1개, 반응계 Na 1개이므로 → Na 조정 불필요
  → 반응계의 미반응 원소는 H 1개 → 생성계에서 부생물로 발생($0.5H_2$)

  〈완성〉 반응식 : $C_2H_5OH + Na \rightarrow C_2H_5ONa + 0.5H_2$
  　　　　　　　　　1　　:　1　　:　　1　　:　0.5　(mol비)

두 번째, 에틸알코올($C_2H_5OH$)을 진한황산과 축합반응시켰을 때 생성되는 물질에 대해 알아본다. 여기서, 축합반응(縮合反應, condensation reaction)이란 2분자 또는 그 이상의 분자가 반응할 때 그 일부를 제거하면서 새로운 결합생성물을 만드는 반응을 말한다. 일부를 제거하기 위해 첨가하는 것이 황산(黃酸)이고, 묽은 황산이 아닌 진한황산을 사용하는 이유는 진한황산이 물($H_2O$)을 더 잘 탈수(脫水)할 수 있기 때문이다. 에틸알코올 2분자를 반응계에 두고 황산을 투입한다. 황산은 촉매적 인자이다.

  □ $[C_2H_5OH + C_2H_5OH] + H_2SO_4 \rightarrow H_2O + H_2SO_4 + $ 부생물(?)
  → 알코올(2분자)에서 수소 2개와 산소 1개 비율로 → 생성계로 빠져 나옴
  ⇨ $[C_2H_5O + C_2H_5] + H_2SO_4 \rightarrow H_2O + H_2SO_4 + $ 부생물(?)
  → O를 중심으로 축합반응이 일어남

  〈완성〉 반응식 : $C_2H_5 + OC_2H_5 + H_2SO_4 \rightarrow H_2O + H_2SO_4 + C_2H_5OC_2H_5$
  　　　　　　　2(에탄올)　:　1　:　1　:　1　:　1　(mol비)

축합반응 결과 생성되는 물질은 에틸기($-C_2H_5$)가 2개가 있는 것이므로 다이에틸, 둘을 연결하는 역할(중앙)을 하는 것이 에터기(에테르기, $-O-$)이므로 다이에틸에터(디에틸에테르)라고 부른다.

세 번째, 에탄올(에틸알코올)의 산화는 두가지 방식으로 진행된다. 하나는 연소·산화반응이고, 다른 하나는 화학적 산화반응이다. 문제에서 묻고 있는 것은 화학적 산화에 대한 것이다.

화학적 산화(Oxidation)는 산소를 얻거나 수소 또는 전자를 잃는 일련의 반응과정이므로 에탄올(에틸알코올, $C_2H_5OH$)에서 → 수소 2개를 빼면(산화) → $C_2H_{(5-2)}OH(=C_2H_3OH \rightarrow CH_3CHO)$, 즉 아세트알데하이드(아세트알데히드)가 된다.

여기서 또 산화(2차적) → 산소를 부여(산화) → $CH_3CHOO(=CH_3COOH)$, 즉 초산(아세트산)이 된다는 것을 알 수 있다.

  □ $C_2H_5OH \xrightarrow[-2H]{산화} CH_3CHO \xrightarrow[1/2\,O_2]{산화} CH_3COOH$

이황화탄소($CS_2$), 아세트알데하이드($CH_3CHO$), 다이에틸에터($C_2H_5OC_2H_5$), 플로로톨루엔($C_7H_7F$), 프로필렌옥사이드($CH_3CHOCH_2$), 에틸브로마이드($C_2H_5Br$), 에틸퓨란($C_6H_8O$), 클로로아세톤($C_3H_5ClO$) 등은 모두 제4류 위험물의 특수인화물로 위험등급 Ⅱ로 지정·관리되는 물질이다.

반드시 "개념과 메커니즘"위주로 학습 해 두어야만 오래 기억된다. 그래도 안될 것 같으면 시험 무장해제는 할 수 없으니 이 책에에 소개되는 학습법으로 암기해 본다!! 그리고 이 책의 이론편에는 이러한 형식으로 많은 내용이 수록되어 있으므로 이론이 부족할 경우, 참조 하시도록!!

**20** 위험물안전관리법상 다음 제4류 위험물의 품명을 각각 적으시오.
  (1) $t$-부탄올
  (2) 아이소프로필알코올
  (3) $n$-부탄올
  (4) 아이소부틸알코올
  (5) 1-프로판올

**답안** (1) 제1석유류
  (2) 알코올류
  (3) 제2석유류
  (4) 제2석유류
  (5) 알코올류

**참고**

위험물안전관리법령상 "알코올류라 함은 1분자를 구성하는 탄소원자의 수가 1개부터 3개까지인 포화 1가 알코올(변성 알코올을 포함)을 말한다."고 규정하고 있다. 이에 따르면 탄소수가 1개인 메틸알코올($CH_3OH$), 탄소수가 2개인 에틸알코올($C_2H_5OH$), 탄소수가 3개인 프로판올[$C_3H_7(OH)$]을 그 범주로 한다. 그러므로 (2)항의 아이소프로필알코올, (5)항의 1-프로판올이 위험물안전관리법상 알코올류로 분류된다는 것을 알 수 있다.

$t$-부탄올[$(CH_3)_3COH$]은 탄소수 4개의 3차 알코올로서 제1석유류로 분류되며, $n$-부탄올($C_4H_9OH$)은 탄소수 4개의 선형구조를 갖는 1차 알코올로서 제2석유류로 분류된다. 아이소부틸알코올[$(CH_3)_2CHCH_2OH$]도 탄소수 4개의 선형구조를 갖는 1차 알코올로서 제2석유류로 분류된다. 다음과 같이 정리해 둘 필요가 있다.

- 알코올의 분류
  - 알코올류 : 메틸알코올, 에틸알코올, 아이소프로필알코올, 1-프로판올
  - 1석유류 : 3차-아밀알코올
  - 2석유류 : 알릴알코올, 다이아세톤알코올, 아이소아밀알코올
  - 3석유류 : 벤질알코올, 데실알코올, 펜에틸알코올

- 부탄올의 분류
  - 1석유류 : $t$-부탄올
  - 2석유류 : $n$-부탄올, $sec$-부탄올, 아이소부탄올, 에틸부탄올, 사이클로부탄올
  - 3석유류 : 4-아미노-1-부탄올, 디엘-2-아미노-1-부탄올

## 2023년 제1회

**01** 25℃, 1기압에서 리튬 2몰이 물과 반응한다. 다음 물음에 답하시오.

(1) 리튬과 물의 화학반응식을 쓰시오.
(2) 발생되는 기체의 부피(L)를 계산하시오.

**답안** (1) $Li + H_2O \rightarrow LiOH + 0.5H_2$

(2) $Li + H_2O \rightarrow LiOH + 0.5H_2$
    1mol  :  0.5mol

∴ 가연성기체 부피 $= 2mol \times \dfrac{0.5}{1} \times \dfrac{22.4L}{1mol} \times \dfrac{273+25}{273} = 24.45 L$

**Point 설명** 리튬(Li)은 제3류 위험물(자연발화성물질 및 금수성물질) – "품명" 알칼리금속으로 분류되며, 지정수량은 50kg으로 위험등급 Ⅱ로 지정·관리되고 있다.

리튬(Li)이 물과 반응할 경우 수산화리튬(LiOH)이 되면서 미반응 원소인 수소(H)는 수소가스($H_2$)로 방출된다.

□ $Li + H_2O \rightarrow LiOH + 0.5H_2$

반응식에서 보는 바와 같이 리튬(Li) 1mol당 0.5mol의 수소가스가 발생한다. 수소가스 1mol의 부피는 표준상태(0℃, 1기압)에서 22.4L이지만 제시된 조건은 25℃, 1기압하의 부피를 묻고 있으므로 보일-샤를의 법칙이나 이상기체상태방정식을 적용하여 온도보정을 반드시 해야 정답처리 된다. 현재의 온도보정은 보일-샤를 법칙을 적용한 것이다.

□ $Li + H_2O \rightarrow LiOH + 0.5H_2$
    1mol  :  0.5mol

∴ 가연성기체 부피 $= 2mol \times \dfrac{0.5}{1} \times \dfrac{22.4L}{1mol} \times \dfrac{273+25}{273} = 24.45 L$

**02** 다음 물음에 답하시오.

[보기]
경유, 톨루엔, 이황화탄소, 에틸알코올, 칼륨, 질산메틸, 과산화나트륨

(1) [보기]의 위험물 중 제조소등의 게시판에 표시하여야 할 주의사항이 "화기엄금" 및 "물기엄금"으로 표시하여야 하는 위험물을 쓰시오.
(2) [보기]의 위험물 중 제4류 위험물로 지정수량이 400L인 물질을 쓰시오.
(3) (1)의 물질과 (2)의 물질과의 반응식을 쓰시오.

**답안** (1) 칼륨
(2) 에틸알코올
(3) $K + C_2H_5OH \rightarrow C_2H_5OK + 0.5H_2$

■ 참고 ■

제조소등 게시판의 주의사항이 "화기엄금"으로 표시해야 하는 것은 제2류 중 인화성고체, 제3류 중 자연발화성물질, 제4류, 제5류 위험물이다. "물기엄금"으로 표시하여야 하는 위험물은 제1류 중 알칼리금속의 과산화물, 제3류 중 금수성물질이다.

"화기엄금" 및 "물기엄금"을 동시에 표시해야 하는 위험물은 제3류 위험물로서 자연발화성이면서 물과 반응할 수 있는 금수성물질이다. 이에 해당하는 위험물은 **칼륨**(K)이다.

**경유**는 제4류 위험물(인화성액체) – 제2석유류(비수용성)으로 지정수량 1,000L이고, **톨루엔**은 제4류 위험물(인화성액체) – 제1석유류(비수용성)으로 지정수량 200L, **이황화탄소**는 제4류 위험물(인화성액체) – 특수인화물로 지정수량 50L, **에틸알코올**은 제4류 위험물(인화성액체) – 알코올류로 지정수량 400L, **칼륨**은 제3류 위험물(자연발화성물질 및 금수성물질) – 알칼리금속으로 지정수량 10kg, **질산메틸**은 제5류 위험물(자기반응성물질) – 질산에스터(질산에스테르)류로 지정수량은 1종 10kg, 2종 100kg, **과산화나트륨**은 제1류 위험물(산화성고체) – 무기과산화물류로 지정수량 50kg이다.

그리고 [보기]의 위험물 중 제4류 위험물로 지정수량이 400L인 물질은 에틸알코올이다. 선택된 두 물질(칼륨과 에틸알코올)의 상호반응식은 다음과 같이 나타난다.

칼륨과 에틸알코올의 반응에서 반응물질인 에틸알코올($C_2H_5OH$)은 안정된 분자상태(산화수 0)로 존재하므로 이들 둘은 현재 그대로는 결합할 수 없다. 그래서 두 물질의 결합이 일어나려면 칼륨(K)은 전자 하나를 내어 놓고 양이온으로 되고, 에틸알코올($C_2H_5OH$)은 수소 하나를 떼어 내고 음이온 1가($C_2H_5O^-$, 에톡시기)를 만듦으로써 결합이 가능하게 된다.

이렇게 하여 이들 둘은 $C_2H_5OK$(칼륨에톡사이드, Potassium Ethoxide)라고 하는 화합물을 만들면서 부생물로 수소가스를 발생한다.

▫ $C_2H_5OH + K \rightarrow C_2H_5OK + 0.5H_2$

▶ 법령보기 ◀

저장 또는 취급하는 위험물에 따라 다음의 규정에 의한 주의사항을 표시한 게시판을 설치하여야 한다.
㉮ 제1류 위험물 중 알칼리금속의 과산화물과 이를 함유한 것 또는 제3류 위험물 중 금수성물질에 있어서는 "물기엄금"
㉯ 제2류 위험물(인화성고체 제외)에 있어서는 "화기주의"
㉰ 제2류 위험물 중 인화성고체, 제3류 위험물 중 자연발화성물질, 제4류 위험물 또는 제5류 위험물에 있어서는 "화기엄금"
㉱ 게시판의 색은 "물기엄금"을 표시하는 것에 있어서는 청색바탕에 백색문자로, "화기주의" 또는 "화기엄금"을 표시하는 것에 있어서는 적색바탕에 백색문자로 할 것

**03** 과산화수소에 대하여 다음 물음에 답하시오.
   (1) 분해반응식을 쓰시오.
   (2) 분해방지를 위해 첨가하는 안정제의 명칭을 한가지 쓰시오.
   (3) 옥외저장소 저장 가능 여부를 "가능", "불가능"으로 쓰시오.

**답안** (1) $H_2O_2 \rightarrow 0.5O_2 + H_2O$
   (2) 인산
   (3) 가능

**Point 설명** 과산화수소($H_2O_2$)는 제6류 위험물로 위험등급 I 등급이고, 지정수량은 $300kg$이며, 과산화수소($H_2O_2$)는 조성이 수소와 산소로 구성되어 있으므로 공기 중에 노출될 경우 물과 산소로 분해된다.

   □ $H_2O_2 \rightarrow O_2 + 2H_2O$

과산화수소($H_2O_2$)는 일반적으로 강력한 산화제이지만 강산화물과 공존할 경우 환원제로 작용하는 양쪽성 물질이다. 열역학적으로 불안정하여 물과 산소로 분해될 수 있으므로 과산화수소의 저장용기는 구멍이 뚫린 마개를 사용하여 분해되는 가스를 방출시켜야 하고, 분해방지를 위하여 인산($H_3PO_4$), 요산($C_5H_4N_4O_3$) 등의 안정제를 첨가하여 보관하고 있다. 답안지에는 둘 중 하나만 기재한다.

▶ 법령보기 ◀ 옥외저장소에 저장할 수 있는 위험물
㉮ 제2류 위험물 중 유황 또는 인화성고체(인화점이 섭씨 0도 이상인 것에 한함)
㉯ 제4류 위험물 중
  • 제1석유류(인화점이 0℃ 이상인 것에 한함)
  • 알코올류
  • 제2석유류 · 제3석유류 · 제4석유류 및 동식물유류
㉰ 제6류 위험물
㉱ 제2류 위험물 및 제4류 위험물 중 특별시 · 광역시 또는 도의 조례에서 정하는 위험물(보세구역 안에 저장하는 경우에 한함)
㉲ 「국제해사기구에 관한 협약」에 의하여 설치된 국제해사기구가 채택한 「국제해상위험물규칙」에 적합한 용기에 수납된 위험물
※ 과산화수소 또는 과염소산을 저장하는 옥외저장소에는 불연성 또는 난연성의 천막 등을 설치하여 햇빛을 가릴 것

**04** 인화알루미늄이 물과 접촉되고 있다. 다음 물음에 답하시오.
   (1) 물과의 반응식을 작성하시오.
   (2) 인화알루미늄 $580g$이 물과 반응할 경우, 표준상태에서 발생되는 독성가스의 부피(L)를 산출하시오.

**답안** (1) $AlP + 3H_2O \rightarrow Al(OH)_3 + PH_3$
   (2) $AlP + 3H_2O \rightarrow Al(OH)_3 + PH_3$
       1mol          :                  1mol
       ∴ $PH_3$ 부피 $= 580g \times \dfrac{1mol}{58g} \times \dfrac{22.4L}{1mol} = 224L$

■ 참고 ■

 품명 "금속의 인화물"인 인화알루미늄(명칭, AlP)은 제3류 위험물(자연발화성 물질 및 금수성 물질)로서 지정수량 300kg, 위험등급 Ⅲ등급으로 지정·관리되고 있는 물질이다.

인화알루미늄과 물의 반응에서 인화알루미늄(AlP)이 물($H_2O$)과 반응할 경우, 수산화물(水酸化物)을 형성하면서 포스핀($PH_3$)이 부생물로 발생한다. 알루미늄은 양이온 3가($Al^{3+}$), 물에서 제공되는 수산이온($OH^-$)은 음이온 1가이므로 등가결합 원칙에 따라 이들이 결합한 수산화물의 구성은, 1 : 3 즉 $Al^{3+}$ : $3OH^-$ = $Al(OH)_3$로 된다.

□ $AlP + 3H_2O \rightarrow Al(OH)_3 + PH_3$

인화알루미늄 580g이 물과 반응할 때 생성되는 기체(포스핀, $PH_3$)의 부피(L)를 산출한다. 이때 AlP의 g분자량은 27+31=58g을 적용하고, $PH_3$ 기체 1mol = 34g = 22.4L을 적용하여 문제에서 요구하는 부피단위(L)로 계산한다.

□ $AlP + 3H_2O \rightarrow Al(OH)_3 + PH_3$
   1mol                         1mol

∴ $PH_3$부피 $= 580g \times \dfrac{1mol}{58g} \times \dfrac{1mol(PH_3)}{1mol(AlP)} \times \dfrac{22.4L(PH_3)}{1mol(PH_3)} = 224L$

---

**05** 위험물안전관리법령상 주유취급소에 대한 기준이다. 다음 물음에 답하시오.

① 주유공지를 확보하지 않아도 된다.
② 지하저장탱크에서 직접 주유하는 경우 탱크용량에 제한을 두지 않아도 된다.
③ 고정주유설비 또는 고정급유설비의 주유관의 길이에 제한을 두지 않아도 된다.
④ 담 또는 벽을 설치하지 않아도 된다.
⑤ 캐노피를 설치하지 않아도 된다.

(1) 항공기 주유취급소 특례에 해당하는 것을 모두 고르시오.
(2) 자가용 주유취급소 특례에 해당하는 것을 모두 고르시오.
(3) 선박 주유취급소 특례에 해당하는 것을 모두 고르시오.

**답안** (1) ①, ②, ③, ④, ⑤
      (2) ①
      (3) ①, ②, ③, ④

**Point 설명** 위험물안전관리법령상 주유취급소에 대한 기준은 다음과 같다.

▶ 법령보기 ◀
㉮ 항공기 주유취급소의 특례
- 비행장에서 항공기, 비행장에 소속된 차량 등에 주유하는 주유취급소에 대하여는 일반 주유취급소 관련 시설규정인 주유공지(너비 15m 이상, 길이 6m 이상의 포장공지) 및 급유공지(고정급유설비 호스기기 주위에 필요한 공지), 표지 및 게시판 설치, 탱크용량 제한, 주유관 길이, 담 또는 벽의 설치, 캐노피 설치에 관한 규정을 적용하지 않는다.
- 이 외의 항공기 주유취급소에 대한 특례는 다음과 같다.
  - 항공기주유취급소에는 항공기 등에 직접 주유하는 데 필요한 공지를 보유할 것

- 공지는 그 지면을 콘크리트 등으로 포장할 것
- 공지에는 누설한 위험물 그 밖의 액체가 공지의 외부로 유출되지 아니하도록 배수구 및 유분리장치를 설치할 것

∴ ②, ③, ④, ⑤가 항공기 주유취급소의 특례에 해당된다. ①(주유공지를 확보하지 않아도 된다)은 항공기주유취급소에는 항공기 등에 직접 주유하는 데 필요한 공지를 보유하여야 하는 것으로 되어 있으므로 제외된다.

㉰ 자가용 주유취급소 특례 : 주유취급소의 관계인이 소유·관리 또는 점유한 자동차 등에 대하여만 주유하기 위하여 설치하는 자가용주유취급소에 대하여는 다음 규정을 적용하지 아니한다.
- 주유취급소의 고정주유설비의 주위에는 주유를 받으려는 자동차 등이 출입할 수 있도록 너비 15m 이상, 길이 6m 이상의 콘크리트 등으로 포장한 공지(주유공지)
- 고정급유설비의 호스기기의 주위에 필요한 공지(급유공지)

∴ ①만 자가용 주유취급소 특례에 해당된다.

㉱ 선박 주유취급소 특례
- 선박에 주유하는 주유취급소에 대하여는 주유공지(너비 15m 이상, 길이 6m 이상의 포장공지) 및 급유공지(고정급유설비 호스기기 주위에 필요한 공지)에 관한 규정을 적용하지 않는다.
- 탱크용량 제한, 주유관 길이, 담 또는 벽의 설치에 관한 규정을 적용하지 않는다.

∴ ①, ②, ③, ④가 자가용 주유취급소 특례에 해당된다.

## 06 위험물안전관리법령상 위험물의 저장 및 취급에 관한 기준이다. 다음 (  ) 안에 알맞은 숫자나 용어를 쓰시오.

(1) 옥외저장탱크·옥내저장탱크 또는 지하저장탱크 중 압력탱크 외의 탱크에 저장하는 다이에틸에터 등 또는 아세트알데하이드 등의 온도는 산화프로필렌과 이를 함유한 것 또는 다이에틸에터 등에 있어서는 ( ① )℃ 이하로, 아세트알데하이드 또는 이를 함유한 것에 있어서는 ( ② )℃ 이하로 각각 유지할 것
(2) 옥외저장탱크·옥내저장탱크 또는 지하저장탱크 중 압력탱크에 저장하는 아세트알데하이드등 또는 다이에틸에터등의 온도는 ( ③ )℃ 이하로 유지할 것
(3) 보냉장치가 있는 이동저장탱크에 저장하는 아세트알데하이드 등 또는 다이에틸에터등의 온도는 당해 위험물의 ( ④ ) 이하로 유지할 것
(4) 보냉장치가 없는 이동저장탱크에 저장하는 아세트알데하이드 등 또는 다이에틸에터등의 온도는 ( ⑤ )℃ 이하로 유지할 것

**답안** ① 30  ② 15  ③ 40  ④ 비점  ⑤ 40

**Point 설명** 위험물의 저장 및 취급에 관한 기준은 다음과 같다.

▶ 법령보기 ◀

㉮ 옥외저장탱크·옥내저장탱크·지하저장탱크 또는 이동저장탱크에 새롭게 아세트알데하이드등을 주입하는 때에는 미리 당해 탱크안의 공기를 불활성기체와 치환하여 둘 것
㉯ 이동저장탱크에 아세트알데하이드등을 저장하는 경우에는 항상 불활성의 기체를 봉입하여 둘 것
㉰ 옥외저장탱크·옥내저장탱크 또는 지하저장탱크 중 압력탱크 외의 탱크에 저장하는 다이에틸에터등 또는 아세트알데하이드등의 온도는 산화프로필렌과 이를 함유한 것 또는 다이에틸에터등에 있어서는 30℃ 이하로, 아세트알데하이드 또는 이를 함유한 것에 있어서는 15℃ 이하로 각각 유지할 것
㉱ 옥외저장탱크·옥내저장탱크 또는 지하저장탱크 중 압력탱크에 저장하는 아세트알데하이드등 또는 다이에틸에터등의 온도는 40℃ 이하로 유지할 것

㉺ 보냉장치가 있는 이동저장탱크에 저장하는 아세트알데하이드등 또는 다이에틸에터등의 온도는 당해 위험물의 비점 이하로 유지할 것

㉻ 보냉장치가 없는 이동저장탱크에 저장하는 아세트알데하이드등 또는 다이에틸에터등의 온도는 40℃ 이하로 유지할 것

## 07 다음 물음에 답하시오.

(1) 연면적 150m², 외벽이 내화구조인 옥내저장소의 소요단위를 산정하여 쓰시오.
(2) 위험물 저장소에 에틸알코올 1,000L, 클로로벤젠 1,500L, 동식물유류 20,000L, 특수인화물 500L를 함께 저장하고 있다. 소요단위를 산정하여 쓰시오.

**답안** (1) 1
(2) 1.6

**Point 설명** 소요단위란 소화설비의 설치대상이 되는 건축물 그 밖의 공작물의 규모 또는 위험물의 양의 기준단위를 말한다. 소요단위는 건축물 외벽구성이 내화구조 여부, 연면적, 위험물의 양에 따라 다음과 같이 산정된다.

▶ 법령보기 ◀

㉮ 제조소 또는 취급소의 건축물은 외벽이 내화구조인 것은 연면적(제조소등의 용도로 사용되는 부분 외의 부분이 있는 건축물에 설치된 제조소등에 있어서는 당해 건축물중 제조소등에 사용되는 부분의 바닥면적의 합계) 100m²를 1소요단위로 하며, 외벽이 내화구조가 아닌 것은 연면적 50m²를 1소요단위로 할 것

㉯ 저장소의 건축물은 외벽이 내화구조인 것은 연면적 150m²를 1소요단위로 하고, 외벽이 내화구조가 아닌 것은 연면적 75m²를 1소요단위로 할 것

㉰ 제조소등의 옥외에 설치된 공작물은 외벽이 내화구조인 것으로 간주하고 공작물의 최대수평투영면적을 연면적으로 간주하여 ㉮ 및 ㉯의 규정에 의하여 소요단위를 산정할 것

㉱ 위험물은 지정수량의 10배를 1소요단위로 할 것

**보충** 옥내저장소의 건축물 외벽이 내화구조인 것은 연면적 150m²를 1소요단위로 하므로 현재 시설의 소요단위는 150/150=1이 된다.

위험물은 지정수량의 10배를 1소요단위로 하므로 지정수량의 배수를 먼저 산출하여야 한다. 에틸알코올은 지정수량 400L이므로 지정수량의 배수는 → 1000L/400L=2.5, 클로로벤젠의 지정수량은 1000L이므로 지정수량의 배수는 → 1500L/1000L=1.5, 동식물유류의 지정수량은 10000L이므로 지정수량의 배수는 → 20000L/10000=2, 특수인화물의 지정수량은 50L이므로 지정수량의 배수는 → 500L/50L=10이 된다. 따라서, 지정수량 배수의 총합은 2.5 + 1.5 + 2 + 10 = 16이다.

위험물은 지정수량의 10배를 1소요단위로 하므로 → 16을 10으로 나누면 1.6이 해당 저장소의 소요단위가 된다.

## 참고

| 위험물 | | | 지정수량 |
|---|---|---|---|
| 유별 | 성질 | 품명 | |
| 제4류 | 인화성 액체 | • 특수인화물(이황화탄소, 산화프로필렌, 아세트알데하이드, 다이에틸에터등) | 50L |
| | | • 제1석유류 — 비수용성(휘발유, 벤젠, 톨루엔, 초산에틸 등) | 200L |
| | | • 제1석유류 — 수용성(아세톤, 사이안화수소, 피리딘 등) | 400L |
| | | • 알코올류(메틸알코올, 에틸알코올, 아이소프로필알코올 등) | 400L |
| | | • 제2석유류 — 비수용성(등유, 경유, 자일렌, 클로로벤젠 등) | 1,000L |
| | | • 제2석유류 — 수용성(아크릴산, 하이드라진, 에틸렌다이아민 등) | 2,000L |
| | | • 제3석유류 — 비수용성(중유, 아닐린, 벤질알코올, 나이트로벤젠 등) | 2,000L |
| | | • 제3석유류 — 수용성(에틸렌글리콜, 글리세린, 올레인산 등) | 4,000L |
| | | • 제4석유류 : 윤활유(기어유, 실린더유, 터빈유, 모빌유, 엔진오일 등) | 6,000L |
| | | • 동식물유류(아마인유, 피마자유, 야자유, 채종유, 올리브유 등) | 10,000L |

**08** 다음은 제4류 위험물 중 알코올류에 대한 내용이다. 설명 중 틀린 부분을 모두 알맞게 수정하시오. (단, 없으면 "해당 없음"이라고 표기하시오)

(1) 1분자를 구성하는 탄소원자의 수가 1개부터 3개까지인 포화1가 알코올(변성알코올을 포함)을 말한다.
(2) 가연성액체량이 60용량퍼센트 미만이고, 인화점 및 연소점이 에틸알코올 60용량퍼센트 수용액의 인화점 및 연소점을 초과하는 것
(3) 모든 알코올류는 지정수량이 400L이다.
(4) 위험등급 Ⅰ이다.
(5) 옥내저장소에서 저장창고의 바닥면적이 1000m² 이하이다.

**답안** (2) 60용량퍼센트 → 60중량퍼센트
(4) 위험등급 Ⅰ → 위험등급 Ⅱ

**Point 설명** 위험물안전관리법상 용어의 정의는 다음과 같다.

▶ 법령보기 ◀ 알코올류

알코올류라 함은 1분자를 구성하는 탄소원자의 수가 1개부터 3개까지인 포화1가 알코올(변성알코올을 포함)을 말한다. 다만, 다음에 해당하는 것은 제외한다.
㉮ 1분자를 구성하는 탄소원자의 수가 1개 내지 3개의 포화1가 알코올의 함유량이 <u>60중량퍼센트</u> 미만인 수용액
㉯ 가연성액체량이 <u>60중량퍼센트</u> 미만이고, 인화점 및 연소점(태그개방식인화점측정기에 의한 연소점)이 에틸알코올 60중량퍼센트 수용액의 인화점 및 연소점을 초과하는 것
※ 모든 알코올류는 지정수량이 400L이다.
※ 위험등급이 Ⅱ이다. (제4류 위험물 중 제1석유류 및 알코올류는 Ⅱ등급 위험물임)
※ 옥내저장소에서 저장창고의 바닥면적이 1,000m² 이하이다.

Ⓐ 다음의 위험물을 저장하는 창고 : 1,000m²
- 제1류 위험물 중 아염소산염류, 염소산염류, 과염소산염류, 무기과산화물 그밖에 지정수량이 50kg인 위험물(위험등급 Ⅰ)
- 제3류 위험물 중 칼륨, 나트륨, 알킬알루미늄, 알킬리튬 그밖에 지정수량이 10kg인 위험물 및 황린(위험등급 Ⅰ)
- 제4류 위험물 중 특수인화물(위험등급 Ⅰ), 제1석유류 및 알코올류(위험등급 Ⅱ)
- 제5류 위험물 중 유기과산화물, 질산에스터류 그밖에 지정수량이 10kg인 위험물(위험등급 Ⅰ)
- 제6류 위험물(위험등급 Ⅰ)

Ⓑ Ⓐ 외의 위험물을 저장하는 창고 : 2,000m²

Ⓒ 위험물을 내화구조의 격벽으로 완전히 구획된 실에 각각 저장하는 창고 : 1,500m² (Ⓐ의 위험물을 저장하는 실의 면적은 500m²를 초과할 수 없다)

## 09 제조소등에 설치하는 배출설비에 대하여 다음 물음에 답하시오.
(1) 배출장소의 용적이 300m³일 경우 국소방식의 배출설비 1시간당 배출능력을 구하시오.
(2) 바닥면적이 100m²인 경우 전역방식의 배출설비 1m³당 배출능력을 구하시오.

**답안** (1) 국소방식 = 용적 × 20배 = 300m³ × 20(m³/hr·m³) = 6000m³/hr
(2) 전역방식 = 면적 × 18배 = 100m² × 18(m³/hr·m²) = 1800m³/hr

**Point 설명** 배출설비는 배풍기(오염된 공기를 뽑아내는 통풍기)·배출 덕트(공기 배출통로)·후드 등을 이용하여 강제적으로 배출하는 것으로 해야 한다. 제조소의 설비기준 중 배출설비의 배출능력은 1시간당 배출장소 용적의 20배 이상인 것으로 하여야 한다. 다만, 전역방식의 경우에는 바닥면적 1m²당 18m³ 이상으로 할 수 있다.

▶ 법령보기 ◀

가연성의 증기 또는 미분이 체류할 우려가 있는 건축물에는 그 증기 또는 미분을 옥외의 높은 곳으로 배출할 수 있도록 다음 기준에 의하여 배출설비를 설치하여야 한다.

㉮ 배출설비는 국소방식으로 하여야 한다. 다만, 다음에 해당하는 경우에는 전역방식으로 할 수 있다.
- 위험물취급설비가 배관이음 등으로만 된 경우
- 건축물의 구조·작업장소의 분포 등의 조건에 의하여 전역방식이 유효한 경우

㉯ 배출설비는 배풍기(오염된 공기를 뽑아내는 통풍기)·배출 덕트(공기 배출통로)·후드 등을 이용하여 강제적으로 배출하는 것으로 하여야 한다.

㉰ 배출능력은 1시간당 배출장소 용적의 20배 이상인 것으로 하여야 한다. 다만, 전역방식의 경우에는 바닥면적 1m²당 18m³ 이상으로 할 수 있다.

㉱ 배출설비의 급기구 및 배출구는 다음의 기준에 의하여야 한다.
- 급기구는 높은 곳에 설치하고, 가는 눈의 구리망 등으로 인화방지망을 설치할 것
- 배출구는 지상 2m 이상으로서 연소의 우려가 없는 장소에 설치하고, 배출 덕트가 관통하는 벽부분의 바로 가까이에 화재시 자동으로 폐쇄되는 방화댐퍼(화재 시 연기 등을 차단하는 장치)를 설치할 것

㉲ 배풍기는 강제배기방식으로 하고, 옥내 덕트의 내압이 대기압 이상이 되지 아니하는 위치에 설치하여야 한다.

**10** 위험물안전관리법령상의 동식물유류에 관한 물음에 답하시오.

(1) 아이오딘가의 정의를 쓰시오.
(2) 동식물유류를 아이오딘가에 따라 분류하고 그 범위를 쓰시오.

**답안** (1) 아이오딘가의 정의 : 유지 100g에 부가되는 아이오딘의 g수
(2) 아이오딘가에 따른 분류
① 건성유 : 아이오딘가 130 이상
② 반건성유 : 아이오딘가 130 ~ 100
③ 불건성유 : 아이오딘가 100 이하

**Point 설명** 아이오딘가(요오드가, Iodine Value)는 지방(脂肪) 100g이 흡수하는 아이오딘(요오드)의 그램(g) 수를 나타낸다. 이 값이 클수록 유지류의 불포화도가 높으며, 자연발화 위험성이 높은 특성을 지닌다.

아이오딘가(요오드가)가 130 이상인 식물유지를 건성유, 100 ~ 130의 것을 반건성유, 100 이하의 것을 불건성유로 분류한다.

┃ 아이오딘가의 크기에 따른 유지류의 이화학적 특성 ┃

| 아이오딘가가 높은 기름 | 아이오딘가가 낮은 기름 |
| --- | --- |
| • 융점이 낮음<br>• 이중결합이 많음(불포화도가 높음)<br>• 반응성이 풍부함(자연발화 위험성이 큼) | • 융점이 높음<br>• 이중결합이 적음(불포화도가 낮음)<br>• 반응성이 적음(산화안정성이 좋음) |

**11** 트라이나이트로톨루엔(TNT)에 대한 다음 물음에 답하시오.

(1) 제조방법을 쓰시오.
(2) 구조식을 쓰시오.

**답안** (1) 제조방법 : 톨루엔($C_6H_5CH_3$)+3$HNO_3$ $\xrightarrow[\text{나이트로화 반응}]{\text{진한 황산}}$ $C_6H_2CH_3(NO_2)_3$+3$H_2O$

(2) 구조식

```
        CH₃
   O₂N ⬡ NO₂
        |
       NO₂
```

## 참고

**상세해설** 트라이나이트로톨루엔(TNT, Trinitrotoluene, 트리니트로톨루엔)은 톨루엔($C_6H_5CH_3$)을 황산($H_2SO_4$)과 질산($HNO_3$)의 혼합물로 나이트로화시켜 제조한다. 보다 구체적인 제조방법을 기재하려고 하면 난감하고, 꼬이기 쉬우므로 아래와 같이 간략 명료하게 작성하는 것이 좋다.

$$\text{톨루엔}(C_6H_5CH_3) + 3HNO_3 \xrightarrow[\text{나이트로화 반응}]{\text{진한 황산}} C_6H_2CH_3(NO_2)_3 + 3H_2O$$

트라이나이트로톨루엔(TNT, Trinitrotoluene)의 구조식을 작성할 때는 이론부문 선행학습에서 저자가 소개한 학습방식과 같이 톨루엔 = 돌루멤(육각–$CH_3$)이라고 기억해 두면 유리하다. 그러므로 톨루엔($C_6H_5CH_3$, ⬡–$CH_3$)을 중심으로 톨루엔의 수소 3개가 나이트로기(–$NO_2$) 3개로 치환된 것이므로 트라이나이트로톨루엔의 시성식(示性式)은 $C_6H_2CH_3(NO_2)_3$, 조성식(組成式)은 $C_7H_5N_3O_6$으로 되며, 그 구조(構造式)는 벤젠(⬡)이 사람의 몸통이라 생각하면 $CH_3$는 머리, $NO_2$를 붙이는 위치는 양팔과 다리를 그려서 붙인 구조가 된다.

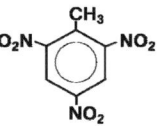

---

**12** 저장소에 위험물을 저장하는 경우, 규정된 높이를 초과하여 쌓지 않아야 한다. 다음 물음에 답하시오.
(1) 옥외저장소에서 위험물을 수납한 용기를 선반에 저장하는 경우 저장가능한 높이를 쓰시오.
(2) 옥내저장소에서 기계에 의하여 하역하는 구조로 된 용기만을 겹쳐 쌓는 경우 저장가능한 높이를 쓰시오.
(3) 옥내저장소에서 중유를 수납한 용기만을 겹쳐 쌓는 경우 저장가능한 최대 높이를 쓰시오.

**답안** (1) 6m
(2) 6m
(3) 4m

**Point 설명** 옥내 및 옥외저장소의 위험물 저장기준은 다음과 같다.

▶ 법령보기 ◀

저장소에서 위험물을 저장하는 경우에는 다음의 규정 높이를 초과하여 쌓지 아니하여야 한다.
㉮ 옥내저장소
  • 기계에 의하여 하역하는 구조로 된 용기만을 겹쳐 쌓는 경우에 있어서는 6m
  • 제4류 위험물 중 제3석유류, 제4석유류 및 동식물유류를 수납하는 용기만을 겹쳐 쌓는 경우에 있어서는 4m
  • 그 밖의 경우에 있어서는 3m
㉯ 옥외저장소
  • 선반의 높이는 6m를 초과하지 않을 것
  • 옥외저장소에서 위험물을 수납한 용기를 선반에 저장하는 경우는 6m를 초과하여 저장하지 않을 것

**13** 다음 각 위험물에 대한 연소반응식을 쓰시오. (단, 해당사항 없으면 "해당 없음"이라고 쓰시오)

(1) 메틸에틸케톤
(2) 메틸알코올
(3) 아세트산

**답안** (1) 메틸에틸케톤 : $CH_3COC_2H_5 + 5.5O_2 \rightarrow 4CO_2 + 4H_2O$

(2) 메틸알코올 : $CH_3OH + 1.5O_2 \rightarrow CO_2 + 2H_2O$

(3) 아세트산 : $CH_3COOH + 2O_2 \rightarrow 2CO_2 + 2H_2O$

**■ 참고 ■**

 메틸에틸케톤($CH_3COC_2H_5$)은 제4류 위험물 중 제1석유류의 케톤류(Ketones)에 해당한다. 메틸에틸케톤은 탄소, 수소, 산소로 구성된 물질이므로 연소되면 탄소(C)는 $CO_2$로, 수소(H)는 $H_2O$로 되므로 다음과 같은 연소반응식을 만들 수 있다. 산소수지를 취할 때, 메틸에틸케톤 내의 산소는 보정(감산)하여 반응식을 작성해야 한다.

▫ $CH_3COC_2H_5 + 5.5O_2 \rightarrow 4CO_2 + 4H_2O$

메탄올(메틸알코올, $CH_3OH$)은 제4류 위험물 중 알코올류에 해당한다. 메탄올이 산소(공기)에 의해 이론적으로 완전 연소되는 것이므로 구성원소의 C는 이산화탄소($CO_2$)로, H는 $H_2O$로 된다. 이때 산소가 아닌 공기에 의해 연소가 이루어졌을 경우는 공기 중에 존재하는 질소($N_2$) 가스가 생성계에 추가될 수 있다. 산소수지를 취할 때, 알코올 내의 산소는 보정(감산)하여 반응식을 작성해야 한다.

▫ $CH_3OH + 1.5O_2 \rightarrow CO_2 + 2H_2O$

제4류 위험물 - 제2석유류(수용성)인 아세트산($CH_3COOH$)은 구성원소 중 C는 이산화탄소($CO_2$)로, H는 물($H_2O$)로 산화된다. 여기서 산소수지를 취할 때, 아세트산 내의 산소는 보정(감산)하여 반응식을 작성해야 한다.

▫ $CH_3COOH + 2O_2 \rightarrow 2CO_2 + 2H_2O$

**14** 황화인에 대한 다음 물음에 답하시오.

| 명칭 | 화학식 | 연소 시 공통적으로 생성되는 기체 |
|---|---|---|
| 삼황화인 | ① | ④ |
| 오황화인 | ② | |
| 칠황화인 | ③ | |

(1) [표]의 ① ~ ③에 들어갈 황화인의 화학식과 ④에 들어갈 연소생성물의 화학식을 쓰시오.
(2) 황화인 1몰이 연소·산화할 때 7.5몰의 산소가 필요한 것을 선택하고, 그 연소반응식을 쓰시오.
(3) 황화인을 운반할 때, 운반용기 외부에 표시하여야 하는 주의사항을 쓰시오.

**답안** (1) ① $P_4S_3$  ② $P_2S_5$  ③ $P_4S_7$  ④ $SO_2$

(2) $2P_2S_5 + 15O_2 \rightarrow 2P_2O_5 + 10SO_2$

(3) 화기주의

■ 참고 ■

황화인(黃化燐, Phosphorus Sulfide)은 인(P)의 황화물인 무기화합물을 총칭한다. 황화인은 $P_4S_n$이라는 결합공식을 가지고 있으며, $n$은 ≤10이다. 여기에는 삼황화인($P_4S_3$), 오황화인($P_2S_5$), 칠황화인($P_4S_7$) 등이 대표적이며, 제2류 위험물로서 지정수량 100kg, 위험등급 Ⅱ로 분류된다.

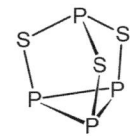
〈그림〉 $P_4S_3$ (삼황화인)

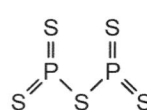
〈그림〉 $P_2S_5$ (오황화인)

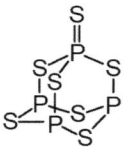
〈그림〉 $P_4S_7$ (칠황화인)

삼황화인($P_4S_3$), 오황화인($P_2S_5$), 칠황화인($P_4S_7$)은 동소체 관계로 연소할 때 공통적으로 유독성의 기체 $SO_2$와 $P_2O_5$(백색 분말)를 발생시킨다. 오산화인($P_2O_5$)은 백색의 결정성 고체(분말)로서 인산의 무수물이므로 공통적으로 생성되는 기체(문제의 조건)에 포함시키면 안 된다. 따라서 발생되는 공통인 기체는 $SO_2$ 하나만 기재한다.

- $P_4S_3 + 8O_2 \rightarrow 2P_2O_5 + 3SO_2$
- $P_2S_5 + 7.5O_2 \rightarrow P_2O_5 + 5SO_2$
- $P_4S_7 + 12O_2 \rightarrow 2P_2O_5 + 7SO_2$

황화인 중에서 1몰이 연소·산화할 때 7.5몰의 산소가 필요한 것은 위의 반응식에서 보듯 오황화인($P_2S_5$)이 되므로 이를 선택하고 연소반응식을 쓰면 된다.

황화인을 운반할 때, 운반용기 외부에 표시하여야 하는 주의사항의 경우, 황화인은 제2류 위험물이므로 "화기주의" 표시를 하여야 한다.

▶ 법령보기 ◀

㉮ 운반용기 외부에 표시하여야 하는 주의사항
- 제1류 위험물 중 알칼리금속의 과산화물 또는 이를 함유한 것에 있어서는 "화기·충격주의", "물기엄금" 및 "가연물접촉주의" 그 밖의 것에 있어서는 "화기·충격주의" 및 "가연물접촉주의"
- 제2류 위험물 중 철분·금속분·마그네슘 또는 이들 중 어느 하나 이상을 함유한 것에 있어서는 "화기주의" 및 "물기엄금", 인화성고체에 있어서는 "화기엄금" 그 밖의 것에 있어서는 "화기주의"
- 제3류 위험물 중 자연발화성물질에 있어서는 "화기엄금" 및 "공기접촉엄금", 금수성물질에 있어서는 "물기엄금"
- 제4류 위험물에 있어서는 "화기엄금"
- 제5류 위험물에 있어서는 "화기엄금" 및 "충격주의"
- 제6류 위험물에 있어서는 "가연물접촉주의"

㉯ 제조소등 표지 및 게시판에 표시하여야 하는 주의사항
- 제1류 위험물 중 알칼리금속의 과산화물과 이를 함유한 것 또는 제3류 위험물 중 금수성물질에 있어서는 "물기엄금"
- 제2류 위험물(인화성고체 제외)에 있어서는 "화기주의"
- 제2류 위험물 중 인화성고체, 제3류 위험물 중 자연발화성물질, 제4류 위험물 또는 제5류 위험물에 있어서는 "화기엄금"

**15** 적린에 대하여 다음 물음에 답하시오.
  (1) 연소되었을 때, 생성되는 물질의 명칭을 쓰시오.
  (2) 연소시 생성되는 물질의 화학식을 쓰시오.
  (3) 연소시 발생되는 물질의 색상을 쓰시오.

**답안** (1) 오산화인
  (2) $P_2O_5$
  (3) 흰색

**참고**

적린(赤燐, P)은 제2류 위험물(가연성고체)로 지정수량 100kg, 위험등급 Ⅱ로 지정·관리되는 물질이다. 사슬모양의 중합체 구조를 가지며, 암적색을 띤다. 황린(黃燐, $P_4$)에 비하여 화학반응성이 비활성이기 때문에 고온이 되지 않으면 반응하지 않는다. 공기 중에서 발화온도는 약 250℃이며, 연소되면 백색연기(오산화인, $P_2O_5$)를 발생한다.

  □ $2P + 2.5O_2 \rightarrow P_2O_5$

적린(P)이 연소되었을 때, 생성되는 물질의 명칭은 오산화인이며, 오산화인의 화학식은 $P_2O_5$고, 연소시 발생되는 물질의 색상, 즉 오산화인의 색상은 흰색이다.

오산화인은 기체상(가스상, 氣體狀)이 아니다. 연소할 때 생기는 연기이나 훈연(fume) 상의 백색의 가루(분말)이므로 고체상(固體狀) 물질이다. 따라서 눈으로 보이는 흰색연기를 기체(가스)로 해석해서는 안 된다. 엄밀히, 기체를 제외한 고체상과 액체상의 모든 물질은 모두 입자상(粒子狀) 물질로 분류하고 있음에 유의하기 바란다.

**16** 다음은 제조소의 특례기준이다. 다음 빈칸에 들어갈 알맞은 말을 쓰시오.

(1) ( Ⓐ )등을 취급하는 제조소의 특례는 다음과 같다.
- ( Ⓐ )등을 취급하는 설비의 주위에는 누설범위를 국한하기 위한 설비와 누설된 ( Ⓐ )등을 안전한 장소에 설치된 저장실에 유입시킬 수 있는 설비를 갖출 것
- ( Ⓐ )등을 취급하는 설비에는 불활성기체를 봉입하는 장치를 갖출 것

(2) ( Ⓑ )등을 취급하는 제조소의 특례는 다음과 같다.
- ( Ⓑ )등을 취급하는 설비는 은·수은·동·마그네슘 또는 이들을 성분으로 하는 합금으로 만들지 아니할 것
- ( Ⓑ )등을 취급하는 설비에는 연소성 혼합기체의 생성에 의한 폭발을 방지하기 위한 불활성기체 또는 수증기를 봉입하는 장치를 갖출 것
- ( Ⓑ )등을 취급하는 탱크(옥외에 있는 탱크 또는 옥내에 있는 탱크로서 그 용량이 지정수량의 5분의 1 미만의 것을 제외)에는 냉각장치 또는 저온을 유지하기 위한 장치(보냉장치) 및 연소성 혼합기체의 생성에 의한 폭발을 방지하기 위한 불활성기체를 봉입하는 장치를 갖출 것. 다만, 지하에 있는 탱크가 ( Ⓑ )등의 온도를 저온으로 유지할 수 있는 구조인 경우에는 냉각장치 및 보냉장치를 갖추지 아니할 수 있다.

(3) ( Ⓒ )등을 취급하는 제조소의 특례는 다음과 같다.
- 지정수량 이상의 ( Ⓒ )등을 취급하는 제조소의 위치는 공작물의 외측으로부터 해당 제조소의 외벽 또는 상당하는 공작물의 외측까지의 사이에 다음 식에 의하여 요구되는 거리 이상의 안전거리를 둘 것
  - $D = 51.1\sqrt[3]{N}$  $\begin{cases} D: 거리(m) \\ N: 해당 제조소에서 취급하는 히드록실아민등의 지정수량의 배수 \end{cases}$

**답안**  (1) Ⓐ 알킬알루미늄
(2) Ⓑ 아세트알데하이드
(3) Ⓒ 하이드록실아민

**Point 설명**  위험물의 성질에 따른 제조소의 특례기준은 다음과 같다.

▶ 법령보기 ◀

㉮ 알킬알루미늄등을 취급하는 제조소의 특례는 다음과 같다.
- 알킬알루미늄등을 취급하는 설비의 주위에는 누설범위를 국한하기 위한 설비와 누설된 알킬알루미늄등을 안전한 장소에 설치된 저장실에 유입시킬수 있는 설비를 갖출 것
- 알킬알루미늄등을 취급하는 설비에는 불활성기체를 봉입하는 장치를 갖출 것

㉯ 아세트알데하이드등(아세트알데히드등)을 취급하는 제조소의 특례는 다음과 같다.
- 아세트알데하이드등을 취급하는 설비는 은·수은·동·마그네슘 또는 이들을 성분으로 하는 합금으로 만들지 아니할 것
- 아세트알데하이드등을 취급하는 설비에는 연소성 혼합기체의 생성에 의한 폭발을 방지하기 위한 불활성기체 또는 수증기를 봉입하는 장치를 갖출 것
- 아세트알데하이드등을 취급하는 탱크(옥외에 있는 탱크 또는 옥내에 있는 탱크로서 그 용량이 지정수량의 5분의 1 미만의 것 제외)에는 냉각장치 또는 저온을 유지하기 위한 장치(보냉장치) 및 연소성 혼합기체의 생성에 의한 폭발을 방지하기 위한 불활성기체를 봉입하는 장치를 갖출 것. 다만, 지하에 있는 탱크가 아세트알데하이드등의 온도를 저온으로 유지할 수 있는 구조인 경우에는 냉각장치 및 보냉장치를 갖추지 아니할 수 있다.

㉣ 하이드록실아민등(히드록실아민등)을 취급하는 제조소의 특례는 다음과 같다.
- 지정수량 이상의 하이드록실아민등을 취급하는 제조소의 위치는 건축물의 벽 또는 이에 상당하는 공작물의 외측으로부터 해당 제조소의 외벽 또는 이에 상당하는 공작물의 외측까지의 사이에 다음 식에 의하여 요구되는 거리 이상의 안전거리를 둘 것

$$D = 51.1\sqrt[3]{N} \quad \begin{cases} D : \text{거리(m)} \\ N : \text{해당 제조소에서 취급하는 하이드록실아민등의 지정수량의 배수} \end{cases}$$

## 17 소화약제에 대하여 다음 물음에 답하시오.

(1) 제2종 분말소화약제 주성분의 화학식을 쓰시오.
(2) 제3종 분말소화약제 주성분의 화학식을 쓰시오.
(3) IG-55의 조성과 함량비율(Vt%)을 쓰시오.
(4) IG-541의 조성과 함량비율(Vt%)을 쓰시오.
(5) IG-100의 조성과 함량비율(Vt%)을 쓰시오.

**답안**
(1) $KHCO_3$
(2) $NH_4H_2PO_4$
(3) $N_2$ : 50%, $Ar$ : 50%
(4) $N_2$ : 52%, $Ar$ : 40%, $CO_2$ : 8%
(5) $N_2$ : 100%

**참고**

제2종 분말소화약제 주성분은 탄산수소칼륨이고, 화학식은 $KHCO_3$이다. 제3종 분말소화약제 주성분은 인산이수소암모늄(제1인산암모늄)이고 화학식은 $NH_4H_2PO_4$이다. 분말 소화약제의 종별 주성분은 다음과 같이 정리해 두면 오랫동안 머리에 저장할 수 있다.

- 제1종 : 나트륨(Na) + 수소(H) + 탄산($CO_3$) → $NaHCO_3$
- 제2종 : 칼륨(K) + 수소(H) + 탄산($CO_3$) → $KHCO_3$
- 제3종 : 암모늄($NH_4$) + 수소($H_2$) + 인산($PO_4$) → $NH_4H_2PO_4$
- 제4종 : 혼합형 → 제2종 + 요소 ➡ $KHCO_3$ + 요소[$(NH_2)_2CO$]

> **이승원의 분말 소화약제 암기법**
>
> 분말 1, 2, 3, 4 → 나캉안산다네요이 → 1종(나트륨), 2종(칼륨), 3종(암모늄 + 인산), 4종(요소 + 2종),
> ※ H 공통

불활성가스 소화약제인 IG-55의 조성과 함량비율(Vt%)은 질소($N_2$) 50%, 아르곤(Ar) 50%이고, IG-541의 조성과 함량비율(Vt%)은 $N_2$ 52%, Ar 40%, $CO_2$ 8%이며, IG-100은 질소($N_2$) 100%이다.

이러한 문제들은 저자가 소개하는 "한번집중"에 "장기간 저장"할 수 있는 특이한 〈암기법〉으로 정리해 두는 것이 좋을 듯하여 이를 소개하고자 한다.

> **이승원의 불활성기체 암기법**
>
> ■ 불활성기체(IG, Inert Gas) 공일아 백지곤지다오 오늘은 지오두아사리판이다.
> - 공일아 → IG01(아르곤, Ar 전량)
> - 백지곤지다오 → IG100(질소, $N_2$ 전량), 다오 55(아르곤 + 질소)(각 50%)
> - 오늘은 지오두아사리판 → 오늘은(IG541), 지오두(질소 52), 아사(아르곤 40), 리판(이산화탄소 8)
>
> | 약제 기호 | 분자식/성분 | 약제 기호 | 분자식/성분 |
> |---|---|---|---|
> | IG-01 | Ar | IG-55 | Ar(50%) + $N_2$(50%) |
> | IG-100 | $N_2$ | IG-541 | $N_2$(52%) + Ar(40%) + $CO_2$(8%) |

**18** 탄화칼슘에 대하여 다음 물음에 답하시오.
(1) 물과의 화학반응식을 쓰시오.
(2) 물과 반응 시 생성기체와 구리(Cu)가 접촉할 경우, 화학반응식을 쓰시오.
(3) 탄화칼슘을 구리용기에 저장하면 안 되는 이유를 쓰시오.

**답안** (1) $CaC_2 + 2H_2O \rightarrow C_2H_2 + Ca(OH)_2$
(2) 생성기체 : $H_2O_2$, 구리와 반응 : $C_2H_2 + 2Cu \rightarrow H_2 + Cu_2C_2$
(3) 폭발성의 $H_2$ 및 아세틸라이드 발생

**▮참고▮**

 탄화칼슘은 -4가인 탄소와 +2가인 칼슘이 결합된 물질이므로 탄소가 양이온 2가인 칼슘이온($Ca^{2+}$)과 결합하기 위해서는 음이온 2가로 전환되어야 하므로 탄소는 삼중결합(•C≡C•)을 하여 음이온 2가인 상태에서 칼슘이온과 결합된다. 그러므로 분자식은 $CaC_2$가 된다. 탄화칼슘($CaC_2$)은 제3류 위험물(자연발화성 물질 및 금수성 물질) 중에서 칼슘의 탄화물(품명)을 말하며, 지정수량 300kg, 위험등급 Ⅲ등급으로 지정·관리되고 있다.

탄화칼슘은 우리가 흔히 카바이드(Carbide)라고 하는 물질로 예전에는 아세틸렌 가스 램프로 많이 이용되었던 물질이다. 탄화칼슘이 물과 반응할 경우, 칼슘(Ca)은 양이온 2가($Ca^{2+}$)이고, 이와 반응하는 물의 수산화 이온($OH^-$)은 1가 음이온이므로 등가원칙에 따라 이들이 결합한 수산화물의 구성은 1 : 2, 즉 $Ca^{2+} : 2OH^- = Ca(OH)_2$로 되고, 미반응 탄소와 수소가 결합하여 부생물로 아세틸렌(Acetylene, 에틴, $C_2H_2$) 가스를 발생시킨다.

□ $CaC_2 + 2H_2O \rightarrow Ca(OH)_2 + C_2H_2$

탄화칼슘과 물의 반응에서 생성된 기체인 에틴(아세틸렌)은 구리(Cu)와 다음과 같이 반응한다.

□ $C_2H_2 + 2Cu \rightarrow Cu_2C_2 + H_2$

에세틸렌(에틴, 에테인) 뿐만 아니라 아세트알데하이드, 산화프로필렌을 취급하는 옥외저장탱크의 설비는 동·마그네슘·은·수은 또는 이들을 성분으로 하는 합금들은 이들 제조설비의 재질로 사용하지 못한다.

이들은 자신의 양쪽에 결합되어 있는 수소(H)를 떼어 내고 양이온을 갖는 금속이온(Cu 등)과 결합하여 중금속의 염(鹽)과 비슷한 화합물인 아세틸라이드(Acetylide)를 형성하면서 폭발성이 높은 수소가스($H_2$)를 방출함과 동시에 폭발성이 있는 아세틸라이드(Acetylide)를 형성한다.

아세틸라이드 중에서, 특히 구리의 아세틸라이드($Cu_2C_2$)는 적갈색으로 폭발성을 가지고 있는 것으로 알려지고 있다.

**19** 다음 [보기]에서 설명하는 위험물에 대하여 물음에 답하시오.

[보기]
- 제1류 위험물이며, 분자량은 158이고, 흑자색 결정이다.
- 물에 녹으며, 알코올, 아세톤에 분해된다.

(1) 해당 위험물의 지정수량을 쓰시오.
(2) 해당 위험물과 묽은 황산이 반응할 경우 생성되는 기체의 명칭을 쓰시오.
(3) 해당 위험물의 위험등급을 쓰시오.

**답안** (1) 지정수량 : 1,000kg
(2) 발생기체 : 산소
(3) 위험등급 : Ⅲ

## ▌참고▐

제1류 위험물이며, 흑자색으로 분자량 158, 물에 녹는 물질이라는 것에 의미를 두고, 이 중에서 확실한 특성 "딱 하나"만 알아도 해당 위험물이 무엇인지 예측할 수 있다. 저자의 경우는 "문제에서 제시된 분자량"을 보고, 과망가니즈산염류인 $KMnO_4$일 것이라 짐작되어 분자량으로 확인하기로 하였다. K의 원자량은 39, Mn의 원자량은 55, O의 원자량은 16이다. 분자량을 산정하면 → 39+55+16×4=158이므로 짐작이 옳았음을 확인하였다. $KMnO_4$는 과망가니즈산칼륨(과망간산칼륨)은 제1류 위험물(산화성고체) – 품명은 과망가니즈산염류로서 지정수량은 1,000kg, 위험등급 Ⅲ으로 분류·관리되고 있는 위험물이다.

▶ 법령보기 ◀

| 위험물 | | | 지정수량 |
|---|---|---|---|
| 유별 | 성질 | 품명 | |
| 제1류 | 산화성고체 | 아염소산염류 | 50킬로그램 |
| | | 염소산염류 | 50킬로그램 |
| | | 과염소산염류 | 50킬로그램 |
| | | 무기과산화물 | 50킬로그램 |
| | | 브로민산염류 | 300킬로그램 |
| | | 질산염류 | 300킬로그램 |
| | | 아이오딘산염류 | 300킬로그램 |
| | | 과망가니즈산염류 | 1,000킬로그램 |
| | | 다이크로뮴산염류 | 1,000킬로그램 |

해당 위험물과 묽은 황산이 반응할 경우 생성되는 기체에 대해서 알아보면 ; $KMnO_4$이 황산($H_2SO_4$)과 반응하면 과망가니즈산칼륨($KMnO_4$)은 산화제로 황산($H_2SO_4$)은 환원제로 작용하기 때문에 산화–환원반응이 동시에 일어나면서 양이온 1가인 칼륨($K^+$) 2개는 음이온 2가인 황산이온($SO_4^{2-}$)과 결합하여 황산칼륨($K_2SO_4$)으로 되고, 양이온 2가인 망가니즈($Mn^{2+}$, 망간)는 음이온 2가인 황산이온($SO_4^{2-}$)과 결합하여 황산망가니즈($MnSO_4$)으로 되면서, 반응계의 미반응 원소인 수소와 산소는 결합하여 생성계측의 물($H_2O$)이 되고 잔류하는 산소는 기체상의 $O_2$로 방출된다.

반응식은 다음과 같다.
□ $2KMnO_4 + 3H_2SO_4 → K_2SO_4 + 2MnSO_4 + 3H_2O + 2.5O_2$

**20** 옥외저장탱크의 벽 및 바닥의 두께가 0.2m 이상이고 누수가 되지 않는 철근콘크리트 수조에 넣어 보관하여야 하는 제4류 위험물에 대하여 다음 물음에 답하시오.

(1) 해당 위험물의 품명을 쓰시오.
(2) 해당 위험물의 연소반응식을 쓰시오.
(3) 해당 위험물과 혼재 가능한 위험물을 다음 중에서 골라 쓰시오. (단, 해당 없으면 해당 없음으로 쓰시오)

과염소산, 삼불화브롬, 과산화나트륨, 과망가니즈산칼륨

**답안** (1) 특수인화물
(2) $CS_2 + 3O_2 \rightarrow CO_2 + 2SO_2$
(3) 해당 없음

■ 참고 ■

문제에서 "누수가 되지 않는 철근콘크리트 수조에 넣어 보관하여야 하는 제4류 위험물"이라고 하였으므로 해당 위험물은 이황화탄소($CS_2$)라는 것을 알 수 있다. 이황화탄소는 제4류 위험물 – 품명, 특수인화물로서 비수용성이면서 물보다 비중이 크기 때문에 수조(물탱크)에 보관하며, 액면을 물로 채워 증기의 발생을 억제시켜야 한다.
이황화탄소($CS_2$)가 연소할 경우, 탄소(C)는 $CO_2$로, 황(S)은 이산화황($SO_2$)으로 산화되므로 발생되는 독성가스는 이산화황(아황산가스)이다.
  □ $CS_2 + 3O_2 \rightarrow CO_2 + 2SO_2$

혼재가능한 위험물을 파악하기 위해 가로에 1~6류까지 나열하고, 세로도 1~6류까지 나열한 다음 아래 그림과 같이 "X 표시"를 하여 상부선은 "공란선", 아래선은 "가능선"으로 설정하고, 여기에 2-4, 4-5를 추가하면 모두 정리된다. [표]에서 보는 바와 같이 제4류 위험물과 혼재가능한 위험물은 제2류 위험물, 제3류 위험물, 제5류 위험물이다.

과염소산($HClO_4$)과 삼불화브롬($BrF_3$)은 제6류 위험물이므로 혼재불가, 과산화나트륨($Na_2O_2$)과 과망가니즈산칼륨($KMnO_4$)은 제1류 위험물이므로 혼재불가하다. 따라서 제4류 위험물인 이황화탄소($CS_2$)와 혼재가능한 위험물은 [보기]에 없으므로 "해당 없음"으로 답안지에 기재한다.

| 위험물의 구분 | 제1류 | 제2류 | 제3류 | 제4류 | 제5류 | 제6류 |
|---|---|---|---|---|---|---|
| 제1류 |  | × | × | × | × | ○ |
| 제2류 | × |  | × | × | ○ | × |
| 제3류 | × | × |  | ○ | × | × |
| 제4류 | × | × | ○ |  | ○ | × |
| 제5류 | × | ○ | × | ○ |  | × |
| 제6류 | ○ | × | × | × | × |  |

※ 혼재가능 위험물 : 혼재가능선상 위험물+[(2-4),(4-5)]

# 2023년 제2회

**01** 트라이에틸알루미늄에 관한 다음 물음에 답하시오.
  (1) 물과의 화학반응식을 쓰시오.
  (2) 1몰의 트라이에틸알루미늄이 물과 반응했을 때 표준상태에서 발생하는 기체의 부피(L)를 구하시오.
  (3) 옥내저장소에 트라이에틸알루미늄을 저장할 경우, 저장창고의 최대 바닥면적($m^2$)을 쓰시오.

**답안** (1) $Al(C_2H_5)_3 + 3H_2O \rightarrow Al(OH)_3 + 3C_2H_6$
  (2) 67.2L
  (3) 1,000$m^2$

### ▌참고▐

**상세해설** 트라이에틸알루미늄은 제3류 위험물(자연발화성물질·금수성물질)의 품명, 알킬알루미늄으로 지정수량 10kg, 위험등급 I로 지정·관리되고 있는 물질이다.

트라이에틸알루미늄은 알루미늄(Al)을 중심으로 에틸기($C_2H_5-$)가 3개 결합되어 분자를 구성하므로 화학식은 $Al(C_2H_5)_3$이고, Al 원자량은 27, C 원자량은 12, H 원자량은 1이므로 분자량은 114[27+{(12×2+1×5)×3}=114]이다.

트라이에틸알루미늄이 물($H_2O$)과 반응할 경우, 수산화물(水酸化物)을 형성하면서 부생물(에테인 = 에탄)이 발생한다. $Al(C_2H_5)_3$ 중의 알루미늄은 양이온 3가($Al^{3+}$), 물에서 제공되는 수산화이온($OH^-$)은 음이온 1가이므로 등가결합 원칙에 따라 이들이 결합한 수산화물의 구성은 1 : 3, 즉 $Al^{3+}$ : $3OH^-$ = $Al(OH)_3$로 되면서 부산물로 에테인(에탄)가스를 방출하게 된다.

  ▫ $Al(C_2H_5)_3 + 3H_2O \rightarrow Al(OH)_3 + 3C_2H_6$

트라이에틸알루미늄[$Al(C_2H_5)_3$]과 물($H_2O$)의 반응에서 생성된 기체, 즉 에테인(에탄, $C_2H_6$)의 생성량은 다음과 같이 비례식으로 산출할 수 있다. $C_2H_6$ 1mol = 30g = 22.4L이므로 이를 토대로 요구하는 단위에 맞추어 문제를 풀어낸다.

  ▫ $Al(C_2H_5)_3 + 3H_2O \rightarrow Al(OH)_3 + 3C_2H_6$
     1mol              :              3mol

  ∴ $C_2H_6 = 1mol(TEA) \times \dfrac{3mol(C_2H_6)}{1mol(TEA)} \times \dfrac{22.4L}{1mol} = 67.2L$

옥내저장소에 제3류 위험물인 트라이에틸알루미늄과 같은 알킬알루미늄이나 칼륨, 나트륨, 알킬리튬 그밖에 지정수량이 10kg인 위험물 및 황린(위험등급 I)을 저장할 경우, 저장창고의 바닥면은 1,000$m^2$ 이하로 하여야 한다. 그러므로 최대 바닥면적은 1,000$m^2$이다.

  ▶ 법령보기 ◀
  ㉮ 다음의 위험물을 저장하는 창고 → 바닥면적 1,000$m^2$ 이하
    Ⓐ 제1류 위험물 중 아염소산염류, 염소산염류, 과염소산염류, 무기과산화물 그밖에 지정수량이 50kg인 위험물(위험등급 I)
    Ⓑ 제3류 위험물 중 칼륨, 나트륨, 알킬알루미늄, 알킬리튬 그밖에 지정수량이 10kg인 위험물 및 황린(위험등급 I)
    Ⓒ 제4류 위험물 중 특수인화물(위험등급 I), 제1석유류 및 알코올류(위험등급 Ⅱ)
    Ⓓ 제5류 위험물 중 유기과산화물, 질산에스터류 그밖에 지정수량이 10kg인 위험물(위험등급 I)
    Ⓔ 제6류 위험물(위험등급 I)

④ ㉮의 위험물 외의 위험물을 저장하는 창고 → 바닥면적 2,000m² 이하
⑤ ㉮의 위험물과 ㉯의 위험물을 내화구조의 격벽으로 완전히 구획된 실에 각각 저장하는 창고 → 1,500m² (㉮의 위험물을 저장하는 실의 면적은 500m²를 초과할 수 없다)

## 02 지하탱크저장소의 구조에 대한 설명이다. 다음 빈칸을 알맞게 채우시오.

- 지하저장탱크의 윗부분은 지면으로부터 ( ① )m 이상 아래에 있어야 한다.
- 지하저장탱크를 2 이상 인접해 설치하는 경우에는 그 상호간에 ( ② )m 이상의 간격을 유지하여야 한다.
- 지하저장탱크는 용량에 따라 기준에 적합하게 강철판 또는 동등 이상의 성능이 있는 금속재질로 ( ③ )용접 또는 ( ④ )용접으로 틈이 없도록 만드는 동시에, 압력탱크(최대상용압력이 46.7kPa 이상인 탱크) 외의 탱크에 있어서는 70kPa의 압력으로, 압력탱크에 있어서는 최대상용압력의 ( ⑤ )배의 압력으로 각각 ( ⑥ )분간 수압시험을 실시하여 새거나 변형되지 아니하여야 한다. 이 경우 수압시험은 소방청장이 정하여 고시하는 기밀시험과 비파괴시험을 동시에 실시하는 방법으로 대신할 수 있다.

**답안** ① 0.6  ② 1  ③ 완전용입  ④ 양면겹침이음  ⑤ 1.5배  ⑥ 10분

**Point 설명** 지하탱크저장소의 설치기준은 다음과 같다.

▶ 법령보기 ◀

㉮ 탱크전용실은 지하의 가장 가까운 벽·피트·가스관 등의 시설물 및 대지경계선으로부터 0.1m 이상 떨어진 곳에 설치하고, 지하저장탱크와 탱크전용실의 안쪽과의 사이는 0.1m 이상의 간격을 유지하도록 하며, 당해 탱크의 주위에 마른 모래 또는 습기 등에 의하여 응고되지 아니하는 입자지름 5mm 이하의 마른 자갈분을 채워야 한다.
㉯ 지하저장탱크의 윗부분은 지면으로부터 0.6m 이상 아래에 있어야 한다.
㉰ 지하저장탱크를 2 이상 인접해 설치하는 경우에는 그 상호간에 1m(당해 2 이상의 지하저장탱크의 용량의 합계가 지정수량의 100배 이하인 때에는 0.5m) 이상의 간격을 유지하여야 한다. 다만, 그 사이에 탱크전용실의 벽이나 두께 20cm 이상의 콘크리트 구조물이 있는 경우에는 그러하지 아니한다.
㉱ 지하저장탱크는 용량에 따라 기준에 적합하게 강철판 또는 동등 이상의 성능이 있는 금속재질로 완전용입용접 또는 양면겹침이음용접으로 틈이 없도록 만드는 동시에, 압력탱크(최대상용압력이 46.7kPa 이상인 탱크) 외의 탱크에 있어서는 70kPa의 압력으로, 압력탱크에 있어서는 최대상용압력의 1.5배의 압력으로 각각 10분간 수압시험을 실시하여 새거나 변형되지 아니하여야 한다. 이 경우 수압시험은 소방청장이 정하여 고시하는 기밀시험과 비파괴시험을 동시에 실시하는 방법으로 대신할 수 있다.

## 03 다음 위험물에 대하여 물음에 답하시오.

- 물, 알코올, 에테르에 잘 녹는다.
- 은거울반응과 펠링반응을 한다.
- 산화하여 아세트산이 되기 쉽다.

(1) 해당 위험물의 명칭을 쓰시오.
(2) 해당 위험물의 시성식을 쓰시오.
(3) 해당 위험물의 지정수량을 쓰시오.
(4) 해당 위험물의 위험등급을 쓰시오.

**답안** (1) 아세트알데히드
(2) $CH_3CHO$
(3) 50L
(4) Ⅰ등급

### 참고

아세트알데하이드(아세트알데히드)는 휘발성이 강한 무색의 액체로, 자극적인 냄새가 나며, 산화되어 아세트산이 되기 쉬운 물질로 환원성이 강하기 때문에 은거울반응, 펠링용액에 의한 환원반응을 보인다. 따라서 해당 위험물의 명칭은 아세트알데하이드(아세트알데히드, $CH_3CHO$)이다.

아세트알데하이드는 인화성 액체로서 제4류 위험물 중 특수인화물에 속하며, 화학식(시성식)은 $CH_3CHO$로 나타내며, 지정수량은 50L, 위험등급 Ⅰ등급으로 분류된다.

환원당·포르밀기(-CHO) 등을 갖는 물질에 펠링용액(황산구리용액 + 타타르산칼륨나트륨 + 수산화나트륨 혼합액)을 가하면 구리의 착(錯)이온이 당으로 환원을 받아 산화되어 붉은색 침전이 생기는데 이를 펠링반응(Fehling reaction)이라 한다. 은거울반응(silver mirror reaction)은 환원성 유기화합물을 검출하는 반응의 하나로 시료 용액에 질산은암모니아용액을 가하여 가열하면 은이온이 환원되어 유리용기가 은거울(은도금)로 되는 반응이다. 알데하이드(Aldehyde, RCHO)와 케톤(Ketone, RCOR')은 모두 카보닐기(>C=O)를 보유하지만 알데하이드는 은거울 반응을 하는 반면, 케톤은 은거울반응을 하지 않는다. 그러므로 케톤류는 선택에서 제외된다.

위험물 중 포르밀기(-CHO)가 있는 알데하이드류는 대체로 환원성이므로 은거울반응과 펠링용액에 반응을 한다. 그러므로 폼알데하이드(HCHO, 포름알데하이드), 아세트알데하이드($CH_3CHO$)·글루코오스($C_6H_{12}O_6$)·타타르산염($M_2C_4H_4O_6$) 등의 환원성 유기화합물은 이러한 반응특성을 이용하여 검출할 수 있다.

## 04 다음의 위험물이 저장되어 있을 경우 지정수량 배수의 합을 구하시오.

톨루엔 1,000L, 스티렌 2,000L, 아닐린 4,000L, 기어유 6,000L, 올리브유 20,000L

**답안** 지정수량의 배수 $= \dfrac{1000L}{200L} + \dfrac{2000L}{1000L} + \dfrac{4000L}{2000L} + \dfrac{6000L}{6000L} + \dfrac{20000L}{10000L} = 12$

■ 참고 ■

 보기에 제시된 위험물의 품명별 위험등급과 지정수량을 먼저 살펴보면 ;
- 톨루엔($C_6H_5CH_3$) : 제1석유류(비수용성), 지정수량 200L
- 스티렌(Styrene, $C_6H_5CHCH_2$) : 제2석유류(비수용성), 지정수량 1,000L
- 아닐린($C_6H_5NH_2$) : 제3석유류(비수용성), 지정수량 2,000L
- 기어유 : 제4석유류, 지정수량 6,000L
- 올리브유 : 동식물유류, 지정수량 10,000L이므로 아래의 공식에 대입하여 지정수량의 배수를 산정한다.

▫ 공식 : 지정수량 배수 합계 = $\dfrac{A품명의\ 수량}{A품명의\ 지정수량} + \dfrac{B품명의\ 수량}{B품명의\ 지정수량} + \cdots +$

∴ 지정수량의 배수 = $\dfrac{1000L}{200L} + \dfrac{2000L}{1000L} + \dfrac{4000L}{2000L} + \dfrac{6000L}{6000L} + \dfrac{20000L}{10000L} = 12$

● 참고 ●

| 유(類)별 | 성질 | 위험물 | | 지정수량 |
|---|---|---|---|---|
| | | 품명 | | |
| 제4류 | 인화성 액체 | • 특수인화물(이황화탄소, 산화프로필렌, 아세트알데하이드 등) | | 50L |
| | | • 제1석유류 | 비수용성(휘발유, 벤젠, 톨루엔, 초산에틸 등) | 200L |
| | | | 수용성(아세톤, 사이안화수소, 피리딘 등) | 400L |
| | | • 알코올류(메틸알코올, 에틸알코올, 아이소프로필알코올 등) | | 400L |
| | | • 제2석유류 | 비수용성(등유, 경유, 자일렌, 스티렌, 클로로벤젠 등) | 1,000L |
| | | | 수용성(아크릴산, 하이드라진, 에틸렌다이아민 등) | 2,000L |
| | | • 제3석유류 | 비수용성(중유, 아닐린, 벤질알코올, 나이트로벤젠 등) | 2,000L |
| | | | 수용성(에틸렌글리콜, 글리세린, 올레인산 등) | 4,000L |
| | | • 제4석유류(윤활유, 실린더유, 기어유, 트라이벤질페놀, 메탄술폰산 등) | | 6,000L |
| | | • 동식물유류(아마인유, 피마자유, 야자유, 채종유, 올리브유 등) | | 10,000L |

## 05 인화점 측정방법(시험) 3가지를 쓰시오.

**답안** (1) 태그밀폐식
(2) 신속평형법
(3) 클리브랜드개방컵법

**Point 설명** 인화점 측정시험은 다음에 정한 방법에 의한다. 참조수준으로 시험 대비한다.

▶ 법령보기 ◀

㉮ 태그(Tag) 밀폐식
- 시험장소는 1기압, 무풍의 장소로 할 것
- 시료컵에 시험물품 50cm³를 넣고 시험물품의 표면의 기포를 제거한 후 뚜껑을 덮을 것
- 시험불꽃을 점화하고 화염의 크기를 직경이 4mm가 되도록 조정할 것

- 시험물품의 온도가 60초간 1℃의 비율로 상승하도록 수조를 가열하고 시험물품의 온도가 설정온도보다 5℃ 낮은 온도에 도달하면 개폐기를 작동하여 시험불꽃을 시료컵에 1초간 노출시키고 닫을 것. 이 경우 시험불꽃을 급격히 상하로 움직이지 않을 것

㉯ 신속평형법
- 시험장소는 1기압, 무풍의 장소로 할 것
- 시료컵을 설정온도까지 가열 또는 냉각하여 시험물품(설정온도가 상온보다 낮은 온도인 경우에는 설정온도까지 냉각한 것) 2mL를 시료컵에 넣고 즉시 뚜껑 및 개폐기를 닫을 것
- 시료컵의 온도를 1분간 설정온도로 유지할 것
- 시험불꽃을 점화하고 화염의 크기를 직경 4mm가 되도록 조정할 것
- 1분 경과 후 개폐기를 작동하여 시험불꽃을 시료컵에 2.5초간 노출시키고 닫을 것. 이 경우 시험불꽃을 급격히 상하로 움직이지 않을 것

㉰ 클리브랜드개방컵법
- 시험장소는 1기압, 무풍의 장소로 할 것
- 시료컵의 표선(標線)까지 시험물품을 채우고 시험물품의 표면의 기포를 제거할 것
- 시험불꽃을 점화하고 화염의 크기를 직경 4mm가 되도록 조정할 것
- 시험물품의 온도가 설정온도보다 28℃ 낮은 온도에 달하면 시험불꽃을 시료컵의 중심을 횡단하여 일직선으로 1초간 통과시킬 것. 이 경우 시험불꽃의 중심을 시료컵 위쪽 가장자리의 상방 2mm 이하에서 수평으로 움직일 것

## 06 탄화칼슘에 대하여 다음 물음에 답하시오.

(1) 탄화칼슘이 산화할 경우 그 반응식을 쓰시오.
(2) 탄화칼슘과 질소가 반응하여 생성되는 물질 2가지의 명칭을 쓰시오.

**답안** (1) $CaC_2 + 2.5O_2 \rightarrow CaO + 2CO_2$
(2) 시안아미드화칼슘, 탄소

## ▮참고▮

탄화칼슘($CaC_2$)은 제3류 위험물(자연발화성 물질 및 금수성 물질) 중에서 칼슘의 탄화물(품명)을 말하며, 지정수량 300kg, 위험등급 Ⅲ등급으로 지정·관리되고 있다. 흑회색의 괴상으로 물과 알코올에 분해되지만 에테르(에터)에는 녹지 않는 특성이 있다.

탄화칼슘은 칼슘 양이온과 탄소 음이온이 이온결합(Ionic Bond)을 형성하고 있는 물질이다. 그러므로 칼슘 양이온(+2)과 결합하는 탄소(14족, 4가)가 음이온을 띠어 이온결합을 하려면 → 4가인 탄소 2개가 삼중결합을 하고 있을 때 가능한 것이다. 즉, ·C≡C·(−2가 탄소 음이온, ·은 비공유 전자쌍)으로 되고 분자식은 $CaC_2$가 된다.

금수성 물질인 탄화칼슘이 물과 접촉하면 수산화물(소석회)을 형성하면서 폭발성이 있는 에틴(아세틸렌, $C_2H_2$) 가스를 방출하지만 단순히 산화될 경우 칼슘산화물(CaO, 생석회)을 형성하면서 탄산가스($CO_2$)를 방출한다.

▫ 물과 반응 : $CaC_2 + 2H_2O \rightarrow Ca(OH)_2 + C_2H_2$
▫ 산화반응 : $CaC_2 + 2.5O_2 \rightarrow CaO + 2CO_2$

탄화칼슘이 공기 중에서 연소하는 경우, 탄화칼슘의 대부분은 산화칼슘(CaO)을 형성하지만 일부는 공기중의 질소와 결합하여 시안아미드화칼슘(사이안아마이드화칼슘, 칼슘시안아미드, Calcium cyanamide)을 형성한다.

  □ 질소와 반응 : $CaC_2 + N_2 \rightarrow CaCN_2 + C$

$$\left[ Ca^{2+} \right] \left[ {}^-N=C=N^- \right]$$

〈그림〉 Calcium cyanamide

탄화칼슘은 $Na_2O_2$, S, $C_6H_5Cl$, $H_2SO_4$, HCl, $CCl_4$와 혼촉할 경우 가열 충격 또는 마찰에 의해 심하게 발열하거나 발화위험이 있다. 그러므로 금수성 위험물에 화재가 발생하였을 때는 물·질소가스·이산화탄소·사염화탄소·탄산칼슘, 포말 또는 분말 소화제를 사용하여서는 안 된다.

전문가인 소방관들조차도 탄화칼슘 화재에 물을 뿌리는 바람에 더욱 화재를 확대시키고, 질산암모늄 등 2차 폭발의 원인이 되었던 사례도 있다고 한다.

## 07 다음 물음에 답하시오.
(1) 대통령령이 정하는 위험물 탱크가 있는 제조소등이 탱크의 변경공사를 하는 때에는 완공검사를 받기 전에 무엇을 받아야 하는지 쓰시오.
(2) 이동탱크저장소의 완공검사 신청시기를 쓰시오.
(3) 지하탱크가 있는 제조소등의 완공검사 신청시기를 쓰시오.
(4) 제조소등의 완공검사를 실시한 결과 기술기준에 적합하다고 인정되는 경우 시·도지사는 무엇을 교부해야 하는지 쓰시오.

**답안** (1) 탱크안전성능검사
(2) 이동저장탱크를 완공하고 상치장소를 확보한 후
(3) 지하탱크를 매설하기 전
(4) 완공검사합격확인증

**Point 설명** 위험물 저장탱크의 변경공사 및 완공검사와 관련된 규정사항은 다음과 같다.

▶ 법령보기 ◀

㉮ 탱크안전성능검사 : 위험물을 저장 또는 취급하는 탱크로서 대통령령이 정하는 위험물탱크가 있는 제조소등의 설치 또는 그 위치·구조 또는 설비의 변경에 관하여 규정에 따른 허가를 받은 자가 위험물탱크의 설치 또는 그 위치·구조 또는 설비의 변경공사를 하는 때에는 규정에 따른 <u>완공검사를 받기 전에 기술기준에 적합한지의 여부를 확인하기 위하여 시·도지사가 실시하는 탱크안전성능검사를 받아야 한다.</u>

㉯ 완공검사 : 규정에 따른 허가를 받은 자가 제조소등의 설치를 마쳤거나 그 위치·구조 또는 설비의 변경을 마친 때에는 당해 제조소등마다 시·도지사가 행하는 완공검사를 받아 기술기준에 적합하다고 인정받은 후가 아니면 이를 사용하여서는 아니된다.

㉰ 완공검사 신청 : 제조소등에 대한 완공검사를 받고자 하는 자는 이를 시·도지사에게 신청하여야 한다.

㉱ 완공검사 신청시기 : 제조소등의 완공검사 신청시기는 다음의 구분에 따른다.
  • 지하탱크가 있는 제조소등의 경우 : 당해 지하탱크를 매설하기 전
  • 이동탱크저장소의 경우 : 이동저장탱크를 완공하고 상시 설치 장소(상치장소)를 확보한 후
  • 이송취급소의 경우 : 이송배관 공사의 전체 또는 일부를 완료한 후. 다만, 지하·하천 등에 매설하는 이송배관의 공사의 경우에는 이송배관을 매설하기 전

- 전체 공사가 완료되어 완공검사 실시가 곤란한 경우
  - 위험물설비 또는 배관의 설치가 완료되어 기밀시험 또는 내압시험을 실시하는 시기
  - 배관을 지하에 설치하는 경우에는 시·도지사, 소방서장 또는 기술원이 지정하는 부분을 매몰하기 직전
  - 기술원이 지정하는 부분의 비파괴시험을 실시하는 시기
- 이외 제조소등의 경우 : 제조소등의 공사를 완료한 후

㉑ 완공검사합격확인증 교부 : 완공검사 신청을 받은 시·도지사는 제조소등에 대하여 완공검사를 실시하고, 완공검사를 실시한 결과 해당 제조소등이 기술기준(탱크안전성능검사에 관련된 것을 제외)에 적합하다고 인정하는 때에는 **완공검사합격확인증**을 교부해야 한다.

## 08 다음 위험물에 대하여 운반용기 외부에 표시하여야 하는 주의사항을 쓰시오.

(1) 벤조일퍼옥사이드
(2) 마그네슘
(3) 인화성고체
(4) 과산화나트륨
(5) 기어유

**답안**
(1) 화기엄금, 충격주의
(2) 화기주의, 물기엄금
(3) 화기엄금
(4) 화기·충격주의, 물기엄금, 가연물접촉주의
(5) 화기엄금

**Point 설명** 위험물의 유별, 품명에 따라 운반용기 외부에 표시하여야 하는 주의사항을 달리하므로 문제에서 제시된 위험물 중심으로 하나씩 체크해 보면 다음과 같다.

- 벤조일퍼옥사이드(과산화벤조일)은 유기과산화물로 제5류 위험물(자기반응성 물질)이며, 지정수량은 1종 10kg, 2종 100kg이다. 그러므로 운반용기 외부에 표시하여야 하는 주의사항은 "화기엄금" 및 "충격주의"이다.
- 마그네슘은 제2류 위험물(가연성고체)로 지정수량은 500kg이다. 그러므로 운반용기 외부에 표시하여야 하는 주의사항은 "화기주의" 및 "물기엄금"이다.
- 인화성고체는 제2류 위험물(가연성고체)로 지정수량은 1,000kg이다. 그러므로 운반용기 외부에 표시하여야 하는 주의사항은 "화기엄금"이다.
- 과산화나트륨은 제1류 위험물(산화성고체) 중 무기과산화물류로서 지정수량은 50kg이다. 그러므로 운반용기 외부에 표시하여야 하는 주의사항은 "화기·충격주의", "물기엄금" 및 "가연물접촉주의"이다.
- 기어유는 제4류 위험물 – 제4석유류로서 지정수량은 6,000L이다. 그러므로 운반용기 외부에 표시하여야 하는 주의사항은 "화기엄금"이다.

▶ 법령보기 ◀

위험물은 그 운반용기의 외부에 다음에 정하는 바에 따라 위험물의 품명, 수량 등을 표시하여 적재하여야 한다. 다만, UN의 위험물 운송에 관한 권고(RTDG)에서 정한 기준 또는 소방청장이 정하여 고시하는 기준에 적합한 표시를 한 경우에는 그러하지 아니하다.

㉮ 위험물의 품명 · 위험등급 · 화학명 및 수용성(수용성 표시는 제4류 위험물로서 수용성인 것에 한함)
㉯ 위험물의 수량
㉰ 수납하는 위험물에 따른 주의사항
  - 제1류 위험물 중 알칼리금속의 과산화물 또는 이를 함유한 것에 있어서는 "화기 · 충격주의", "물기엄금" 및 "가연물접촉주의", 그 밖의 것에 있어서는 "화기 · 충격주의" 및 "가연물접촉주의"
  - 제2류 위험물 중 철분 · 금속분 · 마그네슘 또는 이들 중 어느 하나 이상을 함유한 것에 있어서는 "화기주의" 및 "물기엄금", 인화성고체에 있어서는 "화기엄금", 그 밖의 것에 있어서는 "화기주의"
  - 제3류 위험물 중 자연발화성물질에 있어서는 "화기엄금" 및 "공기접촉엄금", 금수성물질에 있어서는 "물기엄금"
  - 제4류 위험물에 있어서는 "화기엄금"
  - 제5류 위험물에 있어서는 "화기엄금" 및 "충격주의"
  - 제6류 위험물에 있어서는 "가연물접촉주의"

## 09 염소산칼륨에 대해 다음 물음에 답하시오. (단, 원자량은 K 39, Cl 35.5)

(1) 열분해반응식을 쓰시오.
(2) 표준상태에서 염소산칼륨 24.5kg이 완전분해 시 발생하는 산소의 부피(m³)를 구하시오.

**답안** (1) 열분해 반응 : $KClO_3 \rightarrow KCl + 1.5O_2$

(2) $O_2$부피 $= 24.5kg \times \dfrac{1kmol}{(39+35.5+16\times 3)kg} \times \dfrac{1.5kmol}{kmol} \times \dfrac{22.4m^3}{1kmol} = 6.72\,m^3$

■ 참고 ■

염소산칼륨은 염소산(鹽素酸)의 기본구조(HClO₃)에서 수소(H) 하나를 칼륨(K)으로 치환된 물질이므로 염소산칼륨의 분자식은 $KClO_3$이며, K의 원자량 39, Cl의 원자량 35.5, O의 원자량 16을 적용하면 $KClO_3$의 분자량은 122.5(=39+35.5+16×3)가 된다.

염소산칼륨은 제1류 위험물(산화성 고체) 중 염소산염류에 속하며, 지정수량 50kg, 위험등급 Ⅰ등급으로 지정 · 관리되는 위험물이다. 열분해 반응식에서 발생되는 $O_2$량과 염소산칼륨 간의 비례식을 적용하여 문제를 푼다. 이때 단위환산에 적용되는 환산인자를 1kmol = kg분자량 = 22.4m³를 적용하는 것이 편리하다. 지금의 계산은 MKS(m, kg, sec) 단위개념으로 계산한 것이다.

□ $KClO_3 \rightarrow KCl + 1.5O_2$
  1mol     :    1.5mol

∴ $O_2$부피 $= 24.5kg \times \dfrac{1kmol(KClO_3)}{(39+35.5+16\times 3)kg} \times \dfrac{1.5kmol(O_2)}{kmol(KClO_3)} \times \dfrac{22.4m^3}{1kmol(O_2)} = 6.72\,m^3$

**10** 클로로벤젠에 대하여 다음 물음에 답하시오.

(1) 화학식을 쓰시오.
(2) 품명을 쓰시오.
(3) 지정수량을 쓰시오.

**답안** (1) $C_6H_5Cl$
(2) 제2석유류
(3) 1,000L

**Point 설명** 벤젠($C_6H_6$)은 제4류 위험물 – 1석유류이고, 클로로벤젠(벤젠 + 염소), 즉 "페닐기($-C_6H_5$)+Cl"로 결합되므로 품명은 제2석유류이고, 화학식(분자식)은 $C_6H_5Cl$이다. 클로로벤젠은 등유, 경유, 자일렌 등과 함께 제2석유류, 비수용성이므로 지정수량은 1,000L, 위험등급 Ⅲ으로 지정·관리되고 있다.

● 참고 ●

| 성질 | 대표 품명 | | 지정수량 | 위험 등급 |
|---|---|---|---|---|
| 인화성 액체 | • 특수인화물(이황화탄소, 산화프로필렌, 아세트알데하이드 등) | | 50L | Ⅰ |
| | • 제1석유류 | 비수용성(휘발유, 벤젠, 톨루엔, 초산에틸 등) | 200L | Ⅱ |
| | | 수용성(아세톤, 사이안화수소, 피리딘 등) | 400L | |
| | • 알코올류(메틸알코올, 에틸알코올, 아이소프로필알코올 등) | | 400L | Ⅱ |
| | • 제2석유류 | 비수용성(등유, 경유, 자일렌, 클로로벤젠 등) | 1,000L | Ⅲ |
| | | 수용성(아크릴산, 하이드라진, 에틸렌디아민 등) | 2,000L | Ⅲ |
| | • 제3석유류 | 비수용성(중유, 아닐린, 벤질알코올, 나이트로벤젠 등) | 2,000L | Ⅲ |
| | | 수용성(에틸렌글리콜, 글리세린, 올레인산 등) | 4,000L | |
| | • 제4석유류(윤활기유, 트라이벤질페놀, 메탄술폰산 등) | | 6,000L | Ⅲ |
| | • 동식물유류(아마인유, 피마자유, 야자유, 채종유 등) | | 10,000L | Ⅲ |

**11** 제1종 분말소화약제에 대하여 다음 물음에 답하시오.

(1) 주성분이 270℃에서 1차 분해될 때, 열분해 반응식을 쓰시오.
(2) 소화약제 10kg이 분해될 때 생성되는 이산화탄소의 부피($m^3$)를 구하시오.

**답안** (1) $2NaHCO_3 \rightarrow Na_2CO_3 + CO_2 + H_2O$

(2) $CO_2 = 10kg \times \dfrac{1kmol}{84kg} \times \dfrac{1mol}{2mol} \times \dfrac{22.4m^3}{1kmol} = 1.33\,m^3$

■ 참고 ■

 제1종 분말소화약제의 주성분은 탄산수소나트륨($NaHCO_3$)이다. 주방에서 흔히 사용하는 베이킹소다(중탄산 나트륨, 중탄산 소다)가 바로 이 성분이다.

탄산수소나트륨($NaHCO_3$)이 270℃의 저온에서 열분해하면 → $CO_2$와 $H_2O$가 하나씩 떨어져 나오고, 나머지는 부촉매로 작용하는 물질이 생성된다.

□ $2NaHCO_3$ → $CO_2 + H_2O + Na_2CO_3$

반면에 850℃의 고온에서는 저온보다 $NaHCO_3$의 열분해가 더욱 왕성하게 일어나므로 → $CO_2$의 발생량이 대폭 증가되므로 다음과 같이 반응이 일어난다.

□ $2NaHCO_3$ → $2CO_2 + H_2O + Na_2O$

탄산수소나트륨($NaHCO_3$) 10kg이 270℃의 저온에서 열분해할 때, 생성되는 이산화탄소의 부피($m^3$)는 앞 반응식을 근거로 비례식을 작성하여 문제를 푼다. 적용하는 $NaHCO_3$의 분자량은 84(=23+1+12+16×3)이다.

□ $2NaHCO_3$ → $CO_2 + H_2O + Na_2CO_3$
　　2mol : 1mol

∴ $CO_2 = 10kg \times \dfrac{1kmol}{84kg} \times \dfrac{1mol}{2mol} \times \dfrac{22.4m^3}{1kmol} = 1.33\,m^3$

---

**12** 흑색화약의 원료와 품명에 대하여 ( ) 안에 알맞은 답을 쓰시오. (위험물이 아닌 경우 품명을 "해당 없음"으로 표기하시오)

| 구분 | 화학식 | 품명 |
| --- | --- | --- |
| (1) 원료 1 | ( ① ) | ( ② ) |
| (2) 원료 2 | ( ③ ) | ( ④ ) |
| (3) 원료 3 | ( ⑤ ) | ( ⑥ ) |

**답안** (1) ① $KNO_3$　② 질산염류
　　　(2) ③ S　　④ 유황
　　　(3) ⑤ 목탄　⑥ 해당 없음

**Point 설명** 흑색화약(黑色火藥, Black Powder)의 개략적 표준조성은 질산칼륨($KNO_3$) 75%, 유황(S) 15%, 목탄(숯) 10%이다. 각 성분을 따로따로 건조·분쇄하고, 먼저 유황(S)과 목탄(숯)을 새의 깃털 등을 사용하여 마찰이 일어나지 않도록 섞고 이어 질산칼륨($KNO_3$)을 섞는다.

원료항목 (1) ~ (3) 중 위험물인 것은 질산칼륨($KNO_3$)과 유황(S)이고, 위험물이 아닌 것은 "목탄(숯)"이므로 목탄(숯)의 품명에는 "해당 없음"으로 표기하면 된다.

흑색화약(黑色火藥)에서 가연물로 작용하는 유황(S)은 가연성고체로서 제2류 위험물의 "품명 – 유황"에 속하며, 위험등급 Ⅱ등급, 지정수량 100kg이다.

흑색화약에서 산화제로 작용하는 질산칼륨($KNO_3$)은 산화성고체로서 제1류 위험물의 "품명 – 질산염류"에 속하며, 위험등급 Ⅱ등급, 지정수량 300kg이다. 질산칼륨($KNO_3$)은 산화성고체이므로 충격, 가열, 환원제와 접촉할 경우 화재 및 폭발 위험이 있다.

**13** 과산화칼륨과 아세트산이 반응할 경우, 제6류 위험물질이 발생한다. 다음 물음에 답하시오.
(1) 발생된 위험물의 분해반응식을 쓰시오.
(2) 해당 위험물을 운반하는 경우, 운반용기 외부에 표시하여야 할 주의사항을 쓰시오.
(3) 해당 위험물의 저장소와 학교와의 안전거리를 쓰시오. (단, 해당 없으면 "해당 없음"이라 쓰시오)

**답안** (1) $H_2O_2 \rightarrow 0.5O_2 + H_2O$
(2) 가연물접촉주의
(3) 해당 없음

### ■참고■

과산화나트륨의 이름에서 "과"를 떼어 내면 "산화나트륨"이 된다. 나트륨은 양이온 1가($Na^+$), 산소는 음이온 2가($O^{2-}$)이므로 산화물을 형성하기 위해서는 등가결합 원칙에 따라 나트륨과 산소의 구성은 2:1, 즉 $2Na^+ : O^{2-}$ = $Na_2O$(산화나트륨)이고, 여기에 산소를 추가하면 $Na_2O_2$가 되므로 이 명칭은 산화나트륨에 "과"를 붙여서 과산화나트륨($Na_2O_2$, 분자량 : $23 \times 2 + 16 \times 2 = 78g$)으로 명명한다.

아세트산(Acetic Acid, $CH_3COOH$)은 우리가 식용하는 초산(醋酸)이다. 과산화나트륨($Na_2O_2$)에서 나트륨(Na)은 양이온 1가이고, 초산($CH_3COOH$)으로부터 제공되는 1가 음이온은 초산이온($CH_3OOO^-$)이다. 따라서 과산화나트륨의 나트륨과 아세트산의 초산이온은 1:1로 등가결합하여 $CH_3OOONa$가 되면서 부산물로 제6류 위험물질인 과산화수소($H_2O_2$)를 발생한다.

ㅁ $Na_2O_2 + 2CH_3COOH \rightarrow 2CH_3COONa + H_2O_2$

과산화나트륨($Na_2O_2$)과 아세트산($CH_3COOH$)의 반응에서 생성된 제6류 위험물질은 과산화수소($H_2O_2$)이다. 과산화수소($H_2O_2$)는 조성물질이 수소와 산소로 구성되어 있으므로 공기 중에서 물과 산소로 분해된다.

ㅁ $H_2O_2 \rightarrow O_2 + 2H_2O$

제6류 위험물질은 저장소와 학교와의 안전거리 규정을 적용받지 않는다. 그러므로 "해당 없음"이라 기재하면 된다.

▶ 법령보기 ◀ 안전거리 규정을 적용받지 않는 곳
㉮ 제조소 : 제6류 위험물을 취급하는 제조소
㉯ 지하탱크저장소, 간이탱크저장소, 이동탱크저장소, 암반탱크저장소
㉰ 옥내저장소
  • 제6류 위험물을 저장 또는 취급하는 옥내저장소
  • 제4석유류 또는 동식물유류의 위험물을 저장 또는 취급하는 옥내저장소로서 그 최대수량이 지정수량의 20배 미만인 것

▶ 법령보기 ◀
위험물은 그 운반용기의 외부에 다음에 정하는 바에 따라 위험물의 품명, 수량 등을 표시하여 적재하여야 한다. 다만, UN의 위험물 운송에 관한 권고(RTDG)에서 정한 기준 또는 소방청장이 정하여 고시하는 기준에 적합한 표시를 한 경우에는 그러하지 아니하다.
㉮ 위험물의 품명 · 위험등급 · 화학명 및 수용성(수용성 표시는 제4류 위험물로서 수용성인 것에 한함)
㉯ 위험물의 수량
㉰ 수납하는 위험물에 따른 주의사항
  • 제1류 위험물 중 알칼리금속의 과산화물 또는 이를 함유한 것에 있어서는 "화기·충격주의", "물기엄금" 및 "가연물접촉주의", 그 밖의 것에 있어서는 "화기·충격주의" 및 "가연물접촉주의"
  • 제2류 위험물 중 철분·금속분·마그네슘 또는 이들 중 어느 하나 이상을 함유한 것에 있어서는 "화기주의" 및 "물기엄금", 인화성고체에 있어서는 "화기엄금", 그 밖의 것에 있어서는 "화기주의"

- 제3류 위험물 중 자연발화성물질에 있어서는 "화기엄금" 및 "공기접촉엄금", 금수성물질에 있어서는 "물기엄금"
- 제4류 위험물에 있어서는 "화기엄금"
- 제5류 위험물에 있어서는 "화기엄금" 및 "충격주의"
- 제6류 위험물에 있어서는 "가연물접촉주의"

**14** 위험물 운반에 관한 혼재기준에서 다음 위험물과 혼재할 수 없는 유별을 모두 쓰시오. (단, 지정수량의 1/10을 초과하는 위험물을 운반하는 경우)

(1) 제1류 위험물
(2) 제2류 위험물
(3) 제3류 위험물
(4) 제4류 위험물
(5) 제5류 위험물

**답안**
(1) 제2류 위험물, 제3류 위험물, 제4류 위험물, 제5류 위험물
(2) 제1류 위험물, 제3류 위험물, 제6류 위험물
(3) 제1류 위험물, 제2류 위험물, 제5류 위험물, 제6류 위험물
(4) 제1류 위험물, 제6류 위험물
(5) 제1류 위험물, 제3류 위험물, 제6류 위험물

**Point 설명** 위험물의 혼재기준은 다음과 같이 정리해 두면 보다 쉽고 오랜 기간 저장해 둘 수 있다. 가로에 1～6류까지 나열하고, 세로도 1～6류까지 나열한 다음 아래 그림과 같이 "X 표시"를 하여 상부선은 "공란선", 아래선은 "가능선"으로 설정하고, 여기에 2-4, 4-5를 추가하면 모두 정리된다.

| 위험물의 구분 | 제1류 | 제2류 | 제3류 | 제4류 | 제5류 | 제6류 |
|---|---|---|---|---|---|---|
| 제1류 |  | × | × | × | × | ○ |
| 제2류 | × |  | × | × | ○ | × |
| 제3류 | × | × |  | ○ | × | × |
| 제4류 | × | × | ○ |  | × | × |
| 제5류 | × | ○ | × | × |  | × |
| 제6류 | ○ | × | × | × | × |  |

※ 혼재가능 위험물 : 혼재가능선상 위험물+[(2-4),(4-5)]

**15** 다음 설명하는 위험물에 대하여 다음 물음에 답하시오.

- 비중 0.53, 융점 180℃
- 은백색(회백색)의 광택이 있는 무른 경금속으로 제3류 위험물로 분류됨
- 불꽃반응 시 붉은 색을 띰

(1) 물과 반응하는 반응식을 쓰시오.
(2) 위험등급을 쓰시오.
(3) 해당 물질 1,000kg을 취급하는 제조소에서 보유하여야 할 공지를 쓰시오.

답안 (1) $Li + H_2O \rightarrow LiOH + 0.5H_2$
(2) Ⅱ등급
(3) 5m

## 참고

 문제의 보기에서 제시하는 특성들을 모두를 잘 알고 있으려면 학습범위가 너무 넓어지고, 복잡하게 된다. 그러므로 몇 가지 주요특성을 알아두어 시험에 대비하는 요령이 필요하다.

우선, 제3류 위험물의 금속류를 살펴보면 → 칼륨(K), 나트륨(Na), 리튬(Li), 루비듐(Rb), 세슘(Cs) 등이 있다. 문제에서 금속이지만 비중이 1보다 작다고 하였으므로 루비듐(Rb)과 세슘(Cs)은 제외한다. 왜냐하면 루비듐(1.53)과 세슘(1.93)은 경금속이 아닌 금속으로 비중이 물보다 크다. 또한 불꽃반응 시 "붉은색"을 띠는 것이라 하였으므로 금속류 중 리튬과 루비듐이 해당된다. 앞에서 루비듐은 비중이 물보다 크기 때문에 먼저 제외하였으므로 → 보기에 해당하는 특성을 갖는 물질은 주기율표상 제1족에 속하는 알칼리 금속인 리튬(Li)이 된다.

참고로, 칼륨(K)을 함유한 것은 엷은 보라색, 나트륨(Na)을 함유한 것은 밝은 노란색 불꽃을 띤다.

리튬(Li)은 제3류 위험물(자연발화성물질 및 금수성물질) – "품명" 알칼리금속으로 분류되며, 지정수량은 50kg으로 위험등급 Ⅱ로 지정·관리되고 있다. 현재 취급하는 Li 1,000kg은 지정수량의 20배이므로 공지의 너비는 5m이상 유지하여야 한다.

리튬(Li)이 물과 반응할 경우 수산화리튬(LiOH)이 되면서 미반응 원소인 수소(H)는 수소가스($H_2$)로 방출된다.
   □ $Li + H_2O \rightarrow LiOH + 0.5H_2$

▶ 법령보기 ◀

위험물을 취급하는 건축물 그 밖의 시설(위험물을 이송하기 위한 배관 그밖에 이와 유사한 시설 제외)의 주위에는 그 취급하는 위험물의 최대수량에 따라 다음 표에 의한 너비의 공지를 보유하여야 한다.

| 취급하는 위험물의 최대수량 | 공지의 너비 |
| --- | --- |
| 지정수량의 10배 이하 | 3m 이상 |
| 지정수량의 10배 초과 | 5m 이상 |

**16** 주수 소화를 할 때, 10℃의 물 2kg이 100℃의 수증기로 되면서 흡수하는 열량(kcal)을 구하시오.

**답안**  $Q = Q_1 + Q_2$

$$= 2\text{kg} \times \frac{1\,\text{kcal}}{\text{kg}\cdot\text{℃}} \times (100-10)\text{℃} + 2\text{kg} \times \frac{539\,\text{kcal}}{\text{kg}} = 1258\,\text{kcal}$$

**■ 참고 ■**

**상세해설** 물을 수증기로 만드는 데 소요되는 총 열량은 물의 온도를 10℃에서 물의 끓는 점인 100℃까지 올리는 데 필요한 현열($Q_1$)과 100℃의 물을 수증기로 증발시키는 데 소요되는 열량, 즉 잠열($Q_2$)을 합산한 열량($Q$)이다.

액체상태의 물 10℃가 100℃로 온도가 증가될 때 흡수되는 열량은 물의 상태변화 없이 온도만을 증가시키는 데 기여한 열량이므로 이것을 현열(顯熱, Sensible Heat)이라고 한다. 현열의 열량가는 물질의 양, 비열, 온도차의 곱으로 산출한다.

  ▫ 현열($Q_1$) = 물질량 × 비열 × 온도차 = 2 × 1 × (100 − 10)

비열의 단위는 kcal/kg·℃이며, 1kg의 물을 열을 가하여 1℃만큼 올리는 데 필요한 열의 양을 1kcal라고 한다.

100℃ 물이 증기로 변하는 데 소요되는 열량으로 잠열(潛熱)이라 한다. 잠열은 물질의 상태변화에 소비되는 열량을 말하며, 온도변화는 밖으로 나타나지 않는다. 잠열은 다음과 같이 산출된다.

  ▫ 잠열($Q_2$) = 물의 양 × 539 kcal/kg = 2 × 539

따라서 10℃ 상태에 있는 물 2kg을 수증기로 변화시키는 데 소요되는(흡수하는) 총 열량은 다음과 같이 계산된다.

  ▫ $Q = Q_1 + Q_2$
  - $Q_1$ : 10℃의 물 2kg → 100℃의 물
  - $Q_2$ : 100℃의 물 2kg → 100℃의 수증기(기화열)

  ∴ $Q = Q_1 + Q_2 = 2\text{kg} \times \dfrac{1\,\text{kcal}}{\text{kg}\cdot\text{℃}} \times (100-10)\text{℃} + \dfrac{539\,\text{kcal}}{\text{kg}} \times 2\text{kg} = 1258\,\text{kcal}$

**17** 위험물의 소화방법에 대하여 올바르게 설명한 것을 모두 고르시오.

① 제1류 위험물은 알칼리금속의 과산화물을 제외하고 경우에 따라 주수소화가 가능하다.
② 제6류 위험물을 저장 또는 취급하는 장소로서 폭발의 위험이 없는 경우, 이산화탄소 소화기는 적응성이 있다.
③ 마그네슘 화재 시 물분무소화는 적응성이 없어 이산화탄소 소화가 가능하다.
④ 건조사는 모든 위험물에 소화적응성이 있다.
⑤ 에탄올은 물보다 비중이 높아 주수소화를 하면 화재면이 확대되므로 주수소화가 불가능하다.

**답안**  ①, ③, ④

**참고**

 **상세해설**

제1류 위험물(산화성고체)의 화재 시 효과적인 대응방법은 대량방수(대량 주수소화)를 하고 연소물과 위험물의 온도를 낮추는 방법을 취하여야 한다. 직사·분무방수, 포말소화, 건조사가 가능하다. 분말소화는 인산염류로 제조한 것을 사용해야 한다. 이때 유의사항은 알칼리금속의 과산화물에는 주수소화를 절대엄금해야 한다. 따라서 ①항은 옳은 것으로 판단한다.

제6류 위험물(산화성액체)의 화재 시 위험물 자체는 연소하지 않으므로 알맞은 소화방법을 취하여야 한다. $CO_2$ 및 불활성기체 소화설비 또는 할로젠화합물 소화설비는 적응성이 없다. 유출사고시에는 마른 모래를 뿌리거나 중화제로 중화하고, 소량일 때에는 건조사, 흙 등으로 흡수시키는 것이 효과적이며, 주위의 상황에 따라서 대량의 물로 희석하는 방법을 적용할 수 있다. 따라서 ②항은 틀린 것으로 판단한다.

마그네슘 등 제2류 위험물(가연성고체)은 물분무소화는 적응성이 없으므로 금속분 등의 금수성 물질은 건조사로 질식소화의 방법을 취하고, 이산화탄소 또는 불활성기체 소화설비, 인산염류를 제외한 분말소화, 건조사로 소화한다. 따라서 ③항은 옳은 것으로 판단한다.

건조사·팽창질석·팽창진주암은 A급화재 및 전기화재를 제외한 제1류 위험물~제6류 위험물까지 모든 위험물에 적응성이 있다. 따라서 ④항은 옳은 것으로 판단한다.

에탄올(에틸알코올)은 비중은 0.79로 물보다 비중이 작다. 공기를 차단시켜 질식소화하는 것이 효과적이며, 포소화약제 이용, 할로젠화합물, 이산화탄소, 분말소화약제 등을 사용한다. 알코올류 저장탱크 화재에서 다량의 물을 탱크 내로 주입함으로써 알코올의 농도를 연소범위 이하로 낮추는 희석소화법이 적용되기도 한다. 포를 사용할 때, 알코올은 수용성이어서 포를 소멸시키기 때문에 수성막 포소화약제는 적응성이 없다. 따라서 ⑤항은 틀린 것으로 판단한다.

▶ 법령보기 ◀

| 소화설비의 구분 | | | 대상물질 | 건축물·그 밖의 공작물 | 전기설비 | 제1류 위험물 | | 제2류 위험물 | | | 제3류 위험물 | | 제4류 위험물 | 제5류 위험물 | 제6류 위험물 |
|---|---|---|---|---|---|---|---|---|---|---|---|---|---|---|---|
| | | | | | | 알칼리금속 과산화물 등 | 그 밖의 것 | 철분·금속분·마그네슘 등 | 인화성 고체 | 그 밖의 것 | 금수성물품(나트륨칼륨 등) | 그 밖의 것 | | | |
| 옥내소화전설비 또는 옥외소화전설비 | | | | ○ | | | ○ | | ○ | ○ | | ○ | | ○ | ○ |
| 스프링클러설비 | | | | ○ | | | ○ | | ○ | ○ | | △ | ○ | ○ |
| 물분무등 소화설비 | 물분무 소화설비 | | | ○ | ○ | | ○ | | ○ | ○ | | ○ | ○ | ○ | ○ |
| | 포 소화설비 | | | ○ | | | ○ | | ○ | ○ | | ○ | ○ | ○ | ○ |
| | 불활성기체 소화설비 | | | | ○ | | | | ○ | | | | ○ | | |
| | 할로젠화합물 소화설비 | | | | ○ | | | | ○ | | | | ○ | | |
| | 분말 소화설비 | 인산염류 등 | | ○ | ○ | | ○ | | ○ | ○ | | | ○ | | ○ |
| | | 탄산수소염류 등 | | | ○ | ○ | | ○ | ○ | | ○ | | ○ | | |
| | | 그 밖의 것 | | | | ○ | | ○ | | | ○ | | | | |
| 기타 | 건조사 | | | | | ○ | ○ | ○ | ○ | ○ | ○ | ○ | ○ | ○ | ○ |
| | 팽창질석 또는 팽창진주암 | | | | | ○ | ○ | ○ | ○ | ○ | ○ | ○ | ○ | ○ | ○ |

**18** 옥외탱크저장소의 방유제 내에 인화성액체(인화점 50℃)를 저장하는 30만L 탱크 3기와 20만L 탱크 9기가 있다. 다음 물음에 답하시오.

(1) 설치하여야 하는 방유제의 최소 수를 쓰시오.
(2) 30만L 2기와, 20만L 2기가 하나의 방유제 내에 있을 경우 방유제의 최소용량을 구하시오.
(3) 해당 방유제에 인화성액체 대신 제6류 위험물인 질산을 저장할 경우 방유제의 수를 구하시오.

**답안** (1) 2

(2) 방유제 최소용량 = 최대 탱크용량 $\times \dfrac{110}{100}$ = 30만L $\times 1.1$ = 33만L

(3) 2

**Point 설명** 방유제 내에 설치하는 옥외저장탱크의 수는 10 이하로 하여야 한다. 저장 또는 취급하는 위험물의 인화점이 70℃ 이상 200℃ 미만인 경우에는 20 이하로 할 수 있지만 현재 저장 또는 취급하는 위험물의 인화점은 50℃이므로 방유제 내에 설치하는 옥외저장탱크의 수는 10 이하로 하여야 한다. 따라서 탱크의 수가 3+9=12기이므로 방유제 = 12/10=1.2, ∴ 소수점 이하가 발생하므로 방유제의 수는 2로 하여야 한다.

▶ 법령보기 ◀

제3류, 제4류, 제5류 위험물 중 인화성이 있는 액체(이황화탄소 제외)의 옥외탱크저장소의 탱크 주위에는 방유제를 설치하여야 한다.

㉮ 방유제 내에 설치하는 옥외저장탱크의 수는 10 이하로 하여야 한다.
㉯ 방유제 내에 설치하는 모든 옥외저장탱크의 용량이 20만L 이하이고, 당해 옥외저장탱크에 저장 또는 취급하는 위험물의 인화점이 70℃ 이상 200℃ 미만인 경우에는 탱크의 수를 20 이하로 하여야 한다.
㉰ 인화점이 200℃ 이상인 위험물을 저장 또는 취급하는 옥외저장탱크에 있어서는 탱크의 수에 제한을 받지 아니한다.
㉱ 방유제의 용량은 방유제 안에 설치된 탱크가 하나인 때에는 그 탱크 용량의 110% 이상, 2기 이상인 때에는 그 탱크 중 용량이 최대인 것의 용량의 110% 이상으로 할 것.

방유제의 용량 산정에서, 방유제 내에 설치된 탱크가 1기일 때는 그 탱크 용량의 110% 이상, 2기 이상인 경우, 그 탱크 중 용량이 최대인 것의 용량의 110% 이상으로 하여야 하므로 현재 탱크 2기 중 용량이 큰 30만L를 기준으로 110% 증가한 용량, 즉 30만L × (110/100) = 33만L 이상이어야 한다.

인화성액체(제3류, 제4류 및 제5류 위험물) 대신 제6류 위험물인 질산을 저장할 경우는 기존의 기준과 동일하다. 다만, 옥외저장탱크의 수가 2기 이상인 때에는 그 탱크 중 용량이 최대인 것의 용량의 100%를 적용하여 방유제 용량을 산정한다는 점이 다르다. 방유제내의 설치하는 옥외저장탱크의 수는 10 이하로 하여야 하므로 방유제 = (탱크 수 = 12)/10 = 1.2, ∴ 소수점 이하가 발생하므로 방유제의 수는 2로 하여야 한다.

**19** 규조토에 흡수시켜 다이너마이트를 만드는 물질에 대해 다음 물음에 답하시오.

(1) 해당 물질의 구조식을 쓰시오.
(2) 품명과 지정수량(단, 1종)을 쓰시오.
(3) 이산화탄소, 수증기, 질소, 산소가 발생하는 분해반응식을 쓰시오.

**답안** (1) 나이트로글리세린의 구조식

(2) 품명 : 질산에스터류, 지정수량(1종) : 10kg
(3) 분해반응식 : $C_3H_5O_3(NO_2)_3 \rightarrow 3CO_2 + 2.5H_2O + 1.5N_2 + 0.5O_2$

**참고**

**상세해설**
문제에서 제시한 설명 중 "규조토에 흡수시켜 다이너마이트를 만드는 물질"은 B로 품명 질산에스터(질산에스테르)류의 나이트로글리세린[NG, $C_3H_5O_3(NO_2)_3$]이라는 것을 짐작할 수 있다. 오래 기억해 두기 위해 "조토 – 니글렀어"라고 해 두면 효과가 있다.

나이트로글리세린(Nitroglycerin)의 화학식은 "나이트로(Nitro)"가 붙어 있으므로 $-NO_2$기(基)가 결합되어 있다는 것을 유의하면서 탄소 3개를 나란하게 두고 OH 1개씩(3개)을 붙이고, 탄소 하나당 나머지 3자리는 수소(H)를 모두 붙인 다음, OH에서 수소(H)를 $-NO_2$로 치환하면 나이트로글리세린의 구조식이 된다.

나이트로글리세린(니트로글리세린, Nitroglycerin)은 제5류 위험물 중 품명 "질산에스터(질산에스테르)류"이고 1종의 지정수량은 10kg, 위험등급 I등급으로 지정·관리되고 있다. 구법(舊法)과 개정(改定) 법령의 지정수량 수치가 다르므로 유의하여야 한다.

나이트로글리세린[$C_3H_5O_3(NO_2)_3$]이 분해될 경우, 이산화탄소, 수증기, 질소, 산소가 발생한다고 조건을 제시해주었으므로 탄소(C)는 전량 $CO_2$로, 수소(H)는 전량 $H_2O$로, 질소(N)는 전량 $N_2$로 생성되고, 나머지는 산소로 하여 반응식을 작성한다.

□ $C_3H_5O_3(NO_2)_3 \rightarrow 3CO_2 + 2.5H_2O + 1.5N_2 + 0.5O_2$

**20** 다음 소화약제 주성분의 화학식 또는 구성 성분을 쓰시오.
(1) 할론 1301
(2) IG-100
(3) 제2종 분말 소화약제

**답안** (1) $CF_3Br$
(2) $N_2$
(3) $KHCO_3$

**참고**

할론 소화약제의 명명체계는 "씨불염봐요(C, F, Cl, Br, I)"의 순서로 개수를 나타내어 명명하는데 해당 원소가 없는 경우는 0으로 표시한다. 맨 끝의 숫자가 0이면 생략한다. 그러므로 할론 1301에 이 방법을 적용하면 → 1301 씨불염봐요(C, F, Cl, Br, I), 탄소 1개, 불소 3개, 염소 0개, 브롬 1개 ➡ $CF_3Br$가 된다.

불활성기체 IG-100은 실기이론 학습에서 공부한 암기법을 적용하면 → 질소($N_2$) 100%로 구성되어 있음을 알 수 있다. 답안지에는 질소 또는 $N_2$라고 기재하면 된다.

---
**이승원의 불활성기체 암기법**

- 불활성기체(IG, Inert Gas) – 공일아 백지곤지다오 오늘은 지오두아사리판이다.
- 공일아 → IG01(아르곤, Ar 전량)
- 백지곤지다오 → IG100(질소, $N_2$ 전량), 다오 55(아르곤 + 질소)(각 50%)
- 오늘은 지오두아사리판 → 오늘은(IG541), 지오두(질소 52), 아사(아르곤 40), 리판(이산화탄소 8)
---

제2종 분말 소화약제 주성분의 화학식은 $KHCO_3$이다. 분말 소화약제의 종별 주성분은 다음과 같다.
- 제1종 : 나트륨(Na) + 수소(H) + 탄산($CO_3$) → $NaHCO_3$
- 제2종 : 칼륨(K) + 수소(H) + 탄산($CO_3$) → $KHCO_3$
- 제3종 : 암모늄($NH_4$) + 수소($H_2$) + 인산($PO_4$) → $NH_4H_2PO_4$
- 제4종 : 혼합형 → 제2종 + 요소 ➡ $KHCO_3$ + 요소[$(NH_2)_2CO$]

---
**이승원의 분말 소화약제 암기법**

분말 1, 2, 3, 4 → 나캉안산다네요이 → 1종(나트륨), 2종(칼륨), 3종(암모늄 + 인산), 4종(요소 + 2종),
※ H 공통
---

● 참고 ●

분말소화약제의 구분과 화재 적응성은 다음과 같다.

| 구분 | 1종 | 2종 | 3종 | 4종 |
|---|---|---|---|---|
| 주성분 | $NaHCO_3$ | $KHCO_3$ | $NH_4H_2PO_4$ | $KHCO_3 + (NH_2)_2CO$ |
| 착색 | 백색 | 보라색/담회색 | 담홍색 | 회색 |
| 적응성 | B, C, F, K급 화재 | B, C급 화재 | A, B, C급 화재 | B, C급 화재 |

● 참고 ●

### 화재의 분류

| 국제표준화기구 | 미국방화협회 |
|---|---|
| A급화재 : 불꽃을 발생시키는 유기물질, 고체물질 화재 | A급화재 : 나무, 의류, 종이, 고무, 플라스틱 등의 화재 |
| B급화재 : 액체 또는 액화하는 고체로 인한 화재 | B급화재 : 모든 가연성 액체 또는 기름, 타르, 래커 등 화재 |
| C급화재 : 가스로 인한 화재 | C급화재 : 통전 중인 전기설비를 포함한 화재 |
| D급화재 : 금속으로 인한 화재 | D급화재 : 마그네슘, 티타늄, 리튬 등 금속으로 인한 화재 |
| F급화재 : 가연성 튀김기름을 포함한 조리로 인한 화재 | K급화재 : 가연성 튀김기름을 포함한 조리로 인한 화재 |

# 2023년 제4회

**01** 탄화칼슘 32g이 물과 반응하여 생성되는 기체가 완전연소하기 위한 산소의 부피(L)를 구하시오.

**답안** 산소부피 $= 32\text{g} \times \dfrac{1\text{mol}}{(40+24)\text{g}} \times \dfrac{1\text{mol}}{1\text{mol}} \times \dfrac{2.5 \times 22.4\text{L}}{1\text{mol}} = 28\,\text{L}$

### 참고

**상세해설** 탄화칼슘은 −4가인 탄소와 +2가인 칼슘이 결합된 물질이므로 탄소가 양이온 2가인 칼슘이온($Ca^{2+}$)과 결합하기 위해서는 음이온 2가로 전환되어야 하므로 탄소는 삼중결합(•C≡C•)을 하여 음이온 2가인 상태에서 칼슘이온과 결합된다. 그러므로 분자식은 $CaC_2$가 된다.

탄화칼슘은 우리가 흔히 카바이드(Carbide)라고 하는 물질로 예전에는 아세틸렌 가스 램프로 많이 이용되었던 물질이다. 탄화칼슘은 다음과 같이 물과 반응하여 아세틸렌(Acetylene, 에틴, $C_2H_2$) 가스를 발생한다.

$$CaC_2 + 2H_2O \rightarrow Ca(OH)_2 + C_2H_2$$
$$\quad 1\text{mol} \qquad\qquad\qquad : \qquad\qquad 1\text{mol}$$

$\therefore C_2H_2$ 발생량 $= 32\text{g}(CaC_2) \times \dfrac{1\text{mol}(CaC_2)}{(40+12\times2)\text{g}} \times \dfrac{1\text{mol}(C_2H_2)}{1\text{mol}(CaC_2)} = 0.5\,\text{mol}$

아세틸렌(에틴, $C_2H_2$)의 연소반응을 토대로 소요되는 산소량을 산출한다.

$$C_2H_2 + 2.5O_2 \rightarrow 2CO_2 + H_2O$$
$$1\text{mol} : 2.5\text{mol}$$

$\therefore O_2(\text{부피}) = 0.5\,\text{mol}(C_2H_2) \times \dfrac{2.5\,\text{mol}(O_2)}{1\,\text{mol}(C_2H_2)} \times \dfrac{22.4\text{L}(O_2)}{1\,\text{mol}(O_2)} = 28\,\text{L}$

**02** 다음의 동식물유류를 건성유, 반건성유, 불건성유로 분류하시오.

• 아마인유    • 야자유    • 들기름    • 면실유    • 피마자유    • 동유    • 올리브유

**답안** (1) 건성유 : 아이오딘가 130 이상인 아마인유, 들기름, 동유 등
(2) 반건성유 : 아이오딘가 100 ~ 130 범위인 면실유, 쌀겨기름 등
(3) 불건성유 : 아이오딘가 100 이하인 피마자유, 야자유, 올리브유 등

**Point 설명** 아이오딘가(요오드가, Iodine Value)가 130 이상인 식물유지를 건성유, 100 ~ 130의 것을 반건성유, 100 이하의 것을 불건성유로 분류한다.
• 건성유 : 아이오딘가 130 이상인 아마인유, 들기름, 동유(오동나무 기름), 해바라기유 등
• 반건성유 : 아이오딘가 100 ~ 130 범위인 참기름, 면실유, 쌀겨기름, 채종유, 청어유, 옥수수기름 등
• 불건성유 : 아이오딘가 100 이하인 피마자유, 땅콩유, 야자유, 올리브유, 동백유 등

**■ 아이오딘가의 크기에 따른 유지류의 이화학적 특성 ■**

| 아이오딘가가 높은 기름 | 아이오딘가가 낮은 기름 |
|---|---|
| • 융점이 낮음<br>• 이중결합이 많음(불포화도가 높음)<br>• 반응성이 풍부함(자연발화 위험성이 큼) | • 융점이 높음<br>• 이중결합이 적음(불포화도가 낮음)<br>• 반응성이 적음(산화안정성이 좋음) |

**03** 다음 위험물을 인화점이 낮은 것부터 높은 순서로 쓰시오.

• 초산에틸    • 메탄올    • 에틸렌글리콜    • 나이트로벤젠

**답안**  초산에틸 < 메탄올 < 나이트로벤젠 < 에틸렌글리콜

■ 참고 ■

초산에틸은 제4류 위험물 - 제1석유류 - 비수용성이다. 제1석유류는 1기압에서 인화점이 21℃ 미만인 것을 말하며, 인화점은 -4℃이고, 발화점은 427℃이다. 제시된 위험물 중 인화점이 가장 낮다. 메틸알코올은 제4류 위험물 - 알코올류로서 인화점은 11℃이므로 그 다음으로 인화점이 낮다. 나이트로벤젠은 제4류 위험물 - 제3석유류 - 비수용성이다. 제3석유류는 1기압에서 인화점이 70℃ 이상 200℃ 미만인 것을 말하는데, 나이트로벤젠의 인화점은 88℃이다. 에틸렌글리콜은 제4류 위험물 - 제3석유류 - 수용성으로 인화점은 111℃이다.

**■ 제4류 위험물의 인화점 범위 ■**

| 구분 | 특수인화물 | 제1석유류 | 제2석유류 | 제3석유류 | 제4석유류 | 동·식물유 |
|---|---|---|---|---|---|---|
| 인화점 | -20℃ 이하 | 21℃ 미만 | 21 ~ 70℃ | 70 ~ 200℃ | 200 ~ 250℃ | 250℃ 미만 |

**04** 다음 중 나트륨에 적응성이 있는 소화설비를 모두 고르시오.

• 팽창질석   • 인산염류분말소화설비   • 건조사   • 불활성기체 소화설비   • 포소화설비

**답안**  팽창질석, 건조사

**Point 설명**  나트륨은 칼륨, 알킬알루미늄, 알킬리튬과 더불어 제3류 위험물로서 "금수성 물품"에 해당한다. 주의할 것은 철분·금속분·마그네슘등은 제2류 위험물이므로 실수하지 않도록 해야 한다. 제3류 위험물의 금수성 물품에 적응성이 있는 소화설비는 분말 소화설비 중에서는 탄산수소염류이고, 건조사, 팽창질석 또는 팽창진주암 등이다.

▶ 법령보기 ◀

| 소화설비의 구분 | | | 대상물 구분 | | | | | | | | | |
|---|---|---|---|---|---|---|---|---|---|---|---|---|
| | | | 건축물·그 밖의 공작물 | 전기설비 | 제1류 위험물 | | 제2류 위험물 | | | 제3류 위험물 | | 제4류 위험물 | 제5류 위험물 | 제6류 위험물 |
| | | | | | 알칼리금속과산화물등 | 그 밖의 것 | 철분·금속분·마그네슘등 | 인화성고체 | 그 밖의 것 | 금수성물품(나트륨칼륨등) | 그 밖의 것 | | | |
| 물분무등 소화설비 | 물분무 소화설비 | | ○ | ○ | | ○ | | ○ | ○ | | ○ | ○ | ○ | ○ |
| | 포 소화설비 | | ○ | | | ○ | | ○ | ○ | | ○ | ○ | ○ | ○ |
| | 불활성기체 소화설비 | | | ○ | | | | ○ | | | | ○ | | |
| | 할로젠화합물 소화설비 | | | ○ | | | | ○ | | | | ○ | | |
| | 분말 소화설비 | 인산염류 등 | ○ | ○ | | ○ | | ○ | ○ | | | ○ | | ○ |
| | | 탄산수소염류 등 | | ○ | ○ | | ○ | ○ | | | ○ | ○ | | |
| | | 그 밖의 것 | | | ○ | | ○ | | | | ○ | | | |
| 기타 | 건조사 | | | | ○ | ○ | ○ | ○ | ○ | ○ | ○ | ○ | ○ | ○ |
| | 팽창질석 또는 팽창진주암 | | | | ○ | ○ | ○ | ○ | ○ | ○ | ○ | ○ | ○ | ○ |

**05** 할로젠화합물 소화설비에 관하여 다음 물음에 답하시오.
(1) 할로젠화합물 소화설비에 사용되는 소화약제(할론 제외) 3가지를 쓰시오.
(2) 전역방출방식의 할로젠화합물 소화설비에 사용되는 소화약제를 1가지만 쓰시오.
(3) 호스릴방식의 할로젠화합물 소화설비에 사용되는 소화약제 3가지를 쓰시오.

 답안 (1) PFC, HFC, HCFC
(2) 할론 1211, 할론 1301, 할론 2402  ※ 이 중에서 1가지만 기재할 것
(3) 할론 1211, 할론 1301, 할론 2402

**∥참고∥**

**상세해설** 할로젠화합물 소화약제는 불소, 염소, 브롬 또는 요오드 중 하나 이상의 원소를 포함하고 있는 유기화합물을 기본성분으로 하는 소화약제를 말하며, 할론가스를 제외하면, 불화탄소(PFC, FC-3110), 불화탄화수소(HFC, HFC-125), 염화불화탄화수소(HCFC, HCFC-22, HCFC-123, HCFC-124), 불화요오드화탄소(FIC, FIC-1311) 등이 있다. 이 중에 3가지를 기재한다.

전역방출방식이란 소화약제 공급장치에 배관 및 분사헤드 등을 고정 설치하여 밀폐 방호구역 내에 소화약제를 방출하는 방식을 말한다. 사용되는 소화약제의 종류는 할론 1211, 할론 1301, 할론 2402 등이다.

호스릴방식이란 소화수 또는 소화약제 저장용기 등에 연결된 호스릴을 이용하여 사람이 직접 화점에 소화수 또는 소화약제를 방출하는 방식을 말한다. 사용되는 소화약제의 종류는 할론 1211, 할론 1301, 할론 2402 등이다.

▶ 법령보기 ◀

㉮ 전역방출방식이란 소화약제 공급장치에 배관 및 분사헤드 등을 고정 설치하여 밀폐 방호구역 내에 소화약제를 방출하는 방식을 말한다.

㉯ 국소방출방식이란 소화약제 공급장치에 배관 및 분사헤드를 설치하여 직접 화점에 소화약제를 방출하는 방식을 말한다.

㉰ 호스릴방식이란 소화수 또는 소화약제 저장용기 등에 연결된 호스릴을 이용하여 사람이 직접 화점에 소화수 또는 소화약제를 방출하는 방식을 말한다.

㉱ 할로젠화합물 및 불활성기체 소화약제란 할로젠화합물(할론 1301, 할론 2402, 할톤 1211 제외) 및 불활성기체로서 전기적으로 비전도성이며 휘발성이 있거나 증발 후 잔여물을 남기지 않는 소화약제를 말한다.

㉲ 할로젠화합물 소화약제란 불소, 염소, 브롬 또는 요오드 중 하나 이상의 원소를 포함하고 있는 유기화합물을 기본성분으로 하는 소화약제를 말한다.

㉳ 불활성기체 소화약제란 헬륨, 네온, 아르곤 또는 질소가스 중 하나 이상의 원소를 기본성분으로 하는 소화약제를 말한다.

## 06 제조소등의 건축물에 다음과 같이 설치된 옥내소화전의 수원의 수량은 몇 m³인지 다음의 각 물음에 답하시오.

(1) 1층에 1개, 2층에 3개로 총 4개의 옥내소화전이 설치된 경우
(2) 1층에 2개, 2층에 5개로 총 7개의 옥내소화전이 설치된 경우

**답안** (1) $Q = \dfrac{7.8\,\mathrm{m}^3}{\text{개}} \times 3\,\text{개} = 23.4\,\mathrm{m}^3$

(2) $Q = \dfrac{7.8\,\mathrm{m}^3}{\text{개}} \times 5\,\text{개} = 39\,\mathrm{m}^3$

**Point 설명** 제조소등의 건축물에 설치되는 소화전의 수원의 수량은 다음과 같이 산정된다.

▶ 법령보기 ◀

㉮ 옥내소화전
- 수원의 수량은 옥내소화전이 가장 많이 설치된 층의 옥내소화전 설치개수(설치개수가 5개 이상인 경우는 5개)에 7.8m³를 곱한 양 이상이 되도록 설치할 것
- 옥내소화전설비는 각층을 기준으로 하여 당해 층의 모든 옥내소화전(설치개수가 5개 이상인 경우는 5개의 옥내소화전)을 동시에 사용할 경우에 각 노즐끝부분의 방수압력이 350kPa 이상이고 방수량이 1분당 260L 이상의 성능이 되도록 할 것

㉯ 옥외소화전
- 수원의 수량은 옥외소화전의 설치개수(설치개수가 4개 이상인 경우는 4개의 옥외소화전)에 13.5m³를 곱한 양 이상이 되도록 설치할 것
- 옥외소화전설비는 모든 옥외소화전(설치개수가 4개 이상인 경우는 4개의 옥외소화전)을 동시에 사용할 경우에 각 노즐 끝부분의 방수압력이 350kPa 이상이고, 방수량이 1분당 450L 이상의 성능이 되도록 할 것

**07** 다음 각 물질의 연소형태를 쓰시오.
  (1) 나트륨 및 금속분
  (2) 에탄올 및 다이에틸에터
  (3) TNT 및 피크린산

**답안** (1) 표면연소
       (2) 증발연소
       (3) 자기연소

**Point 설명** 나트륨과 금속분의 연소형태는 표면연소이며, 에탄올 및 다이에틸에터(디에틸에테르)의 연소는 증발연소, 폭발물 원료인 TNT 및 피크린산의 연소는 자기연소형태를 보인다.

**08** 하이드록실아민에 대한 다음 물음에 답하시오.
  (1) 하이드록실아민 제2종 1톤을 취급하는 제조소와 학교 간의 안전거리를 산정하시오. (단, 계산과정을 포함할 것)
  (2) 하이드록실아민 취급 제조소 주위에 설치하는 토제의 경사면의 경사도는 얼마이어야 하는지 쓰시오.
  (3) 하이드록실아민 취급 제조소에 설치되는 주의사항 표지의 바탕색과 문자색을 쓰시오.

**답안** (1) 안전거리 $= 51.1\sqrt[3]{\text{지정수량 배수}} = 51.1\sqrt[3]{(1000/100)} = 110.09\,\text{m}$ 이상
       (2) 60도 미만
       (3) 적색바탕 백색문자

**참고**

제5류 위험물 중 하이드록실아민·하이드록실아민염류 또는 이 중 어느 하나 이상을 함유하는 것은 규정에 의한 기준 외에 위험물의 성질에 따라 다음의 특례기준에 따라야 한다.

제5류 위험물 중 하이드록실아민의 지정수량은 제1종 10kg, 제2종 100kg이다. 문제에서 하이드록실아민 제2종 1톤을 취급하는 제조소라고 하였으므로 지정수량의 배수는 1000/100=10이다.

특례기준에 따라 하이드록실아민을 취급하는 제조소와 학교 간의 안전거리는 다음의 관계식으로 산정한다.

$$D = 51.1\sqrt[3]{N} \quad \begin{cases} D : \text{거리(m)} \\ N : \text{취급하는 하이드록실아민의 지정수량 배수} = 10 \end{cases}$$

$\therefore D = 51.1\sqrt[3]{10} = 110.09\,\text{m}$ 이상    ※ 다른 계산 방식: $D = 51.1 \times (10)^{1/3} = 110.09\,\text{m}$

▶ 법령보기 ◀
  ㉮ 담 또는 토제는 당해 제조소의 외벽 또는 이에 상당하는 공작물의 외측으로부터 2m 이상 떨어진 장소에 설치할 것
  ㉯ 담 또는 토제의 높이는 해당 제조소에 있어서 하이드록실아민등을 취급하는 부분의 높이 이상으로 할 것
  ㉰ 담은 두께 15cm 이상의 철근콘크리트조·철골철근콘크리트조 또는 두께 20cm 이상의 보강콘크리트블록조로 할 것
  ㉱ 토제의 경사면의 경사도는 60도 미만으로 할 것
  ㉲ 하이드록실아민등을 취급하는 설비에는 하이드록실아민등의 온도 및 농도의 상승에 의한 위험한 반응을 방지하기 위한 조치를 강구할 것
  ㉳ 하이드록실아민등을 취급하는 설비에는 철 이온 등의 혼입에 의한 위험한 반응을 방지하기 위한 조치를 강구할 것

▶ 법령보기 ◀ 표지 및 게시판

㉮ 제조소에는 보기 쉬운 곳에 다음 기준에 따라 "위험물 제조소"라는 표시를 한 표지를 설치하여야 한다.
- 표지는 한 변의 길이가 0.3m 이상, 다른 한 변의 길이가 0.6m 이상인 직사각형으로 할 것
- 표지의 바탕은 백색으로, 문자는 흑색으로 할 것

㉯ • 제조소에는 보기 쉬운 곳에 다음 기준에 따라 방화에 관하여 필요한 사항을 게시한 게시판을 설치하여야 한다.
- 게시판은 한 변의 길이가 0.3m 이상, 다른 한 변의 길이가 0.6m 이상인 직사각형으로 할 것
- 게시판에는 저장 또는 취급하는 위험물의 유별·품명 및 저장최대수량 또는 취급최대수량, 지정수량의 배수 및 안전관리자의 성명 또는 직명을 기재할 것
- 게시판의 바탕은 백색으로, 문자는 흑색으로 할 것

㉰ 게시판 외에 저장 또는 취급하는 위험물에 따라 다음의 규정에 의한 주의사항을 표시한 게시판을 설치할 것
- 제1류 위험물 중 알칼리금속의 과산화물과 이를 함유한 것 또는 제3류 위험물 중 금수성물질에 있어서는 "물기엄금"
- 제2류 위험물(인화성고체 제외)에 있어서는 "화기주의"
- 제2류 위험물 중 인화성고체, 제3류 위험물 중 자연발화성물질, 제4류 위험물 또는 제5류 위험물에 있어서는 "화기엄금"
- 게시판의 색은 "물기엄금"을 표시하는 것에 있어서는 청색바탕에 백색문자로, "화기주의" 또는 "화기엄금"을 표시하는 것에 있어서는 적색바탕에 백색문자로 할 것

## 09 아세트알데히드의 특성은 산화성과 환원성의 양성을 지니고 있다. 아세트알데히드의 산화 및 환원에 관하여 다음 물음에 답하시오.

(1) 산화될 경우 생성되는 물질의 명칭과 생성물질의 연소반응식을 쓰시오.
(2) 환원될 경우 생성되는 물질의 명칭과 생성물질의 연소반응식을 쓰시오.

**답안** (1) 아세트산($CH_3COOH$), $CH_3COOH + 2O_2 \rightarrow 2CO_2 + 2H_2O$
(2) 에틸알코올($C_2H_5OH$), $C_2H_5OH + 3O_2 \rightarrow 2CO_2 + 3H_2O$

## ▌참고▐

아세트알데히드(아세트알데하이드)는 인화성 액체로서 제4류 위험물 중 특수인화물에 속하며, 화학식(시성식)은 $CH_3CHO$로 나타내며, 지정수량은 50L, 위험등급 Ⅰ등급으로 분류된다.

아세트알데히드($CH_3CHO$)를 공기에 노출시키거나 산소를 불어 넣어 산화시키면 $CH_3CHO+O$로 되므로 → $CH_3COOH$(아세트산)가 된다. 아세트알데히드가 산화되면 생성되는 물질의 명칭을 기재하라고 하였으므로 시성식을 쓰면 틀린다. 아세트산 또는 초산으로 명칭을 기재해야 한다.

아세트산($CH_3COOH$)이 연소되면 탄소(C)는 $CO_2$로, 수소(H)는 $H_2O$로 산화되므로 다음과 같이 연소반응이 일어난다.

□ $CH_3COOH + 2O_2 \rightarrow 2CO_2 + 2H_2O$

아세트알데히드($CH_3CHO$)의 원료 중 하나는 "에탄올($C_2H_5OH$)"이다. 에탄올을 산화시켜 아세트알데히드($CH_3CHO$)를 얻고 재차 산화시키면 제4류 위험물인 $CH_3COOH$(아세트산)이 된다.

□ $C_2H_5OH$(에탄올) $\xrightarrow[\text{수소제거(H 2개)}]{\text{산화}}$ $CH_3COH$(아세트알데히드) $\xrightarrow[\text{산소첨가}]{\text{산화}}$ $CH_3COOH$(초산, 아세트산)

알코올에서 → 아세트알데히드 → 아세트산으로 이행되는 일련의 반응은 산화반응(Oxidation Reaction)이다. 산화반응의 역반응(逆反應)이 환원반응(Reducing Reaction)이므로 아세트알데히드($CH_3CHO$)가 환원될 경우 생성되는 물질은 에틸알코올($C_2H_5OH$)이 된다.

에틸알코올($C_2H_5OH$)이 연소되면 탄소(C)는 $CO_2$로, 수소(H)는 $H_2O$로 산화되므로 다음과 같이 연소반응이 일어난다.

□ $C_2H_5OH + 3O_2 \rightarrow 2CO_2 + 3H_2O$

**10** 위험물 운반에 관한 혼재기준에서 다음 위험물과 혼재할 수 없는 유별을 모두 쓰시오. (단, 지정수량의 1/10을 초과하는 위험물을 운반하는 경우)

(1) 제1류 위험물
(2) 제2류 위험물
(3) 제3류 위험물
(4) 제4류 위험물
(5) 제5류 위험물

**답안** (1) 제2류 위험물, 제3류 위험물, 제4류 위험물, 제5류 위험물
(2) 제1류 위험물, 제3류 위험물, 제6류 위험물
(3) 제1류 위험물, 제2류 위험물, 제5류 위험물, 제6류 위험물
(4) 제1류 위험물, 제6류 위험물
(5) 제1류 위험물, 제3류 위험물, 제6류 위험물

**Point 설명** 위험물의 혼재기준은 다음과 같이 정리해 두면 보다 쉽고 오랜 기간 저장해 둘 수 있다. 가로에 1~6류까지 나열하고, 세로도 1~6류까지 나열한 다음 아래 그림과 같이 "X 표시"를 하여 상부선은 "공란선", 아래선은 "가능선"으로 설정하고, 여기에 2-4, 4-5를 추가하면 모두 정리된다.

| 위험물의 구분 | 제1류 | 제2류 | 제3류 | 제4류 | 제5류 | 제6류 |
|---|---|---|---|---|---|---|
| 제1류 |  | × | × | × | × | ○ |
| 제2류 | × |  | × | × |  | × |
| 제3류 | × | × |  | ○ |  | × |
| 제4류 | × | × |  |  | × |  |
| 제5류 | × |  | × | × |  | × |
| 제6류 | ○ | × | × | × | × |  |

※ 혼재가능 위험물 : 혼재가능선상 위험물+[(2-4),(4-5)]

**11** 다음 설명하는 물질에 관하여 물음에 답하시오.

- 분자량 32
- 로켓 추진제의 액체연료
- 과산화수소와는 격렬하게 반응함
- 고온에서 공기와 반응할 경우 암모니아가 생성됨
- 무색의 인화성액체로 물과 알코올에 잘 녹는 성질이 있음

(1) 해당 위험물의 품명을 쓰시오.
(2) 해당 위험물의 화학식을 쓰시오.
(3) 연소반응식을 쓰시오.

**답안** (1) 제2석유류
(2) $N_2H_4$
(3) $N_2H_4 + O_2 \rightarrow N_2 + 2H_2O$

■ 참고 ■

상세해설

우선, 문제에서 제시된 위험물의 특성 중 "인화성액체이고, 분자량 32"라고 하는 것에 초점을 맞추어 보면 → 인화성액체이므로 유별분류에서 제4류 위험물로 분류된다는 것을 알 수 있다.

분자량 32이고, 로켓 추진제의 액체연료로 사용되는 위험물을 선택하여야 한다. 또한, "과산화수소와 격렬히 반응"한다는 것에 주목한다. 과산화수소($H_2O_2$)는 제6류 위험물로서 산화성액체 즉 산화제로 작용하는 물질이므로 상대물질(해당물질)은 환원성이 있는 위험물로서 과산화수소의 산화작용을 받아 격렬히 반응하는 특성을 지녔으며, 분자량은 32이다.

환원성을 갖는 위험물은 대체로 분자 내에 질소(N)나 황(S)을 가지고 있는 특징이 있다. 황(S)의 원자량은 32이다. 그리고 유황(S)은 인화성액체가 아닌 가연성고체로서 제2류 위험물이므로 바제된다.

□ 분자량 32 = N + $x$ 의 관계에서 질소의 원자량은 14이므로 → 14×2=28, 32-28=4라는 값이 나온다. 분자량 32가 되기 위해서는 질소 2개, 수소 4개, 즉 분자식, 하이드라진(히드라진)이라는 것을 알 수 있다.

하이드라진(히드라진, $N_2H_4$)은 제4류 위험물 – 제2석유류로 분류되므로 해당 위험물의 품명은 → 제2석유류이다.

하이드라진의 연소반응에서, 문제에서 별도의 조건이 제시되지 않는 한 화학양론적 연소반응식(완전연소반응식)을 작성해서 답안지에 기재하여야 한다. 분자내의 수소(H)는 모두 $H_2O$로 산화되고, 질소(N)는 연소 양론적으로 불연성으로 간주하므로 질소기체($N_2$)로 방출된다고 보는 것이 이론적 연소반응이다.

□ $N_2H_4 + O_2 \rightarrow N_2 + 2H_2O$

하이드라진(히드라진)은 제4류 위험물의 제2석유류(수용성 액체)이며, 지정수량은 2,000L이고, 위험등급 Ⅲ등급으로 지정·관리되는 위험물이다.

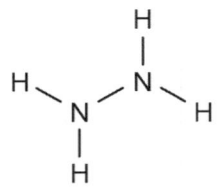

- 히드라진은 암모니아 분자에서 분자 하나당 수소를 하나씩 뺀 것을 두 개 쌍으로 만든 구조임
- 히드라진은 로켓 연료로 사용되는 액체 화학물질임
- 히드라진은 암모니아와 비슷한 냄새가 남
- 물과 비슷한 밀도를 가지며, 물과 비슷한 온도 범위에서 액체 상태로 존재함
- 공기 중에서 가열하면 약 180℃에서 분해하여 수소, 암모니아, 질소가스를 발생함

〈그림〉 하이드라진($N_2H_4$)

● **참고** ●

하이드라진(히드라진, $N_2H_4$)은 발연성(發煙性, Smokability)의 액체이므로 열(熱)에 불안정하며, 공기 중에서 가열하면 약 180℃에서 분해하여 수소, 암모니아, 질소가스를 발생시킨다. 또한 하이드라진은 강한 환원성 물질로 산소가 존재하지 않아도 과산화수소($H_2O_2$)와 같은 강산화제와 접촉하거나 열, 화염, 기타 점화원과의 접촉에 의해 폭발할 수 있다.
  ▫ 과산화수소와 반응 : $N_2H_4 + 2H_2O_2 \rightarrow N_2 + 4H_2O$
  ▫ 180℃에서 분해반응 : $2N_2H_4 \rightarrow H_2 + 2NH_3 + N_2$

## 12 주유취급소에 대한 설명 중 옳은 것을 모두 고르시오.

① 압축수소 충전설비는 옥내주유취급소에 설치 가능하다.
② 고정주유설비를 셀프용 고정주유설비로 변경하는 것은 사전 신고 후 변경할 수 있다.
③ 옥내주유취급소는 건축물 내에 설치된 것만 해당한다.
④ 태양광 발전설비의 집광판 및 그 부속설비는 캐노피의 상부 또는 건축물의 옥상에 설치하여야 한다.

**답안** ④

**Point 설명** 압축수소를 충전하는 주유취급소는 옥내주유취급소 외의 주유취급소에 한정하며, 충전설비의 위치는 주유공지 또는 급유공지 외의 장소로 하되, 주유공지 또는 급유공지에서 압축수소를 충전하는 것이 불가능한 장소로 하여야 한다. ∴ ①항은 올바르지 않다.

셀프용이 아닌 고정주유설비를 셀프용 고정주유설비(고객이 직접 자동차 등의 연료탱크 또는 용기에 위험물을 주입하는 설비)로 변경하는 경우는 변경허가를 받아야 한다. ∴ ②항은 올바르지 않다.

옥내주유취급소는 건축물 안에 설치하는 주유취급소와 캐노피 · 처마 · 차양 · 부연 · 발코니 및 루버(Louver)의 수평투영면적이 주유취급소의 공지면적의 3분의 1을 초과하는 주유취급소를 포함한다. ∴ ③항은 올바르지 않다.

주유취급소의 건축물 규정에서 태양광 발전설비의 집광판 및 그 부속설비는 캐노피의 상부 또는 건축물의 옥상에 설치하여야 하고, 접속반, 인버터, 분전반 등의 전기설비는 주유를 위한 작업장 등 위험물취급장소에 면하지 않는 방향에 설치하여야 하며, 가연성의 증기가 체류할 우려가 있는 장소에 설치하는 전기설비는 방폭구조로 하여야 한다. ∴ ④항은 올바르다.

**13** 다음 [표]는 위험물안전 관련 법령상 소화설비 적응성을 나타낸 것이다. 위험물에 대해 소화설비가 적응성이 있는 경우에 빈칸에 "○"으로 표시하시오.

| 소화설비의 구분 | | 대상물질 | 제1류 위험물 | | 제2류 위험물 | | | 제3류 위험물 | | 제4류 위험물 | 제5류 위험물 | 제6류 위험물 |
|---|---|---|---|---|---|---|---|---|---|---|---|---|
| | | | 알칼리금속과산화물등 | 그 밖의 것 | 철분·금속분·마그네슘등 | 인화성고체 | 그 밖의 것 | 금수성물품 | 그 밖의 것 | | | |
| 옥외소화전설비 | | | | ○ | | ○ | ○ | | ○ | | ○ | ○ |
| 물분무등 소화설비 | 포 소화설비 | | | ○ | | ○ | ○ | | ○ | ○ | ○ | ○ |
| | 불활성기체 소화설비 | | | | | ○ | | | | ○ | | |
| | 할로젠화합물 소화설비 | | | | | ○ | | | | ○ | | |

**답안** ▶ 법령보기 ◀

**14** 다음 위험물의 열분해반응식을 각각 쓰시오.

(1) 과염소산나트륨
(2) 염소산나트륨
(3) 아염소산나트륨

**답안** (1) 과염소산나트륨 열분해 : $NaClO_4 \rightarrow 2O_2 + NaCl$
(2) 염소산나트륨 열분해 : $NaClO_3 \rightarrow 1.5O_2 + NaCl$
(3) 아염소산나트륨 열분해 : $NaClO_2 \rightarrow O_2 + NaCl$

■ 참고 ■

과염소산나트륨의 분자식은 $NaClO_4$이고, 열분해 되면 분자 내에 지니고 있던 산소를 방출하는 특성이 있으므로 다음과 같은 열분해 반응이 일어난다.

  □ $NaClO_4 \rightarrow 2O_2 + NaCl$

염소산나트륨의 분자식은 $NaClO_3$이고, 열분해 되면 분자 내에 지니고 있던 산소를 방출하는 특성이 있으므로 다음과 같은 열분해 반응이 일어난다.

  □ $NaClO_3 \rightarrow 1.5O_2 + NaCl$

아염소산나트륨의 분자식은 $NaClO_2$이고, 열분해 되면 분자 내에 지니고 있던 산소를 방출하는 특성이 있으므로 다음과 같은 열분해 반응이 일어난다.

  □ $NaClO_2 \rightarrow O_2 + NaCl$

**15** 위험물의 특징이 다음과 같을 때, 물음에 답하시오.

- 위험물의 비중은 1.26, 지정수량 50L이다.
- 옥외탱크저장소에 저장할 경우, 벽 및 바닥의 두께 0.2m 이상의 콘크리트 수조에 넣어 보관하여야 한다.

(1) 해당 위험물의 시성식을 쓰시오.
(2) 해당 위험물의 연소반응식을 쓰시오.
(3) 해당 위험물에 대한 위험물안전관리법령상 저장기준과 다른 것을 골라 바르게 고쳐 쓰시오.
  ① 통기관을 설치하지 않아도 된다.
  ② 보유공지를 두어야 한다.
  ③ 자동계량장치는 생략할 수 있다.

**답안** (1) $CS_2$
(2) $CS_2 + 3O_2 \rightarrow CO_2 + 2SO_2$
(3) ② 보유공지는 두지 않아도 된다.

■ 참고 ■

 지정수량의 단위를 리터(L)로 표시하는 위험물은 제4류 위험물밖에 없다. 여기에 더하여 지정수량 50L라고 하였으므로 특수인화물이다. 그리고 콘크리트 수조에 넣어 보관한다고 하였으므로 특수인화물 중 이황화탄소($CS_2$)가 된다. 이황화탄소는 산화프로필렌, 아세트알데하이드 등과 함께 품명 특수인화물에 해당한다. 지정수량 50L, 위험등급 Ⅰ로 지정·관리하고 있다.

특수인화물인 이황화탄소($CS_2$)는 비수용성이면서 물보다 비중이 크기 때문에 수조(물탱크)에 보관하며, 액면을 물로 채워 증기의 발생을 억제시켜야 한다.

해당 위험물의 시성식은 $CS_2$이고, 이황화탄소($CS_2$)가 연소할 경우, 탄소(C)는 $CO_2$로, 황(S)은 이산화황($SO_2$)으로 산화되므로 다음과 같이 연소반응식을 작성할 수 있다.

□ $CS_2 + 3O_2 \rightarrow CO_2 + 2SO_2$

▶ 법령보기 ◀

이황화탄소의 옥외저장탱크는 벽 및 바닥의 두께가 0.2m 이상이고, 누수가 되지 아니하는 철근콘크리트의 수조에 넣어 보관하여야 한다. 이 경우 보유공지·통기관 및 자동계량장치는 생략할 수 있다.

**16** 다음 중 옥내저장소의 동일한 실에 함께 저장할 수 있는 유별끼리 연결한 것을 모두 고르시오. (단, 유별끼리 저장하여 1m 이상의 거리를 둔 경우이다)

A. 무기과산화물 – 유기과산화물
B. 질산염류 – 과염소산
C. 황린 – 질산염류
D. 인화성 고체 – 제1석유류
E. 유황 – 톨루엔

답안  A, B, C, D

■ 참고 ■

 A.의 무기과산화물은 제1류 위험물(산화성고체)이고, 알칼리금속의 과산화물 또는 이를 함유한 것을 제외한 무기과산화물과 제5류 위험물(자기반응성물질)인 유기과산화물은 유별로 정리하여 서로 1m 이상의 간격을 두는 경우, 함께 저장할 수 있다. 단, 알칼리금속의 과산화물 또는 이를 함유한 제1류 위험물과 제5류 위험물은 함께 저장할 수 없다.

▶ 법령보기 ◀

옥내저장소 또는 옥외저장소에 있어서 다음 규정에 의한 위험물을 저장할 때는 위험물을 유별로 정리하여 저장하는 한편, 서로 1m 이상의 간격을 두는 경우에는 동일한 저장소, 동일한 실에 저장할 수 있다.
• 제1류 위험물(알칼리금속의 과산화물 또는 이를 함유한 것 제외)과 제5류 위험물을 저장하는 경우
• 제1류 위험물과 제6류 위험물을 저장하는 경우
• 제1류 위험물과 제3류 위험물 중 자연발화성물질(황린 또는 이를 함유한 것에 한함)을 저장하는 경우

B.의 질산염류는 제1류 위험물(산화성고체)이고, 과염소산은 제6류 위험물(산화성액체)이므로 유별로 정리하여 서로 1m 이상의 간격을 두는 경우, <u>함께 저장할 수 있다</u>. 참고로 과염소산염류는 제1류 위험물(산화성고체)이므로 혼동하지 말아야 한다.

C.의 황린은 제3류 위험물(자연발화성물질)이고, 질산염류는 제1류 위험물(산화성고체)이므로 유별로 정리하여 서로 1m 이상의 간격을 두는 경우, 함께 저장할 수 있다.

D.의 인화성고체(소디움메틸레이트, 마그네슘에틸레이트 등)는 제2류 위험물(가연성고체)이고, 제1석유류(휘발유, 벤젠, 아세톤 등)는 제4류 위험물(인화성액체)이므로 유별로 정리하여 서로 1m 이상의 간격을 두는 경우, <u>함께 저장할 수 있다</u>.

E.의 유황은 제2류 위험물(가연성고체)이고, 톨루엔은 제4류 위험물(인화성액체) – 1석유류이므로 동일장소에 <u>같이 저장할 수 없다</u>. 제4류 위험물과 함께 저장할 수 있는 위험물은 제2류 위험물 중 인화성고체, 제4류 위험물 중 알킬알루미늄·알킬리튬과 제3류 위험물 중 알킬알루미늄, 제4류 위험물 중 유기과산화물 또는 이를 함유한 것과 제5류 위험물 중 유기과산화물이다.

▶ 법령보기 ◀

옥내저장소 또는 옥외저장소에 있어서 다음 규정에 의한 위험물을 저장할 때는 위험물을 유별로 정리하여 저장하는 한편, 서로 1m 이상의 간격을 두는 경우에는 동일한 저장소, 동일한 실에 저장할 수 있다.
- 제2류 위험물 중 인화성고체와 제4류 위험물을 저장하는 경우
- 제3류 위험물 중 알킬알루미늄등과 제4류 위험물(알킬알루미늄 또는 알킬리튬을 함유한 것에 한함)을 저장하는 경우
- 제4류 위험물 중 유기과산화물 또는 이를 함유하는 것과 제5류 위험물 중 유기과산화물 또는 이를 함유한 것을 저장하는 경우
- 제3류 위험물 중 황린 그밖에 물속에 저장하는 물품과 금수성물질은 동일한 저장소에서 저장하지 아니하여야 한다.

**17** 위험물안전관리법령상 농도 36%(중량) 이상인 것에 한하여 제6류 위험물로 지정·관리되고 있는 위험물에 대하여 다음 물음에 답하시오.
(1) 이 위험물의 분해 반응식을 쓰시오.
(2) 이 위험물을 운반할 때 운반용기의 외부에 표시하는 주의사항을 쓰시오.
(3) 이 위험물의 위험등급을 쓰시오.

**답안** (1) $2H_2O_2 \rightarrow O_2 + 2H_2O$ 또는 $H_2O_2 \rightarrow 0.5O_2 + H_2O$
  (2) 가연물접촉주의
  (3) Ⅰ등급

■ 참고 ■

 농도 36중량% 이상인 것만 위험물로 지정·관리되는 것은 과산화수소이다. 과산화수소($H_2O_2$)는 분자량 34이다. 과산화수소는 제6류 위험물(산화성 액체)로 농도가 36wt% 이상의 것만 위험물로 취급한다.

위험물관리규정에 농도를 규정하는 것은 과산화수소($H_2O_2$, 36wt% 이상)와 유황(60wt% 이상) 뿐이다. 과산화수소를 포함한 제6류 위험물의 모두 위험등급은 Ⅰ등급으로 지정수량은 300kg이다.

▶ 법령보기 ◀ 운반용기 외부에 표시하여야 하는 주의사항

㉮ 제1류 위험물 중 알칼리금속의 과산화물 또는 이를 함유한 것에 있어서는 "화기·충격주의", "물기엄금" 및 "가연물접촉주의", 그 밖의 것에 있어서는 "화기·충격주의" 및 "가연물접촉주의"
㉯ 제2류 위험물 중 철분·금속분·마그네슘 또는 이들 중 어느 하나 이상을 함유한 것에 있어서는 "화기주의" 및 "물기엄금", 인화성고체에 있어서는 "화기엄금", 그 밖의 것에 있어서는 "화기주의"
㉰ 제3류 위험물 중 자연발화성물질에 있어서는 "화기엄금" 및 "공기접촉엄금", 금수성물질에 있어서는 "물기엄금"
㉱ 제4류 위험물에 있어서는 "화기엄금"
㉲ 제5류 위험물에 있어서는 "화기엄금" 및 "충격주의"
㉳ 제6류 위험물에 있어서는 "가연물접촉주의"

▶ 법령보기 ◀

| 위험등급 | 해당 품명 및 품목 |
|---|---|
| Ⅰ등급 위험물 | • 제1류 위험물 중 아염소산염류, 염소산염류, 과염소산염류, 무기과산화물 그밖에 지정수량이 50kg인 위험물<br>• 제3류 위험물 중 칼륨, 나트륨, 알킬알루미늄, 알킬리튬, 황린 그밖에 지정수량이 10kg 또는 20kg인 위험물<br>• 제4류 위험물 중 특수인화물<br>• 제5류 위험물 중 지정수량이 10kg인 위험물<br>• 제6류 위험물 |
| Ⅱ등급 위험물 | • 제1류 위험물 중 브로민산염류, 질산염류, 아이오딘산염류 그밖에 지정수량이 300kg인 위험물<br>• 제2류 위험물 중 황화인, 적린, 유황 그밖에 지정수량이 100kg인 위험물<br>• 제3류 위험물 중 알칼리금속(칼륨 및 나트륨 제외) 및 알칼리토금속, 유기금속화합물(알킬알루미늄 및 알킬리튬 제외) 그밖에 지정수량이 50kg인 위험물<br>• 제4류 위험물 중 제1석유류 및 알코올류<br>• 제5류 위험물 중 Ⅰ등급 이외 위험물 |
| Ⅲ등급 위험물 | • Ⅰ등급 및 Ⅱ등급 외의 위험물 |

**18** 다음의 각 위험물이 연소할 경우 생성되는 물질을 화학식으로 나타내시오. (단, 해당되지 않으면 "해당 없음"이라 쓰시오)

(1) 질산칼륨
(2) 과염소산
(3) 마그네슘
(4) 황
(5) 황린

**답안** (1) 해당 없음
(2) 해당 없음
(3) $MgO$
(4) $SO_2$
(5) $P_2O_5$

### ▌참고 ▌

질산칼륨($KNO_3$)은 강산화성 물질로서 연소·산화되지 않고, 다만, 열분해 될 경우 산소를 방출하여 연소를 촉진하는 조연기능(助燃機能)을 한다. 따라서 연소·산화되지 않으므로 "해당 없음"이라 쓴다. 질산칼륨은 제1류 위험물(산화성고체)로서 품명은 질산염류이며, 지정수량은 300kg, 위험등급은 Ⅱ이다.

과염소산($HClO_4$)은 제6류 위험물로 유동하기 쉬운 산화성 액체로 불연성이며, 흡습성(吸濕性)이 강하고, 매우 불안정한 강산(强酸)으로 지정수량은 300kg이다. 따라서 연소·산화되지 않으므로 "해당 없음"이라 쓴다.

마그네슘(Mg)은 제2류 위험물(가연성고체)로 지정수량은 500kg, 위험등급 Ⅲ으로 지정·관리되고 있다. 마그네슘은 연소되어 산화마그네슘(MgO)으로 되는데, 약 75%는 산소와 결합하여 산화마그네슘을 형성하고, 약 25%는 질소와 결합하여 질화마그네슘을 만든다.

□ $Mg + 0.5O_2 \rightarrow MgO$

□ $3Mg + N_2 \rightarrow Mg_3N_2$

유황(硫黃, S)은 제2류 위험물(가연성고체)로 황화인(黃化燐), 적린(赤燐)과 더불어 지정수량 100kg, 위험등급 Ⅱ로 지정·관리되고 있다. 유황(S)의 경우, 위험물안전관리법상 위험물에 해당하는 것은 유황의 순도가 60wt% 이상인 것만 해당되며, 연소하기 쉬운 가연성고체로서 격렬한 연소를 하지 않지만 다량의 유독성 가스($SO_2$)를 발생한다.

□ $S + O_2 \rightarrow SO_2$

황린(黃燐, $P_4$)은 제3류 위험물(자연발화성물질)로서 지정수량 20kg, 위험등급 Ⅰ인 물질이다. 분자식은 $P_4$이며, 연소·산화되면 오산화인($P_2O_5$)을 발생한다. 제3류 위험물 중 위험등급 Ⅰ등급 물질은 칼륨, 나트륨, 알킬알루미늄, 알킬리튬, 황린 그밖에 지정수량이 10kg 또는 20kg인 위험물이다.

□ $P_4 + 5O_2 \rightarrow 2P_2O_5$

황린($P_4$)은 인(燐) 동소체들 중 가장 불안정하고 가장 반응성이 크며, 밀도는 가장 작고(비중 1.82), 공기 중에서는 산화되어 발화하기 쉬우며, 동소체에 비해 독성이 매우 크므로 pH 9의 물에 저장한다.

**19** 아세톤에 대하여 다음 물음에 답하시오.
(1) 시성식을 쓰시오.
(2) 품명을 쓰시오.
(3) 지정수량을 쓰시오.
(4) 증기비중을 산출하시오.

📋 **답안** (1) $CH_3COCH_3$

(2) 제1석유류

(3) 400L

(4) 증기비중 = $\dfrac{\text{아세톤 밀도}(=58/22.4)}{\text{공기 밀도}(=29/22.4)} = \dfrac{58}{29} = 2.0$

**Point 설명** 이론학습과정에서 저자가 소개한 암기법 "아세톤 = 아세콘"을 한번 떠올려 보면 → "아"는 알킬기(Alkyl Group), "세"는 탄소 3개(C-C-C) 결합, "콘"은 C=O(Carbonyl Group)르 결합되어 있는 것이 아세톤이다. 아세톤을 화학식(시성식)으로 나타내면 $CH_3COCH_3$(분자량 58)로 된다. 그리고 아세톤은 수용성으로 사이안화수소, 피리딘 등과 더불어 제4류 위험물의 제1석유류로 분류되며, 지정수량은 400L, 위험등급 Ⅱ로 지정·관리되고 있다.

아세톤($CH_3COCH_3$, 분자량 58)의 증기 1mol = 58g = 22.4L, 그러므로 아세톤의 밀도는 58g/22.4L, 공기의 분자량은 29이므로 밀도는 29g/22.4L이다. 따라서 다음과 같이 증기비중 공식을 이용하여 아세톤의 비중을 산출할 수 있다.

□ 증기비중 = $\dfrac{\text{아세톤 밀도}(=58/22.4)}{\text{공기 밀도}(=29/22.4)} = \dfrac{58}{29} = 2.0$

**20** 다음은 위험물안전관리법령상의 옥외탱크저장소의 설치허가에 관한 내용이다. 물음에 답하시오.

(1) 옥외탱크저장소의 저장용량이 50만L인 경우, 해당 제조소 등의 설치허가 순서에 대하여 다음 [보기]의 내용을 보고 알맞은 순서대로 괄호 안에 넣으시오.

[보기]
① 탱크안전성능검사   ② 기술검토   ③ 완공검사   ④ 완공검사합격확인증   ⑤ 설치허가

( ) → ( ) → ( ) → ( ) → ( )

(2) 기술검토를 위탁받아 수행하는 기관은 어디인지 쓰시오.
(3) 기술검토를 신청할 경우 확인하여야 할 사항 1가지만 쓰시오.

 **답안** (1) 설치허가 순서 : ② → ⑤ → ① → ③ → ④
(2) 위탁기관 : 기술원
(3) 확인사항(※ 다음 중에서 하나만 기재)
 • 위험물탱크의 기초·지반에 관한 사항
 • 탱크본체 및 소화설비에 관한 사항

**∥참고∥**

**상세해설** 옥외탱크저장소의 설치허가에 관하여 ㉔의 시행령 제6조-㉡을 보면 → "제조소등에 관한 설치허가를 신청하는 자는 그 시설의 설치계획에 관하여 미리 기술원의 기술검토를 받아 그 결과를 설치허가 또는 변경허가신청서류와 함께 제출할 수 있다."고 하였으므로 ② 기술원의 기술검토 → 설치허가 신청 → ⑤ 설치허가 → 설치의 순서로 된다.

㉔의 법 제8조를 보면 → "제조소등의 설치허가를 받은 자가 위험물탱크를 설치한 후 규정에 따른 완공검사를 받기 전에 시·도지사가 실시하는 탱크안전성능검사를 받아야 한다."라고 규정하고 있으므로 설치 후 → ① 탱크안전성능검사 → 완공검사 신청 → ③ 완공검사 → 합격 → ④ 완공검사합격확인증을 교부 받는 순서로 된다. 그러므로 [보기]에서 제시한 설치허가 항목의 절차는 ② → ⑤ → ① → ③ → ④의 순서로 이루어진다.

기술검토를 신청할 경우 확인하여야 할 사항은 신청의 내용이 "위치구조설비 기준"과 "소화설비, 경보설비 및 피난설비의 기준"에 적합하다고 인정되는 경우에는 기술검토서를 교부하고, 적합하지 아니하다고 인정되는 경우에는 신청인에게 서면으로 그 사유를 통보하고 보완을 요구하게 된다.

다시 말하면, 신청자가 기술원에 기술검토를 신청할 경우 → 기술원에서 확인하는 사항은 기술검토 신청 대상시설에 관한 "위치·구조설비 기준"과 "소화설비, 경보설비 및 피난설비의 기준"에 적합한지의 여부를 본다. 모든 사항이 기준에 적합하다고 인정되는 때에 → 기술검토서를 교부한다.

▶ 법령보기 ◀

㉮ 설치허가 신청(시행령 제6조)
  ㉠ 제조소등의 설치허가 또는 변경허가를 받으려는 자는 설치허가 또는 변경허가신청서에 행정안전부령으로 정하는 서류를 첨부하여 시·도지사에게 제출하여야 한다.
  ㉡ 시·도지사는 제조소등의 설치허가 또는 변경허가 신청 내용이 다음 기준에 적합하다고 인정하는 경우에는 허가를 하여야 한다.
    • 제조소등의 위치·구조 및 설비가 규정에 의한 기술기준에 적합할 것
    • 제조소등에서의 위험물의 저장 또는 취급이 공공의 안전유지 또는 재해의 발생방지에 지장을 줄 우려가 없다고 인정될 것
    • 다음의 제조소등은 한국소방산업기술원(기술원)의 기술검토를 받고 그 결과가 행정안전부령으로 정하는 기준에 적합한 것으로 인정될 것
      - 지정수량의 1천배 이상의 위험물을 취급하는 제조소 또는 일반취급소 : 구조·설비에 관한 사항
      - 옥외탱크저장소(저장용량이 50만 리터 이상인 것만 해당) 또는 암반탱크저장소 : 위험물탱크의 기초·지반, 탱크본체 및 소화설비에 관한 사항
  ㉢ 제조소등에 관한 설치허가 또는 변경허가를 신청하는 자는 그 시설의 설치계획에 관하여 미리 기술원의 기술검토를 받아 그 결과를 설치허가 또는 변경허가신청서류와 함께 제출할 수 있다.

㉯ 설치허가 신청(시행규칙 제6조) : 제조소등의 설치허가를 받으려는 자는 신청서와 부대서류 첨부하여 시·도지사나 소방서장에게 제출하여야 한다.
  ㉠ 50만 리터 이상의 옥외탱크저장소의 경우에는 옥외저장탱크의 기초·지반 및 탱크본체의 설계도서, 공사계획서, 공사공정표, 지질조사자료 등 기초·지반에 관하여 필요한 자료와 용접부에 관한 설명서 등 탱크에 관한 자료
  ㉡ 옥외저장탱크가 지중탱크(저부가 지반면 아래에 있고 상부가 지반면 이상에 있으며 탱크내 위험물의 최고액면이 지반면 아래에 있는 원통세로형식의 위험물탱크)인 경우에는 해당 지중탱크의 지반 및 탱크본체의 설계도서, 공사계획서, 공사공정표 및 지질조사자료 등 지반에 관한 자료

㉰ 기술검토 신청(시행규칙 제9조)
  ㉠ 기술검토를 미리 받으려는 자는 신청서와 서류를 기술원에 제출하여야 한다.
  ㉡ 기술원은 신청의 내용이 기준에 적합하다고 인정되는 경우에는 기술검토서를 교부하고, 적합하지 아니하다고 인정되는 경우에는 신청인에게 서면으로 그 사유를 통보하고 보완을 요구하여야 한다.

㉱ 탱크안전성능검사(법 제8조) : 제조소등의 설치허가를 받은 자가 위험물탱크를 설치한 후 규정에 따른 완공검사를 받기 전에 규정에 따른 기술기준에 적합한지의 여부를 확인하기 위하여 시·도지사가 실시하는 탱크안전성능검사를 받아야 한다. 이 경우 시·도지사는 규정에 따른 허가를 받은 자가 한국소방산업기술원으로부터 탱크안전성능시험을 받은 경우에는 규정에 정하는 바에 따라 당해 탱크안전성능검사의 전부 또는 일부를 면제할 수 있다.

㉲ 탱크안전성능검사(시행령 제8조) : 탱크안전성능검사는 기초·지반검사, 충수·수압검사, 용접부검사 및 암반탱크검사로 구분하여 실시한다.

㉳ 완공검사 신청(시행규칙 제10조)
  ㉠ 제조소등에 대한 완공검사를 받고자 하는 자는 이를 시·도지사에게 신청하여야 한다.
  ㉡ 신청을 받은 시·도지사는 제조소등에 대하여 완공검사를 실시하고, 완공검사를 실시한 결과 해당 제조소등이 규정에 따른 기술기준(탱크안전성능검사에 관련된 것을 제외)에 적합하다고 인정하는 때에는 완공검사합격확인증을 교부해야 한다.

# 2022년 제1회

**01** 다음 [보기]를 읽고 물음에 답하시오.

[보기]
- 제4류 위험물 중 제1석유류이며, 비수용성 액체
- 무색·투명하고, 방향성을 가지며, 휘발성이 강함
- 분자량 78, 인화점 −11℃

(1) 해당 위험물의 명칭을 쓰시오.
(2) 해당 위험물의 구조식을 쓰시오.
(3) 위험물을 취급하는 설비에 있어서 [보기]에 해당하는 위험물이 직접 배수구에 흘러가지 아니하도록 집유설비에 무엇을 설치하여야 하는가? (단, 해당 없으면 "해당 없음"이라 쓰시오)

**답안** (1) 명칭 : 벤젠

(2) 구조식

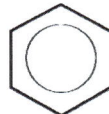

(3) 집유설비에 설치하는 장치 : 유수분리장치

**참고**

방향성을 갖는 분자는 고리형이어야 한다. 대체로 톨루엔, 벤젠, 피리딘 3가지로 축약되고, 이 3가지 중에서 "분자량 78"인 것은 벤젠이다.

벤젠($C_6H_6$)은 제4류 위험물 중 제1석유류의 비수용성 물질로 휘발유, 톨루엔, 초산에틸 등과 함께 지정수량 200L, 위험등급 Ⅱ등급으로 지정·관리되고 있는 물질이다.

벤젠(Benzene)은 6각형의 구조를 가진다. 각 모서리마다 탄소(C)가 하나씩 붙고, 여기에 수소(H)하나가 붙어 있다. 그러므로 벤젠의 화학식(분자식)은 $C_6H_6$이다. 문제에서 "구조식(構造式)"으로 주문하고 있다는 점에 유의해야 한다. 헷갈릴 경우, 구조식을 그릴 때 6각형 내의 실선은 생략해도 된다. 그러나 화학식(분자식, 시성식, 조성식, 실험식 등)을 쓰면 틀린다.

벤젠(Benzene)은 비수용성(非水溶性) 액체로 물에 녹지 않으며, 밀도가 $0.88g/cm^3$로 물($1g/cm^3$)보다 가볍기 때문에 벤젠은 물 위로 부상(浮上)하게 된다. 벤젠과 같이 물에 용해(溶解)되지 않고, 물 위로 부상하는 유분(油分)을 물 위로 분리(걷어 냄)하는 장치를 유수분리장치(油水分離裝置, Oil Separator)라 한다. 따라서 부상식(浮上式) 유수분리장치는 수용성(水溶性) 액체에는 적용하기 어렵다.

**02** 다음의 위험물에 대한 증기비중을 구하시오.
   (1) 이황화탄소
   (2) 아세트알데하이드
   (3) 벤젠

**답안** (1) 이황화탄소 증기비중 $= \dfrac{CS_2 \text{ 밀도}}{\text{공기 밀도}} = \dfrac{76/22.4}{29/22.4} = 2.62$

(2) 아세트알데하이드 증기비중 $= \dfrac{CH_3CHO \text{ 밀도}}{\text{공기 밀도}} = \dfrac{44/22.4}{29/22.4} = 1.52$

(3) 벤젠 증기비중 $= \dfrac{C_6H_6 \text{ 밀도}}{\text{공기 밀도}} = \dfrac{78/22.4}{29/22.4} = 2.69$

■ 참고 ■

**상세해설** 증기비중은 공기 밀도를 기준으로 한 상대증기의 밀도의 배수로 정의되므로 다음과 같은 계산식이 사용된다.

□ 증기비중 $= \dfrac{\text{대상물질의 밀도}}{\text{기준물질의 밀도}}$

이황화탄소의 분자식은 $CS_2$이고, 분자량은 76(=12+32×2)이다. 아세트알데하이드의 분자식은 $CH_3CHO$이고, 분자량은 44(=12×2+1×4+16), 벤젠의 분자식은 $C_6H_6$이며 분자량은 78이다. 증기로 전환된 경우 모두 1mol = g분자량 = 22.4L의 체적을 갖는다.

따라서 각 물질의 밀도는 $CS_2$증기밀도 = 75/22.4, $CH_3CHO$증기밀도 = 44/22.4, $C_6H_6$밀도 = 78/22.4이다.

기준물질인 공기 1mol = g분자량(29) = 22.4L의 체적을 가지므로 공기의 밀도는 29/22.4로 산정된다. 계산과정을 무시하고, 분자량만 나누어도 값은 동일하게 나오지만 그것은 비중을 구한 것이 아니라 질량비만을 구한 것이므로 원칙적으로 틀린다.

기체상에서 mol비와 부피비의 값은 같으나 개념이 다르듯, 질량비와 비중 또한 값은 같으나 개념이 전혀 다르다는 것을 명심하도록!!

따라서 각 물질의 증기비중을 다음과 같이 계산과정이 드러나도록 산출하여야 한다.

□ 이황화탄소 증기비중 $= \dfrac{CS_2 \text{ 밀도}}{\text{공기 밀도}} = \dfrac{76/22.4}{29/22.4} = 2.62$

□ 아세트알데하이드 증기비중 $= \dfrac{CH_3CHO \text{ 밀도}}{\text{공기 밀도}} = \dfrac{44/22.4}{29/22.4} = 1.52$

□ 벤젠 증기비중 $= \dfrac{C_6H_6 \text{ 밀도}}{\text{공기 밀도}} = \dfrac{78/22.4}{29/22.4} = 2.69$

**03** 위험물안전관리법령상 동식물유류에 관한 물음에 답하시오.
  (1) 아이오딘가의 정의를 쓰시오.
  (2) 동식물유류를 아이오딘가에 따라 분류하고, 범위를 쓰시오.

**답안** (1) 아이오딘가의 정의 : 유지 100g에 부가되는 아이오딘의 g수
  (2) 아이오딘가에 따른 분류
     ① 건성유 : 아이오딘가 130 이상
     ② 반건성유 : 아이오딘가 100 ~ 130
     ③ 불건성유 : 아이오딘가 100 이하

**■ 참고 ■**

아이오딘가(요오드가, Iodine Value)는 지방(脂肪) 100g이 흡수하는 아이오딘(요오드)의 그램(g) 수를 나타낸다. 이 값이 클수록 유지류의 불포화도(不飽和度, Degree of Unsaturation)가 높으며, 자연발화의 위험성이 높은 특성을 지닌다.

아이오딘가(요오드가)가 130 이상인 식물유지를 건성유, 100 ~ 130의 것을 반건성유, 100 이하의 것을 불건성유로 분류한다.

**■ 아이오딘가의 크기에 따른 유지류의 이화학적 특성 ■**

| 아이오딘가가 높은 기름 | 아이오딘가가 낮은 기름 |
| --- | --- |
| • 융점이 낮음<br>• 이중결합이 많음(불포화도가 높음)<br>• 반응성이 풍부함(자연발화 위험성이 큼) | • 융점이 높음<br>• 이중결합이 적음(불포화도가 낮음)<br>• 반응성이 적음(산화안정성이 좋음) |

**04** 다음 각각의 위험물을 저장하는 지하저장탱크를 인접해 설치할 때, 두 지하저장탱크 사이의 간격은 최소 몇 m 이상으로 이격해야 하는지 쓰시오.
  (1) 경유 20,000L와 휘발유 8,000L
  (2) 경유 8,000L와 휘발유 20,000L
  (3) 경유 20,000L와 휘발유 20,000L

**답안** (1) 0.5m 이상
  (2) 1m 이상
  (3) 1m 이상

**Point 설명** 지하탱크 저장소의 시설기준은 다음과 같다.

  ▶ 법령보기 ◀
  지하저장탱크를 2 이상 인접해 설치하는 경우에는 그 상호간에 1m(당해 2 이상의 지하저장탱크의 용량의 합계가 지정수량의 100배 이하인 때에는 0.5m) 이상의 간격을 유지하여야 한다. 다만, 그 사이에 탱크전용실의 벽이나 두께 20cm 이상의 콘크리트 구조물이 있는 경우에는 그러하지 아니하다.

**■ 참고 ■**

 경유는 제4류 위험물 - 제2석유류이며, 지정수량은 1,000L이고, 휘발유는 제4류 위험물 - 제1석유류이며, 지정수량은 200L이다.

(1)항 - 경유 20,000L와 휘발유 8,000L에 대하여 지정수량의 배수합을 먼저 산정하여 100배 이하인지의 여부를 판단하여야 한다.

지정수량의 배수합 = (20000/1000)+(8000/200)=60이다.

지하저장탱크를 2 이상 인접해 설치하는 경우에는 그 상호간에 1m로 하지만 2 이상의 지하저장탱크의 용량의 합계가 지정수량의 100배 이하인 때에는 0.5m 이상의 간격을 유지하여야 한다. 그러므로 (1)항의 조건인 경우 이격거리는 0.5m 이상이어야 한다.

(2)항 - 경유 8,000L와 휘발유 20,000L도 앞에서와 마찬가지로 지정수량의 배수합을 먼저 산정하여 100배 이하인지의 여부를 판단하여야 한다.

지정수량의 배수합 = (8000/1000)+(20000/200)=108이다. 따라서 2 이상의 지하저장탱크의 용량의 합계가 지정수량의 100배를 초과하는 때에는 1m 이상의 간격을 유지하여야 한다. 그러므로 (2)항의 조건인 경우 이격거리는 1m 이상이어야 한다.

(3)항 - 경유 20,000L와 휘발유 20,000L도 앞에서와 마찬가지로 지정수량의 배수합을 먼저 산정하여 100배 이하인지의 여부를 판단하여야 한다.

지정수량의 배수합 = (20000/1000)+(20000/200)=120이다. 따라서 2 이상의 지하저장탱크의 용량의 합계가 지정수량의 100배를 초과하는 때에는 1m 이상의 간격을 유지하여야 한다. 그러므로 (3)항의 조건인 경우 이격거리는 1m 이상이어야 한다.

**05** 다음 분말소화약제의 화학식을 쓰시오.
(1) 제1종 분말소화약제
(2) 제2종 분말소화약제
(3) 제3종 분말소화약제

**답안** (1) 제1종 : $NaHCO_3$
(2) 제2종 : $KHCO_3$
(3) 제3종 : $NH_4H_2PO_4$

**Point 설명** 분말소화약제의 구분과 화재 적응성은 다음과 같다.

| 구분 | 1종 | 2종 | 3종 | 4종 |
|---|---|---|---|---|
| 주성분 | $NaHCO_3$ | $KHCO_3$ | $NH_4H_2PO_4$ | $KHCO_3 + (NH_2)_2CO$ |
| 착색 | 백색 | 보라색/담회색 | 담홍색 | 회색 |
| 적응성 | B, C, F, K급 화재 | B, C급 화재 | A, B, C급 화재 | B, C급 화재 |

- 제1종 : 나트륨(Na) + 수소(H) + 탄산($CO_3$) → $NaHCO_3$
- 제2종 : 칼륨(K) + 수소(H) + 탄산($CO_3$) → $KHCO_3$
- 제3종 : 암모늄($NH_4$) + 수소($H_2$) + 인산($PO_4$) → $NH_4H_2PO_4$
- 제4종 : 혼합형 → 제2종 + 요소 ➡ $KHCO_3$ + 요소[$(NH_2)_2CO$]

● 참고 ●

화재의 분류

| 국제표준화기구 | 미국방화협회 |
| --- | --- |
| A급화재 : 불꽃을 발생시키는 유기물질, 고체물질 화재 | A급화재 : 나무, 의류, 종이, 고무, 플라스틱 등의 화재 |
| B급화재 : 액체 또는 액화하는 고체로 인한 화재 | B급화재 : 모든 가연성 액체 또는 기름, 타르, 래커 등 화재 |
| C급화재 : 가스로 인한 화재 | C급화재 : 통전 중인 전기설비를 포함한 화재 |
| D급화재 : 금속으로 인한 화재 | D급화재 : 마그네슘, 타타늄, 리튬 등 금속으로 인한 화재 |
| F급화재 : 가연성 튀김기름을 포함한 조리로 인한 화재 | K급화재 : 가연성 튀김 기름을 포함한 조리로 인한 화재 |

**06** 다음 물질 중 금수성 및 자연발화성인 것을 골라 쓰시오. (단, 없을 경우 "해당 없음"이라고 쓰시오)

- 칼륨
- 황린
- 트라이나이트로페놀
- 나이트로벤젠
- 글리세린
- 수소화나트륨

**답안** 칼륨, 수소화나트륨

**Point 설명** "금수성 및 자연발화성"인 것은 제3류 위험물이다. 제3류 위험물에 해당하는 명칭을 골라 답안지에 기재하면 된다. 단, 황린은 물에 안정하므로 제외한다. 트라이나이트로페놀은 제5류 위험물로서 자기반응성 물질이고, 나이트로벤젠과 글리세린은 인화성 액체로서 제4류 위험물 중 3석유류로 분류된다.

**07** 마그네슘과 관련한 다음 물음에 답하시오.

(1) 마그네슘의 위험등급을 쓰시오.
(2) 마그네슘과 물의 반응식을 쓰시오.
(3) 마그네슘과 염산의 반응식을 쓰시오.
(4) 마그네슘에 대한 다음의 내용에서 빈칸에 공통으로 들어갈 내용을 쓰시오.

> 다음 중 어느 하나에 해당하는 마그네슘은 제2류 위험물에서 제외한다.
> - ( )mm의 체를 통과하지 아니하는 덩어리상태의 것
> - 직경 ( )mm 이상의 막대모양의 것

**답안** (1) Ⅲ등급
(2) $Mg + 2H_2O \rightarrow H_2 + Mg(OH)_2$
(3) $Mg + 2HCl \rightarrow H_2 + MgCl_2$
(4) 2

**∥참고∥**

마그네슘(Mg)은 철분, 금속분과 함께 제2류 위험물(가연성고체)로 분류되며, 지장수량은 500kg, 위험등급 Ⅲ으로 지정·관리되고 있다.

마그네슘과 관련된 반응식을 만드는 요령은 제1단원(양론)에서 충분하게 다루어졌으므로 마그네슘(Mg)분의 주요 위험반응 중심으로 정리하면 다음과 같다.

▫ 마그네슘분(Mg)은 산(酸) 및 온수와 반응하여 열(熱)과 수소($H_2$)를 발생시킨다.
- $Mg + 2HCl \rightarrow H_2 + MgCl_2$
- $Mg + 2H_2O \rightarrow H_2 + Mg(OH)_2$

▫ 마그네슘분(Mg)은 산소와 반응(산화반응)하여 연소열을 발생시킨다.
- $2Mg + O_2 \rightarrow 2MgO$

▫ 가열된 마그네슘(Mg)분말은 $N_2$에 의해서도 발열한다.
- $3Mg + N_2 \rightarrow Mg_3N_2$

▫ 가열된 마그네슘(Mg)분말은 $SO_2$, $CO_2$에 의해서도 산화된다.
- $3Mg + SO_2(산화제) \rightarrow 2MgO + MgS$
- $Mg + CO_2(산화제) \rightarrow MgO + CO$

▶ 법령보기 ◀
마그네슘 및 마그네슘을 함유한 것에 있어서는 다음에 해당하는 것은 위험물에서 제외한다.
- 2mm의 체를 통과하지 아니하는 덩어리 상태의 것
- 지름 2mm 이상의 막대 모양의 것

**08** 제1류 위험물 중 위험등급 Ⅰ등급에 해당하는 품명을 3가지 쓰시오.

**답안** 무기과산화물, 아염소산염류, 과염소산염류

**■ 참고 ■**

 이론학습에서 공부한 암기법을 적용하여 문제를 해결하는 것이 좋다. 문제에 해당하는 항목에 대하여 저자가 소개하는 다음과 같은 방법 등으로 암기해 두길 권한다.

```
━━━━━━━━━━●  이승원의 위험물 Ⅰ 등급 암기법  ●━━━━━━━━━━

  ■ 첫염소가 이빼고 세칼린(KALiNs) 사람 오기질에 죽었다 – 오일장
  • 첫염소가 : 첫(1류) – 염소산염류, 아염소산염류, 과염소산염류, 무기과산화물
  • 이빼고 : 이(2류)는 모두 뺌
  • 세칼린 : 세(3류) – K, 알킬Al, 알킬Li, Na, 황린
  • 사람 : 사(4류) – 특수인화물
  • 오기질에 : 오(5류) – 유기과산화물, 질산에스터(질산에스테르)류
  • 죽었다 : 죽(6류) – 모두다
  • 오일장 : 50kg, 10~20kg, 10kg(1종)
```

위의 암기법을 적용하면, 제1류 위험물 중 위험등급 Ⅰ등급에 해당되는 것은 "첫염소가 세칼린"에 해당하는 위험물인 염소산염류, 아염소산염류, 과염소산염류, 무기과산화물 등 5종이 된다. 이 중에서 3가지를 기재한다.

▶ 법령보기 ◀

| 성질 | 품명 | 지정수량 | 위험 등급 |
|---|---|---|---|
| 자연발화성 물질 및 금수성 물질 | • 칼륨, 나트륨, 알킬알루미늄, 알킬리튬 | 10kg | Ⅰ |
| | • 황린 | 20kg | Ⅰ |
| | • 알칼리금속(칼륨 및 나트륨 제외) 및 알칼리토금속 | 50kg | Ⅱ |
| | • 유기금속화합물(알킬알루미늄 및 알킬리튬을 제외) | 50kg | Ⅱ |
| | • 금속의 수소화물, 금속의 인화물, 칼슘 또는 알루미늄의 탄화물 | 300kg | Ⅲ |

**09** 위험물 운반에 관한 혼재기준에서 다음 위험물과 혼재할 수 있는 유별을 모두 쓰시오. (단, 지정수량의 1/10을 초과하는 위험물을 운반하는 경우)

(1) 제2류
(2) 제3류
(3) 제4류
(4) 제6류

**답안** (1) 제2류 – 제4류 위험물, 제5류 위험물
 (2) 제3류 – 제4류 위험물
 (3) 제4류 – 제2류 위험물, 제3류 위험물, 제5류 위험물
 (4) 제6류 – 제1류 위험물

**Point 설명** 위험물의 혼재기준은 다음과 같이 정리해 두면 보다 쉽고 오랜 기간 저장해 둘 수 있다. 가로에 1~6류까지 나열하고, 세로도 1~6류까지 나열한 다음 아래 그림과 같이 "X 표시"를 하여 상부선은 "공란선", 아래선은 "가능선"으로 설정하고, 여기에 2-4, 4-5를 추가하면 모두 정리된다.

| 위험물의 구분 | 제1류 | 제2류 | 제3류 | 제4류 | 제5류 | 제6류 |
| --- | --- | --- | --- | --- | --- | --- |
| 제1류 |  | × | × | × | × | ○ |
| 제2류 | × |  | × | × | ○ | × |
| 제3류 | × | × |  | ○ | × | × |
| 제4류 | × | × | ○ |  | × | × |
| 제5류 | × | ○ | × | × |  | × |
| 제6류 | ○ | × | × | × | × |  |

※ 혼재가능 위험물 : 혼재가능선상 위험물+[(2-4),(4-5)]

**10** 주유취급소에는 아래 문제 항목 (1)~(4)와 같이 규정된 탱크 외에는 위험물을 저장 또는 취급하는 탱크를 설치할 수 없다(단, 이동탱크저장소 제외). 다음 빈칸에 들어갈 알맞은 숫자나 내용을 쓰시오.
(1) 자동차 등에 주유하기 위한 고정주유설비에 직접 접속하는 전용탱크로서 (    )L 이하의 것
(2) 고정급유설비에 직접 접속하는 전용탱크로서 (    )L 이하의 것
(3) 보일러 등에 직접 접속하는 전용탱크로서 (    )L 이하의 것
(4) 폐유·윤활유 등의 위험물을 저장하는 탱크로서 용량이 (    ) 이하인 것

**답안** (1) 50,000L
 (2) 50,000L
 (3) 10,000L
 (4) 2,000L

**Point 설명** 주유취급소의 저장탱크 설치기준은 다음과 같다.

▶ 법령보기 ◀

주유취급소에는 다음의 탱크 외에는 위험물을 저장 또는 취급하는 탱크를 설치할 수 없다. 다만, 규정에 의한 이동탱크저장소의 상시주차장소를 주유공지 또는 급유공지 외의 장소에 확보하여 이동탱크저장소(당해 주유취급소의 위험물의 저장 또는 취급에 관계된 것에 한함)를 설치하는 경우에는 그러하지 아니하다.
• 자동차 등에 주유하기 위한 고정주유설비에 직접 접속하는 전용탱크로서 50,000L 이하의 것
• 고정급유설비에 직접 접속하는 전용탱크로서 50,000L 이하의 것
• 보일러 등에 직접 접속하는 전용탱크로서 10,000L 이하의 것
• 자동차 등을 점검·정비하는 작업장 등(주유취급소안에 설치된 것에 한함)에서 사용하는 폐유·윤활유 등의 위험물을 저장하는 탱크로서 용량(2 이상 설치하는 경우에는 각 용량의 합계)이 2,000L 이하인 탱크

**11** 다음 제시된 위험물 중에서 제2석유류이며, 수용성인 위험물을 고르시오.

• 메틸알코올    • 아세트산    • 폼산    • 글리세린    • 나이트로벤젠

**답안** 아세트산, 폼산

### 참고

**상세해설** 위험물 중 물에 녹는 물질(수용성)은 아세트알데하이드($CH_3CHO$), 아세트산($CH_3COOH$), 폼산($HCOOH$), 글리세린[$C_3H_5(OH)_3$], 에틸렌글리콜[$C_2H_4(OH)_2$], 아세톤($CH_3COCH_3$), 메틸에틸케톤($CH_3COC_2H_5$), 사이안화수소($HCN$), 피리딘($C_5H_5N$), 하이드라진(히드라진, $N_2H_4$), 아크릴산($C_3H_4O_2$), 알코올류, 아염소산염, 염소산염, 무기과산화물 등이다.

알코올은 물과 어떠한 비율로 혼합해도 완벽히 섞이므로(Miscible) 용해도(溶解度)의 의미가 없으나 분자 내의 -OH기는 물에 잘 녹게 해 주는 특성을 지니게 한다. 그러나 메탄올·에탄올·프로판올 같은 작은 분자는 물에 용해되지만 더 큰 분자는 탄소 사슬이 우세하기 때문에 탄소 수가 7개 이상인 알코올은 물에 용해되지 않는 것으로 간주한다.

한편, 물에 잘 녹지 않는 물질(비수용성)은 휘발유, 등유, 경유, 중유, 황(S), 황린($P_4$), 이황화탄소($CS_2$), 벤젠($C_6H_6$), 나이트로벤젠($C_6H_5NO_2$), 클로로벤젠($C_6H_5Cl$), 톨루엔($C_6H_5CH_3$), 아닐린($C_6H_7N$), 벤질알코올($C_7H_8O$), 에테르류(에터류, $C_2H_5OC_2H_5$, $CH_3OC_2H_5$), 과염소산염류 중 $KClO_4$, 질산에스터($C_2H_5ONO_2$), 초산에틸($C_4H_8O_2$), 클레오소트유 등이다.

**■ 제4류 위험물의 인화점 범위 ■**

| 구분 | 특수인화물 | 제1석유류 | 제2석유류 | 제3석유류 | 제4석유류 | 동·식물유 |
|---|---|---|---|---|---|---|
| 인화점 | -20℃ 이하 | 21℃ 미만 | 21~70℃ | 70~200℃ | 200~250℃ | 250℃ 미만 |

| 유별분류/성질 | 품 명 | | 위험등급 | 지정수량 |
|---|---|---|---|---|
| 제4류 위험물<br>(인화성액체) | 특수인화물<br>(이황화탄소, 아세트알데하이드, 디에틸에테르 등) | | I | 50L |
| | 제1석유류<br>(아세톤, 벤젠, HCN, 휘발유 등) | 비수용성 액체 | II | 200L |
| | | 수용성 액체 | II | 400L |
| | 알코올류 | - | II | 400L |
| | 제2석유류<br>(등유, 경유, 아세트산, 폼산, 크실렌 등) | 비수용성 액체 | III | 1,000L |
| | | 수용성 액체 | III | 2,000L |
| | 제3석유류<br>(중유, 글리세린, 아닐린 등) | 비수용성 액체 | III | 2,000L |
| | | 수용성 액체 | III | 4,000L |
| | 제4석유류<br>(기어유, 실린더유 등) | - | III | 6,000L |
| | 동식물유류<br>(해바라기유, 채종유, 야자유 등) | - | III | 10,000L |

**12** 다음 위험물에 대한 완전 연소반응식을 쓰시오.
 (1) 메틸알코올
 (2) 에틸알코올

**답안** (1) 메틸알코올 : $CH_3OH + 1.5O_2 \rightarrow CO_2 + 2H_2O$
    (2) 에틸알코올 : $C_2H_5OH + 3O_2 \rightarrow 2CO_2 + 3H_2O$

■ **참고** ■

 메틸알코올(메탄올, $CH_3OH$)이 산소(공기)에 의해 이론적으로 완전 연소되는 것이므로 구성원소의 C는 이산화탄소($CO_2$)로, H는 $H_2O$로 된다. 이때 산소가 아닌 공기에 의해 연소가 이루어졌을 경우는 공기 중에 존재하는 질소($N_2$) 가스가 생성계에 추가될 수 있다.

  □ $CH_3OH + 1.5O_2 \rightarrow CO_2 + 2H_2O$

에틸알코올(에탄올, $C_2H_5OH$)은 산소에 의해 이론적으로 완전 연소되는 것을 전제할 때, 구성원소 중의 C 2개는 이산화탄소($CO_2$)로 되므로 $2CO_2$, H 6개는 물($H_2O$)로 산화되므로 $3H_2O$로 된다. 여기서 $C_2H_5OH$ 내에 존재하는 산소(O)는 조연성분(助燃成分)으로 작용하므로 산화반응식을 작성할 때, 이를 보정(감산)하여야 한다.

  □ $C_2H_5OH + 3O_2 \rightarrow 2CO_2 + 3H_2O$

알코올류는 인화성액체로 제4류 위험물 – 알코올류로 분류되며, 지정수량은 400L, 위험등급 Ⅱ로 지정·관리되고 있다. 반면에 고형알코올은 제2류 위험물 – 인화성고체로 분류되며, 지정수량은 1,000kg, 위험등급 Ⅲ으로 지정·관리되고 있다. 인화성고체라 함은 고형알코올 그밖에 1기압에서 인화점이 섭씨 40도 미만인 고체를 말한다.

**13** 옥외저장소의 보유공지에 대하여 다음 빈칸을 알맞게 채우시오.

| 저장 또는 취급하는 위험물의 최대수량 | 저장 또는 취급하는 위험물 | 공지의 너비 |
| --- | --- | --- |
| 지정수량의 10배 이하 | 제1석유류 | ( ① )m 이상 |
|  | 제2석유류 | ( ② )m 이상 |
| 지정수량의 20배 초과 50배 이하 | 제2석유류 | ( ③ )m 이상 |
|  | 제3석유류 | ( ④ )m 이상 |
|  | 제4석유류 | ( ⑤ )m 이상 |

**답안** ① 3  ② 3  ③ 9  ④ 9  ⑤ 3

**Point 설명** 저장·취급하는 위험물의 용량(수량)에 따라 옥외저장소에서 확보하여야 할 보유공지는 다음과 같다.

▶ 법령보기 ◀

| 저장 또는 취급하는 위험물의 최대수량 | 공지의 너비 |
|---|---|
| 지정수량의 10배 이하 | 3m 이상 |
| 지정수량의 10배 초과 20배 이하 | 5m 이상 |
| 지정수량의 20배 초과 50배 이하 | 9m 이상 |
| 지정수량의 50배 초과 200배 이하 | 12m 이상 |
| 지정수량의 200배 초과 | 15m 이상 |

**14** 다음 [표]의 번호에 대한 유별과 지정수량을 각각 쓰시오.

| 품명 | 유별 | 지정수량 |
|---|---|---|
| 황린 | 제3류 위험물 | 20kg |
| 칼륨 | ① | ② |
| 나이트로화합물 | ③ | ④ |
| 아조화합물 | ⑤ | ⑥ |
| 질산염류 | ⑦ | ⑧ |

**답안**
① 제3류 위험물　② 10kg
③ 제5류 위험물　④ 제1종(10kg), 제2종(100kg)
⑤ 제5류 위험물　⑥ 제1종(10kg), 제2종(100kg)
⑦ 제1류 위험물　⑧ 300kg

**Point 설명** 제시된 위험물에 대한 유별분류와 지정수량은 다음과 같다.

▶ 법령보기 ◀

| 위험물 | | | 지정수량 |
|---|---|---|---|
| 유별 | 성질 | 품명 | |
| 제1류 | 산화성고체 | 질산염류 | 300kg |
| 제3류 | 자연발화성물질 및 금수성물질 | 칼륨 | 10kg |
| | | 황린 | 20kg |
| 제5류 | 자기반응성물질 | 나이트로화합물 | 제1종 : 10kg |
| | | 아조화합물 | 제2종 : 100kg |

**15** 다음 반응에서 생성되는 유독가스의 명칭을 쓰시오. (단, 유독가스 발생이 없으면 "없음"이라 쓰시오)

(1) 황린의 연소반응에 의해 생성하는 유독가스의 명칭을 쓰시오.
(2) 황린과 수산화칼륨 수용액의 반응에 의해 생성되는 유독가스의 명칭을 쓰시오.
(3) 아세트산의 연소반응에 의해 생성되는 유독가스의 명칭을 쓰시오.
(4) 인화칼슘과 물의 반응에 의해 생성되는 유독가스의 명칭을 쓰시오.
(5) 과산화바륨과 물의 반응에 의해 생성되는 유독가스의 명칭을 쓰시오.

**답안**
(1) 황린의 연소 : 오산화인
(2) 황린과 수산화칼륨 반응 : 포스핀
(3) 아세트산의 연소 : 없음
(4) 인화칼슘과 물 반응 : 포스핀
(5) 과산화바륨과 물 반응 : 없음

**참고**

**상세해설** 황린(黃燐)의 연소반응에서 황린(黃燐, $P_4$)의 인(P)은 연소용 산소($O_2$)에 의해 연소 산화되어 $P_2O_5$를 발생하게 된다. 생성되는 유독가스의 명칭은 오산화인이다.

□ $P_4 + 5O_2 \rightarrow 2P_2O_5$

황린과 수산화칼륨 수용액의 반응에서 수산화칼륨은 이름에서 알 수 있듯이 음이온 1가인 수산화이온($OH^-$)과 양이온 1가인 칼륨이온($K^+$)이 결합된 물질이므로 화학식은 KOH가 된다. 수산화칼륨 수용액은 KOH가 용해되어 있는 용액이므로 이 수화물(水化物)의 분자식은 $KOH \cdot H_2O$으로 생각하면 된다. 수산화칼륨 수용액은 황린($P_4$)에 대하여 산화제(酸化劑)로 작용한다. 생성되는 유독가스의 명칭은 포스핀이다.

□ $P_4 + 3KOH \cdot H_2O \rightarrow 3KOH_2PO + PH_3$

아세트산의 연소반응에서 $CH_3COOH$가 산소에 의해 이론적으로 완전 연소되는 것을 전제할 때 구성원소 중의 C는 2개가 이산화탄소($CO_2$)로 되므로 $2CO_2$, H는 4개가 물($H_2O$)로 산화되므로 $2H_2O$로 된다. 초산(아세트산, $CH_3COOH$)의 연소반응에서 생성되는 가스의 $CO_2$와 $H_2O$이므로 유독가스는 생성되지 않는다.

□ $CH_3COOH + 2O_2 \rightarrow 2CO_2 + 2H_2O$

인화칼슘과 물의 반응에서 생성되는 유독가스의 명칭은 포스핀($PH_3$)이다.

□ $Ca_3P_2 + 6H_2O \rightarrow 3Ca(OH)_2 + 2PH_3$

과산화바륨($BaO_2$)과 물($H_2O$)의 반응에서 유독가스는 생성되지 않고, 산소($O_2$)가 발생된다.

□ $BaO_2 + H_2O \rightarrow Ba(OH)_2 + 0.5O_2$

**16** 휘발유를 저장하는 옥외저장탱크의 방유제에 관한 다음 물음에 답하시오.
   (1) 방유제 내의 면적은 몇 m² 이하로 하는지 쓰시오.
   (2) 방유제 내에 설치할 수 있는 탱크의 수를 쓰시오.
   (3) 저장탱크의 개수에 제한을 두지 않는 경우에 대해 쓰시오.
   (4) 제1석유류를 15만L 저장하는 경우, 방유제 안에 설치할 수 있는 탱크의 수를 쓰시오.

**답안** (1) 80,000m² 이하
   (2) 10
   (3) 인화점이 200℃ 이상인 위험물을 저장하는 경우
   (4) 10

**Point 설명** 옥외저장탱크 저장소의 방유제에 관한 시설기준은 다음과 같다.

▶ 법령보기 ◀

옥외탱크저장소의 방유제는 높이 0.5m 이상 3m 이하로 하여야 한다. 방유제 내의 면적은 8만m² 이하로 하여야 한다. 방유제 내에 설치하는 옥외저장탱크의 수는 다음과 같이 한다.
   ㉮ 방유제 내에 설치하는 옥외저장탱크의 수는 10 이하로 하여야 한다.
   ㉯ 방유제 내에 설치하는 모든 옥외저장탱크의 용량이 20만L 이하이고, 당해 옥외저장탱크에 저장 또는 취급하는 위험물의 인화점이 70℃ 이상 200℃ 미만인 경우에는 20이하로 하여야 한다.
   ㉰ 인화점이 200℃ 이상인 위험물을 저장 또는 취급하는 옥외저장탱크에 있어서는 탱크의 수에 제한을 받지 아니한다.

제1석유류는 인화점이 21℃ 미만이므로 방유제 내에 설치하는 옥외저장탱크의 수는 ㉮항의 규정을 적용받기 때문에 탱크의 수는 10 이하로 하여야 한다.

**17** A물질에 대하여 물음에 답하시오. (단, A물질은 경금속으로 제3류 위험물 중 보라색 불꽃반응을 하는 위험물이며, 과산화반응을 통해 생성된 물질이다)
   (1) 물과의 반응식을 쓰시오.
   (2) 이산화탄소와의 반응식을 쓰시오.
   (3) 이 물질을 옥내저장소에 저장할 경우, 바닥면적(m²)은 얼마 이하로 하여야 하는지 쓰시오.

**답안** (1) $K_2O_2 + H_2O \rightarrow 2KOH + 0.5O_2$
   (2) $K_2O_2 + CO_2 \rightarrow K_2CO_3 + 0.5O_2$
   (3) 1,000m² 이하

## ▌참고

제3류 위험물 중 보라색 불꽃반응을 하는 위험물은 칼륨(K)이며, 칼륨의 과산화반응을 통해 생성된 물질은 제1류 위험물질 중 무기과산화물인 과산화칼륨($K_2O_2$)이다.

과산화칼륨과 물의 반응은 물($H_2O$)이 제공하는 음이온 1가의 수산화이온($OH^-$)은 칼륨 1가의 양이온($K^+$)과 결합하여 수산화물(水酸化物)을 형성하면서 부생물인 산소를 발생한다.

□ $K_2O_2 + H_2O \rightarrow 2KOH + 0.5O_2$

과산화칼륨과 $CO_2$와 반응에서 탄산가스($CO_2$)가 특정 물질과 결합하여 염(鹽)을 형성할 때는 음이온 2가의 탄산이온($CO_3^{2-}$)으로 작용하므로 칼륨 1가의 양이온($K^+$) 2mol과 결합하여 탄산염(炭酸鹽)을 형성하면서 부생물인 산소를 발생한다.

□ $K_2O_2 + CO_2 \rightarrow K_2CO_3 + 0.5O_2$

저장소 바닥면적에 대한 것은 법령과 관련된 문제이다. 아래의 [표]를 보면 제1류 위험물질 중 무기과산화물($K_2O_2$, $Na_2O_2$, $CaO_2$ 등)과 제3류 위험물 중 칼륨, 나트륨, 알킬알루미늄, 알킬리튬 그밖에 지정수량이 10kg인 위험물 및 황린을 옥내저장소에 저장할 경우 저장소의 바닥면적은 $1000m^2$ 이하이어야 한다.

▶ 법령보기 ◀

| 바닥면적 | 적용 위험물 |
|---|---|
| ① 1,000$m^2$ 이하에 저장할 수 있는 위험물 | • 제1류 위험물 중 아염소산염류, 염소산염류, 과염소산염류, 무기과산화물 그밖에 지정수량이 50kg인 위험물<br>• 제3류 위험물 중 칼륨, 나트륨, 알킬알루미늄, 알킬리튬 그밖에 지정수량이 10kg인 위험물 및 황린<br>• 제4류 위험물 중 특수인화물, 제1석유류 및 알코올류<br>• 제5류 위험물 중 지정수량이 10kg인 위험물<br>• 제6류 위험물 |
| ② 2,000$m^2$ 이하에 저장할 수 있는 위험물 | • ①항 외의 위험물을 저장하는 창고 |
| ③ 1,500$m^2$ 이하에 저장할 수 있는 위험물 | • 내화구조의 격벽으로 완전히 구획된 실에 각각 저장하는 창고<br>• 단, ①항의 위험물을 저장하는 실의 면적은 500$m^2$를 초과할 수 없음 |

---

**18** 에텐(에틸렌)과 산소를 $CuCl_2$의 촉매하에 생성된 A 물질은 특수인화물로 인화점 -39℃, 비점 21℃, 연소범위가 4.1~57%이다. 다음 물음에 답하시오.

(1) A물질의 시성식을 쓰시오.
(2) A물질의 증기비중을 구하시오.
(3) 보냉장치가 없는 이동저장탱크에 저장하는 경우 온도는 몇 ℃ 이하로 유지하여야 하는지 쓰시오.

**답안** (1) 시성식 : $CH_3CHO$

(2) 증기비중 : 증기비중 = $\dfrac{CH_3CHO \text{ 밀도}}{\text{공기 밀도}} = \dfrac{44/22.4}{29/22.4} = 1.52$

(3) 온도제어(보냉장치가 없는 이동저장탱크) : 40℃ 이하

▌**참고**▐

에텐(에틸렌, $C_2H_4$)과 산소($O$)를 $CuCl_2$의 촉매하에 생성된 물질은 $C_2H_4O$(화학식, 분자식)을 갖는다. 분자식으로만 판단하면 산화에틸렌(Ethylene oxide)이라 생각할 수 있겠으나 문제의 조건에서 반응에 의해 생성되는 물질은 "특수인화물"이라고 하였으므로 분자식 $C_2H_4O$를 갖는 물질은 특수인화물 중 아세트알데히드(시성식 ; $CH_3CHO$)가 된다.

분자식은 분자를 구성하는 원소(원자)의 종류와 수를 전부 표현한 것이므로 아세트알데히드나 산화에틸렌은 분자식이 동일하고, 분자량도 44이므로 상호 구분할 수 없다(구조이성질체). 시성식이나 구조식으로 표현할 때 구분할 수 있다.

위험물안전관리법령의 분류체계상 산화에틸렌($C_2H_4O$)은 제4류 위험물 제1석유류(지정수량 100L)이지만 아세트알데히드($CH_3CHO$)는 제4류 위험물 – 특수인화물(지정수량 50L)로 분류된다.

그러므로 에텐(에틸렌)과 산소를 $CuCl_2$의 촉매하에 생성된 A 물질은 특수인화물인 아세트알데히드이고, 시성식은 $CH_3CHO$이다.

□ $C_2H_4 + \frac{1}{2}O_2 \xrightarrow[CuCl_2]{촉매 산화} C_2H_4O (= CH_3CHO,\ Acetaldehyde)$

아세트알데히드(Acetaldehyde)의 비중은 아세트알데히드의 밀도(密度)를 표준 기체인 공기밀도로 나누어 산정한다. 아세트알데히드($CH_3CHO$)의 분자량은 44, 기체 1mol = g분자량 = 22.4L이므로 다음과 같이 증기비중 공식을 이용하여 산출할 수 있다.

□ 증기비중 = $\frac{\text{아세트알데히드 밀도}(=\text{분자량}/22.4)}{\text{공기 밀도}(=\text{분자량}/22.4)} = \frac{44}{29} = 1.52$

아세트알데히드($CH_3CHO$)는 제4류 위험물 중 특수인화물에 속한다. 보냉장치가 없는 이동저장탱크에 저장하는 경우는 40℃ 이하로 유지하여야 하고, 압력탱크 외의 탱크에 저장하는 경우 15℃ 이하로 유지하여야 한다.

▶ 법령보기 ◀

- 옥외저장탱크 · 옥내저장탱크 또는 지하저장탱크 중 압력탱크 외의 탱크에 저장하는 다이에틸에터등 또는 아세트알데히드등의 온도는 산화프로필렌과 이를 함유한 것 또는 다이에틸에터등에 있어서는 30℃ 이하로, 아세트알데히드 또는 이를 함유한 것에 있어서는 15℃ 이하로 각각 유지할 것
- 옥외저장탱크 · 옥내저장탱크 또는 지하저장탱크 중 압력탱크에 저장하는 아세트알데히드등 또는 다이에틸에터등의 온도는 40℃ 이하로 유지할 것
- 보냉장치가 있는 이동저장탱크에 저장하는 아세트알데히드등 또는 다이에틸에터등의 온도는 당해 위험물의 비점 이하로 유지할 것
- 보냉장치가 없는 이동저장탱크에 저장하는 아세트알데히드등 또는 다이에틸에터등의 온도는 40℃ 이하로 유지할 것
- 옥외저장탱크 또는 옥내저장탱크 중 압력탱크(최대상용압력이 대기압을 초과하는 탱크)에 있어서는 알킬알루미늄등의 취출에 의하여 당해 탱크내의 압력이 상용압력 이하로 저하하지 아니하도록, 압력탱크 외의 탱크에 있어서는 알킬알루미늄등의 취출이나 온도의 저하에 의한 공기의 혼입을 방지할 수 있도록 불활성의 기체를 봉입할 것
- 옥외저장탱크 · 옥내저장탱크 또는 이동저장탱크에 새롭게 알킬알루미늄등을 주입하는 때에는 미리 당해 탱크 안의 공기를 불활성기체와 치환하여 둘 것
- 이동저장탱크에 알킬알루미늄등을 저장하는 경우에는 20kPa 이하의 압력으로 불활성의 기체를 봉입하여 둘 것
- 옥외저장탱크 · 옥내저장탱크 또는 지하저장탱크 중 압력탱크에 있어서는 아세트알데히드등의 취출에 의하여 당해 탱크내의 압력이 상용압력 이하로 저하하지 아니하도록, 압력탱크 외의 탱크에 있어서는 아세트알데히드등의 취출이나 온도의 저하에 의한 공기의 혼입을 방지할 수 있도록 불활성기체를 봉입할 것
- 옥외저장탱크 · 옥내저장탱크 · 지하저장탱크 또는 이동저장탱크에 새롭게 아세트알데히드등을 주입하는 때에는 미리 당해 탱크 안의 공기를 불활성기체와 치환하여 둘 것
- 이동저장탱크에 아세트알데히드등을 저장하는 경우에는 항상 불활성의 기체를 봉입하여 둘 것

**19** 옥외탱크저장소에 탱크 바닥의 반지름($r$)이 3m, 높이($l$)가 20m인 종으로 세워진 원통형 탱크가 있다. 다음 물음에 답하시오.

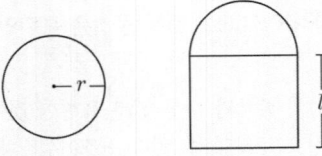

(1) 종(세로)으로 세워진 원통형 탱크의 내용적(L)을 구하시오.
(2) 완공검사를 받아야 하면 ○, 받지 않아도 되면 ×를 쓰시오.
(3) 기술검토를 받아야 하면 ○, 받지 않아도 되면 ×를 쓰시오.
(4) 정기검사를 받아야 하면 ○, 받지 않아도 되면 ×를 쓰시오.

**답안** (1) 내용적 = $\pi r^2 l = 3.14 \times 3^2 \times 20 = 565.2 \, m^3 = 565200L$
(2) ○
(3) ○
(4) ○

**참고**

**상세해설** 세로(종형)로 세워진 원통형 탱크의 내용적은 다음의 공식을 적용하여 계산한다. 문제에서 제시된 반지름($r$) 3m, 높이($l$) 20m를 공식에 대입하여 산출한다.

▫ 계산공식 : $\pi r^2 l$

∴ $\pi r^2 l = 3.14 \times 3^2 \times 20 = 565.2 \, m^3 = 565,200L$

완공검사에 관해서는 규정에 따른 허가를 받은 자가 제조소등의 설치를 마쳤거나 그 위치·구조 또는 설비의 변경을 마친 때에는 당해 제조소마다 시·도지사가 행하는 완공검사를 받아 규정에 따른 기술기준에 적합하다고 인정받은 후가 아니면 이를 사용하여서는 안 된다. 그러므로 완공검사를 받아야 한다. ∴ ○ 표시를 한다.

제조소등은 한국소방산업기술원의 기술검토를 받고 그 결과가 행정안전부령으로 정하는 기준에 적합한 것으로 인정받아야 한다. 다만, 보수 등을 위한 부분적인 변경으로서 소방청장이 정하여 고시하는 사항에 대해서는 기술원의 기술검토를 받지 않을 수 있으나 행정안전부령으로 정하는 기준에는 적합해야 한다. 문제의 조건은 이에 해당되지 않으므로 기술검토를 받아야 한다. ∴ ○ 표시를 한다.

정기점검의 대상이 되는 제조소등의 관계인 가운데 대통령령으로 정하는 제조소등(액체위험물을 저장 또는 취급하는 50만L 이상의 옥외탱크저장소)의 관계인은 행정안전부령으로 정하는 바에 따라 소방본부장 또는 소방서장으로부터 해당 제조소등이 기술기준에 적합하게 유지되고 있는지의 여부에 대하여 정기적으로 검사를 받아야 한다. 문제에서 제시된 탱크용량은 50만L 이상이므로 정기검사 대상이 된다. ∴ ○ 표시를 한다.

▶ 법령보기 ◀

㉮ **완공검사**(법 제9조) : 규정에 따른 허가를 받은 자가 제조소등의 설치를 마쳤거나 그 위치·구조 또는 설비의 변경을 마친 때에는 당해 제조소등마다 시·도지사가 행하는 완공검사를 받아 기술기준에 적합하다고 인정받은 후가 아니면 이를 사용하여서는 아니 된다.

㉯ 기술검토
  Ⓐ 대상(시행령 제6조)
   • 지정수량의 1천배 이상의 위험물을 취급하는 **제조소·일반취급소**(구조·설비에 관한 사항)
   • **옥외탱크저장소**(저장용량 50만 리터 이상인 것만 해당) 또는 **암반탱크저장소**(위험물탱크의 기초·지반, 탱크본체 및 소화설비에 관한 사항)
  Ⓑ 기술검토 신청(규칙 제9조) : 기술검토를 받으려는 자는 신청서(전자문서로 된 신청서를 포함)와 서류(전자문서 포함)를 기술원에 제출하여야 한다.

㉰ 정기점검
  Ⓐ 횟수(규칙 제64조) : 제조소등의 관계인은 당해 제조소등에 대하여 연 1회 이상 정기점검을 실시하여야 한다.
  Ⓑ 정기점검 대상 : 지하탱크저장소, 이동탱크저장소, 위험물을 취급하는 탱크로서 지하에 매설된 탱크가 있는 제조소·주유취급소 또는 일반취급소, 다음의 제조소등
   • 지정수량의 10배 이상의 위험물을 취급하는 **제조소**
   • 지정수량의 100배 이상의 위험물을 저장하는 **옥외저장소**
   • 지정수량의 150배 이상의 위험물을 저장하는 **옥내저장소**
   • 지정수량의 200배 이상의 위험물을 저장하는 **옥외탱크저장소**
   • 암반탱크저장소
   • 이송취급소
   • 지정수량의 10배 이상의 위험물을 취급하는 일반취급소. 다만, 제4류 위험물(특수인화물 제외)만을 지정수량의 50배 이하로 취급하는 일반취급소(제1석유류·알코올류의 취급량이 지정수량의 10배 이하인 경우에 한함)로서 다음에 해당하는 것을 제외한다.
     ▷ 보일러·버너 또는 이와 비슷한 것으로서 위험물을 소비하는 장치로 이루어진 일반취급소
     ▷ 위험물을 용기에 옮겨 담거나 차량에 고정된 탱크에 주입하는 일반취급소
  Ⓒ 정기점검의 내용(규칙 제66조) : 제조소등의 위치·구조 및 설비가 기술기준에 적합한지를 점검하는 데 필요한 정기점검의 내용·방법 등에 관한 기술상의 기준과 그 밖의 점검에 관하여 필요한 사항은 소방청장이 정하여 고시한다.
  Ⓓ 정기점검의 실시자(규칙 제67조) : 제조소등의 안전관리자 또는 위험물운송자

㉱ 정기검사
  Ⓐ 대상(시행령 제17조) : 액체위험물을 저장 또는 취급하는 50만L 이상의 **옥외탱크저장소**
  Ⓑ 정밀정기검사 시기 : 다음의 어느 하나에 해당하는 기간 내에 1회
   • 특정·준특정옥외탱크저장소의 설치허가에 따른 완공검사합격확인증을 발급받은 날부터 12년
   • 최근의 정밀정기검사를 받은 날부터 11년
  Ⓒ 중간정기검사 시기 : 다음에 해당하는 기간 내에 1회
   • 특정·준특정옥외탱크저장소의 설치허가에 따른 완공검사합격확인증을 발급받은 날부터 4년
   • 최근의 정밀정기검사 또는 중간정기검사를 받은 날부터 4년

**20** 다음 물음에 답하시오.

(1) 운송책임자의 운전자 감독·지원하는 방법으로 옳은 것을 모두 고르시오.
    ① 이동탱크저장소에 동승
    ② 사무실에 대기하면서 감독·지원
    ③ 부득이한 경우 GPS로 감독·지원
    ④ 다른 차량을 이용하여 따라다니면서 감독·지원
(2) 위험물 운송 시 운전자가 장거리 운전할 경우 2명 이상의 운전자로 하여야 하는데, 그러하지 않아도 되는 경우를 모두 고르시오.
    ① 운송책임자가 동승하는 경우
    ② 제2류 위험물(칼슘 또는 알루미늄의 탄화물과 이것만을 함유한 것)을 운반하는 경우
    ③ 제4류 위험물 중 제1석유류를 운반하는 경우
    ④ 2시간 이내마다 20분 이상씩 휴식하는 경우
(3) 운송책임자의 감독·지원을 받아 운송하여야 하는 위험물 2가지를 쓰시오.

**답안** (1) ①, ②
       (2) ①, ②, ③, ④
       (3) 알킬알루미늄, 알킬리튬

**Point 설명** 위험물 운송에 관련한 주요 법령사항은 다음과 같다.

▶ 법령보기 ◀

㉮ 운송책임자의 감독·지원을 받아 운송하여야 하는 위험물
  ㉠ 알킬알루미늄
  ㉡ 알킬리튬
  ㉢ 위의 물질을 함유하는 위험물
㉯ 운송책임자의 감독 또는 지원방법
  ㉠ 운송책임자가 이동탱크저장소에 동승하여 운송 중인 위험물의 안전확보에 관하여 운전자에게 필요한 감독 또는 지원을 하는 방법
  ㉡ 운송의 감독 또는 지원을 위하여 마련한 별도의 사무실에 운송책임자가 대기하면서 이행하는 방법
    • 운송경로를 미리 파악하고 관할소방관서 또는 관련업체(비상대응에 관한 협력을 얻을 수 있는 업체)에 대한 연락체계를 갖추는 것
    • 이동탱크저장소의 운전자에 대하여 수시로 안전확보 상황을 확인하는 것
    • 비상시의 응급처치에 관하여 조언을 하는 것
    • 그밖에 위험물의 운송중 안전확보에 관하여 필요한 정보를 제공하고 감독 또는 지원하는 것
㉰ 이동탱크저장소에 의한 위험물의 운송시에 준수하여야 하는 기준 : 위험물운송자는 장거리(고속국도는 340km 이상, 그 밖의 도로는 200km 이상)에 걸치는 운송을 하는 때에는 2명 이상의 운전자로 할 것. 다만, 다음에 해당하는 경우에는 그러하지 아니하다.
  ㉠ 규정에 의하여 운송책임자를 동승시킨 경우
  ㉡ 운송하는 위험물이 제2류 위험물·제3류 위험물(칼슘 또는 알루미늄의 탄화물과 이것만을 함유한 것에 한함) 또는 제4류 위험물(특수인화물 제외)인 경우
  ㉢ 운송 도중에 2시간 이내마다 20분 이상씩 휴식하는 경우
㉱ 이동탱크저장소에 의한 위험물의 운송시에 준수하여야 하는 기준 : 위험물운송자는 장거리(고속국도는 340km 이상, 그 밖의 도로는 200km 이상)에 걸치는 운송을 하는 때에는 2명 이상의 운전자로 하여야 한다.

# 2022년 제2회

**01** 나이트로셀룰로오스에 대해 다음 물음에 답하시오.
  (1) 원료중심의 제조방법을 쓰시오.
  (2) 품명을 쓰시오.
  (3) 지정수량을 쓰시오.
  (4) 운반용기 외부에 표시해야 하는 주의사항을 쓰시오.

**답안** (1) 질산, 황산 혼합액에 셀룰로오스를 녹여 나이트로화 반응에 의해 제조됨
  (2) 질산에스테르류
  (3) 제1종 10kg, 제2종 100kg
  (4) 화기엄금, 충격주의

## 참고

**상세해설**
나이트로셀룰로오스(Nitrocellulose, 니트로셀룰로오스)는 셀룰로오스(다당류 섬유소)의 나이트로화된 중합체로서 면화약(綿火藥)이라고도 한다. 면화약을 제조할 때에는 황산과 질산의 혼합액에 셀룰로오스$[(C_6H_{10}O_5)_n]$를 녹여 만들기 때문에 셀룰로오스$[\{C_6H_{10}O_5\}_n]$에 질산염기(Nitrate, $-NO_2$)가 붙어 있는 화합물이다.

- $\begin{cases} 3HNO_3 \text{ (질산)} \\ C_6H_{10}O_5 \text{ (셀룰로오스)} \end{cases} \xrightarrow[\text{나이트로화반응}]{H_2SO_4} [C_6H_7(NO_2)_3O_5]_n + 3H_2O$

나이트로셀룰로오스$[NC, \{C_6H_9(NO_2)O_5\}_n]$는 제5류 위험물 – 질산에스테르류(품명)로서 1종(지정수량 10kg)의 경우 위험등급 Ⅰ, 2종(지정수량 100kg)은 위험등급 Ⅱ로 분류되어 관리되고 있다. 습도가 낮은 건조한 조건에서는 폭발위험이 있으므로 알코올 수용액 또는 물로 습면하고, 안정제를 가하여 저장하여야 한다.

▶ 법령보기 ◀

| 위험물 | | | 지정수량 |
|---|---|---|---|
| 유별 | 성질 | 품명 | |
| 제5류 | 자기반응성물질 | 유기과산화물 | 제1종 : 10킬로그램<br>제2종 : 100킬로그램 |
| | | 질산에스터류 | |
| | | 나이트로화합물, 나이트로소화합물 | |
| | | 아조화합물, 다이아조화합물 | |
| | | 하이드라진 유도체, 하이드록실아민, 하이드록실아민염류 | |

㉮ 제1류 위험물 중 알칼리금속의 과산화물 또는 이를 함유한 것에 있어서는 "화기·충격주의", "물기엄금" 및 "가연물접촉주의", 그 밖의 것에 있어서는 "화기·충격주의" 및 "가연물접촉주의"
㉯ 제2류 위험물 중 철분·금속분·마그네슘 또는 이들중 어느 하나 이상을 함유한 것에 있어서는 "화기주의" 및 "물기엄금", 인화성고체에 있어서는 "화기엄금", 그 밖의 것에 있어서는 "화기주의"
㉰ 제3류 위험물 중 자연발화성물질에 있어서는 "화기엄금" 및 "공기접촉엄금", 금수성물질에 있어서는 "물기엄금"
㉱ 제4류 위험물에 있어서는 "화기엄금"
㉲ 제5류 위험물에 있어서는 "화기엄금" 및 "충격주의"
㉳ 제6류 위험물에 있어서는 "가연물접촉주의"

**02** 아세트알데하이드가 산화되면 생성되는 제4류 위험물에 대해 다음 물음에 답하시오.
   (1) 생성물질의 화학식을 쓰시오.
   (2) 연소반응식을 쓰시오.
   (3) 옥내저장소에 저장할 경우 저장소의 바닥면적을 쓰시오.

**답안** (1) 화학식(시성식) : $CH_3COOH$

   (2) 연소반응 : $CH_3COOH + 2O_2 \rightarrow 2CO_2 + 2H_2O$

   (3) 저장소 바닥면적 : $2000\ m^2$ 이하

## ■ 참고 ■

아세트알데하이드($CH_3CHO$, 아세트알데히드)에 산소를 불어 넣어 산화시키면 $CH_3CHO+O$로 되므로 → $CH_3COOH$(아세트산, 초산)가 된다. 문제에서 "아세트산의 화학식"을 기재하라고 주문하였으므로 이미 정답을 얻은 것이다. 따라서 아세트알데하이드가 산화되면 생성되는 제4류 위험물은 $CH_3COOH$(아세트산, 초산)이다.

□ $C_2H_5OH$(에탄올) $\xrightarrow[\text{수소제거(H 2개)}]{\text{산화}}$ $CH_3COH$ $\xrightarrow[\text{산소첨가}]{\text{산화}}$ $CH_3COOH$(초산, 아세트산)

아세트산(초산, $CH_3COOH$)은 등유, 경유, 폼산(포름산, 의산, $HCOOH$)과 함께 제4류 위험물(인화성 액체) 중 제2석유류(수용성)로 분류되며 지정수량은 2,000L, 위험등급 Ⅲ으로 지정 관리되고 있다.

아세트알데하이드의 연소반응식을 묻는 것이 아니므로 혼동하면 안 된다. 문제의 주문사항은 아세트알데하이드($CH_3CHO$)가 산화되어 생성된 제4류 위험물인 아세트산($CH_3COOH$)의 연소반응식을 요구하고 있는 것이다.

□ $CH_3COOH + 2O_2 \rightarrow 2CO_2 + 2H_2O$

제4류 위험물 중 특수인화물, 제1석유류 및 알코올류의 옥내저장소 바닥면적은 $1,000m^2$이지만 아세트산(초산)은 제4류 위험물 제2석유류로서 지정수량 2,000L, Ⅲ등급 위험물이므로 옥내저장소에 저장할 경우 저장소의 바닥면적은 $2,000m^2$ 이하이어야 한다.

▶ 법령보기 ◀

| 바닥면적 | 적용 위험물 |
|---|---|
| ① $1,000m^2$ 이하에 저장할 수 있는 위험물 | • 제1류 위험물 중 아염소산염류, 염소산염류, 과염소산염류, 무기과산화물 그밖에 지정수량이 50kg인 위험물<br>• 제3류 위험물 중 칼륨, 나트륨, 알킬알루미늄, 알킬리튬 그밖에 지정수량이 10kg인 위험물 및 황린<br>• 제4류 위험물 중 특수인화물, 제1석유류 및 알코올류<br>• 제5류 위험물 중 지정수량이 10kg인 위험물<br>• 제6류 위험물 |
| ② $2,000m^2$ 이하에 저장할 수 있는 위험물 | • ①항 외의 위험물을 저장하는 창고 |
| ③ $1,500m^2$ 이하에 저장할 수 있는 위험물 | • 내화구조의 격벽으로 완전히 구획된 실에 각각 저장하는 창고<br>• 단, ①항의 위험물을 저장하는 실의 면적은 $500m^2$를 초과할 수 없음 |

## 03 칼륨에 대해 다음 물음에 답하시오.

(1) 이산화탄소와의 반응식을 쓰시오.
(2) 에틸알코올과의 반응식을 쓰시오.

**답안** (1) 이산화탄소와 반응 : $2K + 1.5CO_2 \rightarrow K_2CO_3 + 0.5C$

(2) 에틸알코올과 반응 : $C_2H_5OH + K \rightarrow C_2H_5OK + 0.5H_2$

**Point 설명** 금속 칼륨은 사염화탄소 및 할로겐 화합물과 접촉하면 폭발적으로 반응하고 이산화탄소와도 반응한다. 그리고 높은 온도에서 연소되고 알루미늄도 또한 물 이산화탄소 및 사염화탄소투와 반응한다.

□ $2K + 1.5CO_2 \rightarrow K_2CO_3 + 0.5C$ 또는 $4K + 3CO_2 \rightarrow 2K_2CO_3 + C$

에틸알코올(에탄올)과 칼륨(K)의 반응에서 칼륨(K)은 전자 하나를 내어 놓고 양이온으로 되고, 에틸알코올($C_2H_5OH$)은 수소 하나를 떼 내어 음이온 1가($C_2H_5O^-$, 에톡시기)를 만듦으로써 $C_2H_5OK$(칼륨에톡사이드, Potassium Ethoxide)라고 하는 화합물을 만들고 수소($H_2$)를 발생한다.

□ $C_2H_5OH + K \rightarrow C_2H_5OK + 0.5H_2$

## 04 제1류 위험물 중 위험등급 Ⅰ등급에 해당하는 품명을 3가지 쓰시오.

**답안** 무기과산화물, 아염소산염류, 과염소산염류

**참고**

 이러한 유형의 문제를 해결하기 위해서는 가능하면 Ⅰ등급 위험물을 암기하고 있어야 한다. 문제에 해당하는 항목에 대하여 저자가 소개하는 다음과 같은 방법 등으로 암기해 보는 것도 하나의 방안이다.

---
**이승원의 위험물 Ⅰ등급 암기법**

- 첫염소가 이빼고 세칼린(KALiNs) 사람 오기질에 죽었다 – 오일장
- 첫염소가 : 첫(1류) – 염소산염류, 아염소산염류, 과염소산염류, 무기과산화물
- 이빼고 : 이(2류)는 모두 뺌
- 세칼린 : 세(3류) – K, 알킬Al, 알킬Li, Na, 황린
- 사람 : 사(4류) – 특수인화물
- 오기질에 : 오(5류) – 유기과산화물, 질산에스터(질산에스테르)류
- 죽었다 : 죽(6류) – 모두다
- 오일장 : 50kg, 10 ~ 20kg, 10kg(1종)
---

위의 암기법을 적용하면, 제1류 위험물 중 위험등급 Ⅰ등급에 해당되는 것은 "첫염소가 세칼린"에 해당하는 위험물인 염소산염류, 아염소산염류, 과염소산염류, 무기과산화물이 된다.

▶ 법령보기 ◀ 위험등급 Ⅰ의 위험물

㉮ 제1류 위험물 중 아염소산염류, 염소산염류, 과염소산염류, 무기과산화물 그밖에 지정수량이 50kg인 위험물
㉯ 제3류 위험물 중 칼륨, 나트륨, 알킬알루미늄, 알킬리튬, 황린 그밖에 지정수량이 10kg 또는 20kg인 위험물
㉰ 제4류 위험물 중 특수인화물
㉱ 제5류 위험물 중 지정수량이 10kg인 위험물
㉲ 제6류 위험물

**05** 트라이에틸알루미늄과 메탄올은 폭발적으로 반응한다. 다음 물음에 답하시오.
 (1) 메틸알코올과의 반응식을 쓰시오.
 (2) 생성되는 기체의 연소반응식을 쓰시오.

답안 (1) 메틸알코올과의 반응식 : $Al(C_2H_5)_3 + 3CH_3OH \rightarrow Al(CH_3O)_3 + 3C_2H_6$
 (2) 생성되는 기체의 연소반응식 : $C_2H_6 + 3.5O_2 \rightarrow 2CO_2 + 3H_2O$

■ 참고 ■

트라이에틸알루미늄(트리에틸알루미늄)에서 "트라이(tri)에틸"은 에틸기(Ethyl Group)가 3개라는 의미 $(3C_2H_5-)$이고, 이것이 알루미늄(Al)과 결합하고 있음을 의미한다. 알루미늄은 +3가이므로 음이온의 에틸기 $(C_2H_5-)$ 3개는 알루미늄을 중심원소로 하여 집중결합하는 구조를 갖는다. 그러므로 트라이에틸알루미늄의 화학식은 $Al(C_2H_5)_3$이다.

트라이에틸알루미늄$[Al(C_2H_5)_3]$과 메탄올$(CH_3OH)$의 반응에서 메탄올은 수소(H) 하나를 떼 내어 음이온 1가의 메톡실기$(CH_3O-)$를 형성하여 트라이에틸알루미늄$[Al(C_2H_5)_3]$ 중의 알루미늄 양이온$(Al^{3+})$과 결합하여 알루미늄 메틸레이트$[(CH_3O)_3Al]$를 형성하고, 잔류물은 부생물로 탄화수소(에테인, $C_2H_6$)를 발생시킨다.
 □ $Al(C_2H_5)_3 + 3CH_3OH \rightarrow Al(CH_3O)_3 + 3C_2H_6$

트라이에틸알루미늄$[Al(C_2H_5)_3]$과 메탄올$(CH_3OH)$의 반응에서 생성된 기체는 에테인이고, 에테인(에탄, $C_2H_6$)의 연소반응은 $C_2H_6$ 중의 탄소(C)는 $CO_2$로 수소(H)는 $H_2O$로 산화된다.
 □ $C_2H_6 + 3.5O_2 \rightarrow 2CO_2 + 3H_2O$

**06** 산화프로필렌에 대해 다음 물음에 답하시오.
 (1) 증기비중을 구하시오.
 (2) 위험등급을 쓰시오.
 (3) 보냉장치가 없는 이동탱크저장소에 저장할 경우의 저장온도를 쓰시오.

답안 (1) 증기비중 : 2
 (2) 위험등급 : Ⅰ등급
 (3) 저장온도 : 40℃ 이하

■ 참고 ■

 산화프로필렌($C_3H_6O$) 기체 1mol = g분자량(58) = 22.4L이므로 다음의 공식을 적용하여 증기비중과 증기밀도를 구할 수 있다.

□ 증기비중 = $\dfrac{산화프로필렌\ 밀도}{공기밀도}$ = $\dfrac{58/22.4}{29/22.4}$ = 2

□ 증기밀도 = $\dfrac{산화프로필렌의\ g분자량}{22.4}$ = $\dfrac{58\,g}{22.4\,L}$ = $2.59\,g/L$

산화프로필렌은 제4류 위험물 중 "특수인화물"이므로 위험등급 Ⅰ로 분류되며, 보냉장치가 없는 이동탱크저장소의 경우 40℃ 이하로 유지하여야 한다.

▶ 법령보기 ◀

- 옥외저장탱크·옥내저장탱크 또는 지하저장탱크 중 압력탱크 외의 탱크에 저장하는 다이에틸에터등 또는 아세트알데하이드등의 온도는 산화프로필렌과 이를 함유한 것 또는 다이에틸에터등에 있어서는 30℃ 이하로, 아세트알데하이드 또는 이를 함유한 것에 있어서는 15℃ 이하로 각각 유지할 것
- 옥외저장탱크·옥내저장탱크 또는 지하저장탱크 중 압력탱크에 저장하는 아세트알데하이드등 또는 다이에틸에터등의 온도는 40℃ 이하로 유지할 것
- 보냉장치가 있는 이동저장탱크에 저장하는 아세트알데하이드등 또는 다이에틸에터등의 온도는 당해 위험물의 비점 이하로 유지할 것
- 보냉장치가 없는 이동저장탱크에 저장하는 아세트알데하이드등 또는 다이에틸에터등의 온도는 40℃ 이하로 유지할 것
※ 아세트알데하이드등이라 함은 제4류 위험물 중 특수인화물의 아세트알데하이드·산화프로필렌 또는 이 중 어느 하나 이상을 함유하는 것을 말한다.

**07** 다음에 해당하는 위험물에 대하여 물음에 답하시오. (단, 해당 없으면 "해당 없음"이라고 쓰시오)

- 무색무취의 유동하기 쉬운 액체임
- 분자량 100.5g/mol
- 염소산 중 가장 강한 산(酸)임
- 흡습성이 강하고, 매우 불안정한 강산임
- 비중 1.76

(1) 해당 위험물의 화학식을 쓰시오.
(2) 해당 위험물의 유별 구분을 쓰시오.
(3) 이 물질을 취급하는 제조소와 병원과의 안전거리를 쓰시오.
(4) 이 물질 5,000kg을 취급하는 제조소의 경우, 보유공지 너비를 쓰시오.

답안 (1) 화학식 : $HClO_4$
(2) 위험물 유별 : 제6류
(3) 해당 없음(제6류 위험물이므로)
(4) 보유공지 너비 : 5m 이상

■ 참고 ■

 분자량 중 0.5가 들어 있는 것은 모두 염소(Cl) 하나만 존재하는 분자(分子)라는 것을 눈치채야 한다. 그리고 염소산 중에서 가장 강한 산(酸)은 과염소산($HClO_4$)이다. 과염소산은 제6류 위험물로 산화성 액체이므로 유동하기 쉬운 액체이고, 흡습성(吸濕性)이 강하고, 매우 불안정한 강산(强酸)이다.

과염소산($HClO_4$)의 분자량은 $1+35.5+16\times4=100.5$이므로 문제의 조건과 일치한다. 알코올류와 접촉할 경우 발화·폭발하며, 금속(Fe, Cu, Zn)과 격렬한 반응을 한다.

제6류 위험물인 과염소산의 지정수량은 300kg이므로 지정수량의 배수는 5000/300=16.7배이다. 지정수량의 10배를 초과하면 보유공지는 5m 이상으로 하여야 한다. 제6류 위험물은 안전거리 확보대상에서 제외되므로 "해당 없음"으로 기재한다.

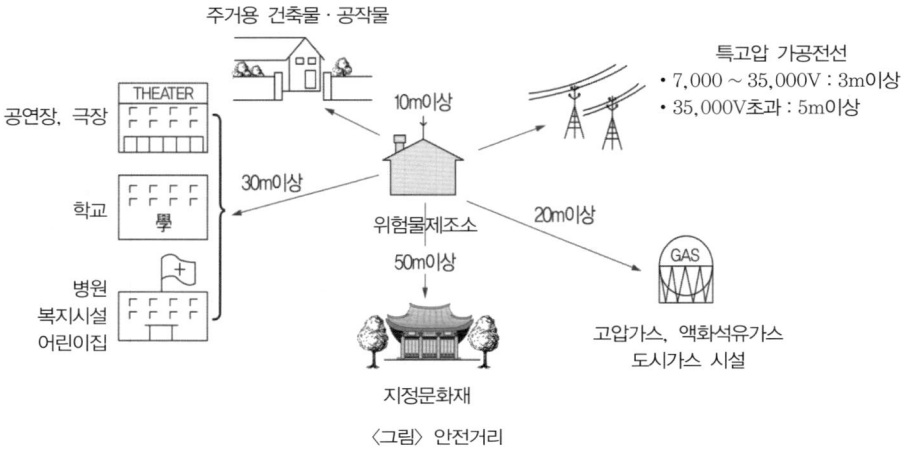

〈그림〉 안전거리

▶ 법령보기 ◀ 안전거리 규정을 적용받지 않는 곳

㉮ 제조소 : 제6류 위험물을 취급하는 제조소
㉯ 지하탱크저장소, 간이탱크저장소, 이동탱크저장소, 암반탱크저장소
㉰ 옥내저장소
　• 제6류 위험물을 저장 또는 취급하는 옥내저장소
　• 제4석유류 또는 동식물유류의 위험물을 저장 또는 취급하는 옥내저장소로서 그 최대수량이 지정수량의 20배 미만인 것

▶ 법령보기 ◀ 보유공지

| 취급하는 위험물의 최대수량 | 공지의 너비 |
| --- | --- |
| 지정수량의 10배 이하 | 3m 이상 |
| 지정수량의 10배 초과 | 5m 이상 |

**08** 다음은 소화설비의 능력단위에 대한 내용이다. 괄호 안에 들어갈 알맞은 내용을 쓰시오.

| 소화설비 | 용량 | 능력단위 |
|---|---|---|
| 소화전용(轉用)물통 | ( ① )L | 0.3 |
| 수조(소화전용물통 3개 포함) | 80L | ( ④ ) |
| 수조(소화전용물통 6개 포함) | 190L | ( ⑤ ) |
| 마른 모래(삽 1개 포함) | ( ② )L | 0.5 |
| 팽창질석 또는 팽창진주암(삽 1개 포함) | ( ③ )L | 1.0 |

**답안**  ① 8  ② 50  ③ 160  ④ 1.5  ⑤ 2.5

**Point 설명** 소화설비의 능력단위는 소요단위에 대응하는 소화설비의 소화능력의 기준단위를 말한다.

▶ 법령보기 ◀

| 소화설비 | 용량 | 능력단위 |
|---|---|---|
| 소화전용(轉用)물통 | 8L | 0.3 |
| 수조(소화전용물통 3개 포함) | 80L | 1.5 |
| 수조(소화전용물통 6개 포함) | 190L | 2.5 |
| 마른 모래(삽 1개 포함) | 50L | 0.5 |
| 팽창질석 또는 팽창진주암(삽 1개 포함) | 160L | 1.0 |

─── 이승원의 암기법 ───

- ■물파스야 / 조물주 일아게 두고 / 세파란 한놈 / 하나빼서 오래 / 팽이죽은 기본
- 물파스야 → 물통 - 8L - 0.3
- 조물주 일아게 두고 → 수조(물통 6) - 일아게(190) - 두고(2.5)
- 세파란 한놈 → 세(물통 3) - 파란(80) - 한놈(1.5)
- 하나빼서 오래 → 하나빼서(1.5-1=0.5), 오(50) - 래(모래)
- 팽이죽은 기본 → 팽이죽은(팽창질석, 160), 기본(1.0)

**09** 탄화알루미늄에 대한 다음 반응식을 쓰시오.
(1) 물과의 반응식을 쓰시오.
(2) 염산과의 반응식을 쓰시오.

**답안** (1) 물과 반응 : $Al_4C_3 + 12H_2O \rightarrow 4Al(OH)_3 + 3CH_4$
(2) 염산과 반응 : $Al_4C_3 + 12HCl \rightarrow 4AlOH_3 + 3CH_4$

■ 참고 ■

 탄화알루미늄과 물과 반응식에서 $Al_4C_3$ 중의 알루미늄(Al)은 양이온 3가($Al^{3+}$)이고, 이와 반응하는 $H_2O$에서 제공되는 수산화 이온($OH^-$)은 1가 음이온이므로 등가원칙에 따라 이들이 결합한 수산화물의 구성은 1 : 3 즉 $Al^{3+}$ : $3OH^-$ = $Al(OH)_3$로 되고, 부생물로 메테인(메탄, $CH_4$)가스를 방출한다.

ㅁ $Al_4C_3 + 12H_2O \rightarrow 4Al(OH)_3 + 3CH_4$

탄화알루미늄과 염산의 반응식에서 $Al_4C_3$ 중의 알루미늄(Al)은 양이온 3가($Al^{3+}$)이고, 이와 반응하는 염산(HCl)에서 제공되는 음이온 1가의 염소이온($Cl^-$)은 등가원칙에 따라 이들이 결합한 염화알루미늄의 구성은 3 : 1 즉 $3Cl^-$ : $Al^{3+}$ = $AlCl_3$로 되고, 부생물로 메테인(메탄, $CH_4$)가스를 방출한다.

ㅁ $Al_4C_3 + 12HCl \rightarrow 4AlOH_3 + 3CH_4$

**10** 다음 각 물질의 물과의 반응 시 발생하는 기체의 명칭을 쓰시오. (단, 발생하는 기체가 없으면 "없음"이라고 쓰시오)

(1) 금속리튬
(2) 인화칼슘
(3) 과산화칼륨
(4) 염소산칼륨
(5) 질산암모늄

**답안** (1) 금속리튬 : 수소
(2) 인화칼슘 : 인화수소(포스핀)
(3) 과산화칼륨 : 산소
(4) 염소산칼륨 : 없음
(5) 질산암모늄 : 없음

■ 참고 ■

 금속리튬은 제3류 위험물(자연발화성 물질 및 금수성 물질)로서 알칼리금속(품명)으로 지정수량은 50kg, 위험등급 Ⅱ등급으로 지정·관리되고 있는 물질이다.

리튬(Li)은 1족 원소 = +1가(價)이다. 금속리튬(Li)과 반응하는 물질은 물($H_2O$)이므로 리튬(Li)은 물($H_2O$)이 제공하는 수산화 음이온($OH^-$)에 의해 수산화물(LiOH)이 되면서 미반응 원소는 수소가스($H_2$)로 방출된다.

이로써 $Li^+$는 1가 양이온, $OH^-$는 1가 음이온이므로 1 : 1로 결합하여 Li(OH)를 형성한다. 그러므로 다음과 같은 반응식을 간단히 만들 수 있다. 그러므로 답안지에는 "수소"라고 답하면 된다.

ㅁ $Li + H_2O \rightarrow LiOH + 0.5H_2$

품명이 금속의 인화물인 인화칼슘(명칭)은 제3류 위험물(자연발화성 물질 및 금수성 물질)로서 지정수량 300kg, 위험등급 Ⅲ등급으로 지정·관리되고 있는 물질이다.

인화칼슘에서 칼슘(Ca)은 주기율표상 2족(2가)이고, 인(P)은 15족(5가)이므로 1 : 1로 결합될 수 없고, 탄화칼슘($CaC_2$)의 탄소를 3중결합(·C≡C·)시켜 −2가로 바꾸어 인(P)의 3중결합(:P≡P:)을 만들더라도 인(P) 음이온이 −4가로 되기 때문에 목적으로 하는 결합·분자식을 얻을 수 없다.

이럴 때에는, 양이온인 칼슘($Ca^{2+}$, 2가)과 음이온인 인($P^{5+}$, 5가 = −3가)이 결합가능한 최대수인 2중결합을 우선한 후 칼슘과 인을 교차배열하는 방식으로 구조를 만든다. 즉, Ca=P$^{(:)}$−Ca−P$_{(:)}$=Ca

보는 바와 같이 Ca가 지닌 2가의 전자는 모두 이중결합을 형성하면서 사용되었음을 알 수 있다. 여기서 5가인 인(P)의 비공유 전자가 1쌍(2개, :)씩 발생하는데, 이 부분은 별도로 신경쓰거나 표시할 필요는 없다. 다만, 인(P)에 있는 비공유 전자쌍의 반발력에 의해 $Ca_3P_2$ 구조가 수평적이지 못하고, 코브라 뱀이 머리를 치켜뜨는 형태(꺾어진 모양)로 될 수 있음을 추정할 수 있다.

$$Ca=\ddot{P}$$
$$\quad \searrow Ca$$
$$\qquad \searrow P=Ca$$
$$\qquad \ \ \ \ddot{}$$

이러한 인화칼슘($Ca_3P_2$)과 반응하는 물질은 물($H_2O$)이므로 3개의 칼슘(Ca)은 모두 물($H_2O$)이 제공하는 음이온의 수산화이온($OH^-$)에 의해 수산화물[$Ca(OH)_2$]을 형성할 것이므로 → 반응 생성물은 $3Ca(OH)_2$가 되고, 이때 미반응 원소인 수소와 인이 결합하여 **인화수소(포스핀, $PH_3$)**를 발생한다. 그러므로 답안지에는 "**인화수소**"라고 답하면 된다.

□ $Ca_3P_2 + 6H_2O \rightarrow 3Ca(OH)_2 + 2PH_3$

과산화칼륨에서 칼륨(포타슘, K)은 1족 원소 = +1가(價), 산소는 16족 원소 = +6가 = -2가(價)이므로 칼륨 2개와 산소 1개가 결합해야만 분자상태의 $K_2O$를 형성할 수 있는데, 이것이 칼륨(K)의 기준산화물(표준산화물)인 **산화칼륨**이다. 과산화(過酸化, Peroxidation)라는 이름은 표준적인 산소 화합물보다 많은 산소를 가지고 있을 때 붙이게 되므로 **산화칼륨에 산소 하나가 더 추가된 $K_2O_2$**의 분자식을 갖는다.

과산화칼륨($K_2O_2$)과 반응하는 물질은 물($H_2O$)이므로 칼륨(K, 포타슘)은 물($H_2O$)이 제공하는 수산화 음이온($OH^-$)에 의해 수산화물(KOH)이 된다. $K^+$는 양이온 1가, $OH^-$는 음이온 1가이므로 1 : 1로 결합하여 KOH를 형성한다. 따라서 과산화칼륨($K_2O_2$) 중의 2개의 칼륨이 존재하므로 생성되는 수산화물은 2KOH가 형성되면서 미반응 원소인 산소(O)는 기체상의 $O_2$로 방출된다. 그러므로 답안지에는 "**산소**"라고 답하면 된다.

□ $K_2O_2 + H_2O \rightarrow 2KOH + 0.5O_2$

염소산칼륨은 제 1류위험물(산화성 고체)로 품명 염소산염류에 속하며, 지정수량은 50kg, 위험등급 Ⅰ등급으로 지정·관리되고 있는 물질이다.

염소산칼륨은 **염소산($HClO_3$)**에서 수소(H)를 칼륨(K)으로 치환한 물질이므로 분자식은 $KClO_3$가 된다. 무색, 무취의 결정으로 산화제(酸化劑)로 작용하는데, 특히 산성환경에서 강한 산화력을 갖는다. 폭약, 성냥, 로켓원료로 이용된다.

$KClO_3$는 흡습성은 없으며, 물에 반응하지 않는다. 온수 및 글리세린에 일부 녹지만 냉수 및 알코올에 녹기 어렵다. 그러므로 답안지에는 "**없음**"이라고 답하면 된다.

질산암모늄은 품명이 질산염류로 제 1류위험물질(산화성 고체, 지정수량 300kg, 위험등급 Ⅱ등급)으로 분류·관리되고 있는 물질이다.

질산암모늄($NH_4NO_3$)은 음이온인 질산이온($NO_3^-$)과 양이온인 암모늄이온($NH_4^+$)이 1 : 1로 결합된 이온결합물질로 질산과 암모니아의 산 – 염기 반응으로 생성되는 화합물이다. 고온에 노출될 경우 화재 및 폭발 위험이 있으며, 물에 대한 용해도는 100mL당 200g(20℃)이며, 비료, 화약, 폭약(ANFO)의 용도로 사용된다.

질산암모늄은 연소성(가연성)은 없지만 산화제(酸化劑)로 작용하기 때문에 다른 물질의 연소를 도와주는 조연제(助燃劑) 역할을 한다. 따라서 질산암모늄과 접촉하는 물($H_2O$)과의 반응에서 수산화물과 질산을 형성하지만 기체는 발생시키지 않는다. 생성되는 유독가스가 존재하지 않음을 알 수 있다. 따라서 답안지에는 "없음"으로 기재하면 된다.

□ $NH_4NO_3 + H_2O \rightarrow NH_4OH + HNO_3$

**11** 염소산칼륨에 대해 다음 물음에 답하시오. (단, 원자량은 K 39, Cl 35.5임)
(1) 열분해반응식을 쓰시오.
(2) 분해하여 발생되는 기체의 명칭을 쓰고, 기체의 화학적 작용을 기술하시오.
(3) 표준상태에서 염소산칼륨 24.5kg이 완전분해할 경우, 발생하는 산소의 부피($m^3$)를 구하시오.

**답안** (1) 열분해 반응 : $KClO_3 \rightarrow KCl + 1.5O_2$
(2) 산소, 조연작용(도움작용)
(3) $O_2$부피 $= 24.5kg \times \dfrac{1kmol}{(39+35.5+16\times3)kg} \times \dfrac{1.5kmol}{kmol} \times \dfrac{22.4m^3}{1kmol} = 6.72\,m^3$

**▌참고▐**

 염소산칼륨은 제1류 위험물(산화성 고체) 중 염소산염류에 속하며, 지정수량 50kg, 위험등급 Ⅰ등급으로 지정·관리되는 위험물이다.

염소산칼륨이 열분될 때 생성되는 기체는 산소($O_2$)이고, 산소는 산화제로 작용하면서 연소를 돕는 조연작용을 하게 된다.

완전분해할 경우 발생하는 산소의 부피는 열분해 반응식에서 발생되는 $O_2$량과 염소산칼륨 간의 비례식을 적용하여 문제를 푼다. 이때 단위환산에 적용되는 원자량은 문제에서 제시한 K 39, Cl 35.5를 사용하면 $KClO_3$의 분자량은 122.5이다.

단위환산에서 통상 1mol = g분자량 = 22.4L을 적용하지만 필요에 따라 MKS 단위개념으로 1kmol = kg분자량 = $22.4m^3$를 적용하여도 아무런 문제가 없다. 지금의 계산은 MKS(m, kg, sec) 단위개념으로 계산한 것이다.

□ $KClO_3 \rightarrow KCl + 1.5O_2$
　　1mol　　　:　　1.5mol

∴ $O_2$부피 $= 24.5kg \times \dfrac{1kmol(KClO_3)}{(39+35.5+16\times3)kg} \times \dfrac{1.5kmol(O_2)}{kmol(KClO_3)} \times \dfrac{22.4m^3}{1kmol(O_2)} = 6.72\,m^3$

**12** 다음과 같이 횡으로 설치된 타원형 탱크에 위험물을 저장하는 경우 ① 최대용량과 ② 최소용량을 각각 구하시오. (단, 여기서 $a = 2m$, $b = 1.5m$, $l = 3m$, $l_1 = 0.3m$, $l_2 = 0.3m$이다)

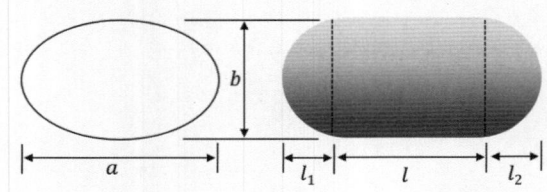

**답안**  탱크 내용적 $= \dfrac{3.14 \times 2 \times 1.5}{4} \times \left(3 + \dfrac{0.3 + 0.3}{3}\right) = 7.54\,\text{m}^3$

① 최대용량 = 탱크 내용적 − 최소 공간용적(5%)

∴ 최대용량 $= 7.54 - (7.54 \times 0.05) = 7.16\,\text{m}^3$

② 최소용량 = 탱크 내용적 − 최대 공간용적(10%)

∴ 최소용량 $= 7.54 - (7.54 \times 0.1) = 6.79\,\text{m}^3$

**참고**

**상세해설**  횡(가로방향)으로 설치된 타원형 탱크의 내용적 계산은 다음의 공식을 이용한다.

▫ 탱크 내용적 $= \dfrac{\pi ab}{4}\left(l + \dfrac{l_1 + l_2}{3}\right)$

∴ 탱크 내용적 $= \dfrac{3.14 \times 2 \times 1.5}{4} \times \left(3 + \dfrac{0.3 + 0.3}{3}\right) = 7.54\,\text{m}^3$

탱크의 최대용량은 공간율(빈공간)이 가장 작을 때 실현되는 것이므로 앞에서 산출된 탱크 내용적에 최소 공간용적을 감산하여 산출한다.

▫ 최대용량 = 탱크 내용적 − 최소 공간용적(5%)

∴ 최대용량 $= 7.54 - (7.54 \times 0.05) = 7.16\,\text{m}^3$

탱크의 최소용량은 공간율(빈공간)이 가장 클 때 실현되는 것이므로 앞에서 산출된 탱크 내용적에 최소 공간용적을 감산하여 산출한다.

▫ 최소용량 = 탱크 내용적 − 최대 공간용적(10%)

∴ 최소용량 $= 7.54 - (7.54 \times 0.1) = 6.79\,\text{m}^3$

---

**13** 다음 물음에 답하시오.

(1) 인화성고체의 용어의 정의를 쓰시오.
(2) 위험물로 분류되는 철분에 대한 용어의 정의를 쓰시오.
(3) 제2석유류의 용어의 정의를 쓰시오.

**답안** (1) 고형 알코올과 1기압에서 인화점이 40℃ 미만인 고체를 말함
(2) 철의 분말을 말함[단, 53μm의 표준체를 통과하는 것이 50%(중량) 미만인 것은 제외]
(3) 등유, 경유 등, 1기압에서 인화점이 21 ~ 70℃ 미만인 액체를 말함

**Point 설명**  위험물안전관리법령상의 정의는 다음과 같다.

▶ 법령보기 ◀

㉮ 인화성고체라 함은 고형알코올 그밖에 1기압에서 인화점이 섭씨 40도 미만인 고체를 말한다.
㉯ 철분이라 함은 철의 분말로서 53마이크로미터의 표준체를 통과하는 것이 50중량퍼센트 미만인 것은 제외한다.
㉰ 제2석유류라 함은 등유, 경유 그밖에 1기압에서 인화점이 섭씨 21도 이상 70도 미만인 것을 말한다. 다만, 도료류 그 밖의 물품에 있어서 가연성 액체량이 40중량퍼센트 이하이면서 인화점이 섭씨 40도 이상인 동시에 연소점이 섭씨 60도 이상인 것은 제외한다.

**14** 삼황화인과 오황화인이 연소 시 공통으로 발생하는 물질을 모두 쓰시오. (단, 공통으로 발생하는 물질이 없으면 "없음"이라 쓰시오)

**답안** 오산화인, 아황산가스

**Point 설명** 삼황화인($P_4S_3$)과 오황화인($P_2S_5$)이 연소될 경우 공통적으로 인(P)의 산화물인 오산화인($P_2O_5$)과 황(S)의 산화물인 아황산가스($SO_2$)를 발생한다.

- $P_4S_3 + 8O_2 \rightarrow 2P_2O_5 + 3SO_2$
- $P_2S_5 + 7.5O_2 \rightarrow P_2O_5 + 5SO_2$

---

**15** 다음의 제조소등에 대한 알맞은 소요단위를 쓰시오.
(1) 연면적 $300m^2$인 제조소로서 내화구조 외벽을 갖춘 경우
(2) 연면적 $300m^2$인 제조소로서 내화구조 외벽이 아닌 경우
(3) 연면적 $300m^2$인 저장소로서 내화구조 외벽을 갖춘 경우

**답안**
(1) 3
(2) 6
(3) 2

**Point 설명** 소요단위란 소화설비의 설치대상이 되는 건축물 그 밖의 공작물의 규모 또는 위험물의 양의 기준단위를 말한다. 제조소 또는 취급소의 건축물에 대한 소요단위는 외벽구성이 내화구조 여부에 따라 다음과 같이 산정된다.

- 제조소로서 건축물 외벽이 내화구조인 것은 연면적 $100m^2$를 1소요단위로 하므로 제조소 연면적이 $300m^2$인 경우 소요단위는 300/100=3이 된다.
- 제조소로서 건축물 외벽이 내화구조가 아닌 것은 연면적 $50m^2$를 1소요단위로 하므로 제조소 연면적이 $300m^2$인 경우 소요단위는 300/50=6이 된다.
- 저장소로서 건축물 외벽이 내화구조인 것은 연면적 $150m^2$를 1소요단위로 하므로 저장소 연면적이 $300m^2$인 경우 소요단위는 300/150=2가 된다.

▶ 법령보기 ◀ 소요단위의 계산

㉮ 제조소 또는 취급소의 건축물은 외벽이 내화구조인 것은 연면적(제조소등의 용도로 사용되는 부분 외의 부분이 있는 건축물에 설치된 제조소등에 있어서는 당해 건축물중 제조소등에 사용되는 부분의 바닥면적의 합계) $100m^2$를 1소요단위로 하며, 외벽이 내화구조가 아닌 것은 연면적 $50m^2$를 1소요단위로 할 것

㉯ 저장소의 건축물은 외벽이 내화구조인 것은 연면적 $150m^2$를 1소요단위로 하고, 외벽이 내화구조가 아닌 것은 연면적 $75m^2$를 1소요단위로 할 것

㉰ 제조소등의 옥외에 설치된 공작물은 외벽이 내화구조인 것으로 간주하고 공작물의 최대수평투영면적을 연면적으로 간주하여 ㉮ 및 ㉯의 규정에 의하여 소요단위를 산정할 것

㉱ 위험물은 지정수량의 10배를 1소요단위로 할 것

**16** 위험물안전관리법령 중 지정과산화물을 저장하는 옥내저장창고의 지붕에 관한 내용이다. 다음 빈칸을 채우시오.

- 중도리 또는 서까래의 간격은 ( ① )cm 이하로 할 것
- 지붕의 아래쪽 면에는 한 변의 길이가 ( ② )cm 이하의 환강(丸鋼)·경량형강(輕量形鋼) 등으로 된 강제(鋼製)의 격자를 설치할 것
- 두께 ( ③ )cm 이상, 너비 ( ④ )cm 이상의 목재로 만든 받침대를 설치할 것

**답안** ① 30  ② 45  ③ 5  ④ 30

**Point 설명** 지정과산화물을 저장하는 옥내저장창고의 지붕에 관한 시설규정은 다음과 같다.

▶ 법령보기 ◀

㉮ 중도리(서까래 중간을 받치는 수평의 도리) 또는 서까래의 간격은 30cm 이하르 할 것
㉯ 지붕의 아래쪽 면에는 한 변의 길이가 45cm 이하의 환강(丸鋼)·경량형강(輕量形鋼) 등으로 된 강제(鋼製)의 격자를 설치할 것
㉰ 지붕의 아래쪽 면에 철망을 쳐서 불연재료의 도리(서까래를 받치기 위해 기둥과 기둥사이에 설치한 부재)·보 또는 서까래에 단단히 결합할 것
㉱ 두께 5cm 이상, 너비 30cm 이상의 목재로 만든 받침대를 설치할 것

**17** 다음 불활성기체 소화약제에 대한 구성 성분을 쓰시오. (단, 구성 성분에 대한 성분비를 함께 쓰시오)
(1) IG-55
(2) IG-541

**답안** (1) $N_2$ 50%, Ar 50%
(2) $N_2$ 52%, Ar 40%, $CO_2$ 8%

**Point 설명** 지금과 같은 문제들은 저자가 소개하는 "한번집중"에 "장기간 저장"할 수 있는 특이한 〈암기법〉으로 정리해 두는 것이 좋을 듯 하여 이를 소개하고자 한다.

┌─ 이승원의 불활성기체 암기법 ─┐

■ 불활성기체(IG, Inert Gas) 공일아 백지곤지다오 오늘은 지오두아사리판이다.
• 공일아 → IG01(아르곤, Ar 전량)
• 백지곤지다오 → IG100(질소, $N_2$ 전량), 다오 55(아르곤 + 질소)(각 50%)
• 오늘은 지오두아사리판 → 오늘은(IG541), 지오두(질소 52), 아사(아르곤 40), 리판(이산화탄소 8)

**18** 다음은 옥내저장소 기준에 관한 내용이다. 괄호 안에 들어갈 알맞은 말을 쓰시오.

(1) 옥내저장소에서 동일 품명의 위험물이더라도 자연발화할 우려가 있거나 재해가 현저하게 증대할 우려가 있는 위험물을 다량 저장하는 경우에는 지정수량의 ( ① ) 이하마다 구분하여 상호간 ( ② ) 이상의 간격을 두어 저장하여야 한다.

(2) 옥내저장소에서 위험물을 저장하는 경우에는 다음 규정에 의한 높이를 초과하여 용기를 겹쳐 쌓지 아니하여야 한다.

- 기계에 의하여 하역하는 구조로 된 용기를 겹쳐 쌓는 경우에는 ( ① )m
- 제4류 위험물 중 제3석유류, 제4석유류 및 동식물유류를 수납하는 용기만을 겹쳐 쌓는 경우에는 ( ② )m
- 그 밖의 경우에 있어서는 ( ③ )m

**답안** (1) ① 10배  ② 0.3m
(2) ① 6  ② 4  ③ 3

**Point 설명** 옥내저장소의 시설기준은 다음과 같다.

▶ 법령보기 ◀

㉮ 옥내저장소에서 동일 품명의 위험물이더라도 자연발화할 우려가 있는 위험물 또는 재해가 현저하게 증대할 우려가 있는 위험물을 다량 저장하는 경우에는 지정수량의 10배 이하마다 구분하여 상호간 0.3m 이상의 간격을 두어 저장하여야 한다. 다만, 규정에 의한 위험물 또는 기계에 의하여 하역하는 구조로 된 용기에 수납한 위험물에 있어서는 그러하지 아니하다(중요기준).

㉯ 옥내저장소에서 위험물을 저장하는 경우에는 다음의 규정에 의한 높이를 초과하여 용기를 겹쳐 쌓지 아니하여야 한다.
- 기계에 의하여 하역하는 구조로 된 용기만을 겹쳐 쌓는 경우에 있어서는 6m
- 제4류 위험물 중 제3·제4석유류 및 동식물유류를 수납하는 용기만을 겹쳐 쌓는 경우에 있어서는 4m
- 그 밖의 경우에 있어서는 3m

**19** 제조소의 옥외에 있는 액체위험물(이황화탄소 제외)을 취급하는 탱크 주위에 방유제를 설치하려고 한다. 하나의 방유제 안에 용량 50만L인 위험물 저장탱크 1기를 설치하고, 또 다른 방유제 안에 100만L인 위험물 저장탱크 1기, 50만L인 위험물 저장탱크 1기, 10만L인 위험물 저장탱크 3기를 더 설치하려면 방유제 전체 용량은 몇 L(리터) 이상으로 해야 하는지 쓰시오.

**답안**  830,000L 이상

**■참고■**

이 문제는 "제조소의 옥외에 있는 액체위험물 취급탱크 주위에 방유제를 설치한다"는 것에 유의하여야 한다. 옥외탱크저장소의 방유제의 용량은 방유제 안에 설치된 탱크가 하나인 때에는 그 탱크 용량의 110% 이상, 2기 이상인 때에는 그 탱크 중 용량이 최대인 것의 용량의 110% 이상으로 하여야 하지만 제조소의 옥외에 있는 위험물취급탱크로서 액체위험물(이황화탄소 제외)을 취급하는 경우, 하나의 취급탱크 주위에 설치하는 방유제의 용량은 당해 탱크용량의 50% 이상으로 하고, 2 이상의 취급탱크 주위에 하나의 방유제를 설치하는 경우 그 방유제의 용량은 당해 탱크 중 용량이 최대인 것의 50%에 나머지 탱크용량 합계의 10%를 가산한 양 이상이 되게 하여야 한다.

따라서, 이 문제에서 방유제 용량은 다음과 같이 산정하여야 한다.

ⓐ 하나의 방유제 안에 용량 50만L인 위험물 저장탱크 1기를 설치 → 방유제의 용량은 당해 탱크용량의 50% 이상으로 하여야 하므로 → 50만L × 0.5 = 25만L

ⓑ 2 이상의 취급탱크 주위에 하나의 방유제를 설치하는 경우 그 방유제의 용량은 당해 탱크 중 용량이 최대인 것의 50%에 나머지 탱크용량 합계의 10%를 가산한 양으로 하여야 하므로
→ 100만 × 0.5 + 50만 × 0.1 + 10만 × 3 × 0.1 = 58만L

∴ 방유제 전체 용량 = 25만L + 58만L = 83만L 이상이어야 한다.

▶ 법령보기 ◀

제3류, 제4류 및 제5류 위험물 중 인화성이 있는 액체(이황화탄소 제외)의 옥외탱크저장소의 탱크 주위에는 다음의 기준에 의하여 방유제를 설치하여야 한다.

㉮ 방유제의 용량은 방유제 안에 설치된 탱크가 하나인 때에는 그 탱크 용량의 110% 이상, 2기 이상인 때에는 그 탱크 중 용량이 최대인 것의 용량의 110% 이상으로 할 것. 이 경우 방유제의 용량은 당해 방유제의 내용적에서 용량이 최대인 탱크 외의 탱크의 방유제 높이 이하 부분의 용적, 당해 방유제 내에 있는 모든 탱크의 지반면 이상 부분의 기초의 체적, 간막이 둑의 체적 및 당해 방유제 내에 있는 배관 등의 체적을 뺀 것으로 한다.

㉯ 방유제는 높이 0.5m 이상 3m 이하, 두께 0.2m 이상, 지하매설깊이 1m 이상으로 할 것. 다만, 방유제와 옥외저장탱크 사이의 지반면 아래에 불침윤성(不浸潤性 : 수분 흡수를 막는 성질) 구조물을 설치하는 경우에는 지하매설깊이를 해당 불침윤성 구조물까지로 할 수 있다.

㉰ 방유제 내의 면적은 8만m² 이하로 할 것

㉱ 방유제 내에 설치하는 옥외저장탱크의 수는 10(방유제 내에 설치하는 모든 옥외저장탱크의 용량이 20만L 이하이고, 당해 옥외저장탱크에 저장 또는 취급하는 위험물의 인화점이 70℃ 이상 200℃ 미만인 경우에는 20) 이하로 할 것. 다만, 인화점이 200℃ 이상인 위험물을 저장 또는 취급하는 옥외저장탱크에 있어서는 그러하지 아니하다.

**20** 다음 괄호 안에 알맞은 말을 쓰시오.

| 위험물 | | | 지정수량 |
|---|---|---|---|
| 유별 | 성질 | 품명 | |
| 제1류 | 산화성 고체 | 질산염류 | 300kg |
| | | 아이오딘산염류(요오드산염류) | ( ④ )kg |
| | | 과망가니즈산염류(과망간산염류) | 1,000kg |
| | | ( ② ) | 1,000kg |
| 제2류 | ( ① ) | 철분 | 500kg |
| | | 금속분 | 500kg |
| | | 마그네슘 | 500kg |
| | | ( ③ ) | 1,000kg |
| 제4류 | 인화성 액체 | 제2석유류 - 비수용성 액체 | ( ⑤ )L |
| | | 제2석유류 - 수용성 액체 | 2,000L |
| | | 제3석유류 - 비수용성 액체 | 2,000L |
| | | 제3석유류 - 수용성 액체 | ( ⑥ )L |

**답안** ① 가연성고체 ② 다이크로뮴산염류(중크롬산염류) ③ 인화성 고체 ④ 300 ⑤ 1,000 ⑥ 4,000

**Point 설명** 위험물의 유별 및 지정수량은 다음과 같다.

▶ 법령보기 ◀

| 위험물 | | | 지정수량 |
|---|---|---|---|
| 유별 | 성질 | 품명 | |
| 제1류 | 산화성 고체 | 질산염류 | 300kg |
| | | 아이오딘산염류(요오드산염류) | 300kg |
| | | 과망가니즈산염류(과망간산염류) | 1,000kg |
| | | 다이크로뮴산염류(중크롬산염류) | 1,000kg |
| 제2류 | 가연성 고체 | 철분 | 500kg |
| | | 금속분 | 500kg |
| | | 인화성 고체 | 1,000kg |
| 제4류 | 인화성 액체 | 제2석유류 - 비수용성 액체 | 1,000L |
| | | 제2석유류 - 수용성 액체 | 2,000L |
| | | 제3석유류 - 비수용성 액체 | 2,000L |
| | | 제3석유류 - 수용성 액체 | 4,000L |

# 2022년 제4회

**01** 다음 [표]는 위험물안전 관련 법령상 소화설비 적응성을 나타낸 것이다. 위험물에 대해 소화설비가 적응성이 있는 경우에 빈칸에 "○"로 표시하시오.

| 소화설비의 구분 | | 건축물·그 밖의 공작물 | 전기설비 | 제1류 위험물 | | 제2류 위험물 | | | 제3류 위험물 | | 제4류 위험물 | 제5류 위험물 | 제6류 위험물 |
|---|---|---|---|---|---|---|---|---|---|---|---|---|---|
| | | | | 알칼리금속 과산화물 등 | 그 밖의 것 | 철분·금속분·마그네슘 등 | 인화성 고체 | 그 밖의 것 | 금수성 물품 | 그 밖의 것 | | | |
| 옥내소화전설비 | | | | | | | | | | | | | |
| 옥외소화전설비 | | | | | | | | | | | | | |
| 물분무등 소화설비 | 포소화설비 | | | | | | | | | | | | |
| | 불활성기체 소화설비 | | | | | | | | | | | | |
| | 할로젠화합물 소화설비 | | | | | | | | | | | | |

**답안**

| 소화설비의 구분 | | 건축물·그 밖의 공작물 | 전기설비 | 제1류 위험물 | | 제2류 위험물 | | | 제3류 위험물 | | 제4류 위험물 | 제5류 위험물 | 제6류 위험물 |
|---|---|---|---|---|---|---|---|---|---|---|---|---|---|
| | | | | 알칼리금속 과산화물 등 | 그 밖의 것 | 철분·금속분·마그네슘 등 | 인화성 고체 | 그 밖의 것 | 금수성 물품 | 그 밖의 것 | | | |
| 옥내소화전설비 | | ○ | | | ○ | | ○ | ○ | | ○ | | ○ | ○ |
| 옥외소화전설비 | | ○ | | | ○ | | ○ | ○ | | ○ | | ○ | ○ |
| 물분무등 소화설비 | 포소화설비 | ○ | | | ○ | | ○ | ○ | | ○ | ○ | ○ | ○ |
| | 불활성기체 소화설비 | | ○ | | | | ○ | | | | ○ | | |
| | 할로젠화합물 소화설비 | | ○ | | | | ○ | | | | ○ | | |

**02** 분자량 34, 표백작용·살균작용을 하며, 운반용기 외부에 표시하여야 하는 주의사항은 "가연물접촉주의"로 농도가 36%(wt) 이상인 것이 위험물이 되는 이 물질에 대해 다음 물음에 답하시오.

(1) 이 위험물의 명칭을 쓰시오.
(2) 해당 위험물의 시성식을 쓰시오.
(3) 해당 위험물의 분해 반응식을 쓰시오.
(4) 해당 물질을 취급하는 제조소의 표지판에 설치해야 하는 주의사항을 쓰시오. (단, 해당사항 없으면 "해당 없음"이라고 쓰시오)

**답안** (1) 과산화수소
(2) $H_2O_2$
(3) $2H_2O_2 \rightarrow O_2 + 2H_2O$ 또는 $H_2O_2 \rightarrow 0.5O_2 + H_2O$
(4) 해당 없음

**참고**

**상세해설** 분자량 34, 농도 36중량% 이상인 것만 위험물로 지정·관리되는 것은 과산화수소라는 것을 금방 알아 챌 수 있다. 과산화수소($H_2O_2$)는 제6류 위험물(산화성 액체)로 농도가 36wt% 이상의 것만 위험물로 취급한다. 위험물 관리규정에 농도를 규정하는 것은 과산화수소($H_2O_2$, 36wt% 이상)와 유황(60wt% 이상) 뿐이다. 과산화수소를 포함한 제6류 위험물의 모두 위험등급은 Ⅰ등급으로 지정수량은 300kg이다.

유의할 점은 문제의 조건에서 "명칭을 쓰라"고 하는데 화학식을 쓰면 안 된다. 이 물질의 명칭은 과산화수소(Hydrogen Peroxide)이며, 시성식은 $H_2O_2$이다. $H_2O_2$가 분해되면 물($H_2O$)이 되면서 산소를 부생시킨다.

□ $2H_2O_2 \rightarrow O_2 + 2H_2O$

"제조소등"이란 제조소, 저장소 및 취급소를 말한다. 과산화수소($H_2O_2$)는 과염소산, 질산, 할로겐 간 화합물과 더불어 제6류 위험물(산화성 액체)로 분류되며, 지정수량은 300kg, 위험등급 Ⅰ등급으로 지정·관리되는 물질로서 제6류 위험물은 주의사항 게시판 설치규정에서 제외된다. 따라서 답안지에는 "해당 없음"으로 기재한다.

**03** 크실렌 이성질체 3가지에 대한 명칭과 구조식을 쓰시오.

**답안**

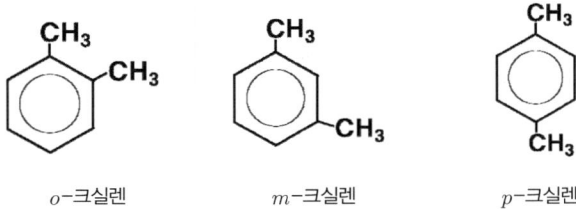

$o$-크실렌        $m$-크실렌        $p$-크실렌

## ▌참고 ▌

 크실렌[자일렌, $C_6H_4(CH_3)_2$]은 이성질체 분리에 의해 $p$-자일렌, $o$-자일렌, $m$-자일렌 3가지가 있으며, 산화성 물질과의 혼합할 경우, 폭발할 우려가 있다.

| 오쏘($o$)-크실렌 | 메타($m$)-크실렌 | 파라($p$)-크실렌 |
|---|---|---|
| 발화점 : 106.2℃ | 발화점 : 528℃ | 발화점 : 529℃ |
| 인화점 : 32℃ | 인화점 : 25℃ | 인화점 : 25℃ |

**04** 위험물 운반을 할 때, 방수성 덮개와 차광성 덮개를 모두 해야 하는 위험물의 품명을 다음 [보기]에서 골라 모두 쓰시오.

[보기]
• 유기과산화물    • 질산    • 알칼리금속의 과산화물    • 염소산염류

**답안** 알칼리금속의 과산화물

**Point 설명** 위험물의 운반에 관한 규정은 다음과 같다.

▶ 법령보기 ◀
㉮ 제1류 위험물, 제3류 위험물 중 자연발화성물질, 제4류 위험물 중 특수인화물, 제5류 위험물 또는 제6류 위험물은 차광성이 있는 피복으로 가릴 것
㉯ 제1류 위험물 중 알칼리금속의 과산화물 또는 이를 함유한 것, 제2류 위험물 중 철분·금속분·마그네슘 또는 이들중 어느 하나 이상을 함유한 것 또는 제3류 위험물 중 금수성물질은 방수성이 있는 피복으로 덮을 것
따라서 "방수성 덮개와 차광성 덮개를 모두 해야 하는 위험물"은 알칼리금속의 과산화물이다.

**보충** 유기과산화물은 제5류 위험물(자기반응성물질), 질산은 제6류 위험물(산화성액체)이며, 지정수량은 300kg이다. 알칼리금속의 과산화물은 제1류 위험물(산화성고체) 중 무기과산화물($Na_2O_2$ 등)로 지정수량은 50kg이다.

염소산염류는 제1류 위험물(산화성고체)로 지정수량은 50kg이다. 제5류 위험물은 자기반응성 물질로 유기과산화물, 질산에스터류, 나이트로화합물, 나이트로소화합물, 아조화합물, 다이아조화합물, 하이드라진 유도체, 하이드록실아민, 하이드록실아민염류 등이며, 지정수량은 1종 10kg, 2종 100kg이다.

제6류 위험물은 산화성 액체로 과염소산, 과산화수소, 질산, 등이며, 지정수량은 300kg이다. 금속분은 가연성 고체로 제2류 위험물로 분류되며 철분, 금속분, 마그네슘등의 지정수량은 500kg이다.

특수인화물[이황화탄소, 산화프로필렌, 아세트알데하이드, 다이에틸에터(디에틸에테르) 등]은 제4류 위험물로 분류되며 지정수량은 50L이다.

**05** 다음 위험물을 인화점이 낮은 것부터 높은 것 순서로 쓰시오.

- 초산에틸
- 메탄올
- 에틸렌글리콜
- 나이트로벤젠
- 글리세린
- 클로로벤젠
- 이황화탄소

**답안** 이황화탄소 < 초산에틸 < 메탄올 < 클로로벤젠 < 나이트로벤젠 < 에틸렌글리콜 < 글리세린

**참고**

초산에틸($CH_3COOC_2H_5$)은 제4류 위험물 – 제1석유류 – 비수용성이다. 제1석유류는 1기압에서 인화점이 21℃ 미만인 것을 말하며, 인화점은 −4℃이다. 메틸알코올(메탄올, $C_2H_5OH$)은 제4류 위험물 – 알코올류로서 인화점은 11℃이고, 에틸렌글리콜[$(CH_2OH)_2$]은 제4류 위험물 – 제3석유류 – 수용성으로 인화점은 111℃이다. 나이트로벤젠($C_6H_5NO_2$)은 제4류 위험물 – 제3석유류 – 비수용성이다.

제3석유류는 1기압에서 인화점이 70℃이상 200℃ 미만인 것을 말하는데, 나이트로벤젠의 인화점은 88℃이다.

글리세린[$C_3H_5(OH)_3$]은 제4류위험물 – 제3석유류로 인화점은 160℃, 클로로벤젠($C_6H_5Cl$)은 제4류 위험물 – 제2석유류(비수용성)로 인화점은 28℃, 이황화탄소($CS_2$)는 제4류 위험물 – 특수인화물로 인화점은 −30℃이다.

**주요 위험물의 인화점**

| 구분 | 특수인화물 | 제1석유류 | 제2석유류 | 제3석유류 | 제4석유류 | 동·식물유 |
|---|---|---|---|---|---|---|
| 인화점 | −20℃ 이하 | 21℃ 미만 | 21 ~ 70℃ | 70 ~ 200℃ | 200 ~ 250℃ | 250℃ 미만 |

**06** 다음 [보기] 중 제2석유류의 조건에 해당하는 것을 모두 골라 그 기호를 쓰시오.

[보기]

A. 등유와 경유가 속하는 품명이다.
B. 1기압에서 인화점이 70℃ 이상 200℃ 미만이다.
C. 1기압에서 인화점이 200℃ 이상 250℃ 미만이다.
D. 중유, 크레오소트유가 속하는 품명이다.
E. 도료류, 그 밖의 물품의 경우 가연성 액체량이 40중량% 이하이면서 인화점이 40℃ 이상인 동시에 연소점이 60℃ 이상인 것은 제외한다.
F. 수용성이며, 산화제로 작용한다.

**답안** A, E

**참고**

[보기]에서 "A"와 "E"항만 제2석유류의 조건에 해당한다.

"B항"은 제4류 위험물의 제3석유류에 대한 규정이다. "제4류 위험물의 제3석유류"라 함은 중유, 크레오소트유 그밖에 1기압에서 인화점이 70℃ 이상 200℃ 미만인 것을 말한다. 다만, 도료류 그 밖의 물품은 가연성 액체량이 40%(wt) 이하인 것은 제외한다.

"C항"은 제4류 위험물의 제4석유류에 대한 규정이다. "제4류 위험물의 제4석유류"라 함은 기어유, 실린더유 그밖에 1기압에서 인화점이 200℃ 이상 250℃ 미만의 것을 말한다. 다만, 도료류 그 밖의 물품은 가연성 액체량이 40%(wt) 이하인 것은 제외한다. "D항"의 중유, 크레오소트유가 속하는 품명은 제4류 위험물의 제3석유류이다.

▶ 법령보기 ◀

제2석유류라 함은 등유, 경유 그밖에 1기압에서 인화점이 섭씨 21도 이상 70도 미만인 것을 말한다. 다만, 도료류 그 밖의 물품에 있어서 가연성 액체량이 40중량퍼센트 이하이면서 인화점이 섭씨 40도 이상인 동시에 연소점이 섭씨 60도 이상인 것은 제외한다.

**07** 트라이에틸알루미늄 228g이 물과 접촉·반응하고 있다. 다음 물음에 답하시오.

(1) 물과의 반응식을 쓰시오.
(2) 표준상태에서 물과 반응할 때 발생하는 가연성 기체의 부피(L)를 구하시오.

**답안** (1) 물과의 반응식 : $Al(C_2H_5)_3 + 3H_2O \rightarrow Al(OH)_3 + 3C_2H_6$

(2) $C_2H_6(부피) = 228g \times \dfrac{1mol}{114g} \times \dfrac{3mol}{1mol} \times \dfrac{22.4L}{1mol} = 134.4L$

**▌참고▐**

 트라이에틸알루미늄[$Al(C_2H_5)_3$]이 물($H_2O$)과 반응할 경우, 수산화물(水酸化物)을 형성하면서 부생물이 발생한다. $Al(C_2H_5)_3$ 중의 알루미늄은 양이온 3가($Al^{3+}$), 물에서 제공되는 수산화이온($OH^-$)은 음이온 1가이므로 등가결합 원칙에 따라 이들이 결합한 수산화물의 구성은 1 : 3, 즉 $Al^{3+} : 3OH^- = Al(OH)_3$로 되면서 부산물로 에테인(에탄)가스를 방출한다.

□ $Al(C_2H_5)_3 + 3H_2O \rightarrow Al(OH)_3 + 3C_2H_6$

트라이에틸알루미늄[$Al(C_2H_5)_3$]과 물($H_2O$)의 반응에서 생성된 가연성의 기체, 즉 에테인(에탄, $C_2H_6$)의 생성량은 다음과 같이 비례식으로 산출할 수 있다. 이때 Al의 원자량은 27, C의 원자량은 12, H의 원자량은 1이므로 트라이에틸알루미늄[$Al(C_2H_5)_3$]의 분자량은 원자량의 합이므로 114이고, $Al(C_2H_5)_3$ 1mol = 114g, $C_2H_6$ 1mol = 30g이며, 기화(氣化)된 1mol의 모든 물질의 체적은 22.4L이므로 이를 토대로 요구하는 단위에 맞추어 문제를 풀어낸다.

□ $Al(C_2H_5)_3 + 3H_2O \rightarrow Al(OH)_3 + 3C_2H_6$
     1mol      :      3mol

∴ $C_2H_6(L) = 228g \times \dfrac{1mol(TEA)}{114g(TEA)} \times \dfrac{3mol(C_2H_6)}{1mol(TEA)} \times \dfrac{22.4L}{1mol} = 134.4L$

**08** 다음의 조건을 갖는 제조소등이 있다. 소요단위를 산출하시오.
(1) 다이에틸에터 2,000L
(2) 연면적 1,500m²인 내화구조 외벽이 아닌 저장소
(3) 연면적 1,500m²인 내화구조 외벽을 갖춘 제조소

**답안** (1)의 소요단위 $= 2{,}000\text{L} \times \dfrac{1\text{단위}}{50\text{L} \times 10} = 4$

(2)의 소요단위 $= 1500\,\text{m}^2 \times \dfrac{1\text{단위}}{75\,\text{m}^2} = 20$

(3)의 소요단위 $= 1500\,\text{m}^2 \times \dfrac{1\text{단위}}{100\,\text{m}^2} = 15$

■ 참고 ■

**상세해설** 다이에틸에터(디에틸에테르)는 제4류 위험물 – 특수인화물로서 지정수량은 50L이고, 위험물의 경우 지정수량의 10배를 1소요단위로 한다. 저장소의 경우, 외벽이 내화구조인 것은 연면적 150m²를 1소요단위로 하고, 외벽이 내화구조가 아닌 것은 연면적 75m²를 1소요단위로 하며, 제조소·취급소의 경우, 외벽이 내화구조인 것은 연면적 100m²를 1소요단위로 하며, 외벽이 내화구조가 아닌 것은 연면적 50m²를 1소요단위로 하므로 문제에서 제시된 위험물 및 제조소등의 소요단위는 다음과 같이 산출된다.

㉮ 다이에틸에터(디에틸에테르) : 소요단위 $=$ 다이에틸에터 $\times \dfrac{1\text{단위}}{\text{지정수량의 }10\text{배}}$

➡ ∴ 소요단위 $= 2{,}000\text{L} \times \dfrac{1\text{단위}}{50\text{L} \times 10} = 4$

㉯ 저장소 : 소요단위 $=$ 연면적$(\text{m}^2) \times \dfrac{1\text{단위}}{75\,\text{m}^2}$

➡ ∴ 소요단위 $= 1500\,\text{m}^2 \times \dfrac{1\text{단위}}{75\,\text{m}^2} = 20$

㉰ 제조소 : 소요단위 $=$ 연면적$(\text{m}^2) \times \dfrac{1\text{단위}}{100\,\text{m}^2}$

➡ ∴ 소요단위 $= 1500\,\text{m}^2 \times \dfrac{1\text{단위}}{100\,\text{m}^2} = 15$

▶ 법령보기 ◀ 소요단위 및 능력단위

㉮ 용어의 정의
- 소요단위 : 소화설비의 설치대상이 되는 건축물 그 밖의 공작물의 규모 또는 위험물의 양의 기준단위
- 능력단위 : 소요단위에 대응하는 소화설비의 소화능력의 기준단위

㉯ 소요단위의 계산방법
- 제조소 또는 취급소의 건축물 외벽이 내화구조인 것은 연면적 100m²를 1소요단위로 하며, 외벽이 내화구조가 아닌 것은 연면적 50m²를 1소요단위로 할 것
- 저장소의 건축물 외벽이 내화구조인 것은 연면적 150m²를 1소요단위로 하고, 외벽이 내화구조가 아닌 것은 연면적 75m²를 1소요단위로 할 것

㉰ 제조소등의 옥외에 설치된 공작물은 외벽이 내화구조인 것으로 간주하고 공작물의 최대수평투영면적을 연면적으로 간주하여 ㉮ 및 ㉯의 규정에 의하여 소요단위를 산정할 것

㉱ 위험물은 지정수량의 10배를 1소요단위로 할 것

**09** 다음 각 위험물에 대한 연소반응식을 쓰시오. (단, 해당사항 없으면 "해당 없음"이라고 쓰시오)

(1) 질산나트륨
(2) 염소산암모늄
(3) 알루미늄분
(4) 메틸에틸케톤
(5) 과산화수소

**답안** (1) 해당 없음

(2) 해당 없음

(3) $2Al + 1.5O_2 \rightarrow Al_2O_3$

(4) $CH_3COC_2H_5 + 5.5O_2 \rightarrow 4CO_2 + 4H_2O$

(5) 해당 없음

■ 참고 ■

제시된 5개 위험물 중 위에서 선정한 알루미늄분(금속분), 메틸에틸케톤에 대해 연소반응식을 작성하면 되고, 나머지는 3종류 위험물(질산나트륨, 염소산암모늄, 과산화수소)에 대해서는 답안지에 "해당 없음"이라고 기재하면 된다.

질산나트륨($NaNO_3$)은 제1류 위험물질로 양이온 1가인 나트륨($Na^+$)과 음이온 1가인 질산이온($NO_3^-$)이 결합된 화합물이다. 무기물 형태로 분해되므로 연소반응(산소와 반응하여 열과 빛을 수반하는 반응)을 하지 않는다.

염소산암모늄($NH_4ClO_3$)은 제1류 위험물질로 양이온 1가인 암모늄이온($NH_4^+$)과 염소산($HClO_3$)이 근원인 음이온 1가의 염소산이온($ClO_3^-$)이 결합된 화합물이다. 무기물 형태로 분해되므로 역시 연소반응(산소와 반응하여 열과 빛을 수반하는 반응)을 하지 않는다.

과산화수소($H_2O_2$)는 제6류 위험물질로 물($H_2O$)에 산소 원자가 하나 더 붙어서 만들어진 무기화합물이다. 불연성이며, 매우 불안정한 물질로 공기 중에서 쉽게 분해되어 물과 산소로 분해된다. 역시 연소반응(산소와 반응하여 열과 빛을 수반하는 반응)을 하지 않는다. 분해되면 물과 산소로 된다.

연소반응을 하는 알루미늄분(Al)은 제2류 위험물 가연성고체로 Al이 연소·산화되면, 알루미늄(Al)의 산화물인 산화알루미늄($Al_2O_3$)이 된다. 알루미늄은 양이온 3가($Al^{3+}$), 반응하는 산소는 음이온 2가($O^{2-}$)이므로 1 : 1로 결합할 수 없다. 그러므로 등가결합의 원칙과 계수를 교호적용하여 3가인 Al은 2개, 2가인 O는 3개가 결합되는 $Al_2O_3$의 산화물을 형성하게 된다.

▫ $2Al + 1.5O_2 \rightarrow Al_2O_3$

연소반응을 하는 메틸에틸케톤($CH_3COC_2H_5$)은 제4류 위험물 중 제1석유류의 케톤류(Ketones)에 해당한다. 메틸에틸케톤은 탄소, 수소, 산소로 구성된 물질이므로 연소되면 탄소(C)는 $CO_2$로, 수소(H)는 $H_2O$로 되어 다음과 같은 연소반응식을 만들 수 있다.

▫ $CH_3COC_2H_5 + 5.5O_2 \rightarrow 4CO_2 + 4H_2O$

**10** 분자량이 227이며, 폭약의 원료이고, 담황색의 주상결정이며, 물에 녹지 않고, 아세톤과 벤젠에는 녹는 물질에 대해 다음 물음에 답하시오.
 (1) 품명을 쓰시오.
 (2) 시성식을 쓰시오.
 (3) 해당 위험물의 제조방법을 사용원료를 중심으로 설명하시오.

**답안** (1) 품명 : 나이트로화합물
 (2) 시성식 : $C_6H_2CH_3(NO_2)_3$
 (3) 제조방법 : 톨루엔을 황산과 질산의 혼합물로 나이트로화시켜 제조함

■ **참고** ■

**상세 해설** 분자량이 227, 폭약의 원료인 것은 제5류 위험물 중 품명이 나이트로화합물인 트라이나이트로톨루엔[TNT, $C_6H_2CH_3(NO_2)_3$]이다.

분자식이 잘 생각나지 않을 경우 ➡ 트라이나이트로톨루엔(TNT) → "톨루엔"은 선행학습에서 "톨루엔[벤젠에 메틸기가 부착된 것 → 육각-CH₃(⬡-CH₃)]"으로 학습해 두었으므로 벤젠(⬡, $C_6H_6$)의 6개 모서리 중 1개는 $CH_3$가 결합되고, 3개 모서리는 나이트로기(-$NO_2$)가 결합되므로 TNT의 시성식은 $C_6H_2CH_3(NO_2)_3$으로 되며, 분자량은 227(=12×7+1×5 +14×3+32×3)이 된다.

반면에, 이와 유사한 트라이나이트로페놀(TNP) → 벤젠(⬡, $C_6H_6$)의 6개 모서리 중 1개는 OH가 결합되고, 3개 모서리는 나이트로기(-$NO_2$)가 결합되므로 TNP의 시성식은 $C_6H_2CH_3(NO_2)_3$으로 되며, 분자량은 229(=12×6+1×3 +16+14×3+32×3)이므로 TNT와 분자량이 다르다.

트라이나이트로톨루엔(TNT) 은 톨루엔을 황산과 질산의 혼합물로 나이트로화시켜 제조한다.

 ① 벤젠(⬡) + 메틸기(-$CH_3$) → 톨루엔(⬡-$CH_3$)
 ② 질산($HNO_3$) $\xrightarrow[\text{나이트로화 반응}]{\text{진한 황산}}$ 나이트로기(-$NO_2$)

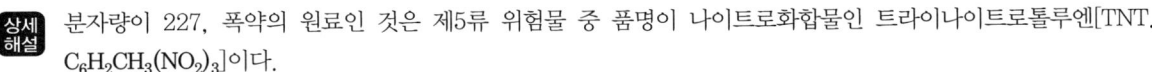

 또는 반응식 형태로 표현하면 ; 톨루엔($C_6H_5CH_3$)+$3HNO_3$ $\xrightarrow[\text{나이트로화 반응}]{\text{진한 황산}}$ $C_6H_2CH_3(NO_2)_3$+$3H_2O$

---

**11** 다음은 위험물안전관리법에서 정하는 위험물의 유별 저장 · 취급에 대한 공통기준이다. 괄호 안에 들어갈 알맞은 내용을 쓰시오.
 (1) 제(   )류 위험물은 불티 · 불꽃 · 고온체와의 접근 또는 과열을 피하고, 함부로 증기를 발생시키지 않아야 한다.
 (2) 제(   )류 위험물은 불티 · 불꽃 · 고온체와의 접근이나 과열 · 충격 또는 마찰을 피해야 한다.
 (3) 제(   )류 위험물은 가연물과의 접촉 · 혼합이나 분해를 촉진하는 물품과의 접근 또는 과열을 피해야 한다.
 (4) 유별을 달리하는 위험물은 동일한 저장소에 저장하지 아니하여야 한다. 다만, 옥내저장소 또는 옥외저장소에 있어서 다음의 규정에 의한 위험물을 저장하는 경우로서 위험물을 유별로 정리하여 저장하는 한편, 서로 1m 이상의 간격을 두는 경우에는 그러하지 아니하다.
  ① 제1류 위험물과 제(    )류 및 제(    )류 위험물을 저장하는 경우
  ② 제2류 위험물 중 인화성 고체와 제(    )류 위험물을 저장하는 경우

**답안** (1) 4
(2) 5
(3) 6
(4) ① 5, 6  ② 4

**Point 설명** 문제에서 제시된 항목에 해당하는 위험물의 유별 저장·취급에 대한 공통기준은 다음과 같다.

▶ 법령보기 ◀

㉮ 제4류 위험물은 불티·불꽃·고온체와의 접근 또는 과열을 피하고, 함부로 증기를 발생시키지 아니하여야 한다.
㉯ 제5류 위험물은 불티·불꽃·고온체와의 접근이나 과열·충격 또는 마찰을 피하여야 한다.
㉰ 제6류 위험물은 가연물과의 접촉·혼합이나 분해를 촉진하는 물품과의 접근 또는 과열을 피하여야 한다.
㉱ 유별을 달리하는 위험물은 동일한 저장소에 저장하지 아니하여야 한다. 다만, 옥내저장소 또는 옥외저장소에 있어서 다음의 규정에 의한 위험물을 저장하는 경우로서 위험물을 유별로 정리하여 저장하는 한편, 서로 1m 이상의 간격을 두는 경우에는 그러하지 아니하다(중요기준).
 • 제1류 위험물과 제5류 위험물을 저장하는 경우
 • 제1류 위험물과 제6류 위험물을 저장하는 경우
 • 제2류 위험물 중 인화성 고체와 제4류 위험물을 저장하는 경우

**12** 다음의 특성을 지닌 위험물에 대하여 물음에 답하시오.

 • 분자량 약 78, 인화점 −11℃
 • 무색투명한 방향성을 갖는 휘발성이 강한 액체
 • 수소첨가반응으로 사이클로헥세인을 생성하는 제4류 위험물

(1) 해당 위험물의 화학식을 쓰시오.
(2) 해당 위험물의 위험등급을 쓰시오.
(3) 해당하는 위험물을 운송할 때 위험물안전카드를 휴대해야 하는지의 여부를 쓰시오. (단, 해당사항 없으면 "해당 없음"이라고 쓰시오)
(4) 위험물안전관리법령상 "위험물운송자는 장거리에 걸치는 운송을 하는 때에는 2명 이상의 운전자로 해야 한다"고 규정하고 있다. 해당 위험물이 이에 해당하는지의 여부를 쓰시오. (단, 해당사항 없으면 "해당 없음"이라고 쓰시오)

**답안** (1) $C_6H_6$
(2) 위험등급 Ⅱ
(3) 위험물안전카드를 휴대해야 함
(4) 해당 없음

■ 참고 ■

인화점이 −11℃로 낮고, 분자량이 약 78이라는 점에 먼저 초점을 맞춘다. 분자량 78, 곧바로 벤젠이라는 것을 알 수 있다. 왜냐하면 벤젠은 육각형의 환형구조에 6개 모서리에 탄소를 가지고 있으므로 분자식이 $C_6H_6$이며, 분자량을 산정하면 $12 \times 6 + 1 \times 6 = 78$이 되기 때문이다. 추가로 벤젠은 방향성이 있고, 휘발성이 강하므로 문제의 특성을 갖는 것은 벤젠임을 확신할 수 있다.

벤젠($C_6H_6$)은 제4류 위험물(인화성액체) – 제1석유류(비수용성)이므로 위험등급 Ⅱ등급으로 지정수량은 200L 이다.

이동탱크저장소에 의한 위험물의 운송할 때 준수하여야 하는 기준에서 → 위험물(제4류 위험물에 있어서는 특수인화물 및 제1석유류에 한함)을 운송하게 하는 자는 위험물안전카드를 위험물운송자로 하여금 휴대하게 하여야 한다.

그리고 위험물을 장거리 운송을 하는 때에는 2명 이상의 운전자로 해야 하는데, 운송하는 위험물이 제2류 위험물·제3류 위험물(칼슘 또는 알루미늄의 탄화물과 이것만을 함유한 것에 한함)과 제4류 위험물(특수인화물 제외)인 경우에는 이 규정(장거리 운송 시 2명 이상의 운전자로 해야 하는 규정)을 적용하지 않는다. 따라서 (4)항은 "해당 없음"이라고 답하면 된다.

● 참고 ●

**위험물의 위험등급 분류**

| 위험등급 | 해당 품명 및 품목 |
|---|---|
| Ⅰ등급 위험물 | • 제1류 위험물 중 아염소산염류, 염소산염류, 과염소산염류, 무기과산화물 그밖에 지정수량이 50kg인 위험물<br>• 제3류 위험물 중 칼륨, 나트륨, 알킬알루미늄, 알킬리튬, 황린 그밖에 지정수량이 10kg 또는 20kg인 위험물<br>• 제4류 위험물 중 특수인화물<br>• 제5류 위험물 중 유기과산화물, 질산에스터류(질산에스테르류) 그밖에 지정수량이 10kg인 위험물<br>• 제6류 위험물 |
| Ⅱ등급 위험물 | • 제1류 위험물 중 브로민산염류, 질산염류, 아이오딘산염류 그밖에 지정수량이 300kg인 위험물<br>• 제2류 위험물 중 황화인, 적린, 유황 그밖에 지정수량이 100kg인 위험물<br>• 제3류 위험물 중 알칼리금속(칼륨 및 나트륨을 제외) 및 알칼리토금속, 유기금속화합물(알킬알루미늄 및 알킬리튬 제외) 그밖에 지정수량이 50kg인 위험물<br>• 제4류 위험물 중 제1석유류 및 알코올류<br>• 제5류 위험물 중 Ⅰ등급 이외 위험물 |
| Ⅲ등급 위험물 | • Ⅰ등급 및 Ⅱ등급 외의 위험물 |

▶ 법령보기 ◀

㉮ 위험물안전카드 소지 : 위험물을 운송하게 하는 자는 위험물안전카드를 위험물운송자로 하여금 휴대하게 하여야 한다(제4류 위험물에 있어서는 특수인화물 및 제1석유류에 한함).
㉯ 장거리 운송 시 2명 이상의 운전자로 해야 하는 규정 : 위험물운송자는 장거리(고속국도에 있어서는 340km 이상, 그 밖의 도로에 있어서는 200km 이상을 말함)에 걸치는 운송을 하는 때에는 2명 이상의 운전자로 할 것. 다만, 다음에 해당하는 경우에는 그러하지 아니하다.
  • 운송책임자를 동승시킨 경우
  • 운송하는 위험물이 제2류 위험물·제3류 위험물(칼슘 또는 알루미늄의 탄화물과 이것만을 함유한 것에 한함)또는 제4류 위험물(특수인화물 제외)인 경우
  • 운송 도중에 2시간 이내마다 20분 이상씩 휴식하는 경우

**13** 금속나트륨에 대해 다음 물음에 답하시오.

(1) 에탄올과의 반응식과 반응 시 발생되는 가스의 명칭을 쓰시오.
(2) 에탄올과의 반응할 때, 생성되는 가연성기체의 위험도를 구하시오.

**답안** (1) 에탄올과의 반응 : $C_2H_5OH + Na \rightarrow C_2H_5ONa + 0.5H_2$  발생가스 명칭 : 수소

(2) 위험도 $= \dfrac{74.5 - 4}{4} = 17.63$

■ **참고** ■

 나트륨(Na)은 물($H_2O$)이 제공하는 음이온 1가의 수산화이온($OH^-$)을 받아 수산화물(水酸化物)을 형성하면서 부생물로 수소를 발생한다.

□ $Na + H_2O \rightarrow NaOH + 0.5H_2$

나트륨은 물보다 가볍고, 칼로도 자를 수 있을 정도로 무르며, 광택이 있는 은백색 금속으로 제3류 위험물(자연발화성 및 금수성물질)로 분류되며, 칼륨, 알킬알루미늄, 알킬리튬과 함께 지정수량 10kg이며, 위험물 Ⅰ등급으로 지정·관리되는 물질이다. 반응성이 강하여 공기 중에 보관할 수 없고 석유, 경유, 유동파라핀 등의 보호액 중에 보관한다. 석유, 경유, 유동파라핀 등의 보호액 중에 보관하는 위험물의 종류는 칼륨, 나트륨, 알칼리금속, 알칼리토금속 등이다.

나트륨과 에틸알코올의 반응에서, 에틸알코올($C_2H_5OH$)은 수소하나를 떼 내어 음이온 1가($C_2H_5O^-$, 에톡시기)를 만들고 나트륨(Na)은 1가 양이온($Na^+$)으로 되어 에틸알코올($C_2H_5OH$)의 수소자리에 결합한다. 이렇게 하여 이 둘은 $C_2H_5ONa$(나트륨 에톡사이드)라고 하는 화합물을 만들면서 수소를 발생시킨다.

□ $C_2H_5OH + Na \rightarrow C_2H_5ONa + 0.5H_2$

나트륨과 에탄올(에틸알코올)이 반응할 때 생성되는 가연성기체는 수소($H_2$)이드로 수소의 위험도를 구한다. 발생가스의 위험도 산정은 연소범위(폭발범위, 4% ~ 74.5%)를 이용하여 하한을 기준으로 하여 하한과 상한의 차이가 하한의 몇 배에 해당하는가를 나타낸다. 따라서 다음과 같이 산정할 수 있다.

□ 위험도 $= \dfrac{\text{상한 값} - \text{하한 값}}{\text{하한 값}} = \dfrac{74.5 - 4}{4} = 17.63$

**14** 다음과 같이 횡(가로)으로 설치한 원통형 탱크의 용적(m³)과 용량(m³)을 구하시오. (단, 탱크의 공간용적은 10%이다)

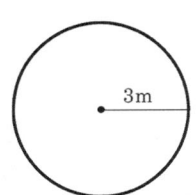
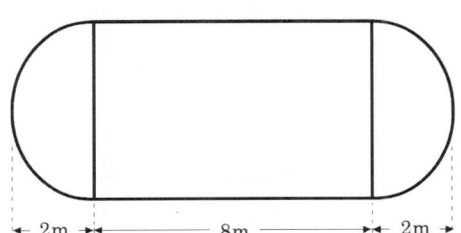

**답안** (1) 내용적 $= \pi r^2 \left(l + \dfrac{l_1 + l_2}{3}\right)$

∴ 내용적 $= 3.14 \times 3^2 \times \left(8 + \dfrac{2+2}{3}\right) = 263.89\,\text{m}^3$

(2) 탱크의 용량 = 내용적 − 공간용적 = 내용적 × (1 − 공간 용적률)

∴ 탱크용량 $= 263.89 \times (1 - 0.1) = 237.5\,\text{m}^3$

**Point 설명** 횡(가로)으로 설치한 원통형 탱크의 내용적은 다음 공식으로 산출된다.

▫ 공식 : 내용적 $= \pi r^2 \left(l + \dfrac{l_1 + l_2}{3}\right)$

계산식에 반지름($r$) 3m, 직선부 길이($l$) 8m, 곡선부 길이($l_1$, $l_2$) 각 2m를 대입하여 탱크의 내용적을 산출한다.

▫ 내용적 $= 3.14 \times 3^2 \times \left(8 + \dfrac{2+2}{3}\right) = 263.89\,\text{m}^3$

탱크의 용량은 내용적에서 공간용적을 제외한 용적을 말하며, 문제에서 제시된 공간용적율이 10%이므로 이에 해당하는 용적을 탱크 내용적에서 감산하면 탱크용량이 된다.

▫ 탱크의 용량 = 내용적 − 공간용적 = 내용적 × (1 − 공간 용적률)

∴ 탱크용량 $= 263.89 \times (1 - 0.1) = 237.5\,\text{m}^3$

---

**15** 질산암모늄이 열분해하면 $N_2$와 $H_2O$, $O_2$가 발생한다. 1몰(mol)의 질산암모늄이 0.9기압, 300℃에서 분해하고 있다. 다음 물음에 답하시오.
(1) 질산암모늄의 열분해 반응식을 쓰시오.
(2) 열분해시 발생하는 $H_2O$의 부피(L)를 구하시오. (계산과정과 답을 기재할 것)

**답안** (1) $NH_4NO_3 \rightarrow N_2 + 2H_2O + 0.5O_2$

(2) $NH_4NO_3 \rightarrow N_2 + 2H_2O + 0.5O_2$
　　　1mol　　　　　　　　2mol

・ $H_2O$(표준상태) $= 1\text{mol} \times \dfrac{2\text{mol}}{1\text{mol}} \times \dfrac{22.4\text{L}}{1\text{mol}} = 44.8\text{L}$

∴ 0.9기압, 300℃ $H_2O = 44.8(\text{L}) \times \dfrac{273+300}{273} \times \dfrac{1}{0.9} = 104.48\,\text{L}$

**▎참고 ▎**

**상세해설** 질산암모늄의 화학식은 $NH_4NO_3$이다. 질산암모늄이 분해할 때 "질소, 산소, 물(수증기)"을 발생한다고 하였으므로 문제의 조건에 맞추어 다음과 같이 반응식을 만든다. 이때, 생성물의 우선 순위를 질소 → 물(수증기) → 나머지 부생물(산소) 순서로 양론식을 만드는 요령이 필요하다. 그래야만 신속하게 문제를 풀고, 실수를 줄일 수 있다.

▫ 반응식 기초 : $NH_4NO_3 \rightarrow N_2 + 2H_2O +$ 부생물

・ 반응계 산소(O) 3개 → 생성계 O 2개 → ∴ 부생물 $= 0.5O_2$
・ 반응계 원소수 = 생성계 원소수(반응계 = 생성계)

∴ $NH_4NO_3 \rightarrow N_2 + 2H_2O + 0.5O_2$

열분해 시 발생하는 $H_2O$의 부피(L)는 위의 반응식을 토대로 다음과 같이 비례식으로 산출한다.

□ $NH_4NO_3 \rightarrow N_2 + 2H_2O + 0.5O_2$
　1mol　　　　：　　2mol

- $H_2O(표준상태) = 1mol \times \dfrac{2mol}{1mol} \times \dfrac{22.4L}{1mol} = 44.8L$

∴ 0.9기압, 300℃ $H_2O = 44.8(L) \times \dfrac{273+300}{273} \times \dfrac{1}{0.9} = 104.48L$

## 16. 다음 그림은 제조소의 안전거리를 나타낸 것이다. 제조소등으로부터 (1) ~ (5)의 주변 인근 건축물까지의 안전거리를 쓰시오.

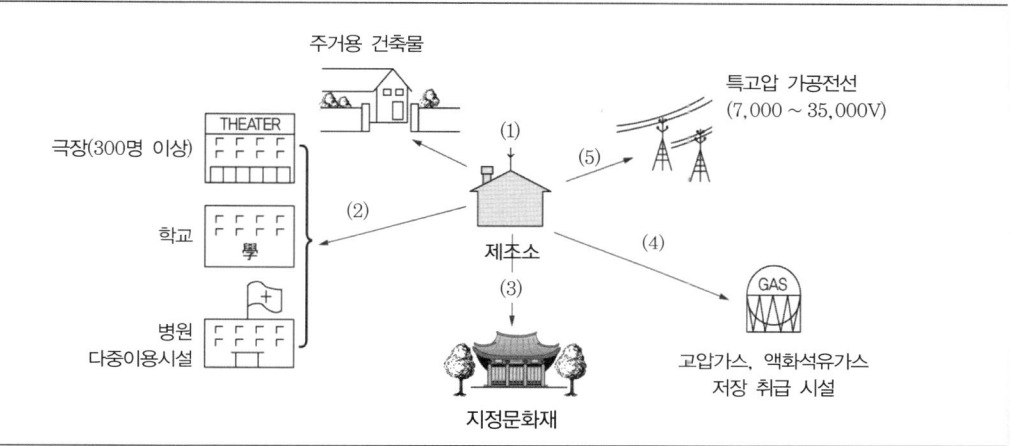

**답안** 
(1) 10m 이상
(2) 30m 이상
(3) 50m 이상
(4) 20m 이상
(5) 3m 이상

**Point 설명** 제조소와 관련된 안전거리를 기준은 다음과 같다.

▶ 법령보기 ◀

제조소(제6류 위험물을 취급하는 제조소 제외)는 다음의 규정에 의한 건축물의 외벽 또는 이에 상당하는 공작물의 외측으로부터 당해 제조소의 외벽 또는 이에 상당하는 공작물의 외측까지의 사이에 다음의 규정에 의한 수평거리(안전거리)를 두어야 한다.
㉮ 건축물 그 밖의 공작물로서 주거용으로 사용되는 것(제조소가 설치된 부지내에 있는 것 제외)에 있어서는 10m 이상
㉯ 학교 · 병원 · 극장 그밖에 다수인을 수용하는 시설로서 다음에 해당하는 것에 있어서는 30m 이상
　• 학교
　• 병원급 의료기관
　• 공연장, 영화상영관 및 그밖에 이와 유사한 시설로서 3백명 이상의 인원을 수용할 수 있는 것
　• 아동복지시설, 노인복지시설, 장애인복지시설, 한부모가족복지시설, 어린이집, 성매매피해자등을 위한 지원시설, 정신건강증진시설, 그밖에 이와 유사한 시설로서 20명 이상의 인원을 수용할 수 있는 것
㉰ 유형문화재와 기념물 중 지정문화재에 있어서는 50m 이상

㉣ 고압가스, 액화석유가스 또는 도시가스를 저장 또는 취급하는 시설로서 다음에 해당하는 것에 있어서는 20m 이상. 다만, 당해 시설의 배관 중 제조소가 설치된 부지 내에 있는 것은 제외한다.
- 고압가스제조시설(용기에 충전하는 것을 포함) 또는 고압가스 사용시설로서 1일 30$m^3$ 이상의 용적을 취급하는 시설이 있는 것
- 고압가스저장시설
- 액화산소를 소비하는 시설
- 액화석유가스제조시설 및 액화석유가스저장시설
- 도시가스 공급시설

㉤ 사용-전압이 7,000V 초과 35,000V 이하의 특고압가공전선에 있어서는 3m 이상
㉥ 사용-전압이 35,000V를 초과하는 특고압가공전선에 있어서는 5m 이상

## 17 금속칼륨에 대한 다음 물음에 답하시오. (단, 해당되지 않으면 "해당 없음"이라고 쓰시오)
(1) 물과의 반응식을 쓰시오.
(2) 제4류 위험물질인 경유와의 반응식을 쓰시오.
(3) 이산화탄소와의 반응식을 쓰시오.

**답안** (1) 칼륨과 물의 반응 : $K + H_2O \rightarrow KOH + 0.5H_2$
(2) 해당 없음
(3) 칼륨과 탄산가스 반응 : $2K + 1.5CO_2 \rightarrow K_2CO_3 + 0.5C$

**참고**

상세해설
칼륨과 물의 반응에서 칼륨(포타슘)의 원소기호는 K이고, 물(Water)의 분자식은 $H_2O$이다. 양이온 1가(최외각 전자 1개)인 칼륨(K)은 불안정한 물질로 물($H_2O$)과 만나면 물이 지닌 수산화 음이온($OH^-$)과 결합하여 수산화물(水酸化物, Hydroxide, KOH)을 형성하여 안정을 찾으려 하므로 다음과 같이 반응한다.
▫ $K + H_2O \rightarrow KOH + 0.5H_2$

금속칼륨은 제3류 위험물(자연발화성 물질 및 금수성 물질)이고, 경유는 제4류 위험물 중 제2석유류이다. 아래의 혼재기준을 보면, 제3류 위험물과 제4류 위험물은 혼재가 가능하다. 그것은 그만큼 반응성이 낮거나 안전성이 높음을 의미한다. 따라서 경유의 화학식을 제시하지 않는 한 칼륨과의 반응식을 작성할 수 없으므로 문제의 주문사항에서 "해당 없음"으로 표기하여야 한다.

| 위험물의 구분 | 제1류 | 제2류 | 제3류 | 제4류 | 제5류 | 제6류 |
|---|---|---|---|---|---|---|
| 제1류 |  | × | × | × | × | ○ |
| 제2류 | × |  | × | ○ | ○ | × |
| 제3류 | × | × |  | ○ | × | × |
| 제4류 | × | ○ | ○ |  | ○ | × |
| 제5류 | × | ○ | × | ○ |  | × |
| 제6류 | ○ | × | × | × | × |  |

[비고]
- "×" 표시는 혼재할 수 없음을 표시한다.
- "○" 표시는 혼재할 수 있음을 표시한다.
- 이 표는 지정수량의 1/10 이하의 위험물에 대하여는 적용하지 아니한다.

칼륨이나 나트륨, 마그네슘 등은 사염화탄소 및 할로겐 화합물과 접촉하면 폭발적으로 반응하고 이산화탄소와도 반응한다. 그리고 마그네슘의 소화에 할론류 등을 사용하더라도 산화마그네슘이 소화제와 화학적 결합을 일으키므로 효과가 없다. 높은 온도에서 연소되고 알루미늄도 또한 물, 이산화탄소 및 사염화탄소류와 반응한다.

□ $2K + 1.5CO_2 \rightarrow K_2CO_3 + 0.5C$ 또는 $4K + 3CO_2 \rightarrow 2K_2CO_3 + C$

**18** 다음 위험물질의 시성식을 쓰시오.
(1) 아세톤
(2) 초산에틸
(3) 폼산
(4) 아닐린
(5) 트라이나이트로페놀

**답안** (1) 아세톤 : $CH_3COCH_3$
(2) 초산에틸 : $CH_3COOC_2H_5$
(3) 폼산 : $HCOOH$
(4) 아닐린 : $C_6H_5NH_2$
(5) 트라이나이트로페놀 : $C_6H_2OH(NO_2)_3$

**┃참고┃**

시성식(示性式, Rational Formula)이란 분자(分子)가 가지는 특성을 쉽게 파악할 수 있도록 작용기(作用基, Functional Group)를 써서 나타낸 식을 말한다.

(1) 아세톤(Acetone)을 "아세콘"으로 기억해 두면 좋다. "아"는 알킬기(Alkyl Group), "세"는 탄소 3개(C-C-C)가 결합된 구조, "콘"은 C=O(Carbonyl Group)로 결합되어 있다고 기억해 둔다. 그러므로 아세톤의 화학식(조성식, 분자식)은 $C_3H_6O$로 쓸 수 있으나 문제의 조건에서 시성식, 즉 작용기를 써서 나타낼 것을 주문하고 있다. 아세톤의 작용기는 카보닐기[-C(=O)-]이고, 작용기의 양 끝에 알킬기인 메틸기(-CH_3) 두 개가 결합된 구조를 갖는 화합물이므로 **시성식은 $CH_3COCH_3$이다.**

(2) 초산에틸(Ethyl Acetate)은 "초오 ~ 산 = $CH_3OOH$"에서 수소 하나를 떼고, 에틸기(-C_2H_5)가 결합된 것으로 기억해 두면 좋다. 화학식(조성식, 분자식)은 $C_4H_8O_2$로 쓸 수 있으나 문제의 조건에서 시성식, 즉 작용기를 써서 나타낼 것을 주문하고 있다. 초산에틸은 에스터류에 속하므로 작용기는 카복시기[-COOH]이므로 **시성식은 $CH_3COOC_2H_5$가 된다.**

(3) 폼산(Formic Acid, 포름산)은 가장 간단한 카복실산(Carboxylic Acid)으로 카복시기(-COOH)가 하나 있는 화합물이며, 개미산(의산)으로 알려진 물질로 분자량 46으로 카복실산류 중에서 분자량이 가장 작다. 따라서 포름산(폼산)의 **시성식은 $HCOOH$이다.**

(4) 아닐린(Aniline)은 "아닐린 = 아닌육수"로 기억해 두면 효과적이다. "육" 육각형(벤젠)에서 "수" 수소 하나를 "아닌" 아미노기(-NH_2)가 치환한 구조를 가지므로 **시성식은 $C_6H_5NH_2$로 나타낸다.**

(5) 트라이나이트로페놀(TNP)은 피크르산(Picric Acid, 피크린산)이라고도 하며, 화학식은 $C_6H_3N_3O_7$로 나타낼 수 있으나 문제의 조건에서 시성식, 즉 작용기를 써서 나타낼 것을 주문하고 있다. 이 물질의 구조는 페놀을 토대로 3개(tri-)의 나이트로기(-NO_2)가 결합된 것이므로 **시성식은 $C_6H_2OH(NO_2)_3$로 나타낼 수 있다.**

**19** 다음은 위험물안전관리법령에 따른 안전교육과정·교육대상자·교육시간·교육시기 및 교육기관에 관한 사항이다. 빈칸에 들어갈 내용을 [보기]에서 골라 쓰시오.

[보기]
안전관리자,   위험물운반자,   위험물운송자,   탱크시험자

| 교육과정 | 교육대상자 | 교육시간 |
|---|---|---|
| 강습교육 | ( ① )가 되려는 사람 | 24시간 |
|  | ( ② )가 되려는 사람 | 8시간 |
|  | ( ③ )가 되려는 사람 | 16시간 |
| 실무교육 | ( ① ) | 8시간 |
|  | ( ② ) | 4시간 |
|  | ( ③ ) | 8시간 |
|  | ( ④ ) | 8시간 |

**답안**  ① 안전관리자  ② 위험물운반자  ③ 위험물운송자  ④ 탱크시험자

**Point 설명** 위험물 안전관리자의 교육과정·교육대상자·교육시간·교육시기 및 교육기관은 다음과 같다.

▶ 법령보기 ◀

| 교육과정 | 교육대상자 | 교육시간 | 교육시기 | 교육기관 |
|---|---|---|---|---|
| 강습교육 | 안전관리자가 되려는 사람 | 24시간 | 최초 선임되기 전 | 안전원 |
|  | 위험물운반자가 되려는 사람 | 8시간 | 최초 종사하기 전 | 안전원 |
|  | 위험물운송자가 되려는 사람 | 16시간 | 최초 종사하기 전 | 안전원 |
| 실무교육 | 안전관리자 | 8시간 | • 제조소등의 안전관리자로 선임된 날부터 6개월 이내<br>• 교육을 받은 후 2년마다 1회 | 안전원 |
|  | 위험물운반자 | 4시간 | • 위험물운반자로 종사한 날부터 6개월 이내<br>• 교육을 받은 후 3년마다 1회 | 안전원 |
|  | 위험물운송자 | 8시간 | • 이동탱크저장소의 위험물운송자로 종사한 날부터 6개월 이내<br>• 교육을 받은 후 3년마다 1회 | 안전원 |
|  | 탱크시험자 | 8시간 | • 탱크시험자의 기술인력으로 등록한 날부터 6개월 이내<br>• 교육을 받은 후 2년마다 1회 | 기술원 |

**20** 다음과 같은 제조소의 조건일 경우 방화담 설치높이는 얼마로 하여야 하는지 산정하시오.

- 제조소의 높이 : 3m
- 인접건물의 높이 : 4m
- 제조소와 인접건물 거리 : 10m
- $p$(상수) : 0.15
- 제조소와 방화담 거리 : 5m

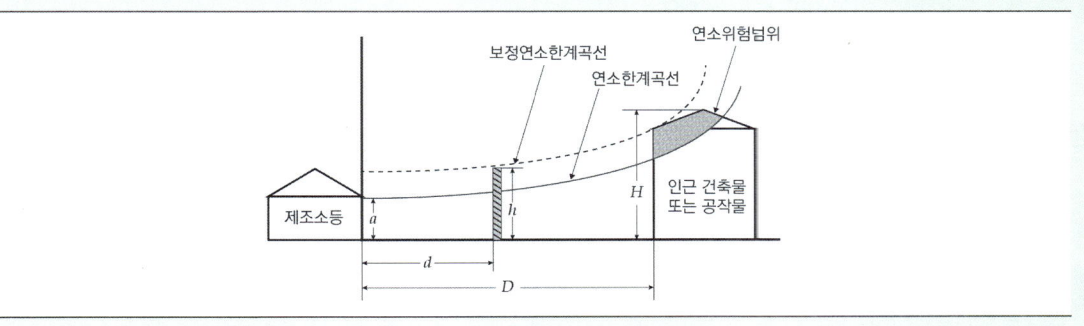

**답안** $pD^2 + a$ $\begin{cases} D : \text{제조소와 인근 건축물과의 거리} = 10\text{m} \\ a : \text{제조소의 높이} = 3\text{m} \\ p : \text{상수} = 0.15 \end{cases}$ → $0.15 \times 10^2 + 3 = 18$

- $H \leq pD^2 + a$ → 인접 건물높이($H$, 4m)보다 산출된 ($pD^2 + a$)값(18)이 더 크므로
∴ $h = 2\text{m}$ 이상

**참고**

 제조소등의 방화상 유효한 담의 높이 결정방법은 다음과 같다.

㉮ $pD^2 + a$ 값을 먼저 산정한다. $\begin{cases} D : \text{제조소와 인근 건축물과의 거리(m)} \\ a : \text{제조소의 높이(m)} \\ p : \text{상수} \end{cases}$

㉯ $pD^2 + a$ 값을 인접건물의 높이($H$) 값과 크기를 비교하여 담의 높이를 결정한다.
- $H \leq pD^2 + a$이면 → $h$(담의 높이) = 2m 이상으로 하여야 한다.
- $H > pD^2 + a$이면 → $h$(담의 높이) = $H - p(D^2 - d^2)$ 이상으로 하여야 한다.

# 2021년 제1회

**01** 마그네슘에 대해 다음 물음에 답하시오.
(1) 이산화탄소와의 반응식을 쓰시오.
(2) 마그네슘의 화재는 이산화탄소 소화기로 소화할 수 없는데 그 이유를 쓰시오.

**답안** (1) $2Mg + CO_2 \rightarrow 2MgO + C$
(2) 마그네슘은 산소에 대한 친화력이 매우 커서, $CO_2$ 속에서도 연소되기 때문임

**참고**

**상세해설** 마그네슘(Mg)은 산소와의 친화력(親和力)이 매우 크기 때문에 이산화탄소 속에서도 마그네슘은 연소할 수 있다. 또한 마그네슘은 질소기체 속에서도 질화마그네슘($Mg_3N_2$)을 형성하면서 연소할 수 있다.
Ⓐ $2Mg + CO_2 \rightarrow 2MgO + C$
Ⓑ $Mg + CO_2(산화제) \rightarrow MgO + CO$

$CO_2$와 Mg의 반응식은 위의 어느 것을 기재하더라도 문제되지 않는다. 마그네슘은 이산화탄소의 존재하에서도 연소반응을 하여 산화마그네슘을 생성한다는 것이 주요 핵심이기 때문이다.

마그네슘이 물과 접촉하면 수소가스를 발생하므로 주수소화도 금물이다.
▫ $Mg + 2H_2O \rightarrow H_2 + Mg(OH)_2$

마그네슘 등 제3류 위험물(자연발화성 물질 및 금속성 물질)은 화재 시 물사용 방수소화를 피하고 주위로의 연소방지에 중점을 두어야 하며, 건조사로 질식소화 또는 금속화재소화용 분말소화제를 사용하거나 보호액인 석유가 연소할 경우에는 $CO_2$나 분말을 사용할 수도 있다.

**02** 과산화수소가 이산화망가니즈 존재하에 햇빛에 의해 분해되는 반응식과 발생기체의 명칭을 쓰시오.

**답안** (1) 분해반응 : $2H_2O_2 \rightarrow O_2 + 2H_2O$ 또는 $H_2O_2 \rightarrow 0.5O_2 + H_2O$
(2) 발생기체 : $O_2$

**Point 설명** 과산화수소($H_2O_2$)가 광분해(光分解)되면 산소를 발생시킨다. 소독용 과산화수소를 상처에 발랐을 때 거품이 발생하는 원리도 이와 같다. 이산화망가니즈($MnO_2$) 존재하에서는 더욱 분해속도가 빨라진다. 이산화망가니즈는 분해반응에 직접 관여하는 것이 아니라 촉매적(觸媒的, Catalytic) 역할만 하므로 자신은 반응 전·후의 질량이나 성질에 변화가 일어나지 않는다.
▫ $2H_2O_2 \rightarrow O_2 + 2H_2O$

**03** 25℃, 800mmHg에서 이황화탄소 5kg이 모두 증발할 때, 부피(L)를 구하시오.

**답안** 부피 $= 5 \times 10^3 (g) \times \dfrac{22.4}{76} \times \dfrac{273+25}{273} \times \dfrac{760}{800} = 1528.21 \, L$

■ 참고 ■

 이황화탄소는 제4류 위험물의 특수인화물(지정수량 50L)이며, 위험등급 Ⅰ로 분류되는 물질로서 휘발성이 강하고, 물에 안정하므로 물속에 보관하는 특징을 갖는 물질이다. 이황화탄소의 분자식은 $CS_2$이고, 1mol의 질량(분자량)은 76g, 기화될 경우의 체적은 22.4L이다. 문제에서 "25℃, 800mmHg"의 조건을 제시하였으므로 위에서 표준상태로 계산된 부피 값에 보일-샤를의 법칙(Boyle-Charle's Law)을 적용하여 온도와 압력을 보정하여야 한다.

계산문제들은 문제상에서 요구하는 최종 단위를 마지막으로 재차 확인·점검한 후 답안지에 기재하여야 실수를 줄일 수 있다.

- 보일-샤를의 법칙 : $V_2 = V_1 \times \dfrac{T_2}{T_1} \times \dfrac{P_1}{P_2}$

- 이상기체상태방정식 : $PV = \dfrac{m}{M}RT$ $\begin{cases} P : 압력(atm) \\ V : 부피(L) \\ m : 질량(g) \\ M : g분자량 \\ R : 기체상수 : 0.082 atm \cdot L/K \cdot mol \\ T : 절대온도(K) \end{cases}$

보일-샤를의 법칙(Boyle-Charle's Law)을 적용하여 온도와 압력을 보정하면 다음과 같이 된다.

- $V_1 (표준상태) = 5 kg \times \dfrac{10^3 g}{kg} \times \dfrac{22.4 L}{76 g} = 1473.68 \, L$

- $V_2 = 1473.68 \times \dfrac{273+25}{273} \times \dfrac{760}{800} = 1528.20 \, L$

**04** 다음 그림과 같은 종형 탱크의 내용적($m^3$)을 구하시오.

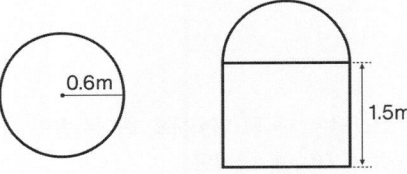

**답안** 내용적 $= 3.14 \times 0.6^2 \times 1.5 = 1.7 \, m^3$

**Point 설명** 그림처럼 종형구조로 된 탱크의 내용적 계산공식은 $\forall = \pi r^2 l$이다. $r$은 원통 내부의 반지름이고, $l$은 높이 또는 길이이다. 내용적에서 최소 공간용적을 뺀 값은 탱크의 최대용량이 되고, 내용적에서 최대 공간용적을 뺀 값은 탱크의 최소용량이 된다. 탱크용량 산정에 이러한 내용도 응용되어 출제될 수 있으므로 잘 정리 해 두어야 한다.

㉮ 최대용량 = 탱크 내용적 - 최소 공간용적
㉯ 최소용량 = 탱크 내용적 - 최대 공간용적

## 05 메틸알코올(메탄올)에 대한 다음 물음에 답을 쓰시오.
(1) 이론적 완전연소반응식을 쓰시오.
(2) 메틸알코올 1몰에 대한 연소생성 물질의 몰 수의 총합을 산출하시오. (단, 메탄올의 연소에는 산소만 사용되었음)

**답안** (1) 연소반응식 : $CH_3OH + 1.5O_2 \rightarrow CO_2 + 2H_2O$

(2) 연소생성물 몰 수 : 연소생성물 $= 1\text{mol} \times \dfrac{3\text{mol}}{1\text{mol}} = 3\text{mol}$

### 참고

 메탄올(메틸알코올, $CH_3OH$)이 산소(공기)에 의해 이론적으로 완전 연소되는 것이므로 구성원소의 C는 이산화탄소($CO_2$)로, H는 $H_2O$로 된다. 이때 산소가 아닌 공기에 의해 연소가 이루어졌을 경우는 공기 중에 존재하는 질소($N_2$) 가스가 생성계에 추가될 수 있다.

□ $CH_3OH + 1.5O_2 \rightarrow CO_2 + 2H_2O$

연소생성 물질의 몰 수의 총합을 구하기 위해 앞에서 완성한 연소반응식을 이용하여 다음과 같이 mol비를 적용하여 계산한다.

□ $CH_3OH + 1.5O_2 \rightarrow CO_2 + 2H_2O$
   1mol        :    (1+2)=3mol

∴ 연소생성물 $= 1\text{mol}(CH_3OH) \times \dfrac{3\text{mol}(CO_2 + H_2O)}{1\text{mol}(CH_3OH)} = 3\text{mol}$

## 06 제조소 또는 일반취급소에서 취급하는 제4류 위험물의 최대수량의 합이 다음과 같을 때, 사업소에 구비해야 할 자체소방대 인원의 수와 소방차의 대수를 쓰시오.
(1) 3천배 이상 12만배 미만
(2) 12만배 이상 24만배 미만
(3) 24만배 이상 48만배 미만
(4) 48만배 이상

**답안** (1) 화학소방차 1대, 자체소방대원의 수 5인
(2) 화학소방차 2대, 자체소방대원의 수 10인
(3) 화학소방차 3대, 자체소방대원의 수 15인
(4) 화학소방차 4대, 자체소방대원의 수 20인

**Point 설명** 제조소 또는 일반취급소에서 취급하는 제4류 위험물의 최대수량의 규모에 따라 사업소의 자체소방대 인원의 수와 소방차의 대수는 다음과 같다.

▶ 법령보기 ◀

| 사업소의 구분 | 화학소방자동차 | 자체소방대원의 수 |
| --- | --- | --- |
| 1. 제조소 또는 일반취급소에서 취급하는 제4류 위험물의 최대수량의 합이 지정수량의 3천배 이상 12만배 미만인 사업소 | 1대 | 5인 |
| 2. 제조소 또는 일반취급소에서 취급하는 제4류 위험물의 최대수량의 합이 지정수량의 12만배 이상 24만배 미만인 사업소 | 2대 | 10인 |
| 3. 제조소 또는 일반취급소에서 취급하는 제4류 위험물의 최대수량의 합이 지정수량의 24만배 이상 48만배 미만인 사업소 | 3대 | 15인 |
| 4. 제조소 또는 일반취급소에서 취급하는 제4류 위험물의 최대수량의 합이 지정수량의 48만배 이상인 사업소 | 4대 | 20인 |
| 5. 옥외탱크저장소에 저장하는 제4류 위험물의 최대수량이 지정수량의 50만배 이상인 사업소 | 2대 | 10인 |

## 07 질산암모늄에 포함되어 있는 질소함량과 수소함량은 각각 몇 중량퍼센트(wt%)인지 계산하시오.

**답안** (1) 질소함량(wt%) $= \dfrac{28}{80} \times 100 = 35\%$

(2) 수소함량(wt%) $= \dfrac{4}{80} \times 100 = 5\%$

**참고**

**상세해설** 질산암모늄을 한글로 명명할 때 음이온 - 양이온 순서로 이름을 붙이므로 질산($NO_3^-$) 음이온, 암모늄($NH_4^+$) 양이온이 결합된 것이라 유추할 수 있으므로 질산암모늄의 분자구성은 $NH_4^+ + NO_3^- = NH_4NO_3$이 된다.

1mol의 질량은 80g(14+1×4+14+16×3)이고 분자 내의 질소, 수소, 산소의 각 질량은 다음과 같다.

· $NH_4NO_3 (M_w = 14+4+14+16\times 3 = 80) \begin{cases} N = 14 \times 2 = 28 \\ H = 4 \\ O = 16 \times 3 = 48 \end{cases}$

∴ 질소함량(wt%) $= \dfrac{28}{80} \times 100 = 35\%$, 수소함량(wt%) $= \dfrac{4}{80} \times 100 = 5\%$

**08** 위험물안전관리법령에서 정한 제조소 중 옥외탱크 저장소에 소화난이도 등급 Ⅰ에 해당하는 번호를 고르시오. (단, 해당 답이 없으면 "없음"이라 쓰시오)

① 질산 60,000kg을 저장하는 옥외탱크저장소
② 과산화수소 액표면적이 40m² 이상인 옥외탱크저장소
③ 이황화탄소 500L를 저장하는 옥외탱크저장소
④ 유황 14,000kg을 저장하는 지중탱크
⑤ 휘발유 100,000L를 저장하는 해상탱크

## 답안  ④, ⑤

## 참고

지정수량의 배수기준 소화난이도 등급을 파악하기 위해서는 우선 각 품명의 지정수량을 알아야만 지정수량의 배수를 구할 수 있다.

> ● 정리 ●
>
> **지정수량 대비 소화난이도 등급 Ⅰ**
> - 제조소 · 일반취급소 : 100배
> - 옥외탱크 / 암반탱크 : 지중탱크 또는 해상탱크 100배(※ 제6류는 제외)
> - 옥내저장 : 150배(※ 옥내탱크전용실 단층 외의 건축물 : 5배)

① 질산 60,000kg을 저장하는 옥외탱크저장소 ➡ 질산은 제6류 위험물(산화성액체)로서 지정수량은 300kg이다. 지정수량의 배수를 산정해 보면 → 60,000/300=200배이다. 옥외탱크저장소의 경우 지정수량 100배 이상일 경우 소화난이도 Ⅰ등급에 해당된다. 그러나 "6류 위험물"이므로 ➡ Ⅰ등급에 해당되지 않는다.

② 과산화수소 액표면적이 40m² 이상인 옥외탱크저장소 ➡ 과산화수소 역시 제6류 위험물(산화성액체)로서 지정수량은 300kg이고, 옥외탱크/암반탱크/지중탱크 또는 해상탱크는 액표면적이 40m² 이상이면 소화난이도 Ⅰ등급에 해당된다. 그러나 "6류 위험물"이므로 ➡ Ⅰ등급에 해당되지 않는다.

③ 이황화탄소 500L를 저장하는 옥외탱크저장소 ➡ 이황화탄소는 제4류 위험물(특수인화물)로서 지정수량은 50L이므로 지정수량의 배수를 산정해 보면 → 500/50=10배이다. 옥외탱크저장소의 경우 지정수량 100배 이상일 경우 소화난이도 Ⅰ등급에 해당하므로 ➡ Ⅰ등급에 해당되지 않는다.

④ 유황 14,000kg을 저장하는 지중탱크 ➡ 유황은 제2류 위험물(가연성고체)로서 지정수량은 100kg이므로 지정수량의 배수를 산정해 보면 → 14000/100=140배이다. 옥외탱크저장소의 경우 지정수량 100배 이상일 경우 소화난이도 Ⅰ등급에 해당하므로 ➡ Ⅰ등급에 해당된다.

⑤ 휘발유 100,000L를 저장하는 해상탱크 ➡ 휘발유는 제4류 위험물(제1석유류)로서 지정수량은 200L이므로 지정수량의 배수를 산정해 보면 → 100000/200=500배이다. 옥외탱크저장소의 경우 지정수량 100배 이상일 경우 소화난이도 Ⅰ등급에 해당하므로 ➡ Ⅰ등급에 해당된다.

**09** 다음은 지정과산화물을 저장 또는 취급하는 옥내저장소에 대하여 강화되는 기준이다. (    ) 안에 알맞은 말을 쓰시오.

> 옥내저장소의 바닥면적 (  ①  )m² 이내마다 격벽으로 구획하여야 하며, 격벽의 두께는 철근콘크리트조 또는 철골철근콘크리트조의 경우 (  ②  )cm 이상, 보강콘크리트블록조의 경우 (  ③  )cm 이상으로 하고, 창고 양측의 외벽으로부터 (  ④  )m 이상, 창고 상부의 지붕으로부터 (  ⑤  )cm 이상 돌출시켜야 한다.

**답안** ① 150  ② 30  ③ 40  ④ 1  ⑤ 50

**Point 설명** 지정과산화물을 저장 또는 취급하는 옥내저장소에 대하여 강화되는 기준은 다음과 같다.

▶ 법령보기 ◀

㉮ 저장창고는 150m² 이내마다 격벽으로 완전하게 구획할 것. 이 경우 당해 격벽은 두께 30cm 이상의 철근콘크리트조 또는 철골철근콘크리트조로 하거나 두께 40cm 이상의 보강콘크리트블록조로 하고, 당해 저장창고의 양측의 외벽으로부터 1m 이상, 상부의 지붕으로부터 50cm 이상 돌출하게 하여야 한다.

㉯ 저장창고의 외벽은 두께 20cm 이상의 철근콘크리트조나 철골철근콘크리트조 드는 두께 30cm 이상의 보강콘크리트블록조로 할 것

㉰ 저장창고의 지붕은 다음에 적합할 것
- 중도리(서까래 중간을 받치는 수평의 도리) 또는 서까래의 간격은 30cm 이하로 할 것
- 지붕의 아래쪽 면에는 한 변의 길이가 45cm 이하의 환강(丸鋼)·경량형강(輕量形鋼) 등으로 된 강제(鋼製)의 격자를 설치할 것
- 지붕의 아래쪽 면에 철망을 쳐서 불연재료의 도리(서까래를 받치기 위해 기둥과 기둥사이에 설치한 부재)·보 또는 서까래에 단단히 결합할 것
- 두께 5cm 이상, 너비 30cm 이상의 목재로 만든 받침대를 설치할 것

㉱ 저장창고의 출입구에는 60분 + 방화문 또는 60분방화문을 설치할 것

㉲ 저장창고의 창은 바닥면으로부터 2m 이상의 높이에 두되, 하나의 벽면에 두는 창의 면적의 합계를 당해 벽면의 면적의 80분의 1 이내로 하고, 하나의 창의 면적을 0.4m² 이내로 할 것

**10** 다음은 제조소의 설비기준 중 배출설비에 대한 기준이다. (    ) 안에 들어갈 알맞은 내용을 쓰시오.

(1) 배출능력은 1시간당 배출장소 용적의 (  ①  )배 이상인 것으로 하여야 한다. 다만, 전역방식의 경우에는 바닥면적 1m²당 (  ②  )m³ 이상으로 할 수 있다.

(2) 배출구는 지상 (  ③  )m 이상으로서 연소의 우려가 없는 장소에 설치하고, (  ④  )가 관통하는 벽부분의 바로 가까이에 화재시 자동으로 폐쇄되는 (  ⑤  )를 설치하여야 한다.

**답안** (1) ① 20  ② 18
(2) ③ 2  ④ 배출덕트  ⑤ 방화댐퍼

**Point 설명** 제조소의 설비기준 중 배출설비에 대한 기준은 다음과 같다.

▶ 법령보기 ◀

가연성의 증기 또는 미분이 체류할 우려가 있는 건축물에는 그 증기 또는 미분을 옥외의 높은 곳으로 배출할 수 있도록 다음의 기준에 의하여 배출설비를 설치하여야 한다.

㉮ 배출설비는 국소방식으로 하여야 한다. 다만, 다음에 해당하는 경우에는 전역방식으로 할 수 있다.
- 위험물취급설비가 배관이음 등으로만 된 경우
- 건축물의 구조·작업장소의 분포 등의 조건에 의하여 전역방식이 유효한 경우

㉯ 배출설비는 배풍기(오염된 공기를 뽑아내는 통풍기)·배출 덕트(공기 배출통로)·후드 등을 이용하여 강제적으로 배출하는 것으로 해야 한다.

㉰ 배출능력은 1시간당 배출장소 용적의 20배 이상인 것으로 하여야 한다. 다만, 전역방식의 경우에는 바닥면적 1m²당 18m³ 이상으로 할 수 있다.

㉱ 배출설비의 급기구 및 배출구는 다음의 기준에 의하여야 한다.
- 급기구는 높은 곳에 설치하고, 가는 눈의 구리망 등으로 인화방지망을 설치할 것
- 배출구는 지상 2m 이상으로서 연소의 우려가 없는 장소에 설치하고, 배출 덕트가 관통하는 벽부분의 바로 가까이에 화재시 자동으로 폐쇄되는 방화댐퍼(화재 시 연기 등을 차단하는 장치)를 설치할 것

㉲ 배풍기는 강제배기방식으로 하고, 옥내 덕트의 내압이 대기압 이상이 되지 아니하는 위치에 설치하여야 한다.

**11** 다음은 제4류 위험물의 지정수량을 나타낸 것이다. 옳은 것을 [보기]에서 골라 그 번호를 쓰시오. (단, 없는 경우, "없음"이라고 쓰시오)

[보기]
① 테레핀유 - 2,000L   ② 실린더유 - 6,000L   ③ 아닐린 - 2,000L
④ 피리딘 - 400L       ⑤ 산화프로필렌 - 200L

**답안** ②, ③, ④

**Point 설명** 제4류 위험물의 품명과 지정수량은 다음과 같다.

▶ 법령보기 ◀

| 위험물 | | | | 지정수량 |
|---|---|---|---|---|
| 유별 | 성질 | 품명 | | |
| 제4류 | 인화성액체 | 특수인화물 | | 50리터 |
| | | 제1석유류 | 비수용성액체 | 200리터 |
| | | | 수용성액체 | 400리터 |
| | | 알코올류 | | 400리터 |
| | | 제2석유류 | 비수용성액체 | 1,000리터 |
| | | | 수용성액체 | 2,000리터 |
| | | 제3석유류 | 비수용성액체 | 2,000리터 |
| | | | 수용성액체 | 4,000리터 |
| | | 제4석유류 | | 6,000리터 |
| | | 동식물유류 | | 10,000리터 |

**12** 다음 분말 소화약제에 대한 1차 열분해반응식을 쓰시오.
   (1) 제1종 분말의 열분해 반응식을 쓰시오.
   (2) 제2종 분말의 열분해 반응식을 쓰시오.

 **답안** (1) $2NaHCO_3 \rightarrow Na_2CO_3 + CO_2 + H_2O$
   (2) $2KHCO_3 \rightarrow K_2CO_3 + CO_2 + H_2O$

### ▌참고 ▌

**상세해설** 분말 소화약제의 열분해반응식을 작성하려면 해당 소화제의 분자식(1종, 2종 등)을 우선 파악해야 한다. 제1종 소화제의 주성분은 $NaHCO_3$, 제2종 소화제의 주성분은 $KHCO_3$이다.

분말소화제는 부촉매효과가 주된 소화기능으로 작용하는데 이 작용을 유발하는 이온이나 염류는 나트륨, 칼륨, 암모늄이다. 즉, 1종 분말인 $NaHCO_3$는 Na이온 및 Na염류가, 2종 분말인 $KHCO_3$는 K이온 및 K염류가 부촉매작용을 유발하는 것이다. 질식효과를 유발하는 것은 탄산가스($CO_2$), 물($H_2O$)은 냉각효과를 유발하므로 이들을 각각 생성계에 나열한 후 반응계와 물질수지 검산을 행하면 된다.

   ▫ 1종 분말인 $NaHCO_3$의 열분해 : $2NaHCO_3 \rightarrow Na_2CO_3 + CO_2 + H_2O$
   ▫ 2종 분말인 $KHCO_3$의 열분해 : $2KHCO_3 \rightarrow K_2CO_3 + CO_2 + H_2O$

**13** 탄화칼슘에 대하여 다음 물음에 답하시오.
   (1) 물과의 화학반응식을 쓰시오.
   (2) 반응 생성가스의 연소반응식을 쓰시오.

 **답안** (1) 물과의 화학반응 : $CaC_2 + 2H_2O \rightarrow Ca(OH)_2 + C_2H_2$
   (2) 반응 생성가스의 연소반응 : $C_2H_2 + 2.5O_2 \rightarrow 2CO_2 + H_2O$

### ▌참고 ▌

**상세해설** 탄화칼슘에서 −4가인 탄소와 +2가인 칼슘이 결합된 물질이므로 탄소가 양이온 2가인 칼슘이온($Ca^{2+}$)과 결합하기 위해서는 음이온 2가로 전환되어야 하므로 탄소는 삼중결합(•C≡C•)을 하여 음이온 2가인 상태에서 칼슘이온과 결합된다. 그러므로 분자식은 $CaC_2$가 된다.

$CaC_2$와 물의 화학반응에서 칼슘(Ca)은 양이온 2가($Ca^{2+}$)이고, 이와 반응하는 수산화 이온($OH^-$)은 1가 음이온이므로 등가원칙에 따라 이들이 결합한 수산화물의 구성은 1 : 2, 즉 $Ca^{2+} : 2OH^- = Ca(OH)_2$로 되면서 폭발성이 있는 에틴(아세틸렌)(Acetylene, $C_2H_2$)를 부생한다.

   ▫ $CaC_2 + 2H_2O \rightarrow Ca(OH)_2 + C_2H_2$

$C_2H_2$의 연소반응은 분자 내 탄소(C)는 산소에 의해 이산화탄소($CO_2$)로 산화되고, 수소(H)는 산소에 의해 물($H_2O$)로 산화되므로 다음과 같이 연소반응식을 만들 수 있다.

   ▫ $C_2H_2 + 2.5O_2 \rightarrow 2CO_2 + H_2O$

**14** 아이소프로필알코올을 산화시켜 만든 것으로 아이오도폼(요오드포름)반응을 하는 제1석유류에 대하여 다음 물음에 답하시오.

(1) 위험물의 명칭을 쓰시오.
(2) 아이오도폼의 화학식을 쓰시오.
(3) 아이오도폼의 색깔을 쓰시오.

**답안** (1) 아세톤
(2) $CHI_3$
(3) 황색

■ 참고 ■

 아이오도폼(요오드포름)반응을 하는 제1석유류 중 "아이소프로필알코올을 산화시켜 제조하는 물질"은 "프로필알코올(Propyl Alcohol)"이다. 프로필알코올의 분자식은 프로페인($C_3H_8$)을 시작으로 → 프로페인에서 수소하나를 $-OH$로 치환한 것이므로 프로필알코올의 분자식 $C_3H_7OH(C_3H_8O)$이 된다.

아이소프로필알코올[$(CH_3)_2-CH-OH$]에서 산화제를 이용하여 산화시키면 "CH" 중 수소와 "OH" 중의 수소(H)가 떨어져나가면서 산소(O)가 달라붙어 탄소 = 산소는 카보닐(Carbonyl, $-C=O$)을 형성하게 되므로 아이소프로필알코올을 산화시켜 만든 것은 **아세톤**($CH_3COCH_3$, 제1석유류)이 된다.

아이오도폼(요오드포름, Iodoform)의 화학식은 **$HCl_3$**이다. 아이오도폼 반응이란 수산화나트륨(NaOH)과 아이오딘($I_2$)과 반응하여 황색의 아이오도폼($CHI_3$) 침전을 생성하는 반응을 말하는데, 메탄올(메틸알코올)과 에탄올(에틸알코올)이 각각 담겨있는 비커에서 일부를 분취하여 시험관에 넣고, $I_2$와 NaOH 용액 몇 방울을 차례로 적하(滴下)하여 잘 혼합한 후 정치하면 에탄올 시험관에는 **황색**(갈색) 침전물이 형성되지만 메탄올 시험관은 침전물이 형성되지 않는다.

**15** 다음은 위험물의 성질에 따른 제조소의 특례에 관한 사항이다. (  ) 안에 들어갈 알맞은 내용을 쓰시오.

(1) (    )을 취급하는 설비에는 불활성기체를 봉입하는 장치를 갖출 것
(2) (    )을 취급하는 설비는 은·수은·동·마그네슘 또는 이들을 성분으로 하는 합금으로 만들지 아니할 것
(3) (    )을 취급하는 설비에는 철이온 등의 혼입에 의한 위험한 반응을 방지하기 위한 조치를 강구할 것

**답안** (1) 알킬알루미늄등
(2) 아세트알데하이드등
(3) 하이드록실아민등

**참고**

위험물의 성질에 따른 제조소의 특례는 다음과 같다. 불활성기체를 봉입하는 장치를 갖추어야 하는 것으로는 알킬알루미늄등을 취급하는 설비, 아세트알데하이드등을 취급하는 설비·탱크기다. 아세트알데하이드등을 취급하는 설비에는 불활성기체 또는 수증기를 봉입하는 장치를 갖추어야 하므로 문제 (1)에 해당되는 위험물질은 알킬알루미늄등이다. 알킬알루미늄등이라 함은 제3류 위험물 중 알킬알루미늄·알킬리튬 또는 이중 어느 하나 이상을 함유하는 것을 말한다.

취급하는 설비에 은·수은·동·마그네슘 또는 이들을 성분으로 하는 합금으로 만들지 않아야 하는 위험물은 아세트알데하이드등이다. 아세트알데하이드등이라 함은 제4류 위험물 중 특수인화물의 아세트알데하이드·산화프로필렌 또는 이 중 어느 하나 이상을 함유하는 것을 말한다.

취급하는 설비에는 철이온 등의 혼입에 의한 위험한 반응을 방지하기 위한 조치를 강구하여야 하는 위험물은 하이드록실아민등이다. 하이드록실아민등이라 함은 제5류 위험물 중 하이드록실아민·하이드록실아민염류 또는 이 중 어느 하나 이상을 함유하는 것을 말한다.

▶ 법령보기 ◀

㉮ 알킬알루미늄등을 취급하는 제조소의 특례는 다음과 같다.
- 알킬알루미늄등을 취급하는 설비의 주위에는 누설범위를 국한하기 위한 설비와 누설된 알킬알루미늄등을 안전한 장소에 설치된 저장실에 유입시킬수 있는 설비를 갖출 것
- 알킬알루미늄등을 취급하는 설비에는 불활성기체를 봉입하는 장치를 갖출 것

㉯ 아세트알데하이드등을 취급하는 제조소의 특례는 다음과 같다.
- 아세트알데하이드등을 취급하는 설비는 은·수은·동·마그네슘 또는 이들을 성분으로 하는 합금으로 만들지 아니할 것
- 아세트알데하이드등을 취급하는 설비에는 연소성 혼합기체의 생성에 의한 폭발을 방지하기 위한 불활성기체 또는 수증기를 봉입하는 장치를 갖출 것
- 아세트알데하이드등을 취급하는 탱크에는 냉각장치 또는 저온을 유지하기 위한 보냉장치 및 연소성 혼합기체의 생성에 의한 폭발을 방지하기 위한 불활성기체를 봉입하는 장치를 갖출 것. 다만, 지하에 있는 탱크가 아세트알데하이드등의 온도를 저온으로 유지할 수 있는 구조인 경우에는 냉각장치 및 보냉장치를 갖추지 아니할 수 있다.

㉰ 하이드록실아민등을 취급하는 제조소의 특례는 다음과 같다.
- 하이드록실아민등을 취급하는 설비에는 하이드록실아민등의 온도 및 농도의 상승에 의한 위험한 반응을 방지하기 위한 조치를 강구할 것
- 하이드록실아민등을 취급하는 설비에는 철 이온 등의 혼입에 의한 위험한 반응을 방지하기 위한 조치를 강구할 것

**16** 제5류 위험물 중 지정수량 100kg인 품명을 3가지 쓰시오.

**답안** 나이트로화합물, 나이트로소화합물, 아조화합물, 다이아조화합물, 하이드라진 유도체
(※ 이 중에서 3가지를 기재)

**Point 설명** 제5류 위험물로서 지정수량 100kg인 것은 제2종 위험물이다. 나이트로화합물(니트로화합물), 나이트로소화합물(니트로소화합물), 아조화합물, 다이아조화합물(디아조화합물), 하이드라진(히드라진) 유도체 등이다. 답안지에는 이 중에서 3가지를 기재한다.

▶ 법령보기 ◀

| 위험물 | | | 지정수량 |
|---|---|---|---|
| 유별 | 성질 | 품명 | |
| 제5류 | 자기반응성물질 | 유기과산화물 | 제1종 : 10kg<br>제2종 : 100kg |
| | | 질산에스터류 | |
| | | 나이트로화합물 | |
| | | 나이트로소화합물 | |
| | | 아조화합물 | |
| | | 다이아조화합물 | |
| | | 하이드라진 유도체 | |
| | | 하이드록실아민 | |
| | | 하이드록실아민염류 | |

**17** 제2류 위험물의 위험물 기준에 대한 설명이다. 다음 빈칸에 들어갈 알맞은 말을 쓰시오.
(1) (   )는 고형 알코올, 그밖에 1기압에서 인화점이 40℃ 미만인 고체를 말한다.
(2) 철분이라 함은 철의 분말로서 (   )$\mu$m의 표준체를 통과하는 것이 (   )중량% 이상인 것을 말한다.

**답안** (1) 인화성 고체
(2) 53, 50

**Point 설명** 유황은 순도가 60%(중량) 이상인 것을 말한다. 인화성 고체라 함은 고형 알코올 그밖에 1기압에서 인화점이 40℃ 미만인 고체를 말한다. 철분이라 함은 철의 분말로서 53$\mu$m의 표준체를 통과하는 것이 50%(중량) 미만인 것은 제외한다.

금속분이라 함은 알칼리금속·알칼리토금속·철 및 마그네슘 외의 금속의 분말을 말하고, 구리분·니켈분 및 150$\mu$m의 체를 통과하는 것이 50%(중량) 미만인 것은 제외한다. 특수인화물이라 함은 이황화탄소, 디에틸에테르 그밖에 1기압에서 발화점이 섭씨 100℃ 이하인 것 또는 인화점이 섭씨 영하 20℃ 이하이고 비점이 섭씨 40℃ 이하인 것을 말한다.

**18** 제4류 위험물인 알코올류는 탄소의 수가 1개부터 3개까지인 포화 1가 알코올(변성알코올을 포함)을 말한다. 다만, 다음에 해당하는 것은 제외한다. (    ) 안에 알맞은 말을 쓰시오.
  (1) 1분자를 구성하는 탄소원자의 수가 1개 내지 (  ①  )개의 포화 1가 알코올의 함유량이 (  ②  )중량% 미만인 수용액
  (2) 가연성 액체량이 60중량% 미만이고, 인화점 및 연소점이 에틸알코올 (  ③  )중량% 수용액의 인화점 및 연소점을 초과하는 것

**답안** ① 3    ② 60    ③ 60

**Point 설명** 위험물안전관리법상 용어의 정의는 다음과 같다.

▶ 법령보기 ◀

알코올류라 함은 1분자를 구성하는 탄소원자의 수가 1개부터 3개까지인 포화1가 알코올(변성알코올을 포함)을 말한다. 다만, 다음에 해당하는 것은 제외한다.
㉮ 1분자를 구성하는 탄소원자의 수가 1개 내지 3개의 포화1가 알코올의 함유량이 60중량퍼센트 미만인 수용액
㉯ 가연성액체량이 60중량퍼센트 미만이고, 인화점 및 연소점(태그개방식 인화점측정기에 의한 연소점)이 에틸알코올 60중량퍼센트 수용액의 인화점 및 연소점을 초과하는 것

**19** 다음 위험물의 운반용기 외부에 표시해야 하는 주의사항을 쓰시오.
  (1) 황린
  (2) 인화성 고체
  (3) 과산화나트륨

**답안** (1) 화기엄금, 공기접촉엄금
　　　 (2) 화기엄금
　　　 (3) 화기·충격주의, 가연물접촉주의, 물기엄금

**Point 설명** 운반용기의 표시에 관한 관련 규정은 다음과 같다.

▶ 법령보기 ◀

위험물은 그 운반용기의 외부에 다음에 정하는 바에 따라 위험물의 품명, 수량 등을 표시하여 적재하여야 한다. 다만, UN의 위험물 운송에 관한 권고(RTDG)에서 정한 기준 또는 소방청장이 정하여 고시하는 기준에 적합한 표시를 한 경우에는 그러하지 아니하다.
㉮ 위험물의 품명·위험등급·화학명 및 수용성(수용성 표시는 제4류 위험물로서 수용성인 것에 한함)
㉯ 위험물의 수량
㉰ 수납하는 위험물에 따른 주의사항 → 황린(제3류 위험물 – 자연발화성), 인화성고체(제2류 위험물), 과산화나트륨(제1류 위험물)
　• 제3류 위험물 중 자연발화성물질에 있어서는 "화기엄금" 및 "공기접촉엄금", 금수성물질에 있어서는 "물기엄금"
　• 제2류 위험물 중 철분·금속분·마그네슘 또는 이들 중 어느 하나 이상을 함유한 것에 있어서는 "화기주의" 및 "물기엄금", 인화성고체에 있어서는 "화기엄금", 그 밖의 것에 있어서는 "화기주의"
　• 제1류 위험물 중 알칼리금속의 과산화물 또는 이를 함유한 것에 있어서는 "화기·충격주의", "물기엄금" 및 "가연물접촉주의", 그 밖의 것에 있어서는 "화기·충격주의" 및 "가연물접촉주의"

**20** 아래의 도표에 대하여 다음 물음에 답하시오.

(1) 제조소, 저장소, 취급소를 포괄하는 ①항의 위험물안전관리법령상 명칭을 쓰시오.
(2) ②항의 명칭을 쓰시오.
(3) ③항의 명칭을 쓰시오.
(4) 위험물안전관리자를 선임하지 않아도 되는 저장소를 쓰시오. (단, 없으면 "없음"이라 쓰시오)
(5) 이동저장탱크에 액체위험물을 주입하는 일반취급소로서 액체위험물을 용기에 옮겨 담는 취급소를 포함하는 일반취급소의 명칭을 쓰시오.

**답안** (1) ① 제조소등
(2) ② 간이탱크저장소
(3) ③ 이송취급소
(4) 이동탱크저장소
(5) 충전하는 일반취급소

**Point 설명** (4)에서 위험물안전관리자 선임대상에서 제외되는 대상은 규정에 따라 허가를 받지 아니하는 제조소등과 이동탱크저장소(차량에 고정된 탱크에 위험물을 저장 또는 취급하는 저장소)이다. 다른 항목에 대해서는 아래의 위험물안전관리법령상 용어의 정의를 참조한다.

▶ 법령보기 ◀
㉮ "제조소"라 함은 위험물을 제조할 목적으로 지정수량 이상의 위험물을 취급하기 위하여 규정에 따른 허가를 받은 장소를 말한다.
㉯ "제조소등"이라 함은 제조소·저장소 및 취급소를 말한다.
㉰ "저장소"라 함은 지정수량 이상의 위험물을 저장하기 위한 대통령령이 정하는 장소로서 규정에 따른 허가를 받은 장소를 말한다. 저장소의 구분은 다음과 같다.
• 옥내저장소, 옥외저장소
• 옥외탱크저장소, 옥내탱크저장소
• 지하탱크저장소, 간이탱크저장소, 이동탱크저장소, 암반탱크저장소

㉣ "취급소"라 함은 지정수량 이상의 위험물을 제조외의 목적으로 취급하기 위한 대통령령이 정하는 장소로서 규정에 따른 허가를 받은 장소를 말한다. 취급소의 구분은 다음과 같다.
  Ⓐ 판매취급소
  Ⓑ 주유취급소
  Ⓒ 이송취급소
  Ⓓ 일반취급소
  - **분무도장작업등의 일반취급소** : 도장, 인쇄 또는 도포를 위하여 제2류 위험물 또는 제4류 위험물(특수인화물 제외)을 취급하는 일반취급소로서 지정수량의 30배 미만의 것
  - **세정작업의 일반취급소** : 세정을 위하여 위험물(인화점이 40℃ 이상인 제4류 위험물에 한함)을 취급하는 일반취급소로서 지정수량의 30배 미만의 것
  - **열처리작업 등의 일반취급소** : 열처리작업 또는 방전가공을 위하여 위험물(인화점이 70℃ 이상인 제4류 위험물에 한함)을 취급하는 일반취급소로서 지정수량의 30배 미만의 것
  - **보일러등으로 위험물을 소비하는 일반취급소** : 보일러, 버너 그 밖의 이와 유사한 장치로 위험물(인화점이 38℃ 이상인 제4류 위험물에 한한다)을 소비하는 일반취급소로서 지정수량의 30배 미만의 것
  - **충전하는 일반취급소** : 이동저장탱크에 액체위험물(알킬알루미늄등, 아세트알데하이드등 및 하이드록실아민등을 제외)을 주입하는 일반취급소(액체위험물을 용기에 옮겨 담는 취급소를 포함)
  - **옮겨 담는 일반취급소** : 고정급유설비에 의하여 위험물(인화점이 38℃ 이상인 제4류 위험물에 한함)을 용기에 옮겨 담거나 4,000L 이하의 이동저장탱크(용량이 2,000L를 넘는 탱크에 있어서는 그 내부를 2,000L 이하마다 구획한 것에 한함)에 주입하는 일반취급소로서 지정수량의 40배 미만인 것
  - **유압장치등을 설치하는 일반취급소** : 위험물을 이용한 유압장치 또는 윤활유 순환장치를 설치하는 일반취급소(고인화점 위험물만을 100℃ 미만의 온도로 취급하는 것에 한함)로서 지정수량의 50배 미만의 것
  - **절삭장치등을 설치하는 일반취급소** : 절삭유의 위험물을 이용한 절삭장치, 연삭장치 그 밖의 이와 유사한 장치를 설치하는 일반취급소(고인화점 위험물만을 100℃ 미만의 온도로 취급하는 것에 한함)로서 지정수량의 30배 미만의 것
  - **열매체유 순환장치를 설치하는 일반취급소** : 위험물 외의 물건을 가열하기 위하여 위험물(고인화점 위험물에 한한다)을 이용한 열매체유(열 전달에 이용하는 합성유) 순환장치를 설치하는 일반취급소로서 지정수량의 30배 미만의 것
  - **화학실험의 일반취급소** : 화학실험을 위하여 위험물을 취급하는 일반취급소로서 지정수량의 30배 미만의 것(위험물을 취급하는 설비를 건축물에 설치하는 것만 해당)
  - **반도체 제조공정의 일반취급소** : 국가첨단전략기술 중 반도체 관련 제품의 제조를 위하여 위험물을 취급하는 일반취급소(위험물을 취급하는 설비를 건축물에 설치하는 것으로 한정)
  - **이차전지 제조공정의 일반취급소** : 국가첨단전략기술 중 이차전지 관련 제품의 제조를 위하여 위험물을 취급하는 일반취급소

# 2021년 제2회

**01** 위험물 운반에 관한 혼재기준에서 다음 위험물과 혼재할 수 없는 유별을 모두 쓰시오. (단, 지정수량의 1/10을 초과하는 위험물을 운반하는 경우)
   (1) 제1류 위험물
   (2) 제2류 위험물
   (3) 제3류 위험물
   (4) 제4류 위험물
   (5) 제5류 위험물

**답안** (1) 제2류 위험물, 제3류 위험물, 제4류 위험물, 제5류 위험물
   (2) 제1류 위험물, 제3류 위험물, 제6류 위험물
   (3) 제1류 위험물, 제2류 위험물, 제5류 위험물, 제6류 위험물
   (4) 제1류 위험물, 제6류 위험물
   (5) 제1류 위험물, 제3류 위험물, 제6류 위험물

**Point 설명** 위험물의 혼재기준은 다음과 같이 정리해 두면 보다 쉽고 오랜 기간 저장해 둘 수 있다. 가로에 1~6류까지 나열하고, 세로도 1~6류까지 나열한 다음 아래 그림과 같이 "X 표시"를 하여 상부선은 "공란선", 아래선은 "가능선"으로 설정하고, 여기에 2-4, 4-5를 추가하면 모두 정리된다.

| 위험물의 구분 | 제1류 | 제2류 | 제3류 | 제4류 | 제5류 | 제6류 |
|---|---|---|---|---|---|---|
| 제1류 |  | × | × | × | × | ○ |
| 제2류 | × |  | × | × | ○ | × |
| 제3류 | × | × |  | ○ | × | × |
| 제4류 | × | ○ | ○ |  | ○ | × |
| 제5류 | × | ○ | × | ○ |  | × |
| 제6류 | ○ | × | × | × | × |  |

※ 혼재가능 위험물 : 혼재가능선상 위험물 + [(2-4), (4-5)]

**02** 내부면적이 300m²인 옥외저장소에 덩어리상태의 유황을 30,000kg 저장하는 경우에 대해 다음 물음에 답하시오.
   (1) 이 옥외저장소에는 덩어리상태의 유황을 저장하기 위한 경계구역을 몇 개까지 설치할 수 있는지 쓰시오.
   (2) 경계구역과 경계구역 사이의 간격은 몇 m 이상으로 해야 하는지 쓰시오.
   (3) 이 옥외저장소에 인화점 10℃인 제4류 위험물을 함께 저장할 수 있는지의 유무를 쓰시오.

**답안** (1) 3개
   (2) 10m
   (3) 함께 저장할 수 있음(유별로 1m 이상 이격하여 저장)

## 참고

옥외저장소에 덩어리상태의 유황을 저장할 때 하나의 경계표시의 내부의 면적은 100m² 이하로 하여야 한다. 현재 옥외저장소의 내부면적은 300m²이므로 경계구역은 3개로 하여야 한다. 경계구역을 2개로 하면 하나의 경계표시 내부면적이 150m²가 되므로 규정에 부합되지 않는다.

유황의 지정수량은 100kg이다. 현재의 옥외저장소에 저장하는 유황의 양은 30,000kg이므로 지정수량의 배수는 30000/100=300배이다. 저장 또는 취급하는 위험물의 최대수량이 지정수량의 200배 이상인 경우에는 인접하는 경계표시와 경계표시와의 간격을 10m 이상으로 하여야 한다.

옥외저장소에 저장 가능한 위험물은 제2류 위험물 중 황 또는 인화성고체(인화점이 섭씨 0도 이상인 것에 한함), 제4류 위험물중 제1석유류(인화점이 섭씨 0도 이상인 것에 한함) · 알코올류 · 제2석유류 · 제3석유류 · 제4석유류 및 동식물유류이다.

유황은 제2류 위험물(가연성고체), 인화점 10℃ 이상인 제4류 위험물과는 유별로 정리하여 저장하는 한편, 서로 1m 이상의 간격을 두는 경우에는 동일한 저장소에 저장할 수 있다. 그러므로 (3)항에 대한 답안은 "함께 저장할 수 있음(유별로 1m 이상 이격 저장)"으로 기재한다.

---

**03** 제조소등에 설치하는 옥내소화전에 대해 다음 물음에 답하시오.
  (1) 당해 층의 각 부분에서 하나의 호스접속구까지의 수평거리는 몇 m 이하로 해야 하는지 쓰시오.
  (2) 수원의 양은 옥내소화전(옥내소화전이 가장 많이 설치된 층의 소화전 개수가 5개 이상이면 5개)의 개수에 몇 m³를 곱한 양 이상으로 해야 하는지 쓰시오.
  (3) 당해 층의 모든 옥내소화전(옥내소화전이 가장 많이 설치된 층의 소화전 개수가 5개 이상이면 5개)을 동시에 사용할 경우 각 노즐선단의 방수압력은 몇 kPa 이상으로 해야 하는지 쓰시오.
  (4) 당해 층의 모든 옥내소화전(옥내소화전이 가장 많이 설치된 층의 소화전 개수가 5개 이상이면 5개)을 동시에 사용할 경우 각 노즐선단의 방수량은 몇 L/min 이상으로 해야 하는지 쓰시오.

**답안**  (1) 25m
         (2) 7.8m³
         (3) 350kPa
         (4) 260L/min

**Point 설명** 제조소등에 설치하는 옥내소화전의 시설기준은 다음과 같다.

▶ 법령보기 ◀
㉮ 옥내소화전은 제조소등의 건축물의 층마다 당해 층의 각 부분에서 하나의 호스접속구까지의 수평거리가 25m 이하가 되도록 설치할 것. 이 경우 옥내소화전은 각 층의 출입구 부근에 1개 이상 설치하여야 한다.
㉯ 수원의 수량은 옥내소화전이 가장 많이 설치된 층의 옥내소화전 설치개수(설치개수가 5개 이상인 경우는 5개)에 7.8m³를 곱한 양 이상이 되도록 설치할 것
㉰ 옥내소화전설비는 각층을 기준으로 하여 당해 층의 모든 옥내소화전(설치개수가 5개 이상인 경우는 5개의 옥내소화전)을 동시에 사용할 경우에 각 노즐끝부분의 방수압력이 350kPa 이상이고 방수량이 1분당 260L 이상의 성능이 되도록 할 것

**04** 아세톤 200g이 완전연소하였다. 다음 물음에 답을 쓰시오.
(1) 아세톤의 연소식을 작성하시오.
(2) 아세톤의 이론공기량 부피(L)를 구하시오. (단, 표준공기 중 산소의 부피는 21%)
(3) 탄산가스의 부피(L)를 구하시오.

**답안** (1) 아세톤 연소반응 : $CH_3COCH_3 + 4O_2 \rightarrow 3CO_2 + 3H_2O$

(2) 공기량 $= 200g \times \dfrac{1mol}{58g} \times \dfrac{4 \times 22.4L}{1mol} \times \dfrac{100}{21} = 1471.26 L$

(3) $CO_2$부피 $= 200g \times \dfrac{1mol}{58g} \times \dfrac{3 \times 22.4L}{1mol} = 231.72 L$

■ **참고** ■

**상세해설** 아세톤의 화학식(시성식)은 $CH_3COCH_3$(분자량 58)이다. $CH_3COCH_3$가 산소에 의해 이론적으로 완전 연소되는 것을 전제할 때 구성원소 중의 탄소(C) 3개는 이산화탄소($CO_2$)로 되므로 $3CO_2$, 수소(H) 6개는 물($H_2O$)로 산화되므로 $3H_2O$로 된다. 여기서 $CH_3COCH_3$ 내에 존재하는 산소(O)는 조연성분(助燃成分)으로 작용하므로 산화반응식에서 이를 보정하여 연소반응식을 작성하면 ;

□ $CH_3COCH_3 + 4O_2 \rightarrow 2CO_2 + 3H_2O$

아세톤의 연소에 필요한 이론공기량 산출에서, 연소반응에서 반응에 소요된 산소량($4O_2$)을 토대로 공기중 산소의 부피비(21%)를 보정하여 구한다. 아세톤($CH_3COCH_3$, 분자량 58, 1mol = 58g), 산소($O_2$, 분자량 32, 1mol = 32g), 문제의 조건에서 "공기 중 산소의 부피는 21%(0.21)"라고 하였으므로 이를 반드시 따라야 한다.

□ $CH_3COCH_3 + 4O_2 \rightarrow 3CO_2 + 3H_2O$
   1mol  :  4mol

• 산소부피 $= 200g \times \dfrac{1mol}{58g} \times \dfrac{4mol(O_2)}{1mol} \times \dfrac{22.4L}{1mol(O_2)} = 308.97 L$

∴ 공기부피 = 산소부피 $\times \dfrac{1}{0.21} = 308.97 \times \dfrac{1}{0.21} = 1471.26 L$

아세톤의 연소로 인해 발생되는 탄산가스의 부피 계산에서, 연소반응식에서 발생되는 $CO_2$량(=$3CO_2$)과 아세톤 간의 비례식을 적용하여 문제를 푼다.

□ $CH_3COCH_3 + 4O_2 \rightarrow 3CO_2 + 3H_2O$
   1mol      :      3mol

∴ $CO_2$부피 $= 200g \times \dfrac{1mol}{58g} \times \dfrac{3mol(CO_2)}{1mol} \times \dfrac{22.4L}{1mol(CO_2)} = 231.72 L$

**05** 질산암모늄 800g이 1기압 600℃에서 완전 열분해될 경우, 생성되는 총 가스의 부피(L)를 구하시오.
[단, $2NH_4NO_3 \rightarrow 2N_2+O_2+4H_2O$]

 **답안**  가스부피 $= 800g \times \dfrac{mol}{80g} \times \dfrac{7 \times 22.4L}{2mol} \times \dfrac{273+600}{273} = 2507.08 L$

■ 참고 ■

**상세해설** 문제에서 제시한 질산암모늄($NH_4NO_3$)의 열분해 반응식을 이용하여 다음과 같이 비례식으로 문제를 푼다.

□ $2NH_4NO_3 \rightarrow 2N_2+O_2+4H_2O$
   2mol  :  (2+1+4)mol

• $\begin{cases} 2mol \ : \ 22.4L \times 7 (=2+1+4, \text{생성물 전체}) \\ 800g \times \dfrac{mol}{(14+1\times 4+14+16\times 3)g} \ : \ x \end{cases}$

위의 비례식을 이용하여 생성물 총량의 부피를 구한다.

$x(=$ 표준상태 부피$) = 800g \times \dfrac{mol}{80g} \times \dfrac{7 \times 22.4L}{2mol} = 784 L$

∴ 1기압 600℃ 부피 $= 784 L \times \dfrac{273+600}{273} \times \dfrac{1}{1} = 2507.08 L$

**06** 비중이 1.51인 98wt%의 질산 100mL를 비중이 1.41인 68wt%의 질산으로 만들려면 물을 몇 g 더 첨가해야 하는지 구하시오.

 **답안**  $100 mL \times \dfrac{1.51g}{mL} \times \dfrac{98}{100} = (100mL + x\ mL) \times \dfrac{1.41g}{mL} \times \dfrac{68}{100}$

∴ $x(=$ 첨가해야 할 물의 양$) = 54.34 mL = 54.34 g$

■ 참고 ■

**상세해설** 농도 98wt%의 질산을 농도 68wt%의 질산으로 만드는 단순 물리적 조작이므로 전·후의 용질(溶質, 질산)의 질량은 동일하다.

□ 농도 98%용액 중 순수 질산량 $=$ 농도 68%용액 중 순수 질산량

□ $\dfrac{98}{100} \times 100 mL \times \dfrac{1.51g}{mL} = \dfrac{68}{100} \times (100+x) mL \times \dfrac{1.41g}{mL}$

$x = 54.34 mL$, ∴ 물의 양(g) $= 54.34 mL \times 1g/mL = 54.34 g$

계산이 완성되면 단위 검산부터 먼저 하여야 한다. 좌측항과 우측항의 단위가 일치하지 않으면 계산이 틀린 것이다. 그리고 마지막 점검 사항이 꼭 있는데, 그것은 문제의 단서조건을 반드시 확인해야 한다는 것이다. 문제의 조건이 물의 첨가량을 "g"으로 묻고 있기 때문에 "mL 값"으로 답(畓)을 기재하면 틀린다.

이때, 물의 부피 "mL" 단위를 질량 "g" 단위로 변환하려면 밀도(g/mL)가 필요한데, 물의 밀도가 별도로 주어지지 않았으므로 물의 비중 $= 1.0$, 물의 밀도 $= 1g/mL$로 보고 계산하면 된다.

**07** 다음의 3가지 위험물질 중 염산과 반응시켰을 때, 제6류 위험물이 발생하는 물질의 명칭을 쓰고, 선정한 그 물질과 물과의 반응식을 쓰시오.

[보기]
과산화나트륨,    과망가니즈산칼륨,    마그네슘

**답안** (1) 과산화나트륨
(2) $Na_2O_2 + H_2O \rightarrow 2NaOH + 0.5O_2$

■ **참고** ■

 제6류 위험물질의 품명이나 명칭을 먼저 파악해야 한다. 제6류 위험물은 산화성 액체로 지정수량 300kg으로 높지만 모두가 위험등급 Ⅰ등급으로 지정·관리되는 물질들이다.

| 유(類)별 | 성질 | 품명 | 위험등급 | 지정수량 |
|---|---|---|---|---|
| 제6류 | 산화성 액체 | • 과염소산, 과산화수소, 질산, 할로젠간화합물 | Ⅰ | 300kg |

과산화나트륨($Na_2O_2$)과 제6류 위험물 과산화수소($H_2O_2$)는 왠지 친척·사촌지간 같은 느낌이 올 것이다. 과산화나트륨($Na_2O_2$)과 염산(HCl)이 반응할 때, 생성되는 물질은 1차적으로 염소화합물이 발생된다고 생각하고, Na는 +1가 염소(Cl)은 -1가이므로 등가결합 원칙을 적용하면 이들은 1 : 1로 결합하여 NaCl을 형성한다.

▫ $Na_2O_2 + 2HCl \rightarrow 2NaCl + H_2O_2$

과산화나트륨은 물과 접촉·반응할 경우 강알칼리성의 수산화물을 형성하면서 산소를 발생한다.

▫ $Na_2O_2 + H_2O \rightarrow 2NaOH + 0.5O_2$

**08** 칼륨(금속칼륨)에 대한 다음 물음에 답하시오. (단, 해당되지 않으면 "해당 없음"이라고 쓰시오)
(1) 물과의 반응식을 쓰시오.
(2) 이산화탄소와의 반응식을 쓰시오.
(3) 에틸알코올과의 반응식을 쓰시오.

**답안** (1) 물과 반응 : $K + H_2O \rightarrow KOH + 0.5H_2$
(2) 이산화탄소와 반응 : $2K + 1.5CO_2 \rightarrow K_2CO_3 + 0.5C$
(3) 에틸알코올과 반응 : $C_2H_5OH + K \rightarrow C_2H_5OK + 0.5H_2$

**■ 참고 ■**

 칼륨(K, 금속칼륨)은 제3류 위험물(자연발화성 물질 및 금수성 물질)로서 지정수량 10kg, 위험등급 Ⅰ등급 물질로 지정·관리되고 있다.

칼륨과 물과의 반응식에서 칼륨(표준명칭, 포타슘)의 원소기호는 K이고, 물(Water)의 분자식은 $H_2O$이다. 양이온 1가(최외각 전자 1개)인 칼륨(K)은 불안정한 물질로 물($H_2O$)과 만나면 물이 지닌 수산화 음이온($OH^-$)과 결합하여 수산화물(水酸化物, hydroxide, KOH)을 형성하면서 수소가스를 발생한다.

  □ $K + H_2O \rightarrow KOH + 0.5H_2$  또는  $2K + 2H_2O \rightarrow 2KOH + H_2$

칼륨과 이산화탄소와의 반응에서 칼륨이나 나트륨, 마그네슘 등은 사염화탄소 및 할로겐 화합물과 접촉하면 폭발적으로 반응하고 이산화탄소와도 반응한다. 그리고 마그네슘의 소화에 할론류 등을 사용하더라도 산화마그네슘이 소화제와 화학적 결합을 일으키므로 효과가 없다. 높은 온도에서 연소되고 알루미늄도 또한 물, 이산화탄소 및 사염화탄소와 반응한다.

칼륨(K)은 1족 원소이므로 전자 하나를 내어놓고 쉽게 양이온 1가 이온으로 되고자 한다. 그러나 결합하는 탄산가스는 화학적으로 안정되어 있는 분자상태($CO_2$)이므로 산소 하나를 끌어당겨 음이온 2가인 탄산이온($CO_3^{2-}$)으로 되어야만 칼륨($K^+$)과 결합할 수 있다. 그런데 이때 칼륨은 1가, 탄산이온은 2가이므로 K와 $CO_2$ 결합비는 2 : 1이 되어야만 한다.

  □ $2K + 1.5CO_2 \rightarrow K_2CO_3 + 0.5C$  또는  $4K + 3CO_2 \rightarrow 2K_2CO_3 + C$

금속류의 화재시에는 물, 이산화탄소, 사염화탄소, 탄산칼슘 또는 분말 소화지는 결코 사용해서는 안된다 또한 저장지역에 이와 같은 소화제를 사용해서는 안 되고 건조염화나트륨, 건조소다회, 건조흑연 등을 사용하여 질식소화하여야 한다. 특히, 칼륨 소화를 할 때 모래를 뿌리면 오히려 모래 중의 규소와 결합하여 격렬히 반응하므로 위험하다.

칼륨과 에틸알코올의 반응에서 반응물질인 에틸알코올($C_2H_5OH$)은 안정된 분자상태(산화수 0)로 존재하므로 이들 둘은 현재 그대로는 결합할 수 없다. 그래서 두 물질의 결합이 일어나려면 칼륨(K)은 전자 하나를 내어 놓고 양이온으로 되고, 에틸알코올($C_2H_5OH$)은 수소 하나를 떼어 내고 음이온 1가($C_2H_5O^-$, 에톡시기)를 만듦으로써 결합이 가능하게 된다. 이렇게 하여 이 둘은 $C_2H_5OK$(칼륨에톡사이드, Potassium Ethoxide)라고 하는 화합물을 만들면서 부생물로 수소가스를 발생한다.

  □ $C_2H_5OH + K \rightarrow C_2H_5OK + 0.5H_2$

**09** 제2류 위험물과 동소체의 관계가 있는 자연발화성인 제3류 위험물에 대하여 다음 물음에 답하시오.

(1) 해당물질의 연소반응식을 쓰시오.
(2) 해당물질의 위험등급을 쓰시오.
(3) 이 위험물을 옥내저장소에 보관할 경우 바닥면적은 몇 $m^2$ 이하로 하여야 하는지 쓰시오.

**답안** (1) $P_4 + 5O_2 \rightarrow 2P_2O_5$
  (2) Ⅰ등급
  (3) 1,000$m^2$ 이하

■ 참고 ■

제2류 위험물과 동소체의 관계가 있는 자연발화성인 제3류 위험물은 황린이다. 황린(黃燐, $P_4$)과 적린(赤燐, P)은 동소체(同素體)관계이지만 적린(赤燐)은 제2류 위험물로 분류되고, 황린(黃燐, 백린)은 제3류 위험물로 분류된다. 인(P)이 산소와 반응하여 연소될 경우, 오산화인($P_2O_5$)이 된다.

□ $P_4 + 5O_2 \rightarrow 2P_2O_5$

위험등급 Ⅰ등급에 해당하는 품명과 품목은 아래와 같다. 황린이 속하는 제3류 위험물 중 칼륨, 나트륨, 알킬알루미늄, 알킬리튬, 황린 그밖에 지정수량이 10kg 또는 20kg인 위험물은 Ⅰ등급 위험물로 분류된다.

| 위험등급 | 해당 품명 및 품목 |
| --- | --- |
| Ⅰ등급 위험물 | • 제1류 위험물 중 아염소산염류, 염소산염류, 과염소산염류, 무기과산화물 그밖에 지정수량이 50kg인 위험물<br>• 제3류 위험물 중 칼륨, 나트륨, 알킬알루미늄, 알킬리튬, 황린 그밖에 지정수량이 10kg 또는 20kg인 위험물<br>• 제4류 위험물 중 특수인화물<br>• 제5류 위험물 중 지정수량이 10kg인 위험물<br>• 제6류 위험물 |

옥내저장소의 바닥면적은 위험물 위험등급과 밀접한 관련이 있다. Ⅰ등급 위험물과 제4류 위험물 중 Ⅱ등급인 제1석유류와 알코올류는 1,000m² 이하에 저장하여야 하는 위험물이다. 황린은 제3류 위험물(자연발화성 물질)로 지정수량 20kg으로 위험등급 Ⅰ등급으로 분류된다. 그러므로 황린을 저장하는 옥내저장소의 바닥면적은 1,000m² 이하로 하여야 한다.

▶ 법령보기 ◀

| 바닥면적 | 적용 위험물 |
| --- | --- |
| ① 1,000m² 이하에<br>저장할 수 있는 위험물 | • 제1류 위험물 중 아염소산염류, 염소산염류, 과염소산염류, 무기과산화물 그밖에 지정수량이 50kg인 위험물<br>• 제3류 위험물 중 칼륨, 나트륨, 알킬알루미늄, 알킬리튬 그밖에 지정수량이 10kg인 위험물 및 황린<br>• 제4류 위험물 중 특수인화물, 제1석유류 및 알코올류<br>• 제5류 위험물 중 지정수량이 10kg인 위험물<br>• 제6류 위험물 |
| ② 2,000m² 이하에<br>저장할 수 있는 위험물 | • ①항 외의 위험물을 저장하는 창고 |
| ③ 1,500m² 이하에<br>저장할 수 있는 위험물 | • 내화구조의 격벽으로 완전히 구획된 실에 각각 저장하는 창고<br>• 단, ①항의 위험물을 저장하는 실의 면적은 500m²를 초과할 수 없음 |

**10** 다음은 옥외저장탱크 주입구 기준에 관한 내용이다. 물음에 답하시오.

(1) 다음 괄호에 들어갈 위험물의 명칭과 지정수량을 쓰시오.

> ( ㉮ )·( ㉯ ), 그밖에 정전기에 의한 재해가 발생할 우려가 있는 액체위험물의 옥외저장탱크의 주입구 부근에는 정전기를 유효하게 제거하기 위한 접지전극을 설치할 것

① ㉮의 명칭과 지정수량
② ㉯의 명칭과 지정수량

(2) (1)의 물질 중 겨울철에 응고할 수 있고 인화점이 낮아 고체상태에서도 인화할 수 있는 방향족 탄화수소에 해당하는 위험물의 구조식을 쓰시오.

**답안** (1) ㉮ 휘발유, 200L  ㉯ 벤젠, 200L
(2)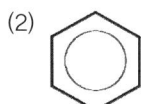

**Point 설명** 옥외탱크저장소에서 정전기에 의한 재해발생의 우려가 있는 액체의 위험물은 휘발유·벤젠이며, 겨울철에 응고할 수 있고 인화점이 낮아 고체상태에서도 인화할 수 있는 방향족 탄화수소는 벤젠이다.

▶ 법령보기 ◀
㉮ 액체위험물의 옥외저장탱크에서 휘발유, 벤젠 그밖에 정전기에 의한 재해가 발생할 우려가 있는 액체위험물의 옥외저장탱크의 주입구 부근에는 정전기를 유효하게 제거하기 위한 접지전극을 설치할 것
㉯ 이동탱크저장소의 주입설비 길이는 50m 이내로 하고, 그 끝부분에 축적되는 정전기를 유효하게 제거할 수 있는 장치를 할 것
㉰ 제조소에서 위험물을 취급함에 있어서 정전기가 발생할 우려가 있는 설비에는 다음에 해당하는 방법으로 정전기를 유효하게 제거할 수 있는 설비를 설치하여야 한다.
- 접지에 의한 방법
- 공기 중의 상대습도를 70% 이상으로 하는 방법
- 공기를 이온화하는 방법

**11** 소화의 원리는 기본적으로 연소의 4요소와 연관되어 있다. 소화방법(소화법)에 대하여 다음 물음에 답하시오.

(1) 소화방법의 종류(소화법) 4가지를 쓰시오.
(2) 소화방법 중 증발잠열을 이용하는 소화법을 쓰시오.
(3) 소화방법 중 가스의 밸브를 폐쇄하여 소화하는 소화법을 쓰시오.
(4) 소화방법 중 불활성기체를 방사하여 소화하는 소화법을 쓰시오.

**답안** (1) 질식소화, 냉각소화, 제거소화, 억제소화(부촉매소화)
(2) 냉각소화
(3) 제거소화
(4) 질식소화

## ■ 참고

 소화의 기본적인 원리는 연소의 4요소와 연관된 질식소화, 냉각소화, 제거소화, 억제소화(부촉매소화)가 있으며 이외에도 유화소화, 희석소화, 피복소화, 방진소화, 탈수소화 등이 있다.

㉮ 질식소화(窒息消火, Smothering Extinguishment) : 산소의 공급을 차단하여 불을 끄는 방법이다. 연소반응에서 대기 중 산소 농도가 15%(용량) 이하일 경우 연소가 진행될 수 없다. 질식소화를 위한 대표적인 방법으로 공기차단법과 희석법이 있다.

㉯ 냉각소화(冷却消火, Cooling Fire Extinguishment) : 연소되는 물체의 온도를 저하시켜 소화하는 방법이다. 증발열이 높은 액체나 물을 사용(물의 증발잠열은 539cal/g · 100℃$H_2O$로 높음)하여 가연물의 온도를 낮추어 연소의 진행을 억제하거나 가연성 연소분해물의 생성을 억제함으로써 화염의 성장과 연소를 제어하는 원리이다.

㉰ 제거소화(除去消火, Extinguishment for Removal of Fuel Supply) : 가연물이나 쉽게 연소될 수 있는 물질 등을 제거함으로써 화염 및 연소를 제어하는 방법이다. 가연물을 제거하는 방법에는 격리, 소멸, 희석 등의 방법이 있는데, 예를 들면, 바람을 불어 촛불을 끄는 행위, 가스화재 시 가스누출관의 차단밸브를 잠그는 행위, 산불확산을 막기 위해 주변 나무를 인위적으로 베는 행위 등이 여기에 속한다.

㉱ 억제소화(抑制消化) : 산화반응의 진행을 차단하는 메커니즘, 즉 연소과정에서 발생되는 라디칼(radical)을 감소시키거나 제거함으로써 연소반응을 억제하는 것을 말한다. 화염을 동반하는 일반적 연소반응에서 유용하게 사용되는 대표적인 부촉매물질은 불활성을 갖는 할로젠화물이다.

㉲ 기타 : 석유류 등의 화재 시 유면을 에멀젼화(Emulsification)시키는 <u>유화소화법</u>이 있고, 가연물의 농도를 희석시켜 가스나 증기의 농도를 연소한계(하한) 이하로 하여 소화하는 <u>희석소화법</u>이 있다.

**12** 다음은 제4류 위험물의 옥외탱크 저장소의 보유공지를 나타낸 것이다. 괄호 안에 알맞은 말을 쓰시오.

| 지정수량의 배수 | 보유공지 |
|---|---|
| 500배 이하 | ( ① ) 이상 |
| 500배 초과 1,000배 이하 | ( ② ) 이상 |
| 1,000배 초과 2,000배 이하 | ( ③ ) 이상 |
| 2,000배 초과 3,000배 이하 | ( ④ ) 이상 |
| 3,000배 초과 4,000배 이하 | ( ⑤ ) 이상 |

**답안** ① 3m  ② 5m  ③ 9m  ④ 12m  ⑤ 15m

**Point 설명** 옥외탱크 저장소의 보유공지 기준은 다음과 같다.

▶ 법령보기 ◀

| 저장 또는 취급하는 위험물의 최대수량 | 공지의 너비 |
|---|---|
| 지정수량의 500배 이하 | 3m 이상 |
| 지정수량의 500배 초과 1,000배 이하 | 5m 이상 |
| 지정수량의 1,000배 초과 2,000배 이하 | 9m 이상 |
| 지정수량의 2,000배 초과 3,000배 이하 | 12m 이상 |
| 지정수량의 3,000배 초과 4,000배 이하 | 15m 이상 |

**13** 위험물안전관리법에서 정하는 위험물의 저장 및 취급 기준이다. 괄호 안에 알맞은 말을 쓰시오.
   (1) 제3류 위험물 중 자연발화성 물질에 있어서는 불티, 불꽃, 고온체와의 접근, 과열 또는 (     )와의 접촉을 피하고, 금수성 물질에 있어서는 물과의 접촉을 피해야 한다.
   (2) 제 (     )류 위험물은 불티, 불꽃, 고온체와의 접근이나 과열, 충격 또는 마찰을 피해야 한다.
   (3) 제2류 위험물은 산화제와의 접촉·혼합이나 불티, 불꽃, 고온체와의 접근 또는 과열을 피하는 한편, (     ), (     ), (     ) 및 이를 함유한 것에 있어서는 물이나 산(酸)과의 접촉을 피하고 인화성 고체에 있어서는 함부로 증기를 발생시키지 아니하여야 한다.

**답안** (1) 공기
   (2) 5
   (3) 철분, 금속분, 마그네슘

**Point 설명** 관련된 위험물의 저장 및 취급기준은 다음과 같다.

▶ 법령보기 ◀
㉮ 제3류 위험물 중 자연발화성물질에 있어서는 불티·불꽃 또는 고온체와의 접근·과열 또는 공기와의 접촉을 피하고, 금수성물질에 있어서는 물과의 접촉을 피하여야 한다.
㉯ 제5류 위험물은 불티·불꽃·고온체와의 접근이나 과열·충격 또는 마찰을 피하여야 한다.
㉰ 제2류 위험물은 산화제와의 접촉·혼합이나 불티·불꽃·고온체와의 접근 또는 과열을 피하는 한편, 철분·금속분·마그네슘 및 이를 함유한 것에 있어서는 물이나 산과의 접촉을 피하고 인화성 고체에 있어서는 함부로 증기를 발생시키지 아니하여야 한다.

**14** 다음 위험물을 저장할 때 유지하여야 하는 온도를 쓰시오.
   (1) 압력탱크 외의 탱크에 저장하는 경우
      ① 지하저장탱크 – 다이에틸에터
      ② 옥내저장탱크 – 아세트알데하이드
      ③ 옥외저장탱크 – 산화프로필렌
   (2) 압력탱크에 저장하는 경우
      ① 지하저장탱크 – 다이에틸에터
      ② 옥외저장탱크 – 아세트알데하이드

**답안** (1) ① 30℃  ② 15℃  ③ 30℃
   (2) ① 40℃  ② 40℃

**Point 설명** 관련된 위험물의 저장 및 취급기준은 다음과 같다.

▶ 법령보기 ◀
㉮ 옥외저장탱크·옥내저장탱크 또는 지하저장탱크 중 압력탱크 외의 탱크에 저장하는 다이에틸에터등 또는 아세트알데하이드등의 온도는 산화프로필렌과 이를 함유한 것 또는 다이에틸에터등에 있어서는 30℃ 이하로, 아세트알데하이드 또는 이를 함유한 것에 있어서는 15℃ 이하로 각각 유지할 것
㉯ 옥외저장탱크·옥내저장탱크 또는 지하저장탱크 중 압력탱크에 저장하는 아세트알데하이드등 또는 다이에틸에터등의 온도는 40℃ 이하로 유지할 것

㉰ 보냉장치가 있는 이동저장탱크에 저장하는 아세트알데하이드등 또는 다이에틸에터등의 온도는 당해 위험물의 비점 이하로 유지할 것
㉱ 보냉장치가 없는 이동저장탱크에 저장하는 아세트알데하이드등 또는 다이에틸에터등의 온도는 40℃ 이하로 유지할 것

## 15 [보기]의 위험물에 대하여 물음에 답하시오.

[보기]

아세톤, 아닐린, 클로로벤젠, 메틸에틸케톤, 메탄올

(1) [보기] 중 인화점이 가장 낮은 것을 고르시오.
(2) (1)에서 선정한 물질의 구조식을 쓰시오.
(3) [보기] 중 제1석유류에 해당하는 것을 모두 고르시오.

**답안** (1) 아세톤
(2) 구조식

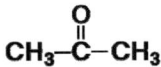

(3) 제1석유류 : 아세톤, 메틸에틸케톤

### 참고

 인화점이 낮은 것을 고를 때, 첫 번째 고려할 점은 제4류 위험물 중 "특수인화물(-20℃이하)"이고, 두 번째 고려할 점은 "제1석유류(21℃ 미만)"라는 것을 감(感)잡아야 한다. 인화점이 가장 낮은 것을 고르는 것에서 첫 번째 제외대상은 알코올류와 제2석유류(21~70℃)인 클로로벤젠, 제3석유류(70~200℃)인 아닐린이다. 비교대상이 아세톤과 메틸에틸케톤으로 좁혀진다. 아래 [표]를 보면 "어느 물질이 인화점이 낮은가"를 판별할 수 있다. 인화점이 가장 낮은 것은 "아세톤"이라는 것을 알 수 있다.

| 구분 | 품명 | 인화점(℃) |
|---|---|---|
| 특수인화물<br>(-20℃ 이하) | 다이에틸에터(디에틸에테르) | -45 |
| | 산화프로필렌 | -37 |
| | 이황화탄소 | -30 |
| 제1석유류<br>(21℃ 미만) | 휘발유 | -20 ~ -43 |
| | 아세톤 | -18 |
| | 벤젠 | -11 |
| | 메틸에틸케톤 | -9 |
| 알코올류 | 메틸알코올 | 11 |
| | 에틸알코올 | 13 |

---

**이승원의 제1석유류 암기법**

- 1석 이조 휘둘조지메비 200 - 아씨피나네~ 400
- 1석 : 1석유류
- 휘 : 휘발유
- 조 : 초산에틸
- 메 : 메틸에틸케톤
- 아 : 아세톤
- 피 : 피리딘
- 이조(22) : 200L(지정수량), 2등급
- 둘 : 톨루엔
- 지 : 벤젠
- 비 : 이상 비수용성, 이하 수용성
- 시 : 시안화수소(사이안화수소, HCN)
- 나네 : 넷(400L – 지정수량)

---

(1)에서 선정한 물질의 구조식을 쓰는 것에서, 이론에서 학습해 두었던 암기법에서 "아세톤 = 아세콘으로 기억해 두라고 한 부분"을 떠올려 보면 → "아"는 알킬기(Alkyl Group), "세"는 탄소 3개(C–C–C) 결합, "콘"은 C=O(Carbonyl Group)로 결합되어 있는 것이 아세톤이다.

아세톤을 화학식(시성식)으로 나타내면 $CH_3COCH_3$(분자량 58)로 된다. 그러나 문제의 주문조건은 구조식을 쓰라고 하였으므로 답안지에는 아세톤의 시성식에 맞추어 다음과 같이 그려내면(도식하면) 된다.

Ⓐ 아세톤은 탄소는 3개이므로 "–C–C–C–"를 우선 나열한다.
Ⓑ 탄소는 4가이므로 사방으로 선 4개를 긋고, 끝에는 수소(H)를 붙인다. 그런데 "아세톤 = 아세콘"이므로 두 번째 탄소(중심탄소)에는 "콘, C=O"를 결합한다.
Ⓒ 아니면 시성식의 $CH_3COCH_3$에서 "콘, C=O"을 중심으로 중심 탄소(C)에 $CH_3$를 결합해도 된다.

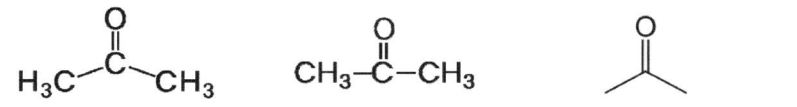

〈그림〉 다양하게 표현된 아세톤(Acetone, $CH_3COCH_3$)의 구조식

---

**16** 제4류 위험물 중 물 속에 저장하는 위험물에 대해 다음 물음에 답하시오.
  (1) 이 물질의 품명을 쓰시오.
  (2) 증기비중을 구하시오.
  (3) 이 물질의 공기 중 산소에 의한 연소반응식을 쓰시오.
  (4) 이 물질을 옥외탱크에 저장할 경우 철근콘크리트 수조의 두께를 쓰시오.

**답안** (1) 품명 : 특수인화물

(2) 증기비중 : 증기비중 = $\dfrac{CS_2 \text{ 밀도}(76/22.4)}{\text{공기 밀도}(29/22.4)} = \dfrac{76}{29} = 2.62$

(3) 연소반응 : $CS_2 + 3O_2 \rightarrow CO_2 + 2SO_2$

(4) 벽·바닥 두께 : 0.2 m 이상

■ 참고 ■

 제4류 위험물 중 물 속에 저장하는 위험물은 이황화탄소($CS_2$)라는 것을 알 수 있다. 문제에서는 이황화탄소의 품명을 묻고 있으므로 품명인 "특수인화물"로 답(答)해야 한다.

증기비중 계산에서, 이황화탄소($CS_2$)의 g분자량은 12+32×2=76, 기체 1mol = g분자량 = 22.4L이므로 다음과 같이 증기비중 공식을 이용하여 산출할 수 있다.

□ 증기비중 = $\dfrac{CS_2 \text{ 밀도}(\text{ = 분자량}/22.4)}{\text{공기 밀도}(\text{ = 분자량}/22.4)}$ = $\dfrac{76}{29}$ = 2.62

이황화탄소 중 탄소(C)는 연소 산화되면 $CO_2$, 황(S)은 연소 산화되면 $SO_2$가 되므로 다음과 같이 연소반응식을 작성할 수 있다.

□ $CS_2 + 3O_2 \rightarrow CO_2 + 2SO_2$

이황화탄소의 옥외저장탱크는 벽 및 바닥의 두께가 0.2m 이상이고 누수가 되지 아니하는 철근콘크리트의 수조에 넣어 보관하여야 한다.

▶ 법령보기 ◀
㉮ 제3류 위험물 중 금수성 물질(고체에 한함)의 옥외저장탱크에는 방수성의 불연재료로 만든 피복설비를 설치하여야 한다.
㉯ 이황화탄소의 옥외저장탱크는 벽 및 바닥의 두께가 0.2m 이상이고 누수가 되지 아니하는 철근콘크리트의 수조에 넣어 보관하여야 한다. 이 경우 보유공지·통기관 및 자동계량장치는 생략할 수 있다.

**17** 다음 물질의 완전 연소반응식을 쓰시오.
 (1) 오황화인
 (2) 알루미늄
 (3) 마그네슘

**답안** (1) $P_2S_5 + 7.5O_2 \rightarrow P_2O_5 + 5SO_2$
 (2) $Al + 1.5O_2 \rightarrow Al_2O_3$
 (3) $Mg + 0.5O_2 \rightarrow MgO$

**Point 설명** 오황화인($P_2S_5$)이 연소되면 인(P)의 산화물인 오산화인($P_2O_5$)과 황(S)의 산화물인 아황산가스($SO_2$)가 발생하고, 알루미늄이 연소되면 그 산화물인 산화알루미늄(알루미나, $Al_2O_3$)이 된다. 마그네슘(Mg)이 연소될 경우 그 산화물인 산화마그네슘(MgO)이 된다.

□ $P_2S_5 + 7.5O_2 \rightarrow P_2O_5 + 5SO_2$
□ $Al + 1.5O_2 \rightarrow Al_2O_3$
□ $Mg + 0.5O_2 \rightarrow MgO$

**18** 지정과산화물을 저장·취급하는 옥내저장소에 대하여 다음 물음에 답하시오.
  (1) 지정과산화물의 위험등급을 쓰시오.
  (2) 바닥면적은 몇 m² 이하로 해야 하는지 쓰시오.
  (3) 철근콘크리트조로 된 옥내저장소 외벽의 두께는 몇 cm 이상으로 해야 하는지 쓰시오.

**답안** (1) Ⅰ등급
  (2) 1,000m²
  (3) 20cm

**Point 설명** 지정과산화물을 저장·취급하는 옥내저장소의 시설기준은 다음과 같다.

▶ 법령보기 ◀

㉮ 지정과산화물 : 제5류 위험물 중 유기과산화물 또는 이를 함유하는 것으로서 지정수량이 10kg, 위험등급 Ⅰ인 것을 말한다.
㉯ 바닥면적 : 다음의 위험물을 저장하는 창고는 1,000m² 이하로 하여야 한다.
 • 제1류 위험물 중 아염소산염류, 염소산염류, 과염소산염류, 무기과산화물 그밖에 지정수량이 50kg인 위험물
 • 제3류 위험물 중 칼륨, 나트륨, 알킬알루미늄, 알킬리튬 그밖에 지정수량이 10kg인 위험물 및 황린
 • 제4류 위험물 중 특수인화물, 제1석유류 및 알코올류
 • 제5류 위험물 중 유기과산화물, 질산에스터류 그밖에 지정수량이 10kg인 위험물
 • 제6류 위험물
㉰ 외벽두께 : 저장창고의 외벽은 두께 20cm 이상의 철근콘크리트조나 철골철근콘크리트조 또는 두께 30cm 이상의 보강콘크리트블록조로 할 것
㉱ 격벽 : 저장창고는 150m² 이내마다 격벽으로 완전하게 구획할 것. 이 경우 당해 격벽은 두께 30cm 이상의 철근콘크리트조 또는 철골철근콘크리트조로 하거나 두께 40cm 이상의 보강콘크리트블록조로 하고, 당해 저장창고의 양측의 외벽으로부터 1m 이상, 상부의 지붕으로부터 50cm 이상 돌출하게 하여야 한다.

**19** 메탄올 320g을 산화시켜 폼알데하이드를 얻고자 한다. 발생되는 폼알데하이드의 양(g)은? (단, 폼알데하이드 외의 부산물은 물이다)

**답안** 폼알데하이드의 양 $= 320g \times \dfrac{1mol}{(12+4+16)g} \times \dfrac{30g}{1mol} = 300g$

■ **참고** ■

**상세해설** 메탄올(메틸알코올)의 분자식은 $CH_3OH$이고, 폼알데하이드의 분자식은 $HCHO$이다. 문제에서 "메탄올을 산화시켜 폼알데하이드를 얻는다"고 하였고, "폼알데하이드 외의 부산물은 물"이라고 하였으므로 반응식을 작성해 보면 ;
  □ $CH_3OH + 0.5O_2 \rightarrow HCHO + H_2O$

이 반응식을 통해 알 수 있는 것은 메탄올 1mol당 폼알데하이드 1mol이 발생되며, 메탄올 1mol의 질량은 32g, 폼알데하이드 1mol의 질량은 30g이므로 다음과 같이 발생되는 폼알데하이드의 양(g)을 계산할 수 있다.

∴ $HCHO = 320g(메탄올) \times \dfrac{1mol}{(12+4+16)g} \times \dfrac{30g(HCHO)}{1mol(메탄올)} = 300g$

**20** 다음 내용은 위험물의 저장 및 취급에 관한 중요기준을 나타낸 것이다. 옳은 것을 모두 고르시오.

① 옥내저장소에서는 용기에 수납하여 저장하는 위험물의 온도가 45℃가 넘지 아니하도록 필요한 조치를 강구하여야 한다.
② 제3류 위험물 중 황린, 그밖에 물속에 저장하는 물품과 금수성 물질은 동일한 저장소에 저장할 수 있다.
③ 컨테이너식 이동탱크저장소 외에 이동탱크저장소에 있어서는 위험물을 저장한 상태로 이동저장탱크를 옮겨 싣지 아니하여야 한다.
④ 위험물 이송취급소에 위험물을 이송하기 위한 배관·펌프 및 그에 부속한 설비의 안전을 확인하기 위한 순찰을 행하고, 위험물을 이송하는 중에는 이송하는 위험물의 압력 및 유량을 항상 감시하여야 한다.
⑤ 제조소등에서 허가 및 신고와 관련되는 품명 외의 위험물 또는 이러한 허가 및 신고와 관련되는 수량 또는 지정수량의 배수를 초과하는 위험물을 저장 또는 취급하지 아니하여야 한다.

**답안** ③, ⑤

**Point 설명** 문제에서 제시한 위험물의 저장 및 취급에 관한 법령상의 중요기준은 다음과 같다.

▶ 법령보기 ◀

㉮ 옥내저장소에서는 용기에 수납하여 저장하는 위험물의 온도가 55℃를 넘지 아니하도록 필요한 조치를 강구하여야 한다(중요기준).
㉯ 제3류 위험물 중 황린 그밖에 물속에 저장하는 물품과 금수성물질은 동일한 저장소에서 저장하지 아니하여야 한다(중요기준).
㉰ 컨테이너식 이동탱크저장소외의 이동탱크저장소에 있어서는 위험물을 저장한 상태로 이동저장탱크를 옮겨 싣지 아니하여야 한다(중요기준).
㉱ 위험물의 이송은 위험물을 이송하기 위한 배관·펌프 및 그에 부속한 설비의 안전을 확인한 후에 개시하여야 한다(중요기준). 현재 문제에서 제시된 ④항은 이송취급소에서의 취급기준이다. 위험물을 이송하기 위한 배관·펌프 및 이에 부속한 설비의 안전을 확인하기 위한 순찰을 행하고, 위험물을 이송하는 중에는 이송하는 위험물의 압력 및 유량을 항상 감시하여야 한다(중요기준).
㉲ 제조소등에서 허가 및 신고와 관련되는 품명 외의 위험물 또는 이러한 허가 및 신고와 관련되는 수량 또는 지정수량의 배수를 초과하는 위험물을 저장 또는 취급하지 아니하여야 한다(중요기준).

# 2021년 제4회

**01** 다음 위험물이 물과 접촉되었을 때, 그 화학반응식을 쓰시오.
 (1) 탄화칼슘
 (2) 탄화알루미늄

**답안** (1) 탄화칼슘 : $CaC_2 + 2H_2O \rightarrow Ca(OH)_2 + C_2H_2$
 (2) 탄화알루미늄 : $Al_4C_3 + 12H_2O \rightarrow 4Al(OH)_3 + 3CH_4$

■ 참고 ■

 탄화칼슘의 구성은 -4가인 탄소와 +2가인 칼슘이 결합된 물질이므로 탄소가 양이온 2가인 칼슘이온($Ca^{2+}$)과 결합하기 위해서는 음이온 2가로 전환되어야 하므로 탄소는 삼중결합(•C≡C•)을 하여 음이온 2가인 상태를 만들어 칼슘이온과 결합된다. 그러므로 분자식은 $CaC_2$로 된다. $CaC_2$는 제3류 위험물(자연발화성 및 금수성물질)로 지정수량 300kg, 위험등급 Ⅲ등급으로 지정·관리되는 물질이다.

탄화칼슘은 우리가 흔히 카바이드(Carbide)라고 하는 물질로 예전에는 아세틸렌 가스 램프로 많이 이용되었던 물질이다. 탄화칼슘과 물의 반응에서 칼슘(Ca)은 양이온 2가($Al^{2+}$)이고, 이와 반응하는 수산화 이온($OH^-$)은 1가 음이온이므로 등가원칙에 따라 이들이 결합한 수산화물의 구성은 1 : 2, 즉 $Ca^{2+}$ : $2OH^-$ = $Ca(OH)_2$(수산화칼슘)으로 되면서 아세틸렌(Acetylene, 에틴) 가스를 방출한다.

  □ $CaC_2 + 2H_2O \rightarrow Ca(OH)_2 + C_2H_2$

탄화알루미늄의 구성은 -4가인 탄소와 +3가인 알루미늄이 결합된 물질이므로 탄소가 양이온 3가인 알루미늄($Al^{3+}$)과 결합하기 위해서는 등가원칙에 따라 이들의 가수를 교호(交互)로 적용하여 화학식을 만들면 $Al_4C_3$로 된다. 탄화알루미늄($Al_4C_3$)은 제3류 위험물(자연발화성 및 금수성물질)로 지정수량 300kg, 위험등급 Ⅲ등급으로 지정·관리되는 물질이다.

탄화알루미늄과 물의 반응에서 알루미늄(Al)은 양이온 3가($Al^{3+}$)이고, 이와 반응하는 수산화 이온($OH^-$)은 1가 음이온이므로 등가원칙에 따라 이들이 결합한 수산화물의 구성은 1 : 3, 즉 $Al^{3+}$  $3OH^-$ = $Al(OH)_3$(수산화알루미늄)으로 되면서 메테인(메탄, $CH_4$)가스를 방출한다.

  □ $Al_4C_3 + 12H_2O \rightarrow 4Al(OH)_3 + 3CH_4$

**02** 다음 [보기]에 해당하는 위험물에 대하여 물음에 답하시오.

[보기]
- 제3류 위험물로 지정수량은 300kg이다.
- 분자량은 64, 비중은 2.2이다.
- 질소와 고온에서 반응할 경우, 석회질소가 생성된다.

(1) [보기]에 해당하는 위험물의 화학식을 쓰시오.
(2) 물과의 반응식을 쓰시오.
(3) 물과 반응하여 발생되는 기체의 완전 연소반응식을 쓰시오.

**답안** (1) 위험물의 화학식 :
(2) 물과 반응 : $CaC_2 + 2H_2O \rightarrow Ca(OH)_2 + C_2H_2$
(3) 연소반응 : $C_2H_2 + 2.5O_2 \rightarrow 2CO_2 + H_2O$

**■ 참고 ■**

 제3류 위험물로서 지정수량은 300kg인 것은 자연발화성·금수성물질로 금속의 수소화물, 금속의 인화물, 칼슘 또는 알루미늄의 탄화물등이다.

금속의 수소화물에는 수소화리튬(LiH), 수소화나트륨(NaH), 수소화칼슘($CaH_2$), 수소화알루미늄리튬($LiAlH_4$) 등이 있고, 금속의 인화물에는 인화칼슘($Ca_3P_2$), 인화알루미늄(AlP) 등이 있으며, 칼슘 또는 알루미늄의 탄화물에는 탄화칼슘($CaC_2$), 탄화알루미늄($Al_4C_3$) 등이 있다.

구성원소들의 원자량은 리튬(Li) 6.9, 나트륨(Na) 23, 칼슘(Ca) 40, 알루미늄(Al) 27, 인(P) 31, 탄소(C) 12이므로 분자량은 64이고 비중이 물보다 무거운 물질을 생각해 본다. 그리고 [보기]에서 "질소와 고온에서 반응할 경우, 석회질소가 생성된다."고 하였으므로 "석회"를 함유하는 물질임이 분명하다. → 석회(石灰)의 주성분은 칼슘(Ca)이므로 위에서 선별해 둔 위험물 중에서 수소화칼슘($CaH_2$), 인화칼슘($Ca_3P_2$), 탄화칼슘($CaC_2$)만이 정답의 범주에 들어온다.

이중에서, 분자량 64를 충족하는 물질을 찾으면 → [보기]에 해당하는 위험물은 탄화칼슘($CaC_2$, 40+12×2=64)이 된다는 것을 정확하게 맞출 수 있다. 이 부분이 가장 중요하다. 첫 번째를 맞추지 못하면 나머지 항목도 정답을 쓸 수 없게 되기 때문이다. 기체 이외 물질의 비중값은 직접 측정하는 구한 값이므로 이를 잣대로 위험물을 구분하려드는 것은 어리석은 생각일 뿐이다. 측정된 밀도값이 제시되지 않으면 양론상 계산불가한 것이다.

탄화칼슘의 구성은 -4가인 탄소와 +2가인 칼슘이 결합된 물질이므로 탄소가 양이온 2가인 칼슘이온($Ca^{2+}$)과 결합하기 위해서는 음이온 2가로 전환되어야 하므로 탄소는 이중결합(-C=C-)을 하여 음이온 2가인 상태를 만들어 칼슘이온과 결합된다. 그러므로 분자식은 $CaC_2$로 된다.

탄화칼슘은 우리가 흔히 카바이드(Carbide)라고 하는 물질로 예전에는 아세틸렌 가스 램프로 많이 이용되었던 물질이다. 탄화칼슘과 물의 반응에서 칼슘(Ca)은 양이온 2가($Al^{2+}$)이고, 이와 반응하는 수산화 이온($OH^-$)은 1가 음이온이므로 등가원칙에 따라 이들이 결합한 수산화물의 구성은 1 : 2, 즉 $Ca^{2+}$ : $2OH^-$ = $Ca(OH)_2$(수산화칼슘)으로 되면서 아세틸렌(Acetylene, 에틴) 가스를 방출한다.

  □ $CaC_2 + 2H_2O \rightarrow Ca(OH)_2 + C_2H_2$

아세틸렌(Acetylene, 에틴) 가스의 연소반응은 구성원소 중 탄소(C)는 $CO_2$로, H는 $H_2O$로 산화되므로 이에 맞추어 연소·산화반응식을 작성하면 된다.

□ $C_2H_2 + 2.5O_2 \rightarrow 2CO_2 + H_2O$

## 03 금속나트륨에 대해 다음 물음에 답하시오.
(1) 지정수량을 쓰시오.
(2) 금속나트륨의 보호액을 쓰시오.
(3) 물과의 반응식을 쓰시오.

**답안** (1) 지정수량 : 10kg
(2) 보호액 : 석유, 경유, 유동파라핀
(3) 물과 반응 : $Na + H_2O \rightarrow NaOH + 0.5H_2$

**Point 설명** 나트륨(Na)은 물($H_2O$)이 제공하는 음이온 1가의 수산화이온($OH^-$)과 결합하여 수산화물(水酸化物, 가성소다)을 형성하면서 부생물로 수소를 발생한다.

□ $Na + H_2O \rightarrow NaOH + 0.5H_2$

나트륨(Na)은 물보다 가볍고, 칼로도 자를 수 있을 정도로 무르며, 광택이 있는 은백색 금속으로 제3류 위험물(자연발화성 및 금수성물질)로 분류되며, 칼륨, 알킬알루미늄, 알킬리튬과 함께 지정수량 10kg이며, 위험물 등급 I 등급으로 지정·관리되는 물질이다. 반응성이 강하여 공기중에 보관할 수 없고 석유, 경유, 유동파라핀 등의 보호액 중에 보관한다. 석유, 경유, 유동파라핀 등의 보호액 중에 보관하는 위험물의 종류는 칼륨, 나트륨, 알칼리금속, 알칼리토금속 등이다.

## 04 다음 [보기]의 위험물 중 위험등급 Ⅱ인 위험물을 고른 다음 지정수량 배수의 합을 구하시오.

[보기]
질산염류 600kg,  유황 100kg,  철분 50kg,  나트륨 100kg,  등유 6,000L

**답안** 지정수량의 배수 = $\dfrac{유황}{100} + \dfrac{질산염류}{300} = \dfrac{100}{100} + \dfrac{600}{300} = 3$

**Point 설명** 보기에 제시된 위험물의 품명별 위험등급과 지정수량을 살펴보면 ;

| 유별 | 성질분류 | 품명 | 위험등급 | 지정수량 |
|---|---|---|---|---|
| 제1류 위험물 | 산화성고체 | 질산염류 | II | 300kg |
| 제2류 위험물 | 가연성고체 | 유황 | II | 100kg |
| | | 철분 | III | 500kg |
| 제3류 위험물 | 자연발화성 금수성물질 | 나트륨 | I | 10kg |
| 제4류 위험물 | 인화성액체 | 등유 | III | 1000L |

[보기]에서 위험등급 II인 위험물은 질산염류와 유황이며, 제2류 위험물인 유황(지정수량 100kg), 제1류 위험물인 질산염류(지정수량 300kg)에 대하여 아래의 공식에 대입하여 지정수량의 배수를 산정한다.

ㅁ 공식 : 지정수량 배수 합계 = $\frac{A품명의\ 수량}{A품명의\ 지정수량} + \frac{B품명의\ 수량}{B품명의\ 지정수량} + \cdots +$

∴ 지정수량의 배수 = $\frac{유황}{100} + \frac{질산염류}{300} = \frac{100}{100} + \frac{600}{300} = 3$

**05** 다음 [보기]에서 제시된 위험물 중 공기 중에서 연소·산화될 경우, 생성되는 물질이 동일한 위험물을 고르고, 해당 위험물의 반응식을 쓰시오.

[보기]

적린,　황,　삼황화인,　오황화인,　철분,　마그네슘

📝 **답안**　(1) 삼황화인과 오황화인

(2) 삼황화인 반응 : $P_4S_3 + 8O_2 \rightarrow 3SO_2 + 2P_2O_5$

오황화인 반응 : $P_2S_5 + 7.5O_2 \rightarrow 5SO_2 + P_2O_5$

**｜참고｜**

 보기에서 제시된 위험물 중 공기 중에서 연소·산화될 경우, 생성되는 물질이 동일한 위험물을 먼저 골라야 한다. 눈치가 빠른 수험생들은 이미 찾았을 수 있다. 보기의 항목에서 적린, 황, 철분, 마그네슘은 모두 산화될 경우 각기 다른 산화물을 발생한다.

적린(P)이 산화되면 오산화인($P_2O_5$), 황(S)이 산화되면 이산화황($SO_2$), 철분(Fe)이 산화되면 산화철(FeO, $Fe_2O_3$, $Fe_3O_4$), 마그네슘(Mg)이 산화되면 산화마그네슘(MgO)이 되므로 이들은 산화하여 생성되는 물질이 동일한 위험물이 아니므로 선택에서 배제한다.

보기 중 남아 있는 삼황화인($P_4S_3$)과 오황화인($P_2S_5$)이 연소산화될 경우 공통적으로 인(P)의 산화물인 오산화인($P_2O_5$)과 황(S)의 산화물인 아황산가스($SO_2$)를 발생한다. 이 두 물질을 선정하여 반응식을 작성하도록 한다.

ㅁ $P_4S_3 + 8O_2 \rightarrow 2P_2O_5 + 3SO_2$

ㅁ $P_2S_5 + 7.5O_2 \rightarrow P_2O_5 + 5SO_2$

**06** 다음 [보기]에 해당하는 위험물에 대하여 물음에 답하시오.

[보기]
- 제6류 위험물이다.
- 저장용기는 갈색병에 넣어서 보관한다.
- 단백질과 크산토프로테인 반응을 하여 황색으로 변한다.

(1) 해당 물질의 지정수량을 쓰시오.
(2) 해당 물질의 위험등급을 쓰시오.
(3) 해당 물질에 대해 위험물이 되기 위한 조건을 쓰시오. (단, 없으면 "없음"이라고 쓰시오)
(4) 해당 물질의 광분해반응식을 쓰시오.

**답안** (1) 지정수량 : 300kg
(2) 위험등급 : Ⅰ
(3) 비중 1.49 이상
(4) $2HNO_3 \xrightarrow[\text{광분해}]{h\nu} 4NO_2 + 2H_2O + O_2$

## 참고

보기에서 6류 위험물이라고 하였으므로 불연성이며, 강산류인 동시에 강산화제로 작용하고, 위험등급 Ⅰ등급으로 지정수량은 300kg이다.

| 위험물 | | | 지정수량 | 위험등급 |
|---|---|---|---|---|
| 유별 | 성질 | 품명 | | |
| 제6류 | 산화성 액체 | • 과염소산, 과산화수소, 질산, 할로젠간화합물 | 300kg | Ⅰ |

질산은 단백질과 크산토프로테인(Xanthoprotein) 반응을 한다. 크산토프로테인은 단백질을 뜨거운 농축 질산으로 처리할 때 형성되는 황색의 나이트로페닐 산물이다.

따라서, 단백질과 크산토프로테인 반응을 하면서, 저장용기로 갈색병을 사용하여야 하는 제6류 위험물은 광분해를 방지하여야 하는 위험물이라는 것이므로 질산($HNO_3$)이 된다. 질산의 광분해 및 열분해 반응식은 다음과 같다.

▫ $2HNO_3 \xrightarrow[\text{광분해}]{h\nu} 4NO_2 + 2H_2O + O_2$

▫ $4HNO_3 \xrightarrow[\text{$NO_2$, $O_2$ 발생}]{\text{가열}} 4NO_2 + 2H_2O + O_2$

▫ $2HNO_3 \xrightarrow[\text{$NO_2$ 발생}]{\text{가열}} 2NO_2 + 2H_2O$

질산($HNO_3$)은 그 비중이 1.49 이상인 것에 한하여 위험물로 보며, 과산화수소($H_2O_2$)는 그 농도가 36중량% 이상인 것에 한하여 위험물로 본다.

참고로 과염소산도 강산류인 동시에 강산화제이지만 모두 불연성이다. 비중이 1보다 크며 물에 잘 녹고, 물과 반응 시 발열한다. 부식성 및 유독성이 강한 강산화제이다. 가열 또는 금속 촉매와 접촉 시 화재 및 폭발성의 위험성이 있다.

▫ $HClO_4 \xrightarrow[\text{HCl과 산소 발생}]{\text{가열}} HCl + 2O_2$

과산화수소($H_2O_2$)도 광분해되면 산소를 발생시킨다. 이산화망가니즈($MnO_2$) 존재하에서는 더욱 분해속도가 빨라진다. 이산화망가니즈는 분해반응에 직접 관여하는 것이 아니라 촉매적 역할만 하므로 자신은 반응 전·후의 질량이나 성질에 변화가 일어나지 않는다.

  ㅁ $2H_2O_2 \rightarrow O_2 + 2H_2O$

## 07 트라이에틸알루미늄에 대해 다음 물음에 답하시오.
(1) 물과의 반응식을 쓰시오.
(2) 물과 반응하여 발생하는 가스의 명칭을 쓰시오.

**답안** (1) 물과 반응 : $(C_2H_5)_3Al + 3H_2O \rightarrow Al(OH)_3 + 3C_2H_6$
(2) 발생가스 : 에테인

■ 참고 ■

**상세해설** 트라이에틸알루미늄에서 "트라이(tri)에틸"은 에틸기(Ethyl Group)가 3개라는 의미($3C_2H_5-$)이고, 이것이 알루미늄(Al)과 결합하고 있음을 의미한다. 알루미늄은 +3가이므로 음이온의 에틸기($C_2H_5-$) 3개는 알루미늄을 중심원소로 하여 집중결합하는 구조를 갖는다. 그러므로 트라이에틸알루미늄의 화학식은 $Al(C_2H_5)_3$이다.

트라이에틸알루미늄[$Al(C_2H_5)_3$]과 물의 반응에서 $Al(C_2H_5)_3$ 중의 알루미늄(Al)은 양이온 3가($Al^{3+}$)이고, 이와 반응하는 $H_2O$에서 제공되는 수산화 이온($OH^-$)은 1가 음이온이므로 등가원칙에 따라 이들이 결합한 수산화물의 구성은 1 : 3, 즉 $Al^{3+} : 3OH^- = Al(OH)_3$로 되면서 에테인가스(에탄가스)를 발생한다.

  ㅁ $Al(C_2H_5)_3 + 3H_2O \rightarrow Al(OH)_3 + 3C_2H_6$

## 08 다음 [보기]의 위험물에 대하여 물음에 답하시오.

[보기]

메틸에틸케톤, 다이에틸에터, 아세톤, 톨루엔, 메틸알코올

(1) [보기]의 위험물 중 연소범위가 가장 큰 물질을 골라 그 명칭을 쓰시오.
(2) (1)에서 선정한 위험물의 위험도를 구하시오.

**답안** (1) 다이에틸에터(디에틸에테르)
(2) 위험도 $= \dfrac{\text{상한 값} - \text{하한 값}}{\text{하한 값}} = \dfrac{48 - 1.9}{1.9} = 24.26$

■ 참고 ■

**상세해설** 제시된 각 위험물의 연소범위를 알아야만 문제를 해결할 수 있다. 하한(LEL) ~ 상한(UEL)을 살펴보면 → 메틸에틸케톤(1.8% ~ 11%), 다이에틸에터(디에틸에테르, 1.9% ~ 48%), 아세톤(2.6% ~ 12.8%), 톨루엔(1.4% ~ 6.7%), 메틸알코올(6% ~ 36%)이다. [표] 하단에는 이론에서 학습한 저자의 암기법을 소개하므로 참조가 될 만하면 따라 해 보기 바란다.

정리하는데 문제가 있다 생각하면 [표]에서 최소 4가지 물질만은 체크한 다음 시험장에 들어가기 바란다.

| 물질명 | 연소범위(용량%) | |
|---|---|---|
| | 하한(LEL) | 상한(UEL) |
| 이황화탄소 | 1.2 | 44 |
| 톨루엔 | 1.4 | 6.7 |
| 메틸에틸케톤 | 1.8 | 11 |
| 다이에틸에터(디에틸에테르) | 1.9 | 48 |
| 아세트알데하이드 | 4.1 | 57 |
| 에틴(아세틸렌) | 2.5 | 82 |
| 아세톤 | 2.6 | 12.8 |
| 에틸렌(에텐) | 3.0 | 33.5 |
| 산화프로필렌 | 2.5 | 38.5 |
| 산화에텐(산화에틸렌) | 3.0 | 80 |
| 수소 | 4.0 | 74.5 |
| 메탄올 | 6 | 36 |

---

**이승원의 위험물 연소범위 암기법**

- 낮엔(1.3) / 멘발에 부아로 살아세 / 네코(3)수염 / 메시(5) 메알산으로 암(알았음)(15.7)
- 낮엔 : 하한(LEL) 톨루엔(1.3)
- 멘발에 부아로 살아세 : 벤젠·휘발유(1.4), 디에틸에테르(1.9), 부탄(1.8), 아세톤(2), 프로판(2.1) 산화프로필렌, 아세틸렌(2.5)
- 네코(3)수염 : 네코[에탄, 에틸렌, 산화에틸렌(3), 에틸알코올(3.5)] 수소(4), 황화수소(4.3)
- 메시 메알산으로 암(알았음) : 메탄(5), 시안화수소(5.6), 메틸알코올(7.3), 일산화탄소(12), 암모니아(15.7)

- 놈팽이(82) 아세끼 / 일수에라 / 황안한 메모에 / C(1,2,3,4)발 제로(7)
- 놈팽이 아세끼 : 상한(UEL) 팽이(82)(아세틸렌), 끼(산화에틸렌)(80)
- 일수에라 : 일산화탄소(75), 수소(74.5), 디에틸에테르(48)
- 황안한 메모에 : 황화수소(45), 시안화수소(40), 산화프로필렌(38.5), 메틸알코올(36), 암모니아(27.4), 에틸알코올(20)
- C(1, 2, 3, 4)발 제로 : 메탄(15), 에탄(12.5), 프로판(9.5), 부탄(8.4), 휘발유(7.6), 벤젠(7.1), 톨루엔(7)

---

[표]를 비교하거나 암기법을 적용해 보면 제시된 위험물 중 연소범위가 가장 큰 것은 다이에틸에터(디에틸에테르)이다. 다이에틸에터($C_2H_5OC_2H_5$)는 특수인화물로서 지정수량 50L이다.

위험도 산정에서, 위험도는 연소범위 하한을 기준으로 하여 하한과 상한의 차이가 하한의 몇 배에 해당하는가를 나타낸다. 따라서 다이에틸에터(디에틸에테르)의 연소범위는 1.9% ~ 48%이므로 다음과 같이 산정할 수 있다.

$$\square \text{ 위험도} = \frac{\text{상한 값} - \text{하한 값}}{\text{하한 값}} = \frac{48 - 1.9}{1.9} = 24.26$$

**09** TNT의 생성과정을 화학반응식으로 쓰시오.

**답안** 톨루엔($C_6H_5CH_3$)+3$HNO_3$ $\xrightarrow[\text{나이트로화 반응}]{\text{진한 황산}}$ $C_6H_2CH_3(NO_2)_3$+3$H_2O$

**참고**

**상세해설**
TNT는 트라이나이트로톨루엔(Trinitrotoluene)을 말한다. "트라이(Tri)나이트로"는 3개의 나이트로기(−$NO_2$)가 결합되어 있는데 이것이 톨루엔($C_6H_5CH_3$, −$CH_3$)을 중심으로 결합되어 있다는 뜻이다. 톨루엔에 −$NO_2$가 하나씩 치환될 때마다 수소(H)만 하나씩 감소하므로 $H_5$ − 3(개) = $H_2$가 되므로 트라이나이트로톨루엔의 시성식(示性式)은 $C_6H_2CH_3(NO_2)_3$가 된다.

TNT[$C_6H_2(NO_2)_3CH_3$, 트라이나이트로톨루엔]는 제5류 자기반응성 물질의 나이트로화합물(니트로화합물)로서 지정수량 10kg(1종), 100kg(2종)이며, 지정수량 10kg(1종)인 것은 위험등급 Ⅰ로 분류된다.

TNT는 톨루엔과 진한 질산, 진한 황산을 반응시켜 제조된다. 한편, 페놀과 진한 질산, 진한 황산을 반응시켜 제조되는 것이 TNP이다. 생성 화학반응식은 다음과 같이 간단하게 기재한다.

ㅁ 트라이나이트로톨루엔[TNT, $C_6H_2(NO_2)_3CH_3$] 제조

톨루엔($C_6H_5CH_3$)+3$HNO_3$ $\xrightarrow[\text{나이트로화 반응}]{\text{진한 황산}}$ $C_6H_2CH_3(NO_2)_3$+3$H_2O$

※ 트라이나이트로페놀[TNP, $C_6H_2(NO_2)_3OH$] 제조

페놀($C_6H_5OH$)+3$HNO_3$ $\xrightarrow[\text{나이트로화 반응}]{\text{진한 황산}}$ $C_6H_2OH(NO_2)_3$+3$H_2O$

**10** 위험물의 지정수량의 배수가 다음과 같을 때, 제조소의 보유공지는 몇 m 이상으로 해야 하는지 쓰시오.
(1) 1배
(2) 5배
(3) 10배
(4) 20배
(5) 200배

**답안** (1) 3m 이상
(2) 3m 이상
(3) 3m 이상
(4) 5m 이상
(5) 5m 이상

**Point 설명** 제조소의 보유공지에 적용되는 지정수량의 배수는 2가지만 있다. 지정수량의 10배 이하일 경우, 보유공지의 너비는 3m 이상, 지정수량의 10배를 초과하는 경우, 보유공지의 너비는 5m 이상이다.

▶ 법령보기 ◀

제조소의 설비의 기준에서 위험물을 취급하는 건축물 그 밖의 시설(배관 그밖에 이와 유사한 시설 제외)의 주위에는 그 취급하는 위험물의 최대수량에 따라 다음 표에 의한 너비의 공지를 보유하여야 한다.

| 취급하는 위험물의 최대수량 | 공지의 너비 |
| --- | --- |
| 지정수량의 10배 이하 | 3m 이상 |
| 지정수량의 10배 초과 | 5m 이상 |

## 11 [보기]에서 제1류 위험물의 성질로 옳은 것을 골라 번호를 쓰시오.

[보기]
① 무기화합물   ② 유기화합물
③ 산화제   ④ 인화점이 0℃ 이하
⑤ 인화점이 0℃ 이상   ⑥ 고체

**답안** ①, ③, ⑥

**Point 설명** 제1류 위험물은 산화성고체로서 불연성이며, 무기화합물이고 강산화제로 작용하며, 열·충격·마찰 또는 분해를 촉진하는 약품과 접촉할 경우 폭발할 위험성이 있다.

▶ 법령보기 ◀

제1류 위험물은 산화성고체이다. 산화성고체라 함은 고체로서 산화력의 잠재적인 위험성 또는 충격에 대한 민감성이 높은 물질이다. 다만, 액체(1기압 및 20℃에서 액상인 것 또는 20℃ 초과 40℃이하에서 액상인 것) 또는 기체(1기압 및 20℃에서 기상인 것)는 제외한다.

## 12 [보기]에서 설명하는 위험물에 대하여 물음에 답하시오.

㉮ 위험물의 저장 및 취급에 관한 기준 : 불티·불꽃·고온체와의 접근이나 과열·충격 또는 마찰을 피해야 한다.
㉯ 옥내저장소에서는 용기에 수납하여 저장하는 경우 : 위험물의 온도가 55℃를 넘지 아니하도록 조치를 강구하여야 한다.

(1) 해당하는 위험물을 운반할 때, 혼재 가능한 위험물의 유별을 쓰시오. (단, 지정수량 10배 이하이다)
(2) 해당 위험물의 운반용기 외부에 표시하여야 하는 주의사항을 쓰시오.
(3) 해당 유별 및 품명에서 1종으로 분류되는 위험물의 지정수량을 쓰시오.

**답안** (1) 제2류 위험물, 제4류 위험물
(2) 화기엄금, 충격주의
(3) 10kg

## 참고

**상세해설** 위험물의 저장 및 취급에 관한 기준에서 불티·불꽃·고온체와의 접근이나 과열·충격 또는 마찰을 피해야 하는 것은 제5류 위험물이다. 아래 암기법이 마음에 들면 따라해 보도록!!

▶ 법령보기 ◀

㉮ 제1류 위험물은 가연물과의 접촉·혼합이나 분해를 촉진하는 물품과의 접근 또는 과열·충격·마찰 등을 피하는 한편, 알칼리금속의 과산화물 및 이를 함유한 것에 있어서는 물과의 접촉을 피하여야 한다.
㉯ 제2류 위험물은 산화제와의 접촉·혼합이나 불티·불꽃·고온체와의 접근 또는 과열을 피하는 한편, 철분·금속분·마그네슘 및 이를 함유한 것에 있어서는 물이나 산과의 접촉을 피하고 인화성 고체에 있어서는 함부로 증기를 발생시키지 아니하여야 한다.
㉰ 제3류 위험물 중 자연발화성물질에 있어서는 불티·불꽃 또는 고온체와의 접근·과열 또는 공기와의 접촉을 피하고, 금수성물질에 있어서는 물과의 접촉을 피하여야 한다.
㉱ 제4류 위험물은 불티·불꽃·고온체와의 접근 또는 과열을 피하고, 함부로 증기를 발생시키지 아니하여야 한다.
㉲ **제5류 위험물**은 불티·불꽃·고온체와의 접근이나 과열·충격 또는 마찰을 피하여야 한다.
㉳ 제6류 위험물은 가연물과의 접촉·혼합이나 분해를 촉진하는 물품과의 접근 또는 과열을 피하여야 한다.
※ 옥내저장소에서는 용기에 수납하여 저장하는 위험물의 온도가 55℃를 넘지 아니하도록 필요한 조치를 강구하여야 한다(중요기준).

---

● **이승원의 유별 저장·취급기준 암기법** ●

■ 저죽집과 하마땡 / 네불고 과로증 다마땡 오오!!

Ⓐ 저 → 저장·취급기준
Ⓑ 죽집과 하마땡
• 죽집과: 6류 - 가연물 접촉·혼합 - 분해를 촉진하는 물품과의 접근 또는 과열피함
• 하마땡: 1류 - 가연물 접촉·혼합 - 분해를 촉진하는 물품과의 접근 또는 과열피함 + 마찰 + 충격피함
Ⓒ 이산불과 산림에 / 석불공수
• 이산불과 산림에: 2류 - 산화제 접촉·혼합, 불티·불꽃·고온체와의 접근 또는 과열, 물 - 산 - 알칼리를 피함
• 석불공수: 3류 - 불티·불꽃 또는 고온체와의 접근·과열, 공기접촉을 피함, 금수성물질은 물과의 접촉엄금
Ⓓ 네불고 과로증 다마땡 오오!
• 네불고 과로: 4류 - 불티·불꽃·고온체와의 접근 또는 과열을 피하고, 함부로 증기를 발생시키지 않아야 함
• 다마땡: 5류 - 불티·불꽃·고온체와의 접근 또는 과열을 피함 + 마찰 + 충격피함
• 55℃: 용기에 수납하여 저장하는 위험물의 온도는 55℃를 넘지 아니하도록 해야 함

---

제5류 위험물을 운반할 때, 혼재 가능한 위험물의 유별(지정수량 10배 이하)을 파악하는 것은 다음과 같이 정리해 두면 보다 쉽고 오랜 기간 저장해 둘 수 있다. 가로에 1~6류까지 나열하고, 세로도 1~6류까지 나열한 다음 아래 그림과 같이 "X 표시"를 하여 상부선은 "공란선", 아래선은 "가능선"으로 설정하고, 여기에 2-4, 4-5를 추가하면 모두 정리된다.

| 위험물의 구분 | 제1류 | 제2류 | 제3류 | 제4류 | 제5류 | 제6류 |
|---|---|---|---|---|---|---|
| 제1류 |  | × | × | × | × | ○ |
| 제2류 | × |  | × | × | ○ | × |
| 제3류 | × | × |  | ○ | × | × |
| 제4류 | × | × | ○ |  | ○ | × |
| 제5류 | × | ○ | × | ○ |  | × |
| 제6류 | ○ | × | × | × | × |  |

※ 혼재가능 위험물 : 혼재가능선상 위험물+[(2-4), (4-5)]

정리해 보면 ; 제5류 위험물과 혼재가능한 위험물은 제2류 위험물과 제4류 위험물이 된다. 제5류 위험물을 운반하는 용기에 표시하여야 할 주의사항은 화기엄금, 충격주의이다.

▶ 법령보기 ◀

| 위험물 | | | 지정수량 |
|---|---|---|---|
| 유별 | 성질 | 품명 | |
| 제5류 | 자기<br>반응성물질 | 유기과산화물 | 제1종 : 10킬로그램<br>제2종 : 100킬로그램 |
| | | 질산에스터류, 나이트로화합물, 나이트로소화합물 | |
| | | 아조화합물, 다이아조화합물 | |
| | | 하이드라진 유도체, 하이드록실아민, 하이드록실아민염류 | |
| | | 그밖에 행정안전부령으로 정하는 것 | |

㉮ 제1류 위험물 중 알칼리금속의 과산화물 또는 이를 함유한 것에 있어서는 "화기·충격주의", "물기엄금" 및 "가연물접촉주의", 그 밖의 것에 있어서는 "화기·충격주의" 및 "가연물접촉주의"
㉯ 제2류 위험물 중 철분·금속분·마그네슘 또는 이들중 어느 하나 이상을 함유한 것에 있어서는 "화기주의" 및 "물기엄금", 인화성고체에 있어서는 "화기엄금", 그 밖의 것에 있어서는 "화기주의"
㉰ 제3류 위험물 중 자연발화성물질에 있어서는 "화기엄금" 및 "공기접촉엄금", 금수성물질에 있어서는 "물기엄금"
㉱ 제4류 위험물에 있어서는 "화기엄금"
㉲ 제5류 위험물에 있어서는 "화기엄금" 및 "충격주의"
㉳ 제6류 위험물에 있어서는 "가연물접촉주의"

**13** 다음 분말소화약제의 화학식을 쓰시오.

(1) 제1종 분말소화약제
(2) 제2종 분말소화약제
(3) 제3종 분말소화약제

**답안** (1) 제1종 : $NaHCO_3$
(2) 제2종 : $KHCO_3$
(3) 제3종 : $NH_4H_2PO_4$

**참고**

분말소화약제의 구분과 화재 적응성은 다음과 같다.

| 구분 | 1종 | 2종 | 3종 | 4종 |
|---|---|---|---|---|
| 주성분 | $NaHCO_3$ | $KHCO_3$ | $NH_4H_2PO_4$ | $KHCO_3 + (NH_2)_2CO$ |
| 착색 | 백색 | 보라색/담회색 | 담홍색 | 회색 |
| 적응성 | B, C, F, K급 화재 | B, C급 화재 | A, B, C급 화재 | B, C급 화재 |

● 참고 ●

**화재의 분류**

| 국제표준화기구 | 미국방화협회 |
|---|---|
| A급화재 : 불꽃을 발생시키는 유기물질, 고체물질 화재 | A급화재 : 나무, 의류, 종이, 고무, 플라스틱 등의 화재 |
| B급화재 : 액체 또는 액화하는 고체로 인한 화재 | B급화재 : 모든 가연성 액체 또는 기름, 타르, 래커 등 화재 |
| C급화재 : 가스로 인한 화재 | C급화재 : 통전중인 전기설비를 포함한 화재 |
| D급화재 : 금속으로 인한 화재 | D급화재 : 마그네슘, 티타늄, 리튬 등 금속으로 인한 화재 |
| F급화재 : 가연성 튀김기름을 포함한 조리로 인한 화재 | K급화재 : 가연성 튀김기름을 포함한 조리로 인한 화재 |

**14** 위험물 제조소의 옥외소화전을 다음과 같이 설치할 때 필요한 수원의 양은 몇 $m^3$ 이상인지 쓰시오.
  (1) 3개
  (2) 6개

**답안** (1) $Q = \dfrac{13.5 m^3}{개} \times 3개 = 40.5 \, m^3$

(2) $Q = \dfrac{13.5 m^3}{개} \times 4개 = 54 \, m^3$

**Point 설명** 제조소의 옥외소화전 설치 시 필요한 수원의 양은 다음과 같이 산정한다.

▶ 법령보기 ◀

㉮ 옥외소화전은 방호대상물(당해 소화설비에 의하여 소화하여야 할 제조소등의 건축물, 그 밖의 공작물 및 위험물)의 각 부분(건축물의 경우에는 당해 건축물의 1층 및 2층의 부분에 한함)에서 하나의 호스접속구까지의 수평거리가 40m 이하가 되도록 설치할 것. 이 경우 그 설치개수가 1개일 때는 2개로 하여야 한다.

㉯ 수원의 수량은 옥외소화전의 설치개수(설치개수가 4개 이상인 경우는 4개의 옥외소화전)에 $13.5m^3$를 곱한 양 이상이 되도록 설치할 것

㉰ 옥외소화전설비는 모든 옥외소화전(설치개수가 4개 이상인 경우는 4개의 옥외소화전)을 동시에 사용할 경우에 각 노즐 끝 부분의 방수압력이 350kPa 이상이고, 방수량이 1분당 450L 이상의 성능이 되도록 할 것

**15** 다음과 같이 횡으로 설치한 원통형 탱크의 용적(m³)과 용량(m³)을 구하시오. (단, 탱크의 공간용적은 10%이다)

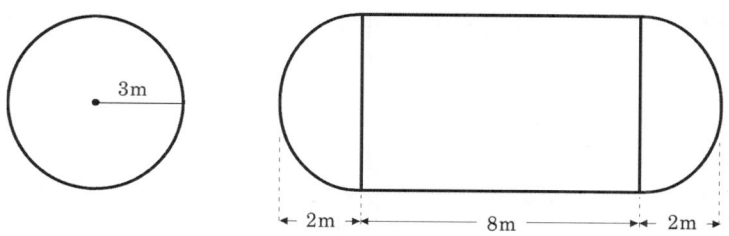

📝 **답안** (1) 탱크용적 : 내용적 $= \pi r^2 \left( l + \dfrac{l_1 + l_2}{3} \right) = 3.14 \times 3^2 \times \left( 8 + \dfrac{2+2}{3} \right) = 263.89\,\text{m}^3$

(2) 탱크용량 = 내용적 − 공간용적 = 내용적 × (1 − 공간 용적률)

∴ 탱크용량 $= 3.14 \times 3^2 \times \left( 8 + \dfrac{2+2}{3} \right) \times (1 - 0.1) = 237.5\,\text{m}^3$

■ **참고**

 탱크의 용량 = 내용적 − 공간용적 = 내용적 × (1 − 공간 용적률)으로 산정한다. 횡으로 설치한 원통형 탱크의 내용적(탱크용적)은 다음 공식을 이용하여 계산할 수 있다. 문제에서 제시되는 부피의 단위(L, m³ 등)를 반드시 확인하여야 한다.

ㅁ 공식 : 내용적 $= \pi r^2 \left( l + \dfrac{l_1 + l_2}{3} \right)$

• 내용적 $= 3.14 \times 3^2 \times \left( 8 + \dfrac{2+2}{3} \right) = 263.89\,\text{m}^3$

탱크의 공간용적이 10%이므로 이를 보정하여 탱크용량을 산출한다.

ㅁ 탱크의 용량 = 내용적 − 공간용적 = 내용적 × (1 − 공간 용적률)

∴ 탱크용량 $= 263.89 \times (1 - 0.1) = 237.5\,\text{m}^3$

**16** 다음은 지하탱크저장소의 설치기준에 관한 내용이다. 괄호 안에 알맞은 말을 쓰시오.
  (1) 탱크전용실은 지하의 벽, 가스관 등의 시설물 및 대지경계선으로부터 (    )m 이상 떨어진 곳에 설치한다.
  (2) 지하저장탱크의 윗부분은 지면으로부터 (  ①  )m 이상 아래에 있어야 하며, 저장탱크를 2 이상 인접해 설치하는 경우 상호간에 (  ②  )m [탱크 용량의 합계가 지정수량의 100배 이하인 경우에는 (  ③  )m]이상 의 간격을 유지하여야 한다. 다만, 그 사이에 탱크전용실의 벽이나 두께 (  ④  )cm 이상의 콘크리트 구조물이 있는 경우에는 그러하지 아니하다.

📝 **답안** (1) 0.1
  (2) ① 0.6  ② 1  ③ 0.5  ④ 20

**Point 설명** 지하탱크저장소의 설치기준은 다음과 같다.

▶ 법령보기 ◀
㉮ 탱크전용실은 지하의 가장 가까운 벽·피트·가스관 등의 시설물 및 대지경계선으로부터 0.1m 이상 떨어진 곳에 설치하고, 지하저장탱크와 탱크전용실의 안쪽과의 사이는 0.1m 이상의 간격을 유지하도록 하며, 당해 탱크의 주위에 마른 모래 또는 습기 등에 의하여 응고되지 아니하는 입자지름 5mm 이하의 마른 자갈분을 채워야 한다.
㉯ 지하저장탱크의 윗부분은 지면으로부터 0.6m 이상 아래에 있어야 한다.
㉰ 지하저장탱크를 2 이상 인접해 설치하는 경우에는 그 상호간에 1m(당해 2 이상의 지하저장탱크의 용량의 합계가 지정수량의 100배 이하인 때에는 0.5m) 이상의 간격을 유지하여야 한다. 다만, 그 사이에 탱크전용실의 벽이나 두께 20cm 이상의 콘크리트 구조물이 있는 경우에는 그러하지 아니하다.

## 17 다음은 이동탱크저장소에 설치하는 주입설비에 대한 내용이다. 괄호 안에 알맞은 말을 쓰시오.
(1) 주입설비의 길이는 (　　)m 이내로 하고, 그 끝부분에 축적되는 (　　)를 유효하게 제거할 수 있는 장치를 설치하여야 한다.
(2) 분당 배출량은 (　　)L 이하로 하여야 한다.

**답안** (1) 50, 정전기
(2) 200

**Point 설명** 이동탱크저장소에 설치하는 주입설비의 기준은 다음과 같다.

▶ 법령보기 ◀
㉮ 액체위험물의 이동탱크저장소의 주입호스는 위험물을 저장 또는 취급하는 탱크의 주입구와 결합할 수 있는 금속구를 사용하되, 그 결합금속구(제6류 위험물의 탱크의 것을 제외)는 놋쇠 그밖에 마찰 등에 의하여 불꽃이 생기지 아니하는 재료로 하여야 한다.
㉯ 이동탱크저장소에 주입설비를 설치하는 경우에는 다음 기준에 의하여야 한다.
• 위험물이 샐 우려가 없고 화재예방상 안전한 구조로 할 것
• 주입설비의 길이는 50m 이내로 하고, 그 끝부분에 축적되는 정전기를 유효하게 제거할 수 있는 장치를 할 것
• 분당 배출량은 200L 이하로 할 것

## 18 제4류 위험물 중 옥외저장소에 보관 가능한 품명 5가지를 쓰시오.

**답안** ① 제1석유류(인화점 섭씨 0도 이상)　② 제2석유류　③ 제3석유류　④ 제4석유류, 알코올류, 동식물유류
(※ 이 중에서 5가지 기재)

**Point 설명** 옥외저장소 저장대상 위험물은 다음과 같다.

▶ 법령보기 ◀

㉮ 제2류 위험물 중 황 또는 인화성고체(인화점이 섭씨 0도 이상인 것에 한함)
㉯ 제4류 위험물중 제1석유류(인화점이 섭씨 0도 이상인 것에 한함), 알코올류·제2석유류·제3석유류·제4석유류 및 동식물유류
㉰ 제6류 위험물
㉱ 제2류 위험물 및 제4류 위험물 중 특별시·광역시·특별자치시·도 또는 특별자치도의 조례로 정하는 위험물(보세구역 안에 저장하는 경우로 한정)
㉲ 「국제해사기구에 관한 협약」에 의하여 설치된 국제해사기구가 채택한 「국제해상위험물규칙」(IMDG Code)에 적합한 용기에 수납된 위험물

**19** 다음은 옥내탱크저장소의 탱크전용실 구조에 관한 내용이다. ( )에 들어갈 알맞은 말을 쓰시오.
(1) 탱크전용실의 창 또는 출입구에 유리를 이용하는 경우에는 ( )로 할 것
(2) 액상인 위험물의 옥내저장탱크를 설치하는 탱크전용실의 바닥은 적당한 경사를 두는 한편, ( )를 설치할 것
(3) 옥내저장탱크의 펌프설비를 탱크전용실 외의 장소에 설치하는 경우
   • 상층이 없는 경우에는 지붕을 ( )로 하며, 천장을 설치하지 아니할 것
   • 펌프실에는 창을 설치하지 아니할 것, 다만, 제6류 위험물의 탱크전용실에 있어서는 ( ) 또는 ( )이 있는 창을 설치할 수 있다.
(4) 탱크전용실에 펌프설비를 설치하는 경우에는 견고한 기초 위에 고정한 다음 그 주위에는 불연재료로 된 턱을 ( )m 이상의 높이로 설치하는 등 누설된 위험물이 유출되거나 유입되지 아니하도록 하는 조치를 할 것

**답안** (1) 망입유리
(2) 집유설비
(3) 불연재료, 60분 + 방화문·60분방화문, 30분방화문
(4) 0.2

**Point 설명** 옥내탱크저장소의 탱크전용실 구조에 관한 기준은 다음과 같다.

▶ 법령보기 ◀

㉮ 탱크전용실은 벽·기둥 및 바닥을 내화구조로 하고, 보를 불연재료로 하며, 연소의 우려가 있는 외벽은 출입구외에는 개구부가 없도록 할 것. 다만, 인화점이 70℃ 이상인 제4류 위험물만의 옥내저장탱크를 설치하는 탱크전용실에 있어서는 연소의 우려가 없는 외벽·기둥 및 바닥을 불연재료로 할 수 있다.
㉯ 탱크전용실의 창 또는 출입구에 유리를 이용하는 경우에는 망입유리로 할 것
㉰ 탱크전용실의 창 및 출입구에는 60분 + 방화문·60분방화문 또는 30분방화문을 설치하는 동시에, 연소의 우려가 있는 외벽에 두는 출입구에는 수시로 열 수 있는 자동폐쇄식의 60분 + 방화문 또는 60분방화문을 설치할 것
㉱ 액상의 위험물의 옥내저장탱크를 설치하는 탱크전용실의 바닥은 위험물이 침투하지 아니하는 구조로 하고, 적당한 경사를 두는 한편, 집유설비를 설치할 것

- 옥내저장탱크의 펌프설비를 탱크전용실 외의 장소에 설치하는 경우
  · 펌프실은 벽·기둥·바닥 및 보를 내화구조로 할 것
  · 펌프실은 상층이 있는 경우에 있어서는 상층의 바닥을 내화구조로 하고, 상층이 없는 경우에 있어서는 지붕을 불연재료로 하며, 천장을 설치하지 아니할 것
  · 펌프실에는 창을 설치하지 아니할 것. 다만, 제6류 위험물의 탱크전용실에 있어서는 60분 + 방화문·60분방화문 또는 30분방화문이 있는 창을 설치할 수 있다.
  · 펌프실의 출입구에는 60분 + 방화문 또는 60분방화문을 설치할 것. 다만, 제6류 위험물의 탱크전용실에 있어서는 30분방화문을 설치할 수 있다.
  · 펌프실의 환기 및 배출의 설비에는 방화상 유효한 댐퍼 등을 설치할 것
- 탱크전용실에 펌프설비를 설치하는 경우 : 견고한 기초 위에 고정한 다음 그 주위에는 불연재료로 된 턱을 0.2m 이상의 높이로 설치하는 등 누설된 위험물이 유출되거나 유입되지 아니하도록 하는 조치를 할 것

**20** 알코올을 다음과 같이 산화시키고 있다. 물음에 답하시오.

ⓐ $CH_3OH \xrightarrow[-2H]{산화} HCHO \xrightarrow[1/2\ O_2]{산화} (\ ①\ )$

ⓑ $C_2H_5OH \xrightarrow[-2H]{산화} (\ ②\ ) \xrightarrow[1/2\ O_2]{산화} CH_3COOH$

(1) ①의 물질명과 화학식을 쓰시오.
(2) ②의 물질명과 화학식을 쓰시오.
(3) ① 및 ②의 물질 중에서 지정수량이 작은 물질의 연소반응식을 쓰시오.
(4) 메탄올 320g을 1차 산화시킬 경우 발생되는 물질량(g)을 계산하시오.

**답안** (1) 폼산(포름산), HCOOH
(2) 아세트알데하이드(아세트알데히드), $CH_3CHO$
(3) $CH_3CHO + 2.5O_2 \rightarrow 2CO_2 + 2H_2O$
(4) HCHO의 양 $= 320g \times \dfrac{30}{32} = 300g$

**┃참고┃**

메탄올($CH_3OH$)이 1차적으로 산화(H 원자 2개 잃음)되면 포름알데하이드가 되고, 2차적으로 산화하면 최종적으로 폼산(포름산, Formic Acid)으로 된다.

□ $CH_3OH \xrightarrow[-2H]{산화} HCHO \xrightarrow[1/2\ O_2]{산화} HCOOH$

에탄올이 1차적으로 산화(H 원자 2개 잃음)되면 아세트알데하이드가 되고, 2차적으로 산화하면 최종적으로 아세트산(초산, Acetic Acid)으로 된다.

□ $C_2H_5OH \xrightarrow[-2H]{산화} CH_3CHO \xrightarrow[1/2\ O_2]{산화} CH_3COOH$

①의 생성물인 폼산(포름산, 의산)은 경유, 등유 등과 함께 제4류 위험물 - 제2석유류로 분류되지만 경유, 등유는 비수용성이므로 지정수량 1000L 이지만 수용성인 폼산의 지정수량은 2000L이다. ②의 아세트알데히드는 이황화탄소, 산화프로필렌과 함께 제4류 위험물 - 특수인화물로 분류되며, 지정수량은 50L이다. 그러므로 지정수량이 작은 아세트알데히드의 연소반응식을 작성한다.

□ $CH_3CHO + 2.5O_2 \rightarrow 2CO_2 + 2H_2O$

메탄올($CH_3OH$)이 1차 산화물질은 포름알데하이드가 되므로 비례식을 적용하여 생성물질량을 구한다. 메탄올의 분자량은 32(=12+4+16)이고, 포름알데하이드(HCHO)의 분자량은 30(=2+12+16)을 적용한다.

□ $CH_3OH \xrightarrow[-2H]{산화} HCHO$
  1mol : 1mol

∴ HCHO의 양 = $320g \times \dfrac{30}{32} = 300g$

# 2020년 제1회

**01** 이황화탄소 100kg을 연소시킨다. 압력 800mmHg, 온도 30℃에서 발생하는 이산화황의 부피($m^3$)를 구하시오.

 답안   $SO_2$ 부피 $= 100 \times 10^3 g \times \dfrac{2 \times 22.4 \times 10^{-3}}{76} \times \dfrac{273+30}{273} \times \dfrac{760}{800} = 62.15 \, m^3$

■ 참고 ■

이황화탄소의 분자식은 $CS_2$이고, 1mol의 질량(분자량)은 76g(=12×1+32×2)이다. 이황화탄소가 연소될 경우 탄소(C)는 $CO_2$로 황(S)은 $SO_2$로 전환되므로 이황화탄소 1mol당 $SO_2$ 가스 2mol = 2×22.4L가 발생된다. 따라서 이황화탄소의 연소반응식을 토대로 비례식을 작성하여 문제를 푼다.

이때, 문제에서 "30℃, 800mmHg"의 단서조건을 제시하였으므로 표준상태로 계산된 $SO_2$ 부피 값에 보일-샤를의 법칙(Boyle-Charle's Law)을 적용하여 온도와 압력을 보정하여야 한다.

$$CS_2 + 3O_2 \rightarrow CO_2 + 2SO_2$$
$$1mol \quad : \quad 2mol$$

- $SO_2$부피(표준상태) $= 100kg \times \dfrac{10^3 g}{kg} \times \dfrac{1mol}{76g} \times \dfrac{2mol}{1mol} \times \dfrac{22.4L}{1mol} = 58947.37 L$

∴ 800mmHg, 30℃ 부피 $= 58947.37 \times \dfrac{273+30}{273} \times \dfrac{760}{800} = 62153.85 L = 62.15 \, m^3$


**02** 염소산칼륨에 대해 다음 물음에 답하시오. (단, 원자량은 K 39, Cl 35.5임)
(1) 열분해반응식을 쓰시오.
(2) 표준상태에서 염소산칼륨 24.5kg이 완전분해 시 발생하는 산소의 부피($m^3$)를 구하시오.

 답안   (1) 열분해 반응 : $KClO_3 \rightarrow KCl + 1.5 O_2$

(2) $O_2$부피 $= 24.5 kg \times \dfrac{1 kmol}{(39+35.5+16 \times 3) kg} \times \dfrac{1.5 kmol}{kmol} \times \dfrac{22.4 m^3}{1 kmol} = 6.72 \, m^3$

■ 참고 ■

염소산칼륨은 염소산(鹽素酸)의 기본구조($HClO_3$)에서 수소(H) 하나를 칼륨(K)으로 치환된 물질이므로 염소산칼륨의 분자식은 $KClO_3$이며, K의 원자량 39, Cl의 원자량 35.5, O의 원자량 16을 적용하면 $KClO_3$의 분자량은 122.5(=39+35.5+16×3)가 된다.

염소산칼륨은 제1류 위험물(산화성 고체) 중 염소산염류에 속하며, 지정수량 50kg, 위험등급 Ⅰ등급으로 지정·관리되는 위험물이다. 열분해 반응식에서 발생되는 $O_2$량과 염소산칼륨 간의 비례식을 적용하여 문제를 푼다. 이때 단위환산에 적용되는 환산인자를 1kmol = kg분자량 = $22.4 m^3$를 적용하는 것이 편리하다. 지금의 계산은 MKS(m, kg, sec) 단위개념으로 계산한 것이다.

$$KClO_3 \rightarrow KCl + 1.5 O_2$$
$$1mol \quad : \quad 1.5 mol$$

$$\therefore O_2 \text{부피} = 24.5\text{kg} \times \frac{1\text{kmol}(KClO_3)}{(39+35.5+16\times3)\text{kg}} \times \frac{1.5\text{kmol}(O_2)}{\text{kmol}(KClO_3)} \times \frac{22.4\text{m}^3}{1\text{kmol}(O_2)} = 6.72\,\text{m}^3$$

**03** 과산화나트륨의 열분해 반응식을 작성하고, 과산화나트륨 1kg이 열분해하여 발생하는 산소의 부피(L)는 350℃, 720mmHg에서 몇 L인지 산출하시오.

**답안** (1) 열분해 반응 : $Na_2O_2 \rightarrow Na_2O + 0.5O_2$

(2) 산소부피 : $O_2$부피 $= 1\text{kg} \times \dfrac{10^3\text{g}}{\text{kg}} \times \dfrac{1\text{mol}}{78\text{g}} \times \dfrac{0.5\text{mol}}{1\text{mol}} \times \dfrac{22.4\text{L}}{1\text{mol}} \times \dfrac{273+350}{273} \times \dfrac{760}{720} = 345.88\,\text{L}$

**참고**

"과산화나트륨"의 이름에서 "과"를 떼어내면 "산화나트륨"이 된다. 나트륨은 양이온 1가($Na^+$), 산소는 음이온 2가($O^{2-}$)이므로 산화물을 형성하기 위해서는 등가결합 원칙에 따라 나트륨과 산소의 구성은 2 : 1, 즉 $2Na^+ : O^{2-}$ = $Na_2O$(산화나트륨)이고, 여기에 산소를 하나 더 추가하면 $Na_2O_2$가 되므로 이것을 산화나트륨에 "과"를 붙여서 과산화나트륨($Na_2O_2$, $23\times2+16\times2=78$g)이라 한다.

과산화나트륨은 460℃의 온도에서 분해되어 산소를 발생한다.

ㅁ $2Na_2O_2 \xrightarrow[\text{산소 발생}]{460℃\ \text{이상}} O_2 + 2Na_2O$

문제의 조건은 과산화나트륨 1kg당 생성된 산소($O_2$)를 표준상태가 아닌 350℃, 720mmHg의 실측상태 부피(L)로 환산할 것을 요구하고 있다. 그러므로 발생되는 $O_2$ 기체의 표준상태 환산인자인 1mol = 32g = 22.4L을 적용하고, 표준상태 산소부피를 실측상태로 환산하기 위해서는 보일 – 샤를의 법칙(Boyle-Charle's Law)을 적용한다. 이때 표준 1기압은 760mmHg라는 것을 알아두도록!!

ㅁ $Na_2O_2 \rightarrow Na_2O + 0.5O_2$
　　1mol　　：　　0.5mol

• $O_2$부피 $= 1\text{kg} \times \dfrac{10^3\text{g}}{\text{kg}} \times \dfrac{1\text{mol}(Na_2O_2)}{78\text{g}(Na_2O_2)} \times \dfrac{0.5\text{mol}(O_2)}{1\text{mol}(Na_2O_2)} \times \dfrac{22.4\text{L}(O_2)}{1\text{mol}(O_2)} = 143.59\,\text{L}$

• $V_2 = V_1 \times \dfrac{T_2}{T_1} \times \dfrac{P_1}{P_2}$

$\therefore O_2^* = 143.59\,\text{L} \times \dfrac{273+350}{273} \times \dfrac{760}{720} = 345.88\,\text{L}$

**04** 알루미늄분에 대해 다음 물음에 답하시오.
(1) 물과의 반응식을 쓰시오.
(2) 연소반응식을 쓰시오.
(3) 염산과의 반응식을 쓰시오.

**답안** (1) 물과 반응 : Al + 3H₂O → Al(OH)₃ + 1.5H₂

(2) 연소반응 : 2Al + 1.5O₂ → Al₂O₃

(3) 염산과 반응 : Al + 3HCl → AlCl₃ + 1.5H₂

■ 참고 ■

**상세해설** 알루미늄분과 물의 반응에서, Al은 양이온 3가, 결합되는 수산화이온은 음이온 1가이므로 등가원칙에 따라 이들이 결합한 수산화물의 구성은 1 : 3, 즉 $Al^{3+}$ : 3OH⁻ = Al(OH)₃로 되고 수소가스를 방출한다.

□ Al + 3H₂O → Al(OH)₃ + 1.5H₂

Al의 연소반응에서, 알루미늄이 연소되면 연소산화물, 즉 알루미늄의 산화물을 만든다. Al은 양이온 3가, 결합되는 산소는 음이온 2가이므로 등가원칙에 따라 이들의 가수를 교호(交互)로 적용하여 화학식을 만들면 Al₂O₃으로 된다. 즉 알루미늄이 연소 산화되면 흔히 알루미나(Alumina)라고 하는 산화알루미늄(Al₂O₃)이 된다.

□ 2Al + 1.5O₂ → Al₂O₃

Al과 염산의 반응에서, 알루미늄이 이온으로 되면 3가 양이온이 되는데, 이와 접촉하는 염산 등 강산은 전리되어 음이온을 제공함으로써 화합물을 형성한다. 양이온 3가인 알루미늄이온($Al^{3+}$)과 음이온 1가인 염산온(Cl⁻)이 결합하기 위해서는 등가원칙에 따라 1 : 3, 즉 $Al^{3+}$ : 3Cl⁻ = AlCl₃로 되고, 수소가스를 방출한다.

□ Al + 3HCl → AlCl₃ + 1.5H₂

## 05 오황화인에 대해 다음 물음에 답하시오.
(1) 물과의 반응식을 쓰시오.
(2) 물과 반응할 때 발생하는 기체의 연소반응식을 쓰시오.

 **답안** (1) 물과 반응 : P₂S₅ + 8H₂O → 2H₃PO₄ + 5H₂S

(2) 기체의 연소반응 : H₂S + 1.5O₂ → H₂O + SO₂

■ 참고 ■

**상세해설** 황화인(黃化燐)은 인(P)의 황화물로서 강한 환원성을 가지고 있다. 그러므로 다른 물질은 환원하게 하고 자신은 산화되는 특성을 지닌다. 이러한 특성 때문에 다른 위험물들은 물과 반응할 경우 통상 수산화물(水酸化物)을 형성하지만 황화인은 물(H₂O)로부터 수소를 제공받아 황(S)을 → 환원성이 강한 황화수소(H₂S)로 변환시키고, 인(P)은 물(H₂O)로부터 산소와 수산화이온을 제공받아 인산(H₃PO₄)이 된다.

□ P₂S₅ + 8H₂O → 2H₃PO₄ + 5H₂S

이 반응에 의해 발생된 황화수소(H₂S)를 연소시키면 물(H₂O)과 아황산가스(SO₂)가 발생한다.

□ H₂S + 1.5O₂ → H₂O + SO₂

황화인은 $P_4S_n$이라는 결합공식을 가지고 있으며, $n$은 ≤10이다. 그러므로 황화인은 여러 가지 이성질체로 존재하는데, 삼황화인(P₄S₃), 사황화인(P₄S₄), 오황화인(P₂S₅ = P₄S₁₀) 외에도 육황화인(P₄S₆), 칠황화인(P₄S₇), 팔황화인(P₄S₈), 구황화인(P₄S₉), 십황화인(P₄S₁₀) 등 다양하다. 이들을 보다 구별하기 위해서 삼황화사인(P₄S₃), 오황화이인(P₂S₅), 칠황화사인(P₄S₇) 등 "인" 명칭 앞에 숫자형 한글(이, 사 등)을 붙여서 명명하기도 한다.

## 06 제조소등의 건축물에 다음과 같이 설치된 옥내소화전의 수원의 수량은 몇 m³인지 다음의 각 물음에 답하시오.

(1) 1층에 1개, 2층에 3개로 총 4개의 옥내소화전이 설치된 경우
(2) 1층에 2개, 2층에 5개로 총 7개의 옥내소화전이 설치된 경우

**답안** (1) $Q = \dfrac{7.8\,m^3}{개} \times 3개 = 23.4\,m^3$

(2) $Q = \dfrac{7.8\,m^3}{개} \times 5개 = 39\,m^3$

**Point 설명** 제조소등의 건축물에 설치되는 소화전의 수원의 수량은 다음과 같이 산정된다.

▶ 법령보기 ◀

㉮ 옥내소화전
- 수원의 수량은 옥내소화전이 가장 많이 설치된 층의 옥내소화전 설치개수(설치개수가 5개 이상인 경우는 5개)에 7.8m³를 곱한 양 이상이 되도록 설치할 것
- 옥내소화전설비는 각층을 기준으로 하여 당해 층의 모든 옥내소화전(설치개수가 5개 이상인 경우는 5개의 옥내소화전)을 동시에 사용할 경우에 각 노즐끝부분의 방수압력이 350kPa 이상이고 방수량이 1분당 260L 이상의 성능이 되도록 할 것

㉯ 옥외소화전
- 수원의 수량은 옥외소화전의 설치개수(설치개수가 4개 이상인 경우는 4개의 옥외소화전)에 13.5m³를 곱한 양 이상이 되도록 설치할 것
- 옥외소화전설비는 모든 옥외소화전(설치개수가 4개 이상인 경우는 4개의 옥외소화전)을 동시에 사용할 경우에 각 노즐 끝부분의 방수압력이 350kPa 이상이고, 방수량이 1분당 450L 이상의 성능이 되도록 할 것

## 07 다음 물질의 물과의 반응식을 쓰시오.

(1) 수소화알루미늄리튬
(2) 수소화칼륨
(3) 수소화칼슘

**답안** (1) 수소화알루미늄리튬과 물의 반응 : $LiAlH_4 + 4H_2O \rightarrow Al(OH)_3 + LiOH + 4H_2$

(2) 수소화칼륨과 물의 반응 : $KH + H_2O \rightarrow KOH + H_2$

(3) 수소화칼슘과 물의 반응 : $CaH_2 + 2H_2O \rightarrow Ca(OH)_2 + 2H_2$

**∥참고∥**

**상세해설** 수소화알루미늄리튬($LiAlH_4$, Lithium Aluminium Hydride)은 수소가 결합된 알루미늄리튬이라는 것이므로 리튬(Li) +1가, 알루미늄(Al) +3가이므로 결합되는 음이온 수소($H^-$)는 4개가 되어야 산화수 규칙에 맞는다. 그러므로 수소화알루미늄리튬의 분자식은 $LiAlH_4$가 된다.

수소화칼륨(Potassium Hydride)은 수소가 결합된 칼륨(K)이라는 것이므로 칼륨은 +1가이므로 결합되는 음이온 수소($H^-$)는 1개가 되어야 산화수 규칙에 맞는다. 그러므로 수소화칼륨의 분자식은 KH가 된다.

수소화칼슘(Calcium Hydride)은 수소가 결합된 칼슘(Ca)이라는 것이므로 칼슘은 +2가이므로 결합되는 음이온 수소($H^-$)는 2개가 되어야 산화수 규칙에 맞는다. 그러므로 수소화칼륨의 분자식은 $CaH_2$가 된다. 이러한 금속의 수소화물은 제3류 위험물(자연발화성, 금수성 물질)로 분류되며, 지정수량은 300kg, 위험등급 Ⅲ등급으로 지정·관리되고 있다.

수소화알루미늄리튬과 물의 반응에서 수소화알루미늄리튬($LiAlH_4$) 중의 양이온($Al^{3+}$, $Li^+$)은 $H_2O$에서 제공되는 수산화 이온($OH^-$)과 등가결합하여 수산화물(水酸化物)을 만들고 부생물로 수소($H_2$)가스를 방출한다.

□ $LiAlH_4 + 4H_2O \rightarrow Al(OH)_3 + LiOH + 4H_2$

수소화칼륨과 물의 반응에서 수소화칼륨(KH) 중의 양이온($K^+$)은 $H_2O$에서 제공되는 수산화 이온($OH^-$)과 등가결합하여 수산화물(水酸化物)을 만들고, 부산물로 수소($H_2$)가스를 방출한다.

□ $KH + H_2O \rightarrow KOH + H_2$

수소화칼슘과 물의 반응에서 수소화칼슘($CaH_2$) 중의 양이온($Ca^{2+}$)은 $H_2O$에서 제공되는 수산화 이온($OH^-$)과 등가결합하여 수산화물(水酸化物)을 만들면서 부산물로 수소($H_2$)가스를 방출한다.

□ $CaH_2 + 2H_2O \rightarrow Ca(OH)_2 + 2H_2$

## 08 나트륨에 관하여 다음 물음에 답하시오.
(1) 나트륨과 물의 반응식을 쓰시오.
(2) 나트륨의 연소반응식을 쓰시오.
(3) Na의 불꽃반응의 색상을 쓰시오.

**답안** (1) 나트륨과 물의 반응 : $Na + H_2O \rightarrow NaOH + 0.5H_2$
(2) 나트륨의 연소반응 : $4Na + O_2 \rightarrow 2Na_2O$
(3) Na의 불꽃반응 : 황색(노란색)

■ 참고 ■

 나트륨(Na)과 물($H_2O$)의 반응에서 물($H_2O$)이 제공하는 음이온 1가의 수산화이온($OH^-$)은 나트륨 1가의 양이온($Na^+$)과 결합하여 수산화물(水酸化物)을 형성하면서 부산물로 수소를 방출한다.

□ $Na + H_2O \rightarrow NaOH + 0.5H_2$

나트륨이 연소될 경우 산화되어 산화나트륨($Na_2O$)이 되며, 불꽃반응 시 노란색을 띤다.

□ $4Na + O_2 \rightarrow 2Na_2O$

**보충**   Ⓐ 1족 금속
- 리튬(Li)은 아름다운 붉은색 불꽃을 냄
- 나트륨염은 밝은 노란색 불꽃을 냄
- 칼륨염은 엷은 보라색 불꽃을 냄

Ⓑ 2족 금속
- 마그네슘은 푸른색 불꽃을 냄
- 칼슘염은 붉은 벽돌색 불꽃을 냄
- 스트론튬염은 심홍색 불꽃을 냄
- 바륨은 황록색의 불꽃을 냄

| 구분 | 칼륨(K) | 나트륨(Na) | 리튬(Li) | 루비듐(Rb) | 세슘(Cs) |
|---|---|---|---|---|---|
| 지정수량 | 10kg | 10kg | 50kg | 50kg | 50kg |
| 위험물 등급 | Ⅰ | Ⅰ | Ⅱ | Ⅱ | Ⅱ |
| 강도 | 경금속(무름) | 경금속(무름) | 경금속(무름) | 금속(무름) | 금속(무름) |
| 비중 | 0.86 | 0.97 | 0.53 | 1.53 | 1.93 |
| 색상 | 은백색 | 은백색 | 회백색 | 은백색 | 노란색 |
| 불꽃반응 | 보라색 | 황색 | 적색 | 적색 | 청색 |
| 화학반응성 | 높음 | 높음 | 가장 낮음 | 높음 | 가장 높음 |

**09** 다음 위험물을 저장할 때 사용하는 보호액을 쓰시오.
 (1) 황린
 (2) 나트륨
 (3) 이황화탄소

**답안** (1) 황린 : pH 9의 물
 (2) 나트륨 : 석유
 (3) 이황화탄소 : 물

■ 참고 ■

 제3류 위험물 중 황린(黃燐, $P_4$)은 인(燐) 동소체들 중 가장 불안정하고 가장 반응성이 크며, 밀도는 가장 작고(비중 1.82), 공기 중에서는 산화되어 발화하기 쉬우며, 동소체에 비해 독성이 매우 크므로 pH 9의 물에 저장한다.

제3류 위험물 중 칼륨(K), 나트륨(Na), 알킬알루미늄(RAl), 알킬리튬(RLi)을 제외한 물질은 물보다 무겁고, 물과 반응하여 화학적으로 활성화된다. 황린(黃燐)을 제외한 제3류 위험물은 물과 반응하여 가연성 가스를 발생하는 위험한 반응을 일으키므로 칼륨, 나트륨, 알칼리금속, 알칼리토금속 등은 보호액으로 석유(등유, 경유, 유동파라핀 등)을 사용하여 보관한다.

이황화탄소($CS_2$)는 제4류 위험물 중 특수인화물로 분류되는데, 특수인화물이란 1기압에서 발화점이 100℃ 이하인 것 또는 인화점이 영하 20℃ 이하이고, 비점이 40℃ 이하로 휘발성이 강하그 인화성이 매우 높으며, 비중은 1.26으로 물보다 무겁고, 물에 녹지 않아 가연성 증기발생을 억제하기 위해 물 속에 저장한다. 이황화탄소($CS_2$)는 황(S), 황린($P_4$), 벤젠($C_6H_6$), 나이트로벤젠($C_6H_5NO_2$), 톨루엔($C_6H_5CH_3$)과 더불어 물에 잘 녹지 않는 대표적인 물질이다.

**10** 위험물안전관리법령상 동식물유류에 관한 물음에 답하시오.
　(1) 아이오딘가의 정의를 쓰시오.
　(2) 동식물유류를 아이오딘가에 따라 분류하고, 범위를 쓰시오.

**답안** (1) 아이오딘가의 정의 : 유지 100g에 부가되는 아이오딘의 g수
　　　(2) 아이오딘가에 따른 분류
　　　　　① 건성유 : 아이오딘가 130 이상
　　　　　② 반건성유 : 아이오딘가 100 ~ 130
　　　　　③ 불건성유 : 아이오딘가 100 이하

**┃참고┃**

**상세해설** 아이오딘가(요오드가, Iodine Value)는 지방(脂肪) 100g이 흡수하는 아이오딘(요오드)의 그램(g) 수를 나타낸다. 이 값이 클수록 유지류의 불포화도가 높으며, 자연발화의 위험성이 높은 특성을 지닌다.

아이오딘가(요오드가)가 130 이상인 식물유지를 건성유, 100 ~ 130의 것을 반건성유, 100 이하의 것을 불건성유로 분류한다.

**┃ 아이오딘가의 크기에 따른 유지류의 이화학적 특성 ┃**

| 아이오딘가가 높은 기름 | 아이오딘가가 낮은 기름 |
| --- | --- |
| • 융점이 낮음<br>• 이중결합이 많음(불포화도가 높음)<br>• 반응성이 풍부함(자연발화 위험성이 큼) | • 융점이 높음<br>• 이중결합이 적음(불포화도가 낮음)<br>• 반응성이 적음(산화안정성이 좋음) |

**11** 보기는 제4류 위험물에 대한 설명이다. 보기에 해당하는 위험물을 화학식으로 나타내고, 이 위험물의 지정수량을 쓰시오.

　• 분자량 58, 인화점 −37℃ 정도, 연소범위는 약 2.5 ~ 38.5%이다.
　• 물에 잘 녹는 무색의 투명한 액체이다.
　• 증기 및 액체는 인체에 유해하다.
　• 저장용기는 동 및 동합금을 사용할 수 없다.
　• 구리, 은, 수은, 마그네슘과 반응하여 폭발성 아세틸라이드를 생성한다.

**답안** (1) $CH_3CHOCH_2$
　　　(2) 50L

■ 참고 ■

문제에서 "인화점 −37℃"라고 제시하였으므로 제4류 위험물 중 특수인화물에 속하는 물질임을 짐작할 수 있다. "저장용기는 동 및 동합금을 사용할 수 없는 위험물"에 초점을 맞추면 → 아세트알데하이드, 산화프로필렌 등으로 좁혀진다. 그리고 "분자량 58"이라 하였으므로 검토하면 → 아세트알데하이드($CH_3CHO$) 분자량 44, 산화프로필렌($C_3H_6O$) 분자량 58이므로 해당하는 위험물은 산화프로필렌이다. 제4류 위험물 중 특수인화물의 지정수량은 50L, 위험등급 Ⅰ이다.

산화프로필렌(Propylene Oxide)은 말 그대로 프로필렌($C_3H_6$)에 산소(O)를 첨가한 물질이므로 → "$C_3H_6O$"가 된다. 이것이 산화프로필렌의 화학식이다.

아세트알데하이드, 산화프로필렌을 취급하는 옥외저장탱크의 설비는 동·마그네슘·은·수은 또는 이들을 성분으로 하는 합금은 위험물 제조설비의 재질로 사용하지 못한다. 이들은 자신의 양쪽에 결합되어 있는 수소(H)를 떼어 내고 양이온을 갖는 금속이온(Cu 등)과 결합하여 중금속의 염(鹽)과 비슷한 화합물인 아세틸라이드(아세틸리드, Acetylide)를 형성하면서 수소가스를 방출한다. 아세틸라이드(Acetylide) 중에서 특히, 구리의 아세틸라이드는 적갈색으로 폭발성을 가지고 있는 것으로 알려지고 있다.

아세트알데하이드의 연소범위(용량%)는 하한(LEL) 4% ~ 상한(UEL) 60%인 반면에 산화프로필렌의 연소범위(용량%)는 하한(LEL) 2.5% ~ 상한(UEL) 39%로 하한이 더 낮다. 산화프로필렌의 연소범위는 아세트알데하이드($CH_3CHO$)의 연소범위(4 ~ 60%)보다는 좁지만 아세톤($CH_3COCH_3$, 2 ~ 13%)이나 휘발유(가솔린, 1.2 ~ 7.6%)보다는 넓다.

## 12 인화점 측정방법(시험) 3가지를 쓰시오.

**답안** (1) 태그밀폐식
(2) 신속평형법
(3) 클리브랜드개방컵법

■ 참고 ■

인화점 측정시험은 다음에 정한 방법에 의한다. 참조수준으로 시험 대비한다.

▶ 법령보기 ◀

㉮ 태그(Tag) 밀폐식
- 시험장소는 1기압, 무풍의 장소로 할 것
- 시료컵에 시험물품 50cm³를 넣고 시험물품의 표면의 기포를 제거한 후 뚜껑을 덮을 것
- 시험불꽃을 점화하고 화염의 크기를 직경이 4mm가 되도록 조정할 것
- 시험물품의 온도가 60초간 1℃의 비율로 상승하도록 수조를 가열하고 시험물품의 온도가 설정온도보다 5℃ 낮은 온도에 도달하면 개폐기를 작동하여 시험불꽃을 시료컵에 1초간 노출시키고 닫을 것. 이 경우 시험불꽃을 급격히 상하로 움직이지 않을 것

㉯ 신속평형법
- 시험장소는 1기압, 무풍의 장소로 할 것
- 시료컵을 설정온도까지 가열 또는 냉각하여 시험물품(설정온도가 상온보다 낮은 온도인 경우에는 설정온도까지 냉각한 것) 2mL를 시료컵에 넣고 즉시 뚜껑 및 개폐기를 닫을 것
- 시료컵의 온도를 1분간 설정온도로 유지할 것
- 시험불꽃을 점화하고 화염의 크기를 직경 4mm가 되도록 조정할 것

- 1분 경과 후 개폐기를 작동하여 시험불꽃을 시료컵에 2.5초간 노출시키고 닫을 것. 이 경우 시험불꽃을 급격히 상하로 움직이지 않을 것
㉓ 클리브랜드개방컵법
- 시험장소는 1기압, 무풍의 장소로 할 것
- 시료컵의 표선(標線)까지 시험물품을 채우고 시험물품의 표면의 기포를 제거할 것
- 시험불꽃을 점화하고 화염의 크기를 직경 4mm가 되도록 조정할 것
- 시험물품의 온도가 설정온도보다 28℃ 낮은 온도에 달하면 시험불꽃을 시료컵의 중심을 횡단하여 일직선으로 1초간 통과시킬 것. 이 경우 시험불꽃의 중심을 시료컵 위쪽 가장자리의 상방 2mm 이하에서 수평으로 움직일 것

---

**13** 다음의 위험물에 대하여 운반용기 외부에 표시하는 주의사항을 쓰시오.
(1) 제1류 위험물 중 알칼리금속의 과산화물
(2) 제3류 위험물 중 자연발화성 물질
(3) 제5류 위험물

**답안** (1) 물기엄금, 화기·충격주의, 가연물접촉주의
(2) 화기엄금, 공기접촉엄금
(3) 화기엄금, 화기·충격주의

**Point 설명** 운반용기의 표시에 관한 관련 규정은 다음과 같다.

▶ 법령보기 ◀

위험물은 그 운반용기의 외부에 다음에 정하는 바에 따라 위험물의 품명, 수량 등을 표시하여 적재하여야 한다. 다만, UN의 위험물 운송에 관한 권고(RTDG)에서 정한 기준 또는 소방청장이 정하여 고시하는 기준에 적합한 표시를 한 경우에는 그러하지 아니하다.
㉮ 위험물의 품명·위험등급·화학명 및 수용성(수용성 표시는 제4류 위험물로서 수용성인 것에 한함)
㉯ 위험물의 수량
㉰ 수납하는 위험물에 따른 주의사항
- 제1류 위험물 중 알칼리금속의 과산화물 또는 이를 함유한 것에 있어서는 "화기·충격주의", "물기엄금" 및 "가연물접촉주의", 그 밖의 것에 있어서는 "화기·충격주의" 및 "가연물접촉주의"
- 제2류 위험물 중 철분·금속분·마그네슘 또는 이들 중 어느 하나 이상을 함유한 것에 있어서는 "화기주의" 및 "물기엄금", 인화성고체에 있어서는 "화기엄금", 그 밖의 것에 있어서는 "화기주의"
- 제3류 위험물 중 자연발화성물질에 있어서는 "화기엄금" 및 "공기접촉엄금", 금수성물질에 있어서는 "물기엄금"
- 제4류 위험물에 있어서는 "화기엄금"
- 제5류 위험물에 있어서는 "화기엄금" 및 "충격주의"
- 제6류 위험물에 있어서는 "가연물접촉주의"

**14** 제4류 위험물 중 특수인화물의 발화점 및 제1석유류에서 제4석유류까지 인화점 범위이다. 괄호 안에 들어갈 숫자를 쓰시오.

(1) 특수인화물 : 발화점이 ( ① )℃ 이하인 것 또는 인화점이 ( ② ) 이하이고 비점이 40℃ 이하인 것
(2) 제1석유류 : (      ) 미만
(3) 제2석유류 : ( ① ) 이상 ( ② ) 미만
(4) 제3석유류 : ( ① ) 이상 ( ② ) 미만
(5) 제4석유류 : ( ① ) 이상 ( ② ) 미만

**답안** (1) ① 100℃   ② −20℃
(2) 21℃
(3) ① 21℃   ② 70℃
(4) ① 70℃   ② 200℃
(5) ① 200℃  ② 250℃

**Point 설명** 운반용기의 표시에 관한 관련 규정은 다음과 같다.

▶ 법령보기 ◀

㉮ 특수인화물이라 함은 이황화탄소, 디에틸에테르 그밖에 1기압에서 발화점이 섭씨 100도 이하인 것 또는 인화점이 섭씨 영하 20도 이하이고 비점이 섭씨 40도 이하인 것을 말한다.
㉯ 제1석유류라 함은 아세톤, 휘발유 그밖에 1기압에서 인화점이 섭씨 21도 미만인 것을 말한다.
㉰ 제2석유류라 함은 등유, 경유 그밖에 1기압에서 인화점이 섭씨 21도 이상 70도 미만인 것을 말한다. 다만, 도료류 그 밖의 물품에 있어서 가연성 액체량이 40중량퍼센트 이하이면서 인화점이 섭씨 40도 이상인 동시에 연소점이 섭씨 60도 이상인 것은 제외한다.
㉱ 제3석유류란 중유, 크레오소트유, 그밖에 1기압에서 인화점이 섭씨 70도 이상 섭씨 200도 미만인 것을 말한다. 다만, 도료류 그 밖의 물품은 가연성 액체량이 40중량퍼센트 이하인 것은 제외한다.
㉲ 제4석유류라 함은 기어유, 실린더유 그밖에 1기압에서 인화점이 섭씨 200도 이상 섭씨 250도 미만의 것을 말한다. 다만 도료류 그 밖의 물품은 가연성 액체량이 40중량퍼센트 이하인 것은 제외한다.

**15** 크실렌 이성질체 3가지에 대한 명칭과 구조식을 쓰시오.

**답안**

$o$-크실렌   $m$-크실렌   $p$-크실렌

**┃참고┃**

상세해설 크실렌[자일렌, $C_6H_4(CH_3)_2$]은 이성질체 분리에 의해 $p$-자일렌, $o$-자일렌, $m$-자일렌 3가지가 있으며, 산화성 물질과의 혼합 시 폭발할 우려가 있다.

| 오쏘($o$)-크실렌 | 메타($m$)-크실렌 | 파라($p$)-크실렌 |
|---|---|---|
| 발화점 : 106.2℃ | 발화점 : 528℃ | 발화점 : 529℃ |
| 인화점 : 32℃ | 인화점 : 25℃ | 인화점 : 25℃ |

**16** 위험물안전관리법령에서 규정하고 있는 안전관리자에 대한 내용이다. 물음에 답하시오.

(1) 안전관리자를 선임하여야 하는 책무를 가진 대상을 다음 중에서 골라 쓰시오.

· 제조소등의 관계인   · 제조소등의 설치자   · 시·도지사   · 소방서장   · 소방청장

(2) 안전관리자 해임 후 재선임 기간을 쓰시오. (제한이 없으면 "없음"이라 쓰시오)
(3) 안전관리자 퇴직 후 재선임 기간을 쓰시오. (제한이 없으면 "없음"이라 쓰시오)
(4) 안전관리자 선임 후 신고 기간을 쓰시오. (제한이 없으면 "없음"이라 쓰시오)
(5) 안전관리자가 여행, 질병 그 밖의 사유로 인하여 일시적으로 직무를 수행할 수 없을 때 직무를 대행하는 기간을 쓰시오. (제한이 없으면 "없음"이라 쓰시오)

**답안** (1) 안전관리자를 선임 책무 : 제조소등의 관계인
(2) 재선임 기간 : 30일 이내
(3) 안전관리자 퇴직 후 : 30일 이내
(4) 신고 기간 : 14일 이내
(5) 직무대행 기간 : 30일 미만

**Point 설명** 위험물안전관리자에 대한 관련규정은 다음과 같다.

▶ 법령보기 ◀

㉮ 제조소등의 관계인은 위험물의 안전관리에 관한 직무를 수행하게 하기 위하여 제조소등마다 위험물의 취급에 관한 자격이 있는 자를 안전관리자로 선임하여야 한다.
㉯ 규정에 따라 안전관리자를 선임한 제조소등의 관계인은 그 안전관리자를 해임하거나 안전관리자가 퇴직한 때에는 해임하거나 퇴직한 날부터 30일 이내에 다시 안전관리자를 선임하여야 한다.
㉰ 제조소등의 관계인은 안전관리자를 선임한 경우에는 선임한 날부터 14일 이내에 행정안전부령으로 정하는 바에 따라 소방본부장 또는 소방서장에게 신고하여야 한다.
㉱ 제조소등의 관계인이 안전관리자를 해임하거나 안전관리자가 퇴직한 경우 그 관계인 또는 안전관리자는 소방본부장이나 소방서장에게 그 사실을 알려 해임되거나 퇴직한 사실을 확인받을 수 있다.

⑩ 안전관리자를 선임한 제조소등의 관계인은 안전관리자가 여행·질병 그 밖의 사유로 인하여 일시적으로 직무를 수행할 수 없거나 안전관리자의 해임 또는 퇴직과 동시에 다른 안전관리자를 선임하지 못하는 경우에는 국가기술자격법에 따른 위험물의 취급에 관한 자격취득자 또는 위험물안전에 관한 기본지식과 경험이 있는 자로서 행정안전부령이 정하는 자를 대리자(代理者)로 지정하여 그 직무를 대행하게 하여야 한다. 이 경우 대리자가 안전관리자의 직무를 대행하는 기간은 30일을 초과할 수 없다.
⑪ 안전관리자는 위험물을 취급하는 작업을 하는 때에는 작업자에게 안전관리에 관한 필요한 지시를 하는 등 행정안전부령이 정하는 바에 따라 위험물의 취급에 관한 안전관리와 감독을 하여야 하고, 제조소등의 관계인과 그 종사자는 안전관리자의 위험물 안전관리에 관한 의견을 존중하고 그 권고에 따라야 한다.
⑫ 제조소등에 있어서 위험물취급자격자가 아닌 자는 안전관리자 또는 대리자가 참여한 상태에서 위험물을 취급하여야 한다.
⑬ 다수의 제조소등을 동일인이 설치한 경우에는 관계인은 1인의 안전관리자를 중복하여 선임할 수 있다. 이 경우 제조소등의 관계인은 대리자의 자격이 있는 자를 각 제조소등별로 지정하여 안전관리자를 보조하게 하여야 한다.

## 17  어떤 물질이 하이드라진과 만나면 격렬히 반응하고 폭발한다. 다음 각 물음에 답을 쓰시오.

(1) 이 물질의 품명과 위험물이 되는 조건을 쓰시오.
(2) 이 물질과 하이드라진의 폭발반응식을 쓰시오.

**답안** (1) 과산화수소, 농도 36%(중량) 이상인 것만 위험물로 취급됨
(2) $2H_2O_2 + N_2H_4 \rightarrow 4H_2O + N_2$

**■ 참고 ■**

하이드라진(히드라진)의 분자식은 $N_2H_4$이고, 제4류 위험물 – 제2석유류로 분류된다.
㈜ 하이드라진 유도체는 자기반응성물질로 제5류 위험물로 분류되는 물질이다.

하이드라진(히드라진, $N_2H_4$)은 발연성(發煙性, Smokability)의 액체이므로 열(熱)에 불안정하며, 공기 중에서 가열하면 약 180℃에서 분해하여 수소, 암모니아, 질소가스를 발생한다. 또한 하이드라진은 강한 환원성 물질로 산소가 존재하지 않아도 과산화수소와 같은 강산화제와 접촉하거나 열, 화염, 기타 점화원과의 접촉에 의해 폭발할 수 있다.

▫ $N_2H_4 + 2H_2O_2 \rightarrow N_2 + 4H_2O$
▫ $2N_2H_4 \rightarrow H_2 + 2NH_3 + N_2$

위험물의 품명·위험물이 되는 조건을 별도로 규정하고 있는 위험물은 다음과 같다.

▶ 법령보기 ◀
㉮ 제6류 위험물에서 위험물이 되는 조건은 다음과 같다.
• 과산화수소는 그 농도가 36중량% 이상인 것에 한한다.
• 질산은 그 비중이 1.49 이상인 것에 한한다.
㉯ 제5류 위험물 중 유기과산화물을 함유하는 것 중에서 불활성고체를 함유하는 것으로서 다음에 해당하는 것은 제외한다.
• 과산화벤조일의 함유량이 35.5중량% 미만인 것으로서 전분가루, 황산칼슘2수화물 또는 인산수소칼슘2수화물과의 혼합물
• 비스(4-클로로벤조일)퍼옥사이드의 함유량이 30중량% 미만인 것으로서 불활성고체와의 혼합물
• 과산화다이쿠밀의 함유량이 40중량% 미만인 것으로서 불활성고체와의 혼합물
• 1·4비스(2-터셔리뷰틸퍼옥시아이소프로필)벤젠의 함유량이 40중량% 미만인 것으로서 불활성고체와의 혼합물
• 사이클로헥산온퍼옥사이드의 함유량이 30중량% 미만인 것으로서 불활성고체와의 혼합물
㉰ 제4석유류에서 → 도료류 그 밖의 물품은 가연성 액체량이 40중량% 이하인 것은 제외한다.
㉱ 제3석유류에서 → 도료류 그 밖의 물품은 가연성 액체량이 40중량% 이하인 것은 제외한다.

⑪ 제2석유류에서 → 도료류 그 밖의 물품에 있어서 가연성 액체량이 40중량% 이하이면서 인화점이 섭씨 40도 이상인 동시에 연소점이 섭씨 60도 이상인 것은 제외한다.
⑭ 알코올류에서 다음에 해당하는 것은 위험물에서 제외한다.
  • 1분자를 구성하는 탄소원자의 수가 1개 내지 3개의 포화1가 알코올의 함유량이 60중량% 미만인 수용액
  • 가연성액체량이 60중량% 미만이고 인화점 및 연소점(태그개방식 인화점측정기에 의한 연소점)이 에틸알코올 60중량% 수용액의 인화점 및 연소점을 초과하는 것
⑮ 동식물유류에서 → 행정안전부령으로 정하는 용기기준과 수납 · 저장기준에 따라 수납되어 저장 · 보관되고 용기의 외부에 물품의 통칭명, 수량 및 화기엄금의 표시가 있는 경우를 제외한다.

## 18. 다음은 위험물을 저장 또는 취급하는 공통기준이다. 괄호 안에 알맞은 말을 쓰시오.

(1) 위험물을 저장 또는 취급하는 건축물, 그 밖의 공작물 또는 설비는 당해 위험물의 성질에 따라 차광 또는 ( ① )를 실시하여야 한다.
(2) 위험물은 온도계, 습도계, ( ② )계, 그 밖의 계기를 감시하여 당해 위험물의 성질에 맞는 적정한 온도, 습도 또는 ( ② )을 유지하도록 저장 또는 취급하여야 한다.
(3) 위험물을 용기에 수납하여 저장 또는 취급할 때에는 그 용기는 당해 위험물의 성질에 적응하고 파손 · ( ③ ) · 균열 등이 없는 것으로 하여야 한다.
(4) ( ④ )의 액체 · 증기 또는 가스가 새거나 체류할 우려가 있는 장소 또는 ( ④ )의 미분이 현저하게 부유할 우려가 있는 장소에서는 전선과 전기기구를 완전히 접속하고 불꽃을 발하는 기계 · 공구 · 신발 등을 사용하지 아니하여야 한다.
(5) 위험물을 ( ⑤ ) 중에 보존하는 경우에는 당해 위험물이 ( ⑤ )으로부터 노출되지 아니하도록 하여야 한다.

**답안**  ① 환기  ② 압력  ③ 부식  ④ 가연성  ⑤ 보호액

**Point 설명**  위험물을 저장 또는 취급하는 공통기준의 주요사항은 다음과 같다.

▶ 법령보기 ◀
㉮ 위험물을 저장 또는 취급하는 건축물 그 밖의 공작물 또는 설비는 당해 위험물의 성질에 따라 차광 또는 환기를 실시하여야 한다.
㉯ 위험물은 온도계, 습도계, 압력계 그 밖의 계기를 감시하여 당해 위험물의 성질에 맞는 적정한 온도, 습도 또는 압력을 유지하도록 저장 또는 취급하여야 한다.
㉰ 위험물을 용기에 수납하여 저장 또는 취급할 때에는 그 용기는 당해 위험물의 성질에 적응하고 파손 · 부식 · 균열 등이 없는 것으로 하여야 한다.
㉱ 가연성의 액체 · 증기 또는 가스가 새거나 체류할 우려가 있는 장소 또는 가연성의 미분이 현저하게 부유할 우려가 있는 장소에서는 전선과 전기기구를 완전히 접속하고 불꽃을 발하는 기계 · 기구 · 공구 · 신발 등을 사용하지 아니하여야 한다.
㉲ 위험물을 보호액중에 보존하는 경우에는 당해 위험물이 보호액으로부터 노출되지 아니하도록 하여야 한다.

**19** 다음 물음에 답하시오.

(1) 대통령령이 정하는 위험물 탱크가 있는 제조소등이 탱크의 변경공사를 하는 때에는 완공검사를 받기 전에 무엇을 받아야 하는지 쓰시오.
(2) 이동탱크저장소의 완공검사 신청시기를 쓰시오.
(3) 지하탱크가 있는 제조소등의 완공검사 신청시기를 쓰시오.
(4) 제조소등의 완공검사를 실시한 결과 기술기준에 적합하다고 인정되는 경우 시·도지사는 무엇을 교부해야 하는지 쓰시오.

**답안** (1) 탱크안전성능검사
(2) 이동저장탱크를 완공하고 상치장소를 확보한 후
(3) 지하탱크를 매설하기 전
(4) 완공검사합격확인증

**Point 설명** 위험물 저장탱크의 변경공사 및 완공검사와 관련된 규정사항은 다음과 같다.

▶ 법령보기 ◀

㉮ 탱크안전성능검사 : 위험물을 저장 또는 취급하는 탱크로서 대통령령이 정하는 위험물탱크가 있는 제조소등의 설치 또는 그 위치·구조 또는 설비의 변경에 관하여 규정에 따른 허가를 받은 자가 위험물탱크의 설치 또는 그 위치·구조 또는 설비의 변경공사를 하는 때에는 규정에 따른 완공검사를 받기 전에 기술기준에 적합한지의 여부를 확인하기 위하여 시·도지사가 실시하는 <u>탱크안전성능검사</u>를 받아야 한다.
㉯ 완공검사 : 규정에 따른 허가를 받은 자가 제조소등의 설치를 마쳤거나 그 위치·구조 또는 설비의 변경을 마친 때에는 당해 제조소등마다 시·도지사가 행하는 완공검사를 받아 기술기준에 적합하다고 인정받은 후가 아니면 이를 사용하여서는 아니된다.
㉰ 완공검사 신청 : 제조소등에 대한 완공검사를 받고자 하는 자는 이를 시·도지사에게 신청하여야 한다.
㉱ 완공검사 신청시기 : 제조소등의 완공검사 신청시기는 다음의 구분에 따른다.
 • <u>지하탱크가 있는 제조소등의 경우 : 당해 지하탱크를 매설하기 전</u>
 • <u>이동탱크저장소의 경우 : 이동저장탱크를 완공하고 상시 설치 장소(상치장소)를 확보한 후</u>
 • 이송취급소의 경우 : 이송배관 공사의 전체 또는 일부를 완료한 후. 다만, 지하·하천 등에 매설하는 이송배관의 공사의 경우에는 이송배관을 매설하기 전
 • 전체 공사가 완료되어 완공검사 실시가 곤란한 경우
  - 위험물설비 또는 배관의 설치가 완료되어 기밀시험 또는 내압시험을 실시하는 시기
  - 배관을 지하에 설치하는 경우에는 시·도지사, 소방서장 또는 기술원이 지정하는 부분을 매몰하기 직전
  - 기술원이 지정하는 부분의 비파괴시험을 실시하는 시기
 • 이외 제조소등의 경우 : 제조소등의 공사를 완료한 후
㉲ 완공검사합격확인증 교부 : 완공검사 신청을 받은 시·도지사는 제조소등에 대하여 완공검사를 실시하고, 완공검사를 실시한 결과 해당 제조소등이 기술기준(탱크안전성능검사에 관련된 것을 제외)이 적합하다고 인정하는 때에는 <u>완공검사합격확인증</u>을 교부해야 한다.

**20** 다음 [보기]에 대하여 물음에 답하시오.

· 과산화벤조일    · TNT    · TNP    · 나이트로글리세린    · 다이나이트로벤젠

(1) 품명이 질산에스터(질산에스테르)에 속하는 것을 모두 고르시오.
(2) 상온에서 액체, 영하의 온도에서는 고체인 위험물을 고르고 그 분해반응식을 쓰시오.

**답안** (1) 나이트로글리세린
(2) $2C_3H_5(NO_3)_3 \rightarrow 6CO_2 + 5H_2O + 3N_2 + 1/2O_2$

## ▌참고 ▌

품명이 질산에스터(질산에스테르)류는 제5류 위험물 – 자기반응성 물질로 분류되며, 이 품명에 속하는 위험물은 나이트로글리세린, 나이트로셀룰로오스, 질산메틸, 질산에틸, 셀룰로이드, 나이트로글리콜 등이다.

　▫ 상온에서 액체인 것 : 나이트로글리세린, 나이트로글리콜, 질산메틸, 질산에틸
　▫ 상온에서 고체인 것 : 나이트로셀룰로오스, 셀룰로이드

과산화벤조일(Benzoyl Peroxide, 벤조일퍼옥사이드)은 제5류 위험물 중 유기과산화물로서 지정수량 10kg(1종), 100kg(2종)이며, 지정수량 10kg(1종)인 것은 위험등급 Ⅰ로 분류된다.

TNT[$C_6H_2(NO_2)_3CH_3$, 트라이나이트로톨루엔]은 제5류 자기반응성 물질의 나이트로화합물(니트로화합물)로서 지정수량 10kg(1종), 100kg(2종)이며, 지정수량 10kg(1종)인 것은 위험등급 Ⅰ로 분류된다.

TNP[$C_6H_2(NO_2)_3OH$, 트라이나이트로페놀]은 제5류 자기반응성 물질의 나이트로화합물(니트로화합물)로서 지정수량 10kg(1종), 100kg(2종)이며, 지정수량 10kg(1종)인 것은 위험등급 Ⅰ로 분류된다.

다이나이트로벤젠[Dinitrobenzenes, $C_6H_4(NO_2)_2$]은 무색 또는 황색의 결정으로 제5류 위험물(자기반응성 물질) – 나이트로화합물(니트로화합물)로서 지정수량 10kg(1종), 100kg(2종)이며, 인화점 150℃이고 충격과 마찰에 민감하며, 물을 함유한 광범위한 물질과 반응한다.

# 2020년 제2회

**01** 탄화칼슘 32g이 물과 반응하여 생성되는 기체가 완전연소하기 위한 산소의 부피(L)를 구하시오.

**답안**  산소부피 $= 32g \times \dfrac{1mol}{(40+24)g} \times \dfrac{1mol}{1mol} \times \dfrac{2.5 \times 22.4L}{1mol} = 28L$

**참고**

 탄화칼슘은 -4가인 탄소와 +2가인 칼슘이 결합된 물질이므로 탄소가 양이온 2가인 칼슘이온($Ca^{2+}$)과 결합하기 위해서는 음이온 2가로 전환되어야 하므로 탄소는 이중결합(•C≡C•)을 하여 음이온 2가인 상태에서 칼슘이온과 결합된다. 그러므로 분자식은 $CaC_2$가 된다.

탄화칼슘은 우리가 흔히 카바이드(Carbide)라고 하는 물질로 예전에는 아세틸렌 가스 램프로 많이 이용되었던 물질이다. 탄화칼슘은 다음과 같이 물과 반응하여 아세틸렌(Acetylene, 에틴) 가스를 발생한다.

$$\square \quad CaC_2 + 2H_2O \rightarrow Ca(OH)_2 + C_2H_2$$
$$\quad 1mol \quad\quad\quad\quad\quad\quad : \quad\quad\quad 1mol$$

$\therefore C_2H_2$ 발생량 $= 32g(CaC_2) \times \dfrac{1mol(CaC_2)}{(40+12\times 2)g} \times \dfrac{1mol(C_2H_2)}{1mol(CaC_2)} = 0.5\,mol$

아세틸렌(에틴, $C_2H_2$)의 연소반응을 토대로 소요되는 산소량을 산출한다.

$$\square \quad C_2H_2 + 2.5O_2 \rightarrow 2CO_2 + H_2O$$
$$\quad 1mol \; : \; 2.5mol$$

$\therefore O_2(부피) = 0.5mol(C_2H_2) \times \dfrac{2.5mol(O_2)}{1mol(C_2H_2)} \times \dfrac{22.4L(O_2)}{1mol(O_2)} = 28L$

---

**02** 위험물안전관리법령상 농도 36%(중량) 이상인 것에 한하여 제6류 위험물로 지정·관리되고 있는 위험물에 대하여 다음 물음에 답하시오.
 (1) 이 위험물의 분해반응식을 쓰시오.
 (2) 이 위험물을 운반할 때 운반용기의 외부에 표시하는 주의사항을 쓰시오.
 (3) 이 위험물의 위험등급을 쓰시오.

**답안** (1) $H_2O_2 \rightarrow 0.5O_2 + H_2O$ 또는 $2H_2O_2 \rightarrow O_2 + 2H_2O$
 (2) 가연물 접촉주의
 (3) Ⅰ등급

**참고**

 농도 36중량% 이상인 것만 위험물로 지정·관리되는 것은 과산화수소이다. 과산화수소($H_2O_2$)는 분자량 34이다. 과산화수소는 제6류 위험물(산화성 액체)로 농도가 36wt% 이상의 것만 위험물로 취급한다. 위험물관리규정에 농도를 규정하는 것은 과산화수소($H_2O_2$, 36wt% 이상)와 유황(60wt% 이상) 뿐이다. 과산화수소를 포함한 제6류 위험물의 모두 위험등급은 Ⅰ등급으로 지정수량은 300kg이다.

▶ 법령보기 ◀
㉮ 제1류 위험물 중 알칼리금속의 과산화물 또는 이를 함유한 것에 있어서는 "화기·충격주의", "물기엄금" 및 "가연물접촉주의", 그 밖의 것에 있어서는 "화기·충격주의" 및 "가연물접촉주의"
㉯ 제2류 위험물 중 철분·금속분·마그네슘 또는 이들 중 어느 하나 이상을 함유한 것에 있어서는 "화기주의" 및 "물기엄금", 인화성고체에 있어서는 "화기엄금", 그 밖의 것에 있어서는 "화기주의"
㉰ 제3류 위험물 중 자연발화성물질에 있어서는 "화기엄금" 및 "공기접촉엄금", 금수성물질에 있어서는 "물기엄금"
㉱ 제4류 위험물에 있어서는 "화기엄금"
㉲ 제5류 위험물에 있어서는 "화기엄금" 및 "충격주의"
㉳ 제6류 위험물에 있어서는 "가연물접촉주의"

▶ 법령보기 ◀

| 위험등급 | 해당 품명 및 품목 |
| --- | --- |
| Ⅰ등급 위험물 | • 제1류 위험물 중 아염소산염류, 염소산염류, 과염소산염류, 무기과산화물 그밖에 지정수량이 50kg인 위험물<br>• 제3류 위험물 중 칼륨, 나트륨, 알킬알루미늄, 알킬리튬, 황린 그밖에 지정수량이 10kg 또는 20kg인 위험물<br>• 제4류 위험물 중 특수인화물<br>• 제5류 위험물 중 지정수량이 10kg인 위험물<br>• 제6류 위험물 |
| Ⅱ등급 위험물 | • 제1류 위험물 중 브로민산염류, 질산염류, 아이오딘산염류 그밖에 지정수량이 300kg인 위험물<br>• 제2류 위험물 중 황화인, 적린, 유황 그밖에 지정수량이 100kg인 위험물<br>• 제3류 위험물 중 알칼리금속(칼륨 및 나트륨 제외) 및 알칼리토금속, 유기금속화합물(알킬알루미늄 및 알킬리튬 제외) 그밖에 지정수량이 50kg인 위험물<br>• 제4류 위험물 중 제1석유류 및 알코올류<br>• 제5류 위험물 중 Ⅰ등급 이외 위험물 |
| Ⅲ등급 위험물 | • Ⅰ등급 및 Ⅱ등급 외의 위험물 |

## 03 벤젠 16g이 증발할 경우, 70℃에서 벤젠증기의 부피(L)를 구하시오.

**답안** 벤젠증기 부피 $= 16 \times \dfrac{22.4}{78} \times \dfrac{273+70}{273} = 5.77 \text{L}$

■ 참고 ■

 벤젠의 분자식은 $C_6H_6$이고, 1mol의 질량은 78g(분자량), 기화(氣化)될 경우의 그 체적은 22.4L이다. 문제에서 "70℃"의 조건을 제시하였으므로 위에서 표준상태로 계산된 부피 값에 보일 – 샤를의 법칙(Boyle–Charle's Law)을 적용하여 온도를 보정하여야 한다.

□ $C_6H_6(l) \rightarrow C_6H_6(g)$
　　1mol　:　22.4L

• $\begin{cases} 1\text{mol} & : \quad 22.4\text{L} \\ 16\text{g} \times \dfrac{\text{mol}}{(12 \times 6 + 1 \times 6)\text{g}} & : \quad x \end{cases}$

$x(=$ 기화증기 부피$) = 16\text{g} \times \dfrac{\text{mol}}{78\text{g}} \times \dfrac{22.4\text{L}}{1\text{mol}} = 4.595\text{L}$ (STP ; 0℃, 760mmHg에서)

∴ 증기부피 $= 4.595\text{L} \times \dfrac{273+70}{273} = 5.77\text{L}$

**04** 상온에서 무색의 액체로 분자량은 27, 인화점 -18℃, 끓는점 26℃이며, 맹독성인 위험물에 대하여 다음 물음에 답하시오.
  (1) 화학식을 쓰시오.
  (2) 증기비중을 쓰시오.

 **답안** (1) HCN

  (2) 증기비중 = $\dfrac{\text{HCN 밀도}}{\text{공기밀도}} = \dfrac{27/22.4}{29/22.4} = 0.93$

▌**참고**▌

**상세해설** "인화성액체"에 주목한다!! 인화성 액체이면 "제4류 위험물"에 해당되며, 분자량이 27이면 유기물 원소(CHOSN) 중 기본원소인 탄소(C) 원자량이 12이므로 여기에 15가 추가되는 것이므로 질소(원자량 14) 하나와 수소(원자량 1) 하나가 결합되어야만 분자량 27을 충족할 수 있다. 그러므로 해당물질은 HCN(사이안화수소, 시안화수소)이 되는 것이다.

사이안화수소(HCN, 시안화수소)는 제4류 인화성 액체의 제1석유류 수용성 액체로 지정수량은 400L이다. 사이안화수소는 맹독성 물질로서 기체상의 경우는 "청산가스"라고도 하며, 액체상은 "액화청산"이라고도 한다. 수용액은 약산성(弱酸性)을 나타내기 때문에 "사이안화수소산(시안화수소산)"이라고도 한다.

기체의 증기비중은 "(기체분자량)÷(공기분자량)"으로 산정되므로 사이안화수소(HCN)의 분자량 "27"과 공기의 분자량 "29"를 나누어 산출한다. 즉, HCN 기체비중 = 27/29 = 0.93이다.

사이안화수소(HCN)의 비점(沸點)은 상온(常溫)이므로 기온이 낮으면 액체, 기온이 높으면 기체상으로 된다. 휘발성이 강하기 때문에 낮은 온도에서도 휘발되는 증기에 의해 중독될 수 있으므로 취급에 각별히 유의하여야 한다.

**05** 염소산칼륨과 적린이 혼촉·발화하였다. 다음 물음에 답하시오.
  (1) 두 물질의 반응식을 쓰시오.
  (2) 두 물질의 반응으로 생성된 산화물이 물과 반응하면 어떤 물질이 생성되는지 그 물질의 명칭을 쓰시오.

 **답안** (1) 반응식 : $5KClO_3 + 6P \rightarrow 3P_2O_5 + 5KCl$

  (2) 인산

▌**참고**▌

**상세해설** 적린의 화학식은 P로 쓴다. 인(P)은 $KClO_3$의 산화작용(산소제공)에 의해 산화되어 산화물을 형성한다. 이때 P는 +5가이고, 산소는 -2가이므로 등가결합 원칙을 적용, 산화수를 교호적용을 하면 오산화인($P_2O_5$)으로 되면서 부생물로 염화칼륨(KCl)을 생성한다.

염화칼륨은 금속 할로겐화합물인 염(鹽)이고, 오산화인($P_2O_5$)도 P가 연소하여 생성된 백색의 가루이다. 이중에서 "두 물질의 반응으로 생성된 산화물"에 초점을 맞추면 → 오산화인($P_2O_5$)이 된다.

  □ $5KClO_3 + 6P \rightarrow 3P_2O_5 + 5KCl$

오산화인과 물의 반응식을 만들어보자!!

☐ $P_2O_5 + 3H_2O \rightarrow 2H_3PO_4$

생성되는 물질의 명칭은 "인산"이므로 이를 답안지에 기재하면 된다. 명칭을 기재하라고 주문하였는데도 품명이나 분자식, 시성식, 구조식 등으로 기재할 경우, 원칙적으로 틀린다.

## 06 트라이메틸알루미늄과 트라이에틸알루미늄에 대한 다음 물음에 답하시오.

(1) 트라이메틸알루미늄과 물의 반응식을 쓰시오.
(2) 트라이에틸알루미늄과 물의 반응식을 쓰시오.

**답안** (1) TMA와 물의 반응 : $Al(CH_3)_3 + 3H_2O \rightarrow Al(OH)_3 + 3CH_4$

(2) TEA와 물의 반응 : $Al(C_2H_5)_3 + 3H_2O \rightarrow Al(OH)_3 + 3C_2H_6$

### ▌참고▐

**상세해설** 트라이메틸알루미늄[TMA, $Al(CH_3)_3$]과 물의 반응에서는 메테인(메탄, $CH_4$)이 생성된다. $Al(C_2H_5)_3$ 중의 알루미늄(Al)은 양이온 3가($Al^{3+}$)이고, 이와 반응하는 $H_2O$에서 제공되는 수산화 이온($OH^-$)은 1가 음이온이므로 등가원칙에 따라 이들이 결합한 수산화물의 구성은 1 : 3, 즉 $Al^{3+} : 3OH^- = Al(OH)_3$로 되면서 메테인(메탄) 가스를 방출한다.

☐ $Al(CH_3)_3 + 3H_2O \rightarrow Al(OH)_3 + 3CH_4$

트라이에틸알루미늄[TEA, $Al(C_2H_5)_3$]과 물의 반응에서는 에테인(에탄, $C_2H_6$)이 생성된다. $Al(C_2H_5)_3$ 중의 알루미늄(Al)은 양이온 3가($Al^{3+}$)이고, 이와 반응하는 $H_2O$에서 제공되는 수산화 이온($OH^-$)은 1가 음이온이므로 등가원칙에 따라 이들이 결합한 수산화물의 구성은 1 : 3, 즉 $Al^{3+} : 3OH^- = Al(OH)_3$로 되면서 에테인(에탄) 가스를 방출한다.

☐ $Al(C_2H_5)_3 + 3H_2O \rightarrow Al(OH)_3 + 3C_2H_6$

## 07 트라이나이트로페놀에 관한 다음 물음에 답하시오.

(1) 품명을 쓰시오.
(2) 1종의 지정수량을 쓰시오.
(3) 구조식을 쓰시오.

**답안** (1) 나이트로화합물

(2) 10kg

(3)

■ 참고 ■

 트라이나이트로페놀(Trinitrophenol, TNP)은 페놀($C_6H_5OH$, ◯-OH)을 중심으로 수소 3개가 나이트로기($-NO_2$) 3개로 치환된 것이므로 트라이나이트로페놀(Trinitrophenol, 일명 Picric Acid)의 시성식(示性式)은 $C_6H_2(OH)(NO_2)_3$, 조성식(組成式)은 $C_6H_3N_3O_7$으로 되며 구조(構造)는 벤젠(◯)이 사람의 몸통이라 생각하면 OH는 머리, $NO_2$를 붙이는 위치는 양팔과 다리를 붙인 구조가 된다.

TNP[$C_6H_2(NO_2)_3OH$, 트라이나이트로페놀]은 제5류 자기반응성 물질의 나이트로화합물(니트로화합물)로서 지정수량 10kg(1종), 100kg(2종)이며, 지정수량 10kg(1종)인 것은 위험등급 Ⅰ로 분류된다.

## 08 다음 위험물의 열분해반응식을 각각 쓰시오.
(1) 과염소산나트륨
(2) 염소산나트륨
(3) 아염소산나트륨

**답안** (1) 과염소산나트륨 열분해 : $NaClO_4 \rightarrow 2O_2 + NaCl$
(2) 염소산나트륨 열분해 : $NaClO_3 \rightarrow 1.5O_2 + NaCl$
(3) 아염소산나트륨 열분해 : $NaClO_2 \rightarrow O_2 + NaCl$

■ 참고 ■

 과염소산나트륨의 분자식은 $NaClO_4$이고, 열분해되면 분자내에 지니고 있던 산소를 방출하는 특성이 있으므로 다음과 같은 열분해반응이 일어난다.

▫ $NaClO_4 \rightarrow 2O_2 + NaCl$

염소산나트륨의 분자식은 $NaClO_3$이고, 열분해되면 분자내에 지니고 있던 산소를 방출하는 특성이 있으므로 다음과 같은 열분해반응이 일어난다.

▫ $NaClO_3 \rightarrow 1.5O_2 + NaCl$

아염소산나트륨의 분자식은 $NaClO_2$이고, 열분해되면 분자내에 지니고 있던 산소를 방출하는 특성이 있으므로 다음과 같은 열분해반응이 일어난다.

▫ $NaClO_2 \rightarrow O_2 + NaCl$

**09** 다음은 제5류 위험물을 나열한 것이다. 위험등급에 해당되는 물질을 [보기]에서 골라 쓰시오. (단, 위험등급에 해당되는 물질이 없을 경우 "없음"이라고 쓰시오)

[보기]
- 유기과산화물
- 질산에스터류
- 나이트로화합물
- 하이드록실아민
- 하이드라진 유도체
- 아조화합물

(1) 위험등급 Ⅰ
(2) 위험등급 Ⅱ
(3) 위험등급 Ⅲ

**답안** (1) 위험등급 Ⅰ : 유기과산화물, 질산에스터류
(2) 위험등급 Ⅱ : 나이트로화합물, 하이드록실아민, 하이드라진 유도체, 아조화합물
(3) 위험등급 Ⅲ : 없음

**Point 설명** 위험등급의 분류와 해당 품명 및 품목은 다음과 같다.

▶ 법령보기 ◀

| 위험등급 | 해당 품명 및 품목 |
|---|---|
| Ⅰ등급 위험물 | • 제1류 위험물 중 아염소산염류, 염소산염류, 과염소산염류, 무기과산화물 그밖에 지정수량이 50kg인 위험물<br>• 제3류 위험물 중 칼륨, 나트륨, 알킬알루미늄, 알킬리튬, 황린 그밖에 지정수량이 10kg 또는 20kg인 위험물<br>• 제4류 위험물 중 특수인화물<br>• 제5류 위험물 중 지정수량이 10kg인 위험물<br>• 제6류 위험물 |
| Ⅱ등급 위험물 | • 제1류 위험물 중 브로민산염류, 질산염류, 아이오딘산염류 그밖에 지정수량이 300kg인 위험물<br>• 제2류 위험물 중 황화인, 적린, 유황 그밖에 지정수량이 100kg인 위험물<br>• 제3류 위험물 중 알칼리금속(칼륨 및 나트륨 제외) 및 알칼리토금속, 유기금속화합물(알킬알루미늄 및 알킬리튬 제외) 그밖에 지정수량이 50kg인 위험물<br>• 제4류 위험물 중 제1석유류 및 알코올류<br>• 제5류 위험물 중 Ⅰ등급 이외 위험물 |
| Ⅲ등급 위험물 | • Ⅰ등급 및 Ⅱ등급 외의 위험물 |

**10** 위험물 운반에 관한 혼재기준에 맞게 다음 표에 ○와 ×를 채우시오.

| 위험물의 구분 | 제1류 | 제2류 | 제3류 | 제4류 | 제5류 | 제6류 |
|---|---|---|---|---|---|---|
| 제1류 | | | | | | |
| 제2류 | | | | | | |
| 제3류 | | | | | | |
| 제4류 | | | | | | |
| 제5류 | | | | | | |
| 제6류 | | | | | | |

**답안**

| 위험물의 구분 | 제1류 | 제2류 | 제3류 | 제4류 | 제5류 | 제6류 |
|---|---|---|---|---|---|---|
| 제1류 |  | × | × | × | × | ○ |
| 제2류 | × |  | × | ○ | ○ | × |
| 제3류 | × | × |  | ○ | × | × |
| 제4류 | × | ○ | ○ |  | ○ | × |
| 제5류 | × | ○ | × | ○ |  | × |
| 제6류 | ○ | × | × | × | × |  |

**Point 설명** 위험물의 혼재기준은 다음과 같이 정리해 두면 보다 쉽고 오랜 기간 저장하 둘 수 있다. 가로에 1~6류까지 나열하고, 세로도 1~6류까지 나열한 다음 아래 그림과 같이 "X 표시"를 하여 상부선은 "공란선", 아래선은 "가능선"으로 설정하고, 여기에 2-4, 4-5를 추가하면 모두 정리된다.

| 위험물의 구분 | 제1류 | 제2류 | 제3류 | 제4류 | 제5류 | 제6류 |
|---|---|---|---|---|---|---|
| 제1류 |  | × | × | × | × | ○ |
| 제2류 | × |  | × | × |  | × |
| 제3류 | × | × |  | ○ | × | × |
| 제4류 | × | × | ○ |  |  | × |
| 제5류 | × |  | × | × |  | × |
| 제6류 | ○ | × | × | × | × |  |

※ 혼재가능 위험물 : 혼재가능선상 위험물+[(2-4),(4-5)]

**11** 다음 [표]는 위험물안전 관련 법령상 소화설비 적응성을 나타낸 것이다. 위험물에 대해 소화설비가 적응성이 있는 경우에 빈칸에 "○"로 표시하시오.

| 소화설비의 구분 | | 대상물질 | 건축물·그 밖의 공작물 | 전기설비 | 제1류 위험물 알칼리금속 과산화물 등 | 제1류 위험물 그 밖의 것 | 제2류 위험물 철분·금속분·마그네슘 등 | 제2류 위험물 인화성 고체 | 제2류 위험물 그 밖의 것 | 제3류 위험물 금수성 물품 | 제3류 위험물 그 밖의 것 | 제4류 위험물 | 제5류 위험물 | 제6류 위험물 |
|---|---|---|---|---|---|---|---|---|---|---|---|---|---|---|
| 옥내소화전설비 | | | | | | | | | | | | | | |
| 옥외소화전설비 | | | | | | | | | | | | | | |
| 물분무등 소화설비 | 포 소화설비 | | | | | | | | | | | | | |
| | 불활성기체 소화설비 | | | | | | | | | | | | | |
| | 할로젠화합물 소화설비 | | | | | | | | | | | | | |

## 답안

| 소화설비의 구분 | | 대상물질 | 건축물·그 밖의 공작물 | 전기설비 | 제1류 위험물 | | 제2류 위험물 | | | 제3류 위험물 | | 제4류 위험물 | 제5류 위험물 | 제6류 위험물 |
|---|---|---|---|---|---|---|---|---|---|---|---|---|---|---|
| | | | | | 알칼리금속 과산화물 등 | 그 밖의 것 | 철분·금속분·마그네슘 등 | 인화성고체 | 그 밖의 것 | 금수성물품 | 그 밖의 것 | | | |
| 옥내소화전설비 | | | ○ | | | ○ | | ○ | ○ | | ○ | | ○ | ○ |
| 옥외소화전설비 | | | ○ | | | ○ | | ○ | ○ | | ○ | | ○ | ○ |
| 물분무등 소화설비 | 포 소화설비 | | ○ | | | ○ | | ○ | ○ | | ○ | ○ | ○ | ○ |
| | 불활성기체 소화설비 | | | ○ | | | | ○ | | | | ○ | | |
| | 할로젠화합물 소화설비 | | | ○ | | | | ○ | | | | ○ | | |

■ 참고 ■

이러한 문제를 해결하는 첫 번째 방안은 법령에서 정하고 있는 "소화설비의 적응성"에 관한 [표]를 완전 숙지하고 있거나 숙련된 이론을 근거로 가부(可否)를 판단하여 표시하는 방법이 있을 수 있다. [표]를 완전히 암기한다는 것도 어렵거니와 숙련된 이론을 근거로 가부(可否)를 판단하였다고 하여도 오류나 실수가 있기 마련이므로 완전한 학습을 꾀하기 어렵다. 저자가 소개하는 "암기법"으로 난제를 타개하는 것도 좋은 방안이 될 것 같아 소개해 보이도록 한다.

---

**● 이승원의 적응성 암기법 ●**

■ 건전한 1, 2, 3 그것 4, 5, 6 PSW / 알철수(123) / 불로전 인사

① 건전한 1, 2, 3 그것 4, 5, 6 → 건축물, 전기설비, 인화성고체, 1류, 2류, 3류(그 밖의 것), 4류, 5류, 6류
  - P : 포졸 말고 ; 포소화설비는 전기시설만 뺌
  - S : 소상무가 ㅋ 너좀빼래 ➡ 소화전(옥내/옥외), 봉상수·무상수 소화기, 가(강)화액 ㅋ(스프링클러) → 위의 적응항목 중 너(4류 위험물), 좀(전기) 빼래(제외)
  - W : 물은 다넣어 ; 물분무 소화설비는 위에서 빠진 것(4류 위험물, 전기시설) 포함

② 불로전 인사 : 불활성기체, 할로젠 소화설비는 전기설비, 인화성고체, 제4류 위험물에 적응성이 있음

③ 알철수(1, 2, 3) + 1 → 알철수(1, 2, 3) + ①항 → ①항(건전한 1, 2, 3 그것, 4, 5, 6) + 알칼리금속 과산화물(1류), 철분·금속분(2류), 금수성물품(3류)
  - 인삼은 알철수(123)빼고, **분탕밖에 넣어** ➡ 인산염류는 알칼리금속 과산화물(1류), 철분·금속분(2류), 금수성물품(3류) 빼고, 분말의 탄산수소염류는 알철수(123), 그 밖의 것을 포함(넣어)
  - 조팽이는 건전지 빼고 123456 : 건조사·팽창질석·팽창진주암 ➡ 건축물, 전기 빼고 1, 2, 3, 4, 5, 6류 위험물에 적응성이 있음

㉮ 먼저 "옥내소화전"과 "옥외소화전"은 〈암기법〉에서 "건전한 1, 2, 3 그것 4, 5, 6 PSW"와 관련이 있고, 〈암기법〉에서 "소화전"이 포함된 것은 "S"이다. S : 소상무가 ㅋ 너좀빼래" ➡ "소화전(옥내/옥외), 봉상수·무상수 소화기, 가(강)화액 ㅋ(컬러) → 위의 적응항목 중 너(4류 위험물), 좀(전기) 빼래(제외)"가 해당된다.

그러므로 옥내소화전, 옥외소화전, 스프링컬러는
➡ "너(4류 위험물), 좀(전기) 빼래(제외)"한 "건전한 1, 2, 3 그것 4, 5, 6'이다.

즉, 제4류 위험물과 전기설비를 뺀 건전한 1, 2, 3 그것 4, 5, 6 → "건축물, 전기설비, 인화성고체, 1류, 2류, 3류(그 밖의 것), 4류, 5류, 6류"에서 4류 위험물과 전기설비를 제외한 건축물, 인화성고체, 1류(그 밖의 것), 2류(그 밖의 것), 3류(그 밖의 것), 5류, 6류에 동그라미를 한다.

| 소화설비의 구분 / 대상물질 | 대상물 구분 | | | | | | | | | |
|---|---|---|---|---|---|---|---|---|---|---|
| | 건축물·그 밖의 공작물 | 전기설비 | 제1류 위험물 | | 제2류 위험물 | | 제3류 위험물 | | 제4류 위험물 | 제5류 위험물 | 제6류 위험물 |
| | | | 알칼리금속과산화물등 | 그 밖의 것 | 철분·금속분·마그네슘등 | 인화성고체 | 그 밖의 것 | 금수성물품 | 그 밖의 것 | | | |
| 옥내소화전설비 | ○ | | | ○ | | ○ | ○ | | ○ | | ○ | ○ |
| 옥외소화전설비 | ○ | | | ○ | | ○ | ○ | | ○ | | ○ | ○ |

㉯ 다음, 포 소화설비는 〈암기법〉에서 "건전한 1, 2, 3 그것 4, 5, 6 PSW"와 관련이 있고, 〈암기법〉에서 "포 소화설비"가 포함된 것은 "P"이다. ➡ "P : 포졸 말고 → 포소화설비는 전기시설 말고(뺀 것)"이다.

그러므로 "건전한 1, 2, 3 그것 4, 5, 6"에서 전기를 뺀 것 ➡ 건축물, 전기설비, 인화성고체, 1류, 2류, 3류(그 밖의 것), 4류, 5류, 6류"이므로 ➡ 건축물, 인화성고체, 1류(그 밖의 것), 2류(그 밖의 것), 3류(그 밖의 것), 4류, 5류, 6류에 동그라미를 한다.

| 소화설비의 구분 | | 대상물 구분 | | | | | | | | | | |
|---|---|---|---|---|---|---|---|---|---|---|---|---|
| | 대상물질 | 건축물·그 밖의 공작물 | 전기설비 | 제1류 위험물 | | 제2류 위험물 | | 제3류 위험물 | | 제4류 위험물 | 제5류 위험물 | 제6류 위험물 |
| | | | | 알칼리금속과산화물등 | 그 밖의 것 | 철분·금속분·마그네슘등 | 인화성고체 | 그 밖의 것 | 금수성물품 | 그 밖의 것 | | | |
| 물분무등 소화설비 | 포 소화설비 | ○ | | | ○ | | ○ | ○ | | ○ | ○ | ○ | ○ |

㉡ 다음, 불활성기체, 할로젠화합물 소화설비는 〈암기법〉에서 "불로전 인사 ➡ 불활성기체, 할로젠 소화설비는 전기설비, 인화성고체, 제4류 위험물"에 해당한다.

그러므로 "건전한 1, 2, 3 그것 4, 5, 6"에서 전기설비, 인화성고체, 제4류 위험물만 적응성이 있으므로 ➡ "건축물, 전기설비, 인화성고체, 1류, 2류, 3류(그 밖의 것), 4류, 5류, 6류"이므로 ➡ 전기설비, 인화성고체, 제4류 위험물에만 동그라미 하면 된다.

| 소화설비의 구분 | | 대상물질 | 대상물 구분 | | | | | | | | | |
|---|---|---|---|---|---|---|---|---|---|---|---|---|
| | | | 건축물·그 밖의 공작물 | 전기설비 | 제1류 위험물 | | 제2류 위험물 | | | 제3류 위험물 | | 제4류 위험물 | 제5류 위험물 | 제6류 위험물 |
| | | | | | 알칼리금속과산화물등 | 그 밖의 것 | 철분·금속분·마그네슘등 | 인화성고체 | 그 밖의 것 | 금수성물품 | 그 밖의 것 | | | |
| 물분무등 소화설비 | 불활성기체 소화설비 | | | ○ | | | | ○ | | | | ○ | | |
| | 할로젠화합물 소화설비 | | | ○ | | | | ○ | | | | ○ | | |

## 12 아세트알데하이드에 대하여 다음 물음에 답하시오.

(1) 옥외저장탱크 중 압력탱크 외의 탱크에 저장할 경우 저장소의 온도를 쓰시오.
(2) 연소범위가 4.1 ~ 57%일 경우 위험도를 구하시오.
(3) 공기 중에서 산화될 경우 생성되는 물질의 명칭을 쓰시오.

답안 (1) 15℃

(2) 위험도 $= \dfrac{57-4.1}{4.1} = 12.9$

(3) 아세트산

## 참고

아세트알데하이드는 인화성 액체로서 제4류 위험물 중 특수인화물에 속하며, 화학식(시성식)은 $CH_3CHO$로 나타내며, 지정수량은 50L, 위험등급 Ⅰ로 분류된다.

인화성 액체인 아세트알데하이드($CH_3CHO$)를 공기에 노출시키거나 산소를 불어 넣어 산화시키면 $CH_3CHO+O$로 되므로 ➡ $CH_3COOH$(아세트산)가 된다. 아세트알데하이드가 산화되면 생성되는 물질의 명칭을 기재하라고 하였으므로 시성식을 쓰면 틀린다. 아세트산 또는 초산으로 명칭을 기재하여야 한다.

아세트알데하이드($CH_3CHO$)의 원료는 "에탄올($C_2H_5OH$)"이다. 에탄올을 산화시켜 아세트알데하이드($CH_3CHO$)를 얻고 재차 산화시키면 제4류 위험물인 $CH_3COOH$(아세트산, 초산)이 된다.

$\square\ C_2H_5OH(\text{에탄올}) \xrightarrow[\text{수소제거(H 2개)}]{\text{산화}} CH_3COH(\text{아세트알데하이드}) \xrightarrow[\text{산소첨가}]{\text{산화}} CH_3COOH(\text{초산, 아세트산})$

아세트산(초산, $CH_3COOH$)은 등유, 경유, 폼산(포름산, 의산, $HCOOH$)과 함께 제4류 위험물(인화성 액체) 중 제2석유류(수용성)로 분류되며 지정수량은 2,000L, 위험등급 Ⅲ등급으로 지정·관리되고 있다.

위험도는 제시된 연소범위(폭발범위 4.1~57%)를 이용하여 산정하는데, 위험도 산정은 하한을 기준으로 하여 하한과 상한의 차이가 하한의 몇 배에 해당하는가를 나타낸다. 따라서 다음과 같이 산정할 수 있다.

□ 위험도 = $\dfrac{상한\ 값 - 하한\ 값}{하한\ 값} = \dfrac{57 - 4.1}{4.1} = 12.9$

저장온도는 다음의 관련규정을 참조한다.

▶ 법령보기 ◀
- 옥외저장탱크·옥내저장탱크 또는 지하저장탱크 중 압력탱크 외의 탱크에 저장하는 다이에틸에터등 또는 아세트알데하이드등의 온도는 산화프로필렌과 이를 함유한 것 또는 다이에틸에터등에 있어서는 30℃ 이하로, 아세트알데하이드 또는 이를 함유한 것에 있어서는 15℃ 이하로 각각 유지할 것
- 옥외저장탱크·옥내저장탱크 또는 지하저장탱크 중 압력탱크에 저장하는 아세트알데하이드등 또는 다이에틸에터등의 온도는 40℃ 이하로 유지할 것
- 보냉장치가 없는 이동저장탱크에 저장하는 아세트알데하이드등 또는 다이에틸에터등의 온도는 40℃ 이하로 유지할 것

## 13 다음은 위험물의 유별 저장 및 취급에 관한 기준이다. 괄호 안에 알맞은 말을 쓰시오.
(1) (    )위험물은 불티·불꽃, 고온체와의 접근이나 과열·충격 또는 마찰을 피해야 한다.
(2) (    )위험물은 가연물과의 접촉·혼합이나 분해를 촉진하는 물품과의 접근 또는 과열을 피해야 한다.
(3) (    )위험물은 불티·불꽃, 고온체와의 접근 또는 과열을 피하고, 함부로 증기를 발생시키지 않아야 한다.

**답안** (1) 제5류
(2) 제6류
(3) 제4류

**Point 설명** 위험물의 유별 저장 및 취급에 관한 기준은 다음과 같다.

▶ 법령보기 ◀
㉮ 제5류 위험물은 불티·불꽃·고온체와의 접근이나 과열·충격 또는 마찰을 피하여야 한다.
㉯ 제6류 위험물은 가연물과의 접촉·혼합이나 분해를 촉진하는 물품과의 접근 또는 과열을 피하여야 한다.
㉰ 제4류 위험물은 불티·불꽃·고온체와의 접근 또는 과열을 피하고, 함부로 증기를 발생시키지 아니하여야 한다.

## 14 다음 제1류 위험물의 각 품명과 지정수량을 쓰시오.
(1) $KIO_3$ : ① 품명, ② 지정수량
(2) $AgNO_3$ : ① 품명, ② 지정수량
(3) $KMnO_4$ : ① 품명, ② 지정수량

**답안** (1) ① 아이오딘산염류(요오드산염류)   ② 300kg
(2) ① 질산염류   ② 300kg
(3) ① 과망가니즈산염류(과망간산염류)   ② 1000kg

■ 참고 ■

 제1류 위험물의 각 품명과 지정수량은 다음과 같다.
⑦ KIO₃는 아이오딘산칼륨(요오드산칼륨, Potassium Iodate)이다. 품명은 아이오딘산염류(요드산염류), 지정수량은 300kg이다.
㉯ AgNO₃는 질산은(Silver Nitrate)이다. 품명은 질산염류, 지정수량은 300kg이다.
㉰ KMnO₄는 과망가니즈산칼륨(과망간산칼륨, Potassium Manganate)이다. 품명은 과망가니즈산염류, 지정수량은 1,000kg이다.

▶ 법령보기 ◀

| 위험물 | | | 지정수량 |
|---|---|---|---|
| 유별 | 성질 | 품명 | |
| 제1류 | 산화성고체 | 아염소산염류 | 50킬로그램 |
| | | 염소산염류 | 50킬로그램 |
| | | 과염소산염류 | 50킬로그램 |
| | | 무기과산화물 | 50킬로그램 |
| | | 브로민산염류 | 300킬로그램 |
| | | 질산염류 | 300킬로그램 |
| | | 아이오딘산염류 | 300킬로그램 |
| | | 과망가니즈산염류 | 1,000킬로그램 |
| | | 다이크로뮴산염류 | 1,000킬로그램 |

**15** 다음 물음에 답하시오.
(1) 연면적 150m², 외벽이 내화구조인 옥내저장소의 소요단위를 산정하여 쓰시오.
(2) 위험물 저장소에 에틸알코올 1,000L, 클로로벤젠 1,500L, 동식물유 20,000L, 특수인화물 500L를 함께 저장하고 있다. 소요단위를 산정하여 쓰시오.

**답안** (1) 소요단위 $= \dfrac{\text{연면적}}{150\text{m}^2} = \dfrac{150}{150} = 1$

(2) 소요단위 $= \dfrac{\text{지정배수량의 총합}}{10} = \dfrac{1000\text{L}/400\text{L} + 1500\text{L}/1000\text{L} + 20000\text{L}/10000 + 500\text{L}/50\text{L}}{10}$
$= 1.6$

**Point 설명** 저장소의 건축물 외벽이 내화구조인 것은 연면적 150m²를 1소요단위로 하므로 현재 시설의 소요단위는 150/150=1이 된다.

위험물에 대해서는 지정수량의 10배를 1소요단위로 하므로 지정수량의 배수를 먼저 산출하여야 한다.
• 에틸알코올은 지정수량 400L이므로 지정수량의 배수는 → 1000L/400L=2.5
• 클로로벤젠의 지정수량은 1,000L이므로 지정수량의 배수는 → 1500L/1000L=1.5
• 동식물유류의 지정수량은 10,000L이므로 지정수량의 배수는 → 20000L/10000=2
• 특수인화물의 지정수량은 50L이므로 지정수량의 배수는 → 500L/50L=10

지정수량 배수의 총합은 2.5 + 1.5 + 2 + 10 = 16

위험물은 지정수량의 10배를 1소요단위로 하므로 → 16을 10으로 나누면 1.6이 해당 저장소의 소요단위가 된다.

▶ 법령보기 ◀

| 유별 | 성질 | 위험물 품명 | | 지정수량 |
|---|---|---|---|---|
| 제4류 | 인화성액체 | • 특수인화물(이황화탄소, 산화프로필렌, 아세트알데하이드, 디에틸에테르등) | | 50L |
| | | • 제1석유류 | 비수용성(휘발유, 벤젠, 톨루엔, 초산에틸 등) | 200L |
| | | | 수용성(아세톤, 사이안화수소, 피리딘 등) | 400L |
| | | • 알코올류(메틸알코올, 에틸알코올, 아이소프로필알코올 등) | | 400L |
| | | • 제2석유류 | 비수용성(등유, 경유, 자일렌, 클로로벤젠 등) | 1,000L |
| | | | 수용성(아크릴산, 하이드라진, 에틸렌다이아민 등) | 2,000L |
| | | • 제3석유류 | 비수용성(중유, 아닐린, 벤질알코올, 나이트로벤젠 등) | 2,000L |
| | | | 수용성(에틸렌글리콜, 글리세린, 올레엔산 등) | 4,000L |
| | | • 제4석유류 : 윤활유(기어유, 실린더유, 터빈유, 모빌유, 연진오일 등) | | 6,000L |
| | | • 동식물유류(아마인유, 피마자유, 야자유, 채종유 등) | | 10,000L |

**16** 다음 물질 중 비수용성인 것을 모두 고르시오.

• 이황화탄소　• 아세트알데하이드　• 클로로벤젠　• 스티렌　• 아세톤

**답안** 이황화탄소, 클로로벤젠, 스티렌

**Point 설명** 이황화탄소($CS_2$)의 물(상온)에 대한 용해도는 0.173mL/100mL로 매우 낮아 비수용성으로 분류된다. 클로로벤젠($C_6H_5Cl$)은 물에 녹지 않고, 대부분의 유기용매와 임의의 비율로 섞인다. 스티렌(Styrene)은 벤젠에 비닐기가 붙은 유기화합물로 $C_6H_5CH=CH_2$의 화학식을 가지며, 물에 대한 용해도가 0.03% 이하로 비수용성 액체로 분류된다.

**17** 다음은 인화점측정기와 시험방법에 관한 내용이다. 괄호 안에 알맞은 내용을 쓰시오.

(1) (　　　　) 인화점측정기
① 시험장소는 1기압, 무풍 장소에서 할 것
② 인화점측정기의 시료컵에 시험물품 50cm³를 넣고, 시험물품 표면의 거품을 제거한 후 뚜껑을 덮을 것
③ 시험불꽃을 점화하고 화염의 크기를 직경 4mm가 되도록 조정할 것

(2) (　　　　) 인화점측정기
① 시험장소는 1기압, 무풍 장소에서 할 것
② 인화점측정기의 시료컵을 설정온도까지 가열 또는 냉각하여 시험물품(설정온도가 상온보다 낮은 온도인 경우에는 설정온도까지 냉각한 것) 2mL를 시료컵에 넣고 즉시 뚜껑 및 개폐기를 닫을 것
③ 시험불꽃을 점화하고 화염의 크기를 직경 4mm가 되도록 조정할 것

(3) (　　　　) 인화점측정기
① 시험장소는 1기압, 무풍 장소에서 할 것
② 인화점측정기의 시료컵의 표선까지 시험물품을 채우고 시험물품 표면의 기포를 제거할 것
③ 시험불꽃을 점화하고 화염의 크기를 직경 4mm가 되도록 조정할 것

**답안**
(1) 태그밀폐식
(2) 신속평형법
(3) 클리브랜드개방컵법

**∥참고∥**

 이러한 문제는 출제유형만 파악하고, 임시변통으로 핵심만 체크하는 수준에서 다음과 같이 암기해 두기를 권고한다.
(1) (　　　　) 인화점측정기 → 50cm³ ➡ 태우고 ~ ∴ 태그밀폐식
(2) (　　　　) 인화점측정기 → 2mL ➡ 신속히 ~ ∴ 신속평형법
(3) (　　　　) 인화점측정기 → 표선까지 시험물품 ➡ 표선까지 글려버려 ~ ∴ 클리브랜드개방컵법

▶ 법령보기 ◀

㉮ 태그(Tag) 밀폐식
- 시험장소는 1기압, 무풍의 장소로 할 것
- 시료컵에 시험물품 50cm³를 넣고 시험물품의 표면의 기포를 제거한 후 뚜껑을 덮을 것
- 시험불꽃을 점화하고 화염의 크기를 직경이 4mm가 되도록 조정할 것
- 시험물품의 온도가 60초간 1℃의 비율로 상승하도록 수조를 가열하고 시험물품의 온도가 설정온도보다 5℃ 낮은 온도에 도달하면 개폐기를 작동하여 시험불꽃을 시료컵에 1초간 노출시키고 닫을 것. 이 경우 시험불꽃을 급격히 상하로 움직이지 않을 것

㉯ 신속평형법
- 시험장소는 1기압, 무풍의 장소로 할 것
- 시료컵을 설정온도까지 가열 또는 냉각하여 시험물품(설정온도가 상온보다 낮은 온도인 경우에는 설정온도까지 냉각한 것) 2mL를 시료컵에 넣고 즉시 뚜껑 및 개폐기를 닫을 것
- 시료컵의 온도를 1분간 설정온도로 유지할 것
- 시험불꽃을 점화하고 화염의 크기를 직경이 4mm가 되도록 조정할 것
- 1분 경과 후 개폐기를 작동하여 시험불꽃을 시료컵에 2.5초간 노출시키고 닫을 것. 이 경우 시험불꽃을 급격히 상하로 움직이지 않을 것

㉢ 클리브랜드개방컵법
- 시험장소는 1기압, 무풍의 장소로 할 것
- 시료컵의 표선(標線)까지 시험물품을 채우고 시험물품의 표면의 기포를 제거할 것
- 시험불꽃을 점화하고 화염의 크기를 직경 4mm가 되도록 조정할 것
- 시험물품의 온도가 설정온도보다 28℃ 낮은 온도에 달하면 시험불꽃을 시료컵의 중심을 횡단하여 일직선으로 1초간 통과시킬 것. 이 경우 시험불꽃의 중심을 시료컵 위쪽 가장자리의 상방 2mm 이하에서 수평으로 움직일 것

**18** 제1종 판매취급소의 위험물 배합실 조건에 대해 다음 괄호 안에 들어갈 알맞은 내용을 쓰시오.
(1) 바닥면적은 (    )m² 이상 (    )m² 이하로 할 것
(2) 벽은 (    ) 또는 (    )로 구획할 것
(3) 출입구에는 자동폐쇄식의 (    )을 설치할 것
(4) 출입구 문턱의 높이는 바닥면으로부터 (    )m 이상으로 할 것
(5) 바닥에는 적당한 경사를 두고 (    )를 설치할 것

**답안**
(1) 6, 15
(2) 내화구조, 불연재료
(3) 60분 + 방화문 또는 60분방화문
(4) 0.1
(5) 집유설비

**Point 설명** 판매취급소와 관련된 시설규정은 다음과 같다.

▶ 법령보기 ◀

㉮ 판매취급소의 구분
- 제1종 판매취급소 : 저장 또는 취급하는 위험물의 수량이 지정수량의 20배 이하인 판매취급소
- 제2종 판매취급소 : 저장 또는 취급하는 위험물의 수량이 지정수량의 40배 이하인 판매취급소

㉯ 제1종 판매취급소의 시설기준
Ⓐ 제1종 판매취급소의 용도로 사용하는 부분의 창 및 출입구에는 60분 + 방화문 · 60분방화문 또는 30분방화문을 설치할 것
Ⓑ 제1종 판매취급소의 용도로 사용하는 부분의 창 또는 출입구에 유리를 이용하는 경우에는 망입유리로 할 것
Ⓒ 위험물을 배합하는 실은 다음에 의할 것
- 바닥면적은 6m² 이상 15m² 이하로 할 것
- 내화구조 또는 불연재료로 된 벽으로 구획할 것
- 바닥은 위험물이 침투하지 아니하는 구조로 하여 적당한 경사를 두고 집유설비를 할 것
- 출입구에는 수시로 열 수 있는 자동폐쇄식의 60분 + 방화문 또는 60분방화문을 설치할 것
- 출입구 문턱의 높이는 바닥면으로부터 0.1m 이상으로 할 것

**19** 다음은 자체소방대에 관한 내용이다. 물음에 답하시오.

(1) 다음 중 자체소방대를 두어야 하는 대상 사업소만 골라 해당번호를 쓰시오.

① 염소산염류 250톤 제조소
② 염소산염류 250톤 일반취급소
③ 특수인화물 250kL 제조소
④ 특수인화물 250kL 충전하는 일반취급소

(2) 자체소방대에 두는 화학소방자동차 1대당 필요한 소방대원의 수는 최소 몇 명이어야 하는지 쓰시오.
(3) 다음 중 틀린 것을 고르시오. (단 해당사항 없는 경우 "없음"으로 쓰시오)

① 다른 사업소등과 상호협정을 체결한 경우 그 모든 사업소를 하나의 사업소로 본다.
② 포수용액 방사차에는 소화약액탱크 및 소화약액혼합장치를 비치할 것
③ 포수용액 방사차는 자체 소방차 대수의 2/3 이상이어야 하고 포수용액 방사능력은 3,000L 이상일 것
④ 10만L 이상의 포수용액을 방사할 수 있는 양의 소화약제를 비치할 것

(4) 관련규정을 위반하여 자체소방대를 두지 아니한 제조소등의 관계인에 대한 벌칙을 쓰시오.

**답안** (1) ③, ④
(2) 5인
(3) ③
(4) 1년 이하의 징역 또는 1천만원 이하의 벌금

**■ 참고 ■**

(1)에서 ①, ②항은 제4류 위험물을 취급하는 사업소가 아니므로 자체소방대를 두어야 하는 대상 사업소가 아니다. 특수인화물은 제4류 위험물로서 지정수량 50L이다. 제조소 또는 일반취급소에서 취급하는 제4류 위험물의 최대수량의 합이 지정수량의 3천배 이상이면 자체소방대를 두어야 한다. ③, ④항은 지정수량의 5,000배(=250×1000/50)이므로 자체소방대를 두어야 한다.

(2)에서, 화학소방자동차마다 5인 이상의 자체소방대원을 두어야 한다. 따라서 화학소방자동차 1대당 최소인원수는 5인이다.

(3)의 ①항에서, 자체소방대 편성의 특례에 따라 2 이상의 사업소가 상호응원에 관한 협정을 체결하고 있는 경우에는 당해 모든 사업소를 하나의 사업소로 본다. → ∴ ①항은 올바르다.

(3)의 ②, ③, ④항에서, 포수용액 방사차는 규정상 포수용액의 방사능력이 매분 2,000L 이상이어야 하고, 소화약액탱크 및 소화약액혼합장치를 비치하여야 하며, 10만L 이상의 포수용액을 방사할 수 있는 양의 소화약제를 비치하여야 한다. → ∴ ②, ④항은 올바르다.

그러나 ③항의 경우, 포수용액을 방사하는 화학소방자동차의 대수는 화학소방자동차의 대수의 3분의 2 이상으로 하여야 하고, 포수용액의 방사능력이 매분 2,000L 이상이어야 한다. → ∴ ③항은 틀리다.

(4)에서, 관련규정을 위반하여 자체소방대를 두지 아니한 관계인은 1년 이하의 징역 또는 1천만원 이하의 벌금에 처하게 된다.

▶ 법령보기 ◀

다량의 위험물을 저장·취급하는 제조소등은 규정 수량 이상의 위험물을 저장 또는 취급하는 경우, 당해 사업소의 관계인은 법령에 따라 당해 사업소에 자체소방대를 설치하여야 한다.

㉮ 자체소방대를 설치하여야 하는 사업소
- 제4류 위험물을 취급하는 제조소 또는 일반취급소(제조소 또는 일반취급소에서 취급하는 제4류 위험물의 최대수량의 합이 지정수량의 3천배 이상). 다만, 보일러로 위험물을 소비하는 일반취급소 등의 일반취급소는 제외한다.
- 제4류 위험물을 저장하는 옥외탱크저장소(옥외탱크저장소에 저장하는 제4류 위험물의 최대수량이 지정수량의 50만배 이상)

| 사업소의 구분 | 화학소방자동차 | 자체소방대원의 수 |
| --- | --- | --- |
| 1. 제조소 또는 일반취급소에서 취급하는 제4류 위험물의 최대수량의 합이 지정수량의 3천배 이상 12만배 미만인 사업소 | 1대 | 5인 |
| 2. 제조소 또는 일반취급소에서 취급하는 제4류 위험물의 최대수량의 합이 지정수량의 12만배 이상 24만배 미만인 사업소 | 2대 | 10인 |
| 3. 제조소 또는 일반취급소에서 취급하는 제4류 위험물의 최대수량의 합이 지정수량의 24만배 이상 48만배 미만인 사업소 | 3대 | 15인 |
| 4. 제조소 또는 일반취급소에서 취급하는 제4류 위험물의 최대수량의 합이 지정수량의 48만배 이상인 사업소 | 4대 | 20인 |
| 5. 옥외탱크저장소에 저장하는 제4류 위험물의 최대수량이 지정수량의 50만배 이상인 사업소 | 2대 | 10인 |

㉯ 자체소방대의 설치 제외대상인 일반취급소
- 보일러, 버너 그밖에 이와 유사한 장치로 위험물을 소비하는 일반취급소
- 이동저장탱크 그밖에 이와 유사한 것에 위험물을 주입하는 일반취급소
- 용기에 위험물을 옮겨 담는 일반취급소
- 유압장치, 윤활유순환장치 그밖에 이와 유사한 장치로 위험물을 취급하는 일반취급소
- 「광산안전법」의 적용을 받는 일반취급소

㉰ 자체소방대 편성의 특례 : 2 이상의 사업소가 상호응원에 관한 협정을 체결하고 있는 경우에는 당해 모든 사업소를 하나의 사업소로 보고 제조소 또는 취급소에서 취급하는 제4류 위험물을 합산한 양을 하나의 사업소에서 취급하는 제4류 위험물의 최대수량으로 간주하여 규정에 의한 화학소방자동차의 대수 및 자체소방대원을 정할 수 있다. 이 경우 상호응원에 관한 협정을 체결하고 있는 각 사업소의 자체소방대에는 규정에 의한 화학소방차 대수의 2분의 1 이상의 대수와 화학소방자동차 마다 5인 이상의 자체소방대원을 두어야 한다.

㉱ 화학소방차의 기준 : 포수용액을 방사하는 화학소방자동차의 대수는 화학소방자동차의 대수의 3분의 2 이상으로 하여야 한다. 화학소방자동차(내폭화학차 및 제독차 포함)에 갖추어야 하는 소화능력 및 설비의 기준은 다음과 같다.

| 화학소방자동차의 구분 | 소화능력 및 설비의 기준 |
| --- | --- |
| 포수용액 방사차 | • 포수용액의 방사능력이 매분 2,000L 이상일 것<br>• 소화약액탱크 및 소화약액혼합장치를 비치할 것<br>• 10만L 이상의 포수용액을 방사할 수 있는 양의 소화약제를 비치할 것 |
| 분말 방사차 | • 분말의 방사능력이 매초 35kg 이상일 것<br>• 분말탱크 및 가압용가스설비를 비치할 것<br>• 1,400kg 이상의 분말을 비치할 것 |
| 할로젠화합물 방사차 | • 할로젠화합물의 방사능력이 매초 40kg 이상일 것<br>• 할로젠화합물탱크 및 가압용가스설비를 비치할 것<br>• 1,000kg 이상의 할로젠화합물을 비치할 것 |
| 이산화탄소 방사차 | • 이산화탄소의 방사능력이 매초 40kg 이상일 것<br>• 이산화탄소저장용기를 비치할 것<br>• 3,000kg 이상의 이산화탄소를 비치할 것 |
| 제독차 | • 가성소다 및 규조토를 각각 50kg 이상 비치할 것 |

▶ 법령보기 ◀

관할 시·도지사의 허가 또는 변경허가를 받은 관계인이 규정을 위반하여 자체소방대를 두지 아니한 경우, 1년 이하의 징역 또는 1천만원 이하의 벌금에 처한다.

**20** 옥외저장탱크 저장소에 내용적 5천만L인 탱크에 3천만L의 휘발유가 저장되어 있고, 또 하나의 내용적 1억 2천만L인 탱크에는 8천만L의 경유가 저장되어 있다. 두 개의 옥외저장탱크를 하나의 방유제 안에 설치할 경우 다음 물음에 답하시오.

(1) 두 탱크 중 내용적이 더 적은 탱크의 최대용량은 몇 L 이상인지 쓰시오.
(2) 두 개의 옥외저장탱크를 둘러싸고 있는 방유제의 용량은 몇 L 이상인지 쓰시오. (단, 두 개의 옥외저장탱크의 공간용적은 모두 10%이다)
(3) 두 옥외저장탱크 사이를 구획하는 설비의 명칭을 쓰시오.

**답안**  (1) 47,500,000L
         (2) 118,800,000L
         (3) 간막이 둑

**■ 참고 ■**

**상세해설** 탱크용량 및 방유제의 용량은 다음과 같이 산정할 수 있다.

Ⓐ 두 탱크 중 내용적이 더 적은 탱크의 최대용량 산정 ➡ 내용적이 더 적은 탱크는 내용적 5천만L인 탱크이므로 이 탱크의 최대용량을 산정하는 것이다. 여기서 "위험물안전관리에 관한 세부기준(소방청고시 제2024-24호)"에서 ➡ "탱크의 공간용적은 탱크의 내용적의 100분의 5 이상 100분의 10 이하의 용적으로 한다."라고 규정되어 있으므로 이것을 적용(100분의 5)하여 탱크의 용량을 산정하여야 한다. ➡ ∴ 탱크의 최대용량 = 내용적 – 공간용적 ➡ 5천만L – 5천만L×(5/100) = 47,500,000L가 된다.

Ⓑ 두 개의 옥외저장탱크를 둘러싸고 있는 방유제의 용량 산정(두 개의 옥외저장탱크의 공간용적은 모두 10%) ➡ 방유제 내에 탱크 2기가 설치되었으므로 방유제의 용량은 탱크 중 용량이 최대인 것의 용량의 110% 이상으로 하여야 한다. ➡ ∴ 방유제의 용량 = 큰 탱크 최대용량×(110/100)으로 산정한다. 큰 탱크는 내용적 1억2천만L인 탱크이고, 문제의 조건에 따라 공간용적 10%를 제외한 용량이 해당 탱크(큰 탱크)의 최대용량이 된다. 여기에 탱크용량의 110%를 가산한 것이 방유제의 용량이 되므로 ➡ 방유제의 용량= [1억2천만L – 1억2천만×(10/100)]×(110/100)=118,800,000L가 된다.

두 옥외저장탱크 사이를 구획하는 설비의 명칭은 "간막이 둑"이다. 용량 1,000만L 이상인 옥외저장탱크의 주위에 설치하는 방유제에는 탱크마다 간막이 둑을 설치하여야 한다. 간막이 둑의 높이는 0.3m(방유제 내에 설치되는 옥외저장탱크의 용량의 합계가 2억L를 넘는 방유제에 있어서는 1m)이상으로 하되, 방유제의 높이보다 0.2m 이상 낮게 하여야 하고, 간막이 둑은 흙 또는 철근콘크리트로 하여야 한다.

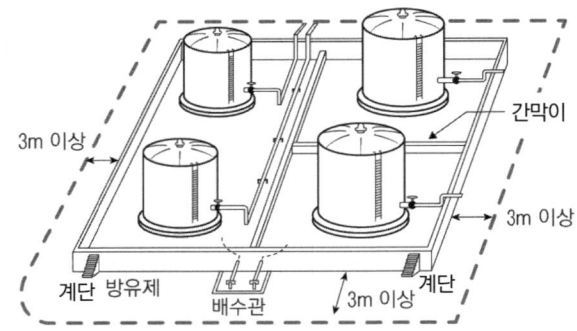

# 2020년 제3회

**01** 다음 온도에서 제1종 분말소화약제의 열분해반응식을 각각 쓰시오.
(1) 270℃
(2) 850℃

**답안** (1) 270℃의 열분해 : $2NaHCO_3 \rightarrow Na_2CO_3 + CO_2 + H_2O$
(2) 850℃의 열분해 : $2NaHCO_3 \rightarrow Na_2O + 2CO_2 + H_2O$

## 참고

 제1종 분말소화약제의 주성분은 탄산수소나트륨($NaHCO_3$)이다. 백색의 분말 상태로 약간의 쓰고 짠맛이 나는 안정한 상태의 화합물이며, 주방에서 흔히 사용하는 베이킹소다(중탄산 나트륨, 중탄산 소다)를 말한다.

$NaHCO_3$ 분말소화제의 소화메커니즘은 열분해할 때 발생되는 $CO_2$가 산소공급을 차단시키는 질식효과를 일으키고, 소화약제가 열분해하면서 흡열반응을 하거나 $H_2O$를 부생하기 때문에 이것으로 인해 미약하지만 냉각효과를 유발하며, 열분해과정에서 유리된 이온($Na^+$)은 연쇄반응의 고리를 끊어주는 부촉매효과를 발휘하게 된다.

그러므로 $NaHCO_3$ 분말소화제가 열분해될 경우, 필연적으로 $CO_2$가 발생되는데, 낮은 온도(약 300℃ 부근)서 열분해되는 것 보다 높은 온도(약 900℃)에서는 더 많은 양(약 2배)의 $CO_3$가 발생하여 산소공급을 차단시키는 질식효과를 증대시킨다. 이와 같이 개념적·메커니즘적으로 단 한번 집중(가슴으로 느낌표 공부)해 두면, 무작정 반응식을 암기함으로써 오는 폐단과 스트레스(잊어버리고 – 암기하고 – 잊어버리고 – 암기하고)로부터 해방될 수 있을 뿐만 아니라 학습한 지식이나 고도의 실력상승은 평생 지속될 수 있음을 강조한다.

한글명칭으로 탄산수소나트륨이라고 하였을 때 → 탄산 + 수소 + 나트륨으로 바열하면 → $CO_3 + H + Na$으로 되지만 한글명칭은 음이온을 먼저 부른 다음 양이온을 쓰기 때문에 → 재배열하면 $Na^+ + HCO_3^- = NaHCO_3$로 분자가 구성된다는 것이다. 이러한 약간의 개념만 알아두어도 분자식을 남들보다 더 잘 만들 수 있고, 반응식 작성을 쉽게 할 수 있는 토대가 마련된다는 것이다.

저온에서 $NaHCO_3$가 열분해하면 → $CO_2$와 $H_2O$가 하나씩 떨어져 나오고, 나머지는 부촉매로 작용하는 물질이 생성된다고 생각해 둔다. 이러한 개념을 토대로 다음과 같이 반응식을 만든다.

□ $aNaHCO_3 \rightarrow bCO_2 + cH_2O$ + 부생물
- 생성계의 $CO_2$, $H_2O$를 1mol로 놓으면 $CO_2=1$, $H=2 \rightarrow \therefore a=2$로 전환
→ $2NaHCO_3 \rightarrow CO_2 + H_2O$ + 부생물
- 생성계의 남은 원소를 정산하면 $Na=2$, $CO_3=1 \rightarrow \therefore$ 부생물 = $Na_2CO_3$

〈완성〉 $2NaHCO_3 \rightarrow CO_2 + H_2O + Na_2CO_3$

고온에서는 저온보다 $NaHCO_3$의 열분해가 더욱 왕성하게 일어나므로 → $CO_2$의 발생량이 증가된다는 것만 기억하고 반응식을 만들어간다.

□ $aNaHCO_3 \rightarrow 2CO_2 + H_2O$ + 부생물
- 생성계의 $CO_2 = 2mol$(저온에 2배)로 놓으면 $2CO_2$, $H=2 \rightarrow \therefore a=2$로 전환
→ $2NaHCO_3 \rightarrow 2CO_2 + H_2O$ + 부생물
- 생성계의 남은 원소를 정산하면 $Na=2$, $O=1 \rightarrow \therefore$ 부생물 = $Na_2O$

〈완성〉 $2NaHCO_3 \rightarrow 2CO_2 + H_2O + Na_2O$

**02** 다음의 동식물유류를 건성유, 반건성유, 불건성유로 분류하시오.

• 아마인유　　• 야자유　　• 들기름　　• 쌀겨기름　　• 목화씨유　　• 땅콩유

**답안** (1) 건성유 : 아이오딘가 130 이상인 아마인유, 들기름 등
(2) 반건성유 : 아이오딘가 100 ~ 130 범위인 목화씨유, 쌀겨기름 등
(3) 불건성유 : 아이오딘가 100 이하인 야자유, 땅콩유 등

**Point 설명** 아이오딘가(요오드가, Iodine Value)가 130 이상인 식물유지를 건성유, 100 ~ 130의 것을 반건성유, 100이하의 것을 불건성유로 분류한다.

**03** 다음과 같이 횡(가로)으로 설치한 원통형 탱크의 용적($m^3$)과 용량($m^3$)을 구하시오. (단, 탱크의 공간용적은 10%이다)

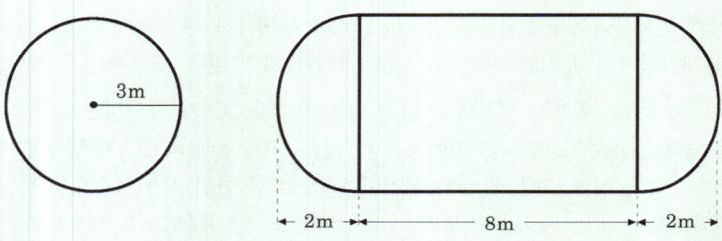

**답안** (1) 내용적 $= \pi r^2 \left( l + \dfrac{l_1 + l_2}{3} \right)$

$\therefore$ 내용적 $= 3.14 \times 3^2 \times \left( 8 + \dfrac{2+2}{3} \right) = 263.89 \, m^3$

(2) 탱크의 용량 = 내용적 - 공간용적 = 내용적 × (1 - 공간 용적률)

$\therefore$ 탱크용량 $= 263.89 \times (1 - 0.1) = 237.5 \, m^3$

■ 참고 ■

 횡(가로)으로 설치한 원통형 탱크의 내용적은 다음 공식으로 산출된다.

□ 내용적 $= \pi r^2 \left( l + \dfrac{l_1 + l_2}{3} \right)$

계산식에 반지름($r$) 3m, 직선부 길이($l$) 8m, 곡선부 길이($l_1$, $l_2$) 각 2m를 대입하여 탱크의 내용적을 산출한다.

□ 내용적 $= 3.14 \times 3^2 \times \left( 8 + \dfrac{2+2}{3} \right) = 263.89 \, m^3$

탱크의 용량은 내용적에서 공간용적을 제외한 용적을 말하며, 문제에서 제시된 공간용적률이 10%이므로 이에 해당하는 용적을 탱크 내용적에서 감산하면 탱크용량이 된다.

□ 탱크의 용량 = 내용적 - 공간용적 = 내용적 × (1 - 공간 용적률)

$\therefore$ 탱크용량 $= 263.89 \times (1 - 0.1) = 237.5 \, m^3$

**04** 다음 위험물의 화학식과 지정수량을 쓰시오.
   (1) 과산화벤조일(1종)
   (2) 과망가니즈산암모늄
   (3) 인화아연

**답안** (1) $(C_6H_5CO)_2O_2$, 10kg(1종) (※ 제5류, Ⅰ등급)
   (2) $NH_4MnO_4$, 1000kg (※ 제1류, Ⅲ등급)
   (3) $Zn_3P_2$, 300kg (※ 제3류, Ⅲ등급)

**참고**

과산화벤조일(Benzoyl Peroxide, 벤조일퍼옥사이드)은 벤조일기를 두 개와 유기과산화기가 결합해 있는 유기과산화물의 일종으로 분자 내에 퍼옥시(Peroxy, -O-O-)기가 존재하기 때문에 불안정하고, 반응성이 높으며, 쉽게 분해되어 활성산소를 방출하는 특성을 가진다. 제5류 위험물 중 유기과산화물로서 지정수량이 10kg인 위험물은 1종, 위험등급 Ⅰ로 분류된다.

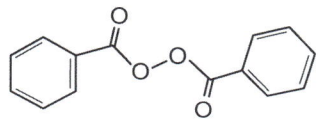

〈그림〉 과산화벤조일$(C_6H_5CO)_2O_2$

- 무색·결정성 고체로 공업적으로 중합개시제, 경화제, 표백제 등에 사용되는 유기화합물로 물에 불용, 유기용매에는 녹음
- 강한 산화제로 작용하며, 인화점(발화점)은 125℃
- 가열, 마찰, 충격 등에 의하여 폭발되며 스스로 분해되기 쉬움
- 금속재료를 부식시키며, 인체에 큰 영향을 미침

과산화벤조일은 제5류 위험물의 유기과산화물로 분류되며, 벤조일퍼옥사이드(Benzoyl Peroxide, BPO)라고도 하며, 투명한 백색의 고체로 산소를 다량 포함하는 폭발성이 매우 강한 강산화제로서 유기성의 환원성물질로 가연성물질이다.

**과망가니즈산암모늄**($NH_4MnO_4$)은 제1류 위험물로서 지정수량 1,000kg, 위험등급 Ⅲ으로 물에 잘 녹는 특성을 가지고 있다. 비교적 낮은 온도(130℃)에서 분해가 개시되어 300℃ 이상이 되면 급속히 진행되며 폭발성이 있다.

$$2NH_3ClO_4 \rightarrow 2O_2 + N_2 + Cl_2 + 4H_2O$$

**인화아연**($Zn_3P_2$)은 제3류 위험물(자연발화성물질 및 금수성물질)로서 품명 ; "금속의 인화물"에 속하며, 지정수량 300kg, 위험등급 Ⅲ으로 지정·관리되는 물질이다. 강산(强酸)인 염산과 반응할 경우 유독성 가스($PH_3$, 포스핀)를 발생한다.

$$Zn_3P_2(인화아연) + 6HCl \rightarrow 2PH_3 + 3ZnCl_2$$

**05** 다음 각 물질의 물과의 반응식을 쓰시오.
  (1) $K_2O_2$
  (2) $Mg$
  (3) $Na$

**답안** (1) 과산화칼륨과 물의 반응 : $K_2O_2 + H_2O \rightarrow 2KOH + 0.5O_2$

  (2) 마그네슘과 물의 반응 : $Mg + 2H_2O \rightarrow Mg(OH)_2 + H_2$

  (3) 나트륨과 물의 반응 : $Na + H_2O \rightarrow NaOH + 0.5H_2$

■ 참고 ■

과산화칼륨($K_2O_2$)은 제1류 위험물(산화성 고체)로서 품명 무기과산화물에 속하며, 지정수량 50kg, 위험물 등급 I 등급으로 지정·관리되는 물질이다.

과산화칼륨($K_2O_2$)과 물($H_2O$)의 반응에서 물($H_2O$)이 제공하는 음이온 1가의 수산화이온($OH^-$)은 과산화칼륨($K_2O_2$) 중 1가의 양이온인 칼륨($K^+$)과 결합하여 수산화물(水酸化物)을 형성하면서 부산물로 산소를 방출한다.
  □ $K_2O_2 + H_2O \rightarrow 2KOH + 0.5O_2$

마그네슘($Mg$)과 물($H_2O$)의 반응에서 물($H_2O$)이 제공하는 음이온 1가의 수산화이온($OH^-$)은 마그네슘 2가의 양이온($Mg^{2+}$)과 결합하여 수산화물(水酸化物)을 형성하면서 부산물로 수소를 방출한다.
  □ $Mg + 2H_2O \rightarrow Mg(OH)_2 + H_2$

나트륨($Na$)과 물($H_2O$)의 반응에서 물($H_2O$)이 제공하는 음이온 1가의 수산화이온($OH^-$)은 나트륨 1가의 양이온($Na^+$)과 결합하여 수산화물(水酸化物)을 형성하면서 부산물로 수소를 방출한다.
  □ $Na + H_2O \rightarrow NaOH + 0.5H_2$


**06** 트라이메틸알루미늄과 트라이에틸알루미늄에 대한 다음 물음에 답하시오.
  (1) 트라이메틸알루미늄(TMA)의 연소반응식을 쓰시오.
  (2) 트라이에틸알루미늄(TEA)의 연소반응식을 쓰시오.
  (3) 트라이메틸알루미늄과 물의 반응식을 쓰시오.
  (4) 트라이에틸알루미늄과 물의 반응식을 쓰시오.

**답안** (1) TMA의 연소반응 : $Al(CH_3)_3 + 6O_2 \rightarrow \frac{1}{2}(Al_2O_3) + 3CO_2 + 4.5H_2O$

  (2) TEA의 연소반응 : $Al(C_2H_5)_3 + 10.5O_2 \rightarrow \frac{1}{2}(Al_2O_3) + 6CO_2 + 7.5H_2O$

  (3) TMA와 물의 반응 : $Al(CH_3)_3 + 3H_2O \rightarrow Al(OH)_3 + 3CH_4$

  (4) TEA와 물의 반응 : $Al(C_2H_5)_3 + 3H_2O \rightarrow Al(OH)_3 + 3C_2H_6$

■ 참고 ■

트라이메틸알루미늄[TMA, $Al(CH_3)_3$] 중 Al은 산화되어 $Al_2O_3$가 되는데, 알루미늄(Al)은 양이온 3가($Al^{3+}$)이고, 상응하는 음이온 2가인 산소($O^{2-}$)에 의해 연소산화되어 산화물을 형성할 때 등가원칙과 교호적용의 원리에 따라 Al의 산화물 구성은 2 : 3, 즉 $2Al^{3+} : 3O^{2-} = Al_2O_3$로 되고, C는 연소되어 $CO_2$로, H는 연소되어 $H_2O$로 된다.

□ $Al(CH_3)_3 + 6O_2 \rightarrow \frac{1}{2}(Al_2O_3) + 3CO_2 + 4.5H_2O$

트라이에틸알루미늄[TEA, $Al(C_2H_5)_3$] 중 Al은 산화되어 $Al_2O_3$가 되는데, 알루미늄(Al)은 양이온 3가($Al^{3+}$)이고, 상응하는 음이온 2가인 산소($O^{2-}$)에 의해 연소산화되어 산화물을 형성할 때 등가원칙과 교호적용의 원리에 따라 Al의 산화물 구성은 2 : 3, 즉 $2Al^{3+} : 3O^{2-} = Al_2O_3$로 되고, C는 연소되어 $CO_2$로, H는 연소되어 $H_2O$로 된다.

□ $Al(C_2H_5)_3 + 10.5O_2 \rightarrow \frac{1}{2}(Al_2O_3) + 6CO_2 + 7.5H_2O$

트라이메틸알루미늄[TMA, $Al(CH_3)_3$]과 물의 반응에서는 메테인(메탄, $CH_4$)이 생성된다. $Al(C_2H_5)_3$ 중의 알루미늄(Al)은 양이온 3가($Al^{3+}$)이고, 이와 반응하는 $H_2O$에서 제공되는 수산화 이온($OH^-$)은 1가 음이온이므로 등가원칙에 따라 이들이 결합한 수산화물의 구성은 1 : 3, 즉 $Al^{3+} : 3OH^- = Al(OH)_3$로 되면서 메테인(메탄) 가스를 방출한다.

□ $Al(CH_3)_3 + 3H_2O \rightarrow Al(OH)_3 + 3CH_4$

트라이에틸알루미늄[TEA, $Al(C_2H_5)_3$]과 물의 반응에서는 에테인(에탄, $C_2H_6$)이 생성된다. $Al(C_2H_5)_3$ 중의 알루미늄(Al)은 양이온 3가($Al^{3+}$)이고, 이와 반응하는 $H_2O$에서 제공되는 수산화 이온($OH^-$)은 1가 음이온이므로 등가원칙에 따라 이들이 결합한 수산화물의 구성은 1 : 3, 즉 $Al^{3+} : 3OH^- = Al(OH)_3$로 되면서 에테인(에탄) 가스를 방출한다.

□ $Al(C_2H_5)_3 + 3H_2O \rightarrow Al(OH)_3 + 3C_2H_6$

**07** 질산칼륨에 대해 다음 물음에 답하시오.
(1) 품명을 쓰시오.
(2) 지정수량을 쓰시오.
(3) 위험등급을 쓰시오.
(4) 제조소에 설치하는 주의사항 게시판에 들어갈 내용을 쓰시오. (단, 없으면 "없음"이라 쓰시오)
(5) 분해반응식을 쓰시오.

**답안** (1) 질산염류
(2) 300kg
(3) Ⅱ등급
(4) 없음
(5) $KNO_3 \rightarrow 0.5O_2 + KNO_2$

**Point 설명** 질산칼륨($KNO_3$)은 제1류 위험물(산화성고체)로서 품명은 질산염류이고, 여기에 해당되는 위험물의 종류는 $KNO_3$, $NaNO_3$, $NH_4NO_3$, $AgNO_3$ 등이다. 지정수량은 300kg, 위험등급은 Ⅱ이다. 질산칼륨은 제1류 위험물 중 알칼리금속의 과산화물($K_2O_2$, $Na_2O_2$ 등)이 아니므로 저장되는 위험물에 따른 주의사항을 표시한 게시판을 설치하여야 하는 대상이 아니다. 그러므로 "없음"이라 기재한다.

▶ 법령보기 ◀

저장 또는 취급하는 위험물에 따라 다음의 규정에 의한 주의사항을 표시한 게시판을 설치하여야 한다.
- 제1류 위험물 중 알칼리금속의 과산화물과 이를 함유한 것 또는 제3류 위험물 중 금수성물질에 있어서는 "물기엄금"
- 제2류 위험물(인화성고체 제외)에 있어서는 "화기주의"
- 제2류 위험물 중 인화성고체, 제3류 위험물 중 자연발화성물질, 제4류 위험물 또는 제5류 위험물에 있어서는 "화기엄금"
- 게시판의 색은 "물기엄금"을 표시하는 것에 있어서는 청색바탕에 백색문자로, "화기주의" 또는 "화기엄금"을 표시하는 것에 있어서는 적색바탕에 백색문자로 할 것

질산칼륨($KNO_3$)은 380℃ 이상의 고온에서 분해되어 산소와 아질산칼륨을 생성하며, 유기물의 분말 또는 활성탄과의 혼합물은 충격에 의해 폭발의 위험이 있다.

□ $2KNO_3 \xrightarrow[\text{산소 발생}]{380℃ \text{ 이상}} O_2 + 2KNO_2$ 또는 $KNO_3 \rightarrow 0.5O_2 + KNO_2$

## 08 탄화알루미늄이 물과 접촉·반응할 때 발생하는 가스에 대해 다음 물음에 답하시오.
(1) 발생가스의 연소반응식을 쓰시오.
(2) 발생가스의 연소범위를 쓰시오.
(3) 발생가스의 위험도를 산정하시오.

 **답안** (1) 연소반응 : $CH_4 + 2O_2 \rightarrow CO_2 + 2H_2O$

(2) 연소범위 : 5% ~ 15%

(3) 위험도 : 위험도 $= \dfrac{15-5}{5} = 2$

▮ 참고 ▮

**상세해설** 탄화알루미늄의 구성은 −4가인 탄소와 +3가인 알루미늄이 결합된 물질이므로 탄소가 양이온 3가인 알루미늄($Al^{3+}$)과 결합하기 위해서는 등가원칙에 따라 이들의 가수를 교호(交互)로 적용하여 화학식을 만들면 $Al_4C_3$로 된다. 탄화알루미늄($Al_4C_3$)은 제3류 위험물(자연발화성 및 금수성물질)로 지정수량 300kg, 위험등급 Ⅲ등급으로 지정·관리되는 물질이다.

탄화알루미늄과 물의 반응에서 알루미늄(Al)은 양이온 3가($Al^{3+}$)이고, 이와 반응하는 수산화 이온($OH^-$)은 1가 음이온이므로 등가원칙에 따라 이들이 결합한 수산화물의 구성은 1 : 3, 즉 $Al^{3+} : 3OH^- = Al(OH)_3$로 되면서 메테인(메탄, $CH_4$)가스를 방출한다.

□ $Al_4C_3 + 12H_2O \rightarrow 4Al(OH)_3 + 3CH_4$

탄화알루미늄과 물의 반응에서 생성된 메테인($CH_4$)이 연소될 경우 $CH_4$ 중의 탄소(C)는 $CO_2$로 산화되고, 수소(H)는 $H_2O$로 산화된다.

□ $CH_4 + 2O_2 \rightarrow CO_2 + 2H_2O$

메테인($CH_4$)의 연소범위(폭발범위)는 하한(LEL) 5% ~ 상한(UEL) 15%이고, 발생가스의 위험도 산정은 연소범위(폭발범위, 5% ~ 15%)를 이용하여 하한을 기준으로 하여 하한과 상한의 차이가 하한의 몇 배에 해당하는가를 나타낸다. 따라서 다음과 같이 산정할 수 있다.

□ 위험도 $= \dfrac{\text{상한 값} - \text{하한 값}}{\text{하한 값}} = \dfrac{15-5}{5} = 2$

## 09 소화설비에 적응성이 있는 위험물을 다음 중에서 골라 쓰시오.

- 제1류 위험물 중 무기과산화물(알칼리금속 과산화물 제외)
- 제2류 위험물 중 인화성고체
- 제3류 위험물(금수성물질 제외)
- 제4류 위험물
- 제5류 위험물
- 제6류 위험물

(1) 포 소화설비
(2) 불활성기체 소화설비
(3) 옥외소화전설비

**답안**  (1) 포 소화설비 : – 제1류 위험물 중 무기과산화물(알칼리금속 과산화물 제외)
　　　　　　　　　　– 제2류 위험물 중 인화성고체
　　　　　　　　　　– 제3류 위험물(금수성물질 제외)
　　　　　　　　　　– 제4류 위험물
　　　　　　　　　　– 제5류 위험물
　　　　　　　　　　– 제6류 위험물
　　　(2) 불활성기체 소화설비 : 제2류 위험물 중 인화성고체, 제4류 위험물
　　　(3) 옥외소화전설비 : – 제1류 위험물 중 무기과산화물(알칼리금속 과산화물 제외)
　　　　　　　　　　　– 제2류 위험물 중 인화성고체
　　　　　　　　　　　– 제3류 위험물(금수성물질 제외)
　　　　　　　　　　　– 제5류 위험물
　　　　　　　　　　　– 제6류 위험물

## ▮참고▮

 법령에서 규정하고 있는 소화설비의 적응성은 다음 [표]와 같다.

▶ 법령보기 ◀

| 소화설비의 구분 | | 대상물질 | 건축물·그밖의공작물 | 전기설비 | 제1류 위험물 | | 제2류 위험물 | | | 제3류 위험물 | | 제4류 위험물 | 제5류 위험물 | 제6류 위험물 |
|---|---|---|---|---|---|---|---|---|---|---|---|---|---|---|
| | | | | | 알칼리금속과산화물등 | 그밖의것 | 철분·금속분·마그네슘등 | 인화성고체 | 그밖의것 | 금수성물품 | 그밖의것 | | | |
| 옥내소화전설비 | | | ○ | | | ○ | | ○ | ○ | | ○ | | ○ | ○ |
| 옥외소화전설비 | | | ○ | | | ○ | | ○ | ○ | | ○ | | ○ | ○ |
| 물분무등 소화설비 | 포 소화설비 | | ○ | | | ○ | | ○ | ○ | | ○ | ○ | ○ | ○ |
| | 불활성기체 소화설비 | | | ○ | | | | ○ | | | | ○ | | |
| | 할로젠화합물 소화설비 | | | ○ | | | | ○ | | | | ○ | | |

**10** 다음 [보기]의 위험물 중 수용성만을 골라 쓰시오.

[보기]
- 휘발유, 벤젠, 톨루엔, 아세톤
- 메틸알코올, 클로로벤젠, 아세트알데하이드
- 사이안화수소, 피리딘
- 글리세린, 하이드라진(히드라진)

**답안** 아세톤, 메틸알코올, 아세트알데하이드, 사이안화수소, 피리딘, 글리세린, 하이드라진

## ▮참고▮

 위험물 중 물에 녹는 물질은 아세트알데하이드($CH_3CHO$), 아세트산($CH_3COOH$), 폼산($HCOOH$), 글리세린[$C_3H_5(OH)_3$], 에틸렌글리콜[$C_2H_4(OH)_2$], 아세톤($CH_3COCH_3$), 메틸에틸케톤($CH_3COC_2H_5$), 사이안화수소($HCN$), 피리딘($C_5H_5N$), 하이드라진(히드라진)($N_2H_4$), 아크릴산($C_3H_4O_2$), 알코올류, 아염소산염, 염소산염, 무기과산화물 등이다.

알코올은 물과 어떠한 비율로 혼합해도 완벽히 섞이므로(Miscible) 용해도(溶解度)의 의미가 없으나 분자 내의 $-OH$기는 물에 잘 녹게 해 주는 특성을 지니게 한다. 그러나 메탄올·에탄올·프로판올 같은 작은 분자는 물에 용해되지만 더 큰 분자는 탄소 사슬이 우세하기 때문에 탄소 수가 7개 이상인 알코올은 물에 용해되지 않는 것으로 간주한다.

한편, 물에 잘 녹지 않는 물질은 휘발유, 등유, 경유, 중유, 황(S), 황린($P_4$), 이황화탄소($CS_2$), 벤젠($C_6H_6$), 나이트로벤젠($C_6H_5NO_2$), 클로로벤젠($C_6H_5Cl$), 톨루엔($C_6H_5CH_3$), 아닐린($C_6H-N$), 벤질알코올($C_7H_8O$), 에테르류 (에터류, $C_2H_5OC_2H_5$, $CH_3OC_2H_5$), 과염소산염류 중 $KClO_4$, 질산에스터($C_2H_5ONO_2$), 초산에틸($C_4H_8O_2$), 클레오소트유 등이다.

## 11 다음은 이산화탄소 소화설비에 관한 내용이다. 빈칸을 채우시오.

(1) 저장용기는 고압식은 ( ① ) 이상, 저압식은 ( ② ) 이상의 내압시험압력에 합격한 것으로 할 것
(2) 호스릴 이산화탄소 소화설비의 노즐은 섭씨 ( ① )도에서 하나의 노즐마다 분당 ( ② )kg 이상의 소화약제를 방사할 수 있는 것으로 할 것
(3) 전역방출방식의 이산화탄소 소화설비 분사헤드의 방출압력은 ( ① ) 이상, 저압식은 ( ② ) 이상의 것으로 할 것

**답안** (1) ① 25 MPa  ② 3.5 MPa
(2) ① 20  ② 60
(3) ① 2.1 MPa  ② 1.05 MPa

**Point 설명** 이산화탄소 소화설비에 관한 주요 내용은 다음과 같다. 참조수준으로 시험 대비한다.

- 이산화탄소 소화약제의 저장용기는 고압식은 25메가파스칼 이상, 저압식은 3.5메가파스칼 이상의 내압시험압력에 합격한 것으로 할 것
- 저압식 저장용기에는 안전밸브, 봉판, 액면계, 압력계, 압력경보장치 및 자동냉동장치 등의 안전장치를 설치할 것
- 저장용기의 충전비는 고압식은 1.5 이상 1.9 이하, 저압식은 1.1 이상 1.4 이하로 할 것
- 전역방출방식 분사헤드는 방출압력이 2.1MPa(저압식은 1.05MPa) 이상의 것으로 할 것
- 호스릴 이산화탄소 소화설비의 노즐은 섭씨 20도에서 하나의 노즐마다 분당 60킬로그램 이상의 소화약제를 방사할 수 있는 것으로 할 것

## 12 다음 위험물이 제6류 위험물이 되기 위한 조건을 쓰시오. (단, 조건이 없는 경우 "없음"이라 쓰시오)

(1) 과염소산
(2) 과산화수소
(3) 질산

**답안** (1) 없음
(2) 농도 36%(중량) 이상
(3) 비중 1.49 이상

■ 참고 ■

위험물관리규정에 농도를 규정하는 것은 과산화수소($H_2O_2$)와 유황뿐이다. 과산화수소($H_2O_2$)는 제6류 위험물(산화성 액체)로 농도가 36wt% 이상의 것만 위험물로 취급한다. 제2류 위험물로 지정·관리되고 있는 유황은 순도가 60%(중량) 이상인 것을 말한다. 다음 사항을 잘 정리해 두어야 한다.

▶ 법령보기 ◀

- 과산화수소($H_2O_2$)는 농도는 36중량% 이상인 것을 위험물(제6류)로 지정·관리(지정수량 300kg)
- 유황은 순도가 60%(중량) 이상인 것을 위험물(제2류)로 지정·관리(지정수량 100kg)된다.
- 질산($HNO_3$)은 비중이 1.49 이상인 것을 위험물(제6류)로 지정·관리(지정수량 300kg)된다.
- 철분은 제2류 위험물로 지정·관리(지정수량 500kg)되는데, 분말로서 53$\mu m$의 표준체를 통과하는 것이 50%(중량) 미만인 것은 제외한다.
- 금속분은 제2류 위험물로 지정·관리(지정수량 500kg)되는데, 알칼리금속·알칼리토금속·철 및 마그네슘 외의 금속의 분말을 말하고, 구리분·니켈분 및 150$\mu m$의 체를 통과하는 것이 50%(중량) 미만인 것은 제외한다.
- 마그네슘 및 마그네슘을 함유한 것은 제2류 위험물로 지정·관리(지정수량 500kg)되는데, 2mm 이상의 덩어리 상태, 직경 2mm 이상의 막대모양은 제외한다.
- 인화성 고체는 제2류 위험물로 지정·관리(지정수량 1,000kg)되는데, 고형 알코올 그밖에 1기압에서 인화점이 40℃ 미만인 고체를 말한다.

**13** 과산화나트륨 1kg이 열분해하여 발생하는 산소의 부피는 350℃, 720mmHg에서 몇 L인지 산출하시오.

🔑 답안  $O_2$부피 $= 1\text{kg} \times \dfrac{10^3 \text{g}}{\text{kg}} \times \dfrac{1\text{mol}}{78\text{g}} \times \dfrac{0.5\text{mol}}{1\text{mol}} \times \dfrac{22.4\text{L}}{1\text{mol}} \times \dfrac{273+350}{273} \times \dfrac{760}{720} = 345.88\text{L}$

■ 참고 ■

과산화나트륨($Na_2O_2$)의 g분자량은 23×2+16×2=78g이다. 열분해 할 때 과산화나트륨 1kg 당 생성된 산소($O_2$)를 표준상태가 아닌 350℃, 720mmHg의 실측상태 부피(L)로 환산하기 위해서는 발생되는 $O_2$ 기체의 표준상태 환산인자인 1mol = 32g = 22.4L을 적용하고, 표준상태 산소부피를 실측상태로 환산하기 위해서는 보일–샤를의 법칙(Boyle–Charle's Law)을 적용한다. 이때 표준 1기압은 760mmHg라는 알아두도록!!

□ $Na_2O_2 \rightarrow Na_2O + 0.5O_2$
　　1mol　　:　　0.5mol

- $O_2$부피 $= 1\text{kg} \times \dfrac{10^3 \text{g}}{\text{kg}} \times \dfrac{1\text{mol}(Na_2O_2)}{78\text{g}(Na_2O_2)} \times \dfrac{0.5\text{mol}(O_2)}{1\text{mol}(Na_2O_2)} \times \dfrac{22.4\text{L}(O_2)}{1\text{mol}(O_2)} = 143.59\text{L}$

- $V_2 = V_1 \times \dfrac{T_2}{T_1} \times \dfrac{P_1}{P_2}$

∴ $O_2^* = 143.59\text{L} \times \dfrac{273+350}{273} \times \dfrac{760}{720} = 345.88\text{L}$

**14** 아세트알데하이드에 대해 다음 물음에 답하시오.
   (1) 아세트알데하이드의 시성식을 쓰시오.
   (2) 증기비중을 구하시오.
   (3) 공기중에서 산화될 경우 생성되는 물질의 명칭을 쓰시오.

**답안** (1) $CH_3CHO$

(2) 증기비중 = $\dfrac{\text{아세트알데하이드 밀도}}{\text{공기밀도}} = \dfrac{44/22.4}{29/22.4} = 1.52$

(3) 아세트산

**참고**

**상세해설** 아세트알데하이드(아세트알데히드)는 인화성 액체로서 제4류 위험물 중 특수인화물에 속하며, 화학식(시성식)은 $CH_3CHO$로 나타내며, 지정수량은 50L, 위험등급 I등급으로 분류된다. 증발되는 증기 1mol = g분자량(44) = 22.4L이므로 다음의 공식을 적용하여 증기밀도와 증기비중을 구할 수 있다.

□ 증기밀도 = $\dfrac{CH_3CHO\ \text{g분자량}}{22.4} = \dfrac{44\,g}{22.4\,L} = 1.96\,g/L$

□ 증기비중 = $\dfrac{\text{아세트알데하이드 밀도}}{\text{공기밀도}} = \dfrac{44/22.4}{29/22.4} = 1.52$

인화성 액체인 아세트알데하이드($CH_3CHO$)를 공기에 노출시키거나 산소를 불어 넣어 산화시키면 $CH_3CHO+O$로 되므로 → $CH_3COOH$(아세트산)가 된다. 아세트알데하이드가 산화되면 생성되는 물질의 명칭을 기재하라고 하였으므로 시성식을 쓰면 틀린다. 아세트산 또는 초산으로 명칭을 기재하여야 한다.

아세트알데하이드($CH_3CHO$)의 원료는 "에탄올($C_2H_5OH$)"이다. 에탄올을 산화시켜 아세트알데히드($CH_3CHO$)를 얻고 재차 산화시키면 제4류 위험물인 $CH_3COOH$(아세트산)이 된다.

□ $C_2H_5OH$(에탄올) $\xrightarrow[\text{수소제거(H 2개)}]{\text{산화}}$ $CH_3COH$(아세트알데하이드) $\xrightarrow[\text{산소첨가}]{\text{산화}}$ $CH_3COOH$(초산, 아세트산)

아세트산(초산, $CH_3COOH$)은 등유, 경유, 폼산(포름산, 의산, $HCOOH$)과 함께 제4류 위험물(인화성 액체) 중 제2석유류(수용성)로 분류되며 지정수량은 2,000L, 위험등급 III등급으로 지정·관리되고 있다.

**15** 옥내저장소에 위험물을 수납한 용기를 저장하는 방법에 대해 물음에 답하시오.
   (1) 기계에 의하여 하역하는 구조로 된 용기를 겹쳐 쌓을 경우, 높이는 몇 m 이하로 하여야 하는지 쓰시오.
   (2) 제4류 위험물 중 제3석유류, 제4석유류 및 동식물유를 수납한 용기를 겹쳐 쌓는 높이는 몇 m 이하로 하여야 하는지 쓰시오.
   (3) 그 밖의 용기를 겹쳐 쌓는 높이는 몇 m 이하로 하여야 하는지 쓰시오.
   (4) 옥내저장소에서는 용기에 수납하여 저장하는 경우, 위험물의 온도가 몇 ℃를 넘지 않도록 필요한 조치를 강구하여야 하는지 쓰시오.
   (5) 동일한 품명의 위험물이라도 자연발화할 우려가 있거나 재해가 현저하게 증대할 우려가 있는 위험물을 다량 저장하는 경우에는 지정수량의 10배 이하마다 구분하여 상호간 몇 m 이상의 간격을 두어 저장하여야 하는지 쓰시오.

## 답안
(1) 6m
(2) 4m
(3) 3m
(4) 55℃
(5) 0.3m

**Point 설명** 옥내저장소에서 용기수납 관련 규정은 다음과 같다.

▶ 법령보기 ◀
㉮ 기계에 의하여 하역하는 구조로 된 용기만을 겹쳐 쌓는 경우에 있어서는 6m
㉯ 제4류 위험물 – 제3·제4석유류 및 동식물유류를 수납하는 용기만을 겹쳐 쌓는 경우에 있어서는 4m
㉰ 그 밖의 경우에 있어서는 3m
㉱ 옥내저장소에서는 용기에 수납하여 저장하는 위험물의 온도가 55℃를 넘지 아니하도록 필요한 조치를 강구하여야 한다.
㉲ 옥내저장소에서 동일 품명의 위험물이라도 자연발화할 우려가 있는 위험물 또는 재해가 현저하게 증대할 우려가 있는 위험물을 다량 저장하는 경우에는 지정수량의 10배 이하마다 구분하여 상호간 0.3m 이상의 간격을 두어 저장하여야 한다. 다만, 규정에 의한 위험물 또는 기계에 의하여 하역하는 구조로 된 용기에 수납한 위험물에 있어서는 그러하지 아니하다.

## 16
제4류 위험물 중 특수인화물의 발화점 및 제1석유류에서 제4석유류까지 인화점 범위이다. 괄호 안에 들어갈 숫자를 쓰시오.

(1) 특수인화물 : 발화점이 ( ① )℃ 이하인 것 또는 인화점이 ( ② ) 이하이고 비점이 40℃ 이하인 것
(2) 제1석유류 : ( ) 미만
(3) 제2석유류 : ( ① ) 이상 ( ② ) 미만
(4) 제3석유류 : ( ① ) 이상 ( ② ) 미만
(5) 제4석유류 : ( ① ) 이상 ( ② ) 미만

## 답안
(1) ① 100℃  ② -20℃
(2) 21℃
(3) ① 21℃  ② 70℃
(4) ① 70℃  ② 200℃
(5) ① 200℃  ② 250℃

**Point 설명** 특수인화물 및 제1석유류에서 제4석유류까지 인화점 범위는 다음과 같다.

▶ 법령보기 ◀
㉮ 특수인화물이라 함은 이황화탄소, 디에틸에테르 그밖에 1기압에서 발화점이 섭씨 100도 이하인 것 또는 인화점이 섭씨 영하 20도 이하이고 비점이 섭씨 40도 이하인 것을 말한다.
㉯ 제1석유류라 함은 아세톤, 휘발유 그밖에 1기압에서 인화점이 섭씨 21도 미만인 것을 말한다.
㉰ 제2석유류라 함은 등유, 경유 그밖에 1기압에서 인화점이 섭씨 21도 이상 70도 미만인 것을 말한다. 다만, 도료류 그 밖의 물품에 있어서 가연성 액체량이 40중량퍼센트 이하이면서 인화점이 섭씨 40도 이상인 동시에 연소점이 섭씨 60도 이상인 것은 제외한다.
㉱ 제3석유류란 중유, 크레오소트유, 그밖에 1기압에서 인화점이 섭씨 70도 이상 섭씨 200도 미만인 것을 말한다. 다만, 도료류 그 밖의 물품은 가연성 액체량이 40중량퍼센트 이하인 것은 제외한다.
㉲ 제4석유류라 함은 기어유, 실린더유 그밖에 1기압에서 인화점이 섭씨 200도 이상 섭씨 250도 미만의 것을 말한다. 다만 도료류 그 밖의 물품은 가연성 액체량이 40중량퍼센트 이하인 것은 제외한다.

**17** 지하탱크 저장소에 대하여 다음 물음에 답하시오.
(1) 하나의 지하탱크 저장소에는 누설검사관을 몇 개소 이상 설치해야 하는지 쓰시오.
(2) 지하저장탱크의 윗부분은 지면으로부터 몇 m 이상 아래에 있어야 하는지 쓰시오.
(3) 밸브 없는 통기관의 선단은 지면으로 몇 m 이상의 높이에 설치해야 하는지 쓰시오.
(4) 탱크전용실의 벽 및 바닥의 두께는 몇 m 이상으로 해야 하는지 쓰시오.
(5) 지하저장탱크 주위에 채우는 재료의 종류를 쓰시오.

**답안**
(1) 4개소
(2) 0.6m
(3) 4m
(4) 0.3m
(5) 입자지름 5mm 이하의 마른 자갈분

**Point 설명** 지하탱크 저장소의 구조 및 시설기준은 다음과 같다.

▶ 법령보기 ◀

㉮ 지하저장탱크의 주위에는 당해 탱크로부터의 액체위험물의 누설을 검사하기 위한 관을 다음의 기준에 따라 4개소 이상 적당한 위치에 설치하여야 한다.
  • 이중관으로 할 것. 다만, 소공이 없는 상부는 단관으로 할 수 있다.
  • 재료는 금속관 또는 경질합성수지관으로 할 것
  • 관은 탱크전용실의 바닥 또는 탱크의 기초까지 닿게 할 것
  • 관의 밑부분으로부터 탱크의 중심 높이까지의 부분에는 소공이 뚫려 있을 것. 다만, 지하수위가 높은 장소에 있어서는 지하수위 높이까지의 부분에 소공이 뚫려 있어야 한다.
  • 상부는 물이 침투하지 아니하는 구조로 하고, 뚜껑은 검사 시에 쉽게 열 수 있도록 할 것
㉯ 지하저장탱크의 윗부분은 지면으로부터 0.6m 이상 아래에 있어야 한다.
㉰ 밸브 없는 통기관의 끝부분은 건축물의 창·출입구 등의 개구부로부터 1m 이상 떨어진 옥외의 장소에 지면으로부터 4m 이상의 높이로 설치하되, 인화점이 40℃ 미만인 위험물의 탱크에 설치하는 통기관에 있어서는 부지경계선으로부터 1.5m 이상 거리를 둘 것. 다만, 고인화점 위험물만을 100℃ 미만의 온도로 저장 또는 취급하는 탱크에 설치하는 통기관은 그 끝부분을 탱크전용실 내에 설치할 수 있다.
㉱ 탱크전용실은 벽·바닥 및 뚜껑은 철근콘크리트구조 또는 이와 동등 이상의 강도가 있는 구조로 설치하되, 벽·바닥 및 뚜껑의 두께는 0.3m 이상으로 할 것
㉲ 탱크전용실은 지하의 가장 가까운 벽·피트·가스관 등의 시설물 및 대지경계선으로부터 0.1m 이상 떨어진 곳에 설치하고, 지하저장탱크와 탱크전용실의 안쪽과의 사이는 0.1m 이상의 간격을 유지하도록 하며, 당해 탱크의 주위에 마른 모래 또는 습기 등에 의하여 응고되지 아니하는 입자지름 5mm 이하의 마른 자갈분을 채워야 한다.

**18** 황화인에 대한 다음 물음에 답하시오.

(1) 아래 황화인 중 조해성이 있는 것과 없는 것으로 구분하여 쓰시오.

　　　① 삼황화인　　　　② 오황화인　　　　③ 칠황화인

(2) 위의 황화인 중 발화점이 가장 낮은 것에 대해 다음 물음에 답하시오.

　　　① 해당 위험물의 화학식을 쓰시오.
　　　② 연소반응식을 쓰시오.

**답안** (1) ① 없음　② 있음　③ 있음
　　　(2) ① $P_4S_3$　② $P_4S_3 + 8O_2 \rightarrow 3SO_2 + 2P_2O_5$

## 참고

**상세해설** 황화인(黃化燐)은 인(P)의 황화물인 무기화합물을 총칭한다. 여기에는 삼황화인($P_4S_3$), 오황화인($P_2S_5$), 칠황화인($P_4S_7$) 등이 대표적인 황화인이다. 황화인은 $P_4S_n$이라는 결합공식을 가지고 있으며, $n$은 ≤10이다.

황화인은 삼황화인($P_4S_3$), 오황화인($P_2S_5 = P_4S_{10}$) 외에도 여러 가지 이성질체로 존재하는데, $P_4S_4$, $P_4S_5$, $P_4S_6$, $P_4S_7$, $P_4S_8$, $P_4S_9$이다. 사면체 배열을 가지는 $P_4S_2$가 있지만 $-30℃$ 이상에서는 불안정한 물질로 알려져 있다.

황화인(黃化燐, Phosphorus Sulfide)은 제2류 위험물로서 지정수량 100kg, 위험등급 Ⅱ으로 분류된다.

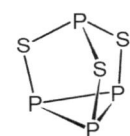　　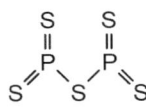　　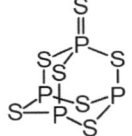

〈그림〉 $P_4S_3$ (삼황화인)　　〈그림〉 $P_2S_5$ (오황화인)　　〈그림〉 $P_4S_7$ (칠황화인)

조해성(潮解性, Deliquescence)이란 고체가 공기 중의 습기를 흡수하여 녹는 성질을 말하는데, 오황화인($P_2S_5$)과 칠황화인($P_4S_7$)이 조해성을 가진다.

삼황화인($P_4S_3$), 오황화인($P_2S_5$), 칠황화인($P_4S_7$)은 동소체 관계로 연소할 때 공통적으로 유독성의 기체 $SO_2$와 $P_2O_5$를 발생한다.

　　▫ $P_4S_3 + 8O_2 \rightarrow 2P_2O_5 + 3SO_2$
　　▫ $P_2S_5 + 7.5O_2 \rightarrow P_2O_5 + 5SO_2$
　　▫ $P_4S_7 + 12O_2 \rightarrow 2P_2O_5 + 7SO_2$

삼황화인($P_4S_3$)은 끓는 물에서 천천히 분해하여 황화수소를 발생, 인산을 생성하고, 조해성이 있는 오황화인($P_2S_5$)과 칠황화인($P_4S_7$)은 습기·물과 반응하여 유독성 기체인 황화수소($H_2S$)를 발생하고 인산을 만든다.

　　▫ $P_2S_5 + 8H_2O \rightarrow 5H_2S + 2H_3PO_4$
　　▫ $aP_4S_7 + bH_2O \rightarrow xH_2S + zH_3PO_4 +$ 기타

**19** 다음 물음에 답하시오.

(1) 제3류 위험물 중 이화학적 특성이 물과는 반응하지 않으나 공기 중에서 연소하여 백색연기를 발생하는 물질의 명칭을 쓰시오.
(2) (1)의 물질이 저장된 보호액에 강알칼리성 염을 가할 경우, 발생되는 독성기체의 화학식을 쓰시오.
(3) (1)의 물질을 저장하는 옥내저장소의 바닥면적은 몇 m² 이하로 해야 하는지 쓰시오.

**답안** (1) 황린
(2) $PH_3$
(3) 1,000m²

### 참고

황린(黃燐, 백린)은 제3류 위험물(지정수량 20kg)로 분류되며, 인(P) 동소체들 중 가장 불안정하고 반응성이 크며, 밀도는 가장 작고 다른 동소체에 비해 독성이 매우 크다.

황린을 260℃정도로 가열하면 적린(赤燐)이 되는데, 적린은 가연성 고체로 제2류 위험물로 분류된다. 적린(P)은 황린에 비하여 화학반응성은 비활성으로 고온이 되지 않으면 반응하지 않는다. 공기 중에서 발화온도는 260℃이며, 연소되면 백색연기(오산화인, $P_2O_5$)를 발생한다.

□ $2P + 2.5O_2 \rightarrow P_2O_5$

제3류 위험물 중에서 유일하게 물과 반응하여 화학적으로 활성화되지 않는 것은 황린(黃燐)이다. 그러므로 황린은 공기와 접촉하면 자연발화하기 때문에 pH 약 9의 물속에 저장한다. 반면에 칼륨, 나트륨, 알칼리금속, 알칼리토금속은 보호액으로 석유 속에 보관하며, 알킬알루미늄, 알킬리튬은 물 또는 공기와 접촉하면 폭발하므로 헥산(헥세인) 속에 저장한다.

황린(黃燐)은 강산화제와 접촉하면 발화위험이 있으며 충격, 마찰에 의해서도 발화하고, 수산화나트륨 등 강알칼리용액과 반응하여 독성이 높은 포스핀가스($PH_3$)를 발생한다.

황린은 제3류 위험물(자연발화성 물질)로 지정수량 20kg으로 위험등급 Ⅰ등급으로 분류된다. 그러므로 황린을 저장하는 옥내저장소의 바닥면적은 1,000m² 이하로 하여야 한다.

**20** 다음의 위험물에 대하여 운반용기 외부에 표시하는 주의사항을 쓰시오.

(1) 제1류 위험물 중 알칼리금속의 과산화물
(2) 제3류 위험물 중 자연발화성 물질
(3) 제5류 위험물

**답안** (1) 물기엄금, 화기·충격주의, 가연물접촉주의
(2) 화기엄금, 공기접촉엄금
(3) 화기엄금, 화기·충격주의

**Point 설명** 운반용기의 표시에 관한 관련 규정은 다음과 같다.

▶ 법령보기 ◀

위험물은 그 운반용기의 외부에 다음에 정하는 바에 따라 위험물의 품명, 수량 등을 표시하여 적재하여야 한다. 다만, UN의 위험물 운송에 관한 권고(RTDG)에서 정한 기준 또는 소방청장이 정하여 고시하는 기준에 적합한 표시를 한 경우에는 그러하지 아니하다.

㉮ 위험물의 품명 · 위험등급 · 화학명 및 수용성(수용성 표시는 제4류 위험물로서 수용성인 것에 한함)
㉯ 위험물의 수량
㉰ 수납하는 위험물에 따른 주의사항

- 제1류 위험물 중 알칼리금속의 과산화물 또는 이를 함유한 것에 있어서는 "화기 · 충격주의", "물기엄금" 및 "가연물접촉주의", 그 밖의 것에 있어서는 "화기 · 충격주의" 및 "가연물접촉주의"
- 제2류 위험물 중 철분 · 금속분 · 마그네슘 또는 이들중 어느 하나 이상을 함유한 것에 있어서는 "화기주의" 및 "물기엄금", 인화성고체에 있어서는 "화기엄금", 그 밖의 것에 있어서는 "화기주의"
- 제3류 위험물 중 자연발화성물질에 있어서는 "화기엄금" 및 "공기접촉엄금", 금수성물질에 있어서는 "물기엄금"
- 제4류 위험물에 있어서는 "화기엄금"
- 제5류 위험물에 있어서는 "화기엄금" 및 "충격주의"
- 제6류 위험물에 있어서는 "가연물접촉주의"

# 2020년 제4회

**01** 다음 위험물을 인화점이 낮은 것부터 높은 것 순서로 쓰시오.

• 디에틸에테르    • 이황화탄소    • 산화프로필렌    • 아세톤

**답안** 디에틸에테르 < 산화프로필렌 < 이황화탄소 < 아세톤

**참고**

**상세해설** 디에틸에테르(다이에틸에터)는 제4류 위험물 - 특수인화물로서 인화점은 -45℃이고, 산화프로필렌 역시 제4류 위험물 - 특수인화물로서 인화점은 -37℃이므로 디에틸에테르의 인화점 온도가 더 낮다. 이황화탄소 역시 제4류 위험물 - 특수인화물이며, 인화점은 -30℃이므로 그 다음이 된다. 아세톤은 제4류 위험물 - 제1석유류 - 수용성이므로 제시된 위험물 중 인화점이 가장 높다. 아세톤의 인화점은 -18℃이다.

**02** 다음 위험물의 운반용기의 외부에 표시하는 주의사항을 쓰시오.
(1) 황린
(2) 아닐린
(3) 질산
(4) 염소산칼륨
(5) 철분

**답안** (1) 화기엄금, 공기접촉엄금
(2) 화기엄금
(3) 가연물접촉주의
(4) 화기·충격주의, 가연물접촉주의
(5) 화기주의, 물기엄금

**Point 설명** 운반용기의 표시에 관한 관련 규정은 다음과 같다.

▶ **법령보기** ◀

위험물은 그 운반용기의 외부에 다음에 정하는 바에 따라 위험물의 품명, 수량 등을 표시하여 적재하여야 한다. 다만, UN의 위험물 운송에 관한 권고(RTDG)에서 정한 기준 또는 소방청장이 정하여 고시하는 기준에 적합한 표시를 한 경우에는 그러하지 아니하다.
㉮ 위험물의 품명·위험등급·화학명 및 수용성(수용성 표시는 제4류 위험물로서 수용성인 것에 한함)
㉯ 위험물의 수량
㉰ 수납하는 위험물에 따른 주의사항 → 황린(제3류 위험물 - 자연발화성), 아닐린(제4류 위험물), 질산(제6류 위험물), 염소산칼륨(제1류 위험물), 철분(제2류 위험물)
• 제3류 위험물 중 자연발화성물질에 있어서는 "화기엄금" 및 "공기접촉엄금", 금수성물질에 있어서는 "물기엄금"
• 제4류 위험물에 있어서는 "화기엄금"

- 제6류 위험물에 있어서는 "가연물접촉주의"
- 제1류 위험물 중 알칼리금속의 과산화물 또는 이를 함유한 것에 있어서는 "화기·충격주의", "물기엄금" 및 "가연물접촉주의", 그 밖의 것에 있어서는 "화기·충격주의" 및 "가연물접촉주의"
- 제2류 위험물 중 철분·금속분·마그네슘 또는 이들중 어느 하나 이상을 함유한 것에 있어서는 "화기주의" 및 "물기엄금", 인화성고체에 있어서는 "화기엄금", 그 밖의 것에 있어서는 "화기주의"

## 03 휘발유를 저장하는 옥외저장탱크의 방유제에 관한 다음 물음에 답하시오.

(1) 옥외탱크저장소의 방유제 높이의 범위를 쓰시오.
(2) 방유제 내의 면적은 몇 m² 이하로 하는지 쓰시오.
(3) 방유제 내에 설치할 수 있는 탱크의 수를 쓰시오.

**답안** (1) 0.5 ~ 3m
 (2) 80,000m² 이하
 (3) 10

**Point 설명** 옥외저장탱크의 방유제에 관한 시설규정은 다음과 같다.

▶ 법령보기 ◀

옥외탱크저장소의 방유제는 높이 0.5m 이상 3m 이하로 하여야 한다. 방유제 내의 면적은 8만m² 이하로 하여야 하여야 한다. 방유제 내에 설치하는 옥외저장탱크의 수는 다음과 같이 한다.
㉮ 방유제 내에 설치하는 옥외저장탱크의 수는 10이하로 하여야 한다.
㉯ 방유제 내에 설치하는 모든 옥외저장탱크의 용량이 20만L 이하이고, 당해 옥외저장탱크에 저장 또는 취급하는 위험물의 인화점이 70℃ 이상 200℃ 미만인 경우에는 20 이하로 하여야 한다.
㉰ 인화점이 200℃ 이상인 위험물을 저장 또는 취급하는 옥외저장탱크에 있어서는 탱크의 수에 제한을 받지 아니한다.

## 04 다음 각 위험물의 운반용기의 수납률은 몇 % 이하로 해야 하는지 쓰시오.

(1) 과염소산
(2) 질산칼륨
(3) 질산
(4) 알킬알루미늄
(5) 알킬리튬

**답안** (1) 98%
 (2) 95%
 (3) 98%
 (4) 90%
 (5) 90%

**Point 설명** 위험물의 운반용기의 수납률 관련 규정사항은 다음과 같다.

▶ 법령보기 ◀

㉮ 과염소산은 산화성액체(제6류 위험물, 지정수량 300kg)이므로 운반용기 내용적의 98% 이하의 수납률로 수납하되, 55℃의 온도에서 누설되지 아니하도록 충분한 공간용적을 유지하도록 하여야 한다.
㉯ 질산칼륨은 산화성고체(제1류 위험물, 지정수량 300kg)이므로 운반용기 내용적의 95% 이하의 수납률로 수납하여야 한다.
㉰ 질산은 산화성액체(제6류 위험물, 지정수량 300kg)이므로 운반용기 내용적의 98% 이하의 수납률로 수납하되, 55℃의 온도에서 누설되지 아니하도록 충분한 공간용적을 유지하도록 하여야 한다.
㉱ 알킬알루미늄은 자연발화성 물질 및 금수성 물질(제3류 위험물, 지정수량 10kg)이므로 내용적의 90% 이하의 수납률로 수납하되, 50℃의 온도에서 5% 이상의 공간용적을 유지하도록 하여야 한다.
㉲ 알킬리튬은 자연발화성 물질 및 금수성 물질(제3류 위험물, 지정수량 10kg)이며, "자연발화성 물질 중 **알킬알루미늄등**"에 해당되므로 운반용기의 내용적의 90% 이하의 수납률로 수납하되, 50℃의 온도에서 5% 이상의 공간용적을 유지하도록 하여야 한다.

**05** 다음은 위험물에 대한 정의를 열거한 것이다. ( ) 안에 알맞은 내용을 쓰시오.
(1) 유황은 순도 ( ① )중량% 이상인 것을 위험물로 규정한다.
(2) 철분은 철의 분말로서 ( ② )㎛의 표준체를 통과하는 것이 ( ③ )중량% 미만을 제외한다.
(3) 금속분은 알칼리금속·알칼리토금속·철 및 마그네슘 외의 금속분말을 말하고, 구리분·니켈분 및 ( ④ )㎛의 체를 통과하는 것이 ( ⑤ )중량% 미만인 것을 제외한다.

**답안** (1) ① 60
(2) ② 53   ③ 50
(3) ④ 150  ⑤ 50

**Point 설명** 위험물에 대한 용어의 정의는 다음과 같다.

▶ 법령보기 ◀

㉮ 유황은 순도가 60%(중량) 이상인 것을 말한다.
㉯ 철분이라 함은 철의 분말로서 53㎛의 표준체를 통과하는 것이 50%(중량) 미만인 것은 제외한다.
㉰ 금속분이라 함은 알칼리금속·알칼리토금속·철 및 마그네슘 외의 금속의 분말을 말하고, 구리분·니켈분 및 150㎛의 체를 통과하는 것이 50%(중량) 미만인 것은 제외한다.
㉱ 마그네슘 및 마그네슘을 함유한 것에 있어서는 다음에 해당하는 것은 제외한다.
 • 2mm 이상의 덩어리 상태
 • 직경 2mm 이상의 막대모양
㉲ 인화성 고체라 함은 고형 알코올 그밖에 1기압에서 인화점이 40℃ 미만인 고체를 말한다.
㉳ 특수인화물이라 함은 이황화탄소, 디에틸에테르 그밖에 1기압에서 발화점이 섭씨 100℃ 이하인 것 또는 인화점이 섭씨 영하 20℃ 이하이고 비점이 섭씨 40℃ 이하인 것을 말한다.

**06** 다음은 옥내소화전설비의 가압송수장치 중 압력수조를 이용한 가압송수장치에 필요한 압력을 구하는 공식이다. 괄호 안에 들어갈 알맞은 내용을 다음의 [보기]에서 골라 그 기호를 쓰시오.

$$P = (\ ①\ ) + (\ ②\ ) + (\ ③\ ) + (\ ④\ )$$

A. 호스의 마찰손실수두압(MPa)   B. 배관의 마찰손실수두압(MPa)
C. 낙차의 환산수두압(MPa)         D. 낙차 높이(m)
E. 호스의 마찰손실수두(m)          F. 배관의 마찰손실수두(m)
G. 0.35MPa                              H. 35MPa

**답안** ① A  ② B  ③ C  ④ G

**참고**

압력수조를 이용한 가압송수장치에서 압력수조의 압력은 다음 식에 의하여 구한 압력수치 이상으로 하여야 한다.

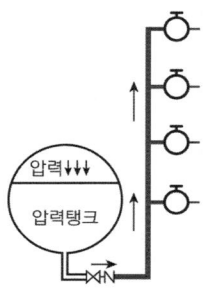

■ 압력수조의 압력은 다음 식에 의하여 구한 수치 이상으로 할 것
  □ $P = p_1 + p_2 + p_3 + 0.35\,\text{MPa}$

  $\begin{cases} P : \text{필요압력(MPa)} \\ p_1 : \text{호스의 마찰손실수두압(MPa)} \\ p_2 : \text{배관의 마찰손실수두압(MPa)} \\ p_3 : \text{낙차의 환산수두압(MPa)} \end{cases}$

• 압력수조의 수량은 당해 압력수조 체적의 2/3 이하일 것
• 압력수조에는 압력계, 수위계, 배수관, 보급수관, 통기관 및 맨홀을 설치할 것

**07** 다음 위험물들의 지정수량 합계는 얼마인가? (단, 1, 2, 3석유류는 수용성이다)

- 다이에틸에터 : 100L
- 제1석유류 : 200L
- 제2석유류 : 2,000L
- 제3석유류 : 6,000L
- 제4석유류 : 12,000L

**답안** 지정수량의 배수 합계 $= \dfrac{100}{50} + \dfrac{200}{400} + \dfrac{2{,}000}{2{,}000} + \dfrac{6{,}000}{4{,}000} + \dfrac{12{,}000}{6{,}000} = 7$ 배

## 참고

다이에틸에터(디에틸에테르)는 특수인화물로서 지정수량 50L, 1석유류로서 수용성인 것의 지정수량은 400L, 2석유류로서 수용성인 것의 지정수량은 2,000L, 3석유류로서 수용성인 것의 지정수량은 4,000L이므로 각 위험물들의 지정수량의 배수를 구하여 합산하면 된다.

□ 산출공식 : 지정수량의 배수 합계 $= \dfrac{\text{A품명의 수량}}{\text{A품명의 지정수량}} + \dfrac{\text{B품명의 수량}}{\text{B품명의 지정수량}} + \cdots +$

□ 대입 · 계산 : 지정수량의 배수 합계 $= \dfrac{100}{50} + \dfrac{200}{400} + \dfrac{2{,}000}{2{,}000} + \dfrac{6{,}000}{4{,}000} + \dfrac{12{,}000}{3{,}000} = 7$ 배

▶ 법령보기 ◀

| 위험물 | | | | 지정수량 | 비고 |
|---|---|---|---|---|---|
| 유별 | 성질 | 품명 | | | |
| 제4류 | 인화성액체 | 특수인화물 | | 50리터 | 다이에틸에터 |
| | | 제1석유류 | 비수용성액체 | 200리터 | |
| | | | 수용성액체 | 400리터 | |
| | | 알코올류 | | 400리터 | |
| | | 제2석유류 | 비수용성액체 | 1,000리터 | |
| | | | 수용성액체 | 2,000리터 | |
| | | 제3석유류 | 비수용성액체 | 2,000리터 | |
| | | | 수용성액체 | 4,000리터 | |
| | | 제4석유류 | | 6,000리터 | |
| | | 동식물유류 | | 10,000리터 | |

## 08 다음 중 나트륨에 적응성이 있는 소화설비를 모두 고르시오.

• 팽창질석   • 인산염류분말소화설비   • 건조사   • 불활성기체 소화설비   • 포소화설비

**답안** 팽창질석, 건조사

**Point 설명** 나트륨은 칼륨, 알킬알루미늄, 알킬리튬과 더불어 제3류 위험물로서 "금수성물품"에 해당한다. 주의할 것은 철분·금속분·마그네슘등은 제2류 위험물이므로 실수하지 않도록 해야 한다. 제3류 위험물의 금수성 물품에 적응성이 있는 소화설비는 분말 소화설비 중에서는 탄산수소염류이고, 건조사, 팽창질석 또는 팽창진주암 등이다.

▶ 법령보기 ◀

| 소화설비의 구분 | | 대상물질 | 건축물·그 밖의 공작물 | 전기설비 | 제1류 위험물 | | 제2류 위험물 | | | 제3류 위험물 | | 제4류 위험물 | 제5류 위험물 | 제6류 위험물 |
|---|---|---|---|---|---|---|---|---|---|---|---|---|---|---|
| | | | | | 알칼리금속과산화물등 | 그 밖의 것 | 철분·금속분·마그네슘등 | 인화성고체 | 그 밖의 것 | 금수성물품(나트륨칼륨등) | 그 밖의 것 | | | |
| 물분무등 소화설비 | 물분무 소화설비 | | ○ | ○ | | ○ | | ○ | ○ | | ○ | ○ | ○ | ○ |
| | 포 소화설비 | | ○ | | | ○ | | ○ | ○ | | ○ | ○ | ○ | ○ |
| | 불활성기체 소화설비 | | | ○ | | | | | ○ | | | ○ | | |
| | 할로젠화합물 소화설비 | | | ○ | | | | | ○ | | | ○ | | |
| | 분말 소화설비 | 인산염류 등 | ○ | ○ | | ○ | | ○ | ○ | | | ○ | | ○ |
| | | 탄산수소염류 등 | | ○ | ○ | | ○ | ○ | | | ○ | | ○ | |
| | | 그 밖의 것 | | | ○ | | ○ | | | | ○ | | | |
| 기타 | 건조사 | | | | ○ | ○ | ○ | ○ | ○ | ○ | ○ | ○ | ○ | ○ |
| | 팽창질석 또는 팽창진주암 | | | | ○ | ○ | ○ | ○ | ○ | ○ | ○ | ○ | ○ | ○ |

**09** 다음 위험물의 유별 중 위험등급 II인 품명을 각각 2가지씩만 쓰시오.

(1) 제1류 위험물
(2) 제2류 위험물
(3) 제4류 위험물

**답안** (1) 질산염류, 브로민산염류
(2) 황화인, 적린
(3) 제1석유류, 알코올류

**Point 설명** 위험물안전관리법령상 위험등급 II에 해당하는 품명 및 품목은 다음과 같다.

▶ 법령보기 ◀

| 위험등급 | 해당 품명 및 품목 |
|---|---|
| II등급 위험물 | • 제1류 위험물 중 브로민산염류(브롬산염류), 질산염류, 아이오딘산염류(요오드산염류) 그밖에 지정수량이 300kg인 위험물<br>• 제2류 위험물 중 황화인, 적린, 유황 그밖에 지정수량이 100kg인 위험물<br>• 제3류 위험물 중 알칼리금속(칼륨 및 나트륨 제외) 및 알칼리토금속, 유기금속화합물(알킬알루미늄 및 알킬리튬 제외) 그밖에 지정수량이 50kg인 위험물<br>• 제4류 위험물 중 제1석유류 및 알코올류<br>• 제5류 위험물 중 I등급 이외 위험물 |

**10** 에틸알코올(에탄올)에 대하여 다음 물음에 답하시오.

(1) 에틸알코올의 연소반응식을 쓰시오.
(2) 에틸알코올과 칼륨의 반응에서 발생하는 기체를 쓰시오.
(3) 에틸알코올의 구조 이성질체로서 다이메틸에터(디메틸에테르)의 화학식을 쓰시오.

**답안** (1) 에틸알코올의 연소반응 : $C_2H_5OH + 3O_2 \rightarrow 2CO_2 + 3H_2O$
(2) 에틸알코올과 칼륨의 반응에서 발생하는 기체 : $H_2$
(3) 다이메틸에터(디메틸에테르) : $CH_3OCH_3$

**■ 참고**

 에틸알코올(에탄올, $C_2H_5OH$)은 산소에 의해 이론적으로 완전 연소되는 것을 전제할 때, 구성원소 중의 C 2개는 이산화탄소($CO_2$)로 되므로 $2CO_2$, H 6개는 물($H_2O$)로 산화되므로 $3H_2O$로 된다. 여기서 $C_2H_5OH$ 내에 존재하는 산소(O)는 조연성분(助燃成分)으로 작용하므로 산화반응식을 작성할 때, 이를 보정(감산)하여야 한다.

□ $C_2H_5OH + 3O_2 \rightarrow 2CO_2 + 3H_2O$

에틸알코올(에탄올)과 칼륨(K)의 반응에서 한쪽은 금속(K)이고, 반응대상 물질인 에틸알코올($C_2H_5OH$)은 안정된 분자상태(산화수 0)로 존재하므로 이 둘은 현재대로는 결합할 수 없으므로 칼륨(K)은 전자 하나를 내어 놓고 양이온으로 되고, 에틸알코올($C_2H_5OH$)은 수소 하나를 떼어 내어 음이온 一가($C_2H_5O^-$, 에톡시기)를 만들어 $C_2H_5OK$(칼륨에톡사이드, Potassium Ethoxide)라고 하는 화합물을 만들면서 부생물로 수소가스를 방출한다.

□ $C_2H_5OH + K \rightarrow C_2H_5OK + 0.5H_2$

알코올류는 칼륨, 나트륨 등의 알칼리금속과 접촉할 경우, 폭발위험이 높은 수소가스를 발생한다.

- $CH_3OH$ (메틸알코올) $+ 2Na \rightarrow H_2 + 2CH_3Na$
- $CH_3OH$ (메틸알코올) $+ 2K \rightarrow H_2 + 2CH_3K$
- $2C_2H_5OH$ (에틸알코올) $+ 2Na \rightarrow H_2 + 2C_2H_5ONa$
- $2C_2H_5OH$ (에틸알코올) $+ 2K \rightarrow H_2 + 2C_2H_5OK$

디메틸에테르(다이메틸에터, Dimethylether)는 메틸기($-CH_3$) 2개가 에테르기($-O-$)를 중심으로 결합 ($CH_3-O-CH_3$) 되어 있는 것이므로 시성식은 $CH_3OCH_3$, 조성식은 $C_2H_6$로 나타낼 수 있다. 따라서 에테르(Ether)와 알코올은 분자식이 $C_nH_{2n+2}O$로 같기 때문에 서로 이성질체이다.

- $C_nH_{2n+2}O$ 
  - 에테르
    - 디메틸에테르 : $CH_3OCH_3$
    - 디에틸에테르 : $C_2H_5OC_2H_5$
  - 알코올
    - 메틸알코올 : $CH_3OH$
    - 에틸알코올 : $C_2H_5OH$

## 11 다음 물질이 물과 반응할 때 1기압, 30℃에서 발생하는 기체의 몰 수를 구하시오. (단, 계산과정과 답을 함께 기재할 것)

(1) 과산화나트륨 78g이 물과 반응할 때
(2) 수소화칼슘 42g이 물과 반응할 때

**답안** (1) $O_2 = \dfrac{78g}{78g} \times 0.5 = 0.5\,mol$

(2) $H_2 = \dfrac{42g}{42g} \times 2 = 2\,mol$

### ▌참고 ▌

 과산화나트륨과 물의 반응에서, 우선 과산화나트륨에서 "과"를 떼 내면 "산화나트륨"이 된다. 나트륨은 양이온 1가($Na^+$), 산소는 음이온 2가($O^{2-}$)이므로 산화물을 형성하기 위해서는 등가결합 원칙에 따라 나트륨과 산소의 구성은 2 : 1 즉 $2Na^+ : O^{2-} = Na_2O$(산화나트륨)이고, 여기에 산소를 추가하면 $Na_2O_2$가 되므로 이 명칭은 산화나트륨에 "과"를 붙여서 과산화나트륨($Na_2O_2$, $23 \times 2 + 16 \times 2 = 78g$)으로 명명한다. 물과의 반응에서 생성되는 물질인 수산화물에 초점을 맞추면 쉽게 반응식을 유도할 수 있다.

- $Na_2O_2 + H_2O \rightarrow 2NaOH + 0.5O_2$
  1mol : 0.5mol

$\therefore O_2\,(mol) = 78g \times \dfrac{1mol(Na_2O_2)}{78g(Na_2O_2)} \times \dfrac{0.5mol(O_2)}{1mol(Na_2O_2)} = 0.5\,mol$

수소화칼슘의 분자식은 $CaH_2$이고, g분자량은 $40 + 1 \times 2 = 42$이다. 수소화칼슘과 물의 반응에서 수소화칼슘($CaH_2$)과 물($H_2O$)의 반응에서 칼슘은 양이온 2가($Ca^{2+}$), 물에서 제공되는 수산화이온($OH^-$)은 음이온 1가이므로 등가결합 원칙에 따라 이들이 결합한 수산화물의 구성은 1 : 2, 즉 $Ca^{2+} : 2OH^- = Ca(OH)_2$로 된다.

- $CaH_2 + 2H_2O \rightarrow Ca(OH)_2 + 2H_2$
  1mol : 2mol

$\therefore H_2\,(mol) = 42g \times \dfrac{1mol(CaH_2)}{42g(CaH_2)} \times \dfrac{2mol(H_2)}{1mol(CaH_2)} = 2\,mol$

**12** 다음 위험물의 품명과 해당 위험물의 지정수량을 쓰시오.

(1) $CH_3COOH$

(2) $N_2H_4$

(3) $C_2H_4(OH)_2$

(4) $C_3H_5(OH)_3$

(5) $HCN$

**답안** (1) $CH_3COOH$ : 제2석유류, 2,000L

(2) $N_2H_4$ : 제2석유류, 2,000L

(3) $C_2H_4(OH)_2$ : 제3석유류, 4,000L

(4) $C_3H_5(OH)_3$ : 제3석유류, 4,000L

(5) $HCN$ : 제1석유류, 400L

**참고**

상세해설

$CH_3COOH$는 아세트산이므로 제2석유류 - 수용성, 지정수량 2,000L이고, $N_2H_4$는 하이드라진으로 제2석유류 - 수용성, 지정수량 2,000L, 그 다음 $C_2H_4(OH)_2$는 에틸렌글리콜이므로 제3석유류 - 수용성, 지정수량 4,000L이다. $C_3H_5(OH)_3$는 글리세린(글리세롤)이므로 제3석유류 - 수용성, 지정수량 4,000L이며, HCN은 사이안화수소(시안화수소)로 제1석유류 - 수용성, 지장수량은 400L이다.

4류 위험물(인화성 액체)의 품명과 지정수량은 다음과 같다.

▶ 법령보기 ◀

| 성질 | 품명 | | 위험등급 | 지정수량 |
|---|---|---|---|---|
| 인화성액체 | 특수인화물<br>(이황화탄소, 아세트알데하이드, 디에틸에테르 등) | | I | 50L |
| | 제1석유류<br>(아세톤, 벤젠, HCN, 휘발유 등) | 비수용성 액체 | II | 200L |
| | | 수용성 액체 | II | 400L |
| | 알코올류 | - | II | 400L |
| | 제2석유류<br>(등유, 경유, 아세트산, 하이드라진 등) | 비수용성 액체 | III | 1,000L |
| | | 수용성 액체 | III | 2,000L |
| | 제3석유류<br>(중유, 글리세린, 에틸렌글리콜, 아닐린 등) | 비수용성 액체 | III | 2,000L |
| | | 수용성 액체 | III | 4,000L |
| | 제4석유류<br>(기어유, 실린더유 등) | - | III | 6,000L |
| | 동식물유류<br>(해바라기유, 채종유, 야자유 등) | - | III | 10,000L |

**13** 주유취급소에 설치하는 고정주유설비 또는 고정급유설비는 법령으로 정하여 적절한 거리를 두고 설치하도록 규제하고 있다. 다음 물음에 답하시오.
  (1) 고정주유설비의 중심선을 기점으로 하여 도로경계선까지의 거리
  (2) 고정급유설비의 중심선을 기점으로 하여 도로경계선까지의 거리
  (3) 고정주유설비의 중심선을 기점으로 하여 부지경계선까지의 거리
  (4) 고정급유설비의 중심선을 기점으로 하여 부지경계선까지의 거리
  (5) 고정급유설비의 중심선을 기점으로 하여 개구부가 없는 벽까지의 거리

**답안** (1) 4m 이상
  (2) 4m 이상
  (3) 2m 이상
  (4) 1m 이상
  (5) 1m 이상

**Point 설명** 주유취급소의 고정주유설비 또는 고정급유설비 관련 시설규정은 다음과 같다.

▶ 법령보기 ◀
㉮ 고정주유설비
  • 고정주유설비의 중심선을 기점으로 하여 도로경계선까지 4m 이상
  • 부지경계선·담 및 건축물의 벽까지 2m(개구부가 없는 벽까지는 1m) 이상
㉯ 고정급유설비
  • 고정급유설비의 중심선을 기점으로 하여 도로경계선까지 4m 이상
  • 부지경계선 및 담까지 1m 이상
  • 건축물의 벽까지 2m(개구부가 없는 벽까지는 1m) 이상
㉰ 고정주유설비와 고정급유설비의 사이에는 4m 이상의 거리를 유지할 것


**14** 인화칼슘에 대해 다음 물음에 답하시오.
  (1) 유별을 쓰시오.
  (2) 지정수량을 쓰시오.
  (3) 인화칼슘과 물의 반응식을 쓰시오.
  (4) 물과의 반응 후 생성되는 기체의 명칭을 쓰시오.

**답안** (1) 제3류 위험물
  (2) 300kg
  (3) $Ca_3P_2 + 6H_2O \rightarrow 3Ca(OH)_2 + 2PH_3$
  (4) 포스핀 또는 인화수소(※ 둘 중 하나만 기재하여도 됨)

### ▎참고 ▎

**상세해설** 인화칼슘은 5가 인(P)과 2가 칼슘(Ca)이 결합되는 물질이므로 칼슘이 2중결합을 하는 구조를 가져야만 인화합물을 구성할 수 있다. 즉, Ca=P-Ca-P=Ca이고, 화학식은 $Ca_3P_2$로 된다.

인화칼슘($Ca_3P_2$)은 적갈색의 괴상고체로 제3류 위험물(자연발화성 및 금수성둘질)로 분류되며, 지정수량 300kg, 위험등급 Ⅲ등급으로 지정·관리되고 있다.

칼슘(Ca)은 2족 원소이고 최외각 전자가 2개이므로 양이온이 되면 2가($Ca^{2+}$)로 된다. 이에 대응하는 수산화이온($OH^-$)은 1가 음이온이므로 등가원칙에 따라 이들이 결합한 수산화물의 구성은 1:2, 즉 $Ca^{2+}:2OH^- = Ca(OH)_2$로 되면서 인화수소($PH_3$)를 부생물로 방출한다.

□ $Ca_3P_2 + 6H_2O \rightarrow 3Ca(OH)_2 + 2PH_3$

▶ 법령보기 ◀

| 위험물 | | | 지정수량 |
|---|---|---|---|
| 유별 | 성질 | 품명 | |
| 제3류 | 자연발화성물질 및 금수성물질 | 칼륨 | 10kg |
| | | 나트륨 | 10kg |
| | | 알킬알루미늄 | 10kg |
| | | 알킬리튬 | 10kg |
| | | 황린 | 20kg |
| | | 알칼리금속(칼륨 및 나트륨 제외) 및 알칼리토금속 | 50kg |
| | | 유기금속화합물(알킬알루미늄 및 알킬리튬 제외) | 50kg |
| | | 금속의 수소화물 | 300kg |
| | | 금속의 인화물 | 300kg |
| | | 칼슘 또는 알루미늄의 탄화물 | 300kg |

**보충** 인화칼슘($Ca_3P_2$)은 제3류 위험물(자연발화성물질 및 금수성물질)로서 품명 "금속의 인화물"로 분류되며, 지정수량은 300kg, 위험등급 Ⅲ으로 지정하고 있다. 『참고』로 포스핀을 발생하는 금속의 인화물은 인화칼슘, 인화알루미늄, 인화아연 등이 있다.

인화칼슘($Ca_3P_2$)은 물 및 습기와 반응하여 유독성 가스($PH_3$, 포스핀)를 발생한다. 포스핀은 마늘 냄새 또는 부패된 생선 냄새를 가진 인(P)의 수소화합물로 반도체 및 화학산업에 이용도고 있다. 알아두어야 할 반응식을 정리해두었다.

□ 인화칼슘과 물의 반응 : $Ca_3P_2 + 6H_2O \rightarrow 2PH_3 + 3Ca(OH)_2$
□ 인화칼슘과 강산의 반응 : $Ca_3P_2 + 6HCl \rightarrow 2PH_3 + 3CaCl_2$
□ 생성된 포스핀의 연소반응 : $2PH_3 + 4O_2 \rightarrow P_2O_5 + 3H_2O$

※ $Zn_3P_2 + 6HCl \rightarrow 2PH_3 + 3ZnCl_2$
※ $AlP + 3H_2O \rightarrow PH_3 + Al(OH)_3$

**15** 제4류 위험물로서 물 속에 저장하는 위험물에 대하여 다음 물음에 답하시오.

(1) 이 물질의 품명을 쓰시오.
(2) 이 물질이 연소할 경우, 연소반응과 발생되는 독성가스의 화학식을 쓰시오.
(3) 이 위험물을 옥외저장탱크에 보관할 경우, 보관하는 철근콘크리트의 수조의 벽 및 바닥의 두께는 몇 m 이상으로 해야 하는지 쓰시오.

**답안** (1) 특수인화물
(2) 연소반응 : $CS_2 + 3O_2 \rightarrow CO_2 + 2SO_2$, 독성가스 : $SO_2$
(3) 0.2m

■ 참고 ■

 제4류 위험물로서 물속에 저장하는 위험물은 이황화탄소이다. 이황화탄소는 산화프로필렌, 아세트알데하이드 등과 함께 품명 특수인화물에 해당한다. 지정수량 50L, 위험등급 Ⅰ로 지정·관리하고 있다.

이황화탄소($CS_2$)가 연소될 때, 탄소(C)는 $CO_2$로, 황(S)은 이산화황($SO_2$)으로 산화되므로 발생되는 독성가스는 이산화황(아황산가스)이며, 그 화학식은 $SO_2$이다.

▫ $CS_2 + 3O_2 \rightarrow CO_2 + 2SO_2$

특수인화물인 이황화탄소($CS_2$)는 비수용성이면서 물보다 비중이 크기 때문에 수조(물탱크)에 보관하며, 액면을 물로 채워 증기의 발생을 억제시켜야 한다.

▶ 법령보기 ◀
이황화탄소의 옥외저장탱크는 벽 및 바닥의 두께가 0.2m 이상이고, 누수가 되지 아니하는 철근콘크리트의 수조에 넣어 보관하여야 한다. 이 경우 보유공지·통기관 및 자동계량장치는 생략할 수 있다.

---

**16** 다음은 제2류 위험물에 대한 설명이다. 제2류 위험물의 설명 중 맞는 것을 모두 고르시오.

A. 황화인, 적린, 유황은 위험등급 Ⅱ에 속한다.
B. 산화성 물질이다.
C. 대부분 물에 잘 녹는다.
D. 대부분 비중이 1보다 작다.
E. 고형알코올은 제2류 위험물에 속하며, 품명은 알코올류이다.
F. 지정수량은 100kg, 500kg, 1,000kg이 존재한다.
G. 위험물제조소에 설치하는 주의사항은 위험물의 종류에 따라 화기엄금 또는 화기주의로 표시한다.

**답안** A, F, G

## ▌참고▐

제시된 각 항목에 대하여 옳고 그름을 판단해 보자!!

A.에 대하여 → 황화인, 적린, 유황은 위험등급 Ⅱ에 속한다. → ∴ 옳다. 이들은 지정수량 100kg으로 모두 위험등급 Ⅱ로 분류된다.
B.에 대하여 → 제2류 위험물은 그 성질이 가연성 고체로서 환원성 물질이다. → ∴ 틀리다.
C.에 대하여 → 대부분 물에 잘 녹지 않는다. 마그네슘, 금속분류는 물과 산과 접촉하면 발열한다. → 틀리다.
D.에 대하여 → 대부분 비중이 1보다 크기 때문에 물보다 무겁다. → ∴ 틀리다.
E.에 대하여 → 고형알코올은 제2류 위험물 중 인화성 고체로 분류된다. 인화성고체는 고형알코올 그밖에 1기압에서 인화점이 섭씨 40도 미만인 고체를 말한다. → ∴ 틀리다.
F.에 대하여 → 지정수량은 100kg, 500kg, 1,000kg이 존재한다. → ∴ 옳다.
G.에 대하여 → 제2류 위험물(인화성고체 제외)에 있어서는 "화기주의"표시를 하여야 하고, 제2류 위험물 중 인화성고체는 "화기엄금" 표시를 하여야 한다. → ∴ 옳다.

∴ 제2류 위험물의 설명으로 옳은 것은 A, F, G이다.

▶ 법령보기 ◀

| 성질 | 대표 품명 | 지정수량 | 위험 등급 |
|---|---|---|---|
| 가연성 고체 | • 황화인($P_4S_3$, $P_2S_5$, $P_4S_7$), 적린(P)<br>• 유황(단사황, 사방황, 고무상황) | 100kg | Ⅱ |
| | • 철분(Fe), 마그네슘(Mg), 금속분(Al, Zn, Sb) | 500kg | Ⅲ |
| | • 인화성 고체(고형알코올, 마그네슘에틸레이트 등) | 1,000kg | Ⅲ |

**17** 제1류 위험물로서 품명 질산염류, 분자량 80, ANFO 폭약을 만들 때 사용하는 물질에 대해 다음 물음에 답하시오.
(1) 해당 물질의 화학식을 쓰시오.
(2) 해당 물질이 분해할 때 질소, 산소, 물(수증기)을 발생하는 반응식을 쓰시오.

**답안** (1) 화학식 : $NH_4NO_3$
(2) 반응식 : $NH_4NO_3 \rightarrow N_2 + 2H_2O + 0.5O_2$

## ▌참고▐

비료폭탄(Fertilizer Bomb)이라는 별칭이 붙은 ANFO(Ammonium Nitrate Fuel Oil) 폭약은 질산암모늄(Ammonium Nitrate, $NH_4NO_3$)을 이용하여 손쉽게 만들 수 있는 폭약이다.

ANFO 폭약은 질산암모늄($NH_4NO_3$)과 경질유(난방유, 디젤유, 등유 등)와 미분탄, 당밀, 설탕, 나이트로메탄($CH_3NO_2$) 등에서 나오는 탄소를 질산암모늄과 혼합하여 조제한다. 질산염류는 제1류 위험물로 분류되며, 지정수량은 300kg이다.

질산염류 중 질산암모늄의 화학식은 $NH_4NO_3$이다. 질산암모늄이 분해할 때 "질소, 산소, 물(수증기)"을 발생한다고 하였으므로 문제의 조건에 맞추어 다음과 같이 반응식을 만든다.
□ $NH_4NO_3 \rightarrow N_2 + 2H_2O + 0.5O_2$

**18** 다음은 제3류 위험물에 대한 내용이다. 빈칸에 품명 및 지정수량을 쓰시오.

| 품명 | 지정수량 |
|---|---|
| 칼륨 | ( ① )kg |
| 나트륨 | ( ② )kg |
| 알킬알루미늄 | ( ③ )kg |
| ( ④ ) | 10kg |
| ( ⑤ ) | 20kg |
| 알칼리금속 | ( ⑥ )kg |
| 유기금속화합물 | ( ⑦ )kg |

**답안** ① 10  ② 10  ③ 10  ④ 알킬리튬  ⑤ 황린  ⑥ 50  ⑦ 50

**Point 설명** 제3류 위험물의 품명과 지정수량은 다음과 같다.

▶ 법령보기 ◀

| 유별 | 위험물 성질 | 위험물 품명 | 지정수량 |
|---|---|---|---|
| 제3류 | 자연발화성물질 및 금수성물질 | 칼륨 | 10킬로그램 |
| | | 나트륨 | 10킬로그램 |
| | | 알킬알루미늄 | 10킬로그램 |
| | | 알킬리튬 | 10킬로그램 |
| | | 황린 | 20킬로그램 |
| | | 알칼리금속(칼륨 및 나트륨 제외) 및 알칼리토금속 | 50킬로그램 |
| | | 유기금속화합물(알킬알루미늄 및 알킬리튬 제외) | 50킬로그램 |
| | | 금속의 수소화물 | 300킬로그램 |
| | | 금속의 인화물 | 300킬로그램 |
| | | 칼슘 또는 알루미늄의 탄화물 | 300킬로그램 |

**19** 옥내저장소의 동일한 실에 (1), (2), (3)의 각 물질과 함께 저장할 수 있는 것을 아래 [보기]에서 골라 쓰시오. (단, 유별끼리 저장하여 1m 이상의 거리를 둔 경우이다)

[보기]
- 과염소산칼륨
- 염소산칼
- 과산화나트륨
- 질산
- 아세
- 과염소산
- 아세트산

(1) $CH_3ONO_2$
(2) 인화성고체
(3) $P_4$

**답안** (1) $CH_3ONO_2$ – 과염소산칼륨, 염소산칼륨, 과염소산
(2) 인화성고체 – 아세톤, 아세트산
(3) $P_4$ – 과염소산칼륨, 염소산칼륨, 과산화나트륨

**∥참고∥**

(1)항의 $CH_3ONO_2$는 질산메틸로서 제5류 위험물로 분류되는 질산에스터류(질산에스테르류, 지정수량은 1종 10kg, 2종 100kg)이다. (2)항의 인화성고체는 제2류 위험물(가연성고체, 지정 수량 1,000kg)이다. (3)항의 $P_4$는 황린으로 제3류 위험물(자연발화성물질 및 금수성물질, 지정수량 20kg)이다.

(1)항의 $CH_3ONO_2$와 규정상 함께 저장 가능한 것을 살펴보면 ;
- 제1류 위험물(알칼리금속의 과산화물 또는 이를 함유한 것 제외)과 제5류 위험물을 저장하는 경우
- 제1류 위험물과 제6류 위험물을 저장하는 경우
- 제1류 위험물과 제3류 위험물 중 자연발화성물질(황린 또는 이를 함유한 것)을 저장하는 경우

∴ (1)의 질산메틸($CH_3ONO_2$, 제5류 위험물)은 제1류 위험물인 과염소산칼륨, 염소산칼륨과 유별을 달리하여 1m 이상의 간격을 둘 경우, 함께 저장할 수 있다. 또한 과염소산($HClO_4$)은 제6류 위험물(산화성액체)이므로 유별을 달리하여 1m 이상의 간격을 둘 경우, 함께 저장할 수 있다. 여기서, 과산화나트륨($Na_2O_2$)은 제1류 위험물이지만 알칼리금속의 과산화물 또는 이를 함유한 것은 제외하고 있으므로 함께 저장하는 물질에서 제외된다.

(2)항의 인화성고체와 규정상 함께 저장 가능한 것을 살펴보면 ;
- 규정상 제2류 위험물 중 인화성고체와 제4류 위험물을 저장하는 경우에 해당된다.

∴ (2)의 인화성고체는 제4류 위험물인 아세톤($CH_3COCH_3$)과 아세트산($CH_3COOH$)을 유별을 달리하여 1m 이상의 간격을 둘 경우, 함께 저장할 수 있다.

(3)항의 황린($P_4$)과 함께 저장 가능한 것을 살펴보면 ;
- 규정상 제1류 위험물과 제3류 위험물 중 자연발화성물질(황린 또는 이를 함유한 것)을 저장하는 경우에 해당된다.
- 제3류 위험물 중 황린 그밖에 물속에 저장하는 물품과 금수성물질은 동일한 저장소에서 저장하지 아니하여야 한다.

산화성고체인 과염소산칼륨, 염소산칼륨, 과산화나트륨은 제1류 위험물이며, 이들은 물과 알코올 등에 녹기 어렵기 때문에 금수성 물질에 해당되지 않는다.

∴ (3)의 황린($P_4$)은 제1류 위험물인 과염소산칼륨, 염소산칼륨, 과산화나트륨과 유별을 달리하여 1m 이상의 간격을 둘 경우, 함께 저장할 수 있다.

종합하여 정리하면;

(1)의 $CH_3ONO_2$와 함께 저장 가능한 것: 과염소산칼륨, 염소산칼륨, 과염소산

(2)의 인화성고체와 함께 저장 가능한 것: 아세톤, 아세트산

(3)의 $P_4$와 함께 저장 가능한 것: 과염소산칼륨, 염소산칼륨, 과산화나트륨

▶ 법령보기 ◀ 저장의 기준

㉮ 유별을 달리하는 위험물은 동일한 저장소(내화구조의 격벽으로 완전히 구획된 실이 2 이상 있는 저장소에 있어서는 동일한 실)에 저장하지 아니하여야 한다.
다만, 옥내저장소 또는 옥외저장소에 있어서 다음의 규정에 의한 위험물을 저장하는 경우로서 위험물을 유별로 정리하여 저장하는 한편, 서로 1m 이상의 간격을 두는 경우에는 그러하지 아니하다(중요기준).
- 제1류 위험물(알칼리금속의 과산화물 또는 이를 함유한 것 제외)과 제5류 위험물을 저장하는 경우
- 제1류 위험물과 제6류 위험물을 저장하는 경우
- 제1류 위험물과 제3류 위험물 중 자연발화성물질(황린 또는 이를 함유한 것에 한함)을 저장하는 경우
- 제2류 위험물 중 인화성고체와 제4류 위험물을 저장하는 경우
- 제3류 위험물 중 알킬알루미늄등과 제4류 위험물(알킬알루미늄 또는 알킬리튬을 함유한 것에 한함)을 저장하는 경우
- 제4류 위험물 중 유기과산화물 또는 이를 함유하는 것과 제5류 위험물 중 유기과산화물 또는 이를 함유한 것을 저장하는 경우

㉯ 제3류 위험물 중 황린 그밖에 물속에 저장하는 물품과 금수성물질은 동일한 저장소에서 저장하지 아니하여야 한다(중요기준).

㉰ 옥내저장소에 있어서 위험물은 규정에 의한 바에 따라 용기에 수납하여 저장하여야 한다. 다만, 덩어리 상태의 황은 그러하지 아니하다.

㉱ 옥내저장소에서 동일 품명의 위험물이더라도 자연발화할 우려가 있는 위험물 또는 재해가 현저하게 증대할 우려가 있는 위험물을 다량 저장하는 경우에는 지정수량의 10배 이하마다 구분하여 상호간 0.3m 이상의 간격을 두어 저장하여야 한다. 다만, 제48조의 규정에 의한 위험물 또는 기계에 의하여 하역하는 구조로 된 용기에 수납한 위험물에 있어서는 그러하지 아니하다(중요기준).

## 20
단층으로 된 옥내탱크 저장소에 저장용기(탱크) 2개에 에틸알코올을 보관하고 있다. 다음 물음에 답하시오.
(1) 벽과 저장용기(탱크)의 거리는 몇 m 이상으로 하여야 하는지 쓰시오.
(2) 저장용기(탱크) 상호간의 거리는 몇 m 이상으로 하여야 하는지 쓰시오.
(3) 에틸알코올 저장용기(탱크)의 용량은 몇 L 이하로 하는지 쓰시오.

**답안** (1) 0.5m
(2) 0.5m
(3) 16,000L

**Point 설명** 옥내탱크 저장소의 저장기준은 다음과 같다.

▶ 법령보기 ◀

옥내탱크 저장소에서 탱크와 탱크전용실의 벽과의 사이 및 옥내저장탱크의 상호간에는 0.5m 이상의 간격을 유지하여야 한다. 그리고 법령상 "옥내저장탱크의 용량은 지정수량의 40배 이하로 하여야 한다. 다만, 제4석유류 및 동식물유류 외의 제4류 위험물에 있어서 당해 수량이 20,000L를 초과할 때에는 20,000L로 한다."라고 규정하고 있다. 에틸알코올은 제4류 위험물(인화성액체) - 알코올류이므로 지정수량은 400L이고, 지정수량의 40배를 고려한다면 옥내저장탱크 용량은 16,000L이하로 하여야 한다.

# 2020년 제5회

**01** 제3류 위험물 중 지정수량이 10kg인 것의 품명 4가지를 쓰시오.

**답안** 칼륨, 나트륨, 알킬리튬, 알킬알루미늄

**Point 설명** 제3류 위험물 중 지정수량이 10kg인 것은 칼륨, 나트륨, 알킬리튬, 알킬알루미늄이다.

▶ 법령보기 ◀

| 유별 | 성질 | 위험물 품명 | 지정수량 |
|---|---|---|---|
| 제3류 | 자연발화성물질 및 금수성물질 | 칼륨 | 10kg |
| | | 나트륨 | 10kg |
| | | 알킬알루미늄 | 10kg |
| | | 알킬리튬 | 10kg |
| | | 황린 | 20kg |
| | | 알칼리금속(칼륨 및 나트륨 제외) 및 알칼리토금속 | 50kg |
| | | 유기금속화합물(알킬알루미늄 및 알킬리튬 제외) | 50kg |
| | | 금속의 수소화물 | 300kg |
| | | 금속의 인화물 | 300kg |
| | | 칼슘 또는 알루미늄의 탄화물 | 300kg |

**02** 자체소방대에 관한 다음의 물음에 답하시오.
(1) 제조소 또는 일반취급소에서 취급하는 제4류 위험물의 최대수량의 합이 지정수량의 3천배 이상 12만배 미만일 때, 자체소방대원의 수를 쓰시오.
(2) 제조소 또는 일반취급소에서 취급하는 제4류 위험물의 최대수량의 합이 지정수량의 3천배 이상 12만배 미만일 때 화학소방자동차의 대수를 쓰시오.
(3) 제조소 또는 일반취급소에서 취급하는 제4류 위험물의 최대수량의 합이 지정수량의 48만배 이상일 때, 자체소방대원의 수를 쓰시오.
(4) 제조소 또는 일반취급소에서 취급하는 제4류 위험물의 최대수량의 합이 48만배 이상일 때, 화학소방자동차의 대수를 쓰시오.

**답안** (1) 5인
(2) 1대
(3) 20인
(4) 2대

**Point 설명** 제조소 또는 일반취급소에서 취급하는 제4류 위험물의 수량에 따른 자체소방대 설치기준은 다음과 같다.

▶ 법령보기 ◀

| 사업소의 구분 | 화학소방자동차 | 자체소방대원의 수 |
|---|---|---|
| 1. 제조소 또는 일반취급소에서 취급하는 제4류 위험물의 최대수량의 합이 지정수량의 3천배 이상 12만배 미만인 사업소 | 1대 | 5인 |
| 2. 제조소 또는 일반취급소에서 취급하는 제4류 위험물의 최대수량의 합이 지정수량의 12만배 이상 24만배 미만인 사업소 | 2대 | 10인 |
| 3. 제조소 또는 일반취급소에서 취급하는 제4류 위험물의 최대수량의 합이 지정수량의 24만배 이상 48만배 미만인 사업소 | 3대 | 15인 |
| 4. 제조소 또는 일반취급소에서 취급하는 제4류 위험물의 최대수량의 합이 지정수량의 48만배 이상인 사업소 | 4대 | 20인 |
| 5. 옥외탱크저장소에 저장하는 제4류 위험물의 최대수량이 지정수량의 50만배 이상인 사업소 | 2대 | 10인 |

## 03 이황화탄소, 메틸알코올, 아세톤, 아닐린 중 인화점이 낮은 순으로 쓰시오.

**답안** 이황화탄소 < 아세톤 < 메틸알코올 < 아닐린

**▌참고▐**

이황화탄소($CS_2$)는 제4류 위험물 – 특수인화물이다. 특수인화물은 1기압에서 발화점이 100℃ 이하이고, 인화점이 영하 20℃이하이므로 인화점이 가장 낮다.

아세톤은 제4류 위험물 – 제1석유류이다. 제1석유류는 1기압에서 인화점이 21℃ 미만인 것을 말하므로 다음으로 인화점이 낮다.

메틸알코올은 제4류 위험물 – 알코올류로서 인화점은 11℃이므로 다음으로 인화점이 낮다.

끝으로 아닐린은 제4류 위험물 – 제3석유류이다. 제3석유류는 1기압에서 인화점이 70℃이상 200℃ 미만인 것을 말하므로 인화점이 가장 높다. 아닐린의 인화점은 76℃이다.

## 04 인화알루미늄 580g이 물과 반응할 경우, 표준상태에서 발생되는 독성가스의 부피(L)를 산출하시오.

**답안** $PH_3$부피 $= 580g \times \dfrac{1mol}{58g} \times \dfrac{22.4L}{1mol} = 224L$

■ 참고 ■

 인화알루미늄의 분자식은 AlP(분자량 58g)이다. 인화알루미늄이 물과 접촉하면 알루미늄 3가 양이온($Al^{3+}$)은 $H_2O$부터 음이온 1가인 수산화이온($OH^-$) 3개를 제공받아 수산화물(水酸化物)이 되고, 유리된 인(P)은 잔류하는 수소와 결합하여 $PH_3$(포스핀)을 생성한다. 이를 토대로 반응식을 작성한 후 AlP 580g이 물과 반응할 때 생성되는 기체(포스핀, $PH_3$)의 부피(L)를 산출한다.

이때 AlP의 g분자량은 27+31=58g을 적용하고, $PH_3$ 기체 1mol = 34g = 22.4L을 적용하여 문제에서 요구하는 부피 단위(L)로 산출한다.

$$\square \ AlP + 3H_2O \rightarrow Al(OH)_3 + PH_3$$
$$\quad 1mol \qquad\qquad\qquad\qquad\quad : \qquad\qquad\quad 1mol$$

$$\therefore PH_3 부피 = 580g \times \frac{1mol}{58g} \times \frac{1mol(PH_3)}{1mol(AlP)} \times \frac{22.4L(PH_3)}{1mol(PH_3)} = 224L$$

**05** 아세톤 20리터 100개, 경유 200리터 5드럼의 지정수량 배수를 구하시오.

**답안** 지정수량의 배수 = $\frac{20L \times 100}{400L} + \frac{200L \times 5}{1,000L} = 6$

**Point 설명** 지정수량 배수는 다음의 공식을 적용하여 산출한다. 이때, 아세톤은 제4류 위험물 - 1석유류 - 수용성으로 지정수량 400L를 적용하고, 경유는 제4류 위험물 - 2석유류 - 비수용성으로 지정수량 1000L를 적용한다.

$$\square 공식 : 지정수량 배수 합계 = \frac{A품명의\ 수량}{A품명의\ 지정수량} + \frac{B품명의\ 수량}{B품명의\ 지정수량} + \cdots +$$

$$\therefore 지정수량의\ 배수 = \frac{20L \times 100}{400L} + \frac{200L \times 5}{1,000L} = 6$$

**06** 위험물 제조소에 200m³와 100m³의 탱크가 각각 1개씩 2개가 있다. 옥외 위험물탱크 주위로 방유제를 만들 때, 방유제의 용량은 얼마 이상이어야 하는지 산정하시오.

**답안** 방유제 용량 = $200\ m^3 \times 0.5 + 100m^3 \times 0.1 = 110m^3$

■ 참고 ■

 문제에서 "제조소의 위험물 저장탱크"에 주목하여야 한다. 제조소의 옥외탱크 저장소의 방유제 용량 기준은 하나의 취급탱크 주위에 설치하는 방유제 경우, 당해 탱크용량의 50% 이상으로 하고, 2 이상의 취급탱크 주위에 하나의 방유제를 설치하는 경우 그 방유제의 용량은 당해 탱크 중 용량이 최대인 것의 50%에 나머지 탱크용량 합계의 10%를 가산한 양 이상이 되게 하여야 한다.

그러므로 해당 제조소의 방유제 용량은 다음과 같이 산정된다.

$\square$ 방유제 용량 = 최대용량탱크 $\times 50\%$ + 나머지 탱크용량 합계의 10%

$\therefore$ 방유제 용량 = $200\ m^3 \times 0.5 + 100m^3 \times 0.1 = 110m^3$

▶ 법령보기 ◀ 방유제 용량산정 규정(비교)

| 제조소의 옥외탱크저장소 | 옥외탱크저장소 |
|---|---|
| ▫ 옥외에 있는 위험물취급탱크로서 액체위험물(이황화탄소 제외)을 취급하는 것의 주위에는 다음의 기준에 의하여 방유제를 설치할 것<br>• 하나의 취급탱크 주위에 설치하는 방유제의 용량은 당해 탱크 용량의 50% 이상으로 할 것<br>• 2 이상의 취급탱크 주위에 하나의 방유제를 설치하는 경우 그 방유제의 용량은 당해 탱크 중 용량이 최대인 것의 50%에 나머지 탱크용량 합계의 10%를 가산한 양 이상이 되게 할 것. 이 경우 방유제의 용량은 당해 방유제의 내용적에서 용량이 최대인 탱크 외의 탱크의 방유제 높이 이하 부분의 용적, 당해 방유제 내에 있는 모든 탱크의 지반면 이상 부분의 기초의 체적, 간막이 둑의 체적 및 당해 방유제 내에 있는 배관 등의 체적을 뺀 것으로 한다. | • 방유제의 용량은 방유제안에 설치된 탱크가 하나인 때에는 그 탱크 용량의 110% 이상으로 할 것<br>• 2기 이상인 때에는 그 탱크 중 용량이 최대인 것의 용량의 110% 이상으로 할 것. 이 경우 방유제의 용량은 당해 방유제의 내용적에서 용량이 최대인 탱크 외의 탱크의 방유제 높이 이하 부분의 용적, 당해 방유제 내에 있는 모든 탱크의 지반면 이상 부분의 기초의 체적, 간막이 둑의 체적 및 당해 방유제 내에 있는 배관 등의 체적을 뺀 것으로 한다.<br>• 방유제내의 면적은 8만m² 이하로 할 것<br>• 방유제내의 설치하는 옥외저장탱크의 수는 10(방유제 내에 설치하는 모든 옥외저장탱크의 용량이 20만L 이하이고, 당해 옥외저장탱크에 저장 또는 취급하는 위험물의 인화점이 70℃ 이상 200℃ 미만인 경우에는 20) 이하로 할 것 |

## 07 알루미늄분에 대해 다음 물음에 답하시오.
(1) 물과의 반응식을 쓰시오.
(2) 연소반응식을 쓰시오.
(3) 염산과의 반응식을 쓰시오.
(4) 위험등급을 쓰시오.

답안 (1) 알루미늄분과 물의 반응 : $Al + 3H_2O \rightarrow Al(OH)_3 + 1.5H_2$

(2) 알루미늄분의 연소반응 : $2Al + 1.5O_2 \rightarrow Al_2O_3$

(3) 알루미늄과 염산의 반응 : $Al + 3HCl \rightarrow AlCl_3 + 1.5H_2$

(4) Al의 위험물 등급 : Ⅲ등급

■ 참고 ■

 알루미늄분과 물의 반응에서, Al은 양이온 3가, 결합되는 수산화이온은 음이온 1가이므로 등가원칙에 따라 이들이 결합한 수산화물의 구성은 1 : 3, 즉 $Al^{3+} : 3OH^- = Al(OH)_3$로 되고 수소가스를 방출한다.

▫ $Al + 3H_2O \rightarrow Al(OH)_3 + 1.5H_2$

Al의 연소반응에서, 알루미늄이 연소되면 연소산화물, 즉 알루미늄의 산화물을 만든다. Al은 양이온 3가, 결합되는 산소는 음이온 2가이므로 등가원칙에 따라 이들의 가수를 교호(交互)로 적용하여 화학식을 만들면 $Al_2O_3$으로 된다. 즉 알루미늄이 연소 산화되면 흔히 알루미나(Alumina)라고 하는 산화알루미늄($Al_2O_3$)이 된다.

▫ $2Al + 1.5O_2 \rightarrow Al_2O_3$

Al과 염산의 반응에서, 알루미늄이 이온으로 되면 3가 양이온이 되는데, 이와 접촉하는 염산 등 강산은 전리되어 음이온을 제공함으로써 화합물을 형성한다. 양이온 3가인 알루미늄이온($Al^{3+}$)과 음이온 1가인 염산온($Cl^-$)이 결합하기 위해서는 등가원칙에 따라 1 : 3, 즉 $Al^{3+} : 3Cl^- = AlCl_3$로 되고, 수소가스를 방출한다.

▫ $Al + 3HCl \rightarrow AlCl_3 + 1.5H_2$

알루미늄분은 제2류 위험물(가연성 고체)로 철분, 마그네슘과 함께 지정수량은 500kg, 위험등급 Ⅲ등급으로 지정·관리되고 있다.

**08** 규조토에 흡수시켜 다이너마이트를 만드는 물질에 대해 다음 물음에 답하시오.

(1) 해당 물질의 구조식을 쓰시오.
(2) 품명과 지정수량(단, 1종)을 쓰시오.
(3) 이산화탄소, 수증기, 질소, 산소가 발생하는 분해반응식을 쓰시오.

**답안** (1) 나이트로글리세린의 구조식

$$\begin{array}{c} H \ H \ H \\ H-C-C-C-H \\ |\ \ |\ \ | \\ O\ \ O\ \ O \\ |\ \ |\ \ | \\ NO_2\ NO_2\ NO_2 \end{array}$$

(2) 품명 : 질산에스터류, 지정수량(1종) : 10kg
(3) 분해반응식 : $C_3H_5O_3(NO_2)_3 \rightarrow 3CO_2 + 2.5H_2O + 1.5N_2 + 0.5O_2$

**참고**

문제에서 제시한 설명 중 "규조토에 흡수시켜 다이너마이트를 만드는 물질"은 바로 품명 질산에스터(질산에스테르)류의 나이트로글리세린[NG, $C_3H_5O_3(NO_2)_3$]이라는 것을 짐작할 수 있다. 오래 기억해 두기 위해 "조토 – 니글렀어"라고 해 두면 효과가 있다.

나이트로글리세린(Nitroglycerin)의 화학식은 "나이트로(Nitro)"가 붙어 있으므로 $-NO_2$기(基)가 결합되어 있다는 것을 유의하면서 탄소 3개를 나란하게 두고 OH 1개씩(3개)을 붙이고, 탄소 하나당 나머지 3자리는 수소(H)를 모두 붙인 다음, OH에서 수소(H)를 $-NO_2$로 치환하면 나이트로글리세린의 구조식이 된다.

$$\begin{array}{c} H \ H \ H \\ H-C-C-C-H \\ |\ \ |\ \ | \\ O\ \ O\ \ O \\ |\ \ |\ \ | \\ NO_2\ NO_2\ NO_2 \end{array}$$

나이트로글리세린(니트로글리세린, Nitroglycerin)은 제5류 위험물 중 품명 "질산에스터(질산에스테르)류"이고 1종의 지정수량은 10kg, 위험등급 Ⅰ등급으로 지정·관리되고 있다. 구법(舊法)과 개정(改定) 법령의 지정수량 수치가 다르므로 유의하여야 한다.

나이트로글리세린[$C_3H_5O_3(NO_2)_3$]이 분해될 경우, 이산화탄소, 수증기, 질소, 산소가 발생한다고 조건을 제시해 주었으므로 탄소(C)는 전량 $CO_2$로, 수소(H)는 전량 $H_2O$로, 질소(N)는 전량 $N_2$로 생성되고, 나머지는 산소로 하여 반응식을 작성한다.

▫ $C_3H_5O_3(NO_2)_3 \rightarrow 3CO_2 + 2.5H_2O + 1.5N_2 + 0.5O_2$

**09** 다음은 간이탱크저장소의 설비기준에 대한 내용이다. (    ) 안에 들어갈 숫자나 용어를 답안지에 기재하시오.

- 하나의 간이탱크저장소에 설치하는 간이저장탱크는 그 수를 3 이하로 하고, 동일한 품질의 위험물의 간이저장탱크를 2 이상 설치하지 아니하여야 한다.
- 간이저장탱크는 움직이거나 넘어지지 아니하도록 지면 또는 가설대에 고정시키되, 옥외에 설치하는 경우에는 그 탱크의 주위에 너비 (  ①  )m 이상의 공지를 두고, 전용실 안에 설치하는 경우에는 탱크와 전용실의 벽과의 사이에 (  ②  )m 이상의 간격을 유지하여야 한다.
- 간이저장탱크의 용량은 (  ③  )L 이하이어야 한다.
- 간이저장탱크는 두께 (  ④  )mm 이상의 강판으로 흠이 없도록 제작하여야 하며, (  ⑤  )kPa의 압력으로 10분간의 수압 시험을 실시하여 새거나 변형되지 아니하여야 한다.

**답안** ① 1  ② 0.5  ③ 600  ④ 3.2  ⑤ 70

**Point 설명** 간이탱크저장소의 구조 및 설비기준은 다음과 같다.

▶ 법령보기 ◀
- 하나의 간이탱크저장소에 설치하는 간이저장탱크는 그 수를 3 이하로 하고, 동일한 품질의 위험물의 간이저장탱크를 2 이상 설치하지 아니하여야 한다.
- 간이탱크저장소에는 보기 쉬운 곳에 "위험물 간이탱크저장소"라는 표시를 한 표지와 방화에 관하여 필요한 사항을 게시한 게시판 및 해당 간이탱크저장소가 금연구역임을 알리는 표지를 설치해야 한다.
- 간이저장탱크는 움직이거나 넘어지지 아니하도록 지면 또는 가설대에 고정시키되, 옥외에 설치하는 경우에는 그 탱크의 주위에 너비 1m 이상의 공지를 두고, 전용실안에 설치하는 경우에는 탱크와 전용실의 벽과의 사이에 0.5m 이상의 간격을 유지하여야 한다.
- 간이저장탱크의 용량은 600L 이하이어야 한다.
- 간이저장탱크는 두께 3.2mm 이상의 강판으로 흠이 없도록 제작하여야 하며, 70kPa의 압력으로 10분간의 수압시험을 실시하여 새거나 변형되지 아니하여야 한다.


**10** 아세트알데하이드에 대한 다음 물음에 답하시오.
(1) 시성식을 쓰시오.
(2) 에틸렌(에텐)을 직접 산화반응시켜 제조하는 반응식을 쓰시오.
(3) 보냉장치가 없는 이동저장탱크에 저장하는 경우 온도는 몇 ℃ 이하로 유지하여야 하는지 쓰시오.
(4) 옥외저장탱크 중 압력탱크 외의 탱크에 저장하는 경우 저장온도는 몇 ℃ 이하로 해야 하는지 쓰시오.

**답안** (1) $CH_3CHO$
(2) $C_2H_4 + 0.5O_2 \rightarrow C_2H_4O$
(3) 보냉장치가 없는 이동저장탱크 : 40℃ 이하
(4) 압력탱크 외의 탱크 : 15℃ 이하

■ **참고** ■

아세트알데하이드는 제4류 위험물 중 특수인화물에 속하며, 화학식(시성식)은 $CH_3CHO$이고, g분자량은 $12\times2+4+16=44$이다. 아세트알데하이드($CH_3CHO$)는 지정수량은 50L, 위험등급 Ⅰ등급인 특수인화물은 제4류 위험물중 1기압에서 발화점 100℃ 이하, 인화점 −20℃ 이하, 비점 40℃ 이하이다.

에텐(에틸렌, Ethylene, $C_2H_4$)을 직접 산화반응시켜 아세트알데하이드($CH_3CHO$, Acetaldehyde)를 제조하는 반응식은 다음과 같다.

    □ $C_2H_4 + 0.5O_2 \rightarrow CH_3CHO$  또는  $C_2H_4 + 0.5O_2 \rightarrow C_2H_4O$

▶ 법령보기 ◀

알킬알루미늄등, 아세트알데하이드등 및 다이에틸에터등(다이에틸에터 또는 이를 함유한 것)의 저장기준은 다음과 같다(중요기준).

㉮ 옥외저장탱크 또는 옥내저장탱크 중 압력탱크에 있어서는 알킬알루미늄등의 취출에 의하여 당해 탱크내의 압력이 상용압력 이하로 저하하지 아니하도록, 압력탱크 외의 탱크에 있어서는 알킬알루미늄등의 취출이나 온도의 저하에 의한 공기의 혼입을 방지할 수 있도록 불활성의 기체를 봉입할 것

㉯ 옥외저장탱크·옥내저장탱크 또는 이동저장탱크에 새롭게 알킬알루미늄등을 주입하는 때에는 미리 당해 탱크안의 공기를 불활성기체와 치환하여 둘 것

㉰ 이동저장탱크에 알킬알루미늄등을 저장하는 경우에는 20kPa이하의 압력으로 불활성의 기체를 봉입하여 둘 것

㉱ 옥외저장탱크·옥내저장탱크 또는 지하저장탱크 중 압력탱크에 있어서는 아세트알데하이드등의 취출에 의하여 당해 탱크내의 압력이 상용압력 이하로 저하하지 아니하도록, 압력탱크 외의 탱크에 있어서는 아세트알데하이드등의 취출이나 온도의 저하에 의한 공기의 혼입을 방지할 수 있도록 불활성기체를 봉입할 것

㉲ 옥외저장탱크·옥내저장탱크·지하저장탱크 또는 이동저장탱크에 새롭게 아세트알데하이드등을 주입하는 때에는 미리 당해 탱크안의 공기를 불활성기체와 치환하여 둘 것

㉳ 이동저장탱크에 아세트알데하이드등을 저장하는 경우에는 항상 불활성의 기체를 봉입하여 둘 것

㉴ 옥외저장탱크·옥내저장탱크 또는 지하저장탱크 중 압력탱크 외의 탱크에 저장하는 다이에틸에터등 또는 아세트알데하이드등의 온도는 산화프로필렌과 이를 함유한 것 또는 다이에틸에터등에 있어서는 30℃ 이하로, 아세트알데하이드 또는 이를 함유한 것에 있어서는 15℃ 이하로 각각 유지할 것

㉵ 옥외저장탱크·옥내저장탱크 또는 지하저장탱크 중 압력탱크에 저장하는 아세트알데하이드등 또는 다이에틸에터등의 온도는 40℃ 이하로 유지할 것

㉶ 보냉장치가 있는 이동저장탱크에 저장하는 아세트알데하이드등 또는 다이에틸에터등의 온도는 당해 위험물의 비점 이하로 유지할 것

㉷ 보냉장치가 없는 이동저장탱크에 저장하는 아세트알데하이드등 또는 다이에틸에터등의 온도는 40℃ 이하로 유지할 것

## 11  흑색화약의 원료 3가지 중 위험물인 것 2가지를 쓰고, 각각 유별 - 품명 - 지정수량을 쓰시오.

**답안** (1) 원료 : 질산칼륨, 유황
(2) 유별 - 품명 - 지정수량
① $KNO_3$ : 제1류 위험물 - 질산염류 - 300kg
② S : 제2류 위험물 - 유황 - 100kg

**┃참고┃**

흑색화약(黑色火藥, Black Powder)의 개략적 표준조성은 질산칼륨 75%, 유황 15%, 목탄 10%이다. 각 성분을 따로따로 건조·분쇄하고, 먼저 유황(S)과 목탄을 새의 깃털 등을 사용하여 마찰이 일어나지 않도록 섞고 이어 질산칼륨($KNO_3$)을 섞는다.

문제의 조건이 "원료 3가지 중 위험물인 것 2가지를 쓰는 것"이므로 위험물이 아닌 목탄을 제외한 2가지 즉, "질산칼륨($KNO_3$)"과 "유황(S)"을 답안지에 쓰면 된다.

흑색화약에서 가연물로 작용하는 유황(S)은 가연성고체로서 제2류 위험물의 "품명 – 유황"에 속하며, 위험등급 Ⅱ등급, 지정수량 100kg이다.

흑색화약에서 산화제로 작용하는 질산칼륨($KNO_3$)은 산화성고체로서 제1류 위험물의 "품명 – 질산염류"에 속하며, 위험등급 Ⅱ등급, 지정수량 300kg이다. 질산칼륨($KNO_3$)은 산화성고체이므로 충격, 가열, 환원제와 접촉할 경우 화재 및 폭발 위험이 있다.

**12** 다음 물음에 답하시오.
(1) 과산화나트륨과 아세트산의 반응식을 쓰시오.
(2) 과산화나트륨과 아세트산의 반응에서 생성물질의 분해 반응식을 쓰시오.
(3) 아세트산의 연소반응식을 쓰시오.

**답안** (1) 과산화나트륨과 아세트산 반응 : $Na_2O_2 + 2CH_3COOH \rightarrow 2CH_3COONa + H_2O_2$
(2) 생성물의 분해반응 : $H_2O_2 \rightarrow O_2 + 2H_2O$
(3) 아세트산의 연소반응 : $CH_3COOH + 2O_2 \rightarrow 2CO_2 + 2H_2O$

**┃참고┃**

과산화나트륨의 이름에서 "과"를 떼 내면 "산화나트륨"이 된다. 나트륨은 양이온 1가($Na^+$), 산소는 음이온 2가($O^{2-}$)이므로 산화물을 형성하기 위해서는 등가결합 원칙에 따라 나트륨과 산소의 구성은 2 : 1, 즉 $2Na^+ : O^{2-}$ = $Na_2O$(산화나트륨)이고, 여기에 산소를 추가하면 $Na_2O_2$가 되므로 이 명칭은 산화나트륨에 "과"를 붙여서 과산화나트륨($Na_2O_2$, $23 \times 2 + 16 \times 2 = 78g$)으로 명명한다.

아세트산(Acetic Acid, $CH_3COOH$)은 우리가 식용하는 초산(醋酸)이다. 과산화나트륨($Na_2O_2$)에서 나트륨(Na)은 양이온 1가이고, 초산($CH_3COOH$)으로부터 제공되는 1가 음이온은 초산이온($CH_3OOO^-$)이다. 따라서 과산화나트륨의 나트륨과 아세트산의 초산이온은 1 : 1로 등가결합하여 $CH_3OOONa$가 되면서 부산물로 과산화수소($H_2O_2$)를 발생한다.

□ $Na_2O_2 + 2CH_3COOH \rightarrow 2CH_3COONa + H_2O_2$

과산화나트륨($Na_2O_2$)과 아세트산($CH_3COOH$)의 반응에서 생성된 물질은 과산화수소($H_2O_2$)이다. 과산화수소($H_2O_2$)는 조성물질이 수소와 산소로 구성되어 있으므로 공기 중에서 물과 산소로 분해된다.

□ $H_2O_2 \rightarrow O_2 + 2H_2O$

제4류 위험물인 아세트산($CH_3COOH$)은 구성원소 중 C는 이산화탄소($CO_2$)로, H는 물($H_2O$)로 산화된다. 여기서 산소수지를 취할 때 아세트산 내의 산소는 보정(감산)하여 반응식을 작성해야 한다.

□ $CH_3COOH + 2O_2 \rightarrow 2CO_2 + 2H_2O$

**13** 다음 [보기]의 위험물 중 수용성만을 골라 쓰시오.

[보기]
- 휘발유, 벤젠, 톨루엔, 아세톤
- 메틸알코올, 클로로벤젠, 아세트알데하이드
- 사이안화수소, 피리딘
- 글리세린, 하이드라진(히드라진)

**답안**  아세톤, 메틸알코올, 아세트알데하이드, 사이안화수소, 피리딘, 글리세린, 하이드라진

## 참고

 위험물 중 물에 녹는 물질(수용성)은 아세트알데하이드($CH_3CHO$), 아세트산($CH_3COOH$), 폼산($HCOOH$), 글리세린[$C_3H_5(OH)_3$], 에틸렌글리콜[$C_2H_4(OH)_2$], 아세톤($CH_3COCH_3$), 메틸에틸케톤($CH_3COC_2H_5$), 사이안화수소($HCN$), 피리딘($C_5H_5N$), 하이드라진(히드라진, $N_2H_4$), 아크릴산($C_3H_4O_2$), 알코올류, 아염소산염, 염소산염, 무기과산화물 등이다.

알코올은 물과 어떠한 비율로 혼합해도 완벽히 섞이므로(Miscible) 용해도(溶解度)의 의미가 없으나 분자 내의 $-OH$기는 물에 잘 녹게 해 주는 특성을 지니게 한다. 그러나 메탄올·에탄올·프로판올 같은 작은 분자는 물에 용해되지만 더 큰 분자는 탄소 사슬이 우세하기 때문에 탄소 수가 7개 이상인 알코올은 물에 용해되지 않는 것으로 간주한다.

한편, 물에 잘 녹지 않는 물질(비수용성)은 휘발유, 등유, 경유, 중유, 황($S$), 황린($P_4$), 이황화탄소($CS_2$), 벤젠($C_6H_6$), 나이트로벤젠($C_6H_5NO_2$), 클로로벤젠($C_6H_5Cl$), 톨루엔($C_6H_5CH_3$), 아닐린($C_6H_7N$), 벤질알코올($C_7H_8O$), 에테르류(에터류, $C_2H_5OC_2H_5$, $CH_3OC_2H_5$), 과염소산염류 중 $KClO_4$, 질산에스터($C_2H_5ONO_2$), 초산에틸($C_4H_8O_2$), 클레오소트유 등이다.

**14** 탄화칼슘에 대하여 다음 물음에 답하시오.
(1) 물과의 화학반응식을 쓰시오.
(2) 물과 반응 시 생성기체와 구리(Cu)가 접촉할 경우, 화학반응식을 쓰시오.
(3) 물과의 반응에서 발생된 가스의 완전연소 반응식을 쓰시오.

**답안** (1) $CaC_2 + 2H_2O \rightarrow C_2H_2 + Ca(OH)_2$
(2) 생성기체 : $H_2O_2$, 구리와 반응 : $C_2H_2 + 2Cu \rightarrow H_2 + Cu_2C_2$
(3) $2C_2H_2 + 5O_2 \rightarrow 2H_2O + 4CO_2$

■ 참고

 탄화칼슘($CaC_2$)은 제3류 위험물(자연발화성 물질 및 금수성 물질) 중에서 칼슘의 탄화물(품명)을 말하며, 지정수량 300kg, 위험등급 Ⅲ등급으로 지정·관리되고 있다.

탄화칼슘과 물의 반응에서, 칼슘(Ca)은 양이온 2가($Ca^{2+}$)이고, 이와 반응하는 수산화 이온($OH^-$)은 1가 음이온이므로 등가원칙에 따라 이들이 결합한 수산화물의 구성은 1 : 2, 즉 $Ca^{2+}$ : $2OH^-$ = $Ca(OH)_2$로 되어야 한다.

$$CaC_2 + 2H_2O \rightarrow Ca(OH)_2 + C_2H_2$$

탄화칼슘과 물과 반응하여 발생하는 기체는 에틴(Ethene, 아세틸렌, $C_2H_2$)이다. 단순히 생성기체를 쓰라고 하였으므로 분자식이나 명칭을 기재해도 틀리지 않는다. 발생된 기체인 에틴과 구리(Cu)의 화학반응식은 다음과 같이 작성한다.

$$C_2H_2 + 2Cu \rightarrow Cu_2C_2 + H_2$$

발생가스의 완전연소 반응식을 쓰는 것에서, 발생가스는 에틴(Ethene, 아세틸렌, $C_2H_2$)이므로 이것의 완전연소 반응식을 작성한다.

$$2C_2H_2 + 5O_2 \rightarrow 2H_2O + 4CO_2$$

## 15
제조소의 경우 규정에 따라 제조소의 외벽 또는 이에 상당하는 건축물·공작물의 외측까지의 사이는 규정에 의한 수평거리(안전거리)를 두어야 한다. 다음 물음에 답하시오.
(1) 제조소와 고압가스, 도시가스를 저장 또는 취급하는 시설과의 안전거리를 쓰시오.
(2) 제조소와 부지 외의 주거용 건축물과의 안전거리를 쓰시오.
(3) 제조소와 특고압가공전선(50,000V)과의 안전거리를 쓰시오.

**답안** (1) 20m
(2) 10m
(3) 5m

**Point 설명** 제조소의 안전거리 관련규정은 다음과 같다.

▶ 법령보기 ◀

제조소(제6류 위험물을 취급하는 제조소 제외)는 다음의 규정에 의한 건축물의 외벽 또는 이에 상당하는 공작물의 외측으로부터 당해 제조소의 외벽 또는 이에 상당하는 공작물의 외측까지의 사이에 다음의 규정에 의한 수평거리(안전거리)를 두어야 한다.
㉮ 건축물 그 밖의 공작물로서 주거용으로 사용되는 것에 있어서는 10m 이상
㉯ 학교·병원·극장 그밖에 다수인을 수용하는 시설로서 다음에 해당하는 것에 있어서는 30m 이상
• 학교, 병원급 의료기관
• 영화상영관 및 그밖에 이와 유사한 시설로서 3백명 이상의 인원을 수용할 수 있는 것
• 아동복지시설, 노인복지시설, 장애인복지시설, 한부모가족복지시설, 어린이집
• 성매매피해자등을 위한 지원시설, 정신건강증진시설
• 보호시설 및 그밖에 이와 유사한 시설로서 20명 이상의 인원을 수용할 수 있는 것
㉰ 유형문화재와 기념물 중 지정문화재에 있어서는 50m 이상
㉱ 고압가스, 액화석유가스 또는 도시가스를 저장 또는 취급하는 시설로서 다음에 해당하는 것에 있어서는 20m 이상. 다만, 당해 시설의 배관 중 제조소가 설치된 부지 내에 있는 것은 제외한다.

- 고압가스제조시설(용기에 충전하는 것을 포함) 또는 고압가스 사용시설로서 1일 30m³ 이상의 용적을 취급하는 시설이 있는 것
- 고압가스저장시설
- 액화산소를 소비하는 시설
- 액화석유가스제조시설 및 액화석유가스저장시설
- 가스공급시설

◎ 사용전압이 7,000V 초과 35,000V 이하의 특고압가공전선에 있어서는 3m 이상
◎ 사용전압이 35,000V를 초과하는 특고압가공전선에 있어서는 5m 이상

**16** 위험물 운반에 관한 혼재기준에서 다음 위험물과 혼재할 수 있는 유별을 모두 쓰시오. (단, 지정수량의 1/10을 초과하는 위험물을 운반하는 경우)

(1) 제2류
(2) 제3류
(3) 제4류
(4) 제6류

**답안** 
(1) 제2류 - 제4류 위험물, 제5류 위험물
(2) 제3류 - 제4류 위험물
(3) 제4류 - 제2류 위험물, 제3류 위험물, 제5류 위험물
(4) 제6류 - 제1류 위험물

**Point 설명** 위험물을 운반할 때 취급하는 위험물의 지정수량이 1/10을 초과할 경우 유별을 달리하는 위험물의 혼재기준은 다음과 같다.

▶ 법령보기 ◀

| 위험물의 구분 | 제1류 | 제2류 | 제3류 | 제4류 | 제5류 | 제6류 |
|---|---|---|---|---|---|---|
| 제1류 |  | × | × | × | × | ○ |
| 제2류 | × |  | × | ○ | ○ | × |
| 제3류 | × | × |  | ○ | × | × |
| 제4류 | × | ○ | ○ |  | ○ | × |
| 제5류 | × | ○ | × | ○ |  | × |
| 제6류 | ○ | × | × | × | × |  |

[비고]
1. "×"표시는 혼재할 수 없음을 표시한다.
2. "○"표시는 혼재할 수 있음을 표시한다.

**17** 제조소와 다른 작업장 사이에 방화상 유효한 격벽(隔壁)을 설치한 때에는 제조소와 다른 작업장 사이에 공지를 보유하지 않을 수 있다. (   ) 안에 알맞은 숫자 및 용어를 채우시오.
  (1) 방화벽은 (   )로 할 것. 다만 취급하는 위험물이 제6류 위험물인 경우에는 불연재료로 할 수 있다.
  (2) 방화벽에 설치하는 출입구 및 창 등의 개구부는 가능한 한 최소로 하고, 출입구 및 창에는 자동폐쇄식의 ( ① ) 또는 ( ② )을 설치할 것
  (3) 방화벽의 양단 및 상단이 외벽 또는 지붕으로부터 (   ) 이상 돌출하도록 할 것

**답안** (1) 내화구조
  (2) ① 60분 + 방화문  ② 60분방화문
  (3) 50cm

**Point 설명** 제조소의 작업공정이 다른 작업장의 작업공정과 연속되어 있어, 제조소의 건축물 그 밖의 공작물의 주위에 공지를 두게 되면 그 제조소의 작업에 현저한 지장이 생길 우려가 있는 경우 당해 제조소와 다른 작업장 사이에 다음의 기준에 따라 방화상 유효한 격벽(隔壁)을 설치한 때에는 당해 제조소와 다른 작업장 사이에 일정 너비의 공지를 보유하지 아니할 수 있다.

▶ 법령보기 ◀
㉠ 방화벽은 내화구조로 할 것. 다만 취급하는 위험물이 제6류 위험물인 경우에는 불연재료로 할 수 있다.
㉡ 방화벽에 설치하는 출입구 및 창 등의 개구부는 가능한 한 최소로 하고, 출입구 및 창에는 자동폐쇄식의 60분 + 방화문 또는 60분방화문을 설치할 것
㉢ 방화벽의 양단 및 상단이 외벽 또는 지붕으로부터 50cm 이상 돌출하도록 할 것

**18** 다음 [보기]의 물질 중 물과 반응하여 가연성 가스를 발생시키는 위험물을 2가지만 고르고, 해당 물질과 물의 반응식을 완성하시오.

[보기]
과산화나트륨,   칼슘,   나트륨,   황린,   염소산칼륨,   인화칼슘

**답안** (1) 가연성 가스를 발생하는 위험물 : 칼슘, 나트륨
  (2) 물과의 반응식
    ① $Ca + 2H_2O \rightarrow Ca(OH)_2 + H_2$
    ② $Na + H_2O \rightarrow NaOH + 0.5H_2$

**참고**

**상세해설** 문제의 주된 질문은 "물과 반응하여 가연성 가스를 발생하는 것"이다. 물과 반응하면 "수산화물"이 잘 형성되는 것을 찾아야 하고, 수산화물을 형성하려면 물($H_2O$)에서 제공되는 음이온인 수산화 이온($OH^-$)과 쉽게 결합될 수 있는 양이온 원소는 주기율표상의 1~2족을 고르면 된다.
보기에서 1~2족 원소에 대당하는 물질을 선택하면 → 칼슘, 나트륨, 인화칼슘 3가지이지만 문제의 조건상 "2가지만 기재하라"고 하였으므로 답안지에 "칼슘"과 "나트륨" 2가지만 기재해도 정답이 된다.

과산화나트륨($Na_2O_2$)은 제1류 위험물 중 무기과산화물류에 속한다. 과산화물은 물과 반응하면 산소를 발생하므로 선택에서 제외된다.

황린($P_4$)은 제3류 위험물로 물에 안전하고, 불용성이며, 물속에 저장하는 위험물이므로 선택에서 제외된다. 염소산칼륨($KClO_3$)은 제1류 위험물로 물에 잘 녹기 때문에 선택에서 제외된다.

칼슘과 나트륨은 물과 반응할 경우 폭발성의 수소가스($H_2$)를 발생한다.

- $Ca + 2H_2O \rightarrow Ca(OH)_2 + H_2$
- $Na + H_2O \rightarrow NaOH + 0.5H_2$

※ $Ca_3P_2 + 6H_2O \rightarrow 3Ca(OH)_2 + 2PH_3$

## 19 다음 소화약제 주성분의 화학식 또는 구성 성분을 쓰시오.

(1) 할론 1301
(2) IG-100
(3) 제2종 분말 소화약제

**답안**
(1) $CF_3Br$
(2) $N_2$
(3) $KHCO_3$

### ▌참고 ▌

**상세해설** 할론 소화약제의 명명체계는 "씨불염봐요(C, F, Cl, Br, I)"의 순서로 개수를 나타내어 명명하는데 해당 원소가 없는 경우는 0으로 표시한다. 맨 끝의 숫자가 0이면 생략한다. 그러므로 할론 1301에 이 방법을 적용하면 → 1301 씨불염봐요(C, F, Cl, Br, I), 탄소 1개, 불소 3개, 염소 0개, 브롬 1개 ➡ $CF_3Br$가 된다.

불활성기체 IG-100은 실기이론 학습에서 공부한 암기법을 적용하면 → 질소($N_2$) 100%로 구성되어 있음을 알 수 있다. 답안지에는 질소 또는 $N_2$라고 기재하면 된다.

```
━━━━━━━● 이승원의 불활성기체 암기법 ●━━━━━━━
■ 불활성기체(IG, Inert Gas) 공일아 백지곤지다오 오늘은 지오두아사리판이 다.
• 공일아 → IG01(아르곤, Ar 전량)
• 백지곤지다오 → IG100(질소, N₂ 전량), 다오 55(아르곤 + 질소)(각 50%)
• 오늘은 지오두아사리판 → 오늘은(IG541), 지오두(질소 52), 아사(아르곤 40), 리판(이산화탄소 8)
```

제2종 분말 소화약제 주성분의 화학식은 $KHCO_3$이다. 분말 소화약제의 종별 주성분은 다음과 같다.

- 제1종 : 나트륨(Na) + 수소(H) + 탄산($CO_3$) → $NaHCO_3$
- 제2종 : 칼륨(K) + 수소(H) + 탄산($CO_3$) → $KHCO_3$
- 제3종 : 암모늄($NH_4$) + 수소($H_2$) + 인산($PO_4$) → $NH_4H_2PO_4$
- 제4종 : 혼합형 → 제2종 + 요소 ➡ $KHCO_3$ + 요소[$(NH_2)_2CO$]

> **이승원의 분말 소화약제 암기법**
> 분말 1, 2, 3, 4 → 나캉안산다네요이 → 1종(나트륨), 2종(칼륨), 3종(암모늄 + 인산), 4종(요소 + 2종),
> ※ H 공통

**20** 다음 빈칸에 들어갈 소화설비의 종류를 쓰시오.

| 소화설비의 구분 | | | 대상물질 | 건축물·그 밖의 공작물 | 전기설비 | 제1류 위험물 알칼리금속과산화물 등 | 제1류 위험물 그 밖의 것 | 제2류 위험물 철분·금속분·마그네슘 등 | 제2류 위험물 인화성 고체 | 제2류 위험물 그 밖의 것 | 제3류 위험물 금수성 물품 | 제3류 위험물 그 밖의 것 | 제4류 위험물 | 제5류 위험물 | 제6류 위험물 |
|---|---|---|---|---|---|---|---|---|---|---|---|---|---|---|---|
| ① 또는 ② | | | | ○ | | | ○ | | ○ | ○ | | ○ | | ○ | ○ |
| 스프링클러설비 | | | | ○ | | | ○ | | ○ | ○ | | ○ | △ | ○ | ○ |
| 물분무등 소화설비 | ③ | | | ○ | ○ | | ○ | | ○ | ○ | | ○ | ○ | ○ | ○ |
| | ④ | | | ○ | | | ○ | | ○ | ○ | | ○ | ○ | | ○ |
| | 불활성기체 소화설비 | | | | ○ | | | | ○ | | | | ○ | | |
| | 할로젠화합물 소화설비 | | | | ○ | | | | ○ | | | | ○ | | |
| | ⑤ | 인산염류 등 | | ○ | ○ | | ○ | | ○ | ○ | | | ○ | | ○ |
| | | 탄산수소염류 등 | | | ○ | ○ | | ○ | ○ | | ○ | | ○ | | |
| | | 그 밖의 것 | | | | ○ | | ○ | | | ○ | | | | |

**답안** ① 옥내소화전설비  ② 옥외소화전설비  ③ 물분무 소화설비  ④ 포 소화설비  ⑤ 분말 소화설비

**Point 설명** 위험물에 따른 소화설비의 적응성은 다음과 같다.

▶ 법령보기 ◀

| 소화설비의 구분 | | | 대상물질 / 대상물 구분 | | | | | | | | | |
|---|---|---|---|---|---|---|---|---|---|---|---|---|
| | | | 건축물·그 밖의 공작물 | 전기설비 | 제1류 위험물 | | 제2류 위험물 | | | 제3류 위험물 | | 제4류 위험물 | 제5류 위험물 | 제6류 위험물 |
| | | | | | 알칼리금속 과산화물 등 | 그 밖의 것 | 철분·금속분·마그네슘 등 | 인화성 고체 | 그 밖의 것 | 금수성물품(나트륨·칼륨 등) | 그 밖의 것 | | | |
| 옥내소화전설비 또는 옥외소화전설비 | | | ○ | | | ○ | | ○ | ○ | | ○ | | ○ | ○ |
| 스프링클러설비 | | | ○ | | | ○ | | ○ | ○ | | ○ | △ | ○ | ○ |
| 물분무등 소화설비 | 물분무 소화설비 | | ○ | ○ | | ○ | | ○ | ○ | | ○ | ○ | ○ | ○ |
| | 포 소화설비 | | ○ | | | ○ | | ○ | ○ | | ○ | ○ | ○ | ○ |
| | 불활성기체 소화설비 | | | ○ | | | | ○ | | | | ○ | | |
| | 할로젠화합물 소화설비 | | | ○ | | | | ○ | | | | ○ | | |
| | 분말 소화설비 | 인산염류 등 | ○ | ○ | | ○ | | ○ | ○ | | | ○ | | ○ |
| | | 탄산수소염류 등 | | ○ | ○ | | ○ | ○ | | ○ | | ○ | | |
| | | 그 밖의 것 | | | ○ | | ○ | | | ○ | | | | |
| 기타 | 건조사 | | | | ○ | ○ | ○ | ○ | ○ | ○ | ○ | ○ | ○ | ○ |
| | 팽창질석 또는 팽창진주암 | | | | ○ | ○ | ○ | ○ | ○ | ○ | ○ | ○ | ○ | ○ |

# 2019년 제1회

**01** 다음 할로젠화합물 소화설비(전역방출방식)의 분사헤드의 방사압력을 쓰시오.
   (1) 할론 2402
   (2) 할론 1211

**답안** (1) 0.1MPa 이상
       (2) 0.2MPa 이상

**Point 설명** 할로젠화합물 소화설비(전역방출방식)의 주요 내용은 다음과 같다. 참조수준으로 시험 대비한다.
- 할로젠화합물 소화설비의 전역방출방식 및 국소방출방식 모두 할론 2402를 방출하는 분사헤드는 해당 소화약제가 무상(霧狀)으로 분무되는 것으로 하여야 한다.
- 분사헤드의 방출압력은 0.1MPa 이상으로 하여야 한다. 다만, 할론 1211을 방출하는 것은 0.2MPa, 할론 1301을 방출하는 것은 0.9MPa 이상으로 하여야 한다.

**02** 인화알루미늄과 물의 화학반응식을 쓰시오.

**답안** $AlP + 3H_2O \rightarrow Al(OH)_3 + PH_3$

**Point 설명** 인화알루미늄(AlP)과 물의 반응에서 인화알루미늄(AlP)이 물($H_2O$)과 반응할 경우, 수산화물(水酸化物)을 형성하면서 포스핀($PH_3$)이 부생물로 발생한다.

알루미늄은 양이온 3가($Al^{3+}$), 물에서 제공되는 수산화이온($OH^-$)은 음이온 1가이므로 등가결합 원칙에 따라 이들이 결합한 수산화물의 구성은 1 : 3, 즉 $Al^{3+} : 3OH^- = Al(OH)_3$로 된다.
    $AlP + 3H_2O \rightarrow Al(OH)_3 + PH_3$

**03** 트라이나이트로톨루엔(TNT)에 대한 다음 물음에 답하시오.
   (1) 제조방법을 쓰시오.
   (2) 구조식을 쓰시오.

**답안** (1) 톨루엔($C_6H_5CH_3$) + 3$HNO_3$ $\xrightarrow[\text{나이트로화 반응}]{\text{진한 황산}}$ $C_6H_2CH_3(NO_2)_3$ + 3$H_2O$

(2) 
$$\underset{NO_2}{\underset{|}{\overset{CH_3}{\overset{|}{C_6H_2}}}} (NO_2)_2$$

(벤젠고리에 위쪽 $CH_3$, 2, 4, 6 위치에 $NO_2$ 세 개)

■ **참고** ■

**상세 해설**  트라이나이트로톨루엔(TNT, Trinitrotoluene)은 톨루엔($C_6H_5CH_3$)을 황산($H_2SO_4$)과 질산($HNO_3$)의 혼합물로 나이트로화시켜 제조한다. 보다 구체적인 제조방법을 기재하려고 하면 난감하고, 꼬이기 쉬우므로 답안지와 같이 간략 명료하게 작성하는 것이 좋다.

선행학습에서 공부한 바와 같이 톨루엔 = 돌루멤(육각-$CH_3$)이라고 기억해 두면 유리하다. 그러므로 톨루엔($C_6H_5CH_3$, -$CH_3$)을 중심으로 톨루엔의 수소 3개가 나이트로기(-$NO_2$) 3개로 치환된 것이므로 트라이나이트로톨루엔의 시성식(示性式)은 $C_6H_2CH_3(NO_2)_3$, 조성식(組成式)은 $C_7H_5N_3O_6$으로 되며, 그 구조(構造式)는 벤젠(⬡)이 사람의 몸통이라 생각하면 $CH_3$는 머리, $NO_2$를 붙이는 위치는 양팔과 다리를 그려서 붙인 구조가 된다.

**04** 위험물안전관리법령상 옥외탱크저장소 보유공지 기준에 맞춰 빈칸에 들어갈 내용을 쓰시오.

| 저장 또는 취급하는 위험물의 최대 수량 | 공지의 너비 |
|---|---|
| 지정수량의 500배 이하 | ( ① ) 이상 |
| 지정수량의 500배 초과 1,000배 이하 | ( ② ) 이상 |
| 지정수량의 1,000배 초과 2,000배 이하 | ( ③ ) 이상 |
| 지정수량의 2,000배 초과 3,000배 이하 | ( ④ ) 이상 |
| 지정수량의 3,000배 초과 4,000배 이하 | ( ⑤ ) 이상 |

**답안**  ① 3m  ② 5m  ③ 9m  ④ 12m  ⑤ 15m

**Point 설명**  옥외탱크 시설의 보유공지 기준은 다음과 같다.

▶ 법령보기 ◀ 옥외탱크 시설의 보유공지

| 저장 또는 취급하는 위험물의 최대수량 | 공지의 너비 |
|---|---|
| 지정수량의 500배 이하 | 3m 이상 |
| 지정수량의 500배 초과 1,000배 이하 | 5m 이상 |
| 지정수량의 1,000배 초과 2,000배 이하 | 9m 이상 |
| 지정수량의 2,000배 초과 3,000배 이하 | 12m 이상 |
| 지정수량의 3,000배 초과 4,000배 이하 | 15m 이상 |
| 지정수량의 4,000배 초과 | • 당해 탱크의 수평단면의 최대지름(횡형인 경우에는 긴 변)과 높이 중 큰 것과 같은 거리 이상. 다만, 30m 초과의 경우에는 30m 이상으로 할 수 있고, 15m 미만의 경우에는 15m 이상으로 하여야 한다. |

**05** 황린의 완전연소 반응식을 쓰시오.

**답안** $P_4 + 5O_2 \rightarrow 2P_2O_5$

**Point 설명** 황린은 제3류 위험물(자연발화성물질)로서 지정수량 20kg, 위험등급 Ⅰ인 물질이다. 분자식은 $P_4$이며, 연소산화되면 오산화인($P_2O_5$)을 발생한다. 제3류 위험물 중 위험등급 Ⅰ인 물질은 칼륨, 나트륨, 알킬알루미늄, 알킬리튬, 황린 그밖에 지정수량이 10kg 또는 20kg인 위험물이다.

   □ $P_4 + 5O_2 \rightarrow 2P_2O_5$

황린(黃燐, $P_4$)은 인(燐) 동소체들 중 가장 불안정하고 가장 반응성이 크며, 밀도는 가장 작고(비중 1.82), 공기 중에서는 산화되어 발화하기 쉬우며, 동소체에 비해 독성이 매우 크므로 pH 9의 물에 저장한다.

---

**06** 에텐(에틸렌)과 산소를 $CuCl_2$의 촉매하에 생성된 A물질은 특수인화물로 인화점 -39℃, 비점 21℃, 연소범위가 4.1 ~ 57%이다. 다음 물음에 답하시오.
   (1) A물질의 화학식을 쓰시오.
   (2) A물질의 증기비중을 구하시오.

**답안** (1) $CH_3CHO$

(2) 증기비중 $= \dfrac{\text{아세트알데하이드 밀도}(44/22.4)}{\text{공기 밀도}(29/22.4)} = \dfrac{44}{29} = 1.52$

**■ 참고 ■**

 에텐(에틸렌)과 산소를 $CuCl_2$의 촉매하에 생성된 A 물질은 특수인화물은 아세트알데하이드이다. 시성식은 $CH_3CHO$이다. 아세트알데하이드($CH_3CHO$)는 제4류 위험물 중 특수인화물에 속한다. 보냉장치가 없는 이동저장탱크에 저장하는 경우는 40℃ 이하로 유지하여야 하고, 압력탱크 외의 탱크에 저장하는 경우 15℃ 이하로 유지하여야 한다.

   □ $C_2H_4 + \dfrac{1}{2}O_2 \xrightarrow[CuCl_2]{\text{촉매 산화}} C_2H_4O \ (=CH_3CHO,\ Acetaldehyde)$

아세트알데하이드(Acetaldehyde)의 비중은 아세트알데하이드 밀도(密度)를 표준 기체인 공기밀도로 나누어 산정한다. 아세트알데하이드($CH_3CHO$)의 분자량은 44이므로 기체 1mol = g분자량 = 22.4L, 그러므로 다음과 같이 증기비중 공식을 이용하여 산출할 수 있다.

   □ 증기비중 $= \dfrac{\text{아세트알데하이드 밀도}(=\text{분자량}/22.4)}{\text{공기 밀도}(=\text{분자량}/22.4)} = \dfrac{44}{29} = 1.52$

"참고"로 연소범위가 4.1 ~ 57%로 제시되어 있으므로 위험도를 산정할 수 있다. 위험도는 연소범위 하한을 기준으로 하여 하한과 상한의 차이가 하한의 몇 배에 해당하는가를 나타낸다. 따라서 다음과 같이 산정할 수 있다.

   □ 위험도 $= \dfrac{\text{상한 값} - \text{하한 값}}{\text{하한 값}} = \dfrac{57 - 4.1}{4.1} = 12.9$

**07** 질산암모늄 800g이 표준상태에서 완전 열분해될 경우, 생성되는 총 가스의 부피(L)를 구하시오. [단, 열분해 생성물은 $N_2$, $O_2$, $H_2O$]

**답안** $2NH_4NO_3 \rightarrow 2N_2 + O_2 + 4H_2O$
2mol : (2+1+4)mol

∴ 총 가스의 부피 $= 800g \times \dfrac{mol}{80g} \times \dfrac{7 \times 22.4L}{2mol} = 784L$

## 참고

**상세해설** 질산암모늄의 분자식은 ($NH_4NO_3$)이고, 열을 가하면 산소, 질소, 수증기가 발생하거나 산소, 아산화 질소($N_2O$)와 수증기가 생성되고, 유기물이 혼합되면 가열, 충격 등에 의해 폭발한다. 문제에서 열분해 생성물을 $N_2$, $O_2$, $H_2O$로 제시하였으므로 이에 맞추어 반응식을 작성하고, 이를 토대로 가스 생성량을 산출한다.

□ $2NH_4NO_3 \xrightarrow[\text{산소 발생, 폭발}]{200℃ \text{ 이상}} O_2 + 2N_2 + 4H_2O$
  2mol : (2+1+4)mol

• $\begin{cases} 2mol : 22.4L \times 7(=2+1+4, \text{생성물 전체}) \\ 800g \times \dfrac{mol}{(14+1\times4+14+16\times3)g} : x \end{cases}$

∴ 총가스 부피($=x$) $= 800g \times \dfrac{mol}{80g} \times \dfrac{7 \times 22.4L}{2mol} = 784L$

질산암모늄($NH_4NO_3$)은 제1류 위험물 중의 질산염류(窒酸鹽類 ; $NH_4NO_3$, $NaNO_3$, $KNO_3$ 등)로 폭약 및 화약의 원료로 사용된다. 질산암모늄은 무색, 무취의 결정으로 조해성(潮解性, Deliquescence ; 고체가 공기 중의 습기를 흡수하여 녹는 성질)이 있으며, 물과 알코올 모두 잘 녹는다. 지정수량 300kg, 위험등급 Ⅱ의 물질로 물과 반응(물에 용해)할 경우 질산과 수산화암모늄으로 된다.

□ $NH_4NO_3 + H_2O \rightarrow HNO_3 + NH_4OH$

---

**08** 유황 100kg, 철분 500kg, 질산염류 600kg을 저장하고 있다. 동일 장소에 저장되어 있을 경우, 저장량은 지정수량의 몇 배인지를 구하시오.

**답안** 지정수량 배수 합계 $= \dfrac{100}{100} + \dfrac{500}{500} + \dfrac{600}{300} = 4$

**Point 설명** 지정수량의 배수를 구하는 문제에서 지금 문제와 같이 유별을 달리하여 출제될 수도 있다. 이 문제는 제2류 위험물인 유황(지정수량 100kg), 철분(지정수량 500kg)과 제1류 위험물인 질산염류(지정수량 300kg)를 혼성한 형태이다. 문제에서 제시한 각 품명별 지정수량을 아래의 공식에 이를 대입하여 지정수량의 배수를 산정한다.

□ 지정수량 배수 합계 $= \dfrac{\text{A품명의 수량}}{\text{A품명의 지정수량}} + \dfrac{\text{B품명의 수량}}{\text{B품명의 지정수량}} + \cdots +$

∴ 지정수량 배수 합계 $= \dfrac{100}{100} + \dfrac{500}{500} + \dfrac{600}{300} = 4$

**09** 제4류 위험물로서 흡입 시 시신경을 마비시키는 것으로 인화점은 11℃, 발화점 464℃인 위험물에 대하여 다음 물음에 답하시오.
   (1) 위험물의 명칭을 쓰시오.
   (2) 지정수량을 쓰시오.

**답안** (1) 메틸알코올
       (2) 400L

**Point 설명** 제4류 위험물로서 흡입 시 시신경을 마비시키는 것으로 인화점은 11℃인 것은 메틸알코올이다. 메틸알코올($CH_3OH$)의 인화점은 11℃, 이와 비교하여 에틸알코올($C_2H_5OH$)의 인화점은 13℃이다. 메틸알코올과 에틸알코올의 비중은 모두 0.79이고 물보다 작다. 알코올류(메틸알코올, 에틸알코올, 아이소프로필알코올 등)의 지정수량은 모두 400L이고, 제1석유류와 함께 위험등급 Ⅱ로 분류된다.

**10** 다음 위험물을 압력탱크가 아닌 곳에 보관할 경우 온도를 쓰시오.
   (1) 디에틸에테르
   (2) 아세트알데하이드
   (3) 산화프로필렌

**답안** (1) 30℃ 이하
       (2) 15℃ 이하
       (3) 30℃ 이하

**Point 설명** 위험물의 저장과 관련한 온도규정은 다음과 같다.

▶ 법령보기 ◀

㉮ 옥외저장탱크·옥내저장탱크 또는 지하저장탱크 중 압력탱크 외의 탱크에 저장하는 디에틸에테르등 또는 아세트알데하이드등의 온도는 산화프로필렌과 이를 함유한 것 또는 디에틸에테르등에 있어서는 30℃ 이하로, 아세트알데하이드 또는 이를 함유한 것에 있어서는 15℃ 이하로 각각 유지할 것
㉯ 옥외저장탱크·옥내저장탱크 또는 지하저장탱크 중 압력탱크에 저장하는 아세트알데하이드등 또는 디에틸에테르등의 온도는 40℃ 이하로 유지할 것
㉰ 보냉장치가 있는 이동저장탱크에 저장하는 아세트알데하이드등 또는 디에틸에테르등의 온도는 당해 위험물의 비점 이하로 유지할 것
㉱ 보냉장치가 없는 이동저장탱크에 저장하는 아세트알데하이드등 또는 디에틸에테르등의 온도는 40℃ 이하로 유지할 것
㉲ 옥내저장소에서는 용기에 수납하여 저장하는 위험물의 온도가 55℃를 넘지 아니하도록 필요한 조치를 강구하여야 한다.

**11** 제6류 위험물과 혼재가 가능한 위험물은 제 몇 류 위험물인지 쓰시오. (단, 지정수량 10배의 위험물을 혼재하는 경우이다)

**답안** 제1류 위험물

**Point 설명** 위험물의 혼재기준은 다음과 같이 정리해 두면 보다 쉽고 오랜 기간 저장해 둘 수 있다. 가로에 1~6류까지 나열하고, 세로도 1~6류까지 나열한 다음 아래 그림과 같이 "X 표시"를 하여 상부선은 "공란선", 아래선은 "가능선"으로 설정하고, 여기에 2-4, 4-5를 추가하면 모두 정리된다.

| 위험물의 구분 | 제1류 | 제2류 | 제3류 | 제4류 | 제5류 | 제6류 |
|---|---|---|---|---|---|---|
| 제1류 | | × | × | × | × | ○ |
| 제2류 | × | | × | × | ○ | × |
| 제3류 | × | × | | ○ | × | × |
| 제4류 | × | × | ○ | | × | × |
| 제5류 | × | ○ | × | × | | × |
| 제6류 | ○ | × | × | × | × | |

※ 혼재가능 위험물 : 혼재가능선상 위험물+[(2-4),(4-5)]

**12** 황화인의 종류 3가지를 화학식으로 쓰시오.

**답안** $P_4S_3$, $P_2S_5$, $P_4S_7$

**참고**

**상세해설** 황화인(黃化燐)은 인(P)의 황화물인 무기화합물을 총칭한다. 여기에는 삼황화인($P_4S_3$), 오황화인($P_2S_5$), 칠황화인($P_4S_7$) 등이 대표적인 황화인이다. 황화인은 $P_4S_n$이라는 결합공식을 가지고 있으며, $n$은 ≤10이다.

황화인은 삼황화인($P_4S_3$), 오황화인($P_2S_5 = P_4S_{10}$) 외에도 여러가지 이성질체로 존재하는데, $P_4S_4$, $P_4S_5$, $P_4S_6$, $P_4S_7$, $P_4S_8$, $P_4S_9$이다. 사면체 배열을 가지는 $P_4S_2$가 있지만 −30℃ 이상에서는 불안정한 물질로 알려져 있다.

문제에서 황화인의 종류 "3가지를 화학식으로 기재"하라고 한다면, 대표 위험물로 관리되고 있는 $P_4S_3$, $P_2S_5$, $P_4S_7$ 3가지를 답안지에 기재하고, 황화인의 종류 모두를 화학식으로 쓰라고 한다면, $P_4S_n$이라는 결합공식을 근거로 $P_4S_3$, $P_4S_4$, $P_4S_5$, $P_4S_6$, $P_4S_7$, $P_4S_8$, $P_4S_9$, $P_4S_{10}$ 정도로 하고, 여기에 $F_4S_2$를 추가할 것인가는 수험생의 판단에 맡기겠다.

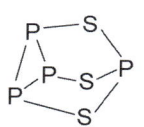
〈그림〉 $P_4S_3$

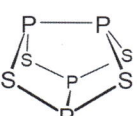
〈그림〉 $P_4S_4$

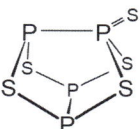
〈그림〉 $P_4S_5$

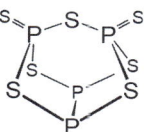
〈그림〉 $P_4S_7$

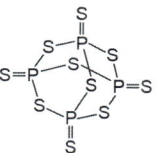
〈그림〉 $P_4S_{10}$

● 참고 ●

**시험에 도움이 되는 황화인의 특성정리**

| 구분 | 삼황화인($P_4S_3$) | 오황화인($P_2S_5$) | 칠황화인($P_4S_7$) |
|---|---|---|---|
| 색상/조해성 | 황색, 흡습성 | 담황색, 조해성, 흡습성 | 담황색, 조해성, 흡습성 |
| 용해성 | 물에 불용(뜨거운 물에서 분해) | 물에 용해, 알칼리에 분해 | 가장 가수분해되기 쉬움 |
|  | 질산, 이황화탄소, 벤젠에 용해 | 이황화탄소에 용해 | 이황화탄소에 약간 용해 |
| 발화온도 | 약 100℃ | 약 140℃ | − |
| 용도 | 성냥제조, 유기합성 탈색 | 선광제, 농약제조 등 | 유기황화물 합성 |
| 반응성 | • 공기 중에서는 인광을 발하고 가열하면 발화되어 아황산가스, 산화인이 생긴다(❶).<br>• 산소, 습기가 없으면 700℃에서도 분해하지 않는다.<br>• 끓는 물에서 천천히 분해하여 황화수소를 발생, 인산을 생성한다(❷). | • 물에서 분해되어 황화수소와 인산으로 된다(❷).<br>• 170 ~ 220℃에서 용융되지만 동시에 분해된다. | • 더운물에서는 급격히 분해하여 황화수소를 발생한다(❸).<br>• 유기옥시화합물(알코올, 케톤 등)과의 반응성이 좋다. |

❶반응 : $P_4S_3 + 8O_2 \rightarrow 2P_2O_5 + 3SO_2$

❷반응 : $a\,(P_4S_3 \text{ or } P_2S_5) + b\,H_2O \rightarrow x\,H_2S + z\,H_3PO_4$,

$P_2S_5 + 8H_2O \rightarrow 5H_2S + 2H_3PO_4$

❸반응 : $aP_4S_7 + bH_2O \rightarrow xH_2S + zH_3PO_4 +$ 기타

**13** 탄화칼슘에 대하여 다음 물음에 답하시오.

(1) 물과의 화학반응식을 쓰시오.
(2) 발생되는 가스의 완전연소 반응식을 쓰시오.

**답안** (1) $CaC_2 + 2H_2O \rightarrow C_2H_2 + Ca(OH)_2$

(2) $2C_2H_2 + 5O_2 \rightarrow 2H_2O + 4CO_2$

■ 참고 ■

**상세해설** 탄화칼슘($CaC_2$)은 예전에 램프(에틸렌)에 이용되었던 물질인 관용명 카바이드(Carbide)이다. 탄화칼슘은 제3류 위험물(자연발화성 물질 및 금수성 물질) 중에서 칼슘의 탄화물(품명)을 말하며, 지정수량 300kg, 위험등급 Ⅲ등급으로 지정·관리되고 있다.

탄화칼슘과 물의 반응에서, 칼슘(Ca)은 양이온 2가($Ca^{2+}$)이고, 이와 반응하는 수산화 이온($OH^-$)은 1가 음이온이므로 등가원칙에 따라 이들이 결합한 수산화물의 구성은 1 : 2, 즉 $Ca^{2+} : 2OH^- = Ca(OH)_2$로 되어야 한다.

▫ $CaC_2 + 2H_2O \rightarrow Ca(OH)_2 + C_2H_2$

생성가스인 에틴(Ethene, 아세틸렌, $C_2H_2$)의 완전 연소반응식 작성에서 $C_2H_2$ 중의 구성원소 C는 $CO_2$로, H는 $H_2O$로 되므로 다음과 같이 연소반응식을 작성할 수 있다.

▫ $C_2H_2 + 2.5O_2 \rightarrow 2CO_2 + H_2O$ 또는 $2C_2H_2 + 5O_2 \rightarrow 2H_2O + 4CO_2$

# 2019년 제2회

**01** 다음 각 위험물의 지정수량을 쓰시오.
  (1) 중유
  (2) 경유
  (3) 디에틸에테르
  (4) 아세톤

**답안**  (1) 2000L
    (2) 1000L
    (3) 50L
    (4) 400L

**Point 설명**  위험물안전관리법령상 중유는 제4류 – 제3석유류 – 비수용성, 경유는 제4류 – 제2석유류 – 비수용성, 디에틸에테르는 제4류 – 특수인화물, 아세톤은 제4류 – 제1석유류 – 수용성이다.

▶ 법령보기 ◀

| 위험물 | | | 지정수량 |
|---|---|---|---|
| 유별 | 성질 | 품명 | |
| 제4류 | 인화성액체 | 특수인화물(디에틸에테르 등) | 50리터 |
| | | 제1석유류 — 비수용성액체 | 200리터 |
| | | 제1석유류 — 수용성액체(아세톤 등) | 400리터 |
| | | 알코올류 | 400리터 |
| | | 제2석유류 — 비수용성액체(경유 등) | 1,000리터 |
| | | 제2석유류 — 수용성액체 | 2,000리터 |
| | | 제3석유류 — 비수용성액체(중유 등) | 2,000리터 |
| | | 제3석유류 — 수용성액체 | 4,000리터 |
| | | 제4석유류 | 6,000리터 |
| | | 동식물유류 | 10,000리터 |

**02** 황린 10kg이 완전연소하기 위한 공기량(부피)을 구하시오. (단, 공기 중 산소의 부피는 21%이다)

**답안**  공기량 $= 9032.26\,L \times \dfrac{1}{0.21} = 43010.75\,L = 43.01\,m^3$

■ 참고 ■

 황린의 분자식은 $P_4$이고, 분자량은 31×4=124이다. 인(P)은 산소와 반응하여 산화되면 오산화인($P_2O_5$)이 된다. 기체 1mol의 질량 = g분자량 = 22.4L라는 것은 양론에서 기본적으로 사용되는 값이다. 공기량은 산소량을 토대로 공기 중 산소의 부피비율(21%)을 보정하여 산출한다.

$$P_4 + 5O_2 \rightarrow 2P_2O_5$$
$$1mol : 5mol$$

- $O_2 = 10kg(P_4) \times \dfrac{1000g}{1kg} \times \dfrac{1mol}{(31\times 4)g} \times \dfrac{5mol(O_2)}{1mol(P_4)} \times \dfrac{22.4L(O_2)}{1mol(O_2)} = 9032.26\,L$

∴ 공기(부피) $= 9032.26L(O_2) \times \dfrac{1(Air)}{0.21(O_2)} = 43010.75\,L = 43.01\,m^3$

### 03 위험물안전관리법령에 따른 고인화점위험물의 정의를 쓰시오.

**답안** 인화점 100℃ 이상의 제4류 위험물

**Point 설명** 고인화점위험물이란 인화점이 100℃ 이상인 제4류 위험물을 말한다.

### 04 트라이에틸알루미늄(TEA)의 완전 연소반응식을 쓰시오.

**답안**  $Al(C_2H_5)_3 + 10.5\,O_2 \rightarrow \dfrac{1}{2}(Al_2O_3) + 6CO_2 + 7.5H_2O$

**Point 설명** 트라이에틸알루미늄[TEA, $Al(C_2H_5)_3$] 중 Al은 산화되어 $Al_2O_3$가 되는데, 알루미늄(Al)은 양이온 3가($Al^{3+}$)이고, 상응하는 음이온 2가인 산소($O^{2-}$)에 의해 연소산화되어 산화물을 형성할 때 등가원칙과 교호적용의 원리에 따라 Al의 산화물 구성은 2 : 3, 즉 $2Al^{3+} : 3O^{2-} = Al_2O_3$로 되고, C는 연소되어 $CO_2$로, H는 연소되어 $H_2O$로 된다.

$$Al(C_2H_5)_3 + 10.5\,O_2 \rightarrow \dfrac{1}{2}(Al_2O_3) + 6CO_2 + 7.5H_2O$$

**05** 위험물의 운반에 관한 기준에서 제4류 위험물과 혼재할 수 없는 유별을 쓰시오.

**답안** 제1류 위험물, 제6류 위험물

**Point 설명** 위험물의 혼재기준은 다음과 같이 정리해 두면 보다 쉽고 오랜 기간 저장해 둘 수 있다. 가로에 1~6류까지 나열하고, 세로도 1~6류까지 나열한 다음 아래 그림과 같이 "X 표시"를 하여 상부선은 "공란선", 아래선은 "가능선"으로 설정하고, 여기에 2-4, 4-5를 추가하면 모두 정리된다.

| 위험물의 구분 | 제1류 | 제2류 | 제3류 | 제4류 | 제5류 | 제6류 |
|---|---|---|---|---|---|---|
| 제1류 |  | × | × | × | × | ○ |
| 제2류 | × |  | × | × | ○ | × |
| 제3류 | × | × |  | ○ | × | × |
| 제4류 | × | × | ○ |  | ○ | × |
| 제5류 | × | ○ | × | ○ |  | × |
| 제6류 | ○ | × | × | × | × |  |

※ 혼재가능 위험물 : 혼재가능선상 위험물+[(2-4),(4-5)]

**06** 옥내저장소에 다음의 각 용기를 겹쳐 쌓는 높이는 몇 m 이하로 해야 하는지 쓰시오.
(1) 기계에 의하여 하역하는 구조로 된 용기
(2) 제3석유류를 수납한 용기
(3) 동식물유류를 수납한 용기

**답안** (1) 6m
(2) 4m
(3) 4m

**Point 설명** 옥내저장소에서 용기를 겹쳐 쌓는 높이는 다음과 같다.

▶ 법령보기 ◀
- 기계에 의하여 하역하는 구조로 된 용기만을 겹쳐 쌓는 경우에 있어서는 6m
- 제4류 위험물 중 제3석유류, 제4석유류 및 동식물유류를 수납하는 용기만을 겹쳐 쌓는 경우는 4m
- 그 밖의 경우에 있어서는 3m

**07** 제4류 위험물 중 위험등급이 Ⅱ등급에 해당하는 위험물의 품명 2가지를 쓰시오.

**답안** 제1석유류, 알코올류

**Point 설명** 위험등급 Ⅱ의 위험물은 다음과 같다.

▶ 법령보기 ◀
- 제1류 위험물 중 브로민산염류, 질산염류, 아이오딘산염류, 그밖에 지정수량이 300kg인 위험물
- 제2류 위험물 중 황화인, 적린, 황, 그밖에 지정수량이 100kg인 위험물
- 제3류 위험물 중 알칼리금속(칼륨 및 나트륨 제외) 및 알칼리토금속, 유기금속화합물(알킬알루미늄 및 알킬리튬 제외) 그밖에 지정수량이 50kg인 위험물
- 제4류 위험물 중 제1석유류 및 알코올류
- 제5류 위험물 중 위험등급 Ⅰ 외의 물질

**08** 질산암모늄이 열분해하면 $N_2$와 $H_2O$, $O_2$가 발생한다. 1몰(mol)의 질산암모늄이 0.9기압, 300℃에서 분해하고 있다. 다음 물음에 답하시오.
(1) 질산암모늄의 열분해 반응식을 쓰시오.
(2) 열분해 시 발생하는 $H_2O$의 부피(L)를 구하시오. (계산과정과 답을 기재할 것)

**답안** (1) $NH_4NO_3 \rightarrow N_2 + 2H_2O + 0.5O_2$

(2) $NH_4NO_3 \rightarrow N_2 + 2H_2O + 0.5O_2$
  1mol : 2mol

$\therefore H_2O = 1mol \times \dfrac{2mol}{1mol} \times \dfrac{22.4L}{1mol} \times \dfrac{273+300}{273} \times \dfrac{1}{0.9} = 104.48L$

**∥참고∥**

 **상세해설** 한글 명칭으로 "질산암모늄(Ammonium Nitrate)"이라고 하였을 경우, 음이온 – 양이온 순서로 이름을 붙여 부르므로 음이온인 질산($NO_3^-$)이온과 양이온인 암모늄($NH_4^+$)이온이 결합된 것, 그러므로 질산암모늄의 분자식은 $NH_4NO_3$(분자량 ; $14+1\times4+14+16\times3 = 80$)라는 것을 알아야 문제를 풀 수 있다.

질산암모늄($NH_4NO_3$)은 물이나 알코올에 모두 잘 녹으며, 제1류 위험물(산화성 고체) 중 질산염류에 해당하며, 지정수량은 300kg, 위험등급 Ⅱ등급으로 지정·관리되고 있는 위험물이다.

질산암모늄의 열분해 생성물의 구성물질을 지정($N_2$, $H_2O$, $O_2$)하였으므로 "이론과정에서 이미 학습한 방법"➡ 반응계(분자식)와 생성계(생성물) 간의 단순한 물질수지(mol 또는 질량)를 맞추어 작성하되, 최종정산은 산소에 초점을 맞추어 검산하는 것이 안전하다.

□ $NH_4NO_3 \rightarrow aN_2 + bH_2O + cO_2$
- 반응계 3O(산소 3개) → 생성계 $c = 1.5O_2$
- 반응계 2N(질소 2개) → 생성계 $a = N_2$
- 반응계 4H(수소 4개) → 생성계 $b = 2H_2O$
  ➡ 반응계 3O → 생성계 $2 \times O + 1.5 \times O_2$ (생성계가 많음, ∴ 산소를 줄임)
  ➡ 조정 : 반응계 3O → 생성계 $2 \times O + 0.5 \times O_2$ (산소수지 : 반응계 = 생성계)

〈완성〉 $NH_4NO_3 \rightarrow N_2 + 2H_2O + 0.5O_2$

열분해 반응에서 생성되는 $H_2O$의 부피(L) 산정을 주문하고 있으므로 앞의 완성된 반응식을 이용하여 다음과 같은 비례식을 만들어 문제를 푼다.

□ $NH_4NO_3 \rightarrow N_2 + 2H_2O + 0.5O_2$
   1mol         2mol

기화(氣化)된 1mol의 모든 물질의 체적은 22.4L이므로 이를 토대로 요구하는 단위에 맞추어 문제를 풀어낸다.

□ $H_2O(L) = 1mol(질산암모늄) \times \dfrac{2mol(H_2O)}{1mol(질산암모늄)} \times \dfrac{22.4L(STP)}{1mol(H_2O)} = 44.8L$

STP는 표준상태(0℃, 1기압)를 의미하는 것으로 Standard Temperature and Pressure의 약어이다. 이런 약어(略語)는 몰라도 된다. 다만, 1mol = 22.4L라는 값은 표준상태(0℃, 1기압 = 760mmHg)에서만 성립되는 것이라는 것만 기억하면 된다. 문제에서 "0.9기압, 300℃"의 조건을 제시하였으므로 위에서 계산된 44.8L에 대하여 보일 – 샤를의 법칙(Boyle-Charle's Law)을 적용하여 부피를 보정하여야 한다.

□ $V_2 = V_1 \times \dfrac{T_2}{T_1} \dfrac{P_1}{P_2}$ $\begin{cases} V_2 : 300℃, 0.9기압 \text{ 상태하의 기체부피(L)} \\ V_1 : 0℃, 1기압 \text{ 상태하의 기체부피(L)} = 44.8L \\ T_1, T_2 : 0℃와 300℃ \text{ 절대온도}(K = 273 + t℃) \\ P_1, P_2 : 0.9기압, 1기압 \end{cases}$

이상기체 상태방정식($PV = nRT$)은 별도의 조건으로 주문할 때에만 적용하도록 한다.

∴ $V_2 = 44.8(L) \times \dfrac{273 + 300}{273} \times \dfrac{1}{0.9} = 104.48L$

---

**09** 증기는 마취성이 있고 아이오도폼 반응을 하며, 산화시키면 아세트알데하이드가 되고, 화장품의 원료로 사용되는 물질에 대하여 다음 물음에 답하시오.
(1) 설명에 해당하는 위험물의 명칭을 쓰시오.
(2) 지정수량을 쓰시오.
(3) 이 화합물이 진한 황산과 축합반응 후 생성되는 물질을 쓰시오.

**답안** (1) 에틸알코올
      (2) 400L
      (3) 다이에틸에터

▌참고▐

 문제에서 "증기는 마취성이 있고 아이오도폼 반응을 하며, 산화시키면 아세트알데하이드($CH_3CHO$)가 되는 물질"은 에틸알코올(에탄올, $C_2H_5OH$)이다.

아세틸기($CH_3CO-$)를 갖는 유기화합물에 수산화알칼리와 아이오딘을 작용시키면 황색의 침상결정이 생성되는데 이를 아이오도폼(iodoform) 반응이라 한다. 아이오도폼 반응(요오드포름 반응)은 에탄올이나 아세톤의 검출반응에 사용된다.

즉, 에틸알코올($C_2H_5OH$)이 1차적으로 산화(H원자 2개 잃음)되면 아세트알데하이드($CH_3CHO$)가 되고, 2차적으로 산화하면 최종적으로 아세트산(초산, $CH_3COOH$)으로 된다.

□ $C_2H_5OH \xrightarrow[-2H]{산화} CH_3CHO \xrightarrow[1/2\ O_2]{산화} CH_3COOH$

반면에 메틸알코올(메탄올, $CH_3OH$)은 1차적으로 산화(H원자 2개 잃음)되면 포름알데하이드(포름알데히드)가 되고, 2차적으로 산화되면 최종적으로 폼산(Formic Acid, 포름산, $HCOOH$)이 된다.

□ $CH_3OH \xrightarrow[-2H]{산화} HCHO \xrightarrow[1/2\ O_2]{산화} HCOOH$

알코올류(메틸알코올, 에틸알코올, 아이소프로필알코올 등)는 제4류 위험물 – 알콜류로 분류되어 있으며 지정수량은 모두 400L이다.

에틸알코올($C_2H_5OH$)은 황산($H_2SO_4$)과 같은 탈수제(脫水劑)의 존재하에서 가열하면 에터(에테르, Ether)가 생성되는데, 그 대표적인 물질이 제4류 위험물 중 특수인화물로 분류되고 있는 디에틸에테르(다이에틸에터, $C_2H_5OC_2H_5$)이다. 특수인화물인 디에틸에테르는 인화점이 −45℃로 가장 낮으며, 연소범위는 1.9 ~ 48%로 넓은 편이고, 발화점은 160 ~ 180℃이며, 공기 중에서 산화알데하이드 및 과산화물을 생성하여 폭발할 수 있는 위험한 물질이다.

□ $C_2H_5OH + C_2H_5OH \xrightarrow[H_2SO_4]{탈수·축합반응} C_2H_5OC_2H_5$

● 참고 ●

**아이오도폼 반응(Iodoform Reaction)**

- 개념 : 아이오도폼 반응(요오드포름 반응, Iodoform Reaction)은 아세틸기(基)나 옥시에틸기를 가지는 화합물을 검출하는 정성반응(定性反應)임
- 아이오도폼(요오드포름) : $HCI_3$

---

**10** 다음 [보기]에서 불활성기체 소화설비가 적응성이 있는 위험물을 모두 골라 그 기호를 쓰시오.

[보기]
A. 제1류 위험물  
B. 제2류 위험물 중 인화성 고체  
C. 제3류 위험물 중 금수성 물질  
D. 제4류 위험물  
E. 제5류 위험물  
F. 제6류 위험물  

답안  B, D

# 참고

 불활성기체 소화설비가 적응성이 있는 위험물은 다음과 같다.

▶ 법령보기 ◀

| 소화설비의 구분 | | 대상물질 | 건축물·그 밖의 공작물 | 전기설비 | 제1류 위험물 | | 제2류 위험물 | | | 제3류 위험물 | | 제4류 위험물 | 제5류 위험물 | 제6류 위험물 |
|---|---|---|---|---|---|---|---|---|---|---|---|---|---|---|
| | | | | | 알칼리금속 과산화물 등 | 그 밖의 것 | 철분·금속분·마그네슘 등 | 인화성고체 | 그 밖의 것 | 금수성 물품 | 그 밖의 것 | | | |
| 옥내소화전설비 | | | ○ | | | ○ | | ○ | ○ | | ○ | | ○ | ○ |
| 옥외소화전설비 | | | ○ | | | ○ | | ○ | ○ | | ○ | | ○ | ○ |
| 물분무등 소화설비 | 포 소화설비 | | ○ | | | ○ | | ○ | ○ | | ○ | ○ | ○ | ○ |
| | 불활성기체 소화설비 | | | ○ | | | | ○ | | | | ○ | | |
| | 할로젠화합물 소화설비 | | | ○ | | | | ○ | | | | ○ | | |

```
┌─────── 이승원의 적응성 암기법 ───────┐

■ 건전한 1, 2, 3 그것 4, 5, 6 PSW / 알철수(123) / 불로전 인사
① 건전한 1, 2, 3 그것 4, 5, 6 → 건축물, 전기설비, 인화성고체, 1류, 2류, 3류(그 밖의 것), 4류, 5류, 6류
  • P : 포졸 말고 ; 포소화설비는 전기시설만 뺌
  • S : 소상무가 ㅋ 너좀빼래 → 소화전(옥내/옥외), 봉상수·무상수 소화기, 가(강)화액 ㅋ(컬러) → 위의 적응항목 중 너(4류 위험물), 좀(전기) 빼래(제외)
  • W : 물은 다넣어 ; 물분무 소화설비는 위에서 빠진 것(4류 위험물, 전기시설) 포함
② 불로전 인사 : 불활성기체, 할로젠 소화설비는 전기설비, 인화성고체, 제4류 위험물에 적응성이 있음
③ 알철수(1, 2, 3) + 1 → 알철수(1, 2, 3) + ①항 → ①항(건전한 1, 2, 3 그것, 4, 5, 6) + 알칼리금속 과산화물(1류), 철분·금속분(2류), 금수성물품(3류)
  • 인삼은 알철수(123)빼고, 분탕밖에 넣어 → 인산염류은 알칼리금속 과산화물(1류), 철분·금속분(2류), 금수성물품(3류) 빼고, 분말의 탄산수소염류는 알철수(123), 그 밖의 것을 포함(넣어)
  • 조팽이는 건전지 빼고 123456 : 건조사·팽창질석·팽창진주암 → 건축물, 전기 빼고 1, 2, 3, 4, 5, 6류 위험물에 적응성이 있음

└──────────────────────────────────┘
```

법령보기의 "표"를 효과적으로 학습하기 위해서는 위와 같은 암기법을 적용해 보는 것이 좋다. → 불활성기체 소화설비는 위의 암기법에서 "불로전 인사 : 불활성기체, 할로젠 → 전기, 인화성고체, 제4류 위험물" 즉, 불활성기체 소화설비는 전기설비, 인화성고체, 제4류 위험물에 적응성이 있다는 것을 알 수 있다.

그러므로 [보기] 중에서 B와 D만 해당한다.

**11** 다음 중 옥내저장소의 동일한 실에 함께 저장할 수 있는 유별끼리 연결한 것을 모두 고르시오. (단, 유별끼리 저장하여 1m 이상의 거리를 둔 경우이다)

   A. 무기과산화물 – 유기과산화물
   B. 질산염류 – 과염소산
   C. 황린 – 질산염류
   D. 인화성 고체 – 제1석유류
   E. 유황 – 톨루엔

📝 **답안** A, B, C, D

■ **참고** ■

 옥내저장소에서 유별끼리 1m 이상의 거리를 두어 저장할 수 있는 경우는 다음과 같다.

▶ 법령보기 ◀

㉮ 위험물과 위험물이 아닌 물품을 함께 저장하는 경우 : 위험물과 위험물이 아닌 물품은 각각 모아서 저장하고 상호간에는 1m 이상의 간격을 두어야 한다.

㉯ 유별을 달리하는 위험물 : 유별을 달리하는 위험물은 동일한 저장소(내화구조의 격벽으로 완전히 구획된 실이 2 이상 있는 저장소에 있어서는 동일한 실)에 저장하지 아니하여야 한다.
다만, 옥내저장소 또는 옥외저장소에 있어서 다음의 규정에 의한 위험물을 저장하는 경우로서 위험물을 유별로 정리하여 저장하는 한편, 서로 1m 이상의 간격을 두는 경우에는 그러하지 아니하다(중요기준).

**보충** (A)에서 무기과산화물은 제1류 위험물(산화성고체)이고, 유기과산화물은 제5류 위험물(자기반응성물질)이므로 유별로 정리하여 서로 1m 이상의 간격을 두는 경우, 함께 저장할 수 있다.

(B)에서 질산염류는 제1류 위험물(산화성고체)이고, 과염소산은 제6류 위험물(산화성액체)이므로 유별로 정리하여 서로 1m 이상의 간격을 두는 경우, 함께 저장할 수 있다. 참고로 과염소산염류는 제1류 위험물(산화성고체)이므로 혼동하지 말아야 한다.

(C)에서 황린은 제3류 위험물(자연발화성물질)이고, 질산염류는 제1류 위험물(산화성고체)이므로 유별로 정리하여 서로 1m 이상의 간격을 두는 경우, 함께 저장할 수 있다.

(D)에서 인화성고체(소디움메틸레이트, 마그네슘에틸레이트 등)는 제2류 위험물(가연성고체)이고, 제1석유류(휘발유, 벤젠, 아세톤 등)는 제4류 위험물(인화성액체)이므로 유별로 정리하여 서로 1m 이상의 간격을 두는 경우, 함께 저장할 수 있다.

(E)에서 유황은 제2류 위험물(가연성고체)이고, 톨루엔은 제4류 위험물(인화성액체) – 1석유류이므로 동일 장소에 같이 저장할 수 없다. 제4류 위험물과 함께 저장할 수 있는 위험물은 제2류 위험물 중 인화성고체, 제4류 위험물 중 알킬알루미늄·알킬리튬과 제3류 위험물 중 알킬알루미늄, 제4류 위험물 중 유기과산화물 또는 이를 함유한 것과 제5류 위험물 중 유기과산화물이다.

**12** 다음은 이동탱크저장소에 설치하는 주입설비 기준에 관한 내용이다. 괄호 안에 알맞은 말을 쓰시오.
(1) 위험물이 (     ) 우려가 없고, 화재예방상 안전한 구조로 하여야 한다.
(2) 주입설비의 길이는 (     ) 이내로 하고, 그 선단에 축적되는 (     )를 유효하게 제거할 수 있는 장치를 설치하여야 한다.
(3) 분당 토출량은 (     ) 이하로 하여야 한다.

**답안** (1) 샐
(2) 50m, 정전기
(3) 200L

**Point 설명** 이동탱크저장소에 설치하는 주입설비 기준은 다음과 같다.

▶ 법령보기 ◀
㉮ 위험물이 샐 우려가 없고, 화재예방상 안전한 구조로 할 것
㉯ 주입설비의 길이는 50m 이내로 하고, 그 끝부분에 축적되는 정전기를 유효하게 제거할 수 있는 장치를 할 것
㉰ 분당 배출량은 200L 이하로 할 것


**13** 다음 [표]의 번호에 대한 유별과 지정수량을 각각 쓰시오.

| 품명 | 유별 | 지정수량 |
|---|---|---|
| 황린 | 제3류 위험물 | 20kg |
| 칼륨 | ① | ② |
| 나이트로화합물 | ③ | ④ |
| 아조화합물 | ⑤ | ⑥ |
| 질산염류 | ⑦ | ⑧ |

**답안** ① 제3류 위험물  ② 10kg
③ 제5류 위험물  ④ 제1종(10kg), 제2종(100kg)
⑤ 제5류 위험물  ⑥ 제1종(10kg), 제2종(100kg)
⑦ 제1류 위험물  ⑧ 300kg

**Point 설명** [표]의 품명과 유별에 따른 지정수량은 다음과 같다.

▶ 법령보기 ◀

| 위험물 | | | 지정수량 |
|---|---|---|---|
| 유별 | 성질 | 품명 | |
| 제1류 | 산화성고체 | 질산염류 | 300kg |
| 제3류 | 자연발화성물질 및 금수성물질 | 칼륨 | 10kg |
| | | 황린 | 20kg |
| 제5류 | 자기반응성물질 | 나이트로화합물 | 제1종 : 10kg<br>제2종 : 100kg |
| | | 아조화합물 | |

# 2019년 제4회

**01** 다음에 해당하는 위험물을 저장하는 옥내저장소에 저장할 경우, 바닥면적을 몇 m² 이하로 하여야 하는지 쓰시오.
 (1) 염소산염류
 (2) 제2석유류
 (3) 유기과산화물

**답안** (1) 1,000m²
 (2) 2,000m²
 (3) 1,000m²

**Point 설명** 옥내저장소의 바닥면적은 위험물의 특성에 따라 다음과 같이 규정하고 있다.

▶ 법령보기 ◀

하나의 저장창고의 바닥면적(2 이상의 구획된 실이 있는 경우에는 각 실의 바닥면적의 합계)은 다음의 구분에 의한 면적 이하로 하여야 한다. 이 경우 ㉮의 위험물과 ㉯의 위험물을 같은 저장창고에 저장하는 때에는 ㉮의 위험물을 저장하는 것으로 보아 그에 따른 바닥면적을 적용한다.
㉮ 다음의 위험물을 저장하는 창고 → 바닥면적 1,000m² 이하
  Ⓐ 제1류 위험물 중 아염소산염류, 염소산염류, 과염소산염류, 무기과산화물 그밖에 지정수량이 50kg인 위험물(위험등급 Ⅰ)
  Ⓑ 제3류 위험물 중 칼륨, 나트륨, 알킬알루미늄, 알킬리튬 그밖에 지정수량이 10kg인 위험물 및 황린(위험등급 Ⅰ)
  Ⓒ 제4류 위험물 중 특수인화물(위험등급 Ⅰ), 제1석유류 및 알코올류(위험등급 Ⅱ)
  Ⓓ 제5류 위험물 중 유기과산화물, 질산에스터류(질산에스테르류) 그밖에 지정수량이 10kg인 위험물(위험등급 Ⅰ)
  Ⓔ 제6류 위험물(위험등급 Ⅰ)
㉯ ㉮의 위험물 외의 위험물을 저장하는 창고 → 바닥면적 2,000m² 이하
㉰ ㉮의 위험물과 ㉯의 위험물을 내화구조의 격벽으로 완전히 구획된 실에 각각 저장하는 창고 → 1,500m²(㉮의 위험물을 저장하는 실의 면적은 500m²를 초과할 수 없다)

문제에서 "바닥면적을 몇 m² 이하"로 하여야 하는지 묻고 있으므로 "1,000m² 이하"라고 기재하지 못하고, 단순히 1,000m²로 기재하였더라도 틀린 것으로 처리되지 않는다.

**02** 다음 위험물을 압력탱크가 아닌 곳에 보관할 경우 온도를 쓰시오.
 (1) 디에틸에테르
 (2) 아세트알데하이드
 (3) 산화프로필렌

**답안** (1) 30℃ 이하
 (2) 15℃ 이하
 (3) 30℃ 이하

**Point 설명** 위험물의 보관온도 관련 규정은 다음과 같다.

▶ 법령보기 ◀

㉮ 옥외저장탱크·옥내저장탱크 또는 지하저장탱크 중 <u>압력탱크 외의 탱크</u>에 저장하는 디에틸에테르등 또는 아세트알데히드등의 온도는 <u>산화프로필렌과 이를 함유한 것 또는 디에틸에테르등에 있어서는 30℃ 이하로, 아세트알데히드 또는 이를 함유한 것에 있어서는 15℃ 이하로</u> 각각 유지할 것

㉯ 옥외저장탱크·옥내저장탱크 또는 지하저장탱크 중 압력탱크에 저장하는 아세트알데히드등 또는 디에틸에테르등의 온도는 40℃ 이하로 유지할 것

㉰ 보냉장치가 있는 이동저장탱크에 저장하는 아세트알데히드등 또는 디에틸에테르등의 온도는 당해 위험물의 비점 이하로 유지할 것

㉱ 보냉장치가 없는 이동저장탱크에 저장하는 아세트알데히드등 또는 디에틸에테르등의 온도는 40℃ 이하로 유지할 것

㉲ 옥내저장소에서는 용기에 수납하여 저장하는 위험물의 온도가 55℃를 넘지 아니하도록 필요한 조치를 강구하여야 한다.

## 03 톨루엔의 증기비중을 구하시오.

**답안** 증기비중 = $\dfrac{\text{톨루엔 밀도}}{\text{공기밀도}} = \dfrac{92/22.4}{29/22.4} = 3.17$

■ 참고 ■

톨루엔의 증기비중은 "톨루엔의 증기밀도"가 "공기밀도"의 몇 배에 상당하는가를 나타내는 척도가 된다. 선행학습에서 "톨루엔 = 돌루멤" 즉, "돌(6각형 돌 = 벤젠)에 멤(메틸기, $-CH_3$)"으로 기초를 닦아두었으므로 분자식은 [벤젠($C_6H_6$) - 수소(H) 1개] + $CH_3$ = $C_6H_5CH_3$이고, 분자량은 92이다. 공기의 부피조성이 질소($N_2$) 79%, 산소($O_2$) 21%일 때 분자량은 28×0.79+32×0.21=28.84≒29이다. 그리고, 모든 기체 1mol은 22.4의 체적을 가지므로 이들을 조합하여 각각 밀도를 산정하면 ;

톨루엔(증기)의 밀도는 92/22.4, 공기의 밀도는 29/22.4가 된다. 따라서 돌루엔의 비중은 톨루엔의 밀도를 공기의 밀도로 나누어 산출하면 된다. 그런데, 단순히 분자량의 비(92/29)로서 비중을 계산하였다면, 이것은 엄밀히 말하면 질량비를 구한 것이므로 틀린 것으로 처리될 수 있음에 유의하여야 한다.

ㅁ 증기비중 = $\dfrac{\text{톨루엔 밀도}}{\text{공기밀도}} = \dfrac{92/22.4}{29/22.4} = 3.17$

## 04 다음은 산화성 액체의 시험방법 및 판정기준에 대한 내용이다. 괄호 안에 알맞은 말을 쓰시오.

산화성(酸化性) 시험방법에서는 ( ① ), ( ② ) 90% 수용액 및 시험물품을 사용하여 온도 20℃, 습도 50%, 1기압의 실내에서 ( ② ) 90% 수용액에 관한 연소실험을 5회 이상 반복하여 얻은 연소시간의 평균치를 ( ② ) 90% 수용액과 ( ① )의 혼합물의 연소시간으로 정한다.

**답안** ① 목분  ② 질산

**Point 설명** 산화성 액체의 시험방법에 관한 관련 규정은 다음과 같다. 집중하는 데 너무 신경 쓰지 말고, 문제 유형만 파악하는 정도 또는 참조수준으로 간단히 수험대비하기 바란다.

▶ 법령보기 ◀ 산화성 액체의 연소시간 측정시험

㉮ 목분(수지분이 적은 삼에 가까운 재료로 하고 크기는 500$\mu m$의 체를 통과하고 250$\mu m$의 체를 통과하지 않는 것), 질산 90% 수용액 및 시험물품을 사용하여 온도 20℃, 습도 50%, 1기압의 실내에서 실시한다. 다만, 배기를 행하는 경우에는 바람의 흐름과 평행하게 측정한 풍속이 0.5m/sec 이하이어야 한다.

㉯ 질산 90% 수용액에 관한 시험순서는 다음과 같다.
- 외경 120mm의 평저증발접시 위에 목분(온도 105℃에서 4시간 건조하고 건조용 실리카 젤을 넣은 데시케이터 속에 온도 20℃로 24시간 이상 보존되어 있는 것) 15g을 높이와 바닥면의 직경의 비가 1 : 1.75가 되도록 원추형으로 만들어 1시간 둘 것
- 원추형 모양에 질산 90% 수용액 15g을 주사기로 상부에서 균일하게 떨어뜨려 목분과 혼합할 것
- 점화원(둥근 바퀴모양으로 한 직경 2mm의 니크롬선에 통전하여 온도 약 1,000℃로 가열되어 있는 것)을 위쪽에서 혼합물 원추형체적의 바닥부 전 둘레가 착화할 때까지 접촉할 것. 이 경우 점화원의 당해 바닥부에의 접촉시간은 10초로 한다.
- 연소시간은 혼합물에 점화한 경우 원추형 모양의 바닥부 전 둘레가 착화하고 나서 발염하지 않게 되는 시간을 말하며 간헐적으로 발염하는 경우에는 최후의 발염이 종료할 때까지의 시간으로 한다.
- 위의 조작을 5회 이상 반복하여 연소시간의 평균치를 질산 90% 수용액과 목분과의 혼합물의 연소시간으로 한다.

㉰ 5회 이상의 측정에서 1회 이상의 연소시간이 평균치에서 ±50%의 범위에 들어가지 않는 경우에는 5회 이상의 측정결과가 그 범위에 들어가게 될 때까지 위의 조작을 반복할 것

**05** 게시판("주유중엔진정지")에 대하여 다음 물음에 답하시오.
(1) 바탕색과 문자의 색을 쓰시오.
(2) 규격을 쓰시오.

**답안** (1) 황색바탕, 흑색문자
(2) 한 변의 길이가 0.3m 이상, 다른 한 변의 길이가 0.6m 이상인 직사각형

**Point 설명** 주유취급소의 게시판 설치규정은 다음과 같다.

▶ 법령보기 ◀
㉮ 주유취급소에는 기준에 준하여 보기 쉬운 곳에 "위험물 주유취급소"라는 표시를 한 표지와 방화에 관하여 필요한 사항을 게시한 게시판 및 황색바탕에 흑색문자로 "주유중엔진정지"라는 표시를 한 지시판 및 해당 주유취급소가 금연구역임을 알리는 표지를 설치해야 한다.
㉯ 방화에 관하여 필요한 사항을 게시한 게시판은 한 변의 길이가 0.3m 이상, 다른 한 변의 길이가 0.6m 이상인 직사각형으로 한다.
㉰ 제4류 위험물은 "화기엄금" 표시를 하여야 하며, 적색바탕에 백색문자로 한다.

**06** 트라이에틸알루미늄 228g이 물과 접촉·반응하고 있다. 다음 물음에 답하시오.
(1) 물과의 반응식을 쓰시오.
(2) 표준상태에서 물과 반응할 때 발생하는 가연성 기체의 부피(L)를 구하시오.

**답안** (1) 물과 반응 : $Al(C_2H_5)_3 + 3H_2O \rightarrow Al(OH)_3 + 3C_2H_6$

(2) $C_2H_6(부피) = 228g \times \dfrac{1mol}{114g} \times \dfrac{3mol}{1mol} \times \dfrac{22.4L}{1mol} = 134.4L$

## ▌참고 ▌

트라이에틸알루미늄은 알루미늄(Al)을 중심으로 에틸기($C_2H_5-$)가 3개 결합되어 트라이에틸알루미늄 분자를 구성하므로 화학식으로 표현하면 $[Al(C_2H_5)_3]$이고, Al의 원자량은 27, C의 원자량은 12, H의 원자량은 1이므로 트라이에틸알루미늄$[Al(C_2H_5)_3]$의 분자량은 원자량의 합이므로 $114[27+\{(12\times2+1\times5)\times3\}=114]$이다.

트라이에틸알루미늄이 물($H_2O$)과 반응할 경우, 수산화물(水酸化物)을 형성하면서 부생물(에테인 = 에탄)이 발생한다. $Al(C_2H_5)_3$ 중의 알루미늄은 양이온 3가($Al^{3+}$), 물에서 제공되는 수산화이온($OH^-$)은 음이온 1가이므로 등가결합 원칙에 따라 이들이 결합한 수산화물의 구성은 1 : 3, 즉 $Al^{3+} : 3OH^- = Al(OH)_3$로 되면서 부산물로 에테인(에탄)가스를 방출하게 된다.

☐ $Al(C_2H_5)_3 + 3H_2O \rightarrow Al(OH)_3 + 3C_2H_6$

트라이에틸알루미늄$[Al(C_2H_5)_3]$과 물($H_2O$)의 반응에서 생성된 기체, 즉 에테인(에탄, $C_2H_6$)의 생성량은 다음과 같이 비례식으로 산출할 수 있다. $Al(C_2H_5)_3$ 1mol = 114g이며, $C_2H_6$ 1mol = 30g이다. 기화(氣化)된 1mol의 모든 물질의 체적은 22.4L이므로 이를 토대로 요구하는 단위에 맞추어 문제를 풀어낸다.

☐ $Al(C_2H_5)_3 + 3H_2O \rightarrow Al(OH)_3 + 3C_2H_6$
　　1mol　　　　　　　　　　　　　　3mol

∴ $C_2H_6 = 228g \times \dfrac{1mol(TEA)}{114g(TEA)} \times \dfrac{3mol(C_2H_6)}{1mol(TEA)} \times \dfrac{22.4L}{1mol} = 134.4L$

---

**07** 과산화나트륨과 이산화탄소의 반응식을 쓰시오.

**답안** $Na_2O_2 + CO_2 \rightarrow Na_2CO_3 + 0.5O_2$

## ▌참고 ▌

과산화물(Peroxide)은 산소 – 산소($-O-O-$) 단일 결합의 분자구조 형태를 보인다. 과산화나트륨의 이름에서 "과"를 떼 내면 "산화나트륨"이 된다. 나트륨은 양이온 1가($Na^+$), 산소는 음이온 2가($O^{2-}$)이므로 산화물을 형성하기 위해서는 등가결합 원칙에 따라 나트륨과 산소의 구성은 2 : 1, 즉 $2Na^+ : O^{2-} = Na_2O$(산화나트륨)이고, 여기에 산소를 추가하면 $Na_2O_2$가 되므로 이 물질의 명칭은 산화나트륨에 "과"를 붙여서 과산화나트륨($Na_2O_2$, $23\times2+16\times2=78g$)으로 명명한다. 과산화나트륨은 제1류 위험물로서 지정수량 50kg이다.

과산화나트륨($Na_2O_2$)과 이산화탄소($CO_2$)의 반응에서 이산화탄소($CO_2$)는 과산화나트륨($Na_2O_2$)으로부터 산소를 제공받아 음이온 2가의 탄산이온($CO_3^{2-}$)으로 되고, 이와 결합할 양이온은 나트륨($Na^+$)이다. 탄산이온은 음이온 2가($CO_3^{2-}$), 나트륨은 양이온 1가($Na^+$)이므로 $Na^+ : CO_3^{2-}$의 결합은 등가결합 원칙에 따라 2 : 1로 결합하여 $Na_2CO_3$를 형성하면서 부산물로 산소를 방출한다.

□ $Na_2O_2 + CO_2 \rightarrow Na_2CO_3 + 0.5O_2$

## 08 위험물 운반을 할 때, 방수성 덮개와 차광성 덮개를 모두 해야 하는 위험물의 품명을 다음 [보기]에서 골라 모두 쓰시오.

[보기]
- 유기과산화물
- 질산
- 알칼리금속의 과산화물
- 염소산염류
- 제5류 위험물
- 제6류 위험물
- 금속분
- 특수인화물

**답안** 알칼리금속의 과산화물

**Point 설명** 위험물의 운반에 관한 규정은 다음과 같다.

▶ 법령보기 ◀

㉮ 제1류 위험물, 제3류 위험물 중 자연발화성물질, 제4류 위험물 중 특수인화물, 제5류 위험물 또는 제6류 위험물은 차광성이 있는 피복으로 가릴 것

㉯ 제1류 위험물 중 알칼리금속의 과산화물 또는 이를 함유한 것, 제2류 위험물 중 철분·금속분·마그네슘 또는 이들중 어느 하나 이상을 함유한 것 또는 제3류 위험물 중 금수성물질은 방수성이 있는 피복으로 덮을 것

따라서 "방수성 덮개와 차광성 덮개를 모두 해야 하는 위험물"은 알칼리금속의 과산화물이다.

**보충** 유기과산화물은 제5류 위험물(자기반응성물질), 질산은 제6류 위험물(산화성액체)이며, 지정수량은 300kg이다. 알칼리금속의 과산화물은 제1류 위험물(산화성고체) 중 무기과산화물($Na_2O_2$ 등)로 지정수량은 50kg이다.

염소산염류는 제1류 위험물(산화성고체)로 지정수량은 50kg이다. 제5류 위험물은 자기반응성 물질로 유기과산화물, 질산에스터류, 나이트로화합물, 나이트로소화합물, 아조화합물, 다이아조화합물, 하이드라진 유도체, 하이드록실아민, 하이드록실아민염류 등이며, 지정수량은 1종 10kg, 2종 100kg이다.

제6류 위험물은 산화성 액체로 과염소산, 과산화수소, 질산, 등이며, 지정수량은 300kg이다. 금속분은 가연성고체로 제2류 위험물로 분류되며 철분, 금속분, 마그네슘등의 지정수량은 500kg이다.

특수인화물([이황화탄소, 산화프로필렌, 아세트알데하이드, 다이에틸에터(디에틸에테르) 등]은 제4류 위험물로 분류되며 지정수량은 50L이다.

**09** 다음 각 물질의 연소형태를 쓰시오.
(1) 나트륨 및 금속분
(2) 에탄올 및 다이에틸에터
(3) TNT 및 피크린산

**답안** (1) 표면연소
(2) 증발연소
(3) 자기연소

**Point 설명** 나트륨과 금속분의 연소형태는 표면연소이며, 에탄올 및 다이에틸에터(디에틸에테르)의 연소는 증발연소, 폭발물 원료인 TNT 및 피크린산의 연소는 자기연소형태를 보인다.

**10** 분자량이 227이며, 폭약의 원료이고, 담황색의 주상결정이며, 물에 녹지 않고, 아세톤과 벤젠에는 녹는 물질에 대해 다음 물음에 답하시오.
(1) 품명을 쓰시오.
(2) 시성식을 쓰시오.
(3) 해당 위험물의 제조방법을 사용원료를 중심으로 설명하시오.

**답안** (1) 품명 : 나이트로화합물
(2) 시성식 : $C_6H_2CH_3(NO_2)_3$
(3) 제조방법 : 톨루엔을 황산과 질산의 혼합물로 나이트로화시켜 제조함

**▌참고▐**

**상세해설** 분자량이 227, 폭약의 원료인 것은 제5류 위험물 중 품명 나이트로화합물인 트라이나이트로톨루엔[TNT, $C_6H_2CH_3(NO_2)_3$]이다. TNT(트라이나이트로톨루엔)의 분자식이 잘 생각나지 않을 경우 → "톨루엔"은 "돌루멤[벤젠에 메틸기가 부착된 것 → 육각-$CH_3$(◯-$CH_3$)]"으로 학습해 두었으므로 벤젠(◯, $C_6H_6$)의 6개 모서리 중 1개는 $CH_3$가 결합되고, 3개 모서리는 나이트로기($-NO_2$)가 결합되므로 TNT의 시성식은 $C_6H_2CH_3(NO_2)_3$으로 되며, 분자량은 227(=12×7+1×5 +14×3+32×3)이 된다.

트라이나이트로톨루엔(TNT)은 톨루엔을 황산과 질산의 혼합물로 나이트로화시켜 제조한다.

① 벤젠(◯) + 메틸기($-CH_3$) → 톨루엔(◯-$CH_3$)

② 질산($HNO_3$) $\xrightarrow[\text{나이트로화 반응}]{\text{진한 황산}}$ 나이트로기($-NO_2$)

또는 톨루엔($C_6H_5CH_3$)+$3HNO_3$ $\xrightarrow[\text{나이트로화 반응}]{\text{진한 황산}}$ $C_6H_2CH_3(NO_2)_3$+$3H_2O$

## 11 다음 위험물을 인화점이 낮은 것부터 높은 것 순서로 쓰시오.

• 초산에틸    • 메탄올    • 에틸렌글리콜    • 나이트로벤젠

**답안** 초산에틸 < 메탄올 < 나이트로벤젠 < 에틸렌글리콜

**Point 설명** 초산에틸은 제4류 위험물 – 제1석유류 – 비수용성이다. 제1석유류는 1기압에서 인화점이 21℃ 미만인 것을 말하며, 인화점은 -4℃이고, 발화점은 427℃이다. 제시된 위험물 중 인화점이 가장 낮다.

메틸알코올은 제4류 위험물 – 알코올류로서 인화점이 11℃이므로 그 다음으로 인화점이 낮다.

나이트로벤젠은 제4류 위험물 – 제3석유류 – 비수용성이다. 제3석유류는 1기압에서 인화점이 70℃ 이상 200℃ 미만인 것을 말하는데, 나이트로벤젠의 인화점은 88℃이다.

에틸렌글리콜은 제4류 위험물 – 제3석유류 – 수용성으로 인화점은 111℃이다.

**주요 위험물의 인화점**

| 구분 | 특수인화물 | 제1석유류 | 제2석유류 | 제3석유류 | 제4석유류 | 동·식물유 |
|---|---|---|---|---|---|---|
| 인화점 | -20℃ 미만 | 21℃ 미만 | 21~70℃ | 70~200℃ | 200~250℃ | 250℃ 미만 |

## 12 제3류 위험물 중 지정수량이 50kg인 품명을 모두 쓰시오.

**답안** 알칼리금속(칼륨 및 나트륨 제외), 알칼리토금속, 유기금속화합물(알킬알루미늄 및 알킬리튬 제외)

**Point 설명** 3류 위험물 중 지정수량이 50kg인 품명은 다음 [표]와 같다.

▶ 법령보기 ◀

| 분류 | 품명 | | 위험등급 | 지정수량 |
|---|---|---|---|---|
| 제3류 | 자연발화성 물질 및 금수성 물질 | 칼륨, 나트륨, 알킬알루미늄, 알킬리튬 | I | 10kg |
| | | 황린 | I | 20kg |
| | | 알칼리금속(칼륨 및 나트륨 제외), 알칼리토금속 | II | 50kg |
| | | 유기금속화합물(알킬알루미늄 및 알킬리튬을 제외) | II | 50kg |
| | | 금속수소화물, 금속인화물, Ca 또는 Al의 탄화물 | III | 300kg |

**13** 제3종 분말소화약제가 분해하여 오쏘인산을 발생시키는 1차 분해반응식을 쓰시오.

**답안**  $NH_4H_2PO_4 \rightarrow H_3PO_4 + NH_3$

**참고**

오쏘인산(Orthophosphoric Acid)의 화학식은 $H_3PO_4$이다. 제3종 분말소화약제는 A,B,C급 화재에 적용할 수 있는 약제로 주성분은 인산수소암모늄($NH_4H_2PO_4$)이다. 따라서 제3종 분말소화약제의 주성분인 인산수소암모늄($NH_4H_2PO_4$)이 열분해하여 오쏘인산($H_3PO_4$)을 발생시키는 1차 분해반응식(저온 열분해)을 작성하는 것이다. 반응식은 반응 전·후의 물질수지를 정산하여 다음과 같이 만들어 낼 수 있다.

□ $NH_4H_2PO_4 \xrightarrow[\text{열분해}]{\text{저온}}$ 오쏘인산 + 부촉매·질식·냉각효과 유발물질

$\begin{cases} \circ \ H_2PO_4 는 \rightarrow 오쏘인산(H_3PO_4)으로 전환 \\ \circ \ NH_4 는 \rightarrow NH_3 로 전환 \\ \circ \ 남은 \ H \ 및 \ O 는 \rightarrow 없음 \end{cases}$

∴ $NH_4H_2PO_4 \rightarrow H_3PO_4 + NH_3$